国家科学技术学术著作出版基金资助出版
"十四五"国家重点出版物出版规划项目
生物工程理论与应用前沿丛书

代谢工程
方法与应用

刘立明 主　编
李树波　张　丽 副主编

中国轻工业出版社

图书在版编目（CIP）数据

代谢工程：方法与应用 / 刘立明主编；李树波，张丽副主编. -- 北京：中国轻工业出版社，2024.10.
ISBN 978-7-5184-2315-6

Ⅰ. Q493

中国国家版本馆 CIP 数据核字第 2024NS7191 号

责任编辑：贺　娜
策划编辑：江　娟　　责任终审：唐是雯　　封面设计：锋尚设计
版式设计：砚祥志远　责任校对：晋　洁　　责任监印：张　可

出版发行：中国轻工业出版社（北京鲁谷东街 5 号，邮编：100040）

印　　刷：鸿博昊天科技有限公司

经　　销：各地新华书店

版　　次：2024 年 10 月第 1 版第 1 次印刷

开　　本：787×1092　1/16　印张：44.5

字　　数：998 千字

书　　号：ISBN 978-7-5184-2315-6　定价：280.00 元

邮购电话：010-85119873

发行电话：010-85119832　010-85119912

网　　址：http://www.chlip.com.cn

Email：club@chlip.com.cn

版权所有　侵权必究

如发现图书残缺请与我社邮购联系调换

180763K1X101ZBW

前言

经过 30 多年的发展，代谢工程已经成为对细胞代谢途径进行修饰、改造，改变细胞特性，并与细胞基因调控、代谢调控及生化工程相结合，为实现构建新的代谢途径生产特定目标代谢产物而发展起来的一个新的学科领域。因此，迫切需要总结国内外代谢工程领域的研究进展和应用情况，为我国微生物代谢工程学科发展提供借鉴。

本书围绕微生物代谢工程改造、优化微生物生长性能和合成能力所面临的三大挑战：①如何鉴定相关生物合成途径？②如何发展高效的遗传工具以调控酶、生物合成途径和整个基因组？③如何应用有针对性的全局系统的生物学工具，以最大限度地提高对所改造微生物的系统理解？结合笔者团队十余年的一系列研究成果，围绕代谢工程工具、方法和应用研究进行系统的介绍与讨论，并在国内外研究进展的基础上，以工业菌株为分章依据，全面介绍相关工业生产菌株的生产目标产品过程的代谢工程改造的最新进展，从而便于读者系统理解并掌握代谢工程改造中所使用的思路和方法。本书共分八章，包括绪论、代谢工程的方法策略、代谢工程改造谷氨酸棒杆菌生产氨基酸、代谢工程改造大肠杆菌生产典型平台化合物、代谢工程改造枯草芽孢杆菌生产营养强化剂、代谢工程改造光滑球拟酵母生产食品添加剂、代谢工程改造酿酒酵母生产精细化学品以及代谢工程手段改善发酵微生物胁迫抗性。本书的编写是对国内外代谢工程改造方法、工具和应用的全面归纳和总结，对我国微生物代谢工程研究领域的发展起到很大的推动作用，具有重要的学术和应用价值。

笔者编写此书，主要得益于笔者所工作的江南大学生物工程学院拥有发酵工程国家重点学科，本学科可追溯至 1952 年，并在发展过程中积累了工业微生物菌种代谢工程改造与工程应用的丰富经验。同时受助于笔者所在研究室许多年轻的博士研究生和硕士研究生，他们和笔者一起完成了与本书相关的 8 项国家级和省部级科研项目，包括"863"计划、国家科技支撑计划、国家重点研发计划、国家自然科学基金项目和江苏省社会发展项目。此外，本书在编写过程中也参考了近年来在国内外学术期刊、行业期刊、相关专著以及互联网新媒体上发表的相关研究论文、综述文章和市场分析等，在此一并致谢。

参与本书编写的有：刘立明、李树波、张丽、胡贵鹏、叶超、郭亮、齐艳利、吴静、林小宝、殷楠楠、朱国星、刘泉、陈城虎。笔者特别感谢中国工程院院士、江南大学生物工程学院陈坚教授的栽培和指导，感谢所在研究室的博士生和硕士生给予的帮助。

本书不仅可以作为微生物学行业的基础书籍，也可供相关专业的研究生、科研人员及生命科学专业的师生参考。

笔者力图在本书中注重理论性和实践性，突出系统性和科学性，体现前沿性和创新性。但限于笔者的学术功底、研究经验和写作能力，书中定有不少错误，若蒙赐教，不胜感激！

编者

2024 年 5 月

目录

第一章 绪论 —— 1

第一节 发酵工程技术的现状与展望 —— 1
一、发酵工程技术简介 —— 1
二、发酵工程的发展现状 —— 2
三、生物发酵技术主要产品 —— 4
四、发酵工程技术的展望 —— 14

第二节 发酵微生物及菌种优化现状 —— 15
一、发酵工业微生物 —— 15
二、发酵微生物的分离筛选 —— 19
三、工业发酵微生物菌种选育 —— 25
四、工业微生物育种的研究进展 —— 33
五、发酵工业菌种保藏 —— 36

第三节 代谢工程在发酵工程中的应用 —— 38
一、代谢工程简介 —— 38
二、代谢工程研究内容 —— 38
三、代谢工程的主要研究方法 —— 39
四、代谢工程策略的研究现状 —— 40
五、代谢工程在发酵工程中的应用展望 —— 41

参考文献 —— 42

第二章 代谢工程的方法策略 —— 44

第一节 微生物代谢特征 —— 44
一、微生物的分解代谢 —— 44
二、微生物的呼吸作用 —— 48
三、自养微生物的氧化 —— 49
四、能量的转换 —— 50
五、微生物的合成代谢 —— 51
六、微生物的代谢调节 —— 53
七、微生物的初级代谢及其产物 —— 54

八、微生物的次级代谢及其产物 …………………………… 54
第二节 生物网络模型的构建及发展 …………………………… 55
一、生物网络模型的构建流程 …………………………… 55
二、第一代生物网络模型的发展 …………………………… 61
三、第二代生物网络模型的发展 …………………………… 64
第三节 代谢通量优化方法与策略 …………………………… 66
一、路径设计 …………………………… 68
二、路径构建 …………………………… 77
三、路径评估 …………………………… 83
四、途径优化 …………………………… 90
五、总结与展望 …………………………… 134
参考文献 …………………………… 135

第三章 代谢工程改造谷氨酸棒杆菌生产氨基酸 —— 137

第一节 谷氨酸棒杆菌基因组规模代谢网络及其生理特性 …………… 137
一、谷氨酸棒杆菌 …………………………… 137
二、谷氨酸棒杆菌基因组特性及其基因组规模代谢网络的构建 …………………………… 139
三、谷氨酸棒杆菌的表达调控系统 …………………………… 143
四、谷氨酸棒杆菌的研究中存在的科学问题 …………………………… 145
第二节 代谢工程改造谷氨酸棒杆菌生产 L-赖氨酸 …………………………… 146
一、赖氨酸概述 …………………………… 146
二、L-赖氨酸的生产 …………………………… 146
三、微生物发酵法生产 L-赖氨酸的研究现状 …………………………… 147
四、1,6-二磷酸果糖酶和果糖激酶对 L-赖氨酸合成的影响 …………… 154
五、代谢调控 L-赖氨酸前体物和 NADPH 供应对 L-赖氨酸合成的影响 …………………………… 157
六、代谢改造 L-赖氨酸终端生物合成途径对 L-赖氨酸合成的影响 …………………………… 161
第三节 代谢工程改造谷氨酸棒杆菌生产 L-甲硫氨酸 …………………………… 165
一、L-甲硫氨酸概述 …………………………… 165
二、L-甲硫氨酸的生产概况 …………………………… 166
三、L-甲硫氨酸的生物合成代谢 …………………………… 167
四、代谢工程改造 L-甲硫氨酸转运系统对 L-甲硫氨酸合成的影响 …………………………… 171

五、强化合成途径对细胞合成 L-甲硫氨酸的影响 …… 173
　　六、增加胞内 NADPH 供应对细胞合成 L-甲硫氨酸的影响 …… 178
第四节　代谢工程改造谷氨酸棒杆菌高产 L-异亮氨酸 …… 181
　　一、L-异亮氨酸概述 …… 181
　　二、L-异亮氨酸的生产方法及研究现状 …… 182
　　三、过量表达具有抗反馈抑制能力 TD 和 AHAS 对细胞合成
　　　　L-异亮氨酸的影响 …… 186
　　四、过量表达全局调控因子 Lrp 和双组分分泌系统 BrnFE 对
　　　　细胞合成 L-异亮氨酸的影响 …… 191
　　五、强化代谢途径和 NADPH 供应对细胞合成 L-异亮氨酸的
　　　　影响 …… 194
第五节　代谢工程改造谷氨酸棒杆菌生产 L-缬氨酸 …… 198
　　一、L-缬氨酸概述 …… 198
　　二、谷氨酸棒杆菌生物合成 L-缬氨酸 …… 199
　　三、全局调控因子 Lrp 对谷氨酸棒杆菌合成 L-缬氨酸的影响 … 204
　　四、代谢途径改造对细胞合成 L-缬氨酸的影响 …… 206
　　五、*C. glutamicum* ATCC13869 高产 L-缬氨酸系统的构建 …… 208
参考文献 …… 213

第四章　代谢工程改造大肠杆菌生产典型平台化合物 —— 216

第一节　大肠杆菌基因组规模代谢网络模型及其生理特性解析 …… 216
　　一、大肠杆菌基因组规模代谢网络模型 …… 216
　　二、大肠杆菌基因组规模代谢网络模型生理特性解析 …… 230
　　三、基因组规模代谢网络模型展望 …… 234
第二节　代谢工程改造大肠杆菌生产 D-乳酸 …… 235
　　一、D-乳酸概述 …… 235
　　二、D-乳酸的应用领域 …… 235
　　三、D-乳酸的生产方法 …… 236
　　四、D-乳酸发酵菌株 …… 238
　　五、代谢工程改造大肠杆菌生产 D-乳酸 …… 239
　　六、代谢工程改造大肠杆菌生产 D-乳酸展望 …… 243
第三节　代谢工程改造大肠杆菌生产硫酸软骨素 …… 243
　　一、硫酸软骨素概述 …… 243
　　二、硫酸软骨素的生产方法 …… 244
　　三、大肠杆菌生产硫酸软骨素 …… 248

四、利用大肠杆菌生产硫酸软骨素的展望 253

第四节　代谢工程改造大肠杆菌生产L-苹果酸 253
　　一、L-苹果酸概述 253
　　二、L-苹果酸的应用领域 254
　　三、L-苹果酸的生产方法 254
　　四、代谢工程改造大肠杆菌生产L-苹果酸 257
　　五、代谢工程改造大肠杆菌生产L-苹果酸展望 261

第五节　代谢工程改造大肠杆菌生产5-氨基乙酰丙酸 262
　　一、5-氨基乙酰丙酸概述 262
　　二、5-氨基乙酰丙酸的应用领域 262
　　三、5-氨基乙酰丙酸的生产方法 263
　　四、代谢工程改造大肠杆菌生产5-氨基乙酰丙酸 267
　　五、代谢工程改造大肠杆菌生产5-氨基乙酰丙酸展望 269

第六节　代谢工程改造大肠杆菌生产异戊二烯 269
　　一、异戊二烯概述 269
　　二、异戊二烯的工业应用领域 270
　　三、异戊二烯的生产工艺 273
　　四、代谢工程改造大肠杆菌生产异戊二烯 275
　　五、代谢工程改造大肠杆菌生产异戊二烯展望 280

参考文献 281

第五章　代谢工程改造枯草芽孢杆菌生产营养强化剂 —— 284

第一节　枯草芽孢杆菌基因组规模代谢网络模型及其生理特性解析 284
　　一、枯草芽孢杆菌基因组尺度代谢网络的重构 284
　　二、枯草芽孢杆菌代谢工程操作系统 285
　　三、枯草芽孢杆菌基因组的简化 291

第二节　代谢工程改造枯草芽孢杆菌合成核黄素 293
　　一、核黄素概述 293
　　二、核黄素生物合成途径及其调控机制的解析 294
　　三、高产核黄素枯草芽孢杆菌的构建策略 299
　　四、代谢工程改造戊糖磷酸途径对细胞合成核黄素的影响 301
　　五、代谢工程改造核黄素代谢途径对合成核黄素的影响 305

第三节　代谢工程改造枯草芽孢杆菌合成N-乙酰氨基葡萄糖 308
　　一、N-乙酰氨基葡萄糖概述 308
　　二、枯草芽孢杆菌中N-乙酰氨基葡萄糖合成途径的设计与构建 311

三、空间组织工程优化 N-乙酰氨基葡萄糖合成途径 ………………………… 316

四、基于模块途径工程优化 N-乙酰氨基葡萄糖合成代谢网络 …… 319

五、基于靶向代谢组学解析 N-乙酰氨基葡萄糖合成对
细胞代谢的影响 ………………………………………………………… 325

六、基于 N-乙酰氨基葡萄糖合成途径动力学特征鉴定
限速步骤 …………………………………………………………………… 330

第四节 代谢工程改造枯草芽孢杆菌生产莽草酸 ……………………………… 335

一、莽草酸概述 ………………………………………………………………… 335

二、莽草酸生产方法的研究进展 ………………………………………………… 336

三、代谢工程改造枯草芽孢杆菌莽草酸代谢途径 …………………………… 340

四、基于 ^{13}C 同位素示踪和 GC-MS 揭示枯草芽孢杆菌胞内
莽草酸代谢流分布 …………………………………………………………… 342

五、基于代谢工程优化枯草芽孢杆菌中莽草酸代谢途径 ……………… 345

第五节 代谢工程改造枯草芽孢杆菌生产尿苷 …………………………………… 347

一、尿苷概述 …………………………………………………………………… 347

二、微生物中嘧啶核苷的合成途径及其调节机制 …………………………… 348

三、尿苷生产菌株的育种策略 ………………………………………………… 354

四、不同代谢工程改造策略对 B. subtilis 合成尿苷的影响 ……………… 355

参考文献 …………………………………………………………………………… 360

第六章 代谢工程改造光滑球拟酵母生产食品添加剂 ——— 363

第一节 光滑球拟酵母基因组规模代谢网络模型及其生理特性解析 …… 363

一、光滑球拟酵母生理特性 …………………………………………………… 363

二、光滑球拟酵母 CCTCC M202019 全基因组测序与特征分析 … 363

三、光滑球拟酵母基因组规模代谢网络模型 iNX804 的构建与
应用 …………………………………………………………………………… 369

四、光滑球拟酵母基因组规模转录调控网络模型的构建与分析 … 377

第二节 代谢工程改造光滑球拟酵母生产丙酮酸 ……………………………… 384

一、丙酮酸概述 ………………………………………………………………… 384

二、ATP 合成酶亚基缺失对光滑球拟酵母合成丙酮酸的影响 … 388

三、异源 NAD^+/H 再生系统对丙酮酸发酵的影响 ………………………… 396

四、异源 NAD^+/H 再生系统对丙酮酸合成途径的影响 ………………… 399

五、异源 NAD^+/H 再生系统对丙酮酸分解途径的影响 ………………… 410

第三节 代谢工程改造光滑球拟酵母生产富马酸 ……………………………… 416

一、富马酸概述 ………………………………………………………………… 416

二、重构胞质 TCA 还原路径生产富马酸前体苹果酸 ………………… 419
　　三、定向改造富马酸酶生产富马酸 ………………………………………… 423
　　四、重构线粒体 TCA 氧化路径生产富马酸 ……………………………… 429
　　五、重构尿素循环和嘌呤核苷酸循环对富马酸合成的影响 …………… 435
　　六、模块路径工程优化多基因合成路径生产富马酸 …………………… 441
　第四节　代谢工程改造光滑球拟酵母生产 3-羟基丁酮 ………………… 451
　　一、3-羟基丁酮概述 ……………………………………………………… 451
　　二、构建胞质丙酮酸脱羧途径对 3-羟基丁酮合成的影响 ……………… 455
　　三、构建线粒体丙酮酸脱羧途径对 3-羟基丁酮合成的影响 …………… 461
　　四、代谢工程改造丙酮酸裂解途径对 3-羟基丁酮合成的影响 ………… 466
　第五节　代谢工程改造光滑球拟酵母生产 α-酮戊二酸 ………………… 475
　　一、α-酮戊二酸概述 ……………………………………………………… 475
　　二、抑制 α-KGDH 活性对细胞合成 α-酮戊二酸的影响 ……………… 479
　　三、调控 α-KGDH 活性对细胞合成 α-酮戊二酸的影响 ……………… 481
　　四、过量表达 *ACS2* 提高对 α-酮戊二酸合成的影响 ………………… 486
　　五、过量表达 *PDC1* 对 α-酮戊二酸合成的影响 ……………………… 488
　参考文献 ……………………………………………………………………… 492

第七章　代谢工程改造酿酒酵母生产精细化学品 —— 494

　第一节　酿酒酵母基因组及其生理特性解析 …………………………… 494
　　一、酿酒酵母简介 ………………………………………………………… 494
　　二、酿酒酵母基因组研究进展 …………………………………………… 494
　　三、酿酒酵母表达系统 …………………………………………………… 499
　　四、后基因组时代的酿酒酵母研究策略 ………………………………… 503
　第二节　代谢工程改造酿酒酵母生产乙醇 ……………………………… 508
　　一、生物燃料 ……………………………………………………………… 508
　　二、酿酒酵母中原核基因表达体系的构建 ……………………………… 511
　　三、还原型戊糖代谢途径的构建 ………………………………………… 516
　　四、二氧化碳对生物乙醇发酵的影响 …………………………………… 521
　第三节　代谢工程改造酿酒酵母生产 L-鸟氨酸 ………………………… 527
　　一、鸟氨酸概述 …………………………………………………………… 527
　　二、L-鸟氨酸合成途径的模块化与 L-精氨酸的反馈调节 …………… 530
　　三、去代谢区室化及强化中心氮代谢对鸟氨酸合成的影响 …………… 534
　　四、调控葡萄糖效应对鸟氨酸合成能力的影响 ………………………… 538
　第四节　代谢工程改造酿酒酵母生产番茄红素 ………………………… 544

一、番茄红素概述 …………………………………………………… 544
　　二、微生物发酵法合成番茄红素的研究现状 ……………………… 545
　　三、敲除基因 *ypl062w* 强化前体物质供给 ………………………… 550
　　四、敲除 *ypl062w* 对萜类产物合成转录水平的影响研究 ………… 554
　　五、番茄红素合成路径与酿酒酵母底盘细胞的适配性研究 ……… 561
　第五节　代谢工程改造酿酒酵母生产多不饱和脂肪酸 ………………… 566
　　一、多不饱和脂肪酸概述 …………………………………………… 566
　　二、脂肪酸脱氢酶的研究进展 ……………………………………… 570
　　三、脂肪酸延长酶的研究进展 ……………………………………… 571
　　四、代谢工程改造微生物生产 PUFAs 的研究进展 ………………… 572
　　五、多不饱和脂肪酸合成途径中关键酶的克隆及其功能鉴定 …… 573
　　六、酿酒酵母中 Δ8 合成途径的构建 ………………………………… 579
　参考文献 ……………………………………………………………………… 582

第八章　代谢工程手段改善发酵微生物胁迫抗性 ——— 584

　第一节　代谢工程策略改善工业微生物胁迫抗性 ……………………… 584
　　一、前言 ……………………………………………………………… 584
　　二、工业微生物面临的胁迫压力及其应答机制 …………………… 584
　　三、提高微生物抵御环境胁迫的耐受性策略 ……………………… 591
　第二节　代谢工程改造光滑球拟酵母抵御环境胁迫 …………………… 597
　　一、前言 ……………………………………………………………… 597
　　二、代谢工程改造光滑球拟酵母抵御渗透压胁迫 ………………… 597
　　三、代谢工程改造光滑球拟酵母抵御高盐胁迫 …………………… 605
　　四、代谢工程策略改善光滑球拟酵母抵御酸胁迫的能力及其
　　　　机制解析 ………………………………………………………… 613
　第三节　代谢工程改造乳酸菌抵御环境胁迫 …………………………… 623
　　一、前言 ……………………………………………………………… 623
　　二、代谢工程策略改善乳酸乳球菌抵御环境胁迫的能力 ………… 627
　　三、缺失 *CcpA* 基因对保加利亚乳杆菌抵御环境胁迫的影响 …… 634
　　四、过量表达过氧化氢酶对嗜热链球菌抵御环境胁迫的影响 …… 637
　第四节　代谢工程改造酿酒酵母抵御环境胁迫 ………………………… 641
　　一、前言 ……………………………………………………………… 641
　　二、酿酒酵母抵御各种环境胁迫的生理机制解析 ………………… 641
　　三、海藻糖代谢途径与酿酒酵母抗逆性的生理机制解析 ………… 645
　　四、基于胞内蛋白质平衡改善酿酒酵母耐热性 …………………… 653

五、过量表达关键酶基因对酿酒酵母胁迫耐性的影响 …………… 660
第五节　代谢工程改造大肠杆菌抵御环境胁迫 ………………………… 664
　　一、前言 ……………………………………………………………… 664
　　二、大肠杆菌应对环境胁迫的响应机制 …………………………… 664
　　三、转录调节蛋白IrrE对大肠杆菌抵御盐胁迫的生理机制解析 … 669
　　四、微生物耐热元件的挖掘及其对细胞鲁棒性的影响 …………… 675
参考文献 ………………………………………………………………… 685

缩略语 ——————————————————————— 688

第一章 绪 论

第一节 发酵工程技术的现状与展望

一、发酵工程技术简介

随着自然科学的发展,生物工程技术的发展也日新月异。生物工程包含发酵工程、细胞工程、酶工程和基因工程,四大领域相互联系、相互促进,其中发酵工程占据重要地位。发酵工程也称微生物工程,该技术体系主要包括菌种选育和保藏、菌种的扩大生产、微生物代谢产物的发酵生产和分离纯化制备,同时也包括微生物代谢产物的工业化利用等。

现代微生物发酵工程主要包括以下内容:①利用高通量筛选技术、基因编辑组装与表达调控技术、系统改造与精准调控技术对微生物进行筛选和改造,以培育符合工业生产需求的新菌种;②微生物菌体的生产,通过设计和优化菌种培养条件,利用先进的生产工艺实现微生物的高效纯培养;③从低价值产品中分离出有用物质,利用微生物将低成本原料转化为高附加值产品;④微生物初级和次级代谢产物的发酵生产,如生产氨基酸、有机酸、抗生素等生理活性物质;⑤发酵产物的分离、纯化、精制及后续加工处理;⑥新型发酵装置的研发,如微型生物反应器、生物传感器和计算机控制的自动化连续发酵技术等;⑦新型发酵流程的技术研究,通过多参数检测分析与组学分析实现发酵过程的动态优化与自动控制、发酵产品的联产等。

发酵工业的前沿进展聚焦在以分子生物学为核心的现代生物技术的应用上,不仅促进了基因工程菌的构建,还极大地提升了传统微生物发酵的效率,甚至催生了全新的发酵工业领域。基因工程技术能够跨越物种界限,精确地操纵生物基因组,实现生物性状与功能的定向改造,从而创造出具备高效生产特定化合物能力的新型微生物"物种"。由此形成的发酵产业,不仅拓宽了工业微生物所能产生的化合物范围,使其超越了自然界原有微生物的界限,还极大地丰富了发酵工业的内容,推动了该领域的革新性变化。基因编辑工具如 CRISPR-Cas 系统,使得对微生物基因组的精确改造变得更加高效和便捷,为发酵工业的定制化生产提供了强有力的技术支持。随着合成生物学、代谢工程等前沿领域的不断发展,发酵工程技术正逐步迈向更加智能化、高效化和可持续化的未来。这些技术不仅有助于提升发酵产品的产量和质量,还能降低生产成本,减少对环境的负面影响,为发酵工业的可持续发展开辟广阔的前景。

二、发酵工程的发展现状

发酵工程从在传统发酵食品中的应用,到建立抗生素工业以及基因工程产品大规模产业化的实施,已经在人类经济活动中占据了重要的地位。发酵工程作为一门古老而又年轻的学科,它所支撑的发酵工业是生物技术产业的重要领域,涉及食品、医药、能源、环境保护等众多行业,在人类生活和经济活动中发挥着重要的作用。同时,随着工业生物技术的兴起和发展,也为人类社会的可持续发展开辟了新的路径。

(一)食品行业

现代发酵工程技术在食品的研发中应用广泛,主要体现在以下几个方面。

1. 食品添加剂

随着生活品质的提升,消费者对食品色、香、味要求日益增加,食品添加剂的重要性凸显。化学合成法成本低但安全性存疑,植物萃取法安全但成本高。微生物发酵技术成为食品添加剂生产的研究热点,其能高效制备红曲色素、类胡萝卜素等天然色素,以及谷氨酸、甘氨酸等氨基酸,同时可生产细菌素、乳酸菌素等新型天然防腐剂。发酵法生产食品添加剂不仅提升了食品品质,还保障了食品安全,展现了发酵技术在食品工业中的巨大潜力。

2. 功能性产品开发

在追求高品质生活的时代,功能性产品的需求持续增长,它们不仅能满足基本饮食需求,更具备调节人体机能的功效。功能性产品种类繁多,涵盖膳食纤维、维生素补充剂及肠道益生菌等。这些产品的规模化工业生产高度依赖于发酵工程技术,发酵工程在提升功能性产品品质与生产效率方面发挥着关键作用。

3. 食品发酵工艺改良重构

基于现代生物学理论,对传统食品发酵工艺进行深入分析,并借助新型发酵装置开发、菌株筛选纯化与基因改造、发酵过程动态监测控制等先进技术,设计更为优化的发酵流程,可显著提升生产效率,改善食品风味,同时增强发酵过程的稳定性与可控性,确保产品的优质与安全。

4. 单细胞蛋白生产

单细胞蛋白作为培养单细胞生物所得的菌体蛋白质,因其低成本和资源消耗小的特点而备受瞩目,其应用广泛,如制作人造肉,为素食者提供多样化蛋白质源;开发婴幼儿食品;用作饲料。利用农业废弃物和工业副产品生产单细胞蛋白,不仅能缓解传统农业压力,还能有效解决土地和水资源使用问题。

(二)环境保护

现代农业与石油、化工等现代工业的迅猛发展,催生了大量天然及合成有机高分子化合物的开发。然而,农药、石油化工产品、炸药、塑料、染料等工业生产过程中排放的废水,以及 CO_2、CO、硫化物等气体,对环境造成了严重污染,其中约1100种污染物具有致癌作用，我国部分灌区土壤和污水中的芳香烃化合物污染尤为严重。这些污染物不仅是温室效应的主要来源，也是酸雨形成的关键因素。微生物展现出对污染物的卓越降解能力，成为污染控制研究的热点。

1. 净化有毒物质和高分子化合物

众多公认难以生物降解的人工合成污染物中，有100多种能够被微生物有效降解和转化。例如，部分假单胞菌和无色杆菌能够清除含氰剧毒化合物；产碱杆菌、无色杆菌及短芽孢杆菌则对联苯类致癌化合物具有降解能力。此外，微生物也被发现能降解聚酰胺类、聚乙烯醇、聚乙二醇等塑料成分，甚至能分解废旧轮胎和辐射污染的橡胶制品。鉴于环境污染物往往混合存在，当前研究已进展到利用基因重组技术构建多功能高效降解的"工程菌"，这类"工程菌"能将强致癌性的DDT（有机氯农药）、PCB（多氯联苯）和甲基氯苯等卤素化合物分解为CO_2和水。尽管"工程菌"在污染降解领域的研究仍处于实验室阶段，但其应用潜力广阔。

2. 废弃物循环综合利用

工业三废、生活垃圾、农业废弃物等未经适当处理就排放到环境中，会严重污染环境，对生态平衡和人体健康造成威胁。利用微生物转化或发酵技术处理有机废弃物，既环保又能促进资源循环利用，可生产出高价值的产品，从而实现经济与环境的双重效益。例如，用造纸废水生产甾类激素，用甘薯废渣生产四环素，用农林废弃物生产乙醇，用食物垃圾生产乳酸等。微生物转化或发酵技术可以实现废弃物的资源化利用，减少环境污染，促进可持续发展。

3. 土壤修复

土壤在某种程度上是固体与液体废弃物的集中存放地，土壤污染及其相关影响构成了当前亟待解决的重要环境问题。特别是难以生物降解的碳氢化合物以及有毒金属，这些顽固且有毒的化合物不仅限于污染土壤表层，更能渗透至地下水系统，对自然环境产生深远的负面影响。为了应对土壤污染问题，近年来已开发并应用了多种修复技术，包括物理手段（例如燃烧或热处理）和化学方法，旨在清除土壤中的顽固污染物。生物修复技术因其生态友好性和成本效益显著而备受关注，如通过添加微生物菌剂，可以有效促进污染物的生物降解，显著降低土壤中植物对重金属的摄取量，并维持土壤环境的最佳状态。

4. 降解海上浮油

随着工业社会的快速发展，泄漏的石油已成为主要的水体环境污染物之一。微生物降解被认为是最有可能处理石油烃污染的解决方案，其修复成本比化学和物理方法低50%~70%。微生物利用特定的代谢过程，能够将石油烃类物质分解成无害的二氧化碳和水，进而实现海洋石油污染的修复。从受石油烃污染的红树林沉积物中成功分离出能够降解柴油、十六烷和菲的微生物菌株，这些菌株在一个月内实现了对柴油88%的降解率以及对十六烷和菲超过99%的降解率，展现出显著的石油降解性能。

（三）医药行业

传统的制药工业有两种：一是涉及化学合成药物，其工艺复杂、条件苛刻、污染严重、毒副作用大；二是涉及生化药物，从动植物中提取而获得，但其受资源限制，代价昂贵，无法满足生产需求。采用生物工程技术，通过发酵工程技术为人们寻求新药带来了希望。

肝素作为临床上首选的抗凝剂与抗血栓药物，在治疗炎症、癌症以及多种病毒性疾病方面展现出优越的价值。传统肝素获取方法是从动物组织中（如猪肠）提取，随着发酵工程与合成生物学的进步，利用基因改造的工程菌株来生产肝素，提供了经济高效且更安全可靠的替代方案。

血红素是一种包含铁的卟啉类化合物，其作为辅助因子参与多种生物功能蛋白质中，诸如氧气的转运与储存、电子的传递以及氧化应激的解毒过程。此外，它还是制备半合成血卟啉及其相关化合物以及用于治疗特定疾病的原卟啉钠的重要原料。传统的血红素获取方法是从动物血液中提取，成本高、产量低且耗时。大肠杆菌、谷氨酸棒杆菌或枯草芽孢杆菌等微生物发酵生产血红素，目前最高产量能达到248mg/L，相对于传统方法生产效率高、成本低，更具优势。

（四）能源行业

能源紧张是当今世界各国都面临的一大难题。石油危机之后，人们更加认识到地球上的石油、煤炭、天然气等化石燃料终将枯竭，而利用微生物发酵工程则能开发再生性能源和新能源。例如，人类对太阳能的直接利用极为有限，而地球上绿色植物和光合微生物是主要的太阳能贮存者，木质纤维素作为地球上最丰富的可再生碳资源，其年产量高达13亿t，若能有效开发利用这些生物储存的能量，将极大缓解当前的能源紧张状况。通过微生物发酵技术可以将植物秸秆以及农林加工过程中产生的废弃物，如纤维素、半纤维素等，转化为液体和气体燃料。将这部分废弃的木质纤维素生物质进行价值化利用，有助于解决废弃物处理和环境保护的问题，为实现可持续发展提供了新途径。

三、生物发酵技术主要产品

（一）氨基酸及其衍生物

1. 发展概况

氨基酸作为重要的营养与功能元素，与我们的生活息息相关，被广泛运用在饲料生产、食品加工、医药制造以及日化产品等多个领域。氨基酸在护肤品配方中的广泛应用、素食主义潮流的兴起、动物饲料行业需求的持续攀升以及发酵技术、基因工程技术与酶工程技术的大规模采纳，构成了推动该市场持续扩展的主要动力因素。

我国氨基酸产业起步较晚，但发展迅速，现已成为全球氨基酸生产和出口大国。目前我国的氨基酸产业品种主要包括谷氨酸、赖氨酸、苏氨酸、甲硫氨酸、色氨酸等。2023年全球氨基酸市场规模达到1140万t，预计保持4.7%的年均复合增长率，到2032年市场规模将达到1680万t。2015—2021年中国氨基酸产量整体呈现增长趋势，2021年氨基酸产量为639万t，同比增长5.61%。2023年全国饲料用氨基酸产量同比增长10.2%，初步核算 2023 年中国氨基酸产量约 752 万 t。

氨基酸的工业化生产方法经历了从提取法、化学合成法到生物法的演变。然而，提取法受限于蛋白质原料的稀缺性和对环境的潜在污染，仅局限于生产少数氨基酸，例如半胱氨酸。化学合成法则因反应条件严苛且产物易发生消旋化，而主要用于生产甲硫氨酸、甘氨酸等有限的几种氨基酸。相比之下，生物法凭借原料成本低廉、反应条件温和以及易于实现大规模生产等优势，已成为氨基酸工业化生产的主流方法。生物制造特别是以氨基酸及其衍生物出发的生物制造是解决未来资源和能源问题的一个突破口。将发酵法、转化法、酶法和化学法有机组合，发展模块化多组合路线，建立氨基酸衍生物模块化生产工艺，可以更加高效地提升氨基酸衍生物的生产。氨基酸行业的技术水平主要体现在生产效率的提升、菌种质量的优化以及资源综合利用能力的提升等方面。其中，生产效率的提升尤为关键，它涉及原材料消耗、成品收得率以及能源消耗等多个指标的不断优化。氨基酸生产所用的主要原材料多源自玉米、大豆、小麦等农产品，例如，从玉米淀粉中提取的葡萄糖被用作碳源，再添加必要的无机盐和氮源，通过特定的生产菌种进行新陈代谢，最终获得所需氨基酸产物。建立并开发利用木质纤维素为原料的代谢工程，将会为新能源的开发提供良好的方向。

氨基酸的生产企业主要包括中国梅花生物科技集团股份有限公司、日本味之素株式会社、德国赢创工业集团以及韩国希杰集团等，这些企业在全球及国内市场中均面临着激烈的竞争环境。为了保持和提升竞争力，需要不断加强技术创新和产品研发，提升产品质量和生产效率；同时，也需要注重市场多元化和全球化战略，积极开拓新的市场和业务领域。我国氨基酸生产水平见表 1-1。

表 1-1　　　　　　　　　　我国氨基酸生产水平

品种	生产方法	产酸水平/（g/L）	转化率/%	提取收率/%
谷氨酸	发酵法	190~210	≥69	≥90
赖氨酸	发酵法	220~240	≥69	≥92
苏氨酸	发酵法	120~130	≥57	≥88
色氨酸	发酵法	40~45	≥18	≥80
苯丙氨酸	发酵法	65~70	≥25	≥80
缬氨酸	发酵法	50~55	≥28	≥85
异亮氨酸	发酵法	30~35	≥15	≥78
亮氨酸	发酵法	35~40	≥18	≥85
精氨酸	发酵法	65~70	≥25	≥70
脯氨酸	发酵法	70~75	≥35	≥80
鸟氨酸	酶法	110~120	≥95	≥85
瓜氨酸	酶法	90~100	≥95	≥85

2. 行业特点

随着大宗氨基酸市场逐渐饱和，小品种氨基酸、非蛋白质氨基酸、环化氨基酸及氨基酸衍生物等新型氨基酸产品的需求日益增加，成为氨基酸行业发展的新热点。我国虽已能生产十余种小品种氨基酸，但因其独特的生理功能及特定的应用领域，市场需求呈现小众且分散的特点。相较于大宗氨基酸，小品种氨基酸的生物合成路径更为繁复，技术壁垒高，研发投资大，且供应链体系亟待健全。因此，加大对小品种氨基酸的技术研发与创新力度，突破市场局限，规范市场竞争秩序，发展新的增长点，对于提升我国氨基酸行业的市场竞争力至关重要。

氨基酸产业作为我国生物产业的关键一环，尽管我国产量领先，但仍面临产品创新不足、技术水平滞后及产品质量差异显著等问题。为此，亟需通过技术创新与产品优化，加速科技成果的转化应用，全面提升行业创新能力，抢占行业发展的战略高地，为可持续发展奠定坚实基础。当前，应客观分析行业形势，优化产业结构，提升产品档次，并加大对氨基酸生产技术研发的投入，特别是生物工程技术、酶工程等前沿技术的应用，以及共性关键技术的推广，以降低生产成本，提高生产效率与环保性能。同时，采用先进的绿色技术与智能化设备，构建科学的清洁生产评估体系，优化生产工艺，减少能源消耗与污染排放，实现产品质量与生产效率的双重提升，推动氨基酸产业向绿色、健康、高效方向发展。

（二）有机酸及其衍生物

1. 发展概况

有机酸是传统食品、化工、医疗行业的重要原料，也是新兴的生物基化学品和生物基材料的重要原料。有机酸是指一类带有酸性的有机化合物，它们的酸性特性主要归因于分子结构中的羧基官能团（—COOH）。有机酸种类繁多，按照结构和性质的不同，可以分为羧酸、磺酸、酚酸等多种类型，每种类型又可以根据碳链长度、取代基的不同等进一步细分。有机酸在自然界中分布广泛，分为天然有机酸和合成有机酸两大类。天然有机酸大多源自植物或农副产品，例如柠檬酸和苹果酸，它们展现出多样的生理活性，如抗菌、促进胆汁分泌、抗炎、降血糖及抗氧化等效果，而合成有机酸则是通过化学合成、酶催化或微生物发酵等方法制得。有机酸可以在微生物如细菌、真菌和藻类等中合成。目前，已有柠檬酸、丁二酸、苹果酸、衣康酸、富马酸、葡萄糖酸和丙酮酸等多种有机酸采用微生物发酵法进行规模化生物制造。在食品工业中，有机酸作为添加剂，能够提升食品的口感和营养价值；在化妆品行业，它们被用于护肤、美白及去角质等；在医药领域，则用于治疗皮肤疾病、加速伤口愈合等。随着消费者对健康和环境保护意识的提升，有机酸产品的市场需求正持续扩大。

目前全球有机酸产品主要生产商包括 Celanese、江苏索普、长春集团、Sipchem、潍坊英轩实业有限公司、山东柠檬生化有限公司、鲁西集团等。根据恒州博智信息公司的统计及预测，2023 年全球有机酸产品市场销售额达到了 163.6 亿美元，预计 2030 年将达到 200.6 亿美元。根据 IMARC Group 预测，2024—2032 年，全球有机酸市场将以 7.1% 的年复合增长率持续扩张。这一增长主要归因于全球食品和饮料行业的迅猛增长，同时，有机酸作为动物饲料中抗生素生长促进剂（AGP）的替代品而被广泛接纳，也进一步提升了产品需求。此外，柠檬酸和甲酸在多功能化妆品及个人护理产品、中间体和石油化工产品中的应用日益广泛。

2. 行业特点

柠檬酸作为一种具备显著盈利潜力及出口竞争力的产品，其在国内市场的兴起引发了企业的过度投资与无序扩张。当前市场格局中，乙酸、柠檬酸、乳酸等传统有机酸仍占据主导地位，然而，随着技术的不断革新与应用领域的持续拓宽，新型有机酸产品如苹果酸、山梨酸等逐渐崭露头角。尤其值得关注的是，高品质有机酸产品，如特定医药中间体及食品添加剂等，在国内市场需求依然旺盛。这些新型有机酸凭借其独特的化学特性和广泛的应用潜力，正逐步成为市场的新焦点。多组学技术与功能基因组学的进步将深化我们对微生物产有机酸调控机制的理解，并提升代谢工程改造的效率。同时，合成生物学与大数据技术的融合应用，将使得通过代谢网络计算模拟评估微生物产有机酸的潜力成为可能，进而推动工业菌种的定向合成与构建，助力有机酸产业的转型升级与可持续发展。

（三）酶制剂

1. 发展概况

酶制剂与微生态制剂等生物产业，作为我国战略性新兴产业的重要组成部分，以其高效、安全、节能、环保的特性，为建设资源节约型、环境友好型社会提供了重要支撑。在工业领域，工业酶的应用正日益加速，成为绿色生产技术改造传统高污染、高耗能工艺的关键力量。酶制剂，作为从动物、植物及微生物等生物体中提取的具有生物催化功能的物质，其主要来源是微生物。为提升发酵液中酶浓度，优选高产酶菌株进行发酵，并致力于研发耐高温、耐碱性等特殊性能的酶。酶的分离提纯技术，作为酶制剂生产的核心环节，通过运用多种分离提纯手段，从微生物细胞及其发酵液中高效提取高活性酶，进而制备出不同纯度的酶制剂。为提高酶制剂的活性、纯度及收率，探索新型分离提纯技术显得尤为重要。此外，采用固定化方法处理酶，可显著提升其稳定性和重复使用性，进一步拓宽了酶制剂的应用范围。

全球酶制剂市场呈现出高度的寡头垄断特征，其中诺维信、杜邦杰能科、德国AB酶制剂、皇家帝斯曼和巴斯夫五家公司合计占据了全球工业酶制剂市场约75%的份额。在国内，市场集中度同样较高，16家主要酶制剂企业的产能占据了国内高端酶制剂总产能的90%以上，这些企业正逐步获得国际市场的认可，并积极向高端酶制剂市场进军。当前，我国酶制剂产品已历经更新换代，主要包括糖化酶、淀粉酶、纤维素酶、蛋白酶、植酸酶、半纤维素酶、果胶酶、饲用复合酶和啤酒复合酶九大类。酶因其高效催化性能、高度专一性和温和的作用条件，在食品饮料、医药、工业及农业等多个行业中得到了广泛应用。随着新应用市场的不断拓展，洗涤、造纸、纺织、皮革及石油开采等领域的酶制剂产业化步伐正在加快。

生物技术的持续进步与广泛应用领域的拓展，使得全球酶制剂行业展现出了稳健的增长趋势。2023年全球酶制剂市场规模已达到128亿美元，预测至2028年将增长至178亿美元。近年来，通过吸收国际尖端设备、优化菌种培育以及创新酶制剂的研发，我国的酶制剂行业实现了显著的飞跃。在市场需求的不断增加与政策扶持的双重激励下，2016—2023年，我国酶制剂的产量实现了连续增长，至2023年底，产量已接近193万t。据初步预测，至2029年，我国酶制剂的产量有望进一步增长至244万t。

2. 行业特点

酶制剂产业是一个技术密集型行业，技术的更新换代速度较快。近年来，随着基因工程、代谢通量分析技术等新技术的发展，酶制剂的生产效率和产品质量得到了显著提升。这些新技术的不断涌现，为酶制剂产业带来了新的发展机遇和挑战。我国酶制剂发展存在的主要问题包括：①品种单一与同质化严重，特别是大宗酶制剂产品更加突出，缺少新的高端酶制剂品种，这不仅加剧了企业间的不正当竞争，还损害了行业的整体利益。②复合酶制剂发展相对滞后，复合酶制剂是未来发展的重要方向，其附加值也更高。由于复合酶制剂的开发必须要有较强的应用研究为基础，而国内大部分酶制剂企业在这一方面尚缺乏技术实力。③缺少精制酶，受提取、后制备等技术、工艺及装备水平的限制，我国酶制剂产品仍以粗制酶为主，精制酶匮乏，剂型单一，限制了其应用范围。④研究和开发经费较少，因此需要努力采用和推广高新技术，尽快发展具有中国自主知识产权的创新技术。我国酶制剂行业应尽快调整产品结构，大力开发新酶种和新用途，提升产品质量，以满足市场需求。同时，持续引进并推动高新技术，力求在研发具有中国自主知识产权的创新酶制剂技术上取得突破，以在未来的市场竞争中占据更有利的地位。

（四）淀粉糖

1. 发展概况

淀粉糖是以淀粉或淀粉质为原料，经酶法、酸法或酸酶法加工制成的液（固）态产品，包括葡萄糖、低聚异麦芽糖、果葡糖浆、麦芽糖、麦芽糊精、葡萄糖浆等。淀粉糖除了可以作为蔗糖的替代和补充，还可以进一步加工为变性淀粉、糖醇、酒精、氨基酸等产品，广泛应用于食品、医药、造纸等领域。近年来，受多重因素驱动，包括国家对玉米深加工审批限制的放宽、蔗糖价格的上涨、糖浆类产品及葡萄糖粉市场需求的激增，我国淀粉糖的生产量呈现出持续增长的趋势。淀粉糖生产企业主要有广州双桥、山东鲁洲、山东西王、中粮生物和黑龙江金象等。2022年我国淀粉糖产量为1688万t，2023年达到1915万t。

在技术创新方面，中粮集团通过引入生物浸泡和酶促分离技术，成功研发出新型复合酶制剂及配套的新型液化工艺。这一创新使得玉米淀粉乳的液化糖化浓度相比传统工艺提高了7%，同时产品的最终品质和收率也得到了显著提升。在生产流程上，传统的糖浆分离主要依赖于板框式过滤器与真空转鼓式过滤器。而近年来，膜分离技术的应用逐渐普及，它不仅能够提高过滤精度，还能缩短生产流程，实现连续化生产，同时确保产品的安全卫生。

2. 行业特点

当前,我国淀粉糖行业正面临严峻的市场形势。随着消费者需求量的日益上升,我国淀粉糖行业也迅速发展,产量与需求量持续扩大。淀粉糖的产能正逐渐向行业领军企业聚集,市场格局趋于稳定,未来几年或将形成由少数大型企业主导的局面。当前淀粉糖行业长期处于供大于求的状态,尤其在近年来扩产较快的背景下,产能过剩问题愈发严重。未来,淀粉糖产业应更加注重新技术、新工艺的研发与应用,加大对纤维素等非淀粉多糖的研究与利用力度。通过合成生物学技术探索作物之外的淀粉合成新路径,进一步拓宽原料来源。还需深入市场调研,开发具有细化市场能力的淀粉糖类产品,如保健型、低热量型等,以满足消费者日益多样化的需求,有助于淀粉糖产业在激烈的市场竞争中保持优势,实现可持续化发展。

(五)多元醇

1. 发展概况

多元醇是分子中含有两个或两个以上羟基的醇类,主要包含季戊四醇、三羟甲基丙烷、新戊二醇、乙二醇、丙三醇等,是重要的精细化工原料和中间体,广泛应用于生产清漆、松香树脂、环氧氯丙烷、药品及化妆品、聚酯树脂等工业品,以及作为合成干性油、胶黏剂、增塑剂、表面活性剂的重要中间体。随着环保意识的增强,环保型多元醇和生物基多元醇等绿色产品的市场需求逐渐增加,生物基多元醇在功能性方面几乎没有差异,但其原料的毒性更低,来源更加丰富,成本较低,由生物基多元醇合成的材料具有可生物降解性,更符合绿色环保的要求。生物基多元醇的原料来源广泛,主要包括木质纤维素、植物油、糖类及天然酚类。2023 年,我国多元醇行业产能已达近 700 万 t,多元醇市场规模预计 2027 年将达到 493 亿美元。

2. 行业特点

当前,我国多元醇行业正面临多维度的挑战。首要问题在于生产原料,如玉米、小麦等的价格波动显著,这主要受到气候变化、市场需求波动以及全球能源价格变动等多重因素的交织影响。能源成本的攀升与物流运输费用的增加,进一步推高了多元醇产品的生产成本,加剧了行业的成本压力。从产业结构来看,国内聚醚多元醇行业呈现出产能过剩的态势,下游市场竞争日益激烈,对高性能产品的需求日益增长。在生物基多元醇领域,尽管其具有环保、可再生等诸多优势,但仍面临着一系列挑战。生物基多元醇的原料来源相对有限,需要拓宽原料渠道,探索更多可再生生物质的利用,以提高资源利用效率。生物基多元醇的制备工艺仍有待优化,以提高产率和生产效率,加速其产业化进程。加强对生物基多元醇性能稳定性的研究,提升其在复杂环境条件下的耐久性和可靠性,是确保其广泛应用的关键。

(六)酵母及其衍生物

1. 发展概况

酵母广泛存在于自然界中,作为一种天然的发酵媒介,相较于其他发酵手段,在发酵效率、营养含量以及使用便捷性方面展现出明显的优越性。酵母行业主要由酵母及相关衍生物构成，酵母包括应用于烘焙面点的面用酵母、酿酒酵母、饲料酵母、酱油酵母等，其衍生物包括酵母提取物（YE）、酵母源生物饲料、营养素、生物有机肥等。

2023年全球酵母市场规模约73亿美元，总产量190万~200万t，行业年均增长率5%左右，供需平衡。2023年，我国酵母制品总产量接近50万t，其中酵母衍生物约14.5万t，酵母制品的总出口量超过14万t，出口市场主要以亚太、中东地区及非洲国家为主，欧美次之。2023年，安琪酵母年发酵总产量达到37.7万t，其中抽提物产量13.8万t，安琪酵母国内市场占有率接近60%，全球占比约20%，规模已居全球第二，包括烘焙、面食、酿造、调味品、生物能源、生物医药、动物营养等多领域，产品畅销170多个国家和地区[*]。

我国酵母产业在国际市场上展现出显著优势，包括生产规模庞大、产品多样化、质量控制严格与合规性、成本竞争力突出、进出口贸易经验丰富，以及持续的技术创新与研发能力。目前我国酵母下游需求领域主要来自中式面点和烘焙食品，我国烘焙食品行业已进入规模化发展阶段，市场规模正在不断扩容。未来，随着烘焙食品人均消费量上升和居民消费水平增强，其市场规模也将迎来进一步扩大，届时也将进一步推动酵母市场需求的上升。

2. 行业特点

酵母产业因其对高额资本的密集需求、严格的环保合规性要求以及较长的投资回报周期，构筑了较高的行业准入壁垒，进而促使该产业呈现出高度的市场集中度。这一高壁垒特性稳固了酵母市场的竞争格局，其中，酵母生产工艺的繁复性与技术水平的先进性对产品的性能及稳定性具有显著影响。酵母生产过程中伴随的环境污染风险，要求企业必须加大环保设施的投资力度，以确保生产活动的可持续性。酵母产业深受原材料供应波动的影响，特别是作为主要原料的糖蜜，它源自甘蔗和甜菜制糖过程中的副产物，而甘蔗在糖蜜来源中占据了压倒性的比重（约90%）。原料依赖性不仅增加了生产成本的不确定性，也对酵母产业的供应链安全构成了挑战。面对这些行业特性，酵母及其衍生物领域正积极探索一系列技术创新，包括酵母培养基的优化技术、发酵过程的精准控制与自动化水平的提升，以及新型高效酵母菌株的开发等，旨在提升产品的性能与生产效率。行业也将更加聚焦于绿色生产技术的研发与应用，以响应环境保护与可持续发展的全球趋势。

（七）功能发酵制品、酵素、益生菌

1. 功能发酵制品

功能性发酵制品主要是以高新生物技术（包括发酵法、酶法）制取的具有特殊生理调节功能的活性物质，包括膳食纤维、低聚糖、微生物多糖、红曲、微生态制剂等。我国的功能性食品产业起步较晚，但随着民众健康意识的增强和消费水平的提升，近年来该产业在国内市场迎来了迅猛的发展，使中国跃升为全球最大的功能性食品消费市场。在"十三五"规划期间，我国生物发酵产业的主要产品产量年均增长率达到了4.6%。作为功能食

---

[*] 本段内容中的数据由安琪酵母许引虎提供。

品的关键配料，功能发酵制品的产量在2020年已达370万t。2023年，中国功能性食品产业的市场规模达3523亿元，且过去八年的平均增长率超过了6%，中国在功能性食品配料的产业化及应用方面已跻身全球领先地位。随着合成生物学领域的不断进步以及功效评价方法的日益完善，新型功效原料的研发已成为科研领域的热点，展现出巨大的发展潜力。

功能发酵制品领域已见证了规模化生产品种数量的显著增长，同时，众多新兴品种也在市场中逐渐崭露头角，展现出强劲的发展潜力。华熙生物自2004年起便积极投身于新资源食品原料的研发与申请工作，并于2021年成功获得国家卫生健康委员会的正式批准，将其申报的透明质酸钠（也称透明质酸或玻尿酸）纳入新型食品原料范畴，从而允许其被添加至普通食品之中。当前功能发酵制品产业所面临的最大挑战在于其行业定位的模糊性。长期以来，该产业饱受规模限制、品种繁多且难以有效归类、抗风险能力相对薄弱、研发投入不足以及经济效益欠佳等问题的困扰。部分生产企业在食品安全管理方面仍存在明显短板，资金配置的不足导致食品安全风险依然不容忽视。食品安全作为食品产业的生命线，其重要性不言而喻。因此，加强食品安全管理，提升资金配置效率，已成为功能发酵制品产业亟需解决的重要课题。对生物活性物质的深入研究正逐渐成为推动中国食品产业升级与实现飞跃式发展的关键驱动力。通过深入挖掘生物活性物质的潜在价值，不仅可以为功能发酵制品产业注入新的活力，还可以为消费者提供更加健康、安全、高效的食品选择。

2. 酵素

酵素在生物体中扮演着协助分解物质、进行新陈代谢的重要角色。酵素是以动物、植物、菌类等为原料，经微生物发酵制得的产品，含有特定生物活性成分（包括多糖类、寡糖类、氨基酸、多肽及蛋白质类、维生素类）。酵素在食品行业应用最为广泛，在医药、清洁剂及饲料等领域也展现出强劲的市场需求。

近年来，我国酵素产业处于快速发展阶段，彰显了其蓬勃的生命力和创新力。2019年，市场规模已达到200多亿元，并且聚集了近5000家相关企业，其中超过200多家生产企业年产200t以上的酵素，市场规模增长了50多倍。2023年，中国酵素销售额已达299.28亿元，产业规模增长至366.42亿元。未来几年内，中国酵素行业的市场规模有望实现飞跃式增长，预计将达到2000亿元的庞大规模。通过基因工程、发酵工程等现代生物技术手段，可以生产出更多种类、更高品质的酵素产品，满足消费者多样化的需求。同时，技术创新还有助于提高酵素产品的稳定性和安全性，降低生产成本，提升市场竞争力。

当前，酵素产业面临两大核心挑战，公众对酵素的认知存在误解以及前端销售环节存在不规范现象。酵素行业在我国尚处于起步阶段，公众对酵素产品及养生理念认知有限，整个产业存在发展无序、标准缺失及夸大宣传等问题。由于酵素产品的原材料多样化、生产工艺各异、生产规模不一，导致在产品种类、规格、生产周期及保质期等方面缺乏统一标准，为制定相关规范带来了难度。鉴于此，需充分理解和遵循国家相关产业政策，从生产源头、生产流程、后期处理及产品宣传等多个环节严格规范行业行为，推动我国酵素产业向科学化、正规化、健康化的可持续发展方向迈进。中国生物发酵产业协会酵素分会已积极采取行动，主导制定了一系列酵素产业标准，旨在规范酵素产品的生产与销售流程。未来，还将继续深化标准制定工作，确保我国酵素行业有章可循，步入规范化发展轨道。

3. 益生菌

益生菌是一类在摄入适量时能够对宿主机体健康产生积极影响的活体微生物。针对不同健康需求，如肠道健康维护、免疫力调节、抗生素相关性腹泻恢复、体重管理、女性健康促进以及抗过敏反应等，市场上涌现出了一系列功能各异的益生菌食品。为了提升益生菌在加工、储存及摄入过程中的活性与稳定性，全球科研界与产业界已开发了多种先进技术。其中，包埋技术是一种高效且创新的方法，该技术通过将益生菌巧妙地包裹在一种精心设计的保护性基质内，形成微小的胶囊状结构。这种结构不仅能够有效隔绝外界不良环境（如高温、湿度、酸碱度变化等）对益生菌的侵害，还能确保益生菌在人体内的稳定递送与释放，从而最大化地发挥其健康益处。此外，晶球益生菌技术作为另一项前沿技术，通过构建包含三层不同功能保护层的复杂结构，进一步增强了益生菌的存活率与活性，确保益生菌在经历口腔、胃部等恶劣环境后，仍能保持较高的活菌含量与活性，直至顺利抵达肠道并发挥其生理作用。全球范围内的众多企业与研究机构仍在不断探索与创新，致力于开发更多种类的益生菌技术，以满足日益多样化的消费者需求及快速变化的市场趋势。2023年保健品行业中，益生菌以20.48%的市场份额位居榜首，市场规模实现了91%的显著增长。2018—2022年，国内益生菌市场规模以每年11%~12%的速度快速增长，实现了从647.7亿元到约1093.8亿元的显著增长，年均复合增长率高达14%，到2028年预计规模将超1900亿元。

目前我国尚未形成全面且系统的益生菌及其发酵乳制品的标准体系，这导致了市场上益生菌产品种类繁多，市场状态显得较为混乱，部分产品存在着夸大宣传的问题，统一标准的缺乏一定程度上导致产业发展艰难。益生菌产业的核心竞争力在于上游的优质菌种研发及其规模化生产，特别是在益生菌原料的生产和工业化方面。肠道微生物群都是独一无二的，这些微生物对宿主健康的影响取决于它们在肠道中的作用和产生的代谢产物。针对个体肠道微生态的差异，通过精准检测和定制，开发个性化益生菌产品成为新的趋势。随着我国益生菌研究的逐步深入、产业协会规范标准、政策引导以及本土化生产的优势，未来我国益生菌行业发展将趋于竞争激烈化、市场规范化、本土厂商市场占有率提升。

（八）美妆原料、药物原料、生物材料

1. 美妆原料

随着消费者对安全、环保及功能性强的化妆品需求的不断攀升，化妆品产业的核心竞争力日益聚焦于安全性和功效性两大维度。生物发酵技术凭借其独特优势，已逐步渗透并深刻影响着化妆品领域的发展。生物发酵技术在化妆品原料中的应用，如透明质酸、胶原蛋白、多肽等植物提取成分，已在保湿、美白、抗衰老等关键功效方面展现出卓越的性能。该技术不仅能够生产出高质量、高纯度的化妆品成分，还能有效提升活性成分的含量，从而进一步增强产品的功效。生物发酵过程能够富集原材料中的有效成分，甚至可能产生全新的功效成分。对于某些植物类成分，通过有益的微生物进行转化，还能有效降低其潜在的毒性，提高使用的安全性。生物发酵技术已成为推动美妆原料创新的重要动力，助力美妆原料频繁"上新"。随着生物发酵技术的不断进步和完善，其在化妆品领域的应用前景将更加广阔。2023年中国化妆品原料行业的市场规模达约122.65亿元，生产量约为101.7万t，需求量达99.6万t。

化妆品行业的竞争焦点逐渐聚焦于高科技含量产品的创新研发上，生物发酵技术在化妆品领域的研究与应用迅速升温。然而，化妆品生产制造仍面临诸多实际操作层面的挑战。高产菌株的选育直接关系到发酵效率与目标产物的产量，筛选廉价且高效的培养基以及优化生产工艺参数，也是实现生物发酵技术工业化应用的关键。在提取过程中确保功效活性物质的稳定性同样至关重要。由于化妆品中的活性成分往往对光、热、氧气等环境因素敏感，如何有效保持其在提取、加工及储存过程中的稳定性，将直接影响目标产物的得率与最终产品的品质。面对这些挑战，中国化妆品行业应倡导自主研发，深入挖掘我国丰富的草本与养生文化精髓，同时借鉴我国自古以来积累的炮制发酵工艺智慧。不断深化现代生物发酵技术手段在化妆品领域的研究与应用，力求在技术创新与产品品质上取得突破，打造具有中国特色的本土竞争性品牌。

2. 药物原料

生物发酵作为原料药生产工艺中的一种关键方式，尤其在抗生素类原料药的生产中占据核心地位。青霉素和头孢菌素等抗生素类药物，通常采取发酵与化学合成相结合的半合成法来制备，发酵负责生成目标化合物的主要结构骨架，再经过一系列结构修饰转化为原料药产品。这种方法不仅提高了生产效率，还确保了原料药的高品质。遗传工程药物作为药物研发领域的新型力量，正日益受到重视。通过将基因工程技术应用于药物研发，生产出多种遗传工程药物，如链霉素以及人类胰岛素等。酶作为生物催化剂，在药物生产过程中发挥着不可替代的作用。在生物发酵技术中，通过培养含有特定酶的微生物，可以大量制备出酶制剂。酶制剂不仅广泛应用于原料药的生产过程中，还提高了整个生产流程的效率和产品质量。

中国是世界上最大的发酵工程药物生产国之一，2023年中国微生物发酵原料药物产量达58万t，市场规模达152.4亿元。通化东宝药业股份有限公司、华北制药股份有限公司、山东鲁抗医药股份有限公司以及东北制药集团股份有限公司为我国发酵工程药物龙头企业。生物发酵技术在制药工业中的应用是一个充满活力和创新的领域，通过对微生物的代谢途径和生长环境进行精细化的调控，有助于提高化合物产量和质量，减少副产物的生成，生物发酵技术在制药工业中的应用将会更加广泛。

3. 生物材料

生物材料是能够与生命系统相互作用，用于诊断、治疗、替换、修复或诱导细胞、组织和器官再生的特殊功能材料。基于其物理和化学属性，生物材料可被细分为医用金属材料、医用无机材料、医用高分子材料及医用复合材料四大类。而从功能维度考量，又可进一步划分为硬组织相容性材料、软组织相容性材料、血液相容性材料、生物降解材料以及高分子药物等细分领域。当前，工程微生物系统正成为生产各类可定制且可持续生物材料的新趋势。这些微生物系统能够高效合成具有特定性质的生物材料，满足多样化的医疗和生物技术应用需求。利用微生物生产的"活"材料不仅具备可再生性和自修复能力，还能对环境变化做出响应，从而展现出独特的性能优势。随着技术的不断进步，生物材料的应用范畴已经得到了显著拓展。除了传统的药物递送和伤口愈合领域，它们还被广泛应用于生物电子和活体治疗等新兴领域。在生物电子领域，生物材料被用作电极、传感器和生物相容性涂层，以实现与生物体的无缝连接和高效信息传输。而在医疗方面，生物材料则作为细胞和组织工程的基石，为疾病治疗和器官修复提供了全新的解决方案。据统计，2023年我国生物材料市场规模已从 2016 年的 1730 亿元增长至 6640 亿元，年复合增长率超过 20%。

随着生物发酵技术的持续精进，利用发酵技术来生产生物材料已成为一股新兴且蓬勃发展的潮流。计算机科学、生物技术与材料科学之间的深度交叉融合，成为了制备高性能生物材料不可或缺的关键要素。这种跨学科的协同作用，不仅促进了技术创新，还为生物材料的研发开辟了更为广阔的路径。工业界与学术界的紧密合作，加速了生物材料的商业化进程，降低了成本，提升了可持续性，并极大地拓宽了其应用范围，这一新兴趋势无疑将为生物材料产业的未来发展注入更为强劲的动力。

四、发酵工程技术的展望

发酵工程技术作为生物技术的重要分支，正展现出前所未有的发展潜力与广阔前景。为了促进现代发酵工程的持续健康发展，我们不仅需要深化对其基础理论的探索与研究，更要紧密关注其在生产实践与生活应用中的实际效能与附加价值，致力于不断开拓新品种、新领域，以精准对接并满足市场上日益多元化、个性化的需求。展望未来，发酵工程技术无疑将成为驱动社会可持续创新与经济发展的核心引擎，它将在推动绿色生产、保障人类健康、促进生态平衡等方面发挥举足轻重的作用，为构建绿色、健康、可持续的人类社会贡献不可或缺的力量。

未来发酵工程的发展趋向主要有以下六个方面：

(1) 基因工程与代谢工程深化研究　通过基因编辑技术以及代谢工程，更精确地改造微生物的遗传特性，优化其代谢途径，提高目标产物的产量和效率，构建遗传背景清楚、生产性能稳定、逆境胁迫能力强的工程菌株来替代现有的传统诱变菌株。

(2) 智能化、自动化技术深度应用　向智能化技术与装备、工业新模式发展，涵盖高通量筛选、实时监测、智能控制及环保处理。智能制造与信息集成技术推动新模式，智能化成为发酵工程未来主导趋势。

(3) 生物质经济利用与循环　发酵工程将在生物转化与循环经济中发挥核心作用，例如将食品加工副产品转化为高价值产品，以及利用廉价生物质废弃物如农业废弃物、工业废水等作为发酵原料，推动资源循环利用。

(4）重视环境友好及绿色发展　在全球日益强调可持续发展的背景下，发酵工程技术正致力于探索环境友好型的生产工艺路径，减少有害排放物，加速绿色制造模式的实现。

（5）多元化深度发展　随着发酵工程技术的未来应用展现出广泛的多元化与深度发展趋势。它不仅继续在传统食品与医药行业发挥重要作用，而且正在逐步拓展至新能源、环境保护以及化学工业等多个新兴发酵领域。

（6）合成生物学的应用　融合合成生物学与发酵工程，将促进创新性地设计与构建全新的生物实体或系统，以生产自然界稀缺或难以自然获取的化合物，为新材料、能源及医疗等领域带来颠覆性进展。借助合成生物技术的强大潜力，未来将在食品创新、微生物基替代蛋白、营养化学品、微生态调节剂、医药合成中间体及生物材料等多个领域，强化技术研发与应用创新。

第二节　发酵微生物及菌种优化现状

发酵工业离不开菌种，菌种在发酵工业中起着重要作用，它是决定发酵产品是否具有产业化和商业化价值的关键因素，是发酵工业的核心。早期工业生产使用的优良菌种均从自然界分离得到，然后经过多年的选育，发酵性能稳步提高，如青霉素生产菌种青霉菌（*Penicillium notatum*）。

常规菌种选育包括自然选育、诱变育种、细胞工程育种等技术。20世纪50年代以后，随着生物化学的发展，人们对微生物的代谢途径有了较为全面的认识，同时发现了代谢过程中的各种调节机制。在此基础上，实现了定向育种。20世纪70年代以后，分子生物学的发展，使人们可以在DNA水平上对微生物进行有目的的改造，为微生物育种带来了一场技术革命，产生了一种全新的育种技术——基因工程育种。通过基因工程育种，可以实现对传统发酵产业的技术改造，大大提高了发酵水平，而且还可以建立新型的发酵产业，即利用基因工程菌生产微生物无法合成的代谢产物。

发酵工艺的研发核心在于微生物菌种应用开发技术，涵盖菌种筛选、选育及保藏三大环节。借助合成生物学、高通量测序及基因编辑技术，菌种技术实现了精准定位与改造代谢途径，显著提升菌种生产效率与产物纯度。先进的保藏策略，如低温冷冻、干燥保存及微胶囊化技术，有效保障了菌种遗传稳定性与长期生产潜能，为发酵工业的创新与可持续发展奠定了坚实基础。

一、发酵工业微生物

微生物的代谢产物据统计已超过1300余种，而大规模生产的不超过100种；微生物酶有近千种，而在工业上利用的不过四五十种，可见潜力巨大。在工业生产中常用的微生物主要有细菌、酵母菌、霉菌和放线菌。工业微生物菌种要求能够利用廉价的原料、简单的培养基，大量高效地合成产物；有关合成产物的途径尽可能地简单，或者说菌种改造的可操作性要强；遗传性能要相对稳定；不易感染微生物或噬菌体；产生菌及其产物的毒性必须考虑全面（在分类学上最好与致病菌无关）；生产特性要符合工艺要求。由于发酵工程的发展以及遗传工程的介入，藻类、病毒等也正在逐步地变为工业生产用的生物。尽管如此，目前人们对微生物的认识还是十分有限，已经初步研究的不超过自然界微生物总量的10%。

工业微生物是指从自然界大量的微生物中分离并筛选出有用菌种，再加以改良，保藏待用于工业生产的微生物。它们通常在发酵过程中作为活细胞催化剂。按有无核膜包裹的细胞核可以将其分为：无真正细胞核的原核生物、有细胞核的真核生物、古细菌。

（一）原核生物

原核生物主要分为两类：蓝藻门（如蓝细菌）及细菌门（如细菌和放线菌）。

1. 蓝细菌

蓝细菌，也称蓝绿藻，与细菌相似，其DNA存在于核质或中心质中，通常呈颗粒状或网状，染色质和色素均匀地分布在细胞质中（图1-1）。蓝细菌含有多种色素，包括叶黄素、胡萝卜素、藻蓝素和藻红素等。蓝细菌在地球上分布广泛，是生态系统的重要组成部分，在固氮、污水处理和水体自净等方面有积极作用。然而，当水体富营养化时，蓝藻大规模爆发，会引起水华，导致水质恶化，引起一系列环境问题。

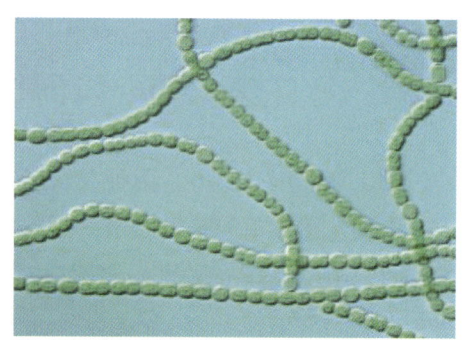

图1-1　蓝细菌

2. 细菌

细菌在自然界中分布最广、数量最多，与人类生产、生活关系密切，是工业微生物的主要研究和应用对象之一。细菌根据形态不同分为球菌、杆菌和螺旋菌。典型的细菌细胞的构造可分为基本构造（包括细胞壁、细胞膜、细胞质和核区）和特殊构造（如芽孢、糖被、鞭毛和菌毛等）。工业生产中常用的细菌有大肠杆菌（图1-2）、枯草芽孢杆菌、乳酸杆菌、醋酸杆菌、地衣芽孢杆菌、谷氨酸棒杆菌等，主要用于生产各种有机酸、氨基酸、核苷酸、酶制剂、淀粉酶、蛋白酶等。

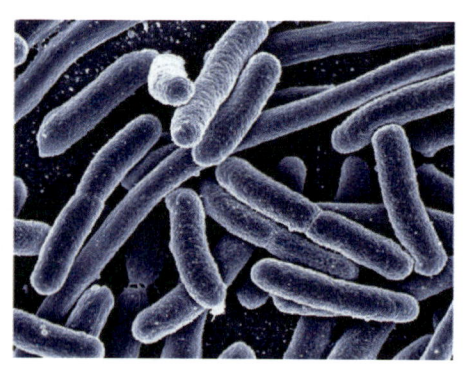

图1-2　大肠杆菌

3. 放线菌

放线菌因菌落呈放线状而得名，是以孢子繁殖的、陆生性较强的革兰氏阳性原核微生物，如图1-3所示。放线菌主要分布在含水量较少、有机质丰富的微碱性土壤中，大多腐生，少数寄生。它是介于细菌和真菌之间的单细胞微生物，细胞构造和细胞壁化学组成与细菌相似，菌体由分枝发达的菌丝组成，以外生孢子的形式繁殖，这些特征又与霉菌相似。放线菌的经济价值在于能产生多种抗生素，有些放线菌能积累特定的酶。从微生物中发现的抗生素，有60%以上是放线菌产生的。

(二) 真核生物

用于工业生产的真核微生物主要有酵母菌、霉菌和蕈菌三类。

1. 酵母菌

酵母菌是一种腐生性的单细胞真核微生物，营腐生生活，一般能发酵糖类。它主要分布于含糖丰富而偏酸性的环境中，如植物果实的表面。

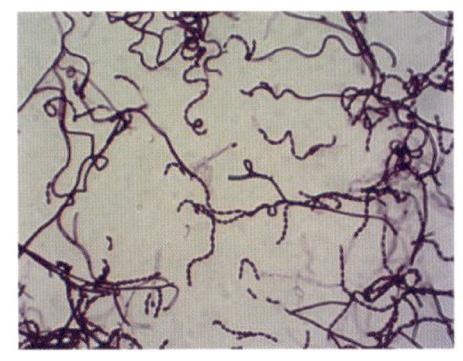

图1-3 放线菌

酵母菌与人类的关系极为密切，有"家养微生物"之称，在人们的日常生产和生活当中都离不开酵母菌，如可用酵母菌酿酒、制作面包、进行石油脱蜡、生产单细胞蛋白、生产生化药物等。此外，酵母菌还用于表达基因工程外源蛋白，是最优的模式真核微生物，只有少数酵母菌会使人和动物致病。

酵母菌形状因种而异，基本形态为球形、卵圆形、圆柱形或香肠形。某些酵母菌进行一连串的芽殖后，会形成藕节状的细胞串称为假菌丝。酵母菌具有典型的真核细胞构造，细胞内有许多分化的细胞器。酵母菌具有无性繁殖和有性繁殖两种繁殖方式，大多数酵母以无性繁殖为主。无性繁殖包括芽殖、裂殖和产生无性孢子，有性繁殖主要是产生子囊孢子。

酵母菌落在外形上与细菌菌落相似，具有较湿润、较透明，表面较光滑，容易挑起，菌落质地均匀，正面与反面以及边缘与中央部位的颜色较一致等特点。酵母菌经过一段时间培养后就产生了较大、较厚、外观较稠和较不透明等有别于细菌菌落的特征。酵母菌菌落颜色单调，多数呈乳白色，少数呈红色，个别呈黑色。在液体培养基中，有的酵母菌均匀生长，有的在底部生长并产生沉淀，有的在表面生长形成菌膜。工业上常用的酵母菌包括酿酒酵母、热带假丝酵母和解脂假丝酵母等。酵母菌形态见图1-4。

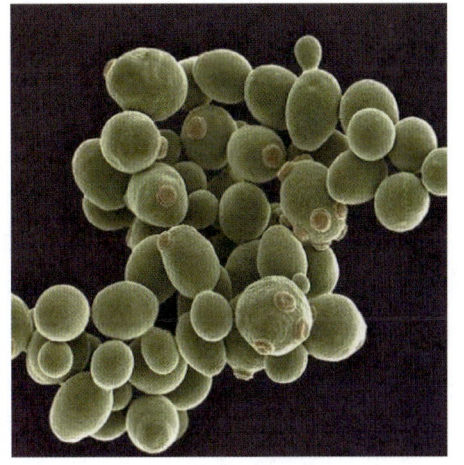

图1-4 酵母菌

2. 霉菌

霉菌是引起物品霉变的真菌，通常指那些形成分枝状菌丝而又不形成大型肉质子实体的真菌。真菌是自然界最重要的分解者，把其他生物难以利用的纤维素、木质素彻底分解转化，极大地促进了地球的物质循环。

霉菌的菌体由菌丝（分枝或不分枝）构成，由孢子萌发而成，直径一般3~10μm，比细菌或放线菌的直径约粗 10 倍。霉菌的许多菌丝相互交织形成菌丝体。根据菌丝中是否有隔膜，可将菌丝分为无隔菌丝和有隔菌丝两类，前者为长管状多核细胞，如 *Mucor*（毛霉属）和 *Rhizopus*（根霉属）等低等真菌的菌丝；后者为细胞质和细胞核可以自由流动的多个细胞，如 *Aspergillus*（曲霉属）和 *Penicillium*（青霉属）等高等真菌的菌丝。

霉菌的繁殖能力极强，主要产生有性孢子和无性孢子进行繁殖，孢子有很强的抗逆性。无性孢子主要有孢囊孢子、分生孢子、节孢子和厚垣孢子等；有性孢子主要有卵孢子、接合孢子、子囊孢子等。此外，在液体培养基中，真菌可以以菌丝断裂方式进行繁殖。工业中常用的霉菌包括根霉、曲霉、毛霉和青霉。图 1-5 展示了黄曲霉菌的形态。

图 1-5　黄曲霉菌

3. 蕈菌

蕈菌是能形成大型肉质子实体的真菌，俗称伞菌，大多数属担子菌类，极少数属子囊菌类。蕈菌子实体的大小可肉眼辨识和徒手采摘（图 1-6）。蕈菌可分为食用、药用、毒菌等几类，其中可供食用的种类就有2000 多种，又名食用菌。约 50 种蕈菌已能进行人工栽培，如双孢蘑菇、木耳、银耳、香菇、平菇、草菇、杏鲍菇、茶树菇、金针菇和竹荪等。一些蕈菌可供药用，如灵芝、云芝和猴头菇等；少数有毒或引起木材朽烂的种类则对人类有害，如毒蝇伞、狗尿苔和致命白毒伞等。

图 1-6　蕈菌

（三）古细菌

代表性古细菌包括产甲烷菌、极端嗜热菌、极端嗜盐菌等。它们生存在极端特殊的生态环境中，具有独特的 16S 核糖体 RNA 寡核苷酸谱。古细菌具有原核生物的某些特征，如无核膜及内膜系统；也有真核生物的特征，如以甲硫氨酸起始蛋白质的合成；此外还具有既不同于原核细胞也不同于真核细胞的特征。其中，产甲烷菌（methanogens）是严格厌氧的生物（图 1-7），能利用 CO_2 使 H_2 氧化，生成甲烷，同时释放能量。人们对产甲烷菌的兴趣在于其可以直接合成天然气——甲烷，以及自然界中与水解菌和产酸菌等协同作用，使有机物甲烷化，产生有经济价值的生物能物质甲烷。

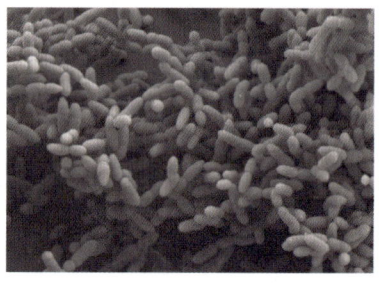

图 1-7　产甲烷菌

二、发酵微生物的分离筛选

工业发酵微生物从几千年前的酿酒等传统酿造工业中发展而来,以青霉素的发现和大规模生产为标志,拉开了现代发酵工业的大幕。在我国"稳增长、调结构、重环保"的产业政策引导下,我国的生物发酵产业规模不断扩大,产品产量已经位居世界前列。工业微生物正在逐步呈现科技含量高、资源消耗低、环境污染少、经济效益好的发展态势,成为名副其实的发酵大国。近年来,国际工业微生物学科的发展迅猛,学科交叉日新月异,渗透工业、农业、医药业等各行各业,不断刷新人们对生命科学基本原理及其未来生物产业巨大潜力的认识。我国的传统酿造工业发展很快,2023 年,全国酿酒行业完成酿酒总产量 6131 万 kL。长期以来,味精在我国乃至东亚地区的化学调味品领域持续占据重要地位,其主要成分为谷氨酸钠(MSG),产量已达 3Mt/年(百万吨/年),居世界首位,赖氨酸产量也居世界前列。微生物发酵生产的有机酸已达到 80 余种,微生物酶制剂商品已有 100 多种,广泛应用于食品等各个方面。微生物生产医药产品方面已居世界前列,生产的抗生素有 50 多种,以及胸腺素等基因工程药物,还有微生物疾病诊断产品等。此外,微生物冶金已经能够生产钴、镍和铜等 20 多种稀有(贵)金属。微生物在石油勘探中也展现出重要应用,同时在环境保护方面,其对废水处理、固体废弃物降解及环境监测等领域发挥关键作用。在农业领域,微生物被用于生产肥料、饲料、生物农药及沼气,促进了农业可持续发展。

工业微生物学的研究进入分子生物学水平,许多关键基因被克隆,代谢调控途径被探明,极大地推动了微生物菌种育种的发展,微生物生产化学品的产量也迅速增长。分子生物学、组学技术、高通量技术、大数据技术和人工智能技术的发展,为工业微生物的发展增添了无穷的动力,为工业微生物的应用描绘了美好蓝图。未来,工业微生物将与地质学、生物信息学和人工智能等学科交叉融合,开辟新的领域,服务于人类生产和生活的方方面面。目前常用工业微生物生产的产物如表 1-2 所示。

表 1-2　　　　　　　　　　常用工业微生物生产的产物

微生物类别	微生物名称	产物
细菌	短杆菌	味精、谷氨酸、肌苷酸
	枯草芽孢杆菌	淀粉酶
		蛋白酶
	梭状杆菌	丙酮、丁醇
	巨大芽孢杆菌	葡萄糖异构酶
	大肠杆菌	酰胺酶
酵母菌	节杆菌	强的松
	蜡状芽孢杆菌	青霉素酶

续表

微生物类别	微生物名称	产物
酵母菌	酿酒酵母	酒精
	酵母	甘油
	假丝酵母	石油蛋白
		环烷酸
	啤酒酵母	细胞色素C、辅酶Q_{10}、酵母片、凝血素
	类酵母	脂肪酶
	阿氏假囊酵母	核黄素
	脆壁酵母	乳糖酶
霉菌	黑曲霉	柠檬酸
		柚苷酶
		酸性蛋白酶
		单宁酶
		糖化酶
	栖土曲霉	蛋白酶
	根霉	糖化酶
		甾体激素
	土曲霉	甲丁二酸
	赤曲霉	赤霉素
	犁头霉	甾体激素
	青霉菌	葡萄糖氧化酶
		青霉素
	灰黄霉菌	灰黄霉素
	木霉菌	纤维素酶
	黄曲霉菌	淀粉酶
	红曲霉	糖化酶
古细菌	古细菌	甲烷

（一）微生物发酵工业对菌种的要求

微生物发酵工业的生产水平由三个要素决定：生产菌种的性能、发酵及提纯工艺条件、生产设备。其中生产菌种的性能是最重要的因素。

微生物发酵工业对菌种的要求包括：①菌株高产，在较短的时间内发酵产生大量发酵产物；②在发酵过程中不产生或少产生与目标产品相近的副产品及其他产物；③生长繁殖能力强，有较强的生长速率，产孢子的菌种具有较强的产孢子能力；④能够高效地将原料转化为产品；⑤能利用广泛的原材料，并对发酵原料成分的波动敏感性小；⑥能耐受所需添加的前体物质，同时不能将这些前体物质作为常规的碳源加以利用；⑦在发酵过程中产生的泡沫要少；⑧具有抗噬菌体的能力；⑨具有遗传稳定性。

符合发酵工业要求的菌种可从如下途径获得：①从菌种保存机构直接购买所需菌株；②从自然界分离筛选；③对野生菌株进行诱变育种、细胞工程育种或基因工程育种等。

（二）发酵工业菌种的分离筛选

自然界中微生物种类繁多、混杂生长，而现代发酵工业是以纯种培养为基础，采用各种不同的筛选手段将性能良好、符合生产需要的纯种挑选出来。微生物发酵工业菌种的分离筛选主要包括以下几个步骤。

1. 样品采集

采集含目标微生物的样品时，样品的来源越广泛，获得新菌种的可能性越大。特别是在一些如高温、高压、高盐等极端环境中，可找到能适应苛刻环境压力的微生物类群。采集含目标微生物样品时，要了解目标产物的性质和可能产目标产物的微生物种类及其生理特征，这样就能提高效率，事半功倍。

微生物代谢活动遵循着一定的生物学规律，基于系统进化理论可选择目标菌株。尽管微生物种类繁多，但在生长、繁殖以及初生代谢方面存在共性。特别是初生代谢途径，当以生产初生代谢产物为目的，在细菌中成功筛选出相应的目的菌株，在真菌界也能够找到具有相似代谢能力的菌株。然而，并非所有的微生物都具备次生代谢的能力，丝状菌以及产芽孢的细菌能进行次生代谢，而肠道细菌则不能。通过分析微生物的系统进化关系，能够更加准确地预测和筛选具有特定次生代谢能力的菌株。

分离不同种类的微生物时，还要考虑其生理特性。首先要考虑微生物的营养类型，每种微生物对碳源、氮源等的营养需求不同，且其代谢类型与其生长的环境有很大的相关性。如森林土壤中含有大量的枯枝落叶和腐烂的木头等，富含木质纤维素，适合利用纤维素作为碳源的纤维素酶产生菌的生长。在肉类加工厂和饭店排水沟的污水、污泥中，含有大量的腐肉、豆类和油脂等，因而采样可分离到蛋白酶和脂肪酶的产生菌。在油田附近采样则容易筛选得到利用碳氢化合物为碳源的菌株。其次，在筛选一些具有特殊性质的微生物时，要根据其独特的生理特征到相应的地点采样。如筛选高温酶产生菌时，要到温度较高的南方，或温泉、火山爆发处及北方的堆肥中采集样品；分离耐压菌则通常要到油井或海洋深处采样。

2. 样品预处理

在分离之前，要对含微生物的样品进行预处理，可提高菌种分离的效率。通常使用的预处理方法有以下几种：

（1）物理方法（包括热处理、膜过滤法和离心法）　热处理方法常用来减少样品中的细菌数，增加耐热微生物的比例。膜过滤法和离心法常用来浓缩水中的微生物细胞。使用过滤法时，要根据目标菌的类型、大小来选择不同孔径的滤膜。

(2) 化学方法　通过在培养基中添加某些化学成分来增加特定微生物的数量。如通过添加几丁质的培养基来分离土壤和水中的放线菌；用添加 $CaCO_3$ 稳定培养基的 pH 来分离嗜碱性的放线菌等。

(3) 诱饵法　将一些固体物质，如石蜡、花粉、蛇皮、毛发等，加到待分离的土壤或水中做成诱饵富集目的菌，待菌落长出后再进行平板分离，可获得某些特殊的微生物种类。

3. 富集培养

从自然界中采得的样品多为微生物的混合物，所需的目标微生物不一定是优势菌种，为了提高分离效率，可通过富集培养增加待分离的目标微生物的数量。主要方法是利用不同种类的微生物其生长繁殖对环境和营养的要求，如温度、pH、渗透压、溶解氧浓度、碳源、氮源类型及浓度等不同，使目的微生物在最适条件下迅速地生长繁殖，数量增加，成为人工环境下的优势种。一般用以下两类方法进行富集。

(1) 控制培养基的营养成分　微生物的分布随环境条件的改变而变化。如果环境中含有较多的某种物质，则其中能分解利用该物质的微生物就会较多，因此，在分离该类菌株之前，可在增殖培养基中加入相应的底物作为唯一的碳源或氮源。那些能分解利用的菌株因能得到充分的营养而迅速增殖，而其他微生物由于不能分解利用这些物质，生长受到抑制。在分离水解酶产生菌时，采用富集培养基，以特定底物为唯一碳源，结合最佳培养条件（温度、pH、营养、通气），可促进目标菌大量繁殖，抑制其他微生物。但富集所得并非单一菌种，而是营养类型相同的微生物群体，需进一步分离纯化。结合高通量测序和新兴培养技术（微流控芯片和单细胞分离技术），可优化富集过程，提高目标菌种获取效率，适用于细菌或真菌的可培养富集研究。

(2) 控制培养条件　除了可通过控制培养基的成分进行富集以外，还可以针对微生物特殊的生理特性，通过控制其他培养条件，达到有效的富集。常用的控制条件有：控制培养时的溶解氧浓度，可将好氧和厌氧微生物分开；在高温条件下培养，可将嗜热微生物与非嗜热微生物分开；控制不同的 pH，可分离嗜酸或嗜碱微生物；使用高糖或高盐进行培养，可获得耐高渗的微生物；此外在培养基中加不同的抗生素可以获得具有相应抗性的微生物类群。富集培养按其培养方式可分为分批培养、连续培养以及半连续培养。

在分批培养中，目标菌种生长可能改变培养基性质，削弱选择压力，导致非目标微生物恢复生长。为此，需适时将富集培养物转接至新鲜培养基，重建选择压力，确保目标菌种优势。转接时机很关键，应在目标菌种占优时操作。多次继代培养后，可取少量富集物接种至固体培养基进行纯种分离。通过合理的设计与操作，可有效富集并分离目标菌种。

目的菌在富集培养过程中能否占优势，取决于它与其他微生物的最大比生长速率（比生长速率是指单位菌体在单位时间内生长所增加的菌体量）的竞争，富集培养中生长占优势的目的菌，其比生长速率最大，最适应生长环境。但分批培养中要保持一定的选择压力使目的菌维持最大比生长速率比较困难，存在何时移种以继续保持选择压力、移种多少次可富集目的菌等问题。为了解决基于最大比生长速率筛选带来的诸多问题，如选择压力的控制、移种时间和次数，可采用连续富集培养。

连续培养是利用比生长速率进行富集，采用有效的措施让微生物在某特定的环境中保持旺盛生长状态的培养方法，包括恒浊法和恒化法。其中恒浊器中的微生物，始终能以最高生长速率进行生长，并可在允许范围内控制不同的菌体密度。在生产实践中，为了获得大量菌体或与菌体生长相平行的某些代谢产物如乳酸、乙醇时，可采用恒浊法。与恒浊法不同的是，恒化法是使培养液流速保持不变，即控制在恒定的流速，使微生物始终在低于最高生长速率条件下进行生长繁殖的一种连续培养方法。

半连续培养即分批补料培养，是一种介于分批培养与连续培养之间的微生物培养策略。当连续培养条件受限时，半连续培养作为替代方案，展现出其在富集培养方面的优势。半连续培养通过定期向培养体系中补充新鲜培养基，同时移除部分旧培养基以维持适宜的生长环境和营养浓度，从而实现了微生物的持续生长与产物积累。半连续培养可应用于微生物富集、代谢调控以及产物优化等方面。

4. 菌种分离

经过富集培养处理后的样品，尽管目标微生物实现了显著的增殖并在数量上占据了主导地位，但其他非目标微生物并未完全消亡。因此，富集培养后所得的培养物依然是包含多种微生物的复杂混合体系，需要进一步实施菌种分离操作，即从含有多种微生物的复杂样品中，精确获取单一纯种微生物的操作技术。常用的分离方法包括以下几种。

(1) 平板划线分离法　平板划线分离法是指把混杂在一起的微生物或同一微生物群体中的不同细胞用接种环在平板培养基表面，通过分区划线稀释而得到较多独立分布的单个细胞，经培养后生长繁殖成单菌落，通常把这种单菌落当作待分离微生物的纯种。有时这种单菌落并非都由单个细胞繁殖而来，故必须反复分离多次才可得到纯种。用接种环取微生物菌悬液，在固体培养基平板上划线，可使混杂的微生物在平板表面分散开来，最后以单个细胞生长繁殖，形成单菌落达到分离的目的，得到纯种。

(2) 稀释分离法　先将待分离的材料用无菌水做一系列的稀释（如1:10、1:100、1:1000、1:10000……），然后分别取不同稀释液少许，与已熔化并冷却至45℃左右的琼脂培养基混合，摇匀后，倾入灭过菌的培养皿中，待琼脂凝固后，制成可能含菌的琼脂平板，保温培养一定时间即可出现菌落。如果稀释得当，在平板表面或琼脂培养基中就可出现分散的单个菌落，这个菌落可能就是由一个细菌细胞繁殖形成的。随后挑取该单个菌落，或重复以上操作数次，便可得到纯的菌种。该方法的优点在于能够实现对微生物的分离和纯化，同时可以对微生物进行计数，然而厌氧微生物在平板上不易生长。

(3) 涂布分离法　取少量稀释的菌悬液置于平板上，立即用无菌玻璃涂棒涂布，使含菌的溶液分散分布于平板上，从而形成单菌落。这种方法不仅可以用于计算活菌数，还可以利用其在平板表面生长形成菌苔的特点用于检测化学因素对微生物的抑杀效应。

(4) 毛细管分离法　此方法多用于分离产孢子菌，如霉菌。一般步骤如下：将欲分离样品少许放入熔化并冷却至45~50℃的琼脂中，摇匀，保温（45℃）；用灭过菌的毛细管吸培养基放在无菌载玻片上，并放在显微镜载物台上观察寻找单孢子，用无菌镊子敲断含有单孢子的毛细管，转入斜面培养。

（5）透明圈法　在平板培养基中掺入溶解性低的底物导致培养基浑浊，能分解这些底物的微生物会在其菌落周围形成透明圈，该透明圈的大小可作为初步评估菌株利用底物能力的指标。此方法广泛应用于水解酶产生菌的筛选，如脂肪酶、淀粉酶、蛋白酶及核酸酶产生菌，在含有相应底物的选择性培养基上均能形成肉眼可见的透明圈。对于有机酸产生菌的初筛，同样可采用透明圈法，通过在选择性培养基中添加碳酸钙使平板浑浊，涂布样品悬浮液培养后，产酸菌会水解菌落周围的碳酸钙，形成清晰透明圈，便于鉴别。

（6）变色圈法　对于一些不易产生透明圈的产生菌，可在底物平板中加入指示剂或显色剂，使所需微生物能被快速鉴别出来。如筛选果胶酶产生菌时，用含0.2%果胶为唯一碳源的培养基平板，对含微生物样品进行分离，待菌落长成后，加入0.2%刚果红溶液染色4h，具有分解果胶能力的菌落周围便会出现绛红色水解圈。在分离谷氨酸产生菌时，可在培养基中加入溴百里酚蓝，它是一种酸碱指示剂，当pH在6.2以下时为黄色，pH7.6以上为蓝色。若平板上出现产酸菌，其菌落周围会变成黄色，可以从这些产酸菌中筛选谷氨酸产生菌。

（7）生长圈法　生长圈法通常用于分离筛选氨基酸、核苷酸和维生素的产生菌。工具菌是一些相对应的营养缺陷型菌株。将待检菌涂布于含高浓度的工具菌并缺少所需营养物的平板上进行培养，若某菌株能合成平板所需的营养物，在该菌株的菌落周围便会形成一个浑浊的生长圈。

（8）抑菌圈法　此方法常用于抗生素产生菌的分离筛选，工具菌采用抗生素的敏感菌。若被检菌能分泌某些抑制菌生长的物质，如抗生素等，便会在该菌落周围形成工具菌不能生长的抑菌圈，如图1-8所示。

5. 菌种筛选

目的菌种的获得需要在菌种分离的基础上，进一步通过筛选选择产物合成能力较高的菌株。某些菌可以在菌种分离的同时进行筛选，一般这类菌在培养皿上培养时，其产物可以与指示剂、显色剂或底物等反应而直接定性地鉴定。但是，并非所有的菌种产物都能用平皿定性方法鉴定，因此就要使用常规的生产性能测定，即通过初筛和复筛方法来确定。

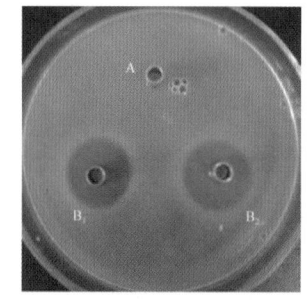

图1-8　抗生素JX抗水稻细菌性条斑病菌培养结果

（1）初筛　初筛是从分离得到的大量微生物中将具有目的产物合成能力的微生物筛选出来的过程。由于菌株多，工作量大，为了提高效率通常使用一些快速、简便又较为准确的方法。初筛可以分为以下两种方式进行。

①平板筛选：针对分离阶段未采用平板定性筛选方法而随机挑选的、数量庞大且未知

是否具备合成目标产物能力的菌株，需采取较为宽泛的检测策略。以筛选生产特定水解酶的菌株为例，可在培养基中加入该酶的专一性底物作为唯一的碳源或氮源，适宜温度下进行培养。通过观察形成的水解圈大小与菌落直径的比例，可初步评估菌株的产酶活性。在筛选产氨基酸的菌种时，则采用不含有机氮源的培养基，使分离得到的菌株在此培养基上形成单菌落。利用内径为6~8mm的打孔器，将菌落连同其下方的培养基逐个取出，并置于已灭菌的滤纸上。经过一段时间的静置，菌落产生的氨基酸会渗透并扩散至滤纸上。此时，向滤纸喷洒茚三酮显色剂，若观察到显色圈，则表明该菌落为氨基酸产生菌。初步筛选后，进一步对这些疑似菌株进行发酵培养。取发酵液进行电泳分析或纸色谱分析，以准确鉴定出具有产氨基酸能力的菌株。

菌种初筛工作中常使用这种平皿快速筛选法，将复杂而费时的化学测定转变为平皿上肉眼可见的显色反应，能大幅度地提高筛选效率，大大减少工作量。

②摇瓶发酵筛选：由于摇瓶振荡培养更接近发酵罐培养条件，由此筛选出的菌株易于扩大培养。因此经过平板筛选的菌种可以进行摇瓶培养。一个菌株接种一组摇瓶，在一定转速的摇床及适宜的温度下振荡培养，得到的发酵液过滤后按以下方法进行活力测定：先在玻璃板上制备含有鉴定菌（筛选抗生素菌株时）或底物（筛选酶制剂产生菌时）的琼脂平板，琼脂板厚约3mm，用内径5mm的打孔器打孔，取发酵液10μL逐个加入，放在鉴定菌或酶作用的最适温度下温育一段时间，孔的周围出现透明的溶菌圈或水解圈，可根据活性圈的大小选择性能优良的菌株。

(2) 复筛　复筛是在初筛的基础上进一步鉴定菌株生产能力的筛选，采用摇瓶培养，一般一个菌株重复3~5瓶，培养后的发酵液采用精确的分析方法测定。在初筛阶段，通过简便、快速的平板活性测定，淘汰85%~90%不符合要求的微生物。该方法的不足之处是产物的活性只能相对比较，难以得到确切的产量水平。因此，需要进一步进行复筛，选出较优良的菌株。这种直接从自然界样品中分离得到的具有一定生产性能的菌株，称为野生型菌株。在以上复筛过程中，要结合各种培养条件如不同培养基、温度、pH、供氧量等进行筛选，也可对同一菌株的各种培养因素加以组合构成不同的培养条件进行实验，以便初步掌握适合野生菌株的培养条件，为以后育种提供依据。

三、工业发酵微生物菌种选育

工业微生物菌种是发酵工业的关键和基础，微生物菌种的优良与否直接关系到许多工业产品的产量和品质，因此，选育优质、高产的菌株是十分必要的。微生物有完善的代谢调节机制，一般情况下不会有代谢产物的积累，微生物育种的目的就是运用遗传学原理和技术，对目的菌株进行改造，使某种代谢产物（产品）过量积累。菌种改良技术的进步是发酵工业发展的技术支撑。所以，育种工作者的任务就是在不损及微生物基本生命活动的前提下，采用物理、化学或者生物学以及各种工程学的方法，改变微生物的遗传结构，打破原有的代谢机制，使之成为"浪费型"菌株。同时，按照人们的需要和设计安排，进行目的产物的过量生产，最终实现产业化的目的。工业微生物育种的方式有诱变育种、代谢控制育种、杂交育种、基因改造和分子设计育种等。菌种改良可以提高产物产量，提高产物纯度，减少副产物；改良菌种性能，改善发酵过程；改变生物合成途径，获得高新产品。

（一）诱变育种

诱变育种为微生物育种的重要手段。常规的物理及化学因子等诱变方法具有方法简单、快速、遗传性好和收效显著等优点，目前仍然是国内微生物育种界的首选育种方法。微生物人工诱变育种技术按诱导突变类型可分为物理诱变、化学诱变和生物诱变三大类。

诱变育种的步骤一般包括：出发菌株的选择、菌株的培养、菌悬液的制备、诱变处理、中间培养、突变株的分离与筛选等。由于不同诱变方法对同一菌株的诱变效果不同，以及诱变剂"疲劳效应"，诱变育种也存在一定的盲目性与随机性。在实际生产中，根据诱变剂对菌种的诱变机制，多采用几种诱变剂复合处理、交叉使用的方法进行菌株诱变。

1. 物理诱变

物理诱变是高能辐射引起生物系统损伤，继而使生物发生遗传变异的一系列过程，可分为物理、物理-化学、化学、生物学等几个阶段。物理诱变方法有紫外线诱变、电离辐射、离子注入、微波辐照、空间技术诱变和等离子体诱变等。其中，不少物理诱变方法都会对人体健康造成伤害，需要注意人身防护。

（1）紫外线诱变（UV） 紫外线照射使 DNA 分子形成嘧啶二聚体，二聚体的形成会阻碍碱基间正常配对，所以可能导致突变甚至死亡。紫外线照射诱变操作简单、经济实惠，一般实验室条件都可以达到，且出现正突变的概率较高，许多菌株的诱变大多采用这种方法。例如，以青霉（$Penicillium$ sp.）DS9701 为出发菌株，通过紫外线诱变分生孢子，采用透明圈初筛和摇瓶培养复筛的方法，获得突变菌株，编号为 DS9701-M09，经检测该突变菌株的 PHB 解聚酶活性是原始菌株的 2.3 倍，经传代培养，该菌株的 PHB 解聚酶高产特性稳定遗传。糖化酶产生菌黑曲霉的出发菌株产酶不到 1000U/mL，经过紫外线诱变后选育的突变株，产量提高到了 3000U/mL。

（2）电离辐射 利用能量很高的电离射线，如 γ-射线，X-射线，β-射线和快中子等，产生电离作用，可以直接或间接地改变 DNA 的分子结构。电离辐射要求较高，且具有一定的危险性，因此，一般只有当其他诱变剂不能使用时采用。将较高产酒精酵母制备成原生质体，经 ^{60}Co 诱变后，采用四级筛选，得到高产酒精酵母菌株 Co-158，遗传性状稳定，其成熟醪酒精体积分数比出发菌株提高了 16.34%，残留还原糖含量远远低于出发菌株。

（3）离子注入 离子注入法作为一项微生物新型物理诱变方法已经得到了广泛的应用。诱变原理是微生物在核能离子注入后，受到不同程度的损伤，引起细胞形态、亚细胞结构、细胞生物大分子的变化，从而导致基因突变；同时，离子束也可以作为介质进行外源目的基因转移和转导。以生产维生素 C 的 2-酮基-L-古龙酸高产菌系为出发菌株，进行离子注入育种，选育出了高产菌系，糖酸转化率提高 15%～20%，4 代传种平均转化率达 95%。

(4) 微波 辐照微波是指频率在 300MHz~300GHz 范围内的电磁波，根据波长分为分米波、厘米波、毫米波 3 个波段。目前最常用的是频率为 2450MHz 的微波，属分米波波段。研究表明，微波辐照可以使细菌产生基因突变，微波诱变的机制涉及分子振动与摩擦、DNA 结构损伤以及热效应与非热效应等多个方面。例如，在维生素 B_{12} 高产菌株选育研究中，以维生素 B_{12} 生产菌脱氮假单胞菌（*Pseudomonas denitrificans*）134# 为出发菌株，微波辐照采用每辐照 10s 间隔一段放入冷水中冷却的低温冷却间歇辐照的方法。通过微波诱变育种选育获得了产能比原始菌提高 46.1%且遗传性状稳定的高产菌株。

(5) 空间技术诱变 太空环境具有微重力、超真空和空间辐射等特点，其中，微重力和太空辐射被认为是主要诱变因素。太空中存在许多能穿透飞行器的空间高能重粒子（high-Z and energy，HZE），粒子撞击菌种后可能引起 DNA 的断裂或者损伤，使菌种的突变重组率显著提高。微重力的存在会促进诱变的发生，使得微生物受太空辐射的影响加深。紫红曲霉菌经过空间技术诱变，可耐受 10%浓度的乙醇，生长温度范围更宽，洛伐他汀的含量提高了 40%。酿酒酵母经过空间技术诱变后，形态发生改变，生长速度比出发菌株提高了 40%。光合细菌经过空间技术诱变，菌株的颜色发生变化，在同样的培养时间内，辅酶 Q_{10} 的产量提高了 30%。赤芝菌株经过空间技术诱变，胞外粗多糖的含量比出发菌株最多提高 52.79%，其他多种代谢产物的表达均有所上调。这说明空间技术诱变能选育出优良性状的突变株。

(6) 等离子体诱变 等离子体是与物质的固态、液态和气态并存的物质第四态，是一种正离子和电子的密度大致相等的电离气体。常压室温等离子体（atmospheric room temperature plasma，ARTP），技术特点包括设备简易，操作安全，对环境友好，高效实用。它允许在普通环境下安全地操作，同时提供高效的反应条件，适用于工业应用。ARTP 技术是在大气压下产生温度在 25~40℃的、具有高活性粒子（包括处于激发态的氦原子、氧原子、氮原子、自由基等）浓度的等离子体射流。研究表明，等离子体中的活性粒子作用于微生物，能够使微生物细胞壁/膜的结构及通透性改变，并引起基因损伤，进而使微生物基因序列及其代谢网络显著变化，最终导致微生物产生突变。ARTP 已成功地用于真菌、放线菌、细菌、酵母、微藻等十多种微生物的诱变，均获得良好的突变效果，是一种高效获得生物突变库及辅助分子生物学技术获得稳定高产菌株的有力工具。

为提升同步糖化发酵（simultaneous saccharification and fermentation，SSF）中菌株高温耐受力，以马克斯克鲁维酵母（*Kluyveromyces marxianus*）GX-UN120 为原始出发菌株，采用常压室温等离子体诱变技术，经过高温胁迫筛选获得具有较好耐高温能力和产乙醇能力的菌株 GX-UN127。诱变菌株 GX-UN127 在 48℃培养 72h，OD_{600} 可达到 1.27（原始菌株无法生长）。同时，当以 100g/L 麸皮为原料，45℃下同步糖化发酵 12h，诱变菌株 GX-UN127 发酵乙醇的产量可达 7.6g/L，较出发菌株提升 15.2%。

通过结合发酵优化和常压室温等离子体（ARTP）诱变提高了卡门贝尔青霉脂肪酶活性。经过多轮高通量筛选和连续传代后，获得了一个遗传稳定的突变株 P12，其脂肪酶活性与野生型相比增加了 800%，并提高了其热稳定性和甲醇稳定性。

2. 化学诱变

化学诱变是利用一些分子结构不太稳定的化学物质对微生物进行诱变。由于化学诱变育种技术具有易操作、剂量易控制、对基因组损伤小、突变率高等特点,成为运用最为广泛的诱变技术。在实际应用中,化学诱变既有利用某一种化学诱变剂的单一诱变,也有组合利用化学或其他多种诱变剂的复合诱变等。以脱氮假单胞菌为出发菌株,利用化学诱变剂-亚硝基胍(NTG)结合抗生素抗性筛选以提高维生素 B_{12} 的生产水平。通过对致死率和正突变率的考察,得到的突变株经摇瓶发酵,筛选到的突变株 RE-24 最高产量达到 243.3μg/mL,比原始菌株提高了 33.5%。以丁酸梭菌 209 株为原始出发菌,经 2 轮硫酸二乙酯诱变,得到了 1,3-丙二醇产量提高 113% 的突变株。在此基础上再经 1 轮紫外诱变和 1 轮紫外与亚硝基胍组合诱变,其 1,3-丙二醇产量达 15.7g/L,与原始出发菌(产量 2.2g/L)相比,提高了 6.13 倍。

3. 生物诱变

生物诱变是使用病毒或其他外源 DNA 进行诱变,与物理、化学诱变不同,它是由生物体基因之间的重组而产生的突变。特定寡核苷酸在突变技术中起着介导作用,使基因成为一种新的分子水平的生物诱变剂。目前认为,生物诱变剂按诱变方式可以分为 3 类:转导诱发突变(噬菌体)、转化诱发突变(外源 DNA)和转座诱发突变(转座因子)。这些生物诱变剂可单独使用,也可以两种或多种诱变剂先后使用,或同一种诱变剂重复使用。

利用某些噬菌体选育抗噬菌体菌株时,发现常伴随出现抗生素产量明显提高的抗性突变株。这类具有溶原性的噬菌体即转座噬菌体,能引起突变,具有明显的诱变效应,Mu 噬菌体几乎可以插入宿主染色体的任意位点。运用点突变技术获得的枯草芽孢杆菌蛋白酶 E 突变体,其中的十个氨基酸被替换,酶活性提高了 150 倍。

几种诱变方式比较见表 1-3。

表 1-3　　几种诱变方式比较

	诱变方式	普及率	设备及操作特点	操作成本	操作安全性	环境安全性
化学诱变	烷化剂	普遍	简单	简单培训(低)	危险	高污染
	碱基类似物	普遍	简单	简单培训(低)	危险	高污染
	吖啶类化合物	一般	简单	简单培训(低)	危险	高污染
物理诱变	UV	普遍	简单	简单培训(低)	安全	安全
	电离辐射	一般	专业设备,复杂	专业人员(高)	危险	高污染
	微波	一般	专业设备,复杂	专业人员(高)	安全	安全
	空间技术诱变	较少	专业设备,复杂	专业人员(高)	—	—
	离子注入	一般	专业设备,复杂	专业人员(高)	安全	安全
	ARTP	新型	专业设备,简易	简单培训(低)	安全	安全
生物诱变		普遍	专业设备,复杂	专业人员(高)	安全	有污染

(二)杂交育种

杂交现象在自然界的微生物中广泛存在。杂交育种的本质是基因重组,可以使遗传物质进行交换和重新组合,获得集亲本的优良性状于一身的菌种;还可以克服性能退化,增加对诱变剂的敏感性。原核生物和真核生物的杂交原理有所不同,原核生物的杂交是两个亲本细胞间的接合,使部分的染色体转移,而真核生物是通过有性(准性)生殖来完成的。

微生物杂交育种最主要的目的在于把不同菌株的优良性状集中于重组体中,克服长期使用诱变剂出现的"疲劳效应"。杂交育种选用已知性状的供体菌和受体菌为亲本,在方向性和自觉性上均比诱变育种前进了一大步。微生物杂交育种的一般程序是:原始亲本选择—筛选直接亲本—亲本间的亲和力鉴定—杂交—分离培养—筛选重组体—重组体鉴定(图1-9)。杂交育种包括常规杂交和原生质体融合技术。

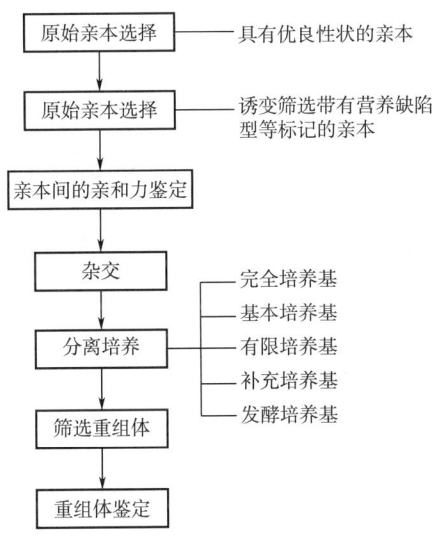

图 1-9 微生物杂交育种的一般程序流程

1. 常规杂交

微生物中,除了子囊纲等可以进行有性生殖外,大部分是以准性生殖的方式杂交重组的。常规的杂交方式有接合、转化、转导、有性生殖和准性生殖(表1-4)。

表1-4　　　　　　　　　　微生物常规杂交形式

微生物类别	杂交方式	供体与受体细胞的关系	参与交换的遗传物质
原核生物	接合	体细胞间暂时沟通	部分染色体杂合
	转化	细胞不接触,吸收游离的DNA片段	个别或少数基因杂合
	转导	细胞间不接触,质粒、噬菌体介导	个别或少数基因杂合

续表

微生物类别	杂交方式	供体与受体细胞的关系	参与交换的遗传物质
真核生物	有性生殖	生殖细胞融合或接合	整套染色体高频率重组
	准性生殖	体细胞接合	整套染色体高频率重组

2. 原生质体融合

原生质体融合是基因重组的一种重要方法，由于打破了细胞壁的障碍，可以克服远缘杂交不亲和的问题，甚至实现不同物种的融合，遗传信息传递量大，不需了解双亲详细的遗传背景，因此更容易获得新的菌种。原生质体融合技术在细菌、放线菌、霉菌和酵母菌的育种中得到了广泛的应用。此外，灭活原生质体融合、离子束细胞融合、非对称细胞融合以及基因重排分子育种等新方法已经被相继提出并且应用于微生物育种。原生质体融合的步骤如图 1-10 所示。

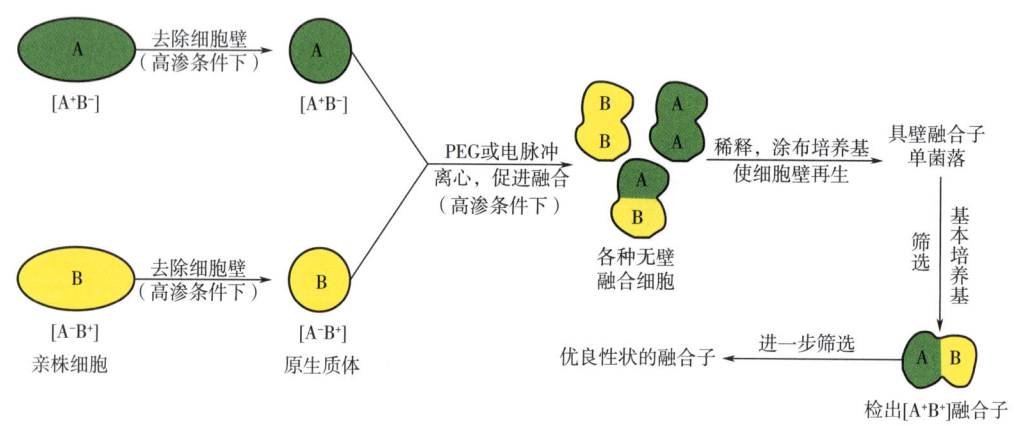

图 1-10 原生质体融合育种的步骤

PEG：聚乙二醇；A 和 B 代表不同的亲本细胞；A^+ 和 B^+ 分别表示一个亲本细胞 A、亲本细胞 B 带有某种标记或特性，A^- 和 B^- 则无。

原生质体融合是两个细胞的细胞质与细胞核类似合二为一的过程，遗传物质的变化更大，因此可能有更大的产量提升。例如，将黑曲霉（Aspergillus niger）经过紫外或 EMS（甲基磺酸乙酯）诱变后，筛选出葡萄糖氧化酶（GOD）活性最高的突变株进行融合，得到的融合子 C-1、C-15、C-18 的 GOD 活性比原始株分别提高了 386.2%、382.4%、394.3%。以糖化酵母（S. diastaticus）和酿酒酵母（S. cerevisiae）为亲本，单亲灭活融合，获得 1 株利用可溶性淀粉发酵，且淀粉利用率达 64.3% 的融合子，用含 5.0% 淀粉的发酵培养基，最终发酵酒精度可达 6.5%vol。

（三）代谢控制育种

代谢控制育种是通过特定突变株的选育，改变代谢通路，减少支路代谢产物产生或者切断支路代谢途径，以及提高细胞膜的通透性，使目的代谢产物选择性地大量合成和积累的育种方法。该育种方法的特点是解除微生物的代谢调控机制，打破微生物正常的代谢调节，人为地控制微生物的代谢。代谢控制育种可以大大减少传统育种的盲目性，提高了效率。

营养缺陷型菌株不能积累终产物，只能积累中间产物。工业生产上利用谷氨酸棒杆菌的精氨酸营养缺陷型突变株进行鸟氨酸发酵，由于合成路径中氨基酸甲酰转移酶的缺陷，必须提供精氨酸和瓜氨酸，菌株才能生长，但是浓度需要维持在亚适量水平，使菌体达到最高生长速度，又不引起终产物对 N-乙酰谷氨酸激酶的反馈抑制，从而使鸟氨酸大量分泌积累（图 1-11）。

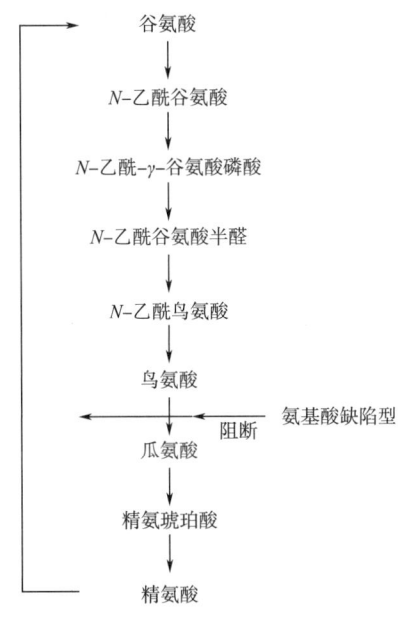

图 1-11　利用氨基酸缺陷型进行鸟氨酸发酵

（四）基因工程育种

基因工程育种是对目的微生物的菌种进行了一个基因或者多个基因改造的育种方法。此方法在细菌和真菌育种上有广泛的应用，是在分子水平上对基因进行操作的复杂技术，是将外源基因通过体外重组后导入受体细胞内，使这个基因能在受体细胞内复制、转录、翻译表达的操作。它是用人为的方法将所需要的某一供体生物的遗传物质——DNA 大分子提取出来，在离体条件下用适当的工具酶进行切割后，把它与作为载体的 DNA 分子连接起来，然后与载体一起导入某一更易生长、繁殖的受体细胞中，以让外源物质在其中"安家落户"，进行正常的复制和表达，从而获得新物种的一种技术。基因工程育种是在分子生物学指导下进行的，像工程一样可以设计控制的育种技术，可以实现超远缘杂交。基因工程育种一般包括目的基因的获得，目的基因与载体连接，重组 DNA 导入宿主细胞，获得目的基因表达重组体（图 1-12）。目前，此项技术已成功应用于抗生素类、氨基酸类以及酶制剂的产量提升上。

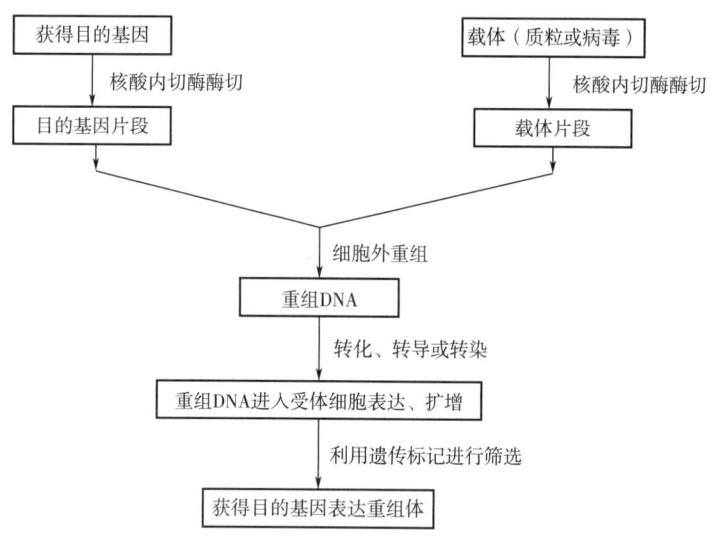

图1-12 基因工程育种过程

通过基因工程育种技术，人们构建了大量的重组大肠杆菌菌株、酵母菌株、枯草芽孢杆菌菌株，产生了很好的经济效益和社会效益。将雨生红球藻的 *CrtZ* 与 *bkt* 基因一同转入高产 β-胡萝卜素酿酒酵母中，构建了一株能够生产虾青素的新菌株。通过实施密码子优化、对基因拷贝数进行调节以及补充辅助因子等策略，成功地将摇瓶发酵过程中虾青素的产量提高至 4.7mg/gDCW。将大肠杆菌-枯草芽孢杆菌穿梭表达载体 pBE2RS 与实验室克隆到的壳聚糖酶编码基因（*csn*）相连，形成了重组质粒 pBE2RS-csn，并在枯草芽孢杆菌 WB600 细胞内实现了对该异源表达。进一步将筛选得到的高效信号肽替换为壳聚糖酶自身的信号肽序列，从而提高了该酶在枯草芽孢杆菌中的分泌表达效率，构建了高分泌型重组壳聚糖酶基因工程菌 BM103。

（五）分子设计育种

分子设计育种是将遗传学理论与杂交育种相结合，利用合成生物学和系统生物学理论，设计分子途径以获得优良目标性状作物的前沿育种技术。其原理基于现代分子生物学和遗传学的理论基础，通过高通量测序和生物信息学分析，识别出与目标性状紧密关联的基因或基因标记，然后利用基因编辑技术（如 CRISPR/Cas9）或转基因技术，对目标基因进行精准的修改或导入，从而实现对微生物的定向改良。该技术还可以对结构及催化功能进行解析，提升其应用稳定性，使酶发生定向进化。例如，使用 PCR 技术获得了一个葡萄糖苷酶基因序列，通过 SWISS-MODEL 网站对 α-葡萄糖苷酶结构进行预测，结合氨基酸的性质特点，对酶蛋白进行分子设计，采用 PCR 突变试剂盒对其进行定点突变，并在大肠杆菌中表达，经过酶活性检测，表达重组体比出发菌株 U2 胞外产酶活性提高了 3 倍，突变体菌株达到 4.2 倍。分子设计育种具体技术手段包括密码子的优化改造、调整碱基 GC/AT 含量、优化基因 5′-UTR 组成、优化基因末端序列等。

四、工业微生物育种的研究进展

工业微生物育种的进展聚焦于基因层面的技术创新,利用易错 PCR 技术与基因组改组技术,诱导产生随机基因突变库,并通过施加选择压力及传代筛选,筛选并稳定化正突变株。同时,DNA 微列阵技术与高通量筛选技术的整合应用,进一步提升了育种效率。合成生物学的发展为工业微生物育种带来了颠覆性变革,通过从头设计或代谢途径重编程,精确调控微生物生产性能,高效合成目标产物。结合基因编辑、代谢工程及系统生物学策略,合成生物学为工业微生物育种开辟了新途径,尤其在生物基化学品、生物燃料及药物生产领域展现出巨大潜力。

(一)易错 PCR 技术

易错 PCR,意为易错条件下的 PCR,即容易使复制出的 DNA 序列出现错误的 PCR 技术,又称错配 PCR 或倾向错误 PCR,是指通过利用低保真度 *Taq* DNA 聚合酶和改变 PCR 反应条件,降低 DNA 复制的保真度,在新 DNA 链合成过程中增加碱基错配,从而使扩增产物出现较多点突变的一种体外诱导 DNA 序列变异的方法。例如,利用易错 PCR 技术对来自枯草芽孢杆菌 C-36 的内切葡聚糖酶基因进行定向进化研究,在酶分子水平上改造内切葡聚糖酶分子。实验获得了最佳突变株 b-15 和 b-28,其内切葡聚糖酶活力比亲本酶分别提高了 2.1 倍和 3.6 倍。

(二)基因组改组技术

在 DNA 改组技术的基础上发展起来的基因组改组(genomic shuffling)技术是针对整个基因组进行的 DNA 改组,它被认为是重组技术在菌种表型改造方面应用的一个重要里程碑。基因组改组技术目前已被认为是一种全细胞进化工程的快速高效技术。由于基因组改组可以在不了解基因背景的情况下展开工作,适合应用于遗传背景复杂的工业放线菌育种,并且更适合获得复杂的表型。随着高通量筛选(high throughput screening, HTS)技术的发展,基因组改组将会成为工业微生物育种的重要策略之一。例如,对 NTG(亚硝基胍)+UV 诱变的放线菌进行了三轮原生质体递归式融合,得到产量提高 40% 以上的替考拉宁高产株。在 10 株后代中,有 3 株表现出了能够稳定遗传的重组性状,其中一株兼具多重耐受性的高产重组阳性菌株,其能够耐受 0.3% 的乙酸钠、0.8% 的甘氨酸以及 0.5% 的二甲胺,同时继承了三个亲本菌株中与目标产物替考拉宁产量相关的优良性状,实现了替考拉宁的高效生产。同时,三轮改组只用了 1 年时间即得到产量较高、遗传稳定的菌株,而依靠传统的诱变育种方法要达到此目标通常需耗时 3~4 年进行 25000~30000 次筛选才能实现。

(三)DNA 微列阵技术

DNA 微列阵(DNA microarray)技术的发展可以比较两个高、低产菌株或者不同样品之间或者一个样品在不同时间点或环境下的转录组学特性的差异,为寻找合成途径中调控回路和潜在的改造靶点提供基础,从而通过分子遗传改造获得高产突变株。

利用代谢工程与合成生物技术对细胞内复杂的代谢网络和调控网络进行重构和改造，以建立合成新化合物或提高目标产物产量的微生物细胞工厂是当今绿色化工技术发展的方向之一。微生物代谢途径的调控受环境和遗传的双重影响，细胞通过全局转录因子、信使分子和反馈抑制等方式响应环境变化来维持细胞的内稳态；同时细胞还受自身遗传基因线路的调控，在转录、翻译以及翻译后修饰过程中调控特定基因的表达。核糖核酸开关是一类调控基因线路表达的RNA元件，通过与金属离子、糖类衍生物、氨基酸、核酸衍生物以及辅酶等特异性配体结合发生构象变化，从而启动或阻断mRNA的转录、翻译、拼接等过程来调控基因的表达。核糖核酸开关作为天然的生物感受器和效应器，通过人工设计可成为微生物细胞工厂智能化和精细化调控的分子工具，并在化工、医药、环保、食品等领域得到广泛应用。

（四）高通量筛选

为了突破传统微生物培养和筛选方法的局限性，满足工业微生物的育种需求，越来越多的人把焦点放在了高通量培养技术上。高通量筛选技术是以分子和细胞水平实验方法为基础的一种用作新化合物开发及目的菌种选育等方面的高新技术。此技术通常在96孔板上进行，采用自动化技术对流体进行分配并对微孔板进行处理，化合物、药物活性的检测在微孔板中进行，对微生物菌种进行优良选育，能够有效提高产品的产量和质量。随着分子生物学、细胞生物学、遗传工程的发展，利用高通量技术对发酵工业菌种进行改造、选育、优化备受青睐。

根据高通量筛选原理，微生物菌株的代谢性能分析既需要在生化反应终点检测，也需要反应动力分析；检测类型包括比色分析、化学发光分析和荧光分析；生化反应类型包括酶促反应和生物亲和反应。目前已经有高通量的分析检测仪器，包括集成过程质谱仪、红外分析仪、活细胞量检测仪、细胞显微观察仪、细胞微观代谢通量检测系统等。

高通量筛选技术在微生物育种中的应用广泛，由于其有着微型化、自动化、高效化、低廉化的各种特点，非常适合于工业微生物大规模筛选的需要。目前利用高通量技术进行菌种筛选的工作多有报道。96孔板高通量筛选多杀菌素高产菌株的方法，考察了刺糖多孢菌在微孔板固体培养基和液体培养基中的生长情况，建立了一种高效筛选多杀菌素高产菌株的方法。该方法灵敏度不低于传统的摇瓶法，而且还具有微量、快速、简便等优点，特别适用于大规模筛选和研究。袁会领等研究了以液滴为微反应器，包埋氨基酸，并对包埋液滴的稳定性、扩散性和生物活性兼容性等进行了研究，为利用液滴微流控芯片技术开展酶的定向进化改造、单细胞研究和细胞代谢物的检测筛选应用打下了基础。徐瑛等利用高通量测序技术，在筛选脱硫菌之前就了解实验样品的菌群结构和组成，为有针对性地设计筛选脱硫菌实验提供了一种新的方法。

（五）微生物育种的最新研究进展

工业微生物的生长性能和合成能力受复杂遗传调控网络控制，利用系统生物学和合成生物学的方法，以序列模块化和元件化进行组装，同时结合自动化和高通量分析手段，对工业微生物开展从全基因组尺度进行系统的、全局的、多位点的扰动,多次迭代,以达到快速积累多样性基因型突变并获得期望的表型。

基因编辑技术作为现代生物学研究的热点技术,也是定向遗传改良技术的代表,在遗传改良育种、基因组学研究和遗传病治疗等方面均展现出巨大的应用潜力。借助合成生物学技术如 CRISPR 技术迭代的多样化和选择一个或多个具有期望功能或表型的目标基因位点,在特定基因位点加速进化,最终允许在自然界中出现从未见过的表型的"超定向"进化,避免经典方法的适应度负担。根据原理的不同,基于 CRISPR 的进化工具、基于重组酶的进化工程(evolutionary engineering based on recombinant enzymes,EERE)、多位点自动基因组工程(multiplex automated genome engineering,MAGE)、可跟踪多轮重组工程(trackable multiplex recombineering,TRMR)和基因组复制工程辅助的连续进化(genome replication engineering assisted continuous evolution,GREACE)为代表的工业微生物育种技术日益成熟。

CRISPR/cas 系统介导的基因组编辑和 DNA 组装方法使靶向基因修饰能够快速、精确地导入微生物细胞工厂。Cas9 和 Cas12a 蛋白已经发展成为探索细菌遗传机制、优化工业微生物代谢途径以及其他基因修饰的有力工具。如基于 CRISPR 工具和适应性进化,提高了 *S. cerevisiae* CEN PK2-1 对卡帕藻水解物的发酵性能及对半乳糖的消耗率。EERE 是基于合成染色体和 Cre-loxP 位点特异性重组机制,其中基因组重排系统(synthetic chromosome rearrangement and modification by LoxP-mediated evolution,SCRaMbLE)可以产生全基因组尺度范围内大片段的 DNA 缺失、重复、易位、倒位和复杂的基因组重排事件,实现基因组的快速进化。携带一条(synV)或两条合成染色体(synV 和 synX)的单倍体酵母菌株使用 SCRaMbLE 技术进行基因组重排,通过多次 SCRaMbLE 实验,筛选出了 7 株在 pH 8.0 条件下耐碱能力增强的 *S. cerevisiae* 进化菌株。MAGE 针对基因组中多条相关代谢途径进行快速改造,是一种利用短寡核苷酸无选择地修改基因组,针对单个细胞或整个细胞群体中染色体的多个位置进行修饰,从而产生组合基因组多样性。TRMR 可以构建全基因组文库,在每个基因上游插入合成 DNA 盒和分子条形码,可实现对 *E. coli* 基因表达的修饰。通过 TRMR 方法对染色体整合突变,对糠醛耐受性等位基因进行了全基因组搜索,发现了在糠醛存在时 4 个新的耐受基因(*EcahpC*、*EcyhjH*、*Ecrna* 和 *EcdicA*)对 *E. coli* 的生长具有促进作用。GREACE 是将保真性下降的 DNA 聚合酶元件引入 *E. coli* 中,诱发细胞进入高突变状态,从而在复制过程中不断产生基因组突变,在环境压力下积累有益突变的子代细胞被筛选出来。不断提高环境压力就可以使 *E. coli* 不断地适应新的压力,达到连续进化的目的。智能微生物工程构建自动进化系统,突变率可以使用反馈调节回路与期望的表型相耦合。如 GREACE 可以提高工程菌株对 3-羟基丁酮的耐受性,从而提高 3-羟基丁酮的产量。研究人员基于 DNA 聚合酶元件开发了一种基于分层动态调控"高保真模块"与"高突变模块"的自主进化突变系统,并结合适应性进化方法获得了高产 3-羟基丁酮的耐受型突变株 HS019,在 30L 发酵罐中 3-羟基丁酮的产量提高到 82.5g/L。GREACE 通过在温度敏感质粒上使用阿拉伯糖诱导启动子表达 DNA 聚合酶复合物(DnaQ)突变体

KR5-2 来进行修饰，通过在赖氨酸发酵液中富集突变体提高赖氨酸高产菌 E. coli MU-1 的耐受性。

基于 CRISPR 的进化工具介导的全基因组编辑可以构建高通量多样性文库，可实现微生物在实验室条件下的快速进化。EERE 可提高底盘细胞与外源代谢路径间的适配性，实现代谢通路的优化，提高微生物细胞工厂对环境胁迫的耐受能力。MAGE 的应用需要代谢途径特定基因的知识，如果目标基因是未知的，TRMR 可创建数千个特定基因修饰和构建的基因组突变文库，用于定量分析全基因组尺度生长表型，准确绘制环境耐受幅度，大幅提高目标产品产量。GREACE 可用于改善工业菌株对高浓度底物的复杂表型和对产物浓度的耐受性。

工业微生物育种的研究在基因水平上实现了从随机突变到精准设计的跨越，结合高通量筛选、DNA 微列阵技术和合成生物学的应用，利用人工智能、大数据等技术对微生物育种过程中的数据进行分析和预测，辅助筛选优良菌株，提高育种的效率和成功率。细胞通过不同的育种策略促使微生物细胞工厂不断地重塑基因组进化，有望加速获得优良性状的细胞表型。

五、发酵工业菌种保藏

(一) 菌种的衰退

菌种在培养或保藏过程中，由于自发突变的存在，出现某些原有优良生产性状的劣化、遗传标记的丢失等现象，称为菌种的衰退。菌种衰退不是突然发生的，而是从量变到质变的逐步演变过程。开始时，在群体细胞中仅有个别细胞发生自发突变（一般均为负突变），不会使群体菌株性能发生改变。经过连续传代，群体中的负突变个体达到一定数量，发展成为优势群体，从而使整个群体表现为严重的衰退，甚至彻底毁灭。菌种衰退可使微生物原有典型性状变得不典型，其本质是一种负变异。菌种衰退是不可避免的，其主要表现有菌落和细胞形态改变，分生孢子减少或颜色改变（如放线菌和霉菌在斜面上经多次传代后产生了"光秃"型，从而造成生产上孢子接种困难），代谢产物生产能力下降对不良环境抵制能力减弱等。

(二) 菌种退化的原因

1. 基因发生负突变

菌种衰退的主要原因是有关基因的负突变。如果控制产量的基因发生负突变，则表现为产量下降；如果控制孢子生成的基因发生负突变，则产生孢子的能力下降。菌种在移种传代过程中会发生自发突变。虽然自发突变的概率很低，尤其是对于某一特定基因来说，突变频率更低。但是由于微生物具有极高的代谢繁殖能力，随着传代次数增加，衰退细胞的数目就会不断增加，在数量上逐渐占优势，最终成为一株衰退了的菌株。

2. 表型延迟造成菌种衰退

表型延迟通常指的是在特定条件下，微生物的某些表型特征（如产量、生长速率等）在初次观察时并未立即显现出来，而是在后续的传代或培养过程中才逐渐显现。这种延迟可能是由于微生物内部的遗传变异、代谢调控机制的变化或环境因素的共同作用所导致的。

3. 质粒脱落导致菌种衰退

抗生素生产中，菌种衰退比较常见，质粒丢失是主要原因。质粒调控抗生素合成，易受自发突变或环境胁迫影响而脱落，或核 DNA 与质粒复制不同步。多轮传代后，无关键质粒的细胞增多，导致菌种衰退。基因工程改造质粒可提升稳定性，减缓衰退。深入研究菌株遗传背景和质粒特性，有助于理解质粒丢失机制，为高效抗生素生产策略提供理论支撑。

4. 连续传代

连续传代是加速菌种衰退的一个重要原因。一方面，传代次数越多，发生自发突变（尤其是负突变）的概率越高；另一方面，传代次数越多，群体中个别的衰退型细胞数量增加并占据优势越快，致使群体表型出现衰退。

5. 培养和保藏方式不当

培养和保藏方式不当是加速菌种衰退的另一个重要原因。不良的培养条件如不合适的营养成分、温度、湿度、pH、通气量等和保藏条件如营养、含水量、温度、氧气等，不仅会诱发衰退型细胞的出现，还会促进衰退型细胞迅速繁殖，在数量上大大超过正常细胞，造成菌种衰退。

（三）菌种退化的防治

1. 合理育种

选育菌种时所处理的细胞应使用单核细胞，避免使用多核细胞；合理选择诱变剂的种类和剂量或增加突变位点，以减少分离回复；在诱变处理后进行充分的后培养及分离纯化。这些方法都可有效地防止菌种的退化。

2. 选择合适的培养基和培养条件

深入理解微生物的生理生化特性，根据微生物需求精准调整培养基成分，如碳源、氮源、无机盐及维生素的比例与种类，并探索性添加如糖蜜、天冬氨酸等物质以增强菌种稳定性。另外，通过适度控制易利用碳源的供给，如葡萄糖，迫使微生物在资源受限环境中生长，减缓其代谢速率，进而降低遗传变异的概率。同时，培养条件的优化同样关键，包括维持适宜的温度、湿度环境，以及调节 pH 至微生物最适范围，以营造如低温、干燥、缺氧的生存环境，防止菌种退化。

3. 控制传代次数

由于微生物存在着自发突变，而突变都是在繁殖过程中发生而表现出来的。所以应尽量避免不必要的移种和传代，把必要的传代降低到最低水平，以降低自发突发的概率。菌种传代次数越多，产生突变的概率就越高，因而菌种发生退化的机会就越多。不论在实验室还是在生产实践上，必须严格控制菌种的移种传代次数，并根据菌种保藏方法的不同，确立恰当的移种传代的时间间隔。

4. 利用不同类型的细胞进行移种传代

在有些微生物，如放线菌和霉菌中，由于细胞常含有几个核或甚至是异核体，因此用菌丝接种就会出现不纯和衰退，而孢子一般是单核的，用它接种时，就没有这种现象发生。实践中发现构巢曲霉如用分生孢子传代就容易退化，而改用子囊孢子移种传代则不易退化。

5. 采用有效的菌种保藏方法

有效的菌种保藏方法是防止菌种退化的必要措施。例如，啤酒酿造中常用的酿酒酵母，保持其优良发酵性能最有效的保藏方法是-70℃低温保藏。一般斜面冰箱保藏法只适用于短期保藏，而需要长期保藏的菌种，应当采用砂土管保藏法、冷冻干燥保藏法及液氮保藏法等方法。对于比较重要的菌种，尽可能采用多种保藏方法。

第三节 代谢工程在发酵工程中的应用

一、代谢工程简介

代谢工程，又称途径工程，是应用重组DNA技术和应用分析生物学相关的遗传学手段进行有精确目标的遗传操作，改变酶的功能、输送体系的功能，甚至产能体系的功能，以改变细胞某些方面的代谢活性的整套操作工作（包括代谢分析、代谢设计、遗传操作、目的代谢活动的实现等）。简而言之，代谢工程是生物化学反应代谢网络的目的性修饰。代谢工程意义重大，其主要解决的问题是改变某些途径中碳架物质流量或者改变碳架物质在不同途径中的流量分布，从而实现修饰初级代谢，将碳架物质流导入目的产物的载流途径以获得产物的最大转换率。

二、代谢工程研究内容

代谢工程实质是通过整合信息，而对微生物的代谢网络定量分析后进行代谢网络的改造，目的是达到目的产物产率最大限度的提高。因此代谢工程的研究需要对微生物代谢网络分流节点进行逐个解析，通过建立动力学模型、示踪实验、代谢通量分析、酶活性测定、多组学整合分析等方法，达到对代谢网络中代谢流的定量和定向评估。在此基础上，对微生物的代谢网络进行重新设计构建，并进一步通过相关代谢分析来检验代谢网络的设计，最终通过一系列的检测分析和基因操作等手段，达到对细胞代谢网络和代谢流的改造。代谢工程的研究涉及化学计量学、数学动力学、酶学、基因工程等各个领域，整合了各领域最新的研究成果，通过细胞水平阐述代谢节点、途径、网络之间的关系以及代谢的流向和调控机制，再通过基因工程等手段改造和优化细胞性能。

代谢工程关注的是代谢途径集成的整体，而不是单个反应。代谢工程研究的是整个生化反应网络，涉及其自身的途径合成和热动力学可行性，还有途径流量及其控制。现在研究的出发点正在经历从单个酶反应向相互影响的生化反应体系转变，通过对整个反应体系而不是一个个孤立的反应的考察来获得关于代谢和细胞功能的更全面的认识。

代谢工程改造微生物细胞生产目标化学品的一个重要环节是细胞代谢网络调节，然而微生物代谢途径的调控受环境和遗传的双重影响，细胞通过全局转录因子、信号分子和反馈调节等方式响应环境变化来维持细胞的内稳态；同时细胞还受自身遗传基因线路的调

第一章 绪论

控，在转录、翻译以及翻译后修饰过程中调控特定基因的表达。因此，代谢工程研究内容可划分为分子水平、细胞水平和群体水平。

1. 分子水平

分子水平主要包括碳源利用问题、代谢流重构问题、辅因子问题、路径酶调控问题等，主要集中于细胞代谢调控网络，属于代谢路径的问题，通过代谢工程手段达到调控细胞代谢、提高目标产品产量的目的。除了传统对关键代谢流中关键酶基因的克隆、表达与调控研究外，最新的研究聚焦于利用 CRISPR/Cas9 和非编码 RNA（如 miRNA、sRNA 等）的代谢调控，以构建更为高效的代谢途径。

2. 细胞水平

细胞水平主要包括细胞寿命与分裂问题、细胞生产力平衡问题、突变体筛选问题、环境胁迫问题等。基于对细胞采用各种不同的生理学扰动，研究细胞生理水平上的响应，包括各种大分子组分如核糖体、蛋白质、RNA 以及 DNA 的含量变化、定量测定各种基因表达水平的变化、定量测定各种代谢类以及调控类小分子的含量变化，有助于理解生物体基因表达调控的意义，理解细菌最根本的全局基因表达调控。例如，利用微流控芯片技术结合荧光检测，可在单细胞分辨率下追踪代谢物动态变化和基因表达波动，为深入理解代谢网络的动态调控提供了更精准的数据。

3. 群体水平

群体水平主要包括系统稳定性问题、群落异质性问题、群落结构问题等。其基于菌群之间的相互作用，了解工业微生物发酵中存在的问题，有针对性地分析科学问题，利用代谢工程手段解决科学问题。

三、代谢工程的主要研究方法

传统代谢工程主要是采用对于特定的蛋白或者信号路径实施"各个击破"的策略来调节化学品的生产，例如，RBS 工程、启动子工程、蛋白质工程、DNA 靶向支架、微生物菌群工程、sRNA 工程等调控策略。然而，由于细胞过于复杂，包含太多的分子作用细节和未知参数，很难上升到整体层次研究细胞性能。因此，代谢工程的主要研究方法可以从胞内层次、细胞层次和胞外层次进行总结和概括，研究了三个层次在代谢工程中的应用或潜在应用可能，进而解决分子水平，细胞水平和群体水平的关键科学问题。

1. 胞内层次

胞内层次主要包括底物、中间产物、终产物、小分子物质和信号物质等。胞内层次可用于调节途径基因表达，调控菌体代谢状态，以更有效地利用细胞资源并平衡代谢。也可以对菌体内的代谢物进行实时监测。

2. 细胞层次

细胞层次主要包括细胞器工程、细胞工程、群落工程等。细胞层次可直接用于调控细胞的状态，从整体的角度，即自下而上式地调控微生物生理来改变细胞代谢状态，进而改善化学品的生产。

3. 胞外层次

胞外层次主要包括环境信号、群体信号、诱导信号等。胞外层次的输入信号可以根据需求迅速地改变，例如可以迅速改变光的波长、调整温度或pH，细胞能够感知各种环境信号，对代谢状态提供更灵活的调控。目前胞外层次中主要是QS回路和光控回路具有代谢工程应用案例，通过胞外控制的刺激强度和刺激时间来调控基因的时序表达。

四、代谢工程策略的研究现状

代谢工程策略的研究现状主要集中在：①基于传统技术的策略：采用已有的技术手段，既没有引入新的元件，也没有优化功能，仅采用大家都已经熟悉的技术在常规领域研究中的应用；②基于传统技术改进的策略：采用已有的技术手段，对其引入新的元件，或组合已知的技术策略，使其具有新的功能，并解决一些传统技术难以解决的问题；③基于革新技术的策略：发展一种革新的技术，能在一个已知技术难以进行的新领域展开研究，或者紧跟热点技术，将新技术应用于之前已有报道的研究领域中。

（一）基于传统技术的策略

基于传统技术发展出传统代谢工程，其目标就是改善菌株生产性能，使微生物快速高效地利用底物生产目标化学品。其中，基于传统技术发展的代谢工程策略主要包括以下三个方面：

1. 推

构建目标代谢产物的合成路径，例如，改造本源的代谢合成路径或者引入异源的代谢合成路径来增强目标产物的生产。

2. 拉

目标产物的分泌/储存得到增强，例如，对于胞内产品增大细胞存储空间，对于胞外产品增加产物运输，或者改变细胞膜的通透性等。

3. 堵

敲除或弱化目标代谢产物的代谢去路，例如，根据目标产品在胞内的代谢路径，敲除代谢去路的路径酶的基因。传统代谢工程策略主要理念就是利用基因工程手段，在细胞内构建一条合成目标化学品的合成路径，其落脚点为生物转化途径，而对细胞的生理状态关注较少。采用的常用手段就是引入基因工程中的技术，例如首先根据文献挖掘聚（乙醇酸-乳酸-羟基丁酸）代谢合成路径，然后在宿主中构建，验证路径的有效性；根据细胞形态控制的机理，选择过表达关键靶点 *sulA* 改造细胞大小。

（二）基于传统技术改进的策略

改进传统技术策略的理念是将合成生物学技术与传统代谢工程技术相结合，用于实现代谢流平衡、辅因子平衡和细胞生产力平衡等，可以显著提高细胞工厂的转化效率，其落脚点为平衡细胞生长与产物合成资源的竞争。引入新技术不仅改造传统技术，而且开始关注菌株自身的生理状态，可以解决传统技术难以解决的技术难点。采用的主要技术手段就是引入新的元件或最新热点技术来改造微生物菌株。例如基于不同强度 RBS 文库平衡代谢流充分表明基于改进传统技术的强大生命力；将模块化代谢途径重构与建模相结合，通过微生物之间的相互作用实现特定功能，具有复杂度低、可控性高、稳定性好等优点，包括合成微生物群落中存在多种相互作用类型：例如互利共生（协同作用）、偏利共生、寄生或捕食以及竞争。这些相互作用可以通过改变细胞间交流、物种代谢作用以及空间结构等方式进行调控，从而实现对合成群落的改造，这些发展为代谢工程应用提供了可能。

（三）基于革新技术的策略

从生物化学和微生物生理学领域，探索和发展出革新的代谢工程策略，追踪热点技术，从最新的研究性论文上找方法并应用于代谢工程领域，或利用多学科结合的方法，开发出全新的代谢工程策略，是革新技术灵感的主要来源。革新技术的理念就是使微生物细胞工厂更自然地合成目标产品，其落脚点为仿生。采用新方法解决老问题，例如生物仿生菌体感应系统：将最初的单一开关控制（诱导剂型、温度敏感型、转换开关型等）发展到动态调控（底物浓度依赖型）再发展到仅依靠菌体生长信号就能实现特定基因表达调控的策略，人工参与的环节越来越少，其最终目的是实现细胞工厂全自动化生产；人工底盘菌株：随着遗传学、基因组测序和 DNA 合成的进步，重新设计和人工合成整个基因组，创造新的底盘微生物成为可能，利用人工合成的酵母染色体，改进了桦木酸的生物合成；从微生物的细胞复制寿命出发开发出新的方法：将最初的依靠控制细胞形态的方法（控制细胞壁合成与控制细胞分裂）发展到控制细胞复制寿命，将最初控制靶点的基因表达的方式（一次转换开关）发展到仅通过一次诱导启动就可以控制逻辑门，从而实现双向动态转换，最终不仅实现细胞形态的调控而且实现聚合物在细胞分布上的调控；模拟自然界多种物种共生的模式：天然产物的代谢合成路径长，代谢合成路径传输效率低严重影响了细胞工厂的效率，基于具有共生关系的微生物菌落设计出双菌协作的模式，重构了一个异源天然产物合成路径，克服了仅使用单一宿主时精确调控中间代谢物和蛋白表达上的常见问题。

五、代谢工程在发酵工程中的应用展望

代谢工程通过特定生化反应修饰或 DNA 重组技术以优化细胞特性或合成新型产物，其在发酵工程领域的应用主要体现在以下几个关键方面。

（1）精准调控微生物代谢途径以提升生物制造效率　代谢工程能够对微生物的代谢网络实施精确调控，旨在优化目标产物的合成路径，同时抑制副产物的形成，从而显著提升发酵效率。通过基因敲除技术剔除非必需代谢途径或引入外源代谢路径，微生物被赋予高效合成目标产物的能力。此外，代谢工程使微生物能在极端环境（如厌氧条件、低 pH、高温等）下保持快速生长和强健的发酵性能，同时增强其耐受性，确保发酵过程的稳定性和可靠性。

（2）拓宽发酵工程的应用范畴　代谢工程可根据特定需求，设计并构建定制化微生物发酵系统，用于生产大宗化学品或高价值精细化学品。通过精细调控微生物代谢网络，实现这些化学品的高效、经济生产。同时，代谢工程还能改造微生物，使其生产出具有特定健康功能的营养食品或食品添加剂，满足特定消费群体的健康需求，进一步拓宽了发酵工

程的应用。

（3）推动发酵工程技术的革新与升级　合成生物学为代谢工程提供了全新的设计理念和方法。通过合成生物学可以实现对生命过程或生物体的目标设计、改造乃至全新合成，这为发酵工程技术的创新与升级开辟了新途径。结合先进的计算生物学工具和高通量筛选技术，代谢工程的精准度和效率得到显著提升，加速了新型生物制造系统的开发进程。

（4）促进绿色生产与可持续发展　代谢工程通过优化微生物代谢网络，不仅减少了发酵过程中产生的废水、废气等污染物，还能利用微生物的代谢处理工业废弃物，实现资源的循环利用和环境的可持续发展。此外，通过提高原料的利用率和产物的得率，降低了生产成本，增强了发酵工程的经济性和市场竞争力，为实现绿色生物制造奠定了坚实基础。

系统生物学为代谢工程提供了深入理解生物系统复杂性的全新视角，而合成生物学的快速发展则进一步推动了从基本生物元件到复杂生物系统的设计与构建。随着遗传学、分子生物学、组学技术等生物学领域的蓬勃发展，以及计算机科学、先进分析检测技术等交叉学科的深入融合，代谢工程正步入一个前所未有的长远发展新阶段，为生物制造产业的转型升级和可持续发展注入了强大动力。

参考文献

［1］中国生物发酵产业协会［Z］. http：//www.cfia.org.cn/，2024.

［2］前瞻产业研究会. 2024—2029年全球及中国生物发酵产业市场前瞻与投资战略规划分析报告［R］. 深圳：前瞻产业研究院，2024.

［3］陈宁，范晓光. 我国氨基酸产业现状及发展对策［J］. 发酵科技通讯，2017，46（04）：193-197.

［4］中研普华产业研究院. 2024—2029年有机酸行业市场深度分析及发展规划咨询综合研究报告［R］. 深圳：中研普华产业研究院，2024.

［5］彭超，姚福伟，朱威宇，等. 柠檬酸发酵产业的市场分析与生产现状［J］. 当代化工，2023，52（09）：2196-2200.

［6］中研普华产业院研究院. 2024—2029年中国酶制剂产业链供需布局与招商发展策略深度研究报告［R］. 深圳：中研普华产业研究院，2024.

［7］观研报告网. 中国淀粉糖行业现状深度研究与发展趋势预测报告（2024—2031年）［R］. 北京：观研报告网，2024.

［8］新思界产业研究中心. 2024—2029年中国多元醇行业市场深度调研及发展前景预测报告［R］. 北京：新思界产业研究中心，2024.

［9］前瞻产业研究院保健品协会. 2024—2029年中国益生菌产业发展前景预测与投资战略规划分析报告［R］. 深圳：前瞻产业研究院保健品协会，2024.

［10］Suman G，Nupur M，Anuradha S，et al. Single cell protein production：a review［J］. Int. J. Curr. Microbiol. App. Sci，2015，4（9）：251-262.

［11］共研产业咨询. 2023年中国发酵工程药物产量、需求量及行业市场规模现状分析［R］. 北京：共研产业咨询，2023.

［12］智研瞻产业研究院. 中国生物医用材料行业报告［R］. 茂名：智研瞻产业研究院，2024.

[13] Yuanyuan Huang, Mingyi Zhang, Jie Wang, et al. Engineering microbial systems for the production and functionalization of biomaterials. Curr. Opin. Microbiol, 2022.

[14] Nielsen J. Systems biology of metabolism [M]. // KORNBERG R D. Annu Rev Biochem. City, 2017: 245-275.

[15] Lee S Y, Kim H U, Chae T U, et al. A comprehensive metabolic map for production of bio-based chemicals [J]. Nat Catal, 2019, 2 (1): 18-33.

[16] Nielsen J, Keasling J D. Engineering cellular metabolism [J]. Cell, 2016, 164 (6): 1185-1197.

[17] Pronk J T, Lee S Y, Lievense J, et al. How to set up collaborations between academia and industrial biotech companies [J]. Nat Biotechnol, 2015, 33 (3): 237-240.

[18] Vuoristo K S, Mars A E, Sanders J P M, et al. Metabolic engineering of TCA cycle for production of chemicals [J]. Trends Biotechnol, 2016, 34 (3): 191-197.

[19] Sarria S, Kruyer N S, Peralta-Yahya P. Microbial synthesis of medium-chain chemicals from renewables [J]. Nat Biotechnol, 2017, 35 (12): 1158-1166.

[20] Clomburg J M, Crumbley A M, Gonzalez R. Industrial biomanufacturing: the future of chemical production [J]. Science, 2017, 355 (6320): 1-11.

[21] Hu G, Li Y, Ye C, et al. Engineering microorganisms for enhanced CO_2 sequestration [J]. Trends Biotechnol, 2019, 37 (5): 532-547.

[22] Chen X, Liu L. Gene circuits for dynamically regulating metabolism [J]. Trends Biotechnol, 2018, 36 (8): 751-754.

[23] Basan M, Honda T, Christodoulou D, et al. A universal trade-off between growth and lag in fluctuating environments [J]. Nature, 2020, 584 (7821): 470-474.

[24] Grozinger L, Amos M, Gorochowski T E, et al. Pathways to cellular supremacy in biocomputing [J]. Nat Commun, 2019, 10: 1-11.

[25] Shin J, Zhang S, Der B S, et al. Programming *Escherichia coli* to function as a digital display [J]. Mol Syst Biol, 2020, 16 (3): 1-12.

[26] Gorochowski T E, Ellis T. Designing efficient translation [J]. Nat Biotechnol, 2018, 36 (10): 934-935.

[27] Naseri G, Koffas M A G. Application of combinatorial optimization strategies in synthetic biology [J]. Nat Commun, 2020, 11 (1): 1-14.

[28] Bartoli V, Meaker G A, Di Bernardo M, et al. Tunable genetic devices through simultaneous control of transcription and translation [J]. Nat Commun, 2020, 11 (1): 1-11.

[29] Harrigan P, Madhani H D, El-Samad H. Real-time genetic compensation defines the dynamic demands of feedback control [J]. Cell, 2018, 175 (3): 877-886.

[30] Han Y, Zhang F. Control strategies to manage trade-offs during microbial production [J]. Curr Opin Biotechnol, 2020, 66: 158-164.

[31] Shahab R L, Brethauer S, Davey M P, et al. A heterogeneous microbial consortium producing short-chain fatty acids from lignocellulose [J]. Science, 2020, 369 (6507): 1073-1083.

[32] Lee S Y, Kim H U. Systems strategies for developing industrial microbial strains [J]. Nat Biotechnol, 2015, 33 (10): 1061-1072.

第二章　代谢工程的方法策略

第一节　微生物代谢特征

代谢是生物体的最基本属性之一，它是生物进行的一切生化反应的总称。微生物代谢包括物质代谢和能量代谢，前者又分为合成代谢和分解代谢。合成代谢是微生物将简单的小分子物质合成为复杂的大分子细胞物质的过程，为耗能反应；分解代谢是微生物将营养物质或细胞物质逐步降解为简单的小分子物质的过程，是放能反应。微生物的代谢具有代谢旺盛、代谢类型多、代谢调节途径灵活、代谢产物种类多、代谢易受环境影响等特点，同一物质可经不同的分解途径，经不同的酶催化，产生不同的代谢产物；而同一代谢产物又可经不同的途径合成。

一、微生物的分解代谢

（一）EMP 途径

EMP 途径（Embden-Meyerhof-Parnas pathway，EMP），即糖酵解途径（glycolysis pathway）。它是以 1 分子葡萄糖为底物，约经过 10 步反应而产生 2 分子丙酮酸和 2 分子 ATP 的过程。在其总反应中，可概括成两个阶段（耗能阶段和产能阶段）、3 种产物（NADH + H$^+$、丙酮酸和 ATP）和 10 个反应步骤。EMP 途径的主要产物可见图 2-1。

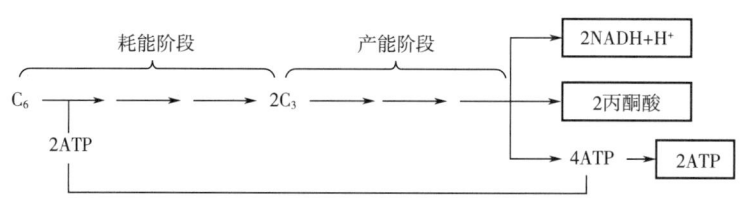

图 2-1　EMP 途径主要产物

注：C$_6$ 为葡萄糖，C$_3$ 为 3-磷酸甘油，加框的表示终产物。

EMP 途径的总反应式为：

$$C_6H_{12}O_6 + 2NAD^+ + 2ADP + 2Pi \longrightarrow 2C_3H_4O_3 + 2NADH + 2H^+ + 2ATP + 2H_2O$$

EMP 详细反应途径见图 2-2。

在 EMP 途径中，葡萄糖所含的碳原子只有部分氧化，产能较少。EMP 途径的特征性酶是 1,6-二磷酸果糖醛缩酶，它催化 1,6-二磷酸果糖裂解生成磷酸二羟丙酮和 3-磷酸甘

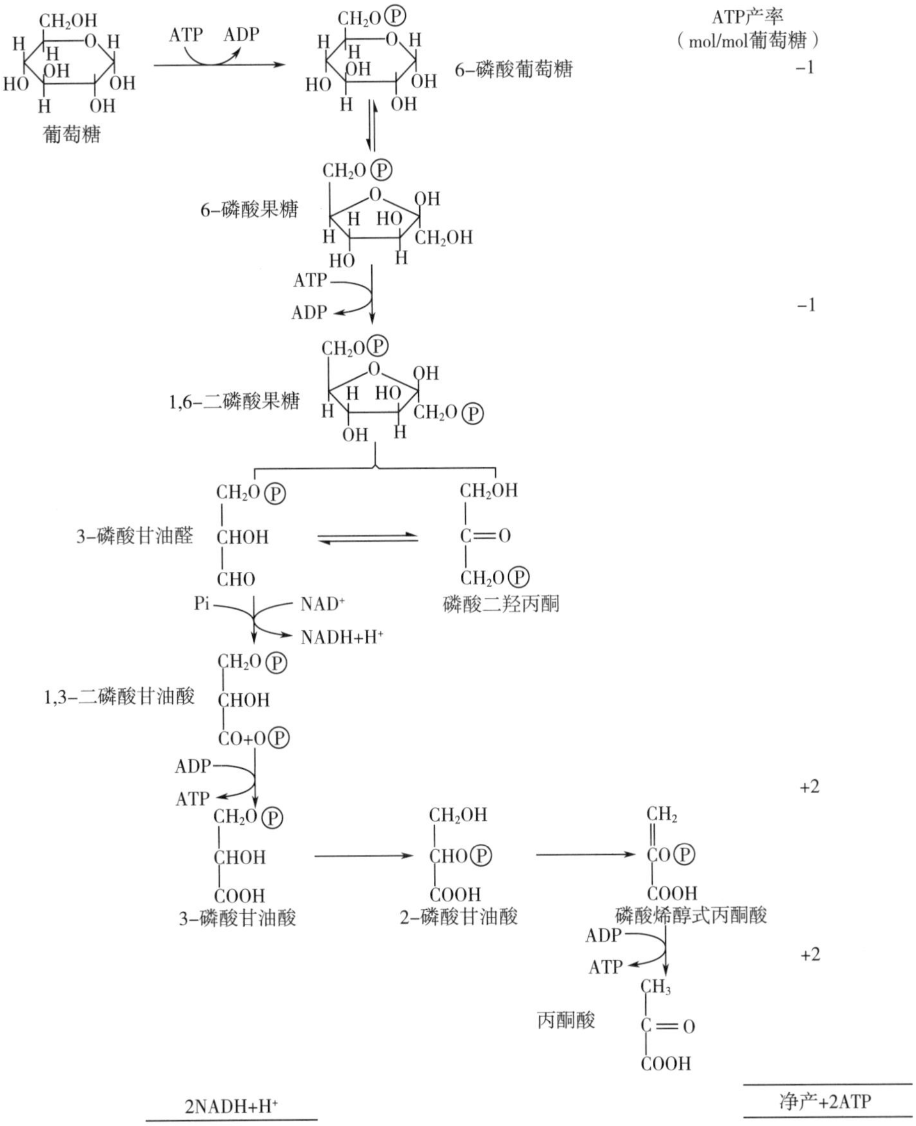

图 2-2 EMP 详细反应途径

油醛，其中磷酸二羟丙酮可以转化为 3-磷酸甘油醛，进一步经过磷酸甘油酸和磷酸烯醇式丙酮酸生成两分子丙酮酸。

（二）HMP 途径

HMP 途径（hexose monophosphate pathway，HMP），即磷酸戊糖途径，一个循环的结果相当于 1 分子 6-磷酸葡萄糖转变成 1 分子 3-磷酸甘油醛、3 分子 CO_2 和 6 分子 $NADPH+H^+$，如图 2-3 所示。3-磷酸甘油醛可以进入 EMP 途径生成丙酮酸，丙酮酸氧化放出 CO_2。在好氧条件下，许多微生物也可以利用 HMP 途径将葡萄糖完全分解成 CO_2 和水。此时生成的 2 分子 3-磷酸甘油醛不进入 EMP 途径，而是缩合生成磷酸果糖，即 6 分子葡萄糖同时参与一次循环，有 5 分子 6-磷酸己糖再生，用去 1 分子葡萄糖，产生大量 $NADPH+H^+$ 形式的还原力。

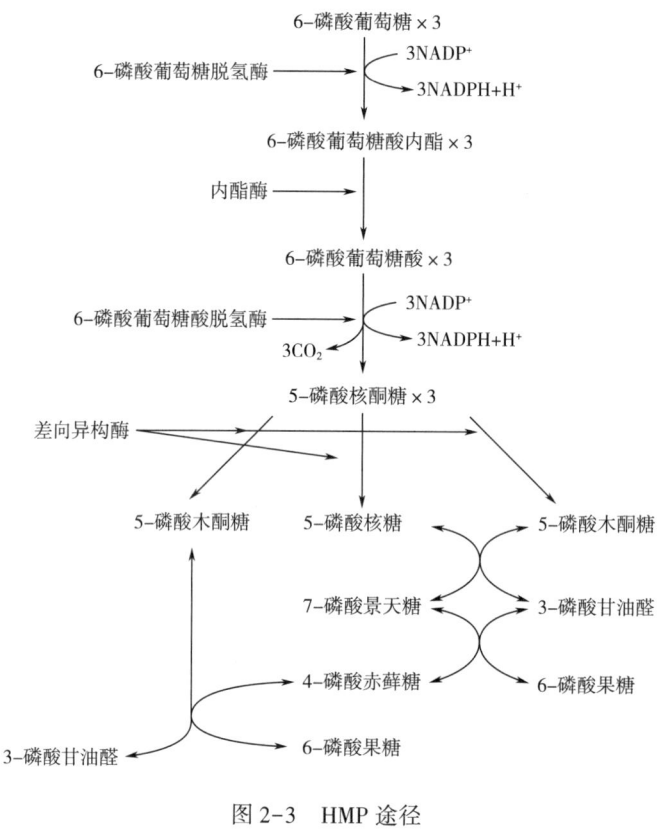

图 2-3　HMP 途径

HMP 途径不是产能途径，主要是提供生物合成所需的大量还原力和不同长度的碳架原料。有 HMP 途径的微生物中往往同时存在 EMP 途径。单独具有 EMP 途径的微生物很少见，已知的仅有弱氧化醋杆菌（*Acetobacter suboxydans*）和氧化醋酸单胞菌（*Acetomonas oxydans*）。

（三）ED 途径

ED 途径（entner-doudoroff pathway，ED），又称 2-酮-3-脱氧-6-磷酸葡萄糖酸裂解途径，它是少数缺乏完整 EMP 途径的细菌所特有的利用葡萄糖的替代途径。在 ED 途径中，6-磷酸葡萄糖首先脱氢产生 6-磷酸葡萄糖磷酸，接着在脱水酶和醛缩酶的作用下，产生 1 分子的 3-磷酸甘油醛和 1 分子丙酮酸。然后 3-磷酸甘油醛进入 EMP 途径转变成丙酮酸，总反应式为：

$$C_6H_{12}O_6 + NADP^+ + NAD^+ + ADP + 2Pi \longrightarrow 2CH_3COCOOH + NADPH + NADH + 2H^+ + ATP$$

ED 途径的特点：一是葡萄糖经快速反应获得丙酮酸（仅 4 步反应）；二是特征性酶是 2-酮-3-脱氧-6-磷酸葡萄糖酸（KDPG）醛缩酶；三是特征性反应是 2-酮-3-脱氧-6-磷酸葡萄糖酸裂解成丙酮酸和 3-磷酸甘油醛；四是产能效率低，1 分子葡萄糖经 ED 途径分解只产生 1 分子 ATP。ED 途径在革兰氏阴性菌中分布较广，特别是在假单胞菌和某些固氮菌中较多存在，如根瘤菌属（*Rhizobium*）、农杆菌属（*Agrobacterium*）、嗜水气单胞菌

(*Aeromonas hydrophila*) 等。

在不同的微生物中，EMP、HMP 和 ED 3 种途径在己糖分解代谢中的重要性是有明显差别的。

(四) 三羧酸 (TCA) 循环

三羧酸循环 (tricarboxylic acid cycle，TCA 循环)，又称 Krebs 循环或柠檬酸循环，在绝大多数异养微生物的氧化性（呼吸）代谢中起着关键性的作用。在真核微生物中，TCA 循环的反应在线粒体内进行，其中的大多数酶定位在线粒体的基质中；在原核生物如细菌中，大多数酶都存在于细胞质内。三羧酸循环见图 2-4。

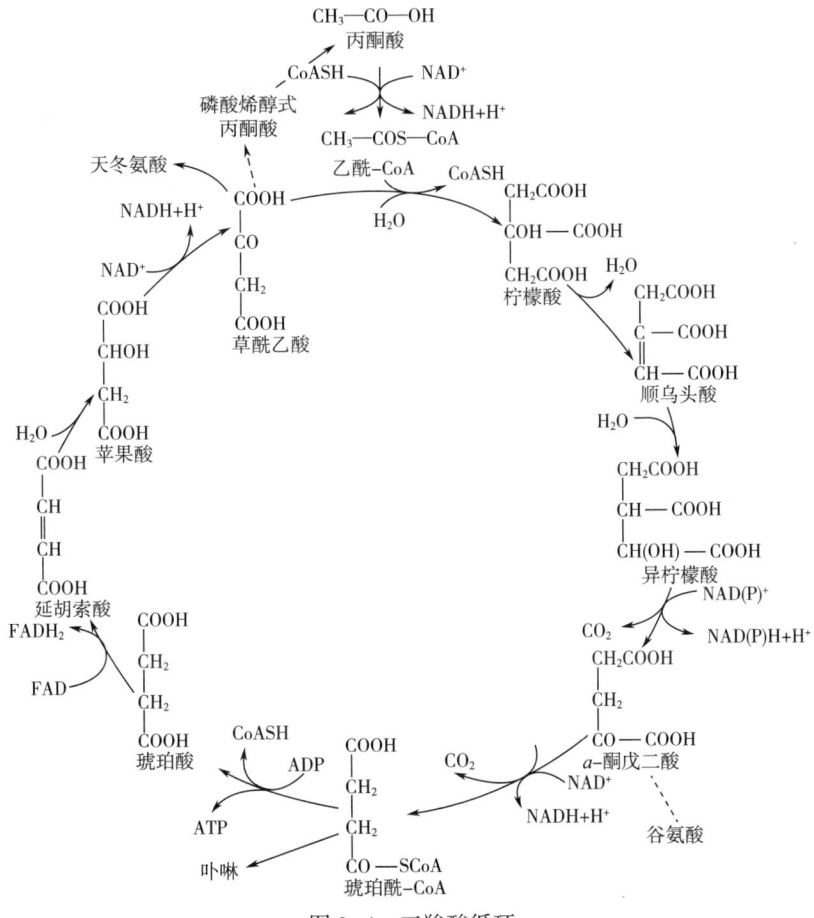

图 2-4 三羧酸循环

注：虚线表示可用于各种生物合成的中间代谢物。

从 TCA 循环在微生物物质代谢中的地位来看，它在一切分解代谢和合成代谢中都占有枢纽的地位，因而也与微生物大量发酵产物如柠檬酸、苹果酸、延胡索酸、琥珀酸等的生产密切相关。

(五) 磷酸解酮酶途径

磷酸解酮酶途径主要在酵母菌和某些细菌中存在，特征性酶为磷酸戊糖解酮酶，关键反应为 5-磷酸木酮糖裂解成乙酰磷酸和 3-磷酸甘油醛，乙酰磷酸进一步反应生成乙酸，3-磷酸甘油醛经丙酮酸转化为乳酸。总反应式为：

$$C_6H_{12}O_6+NAD^++ADP+2Pi \longrightarrow CH_3CHOHCOOH+CH_3CH_2OH+CO_2+NADH+H^++ATP$$

二、微生物的呼吸作用

呼吸是多数微生物产能的重要方式，是指基质在氧化中释放出电子，通过呼吸链（电子传递链），交给最终电子受体氧或其他无机物，并在传递电子过程中产生 ATP 的生物化学过程，这种产生 ATP 的方式称为氧化磷酸化作用。根据最终电子受体不同，呼吸分为有氧呼吸和无氧呼吸。

（一）有氧呼吸

有氧呼吸（aerobic respiration）是指以分子氧作为最终电子受体的生物氧化过程。许多微生物可以有机物作为氧化底物，进行有氧呼吸获得能量，但通常是和 EMP 途径相耦联。例如，葡萄糖发酵降解为丙酮酸，它再经三羧酸循环（TCA 循环）（图 2-5）同时经电子传递链释放出电子的过程中被彻底氧化时，释放出大量能量。电子传递链是由一系列氢和电子传递体组成的多酶氧化还原体系：NADH、脱氢酶、黄素蛋白、铁硫蛋白、细胞色素、泛醌等化合物，其功能有：①电子供体接受电子并传递给电子受体；②通过合成 ATP 将电子传递中释放的一部分能量贮藏起来。

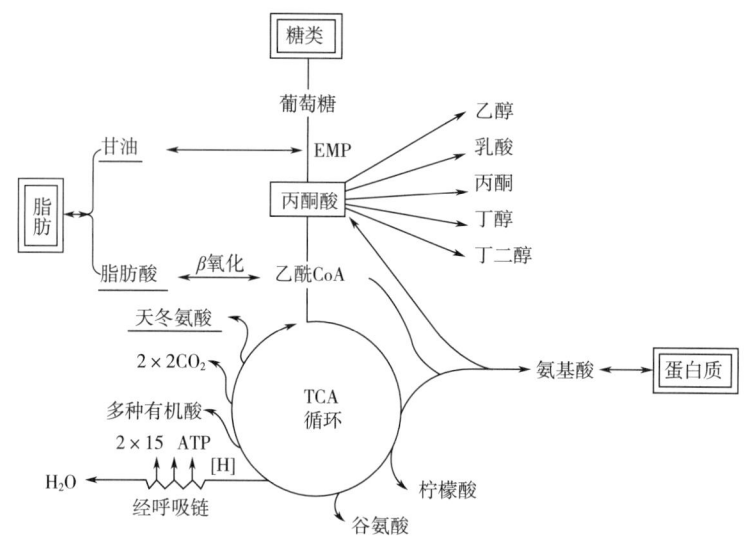

图 2-5　三羧酸循环在微生物代谢中的枢纽地位

注：双框内为主要营养物，单框内为重要中间代谢物，划底线者为微生物发酵产物。

其总反应式为：

$$C_6H_{12}O_6+ 6O_2+ 32ADP + 32Pi \longrightarrow 6CO_2+ 6H_2O +32ATP$$

有氧呼吸过程中，葡萄糖氧化时释放出的能量较多，而且是逐步放出的，这有利于能量的充分利用，避免能量放出太快，对微生物生长不利，并且三羧酸循环能为有机体生长提供细胞物质合成时所需要的还原力 NADH 和小分子的碳架前体物质。细菌的有氧呼吸与真核生物的有氧呼吸基本相同,真核生物呼吸链位于线粒体膜上,细菌的呼吸链位于细胞膜上。原核微生物呼吸链具有多样化的特点,电子供体和最终电子受体可以是多种物质。少数微生物在有氧的情况下,对有机物的氧化不彻底。

(二) 无氧呼吸

无氧呼吸 (anaerobic respiration) 是指以无机氧化物代替分子氧作为最终电子受体的生物氧化过程。进行无氧呼吸的是厌氧菌和兼性厌氧菌,如硝酸盐还原菌。硝酸盐还原是以 NO_3^- 为最终电子受体的无氧呼吸,还原产物 NO_2^- 分泌到细胞外,还可进一步被还原成 N_2,又称反硝化作用。很多细菌、真菌以及植物还原硝态氮 (NO_3—N),并进一步将它转化成有机氮化物,这类硝酸盐还原是同化性质的,故称为同化性硝酸盐还原。一般的硝酸盐呼吸属于异化性硝酸盐还原,能使硝酸盐还原的细菌称为硝酸盐还原细菌。以葡萄糖为氧化基质的硝酸盐还原反应如下:

$$C_6H_{12}O_6 + 12NO_3^- \longrightarrow 6CO_2 + 6H_2O + 12NO_2^-$$

三、自养微生物的氧化

一些微生物可以氧化无机物获得能量,同化合成细胞物质,这类细菌称为化能自养微生物。它们在无机能源转化过程中通过氧化磷酸化产生 ATP。

(一) 氨的氧化

氨 (NH_3) 同亚硝酸 (NO_2^-) 是可以用作能源的最普通的无机氮化合物,能被硝化细菌所氧化。硝化细菌可分为两个亚群:亚硝化细菌和硝化细菌。氨氧化为硝酸的过程可分为两个阶段,先由亚硝化细菌将氨氧化为亚硝酸,再由硝化细菌将亚硝酸氧化为硝酸。由氨氧化为硝酸是通过这两类细菌依次进行的。硝化细菌都是一些专性好氧的革兰氏阴性菌,以分子氧为最终电子受体,且大多数是专性无机营养型。它们的细胞都具有复杂的膜内褶结构,这有利于增强细胞的代谢能力。

(二) 硫的氧化

硫杆菌能够利用一种或多种还原态或部分还原态的硫化合物(包括硫化物、元素硫、硫代硫酸盐、多硫酸盐和亚硫酸盐)作能源。H_2S 先被氧化成元素硫,随后被硫氧化酶和细胞色素系统氧化成亚硫酸盐,放出的电子在传递过程中可以耦联产生 4 分子 ATP。

(三) 铁的氧化

从亚铁到高价铁状态的铁的氧化,对于少数细菌来说也是一种产能反应,但在这种氧化中只有少量的能量可以被利用。虽然电子传递过程中的放能部位和放出有效能的多少还有待研究,但在电子传递到氧的过程中细胞质内有质子消耗,从而驱动 ATP 的合成。

(四) 氢的氧化

氢细菌都是一些呈革兰氏染色阴性的兼性化能自养菌。它们能利用分子氢氧化产生的能量

同化 CO_2，也能利用其他有机物生长。氢细菌的细胞膜上有泛醌、维生素 K 及细胞色素等呼吸链组分。在氢细菌中，电子直接从氢传递给电子传递系统，电子在呼吸链传递过程中产生 ATP。

四、能量的转换

在产能代谢过程中，微生物可通过底物水平磷酸化和氧化磷酸化将某种物质氧化而释放的能量贮存于 ATP 等高能键化合物中。对光合微生物而言，则可通过光合磷酸化将光能转变为化学能贮存于 ATP 中。

（一）底物水平磷酸化

物质在生物氧化过程中，常生成一些含有高能键的化合物，而这些化合物可直接耦联 ATP 或 GTP 的合成，这种产生 ATP 等高能分子的方式称为底物水平磷酸化（substrate level phosphorylation）。底物水平磷酸化既存在于发酵过程中，也存在于呼吸作用过程中。例如，在 EMP 途径中（图 2-2），1,3-二磷酸甘油酸转变为 3-磷酸甘油酸以及磷酸烯醇式丙酮酸转变为丙酮酸的过程中都分别耦联着 1 分子 ATP 的形成；在三羧酸循环过程中，琥珀酰-CoA 转变为琥珀酸时耦联着 1 分子 GTP 的形成。

（二）氧化磷酸化

物质在生物氧化过程中形成的 NADH 和 $FADH_2$ 可通过位于线粒体内膜或细菌质膜上的电子传递系统将电子传递给氧或其他氧化型物质，在这个过程中耦联着 ATP 的合成，这种产生 ATP 的方式称为氧化磷酸化（oxidative phosphorylation）。1 分子 NADH 和 $FADH_2$ 可分别产生 2.5 分子和 1.5 分子的 ATP。

（三）光合磷酸化

光合作用实质是通过光合磷酸化（photophosphorylation）将光能转变成化学能，以用于从 CO_2 合成细胞物质。营光合作用的生物体除了绿色植物，还包括光合微生物，如藻类、蓝细菌和其他光合细菌（包括紫色细菌、绿色细菌、嗜盐菌等）。它们利用光能维持生命，同时也为其他生物（如动物和异养微生物）提供赖以生存的有机物。

1. 非环式光合磷酸化

蓝细菌进行光合作用依靠叶绿素，和高等植物一样，蓝细菌在光合作用中还原 CO_2 的电子来自水的光解，并有氧的释放，这类光合作用称为放氧型光合作用。放氧型光合作用属非环式光合磷酸化，有由光合色素组成的 Ⅰ 与 Ⅱ 两个光反应系统。蓝细菌中的非环式电子传递不但能产生 ATP，而且还能提供 $NADPH+H^+$。

2. 环式光合磷酸化

环式光合磷酸化主要存在于光合细菌中，在整个反应体系中电子在光能的驱动下循环式传递而进行了光合磷酸化。它们是在厌氧条件下靠细菌叶绿素进行光合作用的。细菌叶绿素是光合细菌的光反应色素，目前已发现有 a、b、c、d 和 e 等五种。光合细菌在光合作用中还原固定 CO_2 的电子来自还原型无机硫、氢气或有机物，它们比 H_2O 的氧化还原电位还要低，所以容易氧化；因为不能利用 H_2O 作电子供体，没有氧气的释放，所以此类光合作用称为非放氧型光合作用。

3. 紫膜光合磷酸化

嗜盐菌可通过两条途径获取能量，一条是有氧存在下的氧化磷酸化途径，另一条是有光存在下的某种光合磷酸化途径。嗜热菌在无叶绿素或菌绿素参与的条件下吸收光能产生 ATP 的过程称为紫膜光合磷酸化。

五、微生物的合成代谢

微生物细胞物质的合成代谢是一个耗能过程，合成代谢和分解代谢是一个相互关联的过程，分解代谢为微生物细胞的生长提供能量、还原力和小分子前体物。合成代谢还需要各种原料，即简单的无机物质（CO_2、NO_3^-、SO_4^{2-} 等）和有机物质。有机物质除个别直接来自于摄入的营养物质，绝大部分来自糖代谢的中间产物。在微生物细胞物质的合成过程中，首先是合成各种前体物质，例如单糖、氨基酸、核苷酸、脂肪酸等，然后进一步合成大分子物质，如多糖、蛋白质、核酸等。合成代谢的化学反应大多是由酶催化进行的，少数可自发进行。

（一）糖的生物合成

微生物糖的合成包括单糖的合成和多糖的合成。异养微生物所需要的各种单糖及其衍生物通常是直接从其生活的环境中吸收并衍生而来，也可以利用简单的有机物合成。自养微生物所需要的单糖则需要通过同化 CO_2 合成。单糖的合成和互变都要消耗能量，能量来自能量代谢过程中产生的 ATP 水解。

无论是自养微生物还是异养微生物，其合成单糖的途径一般都是通过 EMP 途径逆行合成 6-磷酸葡萄糖，然后再转化形成其他单糖。因此，单糖合成的中心环节是葡萄糖的合成。但自养微生物与异养微生物合成葡萄糖的前体来源不同。自养微生物主要通过卡尔文循环（Calvin cycle）同化 CO_2，产生 3-磷酸甘油醛，再通过 EMP 途径的逆转形成葡萄糖。自养微生物也可以通过还原性三羧酸循环同化 CO_2，得到草酰乙酸或乙酰 CoA，并进一步产生丙酮酸，丙酮酸再进一步合成磷酸己糖。自养微生物还可以通过厌氧乙酰 CoA 途径固定 CO_2，形成丙酮酸，丙酮酸逆 EMP 途径生成 1,6-二磷酸果糖，再在 1,6-二磷酸果糖酶的作用下生成 6-磷酸果糖。异养微生物可利用乙酸为碳源经乙醛酸循环产生草酰乙酸；利用乙醛酸、草酸、甘氨酸为碳源时通过甘油酸途径生成 3-磷酸甘油醛；以乳酸为碳源时，可直接氧化成丙酮酸；将生糖氨基酸脱去氨基后也可作为合成葡萄糖的前体。

微生物的多糖与多糖衍生物都是由单糖或单糖衍生物通过糖苷化作用合成的。微生物的多糖种类很多，如纤维素、几丁质、多聚葡萄糖、多聚甘露糖、肽聚糖、脂多糖等，它们的结构十分复杂，分子大小、合成途径都各不相同。

（二）蛋白质的合成

蛋白质是微生物细胞的主要组成物质之一，蛋白质由氨基酸合成，用于蛋白质合成的氨基酸主要有 20 种。氨基酸的碳架来自微生物分解代谢和能量代谢中的中间产物，如丙酮酸、α-酮戊二酸、草酰乙酸或延胡索酸、4-磷酸赤藓糖、5-磷酸核糖等；而氨基则通过直接氨基化反应或转氨化反应而导入。无机氮只有通过氨才能掺入有机化合物，分子氮通过固氮作用还原成氨，氨再参与含氮有机化合物的合成。生物体内氨基酸的合成是一个复杂的过程，主要依赖于生物体内的代谢途径和酶催化反应。

（1）糖酵解途径、柠檬酸循环和磷酸戊糖途径的中间物为碳链骨架的生物合成，组成蛋白质的大部分氨基酸是以这些中间物为碳链骨架生物合成的。微生物和植物能在体内合成所有的氨基酸，而动物有一部分氨基酸（必需氨基酸）不能在体内合成，需要通过食物摄取。

（2）不同氨基酸生物合成途径不同，将氨基酸生物合成相关代谢途径的中间产物看作氨基酸生物合成的起始物，根据起始物的不同划分为六大类型：①α-酮戊二酸衍生类型：可合成谷氨酸、谷氨酰胺、脯氨酸和精氨酸等非必需氨基酸。②草酰乙酸衍生类型：可合成天冬氨酸、天冬酰胺、赖氨酸、甲硫氨酸、苏氨酸和异亮氨酸等6种氨基酸。③丙酮酸衍生类型：以丙酮酸为起始物可合成丙氨酸、缬氨酸、亮氨酸和异亮氨酸（由天冬氨酸与丙酮酸一起合成）。④3-磷酸甘油酸衍生类型：由3-磷酸甘油酸起始，经酶促可分别合成丝氨酸、甘氨酸和半胱氨酸。⑤4-磷酸赤藓糖和磷酸烯醇丙酮酸衍生类型：可合成芳香族氨基酸中的苯丙氨酸、酪氨酸和色氨酸。

组氨酸生物合成，其酶促生物合成途径非常复杂，涉及多个步骤和中间产物。

（三）脂类合成

脂类是微生物细胞物质中的主要组成物质之一。很多脂类含有甘油，它们可被酯化，与1个、2个或3个脂肪酸分子结合，各自形成单脂酰、二脂酰和三脂酰甘油酯。磷脂也含有甘油，它们是磷酸甘油的衍生物，其他的脂类，如固醇缺乏甘油。脂类在自然条件下也可与蛋白质、氨基酸或多糖结合。脂类最主要的组分是脂肪酸，脂肪酸的合成是在细胞质中进行的。合成的一系列反应是由多种酶所组成的脂肪酸合成酶复合体系所催化。该酶系以没有活性的脂酰基载体蛋白（acyl carrier protein，ACP）为中心，和外围的6种酶（β-酮脂酰-ACP合成酶、乙酰CoA-ACP酰基转移酶、丙二酸单酰CoA-ACP酰基转移酶、β-酮脂酰-ACP还原酶、β-羟脂酰-ACP脱水酶和烯脂酰-ACP还原酶）组成一簇。ACP的侧链就像一个"摆臂"，它从一个酶分子转运底物（脂酰基）到下一个酶分子上，以完成每加入一个两碳单位所需的6个步骤。

（四）其他耗能反应

由细菌细胞产能反应形成ATP和质子动力，在各种途径中被消耗。能量除用于新的细胞组分的生物合成外，细菌的运动、营养物质的跨膜运输及生物发光也是重要的生物耗能过程。

1. 运动

很多细菌是运动的，而且这种独立运动的能力一般是由于其具有特殊的运动结构，如鞭毛等。还有某些细菌可以滑动的方式在固体表面运动，某些水生细菌还可通过一种称为气囊的细胞结构调节其在水中的位置。然而，大多数可运动的原核生物是利用鞭毛运动的。在真核微生物中，鞭毛和纤毛均具有 ATP 酶，水解 ATP 产生自由能，成为运动所需的动力。目前尚未在细菌鞭毛中发现有 ATP 酶。细菌鞭毛转动的能量可能来自细胞内的质子动力，也有人认为细菌鞭毛转动的能量来自细胞内的 ATP 水解。鞭毛的基部起着能量转换器的作用，将能量从细胞质或细胞膜传送到鞭毛，推动鞭毛运动。

2. 营养物质运输

微生物细胞具有很大的表面积，可以快速、大量地从外界吸收营养物质，满足自身代谢的需要。营养物质跨膜运输主要途径有被动运输（包括简单扩散和协助扩散）、主动运输以及胞吞与胞吐作用。

3. 生物发光

许多活的生物体，包括某些细菌、真菌和藻类都能够发光。尽管它们的发光机制不同，但发光都包含着能量的转移，先形成分子的激活态，当这种激活态返回到基态时即发出光来。

六、微生物的代谢调节

（一）酶活性调节

酶活性调节是指一定数量的酶，通过其分子构象或分子结构的改变来调节其催化反应的速率。这种调节方式可以使微生物细胞对环境变化做出迅速的反应。酶活性调节受多种因素影响，如底物的性质和浓度、环境因子以及其他酶的存在都有可能激活或抑制酶的活性。酶活性调节的方式主要有两种：变构调节和酶分子的修饰调节。

1. 变构调节

在某些重要的生化反应中，反应产物的积累往往会抑制催化这个反应的酶的活性，这是由于反应产物与酶的结合抑制了底物与酶活性中心的结合。在一个由多步反应组成的代谢途径中，末端产物通常会反馈抑制该途径的第一个酶，这种酶通常称为变构酶。

2. 修饰调节

修饰调节是通过共价调节酶来实现的。共价调节酶通过修饰酶催化其多肽链上某些基团进行可逆的共价修饰，使之处于活性和非活性的互变状态，从而导致调节酶的活化或抑制，以控制代谢的速度和方向。修饰调节是体内重要的调节方式，有许多处于分支代谢途径、对代谢流量起调节作用的关键酶属于共价调节酶。

（二）酶合成调节

酶合成调节通过控制酶的合成量来调节代谢速率，主要在基因表达水平上进行，属于粗放的、间接而缓慢的调节方式。酶合成调节包括酶生成的诱导和代谢产物对酶生成的阻遏。

1. 诱导

诱导是指凡能促进酶生物合成的现象。诱导酶是为适应外来底物或其结构类似物而临时合成的酶类，如 *E. coli* 在含乳糖的培养基中会合成 β-半乳糖苷酶和半乳糖苷渗透酶等。

2. 阻遏

阻遏包括末端产物阻遏和分解代谢物阻遏。末端产物阻遏由于终产物的过量积累而导致生物合成途径中酶合成的阻遏现象。例如，过量的精氨酸会阻遏参与合成精氨酸的许多酶的合成。分解代谢物阻遏是当微生物在含有两种能够分解底物的培养基中生长时，利用快的分解底物会阻遏利用慢的底物的相关酶的合成。这种现象最早发现于大肠杆菌生长在含葡萄糖和乳糖的培养基时，故又称葡萄糖效应。

七、微生物的初级代谢及其产物

初级代谢是指微生物从外界吸收各种营养物质，通过分解代谢和合成代谢生成维持生命活动的物质和能量的过程。这是所有生物都具有的基本生物化学反应，对于微生物的生长、繁殖以及维持正常的生命活动至关重要。

初级代谢产物是指微生物通过代谢活动所产生的、自身生长和繁殖所必需的物质。这些物质在微生物的代谢过程中起着关键作用，是微生物生命活动的基础。常见的初级代谢产物包括：氨基酸、核苷酸、多糖、脂类、维生素等。此外，还有一些其他的初级代谢产物，如乙醇、有机酸（如丙酮酸、乳酸、柠檬酸、α-酮戊二酸、富马酸、草酰乙酸等）、多羟基化合物等，这些物质在微生物的代谢过程中也发挥着重要作用。

在不同种类的微生物细胞中，初级代谢产物的种类基本相同，体现了初级代谢的普遍性。初级代谢产物的合成在微生物的生长过程中持续进行，只要微生物处于活跃的生长状态，就会不断产生这些物质。

八、微生物的次级代谢及其产物

（一）次级代谢及其产物

次级代谢是指微生物在一定的生长时期，以初级代谢产物为前体，合成一些对微生物的生命活动无明确功能的物质，这一过程的产物，即为次级代谢产物。超出生理需求的过量初级代谢产物也被看作次级代谢产物。次级代谢产物大多是分子结构比较复杂的化合物，根据所起作用，可将其分为抗生素、激素、生物碱、毒素及维生素等类型。

次级代谢与初级代谢关系密切，初级代谢的关键性中间产物往往是次级代谢的前体；次级代谢一般在菌体指数生长后期或稳定期进行，但会受到环境条件的影响。某些催化次级代谢的酶的专一性不高。次级代谢产物的合成，因菌株不同而异，但与分类地位无关。质粒与次级代谢的关系密切，控制着多种抗生素的合成。

次级代谢途径的阻断通常不会直接影响菌体的生长和繁殖，原因是次级代谢产物往往并非微生物生长繁殖的直接必需物质，而是限定在某些特定微生物中生成。关于次级代谢的生理功能，尚未形成定论。然而，随着基因组学、代谢组学和合成生物学等技术的发展，科学家们正逐步揭示次级代谢产物的多样性和复杂性，以及它们在微生物适应环境、竞争生存和维持生态平衡中的重要作用。

(二) 次级代谢的调节

1. 初级代谢对次级代谢的调节

次级代谢的调节过程也有酶活性的激活和抑制及酶合成的诱导和阻遏。由于次级代谢一般以初级代谢产物为前体，因此次级代谢必然会受到初级代谢的调节。

2. 碳、氮代谢物的调节作用

次级代谢产物一般在菌体指数生长后期或稳定期合成，这是因为在菌体生长阶段，被快速利用的碳源的分解物阻遏了次级代谢酶系的合成。因此，只有在指数后期或稳定期，这类碳源被消耗完之后，解除阻遏作用，次级代谢产物才能得以合成。

高浓度的 NH_4^+ 可以降低谷氨酰胺合成酶的活性，而后者的比活力与抗生素的合成呈正相关性，因此高浓度的 NH_4^+ 对抗生素的生产有不利影响。而另一种含氮化合物硝酸盐却可以大幅度地促进利福霉素的合成，另外，硝酸盐还可提高菌体中谷氨酰胺合成酶的比活性。

3. 诱导作用及产物的反馈抑制

在次级代谢中也存在着诱导作用，诱导物能够刺激微生物合成特定的酶，从而加速次级代谢产物的合成。在抗生素的生产中，有些初级代谢产物对次级代谢产物的合成酶起诱导作用。外源诱导剂（如某些化学物质）也可以加入培养基中，刺激微生物合成特定的酶，从而提高次级代谢产物的产量。同时，次级代谢产物的过量积累也能像初级代谢那样，反馈抑制其合成酶系。

第二节　生物网络模型的构建及发展

一、生物网络模型的构建流程

生物网络模型的构建是个循环往复的过程，主要包括三个步骤：生物网络数据库的建立、数学模型的建立和模拟运算验证模型。通过模拟反复循环验证，当模拟结果的准确率达到一定水平后，网络重构也就完成了，可以进行其他预测等工作。在模型的验证过程中既需要对模型预测的结果进行实验验证，也需要从各个角度验证模型预测的准确度，另外从文献中获取大量的信息也是必不可少的。

(一) 生物网络数据库的建立

生物网络数据库是从生物信息数据库和文献中提取出需要的数据，在电脑中进行整理和精炼。建立这样的数据库通常需要 3 个步骤：数据收集、关系模型的建立和数据修正。

1. 数据收集

生物网络模型的主要数据来自各种生物信息数据库，随着计算机和互联网络的发展，大量的生物学信息可以从各大数据库中免费获得，这些数据库包括基因组库、蛋白质数据库以及一些代谢反应数据库。数据库大都提供数据的批量下载，数据下载完毕后通过 VBA 等编程语言，将所需的数据提取出来，对于不提供批量下载的数据库，也可以通过 Python

等语言直接从网页提取数据。提取得到的数据存放在 Excel 表格中，由于 Excel 是专用的表格类数据处理软件，因此将数据放入 Excel 表中进行整理十分便利。

需要提取和用到的原始数据主要有物种特异的基因、蛋白质、反应和代谢物信息。然而单一数据库提供的数据往往是有限的，而且各个数据库之间由于注释算法和其他组织结构不同，可能会导致数据的不一致性，因此通常在重构生物网络的过程中，原始数据都是来自多个数据库的。

另一个原始数据的重要来源是大量的文献和书籍。需要使用文献搜索引擎广泛地搜索来自文献和书籍的信息，为了数据收集得全面，通常要使用几个文献搜索引擎并用进行搜索，同时关键字也要交叉组合进行搜索以确保不会遗漏信息。最新的文献中可能提供了新基因功能注释等与网络重构密切相关的信息，而这些信息在数据库中收录会比较慢，所以即便通过文献和书籍添加，信息量也会比较小，但是这部分信息也是十分重要的，而且可靠性最高。

2. 关系模型的建立

关系模型就是将数据收集提取到的各种数据关联到一起，如基因与蛋白质、蛋白质与反应、反应与代谢物之间的关联。

基因与反应的对应关系是通过酶蛋白进行介导的，即基因通过注释得到基因编码的蛋白质信息，通常与代谢活动密切相关的蛋白质都是酶。酶都会对应一定的酶号，通过酶号关联该酶催化的反应，通过这种方式可以得到基因与反应的对应关系。

通过反应的代谢方程式，将代谢物关联在一起从而构成整个代谢网络。基因和反应之间可能存在的关系有：

（1）一对一关系 即单个基因编码单个蛋白质，催化单个反应。

（2）"与"关系 基因编码的蛋白质可能是异构酶复合体，这些蛋白质名称通常为 "protein X, catalytic subunit" 的形式，说明还有至少另外一个亚基的存在下才能发挥酶的催化能力，在所有亚基共同参与下才能完成对反应的催化，这些亚基对应的基因则存在 "与"关系，表示只有这些基因全部存在并表达反应才可能发生。

（3）"或"关系 多个基因编码的不同的酶为同工酶，催化相同的反应，这些基因相对于反应的关系存在"或"关系，表示敲除其中的个别基因不会对反应造成影响，只有全部敲除这些基因，反应才不会发生，由此对生物的生长代谢产生影响。

在绘制代谢网络的过程中，一般只考虑代谢反应中的主代谢物，这些主代谢物构成了主反应方程，而 ATP、ADP、H_2O、O_2 等流通代谢物通常在网络图绘制和网络计算中被忽略。需要强调的是，上述物质作为主代谢物的情况例外。例如，嘌呤代谢途径的反应"ATP + H_2O → ADP + 正磷酸"中，ATP 和 ADP 为主反应物，这种情况下 ATP 和 ADP 不能忽略。该反应的主反应方程式为：ATP → ADP。反应中的主反应物可以从相应的数据库或者人工分析中确定。

3. 数据修正

数据修正是生物网络重构过程中最费时费力的一个环节，因为前面步骤提取得到的数据往往会存在很多问题。例如，生物信息数据库中往往不会提供物种特异性的反应信息，即某些代谢反应在特定物种中不会发生，而此类反应在生物信息数据库中往往没有特别标注,这就需要在数据整理中将不会在该物种内发生的反应剔除。另外,原始数据中可能会存在一些错误数据,还需要结合大量文献进行佐证,这些都需要大量的时间来进行人工校正。

一般来说,需要进行校正的有以下几个方面:

(1) 不同数据库的信息融合　用于重构代谢网络的原始数据来源于不同的数据库,因此就要对不同来源的数据进行比对精炼。一般都是通过不同数据库之间的 ID 匹配或名称匹配,使不同数据库来源的同一基因对应的信息相互关联。对于注释信息不一致的基因,应该通过查阅文献或参考其他数据库进一步确认。同样,对于不同来源的代谢反应信息(如数据库 KEGG 和 BioCyc),也应该进行比对,以确保反应方程式和反应方向等信息准确。

(2) 大分子的合成与修饰反应往往需要特别的处理　蛋白质、DNA、RNA、肽聚糖和磷壁酸等大分子的具体合成过程很复杂,而且种类繁多,很多合成修饰机制还没有完全了解。因此对于重构生物网络来说,通常都是将这些大分子的合成反应按照一定的权重归并到生物量合成反应中。例如,将蛋白质拆分为氨基酸归并到生物量合成反应中。

(3) 反应数据的修正　反应数据的修正涉及反应方程式的确定、反应方向的确定、反应辅酶的确定、反应质量以及电荷配平等。通常数据库中存在大量的冗余反应、反应方向不确定等问题,这些都需要细致的人工校正来进行确认。人工校正工作可以采用多种方法或者多个数据来源综合评定,例如反应方向性的确定,可以参考文献资料以及相关教科书,也可以参考 KEGG pathway 和 Brenda 等数据库,还可以通过热力学以及拓扑结构等来进行确认。如果难以找到相关依据,往往采用经验规则来进行判定。

(4) 分析网络端口　在代谢网络中会存在一些代谢物只有消耗没有生成,或者只有生成没有消耗的情况,这些代谢物通常称为末端代谢物。末端代谢物可以通过编程进行提取和识别。这类代谢物的产生通常是由于信息量不够,或者我们对物种的了解不足,有些应该存在的反应在我们收集数据的过程中没有找到,这样就需要更广泛地查阅文献,寻找相关的信息对因末端代谢物而产生的网络端口进行填补。如果实在无法找到确凿的信息通过添加代谢反应来修正网络,可以在网络中添加运输反应和交换反应来解决。运输反应和交换反应的添加使末端代谢物人为地达成物质守恒,从而使模型在模拟计算的过程中能够不受其影响。当然,运输反应和交换反应不能随意添加,否则会对模型的质量产生很大的影响。

(5) 设定分室信息　对于较为复杂的物种,通常还要设定合适的分室信息,例如真核生物,要将各个主要细胞器例如线粒体、过氧化物酶体、细胞核等作为单独分室进行处理;对于原核生物,则可分为细胞质和胞外两个分室,更复杂些的还要添加细胞间质分室。

通过上述提取整理过程后,我们得到的结果是一个反应列表(通常保存在 Excel 表格中),包括了物种的基因-蛋白质-反应对应信息以及反应的详细信息,包括:反应方程式、反应方向、反应所属途径和所属分室等。

(二) 数学模型的建立

反应列表整理完成后,我们要将其转化为数学模型才可以在计算机上进行相应模拟。生物网络模型的核心就是计量系数矩阵。

计量系数矩阵是将前面得到的反应列表中各个反应方程式代谢物的系数汇总在一起构

成一个多维矩阵，通常用 S 表示。设 v 为 n 个代谢反应速度构成的向量：$v=(v_1, v_2 \cdots \cdots v_n)$，$x$ 为 m 个代谢物浓度组成的向量：$x=(x_1, x_2 \cdots \cdots x_m)$，$S$ 就是一个 $m \times n$ 矩阵，它的每一行对应着一个代谢物，每一列对应一个化学反应。

对于完整的生物网络模型，计算系数矩阵中还包括其他两个主要部分。首先是生物量的组成。生物量的组成通过文献查找各组分的含量获得，如果实在找不到物种的确切组成，可以借鉴其他相近的物种，然后根据具体含量定量作为系数，组成生物量合成方程式，并将系数等信息合并入计量系数矩阵。其次是运输反应，根据生物可以利用的底物和分泌的产物添加运输反应，由基因组注释得到膜运输蛋白，确定运输反应。还可通过查找文献，确定菌体培养基成分，根据培养基成分添加相应的运输反应。还需要为胞外代谢物添加交换反应（胞外代谢物与外部环境的物质交换）。

根据计量系数矩阵，可以通过 VBA 等程序语言，直接将 Excel 中的反应方程式转化为系统生物学标记语言（systems biology markup language，SBML）格式，即系统生物学标记语言。它是机器可读的、基于 XML 的置标语言，用于描述生化反应等网络的计算模型。SBML 的数据文件是通用的系统生物学语言格式的文件，可以被大多数生物模拟软件识别并加载。计量系数矩阵 S 实际上代表的是一个网络，其中代谢物是网络中的节点，网络中的边表示的是生化反应，这样表示出来的是一个"反应图"，是一般代谢网络和途径数学分析的常用表示方法。

（三）模拟运算验证模型

1. 验证指标

在完成模型的构建后，需要进行一系列的验证，从而判断其覆盖范围是否完整，以及与现有的模型相比是否具有更好的预测能力。常见的模型评价指标主要有：通用指标、连通度指标、生长指标和基因敲除指标（表2-1）。前两个属于描述模型的指标（定量和定性），后两个是预测生物行为的指标。通过将不同培养条件下的模拟结果与实验值进行比较，从而判断模型模拟结果的准确性。

表2-1　　　　　　　　　　用于评价代谢网络模型的主要指标

指标大类	指标亚类	具体参数
通用指标	模型尺寸	反应；代谢产物；基因
	相似度	杰卡德距离
	其他信息	新途径；标准化
连通度指标	概图指标	最短路径；节点度；局部聚类系数；全局度量；全局聚类系数；特征路径长度；网络直径
	终端代谢物	被消耗的代谢物
	阻断反应	零通量反应

续表

指标大类	指标亚类	具体参数
生长指标	底物消耗	不同碳/氮源的消耗速率
	产物分泌	预测产品生成率
	通量分布	碳氮源消耗；核心路径通量分布
基因敲除指标	单基因敲除-基本培养基	在基本培养基下鉴定重要基因
	单基因敲除-丰富培养基	在丰富培养基下鉴定重要基因
	单基因敲除-其他培养基	在其他培养基下鉴定重要基因
	双基因敲除	检测致死基因

2. 验证方法

（1）流量平衡分析类算法　代谢流量（flux）是胞内分子通过代谢途径的转换率，受到代谢途径中涉及的酶调控。流量平衡分析（flux balance analysis，FBA）作为最基本的数学算法，目前已经被广泛应用于计算最优条件下的生长速率或者代谢产物合成速率。然而由于FBA算法局限性是只能模拟稳态条件下的流量分布，并且通过底物的吸收速率作为约束条件，限制了FBA预测流量分布的准确性。因此，在FBA的基础上开发了一系列的算法对代谢流量进行额外的约束（表2-2）。这些算法一方面提高了模型预测流量分布结果的准确性，例如，通过整合转录调控信息，开发了rFBA算法，根据培养基中的代谢物浓度对反应流量添加布尔约束，能够解释、分析和预测转录调控在系统水平上对细胞代谢的影响。在rFBA的基础上，进一步整合常微分方程（ordinary differential equations，ODEs），开发了iFBA算法，模拟结果表明，相较于rFBA，iFBA在对334个单基因扰动和野生型的预测方面更准确。另一方面拓展了模型的应用，如dFBA算法将FBA扩展至能够考虑动力学因素，实现代谢流量的动态模拟。应用该算法，准确预测了大肠杆菌（*E. coli*）在葡萄糖分批补料条件下的二次生长情况。cFBA则通过将反应化学计量数、热力学和生态系统作为约束条件，用于研究微生物群体的代谢行为。

表2-2　　常见的流量平衡分析方法

算法	描述	基本概念
FBA	通量平衡分析	单纯形线性规划优化技术可以应用于以矩阵形式描述的代谢网络图
rFBA	调控通量平衡分析	将转录调控整合到基于约束的代谢模型中
iFBA	集成通量平衡分析	将调控通量平衡分析与常微分方程整合，以模拟代谢、调控和信号传导
pFBA	节俭酶使用通量平衡分析	使用双层线性规划来最小化酶相关通量，以达到最优生物量
CoupledFBA	将非代谢网络与代谢过程耦合	提供转录和翻译机制等约束条件，用以与代谢过程耦合
MD-FBA	考虑代谢物稀释的通量平衡分析	MD-FBA是一个混合整数线性规划问题，考虑内部代谢物的稀释

续表

算法	描述	基本概念
CoPE-FBA	全面多面体枚举通量平衡分析	CoPE-FBA 表明,仅在少数几个代谢子网络中,由于通量模式的组合爆炸,就会产生成千上万到数百万种最优通量模式
gFBA	几何通量平衡分析	与 FBA 解决方案相比,几何 FBA 提供了一个标准、中心、可重复的解决方案
dFBA	动态通量平衡分析	在一系列短时间间隔上应用非线性或线性规划,以限制随培养基条件变化的通量
cFBA	群落通量平衡分析	考虑来自反应化学计量、反应热力学和生态系统的约束,以研究微生物群落的代谢行为

(2) 遗传扰动类算法　微生物遗传改造主要是通过对微生物基因组进行修饰,改变基因型,从而获得不同表型的微生物。结合基因组规模代谢网络模型(GSMM),开发相应的算法可以实现对这些扰动的模拟(表2-3)。这些算法可以分为基因敲除、添加、上调/下调或者异源途径导入等。OptKnock 是典型的基因敲除方法,是基于双目标方程,即分别对生物量方程和目标产物求解,筛选出能够提高目标产物的基因敲除靶点。在 OptKnock 的基础上进行改进,得到了 ReacKnock 算法,能够实现多达 20 个基因敲除靶点的筛选。OptSwap 作为基因添加类唯一的算法,主要是一种确定氧化还原酶辅因子特异性 [NAD(H) 和 NADP(H)] 的最佳修饰的方法,用于微生物生产菌株的设计。在基因上调、下调方面,OptForce 通过比较突变菌株和野生型的反应流量差异,确定上调或下调的靶点,实现目标产物的过量合成。而 k-OptForce 则是 OptForce 的扩展,通过整合酶动力学常数,预测酶编码基因的上调或下调。异源表达相关的算法目前有 OptStrain 和 SimOptStrain。前者通过在包含一系列酶催化反应的反应库中检索,筛选能够满足最大产物合成速率下的最小修饰路径,进而添加至宿主细胞中。后者不仅能够实现异源途径的添加,而且能够鉴定出宿主细胞中需要删除的反应。

表 2-3　　常见的模拟菌株设计方法

算法	描述	分类
OptKnock	双层优化用于寻找基因敲除靶点,以在最佳生长条件下促进产物形成	基因敲除
ReacKnock	受 OptKnock 启发,筛选多达 20 个基因敲除靶点	基因敲除
MOMA	使用二次规划来最小化基因缺失后代谢通量水平的变化	基因敲除
MOMAKnock	一种针对目标产物过表达的基因敲除优化算法	基因敲除
RobustKnock	通过考虑竞争途径的存在,预测基因敲除靶点以提高产量	基因敲除
ROOM	将与野生型相比显著的通量变化数量(因此开关)最小化	基因敲除
OptCouple	基因敲除、插入和培养基改良的结合,以预测生长耦合的菌株设计	基因敲除
OptGene	使用遗传算法探索可行的解决方案区域,以识别满足所需表型的基因敲除靶点	基因敲除

续表

算法	描述	分类
OptORF	寻找受特定数量基因敲除影响且符合已知转录调控规则的靶点	基因敲除/表达
OptSwap	一种确定密码子特异性［NAD(H)和NADP(H)］最佳修饰的方法	基因添加
OptForce	通过野生型和突变体（理想表型）的通量差异分析，识别具有显著通量变化的响应基因	基因上调/下调
k-OptForce	OptForce 的扩展，结合酶动力学常数，为代谢和/或酶工程提供最优解	基因上调/下调
IdealKnock	一种自上而下的框架，首先扫描感兴趣的突变体，然后确定敲除策略	基因上调/下调
OptReg	OptKnock 的扩展，预测反应的上调和下调以实现所需表型	基因上调/下调
Redirector	迭代识别所有反应的通量变化，以适应生物量和所需产物的逐渐变化	基因上调/下调
FSEOF	识别在产物峰值形成期间通量增加的响应基因	基因上调
OptStrain	使用已知酶促反应的通用数据库，确定产物峰值形成所需的最小修改路径	异源途径添加
SimOptStrain	在宿主代谢中同时识别被敲除的反应和添加的异源反应	异源途径添加

二、第一代生物网络模型的发展

生物网络模型是指采用计算的方法，将复杂的生物系统进行数学化，从而实现对生物过程的模拟和分析，主要包括基因组规模代谢网络模型（genome-scale metabolic network model，GSMM）、基因转录调控网络模型（gene regulatory network，GRN）、蛋白-蛋白互作网络模型（protein-protein interaction network model，PPI）、信号转导网络模型（signal transduction network，STN）。其中 GSMM 是目前研究最深入、用途最广泛的生物网络模型。GSMM 作为一种数学模型，其本质是用于表征基因-蛋白-反应（gene-protein-reaction，GPR）三者之间的关系。GSMM 包括一系列化学计量平衡的生化反应，通过形成一个矩阵 S，将其转化成一个数学模型。矩阵 S 的每行代表代谢物，每列代表反应。GSMM 已经广泛地应用在分析网络特性、预测细胞表型、指导菌株设计、驱动模型发现、研究进化过程和分析相互作用等六个方面（图 2-6）。

（一）典型代谢模型

自 1999 年完成流感嗜血杆菌 GSMM 的构建以来，GSMM 经历了 20 多年的发展，截至 2019 年 3 月，已经有超过 153 种微生物、348 个 GSMMs 完成了构建（图 2-7）。其中一些模式菌株的 GSMMs，如 *Escherichia coli* K12 和 *Saccharomyces cerevisiae* S288c，经过不断地修正和完善，分别构建了 6 个和 12 个 GSMMs。改进后的 GSMMs，不仅增加了模型规模（基因、反应、代谢物数目），而且提高了模型预测结果的准确性。如最新 *E. coli* 模型 iML1515 预测基因敲除表型的准确率为 93.4%，而 iJO1366 准确率为 89.8%，提高了 3.6%。

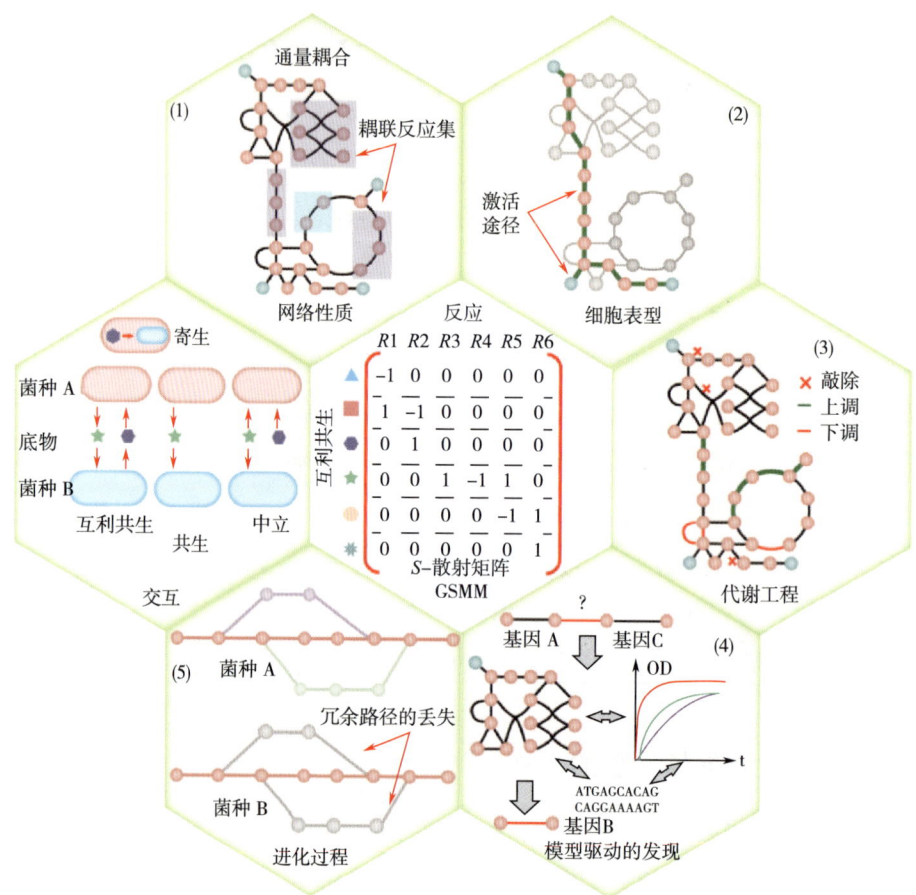

图 2-6 GSMM 在工业微生物中的应用

(1) 分析网络特性;(2) 预测细胞表型;(3) 指导菌株设计;(4) 驱动模型发现;(5) 研究进化过程
GSMM,基因组规模的代谢模型

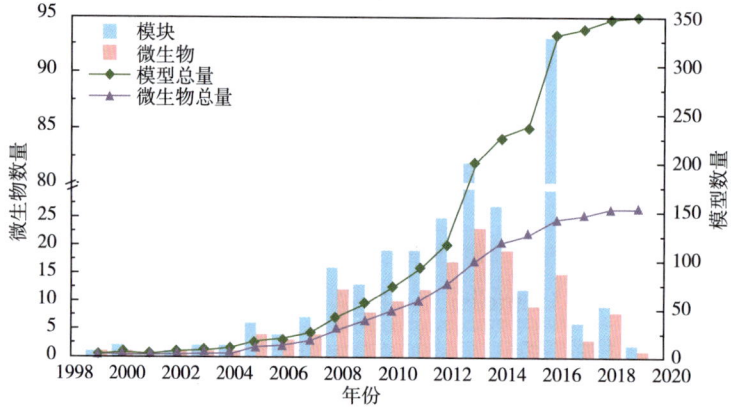

图 2-7 已发表代谢网络模型的统计

(二) 互作网络模型

自然界中的微生物的相互作用关系主要存在互生、共生、竞争和寄生。构建微生物群体互作模型、模拟不同物种之间的代谢物交换，已经被用于鉴定微生物之间的相互作用关系。目前已经完成构建的微生物互作模型主要有维生素 C 生产菌株产酮古洛糖酸菌（*Ketogulonicigenium vulgare*）和巨大芽孢杆菌（*Bacillus megaterium*），以及利用木质纤维素生产丁酸的菌株乙酰丁酸梭菌（*Clostridium acetobutylicum*）和纤维素溶解梭菌（*Clostridium cellulolyticum*）。通过构建维生素 C 混菌发酵模型 iWZ-KV-663-BM-1055，共培养条件下，*K. vulgare* 和 *B. megaterium* 的最大比生长速率分别比单独培养提高了 1.5 倍和 6.6 倍，表明两菌之间存在共生关系，这一共生关系是通过代谢物交换实现的：*B. megaterium* 能为 *K. vulgare* 提供 6 种氨基酸、3 种核苷酸、6 种维生素和辅因子、3 种有机酸以及甘油等营养物质；而 *K. vulgare* 通过分泌苯丙氨酸、富马酸和甲酸促进 *B. megaterium* 生长。类似地，通过分别构建 *C. acetobutylicum* 和 *C. cellulolyticum* 的 GSMMs，模拟共培养条件下丁醇发酵过程，发现 *C. acetobutylicum* 和 *C. cellulolyticum* 之间也是通过代谢物交换而实现共生（图 2-8）。

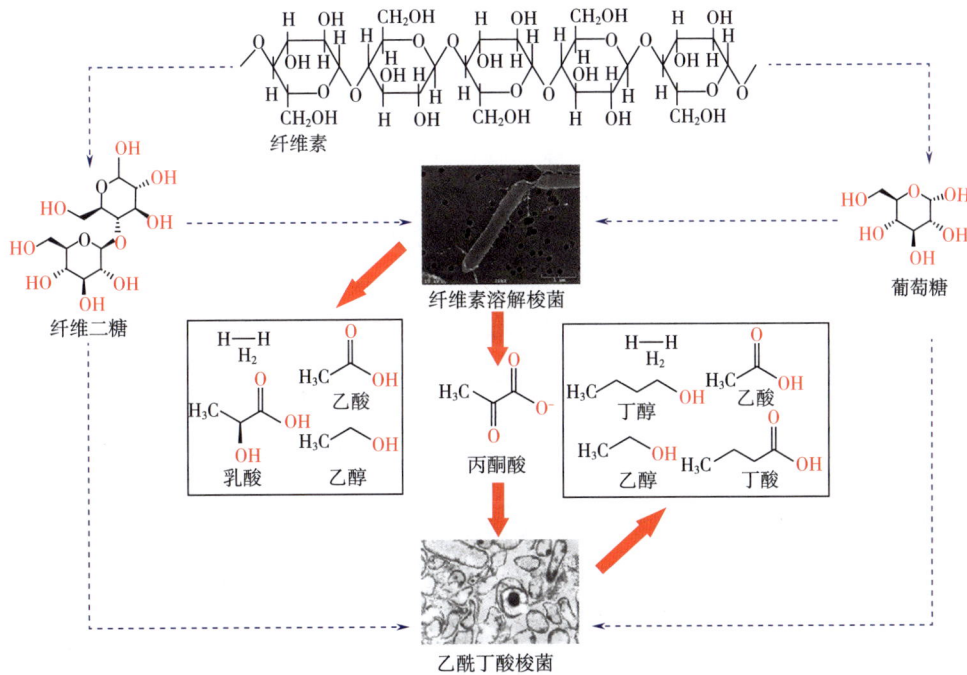

图 2-8 *C. acetobutylicum* 和 *C. cellulolyticum* 之间的代谢物交换

(三) 泛基因组模型

泛基因组（pan-genome）是指某一物种全部基因的总称，包括核心基因组（core genome）和附加基因组（dispensable genome）。通过构建泛基因组模型，对核心基因和附加基因组合分析，比较同一物种不同菌株之间的表型差异，从而分析菌株特异性。目前已经完成构建的泛基因组模型主要有：包含了 55 株 *E. coli* 的泛基因组模型、64 株 *Staphylococcus aureus* 的泛基因组模型以及 410 株 *Salmonella* 的泛基因组模型。由于涉及的菌株都是致病性菌株，目前主要是利用泛基因组模型预测不同菌株之间的代谢能力差异，从而鉴定致病性。例如，在 *Salmonella* 泛基因组模型中，通过预测 410 株 *Salmonella* 在 530 种环境中的生长能力，鉴定出这些 *Salmonella* 存在显著差异的代谢途径包括碳代谢和细胞壁合成，并且代谢特异性与每个菌株的血清型和分离宿主相对应。

（四）宏基因组模型

宏基因组（meta-genome）是指特定环境中全部微生物的总 DNA。在分析微生物多样性、种群结构、进化关系的基础上，可进一步探究微生物群体功能活性、相互协作关系及与环境之间的关系，发掘潜在的生物学意义。物种丰富度（用来描述和量化微生物群落，反映特定区域物种的数量），是宏基因组数据的重要评价指标。在单个微生物 GSMM 的基础上，通过构建宏基因组网络模型，一方面可以结合模型分析菌群在不同环境中的代谢特征，另一方面可以预测不同微生物之间的相互作用关系。目前已经构建完成的宏基因组模型是包含 773 个肠道微生物的宏基因组模型和包含 1562 个人类相关微生物的宏基因组模型。考虑到宏基因组数据的物种丰富度，需要批量构建成百上千个 GSMMs，因此在构建宏基因组模型的过程中需要开发特定的方法，如 AGORA 和 MOMBO。这些算法的特点在于实现模型批量构建的过程中，建立了特定的模型质量评价体系，从而满足模拟分析。

三、第二代生物网络模型的发展

由于传统的 GSMM 主要是通过对底物的利用作为约束条件进行模拟分析，在底物吸收速率较低的情况下能够较为精确地预测，但是随着底物吸收速率的增加，导致模拟值远大于实验值。因此，为了提高模型预测结果的准确性，需要在传统 GSMM 的基础上整合其他方法。目前的改进方法主要有四个方面：①整合组学数据；②添加各种约束条件；③整合多种生物模型；④构建微生物全细胞模型。

（一）组学数据整合

GSMM 的构建基础是基因组学数据，通过整合其他组学数据，如转录组、蛋白质组、代谢组、流量组的数据，增加对模型的约束，提高模型的预测准确性。通过整合转录组学数据，构建了 *E. coli* 基因表达模型（ME-Model）。利用 ME-Model 预测了 M9 培养基中的最大比生长速率（μ_{max}），以及在 μ_{max} 条件下的底物吸收/产物分泌速率、代谢流量分布和基因表达水平，并且与传统的 GSMM 进行比较，ME-Model 预测结果的准确性从 91.2% 提高至 92.3%。利用 IOMA 方法，定量将蛋白质组和代谢组学数据与 GSMM 整合，预测 *E. coli* K12 野生型菌株和 23 个单基因敲除模拟结果，最终得到的皮尔森系数为 0.54，明显高于 FBA（0.44）和 MOMA（0.38）方法所预测的皮尔森系数。将 ^{13}C 代谢流量组学数据与 *S. cerevisiae* 的 GSMM 结合，从两个方面解析了 *S. cerevisiae* 对木糖的利用能力，发现细胞维持能量是影响木糖利用的关键因素，由此提出了添加外源营养物质和适应性进化策略降低 S. cerevisiae 细胞维持能量。

(二) 约束条件添加模型

在 GSMM 的基础上，通过开发不同的算法，整合动力学、热力学、酶学性质、蛋白质 3D 结构等参数，对代谢流量进行约束，从而提高 GSMM 预测结果的准确性。将动力学参数，包括 185 个 K_m 值和 49 个 k_{cat} 值整合至 E. coli 核心 GSMM 中，得到了 E. coli 动力学模型 k-ecoli457。通过与 320 株工程菌株的 24 个代谢产物得率进行比较，k-ecoli457 的模拟结果与实验数据的皮尔森相关系数达到了 0.84，而 FBA、MOMA 以及产物作为目标方程求解这三种方法的皮尔森相关系数分别为 0.18、0.37 和 0.47。在 Streptococcus pneumoniae、Bacillus subtilis、E. coli MG1655 和 Acinetobacter baylyi ADP1 GSMMs 的基础上分别整合热力学参数，对反应方向进行修正，提升了模型的预测能力。为了将酶学性质（浓度、转化速率）作为 GSMM 的约束条件，利用 GECKO 工具，将 S. cerevisiae GSMM 中涉及的酶作为参与细胞代谢的反应引入模型，得到了酶约束的 GSMM ecYeast7。与已有的 GSMM Yeast7 相比，ecYeast7 在表型预测的准确性方面显著提高。采用 GEM-PRO 方法将参与催化反应的蛋白质 3D 结构与 E. coli 的 GSMM iJO1366 进行关联，从而能够基于蛋白质结构特性对网络模型进行参数化。

(三) 生物模型整合

生物网络除了常见的 GSMM，还包括 GRN、PPI 和 STN 等。在 GSMM 的基础上，整合这些不同的生物网络，提高模型的表型预测能力。将 GSMM 与 GRN 整合，得到了 Mycobacterium tuberculosis 模型 MTBPROM2.0，包含 104 个转录因子间的 2555 个相互作用。与初始 GSMM 相比，MTBPROM2.0 不仅提高了基因敲除预测结果的表现，还能够成功预测转录因子过表达造成的生长缺陷。此外，MTBPROM2.0 还成功预测了在两种标准抗结核药物存在条件下过表达转录因子 whiB4 的协同生长结果。利用 iFBA 方法，将 E. coli 的 GSMM、GRN 和 STN 进行整合，利用整合后的模型模拟野生型和单基因扰动下的二次生长情况，与普通 GSMM 相比预测结果存在显著改进。进一步在 GSMM 基础上整合基因表达数据、GRN、STN，得到 E. coli 整合模型。模拟该整合模型在 14 种不同培养条件下的生长及单基因敲除，最终模拟值和实验值的皮尔森相关系数为 0.6，而出发 GSMM 的皮尔森系数仅为 0.2。

(四) 全细胞模型

全细胞模型（whole-cell model）是各种类型生物网络的集成，用于描述细胞内 DNA、RNA、蛋白质和代谢物等所有分子的形成过程及其相互作用机制。通过将微生物体内的所有生命活动模块化（包括代谢），系统地研究各个模块之间的作用关系，实现细胞生命活动的数字化。在遵循 7 条基础原则和 4 条实用原则的基础上，Karr 等构建了第一个全细胞模型，对 Mycoplasma genitalium 的完整生命活动进行动态表征。M. genitalium 全细胞模型涉及 15 个细胞状态（如几何形态、细胞质量等）和 28 个细胞过程（如 DNA 复制、RNA 转录、蛋白质翻译等过程）。利用 M. genitalium 全细胞模型：①从单细胞水平描述一个细胞周期内个体分子及其相互作用；②对每个基因产物功能进行注释；③准确预测一系列可观察到的细胞行为。全细胞网络模型是目前最复杂的微生物模型，虽然能够动态模拟微生物细胞内生命活动，精确地预测表型，但是构建微生物全细胞模型在实验数据的获取、数据精炼、模型构建和整合、快速计算、模型分析和可视化、模型验证、合作和社区发展等七个方面还存在挑战，从而限制了全细胞模型的发展。为了克服这些挑战，需要跨学科研究人员进行小组合作，建立广泛的合作社区，实现数据、模型和模拟结果的共享。

第三节　代谢通量优化方法与策略

化学合成是设计新的合成方案或开发新的反应以最大限度地提高所需目标产品和减少副产品的一条成熟的路线，并用于大规模生产诸多化学品，如营养品、药品、大宗化学品等。因此，化学合成为我们的日常生活奠定了基础，涉及生活必需品如食物、药品，并提供燃料等能源。但在这一过程中仍存在着不稳定中间体、多步反应、过程控制复杂等缺点，导致所需的化学产率和经济效益显著降低。这些缺点正在推动绿色和可持续工艺的发展，以简化化学品生产中的操作。生物基产品生产为这些挑战提供了一个有吸引力的替代方案，但如何使细胞成为高效的工厂仍是挑战。

要解决这些问题，天然细胞工厂尤其是细菌和真菌优越的代谢功能引起了人们的关注。传统的工业应用微生物育种包括应用随机诱变和筛选过程来改造生产菌株，消除副产品形成，富集有益表型。然而，这种育种技术导致了基因型和表型的不确定变化。当确定最佳发酵条件并应用进一步的代谢工程策略时，这可能会给随机突变细胞带来潜在的问题。最终，理性的代谢工程成为开发新型细胞工厂的重要的平台技术。然而，代谢工程传统上专注于删除竞争路径中的基因，以增加前体/中间产物的可用性，并在所需路径中过表达基因，以实现最大的生产率。这种方法显著改善了产品产量，但在改善细胞性能方面也遇到了许多代谢瓶颈，如毒性中间产物积累、辅因子失衡和酶活性不足。这些原因可能是由于细胞进化出了更深层次的调节和代谢途径之间复杂的相互作用，但工程细胞的范围往往是局部的而不是全系统的。

设计-构建-评估-优化（DCEO）生物技术系统地提供了概念和技术框架以开发潜在途径，修改现有路径，并为目标产品的最优生产创造新的路径。DCEO 生物技术涉及四种技术：①设计生物技术提供发现和结合新的生化途径的方法从而产生所需的化学品；②构建生物技术高效、快速地组装宿主代谢途径；③评价生物技术是为了精确地确定代谢瓶颈；④优化生物技术改造代谢通道以达到目标产品的优化生产（图 2-9、图 2-10）。一方面，随着 DCEO 生物技术的发展，可以在异源宿主中明显提高目标产品的产量。另一方面，由于 DCEO 生物技术的多功能性，各种微生物细胞工厂正在被高效地开发制造化学品，包括生物燃料（醇类、脂肪酸、烷类等）、大宗化学品（二醇、有机酸等）、药品和营养药品（氨基酸、羟基肉桂酸、黄酮类、二苯乙烯类、香豆素、异戊二烯等）等。

第二章
代谢工程的方法策略

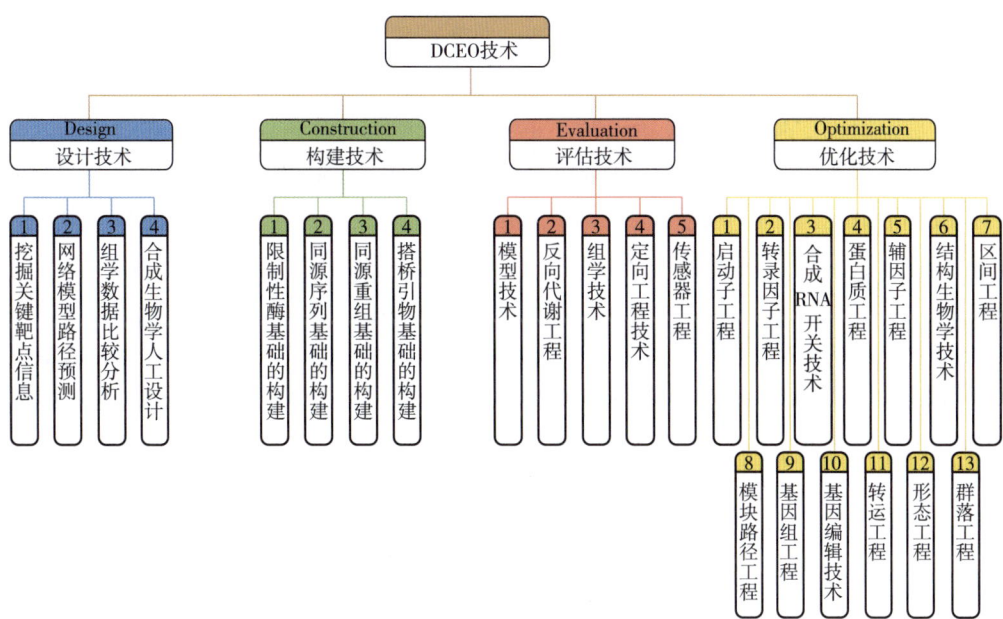

图 2-9 DCEO 总览图

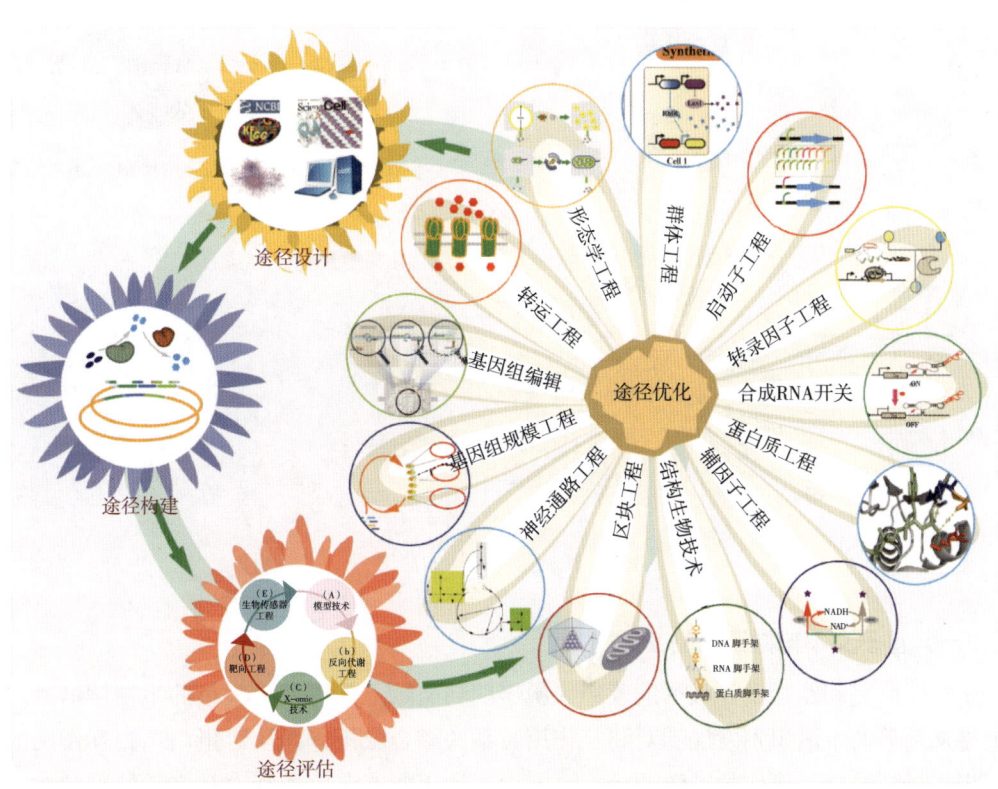

图 2-10 DCEO 技术概述

从 1991 年首次提出代谢工程的概念，已经有 30 多年的发展历史。伴随着技术的革新，代谢工程通过对底盘细胞进行遗传改造，重新配置其生化代谢网络，使人们成功构建出了利用可再生原料生产高附加值化合物的细胞工厂。在此，综述了 DCEO 生物技术在生物合成有价值的化学品方面的最新进展，并就技术策略的适用范围、应考虑的限制因素以及应如何设计这些策略进行了系统性分析。最后，对 DCEO 生物技术高效构建生物合成平台的挑战和潜力提出了展望。

一、路径设计

微生物具备从可再生资源中生产多种化学品的能力，但有些化学品不能通过天然代谢途径合成。因此，需要一系列创新的策略和工具，如图 2-11 所示，通过文本挖掘工具进行文献挖掘、通过网络模型进行模型预测、通过组学数据进行组学分析、通过合成生物学进行人工合成，探索和设计合成途径以实现所需化学品的高效生产。在此基础上，设计并创造了新的代谢途径和细胞调节回路，以执行既定的功能，例如生产非天然化学品的能力。

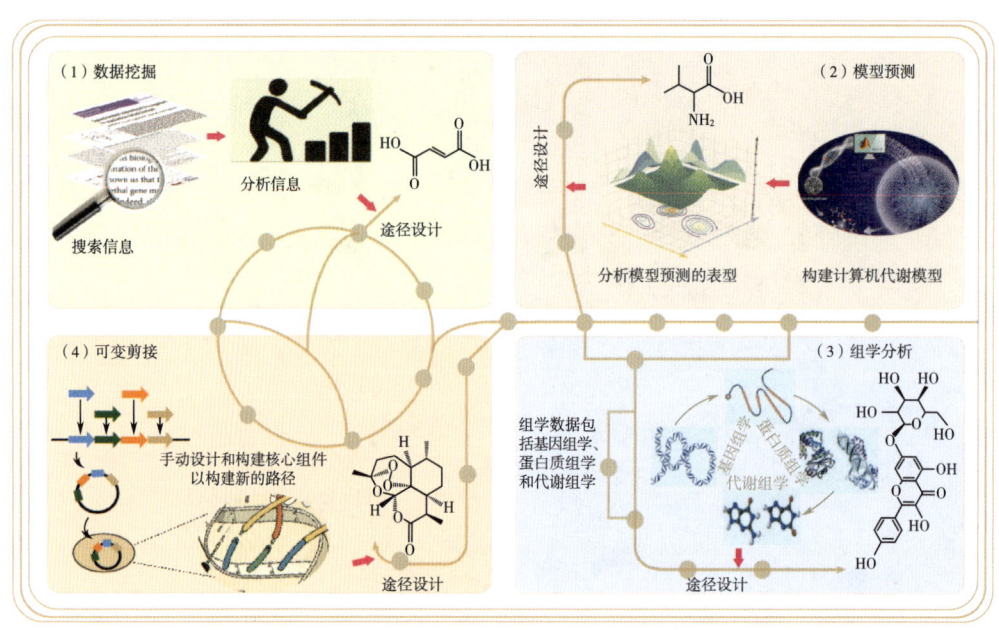

图 2-11 路径设计的总图

（一）基于文本挖掘工具的文献挖掘

生物学研究和路径设计数据的收集来源于期刊文献，其提供了大量的生物学信息。文献挖掘从简单的术语识别发展到对相互作用关系的综合分析，并从对蛋白质相互作用的单一认识扩展到对路径协作的系统调控。一方面，运用能够有效处理大量文献的平台，主要包括 PubMed、MEDLINE 和 CiteXplore。以 PubMed 为例，它包含来自 MEDLINE、生命科学期刊和在线书籍的 2600 多万篇生物医学文献，涵盖生命科学、行为科学、化学科学和生物工程的部分内容。另一方面，开发了一系列文本挖掘工具，如 Textpresso、PubFinder、PubMatrix、LitMiner 和 WikiGene 以及 MineBlast，不仅可以识别、提取、整合和分析文献数据，还可以发现新的、隐藏的或未知的信息。基于上述进展，文献挖掘可以提供新信息，如：①代谢途径，其中包括代谢中间体、关键酶、抑制剂/激活剂、辅因子；②代谢调节网络，如代谢和蛋白质交互网络、转录调控网络、膜转运系统；③表型特征，如代谢底物、环境适应性、生理学参数。因此，文献挖掘适合于高效地寻找可以改善代谢物生产的代谢途径，预测哪些基因可以被改造从而解除代谢瓶颈。

苹果酸是一种四碳二羧酸，在饮料和食品工业中主要用作酸化剂和增味剂。有三种代谢途径产生苹果酸［图 2-12（1）］：①通过 TCA 循环氧化柠檬酸盐；②乙酰 CoA 和草酰乙酸通过非循环乙醛酸途径形成琥珀酸；③丙酮酸羧化为草酰乙酸，然后草酰乙酸还原为苹果酸。由于第三种途径的苹果酸最大理论产量为 2mol/mol 葡萄糖，因此已用于在 E. coli 和 S. cerevisiae 等工程微生物中生产苹果酸。利用基因缺失（ldhA、adhE、ackA、focA、pflB、mgsA 和 poxB）和代谢进化相结合的代谢工程策略构建了 E. coli 的突变体，重新设计了代谢网络以提高作为苹果酸前体的磷酸烯醇式丙酮酸（phosphoenolpyruvate，PEP）的产量，过表达来自 Mannheimia succiniciproducens 的磷酸烯醇式丙酮酸羧激酶（PCKA）将 PEP 转化为苹果酸，最终的工程菌 E. coli WGS-10 产生了 9.25g/L 苹果酸。此外，通过灭活富马酸还原酶（FUMABC）防止从苹果酸转化为富马酸，以及敲除苹果酸酶（SFCA/MAEB）和富马酸还原酶（FRDBC），分别阻止产琥珀酸的 E. coli KJ060 和 KJ073 进一步转化为丙酮酸和琥珀酸，最终的工程菌株可以产生 22g/L 和 34g/L 的苹果酸。苹果酸也可由 S. cerevisiae 工程菌株发酵生产，通过在产丙酮酸菌株 S. cerevisiae TAM 中过表达丙酮酸羧化酶（PYC）和苹果酸脱氢酶（MDH），丙酮酸转化为苹果酸的最终产量达到 59g/L。

富马酸是一种四碳二羧酸，因为它可以转化为治疗药物并用作起始材料用于聚合和酯化。四种代谢途径已被设计用于生产富马酸，主要与三种微生物相关：光滑念珠菌（Candida glabrata）、S. cerevisiae 和 E. coli［图 2-12（2）］。四种代谢途径为：①TCA 循环的还原反应；②尿素循环和嘌呤核苷酸循环；③柠檬酸通过 TCA 循环氧化；④非环乙醛酸循环。在路线①中，删除硫胺生物合成调节因子（THI2）和富马酶（fumarase，FUM）以及过表达外源性丙酮酸羧化酶（PYC）、苹果酸脱氢酶（MDH）和 FUM1 的 S. cerevisiae 工程菌，富马酸产量可达 5.64g/L。在路线②中，通过高水平表达精氨酸琥珀酸裂解酶（ASL）、低水平表达腺苷酸琥珀酸裂解酶（ADSL）以及引入 SpMAE1，C. glabrata T. G-ASL$_{(H)}$-ADSL$_{(L)}$-SpMAE1 生产 8.83g/L 的富马酸。在路线③中，C. glabrata T. G-KS$_{(H)}$-S$_{(M)}$-A-2S 通过工程化线粒体中 TCA 循环，TCA 循环起始于 α-酮戊二酸脱氢酶复合物（KGD），琥珀酰 CoA 合成酶（SUCLG）和琥珀酸脱氢酶（SDH），使得富马酸浓度增加到 15.76g/L。在路线④中，通过失活 E. coli 三种富马酸酶的编码基因，并过表达磷酸烯醇式丙酮酸羧化酶和乙醛酸分流操纵子，最终可积累 41.5g/L 的富马酸。

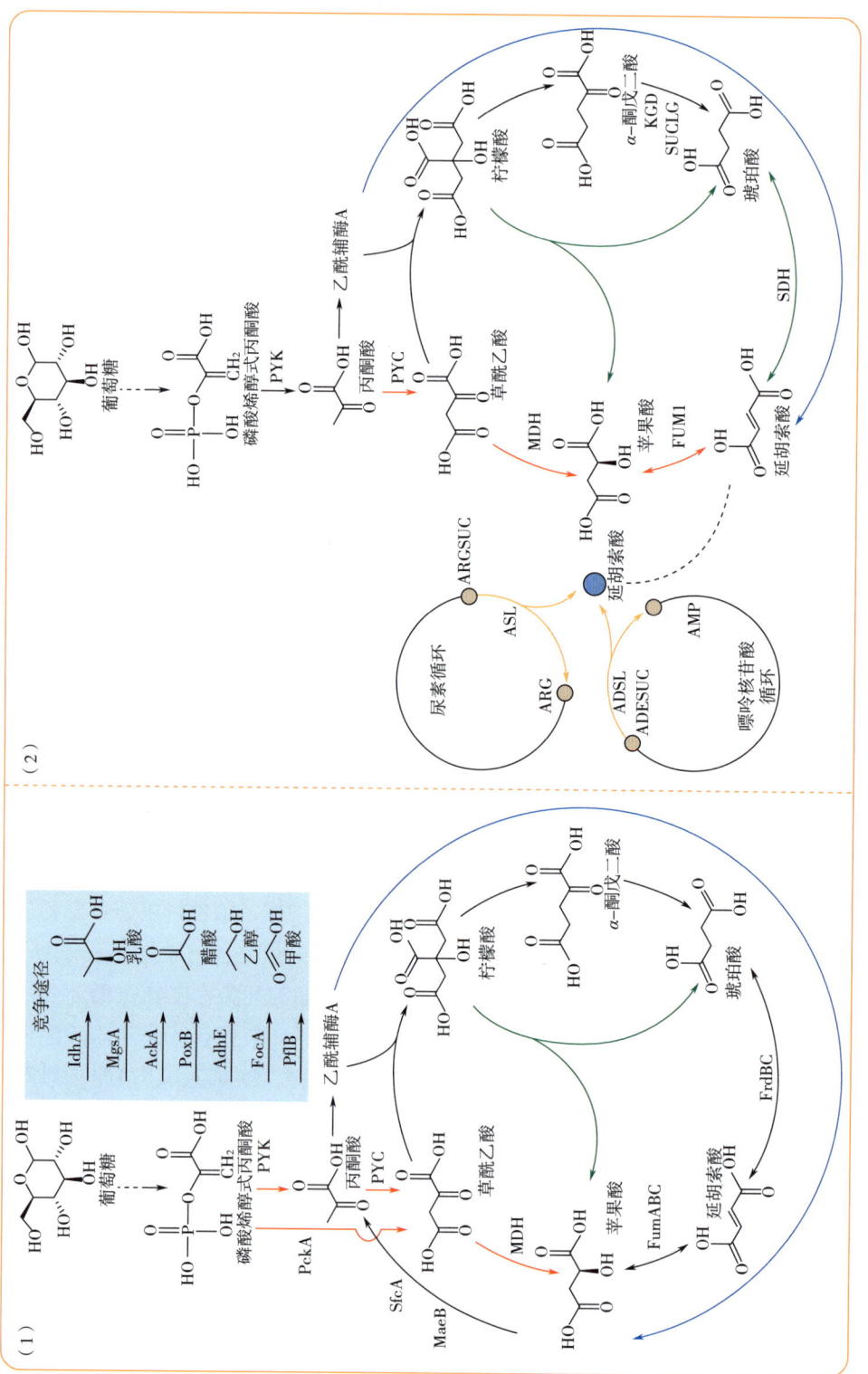

图2-12 苹果酸（1）和富马酸（2）生物合成途径示意图

MgsA: 甲基乙二醛合酶；AckA: 乙酸激酶；PckA: 磷酸烯醇丙酮酸羧化酶；PoxB: 丙酮酸脱氢酶；AdhE: 双功能醛醇脱氢酶；FocA: 甲酸通道；PflA: 丙酮酸甲酸裂解酶1活化酶；PYK: 丙酮酸激酶；PYC: 丙酮酸羧化酶；SfcA: 磷酸烯醇丙酮酸羧激酶；MaeB: NADP-依赖性苹果酸酶；MDH: 苹果酸脱氢酶；FumABC: 富马酸水合酶；FrdBC: 富马酸还原酶铁硫亚基；SDH: 琥珀酸脱氢酶；ADSL: 腺苷酸基琥珀酸裂解酶；ARG: 精氨酸；ASL: 精氨酸琥珀酸裂解酶；FUM1: 延胡索酸裂解酶；SUCLG: 琥珀酸辅酶A连接酶；2-氧代戊二酸代谢酶；KGD: 多功能

（二）基于网络模型的模型预测

随着基因组学和相关技术的发展，大量的微生物基因组被报道。这些基因组序列已被用于高质量基因组规模代谢模型的重构以生成综合代谢模型。目前已在 BIGG 数据库中公布了 134 个代谢模型，涉及 78 种微生物。例如，*S. cerevisiae* 有 7 个模型，iFF708、iND750、iLL672、iIN800、iMH805/775、iMM904 和 iTO977；*E. coli* 有 5 个模型，iJE660、iJR904、iAF1260、iCA1273 和 iJO1366。这些基因组规模代谢模型（Genome-scale metabolic models，GEMs）的应用范围从理论研究到实用研究，可以建立起基因型和表型之间的桥梁，包括 7 个主要方面：①指导代谢工程；②指引生物学发现；③评估表型想象；④分析生物学网络；⑤研究细菌进化；⑥上下文组学分析；⑦探寻群落关系。为了利用基因组规模模型来探索细胞工厂的代谢潜力并识别代谢工程的靶基因，利用基于约束的重构和分析方法从四个方面对代谢基因型-表型关系进行了分析：①通量平衡分析：E-flux、FBAwMC、FBAME、基因组上下文分析、pFBA、MD-FBA、DMMM、动力学 FBA、SIM、SEM、SMM、PhPP、FBA、基因组 FBA、AOS、FVA、贝叶斯（Baysian）FBA、FCF、FFCA；②菌株设计分析：FSEOF、GDLS、CiED、OptGene、SA、SEAs、OptORF、OptStrain、OptReg、EMILiO、OptForce、RobustKnock-proxy、RobustKnock、Objective tilting、OptKnock；③热力学动态约束分析：EBA、Ⅱ-COBRA、NET analysis、TMFA、Thermodynamic realizability、Flux minimization；④合并调控分析：MBA、Shlomi-NBT-08、tFBA、MADE、GIMME、PROM、idFBA、iFBA、GeneForce、SR-FBA、rFBA。其中 OptKnock、OptForce、OptORF、OptGene、GDLS、OptStrain、FBA、FVA 等技术应用广泛，为初学者开发细胞工厂的代谢潜力提供了更广阔的前景，这些方法为认识和调节微生物的生理功能奠定了基础。此外，基因组规模的基因调控网络、信号转导网络及蛋白质互作网络的构建、模拟和分析，将推动代谢工程向更加理性的系统性代谢工程方向发展。

L-苏氨酸作为一种必需氨基酸，可以作为添加剂改善动物饲料和人类食品的营养价值。此外，L-苏氨酸还用于药品和化学试剂。L-苏氨酸属于天冬氨酸家族氨基酸，从 L-天冬氨酸开始其生物合成途径包括四步酶促反应（图 2-13），涉及的酶有天冬氨酸激酶Ⅰ、Ⅱ、Ⅲ（ThrA、MetL、LysC），天冬氨酸半醛脱氢酶（Asd），高丝氨酸脱氢酶Ⅰ、Ⅱ（HsDH），高丝氨酸激酶（ThrB），苏氨酸合酶（ThrC）。L-苏氨酸生产菌株可通过传统方法获得，包括：①通过突变 S345F 中 *thrA* 和 T342I 中的 *lysC* 消除反馈抑制；②用 *tac* 启动子取代 *thrABC* 操纵子的天然启动子来解除酶的调控；③通过删除基因 *lysA*（二氨基乙二酸脱羧酶）、*metA*（高丝氨酸琥珀酰转移酶）和 *tdh*（苏氨酸脱氢酶）来消除竞争途径；④过表达 L-苏氨酸转运蛋白（*rhtABC*）来扩增关键基因。基于这些策略，最终工程菌 *E. coli* MT201 可生产 52.0g/L L-苏氨酸。为了进一步提高 L-苏氨酸的产量，对 *E. coli* MBEL979 GEM 进行了在线分析以确定靶基因。根据线性规划优化，突变体的稳态通量值计算如下：①通过将相应的通量设置为零来反映模型中基因的敲除以在线构建突变菌株；②以 L-苏氨酸产量最大化并以乙酸产率为目标函数，PPC 或 ICL 通量由最小值扰动到最大值；③通过绘制和比较 L-苏氨酸和乙酸的得率后得到流量分布图。经分析，因为基因

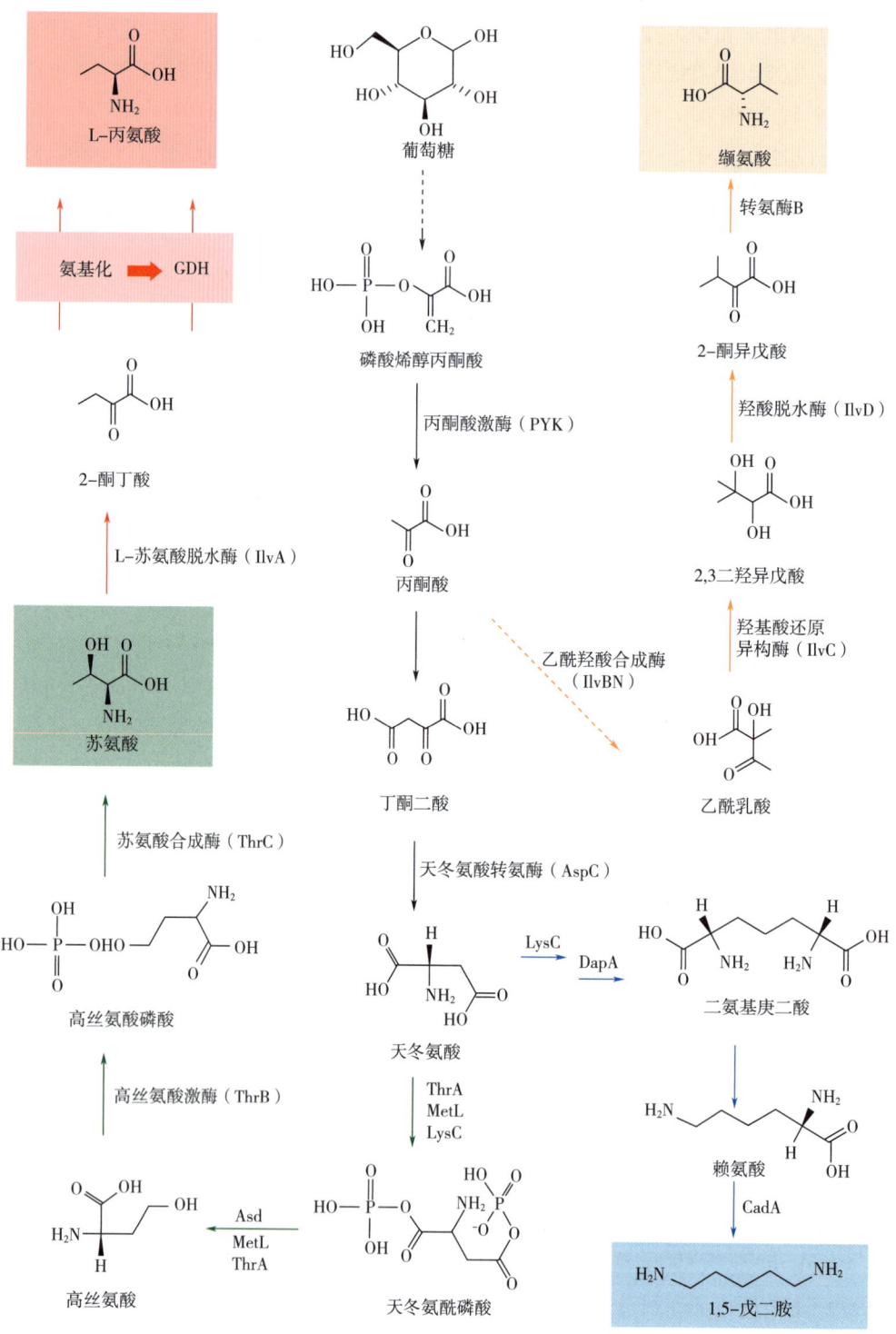

图 2-13 苏氨酸、缬氨酸、尸胺(1,5-戊二胺)和 L-丙氨酸生物合成途径的示意图

pta-ack 或 *poxB* 可以延缓生长或增加丙酮酸分泌，并未考虑在乙酸途径中将其删除，过表达乙酰 CoA 合酶（*acs*）会导致乙酸产量的降低。然后敲除苏氨酸转运蛋白基因（*tdcC*）以及扩增 *rhtABC* 基因促进 L-苏氨酸的转运，最终通过分批补料培养的菌株 E. coli TH28C L-苏氨酸产量为 82.4g/L。

番茄红素是一种类胡萝卜素，被广泛用作抗氧化剂，对降低前列腺癌风险有很大的潜力，它可以预防由衰老引起的各种疾病以及免疫力的下降。目前，通过将异戊二烯类生物合成上游途径与类胡萝卜素生物合成下游途径部分结合，可以在异源宿主中重建番茄红素的生物合成途径（图 2-14）。来自类胡萝卜素细菌的类胡萝卜素基因，如 CrtE（香叶基焦磷酸合酶）、CrtB（植物烯合酶）和 CrtI（植物烯去饱和酶）已被广泛应用在 E. coli 中重建类胡萝卜素的生物合成途径，从而实现高水平的番茄红素生产。为进一步提高番茄红素的得率，采用了全局化学计量分析进行理性设计以确定重组 E. coli 中单个和多个基因敲除靶点。在此基础上，化学计量模型被用来解析全基因组的基因敲除靶点，$\Delta gdhA$、$\Delta aceE$、$\Delta ytjC$、$\Delta fdhF$、$\Delta gdhA\Delta aceE$、$\Delta gdhA\Delta ytjC$、$\Delta gdhA\Delta aceE\Delta fdhF$ 七个单基因和多个基因的删除以改善前体和辅因子的供应增加番茄红素的产量。然后，采用一个全球转座子文库来识别化学计量模型中未考虑到的其他敲除靶点和与番茄红素过量生产相关的三个基因靶点，*rssB*、*yjfP* 和 *yjiD*。最后，确定了有利于番茄红素生产的几种组合：$\Delta gdhA\Delta aceE\Delta fdhF$、$\Delta gdhA\Delta aceE\Delta pyjiD$、$\Delta gdhA\Delta aceE\Delta fdhF\Delta rssB\Delta yjfP$、$\Delta gdhA-\Delta aceE\Delta fdhF\Delta yjfP$ 和 $\Delta gdhA\Delta aceE-\Delta fdhF\Delta yjfP\Delta pyjiD$。菌株 $\Delta gdhA\Delta aceE\Delta fdhF$ 在优化培养条件下番茄红素产量可达 18000mg/kg 以上，比仅重建番茄红素通路的对照菌株高出 8.5 倍。

（三）通过组学数据进行组学分析

随着高通量分析技术的快速发展，组学数据的积累使综合分析绝大多数组件和细胞内的相互作用成为可能。组学数据既可以专门由特定的研究获得，也可以通过公共数据库收集和获取大量数据。组学数据库可以分为三类：①组学数据库，包括基因组学、转录组学、蛋白质组学、代谢组学、糖组学、脂质组学、局部基因组学等；②互作数据库，包括蛋白质-DNA 相互作用、蛋白质-蛋白质相互作用等；③功能数据库，包括通量组学、表型基因组学、增长速率等。可用性组学数据库，如 EBI、BioGRID、CeCaFDB 等，特别是当与代谢、信号和调节网络相结合时可提供细胞信息以生成预测生物系统的计算模型。组学数据集成过程主要包括三个步骤：①通过算法识别网络脚手架，例如 REDUCE、MODEM、GRAM 等；②采用 SAMBA、SANDY、mfinder/mDraw、Cytoscape 等方法分解网络脚手架；③开发细胞模型和通过工具进行分析，如 COBRA、BioTapestry 等。组学数据及其集成为许多宿主提供新的细胞代谢特征，预测细胞工厂的代谢速率，探索新的功能基因或合成生物学的新途径，以提高对多元调控不同途径的认识，为有效途径设计奠定良好基础。

D-肌醇磷酸酯（D-inositol phosphate，DIP）是许多嗜热古细菌和细菌中主要相容的溶质之一，它们是适应于高温生长的生物体溶质库中分布最广的组分。由 6-磷酸葡萄糖进行 DIP 的生物合成包括四个步骤（图 2-15）：①将 6-磷酸葡萄糖通过肌醇-1-磷酸合成

代谢工程——方法与应用

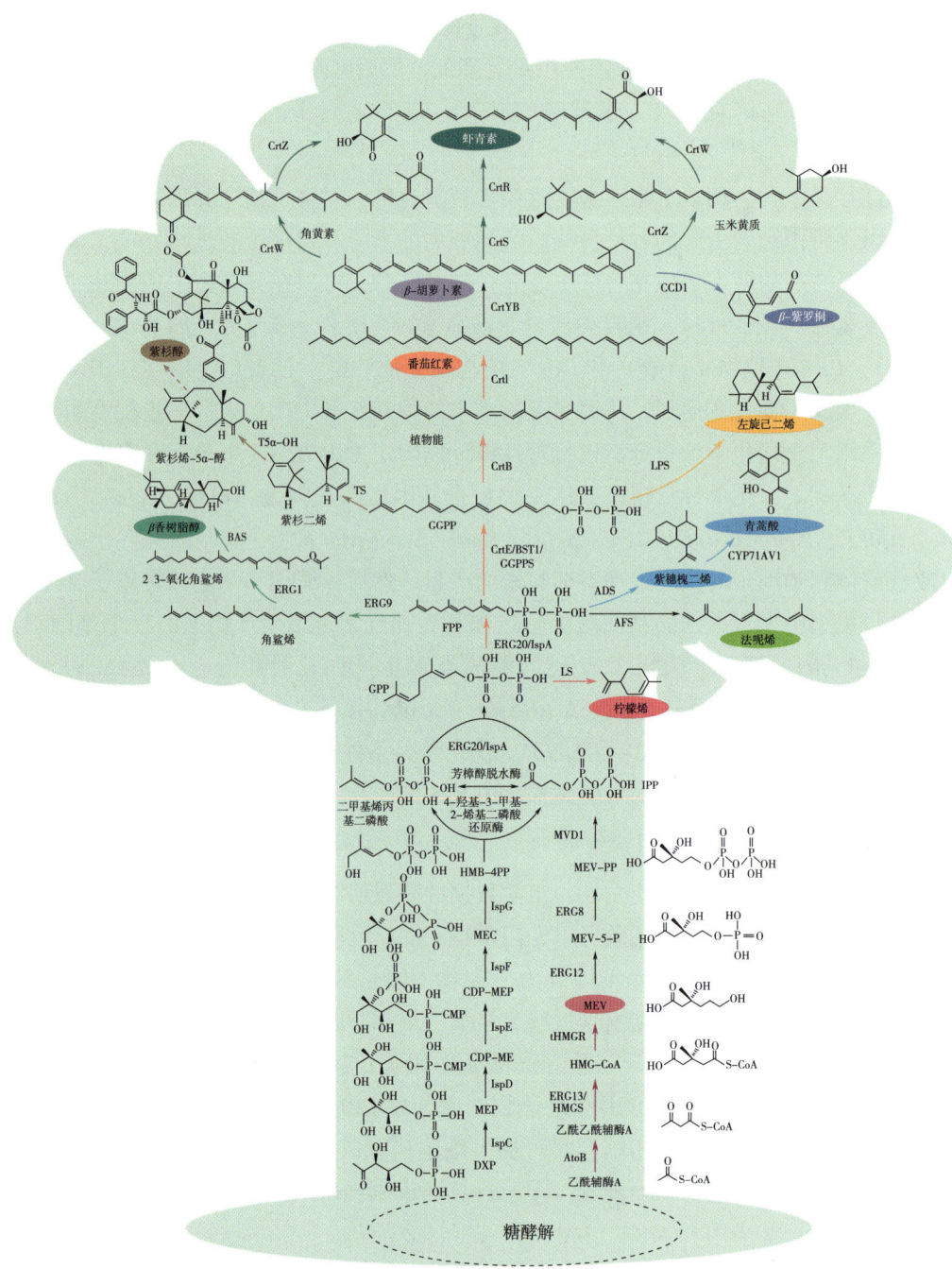

图 2-14 番茄红素、青蒿酸、紫穗槐二烯、β-紫罗酮、β-香树脂醇、
法呢烯、虾青素、左旋己二烯、紫杉醇、β-胡萝卜素和柠檬烯生物合成途径示意图

CrtW：β-胡萝卜素酮醇酶；CrtR：NADPH-细胞色素 P450 还原酶；CrtS：虾青素合酶；CrtZ：β-胡萝卜素羟化酶；CrtYB：双功能番茄红素环化酶；CCD1：类胡萝卜素 9,10 (9',10') -裂解双加氧酶；CrtI：八氢番茄红素去饱和酶；BAS：酮化合物合酶；GGPP：香叶基香叶基焦磷酸；CrtE：香叶基焦磷酸合酶；BSTI：细胞色素 P450；GGPPS：香叶基香叶基焦磷酸合酶；CYP71AV1：4,11-二烯-12-单加氧酶；ADS：棕榈酰单半乳糖二酰基甘油-δ-7 去饱和酶；ERG1：角鲨烯环氧酶；FPP：法呢基焦磷酸；AFS：(E,E)-法呢烯合酶；ERG20：法呢基焦磷酸合成酶；IspA：法呢基二磷酸合成酶；GPP：香叶基焦磷酸；ldi：芳樟醇脱水酶；DMAPP：二甲基烯丙基二磷酸；MVD1：二磷酸戊酸脱羧酶；ERG8：磷酸甲羟戊酸激酶；ERG12：甲戊酸激酶；tHMGR：异戊烯基转移酶；IspH：4-羟基-3-甲基-2-烯二磷酸还原酶；HMB-4PP：(E)-1-羟基-2-甲基-2-丁烯基 4-焦磷酸酯；IspG：4-羟基-3-甲基-2-烯-1-酰二磷酸合成酶；MEC：半胱氨酸肽酶；IspF：2-c-甲基-d-赤藓醇-2,4-环二磷酸合酶；CDP-MEP：4-二磷酸胞苷基-2-c-甲基-d-赤藓醇-2-磷酸；IspE：4-二磷酸胞苷基-2-c-甲基-d-赤藓醇激酶；CDP-ME：4-二磷酸胞苷基-2-甲基-d-赤藓醇合成酶；IspD：2-c-甲基-D-赤藓糖醇 4-磷酸胞苷基转移酶；MEP：甲基赤藓糖醇磷酸途径；IspC：1-脱氧-d-5-磷酸木酮糖还原异构酶；DXP：1-脱氧-d-木酮糖-5-磷酸；AtoB：乙酰辅酶 A 乙酰转移酶；ERG13：羟甲基二酰辅酶 A 合成酶；HMGS：羟甲基戊二酰辅酶 A 合成酶；HMG-CoA：羟甲基戊二酰辅酶 A 还原酶；MEV：甲羟戊酸途径

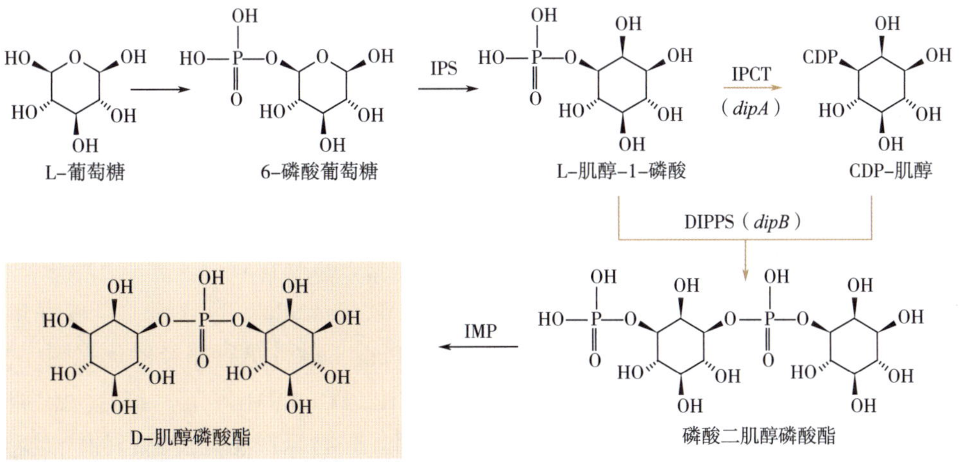

图 2-15　DIP 生物合成途径示意图

酶（IPS）转化为肌醇-1-磷酸；②肌醇-1-磷酸胞嘧啶转移酶（IPCT）将肌醇-1-磷酸激活为 CDP-肌醇；③通过 DIPP 合酶（DIPPS）将 CDP-肌醇与另一分子的肌醇-1-磷酸缩合为磷酸二肌醇磷酸酯（DIPP）；④DIPP 被未知的 DIPP 磷酸酶（IMP）磷酸化为 DIP。但是，已鉴定出基因编码四种必需酶中的两种 IPS 和 IMP。为了找到该途径的其他两个基因（dipA 和 dipB），将 SEED 数据库中产生 DIP 的微生物的整个基因组通过比较基因组学策略预测候选基因。在许多嗜热古细菌和细菌中观察到的带有 IPS 编码基因的两个未鉴定基因的染色体簇，为它们在 DIP 生物合成途径中可能的作用提供了有力的证据。基于长程同源性分析，将缺失的 IPCT 和 DIPPS 分别归为 dipA 和 dipB 基因产物，从而推测了 dipA 和 dipB 的功能。最后，通过在 E.coli 质粒中表达两个候选基因，成功重建了 DIP 生物合成途径。

L-缬氨酸，一种必需的氨基酸，用作化妆品、药品、营养补充剂和饲料添加剂。L-缬氨酸生物合成是以丙酮酸为底物，由乙酰羟酸合成酶（ilvBN）、羟基酸还原异构酶（ilvC）、二羟酸脱水酶（ilvD）和转氨酶 B（ilvE）四个酶催化（图 2-13）。研究报道 C.glutamicum 生产 L-缬氨酸，是通过消除 ilvN 的反馈抑制，删除 panB（泛酸合成酶编码基因）、ilvA（L-苏氨酸脱水酶编码基因）和 leuA（2-异丙基苹果酸合成酶编码基因）和过表达 ilvBNC 和 ilvGMEDA（乙酰羟基酸合成酶Ⅱ同工酶）操纵子。在此基础上，为了增加 E.coli L-缬氨酸的得率，基于转录组分析的理性代谢工程构建了代谢合成途径。在工程菌 Val（pKKilvBN）和对照菌株的分批发酵过程中进行比较转录组分析，结果表明：①ilvCED 基因的表达水平增加，但增加的幅度比 ilvBN 基因增加的幅度小；②lrp（亮氨酸反应蛋白编码基因）作为 ilvIH 操纵子的激活剂表达下调；③基因 ygaZ（预测的转运体）和 ygaH（预测的内膜蛋白）作为 L-缬氨酸的输出者，表达水平分别降低。这些结果揭示过表达 ilvCED、lrp 和 ygaZ 基因可以确保 L-缬氨酸的生产量。然后，采用相应的基因修饰技术对 E.coli Val（pKKilvBN）进行改造，最终菌株 E.coli Val（pKBRilvBNCED/pTrc184ygaZHlrp）

生产 7.61g/L L-缬氨酸，高于对照菌株 113%。

（四）人工合成生物学途径

合成生物学是运用具备良好特征、标准化和可重复使用的组件，设计和构建自然界中不存在的新的生物系统，例如遗传控制系统、代谢途径、染色体和细胞。合成生物学强调两个方面，"设计"以及"重新设计"，这意味着合成生物学不仅是实验，而是利用现有生物学知识根据实际情况进行"设计"和"重新设计"需要的一种新工具，并利用数学模型指导实验。合成生物学设计从最初构思到最终产物，重新设计人工路径的一般工作流程包括六个步骤：①使用 BNICE、DESHARKY、FMM、RetroPath 等电脑工具搜寻生产某种特定产品的可能路径；②使用 DESHARKY、RetroPath 等软件进行路径的优先顺序排序；③使用 COBRA、SurreyFBA、CycSim、BioMet、iPATH2、GLAMM 等工具箱建立代谢模型并预测每个排序路径在候选宿主菌中的表现；④通过比较目标产品合成路径的代谢通量大小，选择在候选宿主菌中有效生成某种化合物的最优路径；⑤采用 RBS Calculator、Gene Designer、GeneDesign、DNAWorks、TinkerCell、GenoCAD、SynBioSS 等工具对选中路径进行重构和整合以系统构建和优化生物合成途径；⑥通过优化工程使产品合成从微生物系统达到工业标准，如高密度培养、各种碳源的利用等。通过各种常用工具如 BNICE、RetroPath、COBRA、RBS Calculator、GeneDesign 等并结合系统生物学、合成生物学在探索生物系统的合成能力以扩大生物合成途径的范围、创造化学品生产的细胞工厂平台以超越天然路径上发挥着至关重要的作用。

青蒿素，为倍半萜类内酯，是从青蒿植物 Artemisia annua L. 的气生部分分离出来的，主要用于治疗疟疾。青蒿素主要的衍生物包括青蒿琥酯、蒿甲醚和双氢蒿属。青蒿素的前体异戊烯焦磷酸（isopentenyl pyrophosphate, IPP）和二甲基丙烯基焦磷酸盐（dimethylallyl pyrophosphate, DMAPP）可以通过甲戊酸酯（mevalonate, MEV）途径或脱氧木酮糖-5-磷酸（DXP）途径合成（图 2-14）。IPP 和 DMAPP 经 FPP 合成酶（EGR20, IspA）合成法呢基二磷酸（farnesyl pyrophosphate, FPP），FPP 在青蒿素前体紫穗槐二烯合成酶（ADS）的催化下转化为青蒿素的直接前体紫穗槐二烯。最后，一种来自 A. annua 的新型细胞色素 P450 单加氧酶（CYP71AV1）用于氧化青蒿素前体紫穗槐二烯到青蒿酸。因为传统的合成青蒿素的方法既困难又昂贵，目前的生物技术工作重点是通过引入非天然生物合成途径，利用工程微生物平台设计新的生物工艺来制造青蒿素。Keasling 和他的同事以合成生物学为基础，突破了青蒿素生产的传统限制，开辟了 S. cerevisiae 青蒿素生产的新途径，包括三步：①在 S. cerevisiae 中构建 FPP 生物合成途径，提高 FPP 产量并减少其对固醇的使用；②将 A. annua 的 ADS 引入高产 FPP 菌株，将 FPP 转化为青蒿素前体紫穗槐二烯；③在青蒿素前体紫穗槐二烯生产菌中克隆并表达来自 A. annua 中的 CYP71AV1，将青蒿素前体紫穗槐二烯氧化成青蒿素酸。最后，在工程 S. cerevisiae 菌株中，青蒿素酸的产量高达 115mg/L。

青蒿素前体紫穗槐二烯是青蒿素的前体，它是从甜蒿或青蒿中分离出来的，是有价值且功能强大的抗疟疾天然产物，也用于商业调味剂、香料和药品。由于天然生产青蒿素前体紫穗槐二烯很少量且化学合成在经济上不可行,因此通过微生物发酵生产青蒿素前体紫穗槐二烯是有效的选择。首先通过表达 S. cerevisiae 中的甲羟戊酸途径和 A. annua 中的青蒿素前体紫穗槐二烯合酶(ADS)来实现 E. coli 中青蒿素前体紫穗槐二烯的异源生产(图 2-14),并在两相分配生物反应器中将其产量提高到 0.5g/L。为了进一步提高青蒿素前体紫穗槐二烯的产量,分析了转录反应和途径代谢产物,结果表明 HMG-CoA 还原酶通过膜胁迫干扰脂肪酸生物合成而成为限制瓶颈。随后,采用了两种策略:①用来自金黄色葡萄球菌的同等酶替代 S. cerevisiae HMG-CoA 合酶(HMGS)和 HMG-CoA 还原酶(tHMGR);②过表达 S. cerevisiae 中甲羟戊酸途径通往 ERG20(FPP 合酶)的所有酶,例如 ERG12(甲羟戊酸激酶)、ERG8(磷酸戊二酸激酶)、MVD1(甲羟戊酸焦磷酸脱羧酶)和 Idi(IPP 异构酶)。基于此,改造后的 S. cerevisiae 菌株发酵产生 40g/L 青蒿素前体紫穗槐二烯。

二、路径构建

化学品的生物合成通常需要包含多种基因及其控制元素的多步骤途径,在路径设计完成后,需要将这些路径酶组装到一起。传统的酶切连接由于效率较低,已经不能满足合成生物学对路径组装的需求。为了消除这一限制因素,以高通量的方式组装和测试 DNA 成分对合成生物学的发展至关重要。因此,为了提高 DNA 装配的灵活性和克隆的准确性,人们开发了多种 DNA 装配方法,根据不同的装配机制可以分为四种(图 2-16),包括:基于限制性酶切的方法、基于序列同源性的方法、基于同源重组的方法和基于搭桥引物的组装方法。

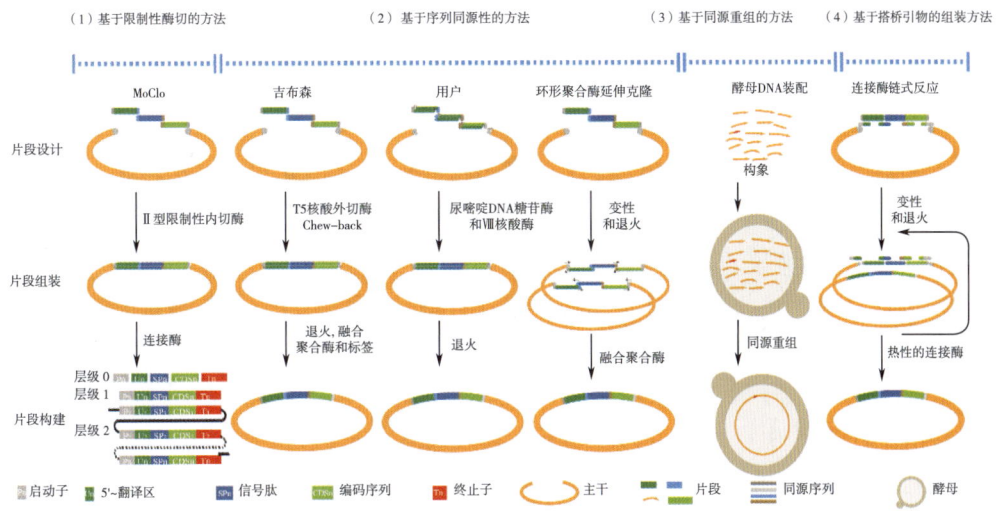

图 2-16 路径构建的总图

(一)基于限制性酶切的方法

利用Ⅱ型限制性内切酶和 DNA 连接酶进行基因克隆,已成功应用于分子生物学中,利用目标 DNA 和目标载体之间酶解片段中互补的黏性末端一次只能连接两个 DNA 片段。主要包含 BioBrick 标准组装（*Eco*R I、*Xba* I、*Spe* I、*Pst* I）、BglBrick 标准组装（*Eco*R I、*Bgl* II、*Bam*H I、*Xho* I）、ePathBrick 标准组装（*Spe* I、*Xba* I、*Nhe* I、*Avr* II）、标准欧洲载体结构（standard European vector architecture，SEVA）、HomeRun 载体装配系统（HomeRun vector assembly system，HVAS）等。尽管所有 II 型限制性内切酶方法可用于将 DNA 片段组装成所需的结构，但也受到 DNA 片段内的禁止消化位点和/或最终结构中的大序列的限制。在合成生物学中为改善基于限制性酶方法的有效性，II 型限制性内切核酸酶于合适的时机出现，II 限制性内切核酸酶的裂解位点离识别位点较远，因此可自由选择过剩的序列。新发展的组装技术主要包含 Golden Gate、GoldenBraid 2.0 standard、模块化克隆系统（modular cloning system，MoClo）、甲基化辅助定位合理末端（methylation-assisted targeting with enhanced repression，MASTER）等。这些方法为 DNA 装配增加了许多优点，使无痕无缝装配成为可能并适用于多个部件的并行装配而不需要 PCR，同时可在一个目的载体上同时表达多个基因。以 MoClo 为例，MoClo 为在连续的克隆步骤中组装多个片段提供了一种新的方法，这是一个在 Golden Gate 组装第二层中多基因构建的独特工具。MoClo 通过 II 型限制性核酸内切酶和连接酶一步反应 5~6h 即可组装完成，多达 10 个片段的克隆效率约为 90%。

（*S*）-网状霉素是新型抗疟、抗癌药物的非麻醉性组成部分，也是苯并异喹啉类生物碱（BIAs）生物合成的主要分支点中间体。在 *E. coli* 中通过三条途径获得了（*S*）-网状霉素（图 2-17）：①通过干扰 *tyrR* 基因、过表达磷酸烯醇式丙酮酸合成酶（PEPS）、转酮醇酶（TKT）、3-脱氧-D-阿拉伯庚酮糖酸-7-磷酸合成酶（DAHPS）和分支酸变位酶/预苯酸脱氢酶（CM/PDH）过量产生 L-酪氨酸；②由 L-酪氨酸产生多巴胺的途径通过过表达酪氨酸酶（TYR）和 L-多巴胺特异性脱羧酶（DODC）；③由多巴胺产生（*S*）-网状霉素的生产途径通过过表达单胺氧化酶（MAO）、去甲氧基嘌呤合成酶（NCS）、4′-*O*-甲基转移酶（4′OMT）、细胞色素 P450 *N*-乌药碱羟化酶（NMCH）、可卡因 *N*-甲基转移酶（CNMT）和 6-*O*-甲基转移酶（6OMT）。虽然在 *E. coli* 中获得成功，但是以 *S. cerevisiae* 为宿主生产（*S*）-网状霉素却非常困难。在以往的研究中，以 L-酪氨酸为原料合成（*S*）-网状霉素所需的上游步骤最初是通过过表达多个基因（DODC、NCS、6OMT、CNMT、4′OMT、NMCH）构建的，但是如此多的酶在 *S. cerevisiae* 生产（*S*）-网状霉素中的功能整合表达仍然是一个挑战。因此，利用 MoClo 构建了携带 DODC、NCS、6OMT、CNMT、4′OMT、NMCH 等多个基因的酵母表达载体，这些载体序列来源于 pRS 系列质粒。利用 II 限制性内切酶位点 PCR 引物扩增包括启动子、基因、终止子在内的所有生物砖，成功组装该整合表达载体，最后重组菌株 *S. cerevisiae* 从葡萄糖产生（*S*）-网状霉素的最大浓度达到 80.6μg/L。

（二）基于序列同源性的方法

基于序列同源性的方法是一种体外技术，它们通常利用任意的长重叠区域来连接末端具有相同序列的 DNA 片段。这些方法主要包含重叠扩展聚合酶链反应（overlap extension

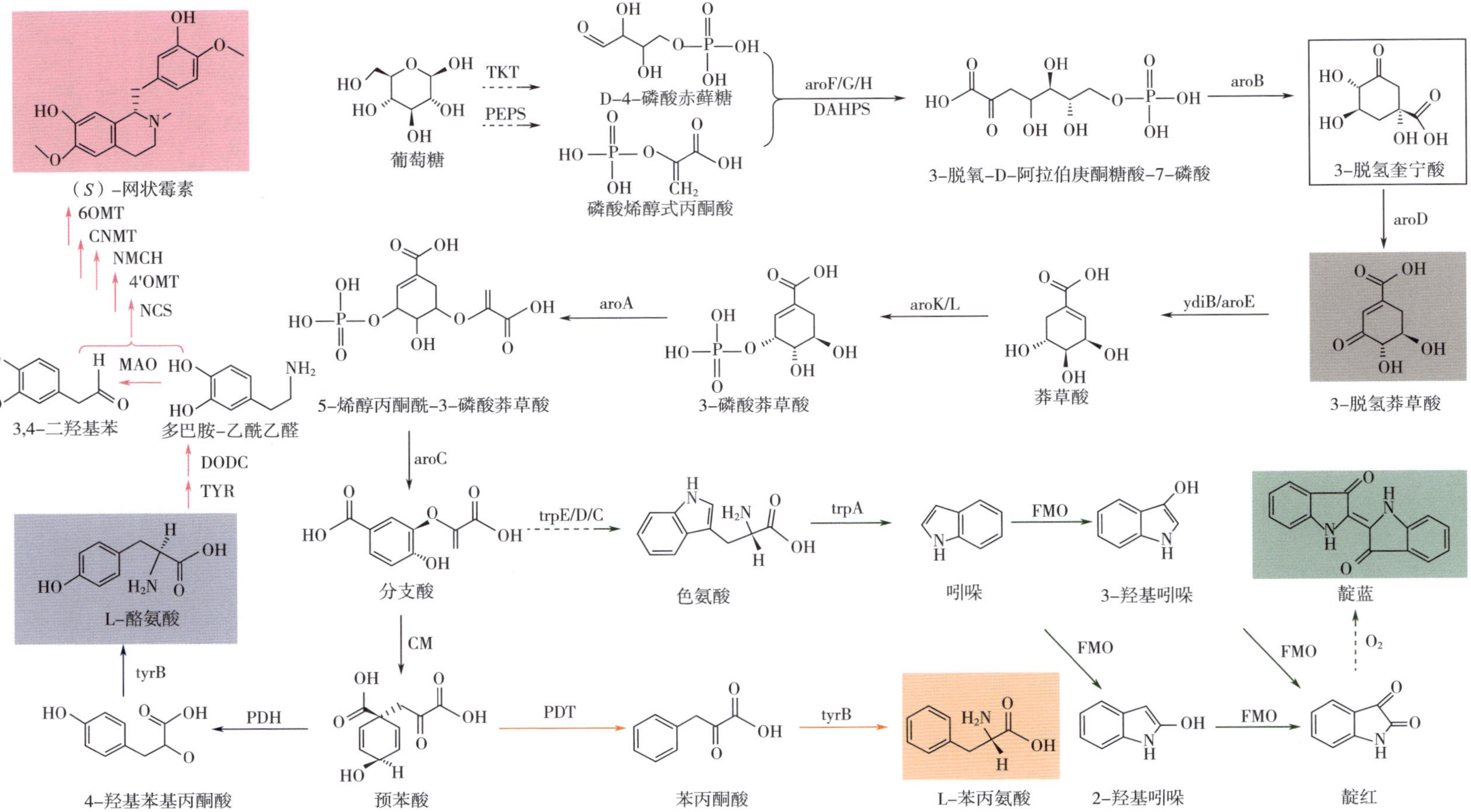

图2-17 （S）-网状霉素、3-脱氢莽草酸、L-苯丙氨酸、L-酪氨酸和靛蓝的生物合成途径示意图

6OMT：6-*O*-甲基转移酶；CNMT：可卡因-*N*-甲基转移酶；NMCH：细胞色素P450-*N*-乌药碱羟化酶；4′OMT：4′-*O*-甲基转移酶；PEPS：磷酸烯醇丙酮酸合成酶；aroF/G/GH：磷酸-2-脱氢-3-脱氧庚酸醛缩酶；DAHPS：3-脱氧-D-阿拉伯庚酮糖酸-7-磷酸合成酶；aroB：3-脱氢奎尼酸合成酶；aroD：3-脱氢奎尼酸脱水酶；DODC：L-多巴胺特异性脱羧酶；TYR：酪氨酸酶；aroC：分支酸合成酶；CM：分支酸变位酶；trpE：邻氨基甲酸酯合成酶；trpD：氨基苯甲酸磷酸核糖转移酶；trpC：色氨酸合成酶；tyrB：芳香氨基酸氨基转移酶；aroA：3-磷酸莽草酸-1-羧乙烯基转移酶；aroK：莽草酸激酶1；aroL：莽草酸激酶2；ydiB：奎尼酸/莽草酸脱氢酶；aroE：莽草酸脱氢酶；trpA：色氨酸合成酶链；FMO：含黄素单加氧酶；PDH：预苯酸脱氢酶；PDT：双功能分支酸盐变位酶/预苯酸盐脱水酶；TKT：转酮醇酶；MAO：单胺氧化酶

polymerase chain reaction, OE-PCR)、环形聚合酶延伸法（circular polymerase extension cloning, CPEC)、序列和连接反应克隆（sequence and ligation-independent cloning, SLIC)、小切口内切酶独立连接的克隆（nicking enzyme-ligated independent cloning, NE-LIC)、Gibson 组装方法、无缝连接克隆提取物（seamless ligation cloning extract, SLiCE)、尿嘧啶特异性切除试剂克隆（uracil-specific excision reagent, USER)、丝氨酸整合酶重组组装（serine integrase recombinational assembly, SIRA)、等温组装、融合工具、网关工具等。基于序列同源性方法的结构特点是为了共享同源性，从而使序列独立，从而避免了与基于限制性酶的方法相同的问题。此外，这种序列同源性保证了 DNA 装配的高效性和特异性，这表明基于同源性的方法可以很容易地在一个步骤中组装五个或更多的 DNA 部件。USER 是 DNA 组装的一个很好的例子，它通过短链同源臂来组装多个 DNA 片段，通过与含 dU 的引物和高保真 DNA 聚合酶进行 PCR 反应，将短链同源臂插入一个脱氧尿苷（dU）核苷酸上。USER 组装方便，可组装 2~7 个 DNA 片段，效率高达 90%。另一个例子，Gibson 组装法可以利用融合 DNA 聚合酶和 *Taq* DNA 连接酶将被 T5 外切酶消化的单链互补同源臂共价连接在一起。因此，作为一种有用的分子工程工具，这些方法可以实现无缝地组装合成天然基因、遗传途径和整个基因组。

β-紫罗酮是一种香料成分，用于许多香料产品，如装饰性化妆品、香水、洗发水、香皂和其他洗漱用品中，同时也是合成维生素 A、维生素 E 和维生素 K 的关键中间体。β-紫罗酮生物合成从 FPP 起，然后 FPP 由香叶基香叶基焦磷酸合成酶（GGPPS）转化为香叶基香叶基焦磷酸（geranylgeranyl pyrophosphate, GGPP)。GGPP 由植物烯合成酶/番茄红素环化酶（CrtYB)、植物烯去饱和酶（CrtI）和类胡萝卜素裂解双加氧酶（CCD1）催化形成 β-紫罗酮（图 2-14)。多步代谢工程策略结合四种不同的方法来增加 β-紫罗酮产量，包括：①调整和优化 FPP 分支点；②调整合成途径增加 β-紫罗酮合成的前体库；③共表达 CrtI、CrtE、CrtYB、CCD1 加强 β-紫罗酮生产。然而，这个系统的低转化效率限制了高效生产 β-紫罗酮（0.22mg/L)。为解决此技术瓶颈，*S. cerevisiae* 平台通过结合两种基因工程的方法，构造合成 β-紫罗酮。USER 克隆是兼容整合载体和高拷贝数的基因表达系统。类胡萝卜素的产生是在高产 FPP 的 *S. cerevisiae* SCGIS22 菌株中，通过 USER 整合缺失的 *tHMG*1 和内源 *BTS*1 的额外拷贝以及 *CrtYB* 和 *CrtI* 基因。然后，通过 USER 用高拷贝数的质粒表达 *CrtYB* 和 *CCD*1，最终导致 β-紫罗酮浓度增加 8.5 倍到 0.63mg/gDCW[①]。

1,4-丁二醇（1,4-butanediol, 1,4-BD）是重要的化学中间体，被广泛用于生产塑料、弹性纤维、聚氨酯和药物。为了克服化学合成的局限性，通过将计算机辅助途径设计与基因组规模的代谢建模配对，在微生物中发现了成功的 1,4-BD 产生途径，包括两个部分（图 2-18)：①从葡萄糖生物合成 4-羟基丁酸（4-hydroxybutyrate, 4HB）的上游途径，包括 2-氧代戊二酸脱羧酶（SucA)、琥珀酰-CoA 合成酶（SucCD)、CoA 依赖性琥珀酸半醛脱氢酶（SucD)、4-羟基丁酸酯脱氢酶（4HBd)；②4HB 转化为 1,4-BD 的下游途径，

---

① DCW，细胞干重。

包括 4-羟基丁酰基-CoA 转移酶（Cat2）、4-羟基丁酰基-CoA 还原酶（Hcar）、醇脱氢酶（Adh）。当使用三种载体将上游和下游途径组装在一起时，最终的 E. coli 菌株能够产生高达 18g/L 的 1,4-BD。同时，出现了微生物代谢负担并导致了不良的生理变化，对宿主生产力产生了隐性的限制。因此，Gibson 组装法被用于组装用于自主 1,4-BD 生物合成的代谢系统，并且该系统可根据所需功能分为两部分：①酶促反应器，负责将底物和中间体转化为所需产品；②遗传控制器，负责以动态和可编程的方式控制酶促反应器。当通过将遗传控制器与酶促反应器整合而构建用于自动 1,4-BD 生产的代谢系统时，所得菌株 E. coli EWCB3 能够自主生产 1,4-BD。

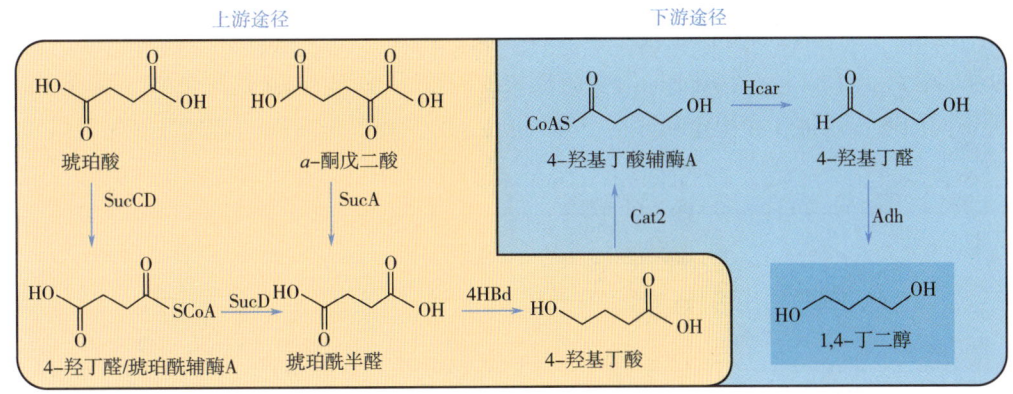

图 2-18　1,4-丁二醇生物合成途径示意图

（三）基于同源重组的方法

基于同源重组的方法是体内技术，它可以不用考虑任何限制核酸内切酶的需求，仅仅依靠宿主自身含有的同源重组机制在同一时间组装多个片段。这些方法包括酵母 DNA 组装系统、B. subtilis DNA 组装系统、E. coli RecET 组装系统和 E. coli Redαβ 组装系统等。同源重组方法简单、高效、可靠，而且从小片段简单地克隆到整个基因组的组装，应用范围广泛，包括四个层次：大的代谢途径、环状质粒、真核生物的染色体和细菌基因组。此外，这些方法还可用于克隆文库的生成以及原核和真核系统的表达分析等。以酵母 DNA 组装器为例，该方法在 S. cerevisiae 中自然发生，效率高、保真度高，通过组装多个片段来重建大型途径。在该方法中，所有的 DNA 片段在途径中相邻的片段之间都设计有同源臂，这些 DNA 片段可以直接转化 S. cerevisiae。然后，利用其自身的重组酶成功地构建了环状质粒。然而，任何事物都有两面性，基于同源重组的方法也有缺点。基于同源重组的方法由于整合酶位点的性质，在所有组装的部件之间会留下重复的瘢痕序列，这对于维持 DNA 完整性或 mRNA 折叠造成问题。此外，这些方法主要依赖于自然重组酶，因而限制了在物种中的应用范围。

L-鸟氨酸是一种非蛋白质氨基酸，已被用于许多领域，包括医疗保健、药物制造和化学工业。工程化精氨酸生物合成途径生产 L-鸟氨酸已进行了多种尝试，如通过过表达基因 argCEBD、葡萄糖酸激酶（GntK）的失活和使用精氨酸阻遏物（ArgR）实现。为了进一步提高 L-鸟氨酸的产量，使用了模块化途径工程技术来重新构建 L-鸟氨酸的生物合成途径（图 2-19）：①通过过表达 CAR1（精氨酸酶），下调 CAR2（L-鸟氨酸转氨酶）和删除 ARG3（L-鸟氨酸氨基甲酰基转移酶）来重构尿素循环；②通过表达 ARG5、ARG6、ARG7、ARG8、ARG2、ORT1（鸟氨酸转运蛋白）、AGC1（谷氨酸单转运蛋白）、GDH1、GDH3、GLT1、GLN1、ODC1（α-酮基二羧酸或 α-酮戊二酸转运蛋白）、argA、argB、argC、argD、argE 进行亚细胞转运工程和途径重新定位；③通过过表达 PDA1、CIT1、ACO2、IDP1、PYC2、AOX1（NADH 替代氧化酶）、NDI1（NADH：泛醌氧化还原酶）、MTH1-ΔT（截短的葡萄糖感应调控因子）和删除 KGD2（二氢硫辛酸琥珀酰转移酶）来改善前体供应。但是，很难同时过量表达这么多基因，因此采用酵母 DNA 装配器装配该多基因途径，包括启动子置换、染色体整合和质粒构建。用于基因表达的模块由启动子、结构基因、终止子和下一个用于同源重组模块的启动子组成。通过这种方式，实现了超过 37 种不同的遗传修饰，并构建和评估了 64 种以上的工程酵母菌株。表现最好的菌株表明，

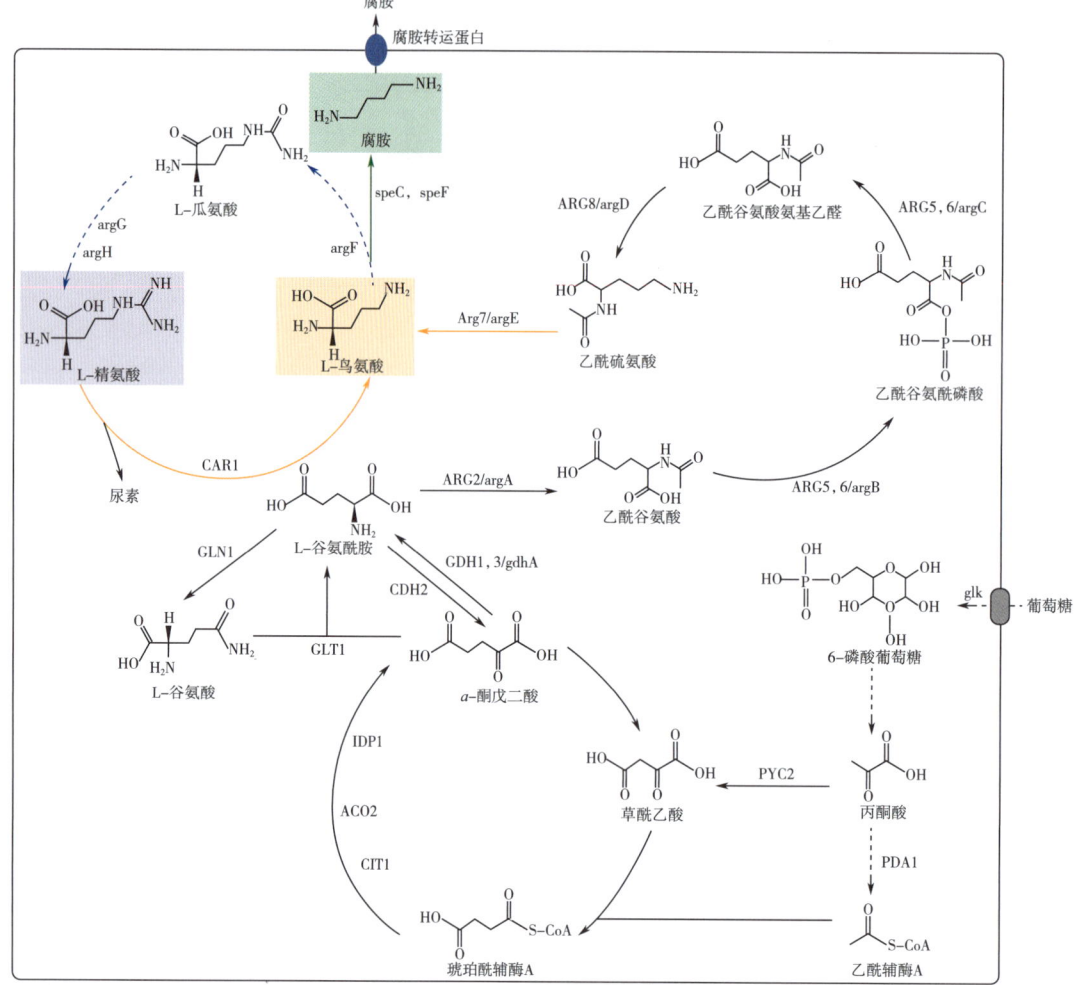

图 2-19　L-鸟氨酸、腐胺和 L-精氨酸生物合成途径的示意图

精氨酸代谢的重构导致分批补料发酵产生 L-鸟氨酸的浓度达到 5.1g/L。

（四）基于搭桥引物的组装方法

不同于基于序列同源性的方法，基于桥接寡核苷酸的方法提供了一种利用单链桥接寡核苷酸无障碍地组装多个片段的新方法，如连接酶链式反应（ligase chain reaction，LCR）、回形针法、单链组装法（single-strand assembly，SSA）、多基因调控链工程（multi-gene regulation linker engineering，M-PERL）等。搭桥引物方法是一种新颖、可靠和快速的多基因途径工程 DNA 组装策略，可在生物技术生产复杂代谢物的所有控制水平上构建和调整多基因通路。回形针法通过回收桥接寡核苷酸，降低组装成本和准备时间。SSA 法具有双链 DNA 的可自动化性。M-PERL 法可以在多个连接子的帮助下同时生成整个路径文库。在 LCR 法中，将连接的 DNA 部分与搭桥引物和耐热 DNA 连接酶混合。在热稳定连接酶的作用下，DNA 部分可以通过桥接寡核苷酸在变性、退火和延伸重复循环后连接在一起。此外，变性-退火-延伸的多个循环将允许组装多个 DNA 组件。因此，LCR 被认为比基于同源的方法更快、更便宜、更方便。在优化条件下，LCR 可用于>20kb 多个 DNA 组件的快速组装，准确度为 60%~100%，超过 CPEC 或 Gibson 组装的效率。

微生物脂质被认为是生物柴油工业的潜在原料，因此人们非常关注通过工业生物技术生产这些化学品。脂质的生物合成从乙酰 CoA 开始，需要三个步骤（图 2-20）：①乙酰 CoA 通过乙酰 CoA 羧化酶（ACC1）转化为丙二酰 CoA，然后通过脂肪酸合酶（FAS）转化为酰基 CoA；②将酰基 CoA 和 3-磷酸甘油酰化形成溶血磷脂酸，然后进一步酰化成磷脂酸（phosphatidic acid，PA）；③PA 被去磷酸化形成二酰基甘油，然后被二酰基甘油酰基转移酶（DGA1）酰化为脂质。尽管含油酵母具有产生脂质的潜力，但由于这些酵母将过量的碳作为中性脂质存储在细胞内，因此限制了细胞的生长。因此，通过代谢工程以改善含油酵母中的脂质产生，例如过表达 3-磷酸甘油脱氢酶（GPD1）和 δ-9-硬脂酰-CoA 去饱和酶（SCD），并删除 3-磷酸甘油脱氢酶的第二亚型（GUT2）。基于此，Tai 及其同事通过过表达天然 ACC1 和 DGA1 采取了"推拉"策略，从而使脂质产量增加了 5 倍。为了进一步提高脂质的产生，需要增强启动子的强度，但是没有足够的限制性酶切位点。因此，使用 LCR 和搭桥引物重新组装表达盒，即 LCR 被用于克隆与 ACC1 和 DGA1 基因融合的 GAPDH 和 ACL 启动子，分别形成 P_{GAPDH}-ACC1 和 P_{ACL}-DGA1。在摇瓶实验中，最佳的菌株 *R. toruloides* RT880-AD 能够从 70g/L 葡萄糖中产生 16.4g/L 脂质。

三、路径评估

代谢工程已被应用于整个生物技术领域，包括创建新途径以及改造现有途径。一旦合成代谢途径被引入宿主菌株，下一步就是评估重构途径在工业上的实际可能性。但是，验证所获得的表型往往不是预期设计的。如何评估路径的有效性，区分实际表型与理想表型之间的差异，提出了以下五个潜在解决方向（图 2-21）：①仿真分析：模型技术；②比较分析：逆向代谢工程；③体内分析：X 组学技术；④体外分析：靶向工程；⑤选择分析：生物传感器工程。

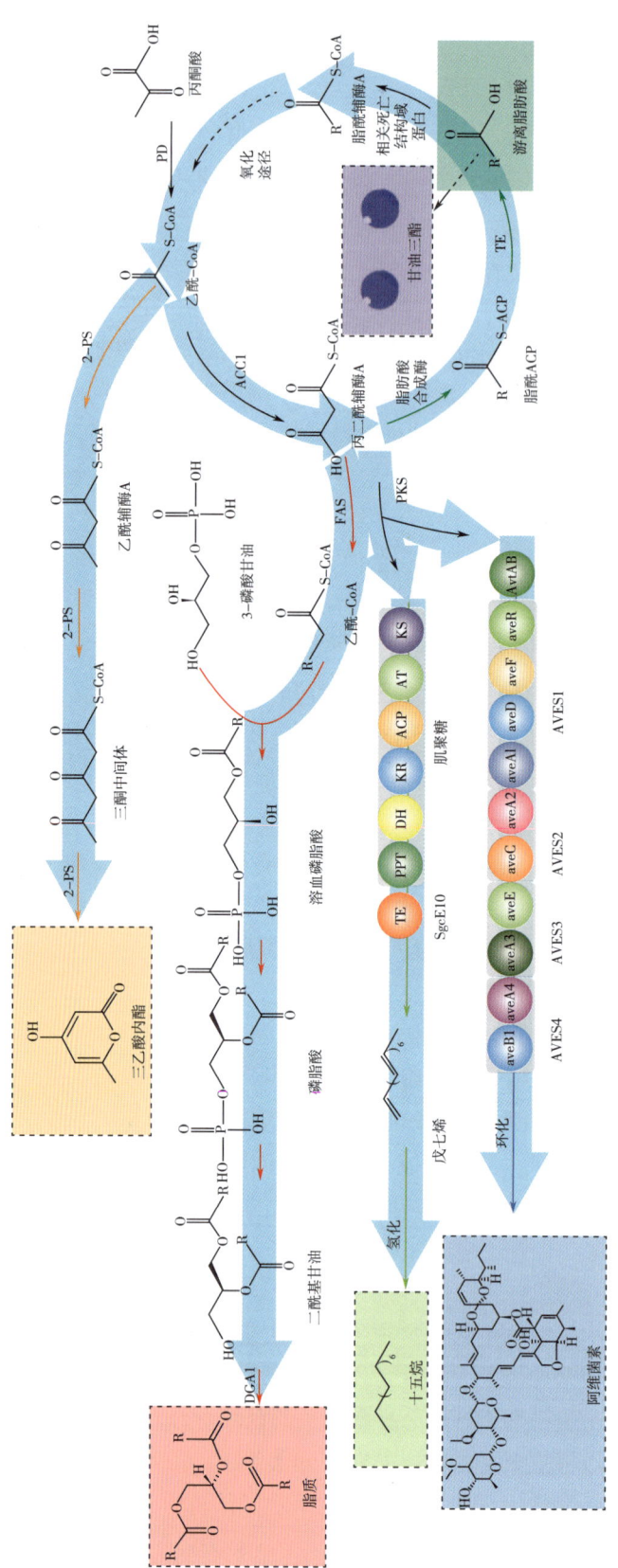

图2-20 脂质、十五烷、游离脂肪酸、三酰基甘油、阿维菌素和三乙酸内酯的生物合成途径示意图

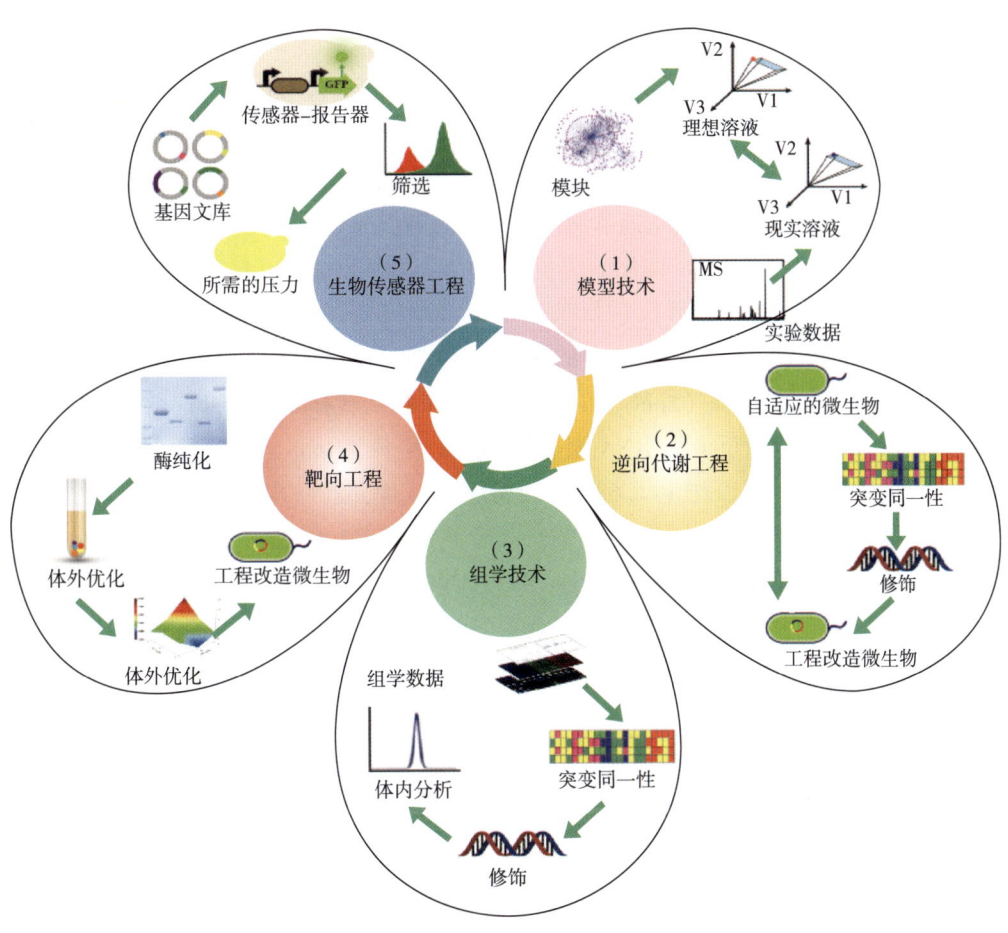

图 2-21 路径评估的总图

（一）模型技术

大量的基因组数据、文献和数据库为全面了解细胞的生理功能奠定了良好的基础。特别是最近在模拟技术方面取得了进一步的进展：①借助基因组规模代谢网络模型和一些如 FBA、MOMA、OptKnock、OptGene、ROOM 等算法预测基因删除和扩增的靶点，酶上调和下调的靶点，以及途径改造和重建的靶点；②借助基因组规模转录调控网络模型和一些如 CARRIE、MEME、TRANSFAC、JASPAR 等计算机工具分析代谢路径中可能涉及的关键转录调节子及其与路径酶表达和其他调节子之间的关系；③借助 STRING、DIP、3did 和 BIND 等数据库，可以构建基因组规模蛋白质互作网络模型，探寻路径酶的结构、功能、代谢靶点和功能枢纽；④借助整合了多层次组学数据（包括代谢、环境波动、转录调控、信号转导和生化测试数据）的全细胞网络模型去模拟细胞的代谢状态，预测不同环境和基因改造条件下的表型输出结果。将这些工具与代谢数据库、高通量技术和计算算法相结合，模型技术能够对不同基因型在不同条件下的细胞行为进行系统的评估。然而，准确预测细胞的接近整体的代谢谱仍然是困难的。为了解决这一挑战，必须通过在不同的子网之间建立适当的接口,将所有可用的网络集成到一个细胞网络中,这仍然是一个新的发展领域。

腐胺具有许多工业应用,例如用于合成聚合物、药物、农用化学品、表面活性剂和其他添加剂。腐胺的生物合成途径从 TCA 代谢物 α-酮戊二酸开始,并与谷氨酸脱氢酶(GdhA)、N-乙酰谷氨酸合酶(ArgA)、乙酰谷氨酸激酶(ArgB)、N-乙酰谷氨酰磷酸还原酶(ArgC)、乙酰鸟氨酸转氨酶(ArgD)、乙酰鸟氨酸脱乙酰酶(ArgE)和生物合成/降解鸟氨酸脱羧酶(SpeC/SpeF)催化的多步反应结合(图 2-19)。最近,用两种方法构建了成功的工程 E. coli:①通过取代精氨琥珀酸裂合酶(ArgH)、ArgECB、SpeF,腐胺/鸟氨酸反转运蛋白(PotE)、ArgD、SpeC 的启动子来增强合成途径;②删除包括亚精胺合酶(SpeE)、亚精胺乙酰转移酶(SpeG)、鸟氨酸氨基甲酰基转移酶(ArgI)、谷氨酸-鸟氨酸连接酶(PuuPA)和应激反应性 RNA 聚合酶 sigma 因子(RpoS)的途径。基于这些基因操作,工程化的 E. coli 可以产生 1.68g/L 的腐胺。但是,进一步提高腐胺的生产是困难的,因此基因靶点的选择成为提高腐胺产生的关键因素。因此,可基于具有分组反应(GR)约束的强制目标通量(forced target flux,FVSEOF)的通量变异性扫描来鉴定目标基因以提高腐胺的产生。根据此分析,涉及糖酵解的 8 个基因(eno、pgm、gapA、fbaAB、tpiA、pgk、pykAF 和 glk),TCA 循环(icd、acnA、acnB 和 gltA)、腐胺生物合成(gdhA、argA、argB、argC、argD、argE、speC 和 speF)以及其他途径(ackA 和 ppc)被确定为改善腐胺生产的潜在目标并进行了评估。6 个预测基因包括 argB、argC、argD、argE、speC 和 speF 与先前的实验结果一致。通过建模鉴定为扩增目标的其他 16 个基因中,有 5 个经实验验证为扩增目标。最后,表达 glk 基因并与上述预测的扩增目标一起在 E. coli XQ52(p15SpeC)中成功地将腐胺的产量从 1.68g/L 增加到 2.23g/L,产量提高了 32.7%。该报道策略在开发可用于商业生产腐胺的工业菌株方面具有巨大潜力。

(二)逆向代谢工程

在代谢工程出现的早期,典型的问题是如何在特定的代谢途径中确定一个限制通量的步骤。一般来说,引入任何外源基因或改变宿主基因组的可行性几乎是无限的,但工程代谢途径的有效策略仍是不确定的。为了阐明这种有效的策略,可以使用逆向代谢工程,它包括四个步骤:①采用随机突变、基因过表达库、基因组规模的代谢工程(genome-scale metabolic engineering,GTME)、多位点自主基因组工程(multiplex automated genome engineering,MAGE)、可追踪多重重组技术(trackable multiplex recombineering,TRMR)、核糖体工程、基因组改组等非靶向型的技术手段构建突变菌株库;②采用 pH、生长速率、荧光等指标高通量筛选获得所需要的表型;③通过比较分析所需突变型和野生型之间的表型差异,分析该表型的遗传信息,使用 X-omic 数据,如基因组学、转录组学、蛋白质组学等;④采用点突变、同源重组和 CRISPR/Cas9 基因编辑等定向修饰手段将这种遗传信息导入到待改造菌株中获得预期表型。生物系统是复杂的,基因与表型之间的关系通常是非线性的,表明传统的代谢工程难以获得理想的表型。然而,逆向代谢工程通过对野生型及其突变型的比较分析,可以显著提高获得所需表型的可能性。此外,通过平行菌株改造实验和多种模拟算法，可以准确建立遗传信息与表型信息的对应关系，进一步加快获得理想表型的进程。

β-香树脂醇是多种下游产品，例如各种三萜皂苷的烯烃前体，可用于膳食补充剂、抗癌剂和疫苗佐剂。β-香树脂醇的生物合成始于 MEP 途径产生的 FPP，然后 FPP 通过固醇途径中的三种酶转化为 β-香树脂醇（图 2-14）：即角鲨烯合酶（ERG9）、角鲨烯环氧酶（ERG1）和 β-香树脂醇合酶（BAS）。当使用 S. cerevisiae CEN.PK113-7D 和 S288C 的全基因组 Illumina-Solexa 测序鉴定单核苷酸多态性（SNPs）时，检测到三个具有大量 SNPs 的基因，即固醇途径中的 ERG9、MEP 途径中的 ERG8、在脂肪酸途径的初始阶段的 HFA1（乙酰 CoA 羧化酶）。这些差异被相应的生理学特征所证实，即 CEN.PK113-7D 中的麦角固醇含量明显高于 S288C。这些结果表明，ERG9、ERG8 和 HFA1 可能是作为代谢工程靶点的重要方面。为了验证这一假设，过表达这三个相应的基因，与对照菌株相比，最终 β-香树脂醇的最终浓度提高了近 500%，达到 3.93mg/L。为了进一步提高 β-香树脂醇的产量，通过 ERG1 的整合表达、BAS 的诱导表达和羊毛固醇合酶（ERG7）的下调来构建固醇途径，β-香树脂醇的浓度达到 6mg/L。接下来，通过启动子重构和定向转录调节来优化 β-香树脂醇途径，分批补料发酵的最终 β-香树脂醇浓度提高至 138.80mg/L。这些结果表明 S. cerevisiae 菌株的基因型和表型的联系揭示了代谢工程的目标并导致三萜的高产。

（三）X 组学技术

利用 X 组学的比较分析方法加快了菌株改良的进程，通过比较不同菌株或同一菌株在不同条件下的 X 组学数据，可以得到可能负责特定通路的基因或酶。在系统代谢工程中，X 组学主要包括五个层面：①通过二代测序技术，比较分析基因组学数据，挖掘新的基因和探寻多基因互作的机理；②通过高通量微阵列芯片和 RNA 深度测序技术分析转录组学数据，获取特定时间和环境条件下总 mRNA 的水平以指导代谢靶点的选择；③通过测量二维电泳、质谱（mass spectrometry，MS）、基质辅助激光解析电离飞行时间质谱、液相色谱-串联 MS 技术等检测手段研究蛋白质组，分析在特定合成路径条件下不同基因改造靶点所引起的蛋白表达水平的差异及其互作关系；④通过核磁共振、高效液相色谱（high performance liquid chromatography，HPLC）、MS 等代谢物组学检测手段定量测定代谢物的浓度，以平衡中间产物的转运和辅因子的供给；⑤借助同位素通量分析技术的通量组学通过阐明碳通量在细胞内的分布情况，从而量化代谢网络中的通量，这些碳通量在细胞内竞争前体代谢物或辅因子。

然而，在寻找系统代谢工程的目标以发现不同层次的潜在交互作用时，很难重建一个能够系统地重新集成 X 组学数据的框架。因此，提出了一个"反组学"框架，通过将多个组学层次与五种技术连接起来重构 X 组学网络，包括：代谢调节、转录调节、激酶-底物关系、蛋白质-蛋白质相互作用和变构调节。通过对跨组网络中生物化学相互作用的全面分析，有助于了解细胞系统中细胞内代谢的静态和动态信号流，并确定真正影响期望产物或表型的因素。

蜘蛛牵引丝（spider dragline silk，SDLS）最初是由蜘蛛产生的，它的强度是钢的 5

倍，是人造纤维 Kevlar 的 3 倍。由于独特的机械性能，蜘蛛牵引丝可广泛应用在军事和医疗领域，包括防弹衣、降落伞绳、防护服、飞机材料和人工关节。蜘蛛牵引丝由两种蛋白质组成，壶状蛛素 1 和 2，每个约有 100 个氨基酸，富含重复的甘氨酸和丙氨酸。各种重组 SDLS 大小从 25~140ku，但这些 SDLS 显示了许多与天然 SDLS 相比的缺陷。这些结果表明重组 SDLS 完整结构是控制其力学性能的关键因素。然而，天然尺寸的重组体 SDLS 由于其大分子质量（250~320ku）和高 GC 含量①（70%）很难表达。因而比较蛋白质组学被用来确定相关的基因靶点对 SDLS 的表达，结果表明甘氨酸生物合成途径中上调丝氨酸羟甲基转移酶（GlyA）和甘氨酰-tRNA 合成酶 β 亚基（glyS），L-甘氨酸和甘氨酰-tRNA 不足以产生 SDLS。因此，过表达 GlyA 和 glyVXY 可增加 L-甘氨酸和甘氨酰-tRNA 的供应（图 2-22），这可能有利于高分子质量 SDLS 的合成。最后，工程 E. coli 菌株 BL21（DE3）/pSH96+pTetgly2-glyAn 可使高分子质量（193、239 和 285ku）重组 SDLS 产量增加 10~35 倍，表明 X 组学技术可以为理解细胞代谢状态与表型产生之间的关系提供新的见解。

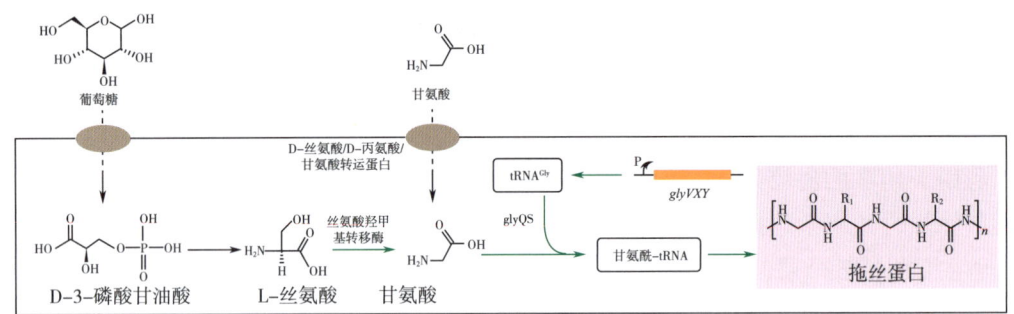

图 2-22 蜘蛛牵引丝的生物合成途径示意图

（四）靶向工程

传统的代谢工程在工业发酵的优化和创新方面取得了很大的进展。然而，仍然存在两个挑战：

（1）许多关键的目标基因没有被精确地确定以改善特定的细胞功能；

（2）许多工程工作没有达到预期的结果。

为了克服这些挑战，定向工程将用于构建高效的合成路径，主要包括四个步骤：

（1）通过体外路径重建及稳态动力学分析获得路径酶之间的最佳比例及预测合成路径中的限速瓶颈，这对指导后续的生物合成优化至关重要；

（2）体内定量分析设计和定向途径修饰，以实现级联反应中酶的最佳比例，可使用基因过度表达、失活和下调等方法精确地重新设计；

（3）代谢状态识别和靶向蛋白质组学分析不仅检测中间产物的浓度，还可影响靶向途

---

① GC 含量即（G+C）mol%，全书同。

径中酶的表达水平，为前一步的体内操作提供有价值的参考信息；

（4）整合代谢策略如辅因子工程、模块化路径工程、启动子工程等重建微生物细胞工厂，以进一步促进产品合成。

作为代谢工程的补充，靶向工程强调两个方面，"体外设计"和"体内评价"，表明它能在传统遗传操作前后提供高数据密度的精确信息。将反应过程由细胞内转化为无细胞系统，通过系统地调节底物和酶的组成，不仅可以很容易地发现生物合成途径的代谢瓶颈，而且可以不费力地对生物体进行再造，平衡途径酶的底物通道。尽管有这些强大的优势，但仍需要克服几个限制：

（1）作为细胞内代谢网络的一个孤立部分，特定的生物合成途径不能考虑到细胞代谢的所有影响；

（2）尽管在反应过程中可以自由地以适当的浓度提供辅因子，但不容易实现胞内供给；

（3）在含有酶混合物的试管中，很难模拟细胞内空间酶的级联反应。因此，利用多重合成荧光的检测方法可以使研究者在未来的开放系统和封闭环境中获得多酶动力学。

法呢烯，一个最简单的无环倍半萜，因它的低吸湿性和高能量密度被用作生物燃料生产的前体。法呢烯生物合成始于 MEP 生成途径中的异戊烯基二磷酸（IPP）和二甲基烯丙基二磷酸（DMAPP）（图 2-14），主要由乙酰 CoA 乙酰转移酶（AtoB）、HMG-CoA 合酶（ERG13）、HMG-CoA 还原酶（tHMGR）、甲羟戊酸激酶（ERG12）、磷酸甲戊酸激酶（ERG8）、甲戊酸焦磷酸脱羧酶（MVD1）、IPP 异构酶（Idi）催化。IPP 和 DMAPP 通过 FPP 合成酶（IspA）生成法呢酰二磷酸（FPP），然后 FPP 被法呢烯合酶（AFS）转换成法呢烯。基于此，法呢烯在 *E. coli*、*S. cerevisiae*、解脂耶氏酵母（*Yarrowia lipolytica*）中浓度分别达到 380.0、170 和 260mg/L。这些低产量表明还没有可用的原则来指导代谢工程改造法呢烯生物合成的微生物宿主，也就是说引导代谢通量到法呢烯积累的关键因素仍是未知的，特别是稳态动力学信息。因此，通过表达纯化 9 种重组蛋白，即 AtoB、ERG13、tHMG1、ERG12、ERG8、MVD1、Idi、IspA 和 AFS，可在体外重构法呢烯生物合成途径。这些蛋白质被用来分析每种酶对法呢烯的积累，从而获得其最佳摩尔比并预测分布的代谢瓶颈。基于体外系统的结果，法呢烯在 *E. coli* 中的产生通过定量过表达每一个组件来实现。特别是，过表达 Idi 导致法呢烯产量比对照增加 5.5 倍。那么，以靶向蛋白质组学和质谱（MS）为基础的中间代谢物分析被用于精确测定每个突变体的代谢状态。法呢烯最终浓度增加了 2000 倍，达到 1.1g/L。结果表明，靶向工程可以合理控制并精确地评价生物合成途径优化重建的各个阶段。

（五）生物传感器工程

代谢工程在指导化工和材料生物合成的生物系统工程中具有重要的指导作用。然而，需要大量的时间和资源来改变每一条代谢途径，从而减少可应用于这些代谢途径的化合物的数量。目前，合成生物学的重点是开发设计、构建和优化生物系统的新工具。作为合成生物学一个新的工程学科，生物传感器用于构建和控制生物合成途径。生物传感器由两个功能部件组成：①检测小分子并进行构象变化的输入部件，其可调节输出部件的活性；②输出部分将其活性转化为可测量的基因输出，其可通过多种机制介导调节过程。生物传感器主要包括两类：①RNA 传感器，包括天然 RNA 响应调控元件、工程 RNA 响应调控元件、新的 RNA 传感功能的产生等。②蛋白质传感器，包括作为传感器的转录激活因子（如转录因子传感器、酵母三杂交传感器、化学互补传感器、离子传感器等）、基于蛋白质活性的传感器（例如，组合域传感器、基于内建的传感器等）、荧光传感器、细胞传感器等。基因编码的生物传感器在代谢工程领域是很有价值的工具：①传感器可以通过感知和响应宿主细胞内小分子的变化来监测和优化天然和合成路径；②传感器可以通过平衡工程路径中的通量和调节各个路径步骤的实时合成来最小化细胞压力；③通过构建与自然代谢途径相似复杂度的闭环控制系统，可以采用传感器来提高有价值代谢产物的产量。

甘油乙酸内酯（TAL）可用作聚酮化合物（例如洛伐他汀和 6-甲基水杨酸）的生物合成和材料 [例如间苯三酚、三氨基三硝基苯（1,3,5-triamino-2,4,6-trinitrobenzene，TATB）和间苯二酚] 的化学合成的前体。从非洲菊中提取的 *g2ps1* 编码型Ⅲ型聚酮合成酶（PKS）和 2-吡咯酮合成酶（2-PS）使用乙酰 CoA 作为起始底物，催化与丙二酰 CoA 的两次缩合反应生成三乙酸内酯（TAL）（图 2-20）。此外，其他三种酶也可用于微生物合成 TAL，分别是 *Medicago sativa* 的查尔酮合成酶（CHS）、*Brevibacterium ammoniagenes* 的脂肪酸合成酶 B（FAS-B）以及 *Penicillium patulum* 的 6-甲基水杨酸合成酶（6-MSAS）。但是，CHS 突变体 CHS$^{T197L/G256L/S338I}$ 会改变乙酰 CoA 的特异性并减少延伸，而 FAS-B 和 6-MSAS 则需要磷酸泛肽基转移酶进行激活。因此，目前的研究集中在 2-PS 上以提高 TAL 的产量，但通过表达野生型 2-PS，*E. coli* 中的 TAL 最高浓度仅为 0.47g/L。部分原因是靶标代谢产物的遗传成分的修饰通常受到限制，因其缺乏灵敏而快速的筛选方法而无法从大型基因库中鉴定出所需的候选物。Cirino 及其同事设计了 *E. coli* 调节蛋白 AraC 来识别 TAL 作为效应器。通过在 AraC 的同源启动子 P$_{BAD}$ 下表达 β-半乳糖苷酶（LacZ）建立内源性 TAL 报告系统，筛选 2-PS 突变体以提高 *E. coli* 中 TAL 的产量。首先，分离出 TAL 反应性 AraC 突变体 AraC$^{P8V/T24I/H80G/Y82L/H93R}$（AraC-TAL）；然后，利用易错 PCR 对 *g2ps1* 基因进行随机突变，建立 2-PS 诱变文库；接下来，使用 AraC-TAL 和 P$_{BAD}$-lacZ 报告基因筛选该 2-PS 库。最后，突变体 2-PS$^{L202G/M259L/L261N}$ 对底物丙二酰 CoA 的催化效率（k_{cat}/K_m）提高了 19 倍，其相应的 TAL 产量增加了 20 倍，可达 2.06g/L。这些结果显示了基于生物传感器的策略在筛选和工程化聚酮化合物生物合成途径中的作用。此外，该策略已成功用于甲羟戊酸的生产。

四、路径优化

自然代谢途径被调节来产生细胞生长所需的不同化学物质。然而，由于合成代谢途径通常是用外源酶重建的，因此并不受这种调控。因此，由于中间产物的积累，将这些途径引入细胞导致单细胞生长迟缓和代谢失衡。为了克服这些瓶颈，强大的合成生物学工具为工程微生物宿主的代谢途径的系统优化开辟了新的途径，以实现细胞网络和化学合成的平衡。根据遗传层次控制，这些工具可大致分为六类（图 2-23）：①DNA 水平的调控：包括启动子工程；②RNA 水平的调控：包括转录因子工程、合成 RNA 开关；③蛋白质水平的调控：包括蛋白质工程、辅因子工程；④代谢物水平的调控：包括结构生物技术、区间工程、模块化路径工程；⑤基因组水平的调控：包括基因组规模工程、多重基因组编辑；⑥细胞水平工程：包括转运工程、形态学工程、群落工程。

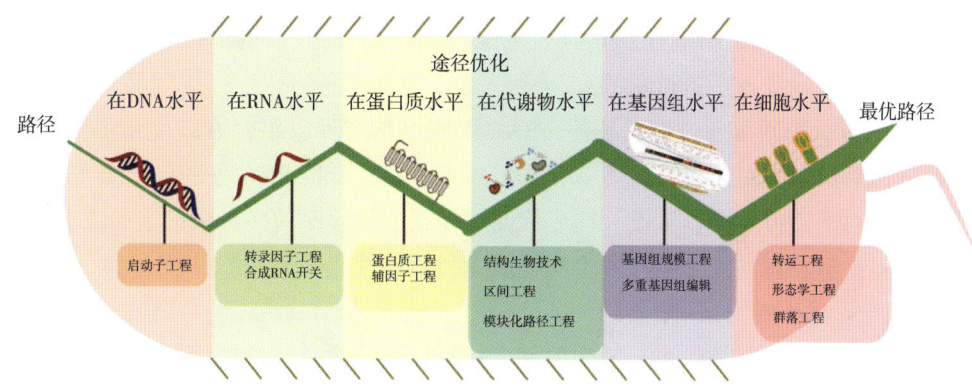

图 2-23 途径优化不同水平的分类

（一）启动子工程

合成生物学被广泛应用于构建遗传回路以增强天然代谢产物的生产能力，使之成为具有新化学品生产能力的细胞。在这一过程中，基因表达的精确控制是代谢工程的关键步骤，它可以影响关键途径酶的数量，从而最大限度地生产所需的化学品。转录控制最初是通过启动子元件驱动基因表达来实现的，但内源性启动子的局限性在于不能及时控制和持续最大化细胞内的转录水平。为了解决这个问题，许多启动子工程（图 2-24）都在尝试扩大整个细胞在转录水平上的转录能力，如启动子文库和启动子替换，以及在转录后水平

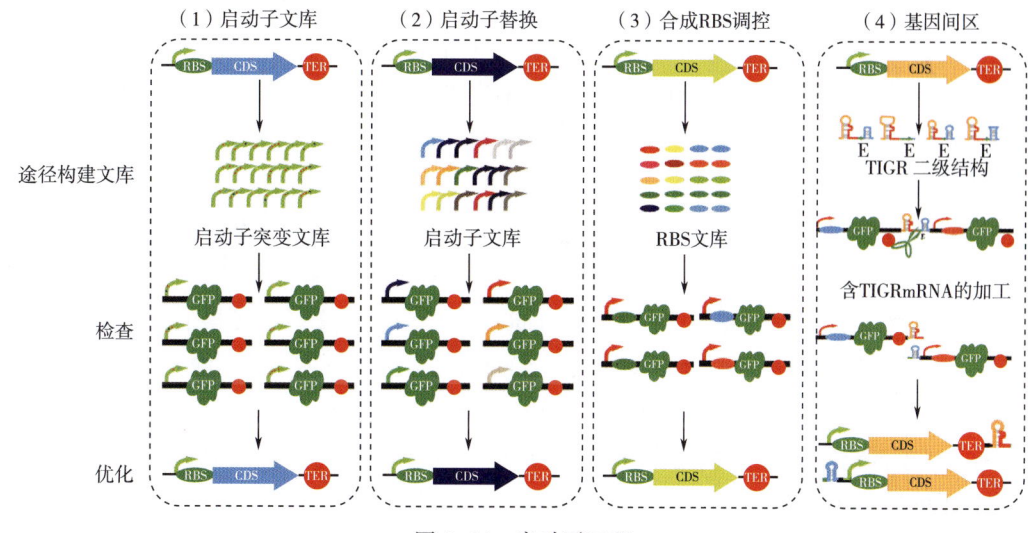

图 2-24 启动子工程

上实现基因表达的可调节水平，如 RBS 调控和基因间区。有效提高有价值的化学物质的生产已经取得了许多进展：

（1）启动子库利用合成启动子来精细地调控基因表达，具有广泛的转录效率，可通过在线分析工具如 iGEM、PlantCARE 等设计；

（2）通过 iGEM、CellML 等软件工具选择不同强度的天然启动子，替代启动子以提高速限酶的表达；

（3）合成 RBS 调控，精确控制具有大范围核糖体结合强度的翻译起始速率，可通过 RBS 计算器、RBS 设计器等进行预测；

（4）可调谐基因间区通过生成各种 mRNA 二级结构文库以组合方式优化多基因途径，其中 RNase 的裂解位点可通过在线工具，如 GeneSplicer、SplicePort 等进行预测和改变。

因此，启动子工程对于合理设计构成代谢途径或遗传程序的多种酶的表达平衡至关重要，是合成生物学在宿主菌株中实现生物合成途径最佳性能的前提。

1. 启动子文库构建

基因表达的合成控制是代谢工程的关键，特别是关键途径酶的精确控制。启动子工程是代谢工程应用中精细控制基因表达所必需的动态范围的有效策略。各种策略被用来构建不同强度的启动子文库，以微调基因在代谢途径中的表达。

二乙酰广泛用于人造奶油或类似的油基产品。在有氧条件下，丙酮酸通过乙酰乳酸合成酶（ALS）转化为 α-乙酰乳酸，然后 α-乙酰乳酸通过非酶脱羧（NOD）转化为二乙酰（图 2-25）。许多代谢工程策略被用来促进二乙酰的产生，例如过表达 ALS 和 NADH 氧化酶（NoxE）、阻断乙酰乳酸脱羧酶（ALDC）、乳酸脱氢酶（LDH）和二乙酰还原酶（DR）。然而，最终的二乙酰浓度较低，这表明基因表达应优化以引导更多的碳流到二乙酰。因此，通过随机启动子序列构建了一个组成型启动子库，其中 30 个启动子覆盖了广泛的表达活性。本库中选取了 11 个典型启动子，进行了 *L. lactis* 中 NoxE 组成型表达，结果表明细胞内 $NADH/NAD^+$ 比值的变化改变了丙酮酸分支糖酵解通量从乳酸到二乙酰的分布，相应的二乙酰生成量从 1.07mol/L 增加到 4.16mol/L。

十五烷（PD）是燃料柴油的主要组分。PD 的生物合成始于丙二酰 CoA，由乙酰 CoA 羧化酶（ACC1）催化得到乙酰 CoA 衍生而来，然后由 I 型迭代聚酮合酶（SgcE）和同源硫酯酶（SgcE10）转化为戊庚烯（PDH）。最后，PDH 被氢化为 PD。通过表达蓝藻烷烃途径将脂肪酸酰基-ACP 转化为长链烷烃和烯烃，但 *E. coli* 产 PD 的最终浓度仅为 35mg/L，可能的原因是 *E. coli* 中 PD 的产生取决于 SgcE10 与 SgcE 的比率。因此，通过对 lacO1 启动子的保守区进行随机诱变，构建 lacO1 的启动子文库，以及将 lacO1 启动子的 7 个功能突变体应用于在不同强度下微调 SgcE10 的表达，SgcE 的表达受 T7 启动子控制。当将 SgcE10∶SgcE 的比例优化为 9∶1，最终得到的工程菌产 PD 量最高（140mg/L）。构建具有不同强度的启动子将更常用于代谢工程来改善工程菌株的性能。

2. 启动子替换

某些天然代谢途径在生物体内是弱而慢的，因为限速酶的出现限制了目标产物的产量

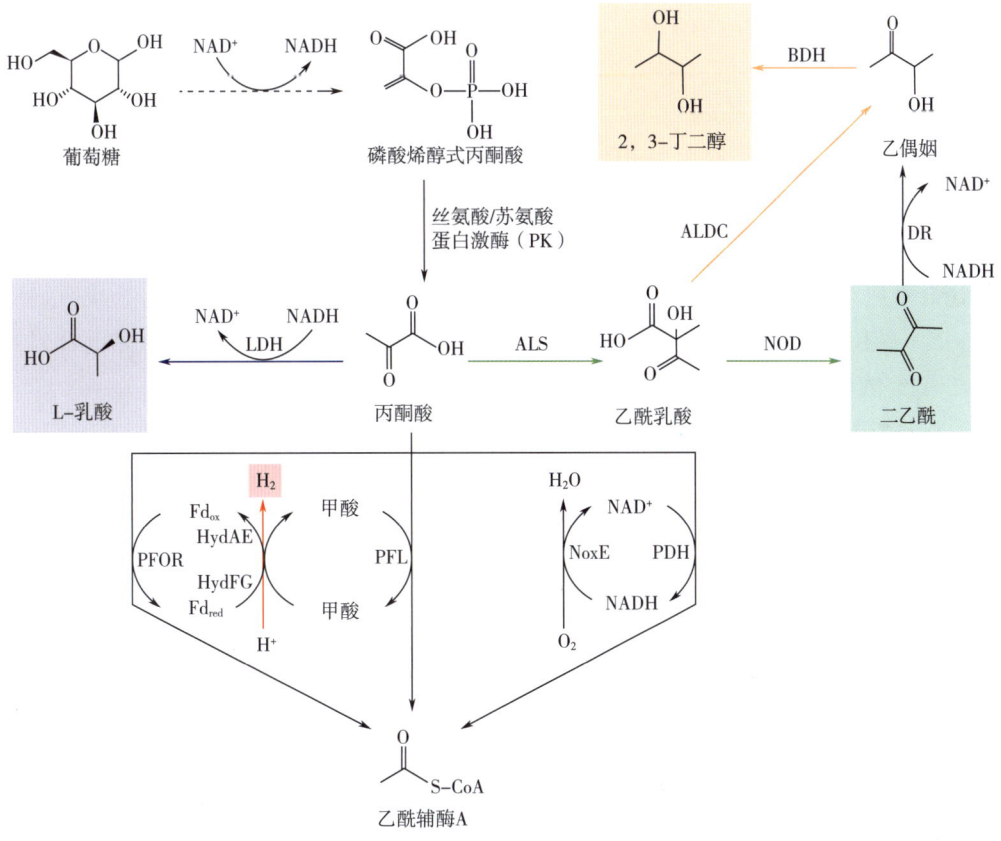

图 2-25 二乙酰、2,3-丁二醇、L-乳酸和氢生物合成途径的示意图

和产率。为了解决这个问题，启动子替换策略被用来提高限速酶的表达。

L-精氨酸是一种工业上重要的半必需氨基酸，在食品和膳食补充剂、制药和化妆品工业中有许多应用。L-精氨酸的生物合成途径由起始于谷氨酸的 8 个酶促反应组成（图 2-19），包括乙酰基转移酶（ArgA）、乙酰谷氨酸激酶（ArgB）、乙酰谷氨酸半醛脱氢酶（ArgC）、乙酰鸟氨酸转氨酶（ArgD）、鸟氨酸乙酰转移酶（ArgE）、鸟氨酸氨甲酰基转移酶（ArgF）、精氨琥珀酸合酶（ArgG）和精氨琥珀酸酶（ArgH）。通过解除反馈抑制和阻遏物，过表达 arg 操纵子，增加氨基甲酰基磷酸酯库，删除谷氨酸的转运蛋白来过量生产 L-精氨酸。基于此结果分析了 L-精氨酸生产中的瓶颈，结果表明由于 1mol L-精氨酸的生物合成需要 3mol NADPH，因此 NADPH 水平可能是关键点。为了增加戊糖磷酸途径中 NADPH 的产生，将位于一个操纵子中的基因的天然启动子（包括 opcA、pgl、tal、tkt 和 zwf）替换为谷氨酸棒杆菌 AR3 菌株中的强启动子 sod。接下来，为提高氨基甲酰基磷酸盐对 ArgF 的利用率，用强启动子 sod 替代氨甲酰基磷酸合酶（CarAB）的天然启动子。然后，为了提高将 L-瓜氨酸转化为 L-精氨酸的效率，用强延伸因子 Tu（EF-Tu）启动子代替了 argGH 的天然启动子。谷氨酸棒杆菌 AR6 菌株能够产生 92.5g/L 的 L-精氨酸，产率为 0.40g/g。

2,3-丁二醇（2,3-BD）被认为是绿色的平台化合物，已被用于印刷油墨、化妆品、熏蒸剂、炸药、增塑剂和药品生产。2,3-BD 生物合成途径涉及丙酮酸的三种关键酶（图 2-25），即 α-乙酰乳酸合酶（ALS）、α-乙酰乳酸脱羧酶（ALDC）和 2,3-BD 脱氢酶（BDH）。来自 B. subtilis 168、Bacillus licheniformis、Klebsiella pneumoniae、Serratia marcescens 和 Enterobacter cloacae 的 2,3-BD 基因簇已被克隆并用于构建有效的 2,3-BD 生物合成途径，而 E. cloacae 的基因簇显示出生产 2,3-BD 的最佳性能。为了减少代谢负担并提高 2,3-BD 的产量，E. cloacae 的基因簇分别在不同强度的启动子下表达，这些启动子包括 IPTG 诱导型启动子 P_{T7} 和 P_{tac}，组成型启动子 P_c 和天然启动子 P_{abc}。以 P_{abc} 为优良启动子的菌株 E. coli BL21/pET-RABC 的 ALDC、ALS 和 BDH 活性高于其他菌株，分批补料发酵 2,3-BD 的终浓度提高到 73.8g/L。

3. 合成 RBS 调节

为了实现基因回路和代谢途径流量控制之间的连接，微生物工程往往需要对蛋白质表达进行精细的调控。通过基因与核糖体结合位点的组合配对，设计了一种快速、模块化的方法来并行跨越多个蛋白质的平行表达空间。

虾青素已被广泛用作家禽和水产养殖业的饲料补充剂以增色，也可用于制药和个人护理行业。对于虾青素的生产途径，关键步骤是由植物烯合酶（CrtYB）、植物烯去饱和酶（CrtI）、番茄红素环化酶（CrtB）、β-类胡萝卜素羟化酶（CrtZ）和 β-胡萝卜素酮醇酶（CrtW）催化的级联反应。另外，β-胡萝卜素也可以通过虾青素合酶（CrtS）和细胞色素 P450 还原酶（CrtR）转化为虾青素。作为替代方案，通过过表达和优化 CrtZ/CrtW 或 CrtS/CrtR 来激活整个类胡萝卜素生成途径，可以实现 E. coli、S. cerevisiae 和 Phaffia rhodozyma 中虾青素的生物合成，并且虾青素的最终浓度可达 4.7mg/gDCW。低产量可能是由于酶产量与中间代谢物消耗之间的不平衡。为了克服这种不平衡，选择了 6 个 RBS 表达调节剂来量化 RBS 序列对蛋白质表达水平的影响，并将这些 RBS 序列用于组装操纵子的组合文库以跨越高维表达空间。基于该文库，并行调节虾青素生物合成途径中多个基因的表达水平，以获得理想的平衡途径。最后，虾青素在 E. coli 中的积累量可高达 5.8mg/gDCW。

游离脂肪酸（FFA）通常用作化学品和离体生产生物柴油的原料。FFAs 的生物合成途径主要包括三个步骤（图 2-20）：①乙酰 CoA 羧化酶（ACC1）将乙酰 CoA 羧化为丙二酰 CoA；②乙酰 CoA 和丙二酰-ACP 转化为脂酰 ACP，进入还原、脱水、伸长的循环；③引入 ACP 硫酯酶（TE）生产 FFAs。现有研究系统地介绍了在 E. coli 中过量生产 FFAs 的四种不同的基因型改变：①敲除内源性酰基 CoA 合成酶（FADD）以阻止脂肪酸降解；②TE 的外源表达增加短链脂肪酸；③过表达 ACC1 可提高丙二酰 CoA 的供应量；④TE 的内源性表达以释放反馈抑制作用。基于多种策略在工程菌 E. coli 仅获得 2.5g/L 的 FFAs，其原因主要归因于 T7 启动子的遗传抗性对翻译起始率的影响。因此，天然 T7 启动子的 5'-UTR 区域被 MIT 生物标准部件注册中心的 4 个 RBSs 所取代，从而形成了具有不同翻译活性的工程 RBSs。具有理想动态范围的工程 RBSs 用于调节 GLY 和 FAS 模块，以进一步在表达系统中实现丙二酰 CoA 的供应与丙二酰 ACP 的消耗之间的平衡。经过优化的 *E. coli* 菌株（rbs29-mGLY-lACA-hFAS），其中 GLY 和 FAS 模块分别以中等强度和高强度 RBSs 进行表达，在最佳培养条件下最终 FFAs 的产量高达 8.6g/L。

4. 可调基因间区

合成生物学的许多应用需要平衡多种基因的表达。尽管操纵子能有效促进原核生物和真核生物中多个基因的协同表达，但通过优先设计来协调转录后过程，控制操纵子中的基因表达水平，仍然是一个挑战。因此，可调谐基因间区（TIGRs）被设计并插入操纵子以重建转录后控制元件进而调控多基因表达。

甲羟戊酸（MEV）在甲羟戊酸途径中起重要作用，并作为萜类化合物和胆固醇的普遍生物合成中间体。甲羟戊酸的生物合成途径涉及源自乙酰 CoA 的三个关键酶，乙酰 CoA 乙酰转移酶（AtoB）、HMG-CoA 合酶（HMGS）和 HMG-CoA 还原酶（tHMGR）（图 2-14）。*Streptomyces* sp. strain CL190 的甲羟戊酸途径的生物合成基因簇被克隆并导入 *Streptomyces lividans* TK23 进行异源甲羟戊酸生产，但 MEV 终浓度仅为 0.50g/L。因此，*E. coli* 中 MEV 的生物合成途径通过 AtoB、HMGS 和 tHMGR 聚集成一个操纵子得以重建，但是这种过表达抑制了细胞生长和 MEV 积累，可能是由于基因表达失衡所致。为了克服这些困难，TIGR 库被设计为包含三个区域，两个可变发夹序列结合了各种 RNase E 位点。该设计对于优化合成操纵子中多个基因的表达很有用。然后，通过大引物 PCR 方法将 TIGRs 置于 AtoB/HMGS 或 HMGS/tHMGR 之间以产生多种表型，随后筛选具有功能操纵子的表型以提高 MEV 的产生。最后，含有 pBad33MevT 的 *E. coli* DH10B 菌株使 MEV 浓度增加了 7 倍。

（二）转录因子工程

生物合成途径应在整个细胞水平上进行调节，而不是在单个基因水平上进行调节，因为表型变异通常是由基因表达协调和蛋白质-蛋白质相互作用引起的。转录因子是通常由 DNA 结合域、转录调控域和核定位序列构成的序列特异性蛋白质，通过与靶基因启动子区相互作用来调节转录速率。近年来，转录因子通过控制代谢途径中多种酶的丰度或活性来提高所需产物的产量，引起了广泛的兴趣。转录因子工程（图 2-26）是一种上调或下调代谢途径产生过量靶向代谢产物的新技术。许多转录因子已被证明对改善有价值化学品的生产是有效的：①锌指蛋白质转录因子（ZFP TFs）在结构和功能的模块化方面具有一个主要优势，如 TFIIIA、Cys2-His2、Cys4、Cys6、Cys4-His-Cys3 等。这种模块化使得 ZFP TFs 便于同时表达几个 TF 基因来控制多个基因的转录，从而导致目标通路的级联催化的微调。②MYB 和 bHLH 转录因子（MbH TFs）可充当 MbH TF 家族，如 MYB30、MYB114 和 PAP1，或 bHLH TF 家族如 MYC2、MYC3 和 MYC4。通常，MYB 和 bHLH TF 家族都可以相互作用，导致 MYB/bHLH 复合物实现更有效的功能，从而使生物体与增加的代谢复杂性保持一致。③硬脂酸响应长春花 AP2/ERF 蛋白质，如 ORCA、ORCA2 和 ORCA3 蛋白通过调控萜类吲哚生物碱的生物合成途径，提高次生代谢物的生产。转录因子工程是改善目标代谢物产生的有用工具，但是如何发现和工程化更合适的转录因子从而激活或灭活特定的代谢途径，以生产目标化学品仍是挑战。

代谢工程——方法与应用

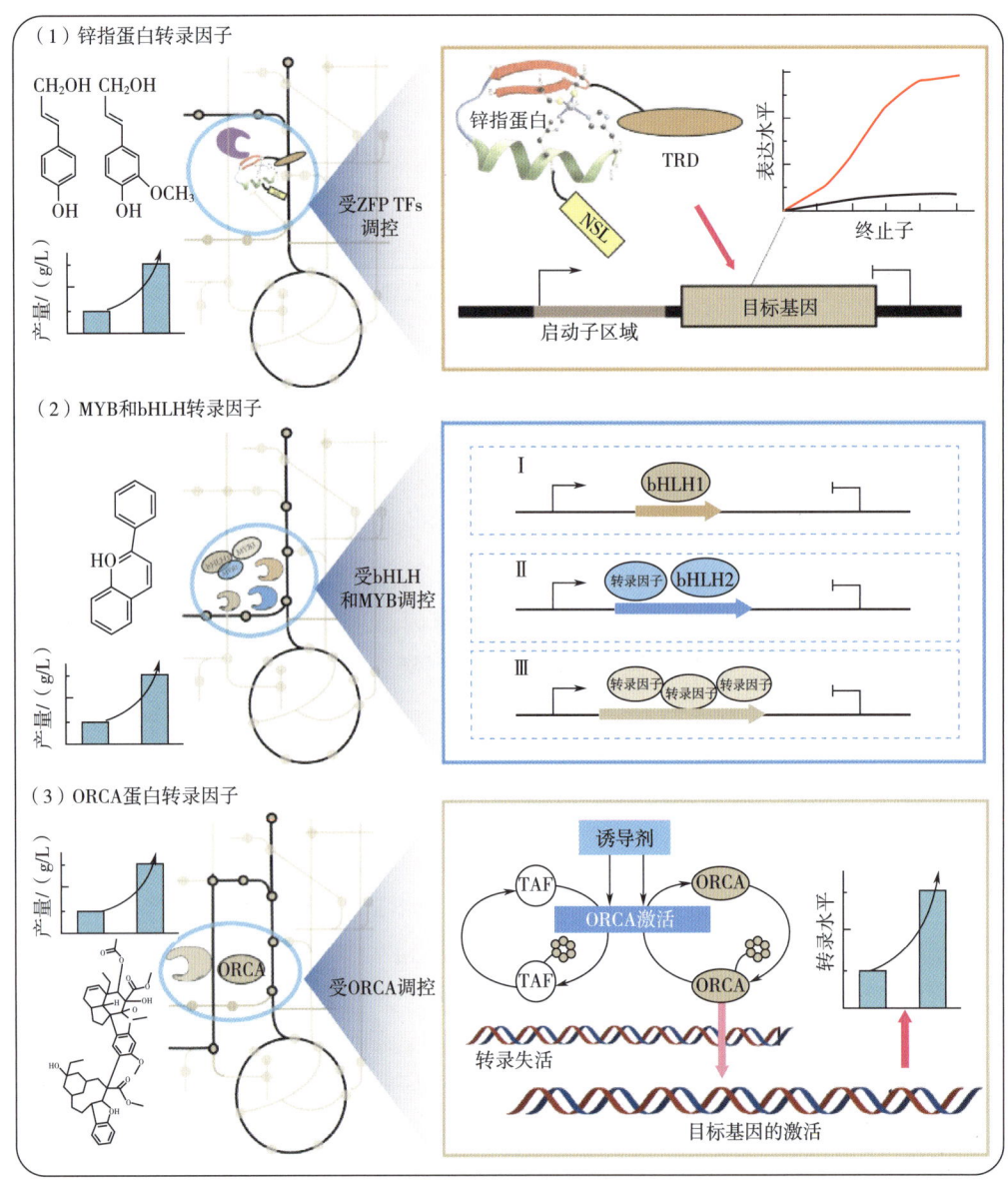

图 2-26 转录因子工程

1. 锌指蛋白转录因子

锌指蛋白转录因子（ZFP TFs）具有相似的结构，由一个高度保守的羧基末端区域（包含4~6个锌结合蛋白）和一个更为分化的氨基末端区域组成。锌指区域有助于DNA、RNA或其他蛋白质相互作用或结合。基于对ZFP TFs结构和功能的理解，提出了几种设计策略来创建人工的ZFP TFs，以结合独特的DNA序列并有效地区分非特定的DNA，从而实现基因调控和基因治疗。

木质素是用来强化细胞壁的，其在机械支撑以及对病原体的抵抗力中起着重要作用。木质素生物合成途径包含三个步骤（图2-27）：①苯丙氨酸解氨酶（PAL）、酪氨酸解氨

96

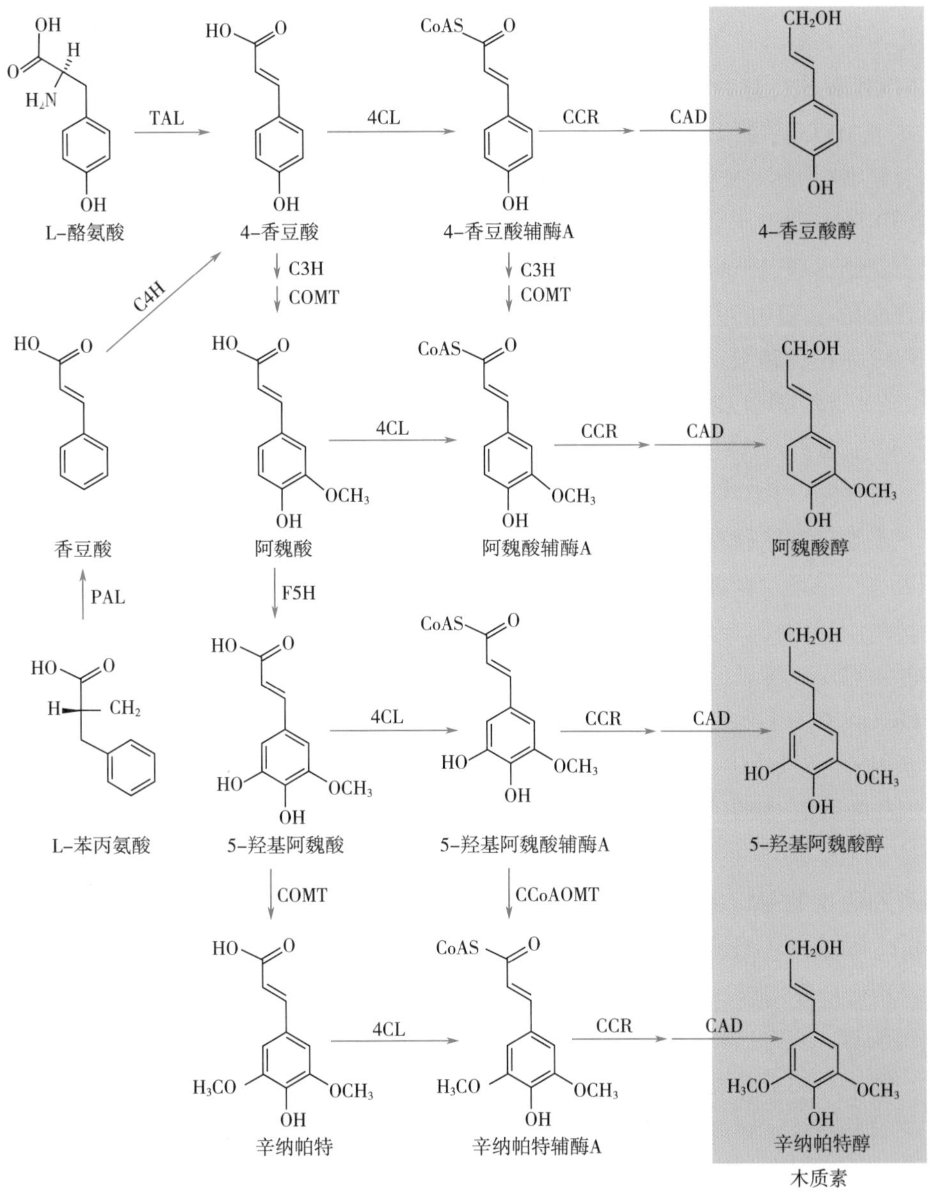

图 2-27 木质素生物合成途径示意图

酶（TAL）和肉桂酸-4-羟化酶（C4H）催化苯丙氨酸或酪氨酸的脱氨基步骤；②对香豆酸酯-3-羟化酶（C3H），咖啡酸/5-羟基阿魏酸-O-甲基转移酶（COMT）和阿魏酸-5-羟化酶（F5H）催化单醇的甲基化步骤；③木质素生物合成的最后步骤羟基肉桂酸 CoA 连接酶（4CL）、羟基肉桂酰 CoA：NADPH 氧化还原酶（CCR）和肉桂醇脱氢酶（CAD）催化木质素生物合成的最后一步。为了更好地理解木质素生物合成的机理，转录因子 TFHP1 和 Ntlim1 被发现为正顺式作用元件 Pal-box，是木质素生物合成如 PAL、4CL、查尔酮合成酶（CHS）和 CAD 中基因表达的高度保守序列。当内源性 Ntlim1 表达完全抑制后，转基因烟草中木质素含量降低了27%，间接预测过表达Ntlim1可能会提高木质素产量。这些结果间接表明转录因子工程可能是促进化学品生物合成的有效途径。

2. MYB 和 bHLH 转录因子

大多数MYB转录因子是由两个相关的螺旋转螺旋基序形成的，而R2和R3重复序列负责结合靶DNA序列来调节基因表达。生物合成途径中多基因的协调控制是指导次级代谢产物产生的一种潜在途径，可通过特异转录因子如MYB和bHLH转录因子（MbH TFs）来实现。例如，通过结合特定的MYB转录因子和特定的bHLH蛋白来调节类黄酮途径。

花青素是花果中的主要色素，可以作为昆虫和动物的引诱剂。花青素生物合成主要依赖于苯丙烷途径，需要两类基因（图2-28）：①参与花青素形成的结构基因，如PAL、C4H、4CL、查尔酮合成酶（CHS）、查尔酮黄烷酮异构酶（CHI）、黄烷酮3-羟化酶（F3H）、二氢黄酮醇4-还原酶（DFR）、白花青素双加氧酶（LDOX）、UDP葡萄糖黄酮醇葡萄糖基转移酶（UFGT）等。②调控结构基因转录的调控基因，如MYB和bHLH转录因子。当5个类黄酮途径基因，PAL、CHS、F3H、DFR和花青素合成酶（ANS）同时于成熟后期表达，花青素含量显著增加。然而，酶的活性不稳定，可能是因为类黄酮生物合成活性受转录因子调控。当bHLH和MYB蛋白异位表达时，结构基因的整体表达上调以响应这些转录因子。可见，黄酮类途径显著增强，花青素的生物合成和积累增加。

3. ORCA 蛋白

转录因子可以根据内部信号和外部信号调节基因转录。外部信号可能通过内部信号发挥作用，因此内部信号是决定性的。例如，次级代谢物的诱导依赖积累是由茉莉酸介导。茉莉酸盐通过ORCA蛋白诱导基因表达和代谢，其是植物转录因子AP2/ERF-领域家族成员。

萜类吲哚生物碱（TIA）已广泛用于现代医学，例如抗肿瘤药（长春碱）、降压药（利血平）、抗心律不齐药（阿吗灵）等。TIA的生物合成主要涉及两个步骤（图2-29）：①由香叶醇10-羟化酶（G10H）、细胞色素P450还原酶（CPR）、硫氧嘧啶合酶（SLS）、色氨酸脱羧酶（TDC）和异胡豆苷合成酶（STR）直接催化色氨酸和香叶醇形成中间体异胡豆苷；②从异胡豆苷到TIAs的生物合成路径是不同的。例如，二聚生物碱（长春碱）是由异胡豆苷通过过氧化物酶催化文朵灵和长春碱缩合形成的，主要由异胡豆苷β-D-葡糖苷酶（SGD）、烟粉碱16-羟化酶（T16H）、脱乙酰胆碱-羟化酶（D4H）、乙酰基-CoA：4-O-脱乙酰基乙烯基吲哚4-O-乙酰基转移酶（DAT）催化。TIAs的生物合成途径高度依赖于外部信号，并且被内部信号（如茉莉酸酯）严格诱导。由于ORCA2和ORCA3是茉莉酸响应的转录因子，因此过表达ORCA2和ORCA3诱导TIAs生物合成途径中的多个基因，例如 *CPR*、*TDC*、*STR*、*SGD*、*D4H* 上调。这种上调选择性地激活了TIAs的生物合成，并导致TIAs的合成大幅增加。这些结果表明，ORCAs已成为增加有价值的次级代谢产物产量的有力工具。

（三）合成 RNA 开关

合成生物学由于其在生物合成途径中具备创造新的生物成分的潜力，在天然和非天然化学品生产中得到广泛应用。RNA分子具有形成不同二级结构和功能的能力，已成为一

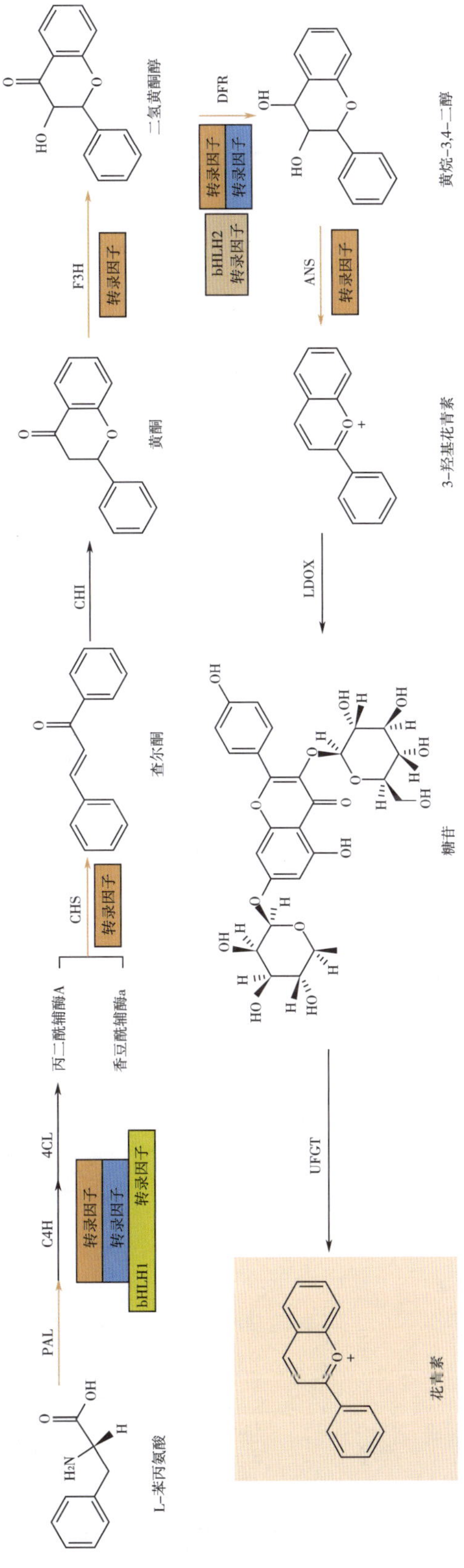

第二章
代谢工程的方法策略

图2-28 花青素生物合成途径示意图

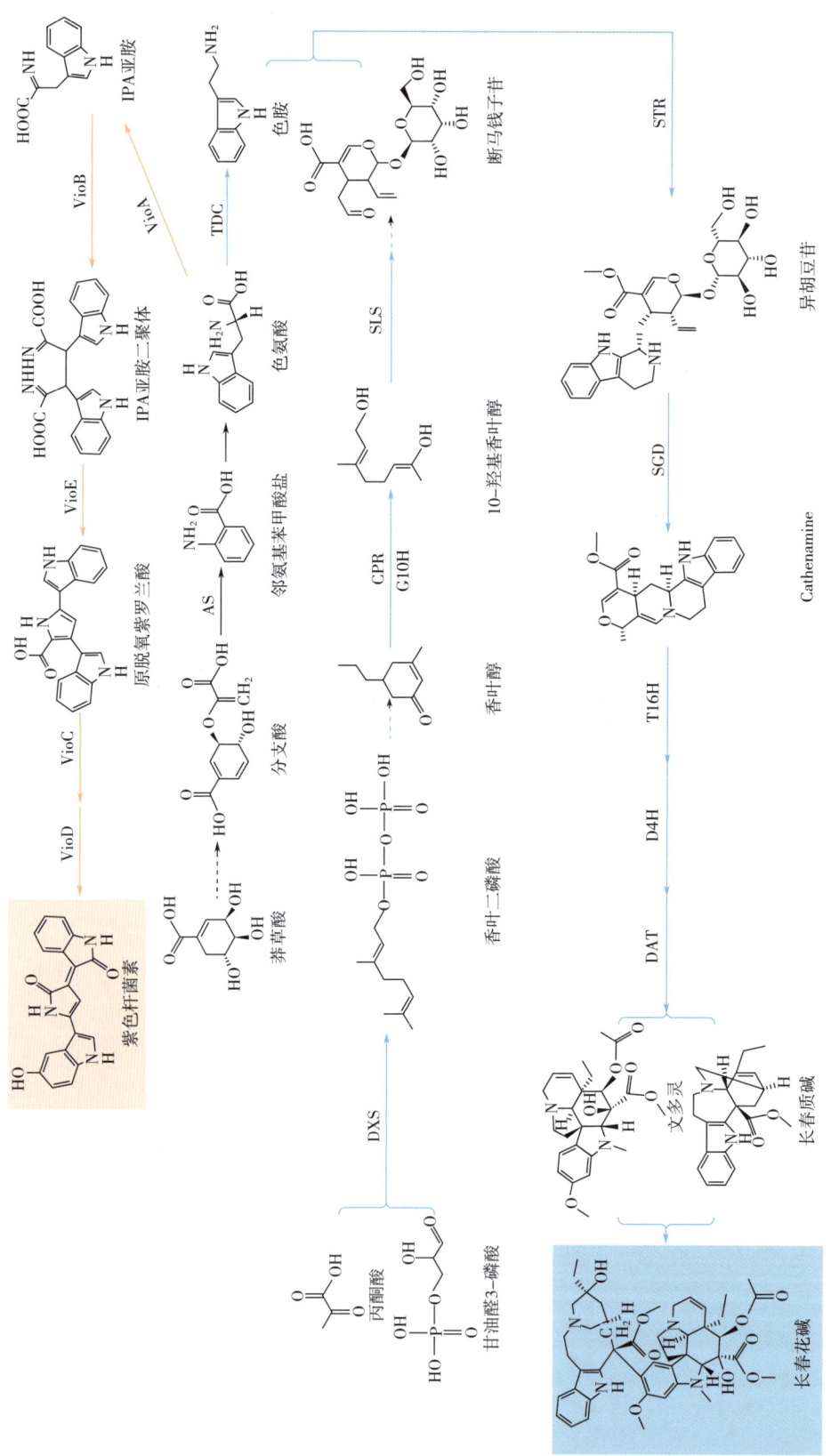

图2-29 长春碱和紫色杆菌素的生物合成途径示意图

个从合成生物学中衍生出复杂工具的具有可塑性和吸引力的平台。合成 RNA 设计应充分体现 RNA 作为可编程设计底物的优势，使 RNA 分子表现出多种活性，包括传感、调节、信息处理和折叠活动。这些活动有助于实现准确的细胞功能，并可以利用关键的控制元素来调节目标代谢物的积累。最近，一些合成 RNA 开关已被证明对提高有价值化学品的生产效率是有效的（图 2-30），包括：①核酶开关由一个感应器和一个执行器组成，通过适配体序列构成了细胞感应器，通过核酶序列监测时间和空间波动。核酶开关可作为调节靶基因表达和促进代谢产物积累的理性调节工具。②核糖开关由一类如 AdoCbl、FMN、S-腺苷甲硫氨酸和甘氨酸核糖开关等顺式编码的调控 RNAs 组成，通过诱导目的基因的转录终止或者抑制转录起始来实现对基因表达的调控，其结合配体可以是胞内代谢物、辅酶和金属离子等，因此应用非常广泛。③反义开关通常由两部分组成：一部分是识别特定 mRNAs 的目标结合区域，一部分是招募辅助蛋白的支架区域。反义开关可用于同时调控生物合成途径中的多

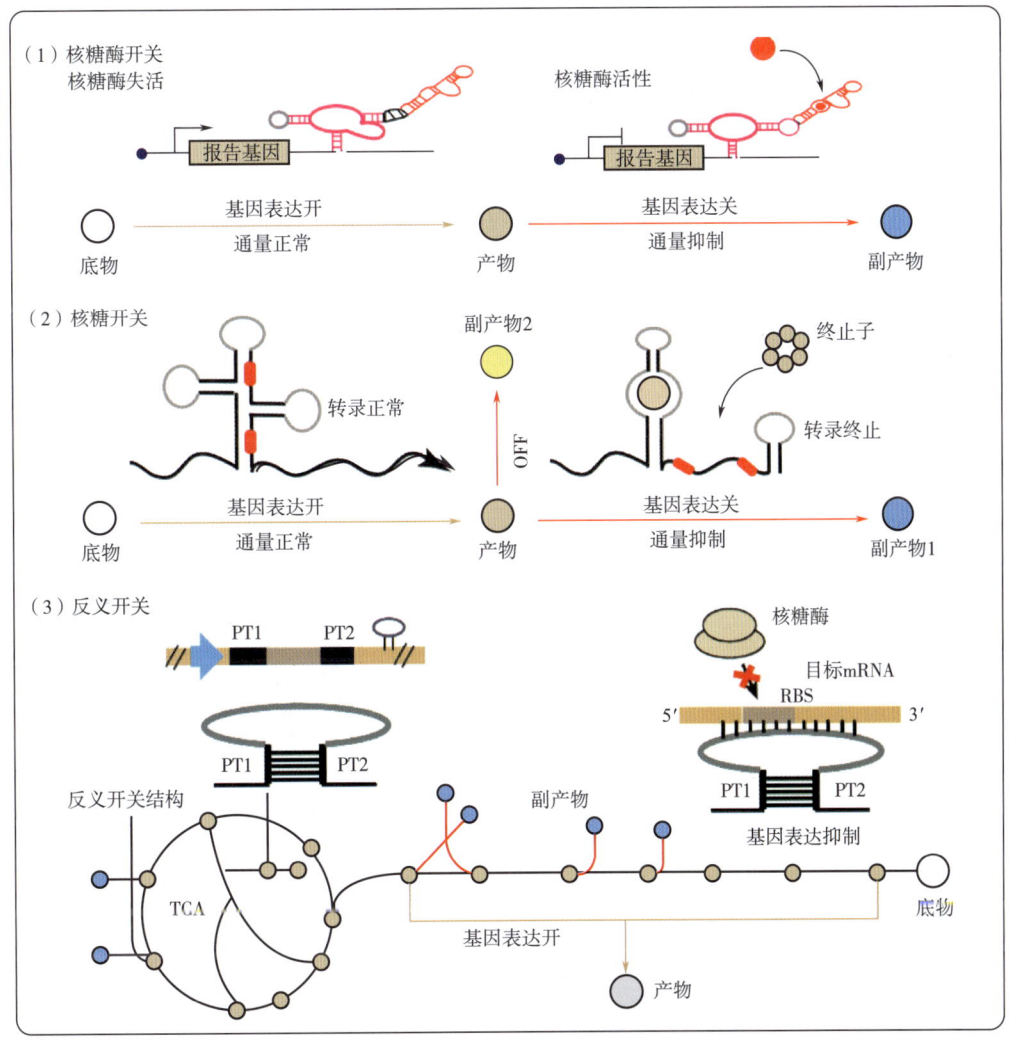

图 2-30　合成 RNA 开关

个基因,具有优化基因表达的能力,而不是修改染色体序列。合成 RNA 开关被广泛用于化学品生产中对代谢流量的微调,这主要是由于其结构具有多样和易于重建的特性。这些优势也非常适合于应对基因线路调控、代谢途径和微生物燃料电池等领域的新挑战。

1. 核酶开关

核酶与生物催化剂酶在生化反应中具有相似的作用机理,具有许多重要的生理功能,如核苷酸剪接、磷酸二酯键的裂解和形成。在蛋白质合成过程中,核酶主要介导核糖体中肽键的形成。为了达到这个目标,核酶通常以序列特异性的方式运作,并使用金属、茶碱或四环素作为效应器。在这些机制的构建中,工程化核酶元件可以发展为合成配体控制的基因调控系统。

黄嘌呤通常用作温和的兴奋剂和支气管扩张剂治疗哮喘症状。黄嘌呤是嘌呤降解途径的产物,其生物合成路线如下(图 2-31):①AMP 脱氨酶(ADA)、核苷酶(NO)、核苷磷酸化酶(NP)、黄嘌呤脱氢酶(XDH)催化 AMP → IMP(肌苷酸)→ 肌苷 → 次黄嘌呤 → 黄嘌呤;②由 ADA、IMP 脱氢酶(IDH)、NO 和 NP 催化 AMP → IMP → XMP → 黄嘌呤核苷 → 黄嘌呤。因为第二条途径包括黄嘌呤核苷作为中间产物,外源性黄嘌呤核苷可以用 NP 直接转化为黄嘌呤。但是黄嘌呤在细胞中的积累量不够高,难以用传统方法检测,因此需要一种更精确的方法,如代谢物产生的无创体内传感器。为了满足这一需求,利用基于链置换的核酶开关来检测酵母中黄嘌呤的积累,该开关包含一个带有适配体序列的传感器区域和一个带有锤头核酶序列的执行器区域。在将代谢产物积累的变化转化为报告基因表达水平的变化时,该开关表现出可调谐的调节、设计模块化和靶标特异性。当黄嘌呤核苷在酵母细胞中开始向黄嘌呤转化时,黄嘌呤的积累通过黄嘌呤响应开关与 GFP 报告基因的调节相耦合来监测。也就是说,黄嘌呤积累的增加与 GFP 水平的增加呈正相关。因此,这些代谢物感应核酶开关可用于筛选高产黄嘌呤的菌株。

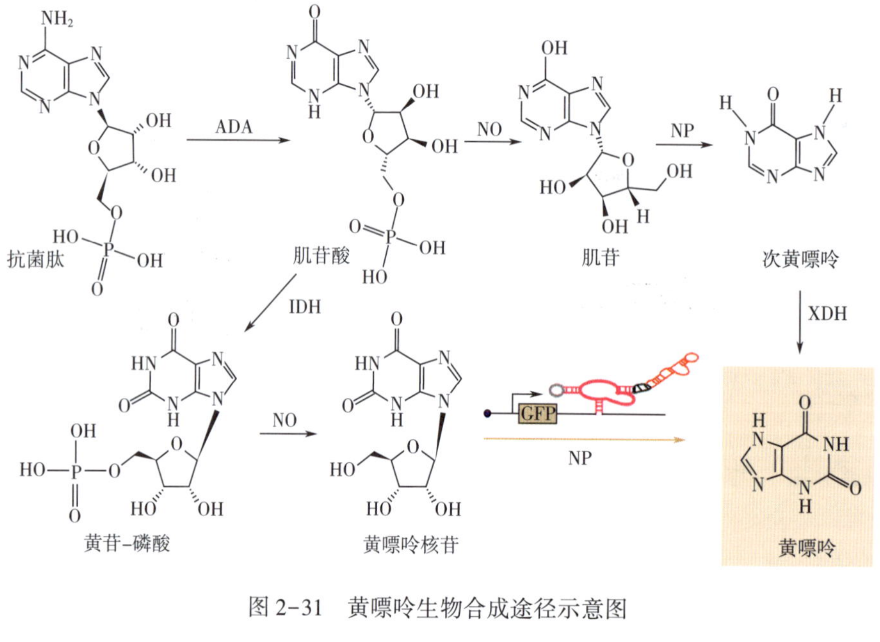

图 2-31 黄嘌呤生物合成途径示意图

2. 核糖开关

近年来，在原核生物和真核生物中都发现了核糖开关，其作用机制已得到明确解释。核糖开关含有适体结构域位点，通过结合小分子或配体来调节细胞代谢和基因表达，当适体位点选择性结合配体时，RNA 结构的构象发生改变，从而导致基因表达的改变。换句话说，这种基因表达的改变主要归因于核糖开关介导的翻译起始、转录终止或 mRNA 分裂。

钴胺素（维生素 B_{12}）分子是最诱人和迷人的分子之一，广泛用于治疗恶性贫血和周围神经炎。维生素 B_{12} 生物合成途径包括大约 30 种酶用于其从头生物合成。*Pseudomonas denitrificans* 采用好氧合成维生素 B_{12}，通过代谢工程在关键瓶颈处过表达酶提高维生素 B_{12} 的产量。最终，突变株 *P. denitrificans* SC510 产生 250~300mg/L 维生素 B_{12}。另一方面厌氧途径也可用于 *Bacillus megaterium* 中维生素 B_{12} 的生物合成，包含三个部分（图 2-32）：维生素 B_{12} 生物合成操纵子（cbi）、腺苷酸合酶（CbiP）、核苷酸环组装途径（NLA）。然而，*B. megaterium* cbi 操纵子的基因表达受到维生素 B_{12} 感应 RNA 顺式调节元件（维生素 B_{12}-核糖开关）的严格控制，维生素 B_{12}-核糖开关在大约 5nmol/L 维生素 B_{12} 处关闭。为了绕过维生素 B_{12} 核糖开关的影响，克隆了没有这些调控元件的 cbi 操纵子。因此，基因如 *cobA*、*cobI*、*cobG*、*cobJ*、*cobM*、*cobF*、*cobK*、*cobL*、*cobH* 和 *cobB* 被上调，维生素 B_{12} 的浓度提高到 200μg/L，为进一步开发 *B. megaterium* 细胞工厂生产维生素 B_{12} 提供了潜在途径。

3. 反义开关

反义 RNA 开关利用 RNA 伴侣 HFq 介导反义 RNA 与其靶基因的结合，保护反义 RNA 免受 RNA 酶降解。基于这种结构，反义 RNA 开关可以通过靶向特定的 mRNA 序列来激活和沉默基因表达。此外，表达反义 RNA 开关还可以改善氧化应激、毒素耐受和热敏感性等条件和刺激的适应性，并调节糖酵解、TCA 循环和 L-赖氨酸生物合成等代谢途径。

尸胺是一种重要的平台化学物质，是聚酰胺和聚氨酯等聚合物、螯合剂和其他添加剂的组成部分。尸胺生物合成起始于直接前体 L-赖氨酸，主要包括三个步骤（图 2-13）：①天冬氨酸激酶Ⅲ（LysC）催化天冬氨酸磷酸化；②二氢二吡啶酸合成酶（DapA）催化 L-天冬氨酸-半醛转化为内旋二氨基庚二酸；③L-赖氨酸脱羧酶（CadA）催化 L-赖氨酸生成尸胺。因为 *E. coli* 中尸胺的水平主要受它的生物合成和降解途径影响，过表达生物合成途径中的 cadA 和 dapA 以及失活降解途径中尸胺氨基丙基转移酶（SpeE）、亚精胺乙酰转移酶（SpeG）、尸胺转氨酶（YgjG）和谷氨酸尸胺连接酶（PuuA），*E. coli* 可生产 9.61g/L 尸胺。为了避免多基因敲除的缺点以提高尸胺的产量，小调控 RNAs（sRNAs）旨在调节 *E. coli* 中多种基因的表达，这些基因由支架序列和靶结合序列组成。一个由 130 个合成的 sRNAs 组成的库被用来微调目标基因的表达水平，如 4 个基因解除酪氨酸生物合成途径的调控，8 个基因用于转移尸胺形成过程中的代谢通量。最终结果表明，通过抑制 UDP-乙酰氨基脲酰-D-谷氨酸酯 2,6-二氨基苯甲酸连接酶（MurE），与 *E. coli* XQ56 相比尸胺的产量增加了 55%。

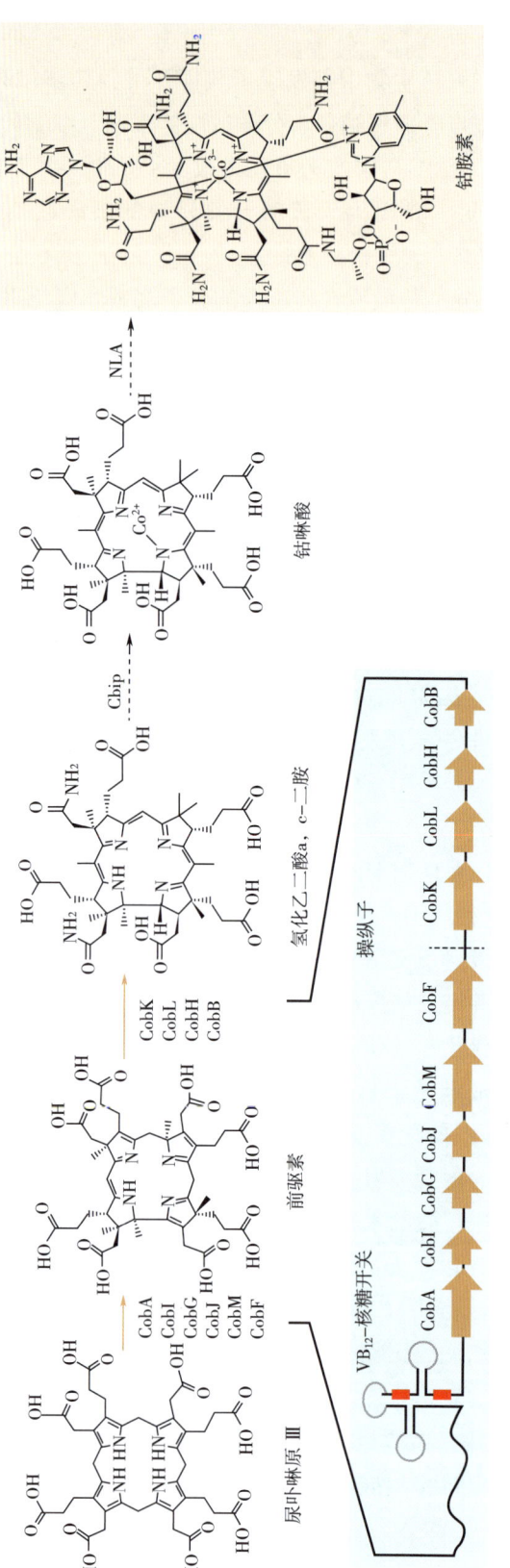

图2-32 钴胺素生物合成途径示意图

(四) 蛋白质工程

蛋白质工程是合成生物学中改变蛋白质性质、裁剪蛋白质"部分"和蛋白质"装置"以满足合成代谢途径要求的一种强有力的工具。虽然合成生物学仍处于初级阶段,但蛋白质工程已显著推动了这一领域的发展。蛋白质工程在修饰合成代谢途径中越来越重要,可从三个因素说明(图2-33):①增加酶活性:酶的过度表达是缓解生物合成途径瓶颈的传统策略。然而,这种高表达水平的异源蛋白容易形成非活性不溶性蛋白,从而降低其酶活性。因此,提高酶活性是通过将碳流引入中心途径来提高化学品产量的重要工具。采用易错 PCR、点突变和交叉延伸技术改变底物结合口袋、侧翼区域或编码序列的方式可以实现酶活力的提高。②改变底物和产物的特异性:天然酶的底物专一性不够广,不能将前体转化为非天然产物,同时某些底物特异性不高的酶在催化反应中,容易催化底物类似物生成副产物,降低了产品的纯度。因此,改变底物和产物的特异性可以有效地缓解底物利用的限制,并使碳通量转向目标产物的合成。这种酶特异性的改变可以通过引入诱变到活性位点,或通过 DNA 重组、易错 PCR、位点定向诱变等结合口袋方法来实现。③修饰调控元件:当目标产品浓度增加到一个阈值时,针对目标化学品的代谢通量可以减缓。因此,酶的调控元件,如转录调控蛋白和调控域,成为工程蛋白抵抗反馈的多功能平台。这些调控元件可以通过化学诱变、DNA 重组、位点饱和诱变等方法进行修饰。目前,蛋白质工程已成功地应用于代谢工程和合成生物学中,但在机械或结构上对蛋白质动力学的认识还不甚清楚。因此,计算技术用来预测工程蛋白质的性质或从头设计新的蛋白质,从而为有价值的化学品生产获得更有效的酶。

1. 增加酶活性

当重建新的代谢途径以生产非天然目标产品时,研究人员经常面临的一个潜在挑战是异源系统中的酶活性低造成产品产量低。为了解决上述问题,最常见的解决方法是通过蛋白质工程提高酶的特异活性,缓解代谢流量中的瓶颈,防止有毒中间体的积累,进而促进在非理想条件下目标代谢产物的生成。

聚羟基脂肪酸酯(PHA)可以作为可生物降解塑料,已被开发用于药物输送载体、印刷和照相材料、新型生物燃料等领域。PHA 生物合成发生在以两个乙酰 CoA 为起点的三步反应中(图2-34):①乙酰 CoA 通过 β-酮硫醇酶(PhaA)缩合为3-酮-酰基 CoA;②3-酮-酰基 CoA 还原酶(PhaB)将3-酮-酰基 CoA 还原为 R-3-OH-酰基 CoA;③R-3-OH-酰基 CoA 通过 PHA 合酶(PhaC)酯化成 PHA。携带 *phaCAB* 的重组 *E. coli* 已大规模应用于各种 PHA 生产,例如聚-4-羟基丁酸酯(P4HB)均聚物和(R)-3-羟基己酸(HHx)。尽管在适当的生长条件下可以获得较高的 PHA 生产率,但 PHA 的高成本已成为关键的限制因素,部分原因是 PhaC 的活性较低。为了降低 PHA 的生产成本,来自 *Aeromonas punctata* 的 PhaC 通过在突变菌株 *E. coli* XL1-Red 中体内进化,该菌株的突变率比野生型 *E. coli* 高5000倍。质粒 pPS2 在 *E. coli* XL1-Red 中复制约200代,筛选了大约200000个突变体,五个突变体(PhaC^{F518I}、PhaC^{V214G}、PhaC$^{SD93/94RV/S103C/F518I}$、PhaC$^{F362I/F518I}$ 和 PhaC$^{D459V/A513C}$)表现出较高的体外和体内 PhaC 活性。值得注意的是,与野生型 PhaC 相比,

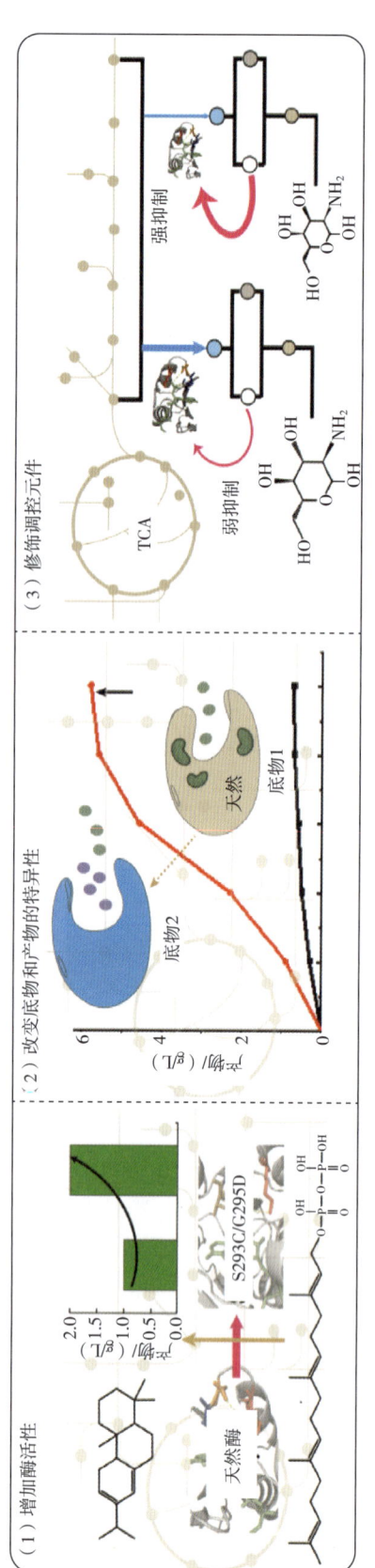

图 2-33 蛋白质工程

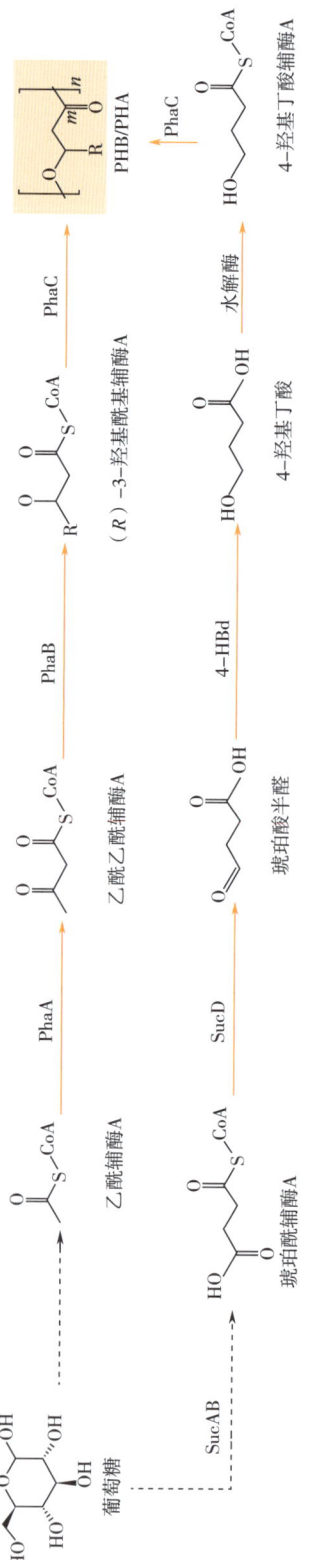

图 2-34 PHA 和 PHB 生物合成途径示意图

SucAB：2-酮戊二酸脱氢酶；SucD：琥珀酸-辅酶 A 连接酶；4-HBd：4-羟基丁酸脱氢酶

单突变 phaC^{F518I} 的 phaC 活性提高了 5 倍，相应的 PHA 产量提高了 20%。

左旋海松二烯是药学上重要的银杏内酯的二萜类前体，其具有明显的药理活性，例如可作为特异性的血小板活化因子拮抗剂。左旋海松二烯的生物合成始于香叶基香叶基焦磷酸（GGPP），其源自 MEP 途径中由 GGPP 合成酶（GGPPS）催化的异戊烯基二磷酸（IPP）和二甲基烯丙基二磷酸（DMAPP）的缩合（图 2-14）。缩合后，GGPP 通过 LP 合酶（LPS）转化为左旋海松二烯。结合 MEP 途径中基因的系统上调，GGPPS 和 LPS 的功能性表达被用于将代谢通量重定向到 IPP 和 DMAPP，但是左旋海松二烯的产量仅有少量增加。左旋海松二烯合成的阈值可能归因于低 GGPPS 和 LPS 活性。根据 LPS 模型的构建，LPS 中的预测结合口袋由 15 个残基组成，分别是 M593、C618、L619、A620、L696、K723、A729、N838、G854、I855、Y700、A727、V731、Asn769 和 Glu777，以进行位点饱和诱变。由于缺少适用于 GGPPS 的结构指南，因此采用了随机方法易错 PCR 来突变 GGPPS。随后，采用 GGPPS 和 LPS 的组合诱变来构建突变体文库，以筛选活性提高的 GGPPS 和 LPS。与野生型 GGPPS 和 LPS 相比，突变体 GGPPS$^{S239C/G295D}$ 和 LPS$^{M593I/Y700F}$ 与前体物通量的提高相结合，使左旋海松二烯的最终产量增加了 2600 倍。

2. 改变底物和产物的特异性

合成生物学通常在合成途径中利用各种酶将非天然底物转化为天然或非天然的化学品，因此酶的高底物特异性往往是理想的化学合成的瓶颈，这可能导致合成途径的传递效率降低、目标产品的产量降低。工程酶可以通过调整这些生物催化剂来有效地转化非天然底物或生产高特异性的化学品，从而促进合成生物学的发展。

L-高丙氨酸是一种非天然氨基酸，可以用作合成几种重要药物（例如 S-2-氨基丁酰胺和 S-2-氨基丁醇）的关键手性中间体。*E. coli* 中生产 L-高丙氨酸的非天然代谢途径来自天然氨基酸苏氨酸（图 2-13）。接着，将苏氨酸通过苏氨酸脱水酶（IlvA）转化为 2-酮丁酸，然后将 2-酮丁酸胺化为 L-高丙氨酸。由于在正常细胞中无法检测到 L-高丙氨酸，因此现有的胺化酶可能对该反应无效。因此，找到合适的胺化酶是主要的挑战。根据文献，支链氨基酸氨基转移酶（IlvE）和缬氨酸脱氢酶（VDH）可能是功能性候选酶。在 *E. coli* BW25113 中克隆和过表达了 *E. coli* 的 IlvE 和 *Streptomyces avermitilis*、*Streptomyces coelicolor*、*Streptomyces fradiae* 的 VDH，与 *E. coli* BW25113 相比，这些酶对 L-高丙氨酸的浓度的提高有限。为了进一步提高 L-高丙氨酸的产量，应合理选择其他理想的氨基酸生产酶，例如谷氨酸脱氢酶（GDH）。但是，GDH 以 α-酮戊二酸为底物显示出其活性，这表明 GDH 底物特异性应该设计和拓展来进行 L-高丙氨酸的生物合成。基于 *Clostridium symbiosum*（PDB ID：1BGV）的 GDH 的已知结构，通过位点饱和突变修饰结合口袋残基（K92、T195、V377 和 S380），两个突变体 GDH$^{K92L/T195A/V377A/S380C}$ 和 GDH$^{K92V/T195S}$ 从基于增长率的缬氨酸营养缺陷型 *E. coli*（ΔavtA、ΔilvE）中分离出来。GDH$^{K92V/T195S}$ 对 2-酮丁酸的催化活性大大提高，k_{cat} 增加了 2 倍，K_m 减少至原来的 1/4，在优化的苏氨酸生产菌株 *E. coli* ATCC 98082（htrhtA）中，L-高丙氨酸产量最高可达 5.4g/L。

3-脱氢莽草酸（DHS）常被用作合成多种化学品的起始材料，如苯酚、己二酸、香兰素、靛蓝和抗病毒药物达菲。DHS 的生物合成从磷酸烯醇式丙酮酸（PEP）和 D-赤藓糖-4-磷酸（E4P）的缩合开始（图 2-17），由莽草酸途径中的 3 个关键酶 3-脱氧-D-阿拉伯庚酮糖酸-7-磷酸（DAHP）合成酶（aroF/G/H）、3-脱氢奎尼酸（DHQ）合成酶（AroB）、DHQ 脱水酶（aroD）催化。为了提高 DHS 的产量，我们将 aroB 和 aroF 基因插入 E. coli 的基因组构建重组 E.coli，但 aroF 对反馈抑制敏感。因此，aroF 被反馈不敏感的 aroF 同工酶（aroF^{FBR}）取代，通过 aroF^{FBR} 和转酮醇酶（TKT）的共表达，DHS 浓度提高到 69g/L。在此过程中，aroF^{FBR} 与碳水化合物磷酸转移酶系统（PTS）争夺天然前体 PEP，从而限制了 DHS 的浓度和产量。为了缓解这种竞争，补充另一种底物 2-酮-3-脱氧-6-磷酸植物半乳糖（KDPGal），定向进化改造 E. coli KDPGal 醛缩酶（DgoA），通过 DNA 重组和多位点诱变保持其将 KDPGal 分解为丙酮酸和 D-3-磷酸甘油醛的固有功能，增强其将丙酮酸和 E4P 浓缩为 DAHP 的新功能。最后，突变体 DgoA$^{F33I/D58N/Q72H/A75V/V85A/V154F/Y180F}$ 导致 k_{cat}/K_m 相对于野生型酶增加 60 倍。在 E. coli NR7 中加入 DgoA$^{F33I/D58N/Q72H/A75V/V85A/V154F/Y180F}$ 使葡萄糖生产 DHS 的摩尔得率提高 9.7%。

3. 修饰调控元件

生物系统中的微生物代谢过程受到调控元件的严格调控。这些元件可以调节细胞表型以适应环境变化，并改变细胞内活性以维持有利的细胞内环境。换句话说，可以通过转录因子的调节蛋白精细调节基因表达，并且可以通过代谢酶的调节结构域有效地调节酶活性。这些调节因子不仅可用作细胞代谢工程信号响应的通用平台，还可用于延缓目的代谢物的累积反馈抑制。此外，它还可用于系统地控制代谢通量和蛋白质表达。

葡萄糖胺（GlcN）是糖胺聚糖中二糖单元的前体，例如透明质酸、硫酸软骨素和硫酸角质素，临床试验中用于治疗关节炎。GlcN 的生物合成途径在 E. coli 和其他生物中研究得很透彻，包括两个关键步骤（图 2-35）：①通过 GlcN 合酶（GlmS）将 6-磷酸果糖转化为 GlcN-6-P；②GlcN-6-P 被磷酸化为 GlcN，并由葡萄糖转运蛋白 II^{Glc} 和甘露糖转运蛋白 II^{Man} 分泌。尽管通过过表达 GlmS 和缺失 nag 调节子使 GlcN 的产量增加到 60mg/L，但该产量不能满足工业生产 GlcN 的需求，这可能是由于 GlcN-6-P 强烈抑制了 GlmS。因此，通过易错 PCR 创建了 E. coli GlmS 突变体的文库，并筛选高产的 GlcN 的突变体。五个突变体，GlmS$^{I3T/I271T/S449P}$、GlmS$^{A38T/R249C/G471S}$、GlmS$^{E14K/D386V/S449P/E524G}$、GlmS^{L468P} 和 GlmS^{G471S}，对 GlcN-6-P 抑制的敏感性明显下降，通过过表达 GlmS$^{E14K/D386V/S449P/E524G}$，GlcN 的浓度可达到 17g/L。

L-苯丙氨酸（L-phe）在食品、医药等行业应用广泛，市场年容量已达 1.1 万 t。L-phe 生物合成途径从 PEP 和 D-赤藓糖-磷酸（E4P）开始有 10 个反应（图 2-17），涉及 9 个酶，3-脱氧-D-阿拉伯庚酮糖酸-7-磷酸（DAHP）合成酶（aroG）、3-脱氢奎尼酸（DHQ）合成酶（aroB）、DHQ 脱水酶（aroD）、莽草酸脱氢酶（aroE）、莽草酸激酶（aroK/L）、5-烯醇式丙酮酰莽草酸-3-磷酸（EPSP）合成酶（aroA）、分支酸合成酶（aroC）、分支酸变位酶预苯酸脱水酶（CM-PDT）、酪氨酸转氨酶（TyrB）。在这些反应中，有 5 种酶被反馈调节，即 aroE、aroK/L、tyrB、aroG、CM-PDT。aroE、aroK/L 和 tyrB

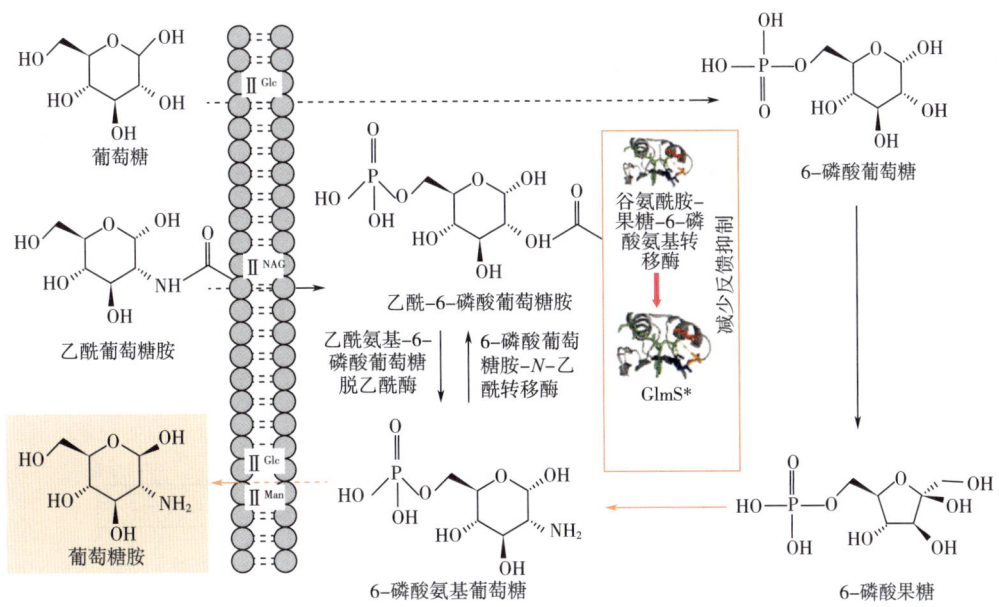

图 2-35 葡萄糖胺生物合成途径示意图
注：*表示突变体。

的反馈抑制可以通过在强启动子下过表达而解除，但 aroG 和 CM-PDT 必须被其不受抑制的突变体所替代。反馈抑制抗 aroG 突变体（aroG^{fbr}）已被报道，并用于增加碳流生物合成芳烃。为了进一步提高 L-phe 的生产率，采用蛋白质定向进化筛选反馈抑制耐 CM-PDT 菌株。2 个 CM-PDT 突变体 CM-PDT$^{T259S/Y230L}$ 和 CM$^{N5S/L8P/D54N/L55M}$-PDT^{S235A} 经过 2 轮进化后，L-phe 反馈抑制显著降低，通过表达 aroG^{fbr}、转酮醇酶（TKT）和截短 CM-PDT$^{T259S/Y230L}$，葡萄糖产 L-phe 得率（$Y_{Phe/Glc}$）增加到 0.21g/g。基于这些观察，E. coli W3110 通过灭活 PTS 系统来降低葡萄糖摄取速率，消除 aroG、CM-PDT、tyrB、aroE 和 aroK/L 的反馈抑制，增加前体供应，增强 L-phe 运输系统，将反应平衡转移到 L-phe 生物合成，从而在系统水平上产生 L-phe，最后 L-phe 浓度达到 47.0g/L，$Y_{Phe/Glc}$ 达到 0.252g/g。

（五）辅因子工程

辅因子可以充当氧化还原载体以满足合成代谢和分解代谢反应的需要，从而实现细胞中的能量转移。换句话说，辅因子可以改变细胞内氧化还原状态，调节能量代谢，控制碳通量等。因此，辅因子操作会影响一系列生化反应，正如预期的那样，辅因子工程是一种有用的策略以增强代谢途径的效率和对目标产物的代谢通量最大化。辅因子工程主要包括两部分（图 2-36）：①辅因子特异性系统可以通过筛选不同的外源酶，以 NADPH 依赖的中心代谢酶替换 NADH 依赖的中心代谢酶，并通过位点定向或随机诱变进化目标酶改变辅因子特异性。辅因子特异性系统可用于平衡电子介导的有机辅因子，如 NADH 和 NADPH

生产目标的化学物质。②辅因子再生可以通过糖酵解酶的缺失或衰减来构建，从而将代谢通量引入戊糖磷酸途径，以增加NADPH，NADH和NADPH相互转化调节NADH/NADPH比值，利用转酶和引入外源酶直接再生辅因子NoxE、AOX、POS5等。辅因子再生可用于克服辅因子依赖的生物合成途径中辅因子利用率的瓶颈。综上所述，辅因子工程可以监测NAD(P)H/NAD(P)$^+$或ATP/ADP比值的平衡，从而达到细胞氧化还原平衡，改善细胞工厂的生理状态。然而，目前的辅因子工程主要集中在自然代谢途径和酶方面，需要开发新的代谢工程技术来改善理想的氧化还原化学，这符合合成生物学回路和基因组工程的发展趋势。

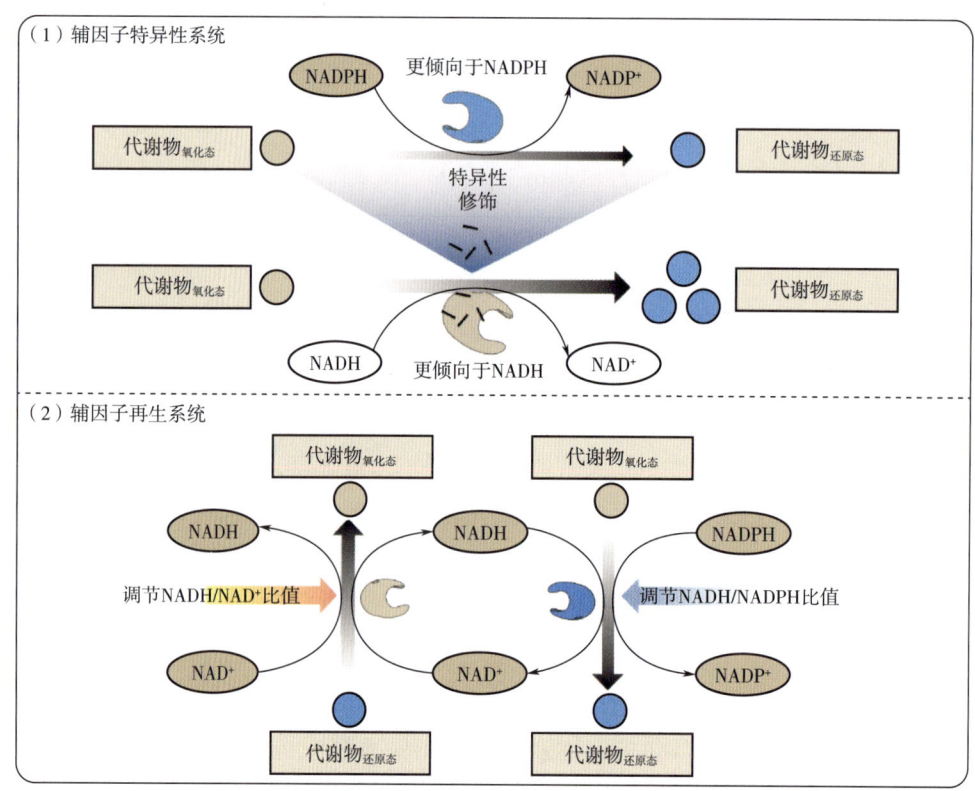

图2-36 辅因子工程

1. 辅因子特异性系统

目前，合成生物学具有从可再生资源中生产许多化学品的潜力。然而，生物合成途径不能通过简单地将自然界中的生物成分拼凑在一起而发挥最佳作用，部分原因是辅因子利用得不平衡。要克服这个困难，辅因子工程实现氧化还原平衡主要集中在改善辅因子特异性和创建生物正交氧化还原系统方面。

维生素C现在广泛用于制药、食品和化妆品行业等，每年的市场容量约为110000t。目前，维生素C主要是通过两步发酵过程生产的（图2-37），该过程依靠混合发酵步骤将L-山梨糖转化为维生素C的前体2-酮-L-古洛糖酸（2-KLG）。但是，这种混合培养系统包括 B. megaterium 和 K. vulgare，使其很难进行菌株改良和工艺优化。但是，一步发酵过程可能更有效地生产维生素 C。在这个过程中，在 Erwinia 中表达 Corynebacterium 的 NADPH 依赖性的 2,5-二酮-D-葡萄糖酸还原酶（2,5-DKG）来构建 2-KLG 生物合成途径。因为 NADH 在细胞中比 NADPH 更普遍和稳定，所以应将 2,5-DKG 的辅因子特异性从 NADPH 改为 NADH 以增强 2-KLC 的产生。Banta 和同事在 NADPH 的 2′-磷酸基团的辅因子结合位点进行了一系列定点突变，获得五个突变体，分别为 2,5-DKG$^{F22Y/K232G/R238H/A272G}$、2,5-DKG$^{F22Y/K232G/R235G/R238E/A272}$、2,5-DKG$^{F22Y/K232G/R235G/R238H/A272G}$、2,5-DKG$^{F22Y/K232G/R235T/R238H/A272G}$ 和 2,5-DKG$^{F22Y/S233T/R235S/R238H/A272G}$，能够同时使用 NADH 和 NADPH 作为辅因子。在这些突变体中，与野生型 2,5-DKG 相比，2,5-DKG$^{F22Y/K232G/R238H/A272G}$ 对 NADH 的活性增加了 110 倍。使用具有 NADH 活性的突变体 2,5-DKG$^{F22Y/K232G/R238H/A272G}$ 可以有效提高生产 2-KLG 的一步发酵效率。

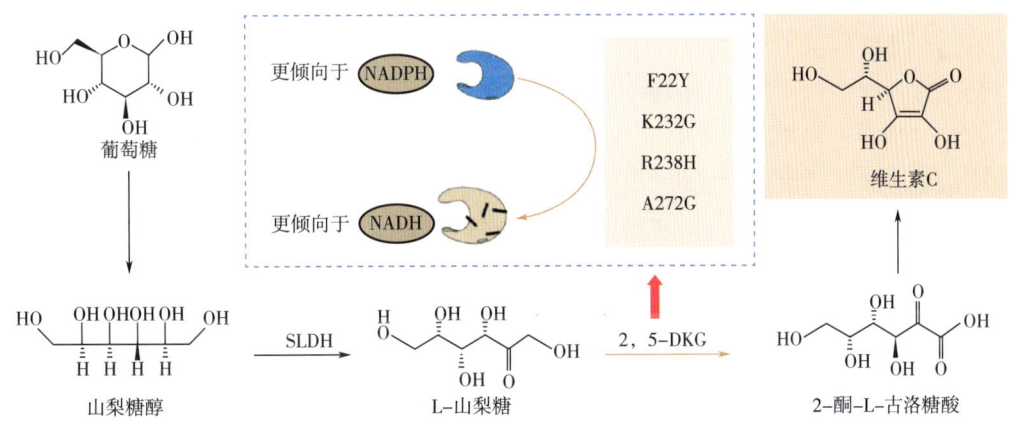

图 2-37　维生素 C 生物合成途径示意图
SLDH：山梨糖醇脱氢酶

2. 辅因子再生系统

辅因子再生提供了通过改变细胞内辅因子库来保持细胞内氧化还原平衡的直接途径。随后，许多直接影响 NAD(P)H/NAD(P)$^+$ 或 ATP/ADP 比例的酶被用于调节辅因子再生，如胞质 H_2O 形成 NADH 氧化酶（NoxE）、线粒体替代性氧化酶（AOX）、线粒体 NADH 激酶（POS5）、NAD(P)$^+$ 转氢酶（STH）等。

D-乳酸是生产多种医药、农药、化学工业产品和可生物降解聚合物的重要中间体。D-乳酸是丙酮酸脱氢的产物，它是由乳酸脱氢酶（LDH）催化的。因此，D-乳酸的生物合成直接受 LDH 的活性、糖酵解速率和细胞氧化还原状态的调节。通过用 λP$_R$ 和 P$_L$ 启动子表达 LDH（作为遗传开关），删除 ackA、磷酸转乙酰基酶（pta）、PEP 合酶（pps）、pflB、ldhA、poxB、adhE 和富马酸酯还原酶（frdA）来增强 D-乳酸产量，在两相发酵条件下，E. coli 菌株 B0013-070B 产生了 122.8g/L 的 D-乳酸。但是，E. coli B0013-070B 中许多与氧化还原相关的基因突变（如 ldhA、adhE 和 frdA）导致 NADH 过剩和氧化还原失衡。为了解决该问题，使用 NADH 氧化酶（NoxE）将 NADH 再氧化为 NAD^+ 以维持氧化还原平衡。为了更好地调节 D-乳酸的产生，构建了一个组成型启动子文库来精确调节 NoxE 的表达，结果表明，减少到 ALS 途径的通量重新流向 LDH 途径。因此，辅因子再生系统可能是控制代谢和实现氧化还原平衡的更直接的方法。

（六）结构生物技术

结构生物技术是结构生物学和合成生物学之间的一个跨学科领域，它可以为设计细胞代谢途径和调节网络提供新的视角。结构生物技术提供了一种新的方法来定位和增强代谢途径，并创造额外的改善细胞过程的机会。目前，该技术已成功应用于一大类线性和非线性代谢途径，设计了三种纳米生物学装置（图 2-38）：①DNA 支架设计用于构建代谢途径酶的人工复合物，通过增加代谢中间体的浓度来改善终产物的形成，单个酶可以通过基因融合特异性地结合独特的 DNA 序列到锌指结构域。②RNA 支架可以组装成复杂的多维结构，通过阻断细胞生长过程中不需要的复杂反应来提高目标产物的产量，其中 RNA 装置拥有适配体区域，为参与目标产物生成的酶提供对接位点。③蛋白质支架通过增加局部途径酶浓度，改变代谢途径的传输效率，提高代谢产物转化率，每一种代谢酶融合一个配体，都可以被递送到相应的支架蛋白。结构生物技术可以有效地对酶进行定位以提高生化反应中局部中间体的浓度，或防止中间体毒性损害细胞。此外，结构生物技术的未来发展将促进设计和装配更稳定的和可配置的支架系统以有效生产化学品。

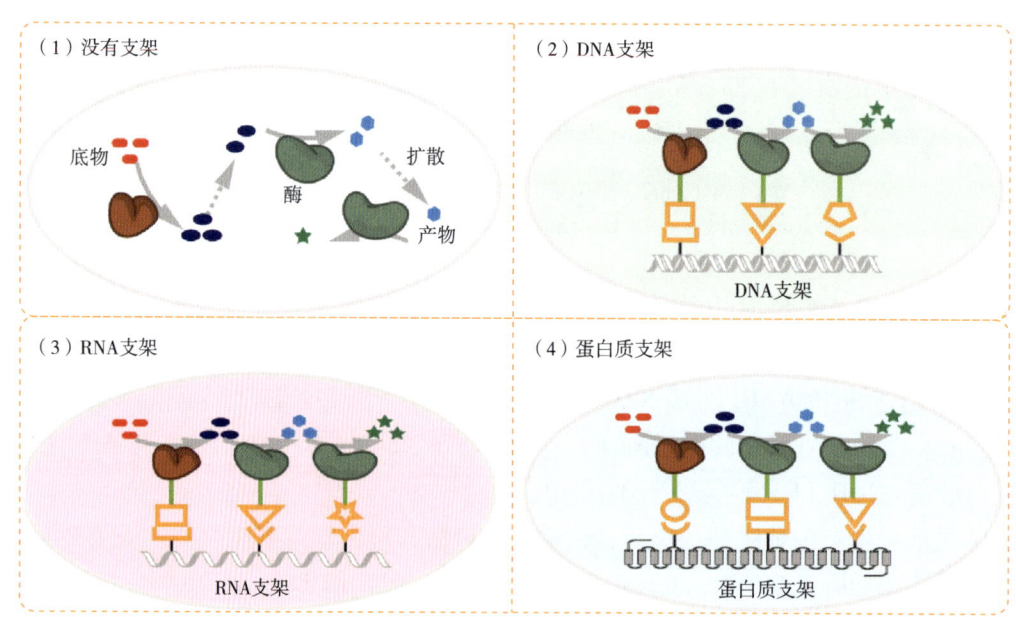

图 2-38 结构生物学技术总图

1. DNA 支架

因为 DNA 具有高度可预测的局部结构，所以这种支架具有将酶排列成预定顺序的可能性。这种排列可以增加代谢中间体的局部浓度并提高代谢途径的传递效率，从而增强目标代谢物的产生。

白藜芦醇可用作营养保健品、药物和食品成分。作为一种天然的抗氧化剂，白藜芦醇可以降低血液黏度，预防癌症和心脏病的发生。白藜芦醇的生物合成途径是苯丙烷途径的一个分支（图2-39），起始于对香豆酸。对香豆酸被4-香豆酸CoA连接酶（4CL）和二苯乙烯合酶（STS）转化为白藜芦醇。白藜芦醇的微生物生产进展主要集中在代谢工程改造 E. coli 和 S. cerevisiae，通过在培养基中添加邻香豆酸作为前体，表达不同菌株的4CL和STS，重建白藜芦醇生物合成途径。但是，白藜芦醇的产量相对较低，这可能是由于几乎没有尝试调节基因表达和优化两种酶的比例。因此，为了增加白藜芦醇的产量，设计了DNA支架并用于合成代谢途径酶的人工复合物。将4CL和STS酶分别融合在锌指区Zif268和PBSⅡ上，分别得到Zif268-4CL和PBSⅡ-STS，然后将两种融合蛋白同时连接至一个质粒并转化到 E. coli 中。最后，通过将酶重新排列成预定顺序，并将酶的数量改变为最佳比例，通过DNA支架筛选优化了白藜芦醇的生物合成途径。当DNA支架单元的数量从16个减少到4个时，白藜芦醇的得率增加了50倍。

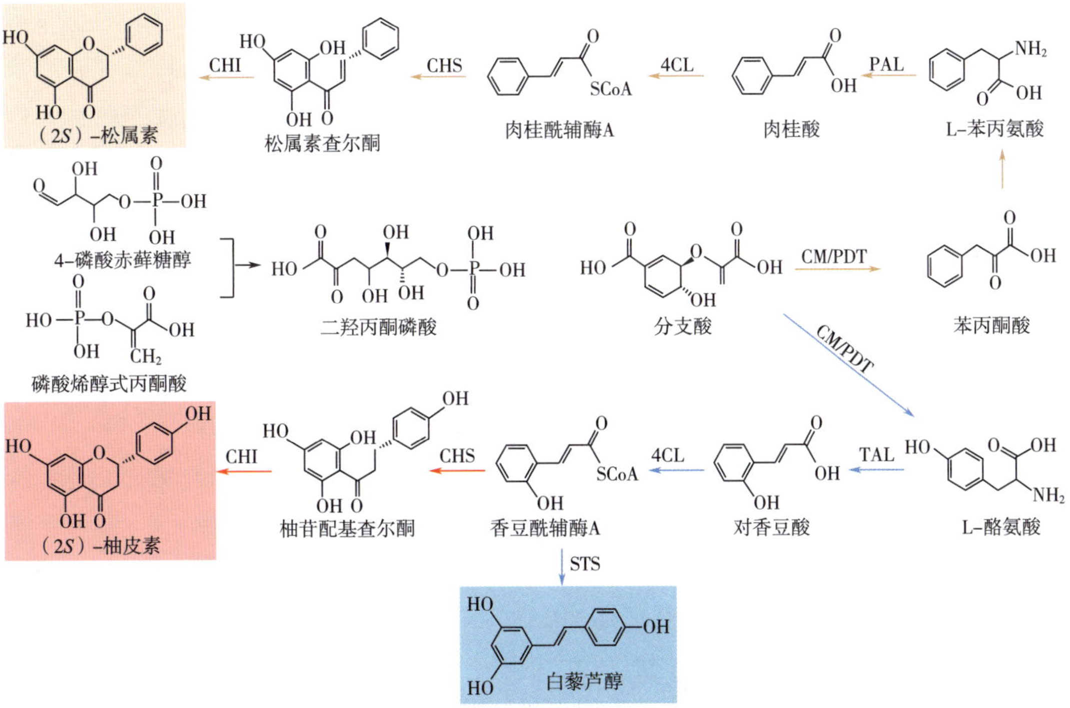

图2-39 白藜芦醇、(2S)-松属素和(2S)-柚皮素生物合成途径的示意图

1,2-丙二醇（1,2-PDO）广泛用于化妆品、黏合剂、润滑剂和药品中。另外，1,2-PDO可以作为单体来生产工业聚合物，例如聚酯和聚氨酯。糖酵解中间体磷酸二羟基丙酮磷酸酯（DHAP）可以生产1,2-PDO，该生物合成途径主要包含三种关键酶：甲基乙二醛

合酶（MgsA）、2,5-二酮-D-葡萄糖酸还原酶（DkgA）和甘油脱氢酶（GldA）（图2-40）。基于该途径，各种微生物例如 S. cerevisiae、E. coli 和 C. glutamicum 显示出从可再生饲料中产生 1,2-PDO 的潜力，但是 1,2-PDO 的产量较低。原因可能是由于两个方面：①在这些研究中许多酶同时过表达，导致蛋白质负担。②底物传输的距离相距较远，从而导致无效的通量消耗。因此，为了确定有效生产 1,2-PDO 的最佳最小途径，根据以下原理构建 1,2-PDO 生物合成途径，即针对途径的每一步筛选几种候选酶，检测它们的表达组合以产生 1,2-PDO，并通过 DNA 支架优化了最小途径。将分离的酶 MgsA、DkgA 和 GldA 融合到锌指区域 ZFa、ZFb 和 ZFc，从而分别形成 mgsA-ZFa、dkgA-ZFb 和 gldA-ZFc。这些锌指酶嵌合体可以结合到对应于每个 ZF 区域的特定 DNA 序列上。此外，构建和测试了不同的酶与支架比率。当比例为 1∶1∶1 时，1,2-PDO 浓度比未使用支架的对照组提高了约 4.5 倍。

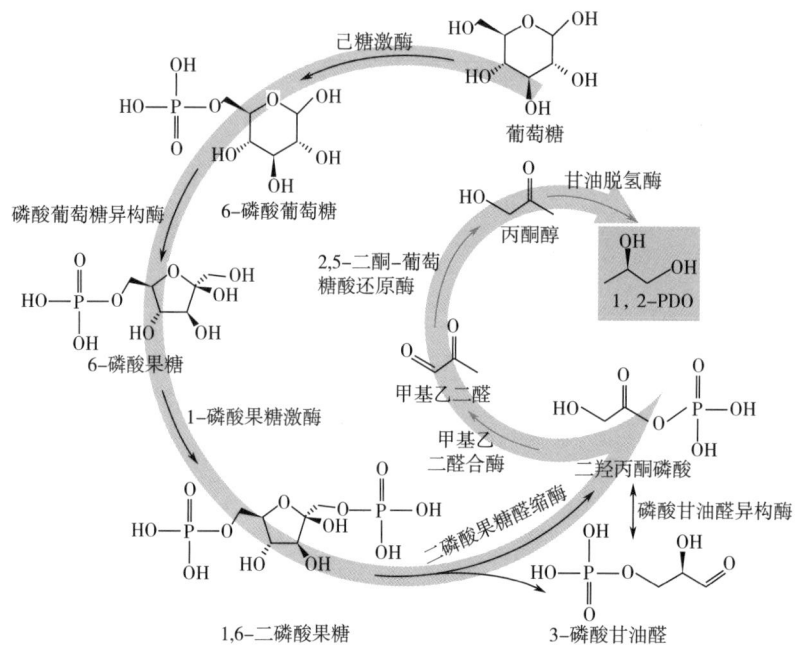

图2-40　1,2-丙二醇生物合成途径示意图

2. RNA 支架

RNA 支架可以组装成复杂的多维结构，不同于基于 DNA 和蛋白质的方法。因此，体内 RNA 组织可以应用于在空间约束的帮助下设计生物学途径。当 RNA 支架突变以防止蛋白质通过适配体结合域结合时，代谢物的产量将没有特别的变化；当 RNA 支架组装成通过适配体域与蛋白质结合时，代谢物的路径将增强并且代谢物的产生将增加。

氢（H_2）主要用于化石燃料的加工以及氨的生产。H_2 的合成主要依赖于水的电解，但这种方法有很多缺点，如能源浪费、成本高、效率低。因此，利用生物法生产 H_2 引起了关注。为了提高 H_2 生物合成能力，E. coli 用 BL21-star（DE3）构建 RNA 支架优化 H_2

生物合成。该支架由二聚体（DDs）和聚合物（PDs）组成，其中 PDs 折叠形成发夹保护结构，DDs 重叠防止结构倒塌。在 RNA 支架上，通过电子转移过程中同时过表达氢化酶（HydAEFG）和丙酮酸铁氧还蛋白氧化还原酶（PFOR），可以实现质子还原为 H_2。在这个过程中，HydAEFG 和 PFOR 被分别融合到 PP7（Hp）和二聚体 MS2（Fm）的单一拷贝。然后，在 RNA 支架（D0）中加入 Hp 和 Fm，得到蛋白质-RNA 组件 D0FH。当 D0FH 在 *E. coli* BL21star（DE3）中形成时，产 H_2 量比没有支架控制的对照提高了 4.0 倍。

3. 蛋白质支架

通过将空间组织的途径酶共定位成复合物，可以显著提高代谢产物转化率，从而增加途径酶的局部浓度，减少途径中间体的积累。这种期望的效果可以通过合成的支架蛋白实现。在该策略中，相应的配体与代谢酶的 C 末端融合并将这些酶递送至合适的支架蛋白。

丁酸是一种短链脂肪酸，可用于食品、制药和塑料等各种工业产品。另外，它的衍生物丁二酸乙酯或丁醇作为生物燃料具有巨大的潜力。因此，使用微生物生产丁酸在生物技术工业中引起了极大的关注。为此目的，设计了乙酰 CoA 起始的丁酸生物合成途径，主要涉及五种酶，乙酰乙酰 CoA 硫解酶（AtoB）、3-羟基丁酰 CoA 脱氢酶（Hbd）、3-羟基丁酰 CoA 脱水酶（Crt）、反-烯酰基 CoA 还原酶（Ter）和酰基 CoA 硫酯酶 Ⅱ（TesB）（图 2-41）。丁酸生产的进展主要集中在优化异源酶的 N 端序列和重构氧化还原辅因子的再生上，但是丁酸浓度相对较低，这可能是由于代谢中间体的损失和异源途径的催化效率低所致。为了成功地提高丁酸的产量，合成蛋白支架通过对 Hbd、Crt 和 Ter 酶的空间组织来提高异源途径的效率。Hbd、Crt 和 Ter 的 C 端与 GBD、SH3 和 PDZ 结构域融合，分别形成 Hbd-GBD、Crt-SH3 和 Ter-PDZ，它们被用作蛋白质支架的肽配体。然后对支架中相互作用结构域重复数进行优化，与无支架对照，拥有支架蛋白（$GBD_1SH3_1PDZ_2$）的 *E. coli* DSM03 丁酸浓度增加了 3 倍。使用优化的诱导剂浓度和 pH 调节，丁酸浓度提高到 7.2g/L。

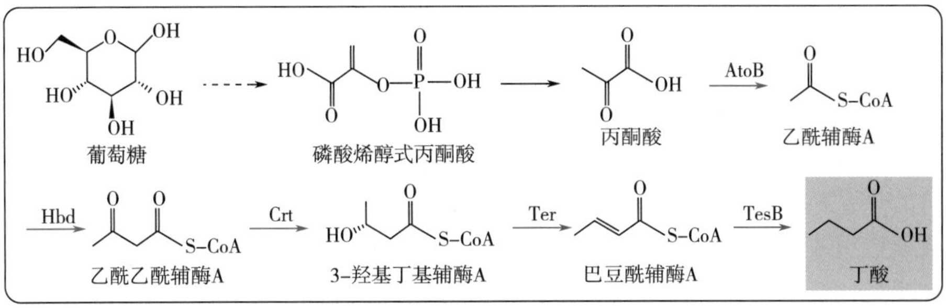

图 2-41 丁酸生物合成途径示意图

D-葡萄糖二酸被认为是生物质中最具附加值的化学物质之一，可用于降低胆固醇和癌症化疗等治疗目的。因为 D-葡萄糖二酸的化学合成是非选择性且昂贵的过程，所以新的生物催化系统可导致更高的产率和选择性。为此，结合不同生物体的生物部分构建了

D-葡萄糖二酸的生物合成途径，主要包括三种酶：1-磷酸肌醇合酶（INO1）、肌醇氧化酶（MIOX）和尿酸脱氢酶（UDH）（图2-42）。当来自 *S. cerevisiae* 的 INO1、来自 *Mus musculus* 的 MIOX 和来自 *Pseudomonas syringae* 的 UDH 在 *E. coli* BL21-star（DE3）中同时表达时，D-葡萄糖酸仅产生 1g/L。为了提高 D-葡萄糖酸的生产率，使用合成蛋白质支架对途径酶 INO1 和 MIOX 进行了共定位，共定位 INO1 和 MIOX 以 1∶1 的比例使 D-葡萄糖酸产量增加了 3 倍。此外，合成蛋白质支架以这三种酶共定位，可以独立操纵支架中相互作用域重复的数量。基于蛋白质支架（$GBD_1SH3_xPDZ_2$），优化了与 INO1 和 MIOX 结合的相互作用域的数目，以调节合成复合物上肌醇的有效浓度，最终 D-葡萄糖酸浓度提高至 2.5g/L。

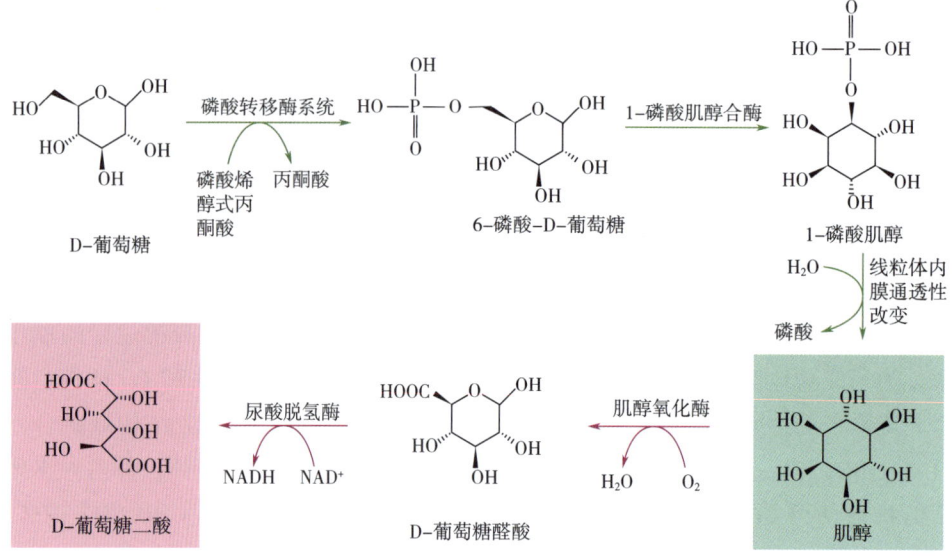

图 2-42　D-葡萄糖酸和肌醇生物合成途径的示意图

（七）区间工程

区间工程可以使产物合成路径与胞内自身代谢路径交互影响最小化。在真核细胞分子水平上采用区室化来配置和控制从底物到细胞器的传输通道中的酶。区室化途径可通过物理屏障提高靶向代谢物产生的效率，物理屏障可阻止代谢物交换并避免异源酶和宿主细胞之间不良的相互作用。因此，细胞器通过特殊的代谢反应从细胞基质中分离出来，可以进行修饰或模拟以改善产生所需化学物质的工程化途径（图2-43）。①线粒体包含许多中心代谢路径，如柠檬酸循环、氨基酸合成和脂肪酸代谢，而这些代谢路径能为化学品的生产提供广谱前体。在狭小封闭的线粒体进行催化反应，会进一步提高前体浓度进而提高催化反应的速率和代谢物的生产强度；此外，许多较高酶活性的生物合成途径都是在线粒体环境中（例如pH、氧浓度和氧化还原电位）实现的，这与细胞质中的不同。②过氧化物酶体在真核细胞中具有不同的形式和功能，为过氧化物酶体的多功能性和作为合成细胞器的适宜性提供了证据。因此,过氧化物酶体可设计为微区室,通过清除其内源基质蛋白而不抑制细胞生长,并且还用作生物合成难以在细胞质中积累的异常代谢物的位点,例如脱氧乙酰叶黄素和青霉素。③羧酶体是一种基于蛋白质的细胞器,为蓝藻中的二氧化碳固定提供微区,并进一步用于特定的化学品生产,可以是由二氧化碳合成例如白藜芦醇、柚皮苷和对香豆酸。此外,基于羧基壳基因和一些代谢操纵子基因之间的序列相似性,建立了许多具有不同形状和拓扑结构的区室,用于通过过表达不同水平的外壳蛋白,保护代谢反应系统免受其他细胞内代谢物的干扰,从而增强目标产物的积累。总之,由于在浓缩底物和酶,隔离途径中间体的毒性,绕过抑制性调节网络和避免竞争途径方面的特殊功能,区间工程具有代谢工程和合成生物中多种化学品生产的巨大潜力,然而,区间的渗透性和稳定性未来仍需要改进。

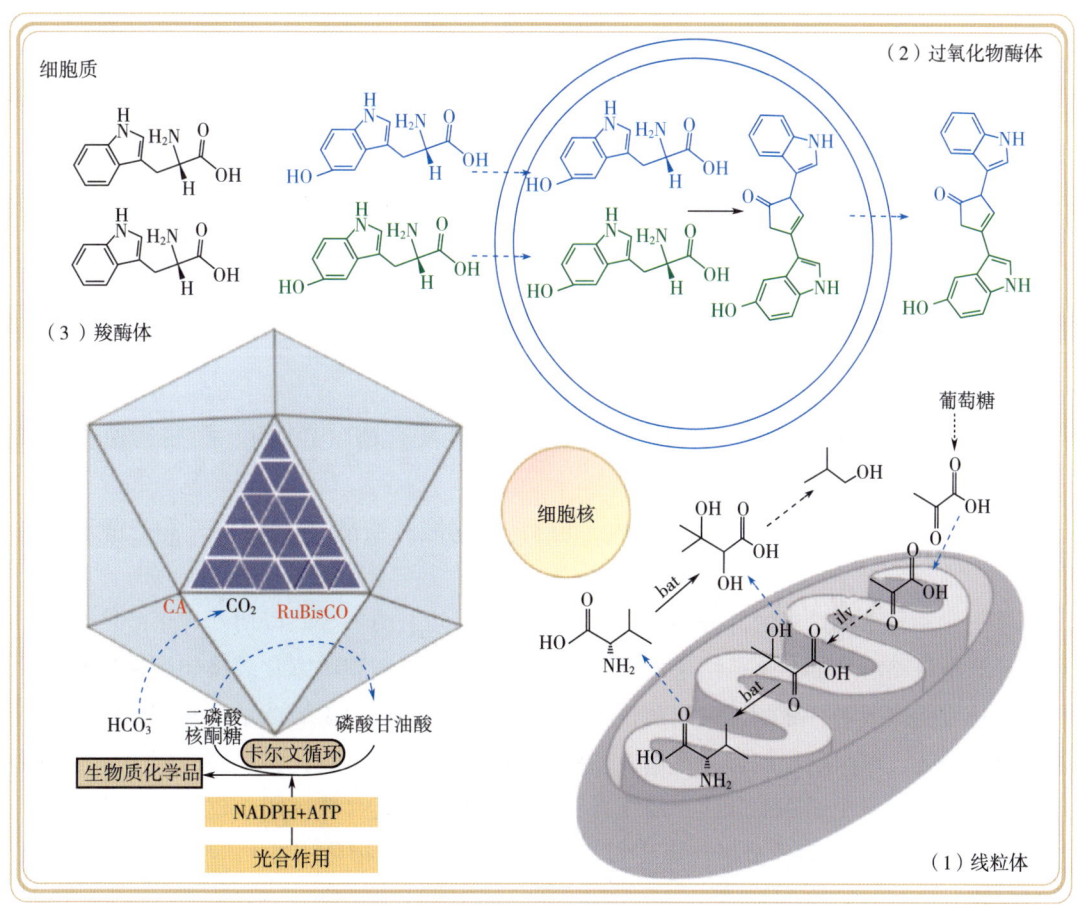

图 2-43 区间工程概念图

1. 线粒体工程

作为维持宿主生物中合成途径和细胞内环境之间稳态的新兴策略,线粒体工程可以通过将途径酶共定位到线粒体中来改善途径代谢物和酶的局部浓度,可以限制途径中间体的积累，降低前体丢失的可能性并且捕获中间体和产物的毒性。因此，线粒体工程是真核生产宿主途径工程的可行策略。

异丁醇是食品、医药、化工等领域的重要平台化合物。另外，异丁醇也是一种理想的汽油添加剂或替代品。在 S. cerevisiae 中异丁醇的生物合成始于丙酮酸，该途径包含两部分（图 2-44）：

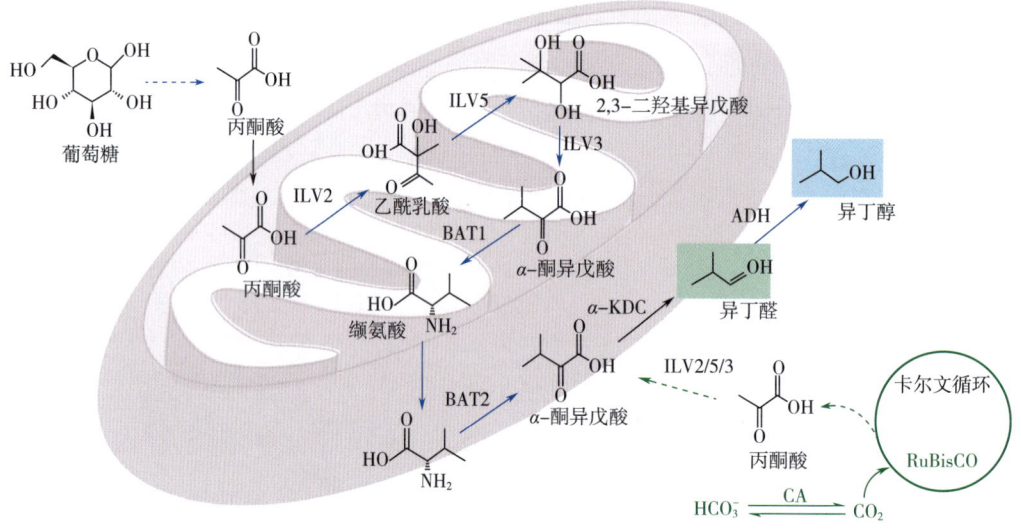

图 2-44　异丁醇和异丁醛生物合成途径示意图

① 上游异丁醇途径仅限于线粒体，包括乙酰乳酸合酶（ILV2）、酮酸还原异构酶（ILV5）和二羟酸脱水酶（ILV3）。

② 下游异丁醇途径局限于细胞质内，包括 α-酮酸脱羧酶（α-KDC）和乙醇脱氢酶（ADH）。

基于此，异丁醇途径的部分构建通过在其自然区间上调一些酶以增加异丁醇产量，但异丁醇产量仅略有增加。这一结果的可能原因是复杂的亚细胞区室化。换句话说，酶的简单过表达可能造成各种瓶颈，中间产物跨膜运输可能会降低异丁醇产量，并使中间产物的消耗成为可能。解决这些瓶颈，利用 N 端线粒体定位信号 CoxⅣ，将完整的异丁醇通路靶向于线粒体，以避免通路亚分区，最终异丁醇的生产与在其自然区间中过表达相比增加了 260%。这一进展为线粒体分区化至少可以部分地提高中间物可用性和局部酶浓度提供了有效证据。

2. 过氧化物酶体工程

最近，酿酒酵母的亚细胞器如线粒体，已经被改造成通过在线粒体中自然积累的底物来产生化学品，从而限制了它在新的合成途径上的应用。如何选择或设计一种灵活的合成细胞器以扩大区室优势，使之适用于其他途径，仍是一个有待解决的问题。过氧化物酶体存在于许多真核细胞中，它是由单一膜包裹的富含蛋白质的基质组成。过氧化物酶体可以在发酵条件下完全被破坏而不会对细胞生长产生任何负面影响,这表明过氧化物酶体可用于通过清除其内源基质蛋白来建立正交的亚细胞区室,其功能通常是特定的物种和细胞类型,三种广泛分布的功能,即 H_2O_2 代谢、脂肪酸 β-氧化和青霉素生物合成已经被证实。

紫色杆菌素、脱氧紫色杆菌素和前脱氧紫色杆菌素(VDP)具有许多有趣的生物学特性,例如抗菌、抗病毒和抗癌活性。另外,紫色杆菌素是一种具有良好色调和稳定性的生物染料。许多细菌可以自然地积累 VDP 的混合物,并且 VDP 生物合成途径由 VioABC-DE 操纵子编码。VDP 的生物合成从 L-色氨酸开始,主要包括三个步骤(图 2-29):①L-色氨酸被色氨酸 2-单加氧酶(VioA)转化为吲哚-3-丙酮酸亚胺。②吲哚 3-丙酮酸亚胺通过聚酮化合物合酶(VioB)和紫色杆菌素合成酶(VioE)的共同作用缩合为前脱氧紫丁酸。③前脱氧紫丁香酸通过单加氧酶(VioC)和羟化酶(VioD)进一步加工为 VDP。尽管通过改造戊糖磷酸途径和 L-色氨酸途径,增强丝氨酸补充并消除 L-色氨酸抑制作用可在 E. coli 中获得了 VDP 的产量,但 VDP 的浓度仍然很低,这可能是由于局部途径工程中的代谢干扰和途径的低效率所致。因此,酵母过氧化物酶体被选择和重新利用,通过开发一种灵敏的高通量检测蛋白和代谢物进入过氧化物酶体,以及识别一种有效的信号肽来靶向外源蛋白进入过氧化物酶体。然后,通过在过氧化物酶体中共定位 VioA 和 VioB 以减少副产物变色酸和增加前脱氧紫色杆菌素的产量,在 VioE 限制的条件下重建前脱氧紫色杆菌素的途径,这种分区导致前脱氧紫色杆菌素的产量增加了 35%,而旁路副产物变色酸减少 61%。这项工作为使用过氧化物酶体作为合成细胞器奠定了良好的基础,并突出了实现这一目标的未来挑战。最近,过氧化物酶体也被用于酵母中烷烃的生产。通过靶向酶参与将游离脂肪酸转化为烷烃,通过脂肪醛转化为过氧化物酶体,与细胞质中相同途径的表达相比,有可能显著提高烷烃的产量。

3. 羧酶体工程

羧酶体是一种细菌微室(BMC),由许多亚基组成,包括六聚体和五聚体蛋白,它们可以形成外壳包裹碳酸酐酶(CA)和 1,5-二磷酸核酮糖羧化酶/加氧酶(RuBisCO)。它在卡尔文循环中发挥核心作用:HCO_3^- 被 CA 转化为 CO_2,然后 CO_2 和二磷酸核酮糖(RuBP)通过 RuBisCO 转化为 3-磷酸甘油酸(3PGA)。有了这些 BMC 能力,对 BMC 结构、孔复合体和靶向序列的进一步研究就有可能在工业菌株中重新利用新的合成途径。

异丁醛可用于生产从石油中提取的各种碳氢化合物,如异丁醇、异丁酸、缩醛、肟和亚胺。另外,异丁醛也用作香料和香料添加剂。为了生成异丁醛,缬氨酸生物合成途径在三种酶:乙酰乳酸合酶(ILV2)、酮酸还原异构酶(ILV5)与二羟酸脱水酶(ILV3)的催化下生成前体 2-酮异戊酸(图 2-44)。然后,2-酮异戊酸通过 α-酮酸脱羧酶(α-KDC)转化为异丁醛。为了增强异丁醛生产,枯草芽孢杆菌的 *ilv2* 基因,E. coli 中的 *ilv5* 和 *ilv3* 基因,以及乳酸乳杆菌的 α-KDC 基因在 *Synechococcus elongatus* 中整合表达,且工程菌 *S. elongatus* SA590 产 723mg/L 异丁醛,平均产率为 2.5mg/(L·h)。这一低生产率表明二氧化碳固定可能是异丁醛生产的瓶颈之一。为了弥补 Calvin-Benson-Bassham 循环中 RuBisCO 的固有局限性,将 *S. elongatus* PCC6301 中附加的 *rbcLS* 基因整合到 *S. elongatus* SA590

的 *rbcLS* 基因下游，结果发现，*S. elongatus* SA665 的 RuBisCO 活性比菌株 *S. elongatus* SA590 高 1.4 倍。*S. elongatus* SA665 能产生 1.1g/L 异丁醛，产率为 6.23mg/（L·h），约比 *S. elongatus* SA590 高 2.0 倍。这些结果证明了利用羧酶体工程将二氧化碳直接生物转化为燃料和化学品的前景。

（八）模块化路径工程

如何优化和平衡多基因途径是菌株改良的一大挑战。通常，在传统的路径工程中，一个瓶颈的结束是另一个瓶颈的开始。在涉及多条路径的优化中，采用逐一路径代谢工程优化的方式往往需要经历多轮的菌株构建、筛选、优化等改造，时间和经济成本非常高。为了解决这一问题，路径模块化这一概念应运而生，采用人为划分的方式，将多条路径划分为多个小模块，精细控制不同表达水平的各个模块，同时组装多个模块生成菌株库。利用这一策略，通过对菌株库的一轮筛选，可以有效地识别出代谢通量平衡的高产菌株。近年来，模块化途径工程已成功地应用于生产各种生物化学品，可采用三种不同的方法（图 2-45）：①基于生物化学的模块化：中间体的积累不仅会对细胞生长产生毒性，还会导致途径酶的反馈抑制以及副产物的形成，从而限制了产物途径的生物合成效率。以生物化学为基础的模块通过精细分析代谢物的化学和物理性质，设计优化不必要代谢中间体的生产。这种模块方法通过减少对化学品生物合成的竞争和对代谢平衡的干扰，可以有效地

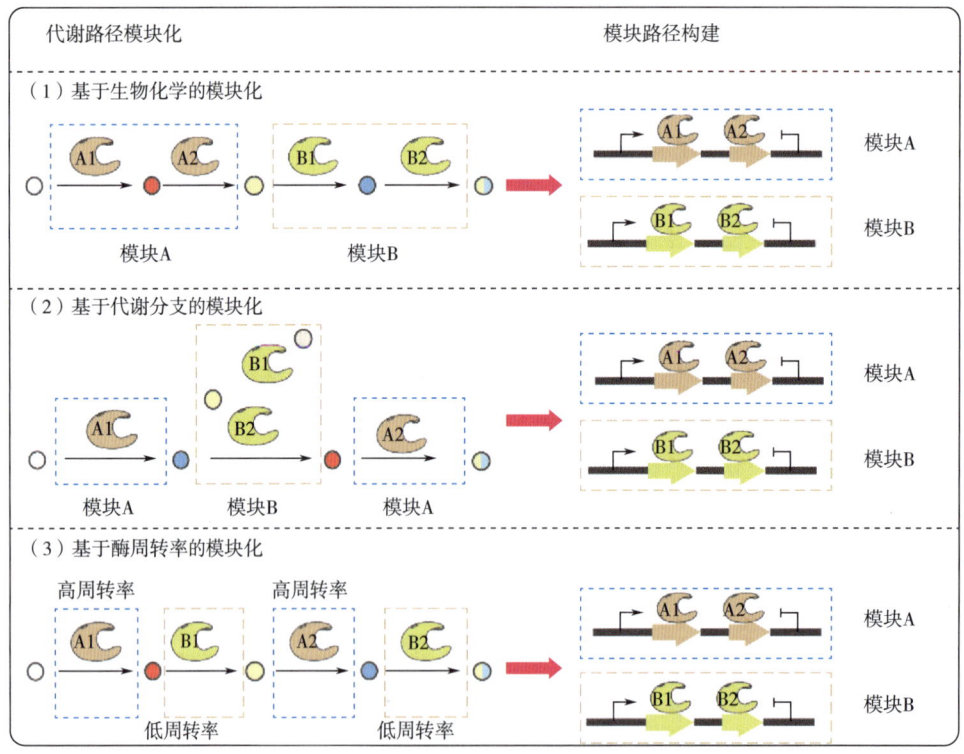

图 2-45　模块化工程总图

提高中间体的有效性。②基于代谢分支的模块化：当微生物的天然代谢通过操纵内源性基因和引入异源途径被重新利用时，会造成途径通量的显著失衡。基于代谢分支的模块被构建来微调分支途径和中心途径之间的通量比率，进一步达到适当量的前体和目标化学品生产的途径的合理设计。③酶周转率的模块化：生物合成途径中的一些瓶颈通常由具有低或高转换率的酶引起，其可通过将必需资源重新分配到非必要的新陈代谢中而造成细胞不适应性。基于酶周转率的模块用于组织和控制关键酶进入不同的模块，以实现通路酶的重新用途的平衡，从而提高中间代谢物的传输效率和提高目标化学品的生产。模块化途径工程有效地重建代谢平衡和改善代谢产物的生产。进一步的研究可能侧重于将这种方法与计算和分析工具相结合，以准确设计和控制合成途径的表达。

1. 基于生物化学的模块化

最近，许多遗传工具被开发用来组合和全局优化工业菌株的合成途径。然而，中间产物的积累会对细胞生长产生毒性，引起通路酶的反馈抑制，并导致副产物的形成。

紫杉醇是从太平洋紫杉树的树皮中分离出来的一种物质，是一种抗肿瘤药物，对一系列癌症具有强大的活性。由 3-磷酸甘油醛和丙酮酸合成紫杉醇的途径包括两个部分（图 2-14）：①上游的类异戊二烯途径可以产生两种结构成分，异戊烯二磷酸（IPP）和二甲基烯丙基二磷酸二甲酯（DMAPP），由 1-脱氧-D-木酮糖-5-磷酸合酶（DXS）、1-脱氧-D-木酮糖-5-磷酸还原异构酶（IspC）、4-二磷酸胞苷基-2C-甲基-D-赤藓糖醇合酶（IspD）、4-二磷酸胞苷基-2C-甲基-D-赤藓糖醇激酶（IspE）、2C-甲基-D-赤藓糖醇-2,4-环二磷酸合酶（IspF）、1-羟基-2-甲基-2-(E)-丁烯基 2-丁烯基-4-二磷酸合酶（IspG）、4-羟基-3-甲基-2-(E)-丁烯基-4-二磷酸还原酶（IspH）、异戊烯基二磷酸异构酶（Idi）催化。②异源下游萜类途径可被设计生成紫杉醇前体，由香叶基二磷酸合酶（GGPPS）、紫杉二烯合酶（TS）、紫杉烷-5α-羟化酶（T5α-OH）催化。在 $E.\ coli$ 和 $S.\ cerevisiae$ 中，通过协调过表达上下游途径的关键酶，重构了紫杉醇前体途径，但其浓度均被限制在 10mg/L。为了增加紫杉醇前体的产量，紫杉烯生物合成途径分为上游模块（DXS、IspD、IspF 和 Idi）和下游模块（GGPPS、TS、T5α-OH）。然后同时优化两个模块的基因表达水平，通过调节启动子强度和质粒拷贝数来减少吲哚的积累，从而减轻其对异戊二烯途径活性的抑制。紫杉烯的最终产量比对照菌株提高了 15000 倍，补料间歇式生物反应器发酵产量为 1.02g/L。这种模块化方法不仅有利于简化影响通路通量的主要参数，而且有利于在不进行高通量筛选的情况下确定最优平衡的通路。

2. 基于代谢分支的模块化

目前，代谢工程师可以重新配置生化网络，直接将可再生原料转化为微生物中有附加值的化合物。然而，当微生物的天然代谢通过操纵内源性基因和引入异源途径被重新利用时，途径通量的显著失衡经常被引入。为了克服这种不平衡，我们构建了基于代谢分支的模块，通过单独控制中央代谢来增加前体的供应。

(2S)-松属素用作抗氧化剂和抗凋亡药物以减少脑损伤，还用作合成各种黄酮类，如高良姜、二氢黄酮醇和白杨素的前体。通过 L-苯丙氨酸途径生成 (2S)-松属素需要四步催化步骤（图2-39）：①L-苯丙氨酸被苯丙氨酸氨裂合酶（PAL）转化为肉桂酸；②通过4-香豆酸酯：CoA连接酶（4CL）将肉桂酸转化为肉桂酰基-CoA；③通过查尔酮合酶（CHS）将3mol丙二酰CoA与1mol肉桂酰基-CoA缩合形成（2S）-松属素查尔酮；④（2S）-松属素查尔酮经尔酮异构酶（CHI）转变为（2S）-松属素。先前的研究在证明（2S）-松属素在 E.coli 中生物合成的可行性方面取得了很大的进步，并且（2S）-松属素的产量增加到29.9mg/L。尽管传统的代谢工程可以使（2S）-松属素的产生适度增加，但通常会导致多基因途径表达失衡，从而导致酶的过量生产或减产以及中间代谢产物的积累。因此，可以采用基于代谢分支的模块化途径工程来实现多种途径之间的平衡，并在（2S）-松属素生产中获得更好的结果。（2S）-松属素的生物合成途径被分为四个模块：模块1由 aroF^{wt} 和 pheA^{fbr} 组成，用于生产苯丙氨酸。模块2由PAL和4CL组成，用于生产肉桂酰CoA。模块3由丙二酸合成酶（matB）和丙二酸载体蛋白（matC）形成，以提供丙二酰CoA。模块4包含CHS和CHI用于（2S）-松属素的生产。在此基础上，可以适当地调节这四个模块的表达水平，以通过修饰质粒拷贝数和优化基因密码子偏好性来获得一条平衡的途径，最终（2S）-松属素的浓度增加至40.02mg/L。

3. 基于酶周转率的模块化

在菌株工程中，途径通量的不平衡会通过将细胞生长的必要资源转向非必要的途径酶的生产而损害细胞的适应度。实现这种最佳途径平衡是产生目标代谢物的关键步骤，因为这种平衡可以显著促进细胞健康、产品浓度、产量和生产力。因此，优化基于酶周转率的模块，通过代谢途径中的酶周转率对关键酶进行重排，提高中间代谢物的传输效率。

（2S）-柚皮素在药物，例如抗氧化药物、抗癌药和抗肿瘤药的适应证中具有广泛的应用。（2S）-柚皮素的生物合成从L-酪氨酸开始，主要包括两个步骤（图2-39）：①L-酪氨酸被酪氨酸氨裂解酶（TAL）脱氨成对香豆酸，然后对香豆酸通过4-香豆酸盐CoA连接酶（4CL）转化为香豆酰CoA；②香豆酰CoA与三分子丙二酰CoA缩合，通过查尔酮合酶（CHS）形成（2S）-柚皮素查尔酮，最后通过查尔酮异构酶（CHI）转化为（2S）-柚皮素。先前的研究已经证明了（2S）-柚皮素的生物合成是可行的，它可以过表达TAL、4CL、CHS和CHI并优化酶的来源和基因表达水平，该菌株能够产生29mg/L的（2S）-柚皮素。通常，单个途径中的这些修饰需要额外的前体来改善碳通量，但下游途径可能无法容纳该通量从而导致中间代谢产物的积累。为了克服这些困难，使用基于酶转换速率的模块化途径工程技术将（2S）-柚皮素生产的初始合成途径分为三个模块：①模块1由TAL和4CL组成；②模块2包含CHS和CHI；③模块3包含了matB和matC。在此基础上，通过修饰质粒拷贝数和启动子强度，进一步平衡了（2S）-柚皮素的生物合成途径，最佳菌株能够产生100.64mg/L的（2S）-柚皮素。

（九）基因组规模工程

基因组规模工程构建基因型产生期望的表型，通过基因组的改变工程化工业菌株是一个挑战。应用基因组规模的方法进行代谢工程可以通过精确地修改基因组DNA片段来解决许多生物学问题，如调控域和启动子序列。已经开发了强有力的靶向诱变方法（图2-

46):①全局转录因子工程（gTME）是一种通过引入主要介导 DNA 识别的主转录因子突变来重新编程基因转录和诱导细胞表型的方法。这一方法可大大提高细胞的耐受性，并改善代谢产物生产的前景。②多元自动基因组工程（MAGE）是一种利用短寡核苷酸无选择地修改基因组，并通过引入少核苷酸介导的等位基因替换来在单个细胞或细胞群中产生失配、插入、缺失，从而产生组合基因组多样性的方法。这种方法比现有的代谢工程技术更有效地设计和进化具有新的和改进的特性的生物体。③可追踪的多元重组工程（TRMR）是一种通过在每个基因上游插入合成的 DNA 片段和分子条形码来创建数千个特定基因修饰和构建基因组突变文库的方法。该方法可用于定量分析全基因组尺度生长表型，准确绘制环境耐受幅度，大幅提高目标产品产量。综上所述，基因规模工程是有效的多元修饰内源性基因和调控元素来研究基因的功能之间的交互网络，推动生物系统工程的限制来获得所需的功能，如增加所需的化学品的生产和改善环境的适应性。因此，基因组规模工程仍然需要更精确地选择靶向基因，更多样化的基因修饰方法，更合理地设计和构建文库的技术。

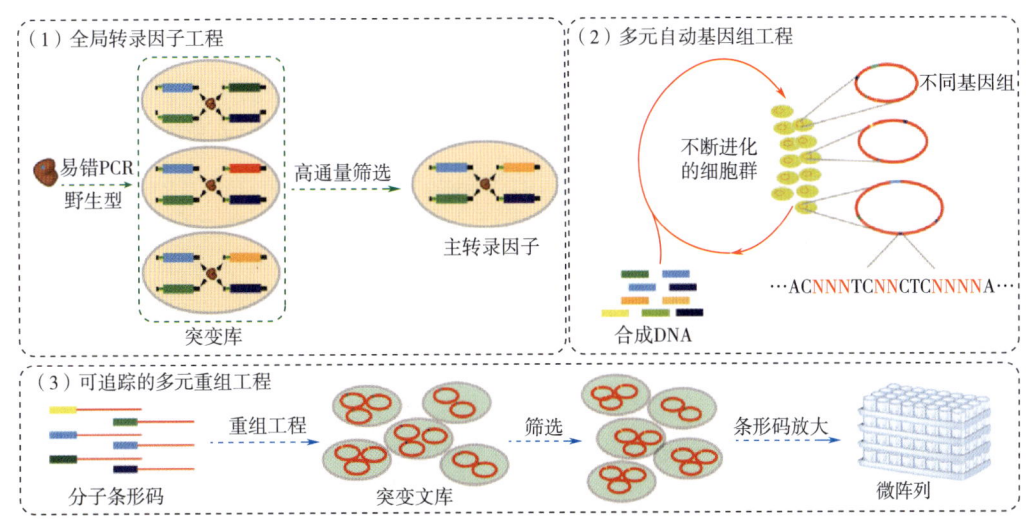

图 2-46　基因组规模工程总图

1. 全局转录因子工程（gTME）

大多数细胞表型受许多基因的影响。因此，通过修饰转录因子改变启动子的组合度，可以构建出预期的表型。也就是说，通过在转录水平上筛选多个基因同时修饰的菌株，可以显著提高目标产物产量。gTME 是基因转录重编程揭示细胞表型的有效方法。

L-酪氨酸是一种芳香族氨基酸，被广泛用作合成药物、可生物降解的聚合物、黑色素和苯基丙烷的前体。L-酪氨酸的生物合成途径是草酸酯途径的一个分支（图 2-17），其始于 4-磷酸赤藓糖（E4P）和磷酸烯醇式丙酮酸（PEP），主要包含 9 种酶，即 3-脱氧-D-阿拉伯庚酮糖酸（DAHPS）-7-磷酸合成酶（aroG）、3-脱氢奎尼酸（DHQ）合成酶（aroB）、DHQ 脱水酶（aroD）、莽草酸酯脱氢酶（aroE/ydiB）、莽草酸酯激酶Ⅰ/Ⅱ

(aroK/aroL)、5-烯醇式丙酮酸莽草酸酯-3-磷酸（EPSP）合酶（aroA）、分支酸合酶（aroC）、分支酸突变酶/苯甲酸酯脱氢酶（CM/PDH）和酪氨酸转氨酶（TyrB）。L-酪氨酸途径工程主要集中于消除 aroG 和 CM/PDH 的反馈抑制作用，表达关键酶 aroK/aroL、ydiB、磷酸烯醇式丙酮酸合酶（PEPS）和转酮醇酶（TKT），删除 L-苯丙氨酸生物合成的分支，并改变葡萄糖转运系统。尽管如此，仍然可能难以实现许多重要的多基因表型，这可能是由于基因型和表型之间不可预测的脱节常常成为工程生物系统的主要障碍。为了提高工程表型的效率，gTME 在通过重新编程细胞转录组来引入表型多样性方面特别有效。选择具有 $aroG^{D146N}$-$CM/PDH^{M53I/A354V}$ 操纵子的 E. coli P2 作为构建 gTME 来源文库的起始菌株。E. coli P2 中的 RNA 聚合酶 α 亚基（rpoA）和主要 σ 因子 $σ^{70}$（rpoD）在调节全局转录中起重要作用，它们被突变形成两个基于质粒的诱变文库。最后，成功分离出三个菌株在 L-酪氨酸产率和浓度上均表现出明显的提高。在大规模发酵中，L-酪氨酸最高的浓度高达 13.8g/L，比理性工程菌株提高了 114%。

乙醇是源自发酵工业的最重要产品之一，它主要用作生物燃料，但也可用于乙烯生产。S. cerevisiae 通常被认为是乙醇的最佳生产菌。然而，作为一种有毒代谢产物，乙醇对细胞生长有很强的抑制作用，这限制了乙醇的生产力。虽然高重力发酵技术可以在一定程度上降低这种抑制，但在连续搅拌槽式生物反应器和管式生物反应器中仍会出现较强的底物抑制。传统方法限制了菌株改良的成功率。与传统方法相比，gTME 旨在通过修饰转录因子行为和重编程基因转录来获得工业应用的细胞表型。标准单倍体 S. cerevisiae BY4741，含有内源性、未突变的 TATA 结合蛋白（SPT15）及其相关因子（TAF25）用于从 SPT15 和 TAF25 产生两个 gTME 突变体文库。在这些突变中，$SPT15^{F177S/Y159H/K218R}$ 显示出理想的表型，其赋予乙醇和葡萄糖耐受性以及从葡萄糖到乙醇的更有效转化。因此，gTME 可以提供改变传统方法难以获得的细胞表型的有效途径。

2. 多元自动基因组工程

大多数生物产物涉及多步酶促反应，因此必须同时协调多个基因的表达以改善产物的形成。多元自动基因组工程（MAGE）同时针对单个细胞或整个细胞群体中染色体的多个位置进行修饰，从而产生组合基因组多样性。这种方法需要一个寡核苷酸池，而每个寡核苷酸都包含一个基因的突变。电穿孔合成 DNA 寡聚物进入细胞可能导致单个细胞或细胞群的不匹配、插入、缺失，从而产生组合基因组多样性。

靛蓝被认为是最古老的纺织品染料，已被广泛用于棉织物和羊毛织物的染色。靛蓝可由色氨酸生物合成中间体吲哚通过异源表达 Methylophaga aminisulfidivorans MP^T 中的一种含黄素单加氧酶（FMO）生成，包括三个步骤：①色氨酸通过色氨酸合酶（trpA）转化为吲哚；②通过 FMO 将吲哚氧化为 2-羟基吲哚、3-羟基-吲哚和靛红；③在氧气存在下合成靛蓝。近来，已经报道了一些关于通过表达单加氧酶或双加氧酶增加吲哚生成以生物合成靛蓝的研究。但是，由于吲哚对细胞生长有毒，因此靛蓝的收率很低。应该探索新的底物，例如葡萄糖。为了优化从葡萄糖开始的复杂色氨酸生物合成途径，通过将短功能性 DNA 片段引入 E. coli EcHW47 基因组中来进行 MAGE，该反馈功能与色氨酸生物合成有关的反馈调节和变构抑制作用被删除。换句话说，选择了 20 个碱基对的 T7 启动子，以插入参与 E. coli EcHW47 中色氨酸生物合成的 12 个基因组操纵子的上游，从而产生突变体的组合文库。最终，成功获得了具有 12 个 T7 启动子插入的 80 个突变体，E. coli EcHW47 突变体 H33 通过将 aroC 和 trpE 的 T7 启动子插入和过表达 FMO 结合，靛蓝产量增加了 62%。这些结果表明，MAGE 提供了一种修改内源基因和调控元件的新方法，并在克服生物系统限制的基因组规模工程中取得了巨大进展。

3. 可追踪的多元重组工程

MAGE 的应用需要代谢途径的特定基因的知识。然而，如果目标基因是未知的，可跟踪的多元重组（TRMR）可能是一种选择。首先，构建含有分子条形码序列的突变文库。然后，这些合成的 DNA 片段被转化成感受态细胞，从而产生数千个突变体。最后，如果性能得到很大改善，可以利用分子条码跟踪技术确定突变位点。

生物燃料作为汽油的替代品具有巨大的潜力和前景，特别是如果它可以由木质纤维素材料，如木材、农业和森林残留物生产的话。为了在发酵中使用木质纤维素原料，如杨树和玉米秸秆，聚合物链中的糖必须被释放。为了达到这一目的，必须进行充分的预处理以产生水解产物，即含糖液体。然而，这种预处理过程也会产生多种抑制发酵性能的化合物，如乙酸、呋喃衍生物和酚类化合物。尽管 E. coli、S. cerevisiae 和 Zymomonas mobilis 是公认的最有希望工业化生产生物燃料的微生物，每种菌株在天然底物利用率、生产能力和耐受性方面都存在局限性。E. coli 可以天然地利用己糖和戊糖作为碳源，但必须补充异源乙醇生产途径来生产生物燃料。此外，E. coli 适合基因改良，有望提高生物燃料生产能力。因此，利用 TRMR 构建全基因组文库，在每个基因上游插入合成 DNA 盒和分子条形码，实现对 E. coli 基因表达的修饰。基于微阵列分析，通过提供最初以低浓度存在的合成 DNA 寡核苷酸，少数重组菌落被选择进行递归多元重组。许多修饰赋予了适应性优势以改善细胞在水解物中的生长，如一些关键基因的初级代谢、RNA 代谢和糖运输的上调突变。在这些阳性突变中，有 4 个突变赋予了对乙酸盐较高的耐受性。

（十）多重基因组编辑

近年来，随着快速全基因组测序、大型基因组注释和靶向基因组编辑工具的发展，实现了多重基因组编辑的规划。多重基因组编辑是一种重新设计的策略，具有理性的代谢途径设计，可扩展多种生物（如微生物、植物和动物）的产品组合。此外，多重基因组编辑可广泛用于精确编辑基因组，如基因整合、替换和删除。

根据编辑机制，基因组编辑可分为三种方法（图 2-47）：①锌指核酸酶（ZFNs）编辑：包括非特异性内切酶 Fok Ⅰ引入双链断裂（DSBs）和锌指蛋白结合特定目标 DNA，可通过模块化组装（MA）、寡聚池工程（OPEN）和上下文依赖组装系统（CoDA）进行组装。②转录激活因子样效应核酸酶（TALENs）编辑：由非特异性核酸内切酶 Fok Ⅰ组成，引入 DSBs 和 TALEs 蛋白结合特定靶 DNA，可通过 golden gate、快速连接自动固相高通量（FLASH）和 LIC 组装。③聚簇规则间隔短回文重复序列（CRISPR）编辑：此编辑由 Cas9 内切酶组成，引入 DSBs 并引导 RNA 与靶 DNA 配对。上述三种通用的、可预测的

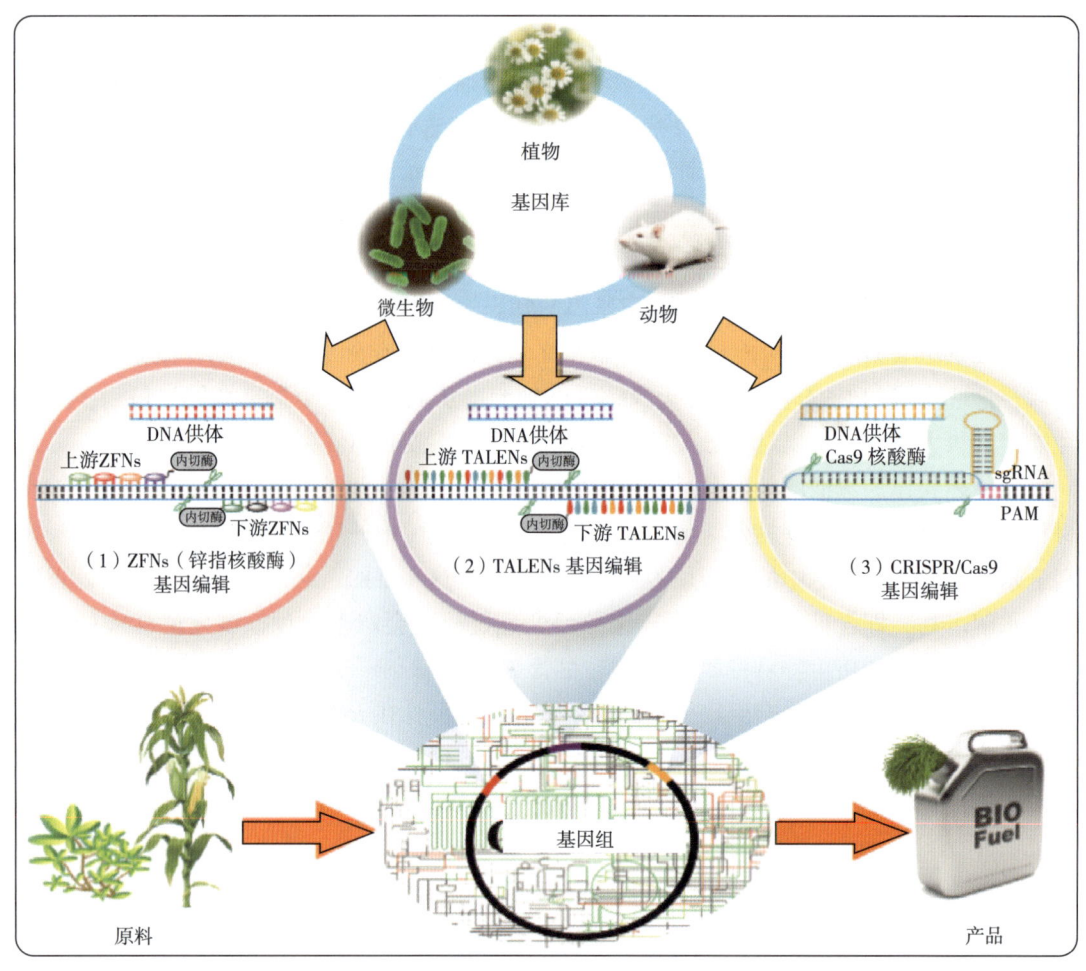

图 2-47 基因编辑概念图

Cas9 Nuclease：RNA 导向的序列特异性双链 DNA 内切酶；PAM：前间隔序列邻近基序；sgRNA：向导 RNA

多元基因组编辑工具，为多位点高通量编辑基因组、改变生物合成途径、消除负反馈开辟了新的窗口，避免了随机突变、Cre/loxp 和 Flp/FRT 系统的许多瓶颈。例如，Flp/FRT 系统在每个基因组操作周期中留下的伤疤会大大降低后续多基因敲除的效率。基因组编辑虽然取得了很大的进步，但仍处于起步阶段，需要在以下三个方面进行改进：①尽量减少脱靶酶；②避免目标序列限制；③扩大基因组编辑范围。作为系统代谢工程的重要组成部分，多元基因组编辑在引入合成路线和平衡代谢通量方面的进展显示了其在不同领域的新应用。

1. ZFNs 编辑

锌指核酸酶（ZFNs）含有来自特定 DNA 结合蛋白的杂合蛋白和核酸内切酶 Fok Ⅰ 的非特异性切割结构域。每个锌指蛋白含有多个锌指结构域，Cys2-His2 锌指结构域是真核生物中最常见的 DNA 结合基序类型。单个锌指结构域由保守的 β-β-α 构型中的约 30 个氨基酸组成。通过在 α 螺旋上取代氨基酸残基，可以产生许多锌指结构域。此外，由于

FokⅠ核酸酶起二聚体的作用，因此需要能够识别靶 DNA 相反链上相应序列的两个人工锌指蛋白才能诱导双链断裂（DSB）。

非岩藻糖基化抗体可以在体外大大提高抗体依赖性细胞的细胞毒性。目前，中国仓鼠卵巢（CHO）细胞是生产抗体最常用的哺乳动物宿主，因为它能够生产具有类似人翻译后修饰的重组蛋白。然而，由 CHO 细胞产生的天然抗体通常被 α-1,6-岩藻糖基转移酶（Fut8）岩藻糖基化。因此，CHO 细胞中 fut8 基因的破坏对于产生非岩藻糖基化抗体至关重要。然而，通过同源重组破坏常规基因是费力的过程，并且编辑效率极低。为了满足这些需求，开发了位点特异性基因组编辑工具 ZFNs 用于 CHO 细胞的修改。在该程序中，测定了两个可以分别识别 Fut 基序Ⅱ上的 15 和 18 个核苷酸的 ZFNs，并将其转染到 CHO-K1 细胞中。具有表型修饰的靶细胞可以在不到 3 周的时间内以 5% 的频率进行筛选。与其他方法相比，该方法以更少的时间和更高的效率加快了基因敲除的进程。此外，证据还表明，此方法对工程改造的 CHO 细胞没有负面影响，例如细胞生长和产量。

2. TALENs 编辑

TALENs 最早在植物黄单胞菌中发现。TALENs 的关键 DNA 结合区域由 13~29 个重复氨基酸单元组成，除了第 12 和第 13 个氨基酸残基外，其他氨基酸高度相似。这些重复可变双残基（RVDs）是确定核苷酸识别特异性的关键模块。由于 RVD 与其对应的核苷酸之间的关系具有高特异性，TALENs 编辑在许多领域显示出其更容易位点修饰和更好的模块化组装等优势，并在大鼠和人类细胞的基因组工程中取得了巨大的成功。

三酰基甘油（TAG）是脂质代谢中能量的关键储存形式，是生物柴油生产的主要原料。TAG 可以通过微藻中的三个主要步骤产生（图 2-20）：①质体中乙酰 CoA 的羧化；②质体和胞质溶胶中酰基链的延长；③在内质网中形成 TAG。通常，TAG 积累与微藻中的环境胁迫相关，这增加了获得具有高 TAG 含量的宿主的难度。因此，从微藻中大规模采集会导致低产量和生物量消耗。此外，报道的基因组修饰以提高 TAG 生产力受到其二倍体基因组和微藻序列信息不足的限制。最近，TALENs 编辑是通过靶向三个不同模块中的七个基因进行的，涉及 *Phaeodactylum tricornutum* 中的脂质代谢，包括：①脂质含量模块含有三种酶，UDP-葡萄糖焦磷酸化酶、3-磷酸甘油脱氢酶和烯酰-ACP 还原酶；②酰基链长度模块由长链酰基 CoA 延长酶和推测的棕榈酰基-蛋白质硫酯酶组成；③脂肪酸饱和度模块由 ω-3 脂肪酸去饱和酶和 δ-12-脂肪酸去饱和酶组成。在对所选菌落进行扩增子测序后，可以获得 56% 的最高基因修饰效率。最后，通过 TALENs 编辑产生的 UDP-葡萄糖焦磷酸化酶失活菌株与原始菌株相比，TAG 含量增加了 45 倍。这些结果表明 TALENs 编辑具有操纵代谢途径，为硅藻合成生物学奠定了基础。

3. CRISPR/Cas9 编辑

CRISPRs 编辑最初是通过生物信息学分析在原核生物中鉴定的。Ⅱ型 CRISPR/Cas9 系统由于其简单和高效而广泛用于生物技术。在该系统中，引入 *Streptococcus pyogenes* 内切核酸酶 Cas9，在单链 RNA 的指导下，可在 NGG-PAM 上游的互补基因组序列中产生双链断裂。此外，Cas9 还可以通过破坏其核酸酶活性，在基因激活或抑制中转化为特异性效应物。

β-胡萝卜素是一种广泛存在的色素，被认为是优良的药品和营养品，是化妆品和食品的重要添加剂。生物合成 β-胡萝卜素途径由 5 个模块组成：糖酵解模块、甲羟戊酸（MEV）模块、2-C-甲基-赤藓糖醇-4-磷酸（MEP）模块、戊糖磷酸（PP）模块和 β-胡萝卜素合成模块。提高 β-胡萝卜素产量的策略可以通过前体补充、合成途径扩增、基于模型的系统基因预测、模块平衡。然而，由于代谢途径中的基因众多，进行代谢修饰是一个效率低、耗时长的过程。最近，通过 CRISPR/Cas9 编辑以提高 β-胡萝卜素的产量。在这个系统中，各种各样的基因组修饰，比如基因插入、删除和替换可在每个周期 2d 内完成，编辑效率接近 100%。最后，共测试了 33 个基因组修饰形成了 100 多个遗传突变体，其中工程菌株 *E. coli* ZF237T 经过组合优化后，β-胡萝卜素最大浓度为 2.0g/L。

（十一）转运工程

转运工程包括输入蛋白和输出蛋白，是提高化学品生产的代谢工程的常用策略之一。通常，细胞质中产生的目标化学品需要通过输出蛋白（例如二次外排泵）运出细胞。这种转运有利于减少目标化学品的细胞内浓度，从而避免反馈抑制和生长毒性，最终实现目标化学品的最大产量。同时，如 ABC 转运体等输入蛋白应被去除，以防止细胞外产物重新引入细胞内，或表达以提高细胞外营养物质的吸收。因此，转运蛋白工程可分为两大类（图 2-48）：①ABC 转运蛋白由四个结构域组成：两个胞浆核结合结构域水解 ATP 作为能量源驱动转运，两个跨膜结构域结合化合物并提供转运通道。ABC 转运蛋白主要分为两种

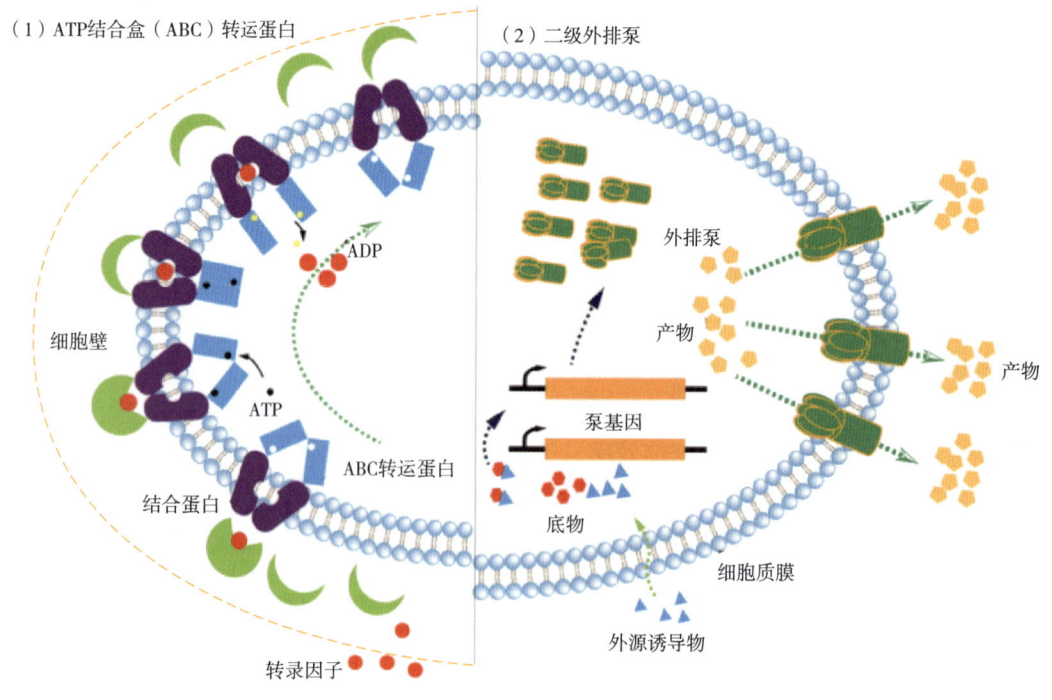

图 2-48 转运工程概念图

类型：输出蛋白输出最终产品，防止其在细胞内积聚；输入蛋白促进底物吸收，促进细胞生长。②二级外排泵由三个蛋白质亚基组成：胞质膜输出蛋白、周质连接剂和外膜通道，其中以质子或钠梯度为能量的膜输出蛋白负责化合物识别和质子交换。二级外排泵能从细胞中有效地排出有毒化合物，在减轻毒性和提高生产效率方面的潜在作用引起了广泛关注。如上所述，通过合理利用转运蛋白，可以识别化合物并在细胞内外转运，使细胞工厂对目标代谢物和其他化合物具有较强的耐受性，从而提高目标化合物的产量。然而，由于某些转运蛋白的过表达通常对细胞生长有害，转运蛋白工程并不总是能够有效地提高生产浓度。在未来，转运工程的发展方向应是探索具有低泵毒性和更优底物特异性的转运蛋白，以提高耐受性和生产力。

1. ABC 转运蛋白

ATP 结合盒（ABC）转运蛋白是催化底物转运的主要转运蛋白，以 ATP 为能量来源。ABC 转运蛋白包括两部分：两个跨膜结构域结合化合物并提供移动通道；两个细胞质核苷结合区域水解 ATP 和驱动运输。ABC 转运蛋白的应用可以减少细胞内目标化学物质的积累，同时增加细胞外目标化学物质的浓度。

阿维菌素作为有效的农业杀虫剂和抗寄生虫剂，广泛应用于兽医学和农业领域。*Streptomyces avermitilis* 被广泛用于生产阿维菌素，但同时 *S. avermitilis* 产生多种有毒的大环内酯寡聚霉素，从而导致产物抑制代谢途径中的酶。为了解决这个问题，对 *S. avermitilis* 的整个基因组进行了测序，重点是阿维菌素生物合成的基因簇。阿维菌素的生物合成可以分为四个步骤：起始单元的生物合成，初始糖苷配基的形成，阿维菌素糖苷配基的修饰，阿维菌素糖苷配基的糖基化。通过过表达 S-腺苷甲硫氨酸合成酶（MetK），构建主要 Sigma 因子（HrdB）的突变体文库，控制转录调节因子 SAV151 及其靶基因来增加阿维菌素的产量，但该产品的毒性仍大大增加。进一步的序列分析表明，在基因簇的上游存在 *avtAB* 基因，该基因与哺乳动物多药外排泵高度同源，这说明 AvtAB 泵可能在阿维菌素生物合成的分泌或转运效应分子方面发挥重要作用。最后，AvtAB 泵的过表达导致阿维菌素生产率提高 1.5 倍，而细胞内与细胞外阿维菌素的比例从 6∶1 降至 4.5∶1。ABC 转运蛋白有助于输出内源性次生代谢产物，从而防止自身中毒，减少反馈抑制并增加代谢产物的产生。

2. 二级外排泵

二级外排泵可以利用质子梯度或钠梯度作为能量源进行底物转移。它们由三个蛋白质亚基组成：胞质膜输出蛋白（CMEP）、胞质周连接蛋白和外膜通道蛋白。在这些亚基中，CMEP 负责化合物识别和质子交换。二级外排泵已用于从细胞中排出有毒化合物，从而减轻产品毒性和增加代谢产物生产率。

柠檬烯被认为是安全的化合物，可以用作多种药物和商品化学品的前体。柠檬烯由真核生物中的 MEV 途径或原核生物中的 DXP 途径由异戊烯基二磷酸酯（IPP）和二甲基烯丙基二磷酸酯（DMAPP）合成。IPP 和 DMAPP 通过牻牛儿二磷酸合酶（ERG20）缩合为牻牛儿焦磷酸，然后通过柠檬烯合酶（LS）转化为柠檬烯。DXP 途径的后续代谢工程化通过过表达 AtoB、ERG13、tHMGR、ERG12、ERG8、ERG19 和 Idi 导致 IPP 和 DMAPP 过量生产，并且这种过量生产可通过过表达截短且经密码子优化的来源于 Mentha spicata 的 LS 基因和来自 Abies grandis 的 ERG20 基因产生柠檬烯。改造后的工程菌株可以产生 2.7g/L 柠檬烯。然而，由于单萜类如柠檬烯的毒性和挥发性，其微生物生产受到限制。为了提高柠檬烯的耐受性和产量，生物信息学被用于从细菌基因组中生成一系列外排泵，并确定克隆的目标序列子集。所得的 43 个泵的文库在生产柠檬烯的 E. coli 菌株中异源表达，结果表明，过表达的来自 Alcanivorax borkumensis 的外排泵导致柠檬烯产量提高 1.6 倍。这些进展提供了一个重要的原理证明，通过增加对外源柠檬烯的耐受性和减轻对外源柠檬烯的毒性，即可以利用外排泵来提高生产宿主的柠檬烯产量。一个有效的外排泵可以作为其他功能来改善代谢物的产生，如减轻终产物对代谢途径酶的抑制。

（十二）形态学工程

形态学工程在宏观形态发生水平上结合了生物化学工程和代谢工程的概念和技术，为加速优化和创建微生物细胞工厂实现所需产品的最佳生产提供了一个概念和技术框架。通常，菌株形态可以通过经验操作来控制，经验操作包括控制例如 pH、搅拌速度和培养基组成等，但是获得的参数如平均颗粒直径和生物质密度不符合形态和生产率之间关系的要求，这表明菌体形态的可调控制在发酵工业中是至关重要的。在发酵微生物过程中，菌株的形态受形态发育的生理方面和形态控制的分子方面之间的多重相关相互作用的综合影响。一方面，通过两种方法可以从宏观到微观调节真菌形态：①微粒子强化培养（MPEC）可以影响从菌球到菌丝体的形态，从而提高例如漆酶、葡萄糖淀粉酶和呋喃果糖苷酶的产量；②基因操作可以改变细胞壁的组分，用于改善 α-淀粉酶和青霉素的产生。另一方面，细菌形态也可以通过两种策略精细控制：①改变培养基的流体力学可以影响菌球相互作用、菌球形成和菌球聚集，从而改善抗生素的合成；②改变细胞的固有形状可以通过三个方向进行遗传操作：通过表达涉及细胞分裂的基因如 *FtsZ* 将杆状细胞转化为微细胞以进行高细胞密度发酵；通过改善涉及二元分裂的基因如 *SulA* 和 *MinCD* 的表达，将棒状细胞改变为丝状细胞以积累细胞内代谢物；通过修饰涉及形状维持蛋白质如 *MreB* 的基因来扩增细胞体积，将杆状细胞改变为球状细胞。利用形态学工程，可以控制丝状真菌在菌丝、菌团和菌球之间的形态转化，以及细菌在棒状、球状和纤维之间的形态变化。形态学工程已被证明不仅有利于节省能源，也有利于改善化学品生产。

1. 真菌形态学

丝状真菌代谢工程的一个重要方面是形态对产物形成的后续影响。然而，由于许多因素对形态产生很大影响，例如特定菌体特性、工艺变量、流变学等，因此形态学被认为难以控制，特别是在优异的生产性能方面。因此必须寻找替代方法和技术来操纵潜在的宏观和微形态发生。真菌形态靶向控制的最新进展表明，通过向培养基中添加微粒［图 2-49（1）］可以有效影响丝状真菌的形态发育。

葡萄糖淀粉酶（GA），也称为 γ-淀粉酶，可通过异头构型的转化来水解淀粉和寡糖中的 α-1,4 糖苷键生成 β-葡萄糖。GA 可以由许多真菌产生，例如 *Aspergillus niger* 和该真

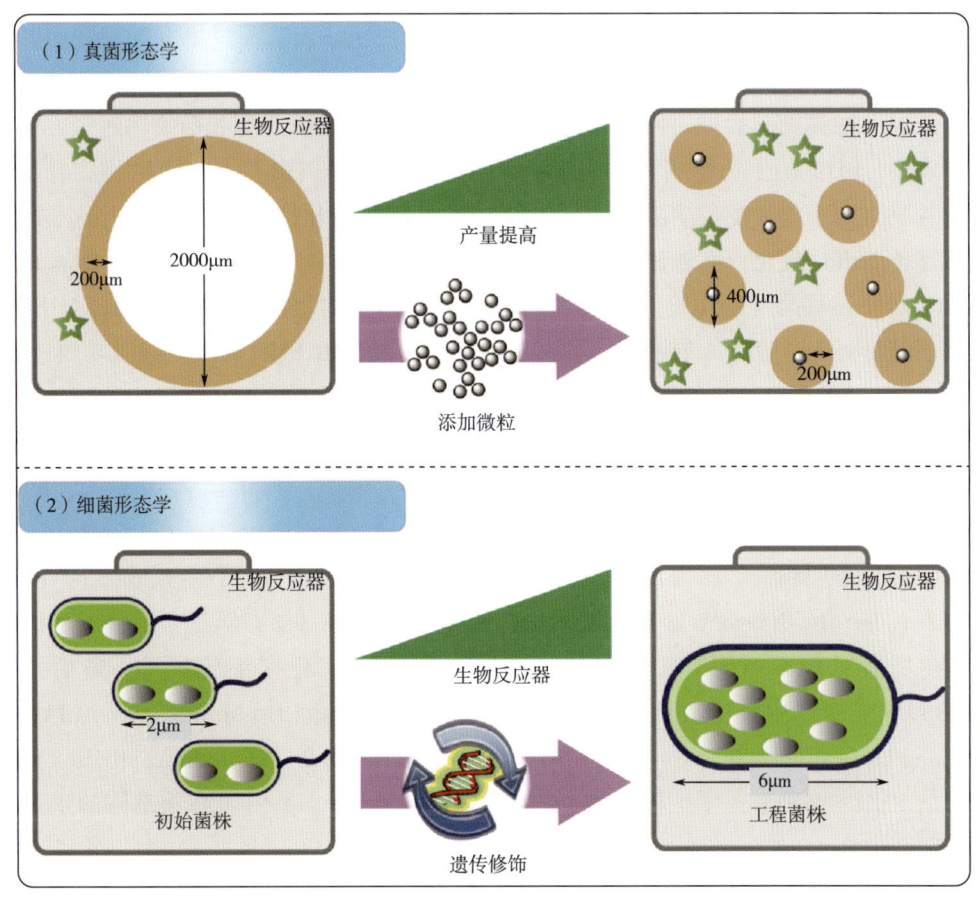

图 2-49 形态学工程概念图

菌的重组菌株,但 GA 的浓度仅为 30g/L。这种低的生产水平可能归因于由细胞形态导致的无效的蛋白质分泌。真菌的形态通常受接种量、初始培养液 pH、搅拌转速、培养基组成等因素的影响。因此,选择了带有 GA-S65T GFP 融合蛋白的重组菌株 A. niger AB4.1(pgpdAGLAGFP)来研究细胞形态与 GA 产量之间的相关性,结果表明在生物反应器中,小菌球(1mm)比大菌球(5mm)产生更多的 GA。为了更好地控制 A. niger 的形态发育,形态学工程技术通过添加硅酸盐微粒和钛酸盐微粒来提高 GA 的产量。在摇瓶培养的 A. niger ANip7-MCS-gfp2 中加入硅酸微粒子(10g/L,15μm),最终 GA 活性(61U/mL)比对照(17U/mL)提高了近 4 倍。此外,当选择钛酸盐微粒(25g/L,0.3mm)时,A. niger ANip7-MCS-gfp2 的 GA 产量(320U/mL)几乎比正常培养(50U/mL)的高 7 倍。这些研究进展为将微粒用于量身定制的形态设计提供了进一步的可能性,特别是在工业生产中基于颗粒的工艺中。

2. 细菌形态学

许多细菌天然含有各种包涵体,可用于制造不同的物质,如糖原、聚氨基酸、聚羟基丁酸酯(PHB)、聚羟基脂肪酸酯(PHA)等。因此,需要探索细菌作为细胞工厂有效地生产这些包涵体。然而，包涵体的细胞内积累受到 0.5~2μm 范围内的小细菌的限制。因此，如何使细菌细胞更大是改善包涵体产生的关键。换句话说，需要更大的细胞内空间来积累更多的包涵体。

PHB 是一种强韧、柔韧、可吸收的材料，在医学上如组织工程和药物输送等方面有着广泛的应用。PHA 的生物合成和琥珀酸降解结合可以生成 PHB：①PHA 的生物合成由乙酰辅酶 A 通过两个连续的反应步骤进行，由 β-乙酰酮硫醇化酶（phaA）和乙酰乙酰辅酶 A 还原酶（phaB）催化；②琥珀酸降解包括两个 CoA 转移酶和两个脱氢酶，即琥珀酰辅酶-CoA：CoA 转移酶（Cat1）、琥珀半醛脱氢酶（SucD）、4-羟基丁酸脱氢酶（4HBd）和 4-羟基丁基辅酶 A：辅酶 A 转移酶（Cat2）；③PHB 聚合由 PHB 合酶（phaC）催化。在此基础上，*E. coli* XL1-Blue 通过对 *R. eutropha* 的 phaC 和 *Clostridium kluyveri* 的 Cat2 过表达，产生 58.5% 的 PHB。由于 PHB 在细菌中以包涵体的形式产生，因此细菌的细胞大小限制了 PHB 颗粒的数量和每个细胞中 PHB 的数量。因此，删除 6-羟甲基-7，8-二氢蝶呤焦磷酸激酶（FolK）和过表达 phaCAB 操纵子、Cat2、4HBd、SucD、IspH、FolK 和 SOS 细胞分裂抑制剂（SulA）可使 *E. coli* JM109SG 增大，最后的 *E. coli* JM109SGIK（*p68orfZ-ispH/pMCSH5-folK/p15asulA*）PHB 转化率达到 78.9%。但是，这种尺寸的增大在细胞生长期间并不稳定，需要找到一种更好的方法来稳定细胞尺寸。最后，通过在 mreB 缺失突变体中过度表达细菌肽聚糖和肌动蛋白样蛋白（MreB）诱导 sulA 表达，Guo-Qiang Chen 和同事用 *E. coli* JM109SG（ΔmreB/pTK-mreB-P$_{BAD}$：sulA/pBHR68）获得了 86% 的 PHB。这种形态学工程为微生物包涵体，如 PHA、蛋白质和羧基体的生产开辟了一条新途径。

（十三）群落工程

合成生物学是一种新兴的研究领域，通过合理的工程策略对生物系统进行编程，从而赋予细胞新的功能和行为。虽然许多遗传途径和代谢途径已在单细胞中编程，但合成生物学的前沿是如何将系统工程能力从单细胞行为扩展到多细胞微生物群落。合成微生物群落已被构建并应用于多个领域（图 2-50）：①工程改造微生物群落以实现细胞-细胞间通信；②通过等源性微生物群落中细胞间通信的工程模式形成，以控制微生物种群的时空行为；③在二元微生物群落中，实现单向通信以实现合成微生物群落中的协调行为；④利用双向通信设计微生物群落，通过代谢物交换对合成微生物群落进行编程，通过群体感应（QS）通信来规划合成生态系统；⑤利用合成微生物生态系统来解决生态问题，如细胞分散、空间效应和相生相克对生态系统稳定性的影响。此外，微生物群落的双向通信已成功用于生产营养素（如维生素 C、肌醇等）、药物（如糖核苷酸、寡糖等）和生物燃料（如乙醇、异丁醇等）。这些进展表明，系统生物学和合成生物学的协同发展将为彻底了解天然微生物群落并合理地设计这些复杂的群落赋予新的应用。

1. 合成群落

微生物通常是通过两种主要机制相互作用：①生物分子和电子通过物理细胞间的接触相互作用；②通过可扩散化学品和物理接触交换代谢物和信息信号的非接触相互作用。通

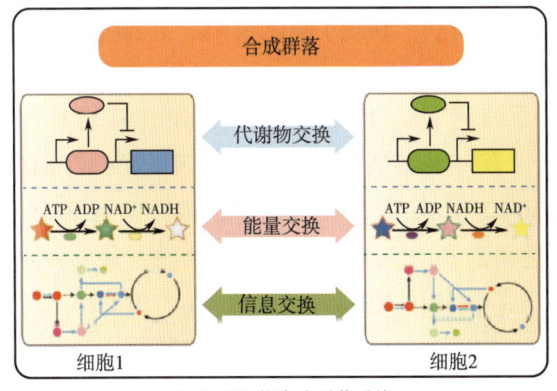
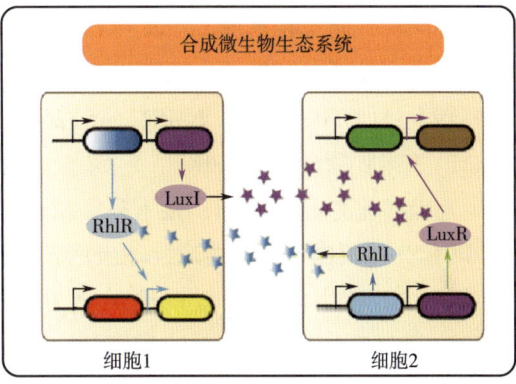

(1) 微生物合成群落系统　　　　　　　　(2) 微生物合成生态系统

图 2-50　群落工程概念图

注：RhlR，LuxI，RhlI，LuxR 表示群体不同响应的转录因子。

过代谢物交换的微生物群落是天然微生物生态系统中的常见机制。因此，合成群落是一种合理的工程策略，可以赋予生物系统新的功能和行为。

球蛋白三糖是球蛋白三酰神经酰胺的碳水化合物，是红细胞上罕见的 P^k 血型抗原和淋巴细胞上 CD77 分化抗原。球蛋白三糖的生物合成可分为三个步骤（图 2-51）：①乳清酸转化为尿苷 5′-三磷酸（UTP）；②UTP 与葡萄糖和半乳糖合成尿苷 5′-二磷酸半乳糖（UDP-Gal）；③α-4-半乳糖转移酶（LgtC）将 UDP-Gal 和乳糖转化为球蛋白三糖。尽管高效的多酶体系已被开发出来以辅因子再生的方式生产低聚糖，但这种方法需要昂贵的原

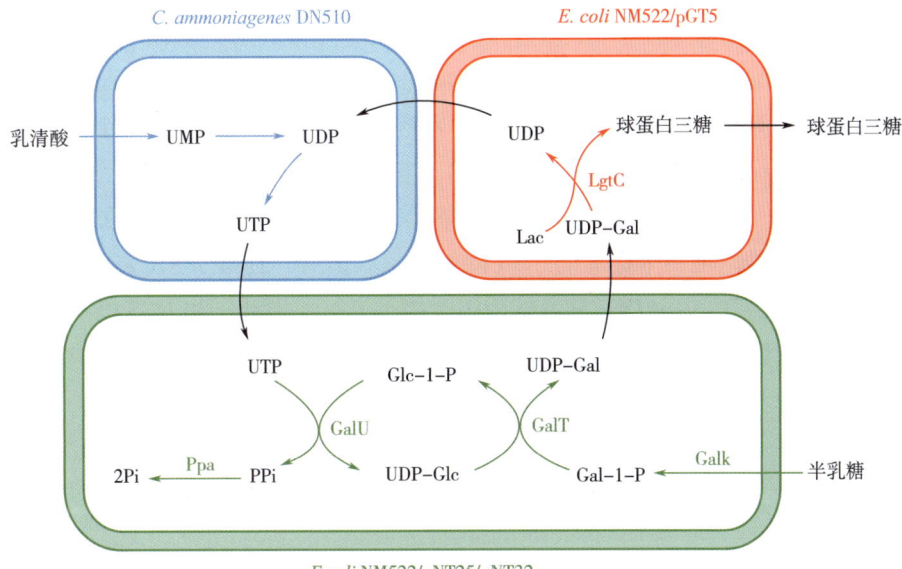

图 2-51　球蛋白三糖生物合成途径示意图

料，如磷酸烯醇式丙酮酸、核苷 5′-磷酸盐、酶制剂和 LgtC。为了降低成本，利用微生物群落将两株代谢工程菌株 *E. coli* 和 *C. ammoniagenes* 耦联，建立了以乳清酸、半乳糖和乳糖为原料生产球蛋白三糖的大规模生产体系。在该菌群中，*C. ammoniagenes* DN510 首次将乳清酸转化为 UTP；*E. coli* NM522/pNT25/pNT32 通过表达 1-磷酸半乳糖尿苷基转移酶（GalT）、半乳糖激酶（GalK）、1-磷酸葡萄糖尿苷基转移酶（GalU）和焦磷酸酶（Ppa）将半乳糖转化为 UDP-Gal；接下来，*E. coli* NM522/pGT5 通过表达 LgtC，将乳糖和 UDP-Gal 转化为球蛋白三糖。最后，球蛋白三糖产量提高到 188g/L。这些结果表明，合成微生物群落是工业生产各种低聚糖的良好工具，如 CMP-NeuAc、3′-唾液乳糖以及 α-Neup5Ac-（2，6）-D-GalpNac。此外，*K. vulgare* 和 *B. megaterium* 的微生物群落已在两步法发酵工艺中用于维生素 C 的工业生产。

2. 合成微生物生态系统

微生物之间通过群体响应（QS）信号分子相互作用是最常见的一种方式，通过这种方式，微生物细胞可以将种群密度调节到一个临界阈值。QS 机制可以帮助微生物感知它们的邻近物种，测量它们的细胞密度，调节它们的基因表达，并协调它们的群体行为。基于这种机制，通过 QS 通信的合成生态系统为规划生物系统的合成群落的最佳设计提供了见解。

肌醇（MI）是一种六碳环己烷己糖醇，用于治疗多囊卵巢综合征、代谢综合征和妊娠糖尿病等多种疾病的补充剂。在 *E. coli* 中肌醇从葡萄糖生物合成包括三个步骤（图 2-42）：①葡萄糖通过天然磷酸转移酶系统（PTS）转化为 6-磷酸葡萄糖（G6P）；②G6P 通过肌醇-1-磷酸合酶（INO1）异构化为 1-磷酸肌醇；③1-磷酸肌醇通过肌醇单磷酸酶（MIMP）脱磷酸为 MI。利用这一途径，MI 可以进一步转化为其他有用的产品，如葡萄糖酸和鲨肌醇。在这些工程途径中，理论上可能实现几乎 100% 的产量，但是 G6P 通过糖酵解和 HMP 途径被导向天然代谢，以及通过酵母的 IPS 产生异源产物 MI。G6P 通量的分裂表明，竞争分支之间的相对动力学效率决定了动态下调天然代谢通量对 MI 浓度的潜在改善。为了动态调节代谢通量，创建一个不依赖于途径的 QS 回路，在所需的时间和细胞密度下关闭基因表达。首先，使用 P_{esaS} 启动子替代磷酸果糖激酶-1（Pfk-1）的本源启动子，在 Pfk-1 的 C 端附加一个标准的 SsrA 降解标签。然后，在 BioFAB 文库（apFAB104）的组成启动子的控制下，*esaRI70v* 插入基因组。接下来，在启动子和 RBS 突变体组合文库的控制下，将 3-氧己基高丝氨酸内酯合酶基因（*esaI*）插入基因组中。因此，Pfk-1 的表达与糖酵解通量和细胞生长相结合，这一 QS 回路使得从"生长模式"以不同速率完全自主地转换到"生产模式"。最后，与缺乏动态通量控制的原始菌株相比，*E. coli* L19S 的 MI 浓度提高了 5.5 倍。同样，该 QS 回路也用于动态控制葡萄糖酸和莽草酸的生产。

五、总结与展望

DCEO 生物技术正在成为开发细胞工厂的一个重要平台技术，用于生产各种化学品，包括生物燃料、大宗化学品、药品、保健品等。DCEO 生物技术不仅广泛采用各学科的传统工具,也合理利用不同领域的新兴工具以满足细胞改良的特定需求。因此,DCEO 生物技术是通过路径设计、路径构建、路径评估、路径优化四个技术环节来理解"细胞路径手术"的全系统概念和技术。综合起来,许多由 DCEO 生物技术成功生产的化学品提供了具体原理、应用范围和应用时机。

产品开发依赖于 DCEO 循环的周期,而 DCEO 循环的周期依赖于生物技术创新。因此,需要追求 DCEO 循环的周期通量,它主要受两个因素的影响:周期速度和宽度。周期速度决定了 DCEO 周期的每次迭代能以多快的速度完成,而周期宽度反映了 DCEO 周期的每次迭代能评估多少设计。DCEO 生物技术是一种全面和创新的工程生物学方法,因此在这个过程中,许多可能的基因设计必须被评估以找到细胞可以产生所需的高水平的化学物质的路径。DCEO 生物技术方面的最新进展使每天能够设计和构建数十亿个遗传变异,但评估和优化的能力限制在每天数千个变异。这一现象表明,可以改进周期宽度以提高总体 DCEO 循环通量,但周期速度受到细胞生长速度和细胞操作速度的限制。因此,一个完全高通量的 DCEO 循环将使生物工程师能够解决这些以前无法完成的挑战。这个新时代的 DCEO 生物技术,有巨大的应用潜力,以实现从可再生资源可持续生产有用的化学品。

参考文献

[1] Chen X, Gao C, Guo L, et al. DCEO biotechnology: tools to design, construct, evaluate, and optimize the metabolic pathway for biosynthesis of chemicals [J]. Chem Rev, 2018, 118 (1): 4-72.

[2] Li C-J, Trost B M. Green chemistry for chemical synthesis [J]. Proc Natl Acad Sci USA, 2008, 105 (36): 13197-13202.

[3] Flamholz A, Noor E, Bar-Even A, et al. Glycolytic strategy as a tradeoff between energy yield and protein cost [J]. Proc Natl Acad Sci USA, 2013, 110 (24): 10039-10044.

[4] Bar-Even A, Flamholz A, Noor E, et al. Rethinking glycolysis: on the biochemical logic of metabolic pathways [J]. Nat Chem Biol, 2012, 8 (6): 509-517.

[5] Tsoi R, Wu F, Zhang C, et al. Metabolic division of labor in microbial systems [J]. Proc Natl Acad Sci USA, 2018, 115 (10): 2526-2531.

[6] Sun X, Shen X, Jain R, et al. Synthesis of chemicals by metabolic engineering of microbes [J]. Chem Soc Rev, 2015, 44 (11): 3760-3785.

[7] Lewis N E, Nagarajan H, Palsson B O. Constraining the metabolic genotype-phenotype relationship using a phylogeny of *in silico* methods [J]. Nat Rev Microbiol, 2012, 10 (4): 291-305.

[8] Zhuang K, Vemuri G N, Mahadevan R. Economics of membrane occupancy and respiro-fermentation [J]. Mol Syst Biol, 2011, 7: 500.

[9] Shlomi T, Cabili M N, Herrgard M J, et al. Network-based prediction of human tissue-specific metabolism [J]. Nat Biotechnol, 2008, 26 (9): 1003-1010.

[10] Farmer W R, Liao J C. Improving lycopene production in *Escherichia coli* by engineering metabolic control [J]. Nat Biotechnol, 2000, 18 (5): 533-537.

[11] Joyce A R, Palsson B O. The model organism as a system: integrating 'omics' data sets [J]. Nat

Rev Mol Cell Bio, 2006, 7 (3): 198-210.

[12] Luscombe N M, Babu M M, Yu H Y, et al. Genomic analysis of regulatory network dynamics reveals large topological changes [J]. Nature, 2004, 431 (7006): 308-312.

[13] Han J D J, Bertin N, Hao T, et al. Evidence for dynamically organized modularity in the yeast protein-protein interaction network [J]. Nature, 2004, 430 (6995): 88-93.

[14] Palsson B. Two-dimensional annotation of genomes [J]. Nat Biotechnol, 2004, 22 (10): 1218-1219.

[15] Covert M W, Knight E M, Reed J L, et al. Integrating high-throughput and computational data elucidates bacterial networks [J]. Nature, 2004, 429 (6987): 92-96.

[16] Marcotte E M, Pellegrini M, Ng H L, et al. Detecting protein function and protein-protein interactions from genome sequences [J]. Science, 1999, 285 (5428): 751-753.

[17] Schwikowski B, Uetz P, Fields S. A network of protein-protein interactions in yeast [J]. Nat Biotechnol, 2000, 18 (12): 1257-1261.

[18] Collins C H, Leadbetter J R, Arnold F H. Dual selection enhances the signaling specificity of a variant of the quorum-sensing transcriptional activator LuxR [J]. Nat Biotechnol, 2006, 24 (6): 708-712.

[19] Liu W, Christenson S D, Standage S, et al. Biosynthesis of the enediyne antitumor antibiotic C-1027 [J]. Science, 2002, 297 (5584): 1170-1173.

[20] Greisman H A, Pabo C O. A general strategy for selecting high-affinity zinc finger proteins for diverse DNA target sites [J]. Science, 1997, 275 (5300): 657-661.

[21] Wang H H, Isaacs F J, Carr P A, et al. Programming cells by multiplex genome engineering and accelerated evolution [J]. Nature, 2009, 460 (7257): 894-898.

[22] Radmacher E, Vaitsikova A, Burger U, et al. Linking central metabolism with increased pathway flux: L-valine accumulation by *Corynebacterium glutamicum*. Appl Environ Microbiol, 2002, 68 (5): 2246-2250.

[23] Park J H, Lee K H, Kim T Y, et al. Metabolic engineering of *Escherichia coli* for the production of L-valine based on transcriptome analysis and in silico gene knockout simulation. Proc Natl Acad Sci USA, 2007, 104 (19): 7797-7802.

[24] 叶超. 新一代工业微生物生物网络模型的构建及应用 [D]. 无锡: 江南大学, 2019.

第三章 代谢工程改造谷氨酸棒杆菌生产氨基酸

第一节 谷氨酸棒杆菌基因组规模代谢网络及其生理特性

一、谷氨酸棒杆菌

(一) 谷氨酸棒杆菌的生物特性

谷氨酸棒杆菌（Corynebacterium glutamicum）是放线菌目、棒杆菌属的一类高 GC 含量的革兰氏阳性细菌。作为一种生物素缺陷型革兰氏阳性菌，谷氨酸棒杆菌兼性好氧，非孢子繁殖，菌落为圆形，中间凸起。在生长期时菌体为短杆状，有时微弯曲，两端钝圆，单个或呈八字形状排列；在产酸期时菌体膨大变长，如花生形状。谷氨酸棒杆菌的形态特征见图 3-1。

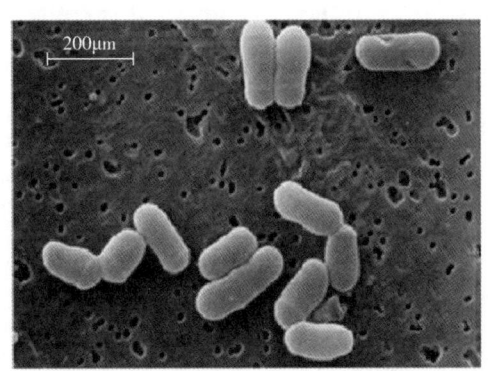

图 3-1 谷氨酸棒杆菌的形态特征

(二) 谷氨酸棒杆菌作为细胞工厂的应用

自 1957 年被分离纯化以来，谷氨酸棒杆菌便成为重要的细胞工厂，被广泛用于氨基酸（如谷氨酸、赖氨酸等）、有机酸（如琥珀酸等）、二胺（如尸胺、腐胺等）以及生物燃料（如乙醇、异丁醇等）等代谢产物的合成（图 3-2）。例如，谷氨酸棒杆菌是目前生产上应用最为广泛的氨基酸生产菌株，可用于生产 L-谷氨酸和 L-赖氨酸，年产量分别可达 150 万 t 和 56 万 t。目前，代谢改造谷氨酸棒杆菌主要应用于高效生产代谢产物、利用廉价底物及合成外源代谢产物等。

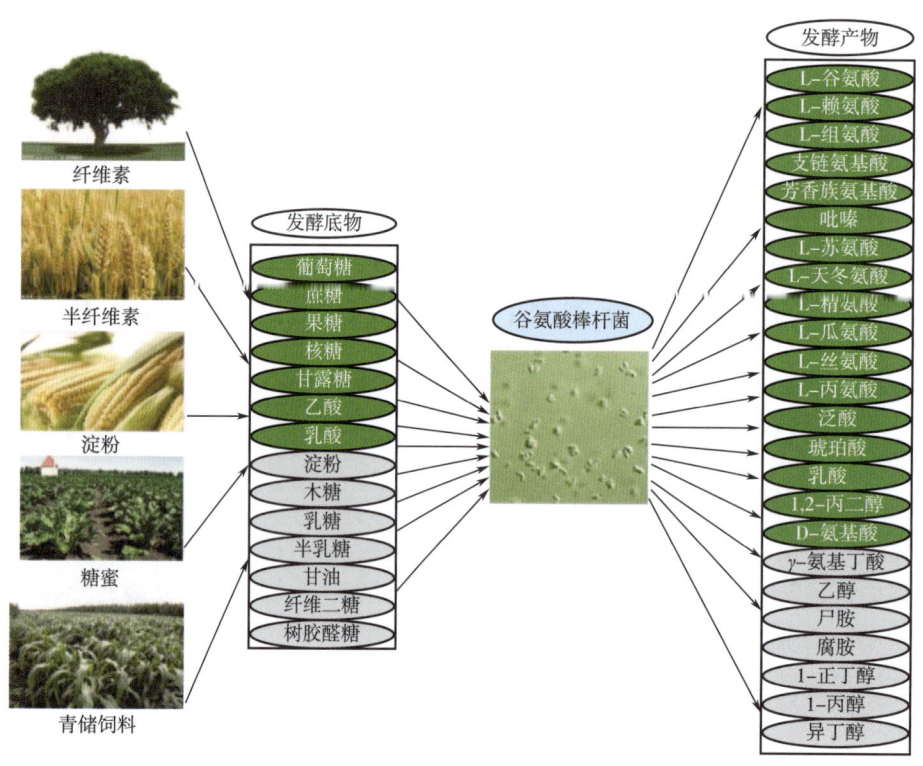

图 3-2　谷氨酸棒杆菌作为细胞工厂的代谢产物

1. 代谢工程改造谷氨酸棒杆菌高效生产自身代谢物

通过代谢工程策略提高谷氨酸棒杆菌自身代谢物产量一直是研究者关注的热点。Carpinelliet 等将来源于大肠杆菌中 *galU* 基因和谷氨酸棒杆菌中 *treYZ* 基因过量表达至谷氨酸棒杆菌，可使工程菌株中海藻糖产量提高 5 倍；而 Jojima 等将来源于赖氨酸芽孢杆菌（*Lysinibacillus sphaericus*）中的 *alaD* 基因引入谷氨酸棒杆菌后，使其可在无氧条件下高效生产 L-丙氨酸。

2. 代谢工程策略拓宽谷氨酸棒杆菌底物谱

目前，利用工农业废弃物作为低成本碳源用于生产高价值产品将是谷氨酸棒杆菌应用发展的一个重要方面。为此，将来源于大肠杆菌的 araBAD 操纵子和 *xylA* 基因引入谷氨酸棒杆菌，可使重组菌株能以木糖或阿拉伯糖为碳源快速生长，并在好氧条件下以 L-阿拉伯糖为唯一碳源高效生产琥珀酸，且其产量可达 82.3mmol/L。类似地，Schneide 等将大肠杆菌 araBAD 操纵子引入谷氨酸棒杆菌，使其重组菌株能高效利用树胶醛糖大量积累 L-谷氨酸、L-赖氨酸、L-鸟氨酸和 L-精氨酸等代谢产物。

3. 异源代谢物的合成

通过引入异源代谢途径，可使谷氨酸棒杆菌具有生产高附加值代谢产物的能力。例如，通过在谷氨酸棒杆菌中过量表达来源于真氧产碱杆菌（*Ralstonia eutropha*）的 PHB 合成操纵子 phbCAB，可使重组菌株具有高效合成 PHB 的能力，其产量可达 22.5%。类似地，Smith 等通过过量表达来源于乳酸乳球菌的 *kivd* 基因、枯草芽孢杆菌 *als* 基因和谷氨酸棒杆菌 *ilvC*、*ilvD* 和 *adhA* 基因，成功构建可利用丙酮酸盐生产异丁醇的异源代谢途径，使重组菌株具备合成异丁醇的能力，且异丁醇产量和产率分别达到 2.6g/L 和 0.054g/（L·h）。

此外，以谷氨酸棒杆菌为宿主高效生产外源蛋白也取得显著的成功。相较于大肠杆菌，谷氨酸棒杆菌作为蛋白表达宿主具有以下优点：①作为一种单细胞膜革兰氏阳性菌，谷氨酸棒杆菌可直接将目标蛋白分泌至培养基中，进而减少下游纯化步骤和成本。②胞外水解酶活性较低，能够提高分泌蛋白的产量和稳定性。③谷氨酸棒杆菌是一种安全菌株，无内毒素产生。

因此，谷氨酸棒杆菌已成为一种充满潜力的异源蛋白生产宿主，且已有超过 200 种来源于谷氨酸棒杆菌的生物医药重组蛋白被美国食品药品监督管理局（FDA）批准，其中大部分已进行至临床应用实验中。

（三）谷氨酸棒杆菌生理功能解析的研究进展

目前，主要从基因功能、酶功能及其代谢途径等方面全面解析谷氨酸棒杆菌的生理功能。关于基因功能方面，主要通过敲除或过量表达相应靶点基因等方法研究特定基因的功能。2012 年，孔晶等通过构建突变菌株 ΔdtsR1，比较分析该突变菌株与野生菌株在无诱导剂、生物素限量及添加吐温 40 条件下菌株生长性能及其发酵特性的差异性，发现缺失 *dtsR1* 基因可有效提高菌株的生长性能和谷氨酸发酵效率，可使工程菌株在无诱导剂条件下也能生产谷氨酸；2014 年，杨志方等根据同源比对分析发现 *ncgl2588* 基因编码苯酚羟化酶，而敲除该基因可使谷氨酸棒杆菌丧失利用苯酚的能力，表明基因 *ncgl2588* 与谷氨酸棒杆菌降解苯酚相关。而关于酶功能解析方面，阮红等通过研究与 *C. glutamicum* 乙酸盐代谢相关的 4 种酶［磷酸转乙酰酶（PTA）、异柠檬酸裂解酶（ICL）、乙酸盐激酶（AK）和苹果酸合成酶（MS）］在葡萄糖和乙酸盐代谢中的酶活特性，发现葡萄糖效应存在于碳代谢中，且乙酸盐对 *C. glutamicum* 中 PTA、ICL、AK 和 MS 四种酶的活性有诱导作用。

由于对 *C. glutamicum* 中心碳代谢途径的了解已较为透彻，因而对代谢途径的解析研究也转向其他分支代谢。2014 年，刘应保等研究分析 *C. glutamicum* 中小分子硫醇（MSH）代谢途径对菌株胁迫耐受性的影响，结果表明 MSH 通过清除 ROS、维持胞内 pH 并保护甲硫氨酸合成途径来抵抗胁迫。在此基础上，通过代谢工程策略将 *mshA* 基因过量表达至 *C. glutamicum* 中以提高胞内 MSH 含量，可使工程菌株在 H_2O_2、红霉素、Cd^{2+}、甲酸等胁迫条件下细胞存活率显著提高，且细胞合成谷氨酸、半胱氨酸、缬氨酸、甲硫氨酸、异亮氨酸等氨基酸含量增加了 10.2%~100.3%，为改善 *C. glutamicum* 生理功能提供了研究方向和理论参考。

二、谷氨酸棒杆菌基因组特性及其基因组规模代谢网络的构建

（一）谷氨酸棒杆菌基因组规模代谢网络模型的构建

2008 年，Kjeldsen 等以 *C. glutamicum* ATCC 13032 全基因组序列为基础，构建了谷氨

酸棒杆菌第一个基因组规模代谢网络模型（model 1），该模型包含446个反应、247个基因和411个代谢物。同时，该模型对L-赖氨酸合成途径和对乙酸和乳酸作为碳源在胞内的代谢途径进行模拟分析。在此基础上，Shinfuku等于2009年重建 C. glutamicum ATCC 13032基因组规模代谢网络模型（model 2），该模型包含502个反应、277个基因和423个代谢物。与第一个模型相比，该模型修正了第一个模型中存在的循环反应，抑制了ATP、NADPH等代谢物的任意积累，可使模型能够模拟不同溶解氧条件下细胞代谢流变化情况。然而，上述两个模型中由于缺乏谷氨酸代谢相关的转运反应，均不能用于谷氨酸合成代谢的模拟。

为此，作为谷氨酸工业生产的重要菌株，C. glutamicum S9114于2011年完成菌株的全基因组测序，并于2014年以其全基因组为基础构建基因组规模代谢网络模型 iJM658，该模型包含658个基因、984个代谢物和1065个反应，基因覆盖率为22%，胞内反应、转运反应和交换反应的个数分别为811、165和89（表3-1）；所有的代谢反应均分布于14个代谢亚系统（图3-3）。与 C. glutamicum ATCC13032 已构建的模型 model 1 和 model 2 相比：①iJM658 的基因覆盖率比 model 1 和 model 2 提高了62%；②iJM658 的唯一代谢物个数为847，比 model 1 和 model 2 分别提高了1.5倍和1.1倍；③iJM658、model 1 和 model 2 中有161个代谢物重合，且主要分布在氨基酸代谢（24%）和碳水化合物代谢（20%）中；④对于代谢反应（不包括交换反应），iJM658 特有的604个反应，主要集中在转运反应（129）、脂质代谢（94）、氨基酸代谢（87）和碳水化合物代谢（85）上。

表3-1　　　　　　　　　　　　　C. glutamicum 三个模型的特点

模型参数	iJM658	model 1	model 2
基因大小/Mb	3.26	3.31	3.28
总ORF数	3015	3002	3432
基因覆盖率/%	21.8	8.2	8.1
基因个数	658	247	277
总反应数	1065	446	502
胞内反应个数	811	304	441
转运反应个数	165	55	29
交换反应个数	89	87	32
代谢物个数	984	411	423
唯一代谢物个数	847	341	396

（二）基于基因组规模代谢网络模型解析谷氨酸棒杆菌的生理功能

1. 谷氨酸棒杆菌必需基因和必需反应分析

利用模型在MM培养基上以葡萄糖为唯一碳源进行必需基因的模拟分析，获得129个基因（占所有基因19.6%）为细胞生长必需基因，且必需基因分布于11个代谢亚系统，

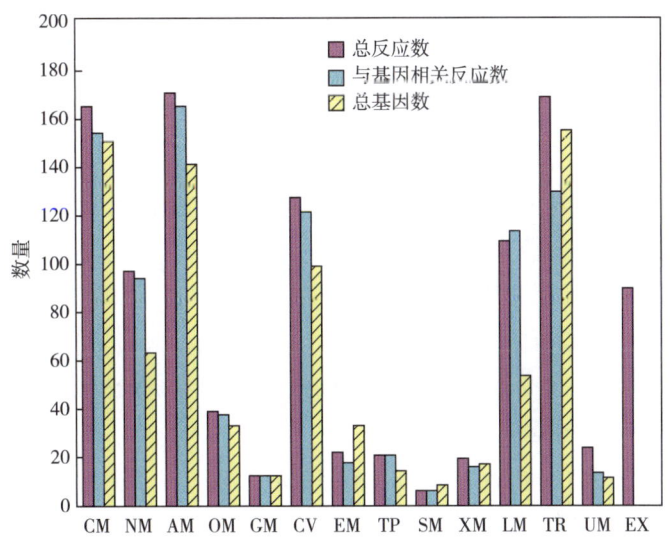

图 3-3 模型中的反应、基因关联反应和所有基因在 14 个代谢亚系统中的分布特点

CM：碳水化合物代谢；NM：核苷酸代谢；AM：氨基酸代谢；OM：其他氨基酸代谢；GM：多糖合成代谢；CV：辅因子和维生素代谢；EM：能量代谢；TP：萜类和聚酮化合物代谢；SM：次级代谢；XM：外源性物质降解代谢；LM：脂类代谢；TR：转运系统；UM：未分类反应；EX：交换反应

其中氨基酸代谢（42%）和核苷酸代谢（20%）所占比例最大，表明此两个代谢亚系统对细胞生长的重要性（图3-4）。此外，在这 129 个基因中，有 123 个基因与 DEG 数据库预测结果一致，其余 6 个基因不包括在 DEG 数据库中，但却是其他菌株中被报道为细胞生长所不可缺少的关键基因。例如，基因 *CgS9114_02048* 编码腺苷酸激酶，催化 AMP 向 ADP 转化，在细胞分裂过程中发挥重要作用；基因 *CgS9114_08031* 编码亚甲基四氢叶酸还原酶，催化 5,10-亚甲基四氢叶酸转化生成 5-甲基四氢叶酸，对胞内一碳代谢具有非常重要的作用。

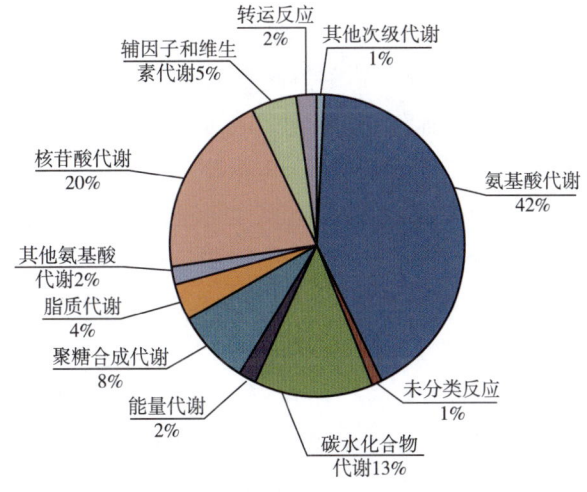

图 3-4 必需基因在代谢亚系统中的分布

此外，通过 FBA 算法，模型还预测出 165 个生长必需反应（占所有反应的 15.5%），这些反应中包含 143 个基因，其中 112 个基因是必需基因，主要分布在氨基酸代谢（55 个）和核酸代谢（22 个）反应中。

2. 谷氨酸合成途径的注释及其关键代谢节点分析

在 *C. glutamicum* S9114 中，模型 *i*JM658 模拟的谷氨酸合成途径与文献报道相一致，即葡萄糖首先进入糖酵解途径和磷酸戊糖途径生成丙酮酸，并通过 *pyc*（*CgS9114_13526*）催化生成乙酰辅酶 A 或通过 *pdh*（*CgS9114_13531*、*CgS9114_05027*、*CgS9114_10247* 和 *CgS9114_08206*）羧化生成草酰乙酸；乙酰辅酶 A 和草酰乙酸在 *gltA*（*CgS9114_13685*）作用下合成柠檬酸，接着通过 *acnA*（*CgS9114_06765*）转化生成异柠檬酸，进而合成 α-酮戊二酸。谷氨酸有两条合成途径：

（1）GDH 途径　由 *CgS9114_12202*、*CgS9114_07576*、*CgS9114_11961* 和 *CgS9114_11966* 四个基因编码。模型模拟结果显示，该途径是合成谷氨酸的主要途径，但阻断该途径后可使细胞生长速率较野生型下降。

（2）GS/GOGAT 途径　一分子的 α-酮戊二酸和谷氨酰胺在谷氨酸合酶的作用下可以合成两分子的谷氨酸，而谷氨酰胺由一分子的谷氨酸在谷氨酰胺合酶催化下合成。

总的来说，模型 *i*JM658 中谷氨酸合成途径中包括 47 个基因，而 model 1 和 model 2 中只有 30 个和 31 个，model 1 中没有谷氨酸分泌系统，而 model 2 中没有谷氨酸吸收系统。因此，模型 *i*JM658 更适合用来研究谷氨酸代谢。

同时，通过比较细胞生长期和产酸期的碳流分布，模拟获得谷氨酸生产过程中存在三个关键代谢节点：

（1）磷酸戊糖途径的碳流生长期大于产酸期，从 D-5-磷酸核酮糖到 D-5-磷酸核糖的流量，生长期为 20%，而产酸期仅为 0.5%，表明细胞生长相关的 NADPH 在生长期主要来源于 PPP 途径，且产酸期细胞对 NADPH 需求可通过异柠檬酸脱氢酶（*CgS9114_02808*）获取。

（2）从 PEP 到草酰乙酸途径的碳流产酸期（97%）大于生长期（30%），表明 PEPC 催化的补缺途径对生物素限量条件下生产谷氨酸非常重要。

（3）从草酰乙酸到苹果酸的细胞质还原途径加强，碳流由 0 提高到 2%。

3. 谷氨酸棒杆菌中与能量代谢相关的非必需基因分析

在模型 *i*JM658 中以生物量为目标方程，葡萄糖吸收速率设定为 4mmol/(gDCW·h)，通过对模型的单基因敲除分析，筛选获得 14 个与能量代谢相关的非必需基因（不包含 "or" 关系的基因）（表 3-2）。在此基础上，通过手动赋予代谢反应特定的流量 [8mmol/(gDCW·h)]，研究不同基因的生理功能及其对细胞生长的影响，结果表明基因 *CgS9114_12045*（*amn*）和 *CgS9114_06245*（*apt*）所在反应流量的改变使得细胞最大比生长速率下降了 19%，而其他反应流量的改变对生长没有影响。同时，结合文献信息，由 *amn* 基因编码的腺苷单磷酸核苷酶在调节腺苷酸库中发挥着非常重要的作用，在 *E. coli* 中 *amn* 基因的缺失可影响细胞的生长性能及其对胁迫环境的耐受性，但 *amn* 基因在 C. glutamicum S9114 中的生理功能尚不清楚，从而确定 amn（CgS9114_12045）与谷氨酸棒杆菌中能量代谢密切相关，可作为研究谷氨酸棒杆菌中能量代谢的靶点基因。

表 3-2　C. glutamicum S9114 中与能量代谢相关的非必需基因

基因名称	编码蛋白	EC 号
CgS9114_07380	ADP-核糖焦磷酸酶	3.6.1.13
CgS9114_06245	AMP 焦磷酸核糖转移酶（Apt）	2.4.2.7
CgS9114_10367	dGTP 酶	3.1.5.1
CgS9114_00775	次黄嘌呤-磷酸核糖转移酶	2.4.2.8
CgS9114_02048	腺苷酸激酶	2.7.4.3
CgS9114_08951	核苷酸二磷酸激酶	2.7.4.6
CgS9114_12045	AMP 核苷酸酶（Amn）	3.2.2.4
CgS9114_06250	GTP 焦磷酸激酶（RelA）	2.7.6.5
CgS9114_09693	外切焦磷酸酶（Ppx）	3.6.1.11/3.6.1.40
CgS9114_12787	dITP/XTP 焦磷酸酶	3.6.1.19
CgS9114_12095	脲酶	3.5.1.5
CgS9114_12090	脲酶	3.5.1.5
CgS9114_12085	脲酶	3.5.1.5
CgS9114_00230	磷酸腺苷硫酸还原酶	1.8.4.10

三、谷氨酸棒杆菌的表达调控系统

目前，大多数用于谷氨酸棒杆菌的表达质粒采用其胞内天然质粒复制子和大肠杆菌复制子共同构成的穿梭载体，其中天然质粒有中等拷贝数，如 pBL1、pCG1、pGA1 等，和低拷贝数，如 pNG2。而谷氨酸棒杆菌-大肠杆菌穿梭载体主要是基于中等拷贝数的天然质粒，其拷贝数为 10~50 个。此外，构建谷氨酸棒杆菌表达系统还包括宿主自身改造和表达载体其他元件的改造等（图 3-5）。

（一）谷氨酸棒杆菌的基因修饰技术

1984 年，Ozaki 等首次在谷氨酸棒杆菌中实现了基因操作，通过从不同谷氨酸棒杆菌中分离获得质粒 DNA，并基于内源性质粒构建穿梭载体，进而建立了高效的 DNA 转移技术。目前，随着不同谷氨酸棒杆菌（如 C. glutamicum ATCC 13032 和 C. glutamicum R）全基因组测序的完成，使其基因操作技术得以快速发展，并成功应用于基因功能的分析及其优良生产菌株的构建。

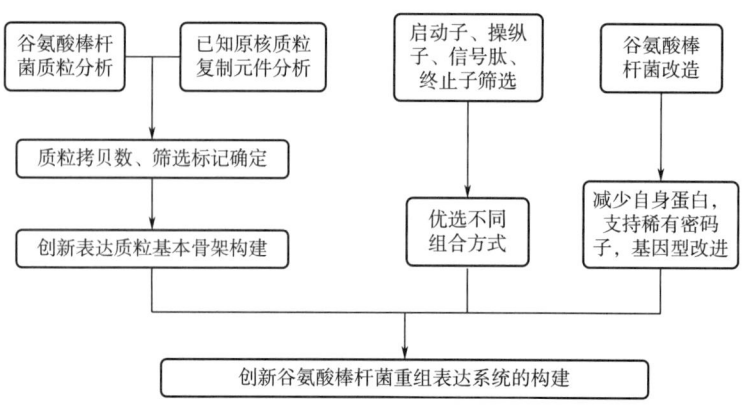

图 3-5 *C. glutamicum* 表达载体设计与筛选

1. 单基因修饰技术

对谷氨酸棒杆菌基因组上单基因的扰动、敲除或置换，需要通过质粒载体将所需克隆片段引入菌体，并与染色体中目的基因发生同源重组。目前，所采用的质粒载体主要包括：温度敏感型质粒和含有负筛选标记的自杀性质粒，基于两种不同质粒，衍生出两种不同的基因操作技术。

（1）基于负筛选工具质粒的敲除技术　包含有条件致死基因 *sac*B 标记的载体 pK18mobsacB 是谷氨酸棒杆菌常用的工具质粒。*sac*B 编码的蔗糖酶可催化蔗糖水解，并在胞内形成高分子质量的果糖聚合物——果聚糖，而果聚糖在类似细胞周质结构中的积累可有效阻塞细胞与环境间物质及能量的交换，进而导致细胞死亡。因此，在含有蔗糖的培养基中可通过负筛选将重组菌株分离纯化，但 *sac*B 介导的负筛选系统具有较高假阳性率（45%）。为此，借助强启动子 P_{tac} 和 P_{lacM} 调控 *sac*B 基因的表达可降低负筛选的假阳性率，提高负筛选标记的筛选效率。

（2）基于温度敏感型质粒的操作技术　温度敏感型质粒作为敲除载体，其作用机理与自杀型质粒类似，但温度敏感型质粒在不同温度下具有不同的拷贝数，且只有在一定温度下，质粒才可在受体菌中进行复制。因此，当带有同源片段的敲除载体在菌体内完成同源重组后，通过改变菌体的培养温度即可将其消除，相比自杀型质粒，温度敏感型质粒的可控性更强，提高了目的基因的修饰效率。目前，温度敏感型质粒已成为高效突变系统中有力的分子操作工具。在谷氨酸棒杆菌中，用于基因敲除的温度敏感型质粒主要有 pSFKT2 和 pBS5T。其中，pSFKT2 是大肠杆菌-谷氨酸棒杆菌穿梭质粒，可在 25℃ 条件下稳定存在，而在 34℃ 条件下则不能复制。因此，基于温度敏感型质粒与负筛选标记的技术优势，将其完美结合将会是今后谷氨酸棒杆菌基因操作技术发展的方向。

2. 基因组修饰技术

目前，大部分谷氨酸棒杆菌的基因组重排是利用 Cre/loxP 系统完成的。利用该系统进行基因操作时，首先利用两个带有 loxP 靶点的自杀型质粒将两个 loxP 序列插入待删除片段的 5′端和 3′端，随后 Cre 重组酶介导两个 loxP 位点特异性重组，将中间的基因片段删除。例如，Suzuki 等利用 Cre/loxP 系统成功敲除谷氨酸棒杆菌染色体中长度达 250 kb 的基因片段。此外，将 Cre/loxP 系统与 I-*Sce* I 限制性内切酶相结合，再利用含有不同突变的 loxP 位点可进一步改善 Cre/loxP 操作系统效率，成功敲除基因组上 190 kb 的基因序列。

此外，由转座子介导的诱变系统也被用于谷氨酸棒杆菌单基因扰动文库的构建，如微型转座子 miniTn31831 和 EZ∷Tn（Kan2），被随机整合到谷氨酸棒杆菌 R 菌株基因组中，成功敲除谷氨酸棒杆菌生长非必需的 2330 个基因。类似地，Tsuge 等将 IS31831 随机引入谷氨酸棒杆菌染色体中，从而将 loxP 随机整合到基因组多个位置，实现谷氨酸棒杆菌 R 菌株染色体中 393.6kb 序列的删除。

（二）基于双链断裂的基因编辑技术

利用自然重组的方法来对目的基因进行靶向修饰，重组效率在一般情况下只能达到 10^{-6} 数量级，而寻求精确高效且具有普适性的方法对特定基因进行靶向修饰，可实现对细胞整体系统进行扰乱或理性编辑。研究发现，当细胞染色体发生双链断裂（double-strand break，DSB）时，细胞为保证其自身生存，会通过不精确的 DNA 非同源末端连接（non-homologous end joining，NHEJ）机制或精确的同源重组（homologous recombination，HR）机制对断裂双链在断点进行高效修复，这为实现基因敲除、替换和修正提供了有效的修饰策略。因此，通过适当方法在染色体上特定位点切断 DNA 形成"双链断裂缺口"，从而诱发 DNA 损伤修复，就可在基因组上进行精确的定点编辑。

人工构建的序列特异性核酸内切酶能够识别并切割特定 DNA 靶序列，是进行基因组定点编辑的有力工具。目前，研究人员已开发出多种高效的核酸内切酶技术（engineered endonuclease，EEN），并成功应用于多种菌株中基因的定点编辑。目前，EEN 介导的基因组编辑技术主要由三种序列特异性的核酸内切酶实现，包括归巢核酸内切酶（meganuclease）、锌指核酸酶（zinc finger nucleases，ZFn）、转录激活因子样效应物核酸酶（transcription activator like effector nucleases，TALEN）和 CRISPR/Cas9 系统。

四、谷氨酸棒杆菌的研究中存在的科学问题

目前，对于已实现氨基酸高效生产的谷氨酸棒杆菌，利用单纯发酵优化手段提高目标产物产量的空间不大。以谷氨酸为例，国内工厂中谷氨酸浓度、糖酸转化率和提取效率可分别达到 10%~12%、55%~60% 和 95%。其中，谷氨酸浓度和提取效率继续提升的空间较小，但糖酸转化率与 81% 的理论值相差很大，与国外相关报道仍存在一定的差距。因此，如何通过代谢工程策略实现对生产菌株的定向改造，实现谷氨酸产量、产率和生产强度的相对统一，对于降低生产成本和提高经济效益起着重要作用。此外，另一个值得注意的点是，近 20 年来谷氨酸棒杆菌中关于能量代谢的研究较少，关于 *C. glutamicum* 能量代谢相关研究的文献仅有十几篇。2007 年，Li 等研究表明 H^+-ATPase 缺失的 *C. glutamicum* 具有更强的呼吸作用，该酶的缺失可使丙酮酸激酶、苹果酸:醌氧化还原酶和苹果酸脱氢酶等关键酶表达量提高、NADH 再氧化作用加强；2012 年，Mónica 等证实 *C. glutamicum*

中 F_0F_1-ATPase 操纵子的表达受到 sigmaH 因子的调控。因此，能量代谢在细胞的生长和发酵过程中都发挥着至关重要的作用，而加强对 *C. glutamicum* 能量代谢的研究或许可以为构建谷氨酸棒杆菌"超级细胞工厂"提供新的策略和理论参考。

第二节 代谢工程改造谷氨酸棒杆菌生产 L-赖氨酸

一、赖氨酸概述

L-赖氨酸（L-lysine，Lys）属于天冬氨酸家族氨基酸，其国际纯粹与应用化学联合会名称为 2,6-二氨基己酸或 α,ε-二氨基己酸，其分子结构式如图 3-6 所示。根据旋光性的不同，赖氨酸能以 L-或 D-立体异构两种形式存在，但仅 L-赖氨酸具有生物活性，且因其含有两个氨基（α-NH_3^+ 和 ε-NH_3^+），碱性较强（$pK_{a1}=9.06$ 和 $pK_{a2}=10.54$），而 C_4 位上羧基（—COOH）酸性较弱（$pK_{a3}=2.16$），导致 L-赖氨酸一般表现为碱性氨基酸。此外，基于 L-赖氨酸吸湿性强的特性，商品化 L-赖氨酸主要以其盐酸盐或硫酸盐形式存在。

作为人和动物所必需的 8 种氨基酸之一，L-赖氨酸对平衡氨基酸的组成、提高机体对谷类蛋白质的吸收、调节体内代谢平衡、改善动物营养、促进机体生长发育均有重要作用，被广泛运用于食品、保健品、医药和饲料等行业。目前，我国 90% 以上 L-赖氨酸被用作饲料添加剂，且对 L-赖氨酸等添加剂需求量在逐年增加。

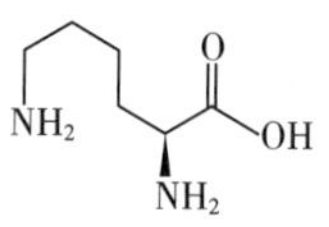

图 3-6 L-赖氨酸分子结构式

二、L-赖氨酸的生产

（一）L-赖氨酸生产现状

目前，L-赖氨酸已成为世界上仅次于谷氨酸生产的第二大氨基酸，但仅有中国、美国、德国、韩国和日本等少数几个国家能自主生产。其中，国外主要生产企业有美国 ADM 公司、德国巴斯夫公司和德固赛公司、韩国希杰公司和日本味之素公司，而国内主要有梅花生物、长春大成实业集团、山东金玉米、中粮生物化学等十几家企业。遗憾的是，国内企业仍以生产饲料级产品为主，利润空间逐渐减小。此外，随着国家对节约型社会的倡导，在 L-赖氨酸生产过程中如何做到节能减排、降低能耗和环境污染已成为所有 L-赖氨酸生产企业所面临的严峻问题。

（二）L-赖氨酸的生产方法

目前，工业上生产 L-赖氨酸的方法主要有三种：蛋白水解法、化学合成法和微生物发酵法。与水解法和化学合成法相比，微生物发酵法具有生产成本低、反应条件温和、产物单一、生产强度高、环境友好等优点，已成为世界上大规模工业化生产 L-赖氨酸的主要方法。

1. 蛋白水解法

根据水解使用媒介的不同，蛋白水解法主要有三种，即酸水解法、碱水解法和酶水解法，其步骤均主要包括：水解、分离和精制结晶（图3-7，以酸水解法为例）。虽然蛋白水解法提取操作简单、生产周期短，但其生产工艺复杂、产量受到限制、生产成本高、环境污染大等缺点，导致其在生产上未能得到广泛应用。

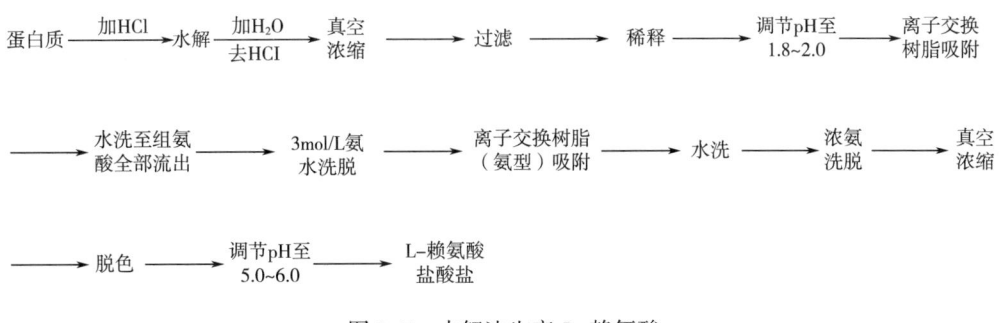

图3-7 水解法生产L-赖氨酸

2. 化学合成法

目前，实现工业化生产的化学合成方法有：①荷兰DSM法：以己内酰胺为原料，化学合成中间产物DL-氨基己内酰胺，经水解作用生成DL-赖氨酸，再经酰化酶拆分成L-赖氨酸和乙酰-D-赖氨酸，最后利用有机溶剂萃取分离L-赖氨酸；②日本东丽法：以环乙烯为原料，化学合成中间产物DL-氨基己内酰胺，在水解酶和消旋酶的协同作用下，使DL-氨基己内酰胺完全水解生产L-赖氨酸。然而，由于生产成本高、反应步骤多且复杂、副产物多、环境污染严重等缺点，使该法也未能在工业上得到广泛应用。

3. 微生物发酵法

微生物发酵法是利用微生物的代谢作用，通过对菌株进行改造、选育获得各种氨基酸营养缺陷型和氨基酸结构类似物抗性突变株，解除生物合成途径中的反馈阻遏和抑制作用，达到过量积累L-赖氨酸的目的。目前，微生物发酵法又分为：

（1）直接发酵法 利用具有L-赖氨酸生物合成途径的微生物进行发酵，将糖等基质转化为L-赖氨酸。

（2）微生物转化法 即以L-赖氨酸生物合成途径中前体物质二氨基庚二酸（DAP）为基质，利用微生物将其转化为L-赖氨酸。

三、微生物发酵法生产L-赖氨酸的研究现状

（一）L-赖氨酸生产菌株

在自然界中，多种属微生物均具有高效积累L-赖氨酸的能力，如棒状杆菌［谷氨酸棒杆菌（*Corynebacterium glutamicum*）和钝齿棒杆菌（*Corynebacterium crenatum*）］、短杆菌［黄色短杆菌（*Brevibacterium flavum*）和乳酸发酵短杆菌（*Brevibacterium lactofermentum*）］、洛卡氏菌、念珠菌、假单胞菌、大肠杆菌和芽孢杆菌［浸麻芽孢杆菌（*Bacillus macerans*）］、

古细菌［热变形菌（*Thermoproteus neutrophilus*）］以及酵母菌［隐球酵母（*Cryptococcus neoformans*）］等。其中，工业化生产菌株多为谷氨酸棒杆菌、黄色短杆菌、乳酸发酵短杆菌及大肠杆菌工程菌株。

目前，大多数L-赖氨酸工业生产菌株是通过物理或化学诱变等传统诱变育种策略筛选获得的突变株。与野生型菌株相比较，突变菌株存在较大缺陷，如生长速度缓慢、糖耗速率低、对外界胁迫耐受力差等。近年来，随着生物技术的发展，传统诱变育种逐渐被代谢工程育种所取代。如目前我国L-赖氨酸生产菌株多为大肠杆菌基因工程菌株，需在其培养过程中添加抗生素以维持菌株生产性能的稳定性。值得注意的是，2013年饲料添加剂目录明文规定饲料L-赖氨酸（纯度为65%和70%，含有大量菌体）中不得含有大肠杆菌。因此，利用大肠杆菌生产L-赖氨酸存在巨大安全隐患，导致企业在国内外市场上缺乏竞争力，制约生产规模的扩大和企业的发展。因此，以食品安全性菌株——谷氨酸棒杆菌为出发菌株，基于代谢工程策略，开发具有自主知识产权的高安全性、高纯度及低色级的L-赖氨酸生产新技术、新工艺，对拓宽产品应用范围和利润空间，实现企业可持续发展具有重要的现实意义。

（二）L-赖氨酸生物合成途径

存在于微生物和植物中的L-赖氨酸生物合成途径可分为两种：氨基乙二酸途径（AAA）和二氨基庚二酸途径（DAP），但至今尚未有证据表明两者之间存在必然的进化关系。

1. 氨基乙二酸途径

氨基乙二酸途径是谷氨酸族氨基酸合成途径中的一部分，共有8个反应涉及L-赖氨酸合成，即利用高异柠檬酸盐合成酶、顺高乌头酸酶/高乌头酸合成酶和异柠檬酸脱氢酶催化α-酮戊二酸生成α-氨基乙二酸，再经过α-氨基乙二酸还原酶、酵母氨酸还原酶和酵母氨酸脱氢酶催化生成L-赖氨酸。该途径主要存在于真菌（如酵母菌和霉菌）及古细菌中，途径唯一，不存在变体。

2. 二氨基庚二酸途径

二氨基庚二酸途径是天冬氨酸族氨基酸合成途径中的一部分，以天冬氨酸为底物，通过10个酶促反应合成L-赖氨酸（图3-8）。与AAA途径相比，DAP途径存在四种不同变种途径，即：①脱氢酶途径：只存在于小部分细菌，如谷氨酸棒杆菌、芽孢杆菌属、短杆菌属和一些植物，如大豆、小麦及玉米中；②琥珀酰化酶途径：广泛存在于大多数生物体中，如真细菌、低等真菌、植物和古细菌；③乙酰酶途径：只存在于部分芽孢杆菌属中；④转氨酶途径：只存在于衣原体中。有趣的是，大多数细菌中只存在四种DAP途径中的一种，但部分革兰氏阳性菌，如谷氨酸棒杆菌、短小芽孢杆菌和地衣芽孢杆菌等，可同时存在脱氢酶途径和琥珀酰化酶途径。

（三）L-赖氨酸合成途径中关键酶的活性调节

在谷氨酸棒杆菌中，以葡萄糖为底物合成L-赖氨酸的代谢途径中涉及多个关键酶，

第三章
代谢工程改造谷氨酸棒杆菌生产氨基酸

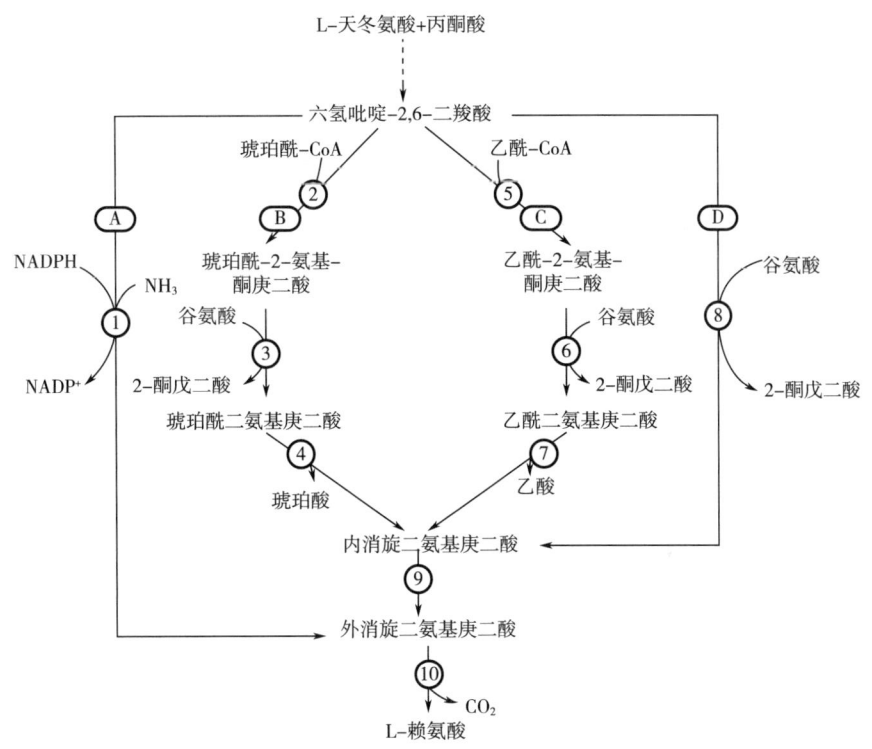

图 3-8 原核生物中 L-赖氨酸生物合成的四种途径
A：脱氢酶途径；B：琥珀酰化酶途径；C：乙酰酶途径；D：转氨酶途径；
1：内消旋二氨基庚二酸脱氢酶；2：四氢吡啶二羧酸琥珀酰化酶；3：琥珀酰-氨基-吡咯酮转氨酶；
4：琥珀酰-二氨基庚二酸脱琥珀酰酶；5：四氢吡啶二羧酸乙酰转移酶；6：乙酰-氨基-吡咯酮转氨酶；
7：乙酰-二氨基庚二酸脱乙酰酶；8：四氢吡啶二羧酸氨基转移酶；
9：二氨基庚二酸差向异构酶；10：二氨基庚二酸脱羧酶

如 1,6-二磷酸果糖酶（FBPase）、6-磷酸葡萄糖脱氢酶（G6PDH）、6-磷酸葡萄糖酸脱氢酶（6PGDH）、3-磷酸甘油醛脱氢酶（GADPH）、磷酸烯醇式丙酮酸羧化酶（PEPCX）、丙酮酸羧化酶（PCX）、天冬氨酸激酶（AK）、天冬氨酸半醛脱氢酶（ASADH）等（图3-9），且其酶活性受基因表达水平调节和蛋白别构调节。

1. 1,6-二磷酸果糖酶

1,6-二磷酸果糖酶（fructose-1,6-bisphosphatase，FBPase），是糖异生途径关键性限速酶之一，可催化 1,6-二磷酸果糖（F-1,6-P2）分解形成 6-磷酸果糖，并释放出一分子磷酸。过多 1,6-二磷酸果糖会抑制磷酸戊糖途径（PPP）中 6-磷酸葡萄糖脱氢酶和 6-磷酸葡萄糖酸脱氢酶活性，进而影响胞内还原力 NADPH 水平，抑制细胞合成 L-赖氨酸的能力。因此，提高细胞内 FBPase 的活性，不仅可解除 1,6-二磷酸果糖对 6-磷酸葡萄糖脱氢酶和 6-磷酸葡萄糖酸脱氢酶的抑制作用，还可增加流入 PPP 途径中的碳通量，进而增加 L-赖氨酸生物合成量。

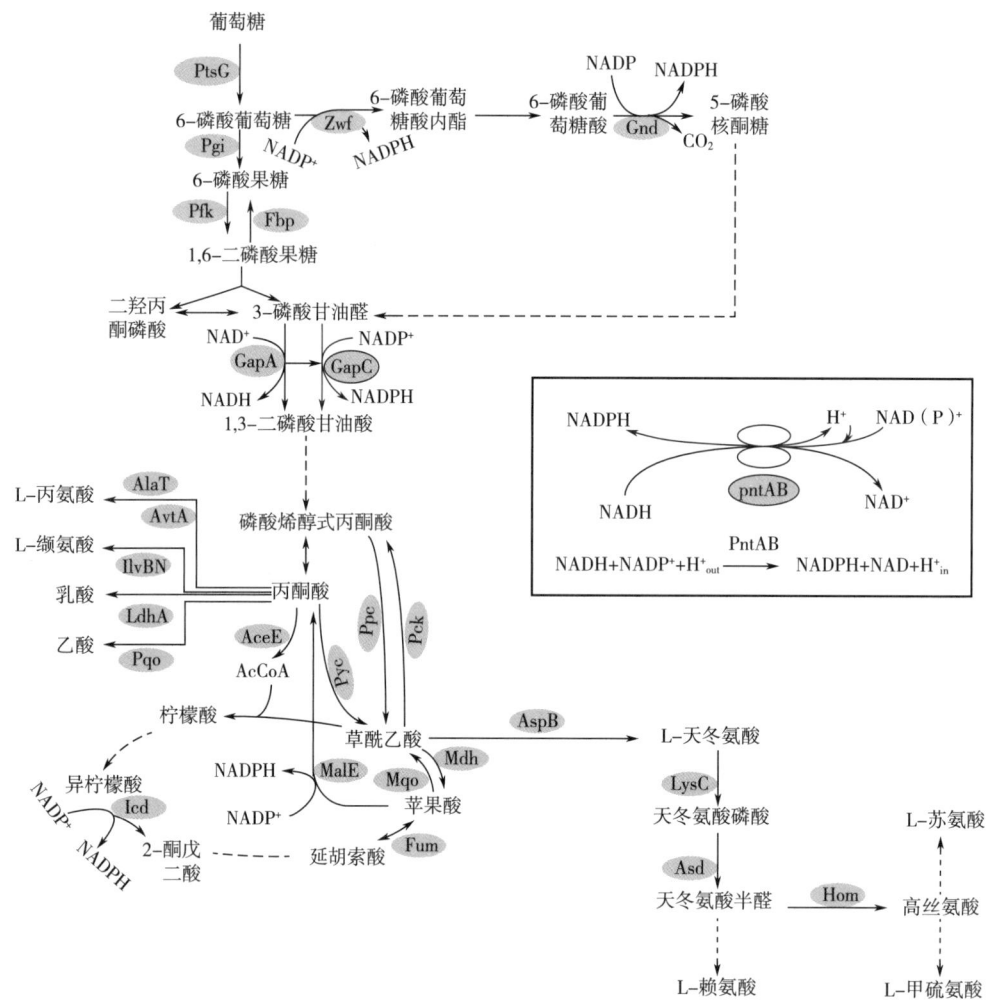

图 3-9 谷氨酸棒杆菌中 L-赖氨酸生物合成途径

(蓝线条代表外源引入途径；灰线条代表弱化途径；虚线代表多步反应)

PtsG：PTS 系统葡萄糖特异性 EIICB 成分；Zwf：6-磷酸葡萄糖脱氢酶；Pgi：6-磷酸葡萄糖异构酶；Gnd：6-磷酸葡萄糖酸脱氢酶；Pfk：ATP 依赖性 6-磷酸果糖激酶；Fbp：1,6-二磷酸果糖酶；GapA：3-磷酸甘油醛脱氢酶；GapC：3-磷酸甘油醛脱氢酶；AlaT：丙氨酸氨基转移酶；IlvBN：乙酰乳酸合成酶同工酶；LdhA：乳酸脱氢酶 A 链；Pqo：丙酮酸脱氢酶；AceE：丙酮酸脱氢酶；AcCoA 乙酰辅酶 A；Pyc：丙酮酸羧化酶；Ppc：磷酸磷酸酯-半胱氨酸连接酶；Pck：磷酸烯醇丙酮酸羧激酶；AspB：曲霉素 C 单加氧酶；MalE：戊烯基转移酶；Mqo：苹果酸：醌氧化还原酶；Fum：富马酸水合酶；Mdh：苹果酸脱氢酶；LysC：天冬氨酸激酶；Asd：天冬氨酸半醛脱氢酶；Hom：高丝氨酸脱氢酶；PntA：NAD（P）转氢酶亚基；PntB：NAD（P）转氢酶亚基；Icd：异柠檬酸脱氢酶

2. 6-磷酸葡萄糖脱氢酶

6-磷酸葡萄糖脱氢酶 (glucose-6-phosphate dehydrogenase，G6PDH) 是 PPP 途径中第一个限速调节酶，在谷氨酸棒杆菌中，G6PDH 由基因 *zwf* 编码，可为机体提供 NADPH 和保护细胞免受氧化作用，但其酶活性受磷酸烯醇式丙酮酸（PEP）、三磷酸腺苷（ATP）、

F-1,6-P2 等中间代谢产物的抑制作用。当将 zwf 中第 243 位碱基突变成 T 时，可解除 ATP、PEP 和 F-1,6-P2 的抑制作用，再将 zwf 自身启动子替换为强启动子 sod 增强 zwf 表达量以提高胞内 NADPH 浓度，有效改善了细胞合成 L-赖氨酸的产量。

3. 3-磷酸甘油醛脱氢酶

3-磷酸甘油醛脱氢酶（glyceraldehyde-3-phosphate dehydrogenase，GADPH）是碳源中心代谢途径中的关键性酶。在谷氨酸棒杆菌中，存在两种 GADPH：GapA 和 GapB，其中 GapA 属于 NAD^+-GADPH，GapB 虽定义为 $NADP^+$-GADPH，但却既可以 $NADP^+$ 为辅因子也可以 NAD^+ 为辅因子。当细胞以葡萄糖或乙酸为碳源时，两个基因的转录受到完全不同的调控作用。例如，当细胞生长以乙酸为碳源时，gapB 基因表达量提高了 7 倍，而 gapA 基因表达量却降低了 1/2。此外，GapA 不仅在糖酵解中起作用，在糖原异生中也发挥重要作用，而 GapB 只在糖原异生中发挥作用。

4. 磷酸烯醇式丙酮酸羧化酶

磷酸烯醇式丙酮酸羧化酶（phosphoenolpyruvate carboxykinase，PEPCx）是以 Mg^{2+} 或 Mn^{2+} 等二价阳离子为辅因子，催化磷酸烯醇式丙酮酸（PEP）和 CO_2 生成草酰乙酸（OAA）和无机磷，从而保证氨基酸合成和 TCA 循环中 C4 分子的持续供应。研究表明，大多数 PEPCx 酶活性受正代谢效应物（如 6-磷酸葡萄糖）和负代谢效应物（如苹果酸和天冬氨酸）的别构调控作用。例如，谷氨酸棒杆菌中 PEPCx 在厌氧条件下对补充 OAA 起重要作用，但其活性不受天冬氨酸的反馈抑制作用。

5. 天冬氨酸激酶和天冬氨酸半醛脱氢酶

天冬氨酸激酶（aspartokinase，AK）是天冬氨酸族氨基酸生物合成途径中的关键性酶，是 L-赖氨酸生物合成过程中的第一个限速酶。在谷氨酸棒杆菌中，AK 由基因 lysC（或 ask）编码，其活性受 L-赖氨酸和 L-苏氨酸协同反馈抑制，单独 L-赖氨酸或 L-苏氨酸不能抑制其生物活性。因此，利用 L-赖氨酸结构类似物［S-（2-氨基乙基）-L-半胱氨酸］筛选突变株或将 AK 氨基酸序列中第 311 位氨基酸定点突变成异亮氨酸，都可实现解除 L-赖氨酸对其的反馈抑制。

天冬氨酸半醛脱氢酶（aspartic semialdehyde dehydrogenase，ASADH）催化 β-天冬氨酰磷酸转变为 β-天冬氨酰半醛，是 L-赖氨酸生物合成途径中第二个酶。在谷氨酸棒杆菌中，ASADH 由基因 asd 编码，其表达受多种氨基酸的调节作用，其中 L-赖氨酸调节作用最为明显，而 6-磷酸葡萄糖对其也具有调节作用。

6. 二氢吡啶二羧酸合成酶和二氢吡啶二羧酸还原酶

二氢吡啶二羧酸合成酶（dihydrodipicolinate synthetase，DHDPS）是二氨基庚二酸途径中的别构调节酶，是 L-赖氨酸生物合成途径中的第一个分支酶，控制着细胞合成 L-赖氨酸途径中的碳流量分布。在谷氨酸棒杆菌中，DHDPS 是由基因 dapA 编码，并在 L-赖氨酸生物合成途径中充当管家基因的角色，其与二氢吡啶二羧酸还原酶（dihydrodipicolinate reductase，DHDPR）编码基因 dapB 形成一个操纵子簇进行表达。二氢吡啶二羧酸还原酶是合成二氨基庚二酸和 L-赖氨酸过程中的第二个关键酶，催化二氢吡啶二羧酸的

NAD(P)H-依赖还原性反应。DHDPR 能以 NADH 和 NADPH 作为辅因子，但不同微生物中 DHDPR 对不同辅因子的亲和力不同，如大肠杆菌中 DHDPR 更青睐 NADH；而在谷氨酸棒杆菌中，DHDPR 则青睐于 NADPH，且其酶活不受合成途径终产物的调节作用，但却受 2,6-吡啶二羧酸（2,6-PDC）的抑制作用。

7. 内消旋二氨基庚二酸脱氢酶

在谷氨酸棒杆菌中，内消旋二氨基庚二酸脱氢酶（meso-diaminopimelate dehydrogenase, DAPDH）由基因 ddh 编码，是唯一一种 NAD(P)$^+$-依赖的氨基酸脱氢酶，可逆催化内消旋二氨基庚二酸中 D-氨基酸残基氧化脱氨形成 L-氨基酮庚二酸。该酶以内消旋二氨基庚二酸为唯一底物，在 L-赖氨酸生物合成途径中起到重要作用。

8. 二氨基庚二酸脱羧酶

二氨基庚二酸脱羧酶（diaminopimelate decarboxylase, DAPDC）由基因 lysA 编码，是 L-赖氨酸生物合成途径中最后一个酶，催化内消旋二氨基庚二酸脱羧形成 L-赖氨酸和 CO_2，且需要吡多醛磷酸盐为辅因子。DAPDC 以内消旋二氨基庚二酸为唯一底物，其酶活力不受底物激活，但受 L-赖氨酸和二氨基庚二酸同源类似物的抑制作用。

(四) 国内外 L-赖氨酸菌种选育情况

目前，国内外对 L-赖氨酸生产菌种的选育主要是通过诱变育种和代谢工程等技术实现的。诱变育种是一种非理性的改造策略，而代谢工程改造是一种理性的改造策略，它们都已成功被用于选育 L-赖氨酸生产菌株。

1. 诱变育种

如表 3-3 所示，诱变育种可有效提高突变菌株生产 L-赖氨酸的能力。例如，经多轮 UV 诱变和化学诱变处理，筛选获得对 L-赖氨酸结构类似物 AEC 抗性的突变菌株，可有效解除 L-赖氨酸和 L-苏氨酸对关键酶 AK 的抑制作用，进而显著提高细胞合成 L-赖氨酸的能力。然而，传统诱变育种需要额外添加营养物质，会增加生产成本。此外，突变菌株对糖利用率低、对环境胁迫耐受性差，且基因中可积累大量非必要突变，进而阻碍菌株的进一步优化。

表 3-3　　诱变技术选育的 L-赖氨酸产生菌株

菌株	遗传标记	发酵方式	L-Lys·HCl/(g/L)
谷氨酸棒杆菌	Hse$^-$	摇瓶发酵 72h	13.0
黄色短杆菌	Thr$^-$、Met$^-$	摇瓶发酵 72h	34.4
黄色短杆菌	Met$^-$、Thr$^-$、SG^r、AHV^r、AEC^r	摇瓶发酵 72h	123.6
乳酸发酵短杆菌	AEC^r、Ala$^-$、CCL^r、ML^r、FP^r	补料发酵 72h	70.1
大肠杆菌	Thr$^-$	摇瓶发酵 48h	79.9
谷氨酸棒杆菌	Fa^s	分批补料发酵	19.1

续表

菌株	遗传标记	发酵方式	L-Lys·HCl/(g/L)
黄色短杆菌	AEC^r、Suc^g、Thr$^-$、SG^r	7L 罐发酵 72h	120.7

注：Hse，高丝氨酸；Thr，L-苏氨酸；Met，L-甲硫氨酸；AHV，α-氨基-β-羟基戊酸；AEC，S（2-氨基乙基）-L-半胱氨酸；Ala，L-丙氨酸；CCL，α-氯己内酰胺；ML，γ-甲基-L-赖氨酸；FP，β-氟代丙酮酸；SG，磺胺胍；Fa^s，氟乙酸盐；Suc^g，琥珀酸；上标："-" 缺陷型，"s" 敏感型，"r" 抗性。

2. 代谢工程育种策略

随着分子生物学的发展，基于代谢工程策略可精确改造细胞代谢系统以增加产物合成途径中代谢通量、前体物质供应及胞内辅因子供应，从而改善细胞生长特性及其发酵性能，实现代谢产物高效、高强度和高产量的生产目标。目前，针对 L-赖氨酸，代谢工程改造细胞代谢网络系统的主要策略包括：

（1）代谢工程改造 L-赖氨酸生物合成途径　在谷氨酸棒杆菌中，AK 是 L-赖氨酸合成途径中的关键代谢调控酶，过量表达 $lysC$ 可有效增加 AK 表达量，进而强化代谢流量增加 L-赖氨酸产量。类似地，通过过量表达基因 $dapA$ 或将 $dapA$ 自身启动子替换成强启动子，以增加胞内 DHDPS 表达量，增加进入 L-赖氨酸合成途径中碳通量，进而提高 L-赖氨酸产量（表3-4）。

表3-4　谷氨酸棒杆菌中 L-赖氨酸合成途径中关键酶及其编码基因

编码基因	编码酶	EC 编号	抑制子	转录单元
$lysC$	AK	2.7.2.4	Lys, Thr	$lysC$
asd	ASADH	1.2.1.11	Lys, Thr	asd
$dapA$	DHDPS	4.2.1.52	—	$dapB$-$orf2^-$ $dapB$-$orf4$
$dapB$	DHDPS	1.3.1.26	—	$dapB$-$orf2^-$ $dapB$-$orf4$
$dapD$	四氢吡啶二羧酸琥珀酰化酶	2.3.1.117	—	$dapD$
$dapC$	DapC	2.6.1.17	—	$dapC$
$dapE$	琥珀酰二氨基庚二酸脱琥珀酰化酶	3.5.1.18	—	$dapE$
ddh	DAPDH	1.4.1.16	—	ddh
$dapF$	DapF	5.1.1.7	—	$dapF$
$lysA$	DAPDC	4.1.1.20	—	$lysA$
$lysE$	LysE	—	—	$lysE$

（2）代谢工程改造增加前体物质供应　草酰乙酸（OAA）是天冬氨酸族氨基酸合成的直接前体物质。在谷氨酸棒杆菌中，PCx 是 OAA 主要补给催化酶，提高其酶活性可有效增加 L-赖氨酸产量。然而，PCx 酶活性受 L-天冬氨酸的反馈抑制作用，但将其编码基

因 pyc 中第 1372 位 C 突变成 T 可有效解除反馈抑制，进而增加细胞合成 L-赖氨酸的能力。类似地，通过失活磷酸烯醇式丙酮酸羧激酶 PEPCK 可促使更多碳通量进入补给途径而增加 L-赖氨酸产量。

（3）代谢工程改造辅因子　如图 3-9 所示，在 L-赖氨酸生物合成途径中有四步反应涉及 NADPH，即合成 1mol/L 赖氨酸需消耗 4mol NADPH，而增加 1g 菌体需要消耗 16.4mmol NADPH。然而，谷氨酸棒杆菌胞内 NADPH 供应与消耗是不平衡的，其胞内包含多个涉及 NADPH 的代谢反应，如呼吸链中 NADPH 氧化酶作用。通过敲除磷酸葡萄糖异构酶基因 pgi，促使葡萄糖进入 PPP 途径，提高细胞合成 NADPH 的能力，可以增加细胞合成 L-赖氨酸的能力。

四、1,6-二磷酸果糖酶和果糖激酶对 L-赖氨酸合成的影响

目前，利用表达质粒过量表达关键酶是对谷氨酸棒杆菌进行代谢改造的主要手段，但却必须引入抗生素抗性基因。为此，借助整合表达——基于非复制型质粒实现基因敲除和基因表达，且不带有抗性标记的遗传改造方法，已成为代谢改造谷氨酸棒杆菌的发展趋势。

此外，作为制糖工业中的废弃物，糖蜜主要糖分有蔗糖、葡萄糖、果糖和棉籽糖，被广泛用于发酵生产乙醇和氨基酸等精细化学品。对于 *C. glutamicum*，其胞内存在多种碳源代谢的摄取机制（利用 PTSGlc、PTSFru 和 PTSSuc 转运系统分别摄取葡萄糖、果糖和蔗糖）。然而，以果糖、蔗糖或果糖与蔗糖混合液为碳源时，*C. glutamicum* 合成 L-赖氨酸的产量较低，其原因是：以果糖或蔗糖为碳源进入 PPP 途径，显著降低了胞内 NADPH 的含量。因此，在提高果糖和蔗糖进入 PPP 途径代谢通量的基础上，改善胞内 NADPH 供应，将成为提高糖蜜利用率、增加 L-赖氨酸产量关键改造的策略。

（一）*C. glutamicum* 重组菌株的构建

将来源于 *E. coli* 的 *fbp* 和 *C. acetobutylicum* 的 *scrK* 在 *C. glutamicum* ATCC13032 和 *C. glutamicum* lysC^{fbr} 中过量表达，分别获得重组菌株 *C. glutamicum*/pDXW-8-*fbp*$_H$、*C. glutamicum*/pDXW-8-*fbp*、*C. glutamicum* lysC^{fbr}/pDXW-8-*fbp*、*C. glutamicum* lysC^{fbr}/pDXW-8-*scrK* 和 *C. glutamicum* lysC^{fbr}/pDXW-8-*fbp*-*scrK*。通过对不同菌株胞内酶活性的测定分析，发现与出发菌株无 FBPase 酶活性（≤25mU/mg）相比，同源或异源表达 *fbp* 基因均可显著增加胞内 FBPase 比酶活性，提高了 9~13 倍。然而，共同表达基因 *fbp* 和 *scrK* 却显著降低菌株胞内 FBPase 比酶活性，使其酶活性比单独表达 *fbp* 下降 50%，仅为 101mU/mg（表 3-5）。类似地，过量表达 *scrK* 基因可有效提高胞内 ScrK 酶的量。

表 3-5　不同谷氨酸棒杆菌中 FBPase 和 ScrK 的比酶活性

菌株	FBPase/(mU/mg)				ScrK/(mU/mg)
	葡萄糖	果糖	蔗糖	甜菜糖蜜	甜菜糖蜜
C. glutamicum ATCC13032	22	21	21	-	-

续表

菌株	FBPase/(mU/mg)				ScrK/(mU/mg)
	葡萄糖	果糖	蔗糖	甜菜糖蜜	甜菜糖蜜
C. glutamicum lysC^{fbr}	25	20	20	23	ND
C. glutamicum/pDXW-8	22	20	21	-	-
C. glutamicum/pDXW-8-*fbp*	193	268	247	-	-
C. glutamicum/pDXW-8-*fbp*$_H$	206	273	255	-	-
C. glutamicum lysC^{fbr}/pDXW-8 *fbp*	211	235	223	238	ND
C. glutamicum lysC^{fbr}/pDXW-8-*scrK*	-	-	-	23	53
C. glutamicum lysC^{fbr}/pDXW-8-*fbp-scrK*	-	-	-	101	51

注：ND，未检测到；"-"，没有检测。所有表示数据误差值≤5%。

（二）FBPase 酶活性调节机制的研究

在 *C. glutamicum* 中，FBPase 受 Fru-2、6-P2、AMP 和分解代谢物等的抑制或阻遏，而来源于 *E. coli* 的 FBPase 则上述抑制作用不敏感。为此，通过分析不同调节物对 *C. glutamicum* FBPase 和 *E. coli* FBPase 比酶活性的影响，进一步阐明 *C. glutamicum* 和 *E. coli* FBPase 的生理特性。结果如表3-6所示，与 *E. coli* FBPase 相比，AMP 对 *C. glutamicum* FBPase 比酶活性具有更为强烈的调节作用。值得注意的是，作为 *C. glutamicum* FBPase 抑制子，添加 3mmol/L PEP 可使 *E. coli* FBPase 比酶活性提高 200%。

表3-6　　　AMP、Fru-2,6-P2 和分解代谢物对 FBPase 的调节作用

调节物	比酶活性/(mU/mg)							
	0mmol/L		1mmol/L		2mmol/L		3mmol/L	
	异源[1]	同源[2]	异源	同源	异源	同源	异源	同源
AMP	193	206	ND	12	ND[3]	ND	ND	ND
PEP	193	206	339	21	375	ND	391	ND
Glc-6-P	193	206	144	167	128	123	105	68
Fru-1-P	193	206	192	108	187	24	175	ND
Fru-1,2-P2	193	206	191	191	185	166	172	100

[1] *E. coli* FBPase。

[2] *C. glutamicum* FBPase。

[3] ND，未检测到。

注：所有表示数据误差值≤7%。

（三）过量表达 *fbp* 和 *scrK* 对重组菌株生理特性的影响

以甜菜糖蜜为唯一碳源，通过测定不同菌株利用葡萄糖、果糖和蔗糖等情况考察过量

表达 *fbp* 和 *scrK* 对 *C. glutamicum* 利用甜菜糖蜜的影响,结果如图 3-10 所示,重组菌株均优先利用甜菜糖蜜中葡萄糖,且异源表达 *fbp* 和 *scrK* 有利于细胞对总糖的摄取。此外,表达 *scrK* 可有效阻止由蔗糖分解形成果糖分泌到细胞外,而表达 *fbp* 则更有利于细胞消耗培养基中果糖成分。

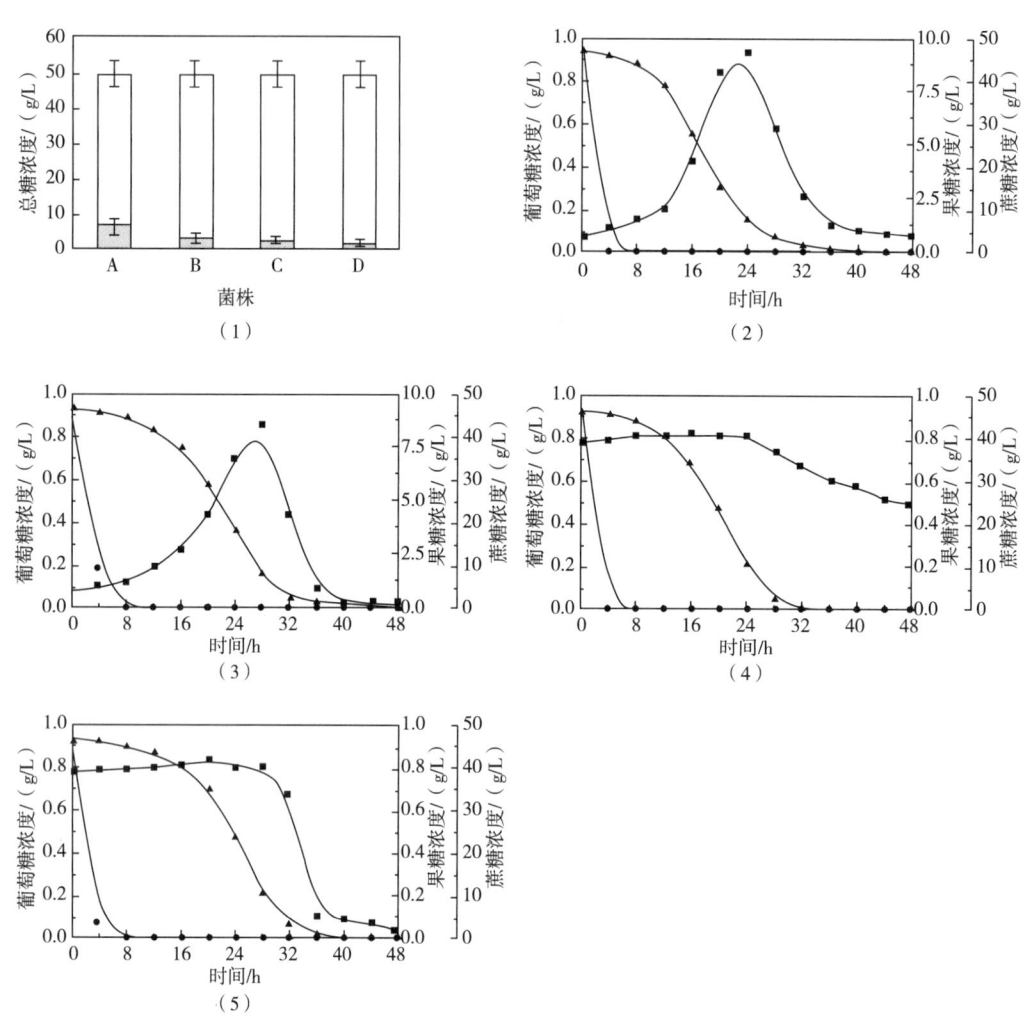

图 3-10 过量表达外源基因对重组菌株生理特性的影响

(1) 不同菌株发酵前后总糖浓度的变化;(2) *C. glutamicum lysC*^{fbr} 发酵过程中葡萄糖、果糖和蔗糖的变化;
(3) *C. glutamicum lysC*^{fbr} pDXW-8-*fbp* 发酵过程中葡萄糖、果糖和蔗糖的变化;(4) *C. glutamicum lysC*^{fbr} pDXW-8-*scrK* 发酵过程中葡萄糖、果糖和蔗糖的变化;(5) *C. glutamicum lysC*^{fbr} pDXW-8-*fbp-scrK* 发酵过程葡萄糖、果糖和蔗糖的变化

A:*C. glutamicum lysC*^{fbr},B:*C. glutamicum lysC*^{fbr} pDXW-8-*fbp*;
C:*C. glutamicum lysC*^{fbr} pDXW-8-*scrK*;D:*C. glutamicum lysC*^{fbr} pDXW-8-*fbp-scrK*

●—葡萄糖 ■—果糖 ▲—蔗糖

值得注意的是,以甜菜糖蜜为唯一碳源时,虽菌株 *C. glutamicum lysC*^{fbr} pDXW-8-*scrK*

细胞生物量（DCW）最高，但其比生长速率（μ）却小于菌株 C. glutamicum lysC^{fbr}。然而，以葡萄糖为唯一碳源时，C. glutamicum lysC^{fbr} pDXW-8-scrK 等重组菌株生长性能的差异性较小，表明异源表达 ScrK 对宿主生长性能影响不显著，其原因可能是以葡萄糖为唯一碳源时，因胞内没有自由果糖的积累，导致异源 ScrK 不能发挥作用。

（四）过量表达 fbp 和 scrK 对细胞合成 L-赖氨酸的影响

当以葡萄糖为唯一碳源时，过量表达 fbp 可使 L-赖氨酸产量提高 32.2%，而过量表达 scrK 却不能改善细胞合成 L-赖氨酸的能力，其可能的原因是：胞内没有自由果糖的积累，导致 ScrK 酶无法发挥应有作用。然而，当以甜菜糖蜜为唯一碳源时，出发菌株 C. glutamicum lysC^{fbr} 表现出较弱的 L-赖氨酸合成能力，使 L-赖氨酸产量从 34.5mmol/L 降低至 25.0mmol/L，但异源表达 fbp 或 scrK 却可显著提高细胞合成 L-赖氨酸的能力，使其 L-赖氨酸产量分别提高了 47.2% 和 36.8%，且共表达 fbp 和 scrK 使 L-赖氨酸产量提高了 88.4%，达到最大 L-赖氨酸比生长速率。

此外，在以甜菜糖蜜为唯一碳源发酵生产 L-赖氨酸过程中，出发菌株 C. glutamicum lysC^{fbr} 合成少量甘油、二羟基丙酮和海藻糖等副产物，而异源表达 fbp 和 scrK 使细胞积累甘油和二羟基丙酮的浓度降低至 0.5mmol/L 和 1.7mmol/L（表3-7）。因此，以甜菜糖蜜为唯一碳源时，异源表达 fbp 和 scrK 可有效抑制细胞合成甘油和二羟基丙酮等副产物，进而将碳源（如葡萄糖、果糖和蔗糖）最大限度地转化成 L-赖氨酸，提高甜菜糖蜜的利用率。

表 3-7　不同重组菌株利用甜菜糖蜜进行 L-赖氨酸发酵时副产物的积累情况

谷氨酸棒杆菌重组菌株	甘油/（mmol/L）	二羟基丙酮/（mmol/L）	海藻糖/（mmol/L）
lysC^{fbr}	3.3±0.27	11.2±0.56	0.7±0.15
lysC^{fbr}/pDXW-8-fbp	1.4±0.14	4.5±0.18	0.9±0.10
lysC^{fbr}/pDXW-8-scrK	0.6±0.12	2.1±0.20	1.3±0.06
lysC^{fbr}/pDXW-8-fbp-scrK	0.5±0.07	1.7±0.09	1.4±0.31

五、代谢调控 L-赖氨酸前体物和 NADPH 供应对 L-赖氨酸合成的影响

在谷氨酸棒杆菌中，磷酸烯醇式丙酮酸、丙酮酸和草酰乙酸是 L-赖氨酸合成的重要代谢节点（图3-9）。其中，增加草酰乙酸（OAA）的补给和减少三羧酸循环（TCA）及 TCA 还原途径对 OAA 的消耗对提高 L-赖氨酸产量至关重要。提高胞内 OAA 供应的策略主要包括：①提高丙酮酸羧化酶（PCx）的表达量，强化丙酮酸催化生成 OAA；②阻断丙酮酸支路途径增加丙酮酸对 OAA 的供给；③阻断乙酰-CoA 和苹果酸的形成以减少 TCA 及其还原途径对 OAA 的消耗。

在 C. glutamicum 中，提高进入 PPP 途径的代谢通量以增加 NADPH 的合成有利于 L-

赖氨酸的合成。然而，这会增加 CO_2 的释放，从而降低碳源的转化效率。类似地，敲除 ldhA、aceE 和 mdh 可阻断 NADH 的氧化，但胞内 NADH 高积累量会抑制 3-磷酸甘油醛脱氢酶（GADPH）活力，进而影响菌体对糖类的摄取。因此，在提供充足 L-赖氨酸前体物的基础上，如何实现降低 NADH 积累和增加 NADPH 供应的相对统一，对提高细胞合成 L-赖氨酸的能力非常重要。

（一）敲除 aceE 和定点突变 pyc 增加 OAA 和丙酮酸的供应

为增加 L-赖氨酸合成前体——丙酮酸的供给，以 C. glutamicum Lys1 为出发菌株，通过敲除 aceE 以阻断丙酮酸进入 TCA 循环，结果表明，与 C. glutamicum Lys1 相比，突变菌株 C. glutamicum Lys2 呈现较差的生长性能，但却积累大量丙酮酸。同时，突变菌株 Lys2 合成 L-赖氨酸的能力被显著提高，产量由 14.5mmol/L 增加到 23.1mmol/L。为进一步强化丙酮酸羧化形成 OAA 的代谢途径，通过定点突变使突变菌株 Lys2 中 pyc 基因突变成 $pyc^{G1A,C1372T}$，构建高 PCx 活力的工程菌株 C. glutamicum Lys3，使 L-赖氨酸产量进一步提高至 31.4mmol/L。

不同重组菌株中 L-赖氨酸合成途径关键酶的比酶活性见表 3-8。

表 3-8　不同重组菌株中 L-赖氨酸合成途径关键酶的比酶活性

菌株	比酶活性/（mU/mg）									
	PDHCx	PCx[1]	AlaT	AvtA	LdhA	MDH	PntAB	ICD	AHAS	HSD
Lys1	76	-	-	-	-	-	-	-	-	-
Lys2	ND	31	-	-	-	-	-	-	-	-
Lys3	-	64	102	71	-	-	-	-	-	-
Lys4	-	-	ND	ND	21	93	-	-	-	-
Lys5	-	-	-	-	ND	ND	ND	885	45.5	721.2
Lys6	ND	69	ND	ND	ND	ND	544	874	67.1	879.5
Lys7	-	-	-	-	-	-	ND	218	-	-
Lys8	-	-	-	-	-	-	537	221	-	-
Lys5-1	-	-	-	-	-	-	-	-	71.8	980.3
Lys5-2	-	-	-	-	-	-	-	-	20.4	806.7
Lys5-3	ND	71	ND	ND	ND	ND	ND	877	18.6	148.9

[1] PCx 的比酶活性单位为 mU/mg DCW。

注：ND 表示未检测到；"-"表示没有检测。

（二）阻遏支路代谢途径对 L-赖氨酸积累的影响

在 L-赖氨酸合成过程中，细胞能以丙酮酸为底物通过 AlaT（alaT 基因编码）和 AvtA（avtA 基因编码）催化合成副产物丙氨酸。为此，在菌株 Lys3 基础上敲除 alaT 和 avtA 阻断 L-丙氨酸的合成，获得重组菌株 C. glutamicum Lys4，使 L-赖氨酸的产量提高至

41.4mmol/L［图3-11（1）］。

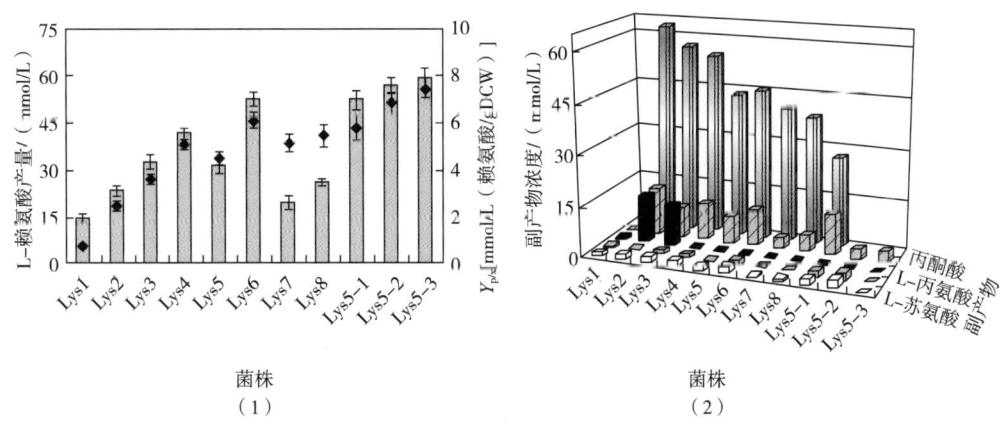

图3-11 不同工程菌株对L-赖氨酸产量、比生产速率［（1）柱状图，
L-赖氨酸产量；散点图，$Y_{p/x}$］及副产物（2）的影响

在此基础上，通过敲除菌株Lys4中 *ldhA* 和 *mdh* 得到重组菌株 *C. glutamicum* Lys5以进一步增加L-赖氨酸前体物质——丙酮酸和OAA供应。与Lys4相比，重组菌株Lys5的乳酸和琥珀酸的合成被抑制（表3-8）。然而，在Lys5发酵过程中，菌体不能完全耗尽葡萄糖，且表现出较差的生长能力和L-赖氨酸积累能力［图3-12（5）］，其原因可能是：敲除 *aceE*、*ldhA* 和 *mdh* 可破坏胞内NADH氧化途径，使胞内NADH过量积累，进而抑制糖酵解途径中GADPH酶活性，影响细胞对葡萄糖的摄取及消耗。

（三）调控胞内NADH含量对细胞合成L-赖氨酸的影响

以Lys5为出发菌株，通过引入 *E. coli* 中膜耦联型烟酰胺核苷酸转氢酶（PntAB，基因 *pntAB* 编码）以降低胞内NADH水平，获得重组菌株 *C. glutamicum* Lys6。与Lys5相比，重组菌株Lys6可有效代谢葡萄糖，使L-赖氨酸产量提高了36%，达到52.6mmol/L［图3-11（1）］。因此，异源表达转氢酶不仅可降低胞内NADH含量，解除过量NADH对GADPH的抑制作用，提高葡萄糖利用率，还可增加胞内辅因子NADPH的供应，显著提高细胞合成L-赖氨酸的产量。

然而，虽通过引入 *pntAB* 可有效降低胞内NADH含量，但却给工业发酵生产L-赖氨酸带来一定的隐患。为此，利用 *C. acetobutylicum* 中NADP$^+$-依赖型GADPH替换Lys5中NAD$^+$-依赖型GADPH，以达到降低胞内NADH含量和提高NADPH供应的双重目的，进而构建重组菌株 *C. glutamicum* Lys5-1。结果表明NADP$^+$-依赖型GADPH受NADPH的强烈抑制作用但不受NADH的抑制作用，而NAD$^+$-依赖型GADPH受NADH的强烈抑制作用却也受NADPH的弱抑制作用（图3-13）。此外，菌株Lys5-1表现出良好的生长能力和葡萄糖代谢速率［图3-12（5）］，使其L-赖氨酸产量和最大葡萄糖转化率分别提高至52.2mmol/L和23.96%。

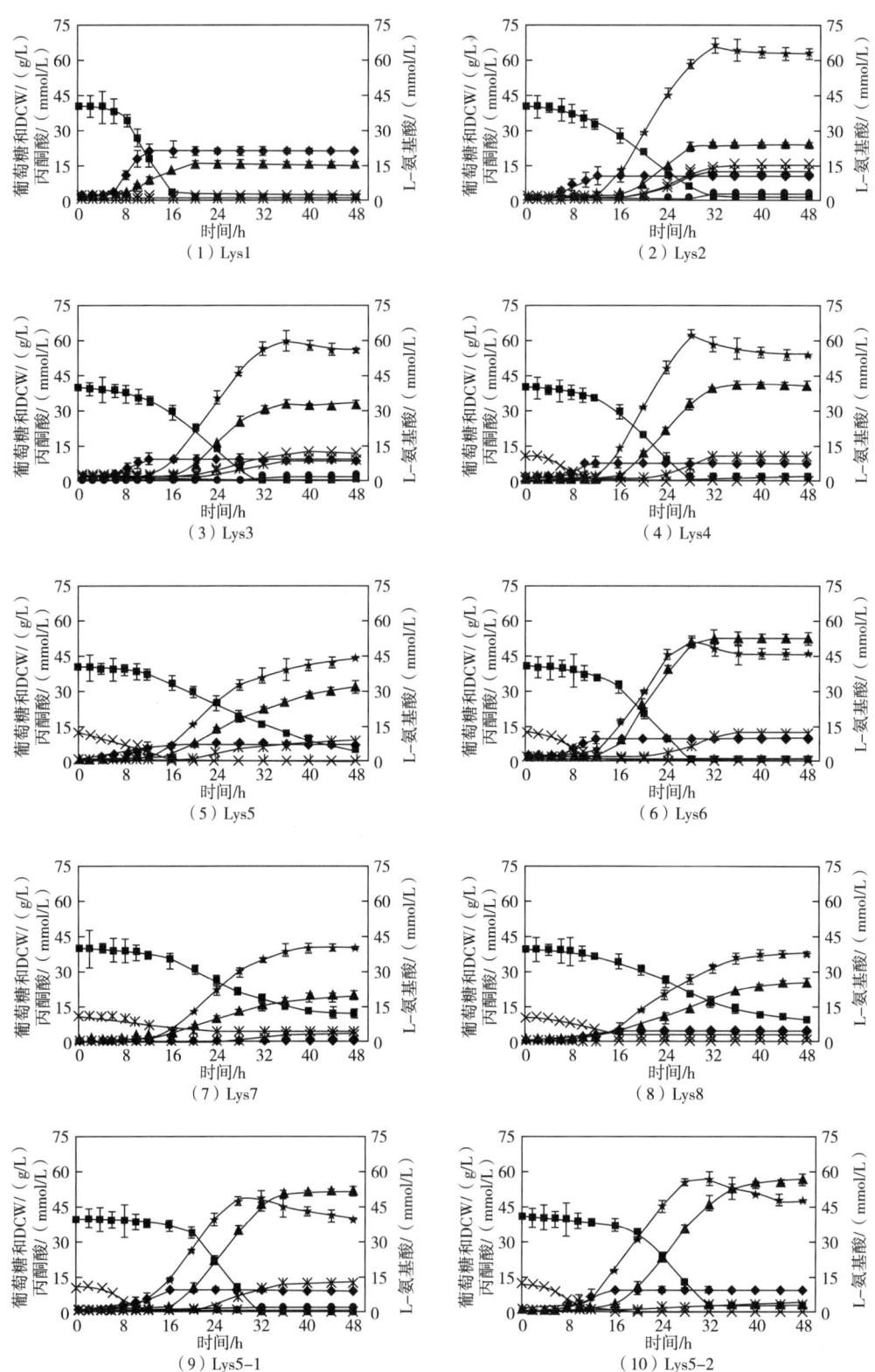

图 3-12 不同重组菌株发酵生产 L-赖氨酸过程中葡萄糖和 DCW、丙酮酸和 L-氨基酸的变化曲线

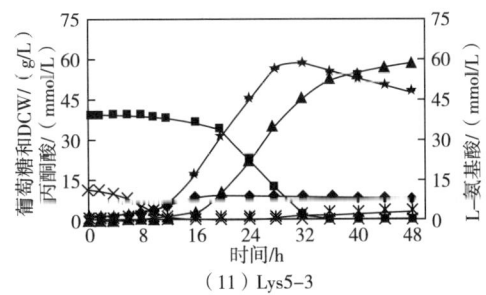

(11) Lys5-3

图 3-12 不同重组菌株发酵生产 L-赖氨酸过程中葡萄糖和 DCW、丙酮酸和 L-氨基酸的变化曲线（续图）

■，葡萄糖；★，DCW；+，丙酮酸；▲，L-赖氨酸；●，L-苏氨酸；X，L-丙氨酸；◆，L-缬氨酸

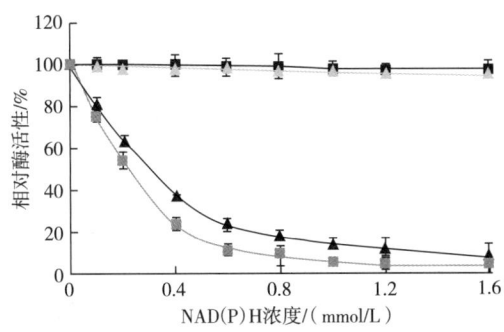

图 3-13 不同类型 GADPH 的调控作用

注：黑色线，以 NAD^+ 为辅因子，反应体系中添加 NADH；灰色线，以 $NADP^+$ 为辅因子，
反应体系中添加 NADPH；▲，▲，Lys5；■，■，Lys5-1

（四）降低 AHAS 和 HSD 酶活性对细胞合成 L-赖氨酸的影响

为进一步提高 L-赖氨酸前体物质的供应，以菌株 Lys5-1 为出发菌株，依次敲除 AHAS（*ilvBN* 基因编码）小亚基中 C 末端氨基酸序列和定点突变 HSD（*hom* 基因编码），构建重组菌株 *C. glutamicum* Lys5-2 和 *C. glutamicum* Lys5-3。与菌株 Lys5-1 相比，重组菌株 Lys5-2 中 AHAS 酶活性显著降低，而 Lys5-3 中 AHAS 和 HSD 酶活性均显著降低（表 3-8）。相应地，*ilvBN* 基因的敲除可显著降低菌株 Lys5-2 和 Lys5-3 合成 L-赖氨酸的能力，使其产量由 11.8mmol/L 分别降低至 3.2mmol/L 和 3.5mmol/L，且未能检测到 L-苏氨酸 [图 3-11（2）]。因此，虽菌株 Lys5-2 和 Lys5-3 最大比生长速率（μ）均低于 Lys5-1，仅分别为 0.31（1/h）和 0.29（1/h），但细胞合成 L-赖氨酸的能力却分别提高了 8.81% 和 13.22%，分别达到 56.8mmol/L 和 59.1mmol/L（图 3-12）。

六、代谢改造 L-赖氨酸终端生物合成途径对 L-赖氨酸合成的影响

在谷氨酸棒杆菌中，存在脱氢酶途径和琥珀酰化酶途径用于合成内消旋二氨基庚二酸，但菌体在"富铵"生长条件时利用脱氢酶途径形成 L-赖氨酸，而在"缺铵"生长环

境下则通过琥珀酰化酶途径合成 L-赖氨酸。其中，以 L-天冬氨酸为底物，谷氨酸棒杆菌利用脱氢酶途径合成 L-赖氨酸有 6 个酶催化反应。因此，可利用代谢工程策略改造 L-赖氨酸终端生物合成途径，提高关键酶活性，从而增加 L-赖氨酸终端合成途径中的代谢通量以期选育 L-赖氨酸高产菌株。

（一）过量表达 $lysC^{C932T}$ 和 asd 增加 L-赖氨酸产量

以菌株 Lys5-3 为出发菌株，通过定点突变技术将 $lysC$ 中第 932 位 C 碱基突变成 T 碱基，以解除天冬氨酸激酶（AK）的反馈抑制，构建重组菌株 C. glutamicum $lysC^{C932T}$，使其能在添加 L-赖氨酸结构类似物 S-（2-氨基乙基）-L-半胱氨酸（AEC）的培养基中正常生长（图 3-14）。在此基础上，在 pck（编码磷酸烯醇式丙酮酸羧激酶，PEPCK）基因位点处再插入一个 $lysC^{C932T}$ 表达框以增加基因 $lysC^{C932T}$ 表达量，进一步提高 AK 酶活性，构建重组菌株 C. glutamicum Lys5-4。与 Lys5-3 相比，重组菌株 Lys5-4 中 AK 酶活性提高 100%，使其比生长速率由 0.29（1/h）提高至 0.32（1/h）。相应地，过量表达基因 $lysC^{C932T}$ 和失活 PEPCK 可有效降低 L-缬氨酸和丙酮酸的积累，使 L-赖氨酸产量和葡萄糖转化率分别增加至 65.7mmol/L 和 29.14%（表 3-9 和表 3-10）。

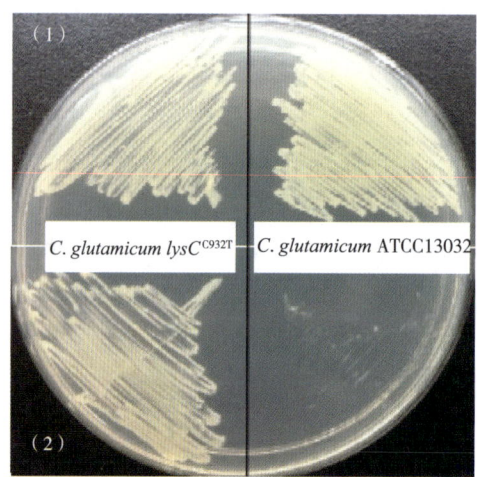

图 3-14 定点突变基因 $lysC$ 对重组菌株生长的影响

[C. glutamicum ATCC13032 和 C. glutamicum $lysC^{C932T}$ 在培养基 LBG（1）和 LBG+AEC（2）中的生长情况]

表 3-9　　　　不同谷氨酸棒杆菌重组菌株细胞外各个酶的比酶活性

菌株	比酶活性/（mU/mg）							
	AK	ASADH	DHDPS	DHDPR	DAPDH	DAPDC	MurE	ScrK
Lys5-3	71	221	125	253	153	62	779	ND
Lys5-4	168	315	—	—	—	—	—	—
Lys5-5	—	594	152	271	174	—	—	—
Lys5-6	—	—	328	514	202	—	—	—

续表

菌株	比酶活性/（mU/mg）							
	AK	ASADH	DHDPS	DHDPR	DAPDH	DAPDC	MurE	ScrK
Lys5-7	-	-	-	-	398	94	-	-
Lys5-8	202	673	352	533	415	201	714	ND
Lys5-9	-	-	-	-	-	-	85	-
Lys5-10	213	685	359	536	441	210	737	47

注：所有数据为三次独立实验测定结果的平均值，最大误差值 ≤5%；"-"表示没有检测，ND，表示未检测到。

表3-10　不同菌株对L-赖氨酸及副产物产量、DCW及比生长速率（μ）和葡萄糖消耗速率（$q_{s,max}$）及转化率（α）的影响

菌株	浓度/（mmol/L）					DCW/（g/L）	μ/（1/h）	$q_{s,max}$/[g/(g·h)]	α/%*
	L-Lys	L-Val	L-Thr	L-Met	丙酮酸				
Lys5-3	59.1	3.5	ND	ND	49.2	7.9	0.29	0.41	27.07
Lys5-4	65.7	2.6	ND	ND	33.8	8.2	0.32	0.47	29.14
Lys5-5	66.2	2.5	ND	ND	32.7	8.3	0.32	0.47	29.91
Lys5-6	71.5	1.9	ND	ND	22.4	8.0	0.29	0.43	32.21
Lys5-7	74.2	1.7	ND	ND	17.8	8.0	0.28	0.48	33.42
Lys5-8	81.0	1.1	ND	ND	8.1	7.7	0.26	0.46	36.45
Lys5-9	51.7	1.8	ND	ND	13.9	4.4	0.15	0.21	36.61
Lys5-10	80.6	1.1	ND	ND	8.3	7.5	0.26	0.46	36.27

注：所有数据为三次独立实验测定结果的平均值，最大误差值<9%；ND，表示未检测到。

*葡萄糖转化为L-赖氨酸的转化率。

（二）过表达 dapA 和 dapB 对细胞合成 L-赖氨酸的影响

作为 L-赖氨酸合成途径中第一个分支酶，增加 DHDPS 酶活性有利于促进更多代谢流量进入 L-赖氨酸合成途径。为此，在 Lys5-5 中 alaT 和 ldhA 基因位点处分别插入 dapA 和 dapB 表达框，构建重组菌株 C. glutamicum Lys5-6。与菌株 Lys5-5 相比，过量表达基因 dapA 和 dapB 可显著提高重组菌株 Lys5-6 中 DHDPS 和 DHDPR 酶活性（表3-9），使 L-赖氨酸产量及其葡萄糖转化率分别提高至 71.5mmol 和 32.21%（表3-10）。

在此基础上，为减少菌体合成对二氨基庚二酸的消耗，将 lysA 表达框插入 Lys5-7 中 aceE（编码丙酮酸脱氢酶系 E1p 组分）基因位点，构建重组菌株 C. glutamicum Lys5-8。与 Lys5-7 相比，菌株 Lys5-8 中 DAPDC 酶活性的提高有效减少了 L-缬氨酸和丙酮酸的积累，进而使 L-赖氨酸产量提高了 9.16%（表3-10）。

（三）异源表达 scrK 对细胞合成 L-赖氨酸的影响

为进一步将果糖直接磷酸化为 6-磷酸果糖，阻止胞内果糖分泌到胞外，提高蔗糖利用率，在 Lys5-8 中 pqo（编码丙酮酸：醌氧化还原酶，PQO）基因位点处插入来源于

C. acetobutylicum 的 *scrK* 表达框，构建重组菌株 *C. glutamicum* Lys5-10。然而，在 L-赖氨酸发酵过程中，重组菌株 Lys5-10 合成 L-赖氨酸的产量和葡萄糖转化率均与 Lys5-8 相似，其原因是 CgXIIG 液体培养基中不含有甜菜糖蜜或蔗糖，而 ScrK 只作用于蔗糖。此外，在以甜菜糖蜜为唯一碳源时，异源表达 *scrK* 基因可有效提高细胞利用蔗糖合成 L-赖氨酸的能力，可使菌株 Lys5-10 合成 L-赖氨酸的产量和 DCW 分别由 66.1mmol/L 和 6.1g/L 提高至 83.2mmol/L 和 8.2g/L（图3-15）。

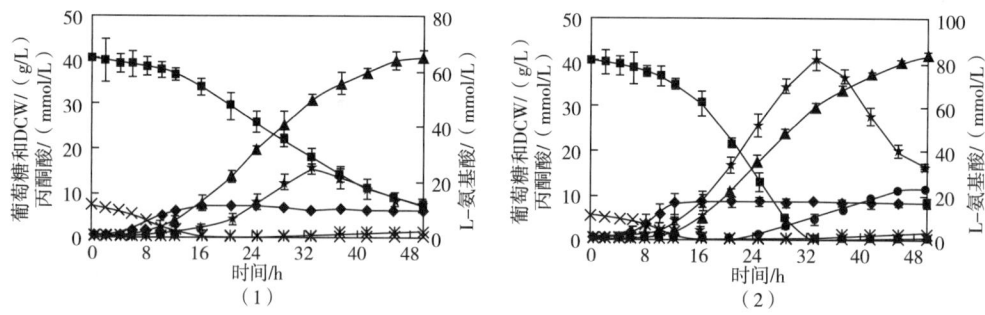

图3-15 重组菌株 Lys5-8（1）和 Lys5-10（2）利用甜菜糖蜜生产 L-赖氨酸的发酵曲线
（■，葡萄糖；◆，DCW；+，丙酮酸；●，L-苏氨酸；▲，L-赖氨酸；×，L-丙氨酸；★，L-缬氨酸）

（四）扩大培养对 *C. glutamicum* Lys5-10 合成 L-赖氨酸的影响

为进一步考察重组菌株 *C. glutamicum* Lys5-10 的工业化生产潜能，利用 7L 发酵罐全面考察扩大培养条件对其生长特性及发酵性能的影响。发酵结果如图3-16所示，在对数生长后期，重组菌株 Lys5-10 开始向胞外分泌 L-赖氨酸，且持续到发酵结束（发酵48h），但 L-赖氨酸分泌主要在葡萄糖流加阶段（培养16h后），发酵后期 L-赖氨酸合成能力有所下降。其中，当菌体完全消耗 L-丙氨酸后（培养20h），菌体量达到最大值（DCW 为73g/L），而当发酵进行至48h，Lys5-10 合成 L-赖氨酸的产量可达 853mmol/L（124.5g/L），葡萄糖转化率可达 47.2%。此外，Lys5-10 发酵液中还积累少量的丙酮酸（11.0mmol/L）、L-缬氨酸（37.0mmol/L）和 L-苏氨酸（15.1mmol/L）。

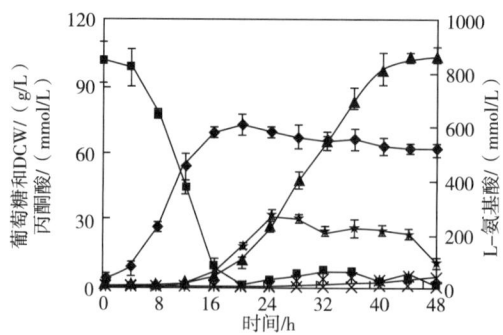

图3-16 工程菌株 Lys5-10 在 7L 发酵罐中的发酵过程曲线
（■，葡萄糖；◆，DCW；+，丙酮酸；●，L-苏氨酸；▲，L-赖氨酸；×，L-丙氨酸；★，L-缬氨酸）

第三节　代谢工程改造谷氨酸棒杆菌生产 L-甲硫氨酸

一、L-甲硫氨酸概述

（一）L-甲硫氨酸的结构和理化性质

L-甲硫氨酸是唯一含硫的非极性 α-氨基酸，其 IUPAC 名称为 2-氨基-4-甲硫基丁酸，与 L-赖氨酸、L-苏氨酸和 L-异亮氨酸同属于天冬氨酸族氨基酸。常温下，L-甲硫氨酸为白色薄片状结晶或结晶性粉末，有特殊气味、微甜，具有良好的热稳定性，易溶于 95% 乙醇，强酸可使其分解。此外，根据旋光性不同，可将甲硫氨酸分为 L-甲硫氨酸和 D-甲硫氨酸，由于 L-甲硫氨酸在人和动物体内不需经酶转化可直接被吸收利用，导致其生物学效价略高于 D-甲硫氨酸。L-甲硫氨酸的立体结构见图 3-17。

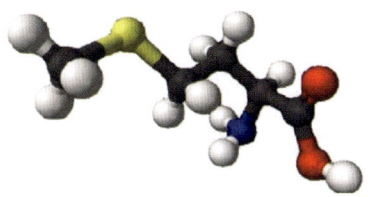

图 3-17　L-甲硫氨酸的立体结构

（二）L-甲硫氨酸的功能及用途

在原核生物和真核生物中，与其他氨基酸一样，L-甲硫氨酸不仅参与蛋白质的合成，还可充当蛋白质合成的起始氨基酸。此外，甲硫氨酸还可通过甲硫氨酸循环参与细胞内转甲基、转硫基和转氨丙基的作用，是合成众多代谢中间产物，如肾上腺素、聚胺、谷胱甘肽和肌酸等的前体物质。因此，作为八大必需氨基酸之一，L-甲硫氨酸被称为"第二必需氨基酸"，具有重要的生理功能，参与细胞内多种类型的生理生化反应，广泛应用于食品、医药、饲料等行业（表 3-11）。

表 3-11　L-甲硫氨酸的用途

应用领域	具体用途
饲料工业	除具有营养作用外，还能提高动物免疫力和抗氧化力。L-甲硫氨酸与植物源饲料配合使用可部分代替动物源饲料，增加肉蛋产量，缩短饲养周期
医药工业	单独使用 L-甲硫氨酸可治疗多种疾病，也可与其他氨基酸组成复方制剂。L-甲硫氨酸还可作为抗抑郁药和利胆药，还可治疗重症高血压病；与 S-腺苷甲硫氨酸联用可以治疗肝损伤等
其他方面	在食品调味料领域，L-甲硫氨酸因独特的气味常被用于制作鱼糕；作为营养强化剂应用于保健品行业，生产氨基酸保健饮料和氨基酸保健品；作为抗氧化剂，用于美容产品

二、L-甲硫氨酸的生产概况

(一) 国内外L-甲硫氨酸的生产现状

近年来,我国企业积极开发L-甲硫氨酸生产技术,但其产品主要为医药级产品,且总产量仅为1万t/年。然而,我国作为全球第二大饲料生产国,饲料工业所需L-甲硫氨酸几乎全部依赖进口,国内甲硫氨酸需求量已突破百万吨,且以每年10%的速度增长。目前,L-甲硫氨酸的生产主要集中在美国、德国、法国和日本等少数发达国家,其总产量占世界L-甲硫氨酸产量的95%以上,且已形成垄断局势。与国外企业相比,我国L-甲硫氨酸生产比较落后,其原因主要集中在:就技术层面来说,需要扩大生产规模,改善生产工艺,实现连续自动化生产,提高产物回收率,解决环保及生产安全问题;在原料方面,实现L-甲硫氨酸合成前体物质的自主生产是降低产品成本的最有效途径。因此,选育高产L-甲硫氨酸工程菌株,发展L-甲硫氨酸发酵生产技术,实现规模化工业生产,具有重要的社会意义和经济价值。

(二) L-甲硫氨酸的生产方法

按生产工艺的不同,L-甲硫氨酸的生产方法可分为生物法和化学合成法,其中化学合成法是目前L-甲硫氨酸的工业化生产方法。

1. 化学合成法

目前,工业上生产饲料级L-甲硫氨酸主要采用丙烯醛合成DL-混旋甲硫氨酸的生产工艺,从甲硫醇与丙烯醇加成形成甲硫基丙醛开始,后根据生产工艺的不同可具体分为:①海因法:技术成熟、收率高、流程简单、成本低,产品为固体DL-甲硫氨酸,生产厂家有法国安迪苏公司、日本曹达公司、德国迪高沙公司。②氰醇法:工艺路线短、副产物少、能耗低、投资少,其产品为液体DL-甲硫氨酸羟基类似物或固体DL-甲硫氨酸羟基类似物钙盐,生产厂家有美国孟山都公司。

总的来说,化学合成法因合成工艺路线长、技术与设备要求高、生产成本高、混旋甲硫氨酸分离难度大,且存在环境和人身安全等诸多弊端,极大制约了L-甲硫氨酸的工业化生产及其应用。

2. 生物法

生物法生产甲硫氨酸主要包括酶拆分法和发酵法,产物均为L-甲硫氨酸。其中,酶拆分法将DL-甲硫氨酸乙酰化,产物N-乙酰-DL-甲硫氨酸再在氨基酸酰化酶作用下,经脱色、浓缩、结晶制得L-甲硫氨酸,但该方法经济指标低、排污大。而微生物发酵法以天然底物发酵生产L-甲硫氨酸也存在两大缺陷,一是甲硫氨酸合成途径受多种复杂的反馈抑制作用,二是无机硫源在转化成甲硫氨酸前需被高度还原。为此,以前体物质发酵生产L-甲硫氨酸可有效克服第一点问题:以工程菌株发酵制备L-高丝氨酸,再通过化学方法将高丝氨酸转化为L-甲硫氨酸,即发酵-化学法工艺流程短、污染少,但是产率只有30%。此外,由于L-甲硫氨酸的特殊性及其代谢调控的复杂性,使L-甲硫氨酸很难实现

第三章
代谢工程改造谷氨酸棒杆菌生产氨基酸

胞外大量积累,导致尚未有工程菌株达到工业化发酵生产水平。

三、L-甲硫氨酸的生物合成代谢

(一) L-甲硫氨酸的生物合成途径

目前,具有大量合成 L-甲硫氨酸能力的微生物约有 16 种(表 3-12 中展示了 12 种),其中大肠杆菌 L-甲硫氨酸合成代谢途径所有酶均受到来自末端代谢产物的反馈阻遏或反馈抑制,而棒状杆菌和短杆菌属微生物中 L-赖氨酸的调节机制相对简单。如图 3-18 所示,作为天冬氨酸族氨基酸合成途径中第一个分流点,β-天冬氨酰半醛既可在二羟吡啶羧酸合酶(DHDPS)作用下生成二氢吡啶二羧酸而合成 L-赖氨酸,又能在高丝氨酸脱氢酶(HSD)作用下还原生成高丝氨酸。高丝氨酸既可在高丝氨酸激酶(HK)作用下流向 L-苏氨酸代谢途径,也可在高丝氨酸酰基转移酶作用下流向 L-甲硫氨酸代谢途径。因此,L-甲硫氨酸的分支代谢途径以高丝氨酸为起点,大肠杆菌中高丝氨酸琥珀酰转移酶催化高丝氨酸与琥珀酰辅酶 A 发生缩合反应,生成中间代谢产物——琥珀酰高丝氨酸;而大部分真菌及少数细菌(如芽孢杆菌和棒状杆菌)利用高丝氨酸乙酰转移酶(HAT)生成中间代谢产物——乙酰高丝氨酸。

表 3-12　　　　　　　　　具有发酵生产 L-甲硫氨酸能力的微生物

菌株	L-甲硫氨酸产量
节杆菌	23.0[a]mg/mL
黄色短杆菌	25.5mg/mL
念珠菌	16.02mg/g
谷氨酸棒杆菌	0.32[b]g/g
百合棒杆菌	4.047mg/mL
多形汉森酵母	5.0mg/g
乳酸克鲁维酵母	14.2mg/mL
甲基单胞菌	0.42mg/mL
谷氨酸微球菌	2.0mg/mL
毕赤氏酵母	5.6mg/mL
黏质沙雷氏菌	0.78[a]mg/mL
光滑球拟酵母	5.04mg/mL

[a] 代表前体物质生物转化。
[b] 代表甲硫氨酸对葡萄糖得率。

从乙酰高丝氨酸到高半胱氨酸的合成途径存在两个完全不同的平行途径,即转硫途径和直接巯基化途径,前者以半胱氨酸作为硫的供体,后者以无机硫化物为硫的供体(图 3-18)。有趣的是,Hwang 等发现阻断转硫途径或直接硫化途径,谷氨酸棒杆菌仍具

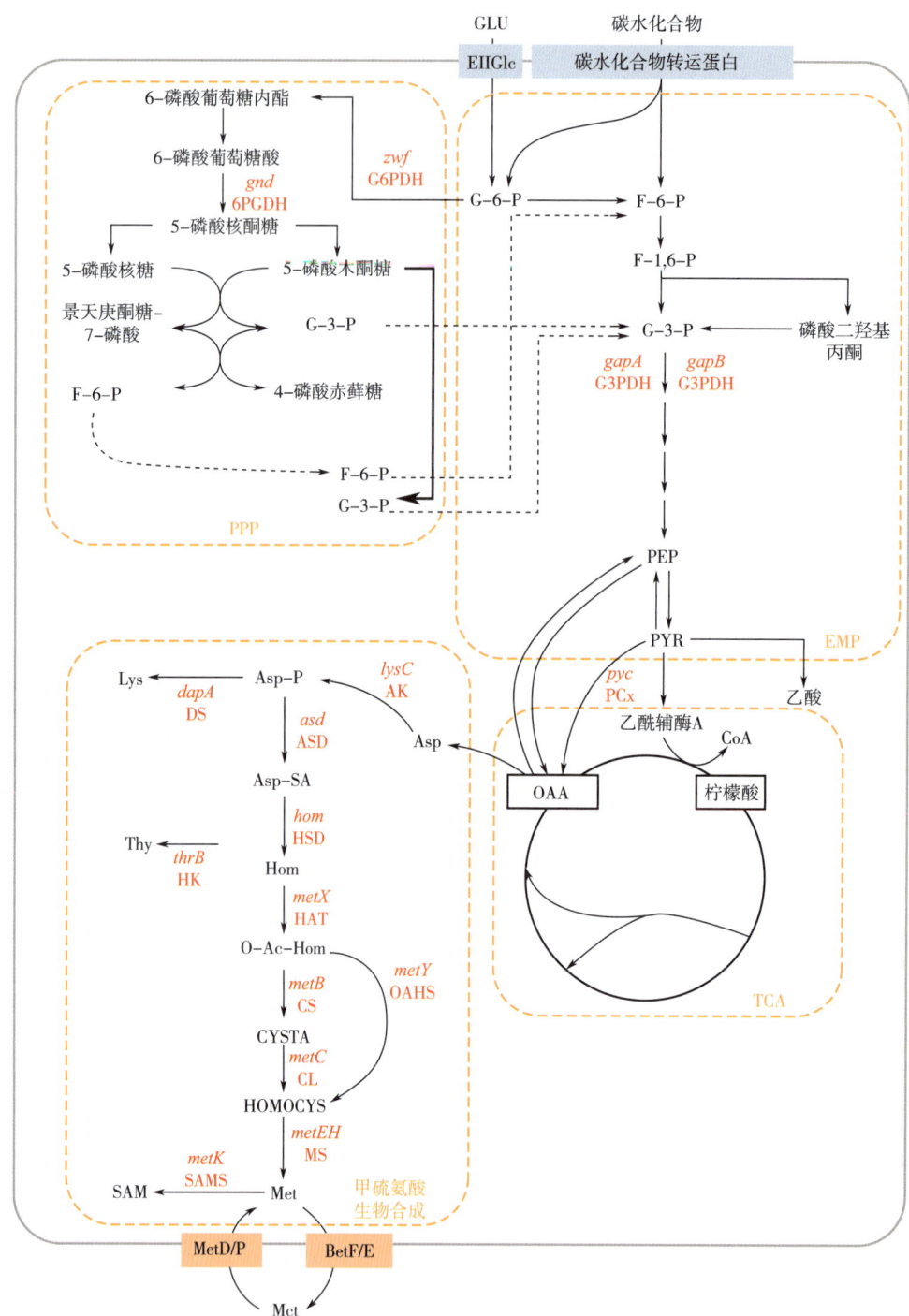

图 3-18 谷氨酸棒杆菌中 L-甲硫氨酸的合成途径（斜体代表相应酶的编码基因）

GLU：葡萄糖；F-6-P：6-磷酸果糖；G-3-P：3-磷酸甘油醛；PPP：磷酸戊糖途径；F-1,6-P：1,6-二磷酸果糖；G3PDH：3-磷酸甘油醛脱氢酶；PEP：磷酸烯醇式丙酮酸；PYR：丙酮酸；EMP：糖酵解；Lys：赖氨酸；Thr：苏氨酸；SAM：腺苷甲硫氨酸；Met：甲硫氨酸；OAA：草酰乙酸；TCA：三羧酸循环；HK（*thrB*）：高丝氨酸激酶；6-磷酸葡萄糖酸脱氢酶；*zwf*：6-磷酸葡萄糖脱氢酶；*gapA*：3-磷酸甘油醛脱氢酶；*gapB*：3-磷酸甘油醛脱氢酶；DS（*dapA*）：二氢二吡啶甲酸合酶；ASD（*asd*）：天冬氨酸半醛脱氢酶；HSD（*hom*）：高丝氨酸脱氢酶；HAT（*metX*）：高丝氨酸乙酰转移酶；CS（*metB*）：胱硫醚-γ-合酶；CL（*metC*）：胱硫醚-β-裂解酶；MS（*metEH*）：甲硫氨酸合成酶；SAMS（*metK*）：S-腺苷甲硫氨酸合成酶；MetD/P：甲硫氨酸进口系统渗透蛋白；BetF/E：硫酸盐转运蛋白；PCx（*pyc*）：丙酮酸羧化酶

有合成 L-甲硫氨酸的代谢能力，表明谷氨酸棒杆菌存在两种硫化作用。此外，合成 L-甲硫氨酸的最后一步反应是对高半胱氨酸的甲基化，可由钴胺素依赖型甲硫氨酸合酶或钴胺素非依赖型甲硫氨酸合酶催化完成，前者以叶酸循环途径产生的 5-甲基-四氢叶酸（5-methy-THFA）为甲基供体，后者以丝氨酸分解代谢产生的 5-甲基-四氢呋喃（5-methy-THF）为甲基供体。然而，由于 L-甲硫氨酸的生物合成受到严格的调控，野生型通常不具备过量合成 L-甲硫氨酸的能力。

（二）L-甲硫氨酸合成途径中的关键酶

在谷氨酸棒杆菌中，以葡萄糖为底物合成 L-甲硫氨酸的代谢途径可分为两部分：中心代谢途径和天冬氨酸族氨基酸共同途径。中心代谢途径是指从培养基中摄取葡萄糖，由糖酵解途径（EMP）生成磷酸烯醇式丙酮酸（PEP）和丙酮酸（PYR），进一步转化为草酰乙酸（OAA）的过程；天冬氨酸族氨基酸共同途径是指从 L-天冬氨酸生成 L-甲硫氨酸的过程。

1. 高丝氨酸脱氢酶（HSD）和高丝氨酸乙酰转移酶（HAT）

高丝氨酸脱氢酶是甲硫氨酸合成途径中的第二个关键酶，利用 NADPH 将 β-天冬氨酰半醛还原成高丝氨酸。在谷氨酸棒杆菌中，HSD 由 hom 基因编码，是单功能酶，仅具有高丝氨酸脱氢酶活性，其表达受 L-甲硫氨酸的抑制，而活性受 L-苏氨酸的抑制。此外，在谷氨酸棒杆菌和枯草芽孢杆菌中，HSD 的 C 末端比大肠杆菌多了大约 100 个氨基酸残基，而这区域却是 L-苏氨酸的别构调节位点。值得注意的是，二氢吡啶二羧酸合酶也可以 β-天冬氨酰半醛为底物，催化合成 L-赖氨酸。正常情况下，HSD 对底物的亲和性是二氢吡啶二羧酸合酶的 25 倍，有利于碳流主要流向 L-苏氨酸和 L-甲硫氨酸合成途径。然而，当胞内 L-苏氨酸大量积累时，可显著抑制 HSD 的催化作用，导致碳流继而流向 L-赖氨酸合成途径。

作为 α/β 水解酶超家族，高丝氨酸乙酰转移酶是甲硫氨酸分支合成途径中的第一个酶，催化乙酰辅酶 A 中乙酰基转移到高丝氨酸，形成乙酰高丝氨酸。在植物和微生物体内，甲硫氨酸合成前体有三种形式：乙酰化、琥珀酰化和磷酰化高丝氨酸。其中，革兰氏阳性菌、酵母以及真菌利用乙酰辅酶 A 酰化高丝氨酸；而大肠杆菌和蜡样芽孢杆菌则利用琥珀酰辅酶 A 酰化高丝氨酸。

2. 胱硫醚-γ-合酶和胱硫醚-β-裂解酶

胱硫醚-γ-合酶（CS）是转硫途径中的第一个酶，也是半胱氨酸代谢途径中关键酶，催化硫原子从半胱氨酸转移到中间产物胱硫醚。在谷氨酸棒杆菌中，CS 受末端产物腺苷甲硫氨酸（SAM）的反馈抑制和 L-甲硫氨酸的反馈阻遏。而胱硫醚-β-裂解酶（CL）是转硫途径中的第二个酶，由 metC 基因编码，可催化胱硫醚脱去丙酮酸和 NH_3 后生成高半胱氨酸，其活性受末端产物 L-甲硫氨酸的反馈阻遏。

3. 乙酰高丝氨酸硫化氢解酶

乙酰高丝氨酸硫化氢解酶（OAHS）催化乙酰高丝氨酸与硫化物直接生成高半胱氨酸，即为直接硫化途径。在大肠杆菌中，只存在转硫途径，而酿酒酵母、链孢霉和绿色植物中虽存在转硫途径和直接硫化途径，但只有转硫途径发挥生理功能，并负责合成 L-甲硫氨酸；在革兰氏阳性细菌，如谷氨酸棒杆菌中，既含有转硫途径又含有直接硫化途径，且两种途径等效行使功能。OAHS 由 metY 基因编码，是由两个二聚体聚合组成的同源四聚体，其表达及活性均受 L-甲硫氨酸所抑制。有趣的是，OAHS 与 CS 具有同源性，同样以磷酸吡哆醛为辅因子，活性位点位于 N 端的 α 螺旋处。

4. 甲硫氨酸合成酶

作为 L-甲硫氨酸生物合成的最后一步反应，甲硫氨酸合成酶（MS）催化高半胱氨酸甲基化生成 L-甲硫氨酸。除参与甲硫氨酸循环外，MS 还具有多种生物学功能，如参与叶酸和胞内一碳单位的代谢，影响核酸的生成。在谷氨酸棒杆菌中存在两种 MS，分别是钴胺素依赖型 MS 和钴胺素非依赖型 MS，前者由 metH 基因编码，甲基供体为叶酸循环途径产生的 5-甲基-THFA；后者由 metE 基因编码，甲基供体为丝氨酸分解代谢产生的 5-甲基-THF。由于钴胺素依赖型 MS 催化效率远高于钴胺素非依赖型 MS，且其表达活性不受任何末端代谢产物的抑制，导致研究大多集中于钴胺素依赖型 MS，并依据不同功能可将其划分为不同区域：C 端 38ku 的 SAM 结合位点、核心 28ku 的钴胺素结合位点以及 N 端 71ku 的底物结合位点。

（三）增强 L-甲硫氨酸合成的代谢调控策略

目前，对 L-甲硫氨酸代谢工程的研究主要集中于共同途径的改造上。

1. 转运途径的改造

一般来说，胞内 L-甲硫氨酸浓度越高，其合成所受到的调控作用就越强，而通过强化转运途径将胞内 L-甲硫氨酸及时转运至胞外，或阻止胞外 L-甲硫氨酸转运至胞内，可有效提高细胞合成 L-甲硫氨酸的能力。例如，在谷氨酸棒杆菌中过表达 L-甲硫氨酸分泌系统 BrnFE 可有效提高 L-甲硫氨酸产量，但在碳源耗尽情况下，胞外 L-甲硫氨酸能被重新吸收至胞内，进而导致重组菌株失去生产 L-甲硫氨酸的能力。在谷氨酸棒杆菌中，细胞吸收 L-甲硫氨酸由质膜转运蛋白介导的主动运输，由两个转运蛋白复合体 MetD 和 MetP 调控 L-甲硫氨酸由胞内向胞外转运（图 3-19）。其中，MetD 由 metN、metI 和 metQ 组成基因簇编码，其表达受转录因子 McbR 调控，敲除基因簇中任意基因均使 MetD 失去活性；而 MetP 由 metP 和 metS 基因编码，其表达为组成型表达，但 MetP 也是丙氨酸的主要运输载体。然而，目前尚未见转运系统对 L-甲硫氨酸吸收活性影响的相关报道。

2. 阻断或弱化 L-甲硫氨酸合成的竞争代谢途径

氨基酸生产菌株大多为营养缺陷型，利用营养缺陷型构建 L-甲硫氨酸生产菌株具有两个优点：①消除反馈抑制；②切断碳流流向支链途径。在天冬氨酸族氨基酸合成途径中，碳流在天冬氨酸-β-半醛和高丝氨酸后分别流向 L-赖氨酸和 L-苏氨酸分支途径，而阻断或弱化分支途径有利于驱使更多碳流量进入 L-甲硫氨酸途径。在谷氨酸棒杆菌中，敲除 HK 编码基因 thrB，可获得 L-苏氨酸营养缺陷型菌株，不仅可阻断碳流流向 L-苏氨酸途径，且解除 L-苏氨酸对途径中 AK 和 HSD 的反馈抑制作用，进而推动更多碳流用于 L-甲硫氨酸的合成。

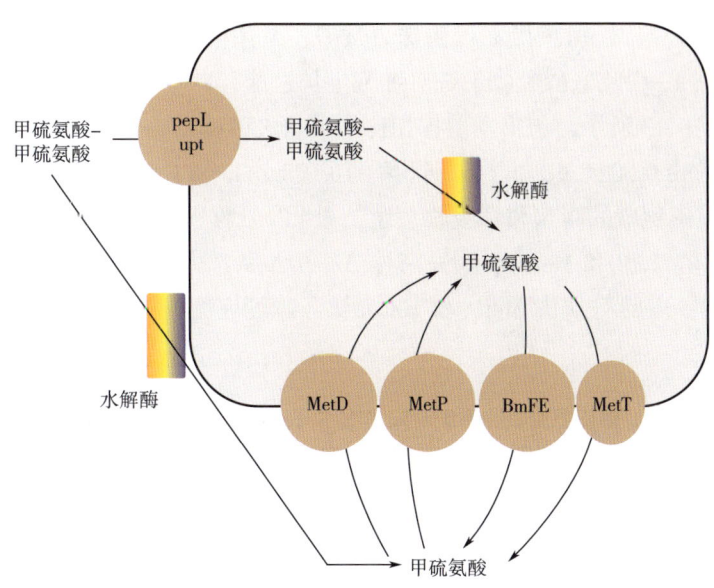

图 3-19　谷氨酸棒杆菌中甲硫氨酸的跨膜转运

3. 解除关键酶的反馈调节

由于 L-甲硫氨酸、SAM 等末段产物对其合成途径中关键酶具有强烈的反馈抑制或阻遏作用，且其反馈作用机制并不明确。因此，利用 L-甲硫氨酸、SAM 等终产物的结构类似物［如乙硫氨酸（Eth）、甲硫氨酸亚砜（MetS）、原亮氨酸（Nor）和甲磺酸甲酯（MMS）等］诱变筛选 L-甲硫氨酸抗反馈突变体，可获得过量合成 L-甲硫氨酸的平台菌株。

此外，L-甲硫氨酸合成途径中关键酶还受中间代谢产物的抑制作用。例如，AK 酶受 L-赖氨酸和 L-苏氨酸的协同反馈抑制作用，若将 *lysC* 基因第 932 位 C 碱基突变为 T 碱基，则可解除反馈抑制作用。类似地，PCx 活性受天冬氨酸抑制，若将其编码基因 *pyc* 的弱起始密码子 GTG 突变为 ATG，则能够增强 *pyc* 基因的表达，且将 1372 位碱基由 C 突变为 T 能够解除天冬氨酸的反馈抑制作用。

4. 提高辅因子 NADPH 的供应

与其他氨基酸合成类似，胞内 NADPH 含量将是制约细胞合成 L-甲硫氨酸速率和效率的关键因素之一。在谷氨酸棒杆菌中，胞内 NADPH 主要是由 G6PDH、6PGDH 和 GAPDH 产生。为此，将 G6PDH 编码基因 *zwf* 第 727 位的 G 碱基替换为 A、将 6GPDH 编码基因 *gnd* 第 1083 位的 T 碱基替换为 C 或异源表达 *C. acetobutylicum* 中 *gapC* 基因，均可有效提高胞内 NADPH 的供应，但相关代谢工程策略是否对 L-甲硫氨酸合成有效果却尚未见相关的研究报道。

四、代谢工程改造 L-甲硫氨酸转运系统对 L-甲硫氨酸合成的影响

（一）L-甲硫氨酸吸收系统缺失对 L-甲硫氨酸吸收功能的影响

以谷氨酸棒杆菌 ATCC 13032 为出发菌株，分别构建 MetD 和 MetP 两大复合体的单缺

失和双缺失突变菌株，分别获得工程菌株 ΔmetD、ΔmetP 及 ΔmetDΔmetP（Δ 表示该基因被敲除），并考察 L-甲硫氨酸吸收系统对细胞生长性能、L-甲硫氨酸吸收活性及其产量的影响。结果如表 3-13 所示，与出发菌株相比，单缺失菌株 ΔmetD 和 ΔmetP 中单位菌体 L-甲硫氨酸吸收速率由 0.30g/（L·h）分别下降到 0.078g/（L·h）和 0.14g/（L·h），表明 MetD 复合体则是 L-甲硫氨酸的高亲和性吸收系统，敲除 metNI 基因可显著降低细胞吸收 L-甲硫氨酸的活性。在 MetP 和 MetD 双缺失菌株 ΔmetDΔmetP 中，未能检测到细胞对 L-甲硫氨酸的吸收活性，表明双缺失 MetP 和 MetD 复合体可完全阻断细胞吸收 L-甲硫氨酸的活性。

表 3-13 缺失 L-甲硫氨酸吸收系统对细胞吸收及其合成 L-甲硫氨酸的影响

谷氨酸棒杆菌	L-Met 吸收率/[g/(L·h)]	OD_{600}	(L-Met 吸收率/OD_{600})/[g/(L·h)]	葡萄糖消耗率/[g/(L·h)]	最大 L-Met 产量/(g/L)	(L-Met/葡萄糖)/(mol/mol)	(最大 L-Met 产量/OD_{600})/(g/L)
ATCC 13032	0.325±0.003	1.081±0.033	0.30±0.002	1.146±0.027	0.06±0.001	0.003±0.001	0.055±0.001
ΔmetD	0.078±0.0024	0.998±0.002	0.078±0.024	1.047±0.004	0.25±0.022	0.012±0.001	0.25±0.0214
ΔmetP	0.154±0.02	1.098±0.003	0.14±0.018	1.046±0.004	0.17±0.001	0.008±0.001	0.145±0.001
ΔmetDΔmetP	ND	0.308±0.003	ND	0.681±0.04	0.11±0.013	0.008±0.001	0.139±0.017

注："ND" 代表未检测到。

（二）缺失 L-甲硫氨酸吸收系统对细胞合成 L-甲硫氨酸的影响

工程菌株 ΔmetD 胞外 L-甲硫氨酸积累量最高（0.25g/L），其葡萄糖得率及单位菌体 L-甲硫氨酸产量分别为 0.012mol/mol 和 0.25g/L，均高于工程菌株 ΔmetP 和 ΔmetDmetP（表 3-13）。值得注意的是，敲除基因 metNI 或 metP 对菌体的生长性能及其葡萄糖消耗速率没有影响，但双敲除基因却显著降低菌株的生长性能及其葡萄糖消耗速率，其原因是：MetD 和 MetP 作为 L-甲硫氨酸的两大跨膜转运载体，同时缺失可彻底阻断 L-甲硫氨酸向胞内转运，严重影响细胞膜内外 L-甲硫氨酸和 L-丙氨酸的平衡，进而抑制细胞生长及葡萄糖消耗。

（三）基于 L-甲硫氨酸结构类似物诱变选育 L-甲硫氨酸高产菌株

以谷氨酸棒杆菌 ΔmetD 为出发菌株，借助紫外诱变和 NTG 进行交替诱变，利用 4mg/mL Eth 选育获得具有结构类似物抗性且在 CGXIIG 平板上长势良好的 9 株突变株，并对其发酵性能进行比较研究。结果如图 3-20（1）所示，突变菌株 1-3 合成 L-甲硫氨酸的产量显著高于出发菌株 ΔmetD。在此基础上，经过原生质体紫外和 NTG 交替诱变，使出发菌株 ΔmetD 对 Eth 耐受性由 2.0mg/mL 提高到了 7mg/mL，对 Nor 耐受性由 0.8mg/mL 提高到 2mg/mL，对 MMS 耐受性由 1.6mg/mL 提高到 3.5mg/mL，进而获得一株具有多重 L-甲硫氨酸结构类似物抗性的突变株 5-16，其发酵合成 L-甲硫氨酸的最高产量可达

2.54g/L，较出发菌株 $\Delta metD$ 提高约 9 倍 [图 3-20 (5)]。

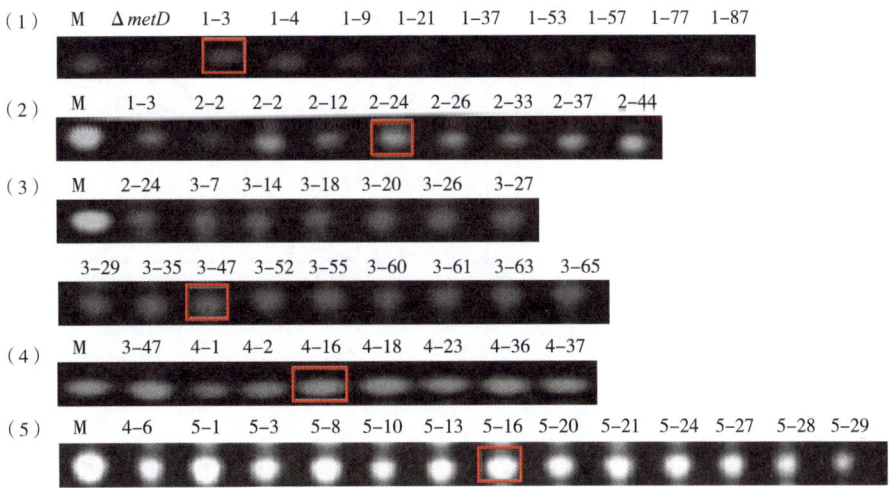

图 3-20 五轮诱变中各突变菌株合成 L-甲硫氨酸的产量比较（M 为 L-甲硫氨酸标准品）
(1) 第一轮诱变；(2) 第二轮诱变；(3) 第三轮诱变；(4) 第四轮诱变；(5) 第五轮诱变

（四）突变菌株 5-16 遗传稳定性的研究

通过测定不同传代菌株合成 L-甲硫氨酸产量的变化，并验证传代后菌株的遗传标记，进而考察突变菌株 5-16 的遗传稳定性（图 3-21）。在 CM 培养基中连续传代 8 次后，突变菌株 5-16 合成 L-甲硫氨酸的产量由 2.54g/L 降低至 2.33g/L，但仍高于出发菌株 $\Delta metD$ 合成 L-甲硫氨酸的能力，表明突变菌株 5-16 具有较稳定的遗传特性。同时，考察突变菌株 5-16 和出发菌株 $\Delta metD$ 在含有和不含结构类似物抗性 CGXIIG 培养基中的生长情况，发现突变菌株 5-16 在含有和不含结构类似物抗性 CGXIIG 培养基中生长状况无显著差异，但出发菌株 $\Delta metD$ 则不能生长在含有结构类似物的 CGXIIG 培养基中，表明突变菌株 5-16 具有抗 L-甲硫氨酸结构类似物的表型特征，且此表型具有遗传稳定性 [图 3-21 (2)]。此外，为进一步探究突变菌株 5-16 高产 L-甲硫氨酸的原因，利用 RT-PCR 分别检测 L-甲硫氨酸分支合成途径 8 个关键酶的转录水平，结果表明：与出发菌株 $\triangle metD$ 相比，除 metC 基因外，突变菌株 5-16 中其余 7 个基因的转录水平均明显提高 [图 3-21 (3)]。

五、强化合成途径对细胞合成 L-甲硫氨酸的影响

在 L-甲硫氨酸分支代谢途径中，存在两条竞争代谢途径可使碳流在天冬氨酸-β-半醛和高丝氨酸后分别流向 L-赖氨酸和 L-苏氨酸的合成。因此，减少 L-赖氨酸和 L-苏氨酸合成途径的代谢流量有利于驱使更多碳源流向 L-甲硫氨酸合成途径。此外，L-甲硫氨酸合成途径中关键酶 AK 和 PCx，前者受 L-赖氨酸和 L-苏氨酸的协同反馈阻遏，后者受 L-天冬氨酸的反馈抑制。解决酶反馈抑制对于 L-甲硫氨酸的合成也至关重要。

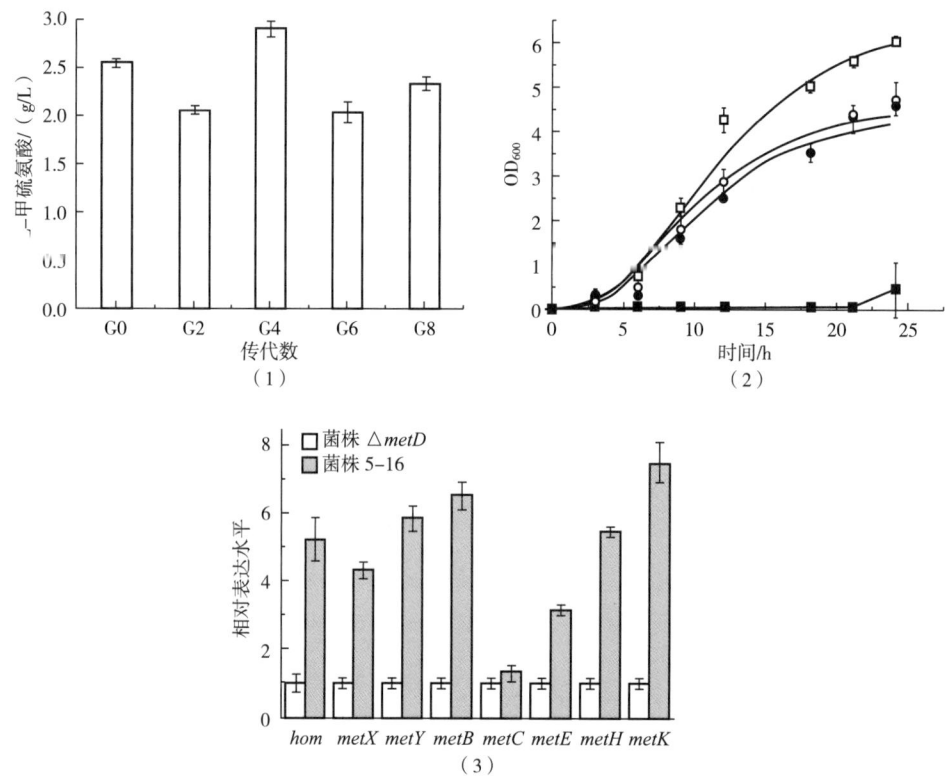

图3-21 突变菌株5-16发酵性能（1）、遗传稳定性（2）及其关键基因转录水平（3）的比较分析

注：（2）中空心，不含结构类似物；实心，含有7mg/mL Eth、2mg/mL Nor和
3.2mg/mL MMS；方块，出发菌株△metD；圆圈，突变菌株5-16

（一）代谢工程改造L-甲硫氨酸竞争代谢途径对细胞合成L-甲硫氨酸的影响

1. 阻断L-苏氨酸代谢途径增强细胞合成L-甲硫氨酸的能力

为进一步增加L-甲硫氨酸的代谢通量，以突变菌株5-16为基础，通过敲除高丝氨酸激酶（HK）减少碳流流向L-苏氨酸，获得工程菌株LY-1。结果如图3-22所示，失活HK可显著降低重组菌株LY-1胞外积累L-苏氨酸的能力，使其产量由0.92g/L降低至0.05g/L，L-甲硫氨酸和L-赖氨酸产量却分别提高了8.66%和18.57%。值得注意的是，工程菌株LY-1合成L-天冬氨酸的能力也显著增强，使其产量由0.89g/L提高到2.45g/L。因此，阻断L-苏氨酸合成途径可有效驱使代谢流量流向L-甲硫氨酸和L-赖氨酸分支途径，而L-天冬氨酸的积累则表明天冬氨酸磷酸化形成天冬酰胺磷酸的代谢节点需要进一步强化。此外，工程菌株LY-1中HSD比酶活性较出发菌株5-16提高了75%，表明工程菌株LY-1中胞内L-苏氨酸浓度的降低可部分解除HSD的反馈抑制作用（表3-14）。

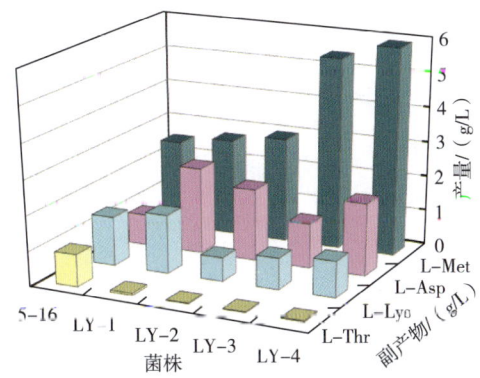

图 3-22　不同代谢工程改造策略对工程菌株合成 L-甲硫氨酸及其副产物的影响

表 3-14　不同重组菌株中 L-甲硫氨酸合成途径关键酶比酶活性的比较分析

菌株	HSD/(mU/mL)	DHDPS/(mU/mL)	AK/(mU/mL)		PCx/(mU/mL)	
			None	Lys+Thr[b]	None	Asp[a]
5-16	12	–	–	–	–	–
LY-1	21	265	–	–	–	–
LY-2	–	109	142	32	–	–
LY-3	–	–	223	172	84	63
LY-4	–	–	–	–	204	129

注："–"，未检测；所有数据误差<10%；None，不添加外源氨基酸。
[a] 测定体系中添加 5mmol/L L-赖氨酸和 5mmol/L L-苏氨酸。
[b] 代表测定体系中添加 5mmol/L L-天冬氨酸。

2. 削弱 L-赖氨酸代谢途径对细胞合成 L-甲硫氨酸的影响

在此基础上，将菌株 LY-1 中 L-赖氨酸合成途径第一个分支酶合成基因 *dapA* 起始密码子 ATG 替换为弱起始密码子 GTG，以期削弱 L-赖氨酸合成途径，获得工程菌株 LY-2。与出发菌株 LY-1 相比，工程菌株 LY-2 在含有 2g/L L-苏氨酸的 CGXIIG 培养基中表现出较差的生长趋势，且具有较长延滞期，其原因可能是弱化 L-赖氨酸合成途径可有效减少细胞壁合成前体物——二氨基庚二酸的合成，进而限制细胞的生长（图 3-23）。结果显示，削弱 L-赖氨酸合成途径仅能稍微提高细胞合成 L-甲硫氨酸的能力，使其产量提高至 2.76g/L，但 L-赖氨酸产量的降低却可部分解除对 AK 的反馈抑制作用。

（二）解除中间代谢产物反馈抑制作用

1. 解除 AK 的反馈抑制对细胞合成 L-甲硫氨酸的影响

解除 L-赖氨酸对 AK 的反馈抑制作用可能会有效促进 L-天冬氨酸向 L-甲硫氨酸的生物转化及其代谢流量。为此，以 LY-2 为出发菌株，将 AK 编码基因 *lysC* 序列中第 932 位碱基 C 突变为碱基 T，获得工程菌株 LY-3。与不能生长的出发菌株 LY-2 相比，工程菌株 LY-3 在添加 2g/L L-赖氨酸结构类似物 *S*-（2-氨基乙基）-L-半胱氨酸（AEC）和

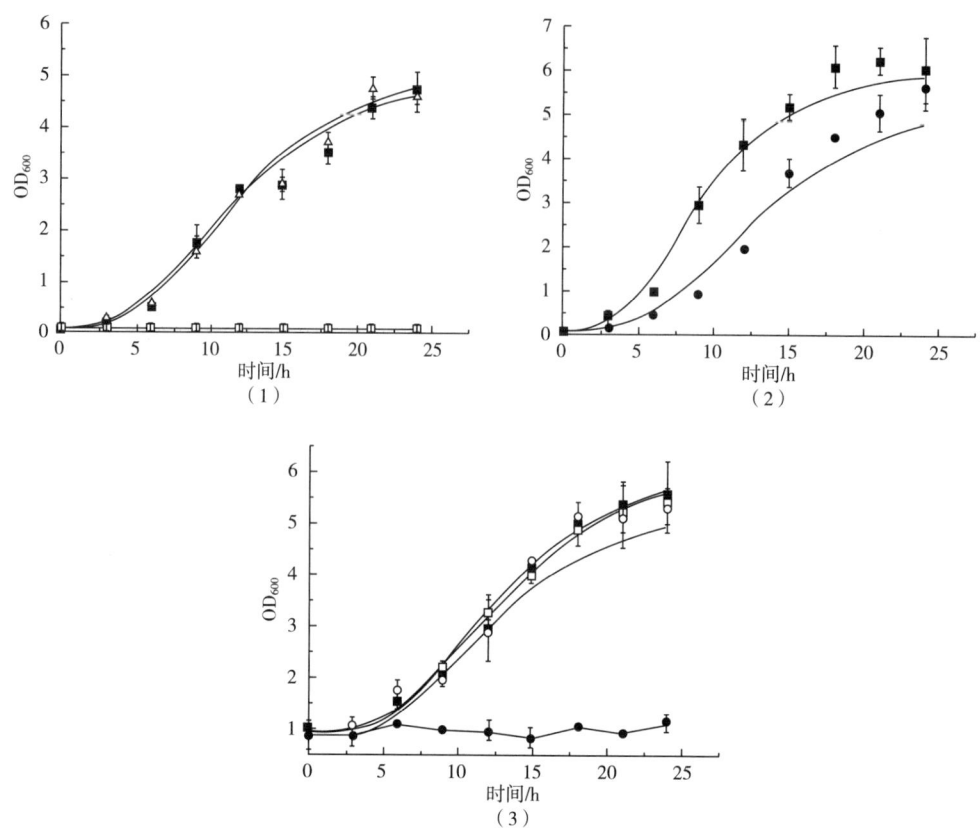

图 3-23 不同代谢工程策略对重组菌株生长性能的影响

(1) 方块, LY-1; 三角, 5-16; (2) 方块, 菌株 LY-1; 圆形, 菌株 LY-2; (3) 方块, 菌株 LY-3; 圆形, 菌株 LY-2

注：空心, CGXIIG 培养基；实心, CGXIIG 培养基中含有 2g/L 的 L-苏氨酸。

2g/L L-苏氨酸的 CGXIIG 培养基中可正常生长（图 3-23），且工程菌株 LY-3 胞内 AK 比酶活力较 LY-2 提高了 57.04%，表明增强胞内 AK 酶活力可有效解除 L-赖氨酸的反馈抑制作用（表 3-14）。相应地，解除 L-赖氨酸对 AK 的反馈抑制作用可有效增加 L-天冬氨酸流向 L-甲硫氨酸的代谢流量，进而增强细胞合成 L-甲硫氨酸的能力，使其产量由 2.76g/L 提高至 5.44g/L，而 L-天冬氨酸产量却由 2.04g/L 降低至 1.27g/L。

2. 解除 PCx 的反馈抑制提高 L-甲硫氨酸前体物供应

以 LY-3 为出发菌株，在将 PCx 起始密码子替换成强起始密码子 ATG 的基础上，将其编码基因 *pyc* 中第 1372 位 C 碱基突变为 T 碱基以解除 L-天冬氨酸对 PCx 的反馈抑制作用，获得工程菌株 LY-4。与出发菌株 LY-3 相比，强起始密码子可显著提高工程菌株 LY-4 中 PCx 的酶活性，使其比酶活性由 84mU/mg 提高至 204mU/mg。同时，为验证 L-天冬氨酸反馈抑制作用是否解除，向酶活性测定体系中添加 5mmol/L L-天冬氨酸，结果发现：在存在抑制物的情况下，工程菌株 LY-4 中 PCx 比酶活性仍比出发菌株 LY-3 提高了 100%，且使 L-甲硫氨酸产量提高至 5.88g/L（图 3-24）。因此，通过解除 PCx 的反馈抑制可增强从丙酮酸到草酰乙酸的代谢通路，进而提高细胞合成 L-甲硫氨酸的能力。

（三）不同重组菌株发酵性能的比较研究

利用分批补料发酵策略比较研究不同重组菌株生长性能及其发酵性能的差异性，结果如图3-24和表3-15所示。当补料分批发酵进行至72h时，突变菌株5-16合成L-甲硫氨酸产量达到最高值，为2.54g/L，但其对底物转化率仅为0.028mol/mol；而工程菌株LY-4则可积累5.88g/L L-甲硫氨酸，且对底物转化率高达0.72mol/mol。值得注意的是，工程菌株LY-3合成L-甲硫氨酸的产量及对底物转化率较工程菌株LY-2分别提高了81.93%和81.08%，表明在改造L-甲硫氨酸合成途径中，代谢改造AK节点处可显著影响细胞合成L-甲硫氨酸的能力，即AK节点为L-甲硫氨酸生物合成的关键节点。

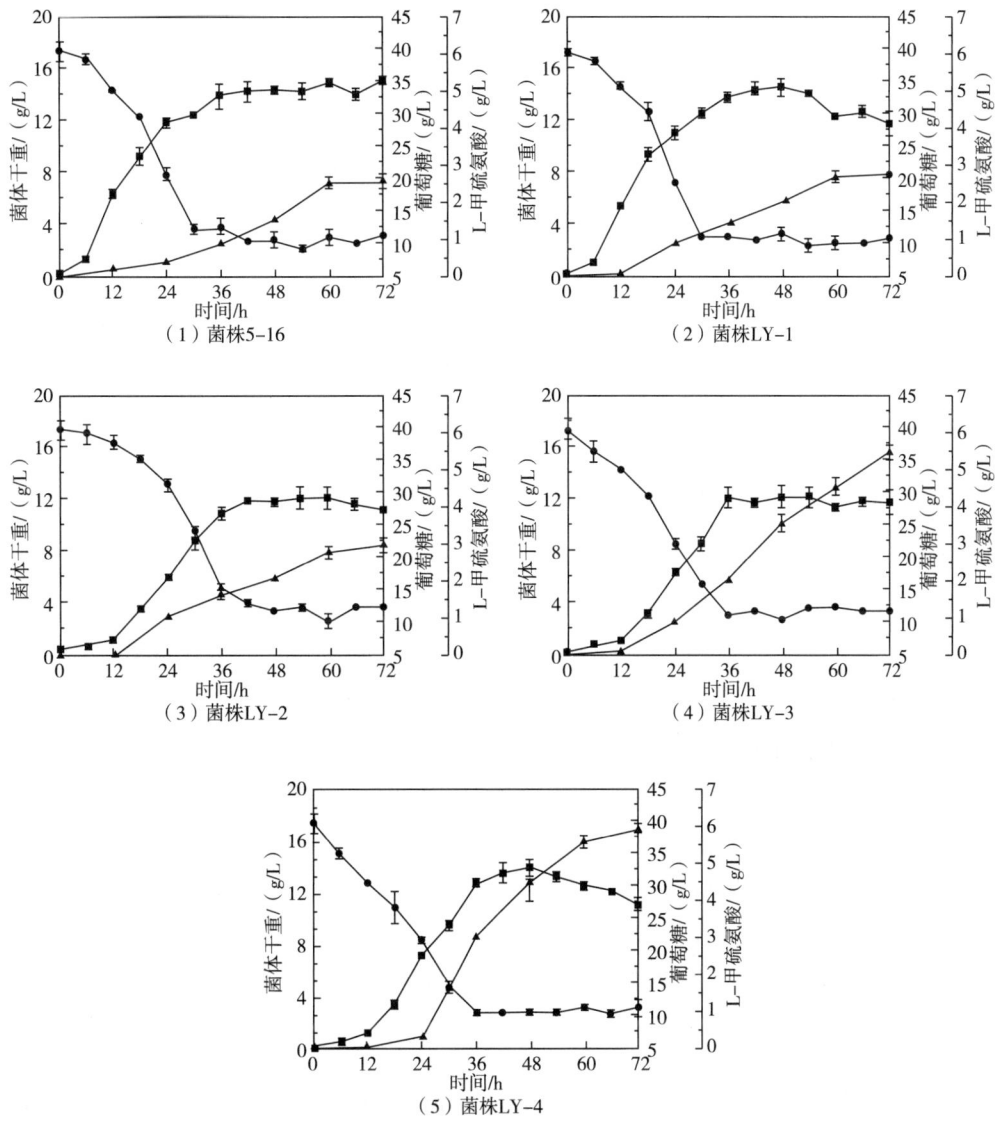

图3-24 补料分批发酵策略对不同重组菌株生长特性及其发酵性能的影响

■—葡萄糖；●—DCW；▲—L-甲硫氨酸

表3-15　　比较分析不同重组菌株合成L-甲硫氨酸的发酵参数

发酵参数	重组菌株						
	5-16	LY-1	LY-2	LY-3	LY-4	LY-5	LY-6
葡萄糖消耗量/(g/L)	109.1±0.2	109.1±0.2	97.8±0.4	98.4±0.1	98.5±0.1	99.2±1.6	79.6±0.02
最大DCW/(g/L)	15.07±0.5	14.63±0.65	12.08±0.88	12.08±0.88	14.02±0.62	14.1±1.11	14.84±1.36
最高L-Met产量/(g/L)	2.54±0.22	0.2±0.01	2.99±0.18	5.44±0.18	5.88±0.13	6.25±0.29	7.23±0.52
细胞生产强度/[g/(L·h)]	0.21±0.007	0.038±0.003	0.17±0.01	0.17±0.001	0.19±0.01	0.20±0.02	0.21±0.02
L-Met生产强度/[g/(L·h)]	0.035±0.003	0.038±0.003	0.041±0.002	0.076±0.002	0.082±0.002	0.0±0.004	0.10±0.007
菌体对葡萄糖得率/(g/g)	0.14±0.004	0.13±0.006	0.12±0.008	0.12±0.009	0.14±0.006	0.14±0.01	0.19±0.04
L-Met对葡萄糖得率/(mol/mol)	0.028±0.001	0.03±0.001	0.037±0.001	0.067±0.001	0.072±0.001	0.076±0.003	0.11±0.001

六、增加胞内NADPH供应对细胞合成L-甲硫氨酸的影响

为进一步提高胞内NADPH含量，以LY-4为出发菌株，构建基因 zwf（编码G6PDH）和 gnd（编码6PGDH）定点突变的工程菌株LY-5。同时，将来源于丙酮丁醇梭菌ATCC824的 gapC 基因过量表达至谷氨酸棒杆菌工程菌株LY-4中，构建工程菌株LY-6，并考察不同重组菌株对L-甲硫氨酸合成的影响。

（一）不同重组菌株中关键酶比酶活力的比较分析

为验证抗反馈抑制效果，分别测定工程菌株LY-5中G6PDH和6PGDH的比酶活性，结果如表3-16所示。与出发菌株LY-4相比，工程菌株LY-5中G6PDH和6PGDH比酶活性分别提高了130.6%和96.0%，分别达到542mU/mg和637mU/mg。同时，通过向酶活性测定体系中添加5mmol/L F-1,6-P，发现：在抑制物存在的情况下，工程菌株LY-5中G6PDH和6PGDH比酶活性仍比出发菌株LY-4有较大提高，进而验证了 zwf^{fbr} 和 gnd^{fbr} 基因的抗反馈作用。然而，与在菌株LY-4和LY-5中均未能检测到$NADP^+$依赖型GAPDH活性相比，工程菌株LY-6中$NADP^+$依赖型GAPDH活性高达198mU/mg。同时，分别向酶活性测定体系中添加5mmol/L NADH和NADPH，结果表明：在NADPH存在的情况下，$NADP^+$依赖型GAPDH活性显著下降，而NADH则对$NADP^+$依赖型GAPDH活性没有抑制作用。

表 3-16　不同重组菌株中胞外 G6PDH、6PGDH 和 NADP$^+$-依赖型 GAPDH 的比酶活性分析

菌株	G6PDH/(mU/mg)		6PGDH/(mU/mg)		NADP$^+$依赖型 GAPDH/(mU/mg)		
	None	F-1,6-P[a]	None	F-1,6-P[a]	None	NADH[b]	NADPH[c]
LY-4	235	134	325	242	ND	-	-
LY-5	542	531	637	552	ND	-	-
LY-6	-	-	-	-	198	213	87

注：所有数据误差<10%；-代表"未检测"；ND代表"未检测到"。
[a]代表测定体系中添加 5mmol/L F-1,6-P。
[b]代表测定体系中添加 5mmol/L NADH。
[c]代表测定体系中添加 5mmol/L NADPH。

（二）不同重组菌株发酵性能的比较研究

通过对不同重组菌株胞内 NADPH 含量的测定，发现菌株 LY-4、LY-5 和 LY-6 胞内 NADPH 含量分别为 11.31μmol/L、29.36μmol/L 和 16.64μmol/L，表明分子改造 G6PDH 和 6PGDH 和外源表达 *gapC* 基因均能有效提高重组菌株胞内 NADPH 含量。同时，利用分批补料发酵策略进一步考察不同重组菌株合成 L-甲硫氨酸的能力，结果如图 3-25 和表 3-15 所示。与菌株 LY-4 相比，LY-6 合成 L-甲硫氨酸的产量提高了 33.96%，达到 7.23g/L，且菌株 LY-6 对底物的转化率可高达 0.11mol/mol。因此，虽改造 G6PDH 和 6PGDH 可显著增加胞内 NADPH 水平，但胞内高水平 NADPH 并没有完全用于合成 L-甲硫氨酸。值得注意的是，在菌株 LY-6 中，过量表达 NADP$^+$依赖型 GAPDH 可有效增加糖酵解途径的代谢通量，虽不能有效提高胞内 NADPH 含量，但却可显著提高 L-甲硫氨酸的产量及其对底物的转化率，表明糖酵解途径和磷酸戊糖途径均以 G-6-P 为前体物质，改善磷酸戊糖途径通量，可提高胞内 NADPH 水平，但却会降低来自糖酵解途径中胞内物质合成的"碳骨架"含量，而强化糖酵解途径通量，可有利于提高胞内 NADPH 和"碳骨架"含量，更利于 L-甲硫氨酸的生物合成。

（三）菌株 5-16 和 LY-5 的代谢通量分析

为进一步解析胞内 NADPH 水平对细胞合成 L-甲硫氨酸合成的调控机制，根据 KEGG 网站谷氨酸棒杆菌中 L-甲硫氨酸合成途径而绘制 L-甲硫氨酸代谢网络图谱，借助 GC-MS 和 HPLC 分别测定菌株 5-16 和 LY-5 胞内氨基酸浓度及其主要胞外代谢产物（甲酸、乙酸和乳酸）浓度，计算 L-甲硫氨酸合成代谢的流量分布，实现对菌体主要代谢途径碳流量和关键中间产物碳流量的比较分析（图 3-26）。

在 L-甲硫氨酸代谢网络中，"碳骨架"和 NADPH 的供给主要决定于 G-6-P 代谢节点处的流量分布情况，该节点决定着葡萄糖进入磷酸戊糖途径和糖酵解反应中的比例。磷酸戊糖途径供给胞内 NADPH，作为还原力的 NADPH 广泛参与胞内各种物质的合成，尤其是 L-甲硫氨酸的生物合成，NADPH 为 L-甲硫氨酸合成中硫的还原和转入提供了主要的还原力。与突变菌株 5-16 相比，工程菌株 LY-5 在 G-6-P 节点处流向磷酸戊糖途径的流

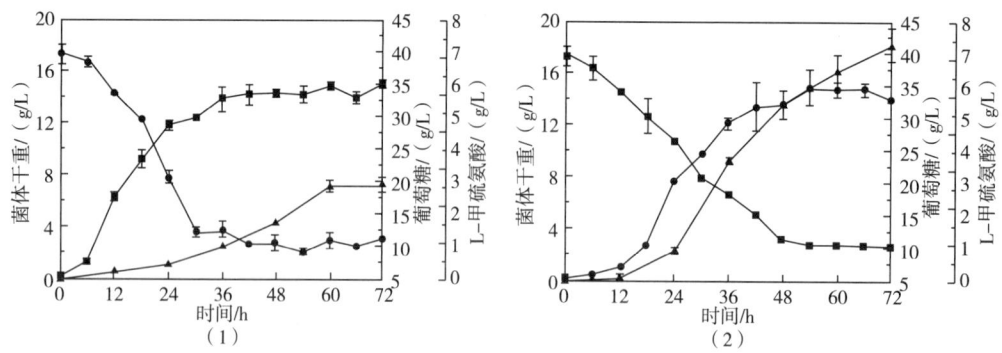

图 3-25 分批补料发酵策略对工程菌株 LY-5（1）和 LY-6（2）发酵生产 L-甲硫氨酸的影响
■—葡萄糖；●—DCW；▲—L-甲硫氨酸

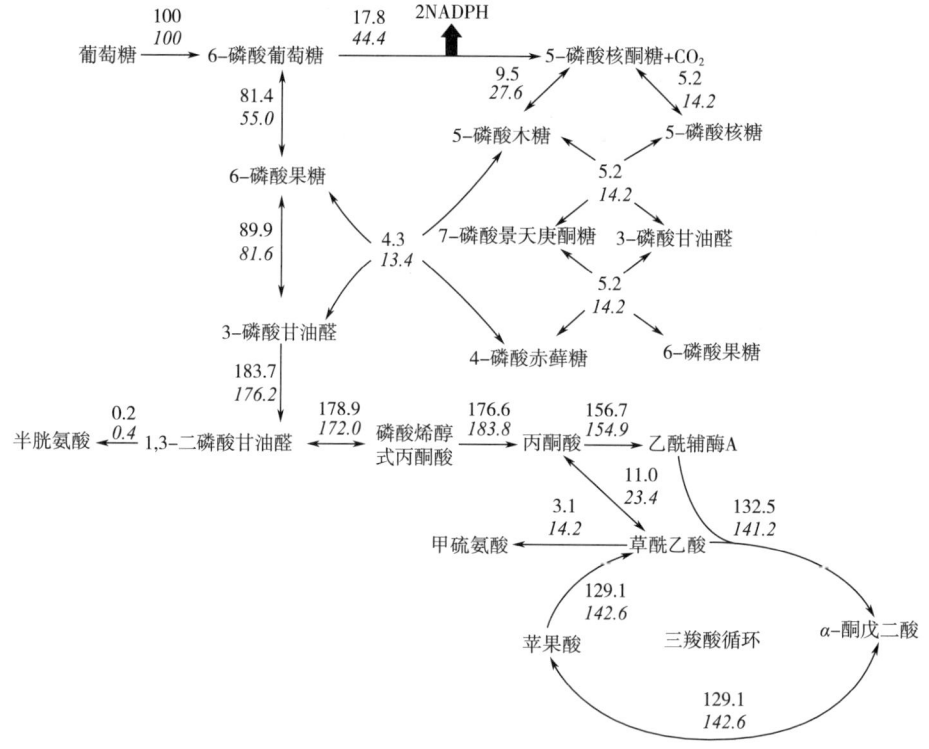

图 3-26 谷氨酸棒杆菌 5-16 和 LY-5 的代谢通量分析
（正体数字代表突变菌株 5-16；斜体数字代表工程菌株 LY-5）

量提高了 26.6，使得 NADPH 供给量增加 53.2%，这与实际测定胞内 NADPH 含量相符，但过量的 NADPH 并没有用于 L-甲硫氨酸的合成。此外，丙酮酸节点是菌体代谢网络的主要节点，该节点所联系的代谢支路较多，是胞内各种重要中间代谢产物的前提，丙酮酸的消耗会造成由乙酰辅酶 A 进入 TCA 循环的通量降低，影响 TCA 循环的正常进行。与突变菌株 5-16 相比，工程菌株 LY-5 通过对 PCx 反馈抑制的解除，使其丙酮酸节点处的回补反应通量增加了 1 倍。同时，由于对天冬氨酸族氨基酸合成途径的改造，显著提高了由草酰乙酸转化为天冬氨酸的代谢通量，为 L-甲硫氨酸的合成提供了足够的"碳骨架"，进而导致总体上 TCA 循环通量变化不大，表明能量的供给未发生明显变化。

第四节　代谢工程改造谷氨酸棒杆菌高产 L-异亮氨酸

一、L-异亮氨酸概述

（一）L-异亮氨酸的理化性质

L-异亮氨酸，又称 L-异白氨酸，化学名为 L-α-氨基-β-甲基戊酸，属于天冬氨酸族非极性、疏水性氨基酸。由于其在 α 位和 β 位具有两个手性碳原子，因此具有 4 种立体异构物，分别为 D、L、D 别、L 别型，但存在于自然界并具有生理功效的只有 L 型异亮氨酸，其理化性质如表 3-17 所示。此外，因 L-异亮氨酸和 L-亮氨酸、L-缬氨酸等氨基酸分子结构中均含有一个甲基侧链，它们均称为支链氨基酸。

表 3-17　　　　　　　　　　L-异亮氨酸的理化性质

L-异亮氨酸的理化性质	
分子式	$C_6H_{13}NO_2$
解离常数	$pK_{COOH}=2.36$，$pK_{NH_3}=9.68$
等电点	6.02
熔点	285℃（分解）
比旋光度	41.1°（$C=4.6\text{mol/L HCl}$），温度系数 $=-0.09$
折射率	40.5°（$C=4.6\text{mol/L HCl}$）
储存条件	常温保存
含氮量	10.68%
呈味	味苦
结晶性状	白色菱形叶片或片状晶体
溶解性	溶于水，难溶于乙醇和乙醚，几乎不溶于其他有机溶剂；在水中溶解度随着温度升高而增大
溶解度	H_2O：41.2g/L（25℃）
稳定性	化学性质稳定，在食品烹饪、加工受热时几乎无损失
CAS 编号	73-32-5

注：C 为浓度。

（二）L-异亮氨酸的功能及其应用前景

作为人体必需的 8 种氨基酸之一，L-异亮氨酸是合成人体激素、酶类的原料，具有促进蛋白质合成和抑制蛋白质分解的效果，而成年人每天需从外界摄取 20 mg/kg 体重的 L-异亮氨酸。L-异亮氨酸被广泛应用于食品、医药、饲料和保健品等领域，且其新功能用途正不断地被发现，进而导致其市场需求量急剧增加（表 3-18）。目前，国内企业已实现工业化生产 L-异亮氨酸，但其生产菌株产酸能力低，生产工艺和生产设备均远落后于日本等国，导致其产量不能满足市场需求。因此，改善菌株生产能力、优化工艺流程、开发先进设备已成为我国 L-异亮氨酸工业化发展迫切需要解决的问题。

表 3-18　　L-异亮氨酸的功能及其应用

应用领域	具体用途
食品行业	与其他氨基酸结合，可改善面包、饼干、软糖、波纹面等食品的形态、性状、色泽、味道、营养。与其他氨基酸共同配制成能量饮料，可以减轻肌肉疲劳，促进骨骼肌蛋白的合成及减少蛋白的降解，从而提高运动员的肌肉恢复速率
医药行业	用于配制复方氨基酸输液包括营养型氨基酸输液、治疗型高支链氨基酸输液及各种口服液制剂，为肝硬化患者提供蛋白和能量，促进冠状动脉疾病患者心肌蛋白量升高，提高尿毒症患者的食欲和营养
饲料行业	作为饲料添加剂，可节省蛋白质饲料，提高饲料利用率，降低成本。例如，在猪饲料中添加 L-异亮氨酸可提高猪对甲硫氨酸的利用
保健品	可提高人体的免疫力，促进人体能量的消耗，减少脂肪量，可用于减肥药的配制

二、L-异亮氨酸的生产方法及研究现状

L-异亮氨酸的生产方法主要有蛋白质水解提取法、化学合成法和微生物发酵法，其中国外企业主要采用发酵法生产 L-异亮氨酸，如日本味之素、协和发酵、田边制药和德国德固赛，而国内尚处于研究与小规模生产阶段，且生产菌株多为诱变筛选获得，存在发酵周期长、产量低、产品质量低等诸多缺点。目前，L-异亮氨酸生产菌株主要有 $E.\ coli$、$S.\ marcescens$ 和 $C.\ glutamicum$，其中 $C.\ glutamicum$ 作为食品安全级微生物，生长快速、不产孢子，已成为 L-异亮氨酸研究及生产的主要对象。然而，由于 L-异亮氨酸合成途径涉及反应较多，且存在复杂的多重调控系统，导致代谢工程改造 L-异亮氨酸生产菌株十分困难。因此，在全面解析 L-异亮氨酸的生物合成途径和代谢调控机制的基础上，可利用物理或化学诱变剂处理筛选营养缺陷型或结构类似物抗性突变株，进一步借助代谢工程策略而实现异亮氨酸选择性地大量合成和积累。

（一）诱变选育高产 L-异亮氨酸菌株

目前，工业化生产 L-异亮氨酸所用菌株主要通过传统诱变筛选获得（表 3-19），即通过切断或削弱竞争支路，解除生物合成途径反馈调控以提高细胞合成 L-异亮氨酸的产

量。例如，通过切断其他分支途径（甲硫氨酸）或平行途径（亮氨酸）以选育营养缺陷型突变菌株，驱使更多代谢流量流向 L-异亮氨酸；通过选育获得解除苏氨酸反馈抑制的突变株（α-氨基-β-羟基戊酸、乙硫氨酸抗性等），增强 L-苏氨酸的合成水平，进而提高 L-异亮氨酸产量。然而，传统诱变育种具有盲目性和不确定性，且不可避免引入二次突变、积累不必要或有害的突变，导致突变菌株生长缓慢、糖耗降低、副产物增多，进而影响目标代谢产物的产量、后续提取、分离等。

表 3-19　　传统诱变选育的 L-异亮氨酸高产菌株

生产菌株	菌株特性	产量/(g/L)
Brevibacterium flavum	α-氨基-β-羟基戊酸耐性	11（72h，摇瓶）
Bifidobacteria	DL-α-羟基丁酸抗性	5（96h，摇瓶）
B. flavum	乙硫氨酸、α-氨基-β-羟基戊酸、S-（2-氨基乙基）-L-半胱氨酸等抗性	33.5（96h，发酵罐）
C. glutamicum	硫代异亮氨酸、异亮氨酸、α-羟基丁酸等抗性	10（72h，摇瓶）
Serratia marcescens	异亮氨酸氧肟酸、DL-α-羟基丁酸等抗性	12（72h，摇瓶）
S. marcescens	异亮氨酸氧肟酸等抗性	25（96h，发酵罐）
C. glutamicum	利福平、链霉素、2-噻唑-DL-丙氨酸、S-（2-氨基乙基）-L-半胱氨酸、α-氨基-β-羟基戊酸等抗性，β-氟代丙酮酸等敏感性	26.1（41h，发酵罐）
Escherichia coli	甲硫氨酸缺陷型，利福平、α-氨基-β-羟基戊酸、DL-4-硫代异亮氨酸、L-精氨酸氧肟酸、DL-乙硫氨酸、6-甲氨基嘌呤等抗性	30.2（45h，发酵罐）
Escherichia coli	甲硫氨酸缺陷型，利福平、α-氨基-β-羟基戊酸、DL-4-硫代异亮氨酸、L-精氨酸氧肟酸、DL-乙硫氨酸、S-（2-氨基乙基）-L-半胱氨酸、D-丝氨酸、2-酮丁酸戊酸等抗性	15（72h，发酵罐）
B. flavum	α-氨基-β-羟基戊酸、S-（2-氨基乙基）-L-半胱氨酸、硫胺胍、乙硫氨酸、α-氨基丁酸、异亮氨酸氧肟酸等抗性	28-30（72h，摇瓶）
B. flavum	甲硫氨酸缺陷型，乙硫氨酸、α-氨基丁酸、α-氨基丁酸、S-（2-氨基乙基）-L-半胱氨酸等抗性	20.2（96h，摇瓶）
Corynebacterium melasscola	亮氨酸缺陷型，硫胺胍、L-亮氨酸甲酯、α-氨基-β-羟基戊酸、乙硫氨酸等抗性	21.3（72h，摇瓶）
B. flavum	甲硫氨酸缺陷型，α-氨基丁酸抗性	7.12（96h，摇瓶）

（二）L-异亮氨酸生物合成途径及其调控网络

微生物以天冬氨酸为底物合成 L-异亮氨酸涉及 10 步生物反应，其中在合成途径的前半部分，主要涉及两个分支流：天冬氨酸半醛分支合成 L-赖氨酸和高丝氨酸分支合成 L-甲硫氨酸；而在合成途径的后半部分，由 5 个基因编码的 4 个酶不仅能合成 L-异亮氨酸，还可用于合成 L-缬氨酸和 L-亮氨酸。因此，在 *C. glutamicum* 中，L-异亮氨酸生物合成与 L-赖氨酸、L-甲硫氨酸、L-苏氨酸、L-缬氨酸和 L-亮氨酸等氨基酸合成紧密相连，导致其合成代谢途径及其调控机制非常复杂（图 3-27）。

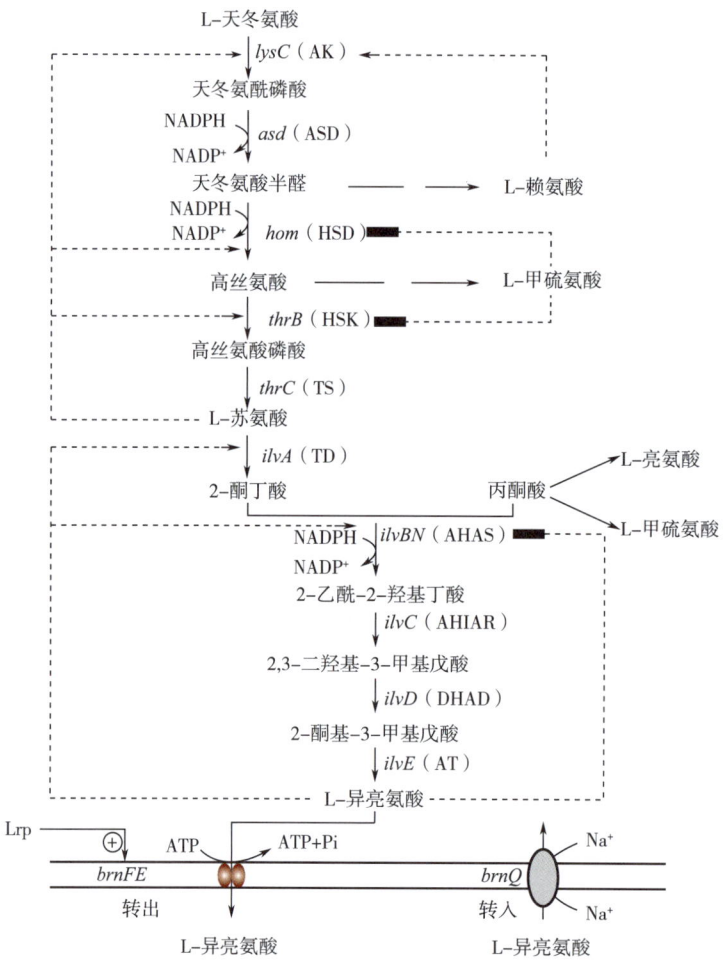

图 3-27 *C. glutamicum* 中 L-异亮氨酸合成途径及其代谢调控

AHIAR, 乙酰羟基氨酸异构还原酶; DHAD, 羟基酸脱水酶; AT, 支链氨基酸氨基转移酶

注: 虚线加实心箭头为反馈抑制; 虚线加实心长方形为反馈阻遏; 正号标记表示激活基因表达。

1. 从 L-天冬氨酸到 L-苏氨酸

作为 L-异亮氨酸的前体物质，L-苏氨酸可由 L-天冬氨酸通过 5 步酶学反应催化形成，其涉及的主要酶有天冬氨酸激酶（aspartate kinase，AK）、天冬氨酸半醛脱氢酶（aspartate semialdehyde dehydrogenase，ASD）、高丝氨酸脱氢酸（homoserine dehydrogenase，HSD）、高丝氨酸激酶（homoserine kinase，HSK）以及苏氨酸合酶（threonine synthase，TS）。其中，AK 是 L-苏氨酸合成途径上的第一个关键酶，可催化天冬氨酸磷酸化形成天冬氨酰磷酸，但其酶活性受 L-苏氨酸和 L-赖氨酸的协同反馈抑制。而 HSD 是 L-苏氨酸合成途径的第二个关键酶，催化依赖于 NADPH 的天冬氨酸半醛还原反应，该反应位于 L-苏氨酸合成途径的关键节点，利用天冬氨酸半醛作为前体物，不仅可以合成 L-赖氨酸，还可合成 L-甲硫氨酸、L-苏氨酸和 L-异亮氨酸。因此，调节 HSD 酶活性是调控碳流流向支路的关键节点。但 HSD 的表达受到 L-甲硫氨酸的轻微反馈阻遏，且该酶活性受到 L-苏氨酸的反馈抑制，而突变 HSD 的 C 端延伸区可解除苏氨酸对该酶的反馈抑制。

2. 从 L-苏氨酸到 L-异亮氨酸

胞内积累的苏氨酸可通过第二个 5 连酶促反应进一步合成 L-异亮氨酸。其中，L-异亮氨酸合成途径第一个关键酶是苏氨酸脱水酶（threonine dehydrogenase，TD），由 *ilvA* 基因编码，其酶活性受 L-异亮氨酸的反馈抑制和 L-缬氨酸的激活作用。通过对 *C. glutamicum* 与其他已知菌株 TD 序列的比较分析，发现 *C. glutamicum* 中 TD 羧基端氨基酸序列减少，并有 95 个氨基酸空缺，且其氨基酸残基的功能分布为：①1~230 残基对酶催化非常关键；②231~265 残基参与变构调控；③266~349 残基既有催化功能又有调控能力；④350~436 残基对酶的变构调控非常关键。因此，*C. glutamicum* 中 *ilvA* 编码酶被称为 TD 小突变体，其能被异亮氨酸和缬氨酸典型控制。

乙酰羟基氨酸合酶（acetohydroxy acid synthase，AHAS）是支链氨基酸合成途径中的关键酶，或催化两分子丙酮酸脱羧生成乙酰乳酸，或催化丙酮酸和 2-酮丁酸生成乙酰羟丁酸。AHAS 由两个大小亚基以异型四聚体 $\alpha_2\beta_2$ 方式组成，大亚基为催化亚基（60ku），小亚基为调控亚基（9.5~19ku），可维持全酶活性并受缬氨酸的反馈抑制。*C. glutamicum* 中只发现了一种 AHAS，由基因 *ilvB* 和 *ilvN* 编码，并与 *ilvC* 形成一个操纵子 *ilvBNC7980*，且其表达受三种支链氨基酸的反馈抑制作用。有趣的是，AHAS 酶活性可受到任何支链氨基酸近 50% 的反馈抑制，但在三种支链氨基酸存在的情况下，AHAS 酶活性抑制率仍不会超过 50%。

3. L-异亮氨酸的转运

细胞合成的 L-异亮氨酸需要借助跨膜运输系统实现胞内外 L-异亮氨酸的传递。在 *C. glutamicum* 中，L-异亮氨酸的跨膜运输系统分为三部分：① 由 *brnFE* 基因编码分泌蛋白 BrnFE 介导的输出，但 BrnFE 也负责缬氨酸、亮氨酸和甲硫氨酸等氨基酸的胞外分泌；② 由 *brnQ* 基因编码疏水运输蛋白 BrnQ 介导异亮氨酸的输入；③ 基于胞内外 L-异亮氨酸浓度的自由扩散。然而，胞内外不同浓度的 L-异亮氨酸可有效影响分泌系统的表达和蛋白活性。当胞内异亮氨酸浓度偏低时，运输系统活性受到抑制或关闭；胞内异亮氨酸浓度超过 1mmol/L 时，异亮氨酸吸收系统开始表达，用以回补扩散导致异亮氨酸的减少；胞内异亮氨酸浓度超过 10mmol/L 时，调控分泌蛋白活性水平启动氨基酸的分泌以减少对细胞生长不利的影响；而当胞内异亮氨酸浓度超过 50mmol/L 或更高时，将表达更高水平的分泌系统以快速降低胞内异亮氨酸浓度，缓解其对细胞生长的毒害。

4. L-异亮氨酸合成过程中辅因子的功能

在 L-异亮氨酸生物合成途径中，有三步酶学反应涉及烟酰胺腺嘌呤二核苷酸（NADPH），即 ASD、HSD 和乙酰羟基氨酸异构还原酶（AHAIR）。在 *C. glutamicum* 中，细胞内

NADPH 的产生主要依赖于：NADP⁺ 脱氢酶，如氧化戊糖磷酸途径的 6-磷酸葡萄糖脱氢酶和 6-磷酸葡萄糖酸脱氢酶；NAD⁺ 激酶和 NADH 激酶，NAD⁺ 激酶可将 NAD⁺ 磷酸化生成 NADP，并在异柠檬酸脱氢酶或苹果酸酶作用下合成 NADPH，NADH 激酶则可磷酸化 NAD⁺ 和 NADH，生成 NADP 和 NADPH。因此，利用第一条途径生成 NADPH 将会影响磷酸戊糖途径的碳流分布，并伴随中间代谢产物的改变，而利用 NAD 激酶只能调节辅酶形式的改变，但不影响细胞的物质代谢网络。

（三）L-异亮氨酸代谢工程育种

近年来，随着对 L-异亮氨酸生物合成途径及其调控机制的深入解析，以物理或化学诱变剂处理筛选营养缺陷型或结构类似物抗性突变株为出发菌株，借助代谢工程策略理性改造目标代谢途径及其调控系统的理性代谢工程育种正逐步取代传统诱变育种，并正成为选育氨基酸高产菌株的主要方式。例如，Morbach 等人以 L-赖氨酸生产菌 *C. glutamicum* MH20-22B 为研究对象，在其染色体上表达 3 个拷贝抗反馈抑制的 *hom*（feedback resistant，Fbr）基因，结合利用高拷贝质粒过量表达 *ilvA* 基因，借助分批培养和补料分批培养策略使 L-异亮氨酸产量分别提高至 12.0g/L 和 21.0g/L。同时，Colon 等通过在 L-赖氨酸生产菌 *C. lactofermentum* 21799 中过量表达 *hom*、*thrB* 和 *ilvB* 基因，可显著提高重组菌株合成 L-异亮氨酸的能力，使其产量提高至 15g/L。近年来，通过在 L-异亮氨酸生产菌 *C. glutamicum* YILW 中同源过量表达 *hom* 基因，可使重组菌株合成异亮氨酸的产量提高至 36.5g/L，且副产物 L-赖氨酸产量也降低了 63.8%。

此外，以大肠杆菌为宿主，通过过量表达合成途径限速酶基因也可有效提高细胞产 L-异亮氨酸能力。Hashiguchi 等在 L-苏氨酸生产菌 *E. coli* TVD5 中过量表达 *ilvA*（Fbr）、*ilvGM*、二羟基酸脱水酶基因 *ilvD* 和支链氨基酸转氨酶基因 *ilvE*，使重组菌株合成 L-异亮氨酸的产量提高至 10.2g/L。在此基础上，过量表达 *lysC*（Fbr）可使 L-异亮氨酸产量进一步提高至 12.3g/L。类似地，小野等人将 L-异亮氨酸操纵子 *ilvBNCDEA* 克隆并在体外进行羟胺诱变，进而转化至宿主 *E. coli* C600 中，获得具有抗异亮氨酸结构类似物的工程菌，使其发酵 L-异亮氨酸的产量高达 32g/L。

三、过量表达具有抗反馈抑制能力 TD 和 AHAS 对细胞合成 L-异亮氨酸的影响

在 *C. glutamicum* 中，L-异亮氨酸的生物合成途径涉及 5 个关键酶，分别受中间代谢产物 L-苏氨酸、分支物 L-甲硫氨酸和 L-赖氨酸以及终端三种支链氨基酸的反馈抑制，解除关键限速酶的反馈抑制，有利于强化 L-异亮氨酸合成途径的碳流量，实现高效、高强度和高水平合成 L-异亮氨酸的代谢目标。其中，基因 *ilvA* 编码的 TD 和 *ilvBN* 编码的 AHAS 是从 L-苏氨酸流向 L-异亮氨酸的关键限速酶，其酶活性也受到终端代谢产物的反馈抑制。因此，降低 TD 和 AHAS 的反馈抑制，将更多碳流引入 2-酮丁酸代谢节点，将有利于进一步提高细胞合成 L-异亮氨酸的能力。

（一）抗反馈抑制能力 TD 和 AHAS 的生物信息学分析及其反馈抑制分析

以具有抗反馈抑制能力 TD 和 AHAS 的 L-异亮氨酸生产菌 *C. glutamicum* JH13-156 和

C. glutamicum ATCC13032 为出发菌株，明确相同基因（ilvA 和 ilvB）不同来源（基因 ilvA 和 ilvBN 来自 C. glutamicum ATCC13032，基因 ilvA1 和 ilvBN1 来自 C. glutamicum JH13-156）遗传信息的差异性。通过基因序列的对比分析，发现与 ilvA 基因相比，ilvA1 存在一个突变位点（T1147G），导致 TD 中第 383 号氨基酸发生替换突变（F383V）；而与基因 ilvBN 相比，ilvBN1 存在 3 个位点突变（C526T、C1278G 和 T1724G），导致在 AHAS 大亚基上发生 3 个氨基酸突变（P176S、D426E 和 L575W）。

同时，通过对突变基因的表达和目的蛋白的纯化，进一步考察不同 L-异亮氨酸浓度对不同来源 TD 相对酶活性的影响。结果如图 3-28 所示，野生型和突变型 TD 在不同 L-异亮氨酸浓度下呈现出不同的相对酶活性特性。其中，野生型 TD 相对酶活性随 L-异亮氨酸浓度的增加而降低，且 1.2mmol/L L-异亮氨酸可使野生型 TD 相对酶活性降低 85%。然而，对于突变型 TD，增加 L-异亮氨酸浓度不仅不会抑制，反而进一步激活突变型 TD 相对酶活性。例如，0.3mmol/L L-异亮氨酸可使突变型 TD 相对酶活性提高超过 5 倍，且当 L-异亮氨酸浓度提高至 50mmol/L 时，突变型 TD 相对酶活性仍未受到 L-异亮氨酸的反馈抑制作用。类似地，虽野生型或突变型 AHAS 相对酶活性均随 L-异亮氨酸、L-缬氨酸或 L-亮氨酸以及其组合氨基酸的添加而下降，但与野生型 AHAS 比较，突变型 AHAS 更

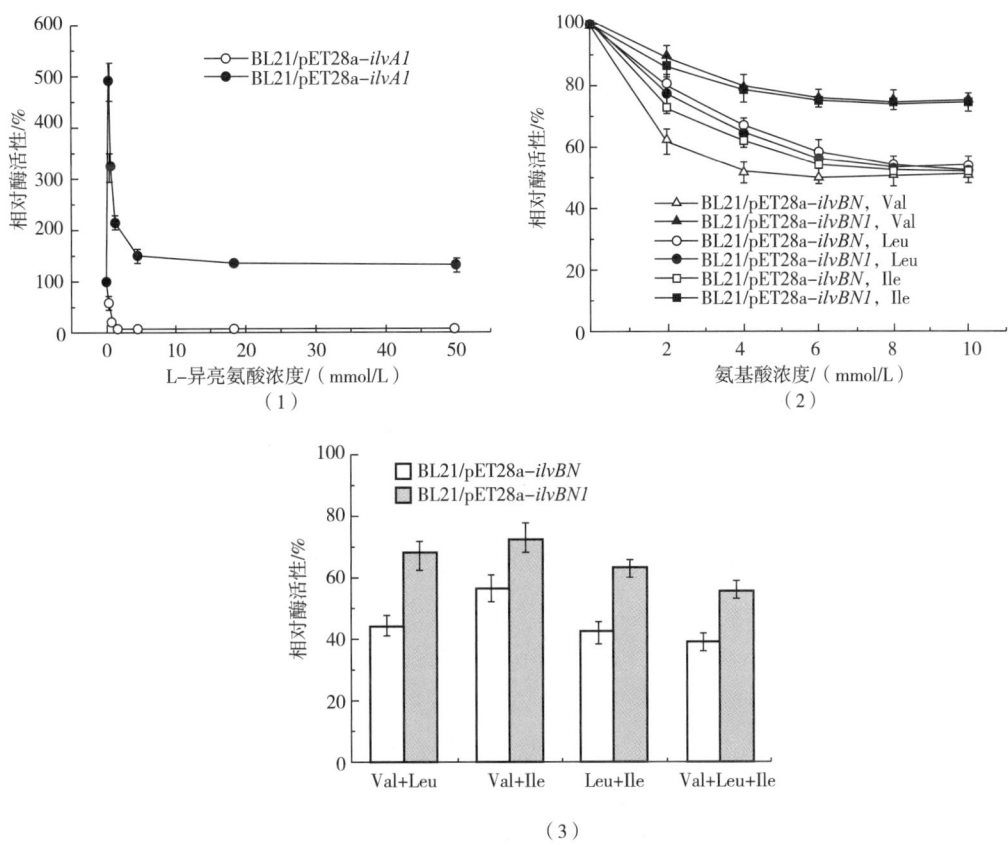

图 3-28　L-异亮氨酸对 TD 的反馈抑制（1）及支链氨基酸对 AHAS 的反馈抑制 [(2)(3)]

能耐受 L-异亮氨酸、L-缬氨酸及支链氨基酸中的任何两个或三个氨基酸的影响。

（二）过量表达 TD 和 AHAS 对细胞生理特性的影响

为进一步验证耐受性强的突变型酶是否有利于 L-异亮氨酸的合成，将突变基因单独或共同表达至 C. glutamicum JH13-156 中并对不同菌种中 TD 和 AHAS 酶活性进行比较分析。结果如图 3-29 所示，与对照菌株 JH13-156/pDXW-8 相比，过量表达 ilvA、ilvA1、ilvBN 和 ivBN1 均可显著提高相应酶的比酶活性。对于 AHAS，重组菌株 JH13-156/pDXW-8-ilvBN 和 JH13-156/pDXW-8-ilvBN1 中 AHAS 比酶活性比对照菌株提高了近 5 倍，而重组菌株 JH13-156/pDXW-8-ilvBN-ilvA1 和 JH13-156/pDXW-8-ilvBN1-ilvA1 中 AHAS 比酶活性比对照菌株提高了近 10 倍，其原因可能是表达 ilvA 基因可促进 2-酮丁酸的合成，进而有效激活 AHAS 酶活性。因此，TD 在 C. glutamicum JH13-156 的表达强度优于 AHAS，但共表达 i1vA 和 ilvBN 对相应酶活性存在交互影响，导致 TD 酶活性降低，但却增强 AHAS 酶活性。值得注意的是，基因突变仅能改变酶的耐受性，但未能影响其酶活性，进而导致不同重组菌株中野生型和突变型 TD 和 AHAS 酶活性基本一致。

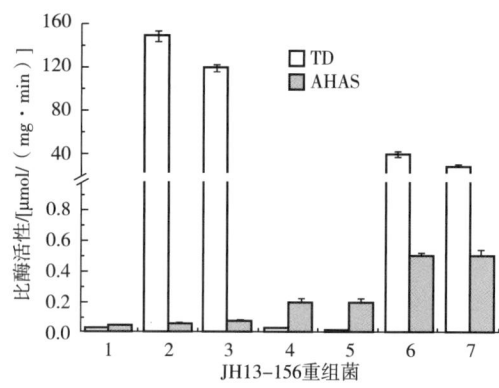

图 3-29　过量表达 i1vA 和 ilvBN 对胞内 TD 和 AHAS 比酶活性的影响

1：JH13-156/pDXW-8；2：JH13-156/pDXW-8-ilvA；3：JH13-156/pDXW-8-ilvA1；4：JH13-156/pDXW-8-ilvBN；
5：JH13-156/pDXW-8-ilvBN1；6：JH13-156/pDXW-8-ilvBN-ilvA1；7：JH13-156/pDXW-8-ilvBN1-ilvA1

（三）过量表达 TD 和 AHAS 对细胞合成 L-异亮氨酸的影响

为进一步考察过量表达突变型 TD 和 AHAS 是否更有利于细胞合成 L-异亮氨酸，分批发酵结果如表 3-20 所示。与出发菌株 JH13-156 相比，过量表达不同基因均可抑制细胞的生长性能，进而降低重组菌株的生长速率。其中，过量表达 ilvA1 基因可显著抑制重组菌株 JH13-156/pDXW-8-ilvA1 的生长性能，使其比生长速率下降幅度最大，其原因可能是：过量表达突变型 TD 可有效促进胞内 2-酮丁酸的合成，而 2-酮丁酸的大量积累却能显著抑制细胞的生长。然而，不同重组菌株发酵生产 L-异亮氨酸的过程曲线基本一致：即发酵初期，L-异亮氨酸水平较低，随着发酵的进行（84h），发酵液中 L-异亮氨酸浓度逐渐增加，并达到最高值[图 3-30（1）]。与对照菌株（JH13-156/pDXW-8，2.5g/L）相比，

第三章 代谢工程改造谷氨酸棒杆菌生产氨基酸

单独表达 *ilvA*、*ilvA1*、*ilvBN* 和 *ilvBN1* 可使细胞合成 L-异亮氨酸的产量分别提高 27.3%、39.4%、53.0% 和 67.5%，而共表达 *ilvA1* 与 *ilvBN* 或 *ilvBN1* 却可使 L-异亮氨酸产量分别提高 108.8% 和 131.7%。其中，过量表达突变型基因的重组菌株 JH13-156/pDXW-8-*ilvA1*、JH13-156/pDXW-8-*ilvBN1* 和 JH13-156/pDXW-8-*ilvBN1*-*ilvA1* 合成 L-异亮氨酸的能力均高于其相应表达野生型基因的重组菌株。

表 3-20　JH13-156 重组菌株在摇瓶和发酵罐培养条件下发酵参数的比较分析

菌株	耗糖量/(g/L)	最大 DCW/(g/L)	L-异亮氨酸/(g/L)	总杂酸量/(g/L)	L-异亮氨酸生产强度/[g/(L·h)]	L-异亮氨酸对葡萄糖得率/(g/g)	L-异亮氨酸对菌体得率/(g/g)
摇瓶发酵							
JH13-156	81.6	18.7	2.59	1.22	0.027	0.032	0.139
JH13-156/pDXW-8	80.8	18.4	2.49	1.23	0.026	0.031	0.135
JH13-156/pDXW-8-*ilvA*	70.9	17.1	3.17	0.66	0.033	0.045	0.185
JH13-156/pDXW-8-*ilvA1*	62.4	15.2	3.47	0.34	0.036	0.056	0.338
JH13-156/pDXW-8-*ilvBN*	74.0	17.8	3.81	2.76	0.04	0.051	0.214
JH13-156/pDXW-8-*ilvBN1*	66.5	16.5	4.17	4.10	0.043	0.063	0.253
JH13-156/pDXW-8-*ilvBN*-*ilvA1*	76.1	16.2	5.20	1.13	0.054	0.068	0.321
JH13-156/pDXW-8-*ilvBN1*-*ilvA1*	78.4	16.8	5.77	0.86	0.06	0.074	0.343
发酵罐补料分批发酵							
JH13-156/pDXW-8	310	69.7	24.3	5.17	0.357	0.078	0.349
JH13-156/pDXW-8-*ilvBN1*-*ilvA1*	255	57.9	30.7	5.49	0.426	0.12	0.53

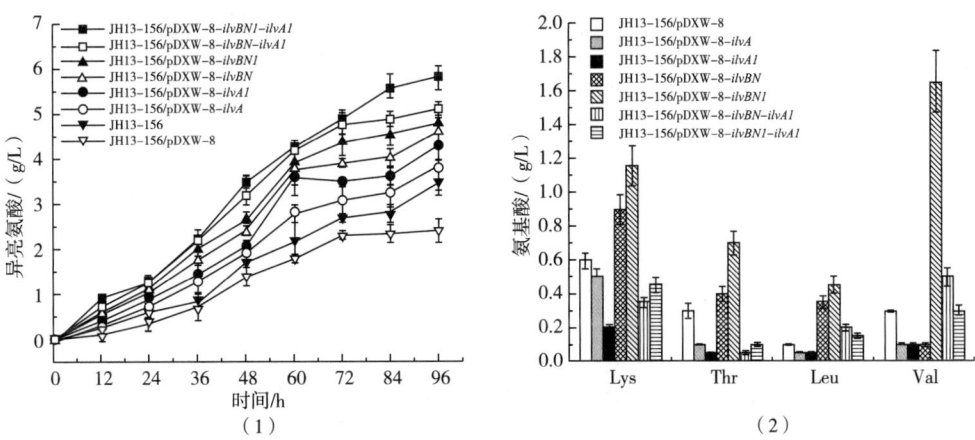

图 3-30　过量表达不同基因对 *C. glutamicum* JH13-156 合成 L-异亮氨酸（1）、杂酸（2）的影响

此外，过量表达野生型或突变型 TD 可有效地将苏氨酸转变为 2-酮丁酸，显著降低重组菌株中 L-赖氨酸、L-苏氨酸、L-缬氨酸和 L-亮氨酸等副产物的产量，进而促使更多碳代谢流进入 L-异亮氨酸合成途径。然而，过量表达野生型或突变型 AHAS 却显著提高了重组菌株合成 L-赖氨酸、L-苏氨酸、L-缬氨酸和 L-亮氨酸等副产物的能力，进而导致细胞合成 L-缬氨酸和 L-亮氨酸的产量随 L-异亮氨酸的提高而提高［图 3-30（2）］。值得注意的是，当突变型 TD 共表达于野生型或突变型 AHAS 时，细胞合成 L-赖氨酸和 L-苏氨酸的能力降低，但却能显著提高 L-异亮氨酸产量，表明共表达 TD 和 AHAS 可将胞内的物质代谢流重新分配，促使更多碳代谢流量流向 L-异亮氨酸的合成途径，进而提高 L-异亮氨酸产量。综上所述，重组菌株 C. glutamicum JH13-156/pDXW-8-ilvBN1-ilvA1 被选为适用于合成 L-异亮氨酸的生产菌株。

（四）补料分批发酵对菌株 JH13-156/pDXW-8-ilvBN1-ilvA1 发酵性能的影响

利用补料分批发酵策略进一步考察重组工程菌 JH13-156/pDXW-8-ilvBN1-ilvA1 发酵生产 L-异亮氨酸的工业化潜力。发酵结果如图 3-31 所示，表明：

（1）由于生长抑制作用，导致重组菌株 JH13-156/pDXW-8-ilvBN1-ilvA1 的细胞生物量比空载对照菌株降低了 17%。

（2）与空载对照菌株（24.3g/L）相比，工程菌株 JH13-156/pDXW-8-ilvBN1-ilvA1 合成 L-异亮氨酸的能力显著提高，使其产量提高至 30.7g/L，且其 L-异亮氨酸生产强度、得率和生产水平比空载对照菌株分别提高了 19.3%、51.9% 和 26.3%。

（3）不同菌株发酵副产物的总产量相近，其中重组菌株 JH13-156/pDXW-8-ilvBN1-ilvA1 合成 L-天冬氨酸、L-甲硫氨酸、L-苏氨酸、L-缬氨酸和 L-亮氨酸的产量降低，但其合成 L-赖氨酸和 L-丙氨酸的能力却相应增加［图 3-31（2）］。

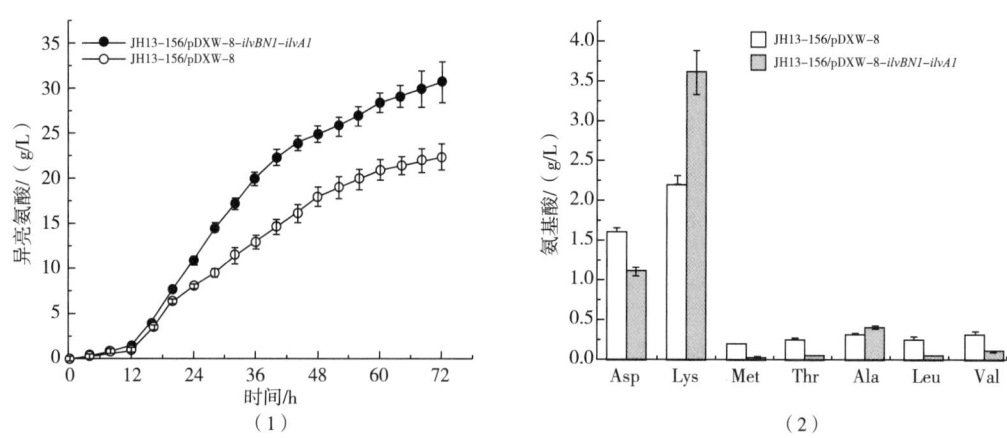

图 3-31 JH13-156/pDXW-8-ilvBN1-ilvA1 和 JH13-156/pDXW-8 补料分批发酵中 L-异亮氨酸水平的过程曲线（1）和杂酸水平柱图（2）

四、过量表达全局调控因子 Lrp 和双组分分泌系统 BrnFE 对细胞合成 L-异亮氨酸的影响

在前面的研究中发现,当菌株 JH13-156 发酵培养 72h 后,其胞外 L-异亮氨酸产量达 2.23g/L,但其胞内仍含有 1.83g/L 的 L-异亮氨酸。在 C. glutamicum 中,由 brnFE 操纵子编码的双组分分泌系统 BrnFE 负责支链氨基酸和 L-甲硫氨酸的分泌,而胞内高浓度支链氨基酸和 lrp 基因编码的亮氨酸响应蛋白(leucine response protein,Lrp)可激活 brnFE 操纵子的表达。为此,过量表达全局调控因子 Lrp 和双组分分泌系统 BrnFE 可以有效改善细胞运输转运胞内 L-异亮氨酸的能力,以期进一步提高细胞积累 L-异亮氨酸的能力。

(一)过量表达 brnFE 对细胞合成 L-异亮氨酸的影响

以 C. glutamicum JH13-156 为出发菌株,过量表达 brnFE 和 lrp 分别获得重组菌株 JH13-156/pDXW-8、JH13-156/pDXW-8-lrp、JH13-156/pDXW-8-brnFE 和 JH13-156/pDXW-8-lrp-brnFE。在此基础上,通过重组质粒稳定性实验,发现在缺乏卡那霉素的条件下,重组菌株培养 50 代后,仍有 80%以上细胞中携带重组质粒,表明以 pDXW-8 为表达载体可使外源基因 brnFE、lrp 和 lrp-brnFE 相对稳定地存在于 C. glutamicum JH13-156 中。然而,在重组菌株的发酵过程中,发现与对照菌株 JH13-156/pDXW-8 相比,过量表达 brnFE 对重组菌株的生长性能及其葡萄糖消耗能力并无影响,且仅能稍微提高细胞分泌 L-异亮氨酸的能力,但却使 L-缬氨酸和 L-亮氨酸等副产物浓度也相应增加(图 3-32)。因此,过量表达 L-异亮氨酸分泌系统 BrnFE 并不能显著提高细胞合成 L-异亮氨酸的能力。

(二)过量表达全局调控因子 Lrp 对细胞合成 L-异亮氨酸的影响

为进一步提高细胞合成 L-异亮氨酸的能力,将内源性 lrp 基因过量表达至 C. glutamicum JH13-156 中。发酵结果如图 3-33 所示,发酵培养 72h 后,重组菌株 JH13-156/pDXW-8-lrp 胞外积累 L-异亮氨酸的产量提高了 32%,达到 2.82g/L。此外,虽共同表达 lrp 与 brnFE 使重组菌株的生长速率及其生物量均降低,但其胞外积累 L-异亮氨酸浓度却进一步提高至 3.48g/L,且胞外与胞内 L-异亮氨酸比例也由 1.3 提高至 2.8(表 3-20)。有趣的是,过量表达 lrp 基因也可有效提高细胞合成 L-缬氨酸、L-亮氨酸和 L-甲硫氨酸等副产物的能力 [图 3-33(2)]。因此,过量表达 lrp 与 brnFE 可有效提高细胞分泌 L-异亮氨酸的能力,进而提高细胞合成 L-异亮氨酸的能力。

同时,利用 RT-PCR 进一步分析过量表达 brnFE 和 lrp 对 L-异亮氨酸合成途径中关键基因(brnFE、lrp、lysC、hom、thrB、ilvA 和 ilvBN)转录水平的影响 [图 3-34(1)]。与 JH13-156/pDXW-8 相比,过量表达 brnFE 仅能使重组菌株 JH13-156/pDXW-8-brnFE 中 brnFE 转录水平提高 3 倍,但过量表达 lrp 不仅使重组菌株 JH13-156/pDXW-8-lrp 中 lrp 转录水平提高 14 倍,且使其他基因 brnFE、ilvA 的转录水平也相应地均提高了 3 倍。共同表达 brnFE 和 lrp 使重组菌株 JH13-156/pDXW-8-lrp-brnFE 中关键基因 brnFE、lrp、lysC、hom、thrB、ilvA 和 ilvBN 的转录水平分别提高了 13.6、24.7、2.5、9.6、2.5、15.5 和 3.7

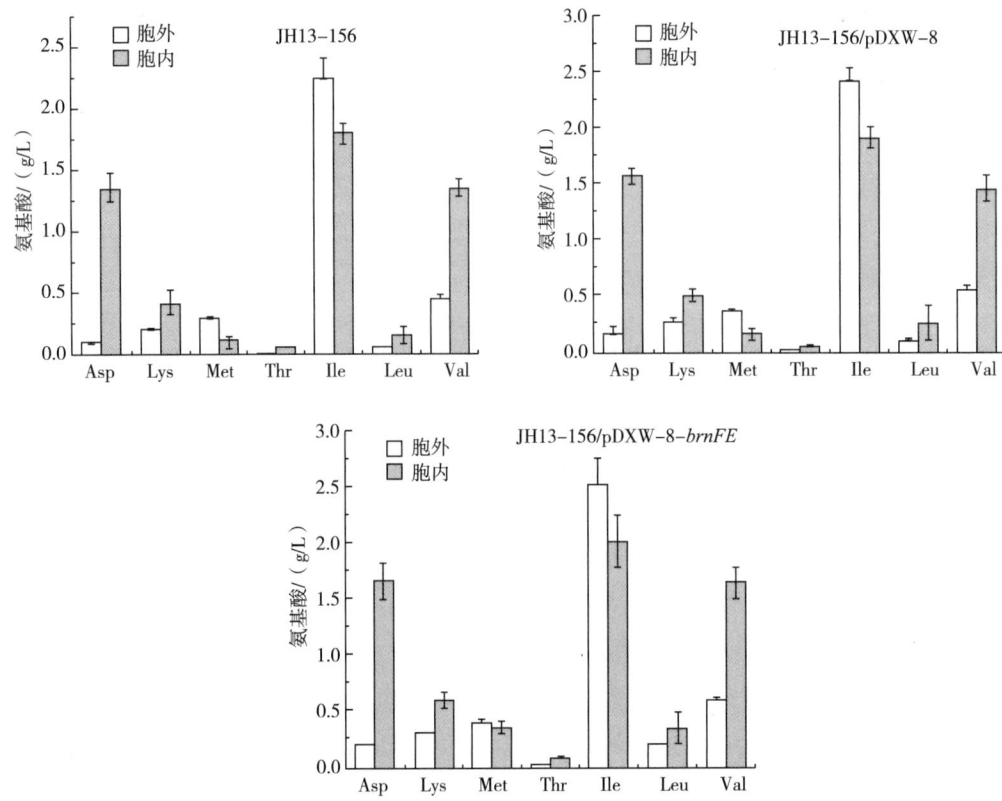

图 3-32 过量表达 *brnFE* 对胞内外 L-异亮氨酸及相关氨基酸的影响

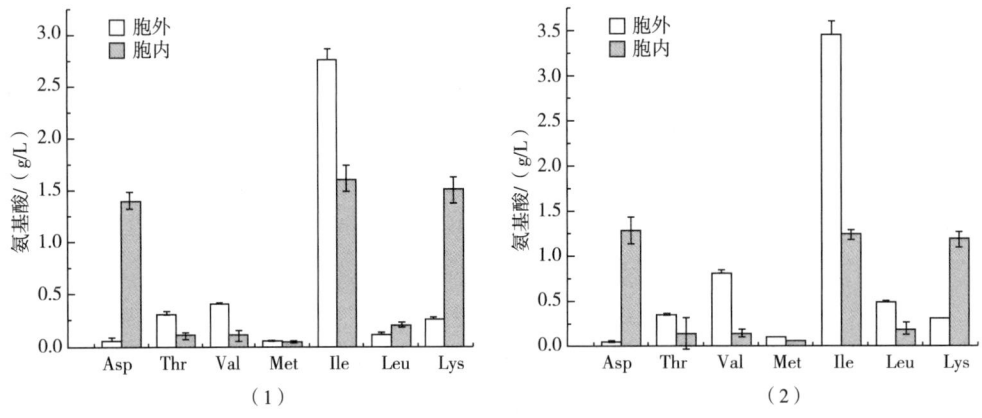

图 3-33 过量表达 *lrp*（1）和 *lrp-brnFE*（2）对胞内外 L-异亮氨酸及其相关氨基酸产生的影响

倍。因此，RT-PCR 结果进一步证实了共同表达 *lrp* 与 *brnFE* 可有效提高细胞分泌 L-异亮氨酸的能力，进而提高菌株合成 L-异亮氨酸的能力。

此外，利用补料分批发酵策略进一步考察重组菌株 JH13-156/pDXW-8-*lrp-brnFE* 的发酵性能和工业化潜力（图 3-35）。结果表明：

（1）在细胞生长阶段，重组菌株 JH13-156/pDXW-8-*lrp-brnFE* 的葡萄糖消耗速率和

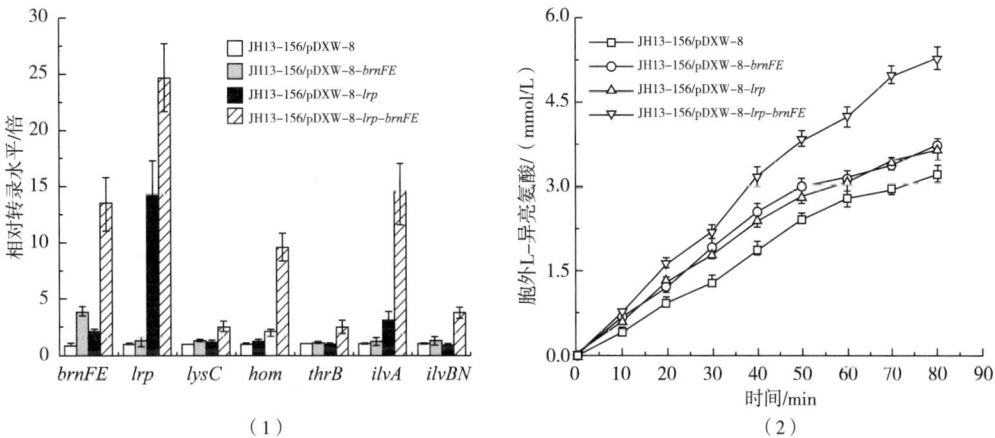

图 3-34　不同重组菌株中 L-异亮氨酸合成途径中关键基因的转录水平分析

(1) 显示的值是相对于对照菌株 JH13-156/pDXW-8；(2) 不同重组菌株胞外积累 L-异亮氨酸的时间曲线

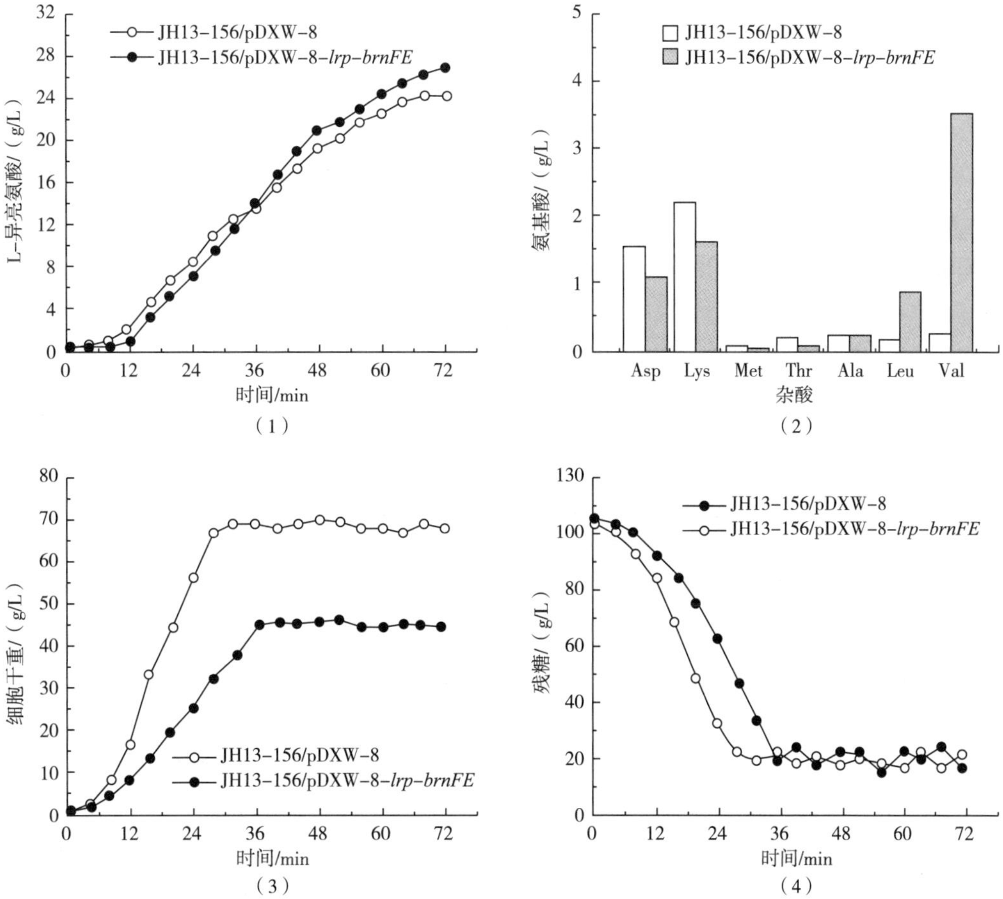

图 3-35　JH13-156/pDXW-8-lrp-brnFE 和 JH13-156/pDXW-8

补料分批发酵中 L-异亮氨酸水平 (1)、杂酸水平 (2)、菌体量 (3) 和残糖水平 (4)

生长速率均低于对照菌株 [图 3-35（3）、（4）]。

（2）发酵 72h 后，虽重组菌株 JH13-156/pDXW-8-*lrp-brnFE* 的生物量比对照菌株降低了 35%，但其合成 L-异亮氨酸的产量却提高至 26.8g/L，使其 L-异亮氨酸产量 [图 3-35（1）]、对菌体得率及对葡萄糖得率分别提高了 11%、172% 和 56.4%。

（3）重组菌株 JH13-156/pDXW-8-*lrp-brnFE* 合成代谢副产物（如 L-缬氨酸和 L-亮氨酸）的产量也相应增加 [图 3-35（2）]。

五、强化代谢途径和 NADPH 供应对细胞合成 L-异亮氨酸的影响

在 *C. glutamicum* 生物合成 L-异亮氨酸的过程中，共有 3 步酶学反应涉及烟酰胺腺嘌呤二核苷酸（NADPH），即是 ASD、HSD 和乙酰羟基氨酸异构还原酶。因此，通过对 TD、AHAS、全局调控因子 Lrp、双组分分泌系统 BrnFE 和 NADK 进行不同组合过量表达，考察其对工程菌株合成 L-异亮氨酸能力的影响。

（一）表达不同基因及其组合对代谢途径中关键酶酶活性的影响

通过对 L-异亮氨酸生物合成中相关酶（AK、HSD、HSK、TD、AHAS 和 NADK）的比酶活性进行测定分析，结果表明：过量表达相关基因可使相应酶的酶活性显著提高，如使重组菌株中 AK 酶活性提高 3 倍、HSD 酶活性提高 7 倍，而 HSK、TD、AHAS 和 NADK 等酶活性均提高 10 倍。其中，在重组菌株 JH13-156/pDXW-8-*ilvBN1-ilvA1-ppnk1* 中，HSK、TD 和 NADK 等酶的酶活性提高幅度最大，使其比酶活性分别增加至 0.556μmol/（min·mg）、74.52μmol/（min·mg）和 0.221μmol/（min·mg）（表 3-21）。此外，共表达 *ppnk1*、*ilvBN1* 和 *ilvA1* 却可显著提高重组菌株中 *bysC*、*hom.*、*thrB*、*ilvA*、*ilvBN* 和 *ppnk1* 等基因的转录水平，甚至使 *ilvA* 基因转录水平提高 10890 倍。同时，通过对不同重组菌中胞内 NADP$^+$ 和 NADPH 水平的测定，结果表明：共同表达 *ppnk1*、*ilvBN1* 和 *ilvA1* 可有效提高胞内 NADP$^+$ 和 NADPH 水平，使其浓度比对照菌株分别提高了 293% 和 104%（表 3-22）。

表 3-21　　　　比较分析不同重组菌株中 L-异亮氨酸合成途径中
　　　　　　　关键酶比酶活性的差异性　　　　　　单位：μmol/（min·mg）

菌株	AK	HSD	HSK	TD	AHAS	NADK
JH13-156/pDXW-8	0.139±0.052	0.181±0.026	0.036±0.008	0.03±0.004	0.045±0.003	0.015±0.003
JH13-156/pDXW-8-*ppnk1*	0.164±0.026	0.157±0.034	0.241±0.023	0.24±0.035	0.029±0.002	0.06±0.009
JH13-156/pDXW-8-*lrp-brnFE*	0.217±0.037	0.25±0.027	0.112±0.021	0.01±0.002	0.077±0.005	0.008±0.001
JH13-156/pDXW-8-*ilvBN1-ilvA1*	0.092±0.008	0.212±0.029	0.327±0.051	29.34±0.509	0.508±0.071	0.143±0.022

续表

菌株	AK	HSD	HSK	TD	AHAS	NADK
JH13-156/pDXW-8-ppnk1-lrp-brnFE	0.134±0.024	0.223±0.041	0.045±0.007	0.26±0.057	0.062±0.005	0.047±0.003
JH13-156/pDXW-8-ilvBN1-ilvA1-lrp-brnFE	0.085±0.005	0.441±0.037	0.067±0.009	2.04±0.326	0.023±0.004	0.056±0.006
JH13-156/pDXW-8-ilvBN1-ilvA1-ppnk1	0.170±0.041	0.315±0.056	0.556±0.067	74.52±0.964	0.495±0.049	0.221±0.035
JH13-156/pDXW-8-ilvBN1-ilvA1-lrp-brnFE	0.106±0.017	0.074±0.01	0.072±0.012	0.64±0.084	0.062±0.008	0.29±0.036

表 3-22　比较分析不同重组菌株胞内 $NADP^+$ 和 NADPH 水平的差异性

菌株	$NADP^+$/(mmol/L)	NADPH/(mmol/L)
JH13-156/pDXW-8	0.080±0.009	0.045±0.003
JH13-156/pDXW-8-ppnk1	0.158±0.011	0.067±0.005
JH13-156/pDXW-8-lrp-brnFE	0.074±0.006	0.04±0.002
JH13-156/pDXW-8-ilvBN1-ilvA1	0.251±0.014	0.083±0.007
JH13-156/pDXW-8-ppnk1-lrp-brnFE	0.124±0.011	0.058±0.004
JH13-156/pDXW-8-ilvBN1-ilvA1-lrp-brnFE	0.143±0.008	0.061±0.005
JH13-156/pDXW-8-ilvBN1-ilvA1-ppnk1	0.314±0.018	0.092±0.004
JH13-156/pDXW-8-ilvBN1-ilvA1-lrp-brnFE	0.322±0.021	0.095±0.007

（二）不同重组菌合成 L-异亮氨酸能力的比较分析

发酵结果如图 3-36（1）所示，与对照菌株 JH13-156/pDXW-8 相比，重组菌株 JH13-156/pDXW-8-ilvBN1-ilvA1-ppnk1 合成 L-异亮氨酸的能力最强，使 L-异亮氨酸的产量提高至 5.83g/L（表 3-22）。然而，在 L-异亮氨酸发酵过程中，虽然不同重组菌株葡萄糖消耗趋势一致［图 3-36（2）］，但其细胞生长性能却差异性较大。其中，过量表达 lrp 和 brnFE 可使细胞生长缓慢，导致细胞生物量降低［表 3-23，图 3-36（3）］，且更多葡萄糖用于副产物杂酸的合成。因此，在 C. glutamicum 中过量表达 lrp 和 brnFE 不是提高细胞合成 L-异亮氨酸合成能力的理想策略。

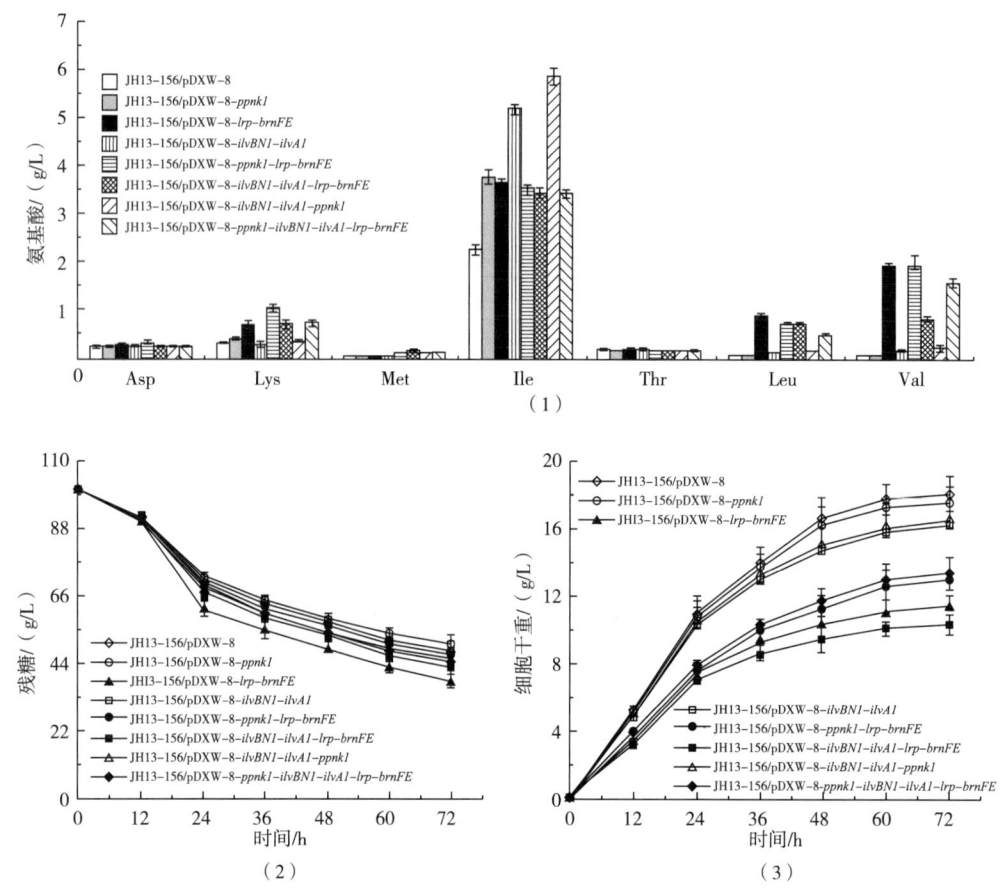

图 3-36　过量表达不同基因及其组合对细胞生长特性及其发酵性能的影响
(1) 氨基酸；(2) 残糖；(3) 菌体量

表 3-23　不同重组菌株在摇瓶和发酵罐条件下发酵生产 L-异亮氨酸的情况分析

不同菌株	耗糖量/ (g/L)	最大菌体干 重/(g/L)	产量/ (g/L)	杂酸/ (g/L)	生产强度/ [g/(L·h)]	对葡萄糖得率/ (g/g)	对菌体得率/ (g/g)
摇瓶发酵							
JH13-156/pDXW-8	49.7±0.6	17.8±0.2	2.24±0.05	0.84±0.03	0.031±0.003	0.045±0.006	0.126±0.009
JH13-156/pDXW-8- *ppnk1*	50.3±0.5	17.3±0.3	3.74±0.07	0.89±0.03	0.052±0.002	0.074±0.008	0.216±0.012
JH13-156/pDXW-8- *lrp-brnFE*	61.9±0.9	11.3±0.1	3.59±0.06	3.94±0.09	0.50±0.004	0.058±0.004	0.318±0.016
JH13-156/pDXW-8- *ilvBN1-ilvA1*	50.7±0.3	16.1±0.4	5.13±0.08	0.97±0.04	0.071±0.003	0.101±0.007	0.319±0.023
JH13-156/pDXW-8- *ppnk1-lrp-brnFE*	54.8±0.4	12.8±0.0	3.47±0.04	4.19±0.11	0.048±0.005	0.063±0.005	0.271±0.018

续表

不同菌株	耗糖量/(g/L)	最大菌体干重/(g/L)	产量/(g/L)	杂酸/(g/L)	生产强度/[g/(L·h)]	对葡萄糖得率/(g/g)	对菌体得率/(g/g)
JH13-156/pDXW-8-*ilvBN1-ilvA1-lrp-brnFE*	57.4±0.7	10.2±0.2	3.39±0.05	2.76±0.07	0.047±0.004	0.059±0.008	0.332±0.029
JH13-156/pDXW-8-*ilvBN1-ilvA1-ppnk1*	51.7±0.8	16.3±0.5	5.83±0.09	1.09±0.06	0.081±0.007	0.113±0.006	0.358±0.017
JH13-156/pDXW-8-*ppnk1-ilvBN1-ilvA1-lrp-brnFE*	53.5±0.6	13.2±0.2	3.36±0.06	3.23±0.12	0.047±0.005	0.063±0.009	0.255±0.021
发酵罐补料分批发酵							
JH13-156/pDXW-8	310±3.5	69.7±1.6	24.3±0.6	4.81±0.15	0.337±0.025	0.078±0.008	0.349±0.025
JH13-156/pDXW-8-*ivBN1-ilvA1-ppnk1*	280±2.6	57.3±1.2	32.4±0.8	4.72±0.13	0.450±0.041	0.116±0.013	0.565±0.036

同时，以 JH13-156/pDXW-8 为对照菌株，利用补料分批发酵策略进一步考察重组菌株 JH13-156/pDXW-8-*ilvBN1-ilvA1-ppnk1* 生产 L-异亮氨酸的工业化潜力。发酵结果如图 3-37 所示，虽重组菌株 JH13-156/pDXW-8-*ilvBN1-ilvA1-ppnk1* 消耗葡萄糖的速率及其生长速率均低于对照菌株，且其生物量比对照菌株低 17.8%。然而，随着发酵的进行，重组菌株 JH13-156/pDXW-8-*ilvBN1-ilvA1-ppnk1* 合成 L-异亮氨酸的速率显著高于对照菌株[图 3-37（1）]，使 L-异亮氨酸的产量（32.4g/L）、生产强度[0.45g/（L·h）]和对菌体得率（0.565g/g）比对照菌株分别提高了 33.3%、33.5% 和 61.9%（表 3-23）。

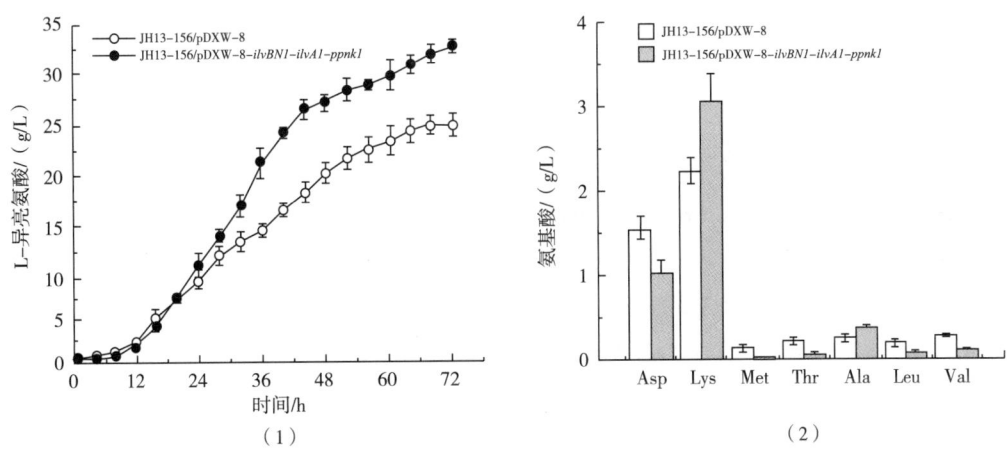

图 3-37 菌株 JH13-156/pDXW-8-*ilvBN*1-*ilvA*1-*ppnk*1 和
JH13-156/pDXW-8 在补料分批发酵中 L-异亮氨酸水平（1）、杂酸水平（2）、
残糖水平（3）和菌体生长量（4）的过程曲线

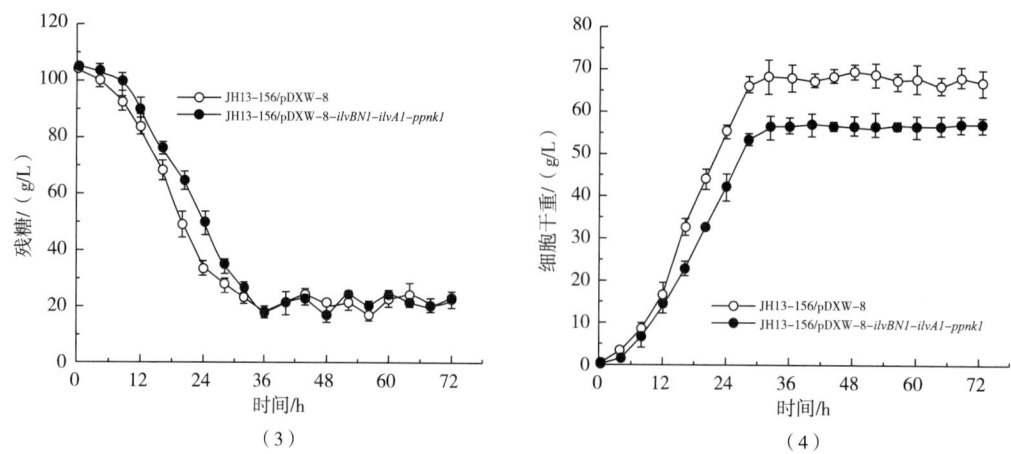

图 3-37　菌株 JH13-156/pDXW-8-*ilvBN1*-*ilvA1*-*ppnk1* 和
JH13-156/pDXW-8 在补料分批发酵中 L-异亮氨酸水平（1）、杂酸水平（2）、
残糖水平（3）和菌体生长量（4）的过程曲线（续图）

综上所述，*ilvBN1* 编码的突变型 AHAS 和 *ilvA1* 编码的突变型 TD 对细胞合成 L-异亮氨酸具有非常重要的作用，而 *ppnk1* 编码的 NAD 激酶可为细胞合成 L-异亮氨酸提供充足的 NADPH。此外，外源基因的表达不仅增加 *ilvBN*、*ilvA* 和 *ppnk* 等基因的转录水平及相应酶 AHAS、TD 和 NADK 的酶活性外，还可显著提高 L-异亮氨酸合成途径中上游基因 *lysC*、*hom*、*thrB* 的转录水平及其对应酶 AK、HSD 和 HSK 的酶活性。因此，过量表达 *ilvBN1* 和 *ilvA1* 可将 L-赖氨酸、L-甲硫氨酸和 L-异亮氨酸合成途径中的碳流重新分配，增强 L-异亮氨酸的代谢流量；而过量表达 *ppnk1* 可有效提高胞内 *ppnk* 转录水平和 NADK 比酶活性，进而提高胞内 NADPH 水平和有效供给，改善细胞合成 L-异亮氨酸的能力。

第五节　代谢工程改造谷氨酸棒杆菌生产 L-缬氨酸

一、L-缬氨酸概述

（一）L-缬氨酸的理化性质

作为一种支链氨基酸（branched chain amino acids，BCAA），缬氨酸为白色结晶或粉末，溶于水。因其结构中含有手性分子，可分为 D 型和 L 型，而天然缬氨酸均为 L-缬氨酸。此外，作为人体必需氨基酸之一，L-缬氨酸具有多种生理功能，被广泛应用于食品、医药、化妆品以及饲料等领域（表 3-24）。

表 3-24　　　　　　　　　　L-缬氨酸的功能及其用途

应用领域	具体功能及其用途
食品领域	可作为添加剂、风味剂和营养强化剂等。例如，氨基酸能量饮料中添加 L-缬氨酸，有促进肌肉形成、强化肝功能、减轻肌肉疲劳等作用，而面包糕点中添加 L-缬氨酸能改善风味

续表

应用领域	具体功能及其用途
医药领域	作为制造复合氨基酸药物的原料,主要用于血脑、肝脏、肾脏、代谢缺陷等疾病的治疗;还可用于创伤愈合和营养支持
化妆品领域	作为化妆品佐剂,促进皮肤胶原蛋白和胶质蛋白合成,减少皮肤角质剥离,预防皮肤干燥,从而可增强皮肤弹性、张力、光泽和柔性
饲料工业	作为饲料添加剂,可促进乳腺组织发育、改善泌乳功能、调节糖代谢和提升免疫力等

(二) L-缬氨酸的生产方法

目前,工业化生产 L-缬氨酸的方法主要包括:直接提取法、化学合成法和微生物发酵法。其中,直接提取法采用离子交换技术,直接从动物血粉、蚕蛹及毛发水解液中分离提取 L-缬氨酸,其虽操作简单、分离效率高,但生产成本较高;而化学合成法主要以异丁醛为原料合成得到 DL-缬氨酸,再通过拆分过程获得 L-缬氨酸,该方法操作复杂、反应条件多变、副产物多,导致其生产成本较高。在工业化生产上较少采用直接提取法和化学合成法生产 L-缬氨酸。虽然微生物发酵法仍存在目标产物产量低、分离困难等问题,但其原料来源丰富、反应条件温和、总体生产成本较低,已然成为工业化生产 L-缬氨酸的主要方法。目前,微生物发酵法生产 L-缬氨酸的菌种主要有:大肠杆菌(*Escherichia coli*),谷氨酸棒杆菌(*Corynebacterium glutamicum*),乳糖发酵短杆菌(*Brevibacterium lactofermentum*)、黄色短杆菌(*Brevibacterium flavum*)、北京棒杆菌(*Corynebacterium pekinense*)等亚种、黏质赛氏杆菌(*Serratia marcescens*)和芽孢杆菌(*Bacillus*)等。

其中,作为食品安全级微生物,谷氨酸棒杆菌具有易培养、不产孢子等优点,被广泛应用于生产 L-缬氨酸等多种氨基酸。目前,L-缬氨酸的工业化菌株主要来源于传统诱变育种,仍存在葡萄糖消耗率低、环境鲁棒性差、遗传背景不明、难以进一步提高细胞合成 L-缬氨酸能力等生产缺陷。因此,随着谷氨酸棒杆菌全基因组的测序和注释,基于明确的遗传背景,通过代谢工程策略定向改造代谢途径及其调控策略,可实现高效合成 L-缬氨酸的代谢目标。

二、谷氨酸棒杆菌生物合成 L-缬氨酸

(一) 谷氨酸棒杆菌 L-缬氨酸生物合成途径及其代谢调控机制

如图 3-38 所示,谷氨酸棒杆菌的 L-缬氨酸的生物合成途径已阐明,即葡萄糖经过糖酵解途径生成 L-缬氨酸的重要前体——丙酮酸,再通过 4 步催化反应合成 L-缬氨酸:首先,*ilvBN* 基因编码乙酰羟酸合成酶(acetohydroxyacid synthase,AHAS)将两分子丙酮酸缩合成 2-乙酰乳酸(2-acetolatate);然后,在 *ilvC* 基因编码的乙酰羟酸还原异构酶(acetohydroxyacid isomeroreductase,AHAIR)催化下转化为 2,3-二羟基异戊酸(2,3-dihydroxyisovalerate);再由 *ilvC* 基因编码的二羟酸脱水酶(dihydroxyacid dehydratase,DHAD)将

2,3-二羟基异戊酸脱水形成2-酮异戊酸（2-ketoisovalerate）；最后，由 *ilvE* 基因编码的转氨酶B（transaminase B，TA）将2-酮异戊酸转化成L-缬氨酸，并在 *brnFE* 编码的转运蛋白复合体BrnFE作用下，将胞内合成的L-缬氨酸转运至胞外。值得注意的是，在 C. glutamicum 中，某些代谢产物的合成途径与L-缬氨酸合成途径是相互交错的。例如，L-缬氨酸合成途径中4个关键酶（AHAS、AHAIR、DHAD和TA）也被用于L-异亮氨酸（L-isoleucine）的合成。此外，丙酮酸也是多种反应的前体，包括由丙酮酸脱氢酶复合体、丙酮酸：醌氧化还原酶、丙酮酸羧化酶、乳酸脱氢酶、丙氨酸转氨酶等催化的相关反应。此外，在谷氨酸棒杆菌中，L-缬氨酸生物合成途径的代谢调控机制也已阐明（图3-38），主要包括：

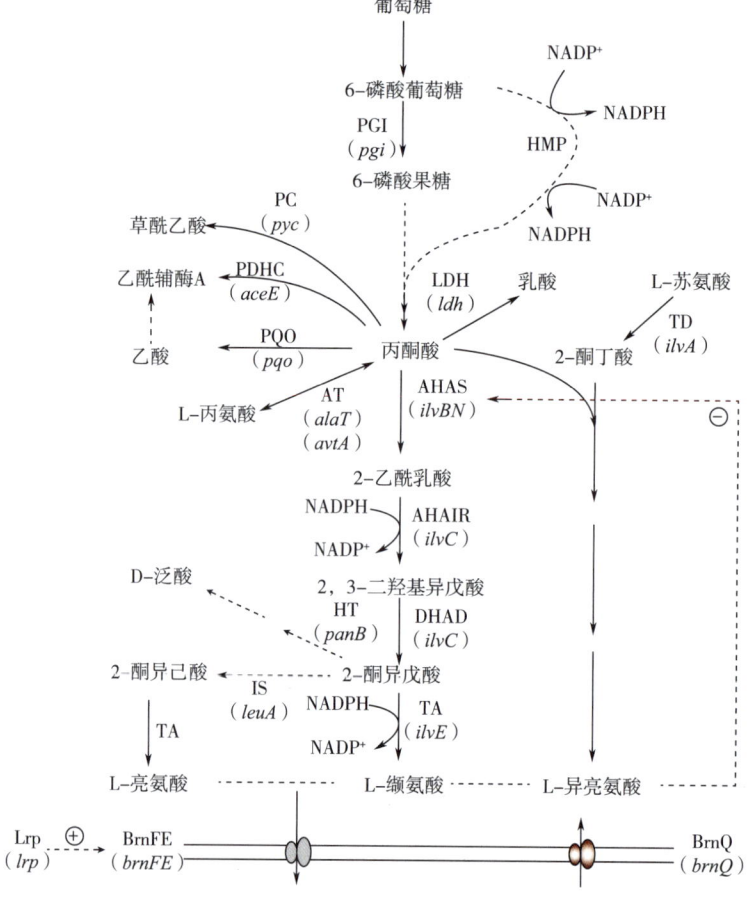

图3-38 谷氨酸棒杆菌中L-缬氨酸代谢途径及其代谢调节机制

PGI（*pgi*）：6-磷酸葡萄糖异构酶；HMP：磷酸戊糖途径；PC（*pyc*）：丙酮酸羧化酶；PDHC（*aceE*）：丙酮酸脱氢酶；PQO（*pqo*）：丙酮酸醌氧化还原酶；AT（*alaT*，*avtA*）：缬氨酸-丙酮酸氨基转移酶；LDH（*ldh*）：L-乳酸脱氢酶；TD（*ilvA*）：L-苏氨酸脱水酶；AHAIR（*ilvC*）：二羟基酸脱水酶；DHAD（*ilvC*）：二羟基脱水酶；IS（*leuA*）：2-异丙基苹果酸合酶；BrnQ（*brnQ*）：支链氨基酸渗透酶

(1) AHAS 对底物的亲和性　谷氨酸棒杆菌中 AHAS 催化反应的底物包括 2-酮丁酸和丙酮酸，但对前者亲和性较高，会优先合成 L-异亮氨酸，进而不利于 L-缬氨酸的积累。因此，遏制或弱化其他相关代谢途径的合成能力，可有利于驱使更多碳代谢流导向 L-缬氨酸合成途径。

(2) 代谢产物对 AHAS 的反馈抑制作用　谷氨酸棒杆菌中 AHAS 是一个四聚体，其调节亚基受 3 种支链氨基酸（缬氨酸、亮氨酸、异亮氨酸）的反馈抑制，其中缬氨酸的抑制能力最强，且在单一支链氨基酸或者多种协同作用下，被抑制程度不超过 57%。

(3) *ilvBNC* 的转录弱化　谷氨酸棒杆菌 *ilvBNC* 操纵单元具有典型的转录弱化特征：*ilvB* 基因上游 292bp 处一段 DNA 能表达一个前导肽，且该序列后面存在能形成 RNA 茎环形结构和转录终止子的序列，对 *ilvBNC* 操纵单元具有转录弱化调节作用，且胞内 3 种支链氨基酸的存在均能引起 *ilvBNC* 的转录弱化。

(4) PdxR 和 AvtA 对 TA 的调控作用　谷氨酸棒杆菌合成支链氨基酸的最后一步主要由 *ilvE* 基因编码的 TA 催化，且 *pdxR* 基因编码的 PdxR 蛋白在 L-缬氨酸合成中具有催化活性，但其作用机制尚不清楚。有趣的是，当 L-丙氨酸存在时，转氨酶 AvtA 可使催化 L-丙氨酸合成 L-缬氨酸的活性高于合成 L-异亮氨酸，且菌体生长所需三种 BCAAs 的合成都需要 *ilvE* 基因的参与，但 L-缬氨酸的合成还需要 *avtA* 基因的协同参与。

(5) Lrp 对转运蛋白 BrnFE 的调控作用　谷氨酸棒杆菌中 3 种支链氨基酸都能通过 *brnQ* 基因编码的转运蛋白 BrnQ 输送到胞内，或通过转运蛋白复合体 BrnFE 分泌到胞外，而全局调控因子 Lrp 可结合在 *lrp* 和 *brnFE* 之间的 DNA 上，促进 BrnFE 的表达。

（二）强化谷氨酸棒杆菌合成 L-缬氨酸的代谢改造策略

目前，工业化发酵生产 L-缬氨酸所用菌株主要来源于传统诱变育种，但该育种策略已难以满足社会对 L-缬氨酸日益增长的需求。因此，基于代谢工程策略实现对 L-缬氨酸代谢途径的理性改造已逐步取代传统诱变育种，其代谢改造策略包括：

1. 阻断代谢支路和强化主要代谢碳流

在谷氨酸棒杆菌中，L-缬氨酸与 L-异亮氨酸、L-亮氨酸和 D-泛酸等合成途径相互交错，遏制或阻断代谢支路，进而减少副产物的合成，可有效提高目标代谢产物——L-缬氨酸的积累。由图 3-38 可知，敲除 *ilvA* 基因可阻断 L-异亮氨酸的合成，敲除 *leuA* 阻断 L-亮氨酸的合成，而单独或共同敲除 *panB* 基因可阻止 D-泛酸的合成。同时，在阻遏或弱化代谢支路的基础上，高效表达 L-缬氨酸合成途径中关键酶基因可进一步强化主代谢途径的碳代谢流量，进而有效提高细胞合成 L-缬氨酸的能力。例如，丙酮酸合成 L-缬氨酸涉及 5 个基因 *ilvB*、*ilvN*、*ilvC*、*ilvD* 和 *ilvE*，而基因组中前 3 个基因是串联的，*ilvD* 与其位置很接近，而 *ilvE* 则相距较远。因此，通过高拷贝质粒将操纵单元 *ilvBNC*、*ilvBNCD* 高效表达至 *C. glutamicum*，再结合串联表达 *ilvE* 基因可强化碳代谢流量，显著提高 L-缬氨酸产量。

2. 解除反馈抑制和转录弱化

在谷氨酸棒杆菌中，胞内 L-缬氨酸的大量积累可有效抑制 L-缬氨酸合成途径中关键酶 AHAS 的活性和弱化操作单元 ilvBNC 的转录水平。因此，若要实现细胞大量积累 L-缬氨酸，则需解除此两种负面调控作用：即通过对 ilvN 基因编码 AHAS 的小亚基进行定点突变，可解除 BCAAs 的反馈抑制作用；或通过切除 AHAS 小亚基 C 端 53 个氨基酸也可实现抗 L-缬氨酸的反馈抑制作用；或通过启动子点突变或启动子替换增强 ilvBNC 操纵单元的启动子活性以达到解除转录弱化的目的。

3. 积累关键前体丙酮酸

丙酮酸不仅是 L-缬氨酸合成的关键前体，同时也是胞内许多重要代谢的中间产物，而增加其在胞内的积累有利于提高 L-缬氨酸产量。在谷氨酸棒杆菌中，丙酮酸主要通过糖酵解途径合成，其消耗方式主要有：一方面合成各种氨基酸（3 种支链氨基酸和 L-丙氨酸）和有机酸（乙酸和乳酸）；另一方面合成 TCA 循环中间产物（乙酰辅酶 A 和草酰乙酸），而通过弱化相关代谢反应，进而减少副产物的合成，可实现增加 L-缬氨酸产量的代谢目标。

4. 增加胞内辅因子的供给

在谷氨酸棒杆菌中，合成 1 分子 L-缬氨酸需消耗 1 分子葡萄糖，并产生 1 分子 NADH 且同时消耗 2 分子 NADPH。然而，NADH 的产生主要发生在糖酵解途径中，而 NADPH 的消耗则发生在由 AHAIR 和 TA 催化的两步反应中，进而造成合成 NADH 和消耗 NADPH 间的不平衡和损耗，进而限制细胞过量积累 L-缬氨酸的能力。为此，可通过敲除 pgi 基因驱使葡萄糖经磷酸戊糖途径（HMP）降解而产生 NADPH；也可通过表达来源于大肠杆菌的膜结合转氢酶（membrane-bound transhydrogenase, PntAB）促进 NADH 向 NADPH 的转化；还可通过修饰 AHAIR 或替换 TA，进而改变其由 NADPH 依赖型转变为 NADH 依赖型等。此外，还可通过调节 L-缬氨酸转运、优化启动子活性和基于整体代谢网络的全局调控等策略显著改善细胞合成 L-缬氨酸的能力。

（三）L-缬氨酸生产菌株的选育现状

如表 3-25 所示，基于传统诱变技术已成功选育多株用于发酵生产 L-缬氨酸的高产谷氨酸棒杆菌。例如，中国科学院微生物研究所利用硫酸二乙酯（DES）诱变处理 *Corynebacterium glutamicum* AS1.299，获得突变株 AS1.586，其 L-缬氨酸产量达 26.8g/L；而江南大学张伟国等以 DES 和亚硝基胍（NTG）组合诱变黄色短杆菌 V4-153 得到突变株 ZQ-2，其 L-缬氨酸产量高达 40g/L。

表 3-25　　谷氨酸棒杆菌 L-缬氨酸生产菌株

生产菌株	菌株的生理特征	产量/(g/L)
AS1.586	DES 诱变	26.8（发酵罐）
ZQ-2	DES 和 NTG 诱变	40.0（发酵罐）
C. glutamicum 13032（ΔilvAΔpanBC）pJC1 ilvBNCD	敲除 ilvA 和 panBC，过量表达 ilvBNCD	10.6（摇瓶）

续表

生产菌株	菌株的生理特征	产量/(g/L)
C. glutamicum ΔilvAΔpanBCilvNM13 pECKAilvBNC	ilvN 点突变反馈抑制、敲除 ilvA 和 panB，过量表达 ilvBNC	15.2（摇瓶）
C. glutamicum ΔilvAΔpanBCilvNM13 P-ilvAMIGG P-ilvDM7P P-ilvEM6	ilvN 点突变抗 L-缬氨酸反馈抑制，上调 ilvD 和 ilvE 启动子，下调 ilvE 和 leuA 启动子	11.6（摇瓶）
C. glutamicum A-1（pVKilvN53C）	aptG 突变 H^+-ATPase 缺陷，ilvN 突变抗反馈抑制，过量表达 livN53C 和 ilvC	8.2（摇瓶）
C. glutamicum（ΔaceE）pJC4 ilvBNCE	敲除 aceE，过量表达 ilvBNCE	24.6（发酵罐）
C. glutamicum（ΔaceEΔpqoΔpgi）pJC4 ilvBNCE	敲除 aceE、pqo 和 pgi，过量表达 ilvBNCE	48.0（发酵罐）
C. glutamicum ATCC13032MPilvAΔavtA pDXW-8-ilvEBNC	敲除 avtA，弱化 PilvA，ilvN 突变抗反馈抑制，过量表达 livEBNC	31.2（发酵罐）
C. glutamicum aceE A16（pJC4 ilvBNCE）	敲除 aceE、pqo 和 ppc，过量表达 ilvBNCE	86.5（发酵罐，高密度）
BN^{GE}C^{TM}DLD/ΔLDH	ilvBN 突变，替换 TA，转为 NADH 依赖；敲除 ldh，过量表达 ilvBNDCE	227（发酵罐，厌氧）
Val-9（BN^{GE}C^{TM}DLD/ΔLP_Δac+ GP_ilvN^{GE}C^{TM}ΔAla	进一步强化辅因子 NADH，减少苏氨酸和 L-丙氨酸的抗反馈抑制	150（发酵罐，厌氧）

然而，传统诱变育种工作量大，且引发的遗传变异随机分配，对细胞生理性能产生不可预测的消极影响，进而导致 L-缬氨酸产量难以进一步提升。因此，通过理性代谢工程策略定向构建或改造 L-缬氨酸生产菌株，并结合分批补料发酵、高密度发酵和厌氧发酵等策略，可逐步提升细胞合成 L-缬氨酸的能力，进而选育高产 L-缬氨酸菌株。Elisakova 等通过 ilvN 基因定点突变解除 L-缬氨酸对其编码 AHAS 小亚基的反馈抑制作用，结合敲除 ilvA 和 panB 基因和过量表达 ilvBNC 基因，可使重组菌株在摇瓶发酵水平上合成 L-缬氨酸的产量高达 15.2g/L。此外，Blombach 等在敲除 aceE 增加丙酮酸积累的基础上，过量表达 ilvBNCE 可使工程菌株 C. glutamicum（ΔaceE）在分批补料发酵条件下积累 24.6g/L L-缬氨酸。在此基础上，结合敲除 pqo 基因和 pgi 基因以进一步增加丙酮酸积累和促进 NADPH 供应，使重组菌在分批补料发酵条件下合成 L-缬氨酸产量高达 48.0g/L，在同等发酵方法中处于世界领先水平。

类似地，Buchholz 等通过弱化基因 aceE 启动子，结合敲除基因 pqo 和 ppc（PEP carboxylase）以进一步积累丙酮酸，并通过过量表达 ilvBNCE 可使重组菌株 C. glutamicum aceE A16（pJC4ilvBNCE）在高密度发酵条件下积累 86.5g/L L-缬氨酸。值得注意的是，Hasegawa 等通过对 AHAS 进行点突变，并将来源于梭形杆菌（Lysinibacillus sphaericus）的 TA 替换谷氨酸棒杆菌 TA，进而使 L-缬氨酸合成由 NADPH 依赖型转变为 NADH 依赖型。在此基础上，敲除 ldh 基因减少乳酸积累，并结合过表达 ilvBNCDE 基因，使重组菌株 C. glutamicum

BN^{GE}C^{TM}DLD/ΔLDH 在厌氧发酵条件下合成 L-缬氨酸的产量高达 227g/L。

三、全局调控因子 Lrp 对谷氨酸棒杆菌合成 L-缬氨酸的影响

亮氨酸响应调节蛋白（leucine-responsive regulatory protein, Lrp），是一种细胞全局调控因子。该调节蛋白可通过结合在特定 DNA 位点，促进或者抑制相关基因或操纵元的转录，从而实现对细胞进行全局调控。然而，虽不同来源 Lrp 具有较高的同源性，但其调控功能却存在巨大的差异性。在谷氨酸棒杆菌中，过量表达 Lrp 和 BrnFE 可有效提高 L-异亮氨酸产量，但当与其他基因进行共同表达时，Lrp 的全局调控作用则可引起细胞的生长抑制，进而降低细胞合成 L-异亮氨酸的能力。因此，虽 Lrp 在大肠杆菌中已成功用于提高 L-缬氨酸产量，但其对谷氨酸棒杆菌中 L-缬氨酸的代谢合成及调控作用却尚未见报道。

（一）过量表达 Lrp 对谷氨酸棒杆菌 L-缬氨酸代谢的调控作用

为揭示 Lrp 调控作用差异性的来源，分别将来源于谷氨酸棒杆菌 *C. glutamicum* ATCC13869 和 L-缬氨酸高产菌株 VWB-1 的 *lrp* 及 *lrp-brnFE* 间隔区域进行测序，结果发现来源于 VWB-1 的 *lrp*（命名为 *lrp1*）存在一个点突变：Arg39Trp。为此，将 *lrp* 和 *lrp1* 分别表达至野生型菌株 *C. glutamicum* ATCC 13869 和 L-缬氨酸高产菌株 VWB-1 中，以考察不同 *lrp* 对 L-缬氨酸合成代谢及其转运的调控作用，结果如图 3-39 所示。以 *C. glutamicum* ATCC13869 为出发菌株时，与空载菌株 ATCC13869/pJYW-4 相比（0.2g/L），过量表达全局调控因子可有效提高重组菌株 ATCC13869/pJYW-4-*lrp* 和 ATCC13869/pJYW-4-*lrp1* 合成 L-缬氨酸的能力，使其产量分别提高了 16.0 倍和 17.5 倍，达到 3.2g/L 和 3.5g/L，但其细胞生长量却分别降低了 25.8% 和 15.6%。值得注意的是，当以 L-缬氨酸高产菌株 VWB-1 为出发菌株时，与空载菌株 VWB-1/pJYW-4（28.1g/L）相比，过量表达全局调控因子仅能略微提高重组菌株 VWB-1/pJYW-4-*lrp* 和 VWB-1/pJYW-4-*lrp1* 合成 L-缬氨酸的能力，使其产量仅分别提高 5.3% 和 22.0%，达到 29.6g/L 和 34.3g/L，且其菌体生长量也分别下降了 21.1% 和 11.5%。因此，虽过量表达全局调控因子 Lrp 可显著提高细胞合成 L-缬氨酸的能力，且突变型 Lrp1 对 L-缬氨酸代谢途径的调控作用更大，但也影响细胞的生长性能及其葡萄糖消耗速率，且突变型 Lrp1 的影响作用更弱。

（二）过量表达 Lrp 对 L-缬氨酸代谢途径中关键酶基因转录水平的影响

为进一步揭示全局调控因子 Lrp 调控谷氨酸棒杆菌合成及其转运 L-缬氨酸的影响机制，利用荧光定量 PCR 对重组菌株中 L-缬氨酸合成及其转运相关基因（*ilvA*、*ilvBN*、*ilvC*、*ilvD*、*ilvE*、*brnFE* 和 *lrp*）转录水平进行比较分析，结果如图 3-40 所示。与对照菌株 ATCC13869 相比，重组菌株 ATCC13869/pJYW-4-*lrp* 和 ATCC13869/pJYW-4-*lrp1* 中 *ilvA*、*ilvBN*、*ilvC*、*ilvD*、*lrp* 和 *brnFE* 等基因的转录水平均上调，而 *ilvE* 基因转录水平却略微下调，但过量表达 Lrp 和 Lrp1 对不同重组菌株中相同基因的转录水平影响差异较小。然而，与对照菌株 VWB-1 相比，虽过量表达 Lrp 和 Lrp1 使关键基因转录水平的变化

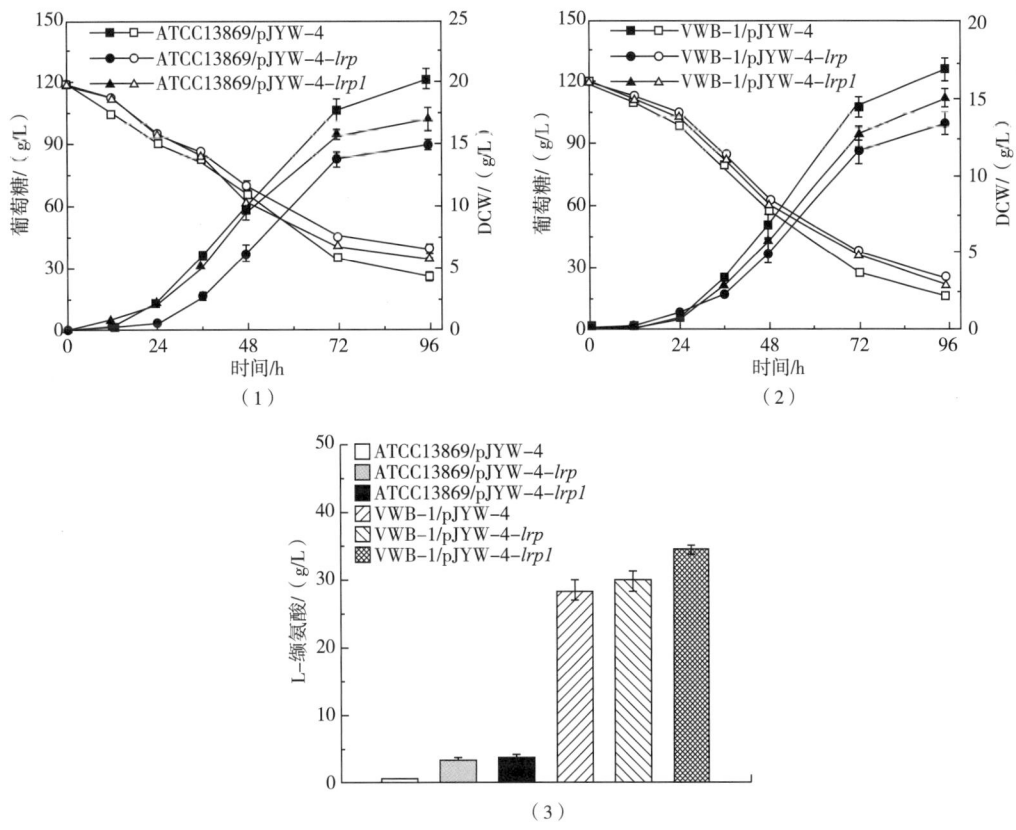

图 3-39 过量表达全局调控因子 Lrp 对野生型 *C. glutamicum* ATCC13869（1）和高产菌株 VWB-1（2）生长性能和发酵性能（3）的影响 [（1）（2）中：空心，葡萄糖；实心，DCW]

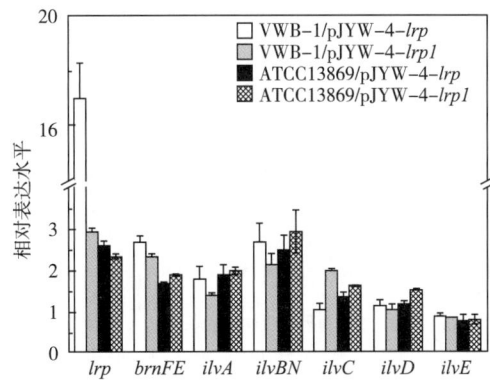

图 3-40 过量表达 Lrp 和 Lrp1 对 L-缬氨酸合成途径中相关基因转录水平的影响

趋势一致，但表达野生型 Lrp 可使内源 *lrp* 转录水平显著上调（17.0 倍），而表达突变型 Lrp1 仅使内源 *lrp*1 转录水平略微上调（2.9 倍）。因此，过量表达 Lrp 可有效提高谷氨酸棒杆菌中L-缬氨酸合成及其转运相关基因的转录水平,其中表达野生型Lrp还可提高宿主内源 *lrp* 的转录水平,而表达突变型Lrp1却弱化宿主内源 *lrp1* 的调控作用,进而提高细胞合成L-缬氨酸的能力。

四、代谢途径改造对细胞合成L-缬氨酸的影响

以L-缬氨酸高产菌株VWB-1为出发菌株,借助强化辅因子、促进转运和全局调控等策略实现对VWB-1的代谢改造,以期进一步提高细胞合成L-缬氨酸的能力。

(一)敲除基因 *pgi* 对细胞合成L-缬氨酸的影响

在谷氨酸棒杆菌中,敲除 *pgi* 基因可使葡萄糖经磷酸戊糖途径降解而产生的NADPH直接用于L-缬氨酸的合成反应,从而提高细胞合成L-缬氨酸的能力。为此,以VWB-1为出发菌株,通过敲除 *pgi* 基因获得突变菌株VWB-1Δ*pgi*:kan,并考察敲除基因对重组菌株生长性能及其发酵性能的影响(图3-41)。与出发菌株VWB-1相比,敲除基因 *pgi* 可使工程菌株VWB-1Δ*pgi*:kan的生长性能受到抑制,使其菌体生长量和葡萄糖消耗量分别下降5.9%和2.9%,但其合成L-缬氨酸的产量、对细胞得率和糖酸转化率却分别提高了3.2%、9.0%和5.8%。

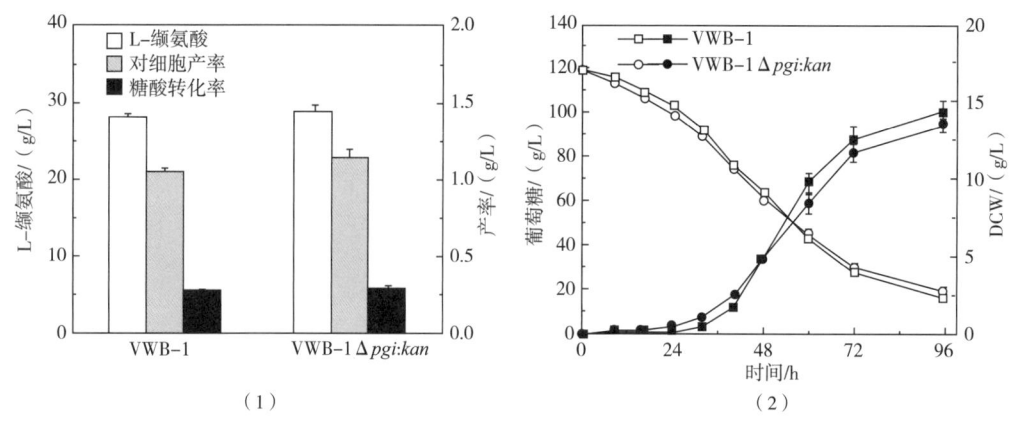

图3-41　敲除基因 *pgi* 对工程菌株VWB-1Δ*pgi*:kan生长性能(1)及其发酵性能(2)的影响〔(2)中:空心,葡萄糖;实心,DCW〕

(二)敲除基因 *brnQ* 对细胞合成L-缬氨酸的影响

在谷氨酸棒杆菌中,通过 *brnQ* 基因编码的转运蛋白BrnQ可将缬氨酸等三种支链氨基酸输送到胞外。为此,以VWB-1为出发菌株,通过敲除 *brnQ* 基因获得突变菌株VWB-1Δ*brnQ*:kan,并考察基因 *brnQ* 敲除对细胞合成L-缬氨酸的影响(图3-42)。与出发菌株VWB-1相比,敲除基因 *brnQ* 可改善工程菌株VWB-1Δ*brnQ*:kan的生长性能,使其菌体生长量和葡萄糖消耗量分别增加了5.8%和7.0%。然而,敲除基因 *brnQ* 却仅使细胞合成L-缬氨酸的产量提高3.6%,达到29.1g/L,但L-缬氨酸对细胞得率和糖酸转化率却分

别下降2.1%和3.6%。因此，敲除基因 *brnQ* 可促进细胞的生长，但却仅能略微增强细胞合成 L-缬氨酸的能力，且降低细胞对葡萄糖的利用率。

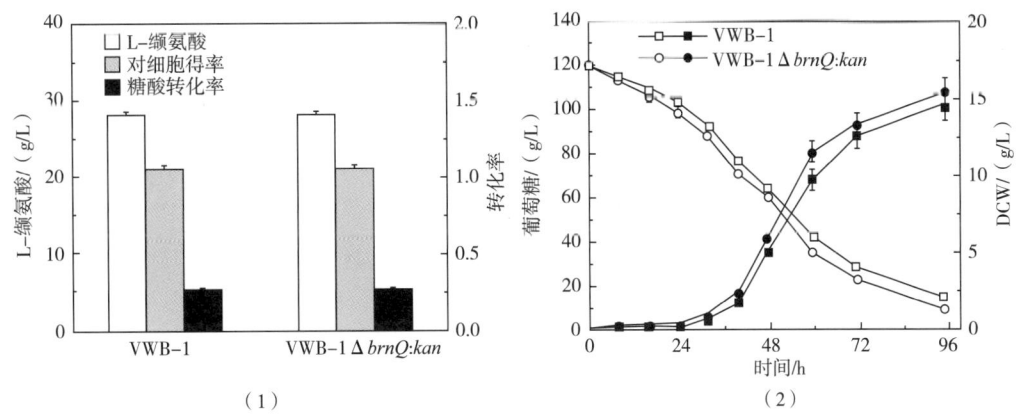

图 3-42　敲除基因 *brnQ* 对工程菌株 VWB-1Δ*brnQ*：*kan* 发酵性能（1）及其
生长性能（2）的影响［（2）中：空心，葡萄糖；实心，DCW］

（三）敲除基因 *ldh* 对细胞合成 L-缬氨酸的影响

在厌氧发酵条件下，谷氨酸棒杆菌对葡萄糖的利用效率比有氧发酵更高，即胞内糖酵解和有机酸合成等途径相关基因，如 *gapA*、*pgk*、*pgi*、*ppc*、*mdh* 和 *ldh* 等基因的表达水平都有明显上调。为此，通过敲除 *ldh* 基因以增加胞内丙酮酸的积累，并考察有氧和厌氧发酵条件对工程菌株 VWB-1 Δ*ldh*：*kan* 合成 L-缬氨酸的影响。有氧发酵条件下，与出发菌株 VWB-1 相比，工程菌株 VWB-1 Δ*ldh*：*kan* 生长略微减慢，至发酵结束时其菌体生长量和葡萄糖消耗量分别下降3.0%和2.8%，但菌株合成 L-缬氨酸的产量却略微提升1.8%。然而，与有氧发酵条件相比，厌氧发酵条件使菌株 VWB-1 和 VWB-1 Δ*ldh*：*kan* 合成 L-缬氨酸的产量分别提高8.5%和17.1%，且显著提高 L-缬氨酸对细胞的得率，分别提高24%和37.3%（图3-43）。因此，在有氧发酵条件下，敲除基因 *ldh* 对重组菌株 VWB-1 Δ*ldh*：*kan* 的生长性能及其发酵性能并无显著影响，但在厌氧发酵条件下却能显著提高重组菌株 VWB-1 Δ*ldh*：*kan* 合成 L-缬氨酸的能力。

为进一步考察厌氧培养条件对 L-缬氨酸发酵的影响，利用扩大培养条件对 VWB-1 Δ*ldh*：*kan* 进行厌氧发酵，其控制策略为：有氧发酵72h，溶氧控制为30%；然后转入厌氧发酵24h，溶氧控制为0。发酵结果如图3-43所示：发酵96h后，L-缬氨酸产量、生产强度和对细胞得率分别提高到35.9g/L、0.374g/（L·h）和1.11g/（L·g DCW），且糖酸转化率也提高至0.205g/g 葡萄糖（0.315mol/mol）。然而，当好氧发酵转为厌氧发酵后，菌体量不再增加，但葡萄糖消耗量却迅速增加，进而导致大量丙氨酸等副产物的合成。因此，精确控制溶氧浓度可有效提高重组菌株 VWB-1 Δ*ldh*：*kan* 合成 L-缬氨酸的产量，但却出现副产物增加和底物转化率下降等问题。

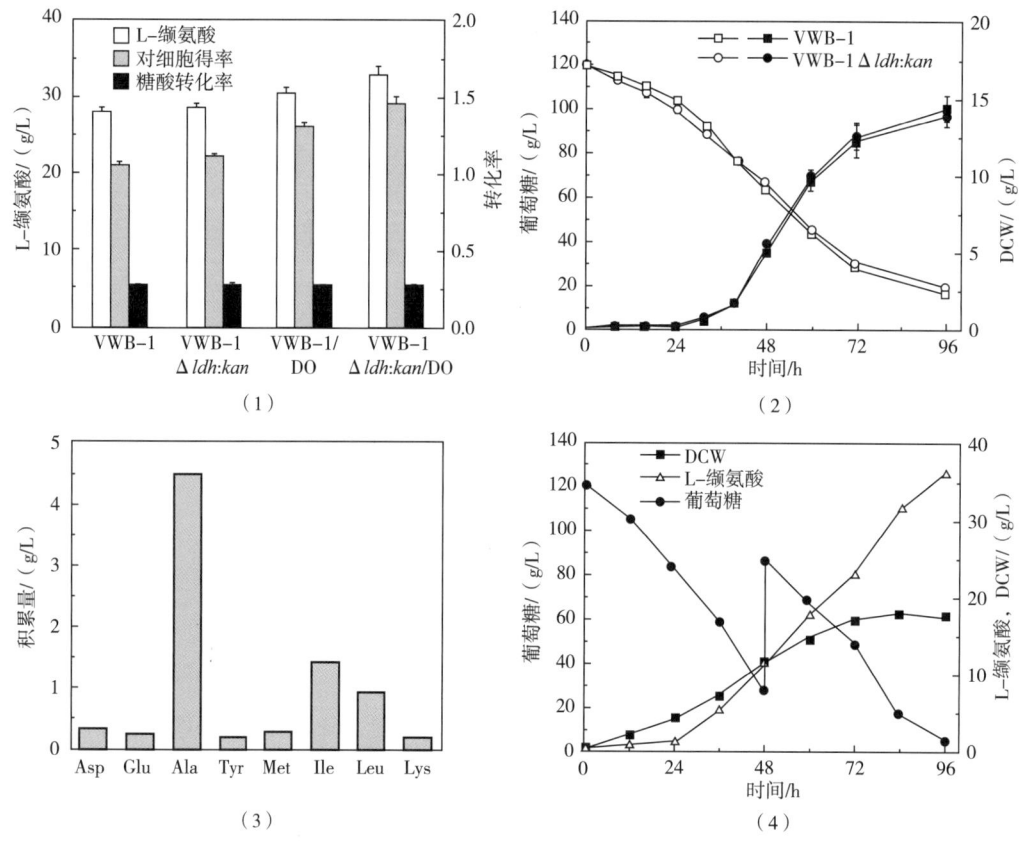

图 3-43 不同培养条件下，敲除 ldh 对突变菌株 VWB-1 Δldh：kan 发酵性能 [（1）摇瓶；（3）发酵罐] 和生长性能 [（2）摇瓶；（4）发酵罐] 的影响 [（2）中：空心，葡萄糖；实心，DCW]

五、*C. glutamicum* ATCC13869 高产 L-缬氨酸系统的构建

由于高产 L-缬氨酸菌株 VWB-1 突变的不确定性，难以通过系统代谢工程策略进一步提高细胞合成 L-缬氨酸的能力。为此，以遗传背景明确的、基因操作重复性高的野生型 *C. glutamicum* ATCC13869 为出发菌株，利用系统代谢工程对其 L-缬氨酸代谢途径及其调控网络进行理性改造，包括基因敲除阻断旁路代谢、积累重要中间产物、强化转运和全局调控等，以期构建 L-缬氨酸高产系统（图 3-44）。

（一）共同表达 Lrp1 和 BrnFE 对细胞合成 L-缬氨酸的影响

以谷氨酸棒杆菌 ATCC13869 为出发菌株，分别考察过量表达 Lrp1 和 BrnFE 对重组菌株合成 L-缬氨酸的影响（图 3-45）。与空载菌株 ATCC13869/pJYW-4 相比，单独表达 *brnFE* 可稍微加快重组菌株 ATCC13869/pJYW-*lrp1* 的生长速度，表明加强谷氨酸棒杆菌 BCAAs 的转运可减弱 AHAS 的反馈抑制作用，进而改善菌体的生长性能。然而，共同表达 Lrp1 和 BrnFE 却能显著抑制重组菌株 ATCC13869/pJYW-4-*lrp1*-*brnFE* 的生长性能，使

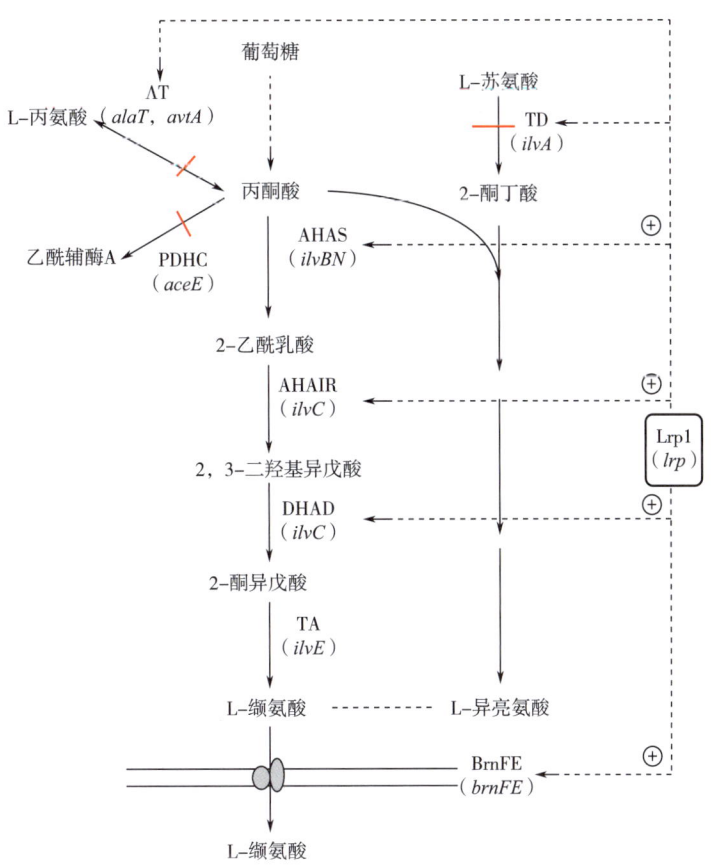

图3-44 野生型 *C. glutamicum* ATCC13869 中 L-缬氨酸的代谢改造策略
(红色实线：阻断代谢途径；黑色加粗实线：强化代谢途径)

AT (*alaT*, *avtA*)：缬氨酸-丙酮酸氨基转移酶；PDHC (*aceE*)：丙酮酸脱氢酶；AHAS (*ilvBN*)：乙酰乳酸合酶；
TD (*ilvA*)：L-苏氨酸脱水酶；AHAIR (*ilvC*)：二羟基酸脱水酶；DHAD (*ilvC*)：二羟基酸脱水酶；
TA (*ilvE*)：转氨酶B；BrnFE (*brnFE*)：分支链氨基酸转运蛋白复合体

其菌体生长量和葡萄糖消耗量较空载菌株分别下降了 30.5% 和 24.5%。值得注意的是，与空载菌株 ATCC13869/pJYW-4 相比，重组菌株 ATCC13869/pJYW-4-*brnFE* 和 ATCC13869/pJYW-4-*lrp1*-*brnFE* 合成 L-缬氨酸的产量分别提高了 2.7 倍和 25.1 倍，分别达到 5.1mmol/L（0.6g/L）和 47.2mmol/L（5.5g/L）。此外，与空载菌株不产杂酸相比，单独表达 BrnFE 或共同表达 BrnFE-Lrp1 均可显著提高发酵液中 L-丙氨酸和 L-异亮氨酸等副产物的含量，进而成为限制 L-缬氨酸发酵过程中降低底物转化率和增加提取成本的关键。因此，虽共同表达 Lrp1 和 BrnFE 可有效抑制重组菌株的生长性能，且比单独表达 Lrp1 时抑制更明显，但却更能显著提高细胞合成 L-缬氨酸的能力。

（二）过量表达 Lrp 和敲除基因 *alaT* 对 L-丙氨酸代谢相关基因转录的影响

为有效抑制 L-丙氨酸和 L-异亮氨酸等代谢产物的合成，以 ATCC13869 中敲除基因 *aceE* 的工程菌株 YTW-101 为出发菌株，通过敲除基因 *alaT* 得到工程菌株 WCC002，以期

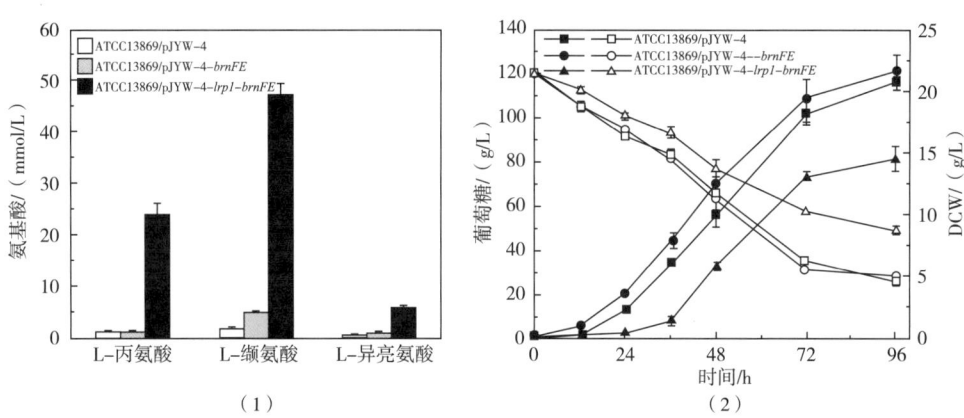

图 3-45　过量表达 Lrp1 和 BrnFE 对重组菌株发酵性能的影响 [（2）中：空心，葡萄糖；实心，DCW]
(1) 氨基酸生成量；(2) DCW 和葡萄糖消耗速率

进一步提高细胞合成 L-缬氨酸的能力。同时，利用 RT-PCR 考察不同工程菌株 ATCC13869/pJYW-4-lrp1、YTW-101 和 WCC002 中 L-丙氨酸合成相关基因（如 alaT、avtA 和 alr）转录水平的差异性。结果如图 3-46 所示，不同工程菌株中 alr 基因转录水平没有显著的差异性，但工程菌株 ATCC13869/pJYW-4-lrp1 中基因 alaT 转录水平却上调 3.4 倍，而其 avtA 基因的转录水平却略微下调，表明过量表达 Lrp1 可有效提高 L-缬氨酸关键合成基因 alaT 转录水平，从而促进胞内 L-丙氨酸的合成。类似地，在工程菌株 YTW-101 中，基因 alaT 转录水平上调 2.0 倍，而其 avtA 基因的转录水平却无明显变化，表明敲除基因 aceE 可有效提高胞内丙酮酸的积累，但其部分碳流量却用于 L-丙氨酸的合成。有趣的是，在工程菌株 WCC002 中，基因 avtA 的转录水平提高了 6.6 倍，表明敲除 alaT 基因可有效促进 L-丙氨酸次要合成基因 avtA 的转录，进而促进胞内必需 L-丙氨酸的合成。

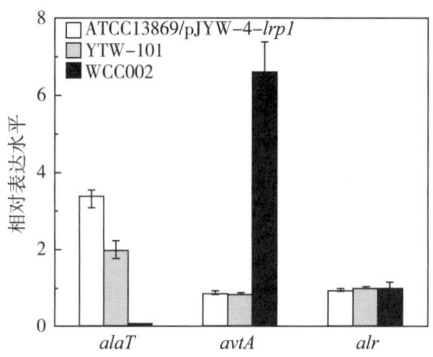

图 3-46　L-丙氨酸合成途径中相关基因转录水平的比较分析

（三）阻断代谢支路对细胞合成 L-缬氨酸能力的影响

在 WCC002 基础上，通过敲除基因 ilvA 以进一步阻断代谢支路的代谢通量，进而提高工程菌株 WCC003 合成 L-缬氨酸的能力（图 3-47）。与野生菌株 ATCC13869 相比，阻断代谢支路可显著提高工程菌株 WCC002 和 WCC003 合成 L-缬氨酸的能力，使其 L-缬氨酸的产量分别提高了 18.8 倍和 43.5 倍。然而，相比于菌株 YTW-101，工程菌株 WCC002 合成 L-丙氨酸的产量却下降了 56.4%，但其合成 L-异亮氨酸的能力却提高了 4.15 倍，表明敲除基因 alaT 既可有效减少副产物 L-丙氨酸的生成，也可有利于增加胞内丙酮酸的积累，进而促进 L-缬氨酸和 L-异亮氨酸的生成。此外，相比于 WCC002，工程菌株 WCC003 合成 L-丙氨酸的产量没有明显变化，但其合成 L-异亮氨酸的能力却明显降低。因此，在 ATCC13869 中敲除基因 aceE、alaT 和 ilvA 不仅能积累更多丙酮酸以提高 L-缬氨酸产量，还可减少 L-丙氨酸和 L-异亮氨酸等副产物的生成。

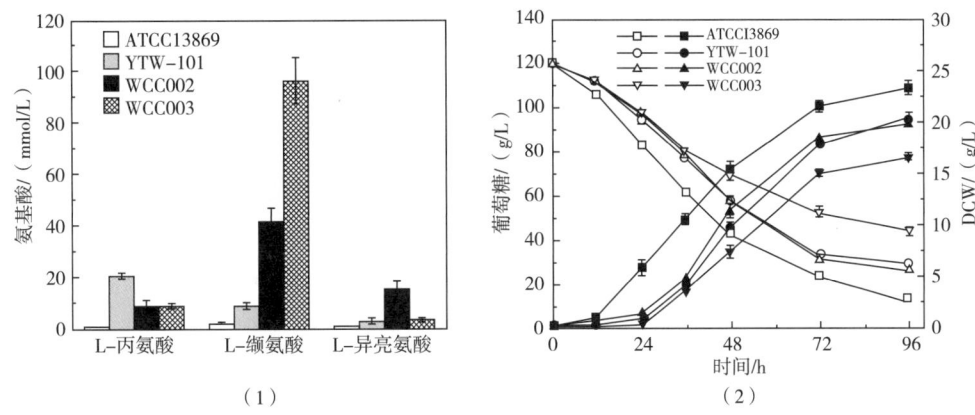

图 3-47　不同代谢工程策略对菌株发酵性能的影响 [（2）中：空心，葡萄糖；实心，DCW]
(1) 氨基酸产量；(2) DCW 和葡萄糖消耗曲线

（四）优化发酵条件对菌株 WCC003/pJYW-4-ilvBNC1-lrp1-brnFE 合成 L-缬氨酸的影响

对于工程菌株 WCC003/pJYW-4-ilvBNC1-lrp1-brnFE，由于基因 ilvA 和 aceE 的敲除，可导致细胞营养缺陷型（如 L-异亮氨酸和乙酸）的产生，且共同表达 Lrp1 和 BrnFE 可显著抑制菌体的生长。因此，通过对培养基（如 L-异亮氨酸添加量、乙酸钾补加策略以及丙酮酸钠添加量）和发酵条件（接种方法等）的系统优化，以期进一步提高菌株的生长性能及其发酵性能。在最优条件下：培养工程菌株 WCC003/pJYW-4-ilvBNC1-brnFE 的最优发酵条件为二级种子接种，初始添加 0.4g/L L-异亮氨酸、10g/L 乙酸钾和 2mmol/L 丙酮酸钠，并在发酵进行 24h 和 48h 时分别补加 10g/L 乙酸钾，发酵 96h 后可使菌株 WCC003/pJYW-4-ilvBNC1-lrp1-brnFE 合成 L-缬氨酸的产量高达 243mmol/L（28.5g/L）（图 3-48）。

（五）扩大培养发酵条件对 WCC003/pJYW-4-ilvBNC1-lrp1-brnFE 合成 L-缬氨酸的影响

为进一步评估重组菌株 WCC003/pJYW-4-ilvBNC1-lrp1-brnFE 发酵生产 L-缬氨酸的

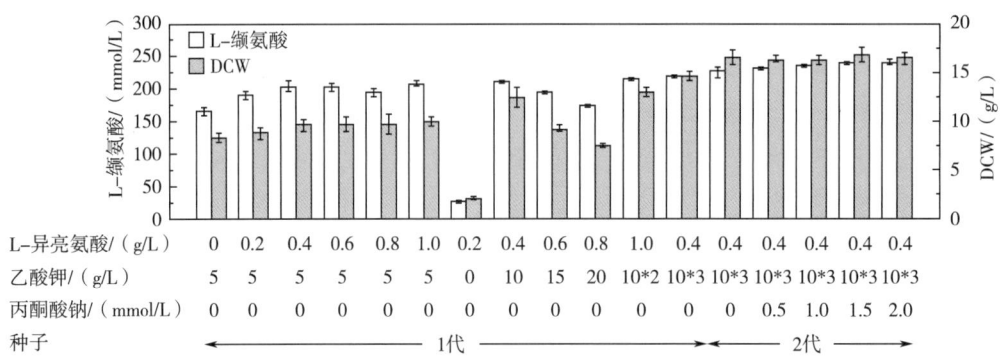

图 3-48 不同发酵条件对重组菌株 WCC003/pJYW-4-*ilvBNC1-lrp1-brnFE* 生长性能及其发酵特性的影响

注：10＊2，即两次添加，每次 10g/L；10＊3，即三次添加，每次 10g/L。

工业化潜力，利用 5L 发酵罐考察扩大培养条件对菌株发酵性能的影响，发酵结果如图 3-49 所示。在发酵初期（24h），发酵液中 L-缬氨酸含量极低，但其产量却随发酵过程的进行而快速增加；相应地，丙酮酸含量则急剧下降，表明虽丙酮酸添加量仅占最终 L-缬氨酸产量很少部分，但初始添加少量丙酮酸能够显著促进菌体生长进而增加 L-缬氨酸产量。

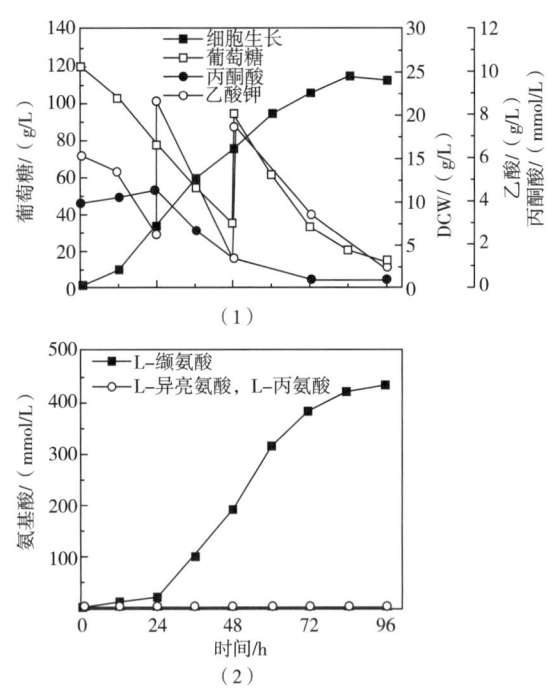

图 3-49 扩大培养条件（5L 发酵罐）对重组菌株 WCC003/pJYW-4-*ilvBNC1-lrp1-brnFE* 发酵性能的影响

(1) 发酵过程中葡萄糖、丙酮酸、乙酸及细胞干重变化曲线；
(2) 发酵过程中 L-丙氨酸，L-缬氨酸和 L-异亮氨酸变化曲线

因此，当发酵 72h 后，发酵液中丙酮酸含量极低，表明糖酵解产生的丙酮酸被迅速用于 L-缬氨酸合成；而发酵 96h 后，分批补加的葡萄糖和乙酸钾也已完全消耗并用于菌体生长和 L-缬氨酸合成，进而使发酵液中 L-缬氨酸浓度达到 437mmol/L（51.2g/L），且其糖酸转化率、生产强度和对细胞得率分别提高至 0.379mol/mol、0.533g/（L·h）和 2.12g/g DCW。此外，发酵液中 L-丙氨酸和 L-异亮氨酸等副产物含量均极低，且未检测出其他副产物。综上所述，工程菌株 WCC003/pJYW-4-*ilvBNC1*-*lrp1*-*brnFE* 具有高产 L-缬氨酸的能力，且具备较好的工业应用潜力和前景。

参考文献

[1] Udaka S. Screening method for microorganisms accumulating metabolites and its use in the isolation of *Micrococcus glutamicus* [J]. J Bacteriol, 1960, 79: 754-755.

[2] Carpinelli J, Krämer R, Agosin E. Metabolic engineering of *Corynebacterium glutamicum* for trehalose overproduction: Role of the TreYZ trehalose biosynthetic pathway [J]. Appl Environ Microbiol, 2006, 72 (3): 1949-1955.

[3] Smith K M, Cho K-M, Liao J C. Engineering *Corynebacterium glutamicum* for isobutanol production [J]. Appl Microbiol Biotechnol, 2010, 87 (3): 1045-1055.

[4] Yim S S, An S J, Choi J W, et al. High-level secretory production of recombinant single-chain variable fragment (scFv) in *Corynebacterium glutamicum* [J]. Appl Microbiol Biotechnol, 2014, 98 (1): 273-284.

[5] Yim S S, An S J, Kang M, et al. Isolation of fully synthetic promoters for high-level gene expression in *Corynebacterium glutamicum* [J]. Biotechnol Bioeng, 2013, 110 (11): 2959-2969.

[6] Shinfuku Y, Sorpitiporn N, Sono M, et al. Development and experimental verification of a genome-scale metabolic model for *Corynebacterium glutamicum* [J]. Microb Cell Fact, 2009, 8: 1-15.

[7] Lv Y, Wu Z, Han S, et al. Genome sequence of *Corynebacterium glutamicum* S9114, a strain for industrial production of glutamate [J]. J Bacteriol, 2011, 193 (21): 6096-6097.

[8] Tsuge Y, Suzuki N, Inui M, et al. Random segment deletion excision system in based on IS31831 and Cre/loxP *Corynebacterium glutamicum* [J]. Appl Microbiol Biotechnol, 2007, 74 (6): 1333-1341.

[9] Zhang R, Lin Y. DEG 5.0, a database of essential genes in both prokaryotes and eukaryotes [J]. Nucleic Acids Res, 2009, 37: D455-D458.

[10] Shirai T, Fujimura K, Furusawa C, et al. Study on roles of anaplerotic pathways in glutamate overproduction of *Corynebacterium glutamicum* by metabolic flux analysis [J]. Microb Cell Fact, 2007, 6: 1-11.

[11] Puchta H, Dujon B, Hohn B. Two different but related mechanisms are used in plants for the repair of genomic double-strand breaks by homologous recombination [J]. Proc Natl Acad Sci USA, 1996, 93 (10): 5055-5060.

[12] Jinek M, Chylinski K, Fonfara I, et al. A programmable dual-RNA-guided DNA endonuclease in adaptive bacterial immunity [J]. Science, 2012, 337 (6096): 816-821.

[13] Mccollum E V, Rider A A. The preparation of lysine from protein hydrolysates [J]. J Biol Chem, 1951, 190 (2): 451-453.

[14] Klenk H P, Clayton R A, Tomb J F, et al. The complete genome sequence of the hyperthermophilic,

sulphate-reducing archaeon *Archaeoglobus fulgidus* [J]. Nature, 1997, 390 (6658): 364-370.

[15] Weinberger S, Gilvarg C. Bacterial distribution of the use of succinyl and acetyl blocking groups in diaminopimelic acid biosynthesis [J]. J Bacteriol, 1970, 101 (1): 323.

[16] Schrumpf B, Schwarzer A, Kalinowski J, et al. A functionally split pathway for lysine synthesis in *Corynebacterium glutamicum* [J]. J Bacteriol, 1991, 173 (14): 4510-4516.

[17] Wittmann C, Kiefer P, Zelder O. Metabolic fluxes in *Corynebacterium glutamicum* during lysine production with sucrose as carbon source [J]. Appl Environ Microbiol, 2004, 70 (12): 7277-7287.

[18] Thierbach G, Kalinowski J, Bachmann B, et al. Cloning of a DNA fragment from *Corynebacterium glutamicum* conferring aminoethyl cysteine resistance and feedback resistance to aspartokinase [J]. Appl Microbiol Biotechnol, 1990, 32 (4): 443-448.

[19] Pons A, Dussap C G, Pequignot C, et al. Metabolic flux distribution in *Corynebacterium melassecola* ATCC 17965 for various carbon sources [J]. Biotechnol Bioeng, 1996, 51 (2): 177-189.

[20] Georgi T, Rittmann D, Wendisch V F. Lysine and glutamate production by *Corynebacterium glutamicum* on glucose, fructose and sucrose: Roles of malic enzyme and fructose-1, 6-bisphosphatase [J]. Metab Eng, 2005, 7 (4): 291-301.

[21] Navas M A, Gancedo J M. The regulatory characteristics of yeast fructose-1, 6-bisphosphatase confer only a small selective advantage [J]. J Bacteriol, 1996, 178 (7): 1809-1812.

[22] Maddocks O D K, Labuschagne C F, Adams P D, et al. Serine metabolism supports the methionine cycle and DNA/RNA methylation through *de novo* ATP synthesis in cancer cells [J]. Mol Cell, 2016, 61 (2): 210-221.

[23] Becker J, Wittmann C. Systems and synthetic metabolic engineering for amino acid production -the heartbeat of industrial strain development [J]. Curr Opin Biotechnol, 2012, 23 (5): 718-726.

[24] Flavin M, Delavier-Klutchko C, Slaughter C. Succinic ester and amide of homoserine: some spontaneous and enzymatic reactions [J]. Science, 1964, 143 (3601): 50-52.

[25] Kroemer J O, Wittmann C, Schroeder H, et al. Metabolic pathway analysis for rational design of L-methionine production by *Escherichia coli* and *Corynebacterium glutamicum* [J]. Metab Eng, 2006, 8 (4): 353-369.

[26] Drennan C L, Huang S, Drummond J T, et al. How a protein binds B-12: A 3.0-angstrom X-ray structure of B-12-binding domains of methionine synthase [J]. Science, 1994, 266 (5191): 1669-1674.

[27] Park S-D, Lee J-Y, Sim S-Y, et al. Characteristics of methionine production by an engineered *Corynebacterium glutamicum* strain [J]. Metab Eng, 2007, 9 (4): 327-336.

[28] Epelbaum S, Larossa R A, Vandyk T K, et al. Branched-chain amino acid biosynthesis *in Salmonella typhimurium*: a quantitative analysis [J]. J Bacteriol, 1998, 180 (16): 4056-4067.

[29] Kennerknecht N, Sahm H, Yen M R, et al. Export of L-isoleucine from *Corynebacterium glutamicum*: A two-gene-encoded member of a new translocator family [J]. J Bacteriol, 2002, 184 (14): 3947-3956.

[30] Zittrich S, Kramer R. Quantitative discrimination of carrier-mediated excretion of isoleucine from uptake and diffusion in *Corynebacterium glutamicum* [J]. J Bacteriol, 1994, 176 (22): 6892-6899.

[31] Oldiges M, Eikmanns B J, Blombach B. Application of metabolic engineering for the biotechnological production of L-valine [J]. Appl Microbiol Biotechnol, 2014, 98 (13): 5859-5870.

［32］Leuchtenberger W, Huthmacher K, Drauz K. Biotechnological production of amino acids and derivatives: current status and prospects［J］. Appl Microbiol Biotechnol, 2005, 69（1）: 1-8.

［33］Marienhagen J, Eggeling L. Metabolic function of *Corynebacterium glutamicum* aminotransferases AlaT and AvtA and impact on L-valine production［J］. Appl Environ Microbiol, 2008, 74（24）: 7457-7462.

［34］Radmacher E, Vaitsikova A, Burger U, et al. Linking central metabolism with increased pathway flux: L-valine accumulation by *Corynebacterium glutamicum*［J］. Appl Environ Microbiol, 2002, 68（5）: 2246-2250.

［35］马雯雯. 谷氨酸棒杆菌无痕基因修饰系统的构建［D］. 天津: 天津大学, 2014.

［36］梅婕. 谷氨酸棒状杆菌S9114基因组规模代谢网络模型的构建及能量代谢基因*amn*生理功能的解析［D］. 无锡: 江南大学, 2015.

［37］徐建中. 基于代谢工程选育谷氨酸棒杆菌L-赖氨酸高产菌［D］. 无锡: 江南大学, 2014.

［38］周本正. 代谢工程改造谷氨酸棒杆菌生产L-甲硫氨酸［D］. 无锡: 江南大学, 2024.

［39］李莹. 基于代谢工程选育谷氨酸棒杆菌L-蛋氨酸高产菌［D］. 哈尔滨: 哈尔滨工业大学, 2016.

［40］尹良鸿. 高产L-异亮氨酸谷氨酸棒杆菌的代谢工程改造［D］. 无锡: 江南大学, 2013.

［41］赵建勋. 代谢工程改造谷氨酸棒状杆菌生产L-异亮氨酸［D］. 无锡: 江南大学, 2015.

［42］张炎潮. 代谢工程改造谷氨酸棒状杆菌生产L-异亮氨酸［D］. 无锡: 江南大学, 2020.

［43］陈诚. 代谢工程改造谷氨酸棒状杆菌生产L-缬氨酸［D］. 无锡: 江南大学, 2015.

［44］张海灵. 系统代谢工程改造谷氨酸棒状杆菌生产L-缬氨酸［D］. 无锡: 江南大学, 2018.

［45］赵阔. 代谢工程改造谷氨酸棒杆菌生产L-缬氨酸［D］. 无锡: 江南大学, 2023.

［46］侯英婕. 代谢工程改造谷氨酸棒杆菌生产L-缬氨酸［D］. 无锡: 江南大学, 2023.

第四章 代谢工程改造大肠杆菌生产典型平台化合物

第一节 大肠杆菌基因组规模代谢网络模型及其生理特性解析

一、大肠杆菌基因组规模代谢网络模型

(一) 基因组规模代谢网络模型

随着物种基因组测序的完成以及大量生物学数据的产生,基因组规模代谢网络模型(genome-scale metabolic model,GSMM)已经成为系统生物学不可或缺的研究工具。GSMM 通过整合基因组学、转录组学、蛋白组学等组学数据,建立由基因-蛋白质(酶)-生化反应关联组成的特定微生物代谢网络,是从全局规模上深刻认识和高效、定向调控工业微生物生理功能的重要平台。GSMM 是用于描述微生物所有与代谢相关的生化反应、催化这些反应的酶类和编码酶的基因三者相互间关系的数学模型。在此基础上,借助基于约束的分析算法(constraint-based modeling,CBM)在计算机上模拟该生物系统以解析网络特性、预测细胞表型、指导菌株设计、驱动模型发现、研究进化过程和分析相互作用等。

理论上来说,有多少物种的全基因测序完成,就应该存在多少个对应的基因组规模代谢网络模型。然而目前基因组规模代谢网络模型的数量远远小于已测序物种的数量,其中最主要的三个原因如下:首先,由于注释算法不完善等因素,基因组中注释出来的基因有很多是未知功能的和非编码的;其次,基因组规模代谢网络重构需要大量的人工校对工作;最后,对物种的生理生化机制了解有限,这对基因组规模代谢网络的数量和质量都产生很大影响。即使目前研究最为透彻的大肠杆菌,仍然有很多生命活动的机制都是未知的,对于很多研究较少的菌种,更是难以建立高质量的基因组规模代谢网络模型。

(二) 基因组规模代谢网络模型的构建

GSMMs 经过 20 年的发展,目前已经形成完善的构建流程。2010 年 Palsson 实验团队在 Nature Protocols 上公布了人工构建基因组规模代谢网络模型的手册,该手册把手动构建模型细分为 96 个具体步骤,大致可分为 4 个操作过程:①代谢网络粗模型的构建;②粗网络模型的手动精炼;③转化为数学模型;④代谢网络模型的调试。然而运用此方法在模型的构建过程中往往需要耗费大量的精力和时间,此外由于模型构建者生化背景水平的差异,构建平台的不同,构建完成的模型格式不统一,限制了模型的直接应用。近年来随着

第四章
代谢工程改造大肠杆菌生产典型平台化合物

计算机技术的快速发展,一些模型数据库和工具如 BIGG Models 和 MetaNetX 被开发,从而实现了 GSMMs 的自动构建,在一定程度上可以减少模型构建的时间和精力,提升模型的质量。通过对 1999 年至今发表的微生物 GSMMs 进行收集、整理和标准化,采用标准的 LAMP(Linux+Apache+MySQL+PHP)架构,可以搭建微生物代谢网络模型数据库(*In silico* Microbial Genome-scale Metabolic Models Database,IMGMD)。实现了:①标准模型的浏览及下载;②GSMMs 的自动化构建;③基于 GSMMs 的生化途径挖掘;④基于 GSMMs 的代谢改造靶点筛选。

1 数据获取

(1) 微生物基因组规模代谢网络模型的收集 微生物代谢网络模型数据库(IMGMD)中收录的 GSMMs 来自两个方面:根据已有的模型数据库进行收集;在文献数据库(Web of Science、PubMed 和 Google Scholar)中分别以"genome-scale metabolic model"为关键词进行检索,根据文献检索结果收集发表的微生物代谢模型(图 4-1)。收集得到的 GSMMs 按照微生物(Organism、Strain、Kingdom、Genome information、ORFs、Genome size、GC content)、模型(Model name、Genes、Reactions、Metabolites、Compartments、Media)、参考文献(Reference、Journal、Published date)补全信息,存储在 CSV 格式的文件中,并上传至 MySQL 服务器中。

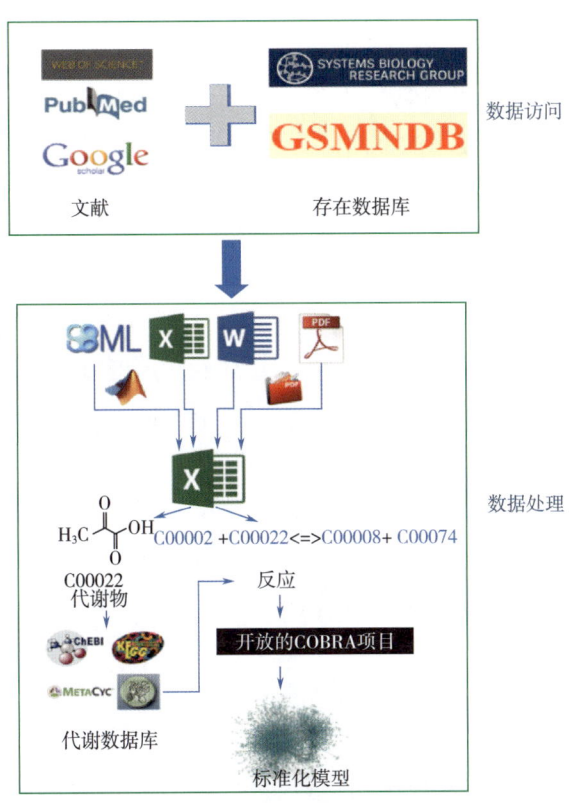

图 4-1 代谢网络模型构建的标准化流程

(2) 微生物代谢改造靶点信息的收集　在 Web of Science、PubMed 和 Google Scholar 等文献库中检索引用 GSMMs 相关的文献的施引文献，进一步对这些文献进行挖掘，收集整理利用模型结合不同算法（Optknock、MOMA、OptForce 等）模拟得到的基因敲除、上调和下调靶点，以及改造这些靶点对微生物比生长速率、产物合成速率的影响。每条突变信息分别包含微生物信息（Mutation ID、Organism、Model）、靶点信息（Function、Gene、EC number、Operation）、改造效果（*in vivo* and *in silico* grwoth rate、*in vivo* and *in silico* production）以及参考文献（Reference）等信息，将收集到的数据存储在 CSV 文件中，并上传至 MySQL 服务器。

2. 数据处理

(1) GSMMs 文件格式统一　由于收集的模型来源不同，导致其展现的格式也有所不同。收集到的模型按照格式可分为四种，分别是系统生物学标记语言（SBML）、Excel、Word 和 PDF。其中 Excel 和 SBML 格式的模型能够直接被 COBRA 工具箱读取，而 Word 和 PDF 格式的模型则需要进一步转化成能被 COBRA 工具箱读取的格式。由于 SBML 格式的模型不能够直观地进行修改，所以这里将不同格式的模型统一转化为 Excel 格式。对于 SBML 格式的模型，直接通过 COBRA 工具箱内的 writeCbModel 程序输出 Excel 格式，最终转化为 Excel 格式的 GSMMs，分别包含了两张表格，一张是代谢物列表，主要包含了代谢物名称、化学式、不同代谢数据库的标识符等信息；另一张是反应列表，描述了模型中的基因、反应与蛋白之间的关系，以及代谢亚系统分类等信息。

(2) 代谢物标准化　在代谢物列表中，由于模型构建者的习惯差异，导致收集的 GSMMs 中，同一种代谢物会有几种不同的表现形式。如在大肠杆菌模型 *i*AF1260 中，丙酮酸用 pyr 表示，而在酿酒酵母模型 Yeast 1.0 和解脂耶氏酵母模型 *i*NL895 中，丙酮酸被分别表示为 PYR 和 s_1277。为了对 GSMMs 进行标准化，首先需要对这些代谢物格式进行统一。根据模型中代谢物在不同代谢数据库（KEGG、SEED、CHEBI 和 PubChem）中的编号进行统一，对这些整理得到的代谢物，统一赋予以"M"开头的 IMGMD 数据库代谢物标识符，如将丙酮酸不同表现形式统一定义为 M00022（图 4-2）。

(3) 反应标准化　反应列表的标准化主要有三个步骤：①根据前期整理的代谢物统一规则使用文本替换程序将反应方程式所涉及的代谢物统一替换成 IMGMD 的代谢物标识符。②一张完整的反应列表应该包含 15 列信息，涉及反应描述、反应方程式、基因、蛋白、代谢亚系统等。增加或缺失这些基本信息都会导致模型不能够被 COBRA 工具箱正确地读取。进一步对这些模型进行检查，添加或删除列表，最终实现模型被程序读取。③由于各个反应方程式内的代谢物排列方式无一定的规律，如反应方程式"M04698［c］①+ M00079［c］+ M01023［c］—> M04699［c］+ M00226［c］+ M00011［c］"与"M01023［c］+ M00079［c］+ M04698［c］—> M00226［c］+ M00011［c］+ M04699［c］"实际上为同一反应，但是由于代谢物排列顺序不同就会被判定为不同的反应。为

---

① ［c］表示胞内，［e］表示胞外，全书同。

第四章
代谢工程改造大肠杆菌生产典型平台化合物

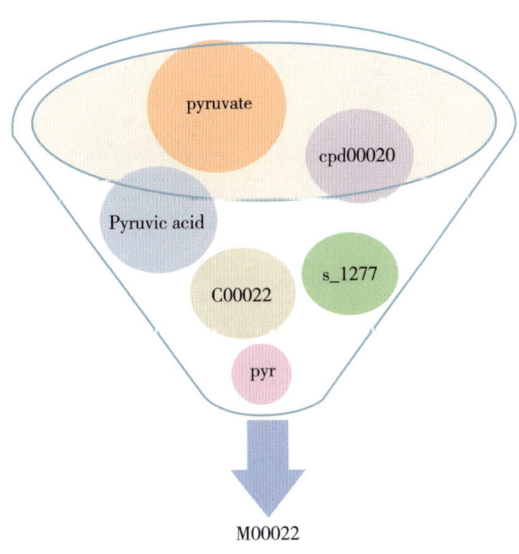

图 4-2 代谢物格式的统一

了避免这种情况的出现,通过自行编写的脚本程序,实现了"=>"两边代谢物从小到大的排列。经调整后,上述两反应方程式被统一为"M00079 [c] + M01023 [c] + M04698 [c] => M00011 [c] + M00226 [c] + M04699 [c]"。

3. 数据库平台的搭建

(1) 服务器硬件配置　用于搭建数据库的服务器型号为戴尔 T3610 工作站,具体配置如表 4-1 所示。

表 4-1　　　　　　　　　　　　　服务器硬件配置

硬件名称	具体参数
处理器	Intel Xeon E5-1650 v2 (3.5GHz/12M)
内存	DDR3, 8G
硬盘	SATA, 7200r, 1TB
显卡芯片	NVIDIA Quadro K2000, 2GB

(2) 操作系统及软件　在数据库的搭建过程中,还需使用一些计算机软件,这些软件的具体信息如表 4-2 所示。

表 4-2　　　　　　　　　　　　　数据库搭建所需软件

软件	版本号
Linux	CentOS 5.8

续表

软件	版本号
XAMPP	3.2.2
Apache	2.4.17（Linux）
MySQL	5.0.11
PHP	5.5.30
phpMyAdmin	4.5.2
Python	2.7.11
Bluefish	2.2.7
BLAST	2.2.8

（3）数据库的架构模式　IMGMD 数据库是基于 LAMP（Linux + Apache + MySQL + PHP）架构进行搭建的。LAMP 是目前在国际上被广泛使用的 Web 框架，该框架的具体内容包括：Linux 操作系统，Apache 网络服务器，MySQL 数据库，PHP、Python 或者 Perl 编程语言，其中所有的组成产品都开放源代码，可以免费获取使用，是成熟的架构框架。与 Java 平台的 J2EE 架构相比较，LAMP 的 Web 资源丰富，同时具有轻量、可快速开发的优势；相对于微软的 NET 架构，LAMP 可跨平台使用，并且具有高性能、低价格等特点，从质量、性能以及价格等方面都具备优势。

（4）数据库数据存储与管理　MySQL 数据库可以对 GSMMs 及其相关数据进行存储与管理，MySQL 数据库是一个开放源码且性能优秀的数据库管理系统，搭配 PHP 和 Apache 服务器可构成稳定良好的开发环境。使用者可以很方便地进行数据上传或修改，并且其所占内存小、连通度高、运行速度快、使用成本低廉，是一种很适合于中小型网站的数据库。综合以上所述优点，对于 IMGMD 数据库的管理方案，选择使用 MySQL 数据库。XAMPP 软件包中包含了 MySQL 管理界面，名为 phpMyAdmin。

（三）大肠杆菌基因组规模网络模型

1. 大肠杆菌类型

大肠杆菌是一种革兰氏阴性兼性厌氧菌，经过广泛的研究和开发，其已成为分子生物学实验室的主要菌株，也是工业上最重要的生物之一。大肠杆菌由于生长快、容易培养、代谢可塑性强、对其具有详细的生物化学和生理知识，以及丰富的基因和基因组编程工具，已成为代谢工程和合成生物学的最佳宿主生物之一。常用的大肠杆菌通常被认为是无害的，这些非致病性菌株已广泛用于制药、食品、化学品和燃料的生产。例如，工业产品赖氨酸、1,3-丙二醇、1,4-丁二醇等的生产是大肠杆菌作为宿主的典型案例。

作为生物学中最重要的模式生物之一，构建大肠杆菌代谢网络模型有助于微生物系统生物学的发展。大肠杆菌代谢模型的构建过程，以及模型的调试和验证过程经历了十多年的发展。截至目前，已经构建了 6 个大肠杆菌菌株 K12 的代谢网络模型，包括 iJE660、iJR904、iHJ873、iAF1260、iJO1366 和 iML1515。目前国际公认的大肠杆菌主要包括能够致使胃肠道感染的肠道致病性的大肠杆菌（EPEC）、肠道产毒素性的大肠杆菌（ETEC）、肠道侵袭性的大肠杆菌（EIEC）、肠道出血性的大肠杆菌（EHEC）、肠集聚性的大肠杆菌（EAEC）以及近年来发现的产志贺毒素的大肠杆菌（ESIES）。另外，还有能够致使尿道感染的尿道致病性的大肠杆菌（UPEC）。

2. 大肠杆菌基因组规模网络模型的构建

大肠杆菌广泛应用于学术研究和生物技术领域，对其代谢过程的研究有助于微生物系统生物学的发展。根据量化菌株特异性差异的新技术及其潜在的影响因素有望更好地理解这些差异是如何对生理学、合成生物学、代谢工程和过程设计产生重大影响的。现在主要用于基因组规模代谢网络模型研究的大肠杆菌如表 4-3 所示。

表 4-3　　　　　　　　　　　　目前几种常见的大肠杆菌模型

模型	生物	代谢物数目	相关反应数目	基因数目
iEcDH1_1363	E. coli DH1	1949	2750	1363
iECDH1ME8569_1439	E. coli DH1	1950	2755	1439
iEC1368_DH5a	E. coli DH5［α］	1951	2779	1368
iEC1344_C	E. coli C	1934	2726	1344
iWFL_1372	E. coli W	1973	2782	1372
iECW_1372	E. coli W	1973	2782	1372
iEC1364_W	E. coli W	1927	2764	1364
iEcHS_1320	E. coli HS	1963	2753	1321
iECP_1309	E. coli 536	1941	2739	1309
iECED1_1282	E. coli ED1a	1929	2706	1279
iEC042_1314	E. coli 042	1926	2714	1314
iECS88_1305	E. coli S88	1942	2729	1305
iECSE_1348	E. coli SE11	1957	2768	1348
iLF82_1304	E. coli LF82	1938	2726	1302
iECIAI1_1343	E. coli IAI1	1968	2765	1343
iECSF_1327	E. coli SE15	1951	2742	1327
iECNA114_1301	E. coli NA114	1927	2718	1301
ic_1306	E. coli CFT073	1936	2726	1307
iUMN146_1321	E. coli UM146	1942	2735	1319
iEC55989_1330	E. coli 55989	1953	2756	1330

为了对代谢流量进行约束并且提高模型预测表型的能力，将不同的约束条件，如动力学、热力学参数，以及酶的3D结构整合至代谢模型中。例如，基于代谢网络模型（肺炎链球菌、芽孢杆菌、大肠杆菌、乙酸杆菌），热力学参数的引入能够大幅增加预测得到的必需基因数目。

（四）大肠杆菌基因组规模网络模型数据的收集与整理

1. GSMMs 的收集与统一

通过现有的代谢网络模型数据库和文献数据库（Web of Science，PubMed 和 Google Scholar 等）的文献挖掘，微生物代谢网络模型数据库收集了从 1999 年 6 月到 2016 年 11 月发表的 329 个代谢网络模型，涵盖 139 种微生物（图 4-3）。其中细菌模型、真核生物模型和古细菌模型分别有 270 个（82.1%）、50 个（15.2%）和 9 个（2.7%）。

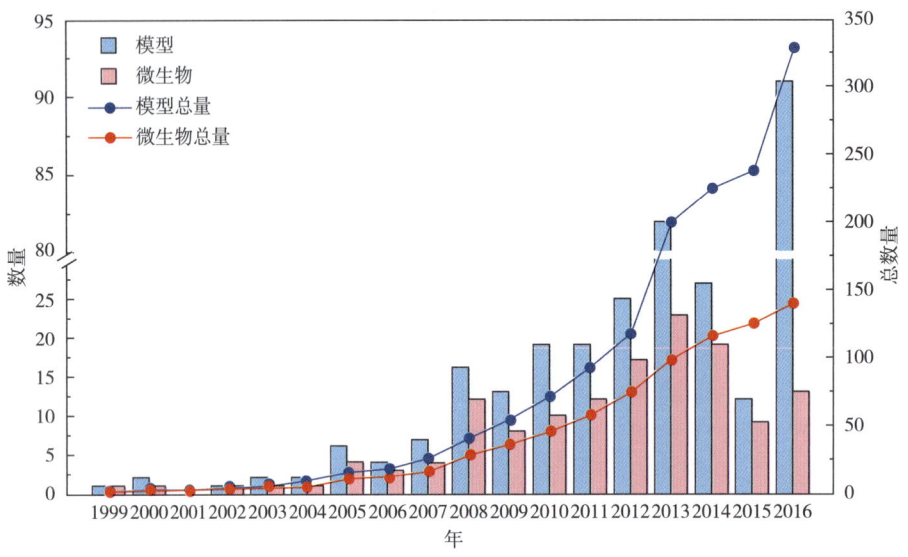

图 4-3　1999—2016 年微生物 GSMMs 的发展

在 GSMMs 的信息收集过程中，发现部分已经发表的模型在文献的附件中没有提供下载，也无法通过其他的模型数据库获取。此外，部分可以下载的 SBML 格式模型，如 *Mycoplasma flocculare* 的两个模型 *i*MF157 和 *i*MF159，在利用 COBRA 工具箱 readCbModel 程序读取的过程中出现错误，导致其模型内容无法被解析，进而无法转化成 Excel 文件。最终有 270 个 GSMMs 可以下载，其中有 235 个能够被统一转化成 Excel 格式。

2. GSMMs 的标准化

对于代谢物列表，首先运用 MATLAB 程序对收录模型中的代谢物进行提取并汇总，再根据代谢物在不同数据库中的标识符进行代谢物形式的统一。如丙酮酸，在 KEGG、SEED、ChEBI 和 PubChem 数据库中的表现形式分别为 C00022、cpd00020、32816 和 3324，根据这些标识符，不同模型中的丙酮酸被统一表示为 M00022。按照这种方法，IMGMD 收录的 329 个 GSMMs 中总的代谢物数目为 7948 个。进一步对这些代谢物进行分析，发现有

81.13%的代谢物能够链接到至少一个代谢物数据中，表明模型中的代谢物在常见的代谢数据库中具有较高的覆盖率（表4-4）。其中有57.65%、70.57%、57.56%和58.69%的代谢物分别被KECC、SEED、ChEBI和PubChem四个数据库收录，有82.8%的代谢物至少能在这四个数据库中的任何一个搜索到。

表4-4　　代谢物在常见代谢数据库中的分布情况

KEGG	SEED	ChEBI	PubChem	其他	数目	占代谢物总量百分比/%
√	√	√	√		4105	51.65
√	√	√			4109	51.70
√	√		√		4177	52.55
√	√		√		4262	53.62
	√	√	√		4105	51.65
√	√				4339	54.59
√		√			4184	52.64
√			√		4410	55.49
	√	√			4135	52.03
	√		√		4272	53.75
			√		4192	52.74
√					4582	57.65
	√				5609	70.57
		√			4575	57.56
			√		4665	58.69
				√	1500	18.87

对于代谢物列表，首先根据前期统一的代谢物列表，运用自行编写的脚本程序，将反应式中不同格式的代谢物统一成IMGMD特有的代谢物标识符。接着以大肠杆菌 $iAF1260$ 模型作为参考模型，对模型反应列表中缺失的信息进行填补，使模型能够被COBRA工具箱读取。最终，除了链霉菌和恶臭假单胞菌模型（GMD-TK24和PpuMBEL1071），其余17个GSMMs都被填充完整。对于反应式两边的代谢物，采用MATLAB脚本对代谢物按照标识符"M"后的5位数字进行递增排列。不考虑细胞分区、转运反应和交换反应，IMGMD收录的模型共涉及20849个生化反应。

（五）数据库的内容及网页界面

IMGMD数据库建立的目标是为了实现：

（1）标准化GSMMs的浏览及下载　该模块整合了模型的基本信息，包括基因—蛋白—反应、基因组信息以及参考文献等［图4-4（1）］。

（2）GSMMs的快速构建　该模块是基于序列比对的原理来实现的，只有相似性达到阈值的序列才能够用于模型的构建［图4-4（2）］。

（3）潜在生化途径的挖掘　用户通过功能模块，能够在特定GSMMs中挖掘底物和产物之间所有潜在的代谢途径，用于代谢途径的设计［图4-4（3）］。

（4）代谢改造靶点的筛选　通过该功能，可以从模拟水平上分析基因扰动对菌体生长和产物合成的影响，为代谢工程改造微生物生产性能提供了参考［图4-4（4）］。

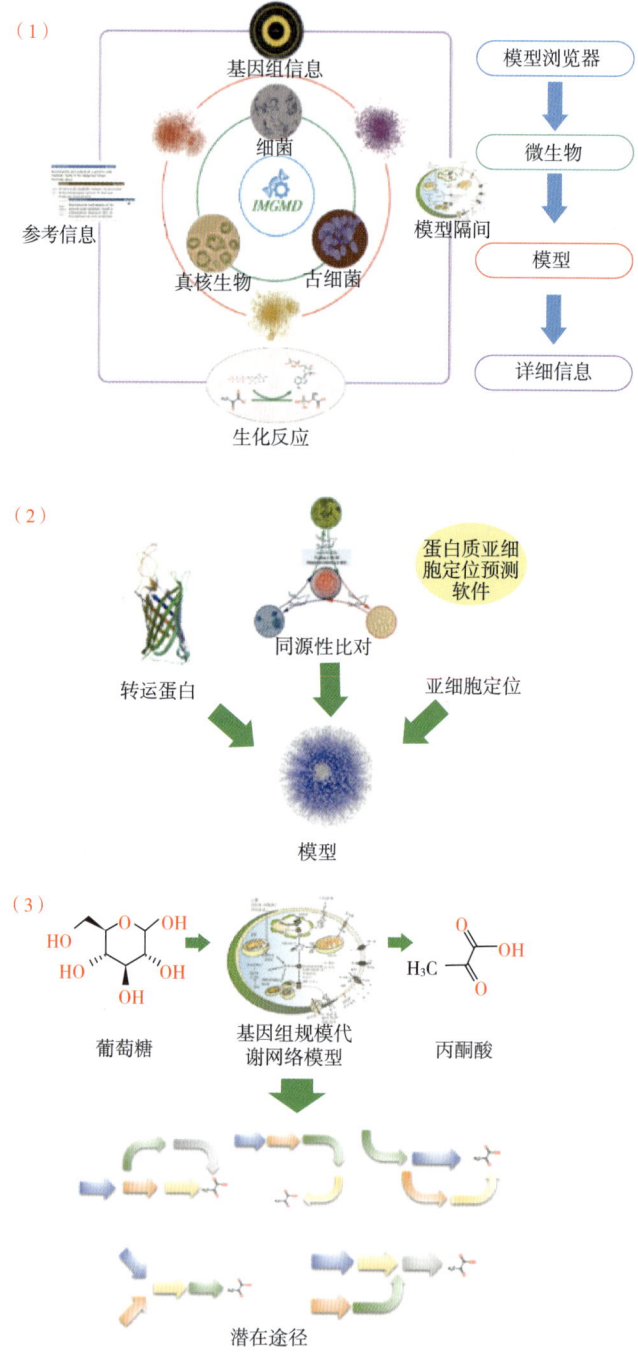

图4-4　IMGMD数据库功能模块的简介

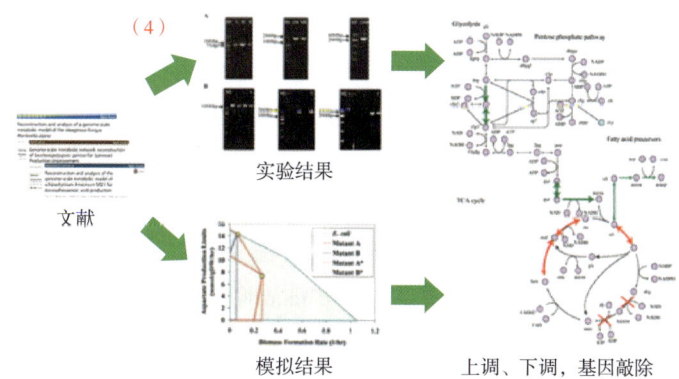

图 4-4 IMGMD 数据库功能模块的简介（续图）

（六）数据库的功能介绍

1. 模型浏览及下载

在模型浏览与下载模块，用户可以浏览所有 IMGMD 收录的微生物 GSMMs（图 4-5），也可以根据"微生物名称""模型名称""生物所属的界"或者"出版年份"为关键词进行检索，从而获取相应的模型信息。如果在搜索栏以"*Saccharomyces cerevisiae*"为关键词

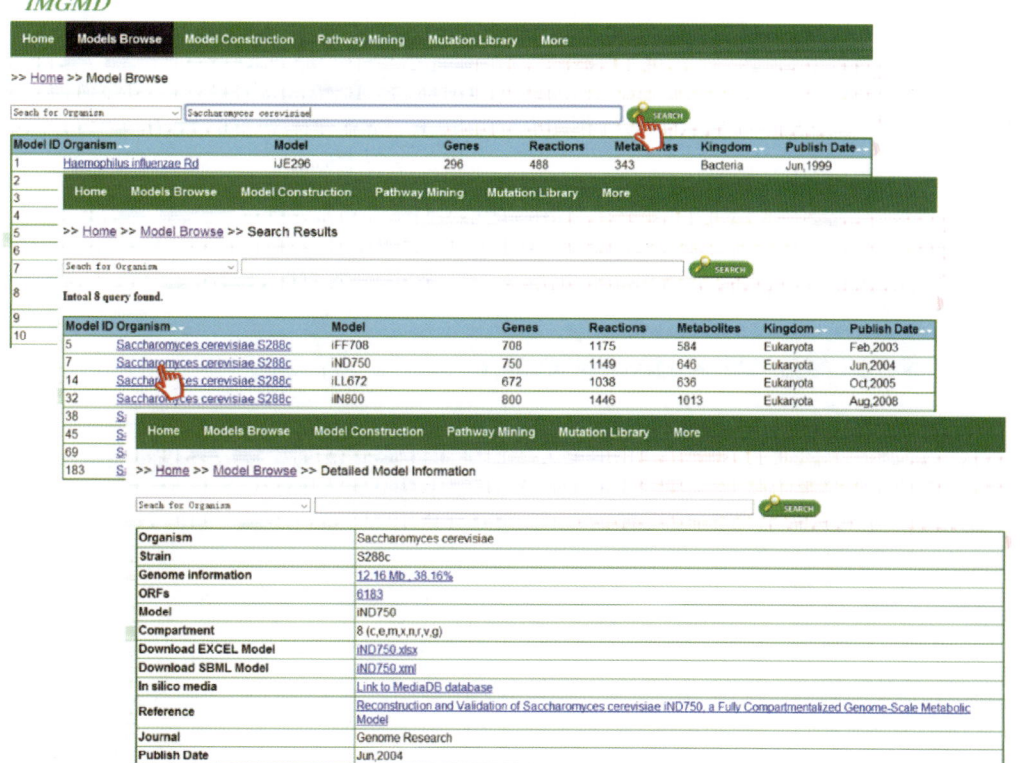

图 4-5 IMGMD 数据库中模型浏览功能

进行检索,可以得到 IMGMD 收录的 8 个酿酒酵母模型。这些模型的信息包括模型名称、基因数目、反应数目、代谢物数目、微生物种类和模型发表日期。进一步点击酿酒酵母模型 iND750,可以从微生物(微生物名称、菌株编号、基因组信息、ORFs)、模型(模型名称、细胞分区、模型下载、模拟培养基)和参考文献(文献名称、杂志名称、发表时间)三个方面查看更详细的信息。通过基因组信息,用户可以查看微生物的基因组大小和 GC 含量,点击链接会跳转至 NCBI 数据库查看完整的基因组信息。IMGMD 同时提供 Excel 和 SBML 格式的标准化模型下载。此外,根据 Richards 等人构建的 MediaDB 数据库(专门收录微生物在自定义培养基中的生长条件的数据库),用户可以查询模型模拟的约束条件,使得模型能够利用流量平衡分析(FBA)算法预测生长表型,或者通过单基因敲除鉴定必需基因等。

2. 模型自动构建

在 IMGMD 中,模型的构建分为 5 个步骤。①选择参考模型(一次最多选择 3 个参照模型);②上传目标菌株的蛋白质序列;③根据目标微生物种类选择 Blast 的参数;④填写用于接收模型构建结果的邮箱(可选);⑤将模型构建任务提交至 IMGMD 数据库(图 4-6)。模型构建任务完成后,结果会包含 3 个部分,涉及自动构建的模型、转运蛋白鉴定结果和蛋白质亚细胞定位预测结果。模型的自动构建是基于同源比对进行的,当任务提交后,本地 Blast 程序会计算序列相似性。只有符合阈值的序列(真核生物:identity ≥

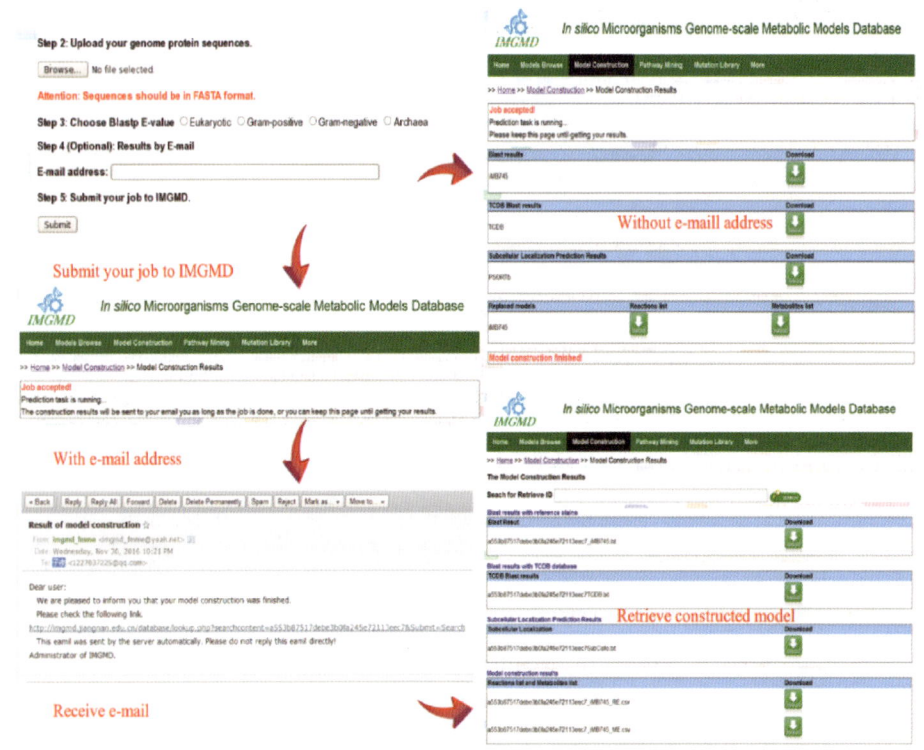

图 4-6 IMGMD 数据库的模型自动构建流程

40%，e-value ≤ 10E-30；原核生物 identity ≥ 30%，e-value ≤ 10E-6）时，将会通过一个 Python 脚本筛选出来。基于本地 BLAST 的运行结果，高度相似的部分被参考模型所对应的基因替代，而运输蛋白是根据本地 Blast 程序与 TCDB 数据库的比对所确定的。这个模块还包含了蛋白质亚细胞定位功能，当菌株是真核生物时，使用 WoLF PSORT 进行亚细胞定位结果预测，如果是原核生物（革兰氏阴性、革兰氏阳性菌或古细菌），则使用 PSORT 软件。当任务提交后，如果没有填写邮箱，则需要保持页面打开状态，等待构建过程的完成；如果填写了邮箱，模型构建结果将会自动发送至对应的邮箱，用户可通过邮件内容所提供的链接进行模型构建结果的查看及下载。

虽然目前已经有一些网站或者工具能够实现模型的自动构建，如 ModelSEED、RAVEN、COBRA Toolbox、SuBliMinal 和 IMGMD，但各自都存在着不同的优缺点，选取常见的模型构建网站和工具进行了比较（表 4-5）。

表 4-5　　　　　　　　　　常见模型构建网站和工具的特征比较

项目	ModelSEED	RAVEN	COBRA Toolbox	SuBliMinal	IMGMD
输入	注释过的基因组	RAST 注释的基因组序列	GSMM	物种名称	物种基因组序列
参考数据库	SEED	KEGG	不适用	KEGG，MetaCyc	IMGMD
界面	网络	MATLAB	MATLAB	命令行	网络
许可证	免费	免费（需要 MATLAB 许可证）	免费（需要 MATLAB 许可证）	免费	免费
输出	SBML，Excel	SBML，Excel	SBML，Excel	SBML	Excel
支持模拟	是	是	是	否	否

3. 生化途径挖掘

生化途径挖掘模块是采用深度优化算法，基于 C++ 语言开发的程序实现的。模型中常见的代谢物如 ATP、NADH、NADPH、H_2O、O_2 及 CO_2，由于它们参与的反应众多，增加了代谢网络的复杂性。因此在挖掘两个代谢物之间潜在的代谢途径时，应避免将它们作为中间代谢物。通过该模块用户可以从三个水平探究微生物中潜在的代谢途径。①根据输入的代谢底物和产物，选择特定的微生物模型，提交至服务器，连接这两个代谢物的所有潜在的生化途径都会被挖掘出。例如，在底物和产物处分别输入 "D-glucose" 和 "pyruvate"，选择高山被孢霉模型 *i*CY1106，提交任务至 IMGMD，即可得到 21 条潜在的 D-葡萄糖合成丙酮酸的代谢途径（图 4-7），表明在高山被孢霉中除了基本的糖酵解途径，还存在可以通过葡萄糖生成丙酮酸的其他代谢途径。②通过途径挖掘，还可以实现不同微生物之间的代谢途径差异，从 GSMMs 水平解析两菌之间的表型差异。通过比较两株古细菌海藻甲烷球菌模型（*i*MM518）和巴氏甲烷八叠球菌的模型（*i*MG746），发现这 2 株菌分别有 8 条和 12 条通过葡萄糖合成丙酮酸的途径。③针对一些高附加值的产物如萜类、酮类只存在于特定的微生物中，为了探究这些潜在的代谢途径，借助途径挖掘工具搜索微生物模型库中存在的产物合成途径和相关的基因，可以为代谢途径设计和改造提供参考。

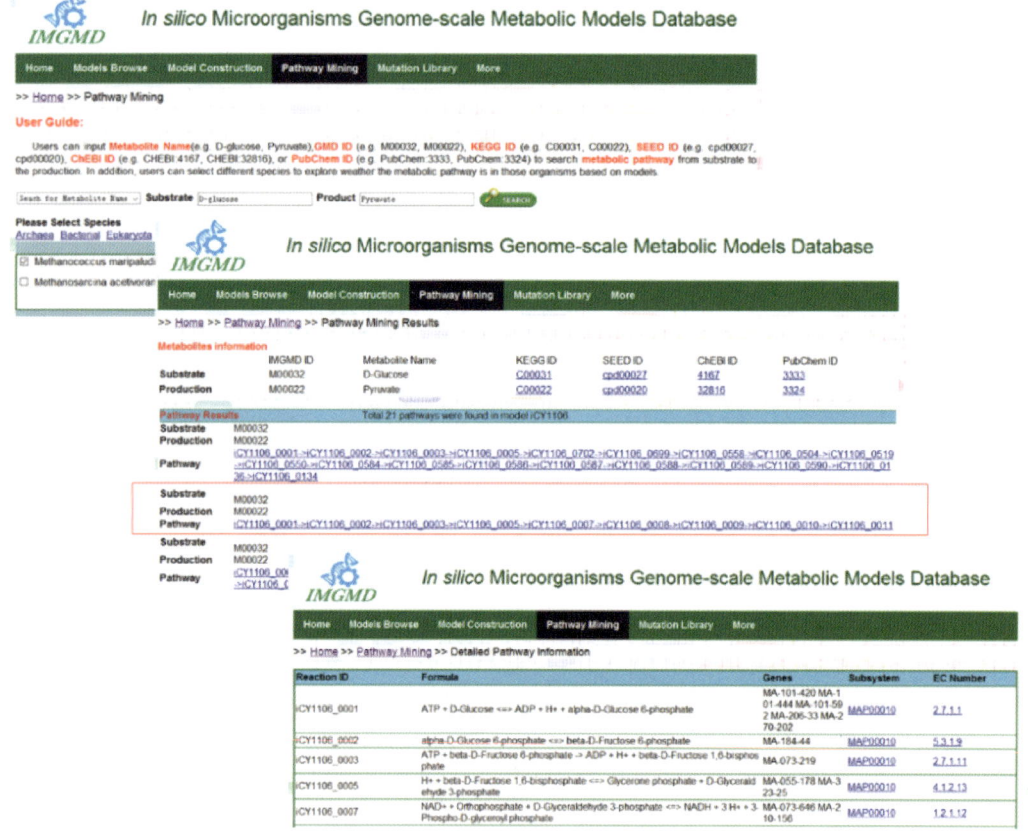

图 4-7　高山被孢霉模型 iCY1106 中葡萄糖到丙酮酸合成途径的挖掘结果

4. 筛选基因改造靶点

途径挖掘模块可以帮助用户可以在代谢途径水平设计代谢工程策略，而突变库则可以在代谢改造靶点水平指导代谢工程。在突变库浏览模块，用户可以分别根据"Organism""Model"和"Gene"为关键词进行检索，得到模拟基因扰动（敲除、上调、下调）对菌体生长和产物合成的影响等信息。当以大肠杆菌模型 iAF1260 为关键词进行检索，得到 217 条基于模型 iAF1260 的代谢改造信息（图 4-8）。进一步查看敲除大肠杆菌基因 $b4025$ 后对菌体生长和产物合成的影响。由于 $b4025$ 能够编码葡萄糖磷酸异构酶（PGI，EC 5.3.1.9），能够将 D-6-磷酸葡萄糖转化成 D-6-磷酸果糖。在以半乳糖为碳源的约束条件下，模拟敲除该基因后，导致菌体的比生长速率下降了 36.1%，产物 H_2 的合成速率增加了 12.0%。

在这个模块，通过文献挖掘总共收录了 950 条代谢改造信息。其中，有 885 条（93.2%）结果涉及基因敲除策略，采用的分析算法有 OptKnock、GDLS、ReacKnock、DBFBA、BAFBA 和 RobustKnock。剩下 6.8% 的突变信息结果涉及基因上调或下调策略对菌株生产性能

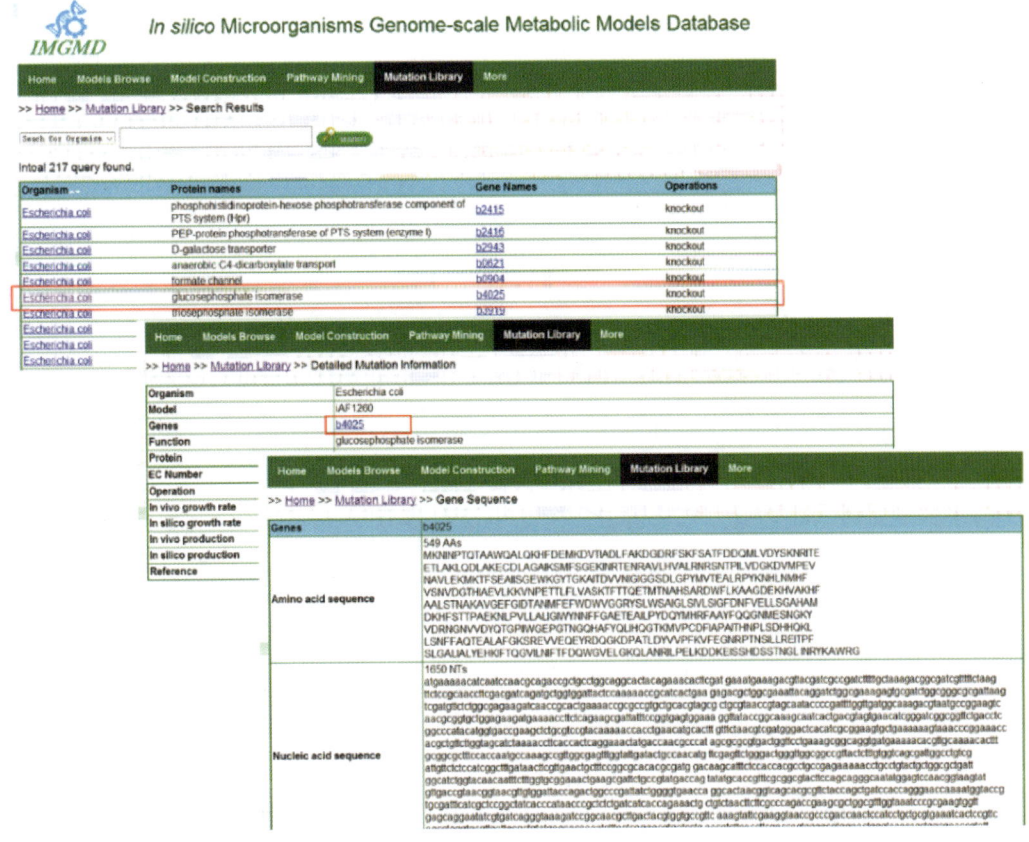

图 4-8　大肠杆菌模型 *i*AF1260 的模拟 *b4025* 敲除结果

的影响，包含模拟和实验结果对菌体生长和产物合成的影响的信息，用户可以通过菌株名称、模型名称或基因名称作为关键词搜索相关的突变信息。例如，要获取模型 *i*AF1260 有关的突变信息，只需在搜索栏输入 *i*AF1260，数据库则会返回 217 条突变信息。进一步了解在大肠杆菌中敲除编码葡萄糖磷酸异构酶（PGI，EC 5.3.1.9）的基因 *b4025* 对比生长速率和 H_2 生成速率产生的影响结果见图 4-8。此外还可通过链接继续查看该基因对应的氨基酸序列与核苷酸序列。该模块共包含 950 条突变信息，其中 885 条（93.2%）信息是根据 OptKnock、GDLS、ReacKnock、DBFBA 及 RobustKnock 等算法进行基因敲除而得到该基因对于菌株生产及产物生成的影响，其余的则是通过基因上调、下调策略得到的。结合前面的途径挖掘，IMGMD 实现了从代谢途径筛选到靶点设计指导系统代谢工程的功能。

　　通过对已发表的 GSMMs 收集与整理，构建 IMGMD 数据库，实现了：①329 个已发表 GSMMs 信息的浏览及 270 个标准化模型的下载；②基于序列比对方法，实现 GSMMs 的自动构建；③基于 GSMMs，挖掘微生物细胞内具有高附加值的途径，为代谢途径设计提供参考；④收录 950 条结合 GSMMs 模拟得到的基因敲除、上调或下调等代谢改造信息，为代谢工程改造微生物、提高生产性能提供指导。IMGMD 包含了 329 个代谢网络模型，涉及139种微生物，基本上涵盖了1999年至2016年发表的工业微生物GSMMs。与BIGG Model相比，模型数量增加了311.25%，而与MetaNetX相比，模型数量增加了101.84%，是目前为止收录代谢GSMMs最全面的数据库。尽管如此，由于GSMMs的规模不断增长，因此还需要后续不断地对已发表的GSMMs进行整理，从而增加IMGMD收录的GSMMs数量。采用LAMP架构成功搭建了微生物代谢网络模型数据库（IMGMD）。

二、大肠杆菌基因组规模代谢网络模型生理特性解析

基因组规模代谢网络模型是代谢工程的重要工具之一，通过结合计算机模型模拟和"湿"实验，可以系统地分析生物系统，更深入地了解生物系统中各组分间的相互作用机制。基因组规模代谢网络模型可以用于菌种改进、发现药物靶点、代谢工程靶点操作、生长表型预测、网络性质分析等多种用途，这里简单介绍此类模型应用最广泛的几个方面。

（一）分析网络特性

微生物胞内代谢活动是一个高度复杂、内部相互交织、呈现非线性的网络系统，能够响应各种环境胁迫和遗传扰动。通过构建微生物GSMM，对微生物网络特性，如鲁棒性、模块性、相互作用和调控机制进行分析。目前主要采用网络拓扑学方法，将模型中的代谢物作为节点（nodes），将关联代谢物的反应作为边（edges），用于表征GSMM的复杂性。进一步结合Cytoscape、Gephi、Cell Designer等网络可视化工具，系统地评估代谢网络特性。

鲁棒性分析包括节点和链路依赖性、重要性、整体网络的鲁棒性。主要是通过从网络中移除链路（即反应），分析链接之间不同程度的依赖性，鉴定链路和节点的必要性，以更好地理解微生物代谢网络特性。通过对大肠杆菌的GSMM网络特性分析，对大肠杆菌中的合成致死基因进行鉴定，在有氧条件下，当葡萄糖为唯一碳源时，最终鉴定出55个致死基因。

将代谢网络作为一个整体，阐明链接和节点之间复杂的相互作用关系。如果这些链接和节点从网络中移除，将会导致整个系统崩溃或者破坏网络结构。基于此，利用大肠杆菌的GSMM，在发现新的药物靶标方面取得了一系列的进展。微生物在给定的生长条件下，代谢途径的功能运作是细胞表型和基因型的复杂相互作用的结果。这些相互作用存在复杂的调控机制，可以通过代谢流量和基因表达水平来定量分析。通过对大肠杆菌的中心代谢分析，发现葡萄糖和乙酸之间的代谢流量比例与对应基因表达水平之间存在强相关性。在酿酒酵母代谢网络的分析中，同样也存在这种现象。

综上所述，利用GSMM将复杂的胞内代谢过程转换成可视化的网络，直观地展示了微生物应对不同环境扰动的鲁棒性，不仅能够对各个模块化的功能进行分析，而且能够从整体水平研究网络内部的相互作用以及复杂的调控机制。

（二）预测细胞表型

在工业菌株生产过程中，微生物的表型是基因型和外部环境共同作用的结果。微生物

的表型主要涉及细胞生长、能量利用、底物利用、产物合成和基因必需性等方面。利用GSMM对细胞表型进行预测，从而理解微生物的表型潜力。

为了预测微生物的细胞生长，利用流量平衡分析（FBA）算法，计算稳态条件下的各个反应的流量分布。通过设定不同底物的吸收速率，以生物量方程为目标方程求解，从而计算出大肠杆菌的最大比生长速率（μ）。通过改变目标方程，探讨微生物代谢在不同目标方程下的流量分布，以检验满足细胞功能背后的驱动力，进而理解能量利用与细胞次优行为之间的关系。通过评价11种目标方程下的流量分布，模拟不同条件下的最大ATP得率，与6种环境下的^{13}C标记实验进行比较，证实模型能够准确预测微生物胞内能量利用。

通过改变培养条件，模拟不同培养基中底物利用对微生物生长的影响，从而鉴定最优培养基。利用维生素生长菌株 *K. vulgare* WSH001模型 *i*WZ663，通过FBA模拟，发现从完全培养基中分别去除甘氨酸、半胱氨酸、甲硫氨酸、色氨酸、腺嘌呤、胸腺嘧啶、硫胺素和泛酸会导致细胞生长分别下降1%、21%、16%、1%、26%、57%、73%和24%。基于这些结果开发了 *K. vulgare* 最小合成培养基，不仅满足了 *K. vulgare* 的生长，而且2-酮基-L-古龙酸产量达到了完全培养基条件下的96.5%。

利用鲁棒性分析算法，对生物量方程进行约束，以产物合成反应作为目标方程求解，能够得到一个解空间，反映了细胞生长和产物合成之间的关系，即不同生长速率下的产物合成能力。结合OptKnock算法，筛选大肠杆菌过量生成乳酸的靶点，结合适应性进化策略，最终得到能够在M9培养基中同时满足快速生长和乳酸大量分泌的大肠杆菌菌株。

综上所述，在细胞表型预测方面，GSMM展现了巨大的应用前景。利用GSMM不仅可以模拟微生物在不同培养条件下的生长情况，为发酵过程优化提供参考，而且实现了胞内代谢流分布的定量分析，为代谢瓶颈的鉴定提供了理论依据。

（三）指导菌株设计

当实验的目标产物并非野生菌自身能够合成的代谢物时，菌种改进的第一步是引入合成目标产物的途径。由于生物中网络的刚性和冗余性，单一基因的改造往往得不到预期的效果，而基因组规模代谢网络考虑生物体整体代谢，可以从更大范围内了解代谢过程和一些基因操作后的效果。迄今为止，已经有很多研究通过基因组规模代谢网络指导进行基因操作和工程菌构建，生产生物能源、生物基化学品及高附加值产品。

代谢工程改造目标菌株，提高产量是一种有效策略，已经被广泛地应用。利用GSMM，结合不同的遗传改造方法，可以从全局水平模拟：①竞争路径的消除；②合成路径关键基因的强化；③反馈抑制的消除；④外源路径的导入；⑤辅因子优化等改造策略对目标产物的影响，为系统代谢工程提供指导。

对于基因组规模代谢网络模型来说，基因敲除可以通过基因-蛋白质-反应相互关系转化为反应的敲除，目标函数设定为生物量最大化，将基因对应的反应通量人为设定成0即可实现。使用这种方法可以快捷方便地同时检测数百个基因是不是必需基因，模式生物模型的准确率基本上都可以达到80%以上。在基因敲除菌株的基础上，表达特定基因，模拟合成路径关键基因的强化，分析基因表达对产物合成的影响。利用OptORF算法鉴定出敲除转录因子 fnr，同时敲除基因 plfB、tdcE 和 pgi，在此基础上过量表达 edd，使得乙醇得率从 39.3% 提高至 86.2%。为了消除竞争路径，通过一系列的算法筛选基因敲除靶点，对基因敲除结果组合优化，从而提高目标产品的产量。利用 OptCouples，鉴定出大肠杆菌分别过量生产丙酸、衣康酸的一系列基因敲除靶点，这些靶点大多存在于其竞争途径，此外还鉴定出甲基化修饰提高产量的靶点。模拟得到的必需基因结果与实验结果进行比对也是验证模型精确率的一个重要方法，对于一些常用的物种如大肠杆菌、酿酒酵母、枯草芽孢杆菌等有很多必需基因已经通过实验证实，对于这些物种来说，此项模拟结果的精确度往往是一个基因组规模代谢网络模型质量高低的标准。

反馈抑制的消除主要是通过不同的算法模拟代谢路径中某个基因的上调或下调，从而使碳流更多地流向目标产物。利用 OptForce 算法，鉴定出敲除 fumC 和 sucC，同时上调 ACC、PGK、GAPD 和 PDH 的表达，能够使胞内丙酰辅酶 A 的含量提高 3.1 倍。

对于非天然产物的合成，通常涉及异源途径的导入。利用 SimOptStrain 鉴定出在大肠杆菌中敲除 sdhC、gnd 和 glyA 的同时，引入氧代戊二酸脱氢酶（EC 1.2.1.52）催化的反应（2-酮戊二酸 + CoA + $NADP^+$ → 琥珀酰-CoA + CO_2 + NADPH），使得琥珀酸得率达到了最大理论得率的 32.5%。

通过改善产物合成路径中关键酶的辅因子的偏好性，消除辅因子失衡所造成的负面效应，有助于构建高效的产物合成路径。基于 OptSwap 算法设计和优化 *Candida glabrata* 生产丙酮酸，得到了 12 种辅因子交换和敲除策略，导致丙酮酸合成速率从 0 最高增加至 20.42mmol/（gDCW·h）。

综上所述，基于 GSMM，筛选不同代谢改造靶点并组合，用于指导代谢工程，进而通过实验进行验证。这种策略已经成功地应用在有机酸、氨基酸、醇类等化学品的生产中。模型与实验相结合，不仅实现了菌株改造的理性设计，提高了代谢工程改造效率，而且能够从全局水平考虑遗传扰动对整个微生物胞内代谢的影响，有助于实现代谢流的精准调控。

（四）驱动模型发现

代谢网络模型代表了现有假设的简明集合，作为一个广泛的背景，能够系统地识别可以测试和解决的新假设。因此，它们代表了将现有大量生物数据纳入生物发现过程的关键框架。利用代谢网络，可以做到以下几个方面。

1. 预测在不同培养基下的生长情况

利用 FBA，一方面可以通过模拟不同培养条件对细胞的生长和产物生成的影响，指导发酵过程，另一方面通过比较模拟生长性能与实验结果的差异，对代谢网络进行验证。Henry 等人将枯草芽孢杆菌代谢模型 *i*Bsu1103 在 184 种培养基中的生长模拟结果与实验结果进行比较，最终 *i*Bsu1103 能够在 137 种培养基中生长，模型预测结果准确率为 74.5%，高于另一个已经构建的枯草芽孢杆菌模型（66.3%）。

2. 指导网络漏洞的填补

由于微生物的代谢活动是复杂的，即使是已经经过很多次完善的代谢模型如大肠杆菌、酿酒酵母也难以完全涵盖所有的代谢反应，因此这模型中都存在着一些漏洞。利用 COBRA 工具箱中的 gapFind 函数对大肠杆菌（iML1515）和酿酒酵母（Yeast7.6）最新的代谢网络模型进行分析，分别存在 598 个和 196 个漏洞。Orth 等人利用自己开发的算法，能够基于代谢物的 SMILEY 值在 KEGG 中检索相应的反应，根据实验结果自动填补漏洞，最终降低了大肠杆菌模型 iJO1366 预测必需基因结果中假阳性（false positive，FP）和假阴性（false negative，FN）值。

3. 指导发现以前未表征的基因产物功能

通过对模拟结果和实验结果不一致的部分比较，发现可能是一些具有特定功能的基因尚未被发现，或者某条代谢途径未被证实存在导致的。在构建裂殖壶菌 SR21 代谢模型过程中，SR21 虽然能够高产 DHA，但是其基因组注释结果中并没有合成多不饱和脂肪酸（PUFAs）所需的脱氢酶和饱和酶。进一步通过文献挖掘，发现微生物还可能存在另一条 PUFAs 合成路径，即 PKS（聚酮合酶）路径。将 SR21 的基因组与 UniProt 数据库中的 PKS 相关基因进行比对，最终鉴定出一系列符合阈值参与 PKS 路径的基因，证实了裂殖壶菌 SR21 并不是通过 FAS 路径，而是通过 PKS 路径合成 DHA。

4. 将孤儿代谢物与已知反应进行关联

孤儿代谢物是指在任何其他反应中不产生或不消耗或仅参与一个反应的代谢物，这些代谢物的存在导致代谢网络中漏洞的增加，同时降低了网络的复杂性。Kumar 等人提出了一种基于优化的方法来识别和消除代谢网络中的孤儿代谢物。首先，确定代谢网络中的孤儿代谢物，随后通过定制的多生物数据库来识别与这些代谢物关联的反应，接着通过四种机制恢复这些代谢物与代谢网络的连通性，从而消除孤儿代谢物。

（五）研究进化过程

细菌进化是指细菌在其生命周期中积累的可遗传的遗传变化，这种变化可能是由于适应环境变化或宿主的免疫应答引起的。利用微生物代谢网络模型，可以通过消除和添加新的代谢网络内容模拟微生物进化过程，并且促进对细菌进化的理解。

1. 预测保守反应

通过基因随机敲除模拟微生物的进化过程。大量的随机敲除模拟表明，对于生活方式相似的微生物，似乎存在着一个保守的反应集。尽管基因随机丢失，但基因丢失的顺序遵循一个协调一致的模式。与可用的系统发育数据相比，代谢模型可以解释 40% 的基因丢失模式。

2. 预测进化的终点

利用代谢网络模型计算在常见的碳源培养基中的最优生长速率。结果表明，在多数条件下（但并非所有条件下），模拟结果与实验数据一致。微生物往往通过进化过程获得最优的生物学功能，因此最优条件下不正确的模拟结果可能是由于微生物在特定条件下不完整的自适应进化导致的。Ibarra 等人利用模型模拟大肠杆菌置于生长选择压力环境中，经过 40d，大约 700 代的重复进化后，大肠杆菌在甘油培养基中从最初的亚生长速率，达到了最优生长速率的过程。

3. 理解上位性的相互作用和突变效应的基础

利用代谢模型模拟基因敲除对微生物生长的影响，从而发现基因之间的相互作用。尽管模式菌株的高通量上位性数据被用来构建遗传网络，但是遗传上位性所反映的生物学上有意义的相互作用尚不清楚。He 等人利用流量平衡分析算法，通过计算来匹配大肠杆菌和酿酒酵母代谢网络中生化反应的正负上位相互作用。最终证实负上位性主要发生在具有重叠功能的非必需反应之间，而正上位性则通常涉及必需反应，这些必需反应数量丰富且没有重叠功能。

（六）分析相互作用关系

大肠杆菌的代谢网络模型为生物之间相互作用进行预测和模拟提供了一个平台，并且成功地用于不同细胞类型（微生物种类）和外界环境之间的代谢物交换模拟。例如，研究人员通过直接将致病反应引入宿主的化学计量网络中，来模拟宿主-病原体的相互作用，从而解释病毒氨基酸和核苷酸的合成形成过程；利用串联和联合化学计量模型研究了物种和环境之间的代谢物交换。

另外，基因组规模代谢网络可以用于药物研发，包括药物靶点识别、抗菌药物的研发和疫苗的改良。例如，通过使用人类与致病菌的代谢网络模型进行模拟研究，可以深入了解人在疾病状态下的代谢情况，从而可以有针对性地采用一些医疗措施，对药物的研发也有益。利用基因组规模代谢网络模型对必需代谢物进行计算机预测，能够为药物靶点的确定提供重要参考；代谢物必需性分析预测了能够使细胞死亡的必需代谢物，而这些代谢物的结构类似物则可能成为重要的药物靶点。通过必需代谢物的预测，能够大幅减少药物靶点筛选的工作量。

三、基因组规模代谢网络模型展望

GSMM 经过 20 年的发展，一方面通过不断添加约束条件，提高了模型预测结果的准确性，另一方面从单一菌株的模型发展至宏基因组模型。随着一系列模型构建工具和分析方法的开发，不仅实现了微生物 GSMM 的快速构建，而且能够从预测细胞表型、工业微生物生理功能的解析、工业微生物生理功能的设计和改造、代谢途径和代谢流的优化等多个方面对微生物胞内代谢活动进行系统分析。

基因组规模代谢网络模型使获得特定表型的微生物更加容易，将会成为一种必不可少的指导工具，在以后的发展中基因组规模代谢网络模型将会包含更多的信息，例如基因产物表达与新陈代谢结合蛋白在细胞膜的运输信息、代谢酶的蛋白结构信息、转录调节信息；在其模拟方面更具有模块性，未来的代谢模型发展有赖于基因组信息和蛋白组信息的公布，在此基础之上对代谢信息不断更正和完善，构建更加精准的代谢模型，更全面地反映目标生物的真实生长状况，也为工业生产提供更有效的指导和帮助。

第二节　代谢工程改造大肠杆菌生产 D-乳酸

D-乳酸是一种重要的手性中间体，是合成聚乳酸的原料。利用微生物代谢廉价底物可以高效合成超高光学纯度和化学纯度的 D-乳酸。大肠杆菌是合成 D-乳酸的重要微生物，而在野生型菌株合成 D-乳酸过程中，发酵液副产物含量较高，乳酸转化率和合成率较低。因此，必须对代谢途径进行有效的修饰或加工，以提高 D-乳酸发酵的化学纯度。此外，像其他有机酸一样，乳酸发酵是一个典型的细胞生长与产品合成存在竞争的过程，通过代谢工程理论和技术，解决发酵行业的普遍问题，以使 D-乳酸发酵过程更加顺利和有效地实施。

一、D-乳酸概述

乳酸的学名为 α-羟基丙酸，分子式为 $CH_3CHOHCOOH$，是一种天然存在的有机酸，广泛存在于人体、动物、植物和微生物中。乳酸是自然界最小的手性分子，分子中羧基 α 位碳原子为不对称碳原子，具有 L（+）和 D（-）两种构型。L-乳酸为左旋型，D-乳酸为右旋型，L-乳酸和 D-乳酸等比例混合即为消旋的 DL-型。D-乳酸和 L-乳酸除旋光性外，其他理化性质相同，但 DL-型的物理性质与它们有所差别，表现在其熔点和熔化热比单一 D-或 L-构型的低。

D-乳酸 90% 是采用类似于糖的碳水化合物为原料，经生物发酵技术生产的具有高旋光性（手性）的乳酸。D-乳酸成品是无色或淡黄色澄清黏性液体，微酸味，有引湿性，水溶液显酸性反应；与水、乙醇或乙醚能任意混合，在氯仿中不溶。D-乳酸具有一元羧酸的典型化学性质，浓度达到 50% 以上时会部分形成乳酸酐；与一些醇类物质反应生成醇酸树脂；在加热条件下能够进行分子间酯化反应，形成乳酰乳酸（$C_6H_{10}O_5$），稀释并加热可再水解成 D-乳酸。在脱水剂氧化锌作用下，两分子 D-乳酸脱去两分子水，自聚形成环状二聚体 D-丙交酯（$C_6H_8O_4$，DLA）。D-乳酸充分脱水则可形成聚合 D-乳酸。由于越浓，自身酯化趋势越强，因此乳酸通常是乳酸和丙交酯的混合物。

二、D-乳酸的应用领域

乳酸及其衍生物在化工、材料、酿造、食品、农业、医药、日化等领域应用广泛，被公认为世界上三大有机酸之一。

（一）化学工业

以 D-乳酸为原料的乳酸酯类在香料、合成树脂涂料、胶黏剂及印刷油墨等生产中应用广泛，在石油管道和电子工业的清洗等方面也有应用。D-乳酸甲酯能与水及多种极性溶剂均匀混合，能充分溶解硝化纤维素、乙酸纤维素、乙酰丁酸纤维素等多种极性物质合成高分子聚合物，还可用作医药、农药的原料和其他手性化合物合成的前体、中间体。

（二）材料工业

乳酸是生物塑料聚乳酸（polylactide，PLA）的原料，聚乳酸材料的物理性质依赖于 D-、L-两种异构体的组成和含量。L-聚乳酸（PLLA）和 D-聚乳酸（PDLA）的链段排列规整，结晶度、机械强度和熔点等都远超过外消旋聚乳酸（PDLLA）。生物可降解聚乳酸材料的市场需求量不断增加，同时也推动了对其单体 D-乳酸的需求。

（三）酿酒业

在酿造酒工业中使用 80% 的乳酸作为灭菌剂，防止杂菌繁殖，促进酵母菌发育，防止酒浑浊；还可作风味剂，能改善品味，提高酒的收率。乳酸较磷酸、盐酸安全性好，能提高啤酒品级，延长其保质期。

（四）食品业

食品级乳酸可代替苯甲酸钠作为防霉、防腐、抗氧化剂和果蔬保鲜剂等。乳酸作为酸味剂，既能使食品具有微酸性，又不掩盖水果和蔬菜的天然风味与芳香，常和糖类及甜味剂并用改善食品风味、抑制微生物、护色、改善黏度，使氧化剂增效和起螯合作用。

（五）制药业

乳酸可直接配制成药，乳酸盐可作为消毒剂。乳酸具有亲水性，能溶解蛋白质及许多难溶药物，能增加药物吸收量，防止副作用。乳酸可用于治疗喉头结核、白喉、狼疮等病。在收敛性杀菌方面，乳酸可用于含漱剂、涂布剂、注入剂等。此外，钙拮抗剂降压药、皮考啉酸衍生物以及二甲四氯丙酸等也以高光学纯度的 D-乳酸作为原料。

高光学纯度的 D-乳酸（97%以上）作为一个手性中心是多种手性物质的前体，是重要的手性中间体与有机合成原料，可广泛应用于高效低毒农药及除草剂领域的手性合成。例如，日本塔赛尔化学工业公司利用 D-乳酸制造优良除草剂骠马（Puma Super）；德国 Hoechst 公司也开发了以 D-乳酸为原料的新型高效除草剂威霸（Whip Super）；德国 BASF 公司以 D-乳酸异丙酯为原料生产除草剂 Duplosan，并已大规模投放市场。

（六）日化行业

乳酸在配制清洁霜、嫩肤霜、浴液时，可用于调节 pH，并对改善皮肤组织结构，消除皱纹、色斑，治疗皮肤干燥、痤疮等具有明显效果。

三、D-乳酸的生产方法

目前工业生产乳酸的方法主要有合成法、酶法和发酵法。合成法可实现乳酸的大规模连续化生产，且合成乳酸也已得到美国食品药品监督管理局（FDA）的认可，但原料一般具有毒性，不符合绿色化学要求。酶法工艺复杂，其工业应用还有待于进一步研究。发酵法因工艺简单、原料充足、发展较早而成为比较成熟的乳酸生产方法，生产的乳酸占比 70% 以上，但周期长，只能间歇或半连续化生产，且国内发酵乳酸质量达不到国际标准。

（一）合成法

合成法制备乳酸有乳腈法、丙烯腈法、丙酸法等。

1. 乳腈法

乳腈法是将乙醛和冷的氢氰酸连续送入反应器生成乳腈（或直接用乳腈作原料），用泵将乳腈打入水解釜，注入硫酸和水，使乳腈水解得到粗乳酸。然后再将粗乳酸送入酯化釜，加入乙醇酯化，经精馏、浓缩、分解得精乳酸。

2. 丙烯腈法

丙烯腈法是将丙烯腈和硫酸送入反应器中水解，再把水解物送入酯化反应器中与甲醇反应，然后把硫酸氢铵分出后，粗酯送入蒸馏塔，塔底获精酯；再将精酯送入第二蒸馏塔，加热分解，塔底得稀乳酸，经真空浓缩得到产品。

3. 丙酸法

丙酸法以丙酸为原料，经过氯化、水解得粗乳酸，再酯化、精馏、水解得产品。该法原料价格较贵，仅日本大赛路公司等少数厂家采用。反应如下：

$$CH_3CH_2COOH + Cl_2 \rightarrow CH_3CHClCOOH + NaOH \rightarrow CH_3CH(OH)COOH + NaCl$$

（二）酶法

1. 氯丙酸酶法转化

东京大学的本崎等研究利用纯化的 L-2-卤代酸脱卤酶和 DL-2-卤代酸脱卤酶分别作用于底物 L-2-氯丙酸和 DL-2-氯丙酸，脱卤制得 L-乳酸或 D-乳酸。L-2-卤代酸脱卤酶催化 L-2-氯丙酸，而 DL-2-卤代酸脱卤酶既可催化 L-2-氯丙酸，又可催化 DL-2-氯丙酸生成相应的旋光体，催化的同时发生构型转化。

2. 丙酮酸酶法转化

Hummel 等从活性最高的乳酸脱氢酶的混乱乳杆菌 DSM20196 菌体中得到 D-乳酸脱氢酶，以无旋光性的丙酮酸为底物可得到 D-乳酸。

（三）发酵法

发酵法的主要途径是糖在乳酸菌作用下，调节 pH 为 5 左右，保持大约 5~6d；发酵 3~5d 得粗乳酸。发酵法的原料一般是玉米、大米、甘薯等淀粉质原料，也有以苜蓿、纤维素等作原料的。厨房垃圾及鱼体废料也可循环利用生产乳酸。乳酸发酵阶段能够产酸的乳酸菌很多，但产酸质量较高的却不多，主要是根霉菌和乳酸杆菌等菌系。不同菌系的发酵途径不同，可分同型发酵和异型发酵，实际由于存在微生物其他生理活动，可能不是单纯某一种发酵途径。发酵法分同型发酵、异型发酵和混合酸发酵。

1. 同型发酵

微生物通过 EMP 代谢途径发酵，乳酸是代谢的唯一产物，1mol 葡萄糖转化生成 2mol 乳酸，理论转换率为 100%，实际上转化率在 80% 以上者即视为同型发酵。总反应式为：

$$C_6H_{12}O_6 + 2ADP + 2Pi \rightarrow 2CH_3CH(OH)COOH + 2ATP$$

2. 异型发酵

微生物采用的是 HMP 途径。在异型乳酸发酵中，1mol 葡萄糖可以生成 1mol 乳酸、1mol 乙醇和 1mol CO_2，微生物体系中的氧化还原反应决定发酵产物中乙酸与乙醇的含量比例，葡萄糖的理论转化率只有50%。总反应式为：

$$C_6H_{12}O_6 + ADP + Pi \rightarrow CH_3CH(OH)COOH + CH_3CH_2OH + CO_2 + ATP$$

3. 混合酸发酵

混合酸发酵途径是指同型乳酸发酵微生物在特殊的情况下，如在温度降低、pH升高、葡萄糖的浓度受到限制等条件下采用的一种乳酸发酵机制。该途径中除乳酸的生成以外，还有其他副产物（甲酸、乙醇、乙酸等）生成。

四、D-乳酸发酵菌株

D-乳酸的发酵菌种种类繁多，其中以芽孢乳杆菌、乳杆菌和基因工程大肠杆菌为主。

（一）芽孢乳杆菌

芽孢乳杆菌（*Sporolactobacillus*）是兼性厌氧菌，可通过同型发酵葡萄糖、果糖和甘露糖等产D-乳酸。丁子建等利用发酵法生产D-乳酸，研究了温度、含氧量、pH、碳氮源、维生素和金属离子等对芽孢乳杆菌产D-乳酸的影响，D-乳酸光学纯度为96.04%，产量为40.7g/L。Zhao等应用菊糖芽孢乳杆菌Y2-8在纤维素固定床生物反应器中以玉米粉水解液进行发酵生产D-乳酸，分批发酵产率可达1.62g/(L·h)，高于游离细胞发酵，D-乳酸光学纯度在99%以上。Nguyen等开展了乳杆菌、棒杆菌以鲜薯同步糖化发酵生产D-乳酸和L-乳酸的研究。用氮离子束对芽孢乳杆菌进行诱变，突变菌株Y2-8的D-乳酸产量达122g/L，比出发菌株提高了2倍，乳酸转化率提高为1.62mol/mol葡萄糖。

（二）乳杆菌

Nakano等研究了利用碎米同步发酵产D-乳酸，结果表明乳杆菌（*Lactobacillus lactis*）发酵过程中，中和剂氢氧化钙可显著提高产酸量。Joshi对乳杆菌NCIM 2368进行反复的紫外诱变，获得1株能利用纤维素酶水解纤维素材料得到纤维二糖的突变株，乳酸最高产量达到110g/L。Demirei等以甲基磺酸乙酯（EMS）对野生型*Lactobacillus delbrueckii* ATCC 9649菌株进行诱变，突变菌株DP3利用复杂培养基，乳酸产量可达117g/L，比出发菌种提高75%，且具有更高的乳酸耐受能力、生长速率和转化率。

尽管乳酸杆菌及芽孢乳杆菌D-乳酸产量很高，但也面临着一些困难需要克服：①需要较高营养的培养条件，如需要有机复合培养基；②存在L-乳酸脱氢酶或乳酸异构酶影响D-乳酸的光学纯度；③产生乙酸和乙醇副产物，即使是同型发酵的乳酸杆菌，在特殊条件下也能进行异型发酵；④芽孢乳杆菌还有产芽孢的特性，虽然可以利用这一特性进行重复多次发酵（repeated fermentation），但是控制最佳发酵条件有一定难度，因为高酸、低糖或其他营养不足容易诱发芽孢的产生，导致发酵不完全；⑤乳酸杆菌基本不能利用五碳糖，能利用五碳糖的乳酸杆菌也只能进行异型发酵。

（三）基因工程大肠杆菌

大肠杆菌是生物领域最常使用的工程菌株之一，是模式菌株，其基因序列研究得比较清楚，基因组序列已全部测出。大肠杆菌在生物基因工程领域常被应用于基因的克隆和载体的构建。与乳酸细菌相比，大肠杆菌生长速度快、营养需求简单，不经遗传改造就可发酵产生光学纯度在99%以上的D-乳酸，且对葡萄糖的转化率常常可超过90%，因此可显著降低发酵生产的成本。同时大肠杆菌遗传背景清楚、易于进行基因操作，近年来科学家们通过代谢工程育种策略将其应用于D-乳酸的发酵合成。

五、代谢工程改造大肠杆菌生产D-乳酸

（一）大肠杆菌产D-乳酸代谢途径的研究

大肠杆菌具有三种乳酸脱氢酶，仅发酵型乳酸脱氢酶（ldh编码）催化丙酮酸还原为D-乳酸，同时释放氧化型的NAD^+。另外两个以FAD为辅酶的L-乳酸脱氢酶和D-乳酸脱氢酶，它们在好氧条件下分别氧化L-乳酸和D-乳酸生成丙酮酸，对D-乳酸的合成无益。此外，大肠杆菌中还存在着利用丙酮醛合成L-乳酸和D-乳酸的代谢途径。然而，通常大肠杆菌菌株通过该途径积累的L-乳酸在发酵液中几乎检测不到。

由图4-9可知，乳酸仅仅是大肠杆菌众多代谢产物中的一种，在丙酮酸代谢节点上，存在许多代谢支流与乳酸合成途径竞争前体底物。因此，野生型大肠杆菌发酵糖类不仅产生乳酸，还会伴随着甲酸、乙酸、琥珀酸和丁二酸等多种有机酸和乙醇的产生，进而导致底物转化率低、乳酸分离纯化难度大等问题。此外，副产物代谢途径还与乳酸合成过程竞争还原力（主要是NADH），且副产物的积累也导致发酵液pH下降，不利于细胞的生长和乳酸的生产。因此，利用大肠杆菌生产乳酸的研究重点之一是通过基因工程手段，理性地删除竞争代谢途径，并在平衡细胞物质代谢和能量代谢的基础上增强乳酸合成途径，从而快速获得生产性能优良的工程菌株。

（二）阻断D-乳酸竞争代谢途径

通过代谢改造来阻断竞争代谢途径，进而促进乳酸合成途径的前体物质的供给是重要的增加D-乳酸生产的策略之一。研究表明，通过删除单拷贝的乙酸激酶基因（ackA）或磷酸转乙酰酶基因（pta），分配到乳酸合成途径的代谢流增强，乳酸的产量也明显提高；删除丙酮酸甲酸裂解酶基因（pflA或pflB）或磷酸烯醇式丙酮酸羧化酶基因（ppc）也可以大幅度提高乳酸的产量。然而，某些基因的删除却不利于工程菌株在工业生产中的应用。例如，删除ppc基因可以提高乳酸产量，却导致菌体无法利用无机盐培养基进行生长和乳酸发酵。

相对于简单的单基因删除，涉及多条代谢途径的多个基因的叠加删除可能更有利于目标产物的积累。Zhu等以大肠杆菌YYC202为出发菌株，aceEF、pfl、poxB、pps已经进行基因突变，好氧生长为乙酸异养型，厌氧条件下发酵16h产生90g/L乳酸，转化率达0.95g/g，体积生产速率为5.6g/(L·h)；接着突变其frdABCD基因，获得菌株ALS974，菌株ALS974在好氧阶段利用乙酸盐生长菌体、厌氧阶段利用葡萄糖发酵获138g/L乳酸，转化率为97%，产率高达6.3g/(L·h)，而副产物琥珀酸含量仅为3g/L。周丽在系统地研究单基因删除和多基因组合删除对大肠杆菌乳酸代谢影响的基础上，选择性地组合删除野

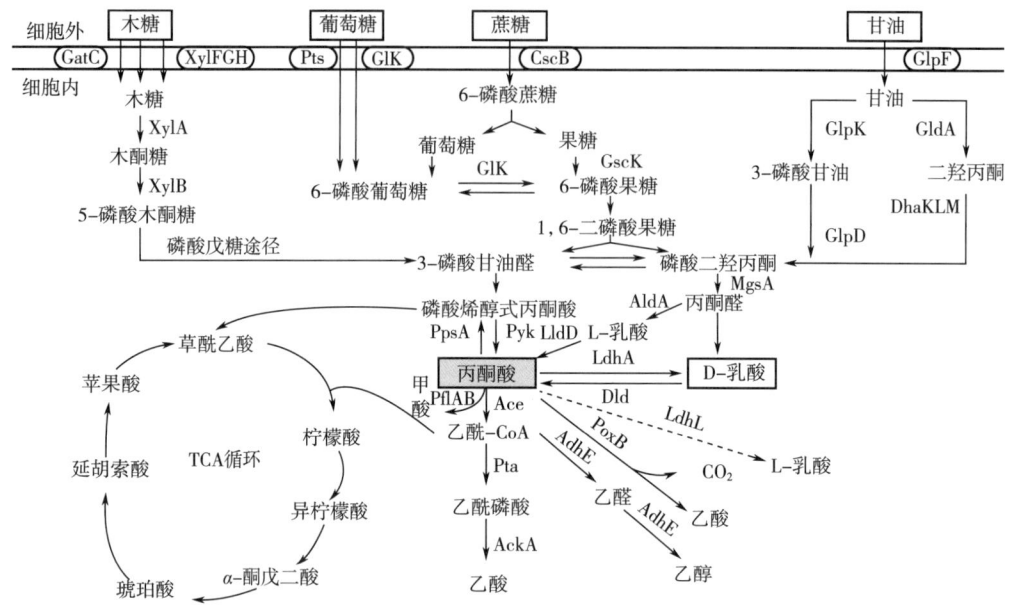

图 4-9　大肠杆菌的乳酸代谢网络

GatC：半乳糖醇特异性木糖转运蛋白；XylFGH：木糖转运蛋白复合体；Pts：磷酸转移酶系统；
Glk：葡萄糖激酶；CscB：蔗糖透性酶；GlpF：甘油易化蛋白；XylA：木糖异构酶；XylB：木酮糖激酶；
GscK：果糖激酶；GlpK：甘油激酶；GldA：甘油脱氢酶；GlpD：3-磷酸甘油脱氢酶；
DhaKLM：二羟基丙酮激酶；MgsA：甲基丙酮醛合成酶；PpsA：磷酸烯醇式丙酮酸合酶；
Pyk：丙酮酸激酶；AldA：醛脱氢酶 A；LldD：L-乳酸氧化酶；LdhA：D-乳酸脱氢酶；
Dld：D-乳酸氧化酶；PflAB：丙酮酸甲酸裂解酶；Ace：丙酮酸脱氢酶；PoxB：丙酮酸氧化酶；
AdhE：乙醇脱氢酶；Pta：磷酸转乙酰酶；AckA：乙酸激酶；LdhL：L-乳酸脱氢酶

注：虚线箭头为野生型大肠杆菌中不存在的代谢途径。

生型大肠杆菌中的 8 个基因：*ackA*、*pta*、磷酸烯醇式丙酮酸合酶基因（*pps*）、*pflB*、FAD 依赖型 D-乳酸脱氢酶基因（*dld*）、丙酮酸氧化酶基因（*poxB*）、*adhE* 和富马酸还原酶基因（*frdA*），重组菌株 B0013-070 的发酵液中多种副产物的含量都得到了很好的控制，并且 D-乳酸产量可达 125g/L，光学纯度大于 99.9%。值得指出的是，目前已经有利用经过代谢工程改造的大肠杆菌进行半工业化生产乳酸的研究，在 30m³ 发酵罐中发酵 160g/L 的葡萄糖，乳酸产量可达 146.00~150.00g/L，生产强度为 3.95~4.29g/(L·h)，光学纯度也达到 99.80%（表 4-6）。

表 4-6　　　　　　　　　　产乳酸菌株的生产性能的比较

菌株	培养基	底物	发酵工艺	乳酸产量/(g/L)	转化率/%	发酵周期/h	光学纯度/%
Saccharomyces cerevisiae SP1130	复合培养基	约 160g/L 葡萄糖	补料分批发酵	142.00	89.0	40	L-LA

续表

菌株	培养基	底物	发酵工艺	乳酸产量/(g/L)	转化率/%	发酵周期/h	光学纯度/%
Corynebacterium glutamicum Δ*ldhA*/pCRB204	无机盐培养基	葡萄糖	分批发酵	120.00	86.5	30	>99.90 D-LA
Pediococcus acidilactici TY112	复合培养基	约25%玉米秸秆水解液（生物脱毒预处理10d）	同步糖化分批发酵	77.76	~	72	99.89 L-LA
Pediococcus acidilactici ZP26	复合培养基	约25%玉米秸秆水解液（生物脱毒预处理10d）	同步糖化分批发酵	76.76	~	72	99.32 D-LA
Bacillus coagulans JI12	复合培养基	纤维素水解液（添加20g/L的干面包酵母）	同步糖化分批发酵	120.00	99.9	28	L-LA
Lactobacillus rhamnosus B103	复合培养基	乳清	补料分批发酵（维持pH恒定）	143.70	~	96	L-LA
E. coli LHY201	无机盐培养基	葡萄糖（8%+8%+4%）	补料分批发酵	185.70	93.8	48	99.60 D-LA
E. coli HBUT-D15	无机盐培养基	葡萄糖	补料分批发酵（30m³罐）	146.00~150.00	91.0~94.0	34	99.80 D-LA
E. coli B0013-090B3	无机盐培养基	葡萄糖	两阶段分批发酵	142.00	97.0	30	99.90 L-LA

（三）大肠杆菌利用不同底物产乳酸的研究

目前，工业化生产乳酸主要以葡萄糖和淀粉为原料，这不仅与食品和饲料等行业竞争原料，而且导致乳酸生产成本较高（原材料占生产成本的40%~70%）。因此，寻找价格低廉的底物作为乳酸生产的原料，成为降低乳酸生产成本、促进乳酸产业发展的重要途径之一。作为基因工程的模式菌株，大肠杆菌发酵法生产乳酸不仅具有原料转化率高和产物光学纯度高等众多优势，而且大肠杆菌可以利用己糖和戊糖等多种碳源，为其在工业化生产乳酸中的应用奠定基础。

1. 利用葡萄糖生产乳酸

葡萄糖在大肠杆菌中的代谢流程如图4-9所示。由图4-9可知，乳酸只是众多代谢中间产物中的一种。野生型大肠杆菌代谢葡萄糖只能产生D-乳酸，几乎不能积累L-乳酸，而经过代谢改造的大肠杆菌不仅可以发酵葡萄糖高效地生产D-乳酸，还可以大量积累L-

乳酸，同时葡萄糖的转化率通常超过 90%。Grabar 等在删除乳酸代谢的部分竞争途径后，通过向无机盐发酵培养基中添加甜菜碱（渗透压保护剂），工程菌株可以高效地转化葡萄糖，积累 118g/L 的 D-乳酸，葡萄糖转化率高达 98%。此外，也有一些研究尝试利用高浓度的乳酸盐来对代谢工程菌株进行驯化，不仅可以提高菌株对乳酸的耐受性，还有利于协调菌体生长与乳酸发酵之间的物质和能量平衡，这些经过驯化培养后的菌株发酵葡萄糖生产乳酸的能力都有不同程度的提高，并且一些菌株已经可以实现半工业化乳酸生产。

葡萄糖是目前利用大肠杆菌发酵生产乳酸的最优碳源，其作为乳酸发酵的底物具有很多优点，如发酵周期短、底物转化率高和乳酸产量高等，但是葡萄糖作为发酵底物增加了乳酸的生产成本，并且葡萄糖是一种速效碳源，浓度过高时会产生阻遏效应。因此，从乳酸产业的发展角度来看，葡萄糖并不是未来乳酸工业生产的最合适原料。

2. 利用甘油生产乳酸

近年来，随着生物柴油制造业和脂肪酸工业的迅速发展，大量的水解副产物甘油（俗称粗甘油）伴随而生。目前，粗甘油已经成为来源丰富且价格低廉的含碳资源。以粗甘油作为原材料，通过大肠杆菌工程菌株发酵生产乳酸的成本较低，与粗甘油的精制相比较，更加具有经济效益。

甘油在大肠杆菌细胞内的代谢流程如图 4-9 所示。当发酵液中的溶氧不足时，大肠杆菌发酵甘油每产生 1 分子的乳酸，细胞内就会积累 1 分子的 NADH，这不仅破坏了菌体内氧化还原力的平衡，还抑制了乳酸的进一步积累。另一方面，在溶氧充足的情况下，大肠杆菌可以利用甘油快速生长，但是乳酸的合成却受到抑制。因此，在利用大肠杆菌发酵甘油生产乳酸的过程中，协调菌体内的氧化还原力平衡和菌体生长与乳酸合成之间的平衡，是保证乳酸高效生产的关键所在。Mazumdar 等研究发现，删除大肠杆菌中乳酸合成代谢途径的部分竞争支流后，通过过表达 $glpK$ 和 $glpD$ 基因可以提高甘油的代谢效率，工程菌株通过乳酸合成路径生产 1mol 乳酸的同时产生 1~2mol 的 ATP，并且可以维持细胞内的氧化还原力平衡。Chen 等也利用类似的策略来阻断竞争代谢支流，并通过温控开关设计来调控菌体的生长与乳酸的合成之间的平衡，所构建的工程菌株具有良好的发酵工业粗甘油生产乳酸的性能，发酵 36h 可积累 100.3g/L 的 D-乳酸，产酸强度为 2.78g/(L·h)。

目前，大肠杆菌发酵粗甘油生产乳酸的研究已经取得了很好的结果，但是乳酸的产量仍然较以葡萄糖为底物时低。分析其原因，可能是因为甘油的还原性比葡萄糖等糖类物质高，所以在对大肠杆菌宿主进行代谢改造时需要全面地协调细胞内各代谢通路之间的矛盾，不仅要阻断乳酸合成途径的竞争代谢途径和乳酸分解途径，提高底物的转化率，还要平衡细胞内的氧化还原力供给，以提高乳酸的生产强度。这会增加代谢调控的复杂性，对代谢调控精确度的要求也更高。

3. 利用蔗糖生产乳酸

蔗糖是一种广泛存在于甘蔗和甜菜等植物体内的二糖，被认定为目前发酵行业中最廉价的碳源。Zhou 等以大肠杆菌 W 作为出发菌株，经代谢途径改造后的工程菌株可以在复合培养基中发酵 100g/L 的蔗糖，并且蔗糖的转化率高达 95%。通过添加甜菜碱来提高菌株在无机盐培养基中对高浓度底物的耐受性,菌株可以在无机盐培养基中发酵蔗糖,产生94g/L 的 D-乳酸。然而,自然界中超过 50%的大肠杆菌不能直接利用蔗糖。因此,一些研究者尝试通过基因工程手段在不能代谢蔗糖的大肠杆菌菌株中表达蔗糖代谢相关的基因,所得工程菌株可以利用蔗糖和糖蜜作为唯一碳源进行乳酸发酵,这也拓展了工程菌株的底物利用范围。

4. 利用其他糖类生产乳酸

木质纤维素原料在自然界中广泛存在,是世界上产量和储存量最丰富的碳源,具有可再生、含糖量高和价格低廉等优点。目前,已经有多种纤维素原料被应用于乳酸的生产研究,如甜高粱和玉米秸秆等,但是通过大肠杆菌直接利用纤维素原料进行乳酸发酵的研究报道较少。这是因为:一方面木质纤维素原料结构稳定,彻底水解的工艺复杂;另一方面木质纤维素水解液中糖分组成复杂,而大肠杆菌中存在碳代谢阻遏效应(如在葡萄糖和木糖同时存在时,优先利用葡萄糖),不利于乳酸的生产和原料的充分利用。

一些经过代谢工程改造的大肠杆菌可以很好地利用木糖作为唯一碳源进行乳酸生产,但是当葡萄糖同时存在时却优先利用葡萄糖,并且在葡萄糖消耗完后木糖仍然不能被完全利用。研究表明,通过删除大肠杆菌菌株中的葡萄糖跨膜转运基因 *ptsG*,可以显著降低葡萄糖的抑制效应,工程菌株可以同时高效地利用葡萄糖和木糖,并且菌株还可以发酵稻草水解液,积累 25.15g/L 的 D-乳酸。为了提高木质纤维素水解液中不同糖类的利用率,有研究者尝试利用多菌共同发酵的方法进行乳酸生产。Eiteman 等构建了两株 D-乳酸生产菌株,其中大肠杆菌 ALS1073($\Delta pflB$、$\Delta ptsG763$、$\Delta manZ743$、Δglk-726)不能利用葡萄糖,而 ALS1074($\Delta pflB$、$\Delta xylA748$)菌株不能利用木糖,通过控制两株菌的生物量,就可以很好地同时发酵葡萄糖和木糖生产乳酸,这两种策略都为利用大肠杆菌发酵木质纤维素生产乳酸奠定了理论基础。

六、代谢工程改造大肠杆菌生产 D-乳酸展望

利用大肠杆菌发酵生产乳酸的最终目标在于把廉价的原料高转化率、高生产强度和高产量地转化为目标产物。开拓新的原料来源,如木质纤维素乃至生活废弃物类原料,不仅可以降低生产成本而且可以避免发酵工业与人争粮的现象。同时对 D-乳酸生产菌株的代谢途径进行改造使其能快速利用这些原料生产 D-乳酸,可尝试从各个方面来改造大肠杆菌宿主,对其进行全局调控,删除副产物代谢途径,增强目标产物的代谢通路,协调乳酸发酵过程中的能量平衡、氧化还原力平衡等。

第三节 代谢工程改造大肠杆菌生产硫酸软骨素

一、硫酸软骨素概述

糖胺聚糖(glycosaminoglycans,GAGs)是由重复的二糖单元反复交联而形成的具有多

种生理功能的直链酸性黏多糖。基于二糖种类、连接方式、硫酸化位点的差异，糖胺聚糖可以分为硫酸软骨素（chondroitin sulfate, CS）、肝素（heparin, Hep）、透明质酸（hyaluronic acid, HA）、皮肤软骨素（dermatan chondroitin, DS）、硫酸角质素（keratan sulfate, KS）。糖胺聚糖具有抗凝血、抗血栓、抗肿瘤等多种药理活性，是构成关节软骨和滑液的主要成分。此外，糖胺聚糖在护肤化妆品领域具有保湿保水作用，还可作为美容保健食品补充体内的多糖。

硫酸软骨素作为软骨中重要的组成成分，由葡萄糖醛酸和 N-乙酰半乳糖胺二糖单位重复组成。硫酸软骨素具有多种生物活性和药用价值，应用于关节炎、风湿性关节炎等疾病的治疗，已经成为国际市场上重要的生化产品。由于人口老龄化，关节炎等疾病的病发者逐年增加。

二、硫酸软骨素的生产方法

目前糖胺聚糖的生产技术主要可以分为动物组织提取法、人工合成法和发酵法三种。动物组织提取法是最早用于生产糖胺聚糖的方法，材料来源于动物组织，如鸡冠、狗的肝脏和牛肺、鲨鱼软骨等，工业过程包括提取、除杂、沉淀干燥得到产品。但是这种方法原料来源局限性大、生产周期长、产品纯化率低、生产成本高，并且动物病原的交叉感染事件频发受到卫生部门高度关注。人工合成法是指某些特定高分子物质在体外经过一系列的化学反应得到目标产物，化学合成磺达肝素需要进行 25 步反应，生物高分子"玻璃酸氧氮杂环戊烯衍生物"合成透明质酸还处于实验室研究阶段，可见合成过程的复杂性。发酵法是指利用性能优良的微生物菌株进行发酵培养，然后从发酵液中分离纯化得到目标产物。发酵法与其他方法相比有着独特的优势，微生物利用廉价的培养基生产高价值的糖胺聚糖，能够显著降低成本，增加经济效益；发酵液提取与纯化工艺过程较其他方法简单，得到的产品质量安全稳定；此外，发酵法生产属于环境友好、低污染型。

传统的动物组织提取法可能无法满足市场需求，并且传统动物组织提取法存在诸多弊端。因此，微生物发酵法会越来越受到人们的重视。近年来，发酵法生产糖胺聚糖已经成为国内外研究热点（表4-7）。大肠杆菌 K4 作为软骨素及其类似物的主要生产菌株，其果糖软骨素是由 UDP-GlcA 和 UDP-GalNAc 通过 $\beta1 \rightarrow 3$ 或者 $\beta1 \rightarrow 4$ 糖苷键交替连接而成，并且 UDP-GlcA 的 C-3 位置被果糖基团所取代。果糖软骨素经过脱果糖和硫酸化修饰等步骤获得硫酸软骨素。大肠杆菌 K5 作为合成肝素前体的出发菌株结合发酵优化也使得产量得到了提高。

表 4-7　　　　　　　　　　发酵法生产糖胺聚糖研究策略

出发菌株	产物	过程	产量/(g/L)
Bacillus subtilis BN	CS	分批发酵	4.20
E. coli O5∶K4∶H4	K4CPS*	分批发酵	1.4

第四章 代谢工程改造大肠杆菌生产典型平台化合物

续表

出发菌株	产物	过程	产量/(g/L)
E. coli O5:K4:H4	K4CPS	采用微滤装置进行高密度发酵	4.73
E. coli O5:K4:H4	K4CPS	过量表达 *rfaH*,并采用微滤装置发酵	9.2
E. coli O5:K4:H4	K4CPS	利用强启动子 pTrc 控制 *slyA* 表达	2.64
E. coli BL21 Star™ (DE3)	软骨素	异源表达 *kfoA/kfoF/kfoC* 基因,并采用补料分批发酵	2.4
Streptococcus zooepidemicus	HA	通过搅拌转速改变溶氧	6.6
Corynebacterium glutamicum	HA	过量表达操纵子 ssehasA-hasB,并采用补料发酵	8.3
Bacillus subtilis 168	HA	共表达 *tuaD/gtaB/glmU/glmM* 和 *glmS*,并采用补料发酵	19.38
E. coli	HA	过表达 *pmHas-kfiD*	3.8
E. coli BL21	肝素	异源表达肝素前体合成酶基因 *kfiA/kfiB/kfiC/kfiD* 并采用 pH-stat 补料	2.61
E. coli K5	肝素	碳源及补料方式优化	8.63
Bacillus subtilis 168	肝素	共表达 *tuaD/gtaB/glmU/glmM* 和 *glmS*,并采用补料发酵	7.25

* K4CPS:大肠杆菌 K4 的荚膜多糖。

糖胺聚糖作为一种荚膜多糖,首先在细胞质中合成多糖链,然后经周质空间定位至细胞外膜形成一圈黏液层,整个过程由细胞外膜和周质空间内多种复合蛋白完成,并且这些复合结构在时间和空间上需要紧密配合。合成过程主要可以分为三个部分:①单糖前体的合成;②糖胺聚糖的聚合与延伸;③糖胺聚糖的修饰与转运。

(一) 单糖前体的合成

肝素、透明质酸、软骨素的合成途径如图 4-10 所示。葡萄糖通过 PEP-PTS 转运系统、ABC 转运子和质子泵等方式进入细胞内,被葡萄糖激酶(EC 2.7.1.2)转化成 6-磷酸-葡萄糖(Glucose-6-phosphate, Glc-6-P),然后进入两条不同代谢路径:①在磷酸葡萄糖异构酶(EC 5.3.1.9)的作用下转化成 6-磷酸果糖(Fructose-6-phosphate, Fru-6-P);②在磷酸葡萄糖变位酶(EC 5.4.2.2)的作用下转化成 1-磷酸葡萄糖(Glucose-1-phosphate, Glc-1-P)。其中,①、②分别为前体 UDP-N-乙酰氨基葡萄糖(UDP-N-acetylglucosamine, UDP-GlcNAc)和 UDP-N-乙酰半乳糖胺(UDP-N-acetylgalactosamine, UDP-GalNAc)、UDP-葡萄糖醛酸(UDP-glucuronic acid, UDP-GlcA)的合成路径。

UDP-GlcA 的合成:Glc-6-P 在磷酸葡萄糖变位酶(EC 5.4.2.2)的作用下转化为 Glc-1-P,随后在 UDP-葡萄糖焦磷酸化酶(EC 2.7.7.9)的作用下转化为 UDP-葡萄糖(UDP-Glucose, UDP-Glc),最后在 UDP-葡萄糖脱氢酶(EC 1.1.1.22)的作用下转化为

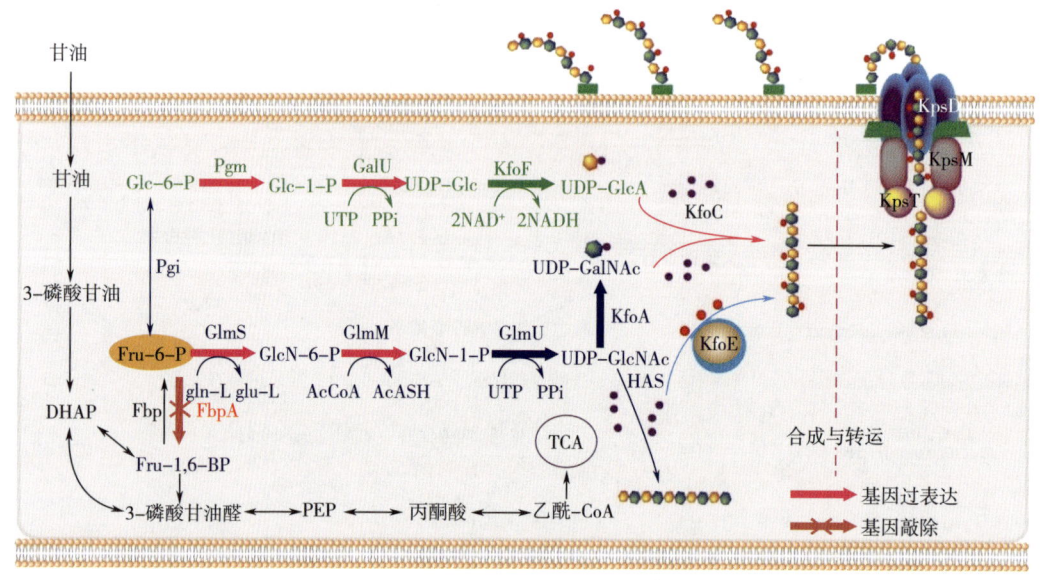

图 4-10 肝素、透明质酸、软骨素的生物合成途径

DHAP：磷酸二羟丙酮；PEP：磷酸烯醇式丙酮酸；Glc-6-P：6-磷酸葡萄糖；Glc-1-P：1-磷酸葡萄糖；UDP-Glc：UDP-葡萄糖；Fru-1,6-BP：1,6-二磷酸果糖；Fru-6-P：6-磷酸葡萄糖；GlcN-6-P：6-磷酸-N-乙酰氨基葡萄糖；GlcN-1-P：1-磷酸-N-乙酰氨基葡萄糖；UDP-GlcA：UDP-葡萄糖醛酸；UDP-GlcNAc：UDP-N-乙酰氨基葡萄糖；UDP-GalNAc：UDP-N-乙酰半乳糖胺

UDP-GlcA。

UDP-GlcNAc 的合成：经 Glc-6-P 转化而来的 Fru-6-P 在葡萄糖胺合酶（EC 2.6.1.16）、磷酸葡萄糖胺变位酶（EC 5.4.2.10）、1-磷酸-N-乙酰葡萄糖胺焦磷酸化酶（EC 2.7.7.23）的依次作用下转化为 UDP-GlcNAc。

UDP-GalNAc 的合成：UDP-GlcNAc 在差向异构酶（EC 5.1.3.2）的作用下转化为 UDP-GalNAc。

（二）糖胺聚糖的聚合与延伸

根据大肠杆菌荚膜的基因型、生物合成方式、调控方式的差异将其分为 group（组别）1、group 2、group 3、group 4 四个类型。硫酸软骨素和肝素的生产菌株大肠杆菌 K4、大肠杆菌 K5 均属于 group 2，涉及荚膜多糖合成和转运的基因成簇分布于染色体上，并且不同的 K 抗原基因簇有自身保守基因结构，分别为 region（区域）1、region 2、region 3 三个功能区，如图 4-11 所示。其中，region 1 和 region 3 负责荚膜多糖的修饰和跨膜运输，而 region 2 位于 region 1 和 region 3 之间，主要负责荚膜多糖前体的合成和多糖链的聚合延伸，region 2 的大小决定了 K 抗原的复杂程度。

大肠杆菌 K4 中 region 2 总长度为 14 kb，包括 *kfoA*～*kfoG* 7 个基因和 1 个 1.331 kb 的转座原件 IS2。其中，*kfoA*、*kfoF* 分别编码前体 UDP-GlcA、UDP-GalNAc 的差向异构酶和

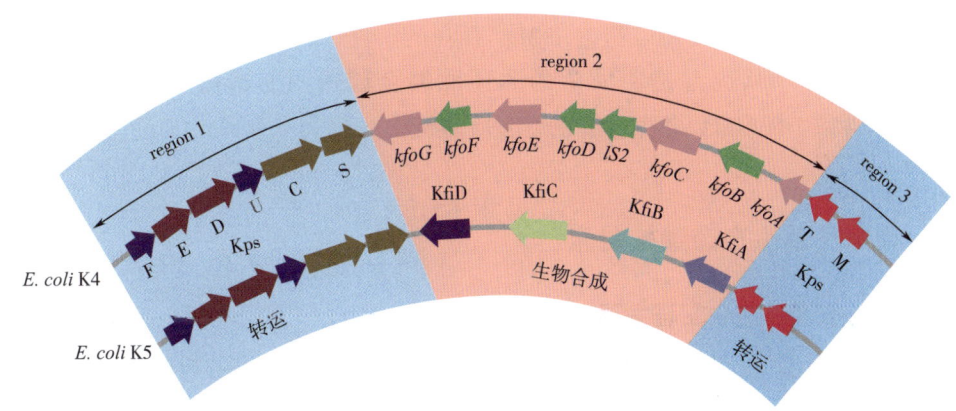

图 4-11　荚膜多糖合成基因簇

KpsF/KpsU：涉及 CMP-*kdo* 的生物合成；KpsD/KpsE：转运多糖质到细胞膜外；
KpsC/KpsS：负责 CMP-*kdo* 的转运；KpsT/KpsM：通过 ABC 转运系统将多糖转运出细胞内膜；KfoA：差向异构酶；
KfoC：软骨素合成酶；KfoF/KfiD：UDP-葡萄糖脱氢酶；KfoE：果糖转移酶；KfoG：具有糖基转移酶活性；
KfiA：乙酰氨基葡萄糖转移酶；KfiC：葡萄糖醛酸转移酶

UDP-葡萄糖脱氢酶，*kfoC* 编码软骨素合成酶，其 N 端和 C 端分别是 UDP-GlcA 和 UDP-GalNAc 的转移酶活性位点，可交替转移单糖前体至多糖链的非还原性末端，从而使多糖链不断延伸。

大肠杆菌 K5 region 2 总长度为 8.0kb，包括 *kfiA*~*kfiD* 4 个基因，*kfiA*、*kfiB*、*kfiC* 基因之间分别有一段插入序列。Northern blot 和转录实验显示 region 2 具有三个启动子，这些启动子不仅能使各自的基因进行转录，还能使整个 region 2 进行转录，包括基因之间的插入序列，表明了整个转录过程的复杂性。肝素前体合成的四个基因具有各自的功能，*kfiA*、*kfiD*、*kfiC* 分别编码乙酰氨基葡萄糖转移酶、UDP-葡萄糖脱氢酶、糖基转移酶，可催化 UDP-GlcNAc 和 UDP-GlcA 转化为 GlcNAc 和 GlcA，后二者为合成肝素的重要前体；*kfiB* 编码的酶在多糖链的延伸过程中具有蛋白支架的作用，可防止糖链延长的复合酶脱落，从而加强了肝素前体的合成。

（三）糖胺聚糖的修饰与转运

Group2 荚膜多糖的生物合成大致可以分为四个阶段，分别为多糖修饰基团 CMP-*kdo* 的合成、CMP-*kdo* 转运修饰多糖链、ATP 结合盒转运载体（ATP binding cassette）转运多糖至周质空间、多糖链转运至细胞外膜。过程中涉及修饰和转运糖胺聚糖的酶位于功能区 region 1 和 region 3。Region 1 负责多糖修饰基团 CMP-*kdo* 的合成以及多糖链从周质空间向细胞外膜的转运，region 3 通过 ATP 结合盒转运载体将多糖运出细胞内膜。

在透明质酸的生物合成过程中，*hasA*、*hasB*、*hasC* 基因分别编码透明质酸合成酶、UDP-葡萄糖脱氢酶、UDP-葡萄糖焦磷酸化酶，均位于 HAS 操纵子上。链球菌（*Streptococci*）（A 群）合成透明质酸荚膜与 HAS 操纵子的表达息息相关。微生物合成透明质酸不是前体在酶简单催化作用下完成的,而是微生物细胞形成一个与原生质膜相关的蛋白复合物来催化透明质酸的合成和运输。在 Mg^{2+} 存在的条件下,A 群链球菌以 UDP-GlcA 和 UDP-GlcNAc 为底物从内源透明质酸的非还原端合成透明质酸分子链,合成过程中 UDP-GlcNAc 和 UDP-GlcA 交替连接在透明质酸链上,以每分钟约 100 个糖单位的速度进行。

三、大肠杆菌生产硫酸软骨素

(一)糖胺聚糖的生化工程策略

那些具有发酵潜力的菌株,还需要在人为精心设计的有利于目的产物或所需特性表现的优化环境中才能表现出来。糖胺聚糖生化工程的研究是必须进行的重要步骤。优化的环境条件,主要包括营养条件,如培养基组分、特殊的营养物质、诱导剂的种类;培养条件,如温度、酸碱度、溶解氧浓度、培养模式、诱导策略等。

培养基的选择与优化处于营养条件的核心地位。培养基不仅影响微生物生长,为微生物提供碳源、氮源、能源、生长因子、无机盐和水六类营养要素,其组分还会影响目标产物的产量、产率以及生产强度。此外培养基的成本会直接影响发酵过程的经济效益和下游产品分离纯化提取的难易程度。Cimini 以野生型大肠杆菌 K4 为出发菌株进行培养基的优化,首先选择葡萄糖和甘油作为碳源,酪蛋白和大豆蛋白胨作为氮源进行摇瓶实验,最终选择甘油和大豆蛋白胨,使得果糖软骨素产量达到了 1.4g/L。另外 Restaino 通过向培养基中添加特殊营养物质,分别是 K4 荚膜多糖的前体物质葡萄糖醛酸和氨基半乳糖、果糖,最终果糖软骨素产量分别提高了 68%、57%,其原因可能是葡萄糖醛酸和氨基半乳糖作为前体物质被利用,而果糖作为碳源物质增加了 UDP-氨基半乳糖路径的碳流。

高浓度的营养物质可能会抑制微生物细胞的生长,但是为了达到高细胞密度,往往又必须向生物反应器中流加经过浓缩的营养物质。因此所采用的补料策略必须符合菌株的生理特性。Restaino 课题组采用三阶段控制策略来实现大肠杆菌 K4 高密度发酵,从而提高了果糖软骨素的产量,第一阶段采用分批发酵,维持 7h;第二阶段采用恒速补料策略保证甘油浓度超过 0.3g/L,维持 5h;第三阶段在发酵过程中启动微滤装置排除低分子质量的副产物,维持 35h,使得大肠杆菌 K4 荚膜多糖的产量达到了 4.73g/L,分别是分批发酵和补料分批发酵的 16 倍和 3.3 倍。Cimini 以 EcK4r3 为研究对象,采用上述三阶段发酵策略,使得 K4CPS 的产量达到最高,为 9.2g/L。Zhang 以生产肝素前体最优重组菌 sABCD 为出发菌株,考察了分批培养模式和补料分批培养模式(pH-stat* 补料、Do-stat 补料、恒速补料、拟指数补料)对肝素前体合成的影响,最终在 pH-stat 补料模式下肝素前体产量达到了 2.61g/L。

温度和 pH 能够影响微生物体内酶的活性,从而影响细胞内生物化学反应的进行,对糖胺聚糖的合成以及微生物生长都会产生巨大影响。大肠杆菌 K4 在 20℃ 下几乎不合成荚

---

* stat 表示稳态。

膜多糖，随着培养温度升高至37℃，荚膜多糖的量与温度呈现线性关系。吴明霞等将兽疫链球菌发酵过程分为两阶段，在36℃的最佳温度下培养28h后转入38℃培养至发酵结束，透明质酸的产量得到了显著提高。

（二）糖胺聚糖的代谢工程策略

现已开发和用于糖胺聚糖生产过程中代谢工程的策略包括（图4-12）：①定向进化，作为蛋白质改造的重要手段之一，能够筛选出性能优良的工程菌株；②启动子工程，调控关键基因的表达以实现路径中碳流平衡；③转录工程，控制基因的转录水平；④模块途径工程，对糖胺聚糖合成代谢网络进行全局优化。

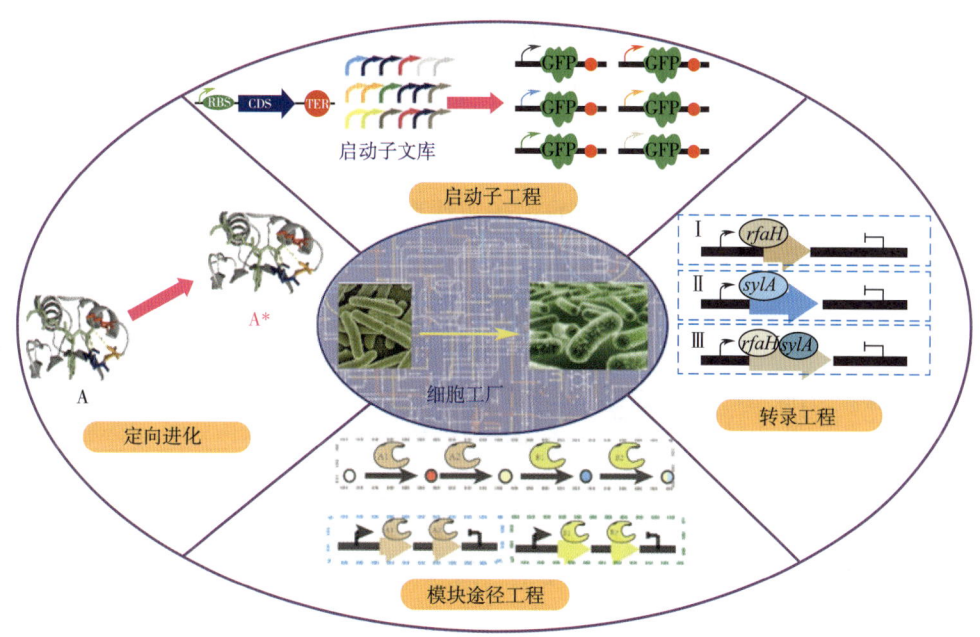

图4-12 糖胺聚糖生产的代谢工程改造策略
A：野生型；A*：突变体

1. 定向进化

定向进化技术作为蛋白质改造的重要手段之一，主要由两个关键步骤组成，一是通过人为引发的随机突变获得突变体库，二是采用有效的高通量筛选技术得到性能优良的突变菌株。该技术已经应用于透明质酸的生产过程并且取得了较好的效果。透明质酸酶（hyaluronidase, HAase）家族可以分为三个大类，是降解透明质酸的酶的总称。透明质酸酶不仅影响透明质酸产量，而且还影响其分子质量大小。Jin选择了对水蛭透明质酸酶基因 LHyal 的核糖体结合位点进行改造。首先以pSKIZH质粒为模板进行反向全质粒PCR获得了库容为10^4个克隆的突变体库，然后进行高通量培养，根据平板上透明圈直径的大小来筛选不同表达强度的水蛭透明质酸酶的突变株，筛选得到的最优重组菌株在3L罐水平下采用补料分批发酵，产量和分子质量分别为19.38g/L、$6.62×10^3$u。上述案例说明了借助定向进化技术，可以实现基因在翻译水平上的精准调控，从而提高糖胺聚糖的产量。

2. 启动子工程

启动子工程广泛用于路径优化，能够调控基因的精细化表达。常用的基因表达调控策略包括：改造启动子强度、核心区域、基因间隔区以及核糖体结合位点等。果糖软骨素的生产已经运用了启动子工程策略，为了提高大肠杆菌 K4 生产果糖软骨素的能力，将合成基因簇 pR3 启动子 3′端非编码区（untranslated region）进行缺失突变，结果表明：当 ops（operon polarity suppressor）序列（*rfaH* 蛋白结合位点）存在时，UTR 的长度变化与否不影响 pR3 启动子强度和 K4CPS 产量；但当 ops 序列缺失时，UTR 的延长，pR3 启动子的强度和 K4CPS 产量均低于对照菌株；反之，UTR 的缩短能显著提高 pR3 启动子的强度，进而使 K4CPS 产量比原菌增加了 46%，达到了 751mg/L。另一个启动子工程应用的实例也与果糖软骨素的合成有关。Cimini 通过采用不同强度的启动子 pTrc 和 T7 来过量表达软骨素合成酶基因 *kfoC*，结果表明，工程菌株 BK4061、BK4062、BK4063 生产果糖软骨素的能力均高于野生型大肠杆菌 K4，最高产量为 250mg/L，较原菌提高了 113%。Zhang 利用双启动子共表达质粒 pETDeut-1 和 pRSFDeut-1 表达来自大肠杆菌 K5 的肝素前体合成酶基因簇 *kfiA*、*kfiB*、*kfiC*、*kfiD*，构建了重组质粒 pKfiA、pKfiB、pKfiC、pKfiD、pKfiAC 和 pKfiBD，然后将这些质粒转入表达菌株大肠杆菌 BL21（DE3）中，成功获得工程菌株 sA、sC、sAC、sABC、sACD 和 sABCD，经过发酵优化，工程菌株 sABCD 的产量达到了 2.61g/L，该研究为肝素的工业化生产提供了优良的生产菌株，并且为采用其他类型宿主构建肝素高产工程菌株提供了依据。综上所述，启动子工程策略可以通过调控糖胺聚糖合成路径中基因的表达水平，来实现代谢路径碳流平衡，进而提高糖胺聚糖的产量。

3. 转录工程

转录因子也称反式作用因子，是一类具有特殊结构、行使调控基因表达功能的 DNA 结合蛋白。研究表明，全局转录调控因子 SlyA 和 RfaH 在果糖软骨素生物合成中起重要的调控作用。吴秋林分别利用诱导型表达载体 pTrcHis 和组成型表达载体 pBluscript SK Ⅱ(+) 来过量表达 *slyA* 基因，成功构建了工程菌株大肠杆菌 THslyA 和 BLp*slyA*。诱导型重组菌株大肠杆菌 THslyA 中的 *slyA* 受强启动子 pTrc 控制表达，*slyA* 经诱导剂 IPTG 诱导表达后，果糖软骨素合成能力显著增强，在摇瓶和 5L 发酵罐水平下分别为 1g/L 和 2.64g/L，较原菌提高了 82% 和 25%；组成型重组菌株大肠杆菌 BLp*slyA* 中的 *slyA* 基因由自身启动子 p10、p13 和 p14 控制表达，菌体生长受到严重抑制，甘油消耗速率降低，果糖软骨素的产量较原菌降低了 31%，为 0.37g/L。*RfaH* 是荚膜合成的决定性因子，在转录过程中与 *kpsM* 5′端的非翻译区的 ops 序列结合，与 RNA 聚合酶复合物相互作用调节 region 2 功能区的转录，ops 序列和 *rfaH* 基因的缺失均导致荚膜合成缺陷。Cimini 分别通过利用质粒和表达盒在大肠杆菌 K4 中过量表达 *rfaH* 基因，构建了菌株大肠杆菌 K4-pTrcrfaH 和 EcK4r3 重组菌株，发酵结果与野生型大肠杆菌 K4 相比，果糖软骨素产量提高了 40%~140%，最高产量达到了 5.3g/L。上述案例均说明了转录因子通过参与基因的表达调控，从而提高了工程菌株生产糖胺聚糖的能力。

4. 模块途径工程

传统代谢工程通常是找出代谢节点，然后选择合适的代谢改造方法例如基因敲除、过表达限速步骤基因、解除调控等来改变代谢流的分布，但是这些手段在解决代谢瓶颈的时候往往会给代谢路径引入新的瓶颈。因此代谢路径之间需要更优的策略进行平衡。模块途径工程可以将代谢路径分为不同模块，然后构建不同强度的模块进行组装，最后对不同模块进行表达优化，进而得到最优工程菌株。GlcNAc 作为糖胺聚糖的前体物质之一，它的多少与糖胺聚糖的产量息息相关。Liu 等利用模块途径工程策略生产 GlcNAc 可为糖胺聚糖的生产提供方向。通过将枯草芽孢杆菌 168 胞内代谢路径分为 GlcNAc 合成模块、糖酵解模块和肽聚糖合成模块：①首先，通过双启动子策略优化 GlcNAc 合成路径中葡萄糖胺合酶（GlmS）和 GlcN-6-P-乙酰化酶（Gnal）的表达，敲除编码副产物乳酸和乙酸的基因 *ldh*、*pta*，得到最佳 GlcNAc 合成模块；②通过过表达不同 sRNA 和 Hfq 蛋白的组合，调控磷酸果糖激酶（Pfk）和 GlcN-1-P-变位酶（GlmM）表达，得到不同活性的糖酵解模块和肽聚糖合成模块；③对 3 个模块进行组装。通过筛选，当 GlcNAc 合成模块、糖酵解模块和肽聚糖合成模块表达水平分别为高、低、低时，重组菌株单位细胞生产 GlcNAc 能力最强，达到了 2.00g/g，是对照菌株的 4.3 倍。利用大肠杆菌 BL21 Star™（DE3）异源表达生产软骨素这一案例也运用了模块路径工程策略。*kfoA*、*kfoF*、*kfoC* 基因编码的酶直接影响 UDP-GlcA 合成模块、UDP-GalNAc 合成模块、软骨素聚合模块，He 首次将这三个基因以不同的顺序组合到仿操纵子体系中，并对三个基因的表达强度进行了优化，结果显示，当 *kfoA*、*kfoC*、*kfoF* 的表达强度分别为高、中、低时，采用补料分批培养模式，最优工程菌株软骨素产量达到了 2.4g/L，与野生型大肠杆菌 K4 生产水平相当。综上两个实例表明，利用模块途径工程策略，能够有效地平衡代谢路径上碳流的分布，解决代谢路径瓶颈，从而使糖胺聚糖产量达到最大化。

（三）代谢工程改造大肠杆菌生产硫酸软骨素

硫酸软骨素是一类存在于动物组织中的硫酸化的糖胺聚糖，具有多种生物活性和药用价值，广泛应用于保健品、化妆品和药品等行业。为了满足环境友好、生产安全和可持续发展的社会要求，利用微生物发酵法生产硫酸软骨素越来越受到人们的关注。大肠杆菌 K4（*Escherichia coli* K4）生产的荚膜多糖是一种软骨素类似物，但是其产量、产率和生产强度较低，不能满足工业化生产的要求。通过对大肠杆菌 K4 中果糖软骨素合成路径中关键酶进行表达、敲除，优化了果糖软骨素的合成路径，提高了大肠杆菌 K4 合成果糖软骨素的能力。

1. 果糖软骨素生物合成路径限速步骤的鉴定

采用 RED 同源重组技术敲除大肠杆菌 K4 中编码磷酸果糖激酶的基因 *pfkA*，阻断代谢流由 6-磷酸果糖流向 1,6-二磷酸果糖，获得了重组菌株大肠杆菌 K4-$\Delta pfkA$。摇瓶实验发现，大肠杆菌 K4-$\Delta pfkA$ 的生长比大肠杆菌 K4 降低了 9.26%，果糖软骨素的产量和单位细胞生产果糖软骨素的能力分别为 158.27mg/L 和 53.95mg/gDCW，与大肠杆菌 K4 相比提高了 55.17% 和 69.12%。

2. 果糖软骨素生物合成路径的构建

为了确定果糖软骨素前体合成路径酶以及聚合路径酶对果糖软骨素合成的影响，首先在大肠杆菌 K4-$\Delta pfkA$ 中分别过量表达了前体 UDP-GlcA 合成的路径酶磷酸葡萄糖变位酶（Pgm）、UDP-葡萄糖焦磷酸羧化酶（GalU）和 UDP-葡萄糖脱氢酶（KfoF），构建了 3 株重组菌株 ZQ02、ZQ03 和 ZQ04。重组菌株 ZQ03 的果糖软骨素产量和单位细胞生产果糖软骨素的能力最高，分别为 191.87mg/L 和 68.92mg/gDCW。其次，在大肠杆菌 K4-$\Delta pfkA$ 中分别过量表达了前体 UDP-GalNAc 合成的路径酶葡萄糖胺合酶（GlmS）、磷酸葡萄糖胺变位酶（GlmM）、N-乙酰葡萄糖胺焦磷酸羧化酶（GlmU）和差向异构酶（KfoA），构建了 4 株重组菌株 ZQ05、ZQ06、ZQ07 和 ZQ08。重组菌株 ZQ06 果糖软骨素产量和单位细胞生产果糖软骨素的能力均得到了提高，分别为 223.63mg/L 和 77.10mg/gDCW。第三，通过在大肠杆菌 K4-$\Delta pfkA$ 中构建融合蛋白 GalU-Pgm 和 GlmM-GlmS，增强路径底物传输效率，获得重组菌株 ZQ12，果糖软骨素的产量达到 261.18mg/L。最后，利用分子对接模型确定了软骨素合成酶（KfoC）潜在的突变体 KfoC*。基于此，构建了重组菌株 ZQ14（大肠杆菌 K4-$\Delta pfkA$-glmM-glmS-galU-pgm-kfoC*），果糖软骨素产量和单位细胞生产果糖软骨素的能力分别为 356.47mg/L 和 121.69mg/gDCW，与重组菌株 ZQ12 相比分别提高了 36.48% 和 38.73%。

3. 果糖软骨素生物合成路径的组合优化

选择了果糖软骨素合成路径中的 5 个必需基因，将其划分为 3 个模块：①UDP-GalNAc 模块：glmM-glmS；②UDP-GlcA 模块：galU-pgm；③聚合模块：KfoC*。通过改变各模块表达框中核糖体结合位点的强度优化模块基因的表达水平，结果表明，当 UDP-GalNAc 模块控制为低表达水平时，重组菌株 ZQ17 果糖软骨素产量和单位细胞生产果糖软骨素的能力分别为 369.20mg/L、127.41mg/gDCW；当 UDP-GalNAc 模块控制为中等表达水平时，重组菌株 ZQ25 果糖软骨素产量和单位细胞生产果糖软骨素的能力分别为 521.62mg/L、164.78mg/gDCW；当 UDP-GalNAc 模块控制为高表达水平时，重组菌株 ZQ34 果糖软骨素产量和单位细胞生产果糖软骨素的能力分别为 425.80mg/L、144.28mg/gDCW。菌株 ZQ25 的果糖软骨素产量、单位细胞生产果糖软骨素的能力分别比菌株 ZQ17 提高了 41.28% 和 29.33%，比菌株 ZQ34 分别提高了 22.50% 和 14.21%。因此，当 glmM-glmS、galU-pgm、KfoC* 模块的表达水平分别为中、低、中时，最有利于果糖软骨素的合成。

4. 发酵优化提高果糖软骨素的产量

在 5L 罐上分别采用了分批发酵、间歇补料分批发酵、DO-stat 补料分批发酵 3 种发酵模式，优化重组菌株 ZQ25（大肠杆菌 K4-$\Delta pfkA$-M-glmM-glmS-L-galU-pgm-M-kfoC*）的果糖软骨素生产能力。当采用 DO-stat 补料分批发酵模式时，果糖软骨素的产量、单位细胞生产果糖软骨素的能力、生产强度、最大比合成速率分别为 5.33g/L、140.05mg/gDCW、148.06mg/(L·h)、0.070g/(gDCW·h)。最后，将上述控制条件应用于 30L 发酵罐，果糖软骨素的产量进一步提高到了 8.43g/L，并且单位细胞生产果糖软骨素的能力达到了 263.57mg/gDCW。果糖软骨素经过脱果糖和硫酸化修饰等步骤可获得硫酸软骨素。

四、利用大肠杆菌生产硫酸软骨素的展望

近年来，国内外研究人员已经将生化工程和代谢工程策略应用到糖胺聚糖的生产过程中，并且取得了不错的成绩。特别是利用代谢工程策略构建的生产菌株，分别包括：定向进化技术、启动子工程、转录工程和模块途径工程等，为糖胺聚糖工业化生产奠定了坚实基础。然而，由于微生物自身代谢的经济学本能、工业环境与自然环境的巨大差异造成了糖胺聚糖产量、产率和生产强度低。因此，如何协调代谢工程新策略和生化工程手段来获得高性能的生产菌株并且实现糖胺聚糖的高效生产是未来的研究热点和重点，包括：

（1）糖胺聚糖的合成与细胞生长所需的代谢途径相互竞争，可以通过开关工程来实现产物合成与细胞生长相分离，从而提高糖胺聚糖的得率。

（2）糖胺聚糖代谢网络比较简单，但是相关代谢十分复杂，涉及的基因较多，可采用模块路径工程策略优化糖胺聚糖合成与转运路径上基因的表达。

（3）重组质粒的不稳定性以及对宿主菌的代谢负担，可利用定向进化技术对基因组进行改造，实现糖胺聚糖合成途径关键酶的整合表达。

（4）研究高密度培养细胞与高强度产物合成的两阶段发酵策略，实现糖胺聚糖发酵法生产的高产量、高产率和高生产强度的统一，为工业化生产奠定基础。

第四节　代谢工程改造大肠杆菌生产 L-苹果酸

一、L-苹果酸概述

苹果酸（malate），又名 2-羟基丁二酸，为四碳二羧酸（图 4-13），分子式为 $C_4H_6O_5$，其粉末呈白色结晶状，易溶于水和乙醇等溶剂。由于苹果酸分子中有一个不对称碳原子，故在自然界中，苹果酸有三种存在形式：D-型、L-型和 DL-型，其中 L-苹果酸是参与细胞代谢不可或缺的中间代谢物，是生物体可以利用的形式。

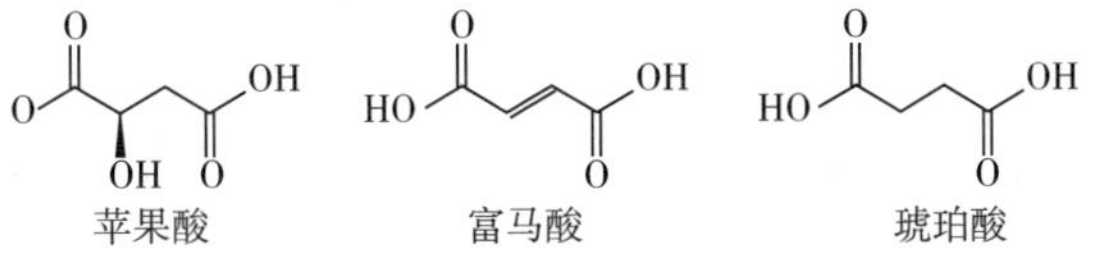

图 4-13　四碳二羧酸结构式

L-苹果酸作为生物体三羧酸循环的重要中间体，普遍存在于需氧型生物体内，天然存在于一切植物果实中；D-苹果酸只能通过人工合成得到，且不能被生物体直接吸收利用，需要经过消旋酶和氧化还原酶催化才能转化为 L-苹果酸。L-苹果酸在苹果中的含量非常高，也因此而得名。

二、L-苹果酸的应用领域

L-苹果酸是一种重要的四碳平台化合物,已被美国能源部列为基础化合物之一,其应用领域涉及食品、医药、养殖业、化妆品等行业。

(一) L-苹果酸在食品工业中的应用

L-苹果酸是一种重要的有机酸,与柠檬酸配合使用,可以模拟天然果实的酸味特征,使口感更自然;也可与甜味剂配合使用,主要用于加工和配制饮料、露酒、果汁(清凉饮料、乳酸饮料、果汁饮料中添加苹果酸,可改善口感和风味),也用于糖果、果酱、果冻等的制造;L-苹果酸对食品具有抑菌防腐作用,可延长低盐香肠和果酱的保存期。苹果酸酸味别致、刺激性缓慢、保存时间长、具有特殊的香味,是一种优良的食品添加剂。

(二) L-苹果酸在医疗行业中的应用

L-苹果酸用于各种片剂、糖浆中可使其呈水果味,也是氨基酸注射液(手术后重要的营养药品)成分之一,以提高氨基酸的利用率,这对手术后虚弱和肝功能障碍病人尤其重要。其钠盐是治疗肝功能不全,特别是高血压症的有效药物。L-苹果酸钠具有食盐的1/3盐味,可作肾脏病人代食盐及作为补铁、补锌、补镁等药物;L-苹果酸可直接参与人体代谢,被人体直接吸收,实现短时间内向机体提供能量,消除疲劳,起到恢复体力的作用。L-苹果酸作为治疗心脏病基础液成分之一,用于 K^+、Mg^{2+} 的补充,可保持心肌的能量代谢,对心肌梗死的缺血性心肌层起到保护作用。

(三) L-苹果酸在养殖业中的应用

在养殖业,L-苹果酸可作为一种动物饲料添加剂,能有效提高饲料转化率和动物生长、生产性能。断奶仔猪,胃酸分泌不足,而仔猪饲料的 pH 一般在 5.8~6.5,在仔猪饲料中添加 L-苹果酸,可以改善仔猪的生长性能。

(四) L-苹果酸在化妆品行业的应用

L-苹果酸是 α-羟基酸,是一种有机酸,含有天然的润肤成分,对皮肤细胞有刺激作用,它可以轻易溶解黏合在死细胞之间的物质,使已经死亡的细胞迅速脱落,从而使皮肤恢复年轻态。同时,L-苹果酸可以刺激皮肤生成细胞基质,促进胶原质的成长,使表皮细胞更新代谢的速度加快,这一作用可以有效地帮助皮肤抚平皱纹,让皮肤更加平整、光滑、有弹性。L-苹果酸还能渗透进皮肤毛孔,对毛孔进行清洁,对痤疮、暗疮等皮肤问题的治疗效果明显。由于具有上述特性,L-苹果酸广泛应用于去皱、美白、补水、祛痘、去黑头等护肤品中。

三、L-苹果酸的生产方法

目前,苹果酸的合成方法主要有三种,分别为化学合成法、酶转化法和微生物发酵法。其中微生物发酵法因其原料来源广、成本低、工艺条件温和、产品品质稳定以及生产方式绿色环保等优势,被认为是最有前景的一种生产方式。

（一）化学法合成 L-苹果酸

L-苹果酸早期的生产方法是直接从含有 L-苹果酸的水果和蔬菜中提取，该工艺首先利用碳酸钙沉淀汁液中的苹果酸，再用硫酸酸解处理沉淀物质后进行浓缩获得 L-苹果酸。随着化学工艺的发展，开启了化学法生产苹果酸的浪潮，主要生产方法包括：高温高压水合法、糠醛氧化法和水解法等。在化学法合成苹果酸生产技术中，高温高压水合法是制造 DL-苹果酸最主要的工业技术。其步骤是以顺丁烯二酸为原料，加热至 120℃，在 1MPa 的压力下进行水合作用生成 DL-苹果酸，DL-苹果酸随着浓度增高会脱水生成反丁烯二酸，反丁烯二酸也可缓慢水合生产 DL-苹果酸，最后形成反丁烯二酸与苹果酸的可逆物质，其中苹果酸占 63%。化学法合成苹果酸为 DL 型，虽然成本低，但是不易吸收，有一定毒性，不符合食品级标准。如果将苹果酸从混合物中纯化出来，会造成 DL-苹果酸的生产成本提高。

（二）酶转化法生产 L-苹果酸

酶转化技术的发展很好地解决了上述问题，同时该技术表现了酶作为催化剂时，稳定、回收率高和不受产物抑制的优势。酶转化法合成苹果酸，主要以富马酸为底物经延胡索酸酶转化为 L-苹果酸。该方法又分为游离转化法和固定化法，其中固定化法通过对富马酸酶或含有富马酸酶的细胞进行固定化后用于转化。采用酶转化法生产 L-苹果酸，因其转化率高和工艺相对简单等优点被广泛研究并成功用于工业化生产。主要研究有：乌敏辰等利用文氏曲霉突变菌株 WM-1 作为酶催化剂，并以 2% 的菌体量加入含有 180g/L 富马酸盐转化液中，通过控制转化温度为 35℃ 和转速为 150r/min，转化 24~36h 后，L-苹果酸产量达到 164g/L，转化率高达 91.1%。景晓辉等利用温特曲霉突变菌株 *Aspergillus wentii* F-891 为催化剂转化富马酸生产 L-苹果酸，L-苹果酸产量达到 108.7g/L，转化率为 83.7%。

与游离转化法相比，采用固定化细胞或固定酶转化富马酸生产 L-苹果酸，因催化剂可反复利用以及可实现连续化生产等优势，国内外开展了广泛的研究。固定化生产 L-苹果酸主要以富马酸酶转化为主，可以实现 L-苹果酸连续、高效的工业化生产，但是该技术依赖高纯度的富马酸为底物，存在价格昂贵和产品含有富马酸等杂质的缺点。Yamamoto 等采用包埋法对产氨短杆菌细胞进行固定化来实现富马酸向 L-苹果酸的连续转化，在 100L 反应器中每天可以生产 15.4kg 的 L-苹果酸，该研究为工业上连续生产 L-苹果酸奠定了基础。此后，Neufeld 等采用基因工程手段将 *FUM1* 基因过表达于酿酒酵母中，获得一株高产富马酸酶的工程菌，并通过琼脂糖进行固定化，将此固定化细胞加入转化液中，反应结束后 L-苹果酸浓度可以达到 120g/L，转化率为 84%，最大转化速率为 65mmol/(g·L)。国内研究者也对其做了大量研究，如杨廉婉等采用聚丙烯酰胺包埋高产富马酸酶的皱褶假丝酵母 *Candida rugosa* C90，固定化细胞的表观酶活性达到 7237μmol/(g·h)，该固定化细胞能连续工作长达一个月，其将底物富马酸转化为 L-苹果酸的转化率达 82%~85%。此外随着膜反应器的发展，利用膜反应器来固定化富马酸酶也被广泛研究用于 L-苹果酸生产。

采用酶转化法生产苹果酸，虽然能得到高产量、高纯度的 L-苹果酸，然而该方法也因工艺流程长、生产成本高以及残留在 L-苹果酸中的富马酸难以去除等问题，限制了 L-苹果酸的大量生产、利用和出口。近年来也有研究者尝试通过酸水解聚苹果酸（polymalic acid，PMA）来生产苹果酸，PMA 来自以葡萄糖或者其他含葡萄糖物质和 $CaCO_3$ 为底物的真菌发酵培养基中。在 90℃ 条件下酸水解 PMA 10h，苹果酸产量达到 15g/L。

（三）微生物发酵生产 L-苹果酸

随着石油资源的日渐枯竭以及人类环境保护意识的加强，人们逐渐将目光从化学合成法和酶转化法转向微生物发酵法来生产 L-苹果酸。此法因具有底物选择性更多、生产成本更低、产酸效率更高、原料丰富、设备投入低、理论得率高等优点而具有良好的应用前景。但仍然存在食品安全性菌株选择性少、得率或生产强度较低、廉价原料利用不充分、杂酸水平较高等问题亟待解决。近年来应用代谢工程策略，对大肠杆菌、酵母菌以及枯草芽孢杆菌等（表 4-8）微生物代谢途径进行改造，高水平合成 L-苹果酸也成为研究热点。同时，应用代谢工程在体外构建代谢途径进行 L-苹果酸合成，具有一定的理论价值。

表 4-8　　　　　　　　　　L-苹果酸生产性能的比较

菌株/反应	基因型/酶	培养基，底物，反应条件	产量/(g/L)	（得率/转化率）/(mol/mol)	生产强度/[g/(L·h)]
体内					
E. coli WGS-10	pta∷Kn(p104ManPck)	无机盐，20g/L 葡萄糖，NaOH，需氧，批量，37℃	9.3	0.56	0.74
E. coli KJ071	ΔldhA，ΔackA，ΔadhE，ΔfocA，ΔpflB，ΔmgsA	无机盐，100g/L 葡萄糖，K_2CO_3+KOH，好氧-厌氧，批量，37℃	69.1	1.44	0.48
E. coli XZ658	ΔldhA，ΔackA，ΔadhE，ΔpflB，ΔmgsA，ΔpoxB，ΔfrdBC，ΔsfcA，ΔmaeB，ΔfumB，ΔfumAC	无机盐，50g/L 葡萄糖，K_2CO_3+KOH，好氧-厌氧，批量，37℃	34	1.42	0.47[d]
E. coli 2040	ackA-pta∷dif，ldhA∷dif，pflB∷dif，adhE∷dif，ptsG∷dif，fumB∷dif，fumC∷dif，maeB∷dif-pNmdh	无机盐，50g/L 葡萄糖，K_2CO_3+KOH，好氧-厌氧，批量，37℃	14	0.40	0.47[d]
S. cerevisiae	leu2，ura3，ade2，his5 (pGAL-MDH)	复合（天然）培养基，葡萄糖或半乳糖，$CaCO_3$，需氧，批量，30℃	11.8	0.13	0.38
S. cerevisiae RWB525	MATa，pdc1(-6,-2)∷loxP，pdc5(-6,-2)∷loxP，pdc6(-6,-2)∷loxP，mutx ura3-52 trp1∷Kanlox (pRS2MDH3ΔSKLYEplac112SpMAE1)	无机盐，188g/L 葡萄糖，$CaCO_3$，需氧，批量，30℃	59	0.42	0.19

续表

菌株/反应	基因型/酶	培养基，底物，反应条件	产量/(g/L)	(得率/转化率)/(mol/mol)	生产强度/[g/(L·h)]
B. subtilis BSUPML	$\Delta amyE::(P43::cgl\text{-}Spc)$, $rP43::mdh\text{-}Emr$, $\Delta ldh::kanr$	无机盐，18g/L 葡萄糖，4.5g/L 丙酮酸，Na_2CO_3，厌氧，流加培养，37℃	2.1	0.16	0.03
T. G-PMS	$\Delta ura3\ \Delta arg8$ (pY26-RoPYC+RoMDH, pY2X-SpMAE1)	无机盐，60g/L 葡萄糖，3g/L 乙酸钠，$CaCO_3$，需氧，30℃	8.5	0.19	0.18
体外 HCO_3^- 固定到丙酮酸	G-6-PDH, ME	9g/L 丙酮酸，D-葡萄糖-6-磷酸，$KHCO_3$，NAD^+，30℃	5.1	0.38	0.21
葡萄糖转化为苹果酸	GK, PGI, PFK, FBA, TIM, ENO, PK, iPGM, GAPN, ME	葡萄糖摄食率 0.01μmol/(ml·min)，$NADP^+$，$NaNCO_3$，CO_2，50℃	0.35	0.6	0.09

四、代谢工程改造大肠杆菌生产 L-苹果酸

（一）L-苹果酸代谢路径的研究

自 Battat 等首次发现黄曲霉（*Aspergillus flavus*）可以发酵糖质原料生产 L-苹果酸后，微生物发酵法生产 L-苹果酸的研究进入了高潮。虽然天然存在的微生物可以积累 L-苹果酸，有的微生物甚至表现出高产量和高葡萄糖得率，但由于菌株本身缺陷以及发酵条件严格等问题限制了其在工业上的应用。为此改造工业模式菌株来实现 L-苹果酸的生物合成，引起了研究者的广泛兴趣。

目前对工业微生物的改造主要集中在两种路径的强化上：

（1）路径 I 被称为胞质还原路径（rTCA 循环），该路径以丙酮酸为代谢起点，由丙酮酸羧化酶和苹果酸脱氢酶共同催化完成 L-苹果酸的合成；

（2）路径 II 以磷酸烯醇式丙酮酸（PEP）为代谢起点，由 PEP 羧激酶或 PEP 羧化酶和苹果酸脱氢酶催化实现 L-苹果酸的合成。

其中路径 I 主要应用于真核生物的改造，而路径 II 主要应用于原核生物的改造。路径 I 在改造真核微生物中的应用：Zelle 等以酿酒酵母为出发菌株，通过表达本源的丙酮酸羧化酶和苹果酸脱氢酶构建了 L-苹果酸合成路径，并结合苹果酸转运蛋白（SpMAE1）的表达，使得苹果酸产量达到 59g/L，转化率为 0.42mol/mol。然而该实验结果局限于摇瓶水平，不能放大到发酵罐上，因此限制了其工业化应用。

路径Ⅱ在改造原核微生物中的应用：Ingram 课题组在琥珀酸生产菌株大肠杆菌 KJ073 基础上敲除 *frdBC*、*sfcA*、*maeB*、*fumB* 和 *fumAC* 基因，阻断琥珀酸合成路径后，工程菌大肠杆菌 XZ658 经两阶段发酵，L-苹果酸产量达到 34g/L，转化率为 1.42mol/mol，生产强度为 0.48g/(L·h)。此外 Mu 等在谷氨酸棒杆菌中表达了来自大肠杆菌中的 PEP 羧化酶和来自酿酒酵母中的苹果酸脱氢酶构建了苹果酸合成路径，工程菌经两阶段发酵可以积累 15.65mmo/L 的 L-苹果酸。

史仲平课题组以大肠杆菌 w3110 为底盘微生物，通过设计 L-苹果酸一步合成途径：丙酮酸直接羧化生成 L-苹果酸，并借助代谢工程、蛋白质工程和辅因子工程等技术策略，构建并优化苹果酸高效合成途径，实现了 L-苹果酸的高效积累。主要研究结果如下：

(1) 高效积累丙酮酸的底盘微生物构建　采用多基因组合敲除策略对参与丙酮酸代谢进而生成代谢副产物的相关途径关键酶进行阻断，在大肠杆菌 w3110 中顺序敲除 *ldhA*、*pflB*、*poxB* 和 *pta-ackA* 基因，获得突变菌株大肠杆菌 F0501，经好氧发酵 24h，丙酮酸产量为 20.9g/L，是对照菌株的 3.8 倍。与此同时，乙酸和甲酸产量分别较对照菌株降低了 91.7% 和 77.7%，没有乳酸积累。

(2) L-苹果酸一步合成途径的设计构建和优化（图 4-14）　为了获得高效催化丙酮酸生成苹果酸的苹果酸酶，过表达来源于大肠杆菌的 *sfcA*、人肝的 *NADP-ME*1、拟南芥的 *NADP-ME*2 和 *NADP-ME*4 以及谷氨酸棒杆菌的 *maeB* 基因，并在体外检测了转化丙酮酸生成 L-苹果酸的能力，发现仅 *NADP-ME*2 能够有效地转化丙酮酸为苹果酸，但是其正向反应能力约为逆向反应能力的 6.42 倍。为了进一步提高苹果酸酶的催化效率，采用多基因序列比对和分子对接策略确定了 20 个潜在突变位点，并对其进行突变和酶活性测定，筛选出最优突变体 C490S，其逆向酶活性比 *NADP-ME*2 提高了 56%（0.039U/mg 蛋白质），且突变体对 HCO_3^- 的 K_m 值降低了 48.8%。最后，将突变体 C490S 表达于大肠杆菌 F0501 中，结果菌株大肠杆菌 F0511 能够积累 1.46g/L L-苹果酸，比对照菌株提高了 74.2%。

(3) 阻断 L-苹果酸代谢去路　为了阻断碳流从 L-苹果酸流向琥珀酸，在大肠杆菌 F0511 基础上敲除了厌氧条件下参与琥珀酸合成路径中的富马酸还原酶（*frdBC* 基因）、富马酸酶（*fumB* 和 *fumAC* 基因），获得工程菌大肠杆菌 F0911，其苹果酸产量为 3.24g/L，比对照菌株提高了 123.9%，而琥珀酸浓度为 0.32g/L，降低了 90.2%。

*pos*5 基因的表达降低了胞内 $NADH/NAD^+$ 比率，增加了 NADPH 含量，最终突变菌株 *Escherichia coli* F0921 的 L-苹果酸产量达到 9.34g/L。因此，通过苹果酸酶构建 L-苹果酸生物合成路径提高 L-苹果酸的生产是可行的，结果可为代谢工程改造大肠杆菌生产 L-苹果酸提供新的研究思路。

此外，在大肠杆菌苹果酸合成途径的强化中，苹果酸脱氢酶（malate dehydrogenase，MDH）是 L-苹果酸合成途径中的一个关键酶，通过该酶的作用，草酰乙酸最终转化生成 L-苹果酸。通过强化 MDH 的表达，可提高目的产物的产量。MDH 催化草酰乙酸和 L-苹果酸之间的可逆转换反应并伴随着 NAD^+ 与 NADH 之间的氧化或还原反应。MDH 是由相同的亚基构成的二聚体或四聚体酶，亚基的分子质量在 30~35ku，各个亚基之间不表现协

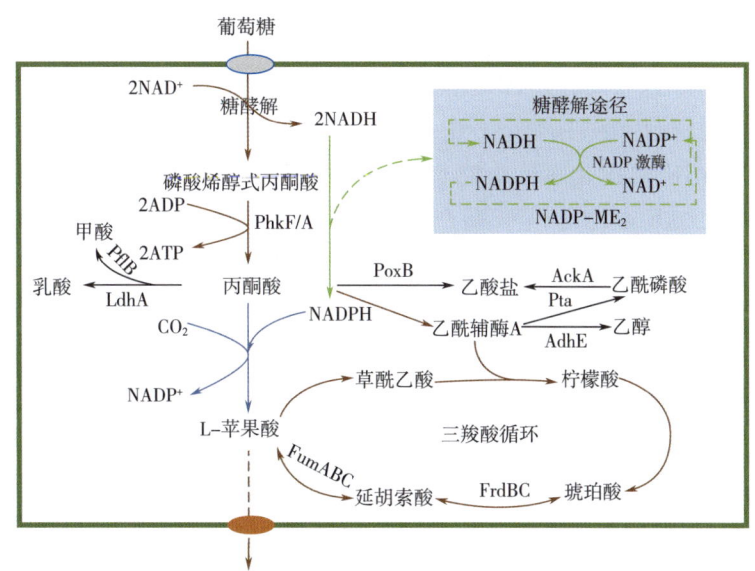

图 4-14 L-苹果酸一步合成途径的设计、构建和优化

LdhA：乳酸脱氢酶；PflB：丙酮酸甲酸裂解酶；PoxB：丙酮酸氧化酶；Pta：磷酸乙酰转移酶；
AckA：乙酸激酶；AdhE：乙醇脱氢酶；FrdBC：延胡索酸还原酶；FumABC：延胡索酸酶；
NADP-ME2：NADP 依赖的苹果酸酶；PykF/A：丙酮酸激酶

同作用，而是独立行使催化功能。

（二）L-苹果酸生产竞争代谢途径的消除

Ma 等通过实验得到，在氮限制条件下，mdh、$sfcA$、$maeB$、ndh 和 nuo 的转录水平显著下调，而 $sdhA$、$sdhB$ 和 $fumC$ 的转录水平显著上调。L-苹果酸分解代谢效率和电子传递链效率降低，同时检测到较低的 NAD^+ 和 $NAD^+/NADH$ 比值，这可能是由于 ndh 和 nuo 下调所致。无论是 ndh 还是 nuo 基因敲除株，L-苹果酸的积累都显著增加，NAD^+ 和 NAD（H）量减少。Δndh-2 菌株可积累苹果酸 20.37g/L，得率为 0.65g/g；Δndh-1 菌株可积累苹果酸 17.27g/L，得率为 0.82g/g。

基于产琥珀酸重组大肠杆菌 B0013-1050 的琥珀酸合成途径，吴亚斌等利用 Red 同源重组技术结合 Xer/dif 重组系统敲除富马酸酶基因 $fumB$、$fumC$，苹果酸酶基因 $maeB$，构建 L-苹果酸合成途径，最终得到重组大肠杆菌 2030，该菌株在 15L 发酵罐中，产 L-苹果酸 12.5g/L，葡萄糖转化为苹果酸转化率为 52.1%，同时对发酵产物中主要杂酸丙酮酸和琥珀酸的生产原因进行了初步的探讨与分析。为进一步提高 L-苹果酸的转化率，整合表达来源于黄曲霉的苹果酸脱氢酶基因，构建重组菌大肠杆菌 2040，在 15L 发酵罐中产 L-苹果酸 14g/L，葡萄糖转化为苹果酸转化率提高到 60.3%。

（三）辅因子优化生产 L-苹果酸

微好氧条件下工程菌大肠杆菌 F0911 因胞内辅因子不平衡导致葡萄糖消耗速率降低和

细胞生长停滞，从而导致 L-苹果酸产量和生产强度低。通过分别表达乳酸脱氢酶（LdhA）和 NADH 激酶（Pos5）于大肠杆菌 F0911 中，获得突变菌株大肠杆菌 F0921 和大肠杆菌 F0931。结果表明，表达 ldhA 基因使碳流从丙酮酸流向了乳酸，导致 L-苹果酸产量比对照菌株大肠杆菌 F0911 降低了 67.9%，但乳酸产量增加为 15.43g/L；而表达 pos5 基因则使胞内 NADH/NAD$^+$ 比率从 0.73 降到 0.38，且胞内 NADPH 浓度比对照菌株提高了 45.9%（1.43μmol/gDCW），L-苹果酸产量提高到 9.34g/L。葡萄糖消耗速率下降的原因在于大肠杆菌 F0911 在微好氧条件下胞内 NADH/NAD$^+$ 比率高达 0.73。为此，通过过量表达 NADH 激酶（Pos5）于大肠杆菌 F0911 将 NADH 转化为 NADPH，降低胞内 NADH/NAD$^+$ 的同时为苹果酸酶反应补充 NADPH。大肠杆菌 F0921 胞内 NADH/NAD$^+$ 比率为 0.38，较大肠杆菌 F0911 降低了 47.9%，葡萄糖消耗速率提高了 133.3%，为 0.35g/(L·h)。由于葡萄糖消耗速率的增加，突变菌株大肠杆菌 F0921 的 L-苹果酸产量、L-苹果酸生产强度以及单位细胞 L-苹果酸生产能力分别较对照菌株大肠杆菌 F0911 提高了 188.3%、183.5% 和 86.9%，达到了 9.34g/L、0.097g/(L·h) 和 3.16g/gDCW。虽然共表达 C490S 和 Pos5 会使细胞内苹果酸酶的酶活性从 0.03U/mg 降低到 0.012U/mg，降低了 60%，然而其 L-苹果酸产量和生产强度均要高于大肠杆菌 F0911 的 3.24g/L 和 0.034g/(L·h)，这表明可能存在其他限制性因素阻碍了 L-苹果酸的合成。进一步分析胞内 NADPH 水平发现，大肠杆菌 F0921 胞内 NADPH 含量较对照菌株大肠杆菌 F0911 增加了 60.2%，因此胞内 NADPH 的供应可能是增加 L-苹果酸产量的一个重要因素。

（四）底物/原料对苹果酸积累的影响

以大肠杆菌为底盘，通过截断苹果酸消耗途径、增强羧化通量、阻断副产物积累途径等策略构建了一系列生产苹果酸的菌株，并在好氧条件下分别以甘油和葡萄糖为碳源进行发酵，考察菌株生产苹果酸的能力。发酵结果显示，不同碳源对苹果酸的积累有影响。

首先在大肠杆菌 E2 中过表达了磷酸烯醇式丙酮酸羧化酶基因 ppc，得到菌株 E21，以甘油为底物苹果酸积累量从 0.76g/L 提高到 4.69g/L，说明乙醛酸途径的增强有利于苹果酸的积累。采用单敲除和组合敲除策略，敲除苹果酸脱氢酶基因 mdh、mqo 及苹果酸酶基因 maeA 和 maeB。其中表现优异的菌株 E23（E21，ΔmaeA，ΔmaeB）利用 9.8g/L 甘油积累了 5.14g/L 苹果酸，苹果酸得率为 0.36mol/mol 甘油，说明阻断苹果酸的消耗途径对于苹果酸的积累是有利的。

通过引入谷氨酸棒杆菌（Corynebacterium glutamicum）的丙酮酸羧化酶基因 pyc 和产琥珀酸放线杆菌（Actinobacillus succinogenes）的 pck 基因，增强菌株的羧化途径，但是在以甘油为底物进行好氧发酵时，羧化途径的增强并没有进一步提高苹果酸的产量。

以葡萄糖为底物进行好氧发酵，表现突出的菌株为双敲除菌株 E23（E21，ΔmaeA，ΔmaeB）和 E21（pTrcpyc），苹果酸得率分别为 0.62mol/mol 和 0.79mol/mol 葡萄糖。说明解除苹果酸的消耗途径对于苹果酸的积累是有利的，同时由于丙酮酸的浓度高于葡萄糖浓度，通过 PTS 系统运输可以保持丙酮酸较高的水平。pyc 基因的过表达有效地加强了从丙酮酸到草酰乙酸的通量，并进一步导致苹果酸积累量的增加。然而，在过表达 pyc 的基础上敲除苹果酸酶基因并不能进一步提高苹果酸的产量。经过摇瓶发酵条件的初步优化，菌株 E21（pTrcpyc）生产 12.45g/L 苹果酸，得率为 0.84mol/mol，达到理论得率的 63.2%。

尽管葡萄糖作为苹果酸生产的底物已被广泛研究，但其价格高、与食品生产的潜在竞争是严重的限制因素。Li 等首次报道以木糖为碳源高效生产 L-苹果酸。首先，过表达 D-塔格糖基-3-差向异构酶、L-岩藻糖激酶、L-岩藻糖基磷酸醛缩酶和醛脱氢酶 A，构建苹果酸生物合成途径；其次，敲除苹果酸酶、苹果酸脱氢酶和富马酸水合酶基因，消除苹果酸消耗，使苹果酸浓度达到 1.99g/L，苹果酸得率为 0.47g/g 木糖。第三，乙醇酸氧化酶和苹果酸合酶过表达以增强乙醇酸转化为苹果酸盐，使苹果酸盐的效价达到 4.33g/L，苹果酸/木糖的产率为 0.83g/g，达到理论产率的 93%。最后，过氧化氢酶 HPII 过表达，分解 H_2O_2，减轻其毒性，提高细胞生长速度，进一步提高苹果酸效价至 5.90μg/L，产率为 0.80g 苹果酸/g 木糖。

（五）固定 CO_2 产 L-苹果酸

增加微生物 CO_2 固定效率通常需要提供足够的 ATP 和重定向碳通量来生产代谢物。然而，给细胞提供足够的 ATP 来增加 CO_2 的固定效率是非常困难的。Hu 等提出了一种基于协同 CO_2 固定途径的组合策略，将 ATP 在中枢代谢途径中产生羧基化的反应和碳固定途径中 ATP 消耗的 Rubisco 分流反应相结合。该策略能提供足够的 ATP 来提高 CO_2 固定的效率，同时将 CO_2 固定途径重新转换为化学合成的中心代谢途径。Hu 等将该策略应用于提高自养型长链球藻的 CO_2 固定，CO_2 固定率（RCF）和苹果酸产量分别为 110% 和 260μmol/L。最后，在大肠杆菌中构建了协同 CO_2 固定途径，使 RCF 和苹果酸生产量均显著提高，异养 CO_2 固定大肠杆菌中的这两个因子分别提高了 870% 和 387mmol/L。

五、代谢工程改造大肠杆菌生产 L-苹果酸展望

利用基因工程菌发酵生产 L-苹果酸已成为一个重要的研究方向。通过对苹果酸生物合成途径的全面研究，可以有效指导生物合成途径的遗传修饰，从而调节微生物对苹果酸的生产、增加苹果酸产量和提高苹果酸的积累。在较好理解苹果酸生物合成途径的基础上，利用遗传工程和代谢工程对苹果酸的代谢途径进行重新设计，苹果酸基因工程菌的构建思路主要包括两个方面：

（1）加速限速反应　细胞内过表达丙酮酸羧化酶，增强丙酮酸转化为草酰乙酸的反应；过表达苹果酸脱氢酶，增强草酰乙酸转化为 L-苹果酸的反应，提高 L-苹果酸在胞内的积累。

（2）改变分支代谢途径流向　在细胞内敲除 *fum* 基因，阻止苹果酸转化为延胡索酸；敲除 *sdh* 基因，阻止副产物琥珀酸的生成。

深入开展苹果酸生物合成代谢调控研究不仅可以为提高苹果酸产量的研究指明方向，也可为其他有机酸的研究奠定基础。

第五节　代谢工程改造大肠杆菌生产 5-氨基乙酰丙酸

一、5-氨基乙酰丙酸概述

5-氨基乙酰丙酸（5-aminolevulinic acid，5-ALA）是一种广泛存在于细菌、真菌、动物和植物等原核生物和真核生物细胞中的一种功能性非蛋白类五碳氨基酸。在生物体内，5-ALA 是各种有色的四吡咯类化合物（如血红素、叶绿素、细胞色素和维生素 B_{12} 等）合成途径的关键中间代谢产物，它涉及光合作用和呼吸作用。在绿色植物中，在质体中进行 5-ALA 的生物合成，并转化成叶绿素和亚铁血红素。在细菌、真菌及动物中，在膜上进行 5-ALA 生物合成，并在此转化成卟啉化合物。5-ALA 因可组成呼吸系统复合物、光合作用复合物、过氧化物酶等而受到重视。

二、5-氨基乙酰丙酸的应用领域

（一）在医学领域的应用及其原理

5-ALA 在临床上主要是作为一种光动力学药物，应用于光动力学的诊断和治疗。此外，5-ALA 还可以作为检验重金属铅中毒的主要试剂。铅能够与乙酰胆碱紧密结合，从而导致乙酰胆碱的合成降低，而乙酰胆碱是和学习、记忆等过程密切相关的，是正常智力发育所必需的一种神经递质。此外，铅还可抑制血红素合成过程中的 5-ALA 脱水酶（5-AL-AD，由 *heniB* 基因编码），使 5-ALA 转化成胆色素原的过程受阻，从而使具有假性神经递质作用的 5-ALA 大量堆积。因此，可以通过测定尿液中 5-ALA 的含量来检测铅中毒以及其中毒程度。

（二）在农业领域的应用及其原理

目前，在农业生产中使用的杀虫剂具有较大的残留量并且污染环境，在人体内容易积累，难以生物降解，直接危害人体健康。而 5-ALA 作为杀虫剂，在光的激活下产生活性氧，活性氧会通过植物的光合作用或触发害虫的细胞化学合成从而在阳光下转变为射线杀虫剂来达到除虫的目的。同时，5-ALA 可提高植物对环境的适应性，经过适量 5-ALA 处理过的农作物可以适当提高产量。

5-ALA 及其衍生物作为一种对环境无污染的绿色光动力学除草剂，其机理在于用高浓度的 5-ALA 处理植物后，植物在合成叶绿素之前会积累过量的原卟啉Ⅸ，原卟啉Ⅸ在光激活的条件下，发生光敏化氧化反应及游离基连锁反应，生成单重态的氧原子，后者通过氧化细胞表面的不饱和脂肪酸，导致植物死亡，从而达到除草的效果。并且 5-ALA 的除草作用具有一定的选择性，对双子叶植物具有较高的活性，而对单子叶的农作物，如玉米、小麦或大麦则几乎没有活性。5-ALA 还能够作为植物生长调节剂，经过 5-ALA 及其衍生物处理后的农作物种子，其耐低温性、出芽率、耐盐碱及耐寒性均得到很大提高。

三、5-氨基乙酰丙酸的生产方法

(一) 化学法合成 5-氨基乙酰丙酸

可用于合成 5-ALA 的起始原料很多，从 20 世纪 50 年代开始，人们就先后以马尿酸、琥珀酸、糠醛及乙酰丙酸等为原料合成了 5-ALA，其中最有工业化前景的是以糠醛和乙酰丙酸为原料的路线，两者都可以从可再生生物质资源水解获得。

1. 以马尿酸和琥珀酸为原料的合成工艺

以马尿酸为原料的反应途径是研究初期采用的一种方法。Aronova 等人是将马尿酸与单琥珀酰氯在甲基吡啶中进行酰基化反应，再进行水解和分离纯化，即得到 5-ALA·HCl。以琥珀酸为原料的反应途径是先将琥珀酸转化为琥珀酸单酯，并在单酯中引入一个 C—N 基团，然后用 Zn 作催化剂还原得到 5-ALA。

2. 以吡啶、糠醛等杂环物质的衍生物为反应原料

以吡啶、糠醛等杂环物质的衍生物为反应原料的合成，采用的原料有糠醛、糠胺、四氢糠胺、5-羟甲基糠醛、2-羟基吡啶等。其中，糠醛是一种价廉易得的工业原料，当以糠醛为原料时，一般采用如图 4-15 所示的工艺。由于氨基保护的方法不同，可以分为不同的工艺；在有些工艺中，还采用先将糠胺还原为四氢糠胺的方法；在糠胺氧化步骤中，有些采用氧化剂氧化，还有一些则采用光催化氧化。

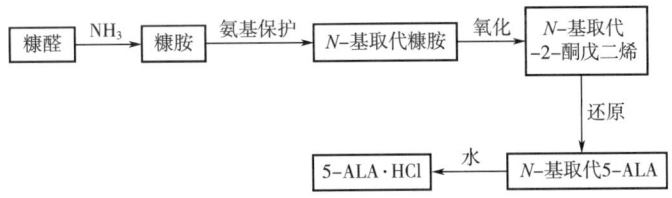

图 4-15 以糠醛为原料合成 5-ALA 的工艺路线

以糠胺为原料的反应路径一般是先将糠胺进行氨基保护，得到 N-基取代糠胺，常用的氨基保护剂是环状基团（如邻苯二甲酰亚胺）和线性基团（如脂肪族酰类）。改进的工艺路线是先用电极或溴进行第一次氧化反应，还原反应以后，再用 $KMnO_4$ 进行二次氧化反应。该途径的不足之处是氧化反应需进行两步，需要耗费昂贵的化学氧化剂，且 $KMnO_4$ 不能回收利用，带来了废液处理方面的难度。Takeay 等人对其工艺进行改进，有效地弥补了上述不足。他们所采用的方法是将 N-基取代糠胺与光敏剂在光照条件下进行光敏化反应，再用金属催化剂加氢还原，水解得到 5-ALA·HCl，其最高产率达到 75%。为了进一步优化合成工艺，直接以四氢糠胺为原料进行 5-ALA 的化学合成，该途径是先将四氢糠胺进行氨基保护，得到 N-基取代四氢糠胺，再以高碘酸钠为底物，$RuCl_3 \cdot xH_2O$ 为催化剂进行氧化，最后酸解得到 5-ALA·HCl。该工艺的优点是反应过程简单、几乎无污染，但反应总产率很低，原料价高且不易获取。

3. 以乙酰丙酸或其衍生物为原料的合成工艺

以乙酰丙酸为原料的合成工艺主要有两条路径：一条是将乙酰丙酸合成为 5-卤代乙酰丙酸烷基酯（图 4-16），通常为 5-溴乙酰丙酸烷基酯；另一条路径是不进行卤代反应，直接从乙酰丙酸氧化反应开始合成产物。

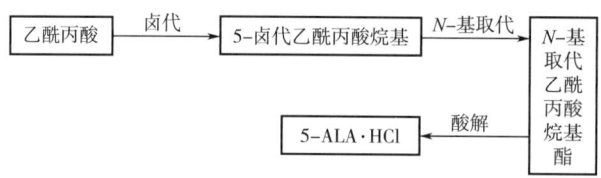

图 4-16　以乙酰丙酸为原料的工艺路线

以 5-溴乙酰丙酸烷基酯（常为甲酯）为起始反应物的合成路径主要有叠氮化物保护法和二甲基甲酰胺金属盐保护法。Hyun-Joon Ha 将 5-溴乙酰丙酸甲酯与溶于干燥二甲基甲酰胺（DMF）的叠氮化钠反应，得到 5-叠氮乙酰丙酸甲酯，再进行还原、水解，最终产物是 5-ALA·HCl，其不足是反应原料叠氮化钠具有高毒性，受热易爆炸。1998 年，Moms 和 Luc 在美国堪萨斯州某研究中心的实验室里成功地合成了 5-ALA·HCl。他们对 5-溴乙酰丙酸低烷基（C1~C5）酯用二甲酰胺碱金属（Li、Na、K、Ru、Ce）盐进行氨基保护，惰性气体（氩）环境，有机溶剂选用乙腈、甲醇、四氢呋喃、2-甲基四氢呋喃和甲酸甲酯，形成 5-(N,N-二甲基甲酰) 乙酰丙酸烷基酯，再酸解得到 5-ALA·HCl。该工艺选用二甲酰胺钠、二甲酰胺钾等作氨化剂，避免了不合理的剧毒氨化剂的使用，比以往的氨基化反应更简单易行。由于在水解步骤中只需去除掉两个碳原子，故无需高难度的提纯步骤，在经济上也具有重大意义。

但总的来说，化学合成 5-ALA 有几个比较突出的问题，如：①反应历程比较长，一般需要经过 4~5 步反应；②反应中需要采用一些有毒、价格比较昂贵的原料，提高了生产成本，对环境也有一定的污染；③5-ALA 的结构式中含有一个活泼的氨基和羧基，反应过程中必须对羧基或氨基进行保护，增加了反应步骤和生产成本；④由于反应步骤多、副产物多，产物的分离提纯存在一定的难度，最终产物得率不高。

（二）生物法合成 5-氨基乙酰丙酸

1. 5-ALA 的两种生物合成途径

自然界中，5-ALA 的合成主要存在两条途径：一条是以琥珀酸为前体物称为 C4 途径，另一条是以谷氨酸为前体物称为 C5 途径。C4 途径是由 5-氨基乙酰丙酸合酶（5-aminolevulinic acid synthase，5-ALAS）催化琥珀酰-CoA 和甘氨酸生成 5-ALA，该途径主要存在于紫细菌属等光合细菌、真菌以及动物体中。C5 途径是以谷氨酸为前体物经过三步酶促反应生成 5-ALA，谷氨酸由谷氨酰-tRNA 合成酶（由 $gltX$ 基因编码）催化生成谷氨酰-tRNA，后者在谷氨酰-tRNA 还原酶（由 $hemA$ 基因编码）催化下生成谷氨酸-1-半醛，再经谷氨酸-1-半醛-氨基转移酶（由 $hemL$ 基因编码）催化生成 5-ALA。该途径广泛存在于植物、藻类以及细菌中。

5-ALA 的生物合成途径见图 4-17。

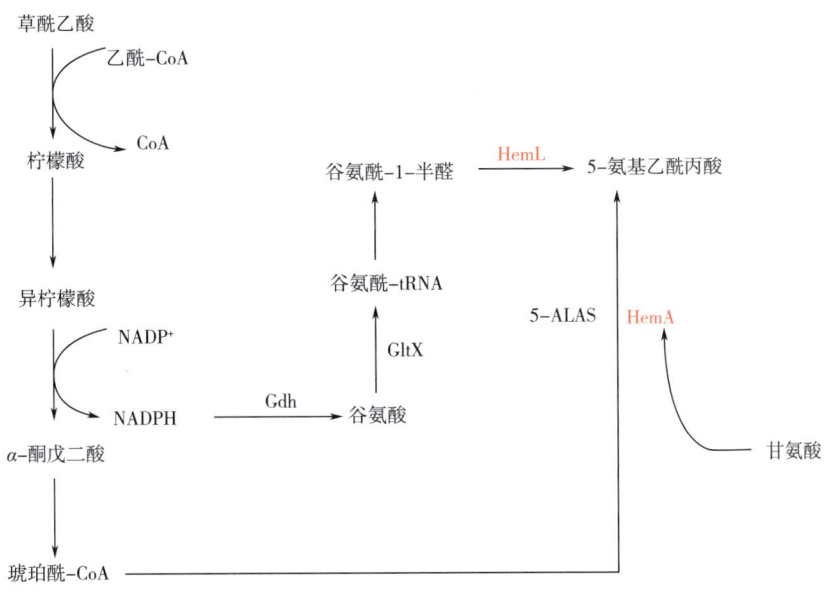

图 4-17　5-ALA 的生物合成途径

2. 产 5-ALA 的发酵菌株

随着生物技术的进步，生产 5-ALA 的菌株逐渐为人们所关注（具体菌株见表 4-9），其中光合细菌是一类能够大量合成 5-ALA 并分泌到胞外的微生物。*Rhodobacter sphaeroides*（类球红细菌）是发酵产生 5-ALA 能力最高的菌株之一。在挥发酸培养液中，*R. sphaeroides* 突变株可产生高浓度 5-ALA（2.77g/L）。该菌属红假单胞菌属，细胞球形，直径 0.7~4μm，在含糖的培养基中细胞呈卵圆形，幼龄的培养物以鞭毛运动，在碱性培养基中，由于产生大量的黏液而停止运动，以二分分裂方式繁殖。*R. sphaeroides* 厌氧液体培养物最初呈淡绿棕色，在有空气的情况下，生长的培养物呈鲜红色。*R. sphaeroides* 光合作用内膜系统为泡囊型，光能异养，兼性好氧，在有光时进行厌氧生长，在黑暗中进行好氧生长。*R. sphaeroides* 最适生长 pH 范围为 6.0~8.5，最适生长温度 25~30℃。

表 4-9	5-ALA 生产菌株		
菌种名称	碳源和氮源		产量/(mmol/L)
Agmenellum quadruplicatum	谷氨酸		0.225
Cyanidium caldarium	谷氨酸		0.483
Anacystis nidulans	谷氨酸		0.380
Anabaena variabilis	谷氨酸		0.019
Rhodopseudomonas palustris	琥珀酸和甘氨酸		0.750

续表

菌种名称	碳源和氮源	产量/(mmol/L)
Rhodobacter sphaeroides	琥珀酸和甘氨酸	2~4
Chlorobium limicola	谷氨酸	3.950
Chloroflexus aurantiacus	谷氨酸	0.580
Pseudomonas riboflauimic	L-5-丙氨酸	0.200
Propionibacterium shermanii	琥珀酸和甘氨酸	0.040
Clostridium thermoaceticum	葡萄糖和L-胱氨酸	155.0
Methanosarcina barkeri	甲醇和2-酮戊二酸	0.040

3. 利用C4途径合成5-ALA

C4途径是利用5-ALA合成酶通过一步酶促反应催化中心代谢产物琥珀酰-CoA和甘氨酸缩合生成5-ALA，方法简单。大肠杆菌和谷氨酸棒杆菌（*Corynebacterium glutamicum*）作为模式菌株，遗传背景清晰，分子操作手段和工具完善齐备，因此目前利用C4途径合成5-ALA主要集中于这两种微生物中。

由5-氨基乙酰丙酸合成酶（5-aminolevulinate synthase，5-ALAS）催化甘氨酸和琥珀酰CoA生成5-ALA，该反应的辅因子是磷酸吡哆醛。5-ALAS是C4途径中的关键酶，由于光合细菌的5-ALAS具有较高的酶活性，所以主要针对光合细菌的5-ALAS进行研究，这些光合细菌主要包括类球红细菌和沼泽红假单胞菌等。

4. 利用C5途径合成5-ALA

C4途径合成5-ALA需要在培养过程中添加前体物琥珀酸和甘氨酸，与C5途径以葡萄糖为碳源合成5-ALA相比，不仅极大地增加了成本，而且甘氨酸对于细胞生长具有抑制作用，阻碍了C4途径合成5-ALA的产业化发展。因此，对于利用C5途径合成5-ALA的研究日益增多。

在利用C5途径合成5-ALA中，谷氨酸是5-ALA合成的前体物，由于该物质含有五个碳，因此，该合成途径被称为C5途径。C5途径需要经过三步反应：谷氨酰tRNA合成酶（GluRS，由*gltx*基因编码）催化谷氨酸与相应的tRNA相连，生成谷氨酰tRNA；随后，谷氨酰tRNA在谷氨酰tRNA还原酶（GluTR，由*hemA*基因编码）的作用下还原为谷氨酰-1-半醛（GSA）；最后，谷氨酰-1-半醛在谷氨酰-1-半醛氨基转移酶（GSA-AM，由*hemL*基因编码）的催化下，生成5-ALA。

5. 传统诱变育种

早期，5-ALA微生物合成的相关研究主要集中于从自然界中筛选生产5-ALA的光合细菌。1987年，筛选到一株类球红细菌（*Rhodobacter sphaeroides*），通过添加5-ALA的两个前体物质琥珀酸和甘氨酸，5-ALA产量达到2.0mmol/L，随后进一步添加乙酸和丙酸，5-ALA积累量提高至4.2mmol/L。为了进一步提高*R. sphaeroides*菌株积累5-ALA的量，研究者们采用亚硝基胍等诱变剂对菌株*R. sphaeroides*进行多轮诱变，使5-ALA的产量提高到16mmol/L。通过优化发酵条件，突变菌株 R. sphaeroides CR720 生产 5-ALA 的量提高到 27.5mmol/L。但是，光合细菌发酵周期长，并且发酵过程需要光照，使得发酵成本高，所以不适合大规模工业化发酵生产。日本科学家 Nishikawa 等人筛选获得了一株适合工业化生产的 5-ALA 高产菌株类球红细菌 CR-0072009，将产量从最初的 0.26g/L 提高到 7.2g/L，并且实现了在黑暗好氧条件下的生产应用，为顺利实现 5-ALA 的产业化生产奠定了基础。

四、代谢工程改造大肠杆菌生产 5-氨基乙酰丙酸

（一）基因共表达合成 5-ALA

随着生物技术的发展，采用模式微生物表达异源蛋白基因，实现酶活性的表达或者构建新的代谢途径已经获得快速发展。1993 年，从 R. sphaeroides 菌株中成功克隆编码 5-A-LAS（5-ALA 合成酶）的两个同工酶基因 hemA 和 hemT 并发现 hemA 基因在 R. sphaeroides 菌株中发挥主要功能。随后，将来源于 R. sphaeroides 菌株中的 hemA 基因克隆至大肠杆菌，实现了 hemA 基因的活性表达以及 5-ALA 的异源生物转化。通过对 5-ALAS 酶学性质的研究以及添加 5-ALA 前体物质甘氨酸、琥珀酸以及 ATP，使得 5-ALA 产量达到 22.0mmol/L。

为了提高 5-ALA 的产量，通过 C5 途径在重组大肠杆菌中产生 5-ALA。从沙门氏菌中引入异源的稳定 hemA，并与 hemL 在大肠杆菌中共同表达从而构建合成 5-ALA 的途径。此外，鉴定了大肠杆菌中的一个 5-ALA 转运蛋白，并将其过度表达。通过代谢工程，重组大肠杆菌在以葡萄糖为唯一碳源的改良培养基中平均产生 4.13g/L 5-ALA（产率为 0.168g 5-ALA/g 葡萄糖）。

在 5-ALA 的 C4 合成途径中，5-ALAS 发挥着最重要的作用，提高 5-ALAS 的酶活性是提高 5-ALA 产量的关键。2003 年，Xie 等人检测了初始琥珀酸和葡萄糖浓度以及 IPTG 的诱导浓度对来源于 R. sphaeroides 菌株的 5-ALAS 的酶活性的影响，并且通过优化培养条件大大提高了 5-ALAS 的酶活性，使 5-ALA 产量提高至 39.0mmol/L。另外，为了最大限度地提高 5-ALA 的产量，分别从大豆根瘤菌（*Bradyrhizobium japonicum*）、放射形土壤杆菌（*Agrobacterium radiobacter*）、沼泽红假单胞菌（*Rhodopseudomonas palustris*）菌株中克隆 hemA 基因并在大肠杆菌中进行表达，不同来源的 5-ALAS 在大肠杆菌中的活性差异较大。

R. sphaeroides HemA 基因编码 5-ALA 合成酶（EC 2.3.1.3），催化琥珀酰辅酶 A 和甘氨酸的磷酸吡哆醛缩合得到 5-ALA。利用 pALA 载体系统将该基因转化为大肠杆菌 K12。大肠杆菌宿主菌株对 5-ALA 合成酶活性和 5-ALA 产量有显著影响，大肠杆菌 DH1 最适合。hemA mRNA 的 RT-PCR 结果表明，重组菌株 hemA 基因的转录水平明显高于野生型菌株。当 hemA 与 lac 启动子具有相同的转录方向时，5-ALA 合酶活性最高。lac 启动子与 hemA 之间的距离影响了 5-ALA 合酶在不同生长基质上的表达。

（二）强化 5-ALA 合成路径关键基因

程涛等在前期工作中，发现含有一个密码子优化血红素 a 基因的球形细菌能够产生 5-

ALA，其中所有已知的产生乙酸和乳酸的基因被删除，ppc 基因被过度表达，pbp1b 被删除。在该研究中，利用甘氨酸途径的代谢工程学重组了一株产 5-ALA 的菌株。解除管制基因 D197，使 serB 和 serC 在单个操纵子上共同表达，以增加丝氨酸向甘氨酸的通量。其次，去除 sdaA 基因，探讨其在 5-氨基酸积累中的作用。另外，过量表达 glyA 基因，验证其对 5-ALA 产量的影响。菌株在 50mL 烧瓶发酵液中加入 7.5g 甘氨酸，产率为（3.4±0.2）g 5-ALA，是目前谷氨酸摇瓶发酵产量最高的菌株。此外，该研究还证实了 C. glutamicum 通过 C4 途径产生 5-ALA 的关键因子。因此，应采用进一步的代谢策略来增强细胞内甘氨酸的累积量，以提高 5-ALA 的产量，减少相对昂贵的前体的必要补充。

在大肠杆菌中，5-ALA 生物合成是通过 C5 途径进行的，并受到 C5 途径最终产物血红素的反馈抑制的严格调控。虽然研究人员发现，hemA 的过度表达导致 5-ALA 积累增加，但在 5-ALA 生产方面操纵这一途径相对困难。因此，人们通过 C4 途径优化 5-ALA 的产生。光合细菌鞘氨酸红杆菌在一定条件下或诱变后会积累 5-ALA。通过代谢工程，重组大肠杆菌也能够通过生物转化从 C4 途径产生 5-ALA。在这方面，通过基因工程将来自鞘磷酸酯的 5-ALA 合酶引入大肠杆菌。然而，由于甘氨酸和琥珀酰-CoA 的生物合成在大肠杆菌中也受到严格的调控，甘氨酸和琥珀酸（琥珀酰-CoA 的前体）必须人工添加到培养基中，为 5-ALA 的生物合成提供更多的底物。为了对 5-氨基乙酰丙酸脱水酶（HemB）提供抑制作用，并增加重组大肠杆菌中的 5-ALA 产量，还必须在培养基中加入葡萄糖和/或乙酰丙酸。

大肠杆菌中参与 C5 途径的基因过度表达，所得菌株在改良的最适培养基中培养，用 18g/L 葡萄糖进行 5-ALA 积累分析。有趣的是，发现菌株 DEX 显示减少 5-ALA 积累，而大肠杆菌 DEA 显示增加 5-ALA 积累，大肠杆菌 DEL 与大肠杆菌 DU19 显示几乎相同的 5-ALA 积累。结果表明，在 HemA 催化下，谷氨酰-tRNA 还原成谷氨酸-1-半醛是一个限速步骤，GluRS 可能对大肠杆菌中的 5-ALA 生物合成产生负面影响。HemA 是大肠杆菌中 5-ALA 生物合成所必需的，hemA 的过度表达改善了 5-ALA 的积累。这表明，为了提高大肠杆菌中 5-ALA 的产量，hemA 的活性应该被上调。

Zhao 等人将拟南芥的 hemA1 和 pgr7 基因重组到大肠杆菌，通过 C5 途径产生胞外 5-ALA。在大肠杆菌 BL21（DE3）菌株中，表达 hemA1 和 pgr7 的菌株 ALA 浓度最高，达到 3080.62mg/L。在 7 个被测试的宿主中，ALA 产量最高的是大肠杆菌（DE3）。在转基因大肠杆菌 GTR/GBP 中，zwf、gnd、pgl 和 RhtA 均上调。谷氨酸诱导 gltJ、gltK、gltL 和 gtS 基因的表达并参与谷氨酸摄取。重组大肠杆菌 GTR/GBP 在 22℃ 条件下发酵 48h 后，添加 10g/L 谷氨酸和 15g/L 葡萄糖的改良培养基上，可产生 7642mg/L ALA。大肠杆菌表达 A. thaiana hemA1 和 pgr7 时，为从葡萄糖和谷氨酸中高效生产丙氨酸提供了证据。

（三）高效的 5-ALA 转运蛋白的研究

许多用于转运氨基酸的潜在转运蛋白已经被预测，且在 5-ALA 代谢工程改造中被加以应用。为寻找高效的 5-ALA 转运蛋白，研究者对蛋白运输载体 YeaS（亮氨酸胞外转运蛋白，由 yesS 基因编码）以及 RhtA 苏氨酸和高丝氨酸胞外转运蛋白（由 rhtA 基因编码）

进行了分析。RhtA 转运蛋白对 5-ALA 具有较强的运输能力，通过共表达 *rhtA* 基因，5-ALA 的产量提高了约 46%。张良程等以 5-ALA 高产菌株大肠杆菌 ZDEcA8 为出发菌株，以活性丧失但能正常表达的 5-ALA 合成酶突变体大肠杆菌作为对照，通过不同基因转录组的测定，对潜在的 5-ALA 转运蛋白进行研究。已有文献报道 *rhtA* 过表达可以提高 5-ALA 的产量，促进胞内 5-ALA 的外排。EamA 与 RhtA 属于同一个转运蛋白家族，并且属于同源蛋白，推测 EamA 也参与 5-ALA 的向外转运。转录组数据分析表明，这两个基因的表达都没有发生显著差异，推测这两个基因不受 5-ALA 的诱导，RthA、EamA 和 EmrD 等为 5-ALA 转运蛋白，可对其进行深入研究，探索其转运机制、转运活性和底物亲和性等。此外，Zhao 等人还在大肠杆菌中发现了一种由 *rhtA* 基因编码的苏氨酸/高丝氨酸输出蛋白，该蛋白可通过大肠杆菌向外输出 ALA。

谷氨酸棒杆菌属于革兰氏阳性菌，细胞壁很厚，作为工程菌株，用谷氨酸棒杆菌生产目标产物的时候，产品的胞外运输是限制目标产品生产的一个因素，因此合适的 5-ALA 的运输蛋白对提高 5-ALA 的生产能力是十分必要的。*pbp1a*、*pbp1b* 以及 *pbp2b* 基因编码的高分子质量青霉素结合蛋白和低分子质量青霉素结合蛋白在细胞壁中肽聚糖的合成过程中起到主要的作用。冯丽丽等敲除了编码高分子质量青霉素结合蛋白的基因，结果表明，敲除 *pbp1a*、*pbp1b* 以及 *pbp2b* 均可以促进 5-ALA 的积累，5-ALA 的产量分别提高了 13.53%、29.47% 和 22.22%，说明细胞壁阻碍了 5-ALA 向胞外的运输。此外，5-ALA 在结构上与苏氨酸类似，因此冯丽丽等根据同源性序列分析、筛选和鉴定谷氨酸棒杆菌 5-ALA 运输蛋白基因，并过表达相关运输蛋白基因，考察对谷氨酸棒杆菌合成 5-ALA 的影响，其在 C4 途径的基础上过表达了大肠杆菌的苏氨酸运输蛋白基因 *rthA*，发现 *rthA* 能够使得 5-ALA 的积累量显著提高。

五、代谢工程改造大肠杆菌生产 5-氨基乙酰丙酸展望

近年来，通过 C4 和 C5 途径生物合成 5-ALA 均取得了较为长足的进展，为后续研究提供了必要的依据，奠定了坚实的基础，并且加快了其工业化的进程。但是，C5 合成 5-ALA 相较 C4 而言合成途径更长，并且关键酶 HemA 的催化反应需要还原力 NADPH。因此，如何增加反应体系的还原力也将是后续研究重点。

第六节 代谢工程改造大肠杆菌生产异戊二烯

一、异戊二烯概述

异戊二烯（isoprene），又名 2-甲基-1,3-丁二烯（2-methyl-1,3-butadiene，C_5H_8），是重要的生物源挥发性有机化合物之一。异戊二烯在常温下是一种无色易挥发、刺激性油状液体，沸点为 34℃。异戊二烯不溶于水，溶于苯，易溶于乙醇、乙醚、丙酮，可与空气形成爆炸性混合物，其爆炸极限高于 1.6%。异戊二烯因含共轭双键，化学性质非常活泼，

能与许多物质发生反应生成新的化合物,其主要性质如表4-10所示。

表4-10　　　　　　　　　　　　异戊二烯的性质

性质	数值
相对分子质量	68.11
相对密度 d_{20}^{20}	0.681
沸点 (101.3kPa) /℃	34.07
凝固点/℃	-145.96
闪光点/℃	-48
折光率 N_D^{20}	1.4216
自燃点/℃	220

异戊二烯是合成橡胶（synthetical rubber, SR）的重要单体，还可用于生产檀醇、柠檬醛、角鲨烯、氯菊酸乙酯、二氯异戊烷及异戊烯氯等多种精细化工产品，以及合成润滑油添加剂、橡胶硫化剂、生物燃料等。随着异戊二烯工业的快速发展和合成橡胶需求量的不断增加，异戊二烯的生产技术和应用受到了全世界的广泛关注和重视。

二、异戊二烯的工业应用领域

我国对于异戊二烯的应用主要集中在橡胶行业和精细化工行业。其中，橡胶行业的应用占90%。另外，异戊二烯在农药、医药、香料及黏合剂的制造方面也有广泛应用。

（一）异戊二烯在橡胶领域的应用

1. 生产异戊橡胶

异戊橡胶（isoprene rubber, IR），又称顺式1,4-聚异戊二烯橡胶，由异戊二烯聚合制得，主要有钕系异戊橡胶Nd-IR、钛系异戊橡胶Ti-IR、锂系异戊橡胶Li-IR、反式异戊橡胶 trans-IR、高顺式1,4-聚异戊二烯橡胶。高顺式1,4-聚异戊二烯橡胶是一种通用型合成橡胶，其微观结构和力学性能与天然橡胶（natural rubber, NR）相近，故有"合成天然橡胶"之称，在很多应用中可以替代NR或与之并用，具有拉伸结晶倾向、生胶强度高等特点。异戊橡胶可替代天然橡胶，用于卡车车胎或乘用车胎胎面，用于带束层，有突出的稳定性和工艺性能；用于卫生制品，如手套等，洁净性好。世界上顺式1,4-聚异戊二烯橡胶的生产技术有：俄罗斯的雅罗斯拉夫工艺、美国的固特里奇工艺、意大利的斯纳姆工艺及荷兰的壳牌工艺。异戊橡胶的生产过程如图4-18所示。

世界各公司（表4-11）生产的异戊橡胶按所用催化剂命名，其中钛胶的产量最高，在铝钛催化体系中，又以 $TiCl_4$-Al(I-C_4H_9) 为最佳。美国Goodyear公司开发了三元体系稀土催化剂。菲利浦公司用新开发的稀土催化剂合成异戊橡胶，其物理性能优于Goodyear公司的稀土胶。美国Goodyear是世界上最大的生产聚异戊橡胶的公司，具有生产能力6.1

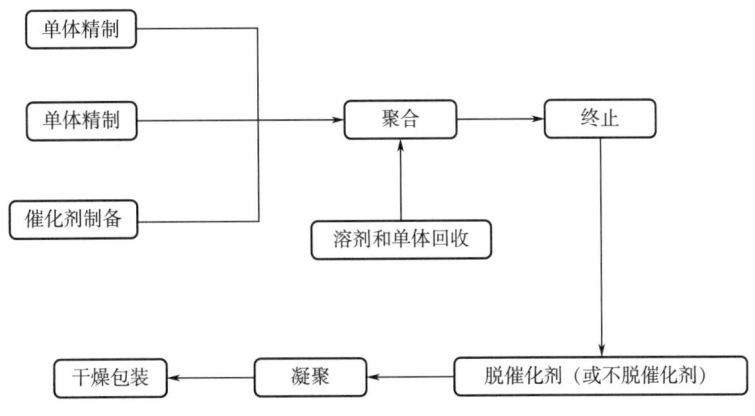

图 4-18 异戊橡胶的生产过程

万 t/年，进入 20 世纪 90 年代以来，美国聚异戊橡胶耗用异戊二烯的量在 5.765 万 t/年，所需的异戊二烯完全从裂解 C5 馏分中得到。俄罗斯及东欧地区的异戊二烯主要用于生产异戊橡胶，生产能力为 107.5 万 t/年左右，少量用于生产丁基橡胶。

表 4-11　　　　　　　　　　　国外 IR 生产商及产能

生产商	国家	技术来源	产能/(万 t/年)	催化剂种类
Kraton Polymers	荷兰	自有，1962	2.5	Li 系
Goodyear Tire & Rubber	美国	自有，1963	9.0	Ti 系
JSR Corporation	日本	Goodyear，1973	4.1	Ti 系
Zeon Corporation	日本	Goodrich，1972	3.7	Ti 系
CJSC Kauchuk Co.	俄罗斯	俄罗斯橡胶研究院	10.0	Ti 系、Nd 系
Nizhnek Kamiskneftek Him	俄罗斯	俄罗斯橡胶研究院	17.5	Ti 系
Sibur Holding	俄罗斯	俄罗斯橡胶研究院	14.0	Ti 系
Karbochem（PTY）	南非		0.3	Ti 系
合计			61.1	

国内 IR 生产技术的开发情况见表 4-12。

表 4-12　　　　　　　　　　　国内 IR 生产技术开发情况

公司名称	技术开发
中石化	钕系异戊橡胶：四元催化体系，通过中试和 3 万 t/年工艺包鉴定。能耗指标和产品性能达到国际先进水平，形成专利 10 项； 钛系异戊橡胶：三元非均相体系，通过了模式评议，正在准备中试； 锂系异戊橡胶：进行了中试和工业试生产； 钕系稀土异戊橡胶、钛系异戊橡胶：6 万 t/年装置等建中

续表

公司名称	技术开发
中石油	钕系稀土异戊橡胶通过中试，工业装置筹建中
茂名鲁华化工公司	1.5万t/年ND-IR装置投产
青岛伊科思	钕系稀土异戊橡胶，5万t/年装置建设中
青岛第派	3万t/年反式聚异戊二烯项目筹建中

我国20世纪70年代就开始了以二甲基甲酰胺为溶剂的裂解C5馏分分离技术的开发，1992年在中国石化上海石油化工股份有限公司建成25000t/年C5馏分分离工业示范装置，目前装置生产能力已经达到65000t/年。该装置以裂解C5馏分为原料，以二甲基甲酰胺（DMF）为溶剂，采用二聚、二次萃取精馏和常压、减压蒸馏的方法，最终分离出聚合级异戊二烯、化学级异戊二烯、间戊二烯和双环戊二烯产品。我国除了已经实现采用DMF萃取蒸馏法分离异戊二烯外，在共沸精馏、反应精馏、加氢分离、一段萃取、共沸和萃取结合工艺等研究方面也取得了一定的进展。国内异戊橡胶市场巨大，边际利润宽，全球异戊橡胶需求增速为8.6%。

2. 生产丁基橡胶

丁基橡胶（IIR）是一种异丁烯/异戊二烯共聚物，具有透气性低、良好的耐老化性、热稳定性好、耐臭氧、良好的电性能以及气密性等优良性能。Exxon公司是世界上最大的丁基橡胶生产商，生产能力达到22.2万t/年；比利时Bayer Polysar是西欧最大的丁基橡胶生产商，产量达20万t/年；加拿大丁基橡胶生产能力也超过20万t/年。

3. 合成苯乙烯-异戊二烯-苯乙烯嵌段聚合物

苯乙烯-异戊二烯-苯乙烯嵌段聚合物（SIS）主要用于粘接剂生产。随着技术的不断发展，SIS现已成为生产热熔压敏胶很重要的基础原料，用SIS生产的热熔压敏胶广泛用于包装、书籍无线装订、绝缘、标志等领域。SIS的工业合成方法有：双官能团引发剂工艺、三步逐段加料工艺和耦联工艺。

Shell公司是世界上最大的SIS生产商，在美国具有SIS等系列产品生产能力15.9万t/年，若加上其在西北欧、日本和拉丁美洲的生产装置，总能力超过28万t/年。日本SIS生产能力：瑞翁为2万t/年，日本合成橡胶公司为2.0万t/年（与Shell合资），可乐丽公司为0.7万t/年，日本旭化成公司为0.6万t/年。壳牌-巴西1996年建成2万t/年的SBS、SIS生产装置，巴西Coperbe有SIS、SBS生产能力7000t/年。我国台湾地区SBS、SIS生产能力为2万t/年。Dow化学公司目前开发的双官能团引发剂专利技术在SIS合成工艺上有了新的突破，近年来已出现SIS加氢产物。SIS加氢后，耐热性、抗氧化性明显提高。

（二）异戊二烯在精细化工领域的应用

1. 制备甲基庚烯酮及其衍生物

甲基庚烯酮是制备芳樟醇、柠檬醛的主要原料，以甲基庚烯酮为起始原料可合成维生素 A、维生素 E、维生素 K、β-胡萝卜素、角鲨烷和抗溃疡药等。甲基庚烯酮合成工艺最早由隆波利集团的 Rhodia 公司实现工业化，后经可乐丽公司进行改进，氯化采用返混反应器，及时移走反应热，保持低温，并导入 HCl 气体可氧化异戊烯氯异构化，使异戊烯氯收率稳定在 90%。异戊烯氯与丙酮的 Alodl 缩合采用寒流型反应器连续操作来实现。甲基庚烯酮的炔化采用液氨为溶剂，得到脱氢芳樟醇，并以 Lindlar 催化剂加氢生成芳樟醇。芳樟醇在钒、钨类催化剂存在下，可异构化得到香草醇及橙花醇，可用作玫瑰型香料。香草醇异化混合物可进一步加氢，生成香草醇，继而羟基化获得羟基醛，再还原得到香草醛，通过闭环成异胡薄荷醇，继而加氢成薄荷脑。芳樟醇在乙酰化剂（如醋酐）作用下，可得 80% 收率的乙酸芳樟酯，此品是具柠檬香味的重要香料。这系列香料中以芳樟醇和香叶醇用量多，全世界年耗量分别为 10000t 和 3000t。

2. 制备拟除虫菊酯中间体二氯菊酸乙酯

作为继有机氯、有机磷以后的第三代杀虫剂，拟除虫菊酯类杀虫剂对其靶标具有神经毒性，其毒性的主要机制是神经细胞和肌肉细胞中钠离子通道的破坏和改变。拟除虫菊酯具有高毒性和低残毒的特性，具有代表性的含卤素菊酯，如氯节菊酯、氯氰菊酯、溴氰菊酯，其重要中间体二氯菊酸乙酯在生产上都用异戊二烯缩合。

二氯苯醚菊酯是二氯菊酸乙酯经皂化-缩合反应而得的高效杀虫剂。该品为高效低毒杀虫剂，用于防治棉花、水稻、蔬菜、果树、茶树等多种作物害虫，也用于防治卫生害虫及牲畜害虫，杀虫作用强烈，很低的浓度即可使害虫中毒死亡。

三、异戊二烯的生产工艺

（一）物理与化学法

目前工业生产异戊二烯的物理与化学方法可归为：C5 馏分分离法、化学吸附法、膜分离法、化学合成法、脱氢法。

1. C5 馏分分离生产异戊二烯

C5 馏分是指石脑油及其他重质裂解原料裂解制备工业乙烯过程中的副产物，C5 馏分中一般含有 10%~20% 的异戊二烯，将初步分离得到的粗异戊二烯（20%~65%）用溶剂（如二甲基甲酰胺或乙腈）提纯后可得到高纯产品（>99%）。目前溶剂萃取蒸馏法和共沸精馏法是工业上分离 C5 馏分中异戊二烯的主要方法，已实现工业化生产，而其他一些新型分离工艺如化学吸附法和膜分离法也相继被研发。

（1）溶剂萃取蒸馏法　目前工业化应用的溶剂萃取蒸馏法主要有以下三种：乙腈法（ACN 法）、二甲基甲酰胺法（DMF 法）、N-甲基吡咯烷酮法（NMP 法）。其中，ACN 法是最早也是最主要的 C5 馏分萃取方法，该方法的优点是乙腈来源丰富、价格低廉、萃取条件温和、设备腐蚀性小，但产品纯度不高，只能满足丁基橡胶原料规格的要求。DMF 法对异戊二烯的溶解度较大、选择性好、用量少、毒性较低。该工艺采用无水溶剂，不加任何化学处理，对设备无腐蚀性，产品收率和纯度较高。NMP 法流程简单，异戊二烯收率高（可达 97% 以上），但能耗高。

(2) 共沸精馏法　共沸精馏法是由美国 Goodyear 公司开发，利用异戊二烯和正戊烷形成共沸物这一特性来分离出 C5 馏分中异戊二烯的一项技术，所得产品为异戊二烯-正戊烷混合物。通常情况下，共沸物中异戊二烯的含量大于 70%。与萃取精馏法相比，共沸精馏法的优点是：不需要其他溶剂、操作温度低，无双烯烃、炔烃等聚合堵塞塔盘和再沸器等问题，无高浓度乙炔或其他炔烃爆炸的危险。而它最大的缺点是产品为混合物，无法获得纯度较高的异戊二烯，进一步提纯的流程较为复杂。

2. 化学吸附法

化学吸附法是由韩国的 Son 团队研发的异戊二烯分离工艺，首先金属阳离子（Ag^+或Cu^{2+}）与双烯烃进行可逆反应生成双烯电子络合物，然后利用络合物与有机物的不相容性将双烯烃与烷烃分离，最后利用反络合反应的可逆性，通过改变温度或压力将络合物中的双烯烃回收。该法能耗低、选择性好、装置简单、污染小，具有很好的发展潜力，但尚未见工业化报道。

3. 膜分离法

2008 年，Herrera 等研究者利用螯合 Ag^+ 和 Cu^{2+} 几丁聚糖薄膜成功分离烯烃和烷烃，烯烃纯度可达 99%以上。但是此工艺需严格控制物流中硫化物的含量，另外，O 和 N 等杂原子的存在会将膜中 Ag^+和Cu^{2+}还原成 Ag 和 Cu 纳米颗粒，从而使膜失效。针对此问题，2009 年 Lee 等研究者制备了一种含 Ag^+的苯乙烯-异戊二烯-苯乙烯膜，成功用于烯烃和烷烃的分离。该工艺具有投资小、易操作、操作温度低、环保、收率高等优点，另外，它还可以与共沸精馏法联合将共沸精馏分中异戊二烯分离出来，简化流程、降低设备投资，缺点是需要严格控制物流中硫的含量。

4. 化学法合成异戊二烯工艺

由于各国原料供应情况不同，所采用的异戊二烯合成工艺也存在一些差异，但一般多采用 C4 以下的有机原料如异丁烯、甲醛、丙酮、乙炔等来合成。合成方法主要有：异丁烯-甲醛法、丁炔-丙酮法和丙烯二聚法等。但化学合成的方法，会形成大量的工业废水（如异丁烯-甲醛法），且存在一定的安全隐患（如丁炔-丙酮法）。

5. 脱氢法生产异戊二烯工艺

脱氢法按照反应机理分为催化脱氢和氧化脱氢两种，按照原料可分为异戊烷和异戊烯脱氢，其中催化脱氢法已实现工业化生产。异戊烷两步催化脱氢法最早由苏联开发，是目前俄罗斯和东欧国家生产异戊二烯的主要方法。该方法所用原料来源于催化裂解或直馏汽油，便宜、易得，但工艺流程复杂、能耗高。异戊烯脱氢法由美国开发，该工艺流程可分为三步，首先从炼厂的 C5 馏分中抽提分离出异戊烯，然后利用氧化铁、氧化铬等催化剂催化脱氢，最后将脱氢产物分离提纯，可得到 99.2%~99.7%纯度的异戊二烯产品。该方法的原料浓度范围较宽（10%~30%），生产设备大部分为碳钢，近年来已较少采用。

（二）微生物发酵法

近年来，由于异戊二烯的用途广泛，对于异戊二烯的需求量也很大，因此为了解决传统化学工艺带来的环境问题，国内外研究者积极开展了一系列新型的异戊二烯生物合成制备工艺。

传统的异戊二烯几乎全部来自石化原料，主要通过直接从 C5 裂解馏分中分离或通过 C5 异烷烃和异烯烃脱氢来生产。目前，传统的异戊二烯生产工艺已经较为成熟，其中利用石油基 C5 裂解物抽提异戊二烯的产量接近全球产量的一半。但是，随着乙烯工业的改进，C5 裂解物的来源成为异戊二烯分离的瓶颈问题。另外，依赖于石油基资源的粗犷式发展给全球带来了严重的环境问题，为减少传统生产工艺带来的环境污染，降低能源消耗，科学家和研究者开始将目光投向建立新型的清洁的异戊二烯生产工艺。因此，在这种情况下，为异戊二烯生产提供可持续的微生物发酵工艺已成为一个有吸引力的替代方案。与其他生物化学品相比，发酵法生产异戊二烯的沸点低（34℃）且在水中溶解度低，因此将其作为气体而不是液体回收。在发酵过程中，异戊二烯可以从生产容器外的废气中连续回收，从而带来许多潜在的好处：①减少产品的反馈抑制；②产品的有效回收和纯化；③可以使用原油这种含有固体或液体杂质且不影响产品纯度的低成本原料。

我国中国科学院青岛能源所、清华大学、浙江大学、北京理工大学、北京化工大学等研究单位开始了在工程菌株中开展生物法生产异戊二烯的研究。但总体而言，异戊二烯的生物合成起步较晚，目前尚处于实验室研究阶段，其中廉价原料的利用、产物转化率的提高及产物分离工艺的建立成为主要的技术瓶颈问题，需要进一步的研究探索。

四、代谢工程改造大肠杆菌生产异戊二烯

（一）异戊二烯合成的代谢路径

异戊二烯作为一种重要的平台化合物，在橡胶以及精细化工行业有广泛的应用。目前主要开展两种异戊二烯生物合成工艺的改进性研究：一是对现有的工程大肠杆菌进行代谢工程改造和发酵工艺优化提高发酵效率；二是建立并优化异戊二烯的体外酶法合成工艺，其是由体外多酶催化的一种在生物体外重新构建代谢途径，由多个酶与相应辅酶参与催化的级联反应生成目的产物的过程。

类异戊二烯化合物生物合成的前体物质是异戊烯基焦磷酸（IPP）和其异构体 3,3-二甲基烯丙基焦磷酸（DMAPP）。自然界中合成这两种前体物质的代谢途径有两种（图 4-19）：一种是甲羟戊酸（MVA）代谢途径，主要存在于原核细胞、藻类及高等植物的叶绿体中；另一种是 4-磷酸甲基赤藓糖醇（MEP）代谢途径，主要存在于真核细胞、古细菌和高等植物的胞液中。

在大肠杆菌中，异戊二烯是通过 EMP 途径和 MEP 途径自然合成的。因此，在引入异源 ISPS 的基础上构建的依赖 MEP 的异戊二烯生物合成途径可以分为两个模块：①从糖底物中生成丙酮酸和 G-3-P 的 EMP 模块；②最终生成异戊二烯的 MEP 模块。MEP 途径的有效性不仅受到所涉及的反应的限制，而且还受到有助于该路线调控的起始材料（丙酮酸和 G-3-P）的可用性的影响。为了提高异戊二烯的产量，可以分别以底物进料模块和 MEP 模块为工程目标设计代谢工程。

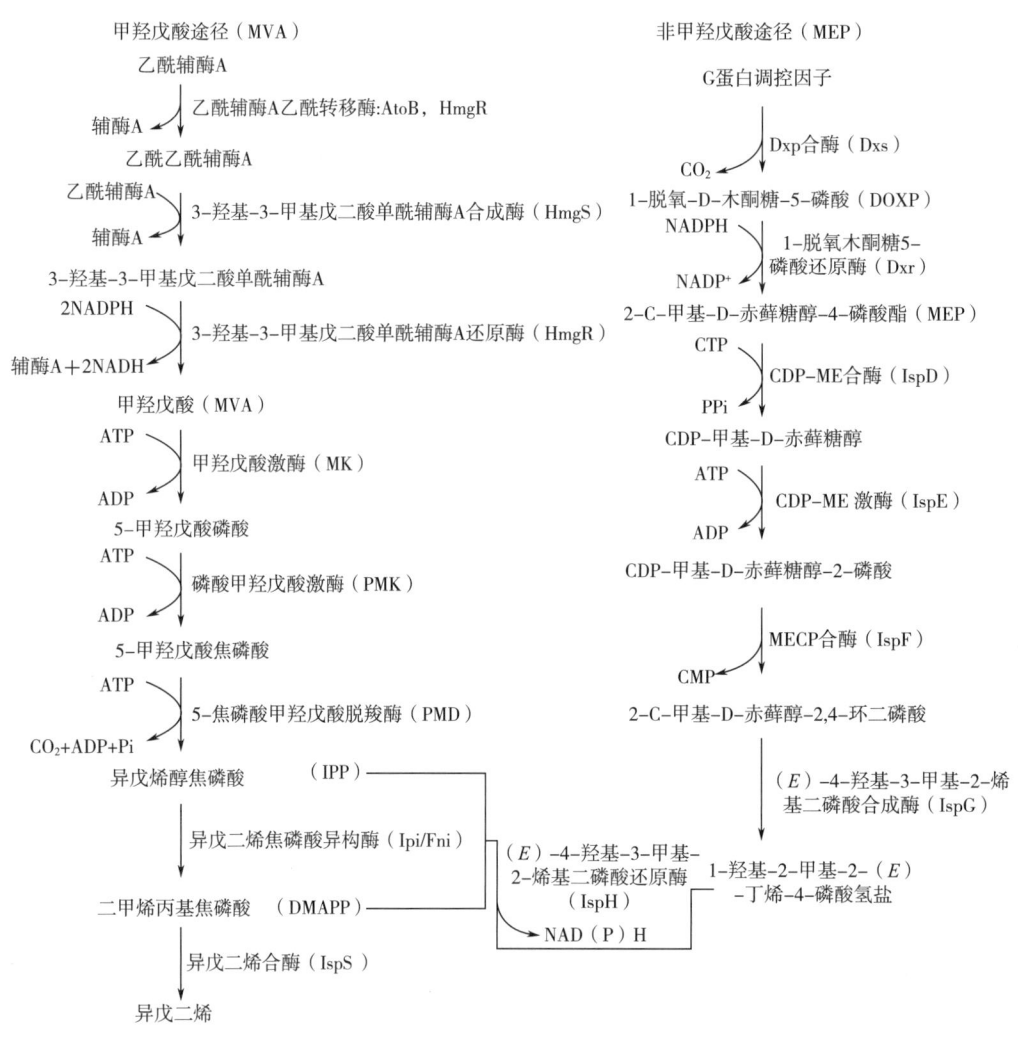

图 4-19 MVA、MEP 的代谢途径

1. MEP 代谢途径

20 世纪 90 年代初，人们才从细菌和植物中发现了 MEP 代谢途径。直到 2001 年，MEP 途径中的基因才被完全鉴定出来。虽然 MVA 途径和 MEP 途径都起始于中心碳代谢中间体，但不同于 MVA 途径（以乙酰辅酶 A 为起始物），MEP 途径的起始反应物是丙酮酸和 3-磷酸甘油醛，二者缩合生成 5-磷酸脱氧木酮糖（DOXP）；DOXP 在 1-脱氧木酮糖 5-磷酸还原酶（Dxr）的催化下消耗一分子 NADPH 生成 MEP；MEP 在 MEP 胞苷酰转移酶（IspD）催化作用下消耗一分子 ATP，生成 4-二磷酸胞苷-2-C-甲基-D-赤藓糖醇（CDP-ME）；CDP-ME 在 4-（5′-二磷酸胞苷）-2-C-甲基-D-赤藓醇激酶（IspE）的催化作用下生成 4-（5′-二磷酸胞苷）2-C-甲基-D-赤藓糖醇（CDP-MEP）；CDP-MEP 在 2-C-甲基-D-赤藓醇-2,4-环合酶（IspF）的催化作用下生成 2-C-甲基-D-赤藓醇-2,4-环二磷酸（ME-cPP）；ME-cPP 在 4-羟基-3-甲基-丁-2-烯基二磷酸合酶（IspG）的催化作

第四章
代谢工程改造大肠杆菌生产典型平台化合物

用下生成（E）-4-羟基-3-甲基-丁-2-烯基二磷酸（HMBPP）；HMBPP 在 4-羟基-3-甲基-丁-2-烯基二磷酸还原酶（IspH）的催化作用下生成 IPP 和 DMAPP；IPP 和 DMAPP 可以通过异戊烯基焦磷酸异构酶（IDI）进行异构转化。MEP 转化为 IPP 和 DMAPP 经过了 8 步反应，依次由 IspD、IspE、IspF、IspG 和 IspH 酶催化完成。

2. MVA 代谢途径

在 MVA 途径中，起始反应物乙酰辅酶 A 在乙酰辅酶 A 硫解酶（AACT）和 HMG-CoA 合成酶（HMGS）的催化下缩合生成 β-羟基-β-甲基戊二酰辅酶 A（HMG-CoA）。接着，HMG-CoA 在 HMG-CoA 还原酶（HMGR）的作用下生成甲羟戊酸（MVA），至此为 MVA 上游途径（MVA upper pathway）。MVA 经焦磷酸化和脱羧作用形成 IPP，经异构化转化为 DMAPP，至此为 MVA 下游代谢途径（MVA lower pathway），共 4 步反应，需要甲羟戊酸激酶（MK）、磷酸甲羟戊酸激酶（PMK）、二磷酸甲羟戊酸脱羧酶（MVD）和异戊烯基焦磷酸异构酶（IDI）共同催化完成。

3. 异戊二烯合成酶

异戊二烯合成酶能催化 DMAPP 转化为异戊二烯。1957 年，Sanadze 第一次发现植物释放异戊二烯，然而关于异戊二烯合成酶的研究相对较晚。2001 年，Miller 等研究者针对三个多肽片段的蛋白信息，设计了多条寡核酸片段，并以白杨叶的 cDNA 作为模板成功分离到异戊二烯合成酶的核苷酸序列。2005 年 Kanako Sasaki 课题组对源于银白杨的异戊二烯合成酶的定位及酶学特征进行了研究，结果表明该酶主要分布在叶片的色素体中。2012 年将分别来源于银白杨、黑杨和欧洲山杨的 3 种异戊二烯合成酶进行了比较，发现当引入银白杨的异戊二烯合成酶时，异戊二烯的产量最高。

（二）微生物法合成异戊二烯的代谢改造策略

大肠杆菌具有合成异戊二烯前体物质 DMAPP 的 MEP 代谢途径，但是自身缺少异戊二烯合成酶，所以不能在生长过程中产生异戊二烯。因此，需要利用代谢工程手段对微生物的代谢途径进行改造，以提高异戊二烯的生物转化效率。大肠杆菌不仅是第一个被改造生产异戊二烯的微生物，而且是当下异戊二烯产量最高的工程菌株。其他微生物（包括酿酒酵母、解脂耶氏酵母、里氏木霉以及链霉菌等）也都进行了异戊二烯生物合成途径的代谢工程研究，但它们的异戊二烯产量都低于工程大肠杆菌。

1. 工程大肠杆菌发酵过程中影响因素的研究

（1）培养基成分影响 培养基不仅仅给微生物生长提供必要的营养物质，还能影响下游产物的分离纯化，有时培养基中的缓冲液成分还起到调节发酵液 pH 的作用，因此选择合适的培养基对工程大肠杆菌的发酵至关重要。

（2）菌种质量的影响 菌种培养时间太短，接种后前期生长比较缓慢，使得发酵周期延长，产物生成延后；培养时间过长，菌体容易过早进入衰退期，一般情况下接种菌龄在对数后期比较好。

（3）pH 和温度的影响 最适合大肠杆菌生长的 pH 为 7.0~7.2，菌液 pH 的调节主要是通过添加盐酸、磷酸等来实现的，如果菌液偏酸性，通常使用氨水来调节。温度影响酶活性,从而间接影响产物的生成。

大肠杆菌代谢工程过程中有很多影响因素,除了以上的,还有其他的比如乙酸、诱导剂等,因此在用大肠杆菌代谢工程生成产物时需要格外注意。

2. 大肠杆菌异源表达异戊二烯合成酶

自然界中有些微生物可以合成异戊二烯,其中枯草芽孢杆菌为异戊二烯产量最高的天然菌,但是目前还没有从微生物中分离到异戊二烯合成酶基因,人们获得的 $ispS$ 全部来源于植物。由于天然的植物异戊二烯合成酶 cDNA 序列密码子偏好性与大肠杆菌有差异,为了使其在大肠杆菌中高效表达,苏思正等人按照大肠杆菌偏好密码子进行优化后利用化学方法合成,并且去掉编码信号肽部分的氨基酸的核苷酸序列,该重组异戊二烯合成酶能够催化异戊二烯的合成,重组菌的异戊二烯产量可达到 60μg/L。但仅仅过表达异源异戊二烯合成酶的大肠杆菌异戊二烯产量还是很低。为了进一步提高异戊二烯的产量,需要用其他代谢工程手段对大肠杆菌进行改造。

3. 大肠杆菌 MEP 代谢途径改造策略

作为大肠杆菌中 MEP 途径的常见模块,EMP 产生丙酮酸和 G-3-P 分布不平衡。在这些细胞中,丙酮酸的细胞内浓度始终高于 G-3-P,这表明 G-3-P 是限制碳通向 MEP 途径的通量。因此,提高产生 G-3-P 的通量或提供丙酮酸和 G-3-P 的平衡分布将是增加大肠杆菌中类异戊二烯产量的可行方法。为此,可以采取两种策略:①调节中央糖代谢(EMP)以平衡丙酮酸和 G-3-P 之间的分布,或②糖代谢的重定向导向另一种途径(例如,Entner-Doudoroff 途径/ EDP 或 De Ley-Doudoroff / DD 途径)同时生成等摩尔浓度的前体。研究发现番茄红素和异戊二烯产量的提高分别支持了等摩尔的丙酮酸和 G-3-P 量,产生更有效的通向类异戊二烯的碳通量。

在大肠杆菌 EMP 途径中,催化前两步反应的 DXS 和 DXR 是关键限速酶,DXS 和 DXR 的高效表达可以提高类异戊二烯的产量。将来自大肠杆菌自身的 dxs、dxr 和来自黑杨的 $ispS$ 在大肠杆菌中过表达,异戊二烯产量达到 160mg/L。而异源表达枯草芽孢杆菌 MEP 途径中的关键酶 DXS 和 DXR 使异戊二烯产量进一步提高到 314mg/L,提高了两倍。另一方面,代谢中 IPP 和 DMAPP 在异戊二烯焦磷酸异构酶的作用下相互转化,而 DMAPP 在 $ispS$ 的催化作用下生成异戊二烯。因此,过表达异戊二烯焦磷酸异构酶可以提高异戊二烯的产量。杰能科(Genencor)的研究发现,过表达 dxs、idi 和葛根 $ispS$ 的工程大肠杆菌,其异戊二烯产量达到 300mg/L,相比于只过表达了 $ispS$ 基因的大肠杆菌,异戊二烯产量提高了 5~12 倍。刘敏和杨建明等将来自大肠杆菌的异戊二烯焦磷酸异构酶基因(idi)和来自枯草芽孢杆菌的异戊二烯焦磷酸异构酶基因(fni)构建到原核表达载体上,并在大肠杆菌中异源过量表达。研究发现,来自枯草芽孢杆菌的 FNI 具有更高的催化活性,异戊二烯的产量由 0.80mg/L 提高到 2.96mg/L。大肠杆菌中表达异源基因有利于提高酶的催化活性,其原因可能是提高了酶自身的催化活性,也可能是避免了 MEP 途径的内源调控机制。

4. 大肠杆菌 MVA 代谢途径改造策略

除了在天然 MEP 途径中酶的过表达外,引入外源 MVA 途径也是工程改造大肠杆菌异戊二烯合成所采用的另一种典型策略。通过基因工程方法对已有的生物异戊二烯工程菌进行了代谢工程改造，构建了一株改造后的工程大肠杆菌 BL21（DE3）。主要改造策略是敲除竞争性的旁路代谢途径基因——乙醇脱氢酶基因（*adhE*）和乙酸激酶基因（*ackA*），以减少发酵副产物乙酸和乙醇的生成；同时在工程菌的基因组内导入异戊二烯下游代谢途径的酶基因，以提高菌株的发酵稳定性。改造后的菌株以甲羟戊酸为底物的异戊二烯发酵稳定性好，副产物乙酸和乙醇的含量低，并可实现异戊二烯与乳酸的共发酵（二者在此研究中无代谢竞争）。

Zurbriggen 等人通过以超级操纵子的形式组装类异戊二烯生物合成途径。比较了表达野葛藤 *ispS* 的大肠杆菌菌株中天然 MEP 途径和异源 MVA 途径的效率。然后，通过在超级操纵子结构的各个基因之间引入特定的核糖体结合位点（RBS）和核苷酸间隔子，实现了基因的最大表达，并将异戊二烯的产量从 0.4mg/L（对照）提高至 5mg/L（MEP 超级操纵子转化子）和高达 320mg/L（MVA 超级操纵子转化子）。

另一项研究表明，通过大肠杆菌中酿酒酵母 MVA 途径和白僵菌 ISPS 的异源共表达，分批补料发酵累积了 532mg/L 异戊二烯。异戊二烯合成的进一步增强是通过引入杂合 MVA 途径实现的。通过整合粪肠碱杆菌"上部 MVA 途径部分"（将乙酰辅酶 A 转化为 MVA）和酿酒酵母"下部 MVA 途径部分"，除了位点突变的 HMG-CoA 合酶外，还催化 MVA 形成 DMAPP。以葡萄糖为底物时，MEP 途径的异戊二烯产率（30.2%）要高于 MVA 途径（25.2%），但是由于内源 MEP 代谢途径的调控机制限制了异戊二烯的最终产量，所以为了避免大肠杆菌自身 MEP 途径的内源调控机制限制，在大肠杆菌中异源表达部分或完整的 MVA 途径，提高细胞内萜烯前体物质（DMAPP）的浓度，进而提高类异戊二烯的产量。

Martin 等首次在大肠杆菌中过表达了酿酒酵母的 MVA 途径和紫穗槐-4,11-二烯合酶提高了萜类物质青蒿酸的产量。Pitera 等在研究中发现，虽然在大肠杆菌中异源表达 MVA 途径可以提高萜类物质的产量，但是细胞内中间代谢产物 HMG-CoA 的大量积累会抑制细胞的生长，通过调节 HMGR 的表达量可以解决代谢途径中的瓶颈限制，提高上游途径的 MVA 产量。Anthony 等发现 MK 是大肠杆菌 MVA 途径中的限速酶，使用强启动子和高拷贝的质粒提高 MK 的表达量，萜类物质青蒿酸的产量提高了 7 倍。随后，定量蛋白质组学分析也表明 MVA 下游途径中的 MK 和磷酸甲羟戊酸激酶是代谢瓶颈。对含有整个酿酒酵母 MVA 途径的工程大肠杆菌进行了优化，通过选择合适酶活性质的 3-羟基-3-甲基戊二酸辅酶 A 还原酶和提高细胞内还原当量，萜类物质青蒿酸的产量提高了 120%。另一方面，细胞内异戊二烯前体物 IPP 和 DMAPP 的过量积累会对细胞产生毒性作用。这主要是由于下游的异戊二烯合成酶催化活性不高所造成的。为了减少或避免中间代谢产物浓度过高的毒性作用，必须提高异戊二烯合成酶的催化效率。有文献指出，利用蛋白工程手段可以提高异戊二烯合成酶的催化活性，但目前尚无详细的研究报道。

尽管在大肠杆菌中构建 MVA 代谢途径比其自身 MEP 途径更有效地合成了类异戊二烯化合物，但整个代谢途径涉及多个编码基因的表达，使用了多个重组质粒的表达系统来实现完整的代谢通路构建，这就涉及不同表达模块在细胞内的调控。冯凡等基于蛋白质预算理论的指导，通过优化质粒拷贝数和稀有密码子来调控系统内关键限速酶编码基因的表达量，在摇瓶发酵水平上使异戊二烯产量比对照菌株提高了73%，达到了761.1mg/L。此外，异源基因来源不同，表达效率也不同。Yoon等评价了不同微生物来源（包括肺炎链球菌、粪肠球菌、金黄色葡萄球菌、酿脓链球菌及酿酒酵母）的MVA上下游途径基因在大肠杆菌中表达后的生物转化效率，其中粪肠球菌的上游MVA途径和肺炎链球菌的MVA下游途径转化效率相对较高。杨建明等在大肠杆菌中构建了完整的酿酒酵母MVA途径，同时过表达了白杨 *ispS*，在发酵罐水平48h发酵后异戊二烯产量达到532mg/L。虽然与利用MEP途径相比，其产量有所提高，但是离工业化还相差甚远。造成目标产量低的原因可能是MVA途径中存在限速步骤。因此，杨建明等将酿酒酵母MVA下游基因和 *ispS* 基因在大肠杆菌中过表达，考察了添加外源MVA对该菌株异戊二烯产量的影响。结果发现，异戊二烯产量随着加入MVA浓度的增加而增加，说明MVA下游途径具有很高的转化效率。但异源表达酿酒酵母MVA上游途径仅产生了低浓度的MVA。以上研究表明，MVA上游途径是整个MVA途径的限速步骤。为了优化MVA代谢途径，将来自粪肠球菌和酿酒酵母的MVA上游途径的转化效率进行了对比，发现来自粪肠球菌的MVA上游途径转化效率较高，其产生的MVA浓度比酿酒酵母MVA上游途径提高了50倍，这与Yoon等的研究结果相一致。此外，表达宿主的选择对异戊二烯的产量也有影响，同等条件下，BL21（DE3）的异戊二烯产量最高，其次是BL21（DE3），JM109（DE3）产量最低。BL21（DE3）在发酵罐水平经48h的诱导培养，异戊二烯累积浓度达到6.3g/L，从葡萄糖到异戊二烯的转化效率为7%，达到理论转化率的28%。

5. 下游异戊烯基磷酸盐的反馈抑制调控策略

以IPP和DMAPP为起始物，在MEP和MVA途径中还存在着下游异戊烯基磷酸盐代谢途径（图4-20）。相比于异戊烯基转移酶，异戊二烯合成酶（IspS）的 K_m（DMAPP）较高，微生物代谢产生的大量IPP和DMAPP将更倾向于作为下游异戊烯基磷酸盐合成的前体物质，从而对异戊二烯的合成途径产生反馈抑制作用。为了降低异戊烯基磷酸盐的积累，将单萜和倍半萜合成酶与 *ispS* 在含有MVA途径的工程大肠杆菌内共表达可以提高异戊二烯的产量，该策略已经应用于目前异戊二烯产量最高的工程菌株中。

以大肠杆菌工程菌株为材料，通过一条独特的生物合成途径合成异戊二烯，该生物合成途径包含粪肠球菌的MVA上游途径和脑膜败血症伊丽莎白菌的 *ohyAEM* 基因。最适菌株在摇瓶发酵和补料分批发酵条件下，异戊二烯的积累量分别达到2.2mg/L和620mg/L，通过这种新途径生产异戊二烯的水平相对较低。

五、代谢工程改造大肠杆菌生产异戊二烯展望

异戊二烯的应用广泛，在各个领域都非常重要，为人们的日常提供了不可或缺的产品。异戊二烯的生物合成代谢途径和调控机制复杂，大肠杆菌自身MEP途径的内源调控机制限制了异戊二烯的产量。虽然目前已经将完整的外源MVA代谢途径在大肠杆菌中实

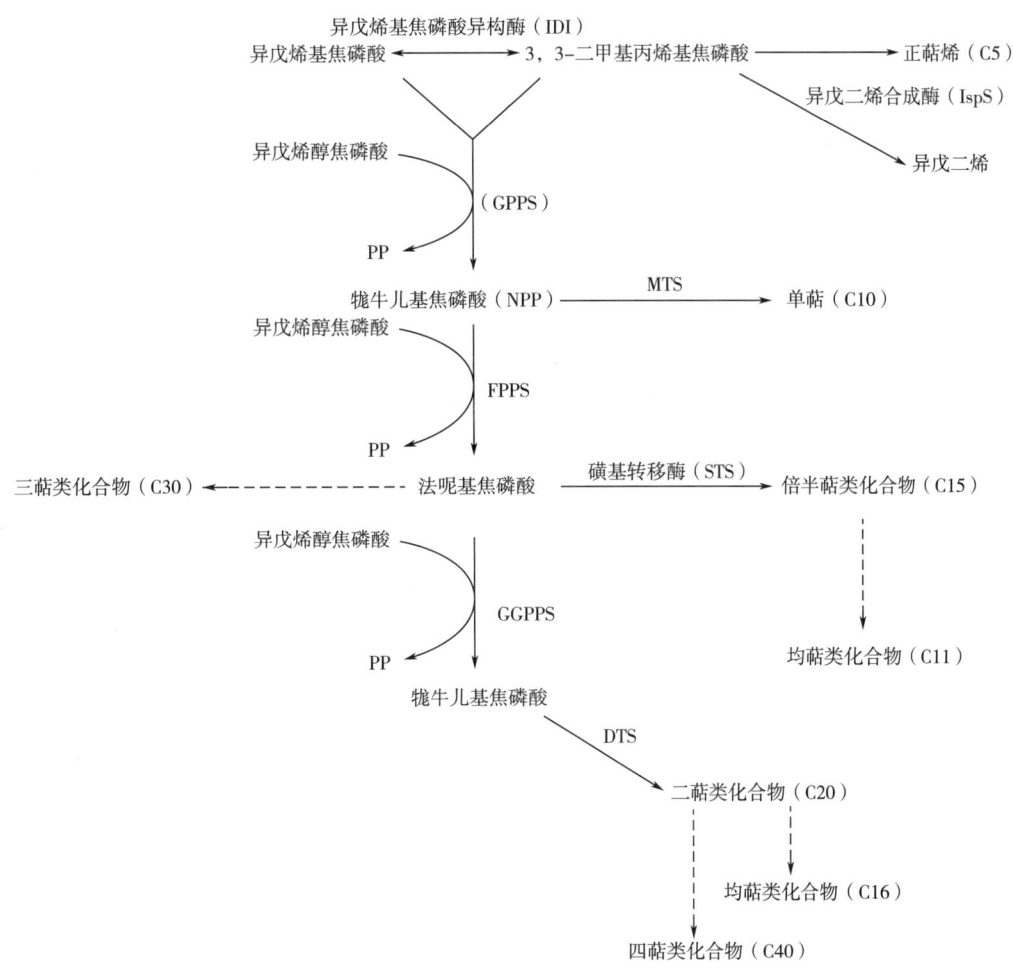

图 4-20 下游异戊烯基磷酸盐代谢途径

现了异源表达,但由于所需的编码酶基因较多,只通过一个载体的表达系统很难将整个代谢通路完全构建成功,需要使用多个重组质粒完成整个 MVA 代谢途径的构建,这其中就涉及多个表达模块在细胞内的调控。所以除了改善天然类异戊二烯前体途径的工程外,生物学家一直在追求非天然存在的异戊二烯生产代谢途径的开发,旨在解决 MEP 和 MVA 途径中存在的缺陷。对整个生物转化过程而言,发酵控制点的研究和菌株的代谢改造同样对转化效率有很大的影响。应根据微生物的代谢特性,对发酵过程进行代谢调控,合理地设计发酵工艺,增加异戊二烯代谢途径的代谢流分配,使底物最大程度地转化为异戊二烯,减少代谢过程中碳源以其他途径的损耗(如降低 CO_2 的排放等)。

参考文献

[1] Xin B, Tao F, Wang Y, et al. Coordination of metabolic pathways: Enhanced carbon conservation in

1,3-propanediol production by coupling with optically pure lactate biosynthesis [J]. Metab Eng, 2017, 41: 102-114.

[2] Hui S, Ghergurovich J M, Morscher R J, et al. Glucose feeds the TCA cycle via circulating lactate [J]. Nature, 2017, 551 (7678): 115-118.

[3] Zhou L, Cui W-J, Liu Z-M, et al. Metabolic engineering strategies for D-lactate over production in *Escherichia coli* [J]. J Chem Technol Biotechnol, 2016, 91 (3): 576-584.

[4] Johnson C W, Beckham G T. Aromatic catabolic pathway selection for optimal production of pyruvate and lactate from lignin [J]. Metab Eng, 2015, 28: 240-247.

[5] Pallotta M L. Mitochondrial involvement to methylglyoxal detoxification: D-lactate/malate antiporter in *Saccharomyces cerevisiae* [J]. Antonie Van Leeuwenhoek, 2012, 102 (1): 163-175.

[6] Zhou L, Niu D-D, Tian K-M, et al. Genetically switched D-lactate production in *Escherichia coli* [J]. Metab Eng, 2012, 14 (5): 560-568.

[7] Koevilein A, Kubisch C, Cai L, et al. Malic acid production from renewables: a review [J]. J Chem Technol Biotechnol, 2020, 95 (3): 513-526.

[8] Chen X, Wang Y, Dong X, et al. Engineering rTCA pathway and C_4-dicarboxylate transporter for L-malic acid production [J]. Appl Microbiol Biotechnol, 2017, 101 (10): 4041-4052.

[9] Zambanini T, Sarikaya E, Kleineberg W, et al. Efficient malic acid production from glycerol with Ustilago trichophora TZ1 [J]. Biotechnol Biofuels, 2016, 9: 1-8.

[10] Hu G, Zhou J, Chen X, et al. Engineering synergetic CO_2-fixing pathways for malate production [J]. Metab Eng, 2018, 47: 496-504.

[11] Gao C, Wang S, Hu G, et al. Engineering *Escherichia coli* for malate production by integrating modular pathway characterization with CRISPRi-guided multiplexed metabolic tuning [J]. Biotechnology and Bioengineering, 2018, 115 (3): 661-672.

[12] Guo L, Zhang F, Zhang C, et al. Enhancement of malate production through engineering of the periplasmic rTCA pathway in *Escherichia coli* [J]. Biotechnol Bioeng, 2018, 115 (6): 1571-1580.

[13] Chi Z, Wang Z-P, Wang G-Y, et al. Microbial biosynthesis and secretion of L-malic acid and its applications [J]. Crit Rev Biotechnol, 2016, 36 (1): 99-107.

[14] Badri A, Williams A, Awofiranye A, et al. Complete biosynthesis of a sulfated chondroitin in *Escherichia coli* [J]. Nat Commun, 2021, 12 (1): 1-10.

[15] Zhang Q, Yao R, Chen X, et al. Enhancing fructosylated chondroitin production in *Escherichia coli* K4 by balancing the UDP-precursors [J]. Metab Eng, 2018, 47: 314-322.

[16] Jin P, Zhang L, Yuan P, et al. Efficient biosynthesis of polysaccharides chondroitin and heparosan by metabolically engineered *Bacillus subtilis* [J]. Carbohydr Polym, 2016, 140: 424-432.

[17] Wang H, Zhang L, Zhang W, et al. Secretory expression of biologically active chondroitinase ABC I for production of chondroitin sulfate oligosaccharides [J]. Carbohydr Polym, 2019, 224: 1-6.

[18] Cheng F, Luozhong S, Yu H, et al. Biosynthesis of chondroitin in engineered *Corynebacterium glutamicum* [J]. J Microbiol Biotechnol, 2019, 29 (3): 392-400.

[19] Ilmen M, Oja M, Huuskonen A, et al. Identification of novel isoprene synthases through genome mining and expression in *Escherichia coli* [J]. Metab Eng, 2015, 31: 153-162.

[20] Liu C L, Bi H R, Bai Z, et al. Engineering and manipulation of a mevalonate pathway in *Escherichia coli* for isoprene production [J]. Appl Microbiol Biotechnol, 2019, 103 (1): 239-250.

[21] Li M, Chen H, Liu C, et al. Improvement of isoprene production in *Escherichia coli* by rational optimization of RBSs and key enzymes screening [J]. Microb Cell Fact, 2019, 18: 1-12.

[22] Ye L, Lv X, Yu H. Engineering microbes for isoprene production [J]. Metab Eng, 2016, 38: 125-138.

[23] Gao X, Gao F, Liu D, et al. Engineering the methylerythritol phosphate pathway in cyanobacteria for photosynthetic isoprene production from CO_2 [J]. Energy Environ Sci, 2016, 9 (4): 1400-1411.

[24] 简星星. 基因组规模代谢网络模型方法在工业生物技术中的应用研究 [D]. 上海：华东理工大学，2018.

[25] 李雪菲. 基因组规模代谢网络模型引导的大肠杆菌丙酮酸产生菌的构建 [D]. 保定：河北大学，2024.

[26] 郑媛嘉. 基因组代谢网络模型方法模拟重组大肠杆菌生产羟基-L-脯氨酸和葫芦巴碱的研究 [D]. 广州：广州中医药大学，2017.

[27] 周丽. 高产高纯 D-乳酸的 *E. coli* 代谢工程菌的构建 [D]. 无锡：江南大学，2012.

[28] 康振. 大肠杆菌系统改造及琥珀酸和 5-氨基乙酰丙酸合成途径的构建 [D]. 济南：山东大学，2011.

[29] 王庆昭. 高产琥珀酸大肠杆菌的代谢工程 [D]. 天津：天津大学，2006.

[30] 董晓翔. 代谢工程改造 *Escherichia coli* 生产 L-苹果酸 [D]. 无锡：江南大学，2016.

[31] 王元彩. 代谢工程改造酿酒酵母 rTCA 路径和 C4-二羧酸转运系统生产 L-苹果酸 [D]. 无锡：江南大学，2016.

[32] 胡贵鹏. CO_2 封存工程改造微生物生产 L-苹果酸 [D]. 无锡：江南大学，2020.

[33] 郭亮. 时空代谢调控大肠杆菌生产精细化学品 [D]. 无锡：江南大学，2020.

[34] 张俊丽. 代谢工程改造大肠杆菌血红素合成途径生产 5-氨基乙酰丙酸 [D]. 无锡：江南大学，2016.

[35] 刘敏. 大肠杆菌 MEP 途径的构建及其产异戊二烯的研究 [D]. 武汉：武汉科技大学，2013.

第五章 代谢工程改造枯草芽孢杆菌生产营养强化剂

第一节 枯草芽孢杆菌基因组规模代谢网络模型及其生理特性解析

一、枯草芽孢杆菌基因组尺度代谢网络的重构

与其他生物不同,枯草芽孢杆菌具有其单独的基因组数据库,主要有法国巴斯德研究所建立的 Subtilist、法国 Nr Sub(无冗余枯草芽孢杆菌数据库)、日本 BSORF(枯草芽孢杆菌 ORF 数据库)、德国整合基因和代谢途径注释的数据库 Subti Wiki 和模型 Subti Pathways。此外,在一些公共数据库中也包含枯草芽孢杆菌基因、蛋白及其代谢反应信息,如 KEGG 和 Uniprot KB 等。另外,还有两个数据库收录了枯草芽孢杆菌的必需基因,即 DEG 数据库(Database of Essential Genes)和 BSORF 数据库。

目前,国际上主要有三个研究团队对枯草芽孢杆菌代谢网络进行研究,包括:

(1) 瑞士苏黎世生物技术研究所　主要针对核黄素、叶酸及嘌呤类核苷酸的合成网络进行研究,如对核黄素生物合成与中心代谢及能量代谢间相互关系进行分析。

(2) 美国加州圣地亚哥大学 Palsson 研究团队　该研究团队先是申请由 792 个基因组成的枯草芽孢杆菌代谢网络专利,后于 2007 年发表了枯草芽孢杆菌第一个基因组尺度代谢网络模型 iYO844,该模型包含 844 个基因、1020 个代谢反应和 988 个代谢物(表 5-1),其特点主要是:①利用高通量 Biolog 表型实验确定 379 种底物(包括 190 种碳源、95 种氮源、59 种磷源和 35 种硫源)是否可以被菌体利用,并通过模拟计算确定模型可以利用哪些底物,不可以利用哪些底物,其总体预测准确率为 74.2%(表 5-2)。②以两篇文献中枯草芽孢杆菌同一种突变株 RB50∷pRF69 在有氧条件下不同底物的基本培养基中生长速率数据为参照,通过对模型生长速率的计算和校正,进而验证模型可较为正确地计算出不同条件下的生长速率。③对模型中 844 个 ORF 进行了单基因敲除实验,并将结果与 BSORF 数据库中的必需基因与非必需基因进行比对,总体预测准确率为 94%。

(3) 美国 Argonne 国家实验室数学与计算机科学系和美国芝加哥大学计算学院合作,于 2009 年完成第二个重构枯草芽孢杆菌基因组尺度代谢网络模型 iBsu1103,该模型共包括 1103 个基因和 1437 个反应(表 5-1)。与 Palsson 研究不同的是,Argonne 使用了 SEED 自动化重构方法,而非传统的人工重构方法。其次,该模型运用基团贡献法(group contribution method)计算模型中 1403 个反应的标准吉布斯自由能变化(standard Gibbs free energy change),用以确定反应方向。最后,Argonne 使用由 Kumar 和 Maranas 开发的 Growth

Match 算法修正该模型，使模型预测表型和必需基因的准确率都得到了提高，具体表现在对底物利用的预测和必需基因与非必需基因的预测方面（表 5-2）。令人遗憾的是，模型 iBsu1103 并没有计算模型的生长速率等，导致其不能为判断模型能否正确预测枯草芽孢杆菌在某培养基中的生长速率提供依据。此外，与模型 iYO844 相比，模型 iBsu1103 规模较大，且在底物利用、必需基因和非必需基因预测的范围和准确率上都较大，其主要原因：一是两个模型发表间隔两年左右的时间，期间加深了对枯草芽孢杆菌生理特性的认识和理解，进而提高了模型的规模和准确度；二是模型 iBsu1103 采用 SEED 作为模型的建立工具，充分发挥比较基因组学的作用，且使用修正的算法进一步提高了模型预测表型和必需基因的准确率。

表 5-1　不同枯草芽孢杆菌基因组尺度代谢网络模型基本性质的比较分析

模型	iYO844	iBsu1103
基因数量	844	1103
总反应	1020	1437
反应关联基因	904	1263
自发反应	2	20
明显的问题反应	114	160
总化合物	988	1139

表 5-2　比较分析模型 iYO844 和 iBsu1103 对必需基因、非必需基因及底物利用预测的准确性

数据类型	实验数据	iYO844	iBsu1103
LB 培养基中必需基因	271	63/91（69.2%）	192/215（89.3%）
LB 培养基中非必需基因	3841	657/675（97.3%）	871/888（98.2%）
总准确率	4112	720/766（94%）	1063/1103（96.4%）
Biolog 培养基中非零生长状态	183	122/183（66.7%）	137/183（74.9%）
Biolog 培养基中零生长状态	88	79/88（89.8%）	81/88（92.0%）
总准确率	271	201/271（74.2%）	218/271（80.4%）

二、枯草芽孢杆菌代谢工程操作系统

随着枯草芽孢杆菌基因组测序的完成、生化代谢途径的注释及解析，为理性设计和改造策略改善微生物生理功能提供了理论基础。目前，基于代谢途径信息，利用代谢工程策略改造枯草芽孢杆菌的研究主要包括：①调控关键限速酶表达，增加前体供给，强化目的产物的代谢通路；②阻断或抑制副产物生成途径，降低能耗，提高生产效率；③拓展底物利用范围；④引入新的代谢路径，合成新产物；⑤改造细胞生理特性，增强其抗逆境胁迫

适应性。例如，Zhang 等以适应性进化方法鉴定出 *araR*、*sinR* 和 *comP* 等 3 个与木糖利用相关的基因突变，而过量表达点突变基因可使重组菌株消耗木糖速率提高至 0.530g/（L·h），而结合敲除 *acoA* 和 *bdhA* 基因可使菌株利用木糖生产乙偶姻达到最大理论得率的 71%。

（一）枯草芽孢杆菌表达系统

随着对 *B. subtilis* 遗传特性的全面解析，构建了越来越多的 *B. subtilis* 168 突变株。直至 2014 年，美国俄亥俄州立大学 *Bacillus* 遗传保存中心（BGSC）保存的遗传突变菌株多达 1291 株，涉及的基因突变主要包括各种酶、芽孢形成和萌发、感受态、DNA 重组与修复、正负调控和不同营养要求等。

1. 枯草芽孢杆菌表达系统特点

与 *E. coli* 表达系统相比，*B. subtilis* 表达系统在表达外源基因上更具优势，主要包括：

（1）*B. subtilis* 不产生任何毒素和热源性脂多糖，被美国食品药品监督管理局认定为安全菌株（generally recognized as safe，GRAS）。

（2）细胞壁结构相对简单，只含有肽聚糖和磷壁质，导致分泌蛋白跨过细胞膜后，极易被加工和直接释放到培养基中，加速目标蛋白的分离、回收和纯化。

（3）*B. subtilis* 表达系统无严格的密码子偏好性。

（4）培养条件简单、易实现高密度发酵，且具有良好的发酵研究基础和大规模生产经验。

然而，枯草芽孢杆菌表达系统也存在着一些不足：

（1）可产生较多的胞外蛋白酶，易降解表达产物。

（2）许多菌株不易制成感受态，转化操作难度高。

（3）本身具有修饰和限制系统，外源质粒易丢失。

（4）对有毒害作用的蛋白和真核蛋白表达困难或难以表达。

2. 枯草芽孢杆菌表达系统的载体

目前，应用于 *B. subtilis* 表达系统的载体可分为：质粒载体、整合载体和噬菌体载体。

（1）质粒载体　*B. subtilis* 使用的第一代质粒载体主要来源于其他革兰氏阳性细菌，其共同特点是：相对分子质量小、存在唯一酶切位点、拷贝数较高和含有抗生素抗性基因标记等，包括来源于金黄色葡萄球菌的质粒（如 pUB110、pC194 和 pE194 等）、干燥棒状杆菌的质粒 pTZ21、芽孢杆菌属的隐性质粒 pLS11、蜡状芽孢杆菌的质粒 pBC16 和乳酸乳球菌的质粒 pWVO1 和 pSH71。

第二代用于 *B. subtilis* 的质粒载体为穿梭质粒，一般含有两个以上复制子，可在 *E. coli* 和 *B. subtilis* 进行复制遗传。以典型穿梭质粒 pHV1431 为例，其由 pAMβ1 和 pHV60 构建而成，其中质粒 pAMβ1 来源于粪肠球菌，可在 *B. subtilis* 中稳定自主复制，而质粒 pHV60 改造自 *E. coli* 质粒 pBR322，能在 *E. coli* 中稳定复制。因此，pHV1431 拥有氨苄青霉素和红霉素两种抗性，且拷贝数较高（每个菌体约有 200 个拷贝），可在 *B. subtilis* 中稳定遗传。

第三代质粒载体是由 *B. subtilis* 隐性质粒与 *E. coli* 质粒构成的嵌合载体。*B. subtilis* 隐性质粒 pTA1060 大小约为 5.6kb，虽质粒拷贝数不高，但稳定性好，其复制子基因片段已被用于多种质粒载体的构建。例如，质粒 pHP3，由质粒 pTA1060 复制子片段、质粒 pE194 红霉素抗性基因（Em^r）、质粒 pC194 头孢菌素抗性基因（Cm^r）和 E. coli 质粒 pUC19 复制子片段组成，在 E. coli 和 B. subtilis 中均表现出所有抗生素抗性，且具有较高的 B. subtilis 转化效率和稳定遗传性。

然而，利用质粒载体进行外源基因表达所面临的最大问题是质粒的稳定性不足，而质粒的不稳定性主要分为：①分离不稳定性，即由于复制子缺少具有功能的 par 基因座，不能在分裂时将质粒正确分配到每个子代细菌中，造成质粒丢失；②结构不稳定性，质粒复制时自身结构不稳定。因此，解决质粒稳定性问题的途径有：①利用整合质粒将外源基因整合到染色体上；②使用来自芽孢杆菌属，尤其是 B. subtilis 质粒复制子，构建穿梭载体，同时添加抗生素培养，避免质粒结构的改变和丢失。

(2) 整合载体　整合载体是指可将外源基因通过基因重组方式插入染色体中的一类载体。常用的整合载体是在 E. coli 质粒（多为 pBR322）基础上增加 B. subtilis 抗性标记（如 Kan^r、Em^r 和 Cm^r）和待整合的目的基因。由于该类质粒在 B. subtilis 中没有完整的自主复制结构，只能部分或全部整合至宿主染色体后才能随着菌体自身染色体复制而复制，并通过相应抗生素进行阳性克隆的筛选。根据基因重组方式的不同，整合载体可分为：①单交叉同源重组：整合载体上有一段与染色体同源的 DNA 序列，整合载体转入菌体后，同源的序列发生重组，整个质粒随之插入宿主染色体。一般情况下整合结构稳定，重组频率比较高（$10^{-5} \sim 10^{-4}$/代）；②双交叉同源重组：整合载体转入宿主后，载体与宿主染色体同源序列之间发生交换，目的基因和抗性基因随之插入染色体。

然而，虽整合载体在一定程度上解决了质粒载体的遗传不稳定性，但因较低的拷贝数，使其并不适合用于外源蛋白的高效表达。

(3) 噬菌体载体　噬菌体载体是原核表达系统中常用的一类载体，如 Φ105 噬菌体和 sppl 噬菌体等，可将载体通过单链共价连接方式插入菌体染色体上，可作为一种整合载体使用。例如，Φ105 是一个温敏型噬菌载体，具有一个特殊的 B. subtilis 染色体附着位点，可将整个质粒插入 B. subtilis 基因组并稳定存在。类似地，可在 Φ105 载体基础上构建新载体，如 Φ105MU331、Φ105dc M 和 Φ105J27 等，以单拷贝共价连接在染色体上，拥有抑制毒害宿主菌毒素分泌的编码区，且插入一个可以受温度调控的强启动子，进而成为可高效表达外源蛋白的载体。

3. 枯草芽孢杆菌表达系统的启动子

作为载体的重要元件，启动子决定了载体表达外源蛋白的水平和效果，而从转录模式上可以将 B. subtilis 启动子分为组成型启动子和诱导型启动子。

(1) 组成型启动子　组成型启动子又称非特异性表达启动子，翻译表达周期较长，表达过程中蛋白生成量持续稳定，不随外界条件的改变而改变，整体表达量较高。作为常见的组成启动子，P43 启动子不仅在营养期开始表达，且稳定期可达到较高的表达效率，被用于多种酶的表达。然而，组成型启动子却存在难以控制目标蛋白表达量等缺陷，特别是在表达对菌体有毒害作用的外源蛋白时，使用组成型启动子不易获得高表达量的外源蛋白。

（2）诱导型启动子　诱导型启动子是指在某些特定的物理或化学信号的刺激下，可大幅度提高基因表达水平的启动子。目前，*B. subtilis* 中常用的诱导型启动子有：①sacB 启动子。作为由蔗糖调控诱导的启动子，当培养基中存在一定浓度的蔗糖时，启动子被激活转录，可使目标蛋白获得较高的表达水平。②麦芽糖启动子 Pglv。依靠麦芽糖操纵子（glv operon）操控表达，受到麦芽糖和葡萄糖两种物质浓度影响。该启动子优势在于麦芽糖价格低，对启动子调控性好，但葡萄糖是糖代谢中不可避免的中间产物，对启动子有显著的抑制作用，严重限制启动子 Pglv 的应用范围。③Pspac 启动子。作为人工合成的高效启动子，该启动子由 *B. subtilis* 噬菌体 SPO-1 启动子和 *E. coli* 乳糖操纵子元件（LacI、LacO）组成，在 *E. coli* 和 *B. subtilis* 均能诱导调控外源基因的表达。此外，还存在一些诱导型启动子如四环素启动子、磷酸盐启动子、T7 启动子、柠檬酸盐启动子、淀粉启动子、甘氨酸启动子和低温诱导型启动子等，可为表达质粒的构建和外源基因的表达提供丰富的启动子资源。

目前，随着 *B. subtilis* 表达系统不断完善，已成功表达许多外源蛋白质，但仍存在一些问题：①*B. subtilis* 具有较强的外源蛋白酶，易降解外源表达蛋白，进而显著降低目标蛋白的产率。为此，筛选蛋白酶缺陷型菌株，降低自身酶对外源蛋白的降解可有效解决此类问题，如 *B. subtilis* 缺陷型菌株 WB600、WB700 和 WB800，分别为缺少 6 种，7 种和 8 种蛋白酶，进而使蛋白酶活性仅为出发菌株的 0.3%、0.1% 和 0.08%。②表达载体不稳定并且易丢失，其解决思路：使用整合载体，但不利于提高外源蛋白的表达量；使用 *B. subtilis* 自身稳定的复制子构建穿梭载体，如使用 *B. subtilis* 隐性质粒或芽孢杆菌属复制子。

（二）无标记遗传操作策略

传统 *B. subtilis* 遗传操作是基于将筛选标记（常用抗生素）整合至基因组中，通过正筛选标记基因而获得阳性克隆子。一般来说，每进行一次遗传操作都需要引入一个正筛选标记基因。例如，敲除两个基因，可直接通过同源重组分别在两个目标基因内部插入不同的标记基因实现。然而，在基因组最小化的研究中，需要对多个基因靶点进行顺序操作，而利用有限标记基因在同一菌株中所能进行的操作数量就非常有限。为此，将引入的标记基因从基因组中消除可实现对标记基因的循环利用，且在基因组上不留下任何筛选标记，即为无标记遗传操作。

1. 依赖负筛选标记基因的无标记遗传操作

负筛选标记基因是在特定条件下将菌株杀死的基因，而将负筛选标记与正筛选标记联合使用进行遗传操作，再利用负筛选标记的致死特性，可将标记基因从基因组上消除。目前，常用的负筛选标记基因包括特定条件下的毒性基因和正筛选标记抑制子。

（1）毒性基因　枯草芽孢杆菌中常用的负筛选标记毒性基因包括 *upp*、*mazF* 和 *hewI*。在枯草芽孢杆菌中，*upp* 基因编码尿嘧啶磷酸核糖转移酶（UPRTase），催化尿嘧啶生成尿苷单磷酸，可使细胞利用胞外尿嘧啶。而 5-氟尿嘧啶是嘧啶类似物，可被 UPRTase 催化反应生成胸苷酸合成酶的强烈抑制剂 5-F-d UMP，进而导致枯草芽孢杆菌的死亡。为此，利用 *upp* 基因作为负筛选标记可实现基因组的无标记遗传操作，同时该基因也适用于多种革兰氏阳性菌,包括谷氨酸棒杆菌和解淀粉芽孢杆菌等。

(2) 正筛选标记抑制子 通过启动子及其相应的抑制子,可将正筛选标记转变成负筛选标记(图 5-1)。具体来说,将一个正筛选标记(比如新霉素抗性基因 neo)置于启动子(Pro)控制之下,启动子 Pro 的起始转录可被蛋白 R 所抑制。若编码蛋白 R 的 reg 在基因组上表达,则蛋白 R 就会抑制 neo 的表达,从而使菌株丧失特定抗性。因此,reg 则成为抗性中负筛选标记基因。目前,常用的抑制基因/启动子组合包括 blaI/Pbla、araR/Para、lacI/Pspac 和 cI857/PR。

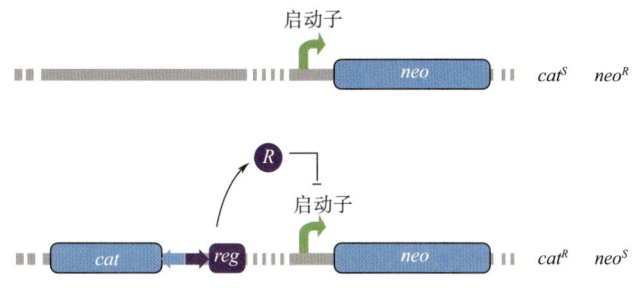

图 5-1 利用新霉素抗性基因的抑制子作为负筛选标记

cat:过氧化氢酶编码基因,R:转录因子

2. 依赖枯草芽孢杆菌内源重组系统的无标记遗传操作

枯草芽孢杆菌内源重组机制包括环状质粒介导的单交换重组和线性片段介导的双交换重组,均可用于介导无标记遗传操作(图 5-2)。其中,单交换重组广泛应用于基因失活

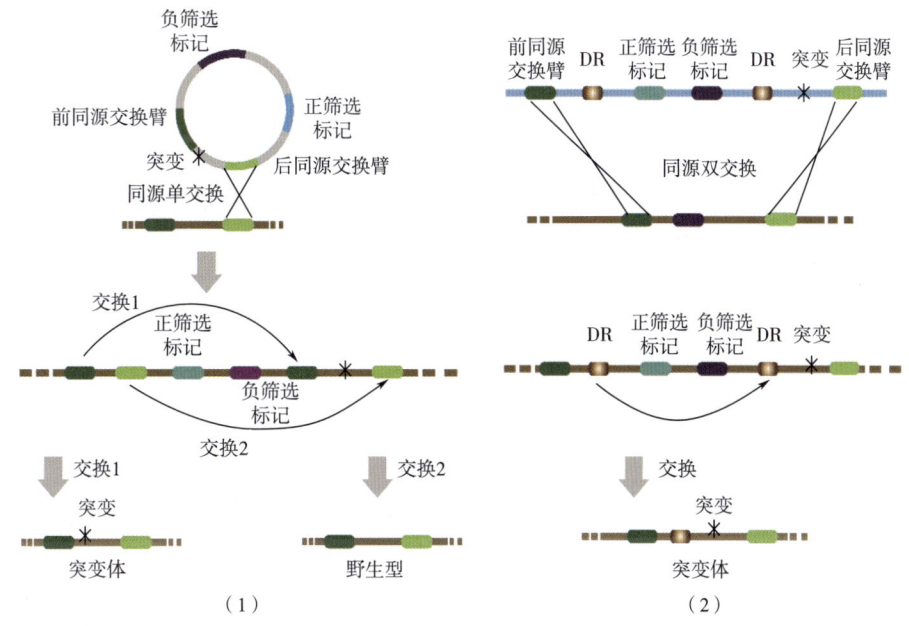

图 5-2 利用枯草芽孢杆菌内源重组系统进行无标记遗传操作

(1) 利用单交换重组引入突变点;(2) 利用双交换重组引入突变点

和基因突变中,而双交换重组较单交换重组效率低,且需要更长的同源臂(通常 500bp 左右)。然而,双交换重组介导的无标记遗传操作应用更为广泛,而双交换重组体系通常包含四个组成部分:正负筛选标记基因、需要引入的突变基因、方便标记基因消除的 DR 序列和上下游同源臂,且其过程为:将重组体系转化进入细胞,经双交换重组就可将筛选标记插入基因组,同时引入相应的突变;其次,借助于 DR 序列之间的重组,通过负筛选标记的致死效果,即可筛选获得抗性标记消除的菌株。

此外,位点特异性重组系统(如来源于 P1 噬菌体的 Cre/loxP 系统、lambda 噬菌体的 Xis/attP 系统和酿酒酵母的 FLP/frt 系统)、λRed 重组系统介导的 ssDNA 重组及 *Sce* I 内切酶介导的操作系统也被广泛应用于枯草芽孢杆菌遗传操作中抗性标记的消除上(图 5-3)。

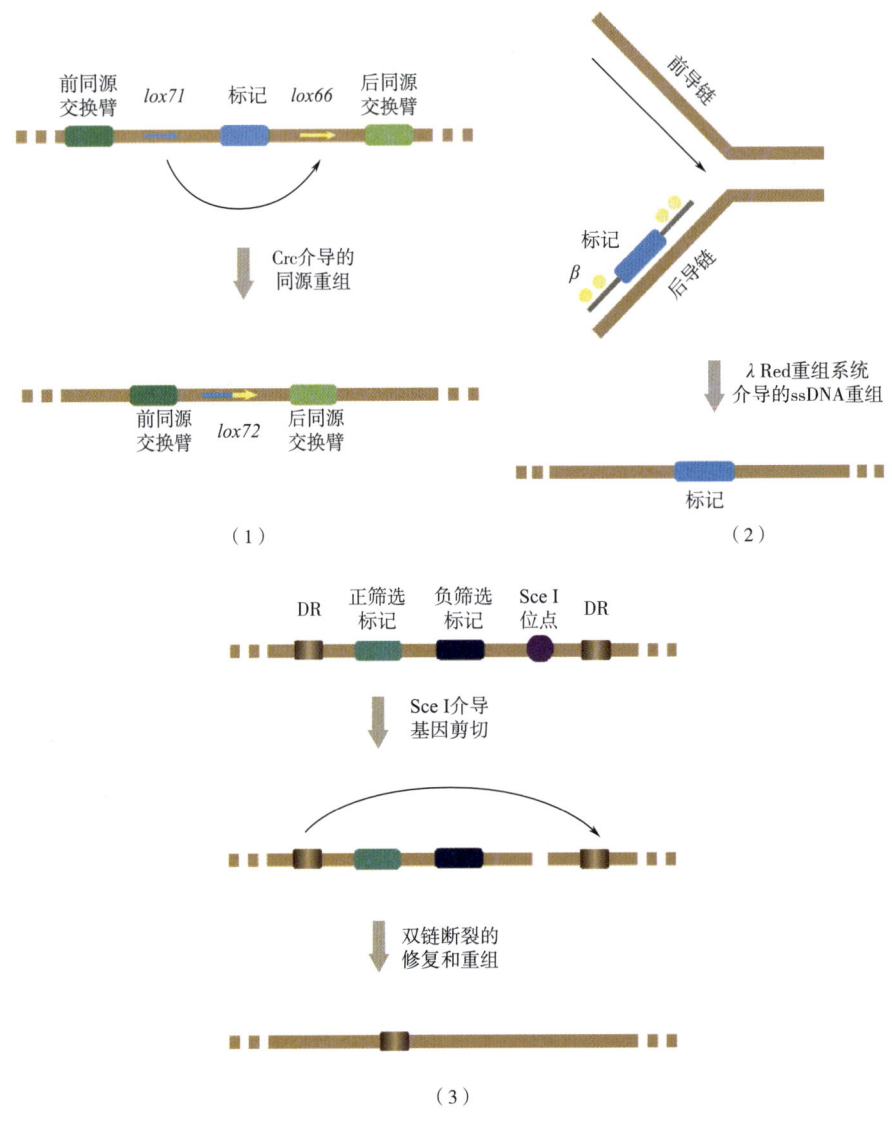

图 5-3　(1)利用位点特异性重组消除抗性标记;
(2)λRed 重组系统介导的 ssDNA 重组;(3)*Sce* I 内切酶介导的抗性标记的消除

（三）枯草芽孢杆菌分泌表达系统

在 B. subtilis 中至少有四种蛋白质分泌途径，可引导大约 300 种蛋白质分泌至胞外，包括：①一般分泌途径（the general secretion pathway，简称 Sec 分泌途径），B. subtilis 中超过 90% 的胞外蛋白质是通过该途径实现分泌。②双精氨酸分泌途径（twin arginine translocation pathway，简称 Tat 分泌途径），是 B. subtilis 中第二大分泌途径，其特点是可分泌在胞内已折叠形成正确构象的蛋白质。③ATP 结合盒转运子途径（ATP binding cassette transporter，简称 ABC 转运子途径），主要用于细菌素等分子的输出。④假菌丝蛋白输出途径（pseudophilin pathway，简称 Com 途径）。因此，虽然 B. subtilis 表达系统仍存在诸如表达量分泌效率低、外源蛋白酶诱导方式单一及表达系统通用性不强等一系列问题，但因其优越的分泌系统、生物安全性及成熟的遗传操作技术等特性，已基于 B. subtilis 建立了一批高效表达系统，如 SURE（subtilin-regulated gene expression）表达系统和 LIKE 表达系统，并被逐渐发展成为一个成熟的蛋白产业化生产平台。

（四）枯草芽孢杆菌表面展示技术

作为一种新兴的基因工程技术，B. subtilis 表面展示技术借助外源蛋白基因与芽孢孢衣蛋白基因融合表达的方式，可实现将外源蛋白展示在 B. subtilis 芽孢表面，且因其具有操作简单、稳定性好及生物安全性高等特点，已受到越来越多的关注。其中，选取适合用于外源蛋白融合的衣壳蛋白是能否成功进行展示的关键。例如，Kwon 等将 β-半乳糖苷酶通过与 CotG 融合表达展示在芽孢表面，可使重组菌株在非极性有机溶剂（正己烷、乙醚、甲苯、乙酸乙酯和乙腈）中 37℃反应 1h 仍能检测到酶活性，且表现出较强的热稳定性。然而，B. subtilis 表面展示技术将芽孢衣壳蛋白和外源基因的融合片段与基因组中基因序列通过交叉互换而插入基因组，虽克服了质粒易传代丢失的缺点，但因其拷贝数低，进而限制了外源基因的大量表达。因此，借助穿梭表达载体可实现外源蛋白的大量表达，如 Quynh 等利用穿梭载体 pHT01 实现 GFP 和淀粉酶在芽孢表面的高效分泌表达。

三、枯草芽孢杆菌基因组的简化

对于枯草芽孢杆菌，在营养充足、适于生长的培养环境中，其基因组中可存在很多非必需基因，而删除此类非必需基因有利于减少细胞的复杂性和代谢负担，进而构建更为简单和高效的细胞工厂。因此，通过删除基因组中冗余和非必需基因以获得具有应用潜能的小基因组底盘细胞将是改善枯草芽孢杆菌细胞生产性能的新策略（图 5-4）。

（一）基因组简化对菌株生理的影响

一般来说，去除基因组中冗余、非必需基因而精简基因组的组成及生理代谢途径，可降低基因组的复杂性及背景噪声，进而改善细胞对能量底物的利用效率，增强基因操作的预测性和可控性。然而，由于基因组中存在许多功能未知或功能未全面注释的基因，甚至是已注释基因，对于已知功能基因和未知功能基因间相互作用仍然缺乏深入认识。因此，以基因必需性和非必需性作为构建底盘细胞而删减基因的标准和依据，基因组删减对细胞

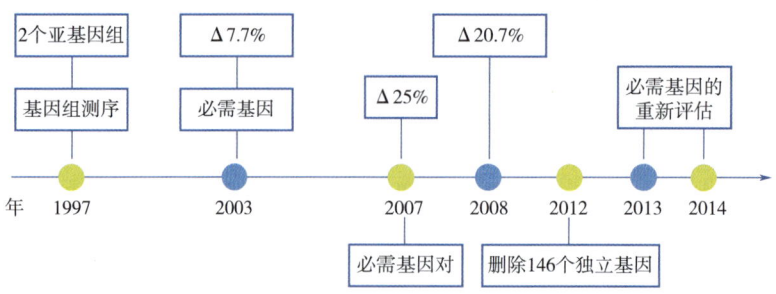

图 5-4　枯草芽孢杆菌基因组简化研究历程

生理表型的影响可导致诸多不确定性或不可预测性。

目前，由于基因组的复杂性以及研究认识的局限性，导致基因组简化研究存在许多仍未解决的问题，如删减非必需基因和基因组精简对细胞存活虽无致命影响，但却可对细胞生长、代谢、生理等方面产生多样化影响。类似地，删减和缺失某些非必需基因，可导致细胞对环境生长适应性发生改变，或单敲除某些区段序列不影响细胞生长，但多区段的组合删减可对菌株形态、生理遗传产生多样化影响。例如，Westers 等获得敲除 $pro1$、$pro3$、$skin$、$SP\beta$、$PBSX$ 及 pks 等操纵子的 Δ6 菌株，使整个基因组缩减了 7.7%，虽工程菌株在芽孢发育、转化效率和代谢通量等方面无显著变化，但其蛋白质分泌及细胞运动性等方面表现出显著性差异。类似地，Ara 等构建的重组菌株 MGB469（敲除 $pro1\sim6$、$skin$、$SP\beta$、$PBSX$ 及 pks、pps 操纵子）细胞生长和外源蛋白表达等方面无显著变化，但在此基础上继续删减 6 个额外的敲除片段获得菌株 MG1M（精简 0.99Mb），使其在细胞形态、生长速率及蛋白表达等方面表现出不稳定性，因而失去了研究价值。因此，尽管非必需基因在基因组中占有较大比例，尚有进一步删减基因组的可能，但大尺度基因组删减对菌株遗传基因型、生理表型的影响仍有待于进一步的实验验证。为此，通过生理表征鉴别基因区段影响，结合对生长、环境适应性等指标的全面认识、功能基因的注释及其基因间相互作用，有助于合理选择靶点组合，筛选获得符合工业需求的生理类型菌株。

（二）基因组简化枯草孢杆菌的构建

在 *B. subtilis* 168 基因组中，约有 10 个 AT 碱基丰富区，其编码蛋白功能与噬菌体相关，而根据密码子利用的差异性及表达产物功能分析推断，此类区段是温和噬菌体或残余噬菌体区（$pro1$、$pro2$、$pro3$、$pro4$、$pro5$、$pro6$、$pro7$、$sp\beta$、$skin$ 和 $pbsX$），且与噬菌体感染、复制以及细胞自溶相关，是在细菌与噬菌体之间发生基因水平的转移及自然进化的结果。此外，*B. subtilis* 168 基因组中还含有编码聚酮类或多肽类抗生素或表面活性剂的大操纵子（pps 和 pks 等），该相关基因的表达有利于增强细胞适应自然环境的能力，但却在实验室和人工生态环境下是非必需的。值得注意的是，Morimoto 等在基因组非编码 DNA 序列中筛选大于 10kb 的 DNA 区段，排除参与初级代谢或在基本无机盐培养基中生长必需的基因和 DNA 代谢相关基因，最终确定 63 个可删除区段，其中有 11 个区段，单敲除此类区段序列可不影响菌体生长。因此，在 *B. subtilis* 168 基因组中，噬菌体、次生代谢物大操纵子区以及非必需的区段可作为基因组删减的优先考虑的靶区域。

2003年，Kobayashi等通过对枯草芽孢杆菌基因组进行系统的单基因敲除实验，结合基因功能分析及文献挖掘，确定只有271个基因是枯草芽孢杆菌在LB培养基中生长所必需的（其中150个基因通过单基因敲除实验确定，42个基因由文献报道确定，另有79个功能明确的基因通过高置信度的预测确定），且必需基因中功能未知基因占4%，该研究结果为枯草芽孢杆菌基因组最小化奠定了初步的实验依据。2008年，Morimoto等基于对枯草芽孢杆菌基因组序列的分析，鉴别不编码RNA或必需蛋白质大于10kb的连续序列，排除在基本培养基上生长涉及初级代谢的所有已知或可能基因后，成功预测74个潜在的非必需片段。为此，采用 upp 基因为负选择标记的无痕敲除技术，将其中11个非必需片段从菌株MGB469基因组中删除，获得基因组简化的菌株MGB874（共删减874kb，占基因组的20.7%）。与野生型菌株相比，菌株MGB874对底物利用速率更高，但生长速率有所降低，且细胞形态和基因组在胞内分布无明显变化，具有广泛的研究价值。值得注意的是，以简化菌株MGB874为出发菌株，过量表达碱性纤维素酶可使其活性是野生型菌株的2.7倍，而表达碱性蛋白酶使其活性为野生型菌株的3.5倍，表明基因组简化或最小化菌株在优化细胞工厂方面具有巨大的应用潜力。然而，虽最小基因组研究在湿实验方面已取得了一些进展（图5-5），但目前仍未见构建基因组最小化代谢网络模型等的相关报道。

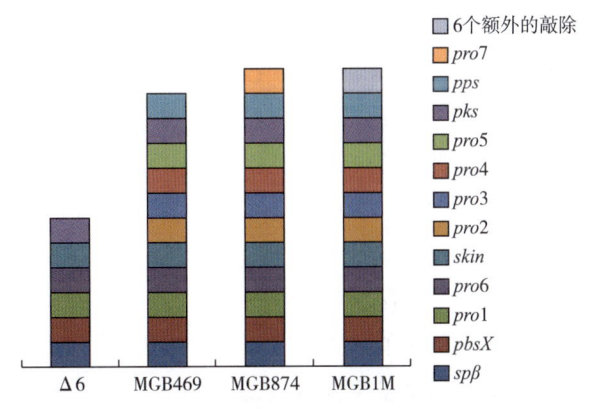

图5-5 枯草芽孢杆菌基因组敲除的研究进展

第二节 代谢工程改造枯草芽孢杆菌合成核黄素

一、核黄素概述

核黄素又名维生素B_2（vitamin B_2），分子式为$C_{17}H_{20}O_6N_4$，IUPAC中文名：7,8-二甲基-10-(1'-D-核糖基)-异咯嗪，其分子结构如图5-6所示。作为人体必需的13种维生素之一，核黄素微溶于水（27.5℃，溶解度为12mg/100mL），可溶于氯化钠溶液，易溶于氢氧化钠溶液,且在碱性溶液中易被光影响变质,但不溶于乙醚、氯仿、丙酮和苯。

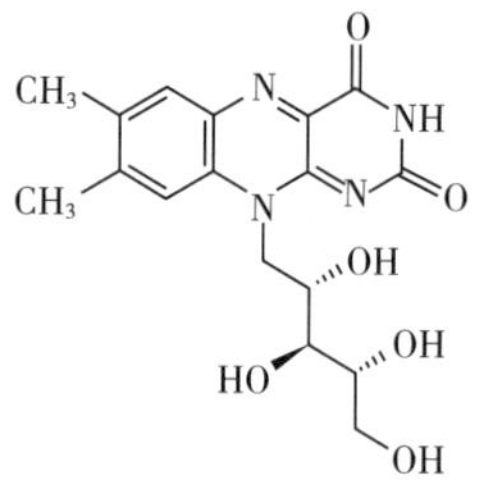

(一)核黄素的生理功能及其用途

在自然界中,大多数微生物和植物具有合成核黄素的功能,但动物和人类却不能自身合成。在生物体内,核黄素主要以黄素单核苷酸(FMN)和黄素腺嘌呤二核苷酸(FAD)的形式存在,并作为黄素蛋白的辅酶或辅基参与机体组织呼吸链电子传递及氧化还原反应,在呼吸和生物氧化中起着重要的作用,直接参与碳水化合物、蛋白质和脂肪的生物氧化

图 5-6 核黄素分子结构式

作用。生物体缺乏核黄素则会影响叶酸、维生素 B_6 和维生素 B_{12} 等其他 B 族维生素的代谢,进而影响机体的抗氧化能力。因此,核黄素是维持机体正常代谢和生理功能所必需的营养素。例如,人体每天需要 0.6~1.4mg 核黄素,而动物饲料中必须含有 1~4mg/kg 核黄素才能满足动物的生长需要,并且可以提高营养物质的利用率。目前,核黄素可作为饲料添加剂、食品添加剂、药物和食品染料等被广泛应用于食品、医药和饲料等行业领域。

(二)核黄素的生产现状

目前,工业化生产核黄素的主要方法有:植物体提取法、化学合成法、微生物发酵法和半微生物发酵合成法。其中,半微生物发酵合成法是以发酵生产的 D-核糖为原料,与 3,4-二甲代苯胺反应形成核醇二甲代苯胺,转化成偶氮染料后与巴比妥酸反应生成核黄素。该生产方法产品纯度较高(96%),但最大得率仅为 60%,进而导致原料浪费较大,耗能比发酵法增加 25%。此外,半微生物发酵合成法还需要大量有机溶剂和不可再生原料,环境污染严重。因此,相对于其他生产工艺,微生物发酵法具有生产成本低、环境污染小、生产周期短和产品纯度较高等优点,且其生产核黄素所占市场份额可达 90% 以上,已成为工业化生产核黄素的最主要方法。

目前,微生物发酵法生产核黄素的菌种包括:棉囊阿舒氏酵母(*Ashbya gossypii*)、解脘假丝酵母(*Candida famata*)、阿舒假囊酵母(*Eremothecium ashbyii*)、酿酒酵母(*Saccharomyces sp.*)、枯草芽孢杆菌(*Bacillus subtilis*)和产氨棒状杆菌(*Corynebactia aminogensis*)等。然而,利用 *A. gossypii*、*C. famata* 和 *E. ashbyii* 等真菌发酵生产核黄素存在发酵周期长、原料成分配比复杂且需加入不饱和脂肪酸等缺点,而利用细菌(如 *B. subtilis* 和 *C. aminogensis*)发酵生产核黄素则具有发酵周期短(2~3d)、原料要求简单、遗传背景清晰、产量高等优点,进而具有强大的应用潜力和生命力。例如,以重组 *B. subtilis* 为生产菌株,发酵 72h 可使核黄素产量达到 20~27g/L,且其产率也可达 0.1g/g 葡萄糖。

二、核黄素生物合成途径及其调控机制的解析

(一)核黄素操纵子及其编码相关酶

在枯草芽孢杆菌中,核黄素合成基因以核黄素操纵子(rib operon)形式存在,如

图 5-7 所示。核黄素操纵子在基因组以一个完整的基因簇形式存在，全长约 4.3kb，包括 5 个没有重叠的开放阅读框（按照转录顺序依次为 ribG、ribB、ribA、ribH、ribT［数据来源：京都基因和基因组数据库（kyoto encyclopedia of genes and genomes，KEGG）］、一个一级启动子（ribP$_1$）、两个二级启动子（ribP$_2$ 和 ribP$_3$）、一个操纵基因（ribO）和两个不依赖于 ρ 因子的终止子。相应地，与核黄素合成相关的基因、酶以及基因的长度如表 5-3 所示。核黄素操纵子结构基因共编码 3 个关键酶，包括：①ribA 编码双功能酶，即三磷酸鸟苷（GTP）环水解酶 II/3,4-二羟基磷酸丁酮合成酶，该双功能酶是核黄素合成反应中的限速酶；②ribG 编码另一个双功能酶，脱氨基酶/还原酶：其 5′端编码脱氨基酶、3′端编码还原酶；③核黄素合成酶，ribH 编码核黄素合成酶的 β 亚基，ribB 编码核黄素合成酶的 α 亚基。作为一种复合酶，核黄素合成酶可被分为轻酶（3 个 α 亚基组成）和重酶（轻酶和 60 个 β 亚基，其中轻酶处于 60 个 β 亚基组成的衣壳中心）两种。

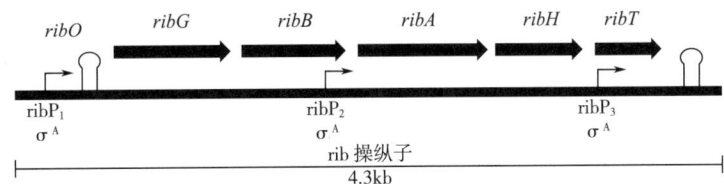

图 5-7　枯草芽孢杆菌中核黄素操纵子

表 5-3　　　　枯草芽孢杆菌中核黄素合成基因及其所编码的酶和长度

基因	所编码的酶	长度/bp
ribG	嘧啶还原酶/嘧啶脱氨酶	2430.5
ribB	核黄素合成酶	2429.4
ribA	GTP 环水解酶 II/DHBP 合成酶	2428.8
ribH	二氧四氢碟啶合成酶	2427.6
ribT	还原酶	2427.0
ribC	核黄素激酶/FAD 合成酶	1737.1
ribR	核黄素激酶	3000.7
ypaA	核黄素运输蛋白	2409.8

值得注意的是，核黄素操纵子中三个启动子均为弱启动子，且二级启动子活性均弱于一级启动子，但三个启动子的转录方向一致，且均被 σ^A 因子识别并调控其下游结构基因的转录。除 ribP$_3$ 启动子外，启动子 ribP$_1$ 和 ribP$_2$ 均受胞内核黄素水平的调控。此外，两个终止子一个位于操纵子末端，控制着转录的终止；另一个位于操纵子前导序列的 3′末端，调节操纵子的转录水平。

（二）核黄素合成代谢途径的解析

在微生物中，核黄素生物合成途径是普遍存在的，但催化代谢反应的关键酶及其编码基因在不同种属微生物中具有差异性。在枯草芽孢杆菌中，核黄素生物合成途径大致可分为两个部分：第一部分是 GTP 和 5-磷酸核酮糖的生成；第二部分是核黄素的合成，通过 GTP 和 5-磷酸核酮糖（1∶2）经过 7 步反应生成核黄素（图 5-8）。

（1）GTP 的咪唑环开环水解反应　在 GTP 环水解酶 II 催化作用下，GTP 脱去两个磷酸基团和一个甲基，生成 2,5-二氨基-6-核糖氨基-4（3H）-嘧啶酮-5-磷酸（DARPP）。

$$GTP+H_2O \xrightarrow{GTP环水解酶 II（RibA）} HCOOH+PPi+DARPP$$

（2）DARPP 脱氨反应　脱氨酶催化脱去嘧啶环上第二位氨基，生成 5-氨基-6-核糖氨基-2,4（1H,3H）-嘧啶二酮-5-磷酸（ARPP）。

$$DARPP+H_2O \xrightarrow{核黄素脱氨酶（RibD）} ARPP+NH_3$$

（3）ARPP 还原和开环反应　在核黄素还原酶催化下，以 NADPH 为辅因子，ARPP 被还原开环形成 5-氨基-6-核糖醇氨基-2,4（1H,3H）-嘧啶二酮-5-磷酸（ArPP）。

$$ARPP+NADPH+H^+ \xrightarrow{核黄素还原酶（RibG）} ArPP+NADP^+$$

（4）ArPP 去磷酸化　在非特异性磷酸酶作用下，ArPP 脱去磷酸基团生成 5-氨基-6-核糖醇氨基-2,4（1H,3H）-嘧啶二酮（ArP）。

$$ArPP \xrightarrow{未知磷酸酶} ArP+Pi$$

（5）Ru5P 裂解反应　磷酸丁酮合成酶催化 5-磷酸核酮糖裂解生成 L-3,4-二羟基-2-丁酮-4-磷酸（DHBP）。

$$Ru5P \xrightarrow{磷酸丁酮合成酶（RibD）} DHBP+HCOOH$$

（6）生成 DRL　在二氧四氢蝶啶合成酶作用下，催化 DHBP 和 ArP 生成 6,7-二甲基-8-核糖醇基-2,4-二氧四氢蝶啶（DRL）。

$$DHBP+ArP \xrightarrow{二氧四氢蝶啶合成酶（RibH）} DRL+Pi$$

（7）DRL 歧化反应　核黄素合成酶催化两分子 DRL 发生歧化反应，生成核黄素（riboflavin）和 ArP。

第五章
代谢工程改造枯草芽孢杆菌生产营养强化剂

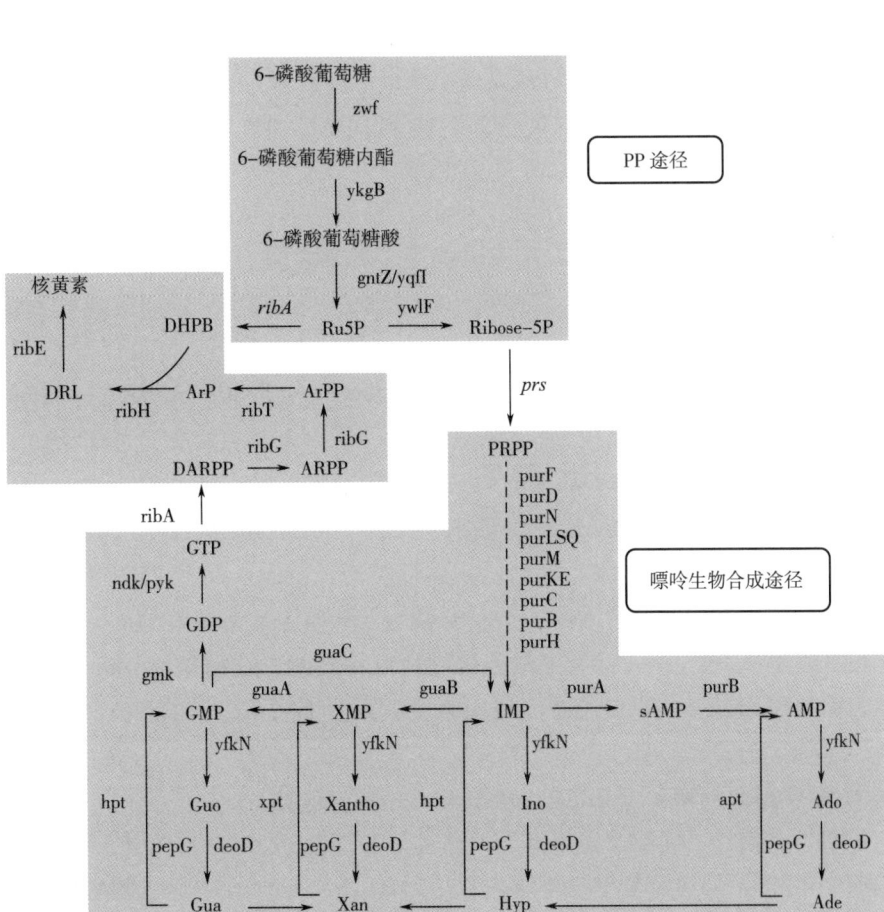

图5-8 枯草芽孢杆菌中核黄素的合成途径

DARPP：多巴胺和腺苷 3′,5′-单磷酸调节磷酸化蛋白；Ru5P：5-磷酸核酮糖；Ribose-5P：5-磷酸核糖；PRPP：5-磷酸核糖-1-焦磷酸；GTP：三磷酸鸟苷；GDP：二磷酸鸟苷；GMP：一磷酸鸟苷；XMP：黄苷-磷酸；Xantho：扇蟹属；AMP：抗菌肽；Ado：腺苷；ribE：核黄素合酶；zwf：6-磷酸葡萄糖脱氢酶；ykgB：6-磷酸葡萄糖酸内酯酶；gntZ：6-磷酸葡萄糖酸脱氢酶；yqfI：DNA修复蛋白 RecO；ribA：三磷酸鸟苷环化水解酶；ywlF：假定的糖磷酸异构酶；ribH：6,7-二甲基-8-核醇基咯嗪合酶；ribG：核黄素生物合成蛋白酶；prs：丝氨酸蛋白酶；ndk：核苷二磷酸激酶；pyk：丙酮酸激酶；purF：酰胺基磷酸核糖基转移酶；purD：磷酸核糖胺-甘氨酸连接酶；purN：磷酸核糖基甘氨酸酰胺甲酰转移酶；purLSQ：磷酸核糖基甲酰基甘氨酸脒合成酶亚基；purM：磷酸核糖基甲酰基甘氨酸氨基环连接酶；purKE：磷酸核糖氨基咪唑羧化酶；purC：双功能嘌呤合成蛋白酶；purB：转录调节蛋白酶；purA：腺苷酸琥珀酸合成酶；gmk：鸟苷激酶；guaA：GMP 合成酶；guaC：GMP 还原酶；guaB：GMP 还原酶；yfkN：三功能核苷酸磷酸酯酶蛋白；pepG：氨肽酶；deoD：嘌呤核苷酸化酶；hpt：匀浆植基转移酶；xpt：黄嘌呤磷酸核糖转移酶；guaD：鸟嘌呤氨脱氨酶；pucB：嘌呤分解代谢蛋白；pucD：黄嘌呤脱氢酶；pucE：黄嘌呤脱氢酶亚基；adeC：腺嘌呤脱氨酶；apt：腺嘌呤磷酸核糖转移酶

(三) 核黄素合成代谢途径的调节机制

1. 调控核黄素操纵子表达的机制解析

在核黄素操纵子结构中，*ribO* 存在于结构基因 *ribG* 和启动子 *ribP*$_1$ 之间约 300bp 的前导序列中，是核黄素与 mRNA 间的结合位点。该位点可折叠为称为 *rfn-box* 或 RFN 元件的特异性 RNA 结构保守序列，并通过与 FMN/FAD 特异结合而感知其浓度。例如，当 FMN/FAD 浓度较高时，*rfn-box* 与 FMN/FAD 结合形成一个复合物，进而改变 RNA 构象，形成抗-反终止子结构以阻止反终止子的形成，导致已开始的转录在前导区提前终止，从而抑制核黄素的合成。因此，*ribO* 区域对核黄素操纵子的调控具有重要作用，而破坏 RFN 元件的 *ribO* 突变株可解除 FMN 对核黄素操纵子转录的负调节作用，进而实现核黄素的高效积累。

此外，染色体上位于距核黄素操纵子较远位置的 *ribC* 基因和 *ribR* 基因，对核黄素操纵子的表达起着间接调节作用。其中，*ribC* 基因的编码蛋白为双功能酶，可催化核黄素形成 FMN 并进一步形成 FAD，而 *ribR* 基因的编码蛋白则只具有核黄素激酶活性。此外，*ribC* 或 *ribR* 还可通过合成小分子 FMN 或 FAD 调控核黄素操纵子 rib 操纵子的表达。例如，在 *ribC* 功能缺陷菌株中限量补加 FMN 可过量积累核黄素，而加入过多 FMN 则抑制 rib 操纵子表达，导致细胞失去积累核黄素的能力。类似地，*ribR* 基因 N 端编码核黄素激酶类似蛋白，催化核黄素形成 FMN，从而阻止核黄素的积累，因此，过量表达 *ribR* 基因不利于核黄素生产，而缺失 *ribR* 基因可使细胞合成黄素类物质（核黄素、FMN 和 FAD）的能力增加 25%。

2. 前体物 5-磷酸核酮糖（Ru5P）的合成及其调节机制

以葡萄糖为底物时，戊糖磷酸途径（pentose phosphate pathway，PPP）中间代谢物 5-磷酸核酮糖（Ru5P）是核黄素生物合成的起始物质，一方面 Ru5P 通过嘌呤代谢途径生成 GTP，另一方面 Ru5P 和 GTP 在核黄素合成酶的催化下生成核黄素（图 5-9）。因此，作为核黄素合成的直接前体，胞内 Ru5P 浓度或 PPP 途径流量将是细胞合成核黄素的限速步骤。例如，段云霞等通过过量表达 *zwf* 基因以提高 PPP 途径流量，可使胞内的 Ru5P 浓度提高 4 倍，使工程菌株合成核黄素的产量提高了 25%。

（1）氧化戊糖磷酸途径　在氧化戊糖磷酸途径中，6-磷酸葡萄糖经 6-磷酸葡萄糖脱氢酶催化脱氢生成 6-磷酸葡萄糖酸-1,5-内酯，然后水解生成 6-磷酸葡萄糖酸，再经 6-磷酸葡萄糖酸脱氢酶氧化脱羧生成 Ru5P。其中，6-磷酸葡萄糖脱氢酶是氧化戊糖磷酸途径中第一个限速酶，其活性受 NADP$^+$/NADPH 比值、ATP、1,6-二磷酸果糖（FBP）和磷酸烯醇式丙酮酸（PEP）等因素的变构调节。类似地，6-磷酸葡萄糖酸脱氢酶除受 NADPH 的变构调节外，还受胞内代谢物 ATP、FBP、3-磷酸甘油醛（G3P）、4-磷酸赤藓糖（E4P）和 Ru5P 的变构抑制。此外，PPP 途径是细胞内不同结构分子的重要来源，为各种单糖的相互转变提供条件，如核糖及其衍生物 ATP、CoA、NAD$^+$、FAD、RNA 及 DNA 等，也是细胞产生还原力 NADPH 的主要途径，进而通过呼吸链为细胞提供 ATP，且为还原性生物合成过程提供氢离子供体。

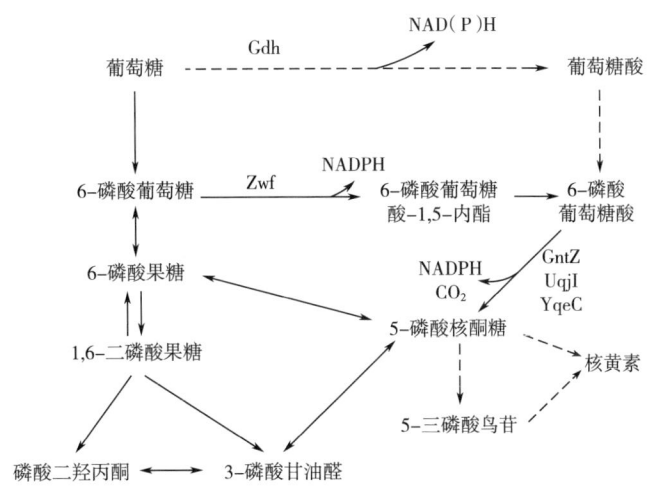

图 5-9 B. subtilis 中 Ru5P 及其核黄素的生物合成途径

Gdh：半乳糖醇 2-脱氢酶；Zwf：6-磷酸葡萄糖脱氢酶；GntZ：6-磷酸葡萄糖酸脱氢酶；

YqjI：转录调控因子；YqeC：6-磷酸葡萄糖酸脱氢酶

（2）非氧化戊糖磷酸途径　非氧化戊糖磷酸途径中 G3P 和 6-磷酸果糖经过一系列转酮基和转醛基反应生成 Ru5P。在非氧化阶段，转酮酶为限速酶，且底物浓度调控戊糖的转变，如 5-磷酸核糖过多时，可转化成 6-磷酸果糖和 3-磷酸甘油醛进行糖酵解反应。

（3）葡萄糖酸支路　葡萄糖在葡萄糖脱氢酶作用下形成葡萄糖酸，而葡萄糖酸在葡萄糖酸激酶催化下形成 6-磷酸葡萄糖酸，随后进入戊糖磷酸途径氧化生成 Ru5P。其中，gdh 基因编码葡萄糖脱氢酶是葡萄糖酸支路的关键酶之一，可催化 1 分子葡萄糖形成 1 分子葡萄糖酸，并伴随还原力 NADPH 的再生。例如，朱英波等在 B. subtilis RH33 中过量表达葡萄糖脱氢酶，通过提高胞内 Ru5P 的供应能力可使重组菌株积累核黄素的能力提高 29.7%，使其产量到 37.2mg/L，且也可有效降低酸性副产物的生成。

三、高产核黄素枯草芽孢杆菌的构建策略

对于野生型枯草芽孢杆菌，虽能合成核黄素，但并不具备过量积累核黄素的能力。因此，为改善细胞积累核黄素的能力，基于核黄素代谢途径及其调控机制，其育种思路包括：①提高菌体对碳源的利用效率；②解除核黄素生物合成过程中的反馈阻遏；③阻遏或弱化核黄素生物合成途径中的其他代谢支路；④增加核黄素生物合成途径前体物的供给和利用；⑤增强核黄素操纵子的表达及其转录；⑥增加核黄素生物合成中关键基因的表达；⑦抑制溢流代谢；⑧改善胞内能量代谢途径。目前，通过传统诱变育种、基因组重排以及基因工程等育种策略，已成功构建一系列核黄素高产菌株。例如，通过选育嘌呤结构类似物［如 8-氮鸟嘌呤（8-AG）、8-氮腺嘌呤（8-AA）、6-巯基鸟嘌呤（6-SG）、德夸菌素、甲硫氨酸亚砜和磺胺类药物等］抗性突变株可加强嘌呤合成途径代谢流以及解除 GTP 生物合成途径的反馈阻遏。

(一) 提高菌体对碳源的利用效率

当葡萄糖过量时，枯草芽孢杆菌生长会受影响，导致 EMP 途径及其通量增大，进而增加通过底物水平磷酸化产生的 ATP 量，导致呼吸链电子传递方式随之发生改变，即由 NADH 氧化磷酸化产生的 ATP 量减少。此外，由于 TCA 循环处于低通量状态，而 EMP 途径处于高通量的状态，导致 TCA 循环不能彻底分解 EMP 途径产生的丙酮酸，而过量丙酮酸只能通过溢流代谢途径生成末端发酵副产物，进而抑制菌体生长和目标产物的合成。因此，通过限制葡萄糖浓度可提高菌体的生长性能并减少乙酸等副产物的生成，进而提高目标产物的得率和转化率。例如，段云霞等通过敲除 ptsG 基因（编码 PTS 糖转移系统中葡萄糖转运蛋白）以降低葡萄糖的吸收速率，减少胞内 EMP 代谢通量，进而增加核黄素代谢途径通量和降低溢流代谢通量，使其合成核黄素的得率提高至 0.016mol/mol 葡萄糖。

(二) 强化核黄素生物合成途径相关基因的表达

在枯草芽孢杆菌中，增强核黄素生物合成途径的策略有：

（1）增强核黄素操纵子关键基因的表达　Mironov 等通过表达来源于 *B. amyloliquefaciens* 的核黄素操纵子构建抗乙醛酸和利用磷酸甘油的工程菌株 *B. subtilis* GM41/pMX45，使其合成核黄素的产量提高至 8.8g/L。在此基础上，筛选获得以磷酸甘油为单一碳源且抗乙醛酸的突变株 *B. subtilis* GM44/pMX45，可使其发酵合成核黄素的产量提高至 20g/L。

（2）核黄素操纵子的修饰　段云霞等将来源于 *B. cereus* ATCC 10987、*B. cereus* ATCC14579 和 *Geobacillus stearothermophilus* 等的核黄素操纵子过量表达至 *B. subtilis* RH13 中，发现来源于 *B. cereus* 的核黄素操纵子更利于提高核黄素的产量，使工程菌株 *B. subtilis* PY 合成核黄素的产量提高至 4.3g/L。

（3）增加核黄素操纵子的拷贝数　陈涛等通过在 *B. subtilis* RH13 染色体上多重串联扩增核黄素操纵子，发现在一定核黄素操纵子拷贝数范围内，每增加一个拷贝数可使细胞合成核黄素的产量提高约 400mg/L。

(三) 增加核黄素生物合成途径前体物的供给

作为核黄素生物合成的重要前体物，增加 5-磷酸核酮糖和 GTP 的供给可有效提高核黄素的产量。史硕博等通过在 *B. subtilis* RH33 中过量表达 *prs* 和 *ywlF* 基因，提升胞内 PRPP 浓度，结合解除阻遏蛋白对嘌呤操纵子的阻遏机制，提高嘌呤生物合成途径代谢通量，可使核黄素产量提高至 15g/L。类似地，将嘌呤生物合成途径中 *purF*、*purM*、*purN*、*purH* 和 *purD* 等基因过量表达至菌株 *B. subtilis* PK，进一步增加核黄素合成途径前体物 GTP 的供给，可使工程菌株 *B. subtilis* PK-P 合成核黄素的产量和得率较出发菌株分别提高 31% 和 25%。此外，王智文等以 *B. subtilis* RH33 为出发菌株，过量表达来源于 *C. glutamicum* 的 *zwf* 和 *gnd* 突变基因，通过解除 6-磷酸葡萄糖脱氢酶和 6-磷酸葡萄糖酸脱氢酶受到的底物的反馈抑制作用，显著提高重组菌株合成核黄素的能力，使核黄素产量提高了 39%，达到 15.7g/L。

(四) 能量代谢途径的改造

对于枯草芽孢杆菌，在以葡萄糖为限制条件进行发酵培养时，其生物能量主要用于维持代谢和生物量需求；但在葡萄糖过量条件下培养时，分解和合成代谢的解耦产生溢流代谢。为此，Zamboni 等通过失活呼吸链上的 bd 氧化酶，可使细胞维持能降低 40%，而核黄素得率从 0.028g/g 葡萄糖提高到 0.032g/g 葡萄糖。类似地，李晓静等失活 bd 氧化酶以驱使胞内电子通过能量耦合效率更高的 aa3 氧化酶进行传递，提高能量途径的合成效率，进而增强磷酸戊糖途径通量和削弱溢流代谢，可使细胞合成核黄素的能力提高 20%。值得注意的是，与野生型菌株相比，spoA 和 sigE 与孢子形成有关，其中突变 spoA 基因可提高细胞维持能，而突变 sigE 基因则降低细胞维持能。此外，通过过量表达来源于 Vitreoscilla 的 vgb 基因（编码血红蛋白）以促进胞内氧传输和提高氧利用效率，进而提高能量供给效率，进一步增强戊糖磷酸途径和核黄素合成途径的代谢通量，在减少酸性副产物的同时提高了细胞合成核黄素的能力。

四、代谢工程改造戊糖磷酸途径对细胞合成核黄素的影响

如图 5-9 所示，在枯草芽孢杆菌中，葡萄糖从进入胞内到合成核黄素的前体物 Ru5P 过程中，经过三步催化反应，其中催化 6-磷酸葡萄糖生成 6-磷酸葡萄糖酸内酯和催化 6-磷酸葡萄糖酸生成 Ru5P 被认为是调节胞内 PPP 途径通量的重要节点。然而，G6PD 和 6-磷酸葡萄糖酸脱氢酶（6PGD）均受到胞内代谢物烟酰胺腺嘌呤二核苷酸磷酸（NADPH）、ATP 和 1,6-二磷酸果糖（FBP）的变构抑制，且 6PGDH 还受到 3-磷酸甘油醛（Gra3P）、4-磷酸赤藓糖和 Ru5P 的变构抑制。为此，通过引入外源突变酶（Zwf243 和 Gnd361）以解除变构抑制作用，进而提高细胞合成核黄素的能力。

(一) 过量表达突变基因对细胞生理功能的影响

为增加酶对底物的亲和力和变构抑制剂的解调控作用，利用定点突变技术改造 *C. glutamicum* 中的 zwf 和 gnd 基因，以解除编码酶的变构抑制效应而增强其催化活性。同时，将突变基因 gnd361 和 zwf243 整合表达至宿主菌 *B. subtilis* RH33 染色体上，分别构建工程菌株 *B. subtilis* SVG 和 *B. subtilis* SVZ 及共同表达菌株 *B. subtilis* VGZ，并考察表达突变基因对宿主细胞中相应酶酶学特性的影响。

结果如图 5-10 所示，单独表达或共同表达突变基因具有类似作用效果，如过量表达 zwf243 基因可使工程菌株 *B. subtilis* SVZ 和 *B. subtilis* VGZ 中 G6PD 酶活性均提高 2.5 倍，而过量表达 gnd361 基因使工程菌株 *B. subtilis* SVG 和 *B. subtilis* VGZ 中 6PGD 酶活性提高约 2.7 倍，表明外源突变基因在工程菌株中均实现了活性表达。此外，通过对不同工程菌株 G6PD 和 6GPD 动力学参数的比较分析，发现工程菌株中突变酶对底物的 K_m 值均低于出发菌株，表明突变酶部分或完全解除了胞内代谢物的变构抑制作用，进而改善了酶对底物的亲和力，提高了催化效率（表 5-4）。例如，突变酶 Gnd361 在高浓度变构抑制剂（1mmol/L 的 FBP、G3P、ATP 和 PRPP）存在时，其催化活性仍可均保持在 85% 以上。

表达突变基因对工程菌株中 G6PD 和 6GPD 动力学特性的影响见表 5-4。

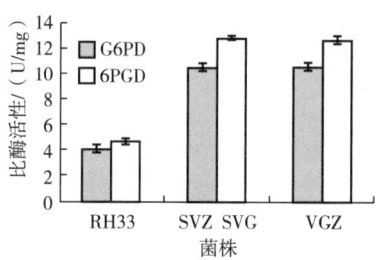

图 5-10　表达突变基因对工程菌株中 G6PD 和 6PGD 体外酶活性的影响

表 5-4　表达突变基因对工程菌株中 G6PD 和 6GPD 动力学特性的影响

菌株	K_m (G6PD)$_{,G6P}$/ (μmol/L)	K_m (G6PD)$_{,NADP}$/ (μmol/L)	K_m (6PGD)$_{,G6P}$/ (μmol/L)	K_m (6PGD)$_{,NADP}$/ (μmol/L)
B. subtilis RH33	315.51±2.71	80.00±2.12	369.45±3.78	84.31±1.21
B. subtilis SVZ	217.81±1.45	53.68±3.56	ND[a]	ND[a]
B. subtilis SVG	ND[a]	ND[a]	265.53±2.96	55.31±0.78
B. subtilis VGZ	227.32±1.78	49.57±1.27	247.02±3.12	59.15±2.45

[a] ND 表示未检测出。

（二）过量表达突变基因对胞内代谢物谱的影响

利用 LC-MS/MS 分别对工程菌株 *B. subtilis* SVG、*B. subtilis* SVZ、*B. subtilis* VGZ 和 *B. subtilis* RH33 胞内代谢物进行比较分析（图 5-11）。与出发菌株相比，工程菌株中胞内核黄素及其前体物（AIR、DRL 和 Ru5P）浓度提高了 15%~46%，但其三羧酸循环和糖酵解途径中代谢物浓度却有所降低，如 *B. subtilis* VGZ 中丙酮酸浓度降低了 37%。因此，过量表达突变基因可使工程菌株中心代谢途径的代谢通量重新分配，通过降低糖酵解途径和三羧酸循环的代谢通量和增加胞内 PPP 途径的代谢通量，进一步提高核黄素合成前体物浓度，进而提高细胞合成核黄素的能力。此外，与出发菌株相比，工程菌株 *B. subtilis* VGZ 具有更高的 ATP/ADP 比率（1.165:1.031），而 ATP/ADP 比率与核黄素产量相耦联，且高 ATP/ADP 比率有利于细胞合成核黄素。

（三）过量表达突变基因对细胞合成核黄素能力的影响

同时，利用摇瓶发酵分别考察过量表达突变基因 *zwf* 和 *gnd* 对细胞生长性能及其发酵特性的影响（表 5-5）。与出发菌株 *B. subtilis* RH33 相比，过量表达突变基因 *zwf* 和 *gnd* 可有效降低工程菌株的葡萄糖比消耗速率和比生长速率，但却可显著提高核黄素比生产速率，使其从 0.047mmol/(gDCW·h) 提高到 0.055mmol/(gDCW·h)。此外，过量表达突变基因 *zwf* 和 *gnd* 也可显著提高细胞合成核黄素的能力，使工程菌株 SVG、SVZ 和 VGZ 合成核黄素的产量分别提高 22.0%、18.0% 和 30.9%，达到 4.82g/L、4.66g/L 和 5.17g/L。

第五章
代谢工程改造枯草芽孢杆菌生产营养强化剂

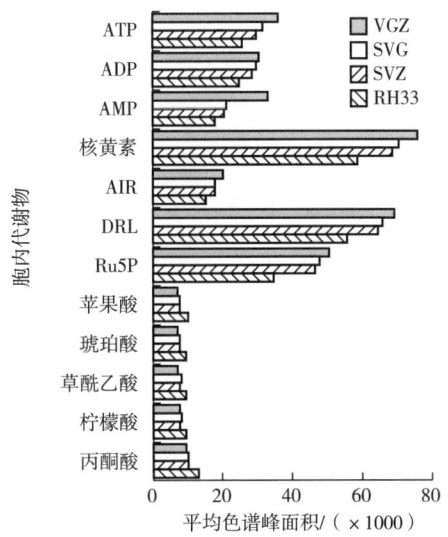

图 5-11 表达不同突变基因对胞内代谢物谱的影响分析

表 5-5　　　　　　　不同枯草芽孢杆菌在基础培养基中的代谢特性[a]

参数	B. subtilis RH33	B. subtilis SVZ	B. subtilis SVG	B. subtilis VGZ
葡萄糖比消耗速率/[mmol/(gDCW·h)]	4.3±0.3	4.1±0.2	4.1±0.2	4.1±0.3
比生长速率/(1/h)	0.26±0.02	0.23±0.03	0.22±0.03	0.21±0.03
核黄素产量/(g/L)	3.95±0.2	4.82±0.4	4.66±0.2	5.17±0.3
核黄素比生产速率/[mmol/(gDCW·h)]	0.047±0.003	0.052±0.004	0.053±0.004	0.055±0.002

[a] 对数生长期（$OD_{600}=0.3\sim0.6$）。

此外，采用葡萄糖限制补料发酵策略进一步研究工程菌株 B. subtilis VGZ 的工业化应用潜能，结果如图 5-12 所示：在葡萄糖限制补料发酵过程中，核黄素的合成和菌体生长是相耦联的。与出发菌株 B. subtilis RH33 相比，工程菌株 B. subtilis VGZ 表现出较高的核黄素合成能力，使其在发酵 50h 后发酵液中积累核黄素的浓度达到 15.7g/L，比出发菌株提高了 39%。值得注意的是，工程菌株 B. subtilis VGZ 在流加培养过程也表现出较高的生长速率，此现象与在基本培养基上比生长速率略低于出发菌株有所差异，其原因可能是流加培养过程中复杂的培养基成分和培养方式造成的。

（四）表达糖异生途径关键酶基因对细胞合成核黄素的影响

在枯草芽孢杆菌中，糖异生途径起始于三羧酸循环中代谢物逆向转化生成葡萄糖，为糖酵解或糖有氧氧化逆过程。其中，磷酸烯醇式丙酮酸羧激酶（PEPCK，pckA 编码）催化草酰乙酸生成 PEP 和催化 1,6-二磷酸果糖生成 6-磷酸果糖的反应是糖异生途径中关键限速反应。为此，通过研究糖异生途径中关键酶基因 pckA、gapB 和 fbp 对细胞生长性能及

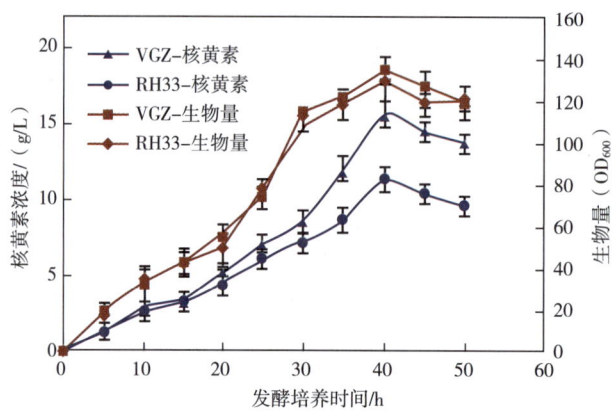

图 5-12　发酵罐中工程菌株 *B. subtilis* RH33 和 *B. subtilis* VGZ 发酵特性的比较研究

其发酵特性的影响，以期进一步解析枯草芽孢杆菌中核黄素代谢及其调控机制。

为此，以 P43 为启动子将糖异生途径关键酶基因 *pckA*、*gapB* 和 *fbp* 整合表达至宿主菌 *B. subtilis* RH33 中，分别构建工程菌株 *B. subtilis* TPA、*B. subtilis* SPF、*B. subtilis* PAB、*B. subtilis* PFB 和 *B. subtilis* PFBA，并考察不同基因表达对细胞合成核黄素能力的影响，结果如表 5-6 所示。与出发菌株 *B. subtilis* RH33 相比，过量表达 *fbp* 基因可显著提高工程菌株 *B. subtilis* SPF 合成核黄素的能力，使其核黄素产量提高了 18%，达到 4.73g/L。然而，过量表达 *pckA* 基因却对细胞合成核黄素并无影响，甚至略微降低细胞合成核黄素的能力；但共同表达 *pckA* 和 *gapB* 虽降低了工程菌株 *B. subtilis* PAB 的比葡萄糖吸收速率和比生长速率，但其合成核黄素的能力却提高 12%，其原因可能是：*gapB* 基因不表达时，单独表达 *pckA* 基因不能使三羧酸循环中代谢物逆向生成 6-磷酸葡萄糖，造成催化反应中 ATP 的消耗和无效循环，导致不能扰动中心代谢途径的代谢通量。值得注意的是，共同表达 *fbp* 和 *gapB* 可使工程菌株 *B. subtilis* PFB 合成核黄素的产量提高 22%，达到 4.89g/L，且其核黄素比生产速率可从 0.047mmol/(gDCW·h) 提高至 0.052mmol/(gDCW·h)。然而，共同表达 *fbp*、*gapB* 和 *pckA* 却仅使工程菌株 *B. subtilis* PFBA 合成核黄素的产量提高 20%（仅为 4.81g/L），其原因可能是：过量表达 *pckA* 基因，虽提高了磷酸烯醇式丙酮酸羧基酶的催化能力而增强了糖异生途径的代谢通量，但也造成胞内 ATP 的消耗，而合成核黄素却需要高 ATP/ADP 比率。因此，过量表达糖异生途径基因 *fbp* 和 *gapB* 可有效提高糖异生途径中胞内代谢物浓度，进而提高戊糖磷酸途径代谢通量和核黄素产量。

表 5-6　不同枯草芽孢杆菌（6 种）在基础培养基上的代谢特性[a]

参数	RH33	TPA	PAB	SPF	PFB	PFBA
葡萄糖比消耗速率/ [mmol/(gDCW·h)]	4.2±0.4	4.2±0.3	4.1±0.2	4.1±0.3	4.1±0.3	4.1±0.4
比生长速率/(1/h)	0.26±0.02	0.25±0.02	0.24±0.03	0.22±0.03	0.22±0.03	0.22±0.02

续表

参数	RH33	TPA	PAB	SPF	PFB	PFBA
核黄素产量/（g/L）	4.01±0.2	3.96±0.4	4.48±0.3	4.73±0.3	4.89±0.2	4.81±0.4
核黄素比生产速率/[mmol/(gDCW·h)]	0.047±0.003	0.047±0.002	0.049±0.003	0.052±0.004	0.053±0.003	0.052±0.004

a 对数生长期（OD_{600}=0.3~0.6）。

五、代谢工程改造核黄素代谢途径对合成核黄素的影响

（一）代谢工程改造嘌呤途径对细胞合成核黄素的影响

在枯草芽孢杆菌嘌呤途径中，GMP还原酶（guaC基因编码）、IMP脱氢酶（guaB基因编码）、PRPP合成酶（prs基因编码）及5-磷酸核糖异构酶（ywlF基因编码）等关键酶调控胞内嘌呤途径的代谢通量，进而影响细胞合成核黄素的能力。为此，以BS110为出发菌株，基于无痕基因操作和过量表达等分子技术分别敲除guaC基因以阻断GMP生成IMP的回补途径、过量表达guaB基因增强IMP到GMP的代谢通量、过量表达基因prs和ywlF增加胞内PRPP浓度，分别构建工程菌株BS115（ΔguaC）、BS117（ΔguaC+guaB）和BS118（prs、ywlF和guaB），并采用基本培养基（20g/L葡萄糖）研究不同工程菌株的生长性能及其发酵特性（表5-7）。

表5-7　不同代谢工程策略对工程菌生长特性及其发酵性能的影响

菌株	BS110	BS115	BS117	BS118	BS119	BS120	BS124	BS125
核黄素得率/(mg/g 葡萄糖)	8.46±0.30	8.86±0.45	9.02±0.32	11.61±0.47	11.72±0.05	18.4±0.05	25.89±1.2	40.0±2.14
核黄素产量/(mg/L)	826.52±6.27	917.69±36.95	940.75±40.08	1194.95±45.58	1296±34.03	1854±31.87	1976±35.05	4200±33.57
比生长速率/(1/h)	0.44±0.02	0.34±0.01	0.45±0.02	0.29±0.02	0.49±0.03	0.38±0.01	0.27±0.01	0.27±0.02
葡萄糖比消耗速率/[mmol/(gDCW·h)]	9.01±0.89	9.96±0.37	6.85±0.51	9.80±0.37	4.10±0.26	7.41±0.12	5.92±0.20	4.05±0.15
核黄素比生产速率/[μmol/(gDCW·h)]	34.61±1.44	50.71±4.35	28.94±3.10	60.66±6.05	22.95±4.18	82.02±4.71	143.75±16.76	143.96±16.57

与出发菌株BS110相比，敲除guaC基因使工程菌株BS115的菌体比生长速率下降，但葡萄糖比消耗速率却有所增加，且核黄素比生产速率由34.61μmol/(gDCW·h)提高至50.71μmol/(gDCW·h)，其产量和得率也分别提高了11%和4.7%，分别达到917.69mg/L和8.86mg/g葡萄糖。然而，过量表达guaB基因却使工程菌株BS117菌体比生长速率增加，

但其葡萄糖比消耗速率降低,其核黄素比生产速率也相应地下降至 28.94μmol/(gDCW·h),但却提高了细胞合成核黄素的能力,其产量和得率分别提高至 940.75mg/L 和 9.02mg/g 葡萄糖。值得注意的是,对于工程菌株 BS118,虽共同表达 guaB-prs-ywlF 使其菌体比生长速率显著降低至 0.29 (1/h),但其葡萄糖比消耗速率和核黄素比生成速率却分别提高至 9.80μmol/(gDCW·h) 和 60.66μmol/(gDCW·h),其核黄素产量和得率也进一步分别增加至 1194.95mg/L 和 11.61mg/g 葡萄糖,其原因可能是:过量表达 guaB 基因可增加 IMP 到 GMP 途径代谢通量,但胞内 PRPP 供给却限制进入嘌呤途径的代谢通量,而过量表达 prs-ywlF 却可有效增加进入嘌呤途径的 PRPP,强化嘌呤途径的代谢通量,进而提高核黄素生物合成前体物 GTP 的供给,改善细胞合成核黄素的能力。因此,增加嘌呤途径的代谢通量以提高核黄素前体物 GTP 供给可显著提高细胞合成核黄素的能力及其生理特性。

(二) 代谢工程改造呼吸链对细胞合成核黄素的影响

如下代谢反应式所示,枯草芽孢杆菌合成核黄素是一个耗能反应过程,且与菌体生长部分关联。然而,菌体生长受能量供给的限制,而能量的产生与 TCA 循环密切相关,因此调节产能效率可有效调节葡萄糖消耗与 TCA 循环间关系,削弱溢流代谢,进而降低发酵副产物量,提高目标产物的合成效率。此外,在枯草芽孢杆菌电子传递链中,bd 氧化酶每传递一个电子只能泵出一个质子,而 aa3 氧化酶每传递一个电子则可泵出两个质子,表明 bd 氧化酶较 aa3 氧化酶产能效率低。

$$3(5\text{-磷酸核糖}) + \text{甘氨酸} + 15ATP + 2NADPH + 2Cl \rightarrow \text{核黄素} + 3NADH + 2 \text{甲酸}$$

为此,以 BS118 为出发菌株,利用无痕基因操作技术敲除 cyd 基因(构建工程菌株 BS119),驱使电子经 aa3 氧化酶传递,提高产能效率。发酵结果如表 5-7 所示,敲除 cyd 基因可使工程菌株 BS119 比生长速率有所提高,但其葡萄糖比吸收速率却降低,表明敲除 cyd 基因可降低细胞维持能,进而有利于菌体将更多底物转化形成目标产物。然而,敲除 cyd 基因仅能略微提高工程菌株 BS119 合成核黄素的能力,其核黄素产量和得率仅分别提高至 1296mg/L 和 11.72mg/g 葡萄糖,表明在工程菌株 BS119 中,胞内核黄素合成途径中关键基因的表达量限制其细胞合成核黄素的能力,而能量合成效率已不再是菌株 BS119 合成核黄素的限制因素。

(三) 代谢工程改造核黄素操纵子对细胞合成核黄素的影响

利用 Spizizen 转化方法将质粒 pSS-amyE-Rib 通过双交换同源重组方法整合至菌株 BS119 淀粉水解酶位点上,构建过量表达核黄素操纵子的工程菌株 BS120。同时,将含有两个拷贝数的核黄素质粒 pMX45 转化至菌株 BS120,构建工程菌株 BS124。类似地,利用 Spizizen 转化方法将质粒 pSS-Rib 通过同源单交换整合至 BS124 基因组,构建工程菌株 BS125。不同工程菌株生长特性及其发酵性能如表 5-7 所示。整合表达一个核黄素操纵子可有效增加核黄素生物合成基因的表达量,进而显著提高工程菌株 BS120 合成核黄素的能力,使其核黄素产量和得率较出发菌株 BS119 分别提高 43% 和 57%,分别达到 1854mg/L 和 18.4mg/g 葡萄糖。此外,借助游离型质粒 pMX45 过量表达核黄素操纵子也可显著提高工程菌株 BS124-3 合成核黄素的能力，其核黄素的产量和得率进一步提高至 1976mg/L 和 25.89mg/g 葡萄糖［图 5-13（1）］。然而，游离型质粒 pMX45 却使工程菌株 BS124 糖耗速率降低，抑制细胞的生长性能。

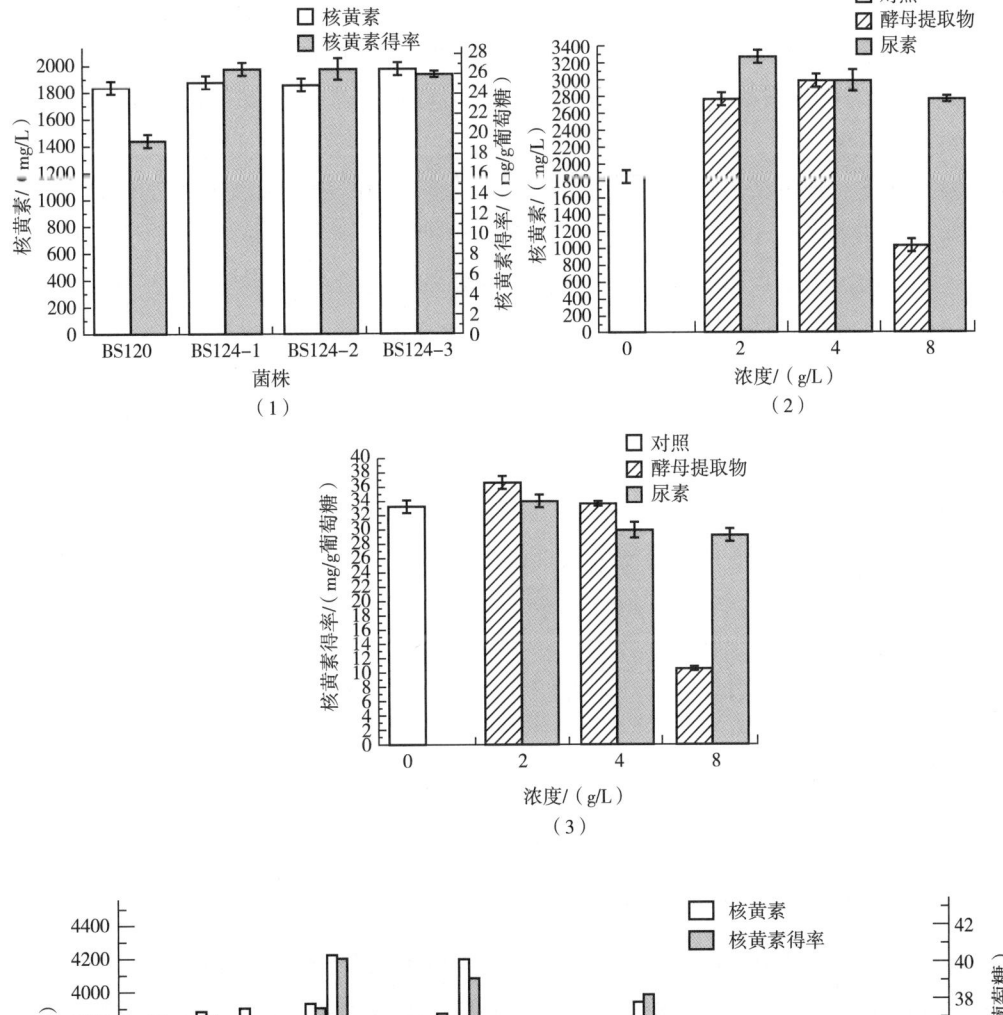

图 5-13　不同代谢工程策略［（1）BS124，（4）调控操纵子］及其培养条件［（2）和（3），速效氮源］对工程菌株合成核黄素产量及其得率的影响

注：（4）图中横坐标，124，BS124；1~36，BS125-1~BS125-36。

为此，通过外源添加速效氮源改善工程菌株 BS124 的糖耗速率及其生长性能，以期进一步提高细胞合成核黄素的能力。发酵结果显示，在培养基中添加 2g/L 和 4g/L 酵母抽提物可使工程菌株 BS124 合成核黄素的产量较对照条件分别增加 39% 和 52.7%，分别达到 2764.8mg/L 和 3016.5mg/L；但添加 8g/L 酵母抽提物却降低细胞合成核黄素的能力。类似地，在培养基中添加 2g/L 尿素可有效提高工程菌株 BS124 的糖耗速率和生长性能，使细胞合成核黄素的产量较对照条件提高 66.5%，可以达到 3289.6mg/L。值得注意的是，添加 2g/L 尿素对核黄素得率没有影响，但添加 4g/L 或 8g/L 尿素显著降低核黄素的得率[图 5-13（2）（3）]。

同时，为进一步提高细胞合成核黄素的能力，将胞内核黄素操纵子进行串联表达，以提高胞内核黄素操纵子的表达水平，进一步提高细胞合成核黄素的能力。发酵结果如图 5-13（4）所示，工程菌株 BS125-9 合成核黄素的能力最强，其核黄素的产量和得率分别比对照菌株 BS124 提高了 42% 和 46.7%，达到 4.2g/L 和 40mg/g 葡萄糖。值得注意的是，对于出发菌株 BS124，增加一个核黄素操纵子拷贝数可显著提高细胞合成核黄素的能力，但当核黄素操纵子拷贝数提高至 5 个时，其细胞合成核黄素的能力并没有显著提高，其原因可能是：工程菌株 BS125 中核黄素生物合成基因的表达量已不再是限制核黄素产量的关键因素。类似地，当在菌株 BS119 中整合一个拷贝核黄素操纵子时，可使工程菌株 BS120 核黄素的比生产速率和葡萄糖比吸收速率分别提高 257% 和 81%。然而，当继续增加核黄素操纵子拷贝数时，细胞合成核黄素的比生产速率不再变化，表明低拷贝数核黄素操纵子的表达已完全满足细胞高效合成核黄素的需求，且已不再是限制核黄素生物合成能力的关键因素。

第三节　代谢工程改造枯草芽孢杆菌合成 N-乙酰氨基葡萄糖

一、N-乙酰氨基葡萄糖概述

近年来，氨基葡萄糖（GlcN）及其衍生物 N-乙酰氨基葡萄糖（GlcNAc）被广泛应用于医药、化妆品和食品等领域。作为保健食品成分，GlcN 和 GlcNAc 可被用于促进和维持软骨组织及骨关节健康；而作为药品，GlcNAc 对治疗炎症性肠病具有显著功效，而 GlcN 则能够通过激活 AMP 活化蛋白激酶以降低葡萄糖代谢，促进线粒体生物合成，进而延长细胞寿命。为此，随着人口老龄化日益加剧，全球 GlcN 和 GlcNAc 需求量继续上升，2023 年，GlcN 和 GlcNAc 全球市场规模为 13 亿美元。因此，GlcN 和 GlcNAc 具有广阔的应用前景和消费市场，而中国已然成为全球最大的 GlcN 和 GlcNAc 生产市场和供应市场。

目前，生产 GlcN 和 GlcNAc 的主要方法为甲壳素水解法，该方法在原料来源、环境保护及产品安全等方面存在诸多潜在问题。首先，使用来源于虾壳或蟹壳的甲壳素作为原料，可能出现原料供给不足而影响 GlcN 和 GlcNAc 的市场供应；其次，甲壳素酸水解时，其生产过程会产生大量废水，造成环境危害；最后，来源于虾壳或蟹壳的 GlcN 和 GlcNAc

还可能存在过敏原，导致对海产品过敏人群产生过敏反应。因此，发展非甲壳类动物来源、食品安全级 GlcN 和 GlcNAc 将是消费市场迫切希望的产品。

(一) 发酵法生产 GlcN 及 GlcNAc

利用真菌和大肠杆菌等微生物发酵法生产 GlcN 和 GlcNAc 将是完美解决上述水解法存在的问题的有效途径。然而，微生物发酵法生产 GlcN 和 GlcNAc 依然存在诸多问题，进而限制其在工业生产中的应用。

1. 真菌发酵生产 GlcN

GlcN 及 GlcNAc 是真菌细胞壁甲壳素和壳聚糖的组成单体，水解其细胞壁可获得 GlcN，以解决原料来源不足等问题。例如，野生型真菌 *Rhizopus oligosorus*、*Monascus pilosus* 和 *Aspergillus sp.* 均可用于生产 GlcN。其中，通过培养基优化可使 *Aspergillus* sp. BCRC31742 合成 GlcN 产量达到 5.48g/L，而两阶段溶氧水平调控策略可使其合成 GlcN 的产量进一步提高至 14.37g/L。然而，真菌发酵生产 GlcN 的得率及生产强度较低，降低了该方法的经济性。

2. 大肠杆菌发酵生产 GlcN 及 GlcNAc

在 *E. coli* 中，6-磷酸果糖（Fru-6-P）在 GlcN-6-P 合成酶（GlmS）催化下生成 GlcN-6-P，被用于肽聚糖及脂多糖的合成。同时，GlcN-6-P 对 GlcN-6-P 合成酶存在反馈抑制作用，调控 GlcN 合成途径的平衡。然而，GlcN 是 *E. coli* 偏好性碳源和氮源，导致胞外 GlcN 可被细胞进一步吸收和分解生成 Fru-6-P 而进入中心代谢途径。因此，*E. coli* 合成 GlcN 受到严格调控，而破坏其代谢调控可实现 GlcN 的过量积累。目前，代谢工程改造 *E. coli* 高效生产 GlcN 策略包括：首先，过量表达具有抗反馈抑制作用的 GlcN-6-P 合成酶突变体而使细胞具备过量积累 GlcN 的能力；其次，阻断 GlcN 分解代谢途径以提高 GlcN 合成代谢途径的代谢流量；最后，过量表达异源 GlcN-6-P 乙酰化酶催化 GlcN 转化为 GlcNAc，可使细胞合成 GlcNAc 产量达到 110g/L。然而，作为生产宿主菌株，*E. coli* 却存在一系列潜在问题：①*E. coli* 不是食品安全级菌株，制约 *E. coli* 来源 GlcN 的应用领域；②在发酵过程中，*E. coli* 易受噬菌体污染，不适合工业规模发酵生产。

(二) 枯草芽孢杆菌中 GlcN 及 GlcNAc 代谢途径及生理特性

作为重要的食品级安全菌株，枯草芽孢杆菌（*B. subtilis*）遗传背景清晰、发酵工艺及其基因操作技术成熟且不易受噬菌体污染，被认为是生产 GlcN 和 GlcNAc 的理想宿主菌株。然而，在野生型菌株 *B. subtilis* 168 中，GlcN 合成途径中关键酶——GlcN-6-P 合成酶（GlmS）的表达受核糖开关调控，即当胞内积累 GlcN-6-P 时，GlcN-6-P 与 GlmS 核糖开关结合，降解 GlmS 编码基因的转录产物，进而降低 GlmS 的表达。此外，*B. subtilis* 也存在 GlcN 分解代谢途径，作为碳源和氮源的 GlcN 可被细胞吸收并用于其他合成代谢。然而，该分解代谢也受转录因子 NagR 和 GamR 的调控作用，即当胞内无 GlcN 积累时，调控因子 NagR 抑制 GlcN 转录因子、脱乙酰酶和脱氨酶的表达；而胞内积累 GlcN 时，NagR 和 GamR 表达受到抑制，GlcN 分解代谢途径中 GlcN 转运因子、脱乙酰酶和脱氨酶表达被激活，进而强化 GlcN 的分解。

虽然 B. subtilis 是 GlcN 合成的理想宿主菌株，但其生理特性在工业生产方面仍存在一些不足：

（1） B. subtilis 可在稳定期形成芽孢，增加生产过程中对菌株控制的难度，易造成环境污染；

（2） 相比于其他芽孢杆菌，B. subtilis 需利用较多底物用于细胞生理维持代谢，降低产物合成效率。

因此，B. subtilis 自身合成的 GlcN 和 GlcNAc 被用于合成肽聚糖和生物膜，且胞内 GlcN 和 GlcNAc 合成途径受到严格调控，导致细胞无法积累 GlcN 和 GlcNAc，而在强化 GlcN 合成途径和阻断 GlcN 分解途径的基础上，改善 B. subtilis 生理特性有助于进一步实现 GlcNAc 的高效合成（图 5-14）。

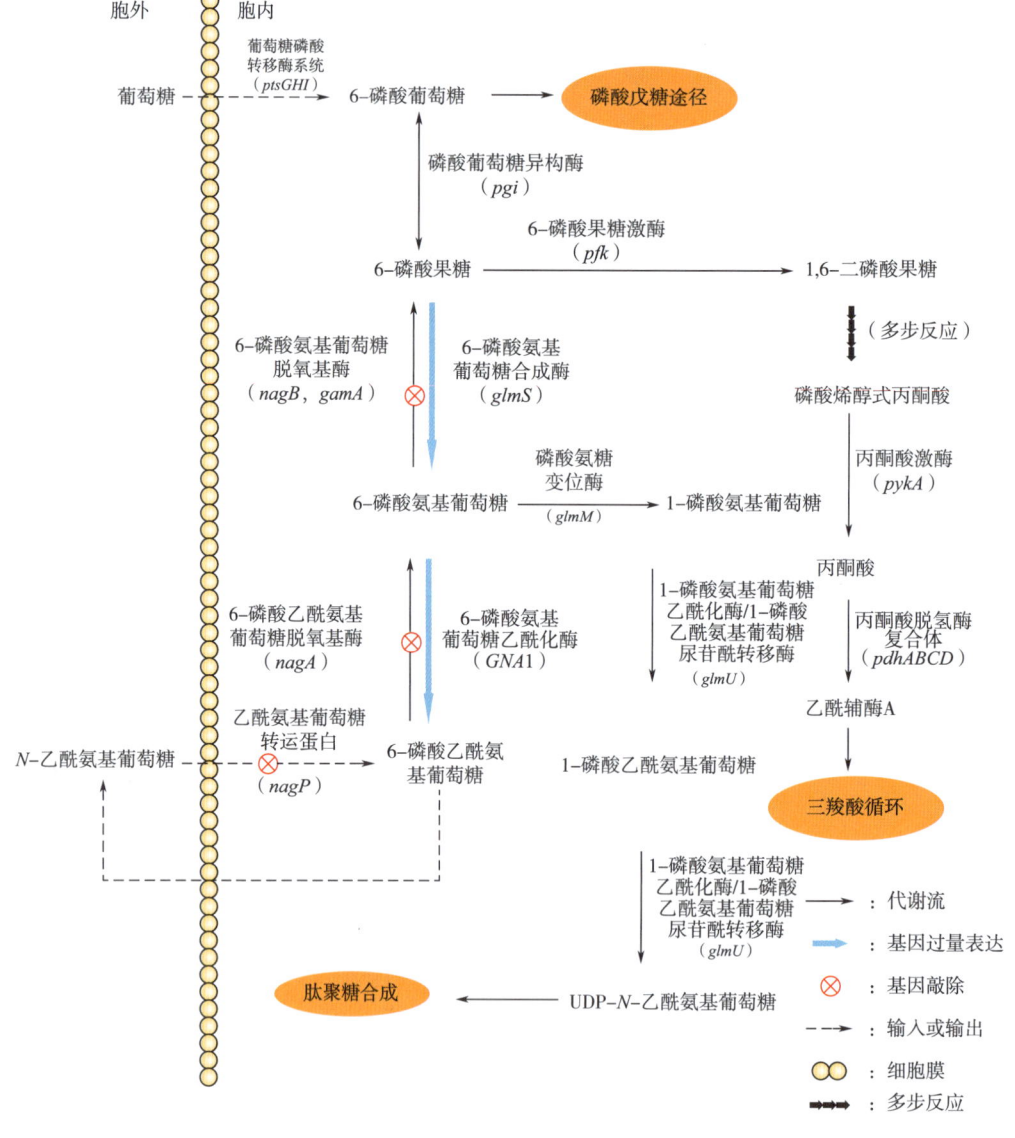

图 5-14 枯草芽孢杆菌中 GlcNAc 代谢途径（斜体字母表示相关酶基因）

二、枯草芽孢杆菌中 N-乙酰氨基葡萄糖合成途径的设计与构建

由于胞内 GlcN 代谢途径的严格调控，尚未有改造 B. subtilis 生产 GlcN 和 GlcNAc 的相关研究报道。因此，为实现细胞高效合成 GlcN 和 GlcNAc，则需打破胞内 GlcN 代谢途径及其调控系统：即共表达 GlmS 和 Gna1 以强化 GlcNAc 合成途径，结合阻断 GlcN 和 GlcNAc 分解代谢途径以促进 GlcN 和 GlcNAc 积累。其中，阻断 GlcN 和 GlcNAc 分解代谢途径可通过两方面实现：①调节 GlcN 和 GlcNAc 调控因子 GamR 和 NagR 的表达，抑制或弱化分解途径中相关酶表达；②失活 GlcN 和 GlcNAc 分解途径中关键酶，如 NagP、NagA、NagB、GamP 和 GamA。为此，利用 Cre/lox 无抗性敲除系统，连续敲除 GlcN 和 GlcNAc 分解途径中相关酶编码基因，通过完全阻断分解代谢途径以改善细胞积累 GlcNAc 的能力。

(一) 过量表达 GlmS 和 Gna1 对细胞合成 GlcN 和 GlcNAc 的影响

通过构建人工 *glmS* 表达盒去除核糖开关序列以解除 *glmS* 表达受到的抑制作用，并在组成型强启动子 P_{43} 调控下，将内源性 *glmS* 和来源于 S. cerevisiae S288C 的 *GNA1* 分别表达至枯草芽孢杆菌以强化 GlcN 和 GlcNAc 合成途径。发酵结果显示，过量表达 *glmS* 和 *GNA1* 基因可使工程菌株 B. subtilis 168-*glmS* 和 B. subtilis 168-*GNA1* 胞外 GlcN 和 GlcNAc 的积累量分别达到 102mg/L 和 117mg/L。然而，胞内 GlcN 和 GlcNAc 的积累可激活其分解代谢途径，导致 GlcN 和 GlcNAc 积累量呈先升高后降低的趋势，且基于分解代谢途径和自身降解的双重作用，胞内 GlcN 更易被快速降解 [图 5-15 (1)]。因此，与 GlcN 相比，稳定性更高的 GlcNAc 将是更为理想的目标代谢产物。

此外，发酵 12h 后，野生菌株和重组菌株均将葡萄糖耗尽，且葡萄糖吸收速率未受 *glmS* 和 *GNA1* 表达的影响 [图 5-15 (2)]。然而，当发酵结束后，重组菌株 B. subtilis 168-*glmS* 细胞干重比出发菌株 B. subtilis 168 增加了 9.6% [图 5-15 (3)]，且其最大比生长速率 [0.72 (1/h)] 比 B. subtilis 168-*GNA1* [0.61 (1/h)] 提高了 18.0% [图 5-15 (4)]。因此，过量表达 *glmS* 可为细胞提供更多用于细胞壁合成的 GlcN-6-P，进而促进细胞的生长；而表达 *GNA1* 却有效提高了 GlcNAc-6-P 的积累，但却竞争细胞壁的合成前体，进而抑制细胞的生长。

同时，为进一步强化 GlcNAc 合成，利用木糖严谨诱导型启动子 P_{xylA} 实现对 *glmS* 和 *GNA1* 的共表达，获得工程菌株 B. subtilis 168-*GNA1*-*glmS*。与出发菌株 B. subtilis 168 中 GlmS (147U/mg) 和 Gna1 (0) 比酶活性相比，工程菌株 B. subtilis 168-*GNA1*-*glmS* 中 GlmS 和 Gna1 的比酶活性分别提高至 470U/mg 和 660U/mg [图 5-16 (1)]，且其 GlcNAc 产量也相应地提高至 240mg/L [图 5-16 (2)]。然而，虽共表达 *GNA1* 和 *glmS* 可使更多 GlcN-6-P 用于合成 GlcNAc，但却降低肽聚糖的合成，且竞争糖酵解途径中 Fru-6-P，进而导致工程菌株 B. subtilis 168-*GNA1*-*glmS* 最大细胞干重比 B. subtilis 168-*GNA1* 降低了 10% [图 5-16 (1)]。值得注意的是，在 B. subtilis 168-*GNA1*-*glmS* 胞内及胞外均未检测到 GlcN，表明：GlcN-6-P 在 Gna1 催化作用下可有效转化为 GlcNAc-6-P；但在 B. subtilis 168-*GNA1* (25mg/L) 和 B. subtilis 168-*GNA1*-*glmS* (32mg/L) 胞内检测到 GlcNAc 的积

累，表明加强 GlcNAc 输出效率可进一步促进胞外 GlcNAc 的积累。

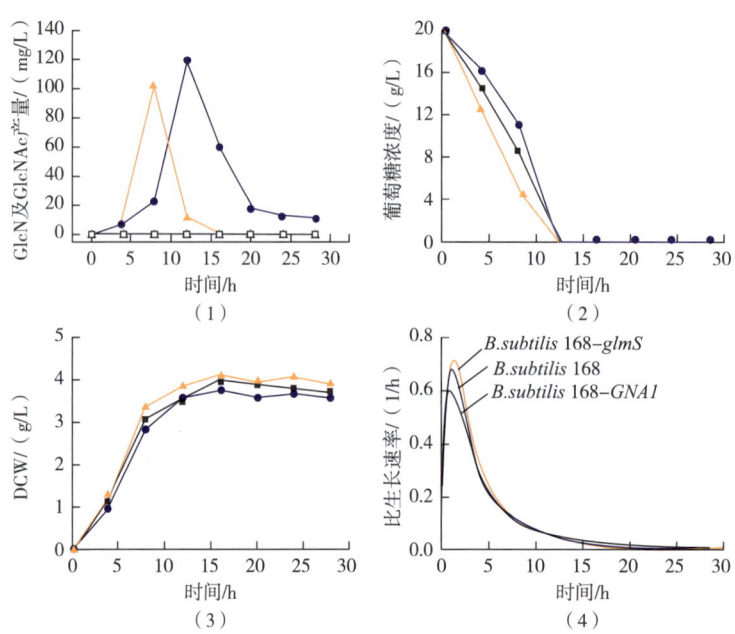

图 5-15 表达 *glmS* 和 *GNA1* 对重组菌株生长性能及其发酵性能的影响

（1）GlcN 和 GlcNAc 产量：*B. subtilis* 168 中 GlcN（—□—）和 GlcNAc（—△—），
B. subtilis 168-*glmS* 中 GlcN（—▲—）和 *B. subtilis* 168-*GNA1* 中 GlcNAc（—●—）；
（2）葡萄糖浓度：*B. subtilis* 168（—■—）、*B. subtilis* 168-*glmS*（—▲—）和 *B. subtilis* 168-*GNA1*（—●—）；
（3）细胞干重：*B. subtilis* 168（—■—）、*B. subtilis* 168-*glmS*（—▲—）和 *B. subtilis* 168-*GNA1*（—●—）；
（4）比生长速率

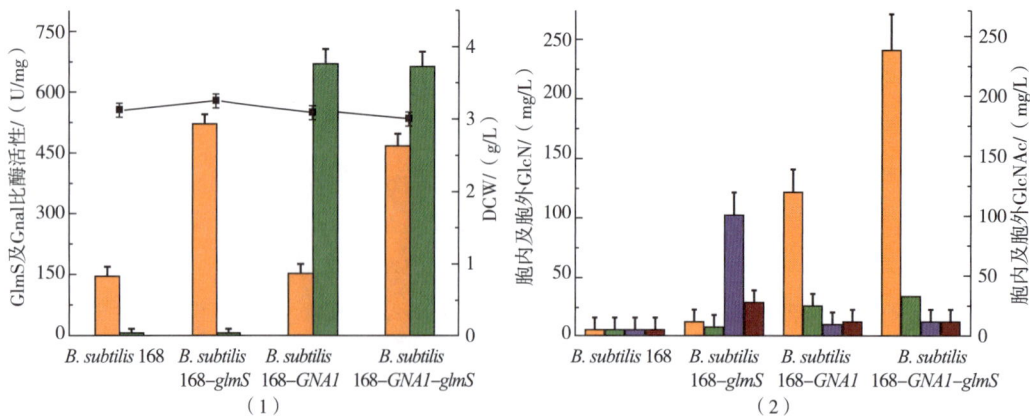

图 5-16 不同工程菌株胞内 GlmS（■）、Gna1 比酶活性（—■—）
和细胞干重（■）（1）及胞内 GlcN（■）、胞外 GlcN（■）、
胞内 GlcNAc（■）和胞外 GlcNAc（■）（2）的比较分析

(二) 阻断 GlcNAc 转运途径对细胞合成 GlcNAc 的影响

为进一步提高胞外积累 GlcNAc 的能力，通过敲除磷酸转移酶系统——GlcNAc 特异性蛋白编码基因 nagP，有效阻断胞外 GlcNAc 转运至胞内。结果如图 5-17 所示，与野生菌株 B. subtilis 168 相比，敲除基因 nagP 使工程菌株 BSGN1 不能以 GlcNAc 为唯一碳源生长，表明敲除 nagP 基因可有效阻断胞外 GlcNAc 转运至胞内的相关途径。同时，当将基因 nagP 再次表达至 BSGN1 菌株时，可使重组菌株 BSGN1-nagP 能以 GlcNAc 为唯一碳源生长。因此，基因 nagP 是调控胞外 GlcNAc 转运至胞内的关键基因，而敲除 nagP 基因可有效阻断胞外 GlcNAc 转运至胞内的相关途径。

在此基础上，将 GNA1 和 glmS 共表达至 BSGN1 中，考察敲除 nagP 基因对菌株 BSGN1-GNA1-glmS 合成 GlcNAc 能力的影响。与对照菌株 B. subtilis 168-GNA1-glmS 相比，敲除 nagP 基因对重组菌株 BSGN1-GNA1-glmS 生长性能并无明显影响，但却显著提高其合成 GlcNAc 的能力，使 GlcNAc 产量由最高时的 240mg/L 提高至 16h 时的 615mg/L，且随着发酵的进行，目标产物产量无明显降低 [图 5-17 (3)]。因此，敲除 nagP 基因可有效阻断 GlcNAc 的转运和分解利用，进而促进细胞对 GlcNAc 的高效合成与积累。

(三) 阻断 GlcNAc 胞内降解途径对 GlcNAc 合成的影响

在重组菌株 BSGN1 中，虽阻断 GlcNAc 由胞外向胞内的转运途径，但其胞内仍存在 GlcNAc 降解途径：在 GlcNAc 脱乙酰酶 (NagA) 和 GlcN 脱氨基酶 (GamA 和 NagB) 作用下，可将 GlcNAc 降解为 Fru-6-P 而进入糖酵解途径。为此，以 BSGN1 为出发菌株，利用同源重组技术连续敲除 gamA (BSGN2)、nagA 和 nagB (BSGN3)，实现胞内 GlcNAc 分解代谢途径的完全阻断，并结合共表达 glmS 和 GNA1 以强化 GlcNAc 的合成途径。发酵结果如图 5-18 所示，敲除关键基因 gamA、nagA 和 nagB 可显著提高工程菌株 BSGN3 积累 GlcNAc 的能力。其中，敲除 gamA 基因可部分阻断脱氨基反应，使工程菌株 BSGN2-GNA1-glmS 合成 GlcNAc 产量从 0.62g/L 提升至 0.94g/L，而完全阻断 GlcNAc 分解途径可使工程菌株 BSGN3-GNA1-glmS 合成 GlcNAc 的产量进一步提高至 1.85g/L。然而，随着敲除基因数量的增加，工程菌株细胞干重略微降低，使其从 3.13g/L (BSGN1-GNA1-glmS) 降至 2.83g/L (BSGN3-GNA1-glmS)。因此，阻断胞内 GlcNAc 分解代谢途径虽略微影响细胞生长性能，但却显著提高细胞合成 GlcNAc 的能力。

(四) 不同发酵策略对细胞合成 GlcNAc 的影响

为研究菌株 BSGN3-GNA1-glmS 合成 GlcNAc 的工业化潜力，利用 3L 发酵罐分别进行分批发酵（葡萄糖浓度、接种量、温度、搅拌转速、初始 pH 和通气量分别为 40g/L、5%、37℃、500r/min、7.0 和 $1m^3/(m^3 \cdot min)$）和补料分批发酵（与分批发酵其他参数一样，补料分批发酵初始浓度为 10g/L，当 pH 超过 7.2 时，脉冲式流加 20mL 浓度为 500g/L 的葡萄糖溶液至发酵罐，使其葡萄糖总浓度为 40g/L）。分批发酵结果如图 5-19 (1) 所示，在分批发酵 0~16h 中，BSGN3-GNA1-glmS 持续生长，且在 16h 时细胞干重达到最高值，为 8.45g/L；当发酵至 20h 时，细胞合成 GlcNAc 的产量达到最高值，为

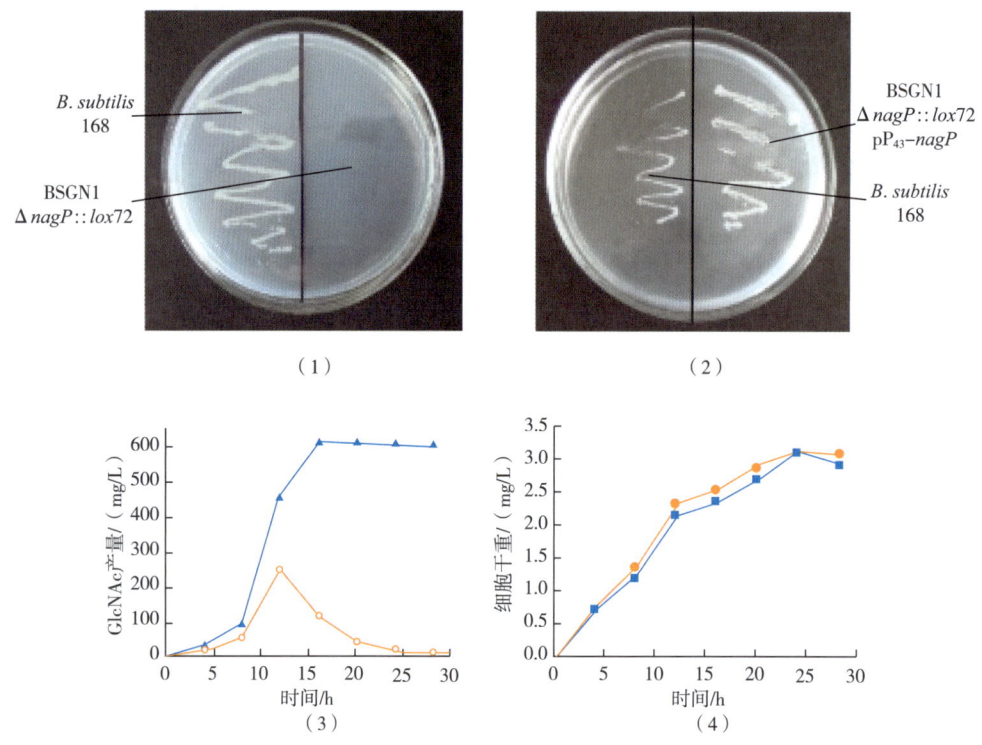

图 5-17 敲除 nagP 基因对细胞生长及 GlcNAc 合成的影响

(1) B. subtilis 168 和 BSGN1 以 GlcNAc 为唯一碳源的生长状况；(2) nagP 基因敲除的验证；
(3) B. subtilis 168-GNA1-glmS（─○─）和 BSGN1-GNA1-glmS（─▲─）
合成 GlcNAc 产量的比较；(4) B. subtilis 168-GNA1-glmS（─●─）和
BSGN1-GNA1-glmS（─■─）生长性能的比较

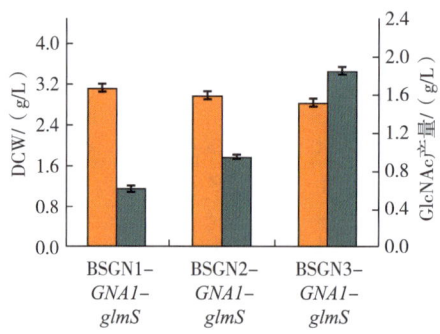

图 5-18 阻断 GlcNAc 胞内降解途径对细胞合成 GlcNAc 的影响

[细胞生长（■橙）和 GlcNAc 产量（■深绿）]

2.45g/L。此外，分批发酵过程中细胞最大比生长速率和平均比生长速率分别为 0.78（1/h）和 0.11（1/h），而 GlcNAc 生产强度、最大比合成速率和平均比合成速率分别为

88mg/(L·h)、0.14g/(gDCW·h) 和 0.024g/(gDCW·h)。然而，高浓度葡萄糖却引起酸性副产物——乙酸的生成，使其浓度在 8h 时可达 4.0g/L，进而导致 GlcNAc 比合成速率在葡萄糖耗尽（12h）后迅速降低。因此，采用流加发酵策略可进一步提高细胞合成 GlcNAc 的能力。

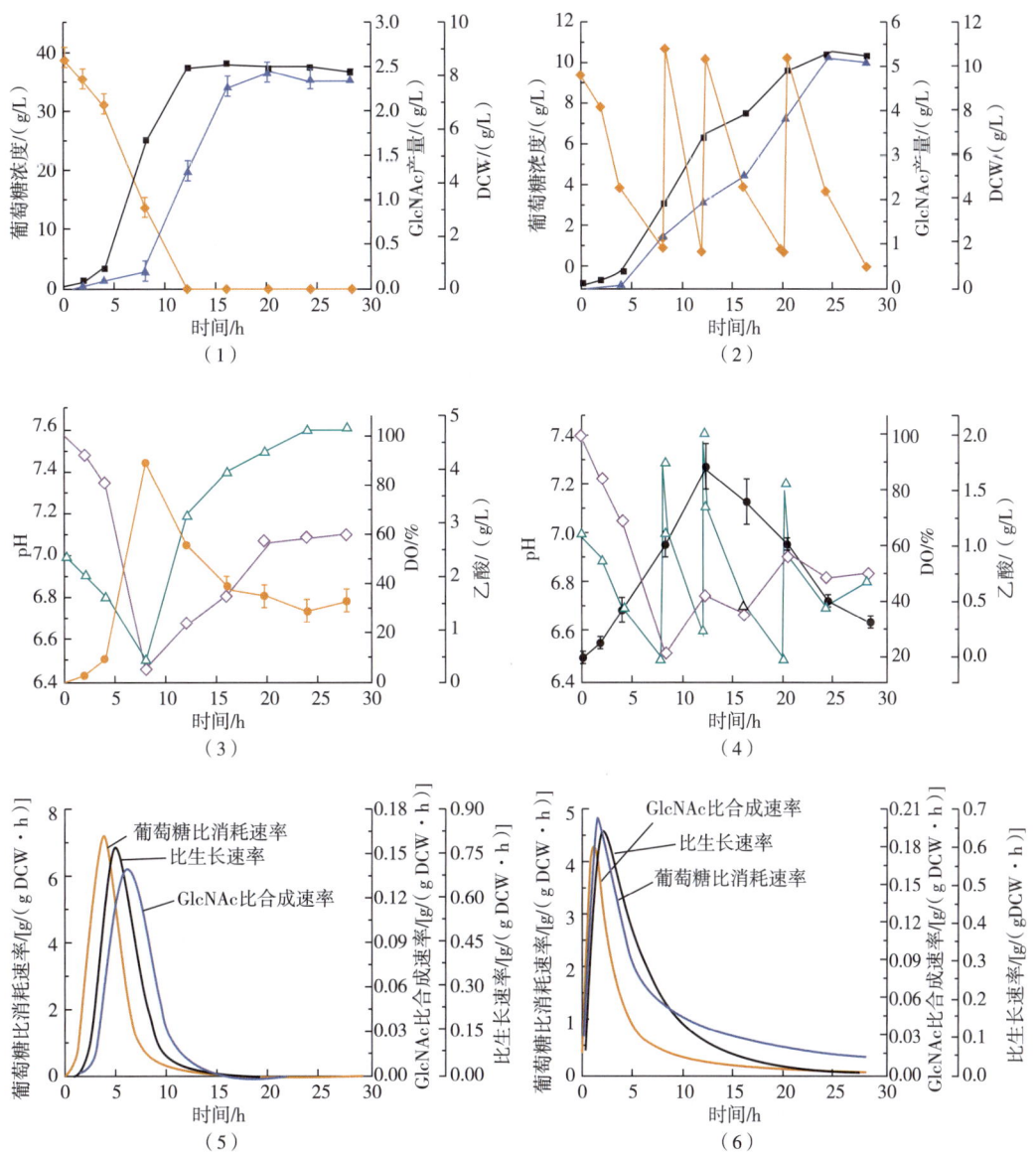

图 5-19 不同发酵策略对 BSGN3-*GNA1*-*glmS* 合成 GlcNAc 的影响

(1)(3)(5) 分批发酵；(2)(4)(6) 补料分批发酵

细胞干重（■）、GlcNAc 产量（▲）、葡萄糖浓度（●）、

pH（△）、溶氧水平（DO, ◇）、乙酸浓度（●）

如图 5-19（2）所示，从 BSGN3-*GNA1-glmS* 的 pH-stat 补料分批发酵动力学曲线可知：与分批发酵相比，补料分批发酵中葡萄糖比消耗速率降低了 30.9%，仅为 0.65g/(gDCW·h)，但其比生长速率和 GlcNAc 比合成速率却分别提高了 1.5 倍和 1.3 倍，分别达到 0.16（1/h）和 0.053g/(gDCW·h)。因此，采用分批补料发酵可使菌株 BSGN3-*GNA1-glmS* 细胞干重、GlcNAc 产量、得率及生产强度分别提高至 10.65g/L（1.3 倍）、5.19g/L（2.1 倍）、0.49g/g DCW（1.7 倍）和 0.185g/(L·h)（2.1 倍），且其副产物乙酸量仅为 1.7g/L，比分批发酵降低了 57.5%。

然而，虽然菌株 BSGN3-*GNA1-glmS* 合成 GlcNAc 产量和 GlcNAc 生产强度分别是大肠杆菌的 1.4 倍和 2.9 倍，且胞外 GlcNAc 积累在发酵上清液中，有利于分离纯化，但其生产强度 [0.22g/(L·h)] 却显著低于重组 *E. coli* [1.53g/(L·h)]。因此，利用 *B. subtilis* 合成 GlcNAc 比大肠杆菌更有优势，但仍需进一步优化 GlcNAc 合成途径、细胞生理特性及 GlcNAc 合成相关代谢调控网络以期进一步提高细胞合成 GlcNAc 的能力。

三、空间组织工程优化 N-乙酰氨基葡萄糖合成途径

目前，通过人工设计支架结构将关键酶在空间上进行固定和靠近，进而强化多种途径关键酶的协同催化作用，可有效提高中间代谢产物局部浓度，实现平衡合成途径以提高合成效率（图 5-20）。为此，借助 DNA 介导的支架结构，利用空间组织代谢改造策略调控 *glmS* 和 *GNA1* 表达水平以提高 GlcNAc 合成效率。同时，采用 Cre/*lox* 无抗性基因敲除系统分别敲除 *spo0A*、*sigE* 和 *cydBC* 基因，进而提高细胞对能量的利用效率，进一步提高细胞合成 GlcNAc 的能力。

（一）GlmS 和 Gna1 在支架结构上比例对细胞合成 GlcNAc 能力的影响

根据 GlmS 和 Gna1 融合不同锌指蛋白（ADB2 和 ADB3），将融合蛋白 GlmS-ADB2 和 Gna1-ADB3 特异性结合到特定 DNA 序列 B2 和 B3 以实现 GlmS 和 Gna1 在空间上的相互靠近。同时，通过控制 B2 和 B3 比例（1∶1、2∶1 和 1∶2）进一步调控 GlmS 和 Gna1 浓度比例（1∶1、2∶1 和 1∶2），分别得到重组菌株 BSGN4-S1、BSGN4-S2 和 BSGN4-S3。发酵结果如图 5-20 所示，当 Gna1 和 GlmS 相对浓度控制在 2∶1 时，可使中间代谢产物 GlcN-6-P 更为高效地转化为目标产物，进而避免中间代谢产物的积累。与对照菌株 BSGN4 相比，重组菌株 BSGN4-S1、BSGN4-S2 和 BSGN4-S3 合成 GlcNAc 的产量分别提高了 1.8、2.5 和 1.7 倍 [图 5-21（1）]，且其最大 GlcNAc 比合成速率也分别提高了 1.5、2.5 和 1.2 倍，达到 0.17g/(gDCW·h)、0.27g/(gDCW·h) 和 0.13g/(gDCW·h)，而其 GlcNAc 对葡萄糖得率也分别提高至 82.6mg/g 葡萄糖、112.5mg/g 葡萄糖和 77.2mg/g 葡萄糖 [图 5-21（2）]。然而，由于合成 GlcNAc 竞争了糖酵解和肽聚糖合成途径的前体物质，如 Fru-6-P 和 GlcN-6-P，导致重组菌株 BSGN4-S1、BSGN4-S2 和 BSGN4-S3 的细胞干重分别降低了 54.3%、42.7% 和 59.7% [图 5-21（3）]。值得注意的是，与对照菌株 BSGN4 中 GlmS 和 Gna1 比酶活性（492U/mg 和 632U/mg）相比，重组菌株 BSGN4-S1、BSGN4-S2 和 BSGN4-S3 中 GlmS 比酶活性（485、468 和 475U/mg）和

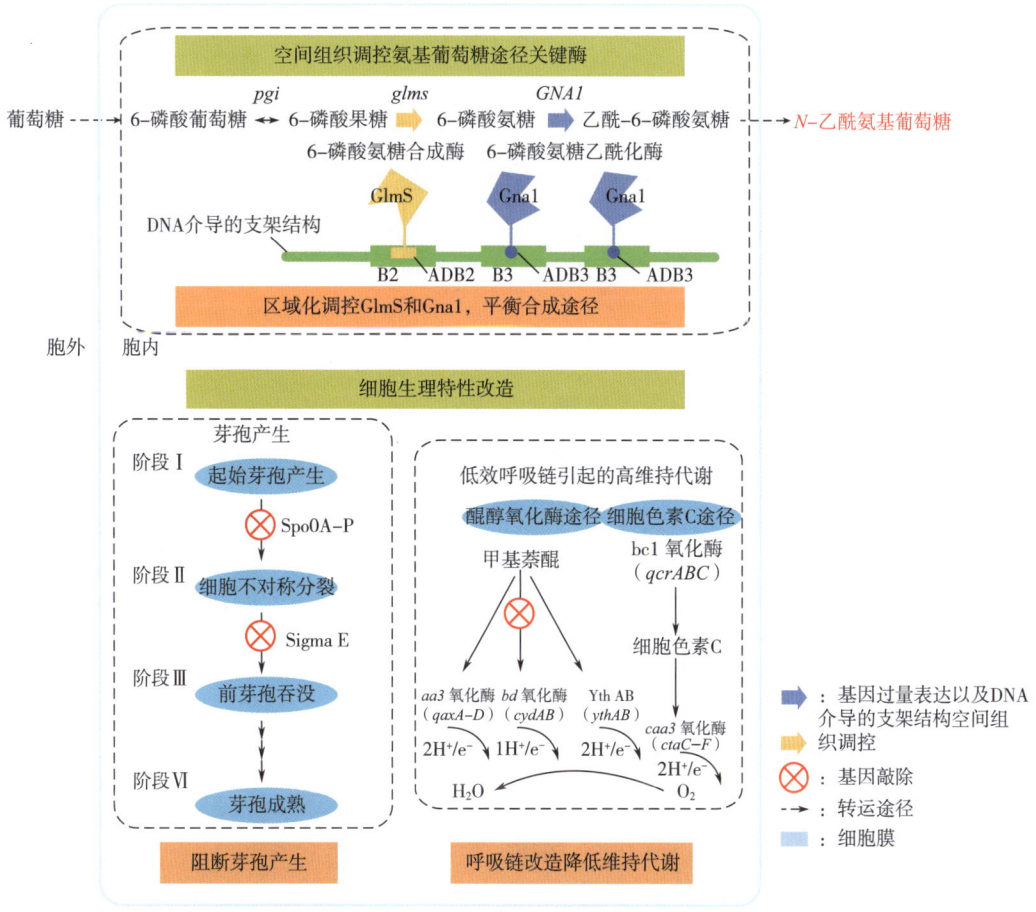

图 5-20 空间组织代谢改造 GlcNAc 途径酶及呼吸链提高细胞合成 GlcNAc 的能力

Gna1 比酶活性（615、618 和 606U/mg）均无显著变化［图 5-21（4）］，表明通过 DNA 介导的支架结构可使关键酶 GlmS 和 Gna1 空间上靠近，增加其协同催化能力进而提高细胞合成 GlcNAc 的能力。

（二）不同阶段阻断芽孢产生对细胞生理特性的影响

为改善枯草芽孢杆菌的生理特性，敲除 spo0A 或 sigE 基因可在芽孢产生起始阶段（第一阶段）或不对称分裂阶段（第二阶段）阻断芽孢产生，进一步提高菌株的工业化生产潜力。为此，以 BSGN4-S2（产生芽孢）为出发菌株，分别敲除 spo0A 或 sigE 分别获得重组菌株 BSGN7-S2（第一阶段阻断芽孢产生）和 BSGN8-S2（第二阶段阻断芽孢产生）。

发酵结果如图 5-22（1）所示，与出发菌株 BSGN4-S2（6.27g/L）相比，阻断芽孢形成可弱化细胞的生长性能，使重组菌株 BSGN7-S2 和 BSGN8-S2 最大细胞干重分别降低至 6.05g/L 和 6.15g/L，而其合成 GlcNAc 的产量也由 4.55g/L 分别降低至 4.45g/L 和 4.16g/L。然而，通过比较分析菌株 BSGN4-S2、BSGN7-S2 和 BSGN8-S2 的维持代谢系数（Pirt 恒化模型方法，表 5-8）发现：与出发菌株 BSGN4-S2 代谢维持系数［0.61mmol/

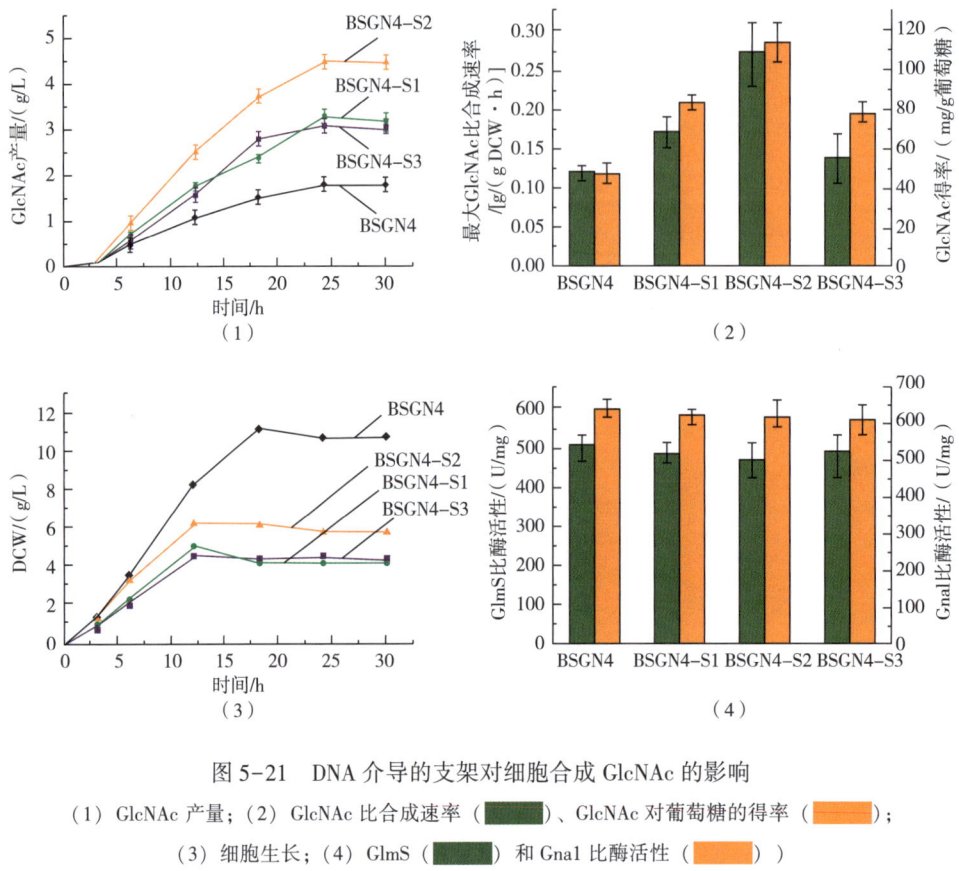

图 5-21 DNA 介导的支架对细胞合成 GlcNAc 的影响

(1) GlcNAc 产量;(2) GlcNAc 比合成速率（■）、GlcNAc 对葡萄糖的得率（■）;
(3) 细胞生长;(4) GlmS（■）和 Gna1 比酶活性（■）

(gDCW·h)] 相比,BSGN8-S2 对细胞维持代谢并无显著影响 [0.60mmol/(gDCW·h)],但 BSGN7-S2 维持代谢系数 [0.67mmol/(gDCW·h)] 却增加了 9.8%,导致更多葡萄糖用于代谢维持,进而减少用于合成 GlcNAc 的底物供给,降低 GlcNAc 产量。因此,阻断芽孢形成可影响细胞对代谢的维持作用,但相比于第一阶段阻断芽孢产生,第二阶段阻断芽孢生成对细胞维持代谢和 GlcNAc 合成影响较弱,因此被选为最优阻断芽孢产生策略。

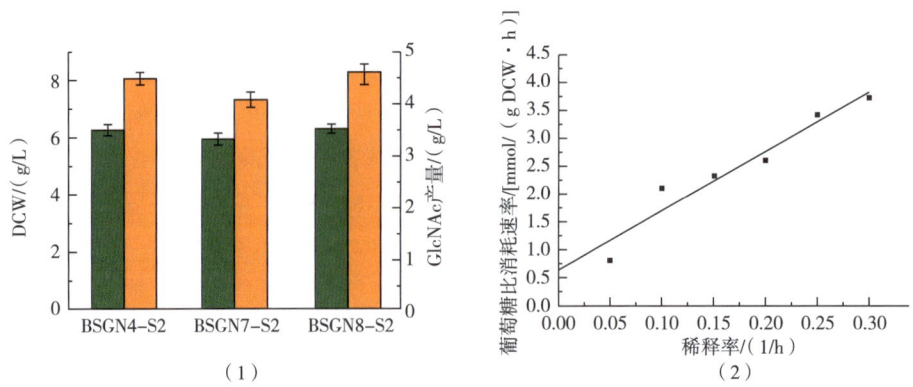

图 5-22 阻断不同阶段芽孢产生对细胞生长、GlcNAc 合成及维持代谢系数的影响

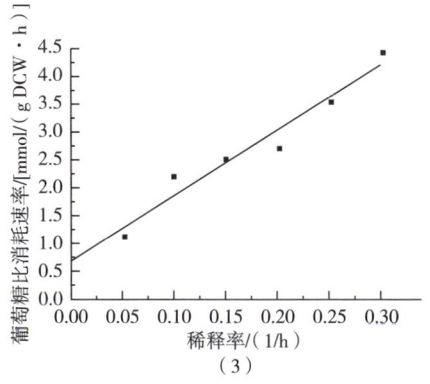
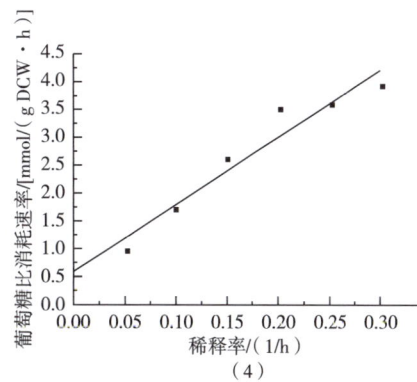

图 5-22　阻断不同阶段芽孢产生对细胞生长、GlcNAc 合成及维持代谢系数的影响（续图）
（1）阻断芽孢产生对细胞生长（■）及 GlcNAc 合成（■）的影响；（2）（3）（4）恒化培养过程中稀释率对重组菌株 BSGN4-S2（2）、BSGN7-S2（3）和 BSGN8-S2（4）葡萄糖比消耗速率的影响

表 5-8　不同重组枯草芽孢杆菌中维持代谢系数的比较分析

重组菌株	维持代谢系数[a]/[mmol/(gDCW·h)]	(R^2)[b]
BSGN4-S2	0.61	0.93
BSGN7-S2	0.67	0.95
BSGN8-S2	0.60	0.94
BSGN9-S2	0.47	0.94

[a] 通过葡萄糖在不同稀释率条件下线性回归分析，计算得到的 y 轴截距即为维持代谢系数。
[b] R^2 表示线性回归相关性系数的平方。

（三）代谢改造呼吸链对细胞合成 GlcNAc 的影响

在 B. subtilis 细胞中，阻断醌醇氧化酶分支呼吸链可使细胞转向利用更为高效的呼吸链（即细胞色素途径），提高细胞能量利用效率，降低细胞维持代谢能量。为此，以 BSGN8-S2 为出发菌株，通过敲除细胞色素 bd 醌醇氧化酶编码基因 sigE 及 ATP 结合蛋白编码基因 cydBC，获得具有更高呼吸效率的重组菌株 BSGN9-S2。与对照菌株 BSGN8-S2 相比，重组菌株 BSGN9-S2 维持代谢系数降低了 19.0%，进而使其细胞干重（7.50g/L）、GlcNAc 产量（6.15g/L）和最大 GlcNAc 比合成速率 [0.31g/(gDCW·h)] 分别提高了 19.0%、39.6% 和 19.2%（图 5-23）。因此，改造呼吸链可降低细胞维持代谢，进而促使更多底物用于细胞生长及其目标产物——GlcNAc 的合成。

四、基于模块途径工程优化 N-乙酰氨基葡萄糖合成代谢网络

虽通过 GlcNAc 代谢途径改造和优化细胞生理特性可显著提高细胞合成 GlcNAc 的能力，但糖酵解和肽聚糖合成等初级代谢仍是胞内主要代谢途径，进而竞争 GlcNAc 合成的

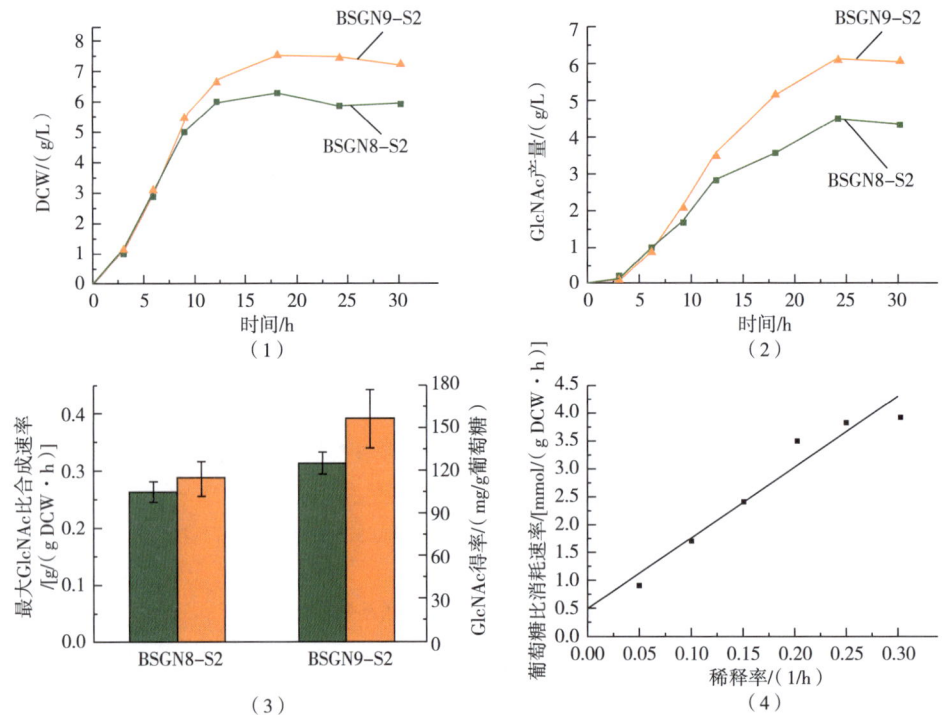

图 5-23 敲除 *sigE* 和 *cydBC* 基因对细胞生长（1）、GlcNAc 合成（2）及细胞维持代谢的影响
（3）GlcNAc 比合成速率（■）及对葡萄糖得率（■）；
（4）恒化培养过程中稀释率对重组菌株 BSGN9-S2 葡萄糖比消耗速率的影响

碳源和能源，降低 GlcNAc 产量和得率。此外，中心碳代谢的溢流也将造成乳酸、乙酸等副产物积累。因此，通过系统组装及优化代谢途径的模块途径工程（图 5-24），将 GlcNAc 合成代谢网络系统划分为 GlcNAc 合成模块、糖酵解模块和肽聚糖合成模块，通过全局优化 GlcNAc 合成途径、糖酵解途径和肽聚糖合成途径，进一步优化细胞生产性能，提高 GlcNAc 产量。

（一）双启动子系统表达 GlmS 和 Gna1 优化 GlcNAc 合成途径

如图 5-25（1）所示，通过构建系列 GlmS 和 Gna1 表达盒优化 GlcNAc 合成途径。其中，当利用表达盒 1、3、7 和 9 调控 GlcNAc 合成途径时，在组成型启动子调控下，GlmS 和 Gna1 在细胞生长初期即表达，竞争了细胞糖酵解和肽聚糖合成所需的前体物质（如 Fru-6-P 和 GlcN-6-P），进而显著抑制细胞生长性能 [图 5-25（2）]。然而，使用表达盒 2 可使细胞干重达到最高值（6.90g/L）；但使用表达盒 5 和 6 时，由于 Gna1 表达量不足，导致中间代谢物 GlcN-6-P 的积累，使其 GlcNAc 产量和单位细胞 GlcNAc 产率（1.85g/L、0.28g/gDCW；1.45g/L、0.23g/gDCW）相对较低。因此，单纯提高 GlmS 或（和）Gna1 表达量强化 GlcNAc 合成途径不利于平衡 GlcNAc 合成、糖酵解及肽聚糖合成途径，甚至严重影响细胞的生长性能。为此，当使用表达盒 4（严谨诱导型启动子 PxylA 调控 GlmS 表达，组成型启动子 P43 调控 Gna1 表达）时，虽 GlcNAc 合成竞争了糖酵解及肽

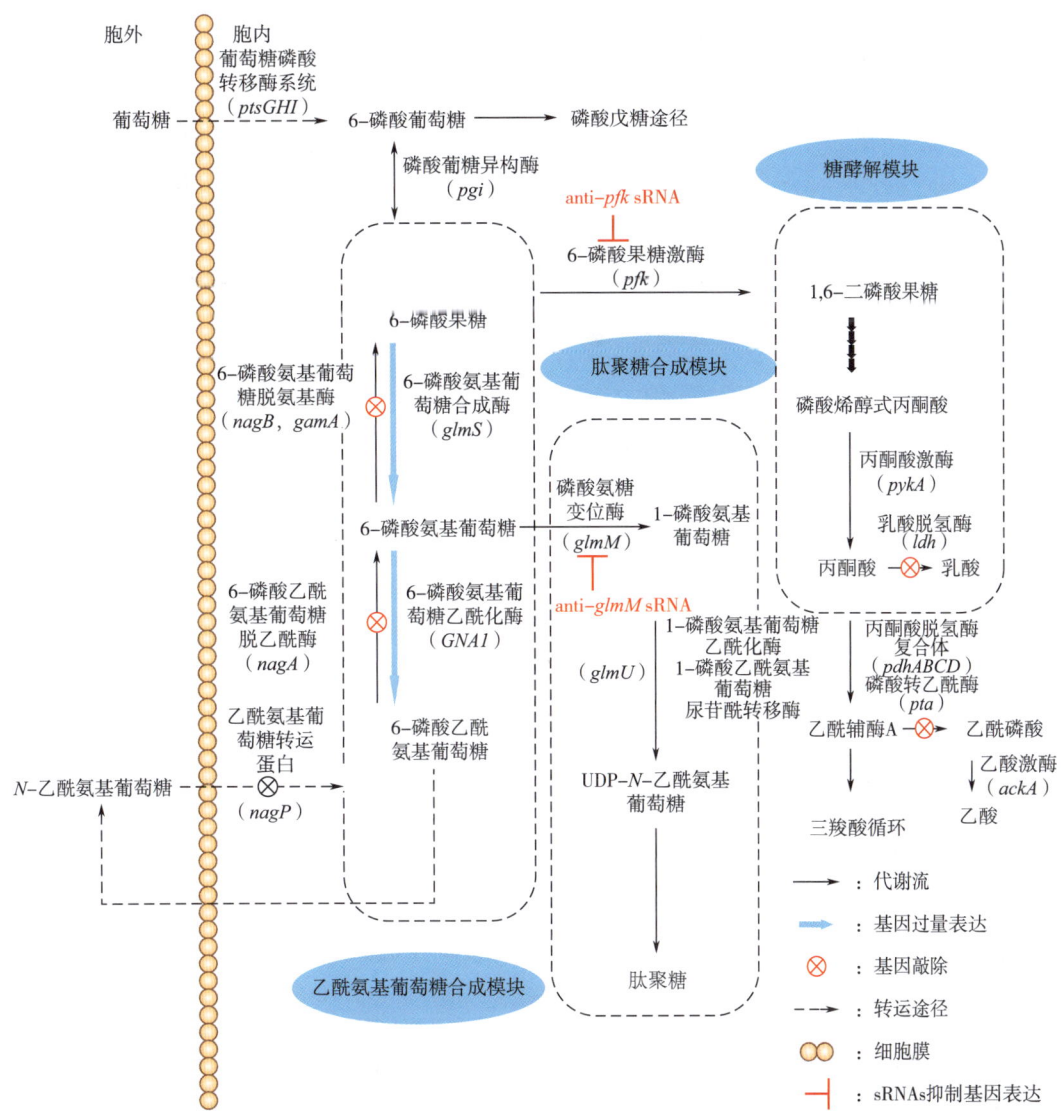

图 5-24 B. subtilis 中 GlcNAc 合成代谢模块

聚糖合成前体物质，导致细胞干重降低至 5.80g/L，但其合成 GlcNAc 的产量和产率分别提高至 2.45g/L 和 0.42g/gDCW。

（二）阻断副产物代谢途径对细胞合成 GlcNAc 的影响

细胞在合成 GlcNAc 过程中，乳酸和乙酸等副产物最高浓度可分别达到 4.1g/L 和 3.3g/L[图 5-26（1）]。为此，以 BSGN4-P_{xylA}-glmS-P_{43}-GNA1 为出发菌株，敲除乳酸脱氢酶编码基因 ldh 可使重组菌株 BSGN5-P_{xylA}-glmS-P_{43}-GNA1 细胞干重和 GlcNAc 产量分别提高 46.6% 和 24.5%，达到 8.50g/L 和 3.05g/L[图 5-26（3）和（4）]。在此基础上，敲除乙酰磷酸酶编码基因 pta 可使重组菌株 BSGN6-P_{xylA}-glmS-P_{43}-GNA1 合成 GlcNAc 的

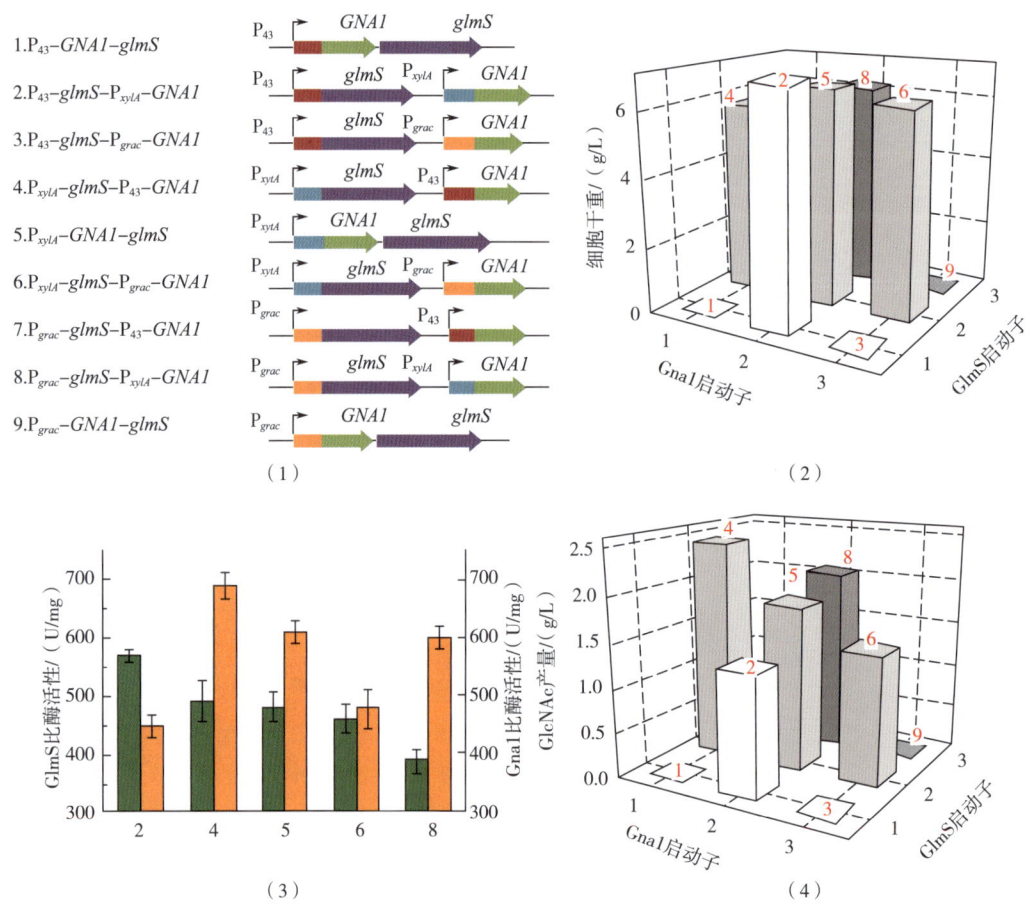

图 5-25 双启动子系统（1）表达 GlmS 和 Gna1 对细胞生长性能（2）、
关键酶活性（3）GlmS（■）和 Gna1（■）比酶活性）和 GlcNAc 产量（4）的影响。

产量和对葡萄糖得率分别提高至 3.55g/L 和 0.09g GlcNAc/g 葡萄糖。然而，重组菌株 BSGN5-P_{xylA}-$glmS$-P_{43}-$GNA1$ 和 BSGN6-P_{xylA}-$glmS$-P_{43}-$GNA1$ 单位细胞 GlcNAc 产率并未明显改变，仅分别为 0.36g GlcNAc/gDCW 和 0.47g GlcNAc/gDCW。因此，虽阻断乳酸和乙酸代谢途径未能提高单位细胞 GlcNAc 产率，但却降低了副产物对细胞生长的影响，进而提高细胞干重和增强细胞合成 GlcNAc 的能力。

（三）基于 sRNA 调控 GlcNAc 合成途径、糖酵解及肽聚糖合成途径

如图 5-24 所示，关键酶 Pfk 和 GlmM 分别作为催化糖酵解和肽聚糖合成途径中限速酶，降低基因 pfk 和 $glmM$ 的表达可有效抑制糖酵解和肽聚糖合成，进而这两个基因被选为 sRNA 的抑制靶点。为此，根据 $E.\ coli$ 中 sRNA 设计方法，在诱导型启动子 P_{spac} 调控下分别构建 anti-pfk 和 anti-$glmM$ sRNA［图 5-27（1）（2）］。在细胞生长对数前期，分别诱导表达 anti-pfk 和 anti-$glmM$ sRNA 以抑制 pfk 和 $glmM$ 基因表达，可使 Pfk 和 GlmM 比酶活性分别降低至 1750U/mg 和 150U/mg，分别为未表达 anti-pfk 和 anti-$glmM$ sRNA 的

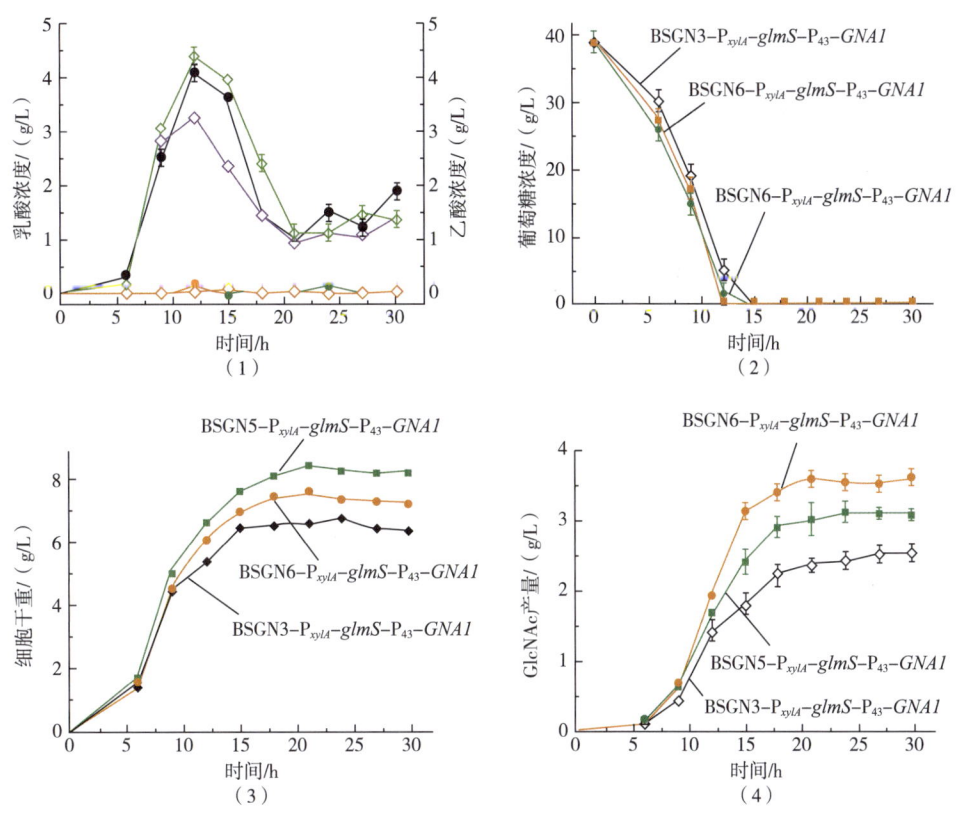

图 5-26 阻断乳酸及乙酸合成途径对细胞合成 GlcNAc 的影响

[（1）BSGN4-P$_{xylA}$-*glmS*-P$_{43}$-*GNA1* 发酵过程中乳酸（—●—）和
乙酸（—◇—）浓度；BSGN5-P$_{xylA}$-*glmS*-P$_{43}$-*GNA1* 乳酸
（—●—）和乙酸（—◇—）浓度；BSGN6-P$_{xylA}$-*glmS*-P$_{43}$-*GNA1* 乳酸（—●—）和乙酸（—□—）浓度]

60.3%和 61.2%［图 5-27（3）］。在此基础上，将 E. coli-Hfq 蛋白分别与 anti-*pfk* 和 anti-*glmM* sRNA 共表达，使 Pfk 和 GlmM 比酶活性进一步降低了 45.7%和 34.7%，且 anti-*pfk* sRNA 和 anti-*glmM* sRNA 抑制效率分别达到 67.2%和 60.0%，是未表达 E. coli-Hfq 蛋白的 1.7 倍和 1.5 倍［图 5-27（3）］。因此，表达 anti-*pfk* sRNA、anti-*glmM* sRNA 和 Hfq 蛋白可控制糖酵解及肽聚糖合成模块在高活性水平（100%，不表达 sRNA 和 Hfq）、中等活性水平（大约 60%，仅表达 anti-*pfk* sRNA 和 anti-*glmM* sRNA）和低活性水平（大约 35%，共表达 anti-*pfk* sRNA 和 Hfq、anti-*glmM* sRNA 和 Hfq）等不同活性水平。

在此基础上，通过对不同代谢模块进行组装可有效平衡 GlcNAc 合成与宿主初级代谢，进而实现 GlcNAc 合成、糖酵解及肽聚糖合成模块最优代谢流分布［图 5-27（4）］。其中，通过在启动子 P$_{xylA}$ 和 P$_{43}$ 调控下表达 *glmS*、*GNA1* 和 GlcNAc 合成模块被控制在高活性水平以强化 GlcNAc 合成，并将糖酵解模块和肽聚糖合成模块同时控制在中等活性水平或低活性水平时，可进一步提高细胞合成 GlcNAc 的能力，使其产量分别增加至 7.56g/L 和

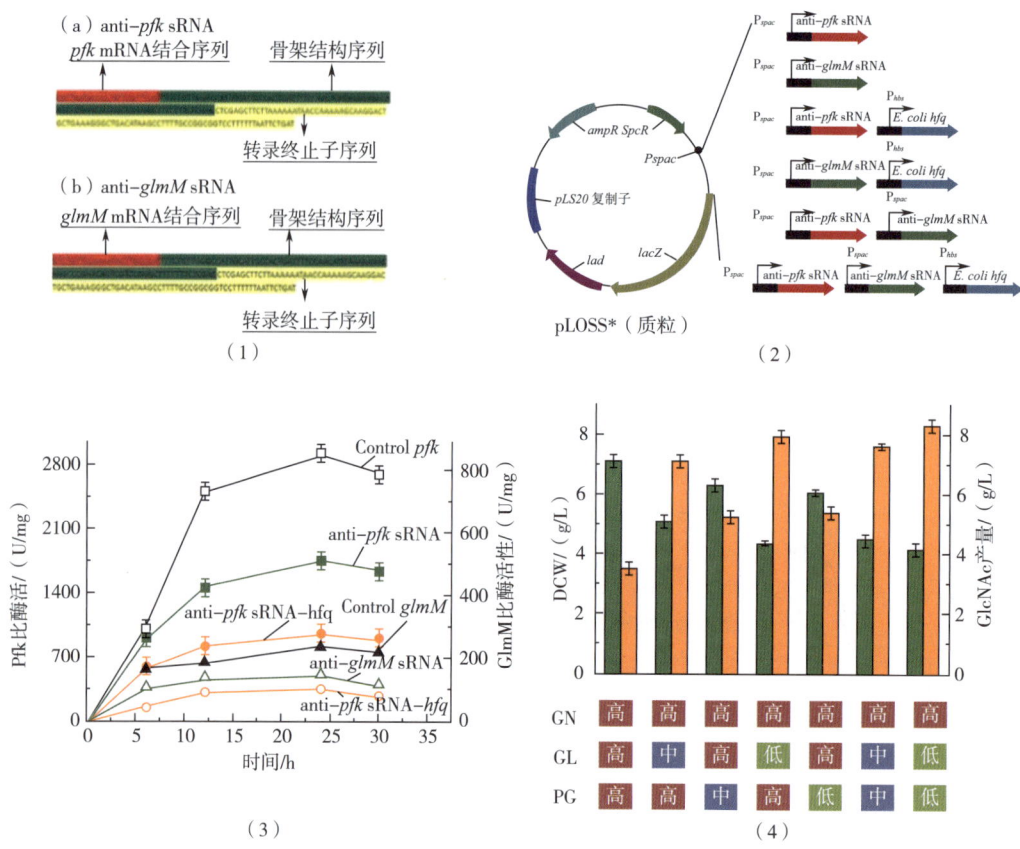

图 5-27 基于 sRNA 的调控 GlcNAc 合成、糖酵解及肽聚糖合成途径

（1）anti-*pfk* sRNA 和 anti-*glmM* sRNA 的结构和序列；（2）表达 sRNA 和 *E. coli* Hfq 蛋白的重组质粒；
（3）anti-*pfk* sRNA 和 anti-*glmM* sRNA 对胞内 Pfk（方框）和 GlmM（三角）比酶活性的影响；
（4）模块途径工程对细胞生长（■）和 GlcNAc 合成（■）的影响，
GN：GlcNAc 合成模块；GL：糖酵解模块；PG：肽聚糖合成模块；高：高活性水平；中：中等活性水平；低：低活性水平

8.30g/L，且单位细胞 GlcNAc 产率也分别达到 1.68g/gDCW 和 2.00g/gDCW。因此，肽聚糖合成对 GlcNAc 合成的底物竞争低于糖酵解途径对 GlcNAc 合成底物的竞争，而抑制糖酵解途径活性比抑制肽聚糖合成途径活性可更有效提高 GlcNAc 产量。

（四）不同发酵策略对细胞合成 GlcNAc 的影响

为进一步研究工程菌株 BSGN6-P_{xylA}-*glmS*-P_{43}-*GNA1*-anti-*pfk*-*glmM* sRNA-*hfq* 合成 GlcNAc 的工业化潜力，利用 3L 发酵罐分别进行分批发酵和补料分批发酵。分批发酵和补料分批发酵的接种量、温度、搅拌转速和通气量均为 5%、37℃、600r/min 和 1.5m³/(min·m³)。而分批发酵过程中，始终控制 pH 在 7.2；补料分批发酵初始浓度为 20g/L，发酵过程中流加补料液（500g/L 葡萄糖），葡萄糖浓度控制在 5g/L。补料分批发酵中葡萄糖总浓度均为 150g/L。分批发酵结果如图 5-28 所示，重组菌株 BSGN6-P_{xylA}-*glmS*-

P$_{43}$-*GNA1*-anti-*pfk*-*glmM* sRNA-*hfq* 在 20h 时细胞干重达到最大值（7.99g/L），且其最大比生长速率和平均比生长速率分别为 0.57（1/h）和 0.063（1/h）。此外，在 0~20h 发酵过程中，胞外 GlcNAc 持续增长积累，且 GlcNAc 最高产量在 48h 达到 9.41g/L，而 GlcNAc 最大比合成速率为 0.099g/(gDCW·h)［图 5-28（1）（2）］。然而，在细胞生长和 GlcNAc 合成过程中，当葡萄糖耗尽后，GlcNAc 产量在 21~48h 只有少量积累，使其最大及平均葡萄糖比消耗速率仅分别为 1.15g/(gDCW·h) 和 0.18g/(gDCW·h)。为此，利用补料分批发酵策略可使重组菌株细胞干重最高可达 23.83g/L，是分批发酵条件下的 3 倍；且其最高 GlcNAc 产量和平均 GlcNAc 比合成速率分别达到 31.65g/L 和 0.054g/(gDCW·h)，分别是分批发酵的 3.4 倍和 2.0 倍。此外，采用补料分批发酵策略可使细胞合成 GlcNAc 的生产强度达到 0.63g/(L·h)，为分批发酵［0.19g/(L·h)］的 3.3 倍［图 5-28（3）（4）］。

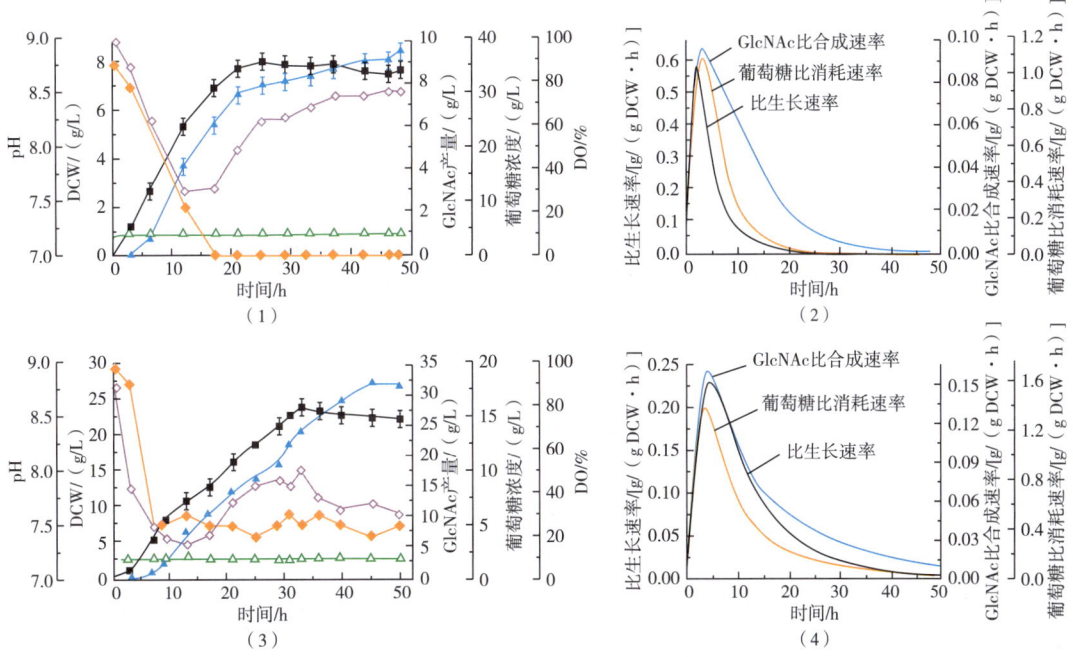

图 5-28　不同发酵策略对重组菌株 BSGN6-P$_{xylA}$-*glmS*-P$_{43}$-*GNA1*-anti-*pfk*-*glmM* sRNA-*hfq*3-L 生长性能及其发酵性能的影响

细胞干重（—■—）、GlcNAc 产量（—▲—）、葡萄糖浓度（—●—）、pH（—△—）、溶氧水平（DO, —◇—）

(1) 分批发酵中细胞干重、GlcNAc 积累量和溶氧变化曲线；(2) 分批发酵中 GlcNAc 比合成速率、葡萄糖比消耗速率和比生长速率；(3) 补料分批发酵中细胞干重、GlcNAc 积累量和溶氧变化曲线；(4) 补料分批发酵中 GlcNAc 比合成速率、葡萄糖比消耗速率和比生长速率

五、基于靶向代谢组学解析 *N*-乙酰氨基葡萄糖合成对细胞代谢的影响

合成 GlcNAc 需要以 Fru-6-P 作为碳架结构、Gln 作为氨基供体、乙酰辅酶 A（Ac-

CoA）作为乙酰基供体，但 GlcNAc 合成对细胞中心代谢途径的影响却尚未进行系统分析。为此，利用靶向代谢组学技术分析 GlcNAc 生产菌株中心代谢产物谱，系统解析 GlcNAc 合成对细胞代谢的影响，为进一步确定代谢改造靶点提供指导。

（一）GlcNAc 合成对细胞生长的影响

在野生型菌株 B. subtilis 168 中，GlcNAc 合成途径受到严密调控，且与细胞中心碳代谢途径及氨基酸代谢途径紧密相关。因此，由于 Fru-6-P、Gln 和 AcCoA 都是细胞初级代谢和细胞生长的重要前体物质，消耗 Fru-6-P、Gln 和 AcCoA 用于 GlcNAc 合成可有效抑制重组菌株在基本培养基中的生长性能，进而导致重组菌株 BSGN 比生长速率［0.078（1/h）］比野生菌株 B. subtilis 168 ［0.460（1/h）］降低了 83%（图 5-29）。

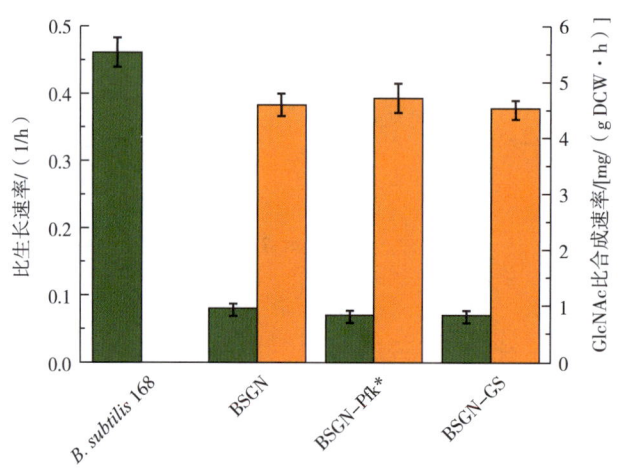

图 5-29　不同重组菌株比生长速率（■）及 GlcNAc 比合成速率（■）的比较分析

（BSGN-Pfk*、BSGN-GS 后文提及）

（二）GlcNAc 生产菌株胞内中心碳代谢及 GlcNAc 合成途径代谢物变化

为进一步揭示 GlcNAc 合成对细胞代谢的影响，利用靶向代谢组学技术比较分析野生菌株 B. subtilis 168 与重组菌株 BSGN 间中心代谢途径中代谢物浓度的变化（图 5-30）。与 B. subtilis 168 相比，BSGN 糖酵解途径中代谢物浓度显著降低［如 Glc-6-P、Fru-6-P、1,6-二磷酸果糖（FBP）和磷酸烯醇式丙酮酸（PEP）］，其中 GlcNAc 的直接前体——Fru-6-P 浓度显著降低，进一步降低 TCA 循环途径中代谢物浓度，进而显著降低菌株 BSGN 的比生长速率。此外，连接中心碳代谢和氮代谢的 α-酮戊二酸浓度也显著降低，进而降低 Gln 浓度，而 GlcNAc 合成需要消耗 Gln 作为氨基供体，生成谷氨酸（Glu）。因此，Gln 与 Glu 代谢不平衡也可能是 GlcNAc 合成和细胞生长的限制性因素。值得注意的是，在 GlcNAc 合成途径中，GlcN-6-P 浓度显著降低（89.2%），但 GlcNAc-6-P 浓度却显著增加（569.8 倍，表 5-9），表明在 GlmS 和 Gna1 催化下，Fru-6-P 被有效转化为 GlcN-6-P，进而转化为 GlcNAc-6-P，而 GlcNAc-6-P 的异常积累可显著抑制细胞的生长。

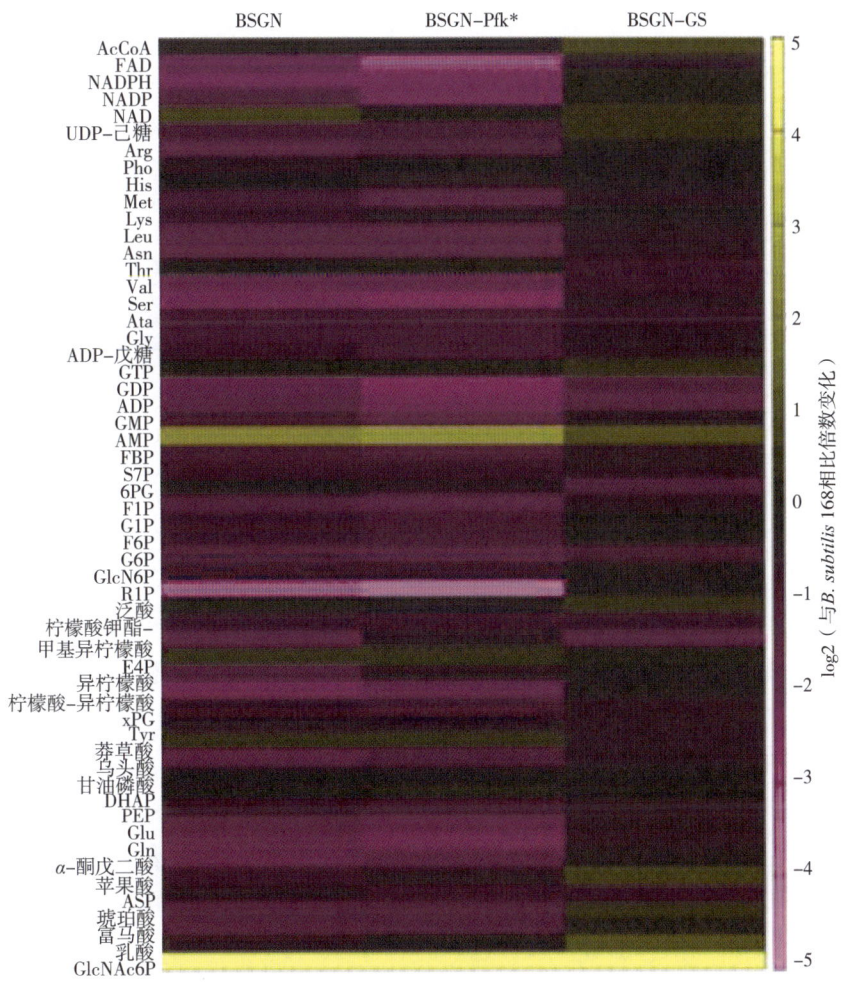

图 5-30 不同菌株中代谢物浓度的差异性分析

表 5-9　　　　　　　　　　浓度显著变化代谢物分析

代谢物名称	变化倍数
浓度升高代谢物	
6-磷酸乙酰氨基葡萄糖	569.808±23.373
单磷酸鸟苷	5.648±1.351
烟酰胺腺嘌呤二核苷酸	1.64346±0.112
4-磷酸赤藓糖	1.503±0.248
浓度降低代谢物	
6-磷酸氨基葡萄糖	0.108±0.023
脯氨酸	0.189±0.039
还原型烟酰胺腺嘌呤二核苷酸磷酸	0.201±0.005

续表

代谢物名称	变化倍数
柠檬酸、异柠檬酸	0.219±0.021
缬氨酸	0.238±0.011
三磷酸鸟苷	0.241±0.036
谷氨酰胺	0.262±0.006
精氨酸	0.288±0.010

此外，在重组菌株 BSGN 糖酵解途径酶 Pfk 中引入突变（Arg252Ala）以降低其活性，得到重组菌株 BSGN-Pfk*，用以验证更多 Fru-6-P 用于 GlcNAc 合成是否能进一步降低细胞比生长速率和糖酵解及 TCA 循环代谢物浓度。有趣的是，与 BSGN 相比，虽重组菌株 BSGN-Pfk* 中 Fru-6-P 浓度降低了 13.0%，但其细胞比生长速率 [0.074（1/h）] 和糖酵解及 TCA 循环代谢物浓度均未有明显改变，表明 Fru-6-P 的消耗不是导致细胞比生长速率降低的主要原因。

（三）GlcNAc 合成对胞内氨基酸代谢及能荷的影响

GlcNAc 合成不仅与中心碳代谢直接关联，同时与作为氨基供体的 Gln 代谢相关，而 Gln 和 Glu 是所有含氮代谢物合成过程中的主要氨基供体。因此，GlcNAc 合成过程中消耗 Gln 可影响氨基酸代谢，进而影响细胞生长。通过对菌株 B. subtilis 168 与 BSGN 胞内氨基酸浓度的比较分析，发现重组菌株 BSGN 中多数氨基酸浓度均显著降低，其中 GlcNAc 直接氨基供体——Gln 降低 73.8% [图 5-31（3）]，而与 Gln 合成直接相关的脯氨酸和精氨酸浓度也分别降低 91.1% 和 71.2%，但酪氨酸、苯丙氨酸和色氨酸等芳香族氨基酸及磷酸戊糖途径代谢物浓度并未发生明显变化。

同时，为进一步验证消耗胞内 Gln 是否会降低细胞代谢和比生长速率，将 Gln 合成酶 GS 表达至 BSGN 中，获得重组菌株 BSGN-GS。与菌株 BSGN 相比，过量表达 Gln 合成酶可恢复工程菌株 BSGN-GS 中糖酵解、TCA 循环及氨基酸中代谢物浓度水平，表明 Gln 和 Glu 代谢不平衡是 GlcNAc 生产菌株中代谢物水平显著降低的主要原因，而平衡 Gln 和 Glu 代谢可有效恢复细胞代谢物浓度水平（图 5-31）。然而，虽然菌株 BSGN-GS 中心代谢物浓度得以恢复，但其细胞比生长速率仅与 BSGN 比生长速率相当 [0.067（1/h）]，表明 Gln 和 Glu 代谢不平衡不是细胞生长缓慢的唯一原因，可能存在其他因素限制细胞生长。

值得注意的是，虽 GlcNAc 合成不需消耗 ATP，但其氨基供体 Gln 的合成却消耗 ATP（合成 1mol Gln 需要 1mol ATP），进而对细胞能量代谢产生影响。为此，通过对比分析不同菌株（B. subtilis 168、BSGN、BSGN-Pfk* 和 BSGN-GS）的相对能荷（能荷 =（[ATP] + 1/2[ADP]）/（[AMP] + [ADP] + [ATP]，B. subtilis 168 能荷定义为 100%），发现：与 B. subtilis 168 相比，GlcNAc 生产菌株 BSGN（90.4%）、BSGN-Pfk*（108.0%）中能荷并未发生明显变化，但表达 Gln 合成酶却使细胞能荷水平降低了 16% [图 5-31（4）]。因此，表达 Gln 合成酶平衡 Glu 与 Gln 代谢是以消耗 ATP 为代价，进而使细胞比生长速率进

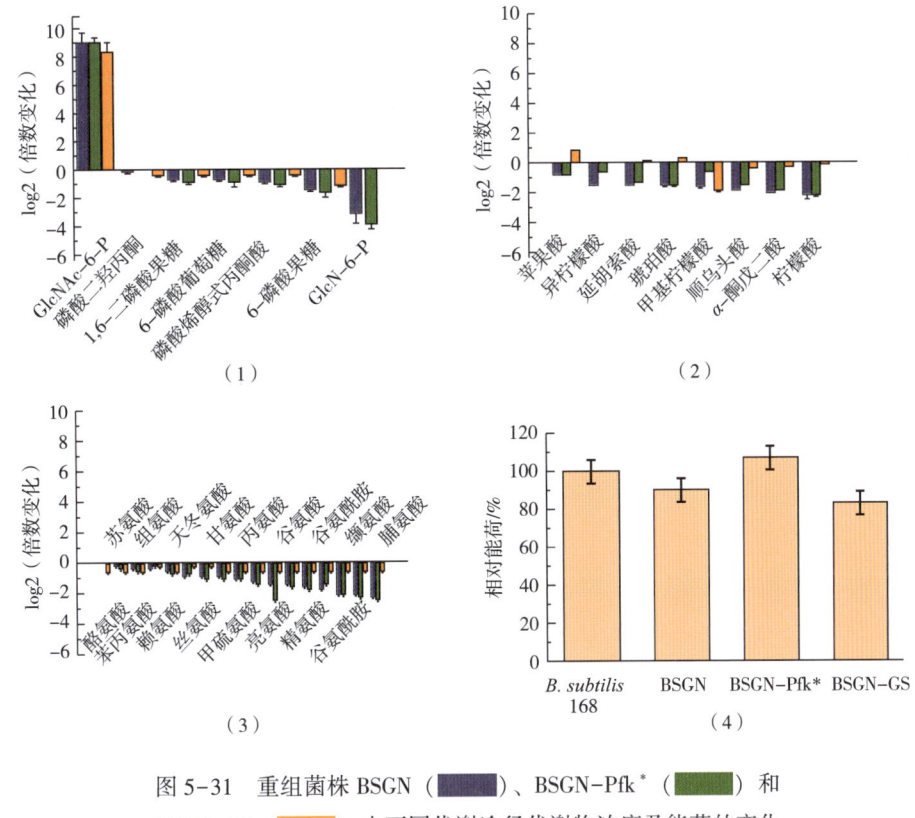

图 5-31 重组菌株 BSGN（■）、BSGN-Pfk*（■）和 BSGN-GS（■）中不同代谢途径代谢物浓度及能荷的变化

(1) 糖酵解及 GlcNAc 合成途径中代谢物；(2) 三羧酸循环中代谢物；(3) 氨基酸；(4) 相对能荷

一步降低 15.4%。

(四) 稳态条件下 GlcNAc 合成途径中代谢物浓度分析

借助靶向代谢组学检测在稳态条件下 GlcNAc 合成途径的中间代谢物浓度，结合酶动力学参数，进一步分析稳态时 GlcNAc 的合成动力学，以期挖掘 GlcNAc 合成过程中的限速步骤。结果如表 5-10 所示，在 GlmS 催化 GlcN-6-P 合成的反应中，Fru-6-P（4.167mmol/L）和 Gln（7.420mmol/L）浓度均高于 Fru-6-P（0.6mmol/L）和 Gln（0.2mmol/L）对 GlcN-6-P 合成酶 GlmS 的 K_m 值，表明该步反应底物供给充足。值得注意的是，菌株 BSGN 和 BSGN-GS 胞内 GlcNAc-6-P 积累量分别为 B. subtilis 168 的 570 倍和 350 倍（图 5-31），表明 GlcNAc-6-P 的异常积累可能是影响细胞正常代谢及生长的主要原因。因此，GlcNAc 合成途径中存在某一限速步骤，致使胞内 GlcNAc-6-P 异常积累，而利用动态代谢组学结合动力学模拟可进一步鉴定导致胞内 GlcNAc-6-P 异常积累的限速步骤。

表 5-10 GlcNAc 生产菌株 BSGN 中 GlcNAc 合成途径代谢物浓度及动力学参数

代谢物名称	浓度/(mmol/L)	动力学参数
6-磷酸果糖	4.167±0.474	K_m 为 0.6mmol/L

续表

代谢物名称	浓度/(mmol/L)	动力学参数
6-磷酸氨基葡萄糖	0.017±0.003	K_m 为 0.1mmol/L
6-磷酸乙酰氨基葡萄糖	33.71±3.013	—
谷氨酰胺	7.420±0.484	K_m 为 0.2mmol/L
谷氨酸	101.616±2.593	—

六、基于 N-乙酰氨基葡萄糖合成途径动力学特征鉴定限速步骤

为进一步分析胞内 GlcNAc-6-P 异常积累的限速步骤及解除限速步骤对 GlcNAc 合成和细胞生长的影响，借助计算生物学方法，结合动力学模拟及动态代谢组学分析鉴定 GlcNAc 合成途径中的限速步骤。

（一）潜在限速步骤存在时 GlcNAc 合成起始阶段动力学模拟

首先，建立 GlcNAc 合成途径动力学模型，即由一系列反应组成的线性途径［图 5-32 (1)］，包括底物葡萄糖、GlcNAc 合成直接前体物质 Fru-6-P、中间代谢产物 GlcN-6-P、GlcNAc-6-P、胞内目标产物 GlcNAc 以及胞外目标产物 GlcNAc，且每一步反应的动力学都利用米氏方程进行描述。此外，在动力学模拟过程中，当碳源存在时，GlcNAc 合成途径开启，GlcNAc 合成所需底物进入合成途径，且反应体系中能量以 ATP 形式得到供给。

在此基础上，分别对以下 6 种情况下 GlcNAc 合成途径动力学进行模拟，即：①GlcNAc 合成途径中不存在限速步骤；②反馈抑制，即胞内产物抑制 GlcNAc 合成途径第一步反应；③GlcNAc 合成途径中某一反应速率显著低于其他反应；④反应途径中存在无效循环；⑤反应途径末端存在无效循环；⑥胞内产物输出效率不足［图 5-32 (2)］。然而，不同限速步骤存在时，GlcNAc 合成途径动力学具有不同的动力学特征。例如，GlcNAc 合成途径开启后，胞外 GlcNAc 持续积累表明合成途径无限制性因素；而中间代谢物迅速达到平衡且平衡浓度显著低于途径酶 K_m 值，表明 GlcNAc 合成途径存在反馈抑制；当代谢途径中某一反应速率低于其他反应及代谢途径中存在无效循环时，限速反应或无效循环上游毗邻的中间代谢物会显著积累；当 GlcNAc 合成途径末端存在无效循环时，胞内和胞外 GlcNAc 总浓度会在合成途径开启后立即显著下降；当胞内 GlcNAc 显著积累时则表明，胞内 GlcNAc 输出效率不足。因此，通过测定 GlcNAc 合成途径动力学，分析其动力学特征可鉴定潜在限速步骤。

（二）GlcNAc 合成起始阶段 GlcNAc 合成途径动力学的测定

为控制 GlcNAc 合成途径的关闭和开启，实验设计如下：收集对数生长期的菌株 BSGN，将其重悬于不含任何碳源的基本培养基中恒温培养 30min，使 GlcNAc 合成途径前体物质耗尽；然后，添加碳源物质开启 GlcNAc 合成途径，在不同时间点进行取样，并利用代谢组学对样品进行分析。结果如图 5-33 (1) 所示，在不含碳源的重悬 BSGN 培养液

第五章
代谢工程改造枯草芽孢杆菌生产营养强化剂

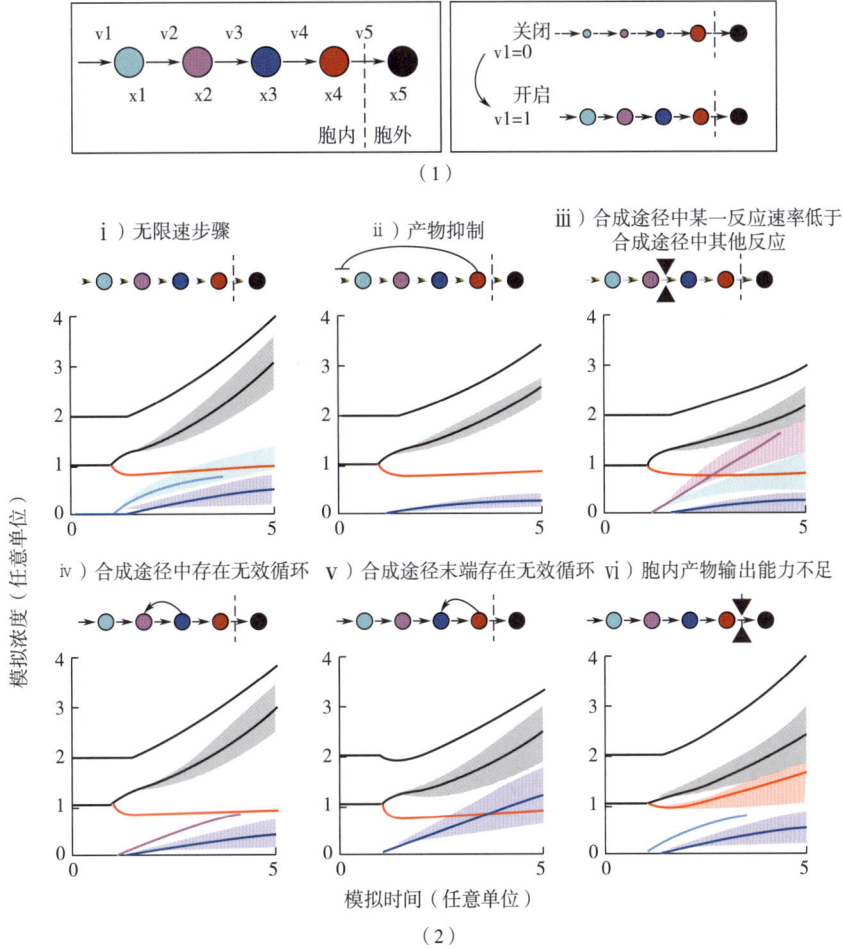

图 5-32 GlcNAc 合成途径开启（1）及潜在限速步骤存在时 GlcNAc 合成途径动力学模拟（2）

x1: Fru-6-P；x2: GlcN-6-P；x3: GlcNAc-6-P；x4: 胞内 GlcNAc；x5: 胞外 GlcNAc　v1~v5: 不同反应的反应速度。

注：图中代谢物模拟浓度曲线颜色与代谢物对应，加粗黑色曲线为胞内 GlcNAc 和胞外 GlcNAc 浓度总和；本图是利用随机参数 K_m 和 V_{max} 进行 100 次模拟的结果，其中曲线表示模拟平均值，阴影部分表示标准偏差）

中，胞内及胞外的 GlcNAc 不再增加，表明 GlcNAc 合成途径处于关闭状态。然而，添加葡萄糖后，GlcNAc 的合成途径开启，GlcNAc 的比合成速率［4.7mg/(gDCW·h)］保持恒定，并与其在基本培养基发酵时 GlcNAc 的比合成速率相近［4.6mg/(gDCW·h)］。此外，GlcNAc 合成途径开启后，GlcNAc 合成前体——Glc-6-P 和 Fru-6-P 浓度迅速上升，而葡萄糖吸收 PTS 系统的底物 PEP 浓度降低 [图 5-33（2）]。因此，GlcNAc 合成前体物质——Fru-6-P、Gln 和 AcCoA 浓度迅速上升，其 K_m 超过对应途径酶的 K_m，表明前体物质供给不是 GlcNAc 合成途径的限速步骤。

然而，胞内外 GlcNAc 总浓度在 GlcNAc 合成途径开启后立即降低，该动力学特征与 GlcNAc 合成途径末端存在无效循环时的模拟动力学特征一致 [图 5-34（1）（2）]。同时，GlcNAc 合成途径末端存在无效循环时，中间代谢产物 GlcN-6-P 和 GlcNAc-6-P 模拟变化

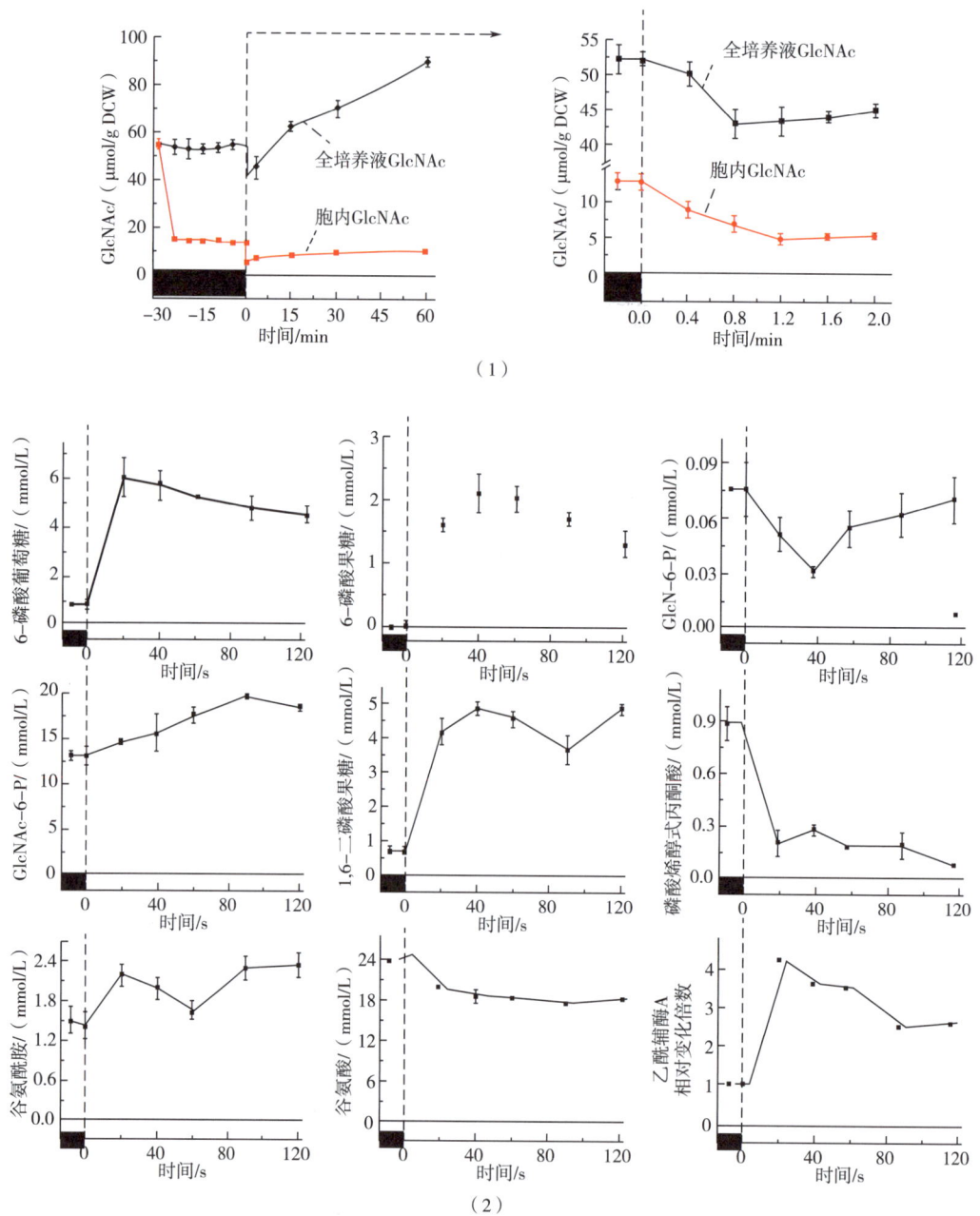

图 5-33 GlcNAc 合成途径动态代谢组学

(1) 动态代谢组学实验设定及 GlcNAc 动态变化，$t=0$ 时，添加葡萄糖；

(2) 胞内 GlcNAc 合成途径动力学，$t=0$ 时（虚线所示），添加葡萄糖

趋势与实验测定 GlcN-6-P 和 GlcNAc-6-P 的模拟变化趋势一致。因此，在中间代谢物 GlcNAc-6-P 和胞内 GlcNAc 间可能存在将胞内 GlcNAc 转化为 GlcNAc-6-P 的反向代谢流，与 GlcNAc-6-P 转化为胞内 GlcNAc 的正向代谢流构成无效循环，导致胞内 GlcNAc-6-P 的积累，进而对细胞产生毒性，阻碍 GlcNAc 合成及细胞生长 [图 5-34(3)]。

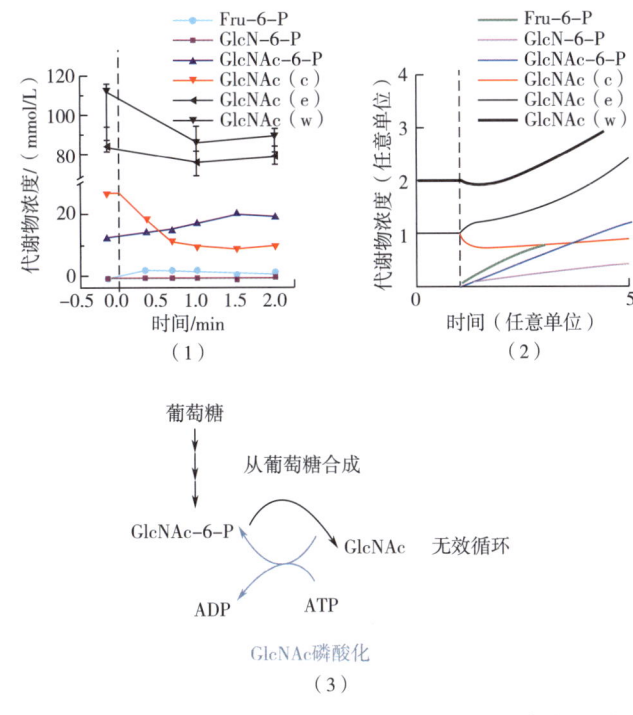

图 5-34 比较动态代谢组学和动力学模拟鉴定 GlcNAc 合成途径限速步骤
(1) GlcNAc 合成途径动态代谢组学；(2) GlcNAc 合成途径动力学模拟；
(3) GlcNAc-6-P 与胞内 GlcNAc 间存在无效循环

GlcNAc (c)：胞内 GlcNAc；GlcNAc (e)：胞外 GlcNAc；GlcNAc (w)：胞内 GlcNAc 和胞外 GlcNAc 总和

（三）阻断 GlcNAc-6-P 及 GlcNAc 间无效循环对细胞生长和 GlcNAc 合成的影响

为进一步验证上述推论，利用 [U-^{13}C] 葡萄糖标记实验进行动态标记分析，并结合阻断胞内 GlcNAc 转化为 GlcNAc-6-P 的反向代谢流，消除 GlcNAc-6-P 积累，促进 GlcNAc 合成及恢复细胞生长。首先，利用 [U-^{13}C] 葡萄糖动态标记验证由胞内 GlcNAc 转化为 GlcNAc-6-P 代谢流的存在，表明该反应与 GlcNAc-6-P 转化为 GlcNAc 的代谢流构成无效循环。如图 5-35（1）所示，如若存在将胞内 GlcNAc 磷酸化为 GlcNAc-6-P 的代谢流，添加 [U-^{13}C] 葡萄糖开启 GlcNAc 合成途径，GlcNAc-6-P 来源于胞内 GlcNAc 而不是 [U-^{13}C] 葡萄糖，导致 GlcNAc-6-P 无法被 ^{13}C 迅速标记。此外，当添加 [U-^{13}C] 葡萄糖开启 GlcNAc 合成途径后，未被 ^{13}C 标记的 GlcNAc-6-P 质量同模子 $M+0$ 的分数始终保持在 100%，而被 ^{13}C 标记的 GlcNAc-6-P 质量同模子 $M+6$ 和 $M+8$ 的分数没有增加 [图 5-35（2）]，表明添加 [U-^{13}C] 葡萄糖开启 GlcNAc 合成途径后，GlcNAc-6-P 未被迅速标记，其合成底物为胞内 GlcNAc 而非 [U-^{13}C] 葡萄糖，进一步证实存在将胞内 GlcNAc 磷酸化为 GlcNAc-6-P 的代谢流。

为进一步消除无效循环，可通过敲除催化 GlcNAc 转化为 GlcNAc-6-P 的激酶编码基因，进而避免 GlcNAc-6-P 积累造成对 GlcNAc 合成和细胞生长的抑制。然而，在已注释的 *B. subtilis* 基因中尚无 GlcNAc 激酶。为此，通过激酶氨基酸序列比对分析，发现

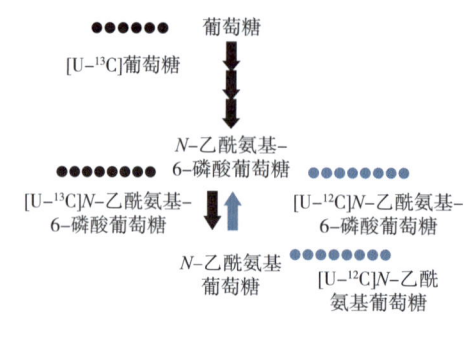

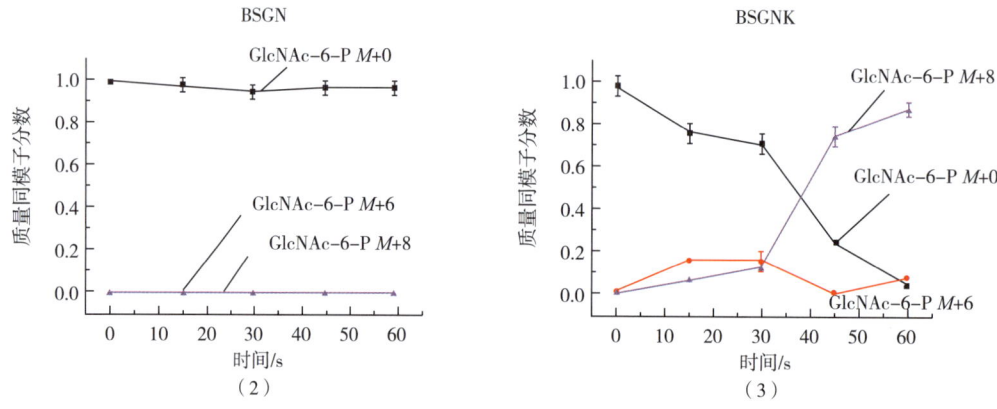

图 5-35 [U-^{13}C] 葡萄糖动态标记实验验证 GlcNAc-6-P 与胞内 GlcNAc 间存在无效循环

(1) [U-^{13}C] 葡萄糖动态标记实验原理；(2) 重组菌株 BSGN 中 GlcNAc-6-P 质量同模子分数；
(3) 重组菌株 BSGNK 中 GlcNAc-6-P 质量同模子分数

B. subtilis 葡萄糖激酶 GlcK 与 *E. coli* 中 GlcNAc 激酶的氨基酸序列相似度最高（26%）。因此，在 BSGN 的基础上，通过敲除葡萄糖激酶编码基因 *glcK* 获得重组菌株 BSGNK。在利用重组菌株 BSGNK 进行 [U-^{13}C] 葡萄糖动态标记实验时，发现被 ^{13}C 标记 GlcNAc-6-P 质量同模子 $M+6$ 和 $M+8$ 的分数迅速增加，而未被 ^{13}C 标记的 GlcNAc-6-P 质量同模子 $M+0$ 分数迅速降低 [图 5-35(3)]。结果表明，胞内 GlcNAc-6-P 来源于 [U-^{13}C] 葡萄糖，且胞内 GlcNAc 磷酸化为 GlcNAc-6-P 的代谢反应已被阻断。相应的，由于 GlcNAc-6-P 和胞内 GlcNAc 间无效循环的阻断，导致胞内 GlcNAc-6-P 不再积累，使其浓度由 33.71mmol/L 降低到 0.06mmol/L [图 5-36(1)]，进而导致重组菌株 BSGNK 的比生长速率和 GlcNAc 生产强度分别为阻断无效循环前的 2.1 倍和 2.3 倍，分别达到 0.153（1/h）和 9.3mg/（gDCW·h）。因此，阻断无效循环可进一步改善细胞生长和促进 GlcNAc 的合成。

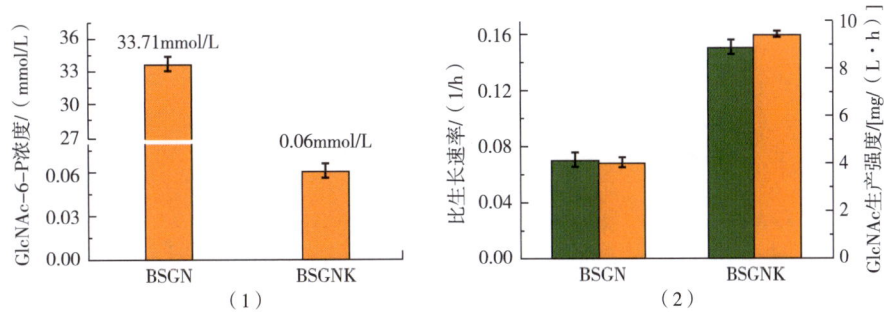

图 5-36 敲除 *glcK* 基因对重组菌株胞内 GlcNAc-6-P 浓度（1）、细胞比生长速率
（■）及 GlcNAc 生产强度（■）（2）的影响

第四节 代谢工程改造枯草芽孢杆菌生产莽草酸

一、莽草酸概述

莽草酸（shikimic acid，SA）是一种小分子有机酸，其化学结构为 3，4，5-三羟基-1-环己烯-1-羧酸，广泛存在于自然界中。由于莽草酸含有三个羟基、一个羧基，使其既可与有机酸形成酯，也可与碱形成盐；而其分子结构还含有一个双键，使其具有手性异构体，且有旋光性，旋光度为-180°。因独特的分子结构，莽草酸及其衍生物具有抗病毒、抗肿瘤、抗菌抗炎、抗血栓及脑缺血等多种生物活性，且以其为原料可合成多种芳香族氨基酸（如 L-苯丙氨酸、L-酪氨酸和 L-色氨酸等）、维生素和吲哚衍生物等关键中间体，其还可用于工业化生产生物碱类化合物、酚类化合物及手性药物，具有广阔的市场前景（表 5-11）。在自然界中，莽草酸主要存在于多种植物组织，如松科植物马尾松的松针、北美枫香树的树叶、罗汉松的枝叶、冷杉的嫩茎及叶、桑科无花果的果实、伞形科植物茴香茎和叶以及果实中。其中，以八角科植物八角茴香中莽草酸含量最高（约 10%），但其他组织中莽草酸含量都很低，达不到药用要求。

表 5-11　　　　　　　　　　　　　　莽草酸的药理作用

用途	具体作用
抗肿瘤	含莽草酸类母核的药物对海拉细胞（HeLa cells）、埃希利腹水癌和白血病细胞 L1210 有明显的抑制作用
抗血栓及脑缺血	莽草酸衍生物三乙酰莽草酸可抑制血小板聚集以及有抗脑缺血作用
抗炎症	莽草酸衍生物异亚丙基莽草酸（ISA）抗炎作用明显
抗禽流感	莽草酸衍生物是抗禽流感专利药物"达菲"中抗病毒成分，可有效预防和治疗流感 A 和 B，且其抗病毒谱广、副作用轻、人体耐受性好

二、莽草酸生产方法的研究进展

目前,工业上合成莽草酸的方法主要包括:植物提取法、化学合成法和微生物合成法(表5-12)。综合考虑植物提取法和化学合成法的缺陷及微生物合成法优势,微生物发酵法已逐渐成为工业化生产莽草酸的主要方法及研究重点。

表5-12　　　　　　　　　　不同莽草酸制备方法的比较分析

制备方法	具体操作	优缺点
植物提取法	利用浸提法和回流法从八角茴香中提取是获得莽草酸的主要途径之一。目前,现代方法有微波辅助法、超声辅助法和减压内部沸腾法等	八角茴香分布范围狭窄、生长周期长、提取工艺复杂、成本高,难以形成产业化
化学合成法	以环戊二烯和苯醌为原料经逆Diels-Alder反应合成莽草酸,其总收率最高可达41%;而以合成分支酸的中间产物为原料合成莽草酸,其总分离收率高达94%	虽化学法得率及纯度较高,但原料昂贵、步骤复杂等缺点限制其工业化应用
微生物合成法	主要有两种方法发酵生产莽草酸:①敲除莽草酸途径中的莽草酸激酶基因;②失活EPSP合成酶	具有周期短、合成条件温和、操作简单、原料廉价等优点

注:EPSP:烯醇丙酮酸磷酸莽草酸。

(一)微生物中莽草酸代谢途径及其调控机制

目前,发酵法生产莽草酸所用微生物主要来源于代谢改造的工程菌株,如大肠杆菌(*Escherichia coli*)、枯草芽孢杆菌(*Bacillus subtilis*)、谷氨酸棒杆菌(*Corynebacterium glutamicum*)、弗氏柠檬酸杆菌(*Citrobacter freundii*)及巨大芽孢杆菌(*Bacillus megaterium*)等。但由于遗传背景、基因操作、培养周期和发酵工艺控制等诸多方面的限制,导致大多数研究均以大肠杆菌进行代谢工程改造,且已报道最高产莽草酸的基因工程菌为大肠杆菌(最高产量和产率分别可达84g/L和42%)。

近年来,真菌和细菌中莽草酸合成途径及其关键酶均已解析清楚。如图5-37所示,莽草酸合成代谢途径(shikimate pathway)起始于磷酸烯醇式丙酮酸(PEP)和4-磷酸赤藓糖(E4P)的缩合反应,终止于分支酸的合成,主要包括七个代谢反应及七个关键酶:即在3-脱氧-D-阿拉伯庚酮糖酸-7-磷酸(3-deoxy-D-arabino-heptulosonate-7-phosphate,DAHP)合酶作用下,催化PEP和E4P缩合反应形成DAHP。其次,DAHP在3-脱氢奎宁酸(3-dehydroquinic acid,DHQ)合酶(*AroB*编码)作用下转化为DHQ,接着在DHQ脱氢酶(*AroD*编码)催化下,脱水反应形成3-脱氢莽草酸(3-dehydroshikimic acid,DHS),而DHS在莽草酸脱氢酶(*AroE*编码)作用下消耗还原型辅酶Ⅱ(NADPH)转化为莽草酸。

然而,不同微生物中莽草酸合成途径及其关键酶有所差异。对于枯草芽孢杆菌,催化第一步反应是由一种DAHP合成酶(*aroA*编码)催化,且只受莽草酸途径中间产物预苯酸和分支酸的调控,而不受其他三种芳香族氨基酸(L-酪氨酸、L-苯丙氨酸和L-

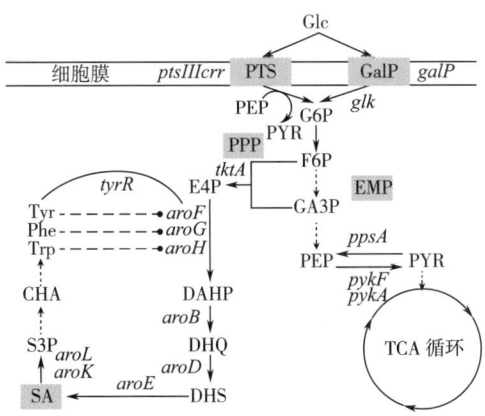

图 5-37 微生物中莽草酸代谢途径及其调控机制

PTS：磷酸烯醇式丙酮酸的糖磷酸转移酶系统；EMP：糖酵解途径；PPP：磷酸戊糖途径；G6P：6-磷酸葡萄糖；F6P：6-磷酸果糖；GA3P：3-磷酸甘油醛；PEP：磷酸烯醇式丙酮酸；PYR：丙酮酸；E4P：4-磷酸赤藓糖；DAHP：3-脱氧-D-阿拉伯庚酮糖酸-7-磷酸；DHQ：3-脱氢奎宁酸；DHS：3-脱氢莽草酸；SA：莽草酸；S3P：莽草酸-3-磷酸；CHA：分支酸；Trp：色氨酸；Phe：苯丙氨酸；Tyr：酪氨酸；GalP：葡萄糖转运蛋白

色氨酸) 的反馈抑制。此外，微生物胞内也存在莽草酸分解代谢途径，即在 ATP 存在条件下，莽草酸可被莽草酸激酶（*aroI* 编码）催化形成 3-磷酸莽草酸（S3P），且在 PEP 存在条件下，3-磷酸莽草酸可由 EPSP 合成酶（*aroE* 编码）催化形成 EPSP，并再经一系列生化反应产生三种芳香族氨基酸或维生素。因此，由于微生物胞内莽草酸代谢途径及其调控网络的复杂性，导致代谢工程策略改造莽草酸代谢途径主要集中于第一步催化反应。*B. subtilis* 和 *E. coli* 莽草酸合成代谢途径关键酶及其编码基因的差异性比较，见表 5-13。

表 5-13 *B. subtilis* 和 *E. coli* 莽草酸合成代谢途径关键酶及其编码基因的差异性比较

B. subtilis 中编码基因	相关酶	*E. coli* 中编码基因
aroA	DAHP 合酶	*aroF/aroG*
aroB	3-脱氢奎宁酸合酶	*aroB*
aroC	3-脱氢奎宁脱氢酶	*aroD*
aroD	莽草酸脱氢酶	*aroE*
aroI	莽草酸激酶	*aroK*
aroE	EPSP 合酶	*aroA*

（二）高产莽草酸菌株的代谢工程策略

目前，对莽草酸产生菌进行代谢途径改造的策略包括"开源"和"节流"。其中"节流"包括阻遏莽草酸下游代谢途径、PTS 系统改造及弱化副产物相关代谢途径，进而提高菌体积累莽草酸的能力；而"开源"包括过量表达关键酶基因及强化中心碳代谢途径，以拓宽代谢流量，进而有效提高莽草酸产率。

1. 阻遏莽草酸下游代谢途径

在莽草酸代谢途径中，莽草酸只是芳香族氨基酸合成途径的中间代谢产物，而阻遏或弱化莽草酸下游代谢途径均可显著提高细胞合成莽草酸的能力。在野生型大肠杆菌中，胞内存在两个莽草酸激酶，莽草酸激酶Ⅰ和莽草酸激酶Ⅱ，分别由基因 aroK 和 aroL 编码。其中，莽草酸激酶Ⅱ的 K_m 值比莽草酸激酶Ⅰ小约 1/100，表明莽草酸激酶Ⅱ是催化反应的关键酶。因此，敲除 aroL 基因而保留 aroK 基因可使细胞保留微弱的莽草酸激酶活性，进而有利于细胞积累莽草酸，且细胞还能自身合成芳香族氨基酸和维生素等物质而无需额外添加。当然，当 aroL 和 aroK 基因同时被敲除或失活，则可完全阻断莽草酸下游代谢途径而进一步提高细胞合成莽草酸的能力。例如，Chen 在敲除 aroL 基因后，通过 RNA 干扰技术部分失活 aroK 基因可使莽草酸产量增加 1.29 倍，而直接敲除 aroK 基因则可使莽草酸产量增加 2.69 倍。

2. PTS 系统的改造

PTS 系统是大肠杆菌胞内参与葡萄糖从膜间质转运到胞内并进行磷酸化的主要活性转运系统，但该转运系统的磷酸基团供体为 PEP。而 PEP 是 EMP 途径中关键中间代谢产物，参与众多代谢反应，也是合成莽草酸的重要前体。因此，代谢改造 PTS 系统可有效增加胞内 PEP 浓度及其利用率，进而提高莽草酸合成效率。例如，敲除 PTS 系统可提高细胞对碳源的利用效率，降低副产物的生成，且减弱或消除碳代谢阻遏效应（carbon catabolic repression，CCR），使可充分利用多种碳源，缩短发酵周期，进而提高莽草酸的产量、得率和生产强度。

此外，非 PTS 系统的 GalP、Glk 协同作用途径可以 ATP 为磷酸基团供体，而不消耗 PEP。为此，在敲除 PTS 系统的基础上，过量表达其内源性 GalP 蛋白和 Glk 蛋白可有效恢复细胞对葡萄糖的转运功能。例如，Chandran 等通过表达 Glf 和 Glk 蛋白可使 PTS-宿主菌恢复葡萄糖吸收能力，并结合解除反馈抑制和过量表达各种限速步骤酶，使重组菌株在 10L 发酵罐中莽草酸产量和得率分别达到 84g/L 和 33%。

3. 弱化副产物等相关代谢途径

在莽草酸发酵过程中，由于莽草酸途径中存在多步可逆反应，副产物奎尼酸（quinic acid，QA）和 DHS 的产生严重制约了莽草酸的产率和产量，进而影响莽草酸的下游处理效果，如结晶效率及其质量等。例如，Draths 等构建的重组菌株 SP1.1/pKD12.112 发酵 42h 可产生 27.2g/L 莽草酸，而副产物 QA 和 DHS 的积累量却分别达到 12.6g/L 和 4.4g/L。目前，关于副产物的形成机制主要包括：①当培养基中葡萄糖完全消耗时，细胞就会将胞外莽草酸重新转运至胞内，并沿莽草酸途径逆向生成 3-脱氢莽草酸、奎尼酸等；②当培养基中葡萄糖浓度过低时，莽草酸不能及时转运到胞外，胞内莽草酸浓度逐渐升高，也可导致莽草酸途径的逆向反应的发生，进而生成 3-脱氢莽草酸、奎尼酸等副产物。为此，邹永康等结合敲除 ydiB 基因和过量表达 aroE 基因以补偿莽草酸脱氢酶活性，阻遏代谢平衡中 DHQ 向 QA 的转化，进而使细胞合成莽草酸的产量提高了 30%。类似地，Chen 等通过敲除 *ydiB* 基因可使副产物 QA 产量由 128.17mg/L 减少至 37.62mg/L，而莽草酸产量则相应地由 417.2mg/L 提高至 576.17mg/L。值得注意的是，当在培养基中添加 1mmol/L 葡萄糖结构类似物——甲基-α-D-吡喃葡萄糖苷时，可使发酵液中副产物 QA 产量由 19g/L 降低至 2.8g/L，而莽草酸产量也相应地由 28g/L 提高到 35g/L，且其产率也提高了 19%。此外，对于副产物 DHS，研究者利用来源于烟草（*Nicotiana tabacum*）中具有 AroD 和 AroE 的双功能酶可将 DHQ 转化成莽草酸，进而有效避免胞内 DHS 的积累而提高细胞合成莽草酸的能力。

4. 关键酶基因的过表达

在莽草酸合成途径中，DAHP 合酶、DHQ 合成酶和莽草酸脱氢酶等三个酶是莽草酸途径中限速酶，而过量表达相关酶基因可有效增加进入莽草酸途径的碳代谢流。此外，DHAP 合酶分别受 L-Phe、L-Tyr 和 L-Trp 等氨基酸的反馈阻遏，而通过关键位点突变、氨基酸序列截短及突变株筛选等方法可获得解除反馈抑制的 DAHP 合酶。例如，将编码 DAHP 合酶的 *aroF* 基因中第 443 位碱基突变为 T 时，可使突变株对 Tyr 反馈抑制不敏感，进而提高相关酶活性参数以促进更多底物进入莽草酸合成途径，进一步提高细胞合成莽草酸的能力。类似地，Draths 等将 *aroF*^{fbr} 基因导入莽草酸激酶活性完全缺失的大肠杆菌中，并结合共同表达 *aroB* 和 *aroE* 基因，可使重组菌株 SP1.1/pKD12.112 以葡萄糖为原料，采用补料分批发酵策略发酵合成 27.2g/L 莽草酸。

5. 中心碳代谢途径的改造

如图 5-37 所示，莽草酸途径的共同前体 PEP 和 E4P 均来源于中心碳代谢途径，而强化中心碳代谢途径可增加前体 PEP 和 E4P 的供应，进而提高细胞合成莽草酸的能力。在微生物中，消耗胞内 PEP 主要有 PTS 系统和丙酮酸激酶等两种方式，而失活丙酮酸激酶（*pykF* 和 *pykA* 基因编码）或过量表达 PEP 合成酶（*ppsA* 基因编码）均可有效提高胞内 PEP 水平，进而提高莽草酸产量。例如，Chandran 等通过过量表达 *ppsA* 基因可有效增加胞内 PEP 供应，使其莽草酸的积累量由 52g/L 提高至 66g/L。类似地，Rodriguez 等敲除 *pykF* 基因可使重组菌株 AR36（*pykF*⁻）合成莽草酸的产量提高至 41.8g/L，而副产物乙酸含量则降低至 11.9g/L。此外，过量表达 *tktA* 基因可有效提高转酮醇酶活性，进而增加胞内 E4P 供应以提高 SA 产量。例如，Knop 等过量表达 *tktA* 基因可使细胞合成莽草酸的浓度由 38g/L 提高至 52g/L。类似地，杨晟等以 W3110（Δ*aroL*Δ*aroK*）为出发菌株，通过共同表达一系列相关基因 *aroF*、*aroE*、*aroB*、*ppsA* 和 *tktA* 等，结合低糖补料发酵工艺，可使重组菌株合成莽草酸的产量达到 39.3g/L。

6. 辅因子 NADPH 的再生

在莽草酸合成途径中，关键酶 AroE 催化 DHS 转化为莽草酸时需要以 NADPH 作为辅因子。因此，在过量表达 *aroE* 高效合成莽草酸时，可造成胞内还原力 NADPH 的供应不足，进而影响细胞生长性能和发酵性能。在大肠杆菌进行有氧分批发酵时，胞内 NADPH 主要有三种来源，分别为 PPP 途径（35%~45%）、转氢酶催化（35%~45%）及 TCA 循环（20%~25%），而代谢改造 PPP 途径和转氢酶可有效增加胞内 NADPH 供应，从而增强 AroE 的转化能力，促进莽草酸的合成。例如，Rodriguez 等在敲除 PTS 系统和 *pykF* 基因的基础上，过量表达 *aroG^{fbr}*、*aroE*、*aroB*、*aroD*、*tktA* 和 *zwf*（编码葡萄糖-6-磷酸脱氢酶 G6PDH）基因可使重组菌株 AR36 在分批发酵条件下合成 43.4g/L 莽草酸，且其产率达到 42%。

三、代谢工程改造枯草芽孢杆菌莽草酸代谢途径

（一）突变菌株表型的验证

枯草芽孢杆菌突变菌株 *B. subtilis* 1A474 和 *B. subtilis* 1A229 来源于 BGSC（*B. subtilis* Genetic Stock Center），其中 1A229 注释为 EPSP 合成酶基因（*aroE*）突变菌株，1A474 注释为莽草酸激酶基因（*aroI*）突变菌株。通过对突变菌株表型的验证，发现枯草芽孢杆菌存在完整的莽草酸途径，且该途径也是合成 L-酪氨酸、L-苯丙氨酸和 L-色氨酸等三种芳香族氨基酸所必需的，进而导致突变菌株只能生长在外源添加三种芳香族氨基酸的 MSG 培养基中。同时，通过对突变菌株突变位点的鉴定，发现对于 *B. subtilis* 1A474 中莽草酸激酶，其编码基因中 385 位碱基 C 突变为 T，即精氨酸被半胱氨酸所代替（R129C），而 *B. subtilis* 1A229 中 EPSP 合成酶基因的 923 位碱基 C 突变成 T，即 Leu 被 Pro 所代替（P308L）。此外，通过对 *B. subtilis* 1A474 和 *B. subtilis* 1A229 的发酵实验，结果表明 *B. subtilis* 1A474 和 *B. subtilis* 1A229 均可在培养基中积累莽草酸，且莽草酸产量分别为 1.5g/L 和 0.6g/L，其原因是：胞内 EPSP 合成酶失活后，可在胞内累积莽草酸-3-磷酸，并在胞内水解酶作用下，去除磷酸基团形成莽草酸。

（二）过量表达代谢途径关键基因对细胞合成莽草酸的影响

为进一步提高细胞合成莽草酸的能力，将莽草酸途径中关键基因（*aroA*、*aroB*、*aroC*、*aroD* 和 *aroI*）分别表达至 *B. subtilis* 1A474 中获得工程菌株 BSSA47402、BSSA47403、BSSA47404、BSSA47405 和 BSSA47406，和表达至 *B. subtilis* 1A229 中获得工程菌株 BSSA22902、BSSA22903、BSSA22904、BSSA22905 和 BSSA22906，并考察表达不同基因对工程菌株的生长性能及其发酵特性的影响。结果如表 5-14 所示：①与对照菌株 *B. subtilis* 1A229（0.6g/L）相比，过量表达 *aroA* 可显著提高工程菌株 BSSA22902 合成莽草酸的能力，使其产量提高至 0.8g/L，而过量表达 *aroI* 却使工程菌株 BSSA22906 合成莽草酸的产量降低了 30%，仅为 0.4g/L；②以 *B. subtilis* 1A474 为出发菌株时，过量表达 *aroA*、*aroB*、*aroC* 和 *aroI* 均不能显著影响细胞合成莽草酸的能力，但过量表达 *aroD* 却可显著提高工程菌株 BSSA47405 合成莽草酸的能力，使其莽草酸产量提高 50%（由 1.5g/L 提高至 2.3g/L）。因此，在莽草酸激酶缺陷菌株中（1A474），AroD（莽草酸脱氢酶）已成为莽草酸合成途径的限速步骤，导致过量表达 DAHP 合成酶对细胞合成莽草酸的促进作用有限；但在 EPSP 合成酶缺陷菌株（1A229）中，莽草酸激酶基因的完整性使 DAHP 合成酶又成为莽草酸合成途径的限速步骤，进而导致过量表达莽草酸脱氢酶对细胞合成莽草酸的影响

有限。

表 5-14　表达不同关键酶基因对重组菌株合成莽草酸能力的影响

菌株	莽草酸产量/(g/L)	增加量/%	代谢工程策略
1A229	0.6±0.08	100.0	出发菌株
BSSA22901	0.58±0.03	96.7	携带质粒 pHCMC04
BSSA22902	0.8±0.05	133.3	过量表达基因 aroA
BSSA22903	0.62±0.03	103.3	过量表达基因 aroB
BSSA22904	0.55±0.04	91.7	过量表达基因 aroC
BSSA22905	0.64±0.07	106.7	过量表达基因 aroD
BSSA22906	0.4±0.01	66.7	过量表达基因 aroI
BSSA22907	0.78±0.05	130.0	过量表达基因 aroA 和携带质粒 pHCMC04
BSSA22908	1.36±0.05	226.7	过量表达基因 aroA 和 aroA
BSSA22909	1.40±0.08	233.3	过量表达基因 aroA 和 aroB
BSSA22910	1.25±0.04	208.3	过量表达基因 aroA 和 aroC
BSSA22911	1.5±0.03	250.0	过量表达基因 aroA 和 aroD
BSSA22912	0.89±0.04	148.3	过量表达基因 aroA 和 aroI
1A474	1.5±0.22	100.0	出发菌株
BSSA47401	1.81±0.18	120.7	携带质粒 pHCMC04
BSSA47402	1.42±0.2	94.7	过量表达基因 aroA
BSSA47403	1.74±0.23	116.0	过量表达基因 aroB
BSSA47404	1.77±0.15	118.0	过量表达基因 aroC
BSSA47405	2.30±0.17	153.3	过量表达基因 aroD
BSSA47406	2.27±0.13	151.3	过量表达基因 aroD 和携带质粒 pHCMC04
BSSA47407	3.20±0.07	213.3	过量表达基因 aroD 和 aroA
BSSA47408	2.99±0.05	199.3	过量表达基因 aroD 和 aroB
BSSA47409	2.90±0.03	199.3	过量表达基因 aroD 和 aroC
BSSA47410	2.91±0.04	194.0	携带两种含有基因 aroD 的质粒

(三) 组合表达关键基因对细胞合成莽草酸的影响

在前面的研究中发现，由基因 aroA 和 aroD 编码的相关酶已成为莽草酸合成途径的关键限制反应，而通过共表达策略可进一步揭示限制细胞高效合成莽草酸的瓶颈反应。结果如表 5-15 所示，当在 B. subtilis 1A474 菌株中共表达基因 aroA 和 aroD 时，重组菌株

BSSA47407 合成莽草酸的能力最强，可使莽草酸产量提高至 3.2g/L。在此基础上，通过培养条件优化和补料分批发酵策略：整个发酵过程控制溶解氧在 20% 以上，且将蔗糖浓度控制在 20g/L 以下，并在不同时间点补加母液 600g/L 蔗糖溶液（2L）至发酵罐中，可使重组菌株发酵液中莽草酸的积累量达到 17.8g/L，且最大 OD_{600} 可达 54（图 5-38）。

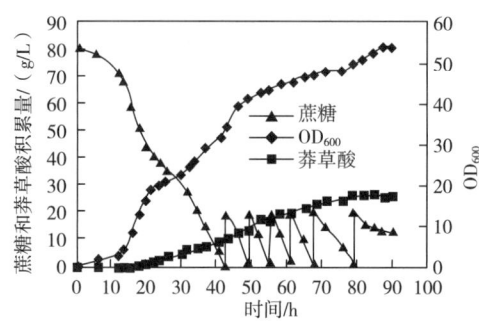

图 5-38 补料分批发酵对工程菌株 *B. subtilis* BSSA47407 生长特性及其发酵性能的影响

四、基于 ^{13}C 同位素示踪和 GC-MS 揭示枯草芽孢杆菌胞内莽草酸代谢流分布

代谢流量分析是代谢工程的重要方法之一，其中代谢通量（metabolic flux）以代谢产物的比生成速率表示。在稳态条件下（一般指指数生长中期或连续培养状态），细胞内中间代谢物的形成速率等于其消耗速率，此时胞内中间代谢物的浓度保持不变，并通过测定胞内氨基酸的质量同位体分布矢量（MDV），从而推导出目标代谢途径的代谢流比，结合质量平衡关系式，即可计算出细胞的代谢流量值。在此基础上，根据代谢流量分析的结果，评价外界环境的变化对细胞代谢的扰动，阐释未知基因的作用，分析遗传操作如过表达和敲除等对细胞的影响。为此，基于局部流量比率的 ^{13}C 限定型代谢流量平衡法揭示 *B. subtilis* BSSA474a 和 BSSA47407 两株菌体内代谢流分布，研究代谢改造对菌体代谢的影响，以期筛选获得新的代谢改造点。

（一）氨基酸标记信息及其代谢流比率的计算

表 5-15 为检测到的衍生化氨基酸片段最轻的质量同位素异构体，并根据该表可将每种衍生化氨基酸经电离后形成的片段（实际形成的片段）一一列举。如衍生化的丙氨酸能形成 $(M-57)^+$ 和 $(M-85)^+$ 两种片段。同时，基于 GC-MS 检测数据可计算各个氨基酸质量同位素异构体的原始 MDV，由于质谱分析得到的同位体结果既包含了纯粹氨基酸碳骨架同位素信息，也包含了衍生化基团上原子同位素信息。因此，需要对其进行自然丰度的校正，以去除衍生化基团上的原子和自然界中存在的 C、H、O、N 和 Si 等元素的稳定同位素的影响，保证结果的准确性。为此，重要中间代谢物的 MDV 可以通过其生成的氨基酸的 MDV 推导。其中，AcCoA 可以由 Leu 推导而来，AKG 可来自 Glu，E4P 和 PEP 来源于莽草酸，OAA 来源于 Asp 或 Thr，P5P 来源于 His，PYR 来源于 Ala 等。此外，代谢流比的计算可通过目标中间物 MDV 推导。如 OAA 来源于丙酮酸，用 OAA1-4 可同时估算代

谢流比率和 CO_2 的标记情况。因此，本研究得到的代谢流比率数据（表 5-16）：OAA 来源于 PYR；PEP 来源于 OAA 通过 PEP 羧激酶（上限）；丙酮酸来源于苹果酸（上限和下限）；3PG 来源于转酮醇酶（transketolase）；3PG 来源于 PP 途径（上限）；P5P 来源于 G6P（下限）E4P 等。

表 5-15　　氨基酸片段的相对分子质量（最轻的质量同位素异构体）

氨基酸	$(M-15)^+$	$(M-57)^+$	$(M-85)^+$	$(M-159)^+$	$(f302)^+$
丙氨酸		260 (3)	232 (2)		
甘氨酸	288 (2)	246 (2)	218 (1)	144 (1)	
缬氨酸		288 (5)	260 (4)		302 (2)
亮氨酸	344 (6)		274 (5)	200 (5)	
异亮氨酸	344 (6)		274 (5)	200 (5)	
脯氨酸	328 (5)	286 (5)	258 (4)	184 (4)	
甲硫氨酸		320 (5)	292 (4)	218 (4)	
丝氨酸	432 (3)	390 (3)	362 (2)	288 (2)	302 (2)
苏氨酸	446 (4)	404 (4)	376 (3)		
苯丙氨酸		336 (9)	308 (8)	234 (8)	302 (2)
天冬氨酸	460 (4)	418 (4)	390 (3)	316 (3)	302 (2)
谷氨酰胺	474 (5)	432 (5)	404 (4)	330 (4)	302 (2)
赖氨酸		431 (6)		329 (5)	
组氨酸	482 (6)	440 (6)	412 (5)	338 (5)	302 (2)
酪氨酸	508 (9)	446 (9)	438 (8)	364 (8)	302 (2)

表 5-16　　菌株 *B. subtilis* 1A474a 和 *B. subtilis* BSSA07 的代谢流比率计算结果
（来源于 U-^{13}C 同位素标记实验）

代谢流	*B. subtilis* 1A474a	*B. subtilis* BSSA07
f_OAA_from_PYR	0.488187	0.471063
GOX_indicator	0	0
f_PEP_from_OAA	0.240746	0.120535
f_Pyr_from_Mal	0	0
f_3PG_from_tkt	0.155338	0.16784
f_3PG_from_PP	0.388344	0.419601
f_P5P_from_G6P	0.391858	0.44787
f_P5P_from_E4P	0.076349	0.234257
l_CO_2	0.183952	0.199068

然而，据文献报道只用 U-^{13}C 葡萄糖/未标记葡萄糖标记实验并不能很好地解析糖酵解途径；而只采用 1-^{13}C 葡萄糖标记实验也不能很好地解析回补反应。为此，结合采用 U-^{13}C 葡萄糖/未标记葡萄糖标记实验和 1-^{13}C 葡萄糖标记实验对所有反应进行解析。

（二）代谢净流量的计算结果

为此，通过整合生物量组成数据、胞外数据和代谢物标记信息等数据后，利用整体迭代拟合的方法计算得到稳态的细胞代谢反应净流量。结果如图 5-39 所示：从葡萄糖到莽草酸途径的代谢净流量由 4.4% 上升到 6.8%，其中从葡萄糖到莽草酸的代谢净流量由 1.9% 上升到 4.6%，而从葡萄糖到脱氢莽草酸途径的代谢净流量由 2.5% 下降到 2.2%，此计算结果与在 B. subtilis 中过量表达 DAHP 合成酶基因（aroA）和莽草酸脱氢酶基因（aroD）所产生的效果完全吻合。因此，脱氢莽草酸作为发酵生产莽草酸的主要副产物，可显著降低莽草酸的产率及其结晶纯度。然而，磷酸戊糖途径和糖酵解途径代谢流变化不大，其原因是代谢网络的刚性在起作用——细胞内代谢途径进化出一系列调控作用以抵制外界环境的改变。其中，磷酸戊糖途径流量一个较突出的变化是：转酮酶催化的可逆反应由 4.6% 降低至 1.3%，表明过量表达转酮酶基因可有效增加莽草酸的产量。

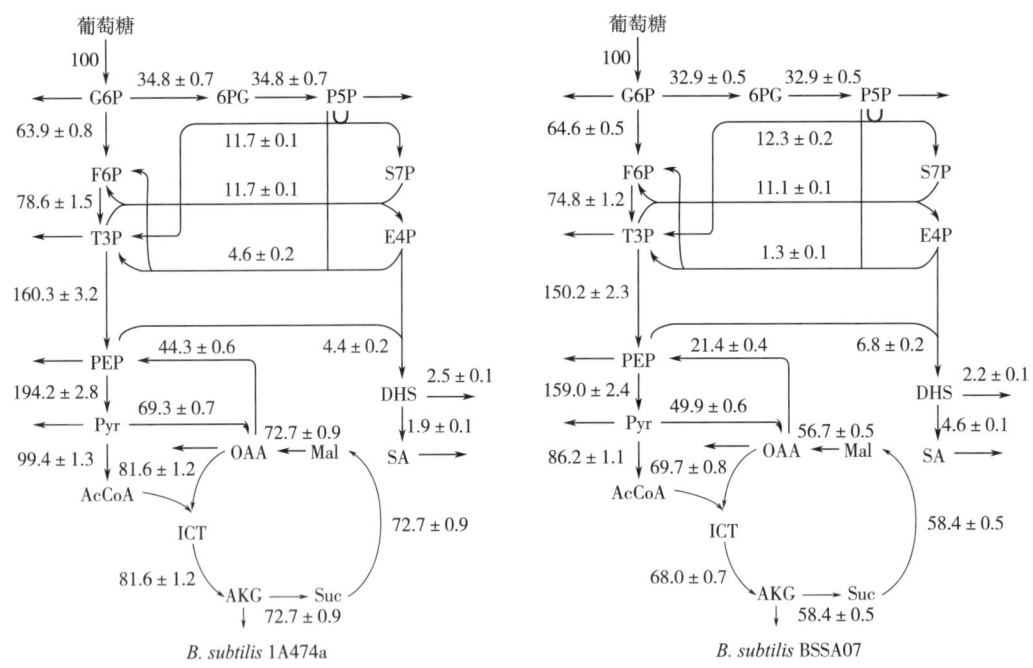

图 5-39 菌株 B. subtilis 1A474a 和 B. subtilis BSSA07 代谢流量分布的比较分析

（数字单位为%）

G6P：6-磷酸葡萄糖；6PG：6-磷酸葡萄糖酸；P5P：5-磷酸戊糖；F6P：6-磷酸果糖；T3P：3-磷酸甘油醛；PEP：磷酸烯醇式丙酮酸；AcCoA：乙酰辅酶 A；ICT：柠檬酸；AKG：α-酮戊二酸；OAA：草酰乙酸；Mal：苹果酸；SA：莽草酸；DHS：3-脱氢莽草酸；E4P：4-磷酸赤藓糖；S7P：景天庚酮糖-7-磷酸；Pyr：丙酮酸；Suc：琥珀酸

此外，B. subtilis 1A474a 和 B. subtilis BSSA07 间无用循环及其循环流量的差异性显著。其中，丙酮酸激酶、PEP 羧激酶和丙酮酸羧化酶组成一个消耗 ATP 的无用循环，且通过丙酮酸激酶的流量值非常大（在 B. subtilis 1A474a 和 B. subtilis BSSA07 中分别为 194.2%和 159%），表明提高莽草酸产量的关键节点可能是胞内 PEP 的供应。而在本研究中，有两个产生 PEP 的反应被考虑：①烯醇式酶催化甘油酸-2-磷酸生成 PEP；②PEP 羧激酶催化草酰乙酸生成 PEP。如图 5-39 所示，由 PEP 到丙酮酸的流量由 BSSA474a 中 194.2%降低到 BSSA47407 中 159.0%，表明菌株 BSSA47407 胞内缺乏 PEP 的供给，而敲除 pyk 基因可进一步增加胞内 PEP 水平。此外，在 B. subtilis 1A474a 中，通过丙酮酸羧化酶（回补循环）和 PEP 羧激酶的流量分别是 69.3%和 44%，而在 B. subtilis BSSA07 中，通过丙酮酸羧化酶和 PEP 羧激酶的流量则分别降低至 49.9%和 21.4%。类似地，与 B. subtilis 1A474a 相比，B. subtilis BSSA07 中通过 TCA 循环的流量也由 81.6%降低至 69.7%。综上所述，转酮酶基因（tkt）和丙酮酸激酶基因（pyk）将是代谢改造枯草芽孢杆菌实现高效合成莽草酸的潜在改造目标。

（三）两个潜在改造目标的鉴定

为进一步验证上述实验结果的准确性，借助诱导表达质粒分别将 tkt 及其 RBS 序列和 pyk 及其 RBS 序列整合表达至 B. subtilis BSSA07 中，获得重组菌株 B. subtilis BSSA11 和 B. subtilis BSSA12。其中，基因 pyk 表达由 S_{pac} 启动子控制，且其表达量依赖于培养基中 IPTG 浓度，而外源添加 0.05mmol/L IPTG 以保证菌体生长并增加细胞内 PEP 浓度。发酵结果如表 5-17 所示，与出发菌株 B. subtilis BSSA07（OD_{600} = 12）相比，过量表达基因 tkt 和抑制 pyk 表达均可有效抑制重组菌株 B. subtilis BSSA11（OD_{600} = 10.8）和 B. subtilis BSSA12（OD_{600} = 11.4）的生长性能。值得注意的是，过量表达 tkt 可使重组菌株 B. subtilis BSSA11 合成莽草酸的产量由 3.19g/L 降低到 3.11g/L；但在 IPTG 诱导条件下，调控 pyk 基因的表达却使突变株 B. subtilis BSSA12 合成莽草酸的产量提高至 3.46g/L。因此，过量表达 tkt 基因可抑制细胞合成莽草酸的能力，但抑制 pyk 表达却有利于提高细胞合成莽草酸的能力。

表 5-17　　不同工程菌株生长性能及其发酵特性的比较分析

不同菌株	莽草酸产量/(g/L)	OD_{600}
B. subtilis BSSA07	3.19±0.04	12.0±0.08
B. subtilis BSSA11	3.11±0.03	10.8±0.05
B. subtilis BSSA12	3.46±0.04	11.35±0.06

五、基于代谢工程优化枯草芽孢杆菌中莽草酸代谢途径

在细胞合成莽草酸的过程中，作为莽草酸的重要合成前体，增加胞内 E4P 水平可有效提高细胞合成莽草酸的能力。为此，过表达磷酸戊糖途径中 6-磷酸葡萄糖脱氢酶（由基

因 zwf 编码），以期改善胞内 E4P 和还原力 NADPH 水平，进一步提高细胞合成莽草酸的能力。

（一）过量表达关键基因对重组菌株生长性能的影响

利用组成型强启动子 P_{43} 分别将 aroD+aroB、aroD+aroB+aroA、aroD+aroB+aroA+zwf 表达至 B. subtilis 1A474，分别获得工程菌株 BSSA47413、BSSA47414 和 BSSA47415。同时，以工程菌株 BSSA47415 为出发菌株，进一步敲除 PEP 激酶编码基因 pyk 获得工程菌株 BSSA47416，并考察不同代谢工程策略对菌株生长性能的影响。

结果如图 5-40 所示，与出发菌株 B. subtilis 1A474 相比，随着表达基因数目的增加，可导致工程菌株生长性能受抑制。其中，工程菌株 BSSA47413 生长最快，BSSA47414 其次，而 BSSA47415 生长性能最差，但其最终 OD_{600} 值相差不大，分别仅为 14.1、13.8 和 13.7（表5-18）。然而，敲除 pyk 基因可进一步影响工程菌株 BSSA47416 的生长性能，使其最大 OD_{600} 值仅为 13.2。类似地，在分析不同工程菌株的比生长速率（μ）中发现，菌株 BSSA47413 比生长速率最大，为 0.0129（1/h）；而菌株 BSSA47416 比生长速率最小，仅为 0.0091（1/h）。相应地，菌株 BSSA47413 蔗糖比消耗速率最大，为 0.0075mmol/(g·h)，而菌株 BSSA47414、BSSA47415 和 BSSA47416 的蔗糖比消耗速率分别仅为 0.0068mmol/(g·h)、0.0052mmol/(g·h) 和 0.0048mmol/(g·h)。

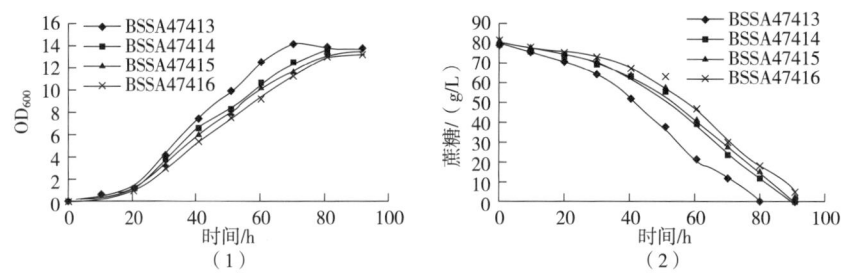

图 5-40　过量表达关键酶基因对重组菌株生长性能（1）和蔗糖消耗能力（2）的影响

表 5-18　不同重组菌株（B. subtilis BSSA47413、B. subtilis BSSA47414、B. subtilis BSSA47415 和 B. subtilis BSSA47416）生长参数的比较研究

不同参数	B. subtilis BSSA47413	B. subtilis BSSA47414	B. subtilis BSSA47415	B. subtilis BSSA47416
OD_{600}	14.1	13.8	13.7	13.2
莽草酸浓度/(g/L)	3.05	3.84	4.12	4.35
3-脱氢莽草酸浓度/(g/L)	0.62	0.53	0.82	0.84
μ/(1/h)	0.0129	0.0112	0.0104	0.0091
q_{SUC}/[mmol/(g·h)]	0.0075	0.0068	0.0052	0.0048
q_{SA}/[mmol/(g·h)]	0.0107	0.0172	0.0174	0.0184

续表

不同参数	*B. subtilis* BSSA47413	*B. subtilis* BSSA47414	*B. subtilis* BSSA47415	*B. subtilis* BSSA47416
q_{S3A}/[mmol/(g·h)]	0.0093	0.0087	0.0110	0.0111

注：μ，比生长速率；q_{SUC}，蔗糖比消耗速率；q_{SA}，莽草酸比消耗速率；q_{S3A}，脱氢莽草酸比消耗速率。

（二）过量表达关键酶基因对重组菌株发酵性能的影响

为考察过量表达不同基因对工程菌株发酵性能的影响，借助摇瓶发酵分别对其发酵产物及其副产物浓度进行比较分析。发酵结果如图5-41所示，工程菌株 BSSA47413 可在发酵液中积累 3.05g/L 莽草酸和 0.62g/L 3-脱氢莽草酸，且其摩尔比为 4.86:1；而过量表达 *aroA* 基因可使重组菌株 BSSA47414 积累莽草酸的产量提高至 3.84g/L，且 3-脱氢莽草酸产量则降低至 0.53g/L，进而使其摩尔比提高至 7.17:1。值得注意的是，当在 BSSA47414 基础上过量表达 *zwf* 基因时，可使重组菌株 BSSA47415 积累莽草酸和 3-脱氢莽草酸的产量分别提高至 4.12g/L 和 0.82g/L，其原因可能是：过量表达 *zwf* 可导致更多碳流量引入磷酸戊糖途径，进而增加胞内 E4P 和还原力 NADPH 水平，改善细胞合成莽草酸的能力。此外，敲除 *pyk* 基因使工程菌株 BSSA47416 积累莽草酸与 3-脱氢莽草酸的产量进一步提高至 4.35g/L 和 0.84g/L，但其摩尔比仅提高至 5.12:1，表明控制 *pyk* 基因的表达有利于增加胞内 PEP 水平，进而驱使更多代谢流量进入莽草酸途径。

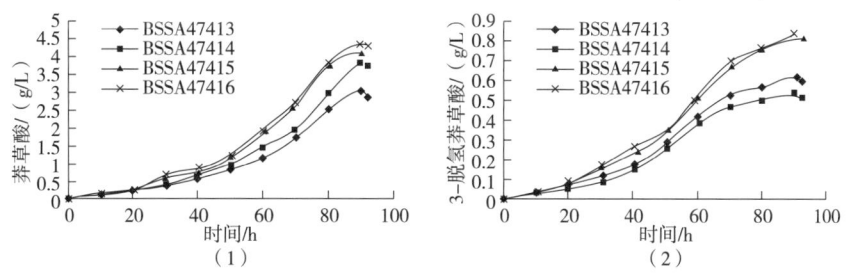

图 5-41 过量表达关键酶基因对重组菌株合成莽草酸（1）和 3-脱氢莽草酸（2）的影响

第五节 代谢工程改造枯草芽孢杆菌生产尿苷

一、尿苷概述

（一）尿苷的理化性质及其用途

尿嘧啶核苷（uridine），简称尿苷，又称二氢嘧啶核苷、1-β-D-呋喃核糖基尿嘧啶等，熔点为 162~171℃，比旋光度为 +6°~+10°，其分子结构如图 5-42 所示。作为白色或类白色结晶性粉末，尿苷无气味，味微甜而微辛，能溶于水，微溶于稀乙醇，但不溶于无水乙醇。此外，作为 RNA 组成成分，尿苷在生物体生理生化及生命活动中占有举足轻重的地位。例如，尿苷酸钠不仅可作为调味品、风味剂等原料，还可作为食品添加剂添加至婴儿乳粉中，有助于增强婴儿免疫力。更为重要的是，尿苷作为核苷酸的四种单体之一，可促进糖原的合成，增强细胞耐缺氧性能和机体免疫能力。在动物体内，尿苷与肌苷合用可有效促进心脑细胞的代谢和能量产生，全面提高机体的代谢水平；且尿苷及其衍生物能有效干扰癌细胞和病毒 RNA 的转录和翻译，可用于治疗癌症和病毒感染性疾病。因此，尿苷被广泛应用于食品、保健品、药品及化妆品等领域中。

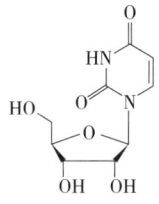

图 5-42　尿苷分子结构示意图

（二）尿苷生产方法的研究进展

1. RNA 水解法

在利用水解法制备尿苷的过程中，水解液中可同时存在尿苷、胞苷、鸟苷和腺苷等四种核苷，其制备工艺流程为：原料 RNA 经高浓度氨水的高温高压水解或甲酰胺的化学水解后，经树脂分离和结晶后可制得四种核苷。该方法具有工艺简单、操作方便且可同时获得四种核苷等优点，但却存在 RNA 消耗量大、成本高及四种核苷需求量不同而导致产销不平衡等缺点，进而导致该方法无法实现大规模工业化生产。

2. 化学合成法

目前，国内外主要采用化学合成法生产嘧啶核苷，即将 D-核糖与嘧啶碱基缩合而制备嘧啶核苷，其过程中需要对碱基或核糖中某些基团进行保护，待合成反应结束后还需去掉保护基团。因此，化学合成法存在反应步骤繁琐、反应条件苛刻、易污染环境、总体收率降低、分离纯化困难及生产成本高等缺点，进而制约化学法合成尿苷的规模化生产。

3. 微生物发酵法

目前，微生物发酵法生产尿苷包括两种策略：直接发酵法和添加前体物发酵法。其中，直接发酵法是利用嘧啶核苷从头合成途径实现目标代谢产物的积累，而后者是利用嘧啶核苷的补救途径，在发酵培养基中添加嘧啶碱基以增加目的代谢产物的积累。相比于后者，直接发酵法成本更为低廉、操作更为方便，且避免由于微生物体内天然酶活性不足而带来转化率低和原料浪费等问题。此外，微生物发酵法还具有周期短、易控制、无污染、产率高等优势。因此，微生物直接发酵法已成为尿苷的主要生产方法，且具有大规模工业化应用潜力，日益受到重视。

二、微生物中嘧啶核苷的合成途径及其调节机制

（一）尿苷产生菌

在自然界中，大肠杆菌、产氨短杆菌、巨大芽孢杆菌和枯草芽孢杆菌等微生物均可作为嘧啶核苷生产菌种，而利用枯草芽孢杆菌（*Bacillus subtilis*）作为生产菌株具有以下优势：①作为公认的安全模式菌株，其遗传背景清晰、遗传操作体系较为完善，有利于菌种

的选育改良；②胞内 HMP 途径代谢通量大，积累嘧啶核苷前体物 5-磷酸核糖-1-焦磷酸（PRPP）能力强；③磷酸单酯酶活性较强，核苷酸代谢生成核苷的代谢通量大，可积累更多嘧啶核苷。

（二）枯草芽孢杆菌嘧啶核苷的补救合成途径

嘧啶核苷和嘧啶核苷酸相差一个磷酸基团，可通过磷酸化和去磷酸化反应进行相互转化，而嘧啶核苷的补救合成途径可通过嘧啶核苷酸转化得以实现。在微生物体内，由于核苷带有含氮碱基，可作为碳氮源供细胞使用；而当核苷不足时，RNA 可被降解形成核苷供细胞利用，或通过其他补救合成途径。例如胞外尿嘧啶可通过尿嘧啶透过酶（pyrP 基因编码）转运至胞内，经 upp 或 pyrR 编码的尿嘧啶磷酸核糖转移酶催化生成尿苷酸（UMP），并进一步生成尿苷和胞苷供细胞利用；或者细胞可利用胞内多余的嘧啶核苷或利用嘧啶核苷转运蛋白（nupC 基因编码）将外源嘧啶核苷运送至胞内，再通过尿苷胞苷激酶（udk 基因编码）催化生成相应核苷酸，进而完成整个补救合成途径。

然而，只有在细胞不能正常合成嘧啶核苷时，细胞才会通过嘧啶核苷补救合成途径获得相应核苷。因此，在正常情况下，细胞将优先通过嘧啶核苷从头合成途径合成嘧啶核苷。此外，从生产角度上看，利用补救合成途径生产尿苷需添加尿嘧啶为原料，大大提高了生产成本，而利用尿苷从头合成途径生产尿苷则更为经济合理。

（三）枯草芽孢杆菌嘧啶核苷从头合成途径

在枯草芽孢杆菌中，嘧啶核苷从头合成途径（de novo pathway）主要由嘧啶操纵子（pyr operon）完成，该操纵子由 10 个基因组成，共编码 8 个酶，并由一个组成型启动子控制。其中，pyrR 编码 pyr 操纵子自身阻遏蛋白（PyrR），pyrP 编码参与补救途径的尿嘧啶透过酶，其余 8 个基因编码其他 6 个酶，全部参与 UMP 从头合成途径。如图 5-43 所示，UMP 从头合成途径可简单描述为：以 ATP、HCO_3^- 和谷氨酰胺为前体，经氨甲酰磷酸合成酶（pyrAA/pyrAB 基因编码）生成氨甲酰磷酸；并在天冬氨酸氨基甲酰转移酶（pyrB 基因编码）催化下，氨甲酰磷酸与天冬氨酸生成氨甲酰天冬氨酸；经二氢乳清酸酶（pyrC 编码）生成二氢乳清酸，该反应可形成嘧啶环结构；二氢乳清酸经二氢乳清酸脱氢酶（pyrK/D 基因编码）作用，脱氢生成乳清酸；而乳清酸磷酸核糖转移酶（pyrE 基因编码）催化乳清酸和 PRPP 生成乳清核苷酸；再通过乳清核苷酸脱羧酶（pyrF 基因编码）催化形成尿苷酸（UMP），至此嘧啶操纵子上所有反应全部完成。

在 UMP 生成后，胞内过量 UMP 可通过 5′-核苷酸酶介导的水解反应，脱掉磷酸基团直接生成尿苷，而生成的尿苷可分泌至胞外或生成尿嘧啶。此外，UMP 可通过另一代谢途径生成胞三磷（CTP），即 UMP 经尿苷酸激酶/胞苷酸激酶（pyrH/cmk 基因编码）作用生成三磷酸尿苷（UTP），再经 CTP 合成酶（pyrG 基因编码）催化生成 CTP；而过量的 CTP 再由核苷二磷酸激酶、胞苷酸激酶（cmk 基因编码）/5′-核苷酸酶（yfkN 基因编码）的顺序催化生成胞苷。胞内过量胞苷主要经胞苷脱氨酶（cdd 基因编码）催化脱氨作用转化为尿苷，其余少量胞苷则分泌至胞外，而胞内过量的尿苷经过尿苷磷酸化酶（pdp 基因编码)、尿苷水解酶等催化作用生成尿嘧啶,或分泌至细胞外。

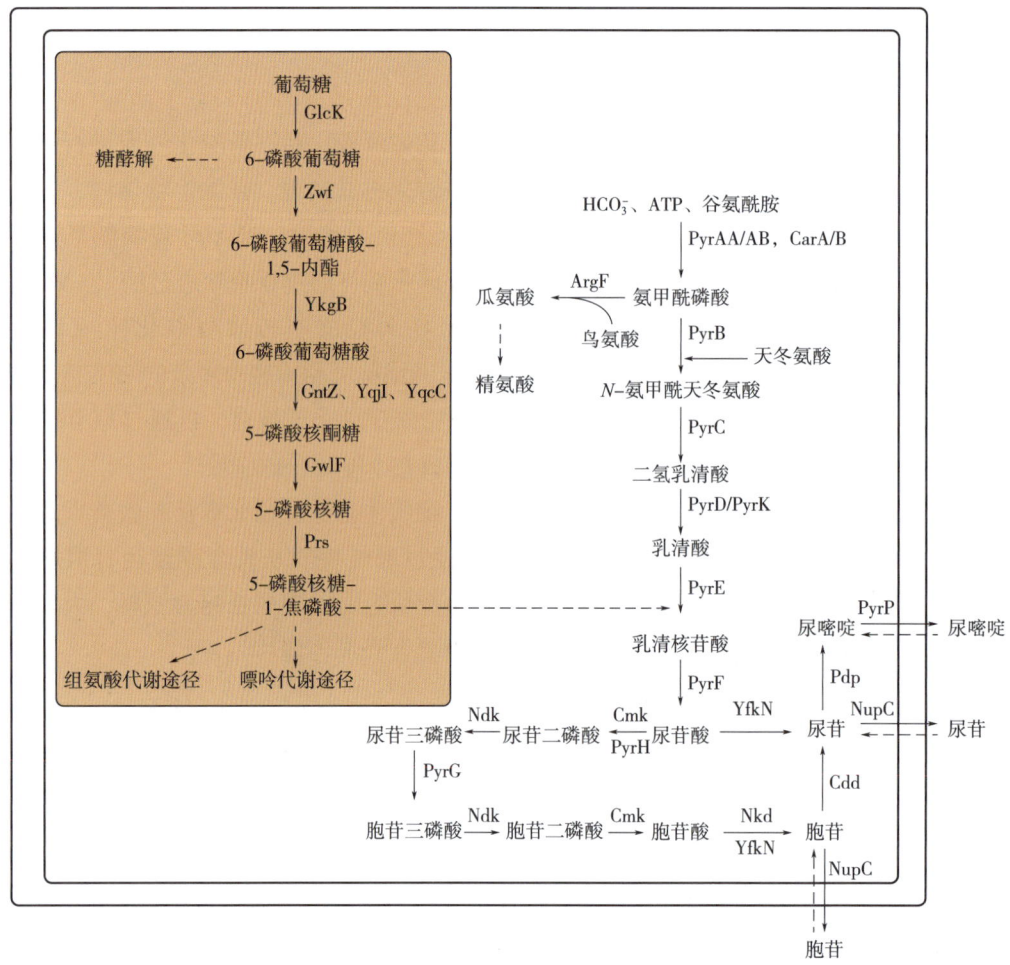

图 5-43 枯草芽孢杆菌胞内嘧啶核苷从头合成的代谢途径(灰色部分为 PRPP 合成途径)
GlcK:葡糖激酶;Zwf:6-磷酸葡萄糖脱氢酶;YkgB:6-磷酸葡萄糖酸内酯酶;GntZ:6-磷酸葡萄糖酸脱氢酶;YqjI:转录调节因子;Prs:丝氨酸蛋白酶;PyrAA:磷酸氨甲酰合成酶;PyrAB:腺苷酸激酶;CarA:碳青霉烯-3-羧酸合酶;CarB:羧甲基脲氨酸合酶;ArgF:N-琥珀酰鸟氨酸氨甲酰转移酶;PyrB:天冬氨酸氨基甲酰转移酶催化亚基;PyrC:二氢乳清酸酶;PyrD/PyrK:二氢乙酸脱氢酶;PyrE:磷酸核糖基转移酶;PyrF:乳清酸 5'-磷酸脱羧酶;PyrP:尿嘧啶透性酶;Ndk:核苷二磷酸激酶;Cmk:钙调素依赖性蛋白激酶;YfkN:三功能核苷酸磷酸酯酶蛋白;PyrH:尿苷酸激酶;NupC:核苷渗透酶;Cdd:胞嘧啶核苷脱氨酶

(四)嘧啶核苷合成途径的代谢调控机制

嘧啶核苷的生物合成主要由 pyr 操纵子控制,该操纵子由 σ^A 型启动子转录启动,-35 区和-10 区的序列分别为 TTGACA 和 AATAAT,有 17bp 的间隔序列,属于强启动子类型。然而,pyr 操纵子的表达水平受 PyrR 调节蛋白的弱化调控,PRPP 为效应物,阻遏物为 UMP、二磷酸尿苷(UDP)和 UTP。此外,pyr 操纵子存在 3 个转录弱化调节区域,分别存于操纵子前导区,pyrR 和 pyrP 基因间,pyrP 和 pyrB 基因间。当胞内 UMP 等阻遏物浓度过高时，PyrR 蛋白受阻遏物激活，并结合至三个弱化调节区域内，进而终止 mRNA 的持续转录。反之，当 PyrR 蛋白结合至 PRPP 时，不与弱化调节位点结合，则允许 mRNA 的持续转录。此外，通过敲除 pyr 操纵子中 *pyrR* 基因以失活 PyrR 蛋白，可使 pyr 操纵子组成型表达，进而使胞内 mRNA 水平提高 6.28 倍，导致细胞过量合成尿苷、胞苷和尿嘧啶。因此，提高 pyr 操纵子表达水平有利于提高胞内 UMP 水平，进而实现尿苷的过量合成。

在枯草芽孢杆菌中，嘧啶核苷的代谢调控具体包括：①氨甲酰磷酸合成酶是嘧啶核苷合成途径的关键酶，催化从碳酸氢盐、谷氨酰胺和 ATP 合成氨甲酰磷酸的反应，其活性受尿苷酸（UMP）的反馈阻遏和抑制作用；②天冬氨酸氨甲酰转移酶、二氢乳清酸酶、二氢乳清酸脱氢酶、乳清酸磷酸核糖转移酶和乳清酸脱羧酶等均受尿苷酸的反馈阻遏作用；③胞三磷（CTP）合成酶受底物 CTP 的反馈抑制和阻遏作用。

（五）前体物氨甲酰磷酸的合成及其调节机制

1. 氨甲酰磷酸的合成途径

氨甲酰磷酸是精氨酸和嘧啶核苷从头生物合成途径的重要前体物，作为高能磷酸化合物，氨甲酰磷酸具有极不耐热性，且在中性 pH 下受热分解成氨甲酰物质——氰酸盐。在微生物中，具有合成氨甲酰磷酸能力的酶是氨甲酸激酶（EC 2.7.2.2，carbamate kinase，CK）和氨甲酰磷酸合成酶（EC 6.3.5.5，carbamoyl phosphate synthetase，CPS）。其中，氨甲酸激酶主要存在于 *Pyrococcus furiosus*（强烈火球菌）和 *Enterococcus faecalis*（粪肠球菌）等嗜热古细菌中，该酶可逆催化 1 分子氨甲酸和 1 分子 ATP 生成 1 分子氨甲酰磷酸和 ADP；而氨甲酰磷酸合成酶广泛存在于 *E. coli* 和 *B. subtilis* 等细菌中，该酶不可逆催化 ATP、碳酸氢盐和 Gln 生成氨甲酰磷酸、ADP 和谷氨酸。由于胞内大量存在 ATP、碳酸氢盐和 Gln，导致胞内氨甲酰磷酸合成量主要取决于氨甲酰磷酸合成酶的表达水平。

此外，在枯草芽孢杆菌中，氨甲酰磷酸还存在两条支路代谢途径：①进入嘧啶核苷合成代谢途径，氨甲酰磷酸和天冬氨酸经天冬氨酸氨甲酰转移酶（*pyrB* 编码）作用生成氨甲酰天冬氨酸，该反应为嘧啶核苷合成途径中第二步反应；②进入精氨酸合成途径，氨甲酰磷酸与鸟氨酸经鸟氨酸氨甲酰转移酶（*argF* 基因编码）催化生成瓜氨酸和缬氨酸，该反应为精氨酸合成途径中第六步反应。

2. 氨甲酰磷酸合成酶的调控机制

在 *B. subtilis* 中，氨甲酰磷酸合成酶是同工酶：第一种是由 *pyrAA/pyrAB* 基因共同编码的氨甲酰磷酸合成酶（CPS），催化 UMP 从头合成途径的第一步反应，该酶受到 UMP 的反馈阻遏和反馈抑制作用，但受 PRPP 的激活，且需要 Mg^{2+} 作为辅基；第二种是由 *carA/carB* 基因编码、参与精氨酸合成的氨甲酰磷酸合成酶，该酶受精氨酸的反馈抑制，但可被鸟氨酸激活。虽然这两种酶都可催化相同底物——ATP、HCO_3^- 和 Gln 生成氨甲酰磷酸，但其生理功能和调控机制具有显著差异性，因此前者被称为氨甲酰磷酸合成酶 P，后者被称为氨甲酰磷酸合成酶 A。

迄今为止，枯草芽孢杆菌中氨甲酰磷酸合成酶的调控机制尚未解析清楚。2013 年，方海田等通过研究胞苷产生菌 *B. amyloliquefaciens* CYT1 中氨甲酰磷酸合成酶大亚基，发现其编码基因中 T941F、T970A 和 L986I 等点突变可部分解除 UMP 对氨甲酰磷酸合成酶的反馈抑制，其中 T941F/T970A 双突变株和 T941F/T970A/L986I 三突变株合成胞苷的产量分别提高了 3.7 倍和 5.7 倍，表明该突变位点可减弱 UMP 对氨甲酰磷酸合成酶的反馈抑制作用，进而增强酶活性以提高细胞合成胞苷的能力。类似地，杨绍梅等通过对 *B. amyloliquefaciens* 和 *B. subtilis* 中氨甲酰磷酸合成酶进行对比分析，发现两种菌中氨甲酰磷酸合成酶的同源性高达 92.1%，并推断 *B. subtilis* 氨甲酰磷酸合成酶相对应的氨基酸位点是 Thr941、Thr970 和 LYS986。同时，将 T941F/T970A/L986I 三个突变氨基酸引入菌株 *B. subtilis* TD232-3 氨甲酰磷酸合成酶中，可使细胞合成尿苷的产量由 2.47g/L 提高至 6.97g/L，表明该氨基酸点突变也可部分解除 UMP 对枯草芽孢杆菌氨甲酰磷酸合成酶的反馈抑制，进而增强酶活性以提高细胞合成胞苷的能力。

（六）前体物 5-磷酸核糖-1-焦磷酸的合成及其调节机制

1. PRPP 合成代谢途径

5-磷酸核糖-1-焦磷酸（PRPP）是尿苷生物合成的重要前体物，与乳清酸在乳清酸磷酸核糖转移酶催化下生成乳清酸核苷酸。因此，胞内 PRPP 的合成水平将直接影响细胞合成尿苷的能力，其合成途径如图 5-43 所示。在 *B. subtilis* 中，生成 5-磷酸核糖，6-磷酸葡萄糖经 6-磷酸葡萄糖脱氢酶（*zwf* 基因编码）催化生成 6-磷酸葡萄糖酸-1,5-内酯，并经 6-磷酸葡萄糖酸内酯酶（*ykgB* 基因编码）催化生成 6-磷酸葡萄糖酸。然后，6-磷酸葡萄糖进入磷酸戊糖途径（pentose phosphate pathway，PPP 途径），经 6-磷酸葡萄糖酸脱氢酶（*ygjI*、*ygeC* 和 *gntZ* 基因编码）顺序催化生成 5-磷酸核酮糖，而 5-磷酸核酮糖经戊糖磷酸异构酶（*ywlF* 基因编码）催化生成 5-磷酸核糖，并在 PRPP 合成酶（*prs* 编码）催化下生成 5-磷酸核糖-1-焦磷酸（PRPP）。其中，在磷酸戊糖途径中，6-磷酸葡萄糖脱氢酶（*zwf* 基因编码）和 6-磷酸葡萄糖酸脱氢酶（*ygjI*、*ygeC* 和 *gntZ* 基因编码）的表达及其活性受代谢产物的反馈抑制作用，且成为 HMP 途径通量的限制性因素，而 PRPP 的生物合成则受到 PRPP 合成酶表达水平的影响。

2. 6-磷酸葡萄糖脱氢酶调节机制

在枯草芽孢杆菌中，6-磷酸葡萄糖脱氢酶（EC 1.1.1.49，glucose-6-phosphate dehydrogenase，G-6-PD）由 *zwf* 基因编码，可将 6-磷酸葡萄糖脱氢催化生成 6-磷酸葡萄糖酸-1,5-内酯，其活性受 NADPH、ATP 和 1,6-二磷酸果糖的反馈抑制，但具体表达调控机制尚不明确。例如，在赖氨酸生产菌株 *C. glutamicum* 中，过量表达带有 A243T 氨基酸突变位点的突变型 *zwf* 基因可有效增加 6-磷酸葡萄糖脱氢酶和 NADP$^+$ 的亲和力，降低 6-磷酸葡萄糖脱氢酶对胞内 ATP、磷酸烯醇式丙酮酸和 1,6-二磷酸果糖等反馈抑制的敏感性，进而提高了 PPP 途径的代谢流量。然而，虽引入突变型 *zwf* 基因可有利于提高 6-磷酸葡萄糖脱氢酶和 NADP$^+$ 的亲和力，但却伴随还原力 NADPH 的生成，进而造成胞内还原力过剩，影响代谢平衡。

3. 6-磷酸葡萄糖酸脱氢酶调节机制

在 *B. subtilis* 中，6-磷酸葡萄糖酸脱氢酶（EC 1.1.1.44，6-PGD）由 *yrjL*、*gntZ* 和

yqeC 三个基因共同编码，可催化 6-磷酸葡萄糖酸和 NADP$^+$ 生成 5-磷酸核酮糖、CO_2 和 NADPH。其中，基因 *yqjL* 编码 NADP$^+$ 依赖型的 6-磷酸葡萄糖酸脱氢酶，作为葡萄糖和葡萄糖酸分解代谢的主要同工酶，其作用不能被 GntZ 和 YqeC 两个同工酶所取代；*gntZ* 基因编码 NAD$^+$ 依赖型 6-磷酸葡萄糖酸脱氢酶（GntZ），而 *yqeC* 基因编码 YqeC 酶的功能尚不确定。

值得注意的是，*C. glutamicum* 中 6-磷酸葡萄糖酸脱氢酶受到 NADPH、ATP、1,6-二磷酸果糖、4-磷酸赤藓糖、3-磷酸甘油醛和 5-磷酸核酮糖等物质的反馈抑制，其中 NADPH 是主要反馈抑制物，因此 PPP 途径的氧化反应主要受胞内 NADP$^+$ 和 NADPH 浓度比例及 6-磷酸葡萄糖脱氢酶和 6-磷酸葡萄糖酸脱氢酶的调控。此外，羊肝中 6-磷酸葡萄糖酸脱氢酶对 NADP$^+$ 具有很高的特异性结合能力，但对 NAD$^+$ 亲和力较弱，其主要原因是 NADP$^+$ 与 2-磷酸和 6-磷酸葡萄糖酸脱氢酶结合所需能量来源于 NADP$^+$。因此，NADP$^+$ 依赖型和 NAD$^+$ 依赖型 6-磷酸葡萄糖酸脱氢酶均受多种中间代谢产物和 NADP$^+$/NADPH 的调控，且其表达水平将会影响细胞的整体代谢水平。

4. PRPP 合成酶调节机制

磷酸核糖焦磷酸合成酶（EC 2.7.6.1, phosphoribosyl pyrophosphate synthetase, PRPP 合成酶），通过催化焦磷酸基团转移使 ATP 和核糖五磷酸生成 PRPP 和 AMP。目前，PRPP 合成酶共有三类：第一类 PRPP 合成酶存在于大多数细菌和哺乳动物中，且在不同生物体内是高度保守，其活性主要依赖于磷酸和 Mg^{2+}，受 ADP 和 GDP 的变构调节；第二类 PRPP 合成酶存在于植物中，其序列相似性较低，且活性不依赖于磷酸，也不受嘌呤核苷的反馈抑制作用；第三类 PRPP 合成酶主要存在于詹氏甲烷菌中，其活性主要由磷酸和 Mg^{2+} 激活，但不是变构调节酶。

在 *E. coli* 和 *B. subtilis* 中，PRPP 合成酶同属于第一类，依赖于磷酸和 Mg^{2+}，受 ADP 和 GDP 的变构调节。天津大学杨绍梅等在 *B. subtilis* TD131 中分别过量表达野生型 *prs* 基因和突变型 *prs* 基因（带有 A359G、C403A、G405A 和 T935C 四个氨基酸突变），结果表明：与出发菌株相比，过量表达野生型 *prs* 基因可使重组菌株合成尿苷的产量提高 40%，而过量表达突变型 *prs* 基因却可使重组菌株合成尿苷产量提高 1.7 倍。因此，构建 PRPP 合成酶点突变体可获得抵抗 ADP 和 GDP 反馈抑制的效应，进而提高细胞合成尿苷的能力。

（七）支路代谢途径及其调节机制

在正常培养条件下，枯草芽孢杆菌将不会过量合成丙酮酸，但在特定生长环境下或相关基因突变的条件下，糖酵解速率会加快，进而导致胞内丙酮酸的大量积累。例如，当糖酵解途径通量超出三羧酸循环代谢能力时，经 EMP 生成的丙酮酸将产生积累，且可通过其他途径进行代谢以缓解持续的"溢流"，导致酸和其他代谢副产物的生成。在枯草芽孢杆菌中，丙酮酸的溢流代谢产物通常是乙偶姻、乙酸和乳酸，且乙偶姻通量远大于乙酸和乳酸等副产物通量。

丙酮酸羧化酶（pyruvate carboxylase, PYC），广泛存在于假单胞菌、芽孢杆菌和古细菌等原核生物中，可将丙酮酸羧化形成草酰乙酸，是三羧酸循环中补充草酰乙酸的重要回补反应,但其酶活性受乙酰辅酶 A 和天冬氨酸的变构调节。在 B. subtilis 中,丙酮酸羧化酶由 pycA 基因编码,该酶的高效表达可减少丙酮酸的积累,进而促进 TCA 循环的运行,但关于该酶的催化特性、催化机制及其调控机制等相关研究较少。

三、尿苷生产菌株的育种策略

目前,以枯草芽孢杆菌为出发菌株,选育尿苷高产菌株的策略有:一是利用传统诱变育种技术并结合终产物结构类似物筛选获得解除终产物反馈抑制的抗性突变株;二是利用分子生物学手段构建基因工程菌,如过量表达关键酶基因增加前体物供给,敲除或削弱分解代谢途径等策略。

(一)传统诱变育种策略

利用物理诱变(如紫外线、X 射线辐射等诱变)、化学诱变(诱变物如硫酸二乙酯,俗称 DES;溴化乙锭,俗称 EB 和吖啶橙等)和复合诱变(物理诱变连同化学诱变)等传统诱变育种策略筛选获得抗尿嘧啶结构类似物如 6-氮杂尿嘧啶(6-AU^r)、2-硫基尿嘧啶(2-TU^r)、5-氟尿嘧啶(5-FU^r)等突变株,以达到解除自身反馈调节而积累高浓度尿苷的育种目标。目前,解除反馈调节主要包括:①关键酶(如氨甲酰磷酸合成酶)结构基因的突变、酶与效应物结合位点的改变,导致不能和效应物结合,但酶活性不改变,进而使胞内持续积累尿苷;②酶调节基因发生突变,导致酶的合成不再受到反馈阻遏而增加酶量,从而提高尿苷的积累。例如,Tsunemi 等以尿嘧啶缺陷型 B. subtilis No.122 为出发菌株,经过 NTG 诱变结合 6-氮杂尿嘧啶抗性平板筛选,选育获得能积累 10g/L 的尿苷突变菌株 No.258。在此基础上,继续通过 NTG 诱变和在含有 5g/L 6-氮杂尿嘧啶培养基中进一步筛选,获得能积累 55g/L 的尿苷突变菌株 No.556,并通过对培养条件及培养基成分优化,使其可在 6000L 发酵罐中积累 65g/L 尿苷。类似地,程远超等以野生型枯草芽孢杆菌 TJ374 为出发菌株,采用 DES 和紫外线复合诱变方式,筛选获得具有 2-硫尿嘧啶和 6-杂氮尿嘧啶抗性、尿苷磷酸化酶缺失的突变菌株,其细胞积累尿苷的产量可达 3.6g/L。

(二)基因工程育种策略

如图 5-43 所示,基于枯草芽孢杆菌中嘧啶核苷合成途径,代谢工程改造策略主要有:

1. 反馈阻遏和反馈抑制的解除

嘧啶核苷操纵子(pyr 操纵子)转录水平受到 PyrR(pyrR)蛋白的反馈阻遏,而敲除 pyrR 基因可解除 PyrR 蛋白对操纵子的反馈阻遏。此外,作为催化操纵子第一步反应的氨甲酰磷酸合成酶,其酶活性受 UMP 的反馈抑制,而通过引入点突变或缺失突变以改变酶构象可进一步解除 UMP 的反馈抑制作用。例如,方海田等以大肠杆菌为出发菌株,通过敲除 cdd 和 thrA 基因、过量表达 carA-pyrB 基因以及串联过量表达 gnd、prs 和 zwf 三个基因等系列改造,使胞苷产量较出发菌株提高了 128%。

2. 增强胞内前体物的供给

天冬氨酸作为嘧啶核苷合成的重要前体物质,由 hom 基因编码的高丝氨酸脱氢酶可催化天冬氨酸转化为高丝氨酸。因此，敲除 hom 基因可有效弱化甲硫氨酸和苏氨酸途径，进而增加天冬氨酸至嘧啶核苷的代谢通量，且不影响菌体细胞的正常生长代谢。此外，PRPP 作为合成嘧啶核苷的另一重要前体物，过量表达 prs 基因可强化 PRPP 合成酶，提高催化 5-磷酸核糖生成 PRPP 的水平，进而增加胞内 PRPP 水平以提高细胞合成尿苷的能力。例如，朱晖等人通过对 B. subtilis 168 的尿苷生物合成途径中相关基因进行敲除、修饰和过量表达等代谢改造，可使工程菌株 B. subtilis TD231-1 合成尿苷的产量提高至 1.48g/L。类似地，杨绍梅等以尿苷重组菌 B. subtilis TD131 为出发菌，对其 PRPP 合成酶和氨甲酰磷酸合成酶进行点突变，并结合异源表达来源于酿酒酵母的 5′-核苷酸酶，可使工程菌株 B. subtilis TD246 积累尿苷的产量提高至 8.16g/L。

3. 阻遏或削弱产物分解代谢途径

在枯草芽孢杆菌中，嘧啶核苷分解途径主要通过核苷水解酶和嘧啶核苷磷酸化酶将嘧啶核苷转变为嘧啶碱基，并通过补救途径合成相应的嘧啶核苷酸为细胞生长提供碳氮源。为此，通过敲除 pdp 基因而失活嘧啶核苷磷酸化酶以减少嘧啶核苷向嘧啶碱基的转变，或提供充足碳氮源以保证菌株的正常生长及其嘧啶核苷合成途径的运转。

四、不同代谢工程改造策略对 B. subtilis 合成尿苷的影响

（一）对出发菌株 B. subtilis F126 发酵特性的研究

以 ARTP 诱变结合高通量筛选获得的 B. subtilis F126 为出发菌株，首先对其发酵特性进行研究，结果如表 5-19 所示。在摇瓶发酵过程中，出发菌株 B. subtilis F126 合成尿苷的产量为 5.72g/L，但其葡萄糖消耗量却高达 156.68g/L，导致其糖苷转化率仅为 4.04%，且其发酵液中副产物——乙偶姻产量也高达 51.52g/L。同时，在培养条件为 36℃、pH 6.4、溶氧为 30%，且利用甘油替换葡萄糖为碳源的 5L 发酵罐中进一步研究出发菌株 B. subtilis F126 的发酵性能。结果如图 5-44 所示，随着 283.96g/L 甘油的消耗，菌株生物量 OD_{600} 最高可达 82.6，且尿苷产量及其糖苷转化率也相应地提高至 20.16g/L 和 7.12%。然而，与摇瓶发酵类似，发酵液中仍存在大量的乙偶姻、2,3-丁醇和乙酸等副产物，且其产量分别高达 58.62g/L、1.55g/L 和 1.26g/L。因此，虽出发菌株 B. subtilis F126 具备高效合成尿苷的能力，但仍存在副产物积累过多和底物转化率低等问题，需借助代谢工程策略对其相关代谢途径进行全面代谢改造。

表 5-19 摇瓶培养条件对不同菌株生长性能及其发酵性能的影响

不同菌株	生物量（OD_{600}）	尿苷/（g/L）	乙偶姻/（g/L）	底物消耗量/（g/L）	转化率/%
B. subtilis F126	46.36±1.05	5.72±0.79	51.52±1.02	156.68±2.42	4.04
B. subtilis F126-1	54.50±1.32	8.76±0.48	50.50±0.82	118.01±2.54	7.42
B. subtilis F126-1UR1	20.60±0.75	0.48±0.057	2.02±0.19	14.18±1.92	3.95
B. subtilis F126-1UR2	45.13±0.78	6.43±0.43	15.21±0.21	70.70±1.56	9.19
B. subtilis F126-1UR3	51.70±0.89	8.03±0.13	45.85±1.03	123.82±2.11	6.46

续表

不同菌株	生物量（OD$_{600}$）	尿苷/(g/L)	乙偶姻/(g/L)	底物消耗量/(g/L)	转化率/%
B. subtilis F126-1UR4	58.43±1.92	9.07±0.24	47.16±1.03	122.95±3.63	7.32
B. subtilis F126-1UR5	58.60±1.71	12.64±0.46	40.67±0.81	143.46±2.89	8.71

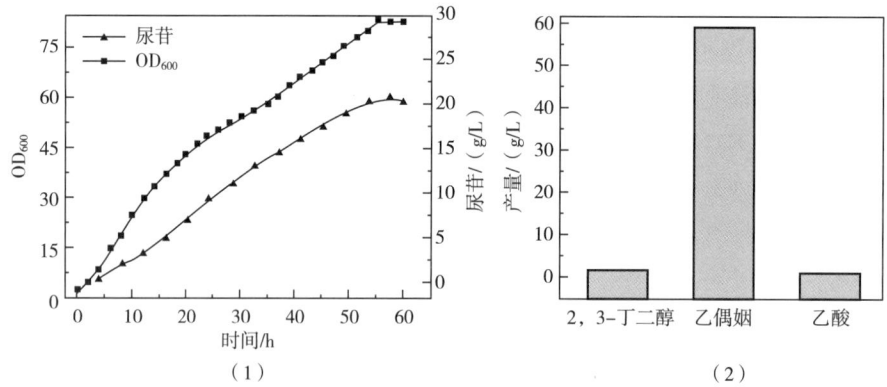

图 5-44　出发菌株 *B. subtilis* F126 在 5L 发酵罐中发酵性能的研究
(1) 生长及其产物曲线；(2) 副产物产量

（二）过量表达 prs^{nlv} 基因对细胞合成尿苷的影响

以菌株 *B. subtilis* F126 为出发菌株，采用噬菌体 Φ29 中 A1 启动子、*aprE* 基因前导区作为 prs^{nlv} 基因启动子以提高 *prs* 基因的转录水平，并结合无痕基因修饰方法整合 prs^{nlv} 基因以期增加胞内 PRPP 的供给，构建工程菌株 *B. subtilis* F126-1。其摇瓶发酵结果如表 5-20 所示，与出发菌株 *B. subtilis* F126 相比，过量表达 prs^{nlv} 基因可使工程菌株 *B. subtilis* F126-1 生物量（OD$_{600}$ 为 54.50）提高 17.39%，使其合成尿苷的产量由 5.72g/L 提高至 8.76g/L，且糖苷转化率也由 4.04% 提高到 7.42%。然而，发酵液中主要副产物——乙偶姻的积累量并无明显变化，但却使底物葡萄糖的消耗量减少了 38.67g/L。

类似地，在利用 5L 发酵罐的扩大培养中，与出发菌株 F126 相比，过量表达 prs^{nlv} 基因可显著改善工程菌株 F126-1 的生长性能及其发酵性能，使其生物量和尿苷产量分别提高至 78.8g/L 和 24.52g/L，且底物消耗量也由 283.96g/L 显著减少到 202.36g/L，进而使其产物转化率由 7.42% 提高到 12.12%（图 5-45）。此外，工程菌株 F126-1 合成副产物的能力也有所降低，使发酵液中乙偶姻、2,3-丁二醇和乙酸等副产物产量分别降低至 56.26g/L、1.35g/L 和 0.96g/L。因此，增强胞内前体物 PRPP 的供给，可有效提高细胞合成尿苷的能力。此外，PRPP 位于 HMP 途径的下游，增强 PRPP 的合成还可促进 HMP 途径的运转，从而减弱糖酵解途径和 TCA 循环，有利于减少糖和能量的额外消耗，提高糖苷转化率。

（三）弱化副产物代谢途径对细胞合成尿苷的影响

在枯草芽孢杆菌中，加快糖酵解速率可导致丙酮酸的过量积累，进而引起丙酮酸的

第五章
代谢工程改造枯草芽孢杆菌生产营养强化剂

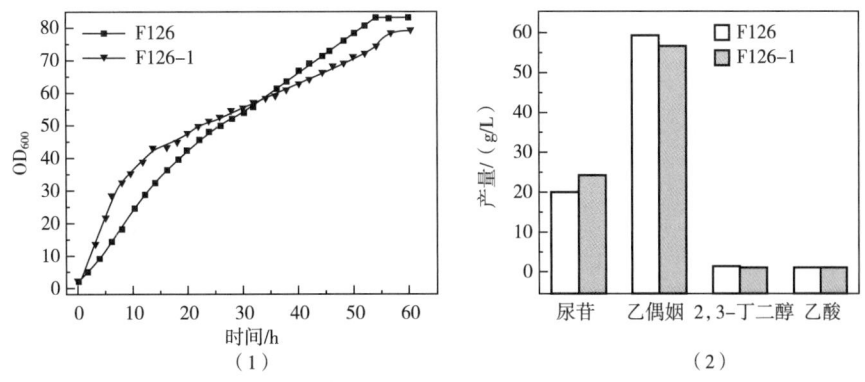

图 5-45　在 5L 发酵罐中，过量表达 prs^{nlv} 基因对细胞合成尿苷的影响
(1) 生长曲线；(2) 尿苷及副产物产量对比

"溢流"代谢，如过量丙酮酸可通过 α-乙酰乳酸合酶（ALS，alsS 基因编码）和 α-乙酰乳酸脱羧酶（ALDH，alsD 基因编码）生成乙偶姻。因此，为减少主要副产物——乙偶姻的合成，通过敲除 alsS 和 alsD 基因分别构建工程菌株 B. subtilis F126-1UR1 和 B. subtilis F126-1UR2，以期阻断乙偶姻合成代谢途径进而强化尿苷的代谢通量，提高尿苷的合成。

与出发菌株 F126-1 相比，虽缺失 alsS 基因可显著降低细胞合成乙偶姻的能力，使其产量由 50.50g/L 降低至 2.02g/L，但却也显著抑制工程菌株 F126-1UR1 的生长性能和发酵性能，使其生物量（OD_{600}）由 54.50 降低至 20.60，且其合成尿苷的产量也由 8.76g/L 急剧降低至 0.48g/L（表 5-20）。值得注意的是，缺失 alsS 基因却显著增强细胞合成乙酸的能力，使其在发酵液中积累量达到 10.45g/L。因此，缺失 alsS 基因可促进过量丙酮酸转向合成乙酸，但胞外乙酸的积累可显著降低发酵液 pH，进而影响菌体的生长性能及其发酵性能。

然而，敲除乙酰乳酸脱羧酶编码基因 alsD 既可切断乙偶姻合成途径，且也不会造成分支链氨基酸和泛酸的缺陷特性，进而有利于提高细胞合成尿苷的能力。与出发菌株 F126-1 相比，缺失 alsD 基因可显著降低细胞合成乙偶姻的能力，使其产量由 50.50g/L 降低至 15.21g/L，且有效抑制工程菌株 F126-1UR2 的生长性能和发酵性能，使其生物量和尿苷产量分别由 54.5g/L 和 8.76g/L 降低至 45.13g/L 和 6.43g/L，并且葡萄糖消耗量由 118.01g/L 减少到 70.70g/L，进而使糖苷转化率由 7.42% 提高到 9.19%（表 5-20）。类似地，在利用 5L 发酵罐扩大培养条件下，缺失 alsD 基因可显著降低工程菌株 F126-1UR2 合成乙偶姻的能力［图 5-46（2）］，使其含量仅为 18.52g/L，但其生物量和尿苷产量也分别降低至 66.3g/L 和 18.32g/L。此外，由于副产物积累量的减少，工程菌株 F126-ΔalsD 消耗甘油的能力也降低，甘油消耗量降低至 212.13g/L，进而导致其糖苷转化率提高至 8.62%。因此，alsD 基因的缺失可通过降低副产物代谢通量以减少葡萄糖的消耗量，从而提高糖苷转化率，但却不能有效改善细胞的生理性能及其合成尿苷的能力，表明该基因对菌株的生理特性是不可缺失的。

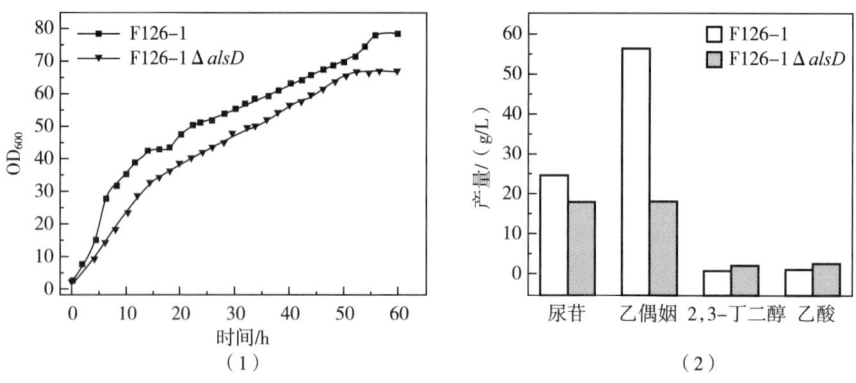

图 5-46 缺失 alsD 基因对重组菌株生物量（1）及其产尿苷能力和副产物产量（2）的影响

（四）过量表达丙酮酸羧化酶对细胞合成尿苷的影响

丙酮酸羧化酶可催化丙酮酸生成草酰乙酸，是三羧酸循环的重要回补反应。其中，草酰乙酸的下游产物是天冬氨酸，而天冬氨酸又是嘧啶核苷的重要前体物，因此过表达丙酮酸羧化酶既可减少丙酮酸的积累，又可增加天冬氨酸的代谢通量。为此，在菌株 F126-1 中性蛋白酶基因 nprE 位点上整合表达 pycA 基因，构建工程菌株 F126-1UR3，并考察不同发酵条件对工程菌株生长特性及其发酵性能的影响。摇瓶发酵结果如表 5-20 所示，与出发菌株 F126-1 相比，过量表达丙酮酸羧化酶可稍微抑制工程菌株 F126-1UR3 的生长性能，使其生物量降低至 51.70，但并不影响细胞合成尿苷的能力（8.03g/L），但其葡萄糖消耗量增加至 123.82g/L，进而导致其糖苷转化率降低至 6.46%，且发酵液中乙偶姻积累量为 45.85g/L。类似地，在 5L 发酵罐的培养条件下，与出发菌株 F126-1 相比，过量表达 pycA 基因可有效抑制工程菌株 F126-1UR3 的生长性能及其发酵性能，使其生物量和尿苷产量分别降低 14.7% 和 25.1%，仅分别为 67.2g/L 和 18.38g/L（图 5-47）。然而，发酵液中乙偶姻、乙酸和 2,3-丁醇等副产物的积累量并无明显变化，分别为 53.22g/L、1.45g/L 和 1.18g/L。因此，过量表达 pycA 基因对菌体的生长性能和产尿苷能力均无明显影响，且不能有效降低副产物——乙偶姻的积累。

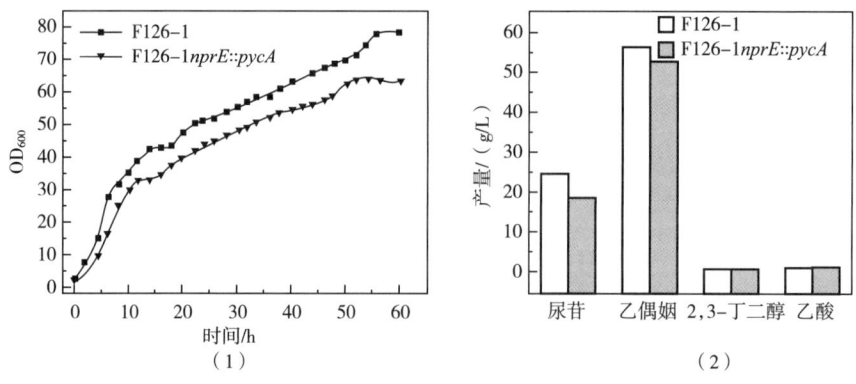

图 5-47 过量表达 pycA 基因对菌体的生长性能（1）和产苷能力（2）的影响

(五) 阻遏尿苷分解途径对细胞合成尿苷的影响

在枯草芽孢杆菌中，由 udk 基因编码的尿苷-胞苷激酶可将尿苷或胞苷磷酸化生成尿苷酸（UMP）或胞苷酸（CMP），是嘧啶核苷酸直接生成嘧啶核苷的可逆反应，而尿苷-胞苷激酶的缺失可提高胞内尿苷的积累。为此，以 F126-1 为出发菌株，通过敲除 udk 基因构建工程菌株 F126-1UR4，并考察阻遏尿苷分解途径对细胞合成尿苷的影响。在摇瓶发酵条件下，与出发菌株 F126-1 相比，敲除 udk 基因对工程菌株 F126-1UR4 的生长性能和产尿苷能力并无明显影响，使其细胞生物量和尿苷产量分别由 54.50g/L 和 8.76g/L 仅提高至 58.43g/L 和 9.07g/L。然而，葡萄糖消耗量却提高至 122.95g/L，导致尿苷的糖苷转化率仍略微降低至 7.32%，且发酵液中副产物——乙偶姻的积累量由 50.5g/L 降低至 47.16g/L（表5-20）。然而，在 5L 发酵罐扩大培养条件下，与出发菌株 F126-1 相比，工程菌株 F126-1UR4 细胞生物量、尿苷产量及糖苷转化率均有所降低，分别降低至 72.3g/L、23.68g/L 和 10.93%（图5-48），但其发酵液中乙偶姻、乙酸和 2,3-丁二醇等副产物积累量均无明显变化，仍分别为 52.56、2.18 和 1.56g/L。因此，缺失 udk 基因并不能有效提高细胞合成尿苷的能力。

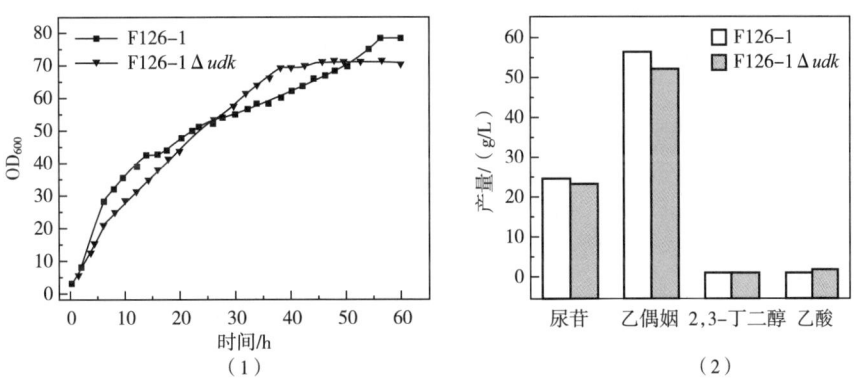

图 5-48 在 5L 发酵罐培养条件下，敲除 udk 基因对工程菌株 F126-1UR4 生物量（1）和产尿苷能力及副产物产量（2）的影响

(六) 失活鸟氨酸氨甲酰转移酶对细胞合成尿苷的影响

在枯草芽孢杆菌中，氨甲酰磷酸除参与嘧啶核苷的代谢合成，还参与精氨酸的代谢合成。在精氨酸合成代谢途径中，argF 基因编码的鸟氨酸氨甲酰转移酶可催化氨甲酰磷酸和鸟氨酸生成瓜氨酸，并进一步代谢生成精氨酸。因此，缺失 argF 基因可推动更多氨甲酰磷酸流量进入嘧啶核苷代谢途径，而精氨酸的减少可减轻对氨甲酰磷酸合成酶A的反馈抑制作用，进而促进氨甲酰磷酸的合成。此外，过量积累鸟氨酸对氨甲酰磷酸合成酶A有激活作用，促进氨甲酰磷酸的生成，进而提高细胞合成尿苷的产量。为此，以 F126-1 为出发菌株，通过敲除 argF 基因构建工程菌株 F126-1UR5，并考察不同发酵条件对工程菌株生长性能及其发酵性能的影响。

摇瓶发酵结果如表 5-20 所示，与出发菌株 F126-1 相比，敲除 *argF* 基因可显著改善工程菌株 F126-1UR5 的生长性能及其发酵性能，使其生物量（最终 OD_{600}）和尿苷的积累量分别提高了 7.52% 和 42.23%，分别达到 58.60g/L 和 12.46g/L。此外，虽然工程菌株 F126-1UR5 对葡萄糖消耗量增加至 143.46g/L，但其合成乙偶姻的产量却降低了 19.47%，仅为 40.67g/L，进而使糖苷转化率提高至 8.71%。值得注意的是，在 5L 发酵罐培养条件下，工程菌株 F126-1UR5 的最终 OD_{600}、尿苷积累量和甘油消耗量均分别提高至 72.9、28.55 和 232.68g/L，但其积累乙偶姻、2,3-丁二醇和乙酸等副产物的能力降低，发酵液中副产物产量分别降低至 51.91、1.28 和 1.55g/L（图 5-49），进而使得其糖苷转化率增加至 12.31%。因此，缺失 *argF* 基因可将进入精氨酸合成代谢途径的氨甲酰磷酸转变进入嘧啶核苷合成代谢途径，进而有效提高细胞合成尿苷的能力，但却不能大幅度提高尿苷产量。其原因可能是：由于氨甲酰磷酸进入精氨酸代谢途径的代谢通量较小，即便完全阻断精氨酸合成途径也不能显著提高胞内氨甲酰磷酸水平。

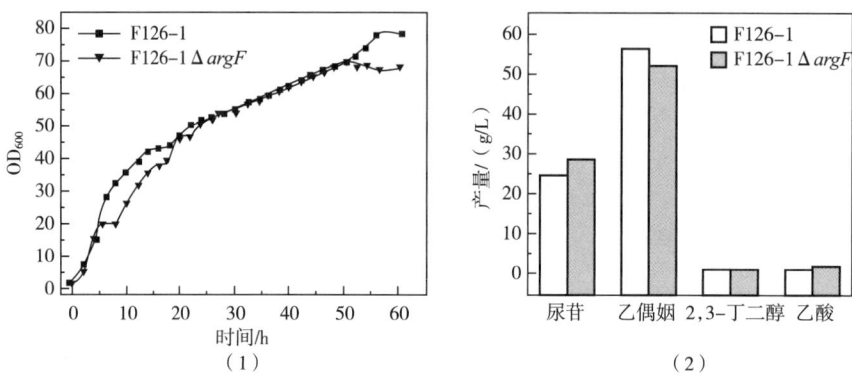

图 5-49　在 5L 发酵罐培养条件下，敲除 *argF* 基因对工程菌株
F126-1UR5 生物量（1）及其产尿苷能力和副产物产量（2）的影响

参考文献

［1］Zhang R, Lin Y. DEG 5.0, a database of essential genes in both prokaryotes and eukaryotes ［J］. Nucleic Acids Res, 2009, 37: D455-D458.

［2］Sauer U, Cameron D C, Bailey J E. Metabolic capacity of *Bacillus subtilis* for the production of purine nucleosides, riboflavin, and folic acid ［J］. Biotechnol Bioeng, 1998, 59 (2): 227-238.

［3］Diesterhaft M D, Freese E. Role of pyruvate carboxylase, phosphoenolpyruvate carboxykinase, and malic enzyme during growth and sporulation of *Bacillus subtilis* ［J］. J Biol Chem, 1973, 248 (17): 6062-6070.

［4］Yoshida K, Kobayashi K, Miwa Y, et al. Combined transcriptome and proteome analysis as a powerful approach to study genes under glucose repression in *Bacillus subtilis* ［J］. Nucleic Acids Res, 2001, 29 (3): 683-692.

［5］Vitreschak A G, Rodionov D A, Mironov A A, et al. Regulation of riboflavin biosynthesis and transport genes in bacteria by transcriptional and translational attenuation [J]. Nucleic Acids Res, 2002, 30 (14): 3141-3151.

[6] Moszer I, Jones L M, Moreira S, et al. Subti List: the reference database for the *Bacillus subtilis* genome [J]. Nucleic Acids Res, 2002, 30 (1): 62-65.

[7] Shi S, Chen T, Zhang Z, et al. Transcriptome analysis guided metabolic engineering of *Bacillus subtilis* for riboflavin production [J]. Metab Eng, 2009, 11 (4-5): 243-252.

[8] Taennler S, Zamboni N, Kiraly C, et al. Screening of *Bacillus subtilis* transposon mutants with altered riboflavin production [J]. Metab Eng, 2008, 10 (5): 216-226.

[9] Weimer S, Priebs J, Kuhlow D, et al. D-glucosamine supplementation extends life span of nematodes and of ageing mice [J]. Nat Commun, 2014, 5: 1-12.

[10] Deng M D, Severson D K, Grund A D, et al. Metabolic engineering of *Escherichia coli* for industrial production of glucosamine and *N*-acetylglucosamine [J]. Metab Eng, 2005, 7 (3): 201-214.

[11] Meyer F M, Gerwig J, Hammer E, et al. Physical interactions between tricarboxylic acid cycle enzymes in *Bacillus subtilis*: evidence for a metabolon [J]. Metab Eng, 2011, 13 (1): 18-27.

[12] Xu P, Gu Q, Wang W, et al. Modular optimization of multi-gene pathways for fatty acids production in *E. coli* [J]. Nat Commun, 2013, 4: 1-8.

[13] Bochkov D V, Sysolyatin S V, Kalashnikov A I, et al. Shikimic acid: review of its analytical, isolation, and purification techniques from plant and microbial sources [J]. Journal of chemical biology, 2012, 5 (1): 5-17.

[14] Draths K M, Knop D R, Frost J W. Shikimic acid and quinic acid: Replacing isolation from plant sources with recombinant microbial biocatalysis [J]. J Am Chem Soc, 1999, 121 (7): 1603-1604.

[15] Ghosh S, Banerjee U C. Generation of *aroE* overexpression mutant of *Bacillus megaterium* for the production of shikimic acid [J]. Microb Cell Fact, 2015, 14: 1-9.

[16] Liao Y H, Xu L Z, Yang S L, et al. Three cyclohexene oxides from *Uvaria grandiflora* [J]. Phytochem, 1997, 45 (4): 729-732.

[17] Bailey J E. Toward a science of metabolic engineering [J]. Science, 1991, 252 (5013): 1668-1675.

[18] Davis B D, Mingioli E S. Aromatic biosynthesis. VII. Accumulation of two derivatives of shikimic acid by bacterial mutants [J]. J Bacteriol, 1953, 66 (2): 129-136.

[19] Ghosh S, Chisti Y, Banerjee U C. Production of shikimic acid [J]. Biotechnol Adv, 2012, 30 (6): 1425-1431.

[20] Escalante A, Calderon R, Valdivia A, et al. Metabolic engineering for the production of shikimic acid in an evolved *Escherichia coli* strain lacking the phosphoenolpyruvate: Carbohydrate phosphotransferase system [J]. Microb Cell Fact, 2010, 9: 1-12.

[21] Flores S, Gosset G, Flores N, et al. Analysis of carbon metabolism in *Escherichia coli* strains with an inactive phosphotransferase system by ^{13}C labeling and NMR spectroscopy [J]. Metab Eng, 2002, 4 (2): 124-137.

[22] Ren C, Chen T, Zhang J, et al. An evolved xylose transporter from *Zymomonas mobilis* enhances sugar transport in *Escherichia coli* [J]. Microb Cell Fact, 2009, 8: 1-9.

[23] Knop D R, Draths K M, Chandran S S, et al. Hydroaromatic equilibration during biosynthesis of shikimic acid [J]. J Am Chem Soc, 2001, 123 (42): 10173-10182.

[24] Shi A, Zhu X, Lu J, et al. Activating transhydrogenase and NAD kinase in combination for improving isobutanol production [J]. Metab Eng, 2013, 16: 1-10.

[25] Majewski R A, Domach M M. Simple constrained-optimization view of acetate overflow in *E. coli* [J]. Biotechnol Bioeng, 1990, 35 (7): 732-738.

[26] 毕心宇. 枯草芽孢杆菌数字细胞模型的设计、构建及应用 [D]. 无锡: 江南大学, 2024.

[27] 尤甲甲. 代谢工程改造枯草芽孢杆菌高效合成核黄素 [D]. 无锡: 江南大学, 2021.

[28] 李杨. 基因组简化枯草芽孢杆菌的构建及应用 [D]. 天津: 天津大学, 2017.

[29] 刘延峰. 代谢工程改造枯草芽孢杆菌高效合成 N-乙酰氨基葡萄糖 [D]. 无锡: 江南大学, 2015.

[30] 刘东风. 产莽草酸枯草芽孢胞杆菌代谢工程改造及代谢流分析 [D]. 合肥: 中国科学技术大学, 2014.

[31] 袁辉. 代谢工程改造枯草芽孢杆菌生产尿苷的研究 [D]. 天津: 天津科技大学, 2017.

第六章 代谢工程改造光滑球拟酵母生产食品添加剂

第一节 光滑球拟酵母基因组规模代谢网络模型及其生理特性解析

一、光滑球拟酵母生理特性

光滑球拟酵母（*Candida glabrata* 或 *Torulopsis glabrata*）属于酵母科和念珠菌属，是一种与模式真菌 *S. cerevisiae* 亲缘关系很近的非模式酵母，能够大量积累丙酮酸，已然作为丙酮酸工业化生产菌株。作为糖酵解代谢终产物，丙酮酸可作为其他高附加值代谢产物（富马酸、苹果酸、α-酮戊二酸及 3-羟基丁酮）的前体物质。此外，*C. glabrata* CCTCC M202019 还具有独特的生理特性，主要表现在：①作为硫胺素、烟酸、生物素和吡哆醇等四种维生素的缺陷型菌株，*C. glabrata* 能将胞内碳代谢流量汇聚于丙酮酸代谢节点，为各化学品提供充足的前体物质。②*C. glabrata* 与模式生物酿酒酵母最为接近，可选择类似的基因操作手段。③作为单倍体，且具有铜抗性、高耐氧、酸及渗透压胁迫能力以及多重抗生素抗性等独特生理特性，易实现基因敲除或过量表达等分子生物学操作。④利用辅因子水平可简单有效地调控胞内丙酮酸代谢流向及其流量。⑤具有耐酸、高浓度葡萄糖及高渗透压等强环境鲁棒性。⑥随着全基因组测序、GSMM 及基因功能注释的完成，*C. glabrata* 具有清晰、完善的生理遗传信息，能够从基因、酶、代谢产物、代谢反应、代谢网络及生长表型等不同层面上全面解析 *C. glabrata* 生理功能，为发展代谢工程策略提供有效的研究工具和方法。

因此，基于其独特生理特性和在工业生物技术中的应用，*C. glabrata* 已成为非传统酵母领域的研究热点，如果能够实现胞内丙酮酸代谢节点的开流和调控其代谢流量的定向分布，将会大幅拓宽 *C. glabrata* 在工业生物技术中的应用，为开发精细化学品细胞工厂打下坚实基础（图 6-1）。

二、光滑球拟酵母 CCTCC M202019 全基因组测序与特征分析

2004 年，第一株 *C. glabrata* CBS138 全基因组被测序，与 *C. glabrata* CCTCC M202019 生态位不同，菌株 CBS138 是从人类粪便或黏膜中分离获得的世界第二大条件致病性真菌。与 CBS138 具有黏附性、药物抗性、强耐酸性等特性而引发泌尿生殖道和血液感染相比，M202019 菌株尚未有其相关毒性的研究报道，其原因为：由于生长环境和进化过程的差

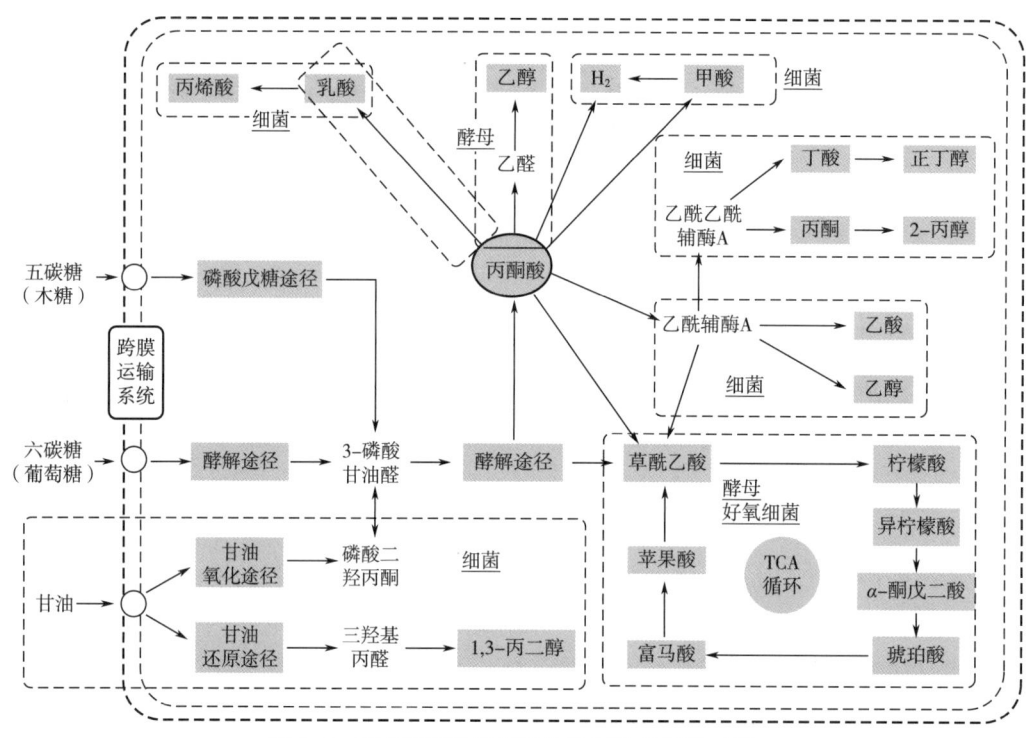

图 6-1 部分精细化学品微生物制造的细胞工厂

异,导致菌株 CBS138 和 M202019 的生理特性和代谢性能具有显著差异性。为此,在利用高通量测序流程完成 M202019 全基因组测序和基因功能解析的基础上,借助功能基因组比较和单核苷酸多态性检测等策略,可解析菌株 CBS138 和 M202019 在丙酮酸代谢和黏附性上的差异,进一步比较分析相关基因的功能、分类和结构。

(一) 光滑球拟酵母 *C. glabrata* CCTCC M202019 全基因组测序及其特征

基于二代测序平台 Illumina Solexa HiSeq 2000 实现对菌株 M202019 的全基因组测序。结果如表 6-1 所示,菌株 M202019 基因组约为 12.1Mb,平均 GC 含量为 38.47%。其中,高质量片段被组装成 111 个重叠群和 74 个骨架序列,重叠群和骨架序列 N50 大小分别为 659495bp 和 775409bp。此外,在预测的 5345 个基因中,3088 个基因有 KOG 分类、4788 个基因有 GO 注释、961 个基因有酶号;同时,还注释出 191 个 tRNA 和 6 个 rRNA。值得注意的是,菌株 M202019 的重复序列占基因组的 1.15%,包括 16 个短散布元件(SINE,1673bp)、11 个未分类的散布元件(11449bp)、2644 个简单重复序列(121642bp)、365 个低复杂度元件(17220bp)和 2 个长末端重复序列(LTR)。

表 6-1　　　　　　　　　　*C. glabrata* CCTCC M202019 基因组的基本特征

总体特征		基因注释特征	
基因组大小/Mb	12.1	编码蛋白	5345
GC 含量/%	38.47	tRNA 基因	191

续表

总体特征		基因注释特征	
重叠群数目	111	rRNA 基因	6
重叠群 N50/bP	659495	有 EC 号基因	961
骨架序列数目	74	有 GO 分类基因	4788
骨架序列 N50/bp	775409	有 KOG 分类基因	3088
重复序列占基因组的比例/%	1.15		

（二）菌株 M202019 和 CBS138 的比较基因组分析

从 GO 和 KOG 的功能基因组、基因同源性比较和单核苷酸多态性检测等方面分别对菌株 M202019 和 CBS138 的基因组进行比较。其中，GO 注释发现：2792 个 GO 分类共存于两菌，独有的 GO 类别分别为 37 个和 24 个；而 KOG 注释发现：2301 个 KOG 分类共存于两菌，独有的 KOG 类别分别为 188 个和 63 个。同时，以菌株 M202019 和 CBS138 互为参考基因组，一致性基因分别占两菌基因总数的 94.6% 和 95.6%，而不一致性基因大致分为：①与参考基因组相似性大于 90%：M202019 中 275 个基因和 CBS138 中 159 个基因；②与参考基因组相似性低于 90%：M202019 中 16 个基因和 CBS138 中 43 个基因，该类型中 74.3% 的基因具有黏附性功能；③12 个 CBS138 的独有基因属于黏附家族或具有基因信息处理功能，而 M202019 的独有基因编码 1,5-二磷酸核酮糖羧化酶/加氧酶。因此，与 CBS138 基因组相比，M202019 有 205 个 SNPs 突变位点，分布在 13 条染色体上。其中，144 个 SNPs 位点位于 51 个基因的编码区，主要参与细胞黏附（22.9%）、中心碳代谢（22.9%）和非代谢细胞过程（45.7%）等功能，其余 SNPs 位于 25 个基因的调控区。因此，基于多方面的比较基因组学，表明两种 *C. glabrata* 菌株具有高度相似性，而有限数量的遗传突变可能与特定表型的差异性相关。

（三）光滑球拟酵母 M202019 高产丙酮酸的基因特征

基于 M202019 和 CBS138 的比较基因组分析，部分差异基因主要集中在中心碳代谢，具体包括（表 6-2）：①营养物质和代谢产物的转运蛋白，包括葡萄糖转运子、与丙酮酸代谢相关的辅因子和烟酸转运子、其他代谢副产物转运子、二元羧酸的线粒体与胞质间转运子等。②丙酮醛降解途径中依赖于 NADPH 的丙酮醛还原酶。③氧化磷酸化，包括细胞色素 C 氧化酶、细胞色素 C 还原酶和 F-型 ATP 酶。此外，参与电子传递链复合体Ⅳ组装和生物合成的 *pet*309 和 *CAGL0A04389g* 的突变，可有效影响还原力的传递和能量的产生。④影响丙酮酸下游代谢中生物素蛋白连接酶、乙酸形成中乙酰 CoA 水解酶和氮代谢中谷氨酸合成酶。因此，由于丙酮酸代谢途径中基因的差异性，导致菌株 M202019 具备更为优良的丙酮酸生产能力。

表 6-2　　　　　　　　　　与 *C. glabrata* 丙酮酸生产相关的基因

代谢亚系统	功能	基因
转运	转运葡萄糖	*hxt3* 和 *hxt 4/6/7*
	转运烟酸	*trn1* 和 *trn2*
	转运乙酸	*CAGL0M03465g*
	转运二元羧酸	*CAGL0J04114g*
丙酮酸合成	降解丙酮醛	*CAGL0E05170g*
氧化磷酸化	氧化细胞色素 C	*cox1*、*cox2*、*cox7a*、*cox7c* 和 *cox 17*
	还原细胞色素 C	*cytb* 和 *ocr10*
	合成 ATP	*atp8*、*j* 和 *k*
	合成 ETC 复合体Ⅳ	*pet309* 和 *CAGL0A04389g*
下游代谢	水解乙酰 CoA	*ach1* 和 *gln1*
	合成谷氨酸	*glt1*
	连接生物素至受体蛋白	*CAGL0I03806g*

(四) 光滑球拟酵母与黏附性相关的基因特征

1. 光滑球拟酵母 M202019 中凝集素蛋白的预测和分类

除中心碳代谢外，菌株 M202019 和 CBS138 基因差异还体现在黏附性代谢上。对 M202019 利用 FungalRV 和 Faapred 分别预测获得 85 个和 88 个真菌凝集素蛋白（图 6-2）。在此基础上，通过对交集的 72 个基因的结构分析，发现总共 49 个基因具有典型的凝集素蛋白结构，包含磷脂酰肌醇锚蛋白（GPI anchor）、低复杂度丝氨酸（S）/苏氨酸（T）重复序列度重复序列、保守的（V）SHITT/TTVVT 氨基酸模体、菌丝调节胞壁蛋白（Hyphal_reg_CWP）、PA14 及其类似的结构域、Flocculin 重复序列中任意一种（M202019 中假定的凝集素蛋白）。

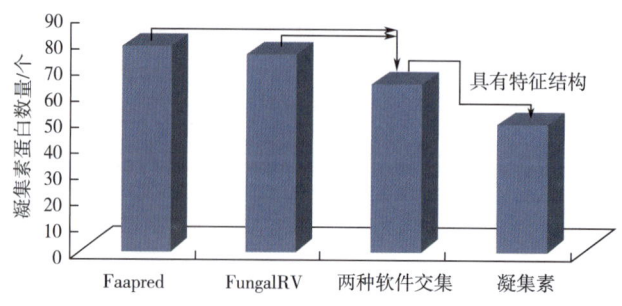

图 6-2　菌株 *C. glabrata* CCTCC M202019 中凝集素蛋白的预测

此外，根据 N 端结构特征可将 49 个蛋白分为 7 种亚类型，且与 CBS138 的凝集素蛋白分类一致（图 6-3）。其中，最大亚群（Ⅰ）包含 14 个蛋白，与其同源关系最近的亚群（Ⅱ）包含 6 个蛋白，且此两类凝集素蛋白都具有保守的 PA14 结构域，而 g4656、g835 和 g3240 还具有 Hyphal_reg_CWP 和凝聚蛋白结构。此外，亚群（Ⅳ）中 3 个蛋白包含磷脂酰肌醇锚蛋白，而亚群（Ⅴ）和（Ⅵ）蛋白均具有 Hyphal_reg_CWP 结构，表明此两类功能具有相似性。值得注意的是，亚群（Ⅲ）和（Ⅶ）均没有明显的特征性结构域，只有低复杂度重复序列，而保守重复序列（Ⅴ）SHITT 和 TTVVT 可分布在大多数亚群中（Ⅰ、Ⅲ、Ⅳ、Ⅴ）。

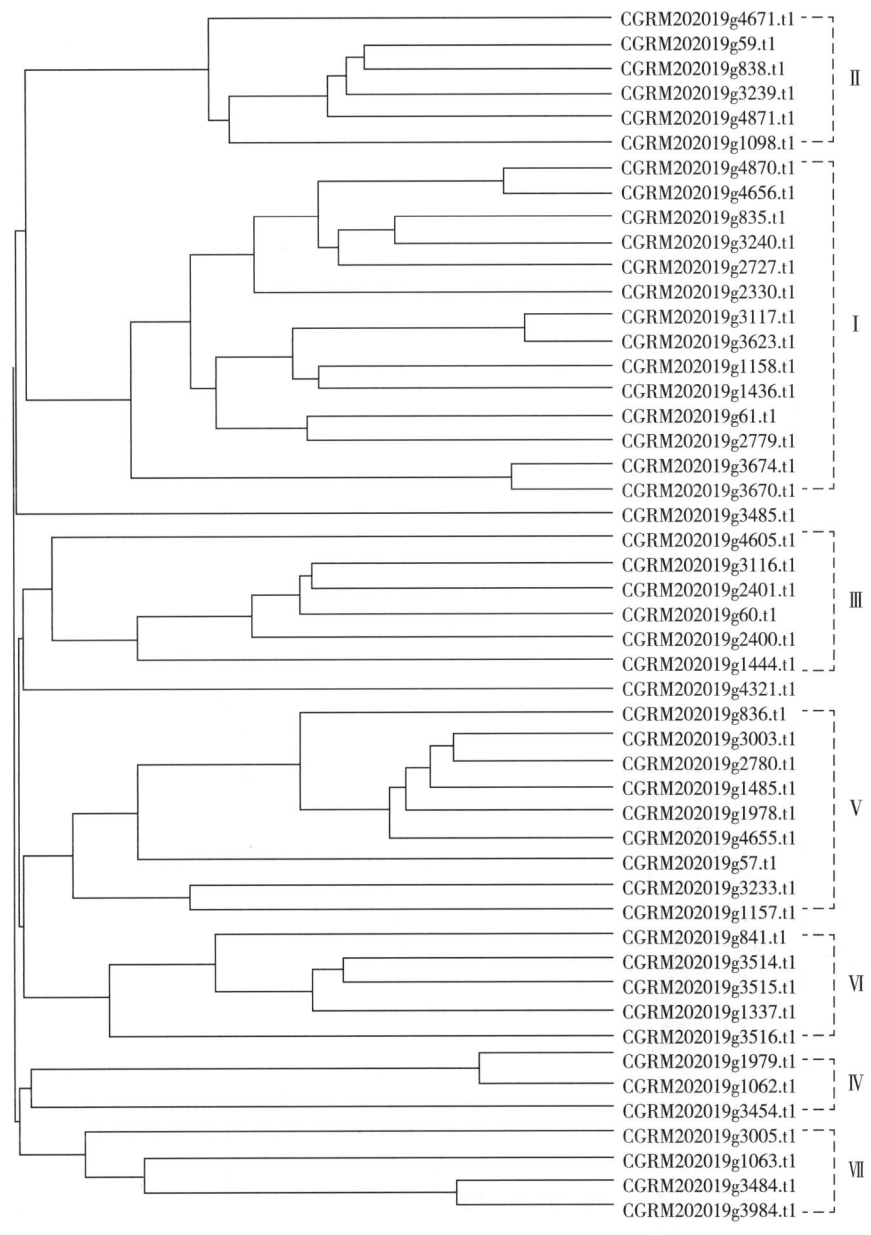

图 6-3　菌株 *C. glabrata* CCTCC M202019 中凝集素蛋白亚家族的分类

2. 光滑球拟酵母凝集素蛋白结构的变异分析

在菌株 *C. glabrata* CBS138 中，只有 6 个凝集素蛋白与 M202019 完全一致，其余 54 个假定蛋白和 12 个假基因均发生变异。其中，54 个假定蛋白中 47 个突变位点均发生在富含 S/T 低复杂度重复序列中，而串联重复序列的突变和减少易导致凝集素的 N 末端效应物结构域被包埋在细胞壁中，进而降低蛋白的吸附性。与低复杂度重复序列相比，其他结构区域的突变频次较低，包括 *CAGL0E06688g* 的 PA14 区域、*CAGL0I07293g* 和 *CAGL0I00220g* 的 Flocculin 重复序列、*CAGL0J02530g* 和 *CAGL0F09273g* 的 Hyphal_reg_CWP 及 *CAGL0L09911g*、*CAGL0L00157g* 和 *CAGL0H10626g* 的磷脂酰肌醇锚定蛋白，表明此类功能区域对 *C. glabrata* 的黏附性十分重要。然而，上述四种凝集素蛋白功能性结构域在菌株 M202019 基因组中均发生突变或缺失，进而降低细胞的吸附性能。

（五）光滑球拟酵母 M202019 的安全性评价

一般来说，菌体致病性与其在哥伦比亚血板上的生长能力成正比。为此，通过观察 *C. albicans* SC5314、*S. cerevisiae* BY4742、*C. glabrata* CCTCC M202019 和 *C. glabrata* CBS138 在哥伦比亚血板上的生长情况，比较分析不同菌株的致病性。结果如图 6-4（1）所示，高致病性 *C. albicans* 生长能力最强，而 M202019 和 *S. cerevisiae* 生长最弱，表明菌株 M202019 毒性显著低于 CBS138，且更具生物安全性。此外，黏附素基因编码的凝集素可介导 *C. glabrata* 的黏附性，而编码糖基磷脂酰肌醇锚定的细胞壁蛋白可共价结合到细胞壁糖复合物上。为此，通过考察不同菌种对内皮细胞和对 96 孔微孔培养板的黏附性以检测菌株的致病性潜力［图 6-4（2）］。其中，CBS138 黏附内皮细胞的数目最多，黏附率高达 33%，其次为高毒性 *C. albicans* SC5314，而 M202019 对内皮细胞的黏附率仅为 15%，无毒性 *S. cerevisiae* 几乎不会黏附细胞。此外，基于 96 微孔培养板的黏附性结果，发现黏附能力的顺序为：*C. glabrata* CBS138、*C. albicans* SC5314、*C. glabrata* CCTCC M202019（较菌株 CBS138 下降了 63.6%）和 *S. cerevisiae*（接近 0）。因此，*C. glabrata* 对生物和非生物材料均具有黏附性，其中菌株 M202019 的黏附能力仅为 CBS138 的 40%~50%。

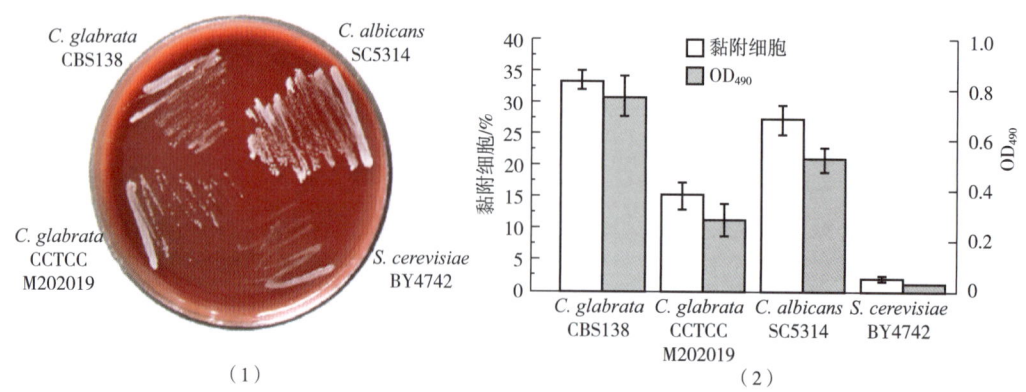

图 6-4　菌株 *C. albicans* SC5314、*S. cerevisiae* BY4742、
C. glabrata CCTCC M202019 和 *C. glabrata* CBS138 的毒性和黏附性测试实验

（1）不同菌在哥伦比亚血板上的生长情况；（2）不同菌种对内皮细胞和对 96 孔微孔培养板的黏附情况

三、光滑球拟酵母基因组规模代谢网络模型 iNX804 的构建与应用

近年来，随着大量微生物全基因组测序的完成及高通量组学数据的积聚，基因组规模代谢网络模型（GSMMs）作为一种综合分析微生物生理功能的模型框架，逐渐成为定量、系统解析微生物生理功能、代谢特性的重要平台。目前，GSMMs 技术已广泛应用于 *S. cerevisiae* 和 *E. coli* 等模式微生物中，成功预测大规模敲除实验数据和改造 *E. coli* 生产缬氨酸等相关研究。为此，基于全基因组序列构建 GSMMs，将有助于系统理解 *C. glabrata* 的生理代谢功能。

（一）光滑球拟酵母基因组规模代谢网络模型 iNX804 的构建和特征分析

1. 模型 iNX804 的构建流程

构建 *C. glabrata* 的 GSMM 包括三个步骤（图 6-5）：① 粗模型的搭建。利用 KEGG converter 自动获得与 *C. glabrata* 代谢相关的 1146 个反应；利用 KAAS 工具获得 2036 个基因催化的 1802 个反应；利用与 *S. cerevisiae* iMM904、*A. niger* iMA871 和 *P. pastoris* PpaMBEL1254 同源比对得到包含 704 个基因、1118 个反应和 1344 个代谢物的 *C. glabrata* 代谢粗模型。在此基础上，通过整合上述三种来源得到 784 个基因、1265 个反应和 1544 个代谢物的粗模型。② 模型的修正和精细化。通过对模型中基因、反应、代谢物、EC 号、代

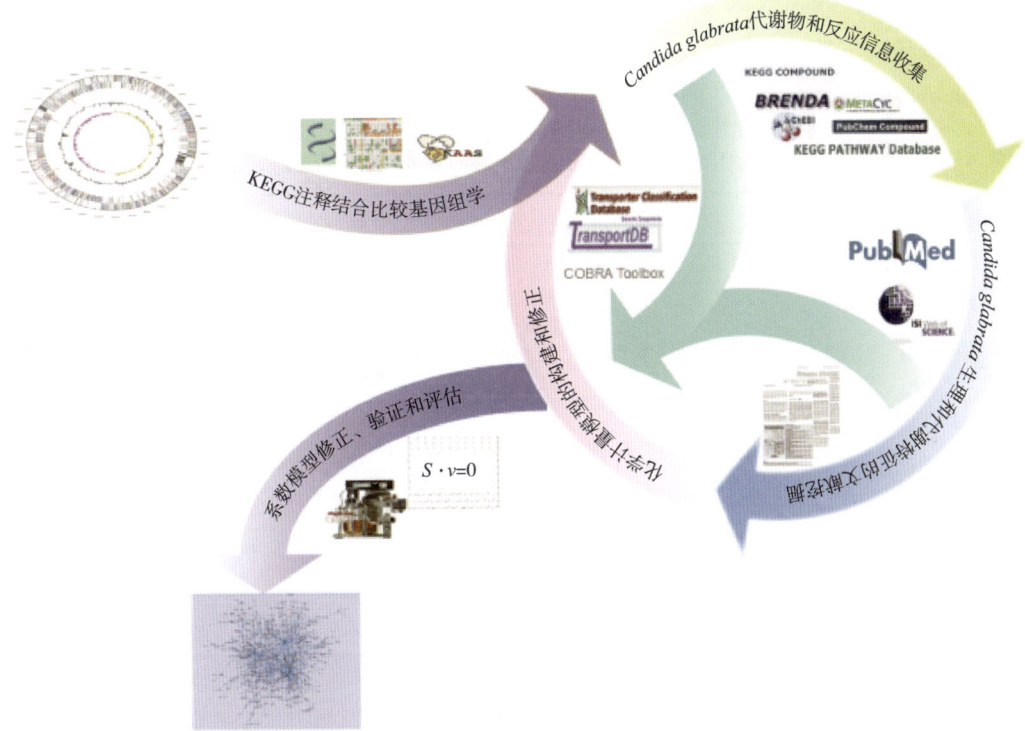

图 6-5 光滑球拟酵母基因组规模代谢模型的重建过程

谢途径等内容逐一修正、补充,并结合文献挖掘,共获得 83 个有 EC 号的生化反应,其中 40 个反应已存在于粗模型中,另 43 个反应被添加到模型中,包括海藻糖和葡萄糖等碳源转运、NADH 的合成和麦角固醇的合成等。③填补代谢漏洞以调试模拟"生长"。综合文献报道和湿实验结果确定 C. glabrata 生物量组分为 4% DNA、6.3% RNA、54%蛋白质、5.4%脂质、40%碳水化合物和 0.9%小分子,并运用 Matlab 平台 Cobra 工具箱,进行模型调试和模拟。

2. 模型 iNX804 的基本特征

光滑球拟酵母基因组规模代谢网络模型 iNX804 包含 917 个基因、1287 个反应和 1024 个代谢物,分布在 6 个细胞区间:细胞质、线粒体、过氧化物酶体、细胞外、高尔基体和液泡。此外,模型 iNX804 共包括 630 种独立代谢物,其中 92%在细胞质中,细胞质和其他区间的物质交换依靠 217 个转运反应完成(表 6-3)。值得注意的是,细胞质、线粒体、过氧化物酶体和胞外等四个区间占总模型反应的 96%,虽只有 4%反应存在于高尔基体和液泡中,但却对细胞生长和代谢具有重要的作用。例如,在高尔基体中以 GDP-α-D-甘露糖为底物形成的细胞壁甘露糖蛋白,与 C. glabrata 抗真菌性能密切相关。此外,与其他丙酮酸生产菌种——S. cerevisiae 和 E. coli 的 GSMMs 相比,发现(图 6-6):①三个模型(iNX804、iMM904、iAF1260)中带注释的 ORF 覆盖率的比例分别为 15.4%、13.7%、28.6%;②三个模型[不考虑 tRNA-charging(tRNA 充电)和细胞壁合成代谢]包含独立代谢物数目分别是 597、664 和 900;③三个模型中氨基酸、核苷酸、辅因子和能量代谢的化合物具有高度一致性;④iMM904 中参与丙酮酸代谢的化合物是其在 iNX804 中的子集,表明 C. glabrata 具有更丰富的丙酮酸代谢途径。

表 6-3　　模型 iNX804 中各个区间的反应、代谢物和基因分布

细胞器	反应	代谢物	基因
细胞质	645	579	523
线粒体	165	238	154
胞外区间	216	108	82
过氧化物酶体	39	62	32
高尔基体	2	12	2
液泡	3	25	3
交换空间	217	-	121
合计	1287	1024	917

(二)模型 iNX804 的准确性评价

根据 C. glabrata 在 60 种唯一碳、氮源培养基中生长实验和丙酮酸发酵实验,分别对模型 iNX804 预测能力进行定性和定量的评估,结果表明:在细胞表型和流量分配上,

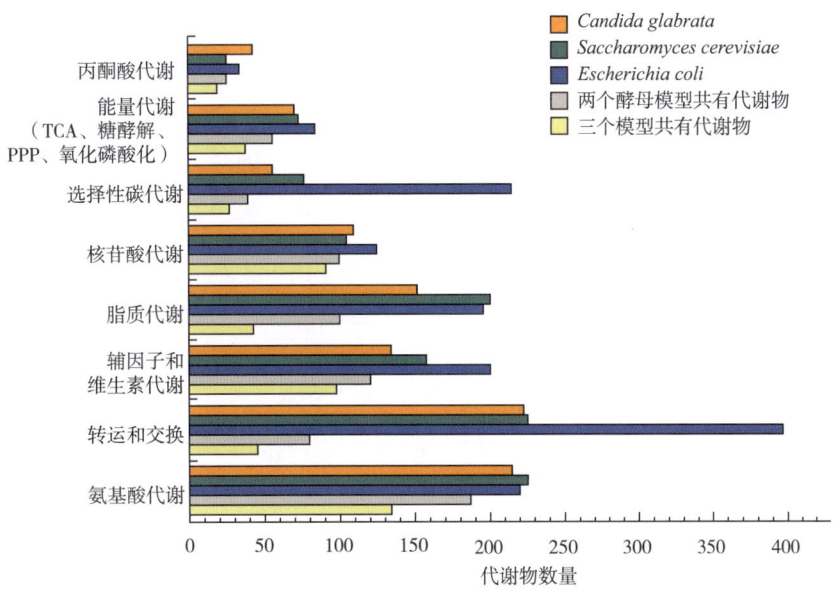

图 6-6　三种丙酮酸典型生产微生物的 GSMMs 中代谢物分布

FBA（flux balance analysis）结果与实验数据基本一致，表明模型 iNX804 能够表征 *C. glabrata* 的生理代谢功能。此外，基于模型 iNX804 利用 FBA 模拟 *C. glabrata* 在 40 种碳源中的生长情况，在消除模型调试中不一致情况的条件下，模拟结果与实验结果具有 95% 的一致性。例如，*C. glabrata* 不能以苏氨酸和天冬酰胺为唯一碳源生长，但模拟结果却为"细胞生长"，其原因可能是化学计量模型 iNX804 缺少调控机制。因此，模型 iNX804 能够预测各种碳源的代谢路径，如糖类、氨基酸、醇类和羧酸等。在 15 种糖类作为碳源的测试中，11 种糖类由于缺失相关转运蛋白或代谢酶，而不能作为唯一碳源支持细胞生长；另外四种（葡萄糖、海藻糖、甘露糖、果糖）可维持细胞生长，表明 *C. glabrata* 的碳源利用谱相对较窄。此外，基于模型 iNX804 模拟 *C. glabrata* 在 20 种唯一氮源（18 种氨基酸、铵盐和尿素）合成培养基中的生长情况，发现：① 模型模拟和实验值完全一致；② 三种芳香族氨基酸均能作为 *C. glabrata* 的唯一氮源；③ 发酵实验证实 *C. glabrata* 能够利用组氨酸生长，而 *C. glabrata* 基因组却没有注释出相关代谢的功能基因，表明模型 iNX804 中组氨酸代谢反应提取源于 *B. subtilis* 的 GSMM；④ 20 种氮源中仅赖氨酸和半胱氨酸不能支持 *C. glabrata* 生长。

此外，为定量评价模型 iNX804 的准确性，以文献中 *C. glabrata* 对数生长中期发酵参数为计算数据，在葡萄糖摄取率（GUR）、氧摄取率（OUR）、二氧化碳释放率（CER）、丙酮酸生产率（PPR）、乙醇生产率（EPR）和甘油生产率（glycerol production rate，GPR）为可行性解空间的约束下，模拟细胞生长，发现：模拟的生长速率与实验中生长速率具有高度一致性，表明模型 iNX804 能够较好反映 *C. glabrata* 的生理代谢功能（表 6-4）。

表 6-4　不同实验条件下光滑球拟酵母模拟值和发酵数据的比较分析

约束条件/[mmol/(gCDW·h)]						生长速率/h^{-1}	
GUR	OUR	CER	PPR	EPR	GPR	实验值	模拟值
4.15	13.61	10.02	0.74	0.36	—	0.31	0.32
6.43	21.77	9.37	0.54	5.15	—	0.44	0.44
8.71	14.31	10.04	2.84	6.81	—	0.40	0.42
11.02	6.31	18.93	0.007	18.33	1.62	0.12	0.13

（三）光滑球拟酵母生长必需基因的分析

利用单基因敲除工具，分别对 C. glabrata 在全合成培养基（M1）和类血清培养基（M2）中必需基因进行预测，结果发现：

（1）在不同培养基上生长必需基因数量不同，如 M1 上为 130 个、M2 上为 74 个，分别占 iNX804 基因数的 16.1% 和 9.2%。

（2）M2 上必需基因是 M1 上的子集。

（3）根据 KEGG 代谢亚系统分类，发现大多数必需基因参与氨基酸、辅因子、核苷酸和脂类代谢，而能量代谢中必需基因较少。

（4）单基因敲除模拟实验结果与文献中 C. glabrata 药物靶点完全一致，表明模型 iNX804 能够准确预测杀菌、抑菌的药物靶点。例如，固醇生物合成途径中法呢基二磷酸法呢基转移酶（CAGL0M07095g）和 1,4-α-甲基固醇脱甲基酶（CAGL0E04334g）是唑类抗真菌药物的靶酶，模拟结果显示此两基因在 M1 是必需而在 M2 中是非必需，其原因是 M2 中添加了麦角固醇类物质。

（四）基于模型 iNX804 对细胞生理性能的解析和优化

1. 光滑球拟酵母高产丙酮酸的 GSMMs 解析

如图 6-7 所示，基于模型 iNX804 解析 C. glabrata 高产丙酮酸的生理机制，主要包括：

（1）C. glabrata 细胞膜上具有 16 个葡萄糖转运蛋白，其中 CAGL0C01771g、CAGL0M01672g 和 CAGL0K12716g 已被基因表达谱数据证实，且 C. glabrata 对葡萄糖的亲和力是 S. cerevisiae 的 2~10 倍。

（2）C. glabrata 具有 3 条由葡萄糖到丙酮酸的代谢途径：①糖酵解途径（Embden-Meyerhof-Parnas pathway，EMP），由约 40 个蛋白编码基因组成；②磷酸戊糖途径（pentose phosphate pathway，PPP），由近 30 个蛋白编码基因组成；③丙酮醛降解途径，由 15 个左右的蛋白编码基因组成，该途径的注释打破了丙酮酸合成仅与糖酵解和磷酸戊糖途径相关的限制。

（3）调控丙酮酸降解的辅酶[维生素 B_6、维生素 B_1、烟酸（NA）和生物素（Bio）]合成途径受阻。

因此，在模型 iNX804 中，C. glabrata 不能利用 D-3-磷酸甘油醛和 D-5-磷酸核酮糖等中心碳代谢途径化合物合成 5-磷酸-吡哆醛；不能从嘧啶代谢和半胱氨酸代谢合成二磷酸硫胺素；不能利用喹啉酸合成烟酸 D-核糖核苷酸；且 C. glabrata 完全缺失生物素合成途径。

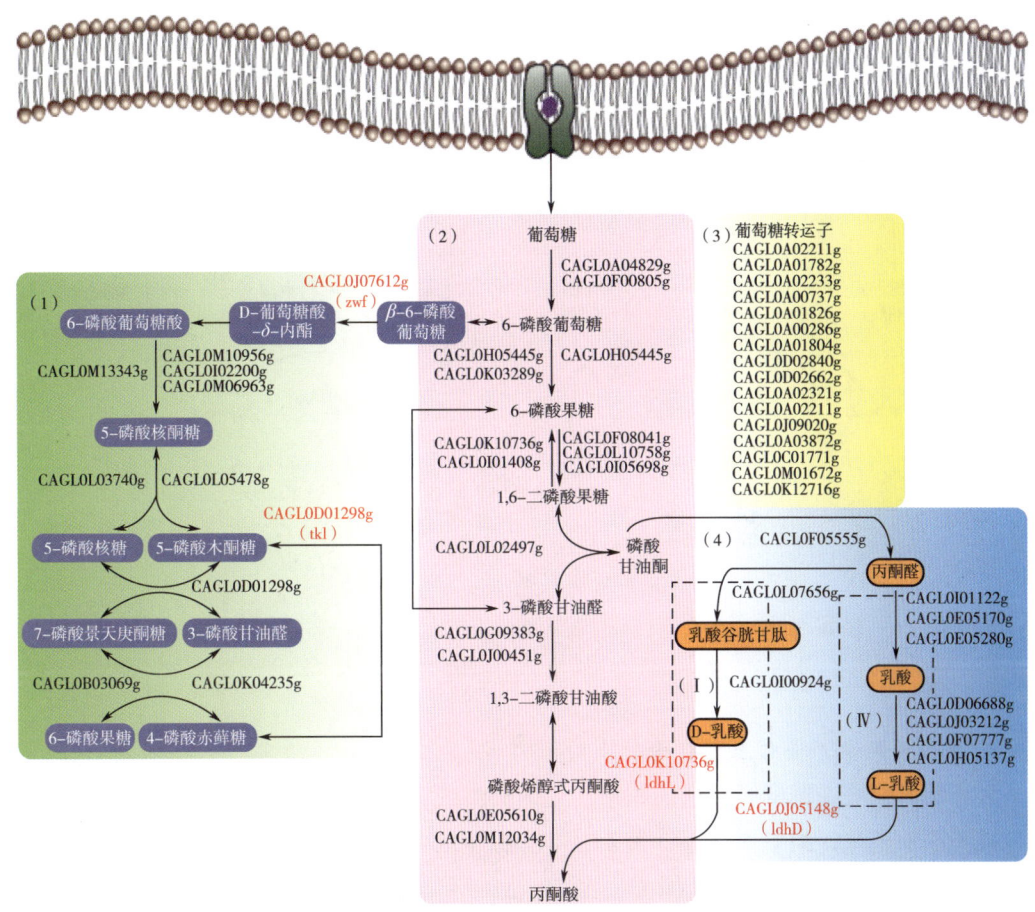

图 6-7　光滑球拟酵母中丙酮酸合成途径
(1) 磷酸戊糖途径；(2) 糖酵解途径；(3) 丙酮醛降解途径

2. 丙酮酸生产过程中胞内碳代谢流的分布

基于模型 $iNX804$ 和 FBA，模拟分析 C. glabrata 在细胞生长阶段 [图 6-8 (1)] 和丙酮酸形成阶段 [图 6-8 (2)] 三条丙酮酸合成途径的碳流分布情况，发现流量分布的模拟值与文献值高度吻合，再次证明模型 $iNX804$ 的准确性。总体而言，在细胞生长阶段和丙酮酸合成阶段，来源于葡萄糖的碳流主要进入 EMP 途径，而 PPP 和 TCA 循环中流量较少，丙酮醛途径中没有流量。其中，在生长阶段，33.3%碳流量通过 EMP 途径流向乙醇，10%流向丙酮酸；而在丙酮酸形成阶段，92.5%碳流量从葡萄糖经过 EMP 途径合成丙酮酸，且没有乙醇的合成。

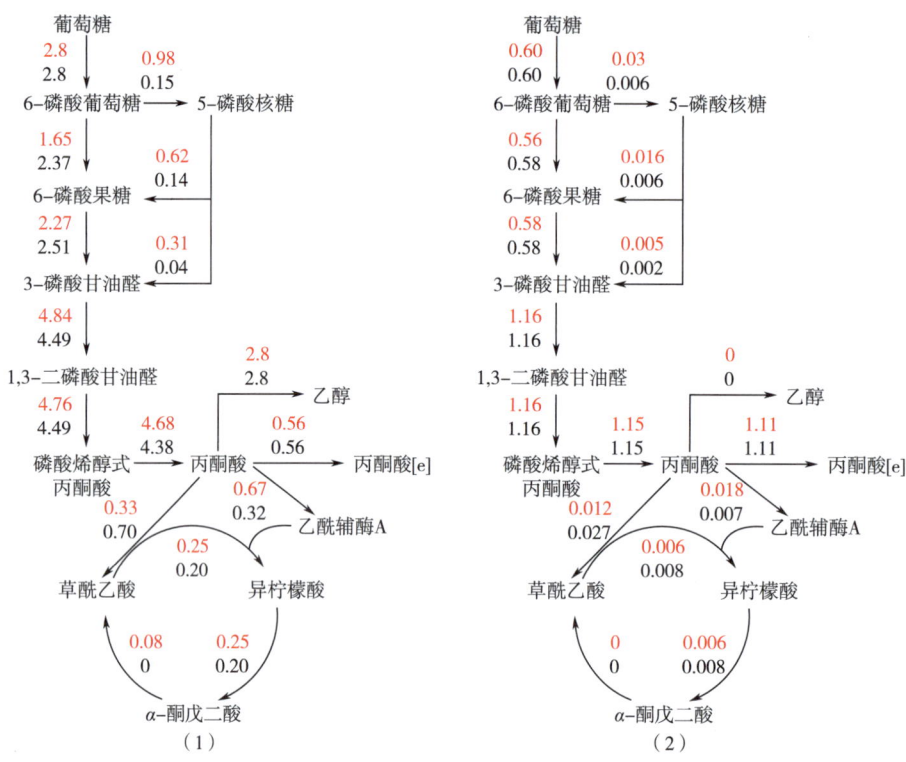

图 6-8 中心碳代谢模型预测和文献报道中代谢流分布的比较分析
(1) 细胞生长阶段；(2) 丙酮酸形成阶段

3. 提高丙酮酸产量的基因敲除靶点的预测

为增强丙酮酸在糖酵解途径的积累，选择丙酮酸三条合成途径连接点处的非必需基因作为模拟敲除靶点。结果如表 6-5 所示，非必需基因的缺失对细胞生长并无影响，但却显著影响丙酮酸和乙醇的生成。例如，Δzwf、Δtkl 和 $\Delta zwf\Delta tkl$ 的敲除模拟可阻断 PPP 和 EMP 的连接，单独敲除 zwf 或 tkl 可使 C. glabrata 仅产生乙醇而不积累丙酮酸；而同时敲除 zwf 和 tkl 可使丙酮酸产生速率比对照组提高 27.8%。然而，三种模拟敲除均可减少由 PPP 产生的 NADPH，但胞内 NADPH 水平可由 TCA 循环中异柠檬酸脱氢酶催化的反应弥补。类似地，C. glabrata 的 ldhL 和 ldhD 基因双敲除菌株可阻断丙酮醛途径和 EMP 的连接作用，使丙酮酸生产速率为对照组的 1.6 倍，且不产生乙醇。值得注意的是，相似的实验结果，如 E. coli $\Delta ldhL\Delta ldhD$ 突变株合成丙酮酸的产量增加，在一定程度上验证了丙酮酸敲除靶点的预测。

表 6-5 丙酮酸合成途径中基因扰动对细胞生长和丙酮酸生产的影响

菌株	生物量/h^{-1}	丙酮酸/[mmol/(gDCW·h)]	乙醇/[mmol/(gDCW·h)]
对照	0.19	10.66	5.19
Δzwf	0.19	0	16.98

续表

菌株	生物量/h^{-1}	丙酮酸/[mmol/(gDCW·h)]	乙醇/[mmol/(gDCW·h)]
Δtkl	0.19	0	15.59
ΔzwfΔtkl	0.19	13.62	2.94
ΔldhLΔldhD	0.19	16.89	0

（五）光滑球拟酵母生产精细化学品的合成途径设计与构建

1. α-酮戊二酸合成途径的设计和验证

为实现 C. glabrata 积累 α-酮戊二酸，可通过增加 PDH、PDC 和丙酮酸羧化酶（PC）活性促进更多碳流流入 TCA 循环，同时抑制 α-酮戊二酸脱氢酶系（KGDH）而阻止 α-酮戊二酸的进一步分解 [图 6-9（1）]。为此，利用文献中 μ、GUR 合成 PPR 为约束条件，最优化 α-酮戊二酸产生速率（AKPR），结果表明 C. glabrata kgd1∷kan 较原始菌株可积累近 10 倍 α-酮戊二酸 [图 6-9（2）]，同时验证维生素 B_1 作为 PDH 和 PDC 的辅酶，增加其添加量可有利于 α-酮戊二酸的积累。例如，在 0.04mg/L 维生素 B_1 最优条件下，AKPR 理论值为 0.35mmol/(gDCW·h)。在此基础上，利用单反应敲除程序在模型 iNX804 中寻找 α-酮戊二酸增产策略，发现 AKPR 随糖酵解速率和线粒体 ATP 水平而递增，表明可通过辅因子工程进一步提高 α-酮戊二酸的合成。

2. 富马酸合成途径的设计和验证

C. glabrata 本身不积累富马酸，运用模型 iNX804 在中心碳代谢途径中寻找富马酸合成的改造靶点。首先，通过提高富马酸合成速率和最优化 μ，发现中心碳代谢流量与富马酸产生速率之间呈现四种变化趋势：递增、递减、无规律和不变化 [图 6-9（3）]。其中，富马酸合成速率随 EMP 途径和胞质还原路径（PDC、胞质苹果酸脱氢酶、胞质富马酸酶）而递增。进一步比较野生型和过量表达还原路径的 C. glabrata 胞内碳流分布：在野生型中，C. glabrata 大量积累丙酮酸，流入 TCA 循环的碳流较少，胞质中富马酸在富马酸酶催化下转化为苹果酸；在过量表达的工程菌株中，伴随较高碳流从丙酮酸流向丙酮酸脱羧、脱氢等下游代谢，实现了富马酸的积累。基于模型 iNX804 的预测，通过构建 C. glabrata（pY26-RoPYC+RoMDH+ RoFUM）工程株可积累较低产量的富马酸（2.21g/L），其原因可能是较弱的富马酸转运能力，而模型 iNX804 中转运不受限制。

3. 3-羟基丁酮合成途径的设计和验证

如图 6-9（1），模型 iNX804 注释了 C. glabrata 中两条 3-羟基丁酮的合成途径（Ⅰ）和（Ⅲ）。通过模拟敲除相关副产物合成反应（如乙醇和 2,3-丁二醇），发现：当以生物量形成为目标方程时，3-羟基丁酮合成量仍为零，其原因可能是被抑制的丙酮酸脱羧作用和难以控制的自发反应（KEGG 中反应号为 R01074）。然而，当第三条 3-羟基丁酮合成途径（R02948，2-乙酰乳酸脱羧酶）被加入模型 iNX804 中时，以生物量为目标方程可使 3-羟基丁酮实现从无到有的积累 [1.01mmol/(gDCW·h)]，且最大理论产率提高了 1.33mmol/(gDCW·h)。基于模型 iNX804 的预测，通过构建相应工程菌株可使 3-羟基丁

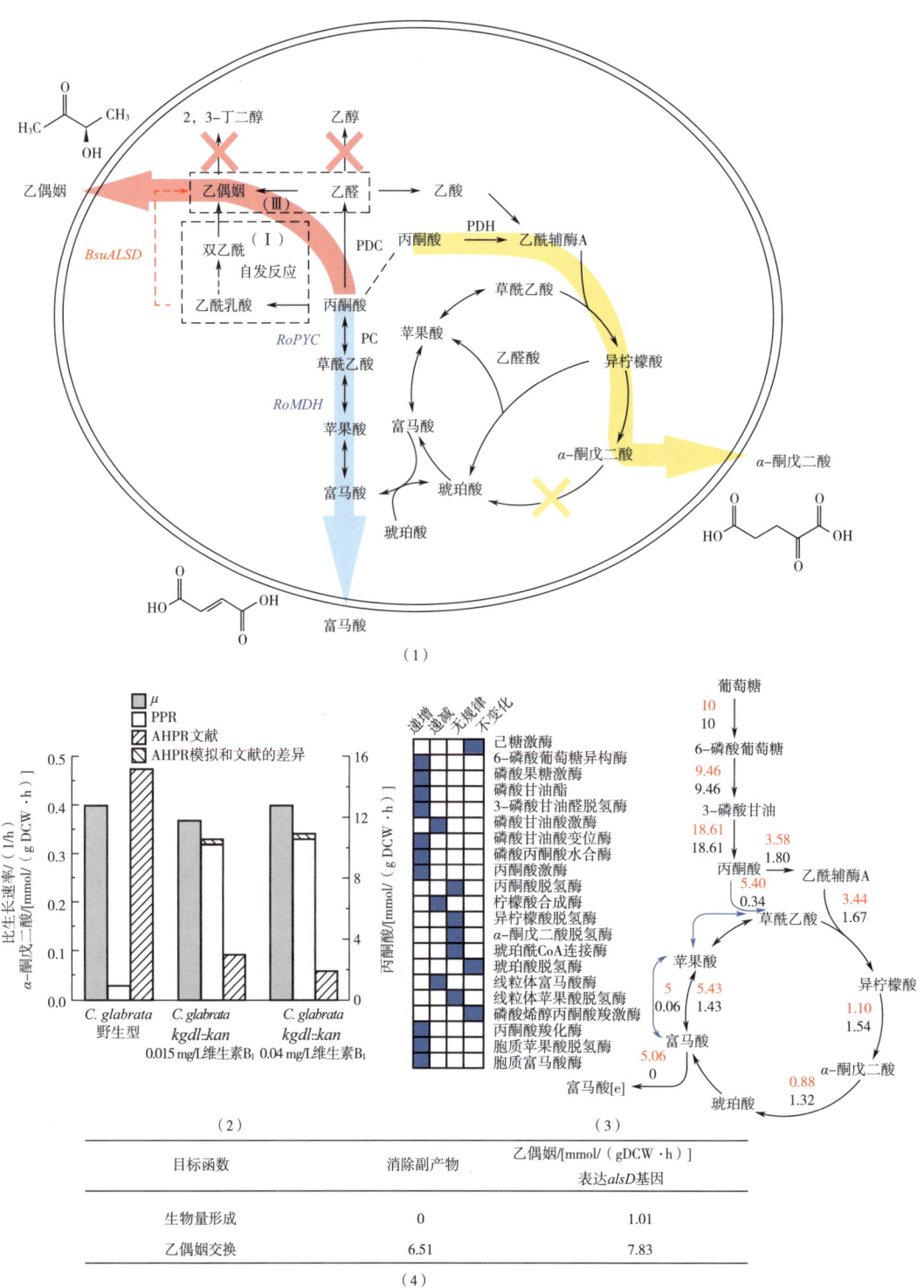

图 6-9 丙酮酸下游代谢物的生产

(1) 代谢工程改造丙酮酸途径积累酮戊二酸（黄色）、富马酸（蓝色）和 3-羟基丁酮（即乙偶姻，红色）；
(2) 基于不同 GUR、μ 和 PFR 水平模拟分析 AKPR；(3) 增加富马酸积累对中心碳代谢流量的影响；
(4) 积累 3-羟基丁酮的模拟分析

PDC：丙酮酸脱羧酶；PDH：丙酮酸脱氢酶；PC：丙酮酸羧化酶

酮的积累由 40mg/L 提高至 1.14g/L。

四、光滑球拟酵母基因组规模转录调控网络模型的构建与分析

转录调控是连接微生物基因型和代谢活动的纽带，通过强化或抑制转录因子（transcriptional factors，TFs）对转录因子结合位点（TF binding sites，TFBSs）的作用，从而调控靶基因（target genes，TGs）的表达，形成特定的转录调控网络。全基因组规模的转录调控网络模型（transcriptional regulatory network，TRN）可从更高层级发现和理解微生物调控信息和调控结构，对解析细胞生长、发育、遗传、代谢和凋亡等生物过程的响应机制具有重要作用。目前，对 *C. glabrata* 全局性的转录调控关系研究较少，尚未构建 *C. glabrata* 的基因组规模 TRN，且相关研究仅涉及 yap 家族转录因子、唑类药物抗性、环境低 pH 和高渗胁迫等一些其他胁迫的响应机制。

目前，鉴定真核微生物转录调控关系的方法包括：湿实验、从头反向工程（de novo reverse engineering）、数学模型。其中，湿实验主要依靠 DNA 酶足印法和双杂交系统以及高通量的染色质免疫共沉淀技术与芯片结合法（chip-chip）和结合位点分析法（chip-seq），但高成本和对材料高要求是限制其应用的主要因素。从头反向工程基于基因组规模基因表达数据，鉴定出相同转录因子调控的上调或下调的靶基因。该方法从大量实验数据出发，运用成熟的模体理论计算转录调控关系，虽存在较高假阳性，但结果能够反映大量生化调控规律。而数据模型完全依赖于生物信息分析，主要包括：①基于高质量参考模型的比较构建，该方法必须保证参考模型的准确性和与参考基因组的同源关系；②根据已知 TFBS（转录因子结合位点）搜索基因的上游调控区域，该方法存在较高的冗余性和假阳性。为此，通过整合从头反向工程和高质量同源的 TRN 构建 *C. glabrata* 基因组规模 TRN（转录调控网络），并结合文献报道和网络内聚性分析，基于图论和基因注释分析 TRN 的拓扑结构和功能分类。

（一）光滑球拟酵母转录调控网络模型的构建与特征分析

1. 转录调控网络模型的构建

C. glabrata 的 TRN 构建过程包括：①基于从头反向工程：共选取 21 个实验中 76 组表达数据为实验材料，归一化后运用 WGCNA 分析（加权基因共表达网络分析）获得 199 个共表达模块；运用 perl 脚本提取 *C. glabrata* 靶基因上游 1000bp 序列，以共表达模块为输入参数，通过 MEME 和 MAST（软件）循环计算得 3164 个转录模体。同时，运用 TOM-TOM 程序与已知转录因子结合域比较，成功注释 3164 个中的 843 个转录模体，共有 172 种特异性转录因子结合位点。为此，基于从头反向工程共获得 53 个 TFs 和 2570 个 TGs 组成 3245 转录调控关系。②以经典 *S. cerevisiae* 转录调控网络为参照模型，通过同源比对共获得 97 个 TFs 和 1425 个 TGs 组成 2294 转录调控关系。在此基础上，结合文献数据，构建的 *C. glabrata* 基因组规模转录调控网络模型包括 145 个转录因子和 3239 个靶基因间 6655 种相互作用。光滑球拟酵母转录调控网络的构建流程见图 6-10。

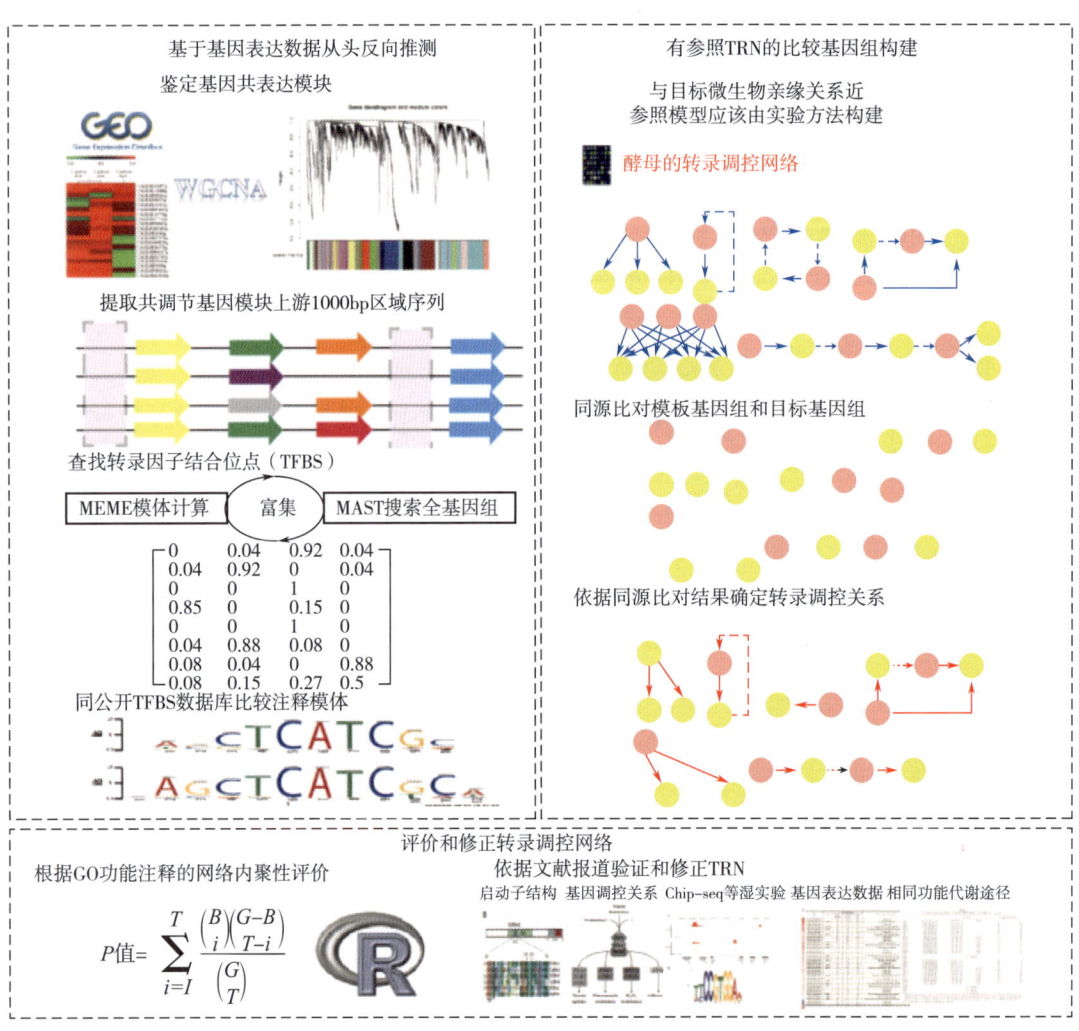

图 6-10 光滑球拟酵母转录调控网络的构建流程

2. 转录调控网络模型的基本特征

C. glabrata 的 TRN 包括 3378 个节点 6655 条边，不考虑方向性，该网络的累积度分布服从幂率分布（图 6-11），表明网络在细胞水平上具有高度异质性。从统计学意义上，*C. glabrata* 的 TRN 中绝大多数基因只与一些基因进行交互，而少数基因可与数百个基因相互作用。然而，*C. glabrata* 的 TRN 具有方向性，使其入度连接性呈指数分布、出度连接性呈自由度分布，与 *S. cerevisiae* 具有相似的拓扑学性质。此外，连接度大于 50 的节点共有 32 个，全部为转录因子，且平均出度明显高于平均入度。因此，在统计上显著具有大量相互作用的少数节点基本上为转录因子，转录因子具有很高的连接性，是无标度网络的枢纽（hubs）。

此外，*C. glabrata* 的 TRN 中 145 个转录因子属于 17 个转录家族，其中 Zn(Ⅱ)2Cys6 锌指、C2H2 锌指和 βHLH 拉链三个结构家族占转录因子总数的一半以上，但仍有 37 个 TFs

第六章
代谢工程改造光滑球拟酵母生产食品添加剂

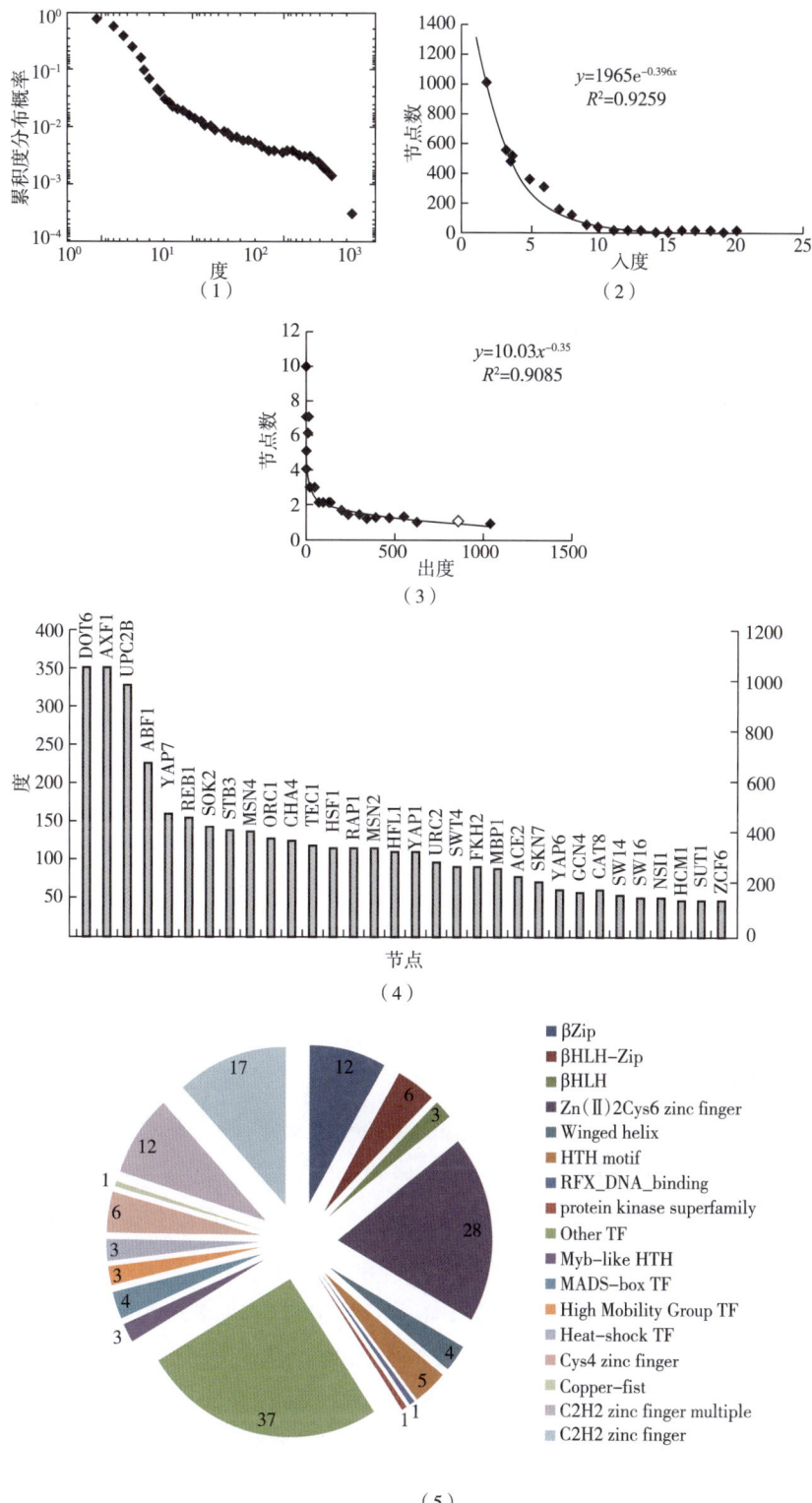

图 6-11 *C. glabrata* 转录调控网络的结构特征

（1）累积度分布；（2）入度连接性；（3）出度连接性；（4）连接最紧密的节点；（5）转录因子的分类

存在于未分类的转录家族。从功能上看，39 个 TFs 参与基因信息传递和细胞加工；其余 73.3%TFs 调控细胞代谢过程，包括与 C. glabrata 生长密切相关的碳代谢、氮代谢、胁迫响应途径、固醇代谢等模块，以及 C. glabrata 特异性生理过程如毒性代谢和假菌丝形成等。

（二）转录调控功能性模块的分析

对转录调控网络的功能评价可考察特定生化过程中基因的富集性。为此，通过对上述 C. glabrata 功能性子调控模块的网络内聚性分析，发现每个网络模型内最常见的 GO 分类都与其转录因子功能密切相关（表6-6），且基因在功能分类中随机出现的概率在 8.73e-03~1.93e-09，具有显著的统计学意义。

表 6-6　　　　　　　　　　C. glabrata 特征性功能子网络内聚性评价

功能模块	GO 分类	GO 分类基因（m）	模块内基因（n）	交集（K）	P
碳代谢	糖酵解过程	16	939	14	1.93e-09
氮代谢	甲硫氨酸生物合成	9	396	6	9.76e-06
胁迫响应	真菌型细胞壁组织	33	1648	19	8.81e-04
毒性代谢	细胞对药物的反应	51	319	8	8.73e-03
固醇代谢	麦角固醇生物合成过程	18	348	4	5.22e-03
菌丝形成	核糖体大亚基生物合成	21	1459	12	3.07e-03

1. 碳代谢调控子网络模型

C. glabrata 的碳代谢调控子网络是由 20 个 TFs 通过 781 种相互作用调控 698 个 TGs 组成。其中，95.5%的 TFs 和 TGs 间关系是直接作用于功能靶基因，36 种调控关系具有明显的层级结构，包括 10 种属于两种 TFs 组成的链式结构，而另外 26 种属于至少三个以上 TFs 参与的多级调控。例如，nrg1 作为主调控子分别通过 4 种单输入模式，与 yap5 和 gat2 构成两条调控链，与 sfl1 组成多级调控模块三种方式，共同调节葡萄糖阻遏效应。

TFs 功能分类涉及葡萄糖阻遏效应（10TFs 和 673TGs）、碳源转运（1TFs 和 16TGs）、中心碳代谢（5 个 TFs 和 77TGs）及其他碳代谢（2TFs 和 30TGs）。在葡萄糖缺乏的条件下，葡萄糖阻遏效应会引发细胞二次生长，作为细胞自身调节过程，牵扯到信号转导、转录和代谢响应等复杂通路。该调控模块具有很高冗余性，除直接调控其他糖类水解与利用、多糖代谢外，还覆盖其他一些代谢、非代谢过程。例如，azf1 的靶基因包括葡聚糖 1，4-葡萄糖苷酶、酵母氨酸脱氢酶、RNA 聚合酶 I 等，而 C. glabrata 中心碳代谢中糖酵解主要受转录因子 gcr2、azf1 和 gcr1 的调控，柠檬酸循环主要受 azf1、stb5 和 sip4 调控，而氧化磷酸化受 hap4 和 hap2 调控。

2. 氮代谢调控子网络模型

C. glabrata 的氮代谢调控子网络由 24 个 TFs 通过 602 种相互作用调控 450 个 TGs 组

成。91.2%的TFs和TGs间的关系是直接作用于功能靶基因，34种相互作用存在层级结构，其中7种有两种TFs的链式结构，另外27种被扩展至三个以上TFs参与的多级调控。例如，MET4作为主调控子分别通过5种单输入模式，与cst6和yrr1构成两条调控链，与gcn4和tti2组成多级调控关系等方式共同调控含硫氨基酸代谢。此外，根据TFs功能分类，包括氮代谢阻遏效应（6TFs和46TGs）、通用氮代谢（5TFs和203TGs）、特异性氨基酸代谢（7TFs和95TGs）和氨基酸转运（4TFs和87TGs）。大约50%的TGs参与细胞代谢过程，集中于氮源转运和胞内氨基酸代谢（如尿素转运、天冬酰胺合成酶调控等）、中心碳、氮代谢的连接处（如谷氨酸合成酶、尿素羧化酶等），精氨酰-tRNA合成酶等。通用氨基酸代谢主要受cha4、leu3、put3、gcn4和cup9调控；而特异性氨基酸代谢中aro80调控芳香族氨基酸，arg80和arg81调控精氨酸；stp3调控支链氨基酸，lys14调控赖氨酸，met4、cbf1、fzf1和met31调控硫代谢。

3. 胁迫响应转录调控子网络模型

*C. glabrata*的胁迫响应转录调控子网络由37个TFs通过2429种相互作用调控1652个TGs组成。90.1%的TFs和TGs间的关系是直接作用于功能靶基因，164种相互作用存在层级结构，其中37种属于两种TFs的链式结构，另外127种被扩展至三个以上TFs的多级调控。例如，pho4作为主调控子通过38种单输入模式，与cst6和yrr1构成两条调控链，与tea1和crz1分别构成更高级的调控关系等方式应对磷饥饿胁迫。

根据TFs功能分类，胁迫响应网络被分为7个模块：酸胁迫（5TFs和107TGs）、高渗（6TFs和286TGs）、氧化（5TFs和231TGs）、缺氧（7TFs和384TGs）、辅因子和金属离子（4TFs和181TGs）、磷酸盐饥饿（2TFs和55TGs）和其他胁迫模块（7TFs和161TGs）。其中，rim101、asg1、haa1、com2和hal9负责*C. glabrata*响应酸胁迫，调控靶点主要分布在非代谢过程，包括RNA和蛋白的处理加工、细胞对胁迫响应、发病机制等；而仅有10% TGs参与细胞代谢，如跨膜转运、半胱氨酸代谢、甘油酯和固醇相关的脂质代谢等。此外，*C. glabrata*的高渗胁迫主要由msn1、mot3、yap4~6、rlm1、msn2和msn4调控，其中26.5%的靶基因参与代谢过程，依次为能量代谢（36.5%）、替代碳代谢（17.5%）、氨基酸代谢（15.9%）、脂质、核酸和转运系统（均为7.9%）、辅因子代谢（3.2%）以及1,3-葡聚糖合成酶和精氨酰-tRNA合成酶。非代谢过程的TGs主要涉及蛋白质处理过程、细胞胁迫响应、细胞壁组装、发病机制等。高渗胁迫的TGs重复率高于酸胁迫，可达到45.6%，其中具有内质网增殖、重塑功能的CAGL0J04026g、铁硫转移酶（CAGL0K07337g和CAGL0M02629g）和甘油-3-磷酸酶（CAGL0M11660g）被三个转录因子共同调控。*C. glabrata*的氧化胁迫由yap1、hcm1、skn7、aft2和usv1调控，其中27.7%的TGs参与代谢过程，依次为能量代谢（30.5%）、氨基酸和脂质代谢（均为16.9%）、辅因子代谢（11.8%）、替代碳代谢（8.5%）、转运系统（6.8%）、核苷酸和细胞壁合成（3.4%）和精氨酰-tRNA合成。*C. glabrata*氧化胁迫子网络中有12个TGs被2个TFs共同调控，其中9个参与细胞代谢过程，是催化过氧化氢、硫氧还原蛋白、谷胱甘肽、细胞色素C相关的脱氢酶或过氧化物酶。*C. glabrata*的缺氧胁迫由rox1、hap1、rap1、fkh2、hir2、sok2

和 mcm1 调控,其中 22%参与细胞代谢,依次为转运系统(24.4%)、能量代谢(22%)、脂质代谢(13.4%)、核苷酸代谢(11%)、氨基酸代谢(9.8%)、替代碳代谢(8.5%)和细胞壁合成(6.1%)等。C. glabrata 的缺氧调控子网络中有 36 个靶基因至少被 2 个转录因子共同调控,特别是单糖转运基因为 3 个转录因子共享,表明碳代谢对缓解缺氧起重要作用。此外,C. glabrata 的磷酸盐胁迫由 pho4 和 pho2 调节,yap2、yap5 和 yap7 调控铁离子胁迫,hst1 调控烟酸饥饿胁迫。

4. 其他生长代谢相关子调控网络

除碳、氮代谢和环境胁迫响应外,假菌丝形成、核苷酸、脂质和金属离子等代谢也与 C. glabrata 生长相关。C. glabrata 假菌丝形成受 sok2、dot6、ime1、mga1、ime4、hms1、tec1 和 nrg1 等调控,绝大多数的转录调控关系是单输入模式。此外,还包括 6 种两个 TFs 组成的链式调控和 26 种至少三个 TFs 参与的多级调控。此外,上述 8 种 TFs 调控的 TGs 中有 13.5%参与细胞代谢过程,依次为氨基酸代谢(23.4%)、核苷酸和能量代谢(均为 14.9%)、转运系统(14.8%)、维生素代谢(11.4%)、脂质代谢(9.7%)、tRNA 合成(6.9%)和细胞壁合成(4%),并未涉及替代碳代谢;非代谢过程主要参与遗传信息的复制和转录、蛋白质翻译过程等。

C. glabrata 的嘧啶代谢通过 150 种单输入模式受 zcf6 和 urc2 基因调控,3 种由两组分调控链和 4 种由至少三个 TFs 参与的多级结构等调控。在 50 个 TGs 中 10 个参与代谢过程,主要分布在核苷酸代谢和氨基酸的转运。C. glabrata 的脂质代谢转录因子 upc2a、upc2b、zcf36 和 zcf38,通过 411 种直接作用、3 种两个 TGs 参与的调控链和 3 种更高层级的结构,调控 387 个 TGs。例如 zcf38 作为主调控子通过 50 种单输入模式,与 hap2 和 hme1 构成两种链式调控,与 ume6 组成高层级结构等方式,共同调节自由脂肪酸代谢。脂质代谢子网络 TGs 中,参与细胞代谢的依次为脂质和能量代谢(均为 18.6%)、氨基酸和核苷酸代谢(均为 16.3%)、转运系统(14.0%)、辅因子和替代碳代谢(7%)。而非代谢过程集中在与 RNA 和核糖体相关的转录、翻译过程。在 C. glabrata 中与 Zn^{2+}、Cu^{2+} 金属离子相关的 TFs 包括 amt1、rsf2、mac1 和 zap1,通过 31 种直接作用和 5 种三个以上 TFs 的多级结构,调控 36 个 TGs,用于编码的蛋白大多数属于金属结合蛋白和转运蛋白,很少直接参与代谢过程。

5. 毒力代谢调控子网络模型

毒性代谢是 C. glabrata 特异性代谢,根据 TFs 的功能注释鉴定了 14 个与毒性直接相关的 TFs,其中 7 个已有文献报道(4 个与毒性相关),6 个与 S. cerevisiae 同源比对获得,4 个是基于基因表达数据反向推测获得。429 种转录关系与 TGs 直接作用,5 种由两个 TFs 组成调控链,23 种属于至少三个 TFs 参与的多级调控。在 14 个 TFs 所调控的 408 个基因中,21.2%参与细胞代谢过程,依次为能量代谢(22.5%)、脂质代谢(18.0%)、转运系统(14.6%)、氨基酸代谢(13.5%)、替代碳代谢(12.4%)、辅因子代谢(11.2%)、核苷酸代谢(4.5%)和细胞壁合成(3.4%);而非代谢过程依次为细胞对药物抗性、蛋白加工、细胞壁组装、发病机制、药物跨膜转运、胁迫响应尤其是对氧化胁迫的响应等。

(三) 光滑球拟酵母转录调控网络模型的应用

1. 基于细胞代谢的毒性相关转录因子的评价

基于 TRN 功能模块的分析，与 C. glabrata 致病性相关的转录调控主要涉及毒性代谢、氧化胁迫、高渗胁迫和酸胁迫模块，结合 GSMM iNX804，进一步评价转录调控模块对细胞生长代谢的影响。结果如图 6-12 所示，四个转录模块中 TFs 包括靶基因的平均必需性系数、靶基因连接的平均反应数、靶基因中参与细胞代谢的比例。除 cnb1、com2 和 usv1 等三个 TFs 的 TGs 没有出现在模型 iNX804 中，约 50% TFs 的 TGs 中代谢基因比例大于 20%；82.6% TFs 的平均必需性系数小于 0.15；除 rpn4 外，其他 TFs 的 TGs 连接的平均反应数均小于 4。值得注意的是，rpn4 的 TGs 主要分布在核苷酸代谢，包含多种回补反应和通用小分子化合物；而 yap2 的 TGs 中直接参与细胞生长代谢的比例最高为 60%，其次分别为 yap1、rim101 和 skn7（33.3%）。在靶基因的平均必需性系数方面，yap2 和 cst6 并列第一，其次分别为 pdr1（0.29）和 mot3（0.22），而 yap4~6 和 msn2 等 6 个 TFs 的平均必需性系数堆积在 0.05。综上所述，基于对 C. glabrata 致病性相关 TFs 的评价，针对 C. glabrata 致病性药物靶点的筛选可首先从 yap2、cst6、pdr1 和 mot3 调控的生长必需型代谢方面考虑，主要在固醇、烟酸和叶酸代谢中。

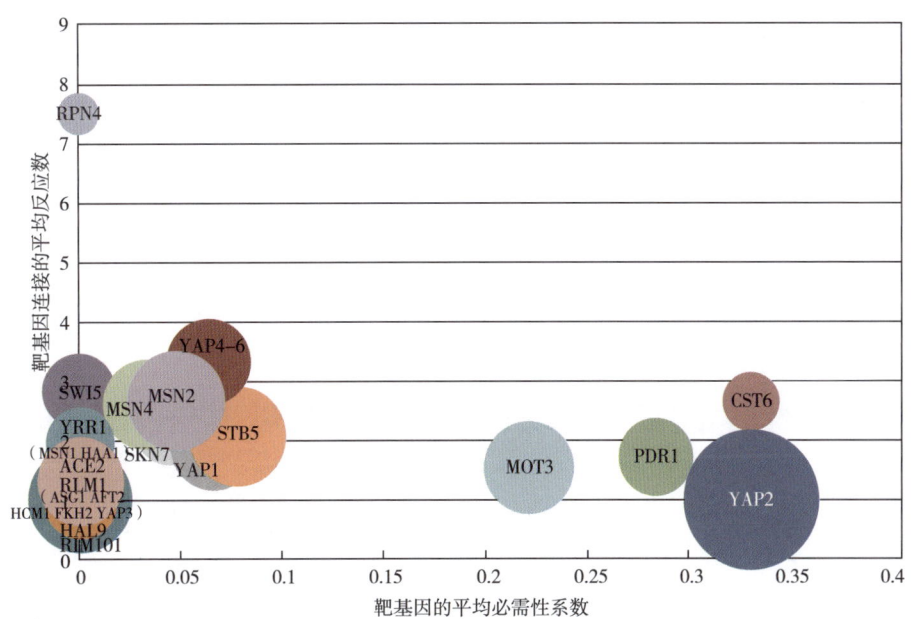

图 6-12　C. glabrata 致病性相关的转录因子与细胞必需代谢关系

2. 光滑球拟酵母药物靶点的预测

为在全局范围内筛选药物靶点，将 C. glabrata 致病性相关的转录调控靶基因和 GSMM 在类血清培养基上的必需基因取交集，结合模型 iNX804 中基因-蛋白-反应的关系，筛选获得 200 个必需代谢物。同时，通过进一步分析排除：51 个具有极高连接度的通用代谢物、52个只有一个消耗反应的代谢物、91个存在于人体自身代谢中的化合物,进而获得麦角固醇(ERGOST)、1,3-β-D-葡聚糖(13GLUCAN)、1,6-β-D-葡聚糖(16GLUCAN)、分枝酸(CHOR)、4-氨基苯甲酸(PABA)和2-氨基-4-羟基-6-羟甲基-7,8-二氢蝶啶(AHHMP)等6种必需代谢物,表明此6种必需代谢物相关的生物酶可作为有效的药物靶点(表6-7)。例如,酵母固醇合成途径中关键酶和与细胞壁合成相关的葡聚糖合成酶均已证实为有效杀菌靶点;叶酸代谢中二氢叶酸还原酶是治疗C. glabrata感染的研究热点;而新鉴定的二氢叶酸合成酶和二氢新蝶呤醛缩酶可用作C. glabrata潜在的药物靶点。因此,基于转录调控和代谢网络的整合,从全局角度评价C. glabrata致病性相关转录模块对细胞生长代谢的影响,以必需代谢物为中心进一步筛选可信度高的C. glabrata药物靶点。

表6-7　　　　　　　　　药物靶点涉及的转录和代谢信息

代谢物	酶	代谢途径	转录因子和功能
ERGOST	24(241)-固醇还原酶	类固醇的生物合成	PDR1-毒性
13GLUCAN	1,3-β-葡聚糖合成酶	细胞壁的生物合成	DAT1-胁迫,AZF1-碳源阻遏效应,SKN7-过氧化胁迫
16GLUCAN	1,6-β-葡聚糖合成酶	细胞壁的生物合成	DAT1-胁迫,AZF1-碳源阻遏效应
CHOR	氨基脱氧分枝酸合成酶	叶酸合成	DOT6-菌丝形成
	邻氨基苯甲酸合成酶	苯丙氨酸、酪氨酸和色氨酸的代谢	DOT6,TEC1-菌丝形成,UPC2B-固醇合成,CRZ1-钙调磷酸酶,GCN4-胁迫
PABA	二氢叶酸合成酶	叶酸合成	DOT6,TEC1-菌丝形成
AHHMP	二氢叶酸合成酶	叶酸合成	TEC1-菌丝形成
	二氢新蝶呤醛缩酶	叶酸合成	TEC1-菌丝形成

第二节　代谢工程改造光滑球拟酵母生产丙酮酸

一、丙酮酸概述

(一)丙酮酸生理特性及其应用

丙酮酸,又称2-氧代丙酸(2-oxopropanoic acid)、α-酮基丙酸(α-ketopropionic acid)或乙酰基甲酸(acetylformic acid),为无色至淡黄色液体,呈乙酸香气和愉快酸味,是最重要的α-氧代羧酸之一。作为糖酵解途径的最终产物,丙酮酸可在细胞质中还原形成乳酸供能,或进入线粒体内氧化生成乙酰辅酶A而进入三羧酸循环被氧化形成二氧化碳和水,完成葡萄糖的有氧氧化供能过程。此外,作为关键中间产物,丙酮酸可通过乙酰辅酶A和三羧酸循环实现胞内糖、脂肪和氨基酸间相互转化,成为三大营养物质代谢联系的枢纽。因此，作为一种重要的小分子有机酸，丙酮酸既具有羧酸和酮的性质，又具有 α-酮酸性质，被广泛应用于制药、日用化工、农用化学品等领域中（表 6-8）。

表 6-8　丙酮酸（盐）及其衍生物的主要用途

用途	示例
制药工业	用于酶法合成 L-色氨酸、L-酪氨酸、L-多巴胺，合成 L-胱氨酸、L-亮氨酸、维生素 B_6、维生素 B_{12}；合成血管紧张肽Ⅱ受体拮抗剂、系列酶蛋白抑制剂、镇静剂、辛可芬、异烟肼丙酮酸钙、恩波吡维胺、磷酸烯醇式丙酮酸、噻咪等；丙酮酸钙可用作减肥保健药品
日化工业	丙酮酸乙酯可抑制表皮中酪氨酸酶的形成，进而美白肌肤；可用作化妆品的防腐剂和抗氧化剂；用作空气清新剂
农用化学品	是合成乙烯系聚合物、氢化阿托酸、谷物保护剂、成熟剂等多种农药的原料
食品、饲料工业	GB 2760—2024 规定为食品用合成香料
细胞培养	与乳酸组成抗氧化剂，降低对细胞的伤害，是动物细胞培养的重要底物
生化试剂	用于伯醇及仲醇的检定、转氨酶的测定；是脂肪族胺的显色剂
传感器与电子材料	与乳酸、锂构成人工胰脏，作为体外传感器测定葡萄糖的含量；丙酮酸酯类产品作为特种溶剂用于电子材料方面

（二）丙酮酸生产方法

近年来，随着应用范围的不断扩大，丙酮酸的市场需求也不断增长。目前，生产丙酮酸的方法主要有化学法、酶转化法和微生物发酵法（表 6-9）。其中，化学法（如酒石酸脱水脱羧法）仍是丙酮酸的主要工业化生产方法。该方法虽操作简单易行，但却存在底物转化率低、成本高和环境污染严重等缺点，限制其推广应用。类似地，酶转化法虽具有反应混合物组成简单、高底物转化率、产品纯度高、后续分离提取费用低廉和操作简单等优点，但其底物（乳酸、酒石酸、富马酸和 1,2-丙二醇等）成本较高、来源较窄等因素限制其进一步推广应用。

表 6-9　丙酮酸的制备方法

方法	描述	特点
化学合成法	在液相或气相中将乳酸酯（或酒石酸）氧化为丙酮酸酯，水解成丙酮酸	污染严重、成本高，已实现工业化生产
酶转化法	利用微生物细胞中的酶系将乳酸等脱氢氧化为丙酮酸	转化率高，但底物成本高，没有实现工业化生产
微生物发酵法	微生物直接发酵糖质原料或其他碳源生成丙酮酸	成本低廉、产品纯度高、反应条件温和、环境污染较小

微生物发酵法包括直接利用微生物中一系列酶（如 EMP 途径酶系）完成由底物（如

葡萄糖）积累丙酮酸的直接发酵法，或利用微生物中某一种特定功能酶完成由底物转化为丙酮酸的休止细胞法。发酵法生产丙酮酸的研究起始于20世纪50年代，并于1989年在日本实现工业化生产，其发酵产酸水平最高可达67.8g/L，转化率为0.494g/g。因此，虽微生物发酵法底物转化率较低，但成本低廉、产品质量高、安全性高和对环境友好等优点使其成为生产丙酮酸极具发展前景的方法。值得注意的是，虽然我国发酵法生产丙酮酸的相关研究起步较晚，但发展非常迅速，且相关生产技术水平已位于世界前列，目前正在积极实施工业化生产。例如，天津科技大学高年发等选育的丙酮酸菌株 C. glabrata TP204 可在5L发酵罐上产酸量高达71.23g/L；河南大学林标声等利用 C. glabrata TK006 在7L发酵罐上的产酸量、转化率和生产强度可分别达到80.51g/L、0.69g/g 和 1.83g/(L·h)；而江南大学刘立明等利用选育的四重维生素营养缺陷型菌株 C. glabrata CCTCC M202019 在30L发酵罐中产酸量、转化率和生产强度分别达到70.9g/L、0.61g/g 和 1.18g/(L·h)。

（三）高产丙酮酸微生物菌种的选育

在自然界中，可积累或转化底物为丙酮酸的微生物（包括细菌、放线菌和酵母）涉及15个属，但作为丙酮酸生产菌株应具备：①能大量积累丙酮酸并分泌到胞外；②生长迅速；③较强的廉价碳源利用能力和较高的转化率；④遗传背景清晰、对人畜安全等基本性能。

1. 丙酮酸代谢途径

葡萄糖分子在葡萄糖转运蛋白介导下进入细胞，并通过糖酵解途径分解生成两分子丙酮酸（图6-13）。在微生物中，糖酵解存在三条路径：己糖二磷酸途径（EMP途径）、磷酸戊糖途径（PP途径）和2-酮-3-脱氧-6-磷酸葡萄糖酸途径（ED途径），其中EMP途径是糖酵解的主要代谢途径。此外，丙酮酸也是众多分解代谢和合成代谢途径的关键中间

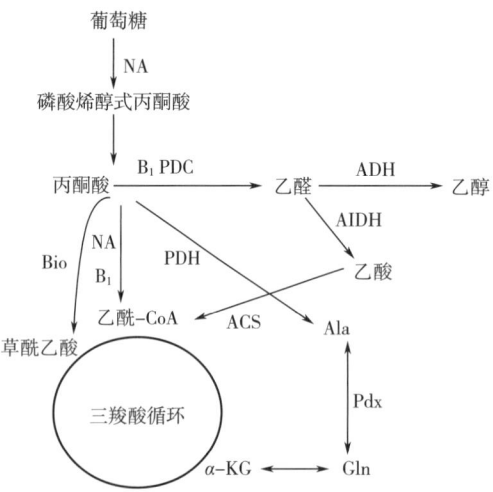

图6-13 *C. glabrata* CCTCC M202019 中丙酮酸的代谢途径

PDC：丙酮酸脱羧酶；ADH：乙醇脱氢酶；ACS：乙酰辅酶A合成酶；AIDH：乙醛脱氢酶；
PDH：丙酮酸脱氢酶系；B_1：硫胺素；NA：烟酸；Bio：生物素；Pdx：吡哆醇；
Ala：丙氨酸；Gln：谷氨酰胺；α-kG：α-酮戊二酸

体，如糖酵解、糖原异生及脂肪酸代谢等，进而导致细胞无法大量积累丙酮酸。例如，丙酮酸可在乳酸脱氢酶 LdhA 作用下生成乳酸，或在丙酮酸脱氢酶等酶催化下生成乙酸等。因此，在了解丙酮酸代谢途径及其调控机制的基础上，借助代谢工程策略扰动胞内代谢平衡，如切断或减弱丙酮酸代谢，可实现微生物高效积累丙酮酸的代谢目标。

2. 光滑球拟酵母作为丙酮酸生产菌株的优势及潜力

基于 *C. glabrata* 全基因组序列及其基因组规模代谢网络模型 *i*NX804，详尽解析 *C. glabrata* 高效合成丙酮酸的原因，主要包括：

（1）细胞含有 3 条丙酮酸合成途径：

① 糖酵解途径（EMP），催化葡萄糖转化为丙酮酸。

②磷酸戊糖途径（HMP），催化 6-磷酸葡萄糖转化为丙酮酸。

③丙酮醛降解途径（MDP），催化甘油酮-磷酸转化为丙酮酸。

（2）磷代谢途径中 *PHO3*、5、11、12 基因的缺失，导致核黄素代谢缓慢，降低胞内 ATP 水平，进而强化糖酵解途径。

（3）氮代谢途径中 *DAL1*、2 基因的缺失，可有效地将尿素转化为氨基酸进入 TCA 循环，促进细胞生长、提高丙酮酸产量。

（4）维生素合成途径中关键基因 *THIC*、*BIO2*、*BNA6* 和 *SNO1*、2、3 的缺失，导致细胞难以合成维生素 B_1、Bio、NA 和 Pdx，降低丙酮酸脱氢酶系（PDH）、丙酮酸脱羧酶（PDC）、丙酮酸羧化酶（PC）和转氨酶（TA）的活性，阻止丙酮酸的进一步分解。

（5）具有丰富的营养物质和代谢产物等相关转运蛋白：包括葡萄糖转运子、与丙酮酸代谢相关的辅因子和烟酸转运子、其他代谢副产物转运子、二元羧酸的线粒体与胞质间转运子等。

因此，作为烟酸、硫胺素、吡哆醇和生物素 4 种维生素的营养缺陷型 *C. glabrata* CCTCC M202019，已然成为研究最多、目前工业化生产所使用的生产菌株。

3. 选育丙酮酸高产菌种的代谢调控策略

目前，利用微生物（如光滑球拟酵母）发酵生产丙酮酸的代谢调控策略包括：①选育多维生素营养缺陷型菌株，阻断丙酮酸的进一步代谢；②通过基因突变或敲除等方法，减弱或阻断丙酮酸分解的支路代谢；③调控菌株胞内 NADH 和 NAD^+ 水平，缓解因还原力过高抑制糖酵解等问题；④破坏氧化磷酸化或增加 ATP 水解，强化糖酵解代谢通量。

（1）基于维生素调控细胞合成丙酮酸的能力　对于多重维生素营养缺陷型菌株 *C. glabrata*，由于菌株自身不能合成某些维生素，而通过控制培养基中维生素的亚适量浓度水平，可有效降低丙酮酸降解或转化水平，进而实现丙酮酸的高效积累。例如，刘立明等利用菌株 *C. glabrata* WSH2IP303 在完全合成培养基的基础上，通过单因素和正交试验研究 4 种维生素的相互作用，发现维生素 B_1 是影响丙酮酸积累最重要的因素。为此，在维生素质量浓度优化组合的条件下（NA 8mg/L、维生素 B_1 0.015mg/L、维生素 B_6 0.4mg/L、Bio 0.04g/L、维生素 B_2 0.1mg/L），可使菌株在发酵 56h 后积累 69.4g/L 丙酮酸，初步实现丙酮酸发酵高产量、高产率和高生产强度的统一。

（2）基于辅因子调控强化细胞合成丙酮酸的能力　ATP 是微生物细胞内重要的能源

物质和辅因子，直接参与微生物胞内 200 多个生化反应，在调控与优化代谢途径与网络、改善微生物生理功能方面发挥着全局性的作用。采用生化工程和代谢工程的手段，调控胞内 ATP 水平，从而扩展底物谱、强化代谢功能、提高环境胁迫适应性，可实现发酵产品的高产量、高产率和高生产强度统一，显著提高工业生物技术过程的经济性。在微生物中，降低胞内 ATP 含量能有效提高糖酵解关键酶磷酸果糖激酶（PFK）活性，进而提高葡萄糖消耗速率和丙酮酸生产强度。例如，通过添加外源电子受体乙醛改变 ATP 合成途径：使其从大量产生 ATP 的氧化磷酸化途径转向无 ATP 产生的乙醇发酵途径，进而提高葡萄糖消耗能力和丙酮酸生产强度。类似地，秦义等通过添加铁氰化钾调节发酵培养基的氧化还原电位（ORP）水平，进而调控胞内 NADH 氧化途径转向铁还原酶途径，加快糖酵解速率且减少副产物甘油和乙醇合成。

（3）基于环境胁迫强化微生物合成丙酮酸的生理功能　刘立明等以高浓度 NaCl 为选择性压力，即逐步增加发酵液中 NaCl 浓度，通过适应性进化筛选获得可耐受高浓度 NaCl 和山梨醇的突变株 RS23，从而解除产物抑制作用和提高糖酵解速率，实现丙酮酸快速和高效生产。类似地，汪军等通过在低 pH 条件下连续转接 2160 代，借助适应性进化选育获得一株耐酸性能增强的突变株 RT-6，其在正常发酵 pH 条件（pH 5.5）与偏酸性条件下（pH 4.7）细胞干重较原始菌株分别提高 21.5% 和 61.8%，且丙酮酸浓度也分别提高 15.5% 和 51.8%。

然而，虽对丙酮酸生产菌的选育与改良、发酵过程优化等进行了广泛、深入的研究，但为进一步提高发酵法生产丙酮酸的竞争力，其研究工作应集中于：①在保证细胞正常代谢的前提下，尽可能减少丙酮酸的降解或转化，以期实现丙酮酸高产量和高产率。②强化糖酵解的代谢通量及其速率，以期进一步提高丙酮酸的生产强度。③改善 C. glabrata 等丙酮酸生产菌株的生理性能，如耐酸、耐盐等细胞鲁棒性，进一步提高细胞积累丙酮酸的应用潜力。因此，应从 C. glabrata 生理学角度研究丙酮酸发酵生产的关键影响因素，从而提出相应的调控策略，强化生产菌株的生理功能，从而实现丙酮酸生产高产量、高产率和高生产强度的相对统一。

二、ATP 合成酶亚基缺失对光滑球拟酵母合成丙酮酸的影响

糖酵解途径是目前研究最为透彻的生化途径之一，其中己糖激酶、磷酸果糖激酶和丙酮酸激酶是多种微生物糖酵解途径的关键限速酶。然而，在酵母、霉菌或细菌等微生物中，单独或共同过量表达上述限速酶均不能显著提高糖酵解速率。因此，控制糖酵解速率除取决于酶学水平外，还取决于胞内辅因子 ATP 和 NAD^+ 的浓度。例如，细胞高能荷别构抑制糖酵解途径中关键酶活性，导致葡萄糖代谢速度减慢，而降低原核生物细胞内能量水平，可有效增加糖酵解通量。然而，虽在原核生物中降低 ATP 水平能有效提高葡萄糖代谢速度，但在真核生物中仍存在两个亟待解决的问题：①真核生物能量代谢如何调控酵解途径？②降低真核生物细胞 ATP 水平能否有效地提高酵解速率？

在好氧条件下，真核生物通过氧化磷酸化（oxidative phosphorylation）和底物水平磷酸

化（substrate level phosphorylation）两条途径合成细胞所需的ATP，其中大部分ATP源于由电子传递链（ETC）和F_0F_1-ATPase构成的氧化磷酸化途径；而底物水平磷酸化（酵解途径）可作为ATP合成的补充途径，参与部分胞内ATP的合成。因此，阻断或抑制氧化磷酸化途径是降低胞内ATP水平的有效策略，而降低胞内ATP水平的策略主要包括：一是利用外源抑制剂降低电子传递链的活性；二是利用外源抑制剂或内源突变降低F_0F_1-ATPase的活性（图6-14）。为此，以*ATP6*、*ATP8*和*ATP9*敲除菌株及过量表达*noxE*的*ATP6*缺失菌株为研究对象，研究F_0F_1-ATP合成酶亚基缺失对胞内ATP水平、糖酵解途径的影响。

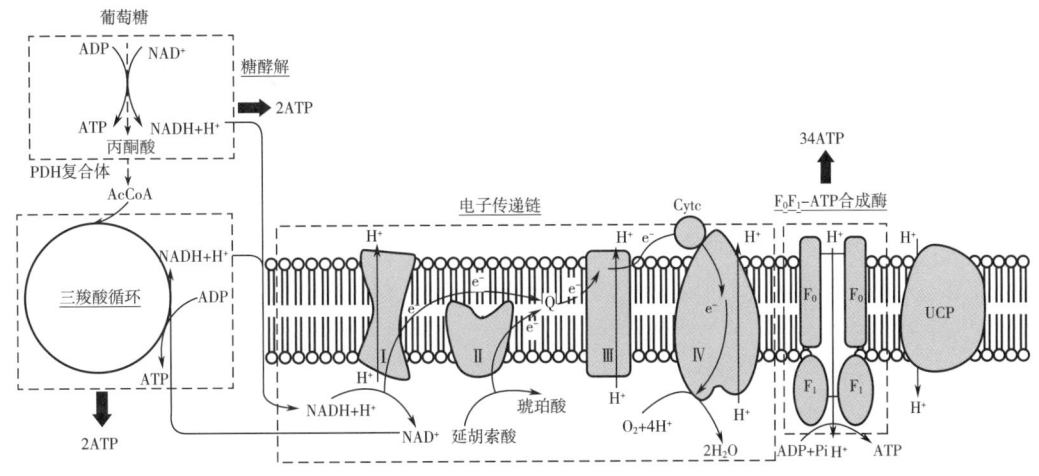

图6-14 真核微生物中ATP生成途径

Ⅰ：NADH-Q还原酶；Ⅱ：琥珀酸-Q还原酶；Ⅲ：细胞色素还原酶；Ⅳ：细胞色素氧化酶；UCP：解耦联蛋白

（一）ATP合成酶基因敲除及*noxE*表达对菌株发酵特性的影响

发酵结果如图6-15所示，敲除基因*ATP6*、*ATP8*和*ATP9*可显著影响突变菌株的生长性能，使其菌体干重（48h时）较出发菌株（*C. glabrata* CCTCC M202019）分别降低了46.9%、44.2%和59.8%。然而，虽过量表达*noxE*基因可显著改善突变菌株ATP6的生长性能（提高32.4%），但仍比出发菌株降低了26.2%。此外，虽突变菌株ATP8[*]和ATP6的细胞干重显著降低，但其在发酵28h内积累的丙酮酸产量与对照菌株一致；而敲除*ATP9*却严重抑制细胞合成丙酮酸的能力。值得注意的是，所有ATP合成酶敲除菌株在48h后菌体干重显著降低，而出发菌株细胞生长可持续至60h，其原因可能是胞内ATP供给不足而导致细胞过早衰亡。此外，单位细胞丙酮酸生产能力（$P_{Y/X}$）同样受到ATP合成酶基因敲除及*noxE*表达的影响。例如，当丙酮酸发酵进行至24h时，突变菌株ATP6、ATP8、ATP9和NOX（过量表达NOX ATP6的缺失菌株）的$P_{Y/X}$分别比对照组提高了2.2、2.4、1.8和2.5倍。

---

[*] 敲除ATP8基因的命名ATP8突破菌株。

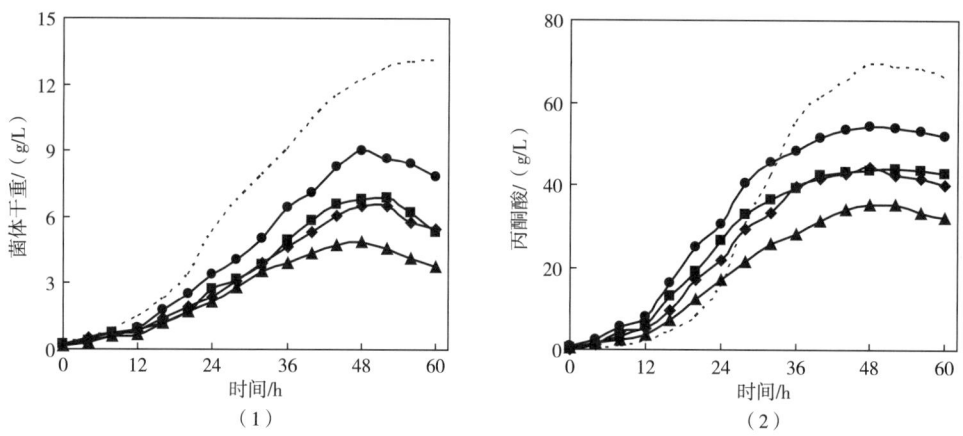

图 6-15 不同代谢工程策略对菌体干重（1）与丙酮酸积累（2）的影响

虚线：*C. glabrata* CCTCC M202019；◆：ATP8；■：ATP6；▲：ATP9；●：NOX

（二）ATP 合成酶基因敲除及 *noxE* 表达对宿主细胞代谢网络的影响

为进一步分析 ATP 合成酶敲除对细胞整体的影响，分别对不同菌株在 0~24h 和 24~48h 的代谢流量分布情况进行比较分析。结果如图 6-16 和图 6-17 所示，敲除 ATP 合成酶

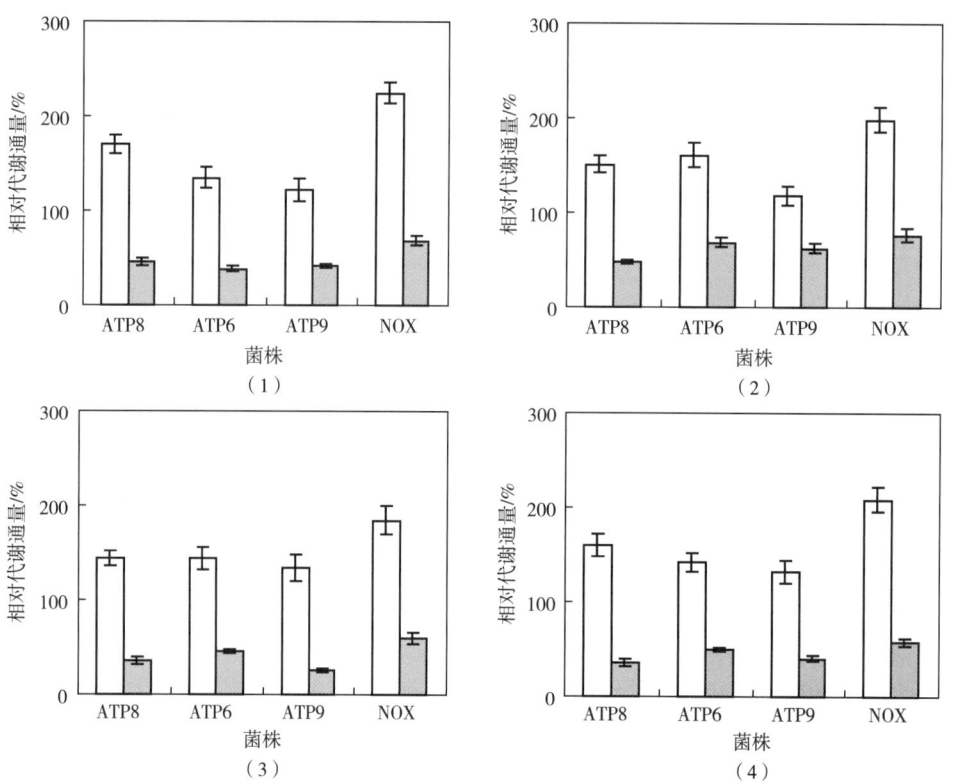

图 6-16 ATP 合成酶基因敲除及 *noxE* 表达对糖酵解途径中关键反应代谢通量的影响

(1) HXK：己糖激酶；(2) PFK：磷酸果糖激酶；(3) TDH：3-磷酸甘油醛脱氢酶；(4) PYK：丙酮酸激酶

□ 0~24h；▨ 24~48h

第六章
代谢工程改造光滑球拟酵母生产食品添加剂

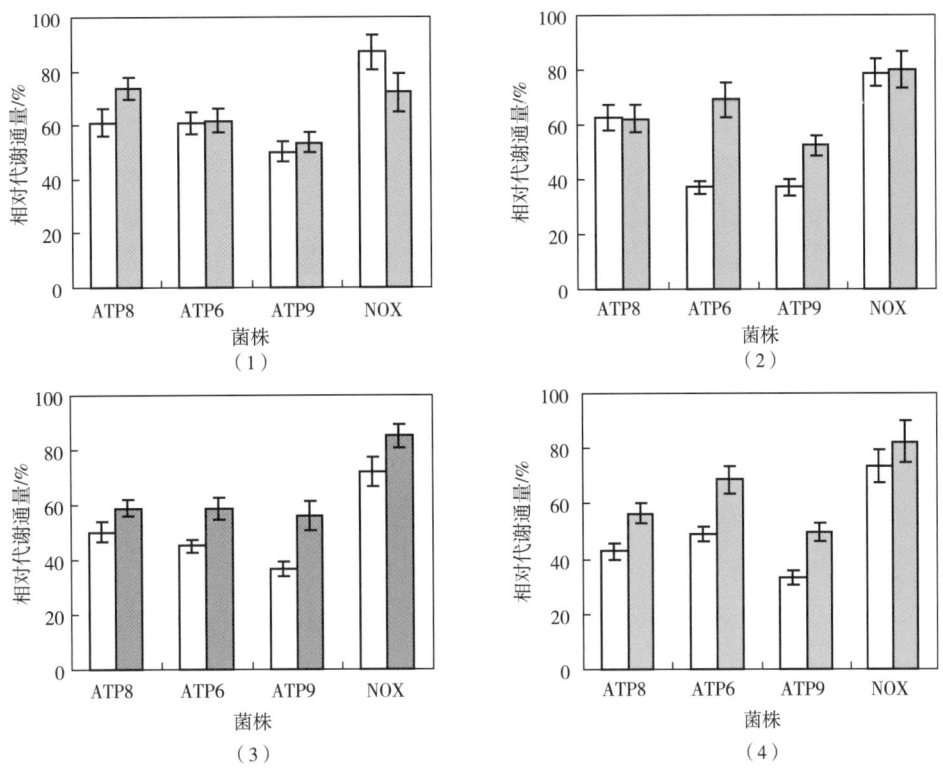

图 6-17 ATP 合成酶基因敲除及 noxE 表达对三羧酸循环中关键反应代谢通量的影响
（1）CIT：柠檬酸合成酶；（2）ICT：异柠檬酸脱氢酶；（3）KGD：α-酮戊二酸脱氢酶；（4）MDH：苹果酸脱氢酶；
□ 0~24h；▨ 24~48h

可显著促进处于对数生长期 C. glabrata 糖酵解中各关键反应的代谢通量。与对照菌株相比，突变菌株 ATP8、ATP6、ATP9 和 NOX：①经由 HXK 的代谢通量分别提高 70.2%、35.4%、22.6% 和 125.4%；②经由 PFK 的代谢通量分别提高 51.5%、61.6%、18.7% 和 99.5%；③经由 TDH 的代谢通量分别提高 42.3%、44.8%、34.6% 和 85.2%；④经由 PYK 的代谢通量分别提高 60.8%、42.5%、32.3% 和 109.7%。然而，当发酵进行至 48h 时，ATP 合成酶的敲除显著降低糖酵解中各关键反应的代谢通量，使突变菌株 ATP8、ATP6、ATP9 和 NOX：①经过 HXK 的代谢通量分别为对照菌株的 45.1%、38.9%、42.3% 和 69.0%；②经由 PFK 的代谢通量分别为对照菌株的 48.3%、69.2%、63.1% 和 77.8%；③经由 TDH 的代谢通量分别为对照菌株的 36.7%、46.3%、26.8% 和 60.2%；④经由 PYK 的代谢通量分别为对照菌株的 36.2%、50.7%、41.5% 和 58.3%。

此外，与糖酵解途径代谢通量的剧烈变化相比，敲除 ATP 合成酶基因使三羧酸循环的代谢通量在整个发酵过程中变化较小。结果如图 6-17 所示，敲除 ATP 合成酶亚基可有效降低四种三羧酸循环关键反应的代谢通量，但总通量均维持在 40%~80%，且不同发酵时间（0~24h 与 24~48h）的代谢通量变化较小。然而，过量表达 noxE 却可显著促进 ATP 合成酶缺失菌株三羧酸循环中各关键反应的代谢通量。

（三）ATP 合成酶基因敲除及 noxE 表达对胞内 ATP 水平的影响

敲除 ATP 合成酶亚基可完全阻断氧化磷酸化途径，进而导致胞内所有 ATP 都来源于基于糖酵解途径的底物水平磷酸化途径。然而，底物水平磷酸化合成 ATP 的能力远远小于氧化磷酸化。因此，虽 ATP 合成能力有所下降，但细胞用于生长和应对外界环境胁迫所消耗的 ATP 的量并未显著下降，进而显著降低胞内 ATP 水平。结果如图 6-18 所示，菌株 ATP6、ATP8、ATP9 和 NOX 胞内 ATP 水平分别为出发菌株（CK）的 62.0%、65.5%、48.4% 和 73.0%，表明不同 ATP 合成酶亚基的敲除对胞内 ATP 水平的影响不一样。此外，基于不同突变菌株的菌体生长与丙酮酸积累的情况，发现敲除基因 *ATP9* 对于胞内 ATP 水平的影响最大。

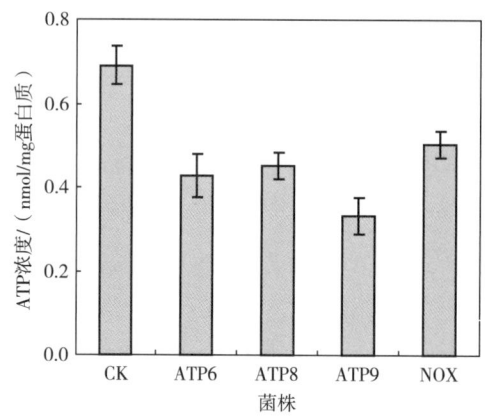

图 6-18 不同菌株 ATP6、ATP8、ATP9 和 NOX 在 24h 时胞内 ATP 水平的比较分析

（四）ATP 合成酶基因敲除及 noxE 表达对低 pH 和渗透压耐受性的影响

随着细胞的不断生长和丙酮酸的不断积累，在不添加中和剂的情况下，发酵液最低 pH 可达 2.5 左右，而由于 ATP 合成能力的下降，细胞对 pH 的耐受性也将有所降低。为检验不同菌株对 pH 的敏感性（发酵液 pH 越低，表明细胞对低 pH 的耐受性越强），将细胞置于不含中和剂（$CaCO_3$）的摇瓶中培养，分别测定 48h 时发酵液 pH。结果表明：敲除 ATP 合成酶可急剧降低菌株对低 pH 的耐受性。与对照菌株相比（2.7），不同突变菌株 ATP6、ATP8、ATP9 和 NOX 的最终 pH 分别提高至 3.5、3.5、4.0 和 3.2。因此，在 ATP 合成酶缺失菌株中，ATP9 对低 pH 条件最为敏感，且当 pH 为 4.0 时已停止丙酮酸的积累；而菌株 NOX 对低 pH 条件耐受力最强，可使丙酮酸的积累一直持续到 pH 为 3.2 左右（图 6-19）。

然而，在实际发酵过程中，外源添加中和剂可减少细胞遭受 pH 的影响；但随着中和剂（如 NaOH 等）的不断添加，可引起发酵液渗透压的不断升高，进而导致细胞对 ATP 的需求也逐渐上升。为此，进一步研究敲除 ATP 合成酶对细胞抵御渗透压的影响。结果如图 6-20 所示，失活 ATP 合成酶可显著减弱突变菌株细胞对渗透压的抵御能力：与正常

第六章
代谢工程改造光滑球拟酵母生产食品添加剂

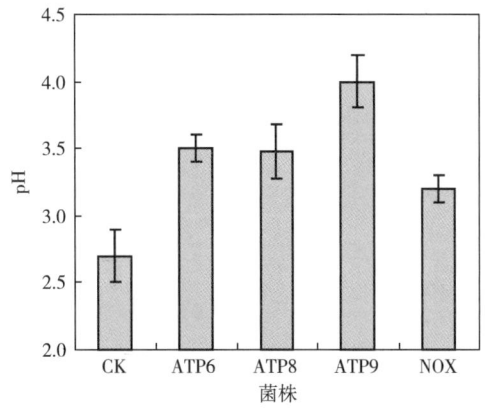

图 6-19 不同菌株对低 pH 的耐受性

细胞在含有 50g/L 氯化钠的发酵培养基中仍可生长相比，ATP 合成酶敲除菌株则在含有 30g/L 氯化钠的发酵培养基中已停止生长。

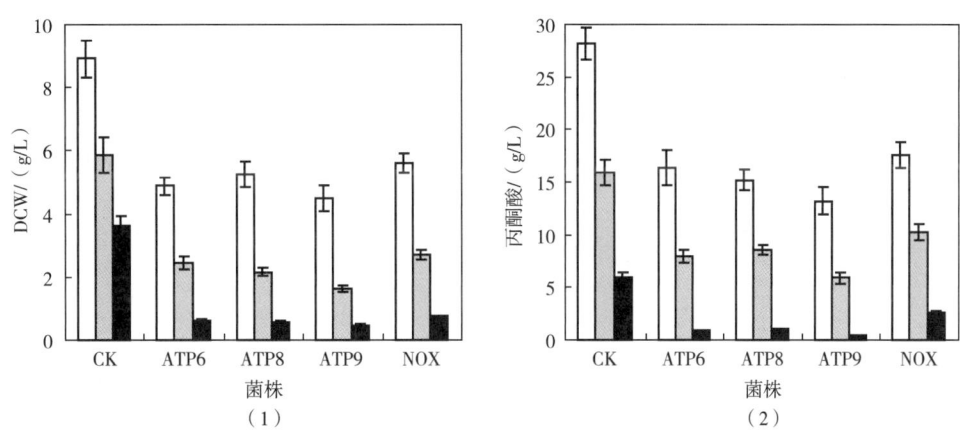

图 6-20 不同菌株对渗透压的敏感性分析
（1）细胞干重；（2）丙酮酸积累
□，对照（未添加 NaCl，渗透压 = 862mOsmol/kg）；
▨，添加 30g/L NaCl（渗透压 = 1765mOsmol/kg）；■，添加 50g/L NaCl（渗透压 = 2603mOsmol/kg）

（五）ATP 合成酶基因敲除及 noxE 表达对中心代谢关键酶基因转录水平的影响

为揭示处于对数生长期的细胞具有较高丙酮酸积累能力的原因，利用定量 PCR 分别对中心代谢途径上关键酶基因的转录水平进行比较分析（图 6-21）。敲除 ATP8 和 ATP6 可显著提高糖酵解途径关键酶的基因转录水平，而敲除 ATP9 对除 HXK1 外所有糖酵解关键酶基因转录均有一定的增强作用，但其增强效果却显著弱于 ATP8 和 ATP6 的敲除。值得注意的是，过量表达 noxE 可进一步增强 ATP6 敲除菌株中糖酵解关键酶的转录水平。然而，敲除 ATP 合成酶基因可显著抑制三羧酸循环中与 NADH 生成相关基因的转录水平，而表达 noxE 虽可部分提高 ATP6 中三羧酸循环相关基因的转录水平，但却仍略低于正常水平。例如，在突变菌株 ATP8、ATP6、ATP9 和 NOX 中，CIT、ICT、KGD 和 MDH 等同工酶基因转录水平的变化均为对照菌株的±2 倍范围内，即在转录水平上变化较小，其原因可能是：真核生物 nDNA 编码的基因是在细胞核中完成，受胞质和线粒体微环境的影响较小，但其转录过程的调控更为严谨，直接受胞质中的相关信号转导途径影响。

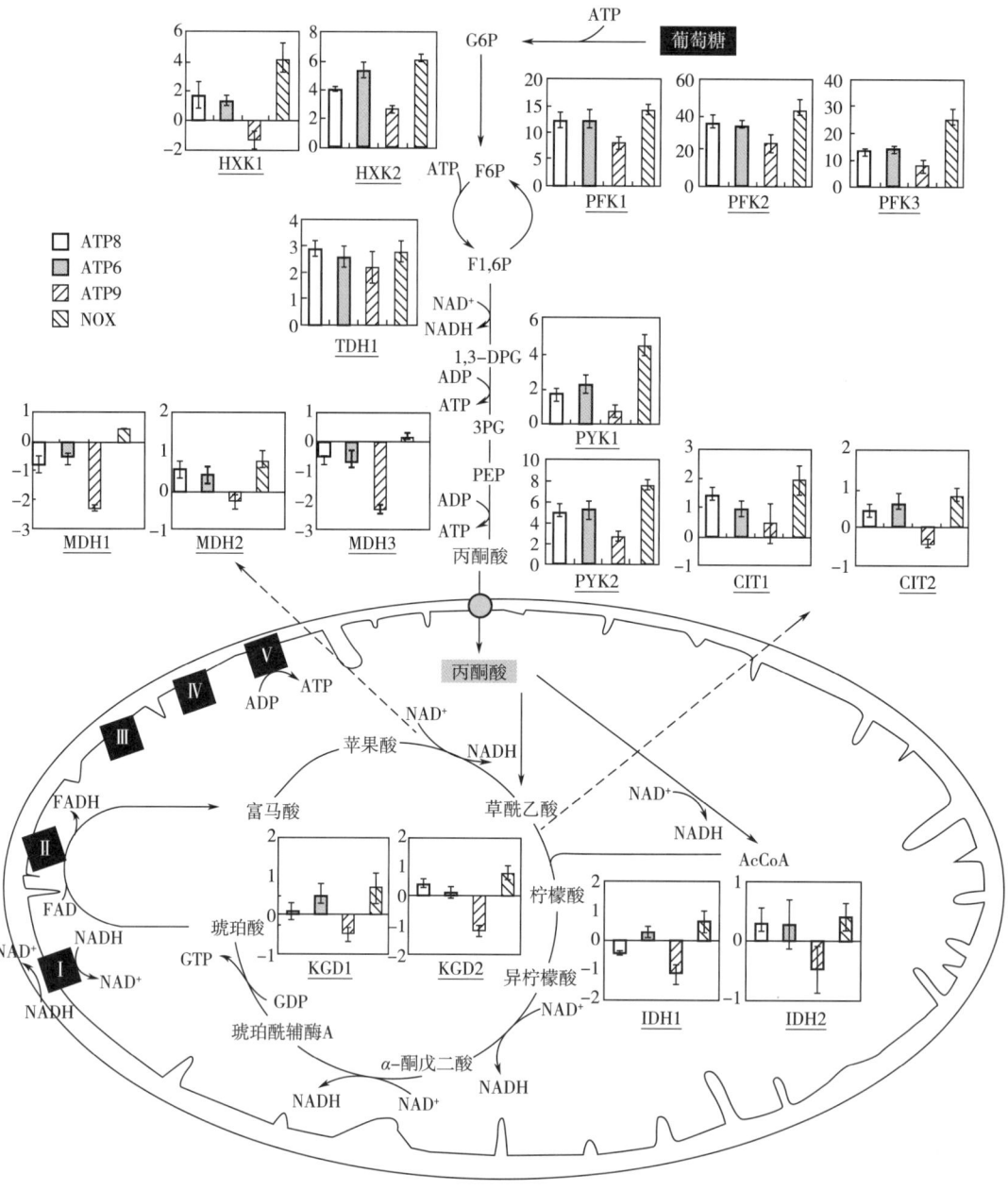

图 6-21　不同菌株的中心代谢途径关键酶的转录分析

（六）ATP 合成酶基因敲除及 noxE 表达对中心代谢途径关键酶活性的影响

为研究胞内微环境对中心代谢途径的影响，分别对发酵进行 24h 时中心代谢途径中的关键酶活性进行比较分析。结果如图 6-22 所示，敲除 ATP 合成酶可显著提高对数生长期中 C. glabrata 糖酵解各关键酶的酶活性。与对照菌株相比，突变菌株 ATP8、ATP6、ATP9 和 NOX：①HXK 活性分别提高了 135.2%、117.6%、20.7% 和 167.3%；②PFK 活性分别提高了 143.4%、109.2%、73.3% 和 217.2%；③TDH 活性分别提高了 103.4%、114.2%、49.5% 和 191.2%；④PXK 活性分别提高了 74.3%、73.2%、27.6% 和 180.7%。然而，对于三羧酸循环，敲除 ATP 合成酶基因却弱化了相关酶活性，但弱化效果较小。例如，突变菌株 ATP8、ATP6、ATP9 和 NOX 中：①CIT 活性分别降低至对照菌株的 74.3%、65.7%、56.6% 和 90.9%；②ICT 活性分别降低至对照菌株的 60.4%、63.4%、53.1% 和 86.2%；③KGD 活性分别降低至对照菌株的 68.0%、59.1%、50.9% 和 85.5%；④MDH 活性分别降低至对照菌株的 57.7%、66.3%、46.3% 和 81.8%。

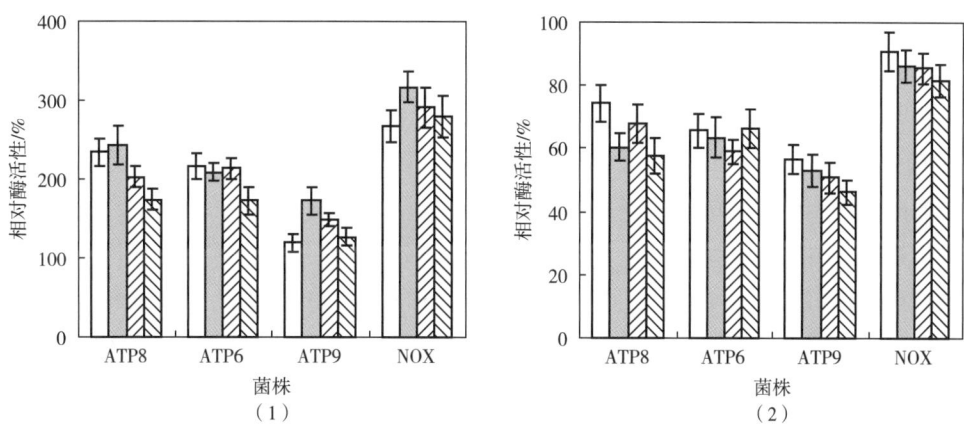

图 6-22　不同菌株的中心代谢途径关键酶活性分析

(1) 糖酵解途径中的关键酶：□, HXK；▨, PFK；▧, TDH；▨, PYK；(2) 三羧酸循环中的关键酶：□, CIT；▨, ICT；▧, KGD；▨, MDH

（七）讨论

1. ATP 水平、胞内微环境与细胞生长和碳中心代谢的关系

胞内 ATP 供给对细胞抵御胞外胁迫环境具有重要作用。酵母细胞为抵抗有机酸发酵过程中胞外 pH 降低和渗透压的不断提高，除合成某些胞内物质外，主要依赖于液泡 ATP 酶（vacuolar ATPase，V-ATPase）和质膜 ATP 酶（plasma membrane ATPase，P-ATPase），而两种酶在向胞外和液泡中转运胞质过量离子（如 H^+、Na^+）时均需消耗大量的 ATP。例如，当细胞在适宜条件下生长时，即使氧化磷酸化途径由于外源抑制剂的添加或相关基因的缺失而被完全抑制，细胞仍可利用增强的底物磷酸化水平维持胞内离子浓度。但随着发酵过程的进行，相关产物不断积累和胞外的 H^+ 或 Na^+ 浓度不断上升，可导致胞外环境不

断恶化,而细胞则需合成更多 ATP 以维持胞内微观环境中离子平衡,进而直接导致:①糖酵解途径不断加强,通过底物水平磷酸化合成更多 ATP;②胞外环境愈加恶化,促使液泡 ATP 酶和质膜 ATP 酶利用更多 ATP 以维持胞内微环境中离子平衡。因此,随着可利用底物的减少和胞外环境的逐步恶化,胞内微环境平衡将被破坏,如胞内 H^+ 和 Na^+ 浓度升高及导致 ROS(活性氧)的形成。此外,胞内很多酶和转运蛋白对于 pH 和离子浓度非常敏感,而胞内微环境的恶化将直接影响糖酵解途径和胞内其他代谢途径和信号转导途径的弱化,进一步削弱细胞调节胞内微环境和抵抗胞外胁迫环境的能力。因此,敲除 ATP 合成酶亚基将彻底阻断由氧化磷酸化生成 ATP 的过程,进而导致上述恶性循环过程提前,进而显著降低发酵后期的糖酵解速率。

2. ATP 合成酶亚基缺失后的 NAD^+ 再生方式对中心代谢途径的影响

敲除三个重要的 F_0F_1-ATP 合成酶亚基 *ATP*8、*ATP*6 和 *ATP*9 可使质子通过 F_0F_1-ATP 合成酶合成 ATP 的过程受阻,而糖酵解途径所产生的大量 NADH 无法通过电子传递链产生的跨膜电动势完全释放,导致 NADH 不能通过电子传递链完全氧化成 NAD^+。此外,胞内 NAD^+ 可利用性的降低限制依赖 NAD^+ 的代谢途径,而较高 NADH 水平将抑制中心代谢途径。因此,虽 NADH 也可通过由丙酮酸脱羧酶、乙醛脱氢酶等所组成的丙酮酸脱氢酶系代谢旁路及通过胞质中 3-磷酸甘油脱氢酶再生 NAD^+,但对于 PDC(丙酮酸脱羧酶)活性较低的 *C. glabrata*,过量 NADH 很难全部通过丙酮酸脱氢酶系的代谢旁路再生 NAD^+,进而无法完全缓解胞内 NADH 的积累及解除对中心代谢途径的抑制。值得注意的是,NADH 通过电子传递链进行氧化的过程中,还将导致线粒体内膜空间(MIMS)中 H^+ 的积累,从而在线粒体内积累高水平的 ROS,破坏 mtDNA 的稳定性,进而破坏包括线粒体在内各亚细胞结构的稳定性,影响细胞繁殖甚至引发细胞凋亡过程。因此,在 ATP 合成酶亚基基因敲除菌株中,表达 NADH 氧化酶可:①促进 NAD^+ 的再生,进一步释放由于 NADH 抑制的中心代谢途径,促进底物水平磷酸化过程;②促进 NADH 的无害代谢,缓解 MIMS 中 H^+ 积累,减少 ROS 的生成。

三、异源 NAD^+/H 再生系统对丙酮酸发酵的影响

细胞内辅因子,特别是 NADH 和 NAD^+,通过调节糖酵解关键酶活性及其基因表达水平而精确调节糖酵解途径,进而在葡萄糖代谢过程中发挥重要作用。在有氧条件下,微生物可利用氧化磷酸化途径、线粒体外膜 NADH 脱氢酶、3-磷酸甘油脱氢酶或乙醇脱氢酶等途径,将 NADH 氧化为 NAD^+。然而,胞内 NADH 主要来源于糖酵解途径和三羧酸循环途径,由于真核微生物细胞中 NAD^+/H 不能自由穿过线粒体内膜,进而导致 NADH 必须分别在不同"区室",即胞质和线粒体中实现氧化与再生。当 NADH 氧化发生在胞质中时,将导致来自底物的碳流被分流至糖酵解途径的代谢支路,如甘油和/或乙醇合成途径,进而降低丙酮酸产率;而当 NADH 氧化发生在线粒体中,虽 NAD^+/H 不能直接进入胞质而影响糖酵解,但却可经由氧化磷酸化途径产生大量 ATP,进而影响糖酵解的代谢流量及其速率,即高 ATP 浓度别构抑制糖酵解关键酶活性而抑制糖酵解速率,降低丙酮酸生产强度。

因此，为加快 C. glabrata 糖酵解速率，促进丙酮酸合成的理想策略是：胞内过量 NADH 在充分氧化形成 NAD^+ 的同时，尽量减少 ATP 的合成。

此外，根据 KEGG 数据库发现 NADH 涉及 433 个酶和 740 个代谢反应，且大部分代谢反应直接涉及碳流的重新分配。其中，由 nox 基因编码形成水的 NADH 氧化酶（EC 1.6.99.3）（H_2O-forming NADH oxidase，简称 NADH 氧化酶）和由 AOX1 基因编码的选择性氧化酶（alternative oxidase）仅涉及氧的消耗和水的合成，且均可解除 NADH 氧化与 ATP 合成的耦联。因此，NADH 氧化酶和选择性氧化酶可满足为提高目标代谢产物对胞内 NAD^+/H 调控的要求，其中 NADH 氧化酶定位于细胞质，而选择性氧化酶定位于线粒体，也为研究不同"区室"NADH 的氧化与再生对碳中心代谢途径的影响提供研究工具。为此，将来源于 S. pneumoniae 编码 NADH 氧化酶的 nox 基因、H. capsulatum 编码选择性氧化酶的 AOX1 基因和 P. stutzeri 编码亚磷酸脱氢酶的 PtxD 基因分别过量表达于 C. glabrata 中，通过引入三条异源 NAD^+/H 再生途径以研究调控胞质和线粒体内 NAD^+/H 水平对 C. glabrata 合成丙酮酸的影响（图 6-23）。

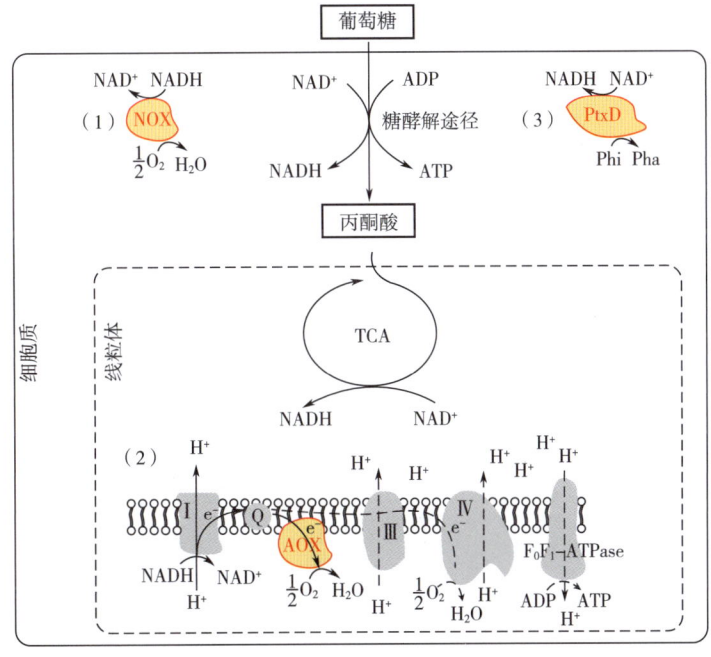

图 6-23 NAD^+/H 再生系统示意图

（1）形成 H_2O 的 NADH 氧化酶 NOX；（2）选择性氧化酶 AOX；（3）亚磷酸脱氢酶 PtxD

Phi：亚磷酸盐；Pha：正磷酸盐

（一）NAD^+/H 再生系统对细胞合成丙酮酸的影响

将外源基因 NOX、AOX1 和 PtxD 分别表达至宿主菌株 C. glabrata Δura3 而构建工程菌株 C. glabrata NOX、C. glabrata AOX 和 C. glabrata PtxD，进而研究表达不同 NADH 氧化酶对细胞代谢途径及其流量的影响。结果如图 6-24 所示，异源 NAD^+/H 再生系统可显著改变 C. glabrata 碳代谢流的分布。与对照菌株 C. glabrata CON 相比，工程菌株 C. glabrata NOX、C. glabrata AOX 和 C. glabrata PtxD：①丙酮酸的产量分别增加了 13%、19% 和 -20% [图 6-24（3）]；②丙酮酸对葡萄糖得率分别增加了 15.1%、20.9% 和 -16.9%；③丙酮酸的生产强度分别提高了 22%、29% 和 -20%（表 6-10）。

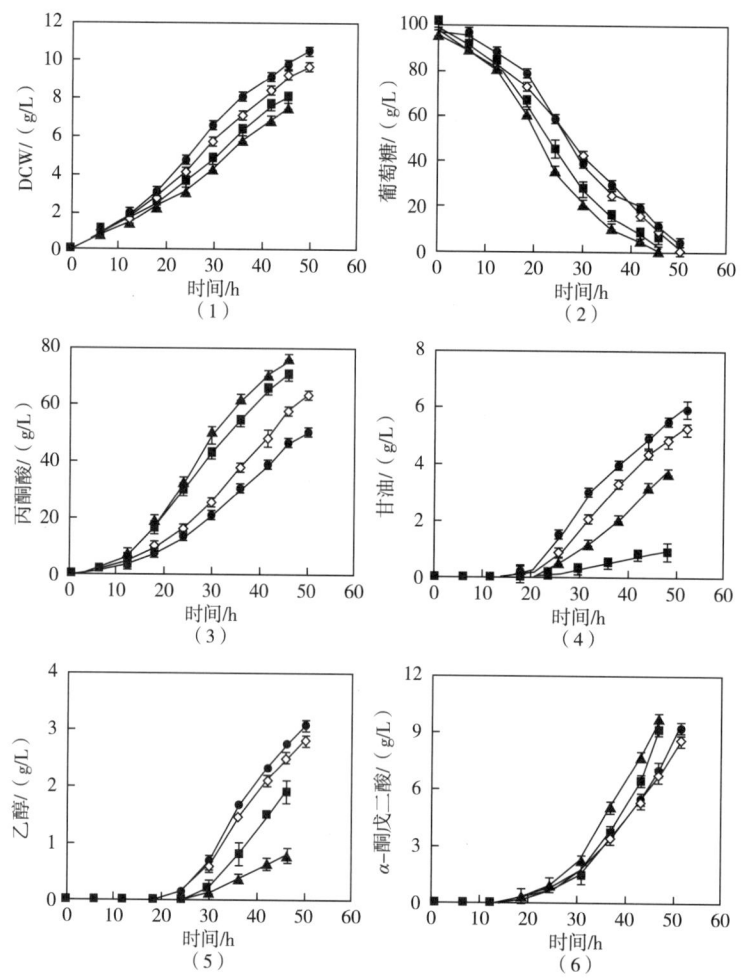

图 6-24　NAD^+/H 再生系统对光滑球拟酵母发酵丙酮酸的影响
◇：C. glabrata CON；■：C. glabrata NOX；▲：C. glabrata AOX；●：C. glabrata PtxD

此外，由于菌株 C. glabrata NOX 和 C. glabrata AOX 胞内能量水平的下降，导致二者生物量分别比对照菌株降低了 16% 和 22%，而 C. glabrata PtxD 胞内能量的增加可使其细胞生物量增加 9% [图 6-24（1）]。值得注意的是，与 C. glabrata CON 相比，工程菌株 C. glabrata NOX 和 C. glabrata AOX 合成甘油和乙醇的产率分别降低了 19% 和 72%，表明 NADH 氧化酶和选择性氧化酶可通过不同方式控制丙酮酸节点的碳流向，其中 NADH 氧化酶显著影响甘油的合成，而选择性氧化酶调控乙醇的合成。与之相反，随着 C. glabrata PtxD 胞内还原水平的增加，其细胞合成甘油和乙醇的产量也有所增加 [图 6-24（4）和

(5)]。因此，不同菌株丙酮酸产率的增加或降低源于副产物合成的减少或增加。然而，不同菌株中 TCA 循环途径的关键代谢物，如 α-酮戊二酸浓度并无显著改变，其原因可能是：C. glabrata 为硫胺素缺陷型菌株，其丙酮酸脱氢酶复合体和 α-酮戊二酸脱氢酶活性受培养基中亚适量硫胺素的调控，进而限制更多碳流进入 TCA 循环途径进行有氧代谢。

表 6-10　　C. glabrata 不同菌株发酵参数的比较分析

菌株	q_s/(1/h)	产率/(g/g 葡萄糖)					丙酮酸生产强度/[g/(L·h)]
		丙酮酸	DCW	α-酮戊二酸	甘油	乙醇	
C. glabrata CON	0.20±0.01	0.65±0.03	0.10±0.01	0.13±0.01	0.08±0.01	0.03±0.00	1.26±0.06
C. glabrata NOX	0.25±0.01	0.75±0.02	0.09±0.01	0.14±0.02	0.02±0.00	0.02±0.00	1.54±0.04
C. glabrata AOX	0.28±0.02	0.79±0.02	0.08±0.00	0.15±0.01	0.06±0.01	0.01±0.00	1.63±0.04
C. glabrata PtxD	0.18±0.02	0.54±0.02	0.11±0.02	0.10±0.01	0.07±0.00	0.03±0.00	1.01±0.03

（二）NAD^+/H 再生系统对胞内核苷类物质代谢的影响

NAD^+/H 再生系统对 C. glabrata 胞内核苷酸代谢的影响如图 6-25 所示。与对照菌株 C. glabrata CON 相比，工程菌株 C. glabrata NOX 和 C. glabrata AOX 胞内 NADH 浓度分别下降 55% 和 45%，但其 NAD^+ 浓度却分别提高了 58% 和 74%，进而导致 $NADH/NAD^+$ 比率分别降低了 72% 和 68%，表明过量表达 NADH 氧化酶和选择性氧化酶可有效强化胞内 NADH 氧化形成 NAD^+ 的能力。然而，过量表达亚磷酸脱氢酶却导致胞内 NADH 浓度增加 11%，而使 NAD^+ 水平下降 17%，表明表达 PtxD 基因促进胞内 NAD^+ 快速还原为 NADH。因此，对于 C. glabrata NOX 和 C. glabrata AOX，胞内 $NADH/NAD^+$ 比率的降低，一方面可使其胞内具有相对较高的氧化状态，有利于氧化性产物（如丙酮酸）的合成，另一方面则抑制还原性代谢物（如甘油和乙醇）的合成（表 6-10）。

此外，NADH 氧化酶直接将胞质内 NADH 转化为 NAD^+，减少胞质 NADH 通过甘油穿梭途径进入线粒体的水平，降低用于氧化磷酸化的 NADH 水平，进而降低 ATP 的合成 [图 6-25（4）]。值得注意的是，选择性氧化酶定位于电子传递链辅酶 Q 和复合物Ⅲ之间，可捕获部分来自 NADH 的电子，并将 O_2 还原为 H_2O。因此，随着 AOX1 基因的表达，胞质 NADH 所提供的电子在选择性氧化酶作用下生成水，进而导致无法传递至 F_0F_1-ATPase 合成 ATP；而亚磷酸脱氢酶却可有效地将胞质 NAD^+ 还原为 NADH，间接促进 C. glabrata 高效合成 ATP [图 6-25（4）]。

四、异源 NAD^+/H 再生系统对丙酮酸合成途径的影响

与代谢物调节相比，基因转录和蛋白质合成水平的调节将更为节约能量和经济。因此，代谢控制机制主要体现在快速启动或关闭基因转录和诱导或阻遏蛋白（酶）合成方面，而 NADH 除作为代谢反应底物外，更为重要的是参与众多基因的表达调控。为此，以工程菌株 C. glabrata NOX、C. glabrata AOX 和 C. glabrata PtxD 为对象，利用表达谱芯片、

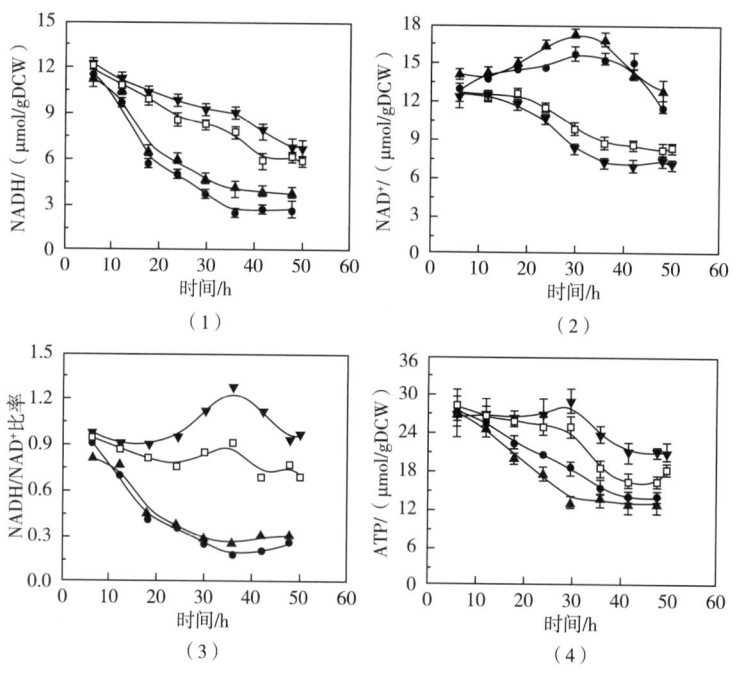

图 6-25 NAD$^+$/H 再生系统对胞内 NADH 浓度 (1)、NAD$^+$ 浓度 (2)、NADH/NAD$^+$ 比率 (3) 和 ATP 浓度 (4) 的影响

□, *C. glabrata* CON；●, *C. glabrata* NOX；▲, *C. glabrata* AOX；▼, *C. glabrata* PtxD

qPCR、同位素标记相对和绝对定量技术（iTRAQ）、关键酶活性测定等方法策略，从基因转录和蛋白（酶）水平上，系统阐释不同水平和空间 NAD$^+$/H 再生系统对葡萄糖转运系统、糖酵解途径、磷酸戊糖途径和甘油合成途径等丙酮酸合成相关途径的调控（图 6-26），为深入理解和改造 *C. glabrata* 丙酮酸合成特征提供理论依据。

（一）异源 NAD$^+$/H 再生系统对葡萄糖转运系统的影响

1. 对葡萄糖转运蛋白基因和蛋白表达量的影响

利用表达谱芯片，检测获得 15 个和葡萄糖糖转运相关的基因，其中 13 个基因功能与 *S. cerevisiae HXT*1~3/5~7/10/14、*RGT*2 和 *SNF*3 相似（表 6-11）。其中，菌株 *C. glabrata* NOX 中基因 *CAGL0A01782g*、*CAGL0A02211g* 和 *CAGL0A02233g* 的表达水平较对照菌株分别上调了 19.1、6.1 和 5.5 倍，但基因 *CAGL0A01804g* 表达水平却下调 6.9 倍。值得注意的是，菌株 *C. glabrata* AOX 中 *CAGL0A01782g* 表达水平上调 14.2 倍，但 *C. glabrata* PtxD 中葡萄糖糖转运相关基因却没有差异性表达（表 6-11）。同时，利用定量 PCR 技术验证表达谱芯片所检测的葡萄糖转运蛋白基因表达水平，结果表明表达谱芯片数据准确可靠（表 6-11）。遗憾的是，*iTRAQ* 技术仅检出 *CAGL0A01782g* 编码的蛋白 Q6FY17。与对照菌株 *C. glabrata* CON 相比，*C. glabrata* NOX 中 Q6FY17 表达上调 1.80 倍，而 *C. glabrata* AOX 和 *C. glabrata* PtxD 中却没有差异表达（表 6-11）。

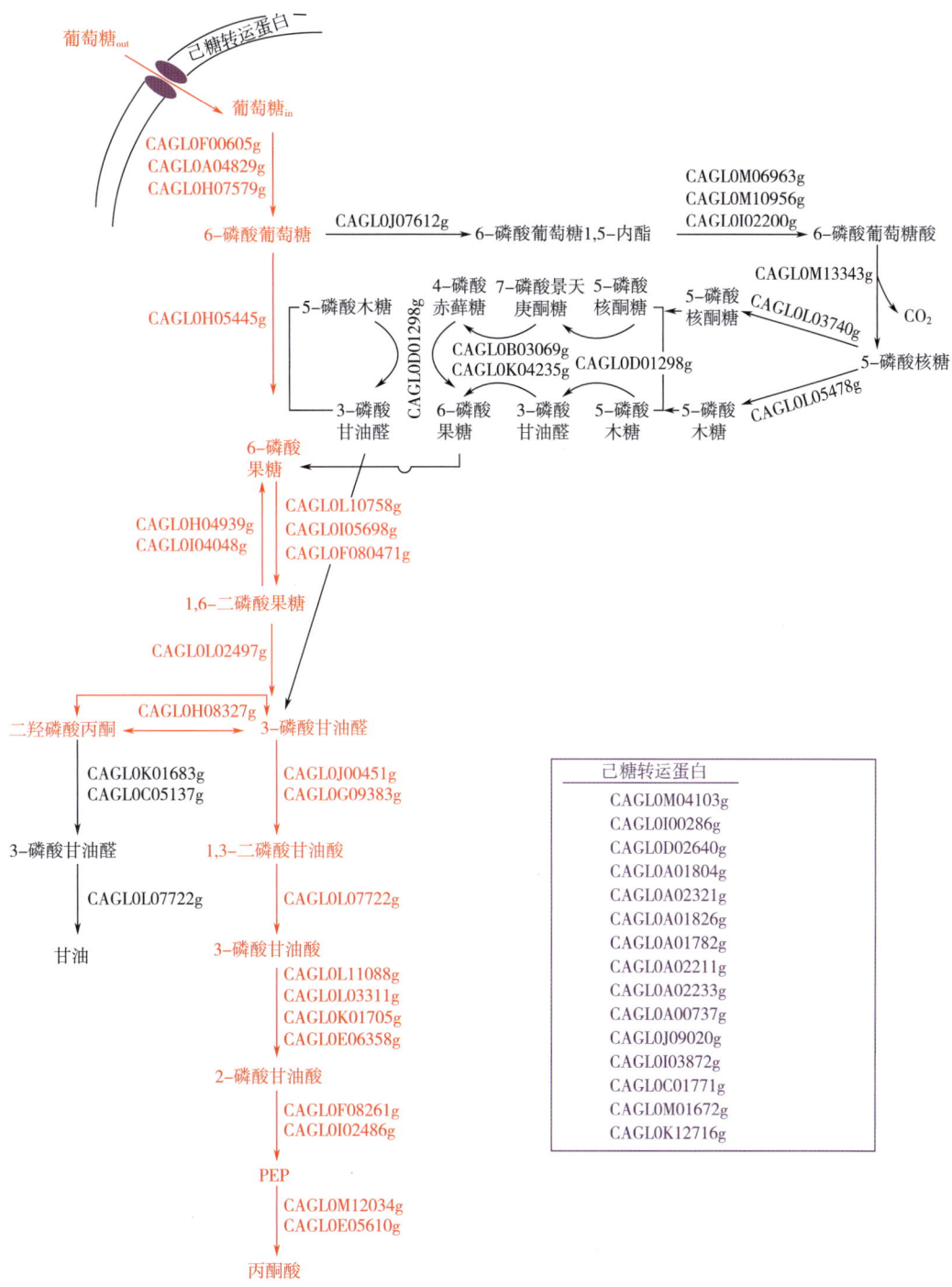

图 6-26 丙酮酸合成途径示意图

表 6-11　异源 NAD^+/H 再生系统在基因转录和蛋白水平上对糖转运系统的影响

基因	UniProt 检索号（可信度）	己糖转运蛋白*	基因转录水平（表达谱芯片）			基因转录水平（定量 PCR）			蛋白表达水平/倍		
			NOX	AOX	PtxD	NOX	AOX	PtxD	NOX	AOX	PtxD
CAGL0M04103g	Q6FJR9	HXT1	−1.1±0.2	−1.1±0.3	1.0±0.0	−1.4±0.1	1.0±0.0	+1.6±0.0	−	−	−
CAGL0I00286g	Q6FR79	HXT2/6/7	−1.7±0.1	+1.5±0.3	+1.7±0.1	−1.2±0.0	+2.1±0.2	+1.5±0.1	−	−	−
CAGL0D02640g	Q6FW63	HXT2/10/6	+1.3±0.3	+1.2±0.1	+1.6±0.1	−1.2±0.2	+1.7±0.2	+1.1±0.2	−	−	−
CAGL0A01804g	Q6FY16	HXT3/1	−6.9±0.5	+1.2±0.3	−1.1±0.2	−3.3±0.2	+1.6±0.2	1.0±0.0	−	−	−
CAGL0A02321g	Q6FY37	HXT3/14	+1.2±0.0	+1.1±0.0	+1.7±0.3	+1.1±0.1	+1.1±0.0	+1.2±0.2	−	−	−
CAGL0A01826g	Q6FY15	HXT5/3	−1.3±0.2	−1.1±0.0	+1.9±0.3	−1.3±0.2	−1.9±0.1	+1.8±0.1	−	−	−
CAGL0A01782g	Q6FY17（可信度 67.13%）	HXT6/7	+19.1±1.1	+14.2±0.2	−1.7±0.6	+16.7±0.5	+15.5±0.3	−1.2±0.4	1.80±0.04	1.05±0.10	0.93±0.05
CAGL0A02211g	Q6FY42	HXT6/7	+6.1±0.5	1.0±0.2	+1.9±0.1	+3.5±0.2	+1.4±0.1	+1.2±0.1	−	−	−
CAGL0A02233g	Q6FY41	HXT6/7	+5.5±0.4	1.0±0.3	+1.9±0.1	4.2±0.1	1.0±0.0	+1.9±0.1	−	−	−
CAGL0A00737g	Q6FXX9	HXT6/7	+1.8±0.1	1.0±0.2	+1.9±0.3	+1.8±0.1	+1.2±0.1	−1.2±0.1	−	−	−
CAGL0J09020g	Q6FNU3	SNF3/RGT2	+1.9±0.3	+1.1±0.1	−1.2±0.1	+2.2±0.2	1.0±0.1	−1.6±0.1	−	−	−
CAGL0I03872g	Q6FQS7	RGT2/SNF3	+1.4±0.5	−1.7±0.5	+1.6±0.2	+1.3±0.2	−1.9±0.1	+1.5±0.2	−	−	−
CAGL0C01771g	Q6FWZ2	未知	−1.6±0.2	+1.2±0.1	+1.1±0.0	1.0±0.1	+1.2±0.2	+1.3±0.1	−	−	−
CAGL0M01672g	Q6FK27	未知	+2.7±0.3	+1.1±0.1	1.0±0.1	+1.7±0.1	1.0±0.0	+1.3±0.0	−	−	−
CAGL0K12716g	Q6FLX5	未知	−1.8±0.1	−1.7±0.4	−1.9±0.3	−1.2±0.0	−1.9±0.2	−1.3±0.1	−	−	−

* 与 S. cerevisiae 己糖转运蛋白相似。

注：NOX，C. glabrata NOX；AOX，C. glabrata NOX；PtxD，C. glabrata PtxD。后文表中同。

2. 敲除基因 *CAGL0A01782g* 对丙酮酸发酵的影响

以菌株 C. glabrata NOX、C. glabrata AOX 和 C. glabrata PtxD 为出发菌株，敲除基因 *CAGL0A01782* 分别构建突变菌株 C. glabrata HXT∷kan-NOX、C. glabrata HXT∷kan-AOX 和 C. glabrata HXT∷kan-PtxD。与对照菌株（未敲除 *CAGL0A01782g* 的菌株）相比：①敲除 CAGL0A01782g 对突变菌株发酵周期和菌体生长均无显著影响 [图 6-27（1）]；

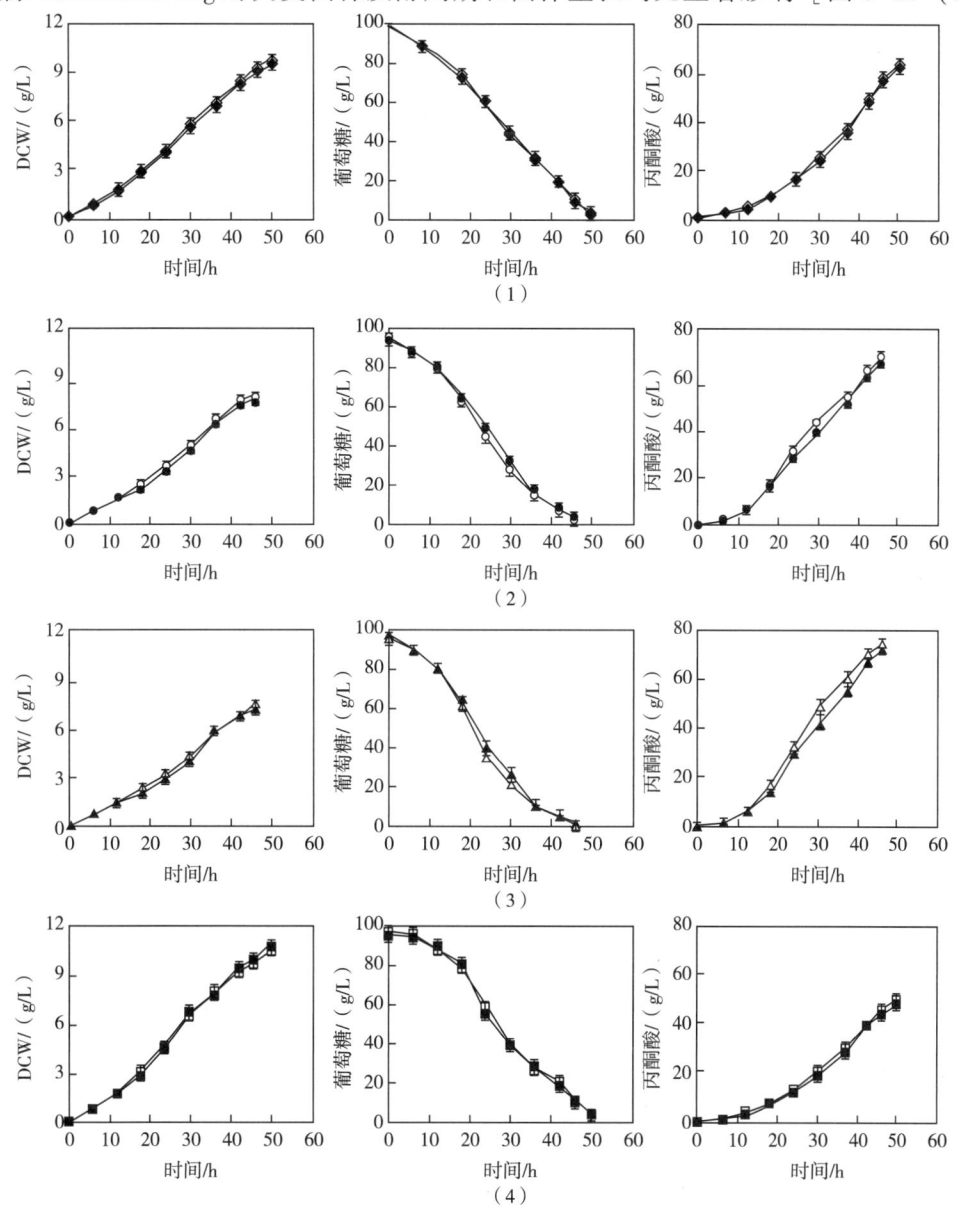

图 6-27 突变菌株与对照菌株发酵特性的比较分析

(1) C. glabrata 和 C. glabrata HXT∷kan ◆，C. glabrata；◇，C. glabrata HXT∷*kan*；
(2) C. glabrata NOX 和 C. glabrata HXT∷kan-NOX ●，C. glabrata NOX；○，C. glabrata HXT∷*kan-NOX*；
(3) C. glabrata AOX 和 C. glabrata HXT∷kan-AOX ▲，C. glabrata AOX；△，C. glabrata HXT∷*kan-AOX*；
(4) C. glabrata PtxD 和 C. glabrata HXT∷kan-PtxD ■，C. glabrata PtxD；□，C. glabrata HXT∷kan-PtxD

②虽敲除基因 CAGL0A01782g 略微降低突变菌株 C. glabrata HXT∷kan-NOX 和 C. glabrataHXT∷kan-AOX 对数生长阶段的葡萄糖消耗速率,但缺失 CAGL0A01782g 并不影响菌株的平均比葡萄糖消耗速率(表6-12);③类似地,虽敲除 CAGL0A01782g 略微降低突变菌株 C. glabrata HXT∷kan、C. glabrata HXT∷kan-NOX、C. glabrata HXT∷kan-AOX 和 C. glabrata HXT∷kan-PtxD 的丙酮酸产量,但却对菌株的平均丙酮酸比生产速率和丙酮酸产率并无显著影响[图6-27和表6-12]。

表6-12　　敲除 CAGL0A01782g 基因对光滑球拟酵母发酵特征的影响

参数	菌株 C. glabrata							
	CON	HXT∷kan	NOX	HXT∷kan-NOX	AOX	HXT∷kan-AOX	PtxD	HXT∷kan-PtxD
时间/h	50	50	46	46	46	46	50	50
DCW/(g/L)	9.7±0.1	9.5±0.3	8.1±0.2	8.0±0.4	7.6±0.2	7.2±0.1	10.6±0.3	11.0±0.5
葡萄糖/(g/L)	97.2±1.4	94.2±2.1	95.3±1.7	92.7±1.5	95.7±1.7	93.4±1.8	92.7±1.6	91.5±1.9
丙酮酸/(g/L)	63.1±1.7	61.5±1.4	71.4±1.3	69.6±1.5	75.1±1.8	73.1±2.2	50.4±1.5	47.7±1.1
葡萄糖比消耗速率/(1/g)	0.20	0.20	0.25	0.25	0.27	0.28	0.17	0.17
丙酮酸比生产速率/(1/h)	0.13	0.13	0.19	0.19	0.21	0.22	0.10	0.09
丙酮酸产率/(g/g)	0.65	0.65	0.75	0.75	0.78	0.78	0.54	0.52

(二) 异源 NAD^+/H 再生系统对糖酵解途径的影响

通过分析表达谱芯片检测获得糖酵解基因的表达水平(图6-28),并对关键酶基因进行定量 PCR 验证(表6-13),以期进一步阐释引入 NAD^+/H 再生系统对丙酮酸合成代谢的影响。与对照菌株相比,过量表达 NADH 氧化酶和选择性氧化酶可诱导己糖激酶、6-磷酸果糖激酶和丙酮酸激酶基因表达上调,且:①C. glabrata NOX 中编码己糖激酶的基因 CAGL0H07579g 表达上调3.7倍,编码6-磷酸果糖激酶的基因 CAGL0F08041g、CAGL0I05698g 和 CAGL0L10758g 表达分别上调7.2倍、11.5倍和3.3倍,编码丙酮酸激酶的 CAGL0M12034g 表达上调2.0倍;②C. glabrata AOX 中编码己糖激酶的 CAGL0F00605g 表达上调4.3倍,且编码6-磷酸果糖激酶的 CAGL0F08041g(12.0倍)、CAGL0I05698g(18.6倍)和 CAGL0L10758g(7.2倍)及编码丙酮酸激酶的 CAGL0M12034g(6.3倍)表达水平均显著高于 C. glabrata NOX;③过量表达亚磷酸脱氢酶可使3个糖酵解酶编码基因表达下调,其中编码6-磷酸果糖激酶的 CAGL0I05698g 表达下调14.3倍,编码磷酸甘油

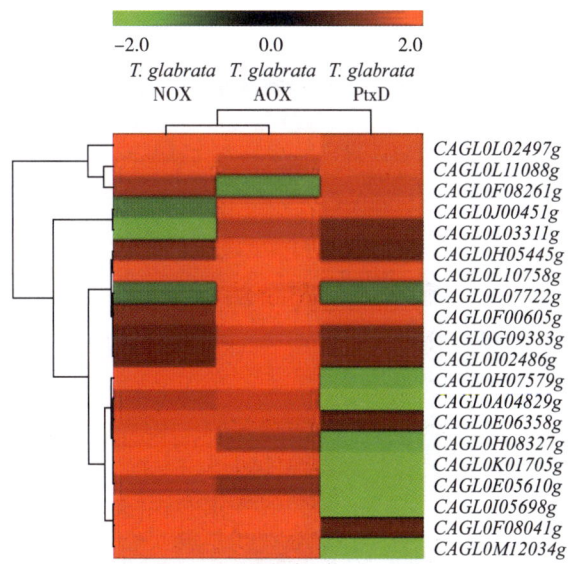

图 6-28 异源 NAD^+/H 再生系统对糖酵解基因转录水平的影响

酸变位酶的 CAGL0K01705g 表达下调 3.7 倍,编码丙酮酸激酶的 CAGL0E05610g 和 CA-GL0M12034g 分别表达下调 2.0 倍和 3.6 倍。

表 6-13　　　　　　　定量 PCR 验证糖酵解关键酶基因的转录水平　　　　　　单位：倍

基因	酶名称	C. glabrata NOX	C. glabrata AOX	C. glabrata PtxD
CAGL0A04829g		1.8±0.2	1.1±0.1	-2.4±0.2
CAGL0F00605g	己糖激酶 [EC 2.7.1.1]	1.7±0.1	5.5±0.3	1.4±0.3
CAGL0H07579g		2.8±0.3	1.2±0.0	-1.7±0.1
CAGL0F08041g		8.8±0.5	13.1±0.4	1.2±0.0
CAGL0I05698g	6-磷酸果糖激酶 [EC 2.7.1.11]	10.8±0.6	20.6±0.6	-12.9±0.4
CAGL0L10758g		2.3±0.3	5.8±0.3	1.5±0.1
CAGL0E05610g	丙酮酸激酶	1.7±0.1	1.3±0.0	-2.9±0.2
CAGL0M12034g	[EC 2.7.1.40]	2.4±0.3	7.9±0.3	-2.8±0.2

同时,利用 iTRAQ 技术检测出 20 个糖酵解蛋白,其中 11 个蛋白的可信度大于 80%(图 6-29)。与对照菌株相比:①C. glabrata NOX 中 Q6FQJ7(6-磷酸果糖激酶)、Q6FKY1(磷酸甘油酸激酶)和 Q6FV12(丙酮酸激酶 2)的表达水平分别上调 3、1.13 和 1.99 倍。②C. glabrata AOX 中 Q6FTX6 和 Q6FQJ7(6-磷酸果糖激酶)的表达水平分别上调 4.03 倍和 2.16 倍。此外,Q6FUX8(磷酸甘油酸变位酶)和 Q6FV12(丙酮酸激酶 2)的表达水平分别上调 1.05 倍和 2.29 倍。③C. glabrata PtxD 中除 Q6FLL5(Ⅱ型果糖二磷酸醛缩酶)的表达水平上调 1.11 倍外,Q6FQJ7(6-磷酸果糖激酶)和 Q6FIS9(丙酮酸激酶 1)的

表达水平却分别下调 0.35 倍和 0.78 倍。

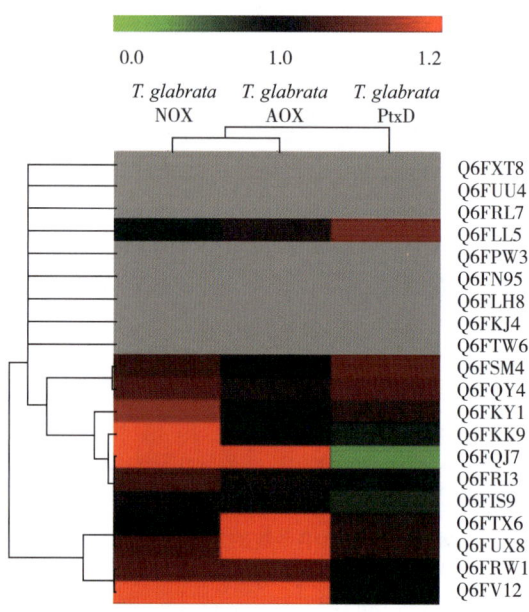

图 6-29 异源 NAD$^+$/H 再生系统对糖酵解途径蛋白表达水平的影响

此外，通过对糖酵解关键酶酶活性进行分析：虽没有检出己糖激酶的蛋白含量，但过量表达 nox 和 AOX1 却可使己糖激酶酶活性分别提高 79% 和 49%，而过量表达 PtxD 却使己糖激酶酶活性降低至原来的 12%（图 6-30）。类似地，过量表达 nox 和 AOX1 基因可使 6-磷酸果糖激酶酶活性分别提高 166% 和 181%、丙酮酸激酶酶活性分别提高 44% 和 91%，但过量表达 PtxD 却导致 6-磷酸果糖激酶和丙酮酸激酶酶活性分别降低至原来的 76% 和 21%。值得注意的是，过量表达 nox、AOX1 和 PtxD 均不能显著改善糖酵解中唯一一个与 NADH 代谢直接相关的酶——3-磷酸甘油醛脱氢酶的酶活性，该实验结果与 *C. glabrata* NOX、*C. glabrata* AOX 和 *C. glabrata* PtxD 中 3-磷酸甘油醛脱氢酶蛋白表达量没有显著变化相符。

（三）异源 NAD$^+$/H 再生系统对糖酵解分支途径的影响

戊糖磷酸途径和甘油合成途径是糖酵解主要的分支途径，具有重要的生理功能。然而，从提高丙酮酸产量和产率的角度出发，上述两条途径可分流来自底物葡萄糖的碳流，成为降低丙酮酸产量和产率的主要原因。

1. 异源 NAD$^+$/H 再生系统对磷酸戊糖途径基因转录和蛋白表达水平的影响

实验结果如图 6-31 所示，过量表达 nox、AOX1 和 PtxD 基因对磷酸戊糖途径基因的转录水平并无显著差异性。其中，*C. glabrata* NOX 中 CAGL0L03740g（5-磷酸核糖异构酶 A）表达下调 1/2，而 CAGL0L08228g（核糖激酶）和 CAGL0H04939g（1,6-二磷酸果糖酶）表达却分别上调 2.1 倍和 2.5 倍。然而，过量表达 AOX1 基因却对磷酸戊糖途径基因转录没有影响。值得注意的是，在菌株 *C. glabrata* PtxD 中检测出 21 个磷酸戊糖途径基因中有

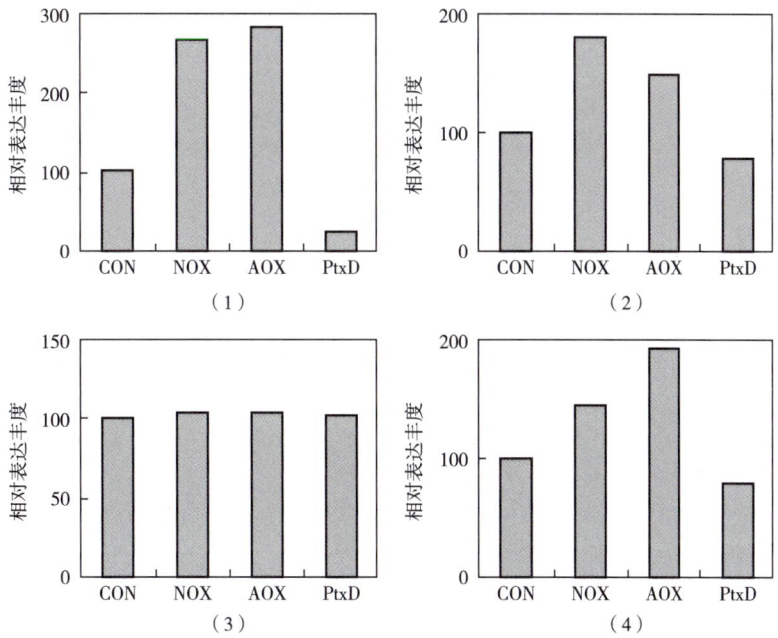

图 6-30 异源 NAD$^+$/H 再生系统对糖酵解关键酶活性的影响

(1) 己糖激酶；(2) 6-磷酸果糖激酶；(3) 3-磷酸甘油醛脱氢酶；(4) 丙酮酸激酶；

CON：*C. glabrata* CON；NOX：*C. glabrata* NOX；AOX：*C. glabrata* AOX；PtxD：*C. glabrata* PtxD

11 个表达下调，而蛋白质组实验仅检测出 4 个磷酸戊糖途径蛋白（图 6-31）。其中，过量表达 *PtxD* 基因导致磷酸戊糖途径的关键限速酶——6-磷酸葡萄糖脱氢酶的蛋白含量降低了 16%，而过量表达 *nox* 和 *AOX1* 基因却并不影响该蛋白的表达量（表 6-14）。

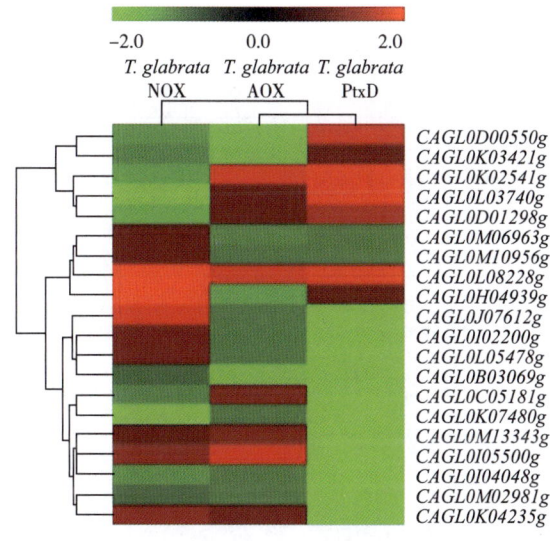

图 6-31 异源 NAD$^+$/H 再生系统对磷酸戊糖途径基因转录水平的影响

表 6-14　异源 NAD$^+$/H 再生系统对磷酸戊糖途径蛋白表达水平的影响

基因	UniProt 检索号（可信度）	酶名称	蛋白表达水平/倍		
			C. glabrata NOX	C. glabrata AOX	C. glabrata PtxD
CAGL0J07612g	Q6FP06（99.30%）	6-磷酸葡萄糖脱氢酶 [EC 1.1.1.49]	1.03±0.11	0.98±0.12	0.84±0.10
CAGL0D01298g	Q6FWC3（99.96%）	转酮酶 [EC 2.2.1.1]	1.03±0.05	0.92±0.10	1.04±0.11
CAGL0B03069g	Q6FXG5（100%）	转醛酶 [EC 2.2.1.2]	1.03±0.10	1.01±0.00	1.09±0.12

2. 异源 NAD$^+$/H 再生系统对甘油合成途径的影响

类似地，突变菌株 *C. glabrata* NOX 中 *CAGL0K01683g* 和 *CAGL0C05137g*（编码 3-磷酸甘油脱氢酶）表达水平分别下调至原先的 1/2.7 和 1/3.8（表 6-15）。与之相反，突变菌株 *C. glabrata* PtxD 中 *CAGL0K01683g* 和 *CAGL0C05137g* 表达水平却分别上调 4.7 倍和 2.3 倍，而过量表达选择性氧化酶并不影响甘油合成途径基因的转录水平。值得注意的是，虽没有检出甘油合成途径的相关蛋白，但通过酶活性分析发现：过量表达 NADH 氧化酶和选择性氧化酶可使 3-磷酸甘油脱氢酶酶活性分别降低 75% 和 20%，而过量表达亚磷酸脱氢酶却使 3-磷酸甘油脱氢酶酶活性增加 122%。此外，过量表达 NADH 氧化酶和选择性氧化酶可使胞内 NADPH 含量分别降低 18% 和 9%，而过量表达亚磷酸脱氢酶却显著提高胞内 NADPH 的含量（提高了 90%）（图 6-32）。

表 6-15　异源 NAD$^+$/H 再生系统对甘油合成途径基因转录和酶活性的影响

基因	UniProt 检索号	酶（蛋白）名称	基因转录水平/倍			酶活性增加量/%		
			NOX	AOX	PtxD	NOX	AOX	PtxD
CAGL0K01683g	Q6FN96	3-磷酸甘油脱氢酶 1 [EC 1.1.1.8]	-2.7±0.6	1.1±0.0	4.7±0.3	-75	-20	+122
CAGL0C05137g	Q6FWJ7	3-磷酸甘油脱氢酶 2 [EC 3.1.3.21]	-3.8±0.3	-1.6±0.0	2.3±0.5			
CAGL0M11660g	Q6FIU6	甘油 3-磷酸酶 1 [EC 3.1.3.21]	-1.5±0.1	-1.7±0.2	3.2±0.3	未检测		

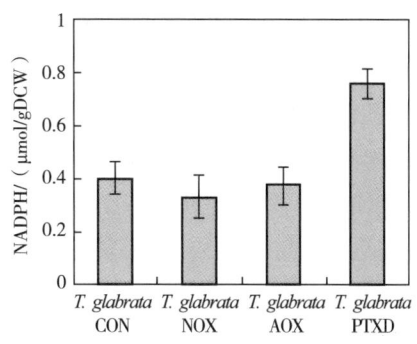

图 6-32 不同工程菌株中胞内 NADPH 含量的比较分析

(四) 讨论

1. CAGL0A01782g 编码的葡萄糖转运蛋白不是控制 C. glabrata 糖酵解速率的主要因素

根据 Génolevures 数据库信息，C. glabrata 中 CAGL0A01782g 和 S. cerevisiae 中 HXT6/7 编码的己糖转运蛋白高度相似 [Expect=0.0，Identities=458/552（82%），Positives=505/552（91%）]。其中，S. cerevisiae HXT6/7p 是一类高己糖亲和力转运蛋白，其基因表达水平受低浓度葡萄糖诱导及高浓度葡萄糖抑制。然而，在突变菌株 C. glabrata CON、C. glabrata NOX、C. glabrata AOX 和 C. glabrata PtxD 的对数生长期，且在培养基中仍残留 40g/L 葡萄糖的情况下，CAGL0A01782g 不仅正常表达，甚至可被过量表达的 nox 和 AOX1 基因所诱导。因此，实验结果与高浓度葡萄糖抑制 HXT6/7 表达的结论相矛盾，其原因可能为：①虽 CAGL0A01782g 所编码蛋白的序列与 S. cerevisiae HXT6/7p 高度相似，但仍略有差异，表明 CAGL0A01782g 编码的葡萄糖转运蛋白的亲和力可能低于 S. cerevisiae HXT6/7p；②存在着一个涉及 NADH 水平或 ATP 水平的调节机制，使 CAGL0A01782g 基因表达可摆脱葡萄糖浓度的抑制。更重要的是，过量表达 nox 和 AOX1 基因可有效提高 C. glabrata 糖酵解速率，进而诱导 CAGL0A01782g 的表达上调。

值得注意的是，如若高糖酵解速率确实可诱导 C. glabrata CAGL0A01782g 的表达上调，则 CAGL0A01782g 编码的葡萄糖转运蛋白将是控制 C. glabrata 糖酵解速率的重要因素之一。然而，敲除 CAGL0A01782g 没有显著改变 C. glabrata 的丙酮酸发酵特征。类似地，同时敲除野生型 S. cerevisiae 的 HXT6 和 HXT7 基因除可延长突变菌株发酵周期外，并不能改变菌株的其他发酵特性。此外，在 C. glabrata 中，除 CAGL0A01782g 外，基因 CAGL0I00286g、CAGL0A02211g、CAGL0A02233g 和 CAGL0A00737g 序列与 S. cerevisiae 的 HXT6/7 相似，表明其他葡萄糖转运蛋白可能补偿了由缺失 CAGL0A01782g 所编码葡萄糖转运蛋白所带来的影响。

2. 不同亚细胞结构内 NADH 调控对丙酮酸合成途径的影响

微生物胞内 NADH 主要来源于糖酵解和三羧酸循环途径。由于 NAD^+/H 不能穿过线粒体内膜，导致胞内 NAD^+/H 必须在其所产生的空间内——细胞质和线粒体实现各自的再生。胞质 NADH 主要通过线粒体外膜 NADH 脱氢酶、乙醇脱氢酶和 3-磷酸甘油脱氢酶等脱氢酶类实现自身氧化，而线粒体 NADH 主要通过电子传递链被氧化为 NAD^+，并合成大量 ATP。为此，引入异源 NAD^+ 再生系统可打破原有 NADH 氧化系统的平衡。例如，异源 NADH 氧化酶可将胞质 NADH 氧化为 NAD^+ 和 H_2O，减少 NADH 上电子传递到电子传递链合成 ATP；而定位于线粒体的选择性氧化酶可将源于 NADH 的电子流从电子传递链中泛醌处分流，绕过复合物Ⅲ和Ⅳ，直接和氧分子作用合成 H_2O，从而减少电子通过电子传递链而大量合成 ATP。然而，在 C. glabrata NOX 和 C. glabrata AOX 对数生长中期（30h），胞内 NADH 含量和 $NADH/NAD^+$ 比率差异并不显著，而 C. glabrata AOX 胞内 ATP 浓度比 C. glabrata NOX 低 29%，表明相对于过量表达 NADH 氧化酶而言，选择性氧化酶可更有效降低 ATP 合成，即对线粒体内 NADH 氧化的影响较大。

然而，不同亚细胞结构中的 NADH 对丙酮酸合成途径的影响既有相似性也有区别。加快胞质和线粒体 NADH 氧化，都诱导糖酵解途径特别是编码磷酸果糖激酶基因的转录上调及酶活性增加，但是调控线粒体内 NADH 比调控胞质 NADH 对糖酵解途径基因的诱导更为显著，表明调控不同空间内（胞质和线粒体）的 NADH 可高效调节糖酵解途径活性。此外，调控胞质 NADH 显著弱化 C. glabrata 的甘油合成途径，但调控线粒体内 NADH 并不能对甘油途径的基因表达水平产生影响。虽调控胞质 NADH 可导致 3 个磷酸戊糖途径的基因表达水平下调 1/2，但包括调控线粒体 NADH 在内，均不能降低包括 6-磷酸葡萄糖脱氢酶基因和蛋白表达水平，表明磷酸戊糖途径不是影响丙酮酸合成的因素（图 6-33）。因此，选择性氧化酶主要通过调控胞内 ATP 水平实现对 C. glabrata 糖酵解的调节，而 NADH 氧化酶则是通过调控 NAD^+ 和 ATP 水平共同实现对 C. glabrata 糖酵解的调节。

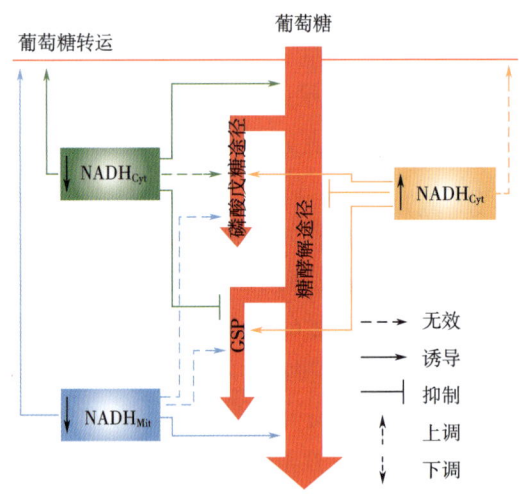

图 6-33 NADH 对丙酮酸合成途径的影响

五、异源 NAD^+/H 再生系统对丙酮酸分解途径的影响

在有氧条件下，丙酮酸经由丙酮酸脱氢酶系催化不可逆反应合成乙酰 CoA，从而进入 TCA 循环进行分解代谢，而线粒体 NADH 是调控丙酮酸脱氢酶复合体和 TCA 循环的关键

物质之一。此外，高浓度 NADH 将抑制丙酮酸脱氢酶复合体中二氢硫辛酰胺脱氢酶（E3）、柠檬酸合酶和异柠檬酸脱氢酶等酶活性，而过量表达 NADH 氧化酶、选择性氧化酶和亚磷酸脱氢酶可调控丙酮酸合成相关途径的基因、蛋白（酶）表达水平，进而调控 C. glabrata 中糖酵解途径活性，即不同空间和水平 NADH 可有效调控以 C. glabrata 丙酮酸合成途径为代表的生化途径。然而，由于 TCA 循环途径位于线粒体中，且 C. glabrata TCA 循环被亚适量维生素所抑制，因此 NADH 对 C. glabrata 丙酮酸分解代谢途径的影响将不同于 S. cerevisiae 等其他真核微生物。为此，以菌株 C. glabrata NOX、C. glabrata AOX 和 C. glabrata PtxD 为模型，利用表达谱芯片、iTRAQ、酶活性测定和代谢物分析等策略，从转录、酶活性和代谢通量等水平上系统阐释不同 NAD^+/H 系统对丙酮酸分解代谢途径的影响。

（一）异源 NAD^+/H 再生系统对丙酮酸分解代谢途径基因表达的影响

NAD^+/H 再生系统对 TCA 循环途径基因表达的影响较小。其中，过量表达 NADH 氧化酶仅使编码异柠檬酸脱氢酶的 *CAGL0H03663g* 表达水平上调 2.1 倍；过量表达选择性氧化酶导致编码异柠檬酸脱氢酶的 *CAGL0G02673g* 和 *CAGL0I07227g* 表达水平分别上调 3.0 倍和 2.1 倍；而过量表达亚磷酸脱氢酶却对编码 TCA 循环途径酶的表达水平没有影响。然而，过量表达 NADH 氧化酶、选择性氧化酶和亚磷酸脱氢酶却可显著影响丙酮酸脱氢酶代谢旁路相关基因的表达水平：①菌株 C. glabrata NOX 中 *CAGL0M07920g*（PDC1，丙酮酸脱羧酶）和 *CAGL0I07843g*（ADH1，乙醇脱氢酶 1）表达水平分别下调至原来的 $\frac{1}{2.4}$ 和 $\frac{1}{2.8}$，而 *CAGL0B02717g*（ACS2，乙酰辅酶 A 合成酶 2）表达上调 3.2 倍；②菌株 C. glabrata AOX 中 *CAGL0I07843g*（ADH1，乙醇脱氢酶 1）和 *CAGL0J01441g*（ADH3，乙醇脱氢酶 3）表达分别下调至原来的 $\frac{1}{4.2}$ 和 $\frac{1}{10.1}$，而 *CAGL0H05137g*（乙醛脱氢酶）和 *CAGL0B02717g*（ACS2，乙酰辅酶 A 合成酶 2）表达分别上调 5.4 和 6.9 倍；③C. glabrata PtxD 中 *CAGL0I07843g*（ADH1，乙醇脱氢酶 1）和 *CAGL0H06853g*（ADH6，乙醇脱氢酶 6）表达分别上调 3.4 倍和 2.2 倍（图 6-34）。

（二）异源 NAD^+/H 再生系统对丙酮酸分解代谢途径蛋白表达量和酶活性的影响

在所检出的 9 个蛋白中，过量表达选择性氧化酶可使丙酮酸脱氢酶代谢旁路中 Q6FRX5 和 TCA 循环途径中 Q6FQD0 的表达量分别上调 1.25 倍和 1.27 倍，而过量表达 NADH 氧化酶和亚磷酸脱氢酶却对其没有显著影响。然而，与对照菌株相比，异源 NAD^+/H 再生系统却显著影响丙酮酸脱氢酶代谢旁路中的比酶活性（表 6-16）：①菌株 C. glabrata NOX 中乙醇脱氢酶的酶活性降低 50%，乙酰辅酶 A 合成酶的酶活性增加 17%，而丙酮酸脱羧酶的酶活性没有显著变化；②菌株 C. glabrata AOX 中乙醇脱氢酶的酶活性降低 75%，而乙酰辅酶 A 合成酶的酶活性增加 67%，与 C. glabrata NOX 相似，丙酮酸脱羧酶活性没有显著变化；③与 C. glabrata NOX 和 C. glabrata AOX 相比，菌株 C. glabrata PtxD 中丙酮酸脱羧酶和乙醇脱氢酶的酶活性分别增加了 13% 和 50%，但乙酰辅酶 A 合成酶酶活性并无明显变化。因此，基于对丙酮酸脱氢酶和 TCA 循环中关键酶活性的分析结果，

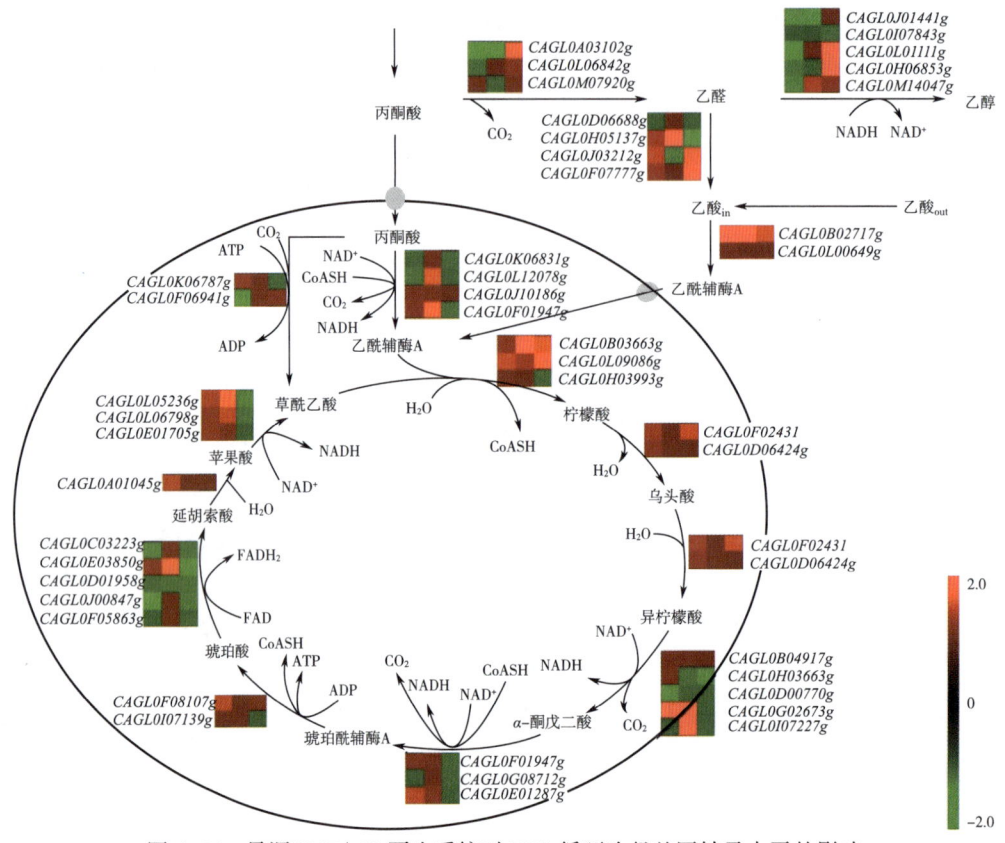

图 6-34 异源 NAD^+/H 再生系统对 TCA 循环途径基因转录水平的影响

发现引入异源 NAD^+/H 再生系统并不能显著影响丙酮酸脱氢酶、柠檬酸合成酶、异柠檬酸脱氢酶、α-酮戊二酸脱氢酶和苹果酸脱氢酶等关键酶的活性。

表 6-16 丙酮酸分解代谢途径中蛋白表达和关键酶活性分析

	酶名称	UniProt 检索号	蛋白表达水平/倍			比酶活性/(IU/mg)			
			NOX	AOX	PtxD	CON	NOX	AOX	PtxD
丙酮酸脱氢酶代谢旁路	丙酮酸脱羧酶	Q6FL20	0.92±0.05	1.03±0.09	0.97±0.07	0.30±0.05	0.32±0.02	0.30±0.04	0.34±0.04*
		Q6FJA3	1.01±0.07	1.07±0.06	0.91±0.07				
	乙醇脱氢酶	Q6FQA4	1.02±0.04	1.05±0.06	1.04±0.05	0.04±0.01	0.02±0.01*	0.01±0.01**	0.06±0.01**
	乙醛脱氢酶	Q6FRX5	1.03±0.03	1.25±0.02	0.96±0.05	ND	ND	ND	ND
	乙酰辅酶A合成酶		N	N	N	0.12±0.08	0.13±0.07	0.20±0.07**	0.12±0.03

续表

酶名称		UniProt检索号	蛋白表达水平/倍			比酶活性/(IU/mg)			
			NOX	AOX	PtxD	CON	NOX	AOX	PtxD
TCA循环途径	丙酮酸脱氢酶		N	N	N	0.29±0.07	0.30±0.10	0.32±0.08	0.28±0.06
	柠檬酸合成酶	Q6FS26	1.04±0.12	0.97±0.04	0.82±0.03	1.42±0.15	1.68±0.13	1.55±0.12	1.37±0.12
	乌头酸水合酶	Q6FVR0	1.14±0.09	1.04±0.08	1.04±0.10	ND	ND	ND	ND
	异柠檬酸脱氢酶	Q6FTG5	1.07±0.05	1.03±0.05	1.01±0.05	5.58±0.2	5.85±0.2	6.01±0.2	5.10±0.6
		Q6FQD0	0.97±0.08	1.27±0.06	0.96±0.03				
	α-酮戊二酸脱氢酶		N	N	N	2.22±0.15	2.31±0.18	2.43±0.10	2.05±0.17
	苹果酸脱氢酶	Q6FL92	1.01±0.06	1.02±0.04	0.92±0.08	2.09±0.12	2.00±0.17	2.11±0.20	1.95±0.21

* $P<0.05$；

** $P<0.01$。

注：ND，未检测；N，未检出。

(三) 异源 NAD$^+$/H 再生系统对 TCA 中间代谢物和氨基酸代谢的影响

如图 6-35 所示，过量表达 NADH 氧化酶使胞内乙酰辅酶 A 含量仅增加 6%（$P>0.5$），但却并不影响 TCA 中间代谢物的含量。类似地，虽选择性氧化酶直接作用于线粒体中，但其过量表达除导致乙酰辅酶 A 增加 31%外，同样对 TCA 中间代谢物的含量没有显著影响；而过量表达亚磷酸脱氢酶却降低乙酰辅酶 A、柠檬酸、α-酮戊二酸、琥珀酸和富马酸等物质含量，但却都没有达到显著水平（$P>0.05$）。此外，由于异源 NAD$^+$/H 再生系统不能显著改变 TCA 循环途径通量，导致与其相关联的谷氨酸族氨基酸和天冬氨酸族氨基酸产量也没有显著改变。

(四) 增加外源硫胺素浓度对 TCA 中间代谢物和氨基酸代谢的影响

解除硫胺素对丙酮酸脱氢酶的限制后，NAD$^+$/H 再生系统可显著改变 TCA 碳通量（图 6-36）。与添加 30μg 盐酸硫胺素相比，解除硫胺素的限制可使：①菌株 *C. glabrata* CON 胞内乙酰辅酶 A、柠檬酸、α-酮戊二酸、琥珀酸、富马酸、谷氨酸族氨基酸和天冬氨酸族氨基酸含量分别增加 42%、52%、35%、49%、66%、15% 和 15%；②*C. glabrata* NOX 胞内乙酰辅酶 A、柠檬酸、α-酮戊二酸、琥珀酸、富马酸、谷氨酸族氨基酸和天冬氨酸族氨基酸含量分别增加 46%、84%、57%、93%、60%、9% 和 14%；③*C. glabrata*

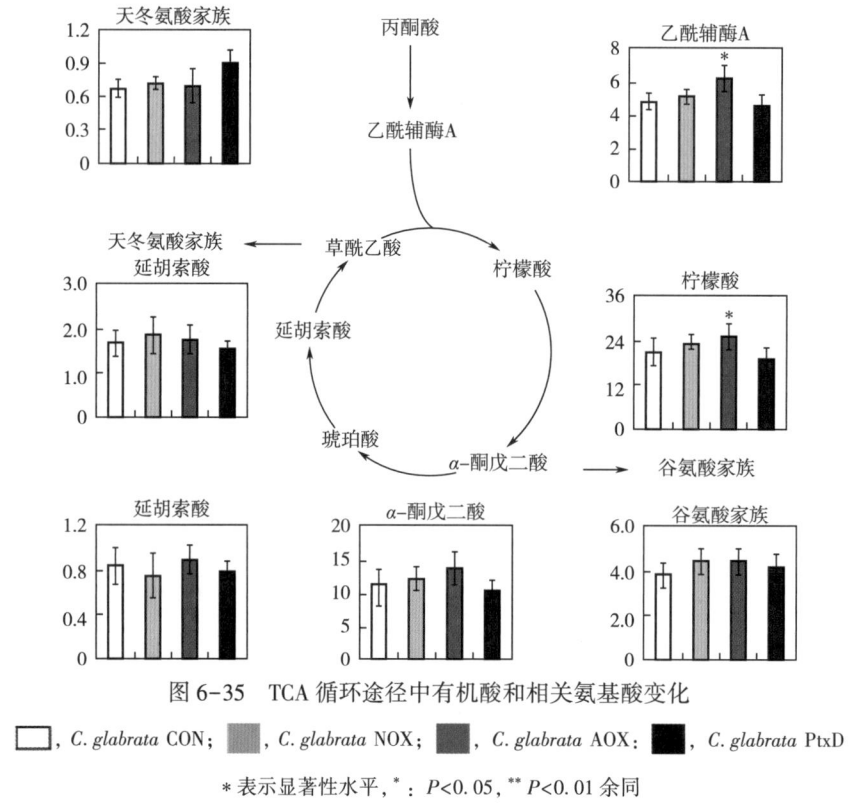

图 6-35 TCA 循环途径中有机酸和相关氨基酸变化

☐, *C. glabrata* CON；▨, *C. glabrata* NOX；▨, *C. glabrata* AOX；■, *C. glabrata* PtxD

* 表示显著性水平，*：$P<0.05$，**$P<0.01$ 余同

AOX 胞内乙酰辅酶 A、柠檬酸、α-酮戊二酸、琥珀酸、富马酸、谷氨酸族氨基酸和天冬氨酸族氨基酸含量分别增加 70%、98%、79%、90%、91%、11% 和 25%；④ *C. glabrata* PtxD 胞内乙酰辅酶 A、柠檬酸、α-酮戊二酸、琥珀酸、富马酸、谷氨酸族氨基酸和天冬氨酸族氨基酸含量分别增加 22%、41%、28%、40%、65%、20% 和 1%。

此外，在添加 60μg 盐酸硫胺素条件下，与对照菌株 *C. glabrata* CON 相比：①菌株 *C. glabrata* NOX 胞内乙酰辅酶 A、柠檬酸、α-酮戊二酸、琥珀酸、富马酸、谷氨酸族氨基酸和天冬氨酸族氨基酸含量分别增加 10%、36%、25%、19%、6%、6% 和 7%；② *C. glabrata* AOX 胞内乙酰辅酶 A、柠檬酸、α-酮戊二酸、琥珀酸、富马酸、谷氨酸族氨基酸和天冬氨酸族氨基酸含量分别增加 57%、62%、35%、21%、13%、8% 和 13%；③而菌株 *C. glabrata* PtxD 胞内乙酰辅酶 A、柠檬酸、α-酮戊二酸、琥珀酸、富马酸、谷氨酸族氨基酸和天冬氨酸族氨基酸含量却分别降低 17%、15%、12%、12%、9%、10% 和 18%。

（五）讨论

在 *C. glabrata* 中，丙酮酸节点碳流主要从丙酮酸脱氢酶系所控制的丙酮酸氧化脱羧途径和丙酮酸脱氢酶代谢旁路进入 TCA 循环而进行有氧分解。因此，TCA 循环的活性强弱成为影响丙酮酸积累的重要因素。然而，基于基因转录水平、酶活性水平和代谢物水平等层次对丙酮酸分解代谢途径的分析结果，发现调控胞质和线粒体 NADH 浓度并不能显著改变 TCA 循环活性。在胞质中过量表达 NADH 氧化酶和亚磷酸脱氢酶，虽可改变胞质

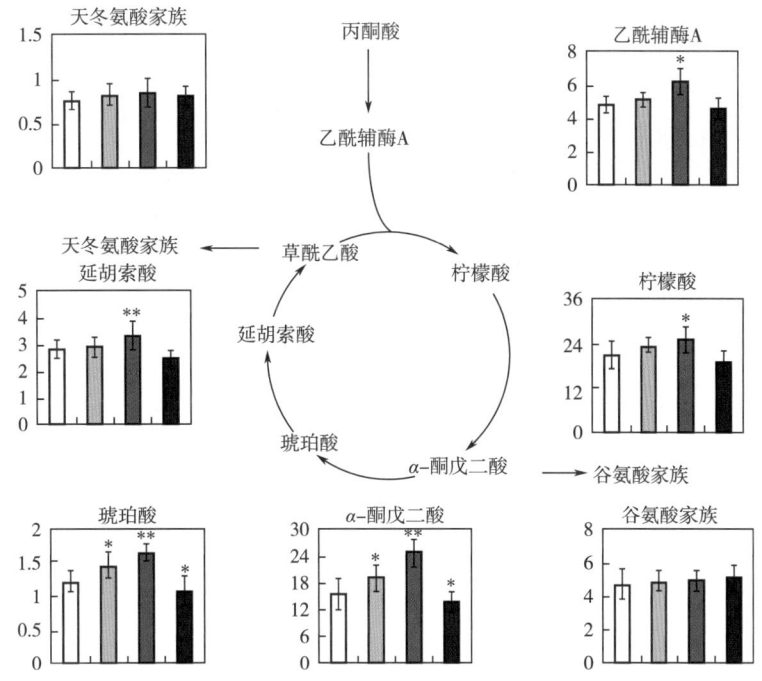

图 6-36 TCA 循环途径中解除硫氨酸限制后有机酸和相关氨基酸变化

□, *C. glabrata* CON; ▨, *C. glabrata* NOX; ■, *C. glabrata* AOX; ■, *C. glabrata* PtxD

NADH 水平，但却不能显著影响 TCA 循环途径酶基因转录水平，包括丙酮酸脱氢酶在内的 TCA 脱氢酶活性以及 TCA 循环中间代谢物含量。如果这是由于"线粒体区隔效应"造成的结果，那么直接调节线粒体 NADH 是否可显著改变 *C. glabrata* TCA 循环活性？为此，通过对 *C. glabrata* AOX 分析发现：虽编码异柠檬酸脱氢酶的 *CAGL0G02673g* 和 *CAGL0I07227g* 表达上调，但异柠檬酸脱氢酶活性和 TCA 中间代谢物浓度却无显著增加，表明"线粒体区隔效应"并不是限制 NADH 调控对 TCA 循环活性调节作用的主要因素。

对于硫胺素、生物素、烟酸和吡哆醇四种维生素的营养缺陷型菌株，控制丙酮酸进入 TCA 循环途径的丙酮酸脱氢酶受到培养基中亚适量的硫胺素控制，表明丙酮酸脱氢酶活性极可能限制 NADH 水平对 TCA 循环活性的调节。为此，通过调节培养基中硫胺素浓度以解除硫胺素对丙酮酸脱氢酶的控制，进而考察解除丙酮酸脱氢酶对 TCA 循环活性的影响，发现在解除硫胺素限制的条件下，调控胞质 NADH 或线粒体 NADH 均可显著提高 TCA 循环途径的碳通量。其中，在线粒体中过量表达选择性氧化酶可显著增加 TCA 循环途径的碳通量，表明：①亚适量硫胺素"严格"控制 TCA 循环活性，且调控细胞内 NADH 水平和形式难以影响 TCA 循环活性；②在解除硫胺素对丙酮酸脱氢酶控制后，调控胞内 NADH 水平和形式显著影响 TCA 循环碳通量，而"线粒体区隔效应"则是导致 *C. glabrata* NOX、*C. glabrata* AOX 和 *C. glabrata* PtxD 之间 TCA 循环碳通量差异的因素之一。

第三节 代谢工程改造光滑球拟酵母生产富马酸

一、富马酸概述

(一) 富马酸生理特性

富马酸，又名延胡索酸，作为一种无色、易燃晶体，易溶于热水和乙醇，微溶于冷水、乙醚和苯。此外，作为一种重要的化工原料和精细化学品，富马酸已被美国能源部列为十大构架化合物之一，可由糖类物质通过生物或化学转化形成，被广泛应用于（图 6-37）：①在工业生产方面：用于生产不饱和聚酯树脂、上浆树脂和醇酸树脂；②在医药生产方面：用于合成琥珀酸、L-天冬氨酸、γ-丁内酯和四氢呋喃等四碳化合物；③在食品、饲料生产方面：可作为酸味剂。

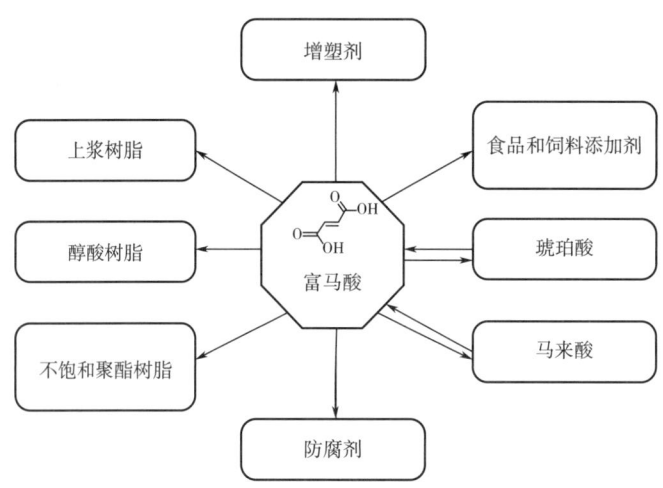

图 6-37 富马酸的应用

(二) 富马酸生产方法

目前，大规模合成富马酸可通过化学合成法、酶转化法和微生物发酵法等途径。然而，由于化学合成法和酶转化法主要以苹果酸和马来酸酐为原料，且需要价格昂贵的酶制剂和手性溶解溶剂以及复杂的反应过程，进而降低富马酸生产的经济性和实用性。为此，越来越多的研究人员重点关注经济实用型的微生物发酵法。

1. 石化途径生产富马酸

富马酸可由苹果酸经异构化生产，后者可通过马来酸酐转化而得，而马来酸酐可由气态的烃类化合物依次催化氧化得到。因此，以 n-丁烷或 n-丁烷-n-丁烯混合物作为原料，通过丁烷氧化生成马来酸酐：

$$C_4H_{10} + 3.5O_2 \longrightarrow C_4H_2O_3 + 4H_2O$$

其中，通过将钒和氧化磷的催化剂嵌入固定床管式反应器生产马来酸酐，是最常见的马来酸酐生产过程。同时，马来酸酐通过：

$$C_4H_2O_3 + H_2O \longrightarrow C_4H_4O_4$$

水解成苹果酸，而苹果酸经加热或异构化生成富马酸，常用催化剂为过氧化物或硫脲。

2. 酶催化苹果酸转化成富马酸

在自然界中，马来酸酐异构酶可催化苹果酸转化为富马酸，而含有马来酸酐异构酶的微生物包括假单胞菌、粪产碱菌和荧光假单胞菌，但该酶在常温下却不稳定。为此，可从嗜热脂肪芽孢杆菌、短杆菌和芽孢杆菌 MI-105 中获得热稳定性较好的马来酸酐异构酶，进而改善富马酸生产过程。例如，产碱假单胞菌 XD-1 能够高效催化苹果酸对富马酸的转化，且转化强度为 6.98g/(L·h)。此外，通过热处理细胞（70℃处理1h），能够消除富马酸酶活性（催化富马酸转化为 L-苹果酸），且并不影响马来酸酐异构酶活性，进而可将苹果酸对富马酸的转化率提高至 95%。

3. 微生物发酵法生产富马酸

微生物发酵法生产富马酸始于 20 世纪 40 年代，其后却被以石油化工原料为基础的化学合成法所取代。近年来，随着石油价格的持续增长，以环境友好型和可持续发展型为主要特点的微生物发酵生产富马酸受到越来越多的重视。目前，富马酸生产菌株主要有：

(1) 野生型生产菌株　1938 年，Foster 从 8 个不同霉菌属中筛选获得 41 株高产富马酸的菌株，包括：根霉属、毛霉属、小克银汉霉属和卷霉属。其中，*Rhizopus formosa*、*Rhizopus arrhizus* 和 *Rhizopus oryzae* 等野生型菌株已被应用于富马酸的生产。例如，*R. arrhizus* NRRL 2582 合成富马酸的产量、得率和生产强度分别为 107.0g/L、0.82g/g 和 4.25g/(L·h)，而 *R. oryzae* ATCC 20344 合成富马酸的产率和生产强度也可达到 0.85g/g 和 4.25g/(L·h)。然而，虽 *R. formosa* 能够利用低值营养物合成富马酸，但其富马酸产量仅为 23.1g/L；而 *R. oryzae* 虽可作为富马酸的主要生产者，但其发酵过程需复杂的旋转反应器，进而限制该策略的工业化应用。此外，野生型生产菌株还具有：①菌体形态严重影响菌种生产性能；②某些微生物具有潜在的致病性、降低产品安全性等缺陷。

(2) 工程菌株　目前，已有多种代谢工程策略被用于改造生产富马酸合成途径（图 6-38），主要涉及 *C. glabrata*、*S. cerevisiae*、*E. coli* 和 *R. oryzae* 等微生物：①还原 TCA 循环：将来源于 *R. oryzae* 的 *RoMDH* 和 *RoFUM1* 过量表达于 *S. cerevisiae* 中，结合提高本源 *PYC2* 表达水平，可使富马酸产量达到 3.18g/L；②氧化 TCA 循环：结合敲除基因 *FUM1* 和过量表达基因 *RoPYC* 和 *SFC1*，可使 *S. cerevisiae* 积累 1.67g/L 富马酸；③还原与氧化 TCA 循环协同作用：通过综合改造 TCA 循环的氧化和还原路径，可使工程菌株 *S. cerevisiae* FMME004~6 积累 5.64g/L 富马酸；④乙醛酸循环：以琥珀酸生产菌 *E. coli* E2 为宿主，通过删除磷酸烯醇式丙酮酸羧化酶基因 *ppc* 和乙醛酸转移操纵子 *aceBA*，使富马酸积累量提高至 41.5g/L；⑤同时利用还原 TCA 循环、氧化 TCA 循环和乙醛酸循环：通过结合删除 *iclR*、*fumA*、*fumB* 和 *fumC* 基因疏导更多碳流进入乙醛酸循环、提高内源 *ppc* 基因表达水平以增强进入还原 TCA 碳流、敲除 *arcA* 和 *ptsG* 基因增强进入氧化 TCA 碳流等策略，可使工程菌 E. coli CWF812 产生 28.2g/L 富马酸；⑥尿素循环和嘌呤核苷酸循环：通过结合调控精氨琥珀酸裂解酶（argininosuccinate lyase，ASL）高水平表达、腺嘌呤琥珀酸裂解酶（adenylosuccinate lyase，ADSL）低水平表达和过量表达源于 Schizosaccharomyces pombe 的二羧酸转运蛋白 SpMAE1，使得工程菌株合成富马酸的产量达到 8.83g/L。

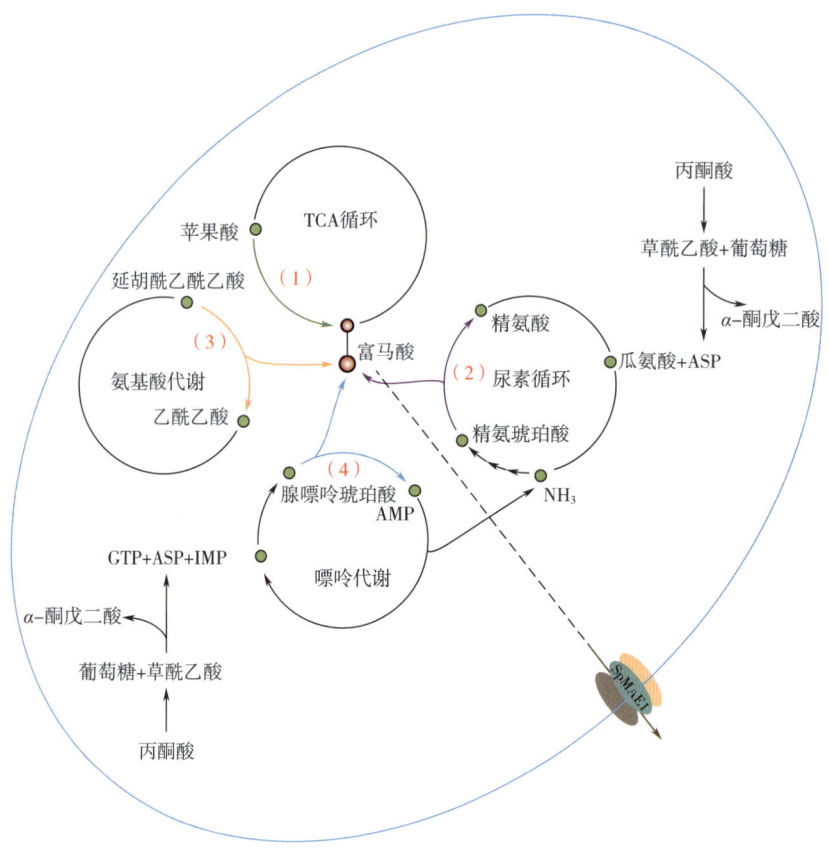

图 6-38　C. glabrata 中用于合成富马酸的主要代谢路径
GTP：三磷酸鸟苷；ASP：天冬氨酸；IMP：次黄嘌呤核苷酸

（三）光滑球拟酵母作为富马酸生产菌株的潜力

目前，四重维生素营养缺陷型光滑球拟酵母（Torulopsis glabrata）可作为生产丙酮酸和 α-酮戊二酸的生产菌株，能够积累 93.4g/L 的丙酮酸和 43.7g/L 的 α-酮戊二酸。为此，借助系统代谢工程策略和合成生物学方法将碳代谢流从丙酮酸或 α-酮戊二酸节点高效导向富马酸需解决的关键问题包括：

（1）如何选择 C. glabrata 中富马酸积累途径？　通过 C. glabrata 全基因组规模代谢网络模型 iNX804 搜索发现富马酸相关代谢反应可参与五大分支代谢：①氨基酸代谢；②核苷酸代谢；③氧化磷酸化；④柠檬酸循环；⑤线粒体转运反应。为此，需从上述富马酸参与的复杂代谢中，理性筛选高效代谢路径，为提高富马酸的产量奠定基础。

(2) 如何构建 *C. glabrata* 中富马酸积累途径？ 根据 *C. glabrata* 积累丙酮酸和 α-酮戊二酸的代谢特点，结合富马酸参与的相关代谢路径，可将相关代谢路径分为：①胞质路径：还原 TCA 反应、核苷酸代谢、氨基酸代谢；②线粒体反应：氧化 TCA 反应、线粒体转运反应。

因此，通过富马酸合成途径的代谢改造，实现丙酮酸或 α-酮戊二酸代谢节点碳流的定向疏导。

(3) 如何优化 *C. glabrata* 中富马酸积累途径？ 结合新型代谢工程策略和合成生物学手段，如启动子工程、蛋白质工程、结构合成生物学等，系统优化富马酸合成路径，改善底物代谢传输效率，进一步提高细胞合成富马酸的能力。

二、重构胞质 TCA 还原路径生产富马酸前体苹果酸

在微生物 *R. oryzae* 中，细胞积累富马酸的代谢路径主要为胞质还原 TCA 途径，即由丙酮酸羧化反应和还原反应生成苹果酸，再经胞质富马酸酶转化为富马酸。该路径既可固定 CO_2，也能实现最大理论得率 2mol/mol 葡萄糖，是合成 C4 二羧酸的最理想途径（如富马酸），涉及关键酶为丙酮酸羧化酶（pyruvate carboxylase，PYC）、NAD-苹果酸脱氢酶（malate dehydrogenase，MDH）和富马酸酶（fumarase，FUM1）。

为此，通过重新设计微生物胞质还原 TCA 途径，可有效增强细胞合成 C4 二羧酸的能力。例如，通过过量表达内源性丙酮酸羧化酶和外源磷酸烯醇式丙酮酸羧化酶，可使 *R. oryzae* 工程菌积累 25g/L 富马酸。类似地，在 *PDC* 基因缺陷型 *S. cerevisiae* 中，过量表达 *PYC2*、*MDH3* 和 *SpMAE1* 可增强还原 TCA 循环，可使苹果酸产量提高至 59g/L。因此，综合考虑富马酸代谢途径及其 *C. glabrata* 生理特性，利用还原 TCA 循环路径增强 *C. glabrata* 中草酰乙酸还原速率，以期提高苹果酸合成速率，为富马酸的高效合成奠定基础（图 6-39）。

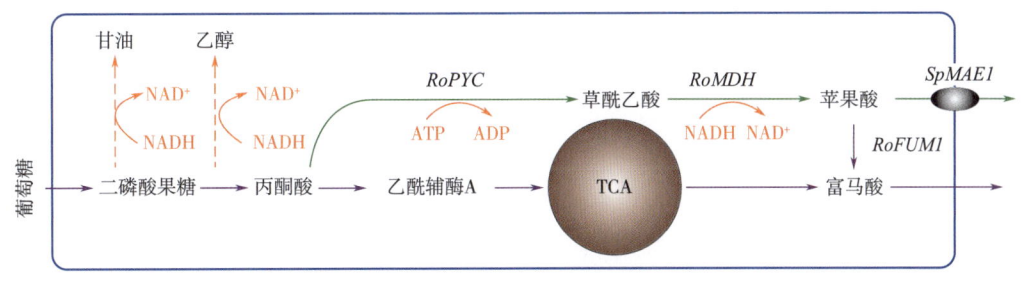

图 6-39 *C. glabrata* 中苹果酸合成代谢途径

（一）过量表达丙酮酸羧化酶对碳流分配的影响

在工程菌株 T. G-26P 中，过量表达丙酮酸羧化酶可使其比酶活性比对照菌株 T. G-26 提高了 5 倍，达到 0.327U/mg 蛋白，进而降低丙酮酸积累量［图 6-40（1）］，即丙酮酸摩尔碳浓度降低，而草酰乙酸与丙酮酸的摩尔碳浓度比（C_{Oxal}/C_{Pyr}）增加［图 6-40（3）］。然而，增强丙酮酸流入草酰乙酸的碳流却显著影响碳回收及其利用：①草酰乙酸

产量达到 2.24g/L [图 6-40（2）]，使草酰乙酸占摩尔碳达到 49.4mmol/L，但草酰乙酸对碳流的回收量较低 [图 6-40（6）]；②细胞干重（DCW）和 DCW 占摩尔碳均显著提高 [图 6-40（5）]，导致 DCW 对碳流的回收量增加了 15%；③苹果酸产量微弱增加，即苹果酸所占摩尔碳和对碳流的回收量均较低。

因此，草酰乙酸、DCW 和苹果酸对碳流的回收总量仅为 25.0% [图 6-40（6）]，表明目标代谢途径仍需进一步改造以促进更多碳流由草酰乙酸导向苹果酸。

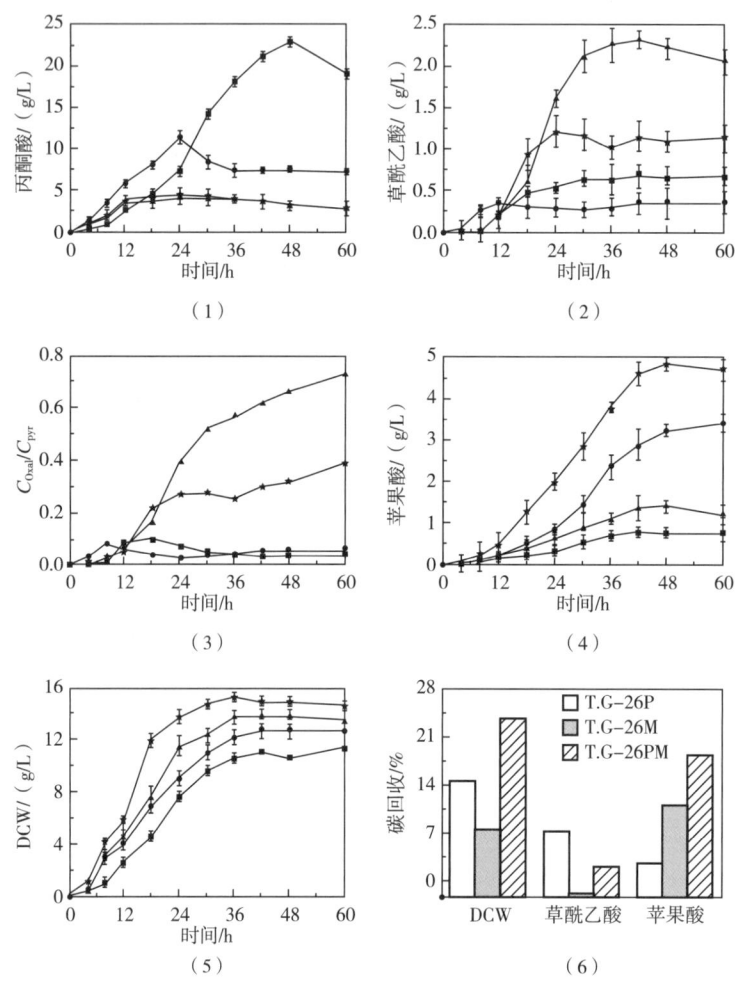

图 6-40 不同代谢工程策略对 *C. glabrata* 代谢物的影响
■：T.G-26；▲：T.G-26P；●：T.G-26M；★：T.G-26PM

（二）过量表达苹果酸脱氢酶对苹果酸生产的影响

为促使更多丙酮酸碳流导向苹果酸，在胞质中过量表达苹果酸脱氢酶可使工程菌株 T.G-26M 中苹果酸脱氢酶比酶活（40.50U/mg 蛋白）较对照菌 T.G-26 提高 19 倍，进而导致：①工程菌株 T.G-26M 中 C_{Oxal}/C_{Pyr} 与对照菌 T.G-26 保持一致 [图 6-40（3）]；②菌株 T.G-26M 中丙酮酸浓度降低 67.3%，但其苹果酸产量却增加 4 倍 [图 6-40（4）]。

此外，在 T. G-26M 中，苹果酸对碳流的回收量由 2.9% 增加至 11.2%，表明过量表达苹果酸脱氢酶可有效提高细胞合成苹果酸的能力。因此，过量表达 *RoMDH* 或 *RoPYC* 基因可使苹果酸产量分别达到 3.42g/L 和 1.44g/L [图 6-40（4）]。值得注意的是，将 *RoMDH* 和 *RoPYC* 基因共表达至 C. glabrata 胞质中，可使工程菌株 T. G-26PM 积累苹果酸的产量提高至 4.83g/L [图 6-40（4）]，且其 DCW 对碳流的回收量也提高至 23.7%，同时 C_{Oxal}/C_{Pyr} 保持上升趋势，表明虽共表达 *RoMDH* 和 *RoPYC* 可使更多丙酮酸碳流通过草酰乙酸或苹果酸进入 TCA 循环，但 C. glabrata 不能有效将胞内苹果酸转运至胞外。

（三）细胞高效积累苹果酸的瓶颈分析

利用工程菌株 T. G-26PM 发酵数据，如葡萄糖比吸收速率、甘油比生产速率、乙醇比生产速率、丙酮酸比生产速率、草酰乙酸比生产速率和苹果酸比生产速率，作为模型 *i*NX804 限制条件，用于预测 T. G-26PM 的细胞生长速率（图 6-41），结果发现：生长速率模拟值（0.51/h）与实验值相吻合（0.53/h），表明限制性模型 *i*NX804 能够较好反映 T. G-26PM 的实际代谢情况。然而，代谢反应：PYR［c］+ATP［c］+HCO$_3$［c］⟶ OAA［c］+ADP［c］+PI［c］+H［c］的预测值为 1.3mmol/(gDCW·h)，显著高于实验值 0.03mmol/(gDCW·h)。此外，代谢反应：OAA［c］+NADH［c］+H［c］⟶ MAL［c］+NAD$^+$［c］的预测值为实验值的 3.8 倍。因此，在模型 *i*NX804 中丙酮酸碳流可有效导向苹果酸，其原因可能是模型 *i*NX804 中并没有对跨膜转运反应设定限制。

因此，为进一步确定工程菌株 T. G-26PM 苹果酸合成的限制性瓶颈，分别对菌株 T. G-26 和 T. G-26PM 中胞内苹果酸和关键基因表达水平进行测定，如转运反应：

$$OAA［c］+H［c］ \longrightarrow OAA［m］+H［m］$$
$$MAL［c］+SUCC［m］ \longrightarrow MAL［m］+SUCC［c］$$

分别由基因 *CAGL0K11616g* 和 *CAGL0G01166g* 编码蛋白催化。荧光定量 PCR 结果表明：工程菌株 T. G-26PM 中基因 *CAGL0K11616g* 和 *CAGL0G01166g* 的转录水平显著高于出发菌株 T. G-26 [图 6-42（2）]，表明内源苹果酸转运子的外转运能力较差，进而导致 T. G-26PM 胞质中苹果酸被转运至线粒体内。此外，在 T. G-26PM 中胞内苹果酸的积累量为 22.47mmol/gDCW，为对照菌株 T. G-26 的 2.5 倍 [图 6-42（1）]。因此，增强菌株 T. G-26PM 对苹果酸的外转运能力，可有利于竞争性将胞质苹果酸转运到胞外。

（四）过量表达苹果酸转运子对苹果酸生产的影响

据文献报道，将来源于 S. pombe 的苹果酸转运子 SpMAE1 表达至 S. cerevisiae，可有效地将苹果酸转运至胞外。为此，将基因 *RoPYC*、*RoMDH* 和 *SpMAE1* 共同表达至 C. glabrata，可使工程菌株 T. G-PMS 合成苹果酸的产量提高至 8.5g/L，且苹果酸与丙酮酸的摩尔碳浓度比（C_{Mal}/C_{Pyr}）也增加至 2.0（图 6-43）。然而，与菌株 T. G-26PM 相比，工程菌株 T. G-PMS 的 DCW 降低了 22.4%。因此，还原 TCA 路径可将丙酮酸节点碳流有效导向苹果酸，而结合苹果酸外转运子可将胞内苹果酸高效转运至胞外，实现苹果酸在发酵液中的大量积累。

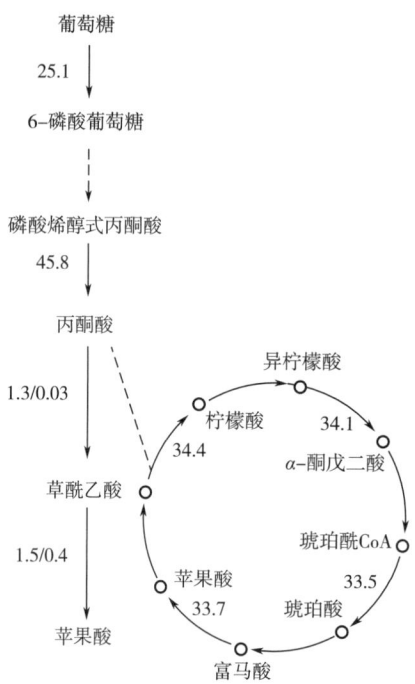

图 6-41 葡萄糖到代谢物转化的简化化学计量模型

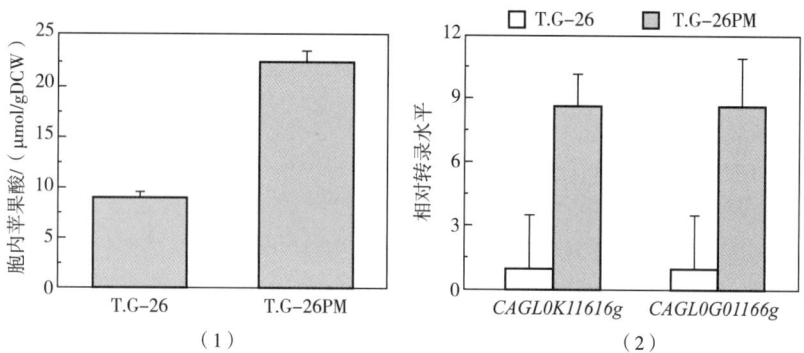

图 6-42 不同菌株中胞内苹果酸浓度（1）和基因转录水平（2）的比较分析

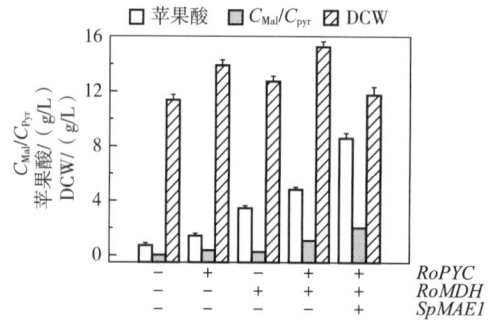

图 6-43 不同代谢工程策略对 *C. glabrata* 代谢物的影响

（五）讨论

在维生素限定条件下，*C. glabrata* 能够积累高浓度丙酮酸，为将丙酮酸碳流导向苹果酸奠定了基础。其中，丙酮酸羧化酶是高效生产氨基酸和四碳二羧酸的主要代谢瓶颈，而过量表达丙酮酸羧化酶能有效增强自丙酮酸到草酰乙酸的碳流，提高草酰乙酸进入 TCA 循环的代谢流，促进细胞的生长。然而，提高的碳流并没有转变成更多苹果酸，其原因可能是苹果酸合成路径的下游草酰乙酸代谢路径存在着限速步骤。相反，增加草酰乙酸可有效地增强生物合成前体的有效性，消耗胞内 ATP，改善细胞生长。此外，过量表达苹果酸脱氢酶可显著提高由草酰乙酸到苹果酸的代谢流，但过量表达苹果酸脱氢酶可大量消耗胞质 NADH，进而增强糖酵解速率。因此，结合丙酮酸羧化酶和苹果酸脱氢酶的特点，在利用丙酮酸羧化酶提供足够代谢物前体的基础上，增强由草酰乙酸到苹果酸的代谢流，进而改善苹果酸的积累。

然而，由于苹果酸合成途径中存在动力学代谢瓶颈，进而不能完全将丙酮酸碳流导向苹果酸。为此，基于对生物化学知识对菌株生理性状和实验数据的全面分析，利用限制性基因组规模代谢网络模型计算并推断特定条件下菌株的代谢特征，进而提供代谢工程改造策略。目前，酵母中很多二羧酸转运子已被注释，包括：*Candida sphaerica*、*Hansenula anomala*、*Candida utilis* 和 *Kluyveromyces marxianus*。其中，可电离羧酸的跨膜转运是通过质子同向转运机制进行，该机制受底物诱导与葡萄糖的抑制作用。此外，*S. pombe* 中也存在一个由 *SpMAE1* 编码的二羧酸通透酶，该酶主要用于转运苹果酸等四碳二羧酸，其采用质子同向转运机制但不受葡萄糖抑制。因此，通过过量表达 *SpMAE1* 可有效地将胞质中的苹果酸转运到胞外，使发酵液中积累更多苹果酸。

三、定向改造富马酸酶生产富马酸

在重构的还原 TCA 途径中，胞质富马酸酶对富马酸的亲和力是对苹果酸的 17 倍，表明限制富马酸高效合成的主要瓶颈来源于 *R. oryzae* 的富马酸酶（RoFUM）。为此，为改善 RoFUM 对底物的亲和力，采用分子对接方法筛选具有改善底物亲和力的潜在突变位点，并结合定点突变技术和结构模型，解析改变酶学性质的生理机制。*C. glabrata* 中用于合成富马酸的主要代谢路径见图 6-44。

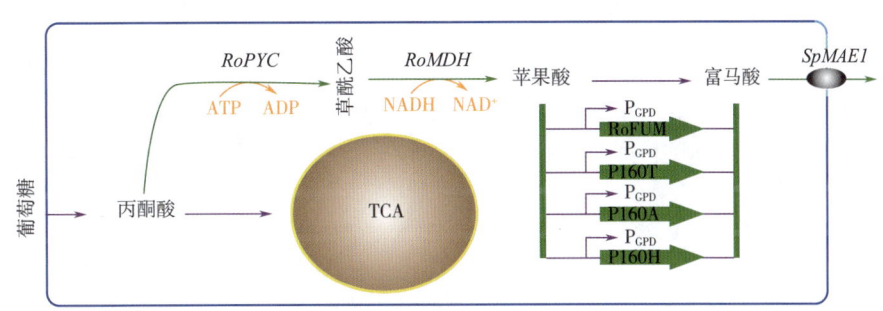

图 6-44 *C. glabrata* 中用于合成富马酸的主要代谢路径

（一）借助分子对接方法筛选突变位点

为分析富马酸酶的突变位点，参照已知富马酸酶（P55250）结构，利用在线 Swiss Model server 构建 *R. oryzae* 富马酸酶的 3D 结构模型。在富马酸酶超家族中，具有 2 个底物结合位点，其氨基酸序列为：$^{130}T^{169}SSN^{171}$（A 位点）和 $^{159}HPND^{162}$（B 位点）[图 6-45（2）]。其中，A 位点是催化位点，而 B 位点对底物或产物在活性位点和溶剂之间穿梭具有重要的作用。同时，为有效改造富马酸酶的底物特异性，利用富马酸酶结构模型为受

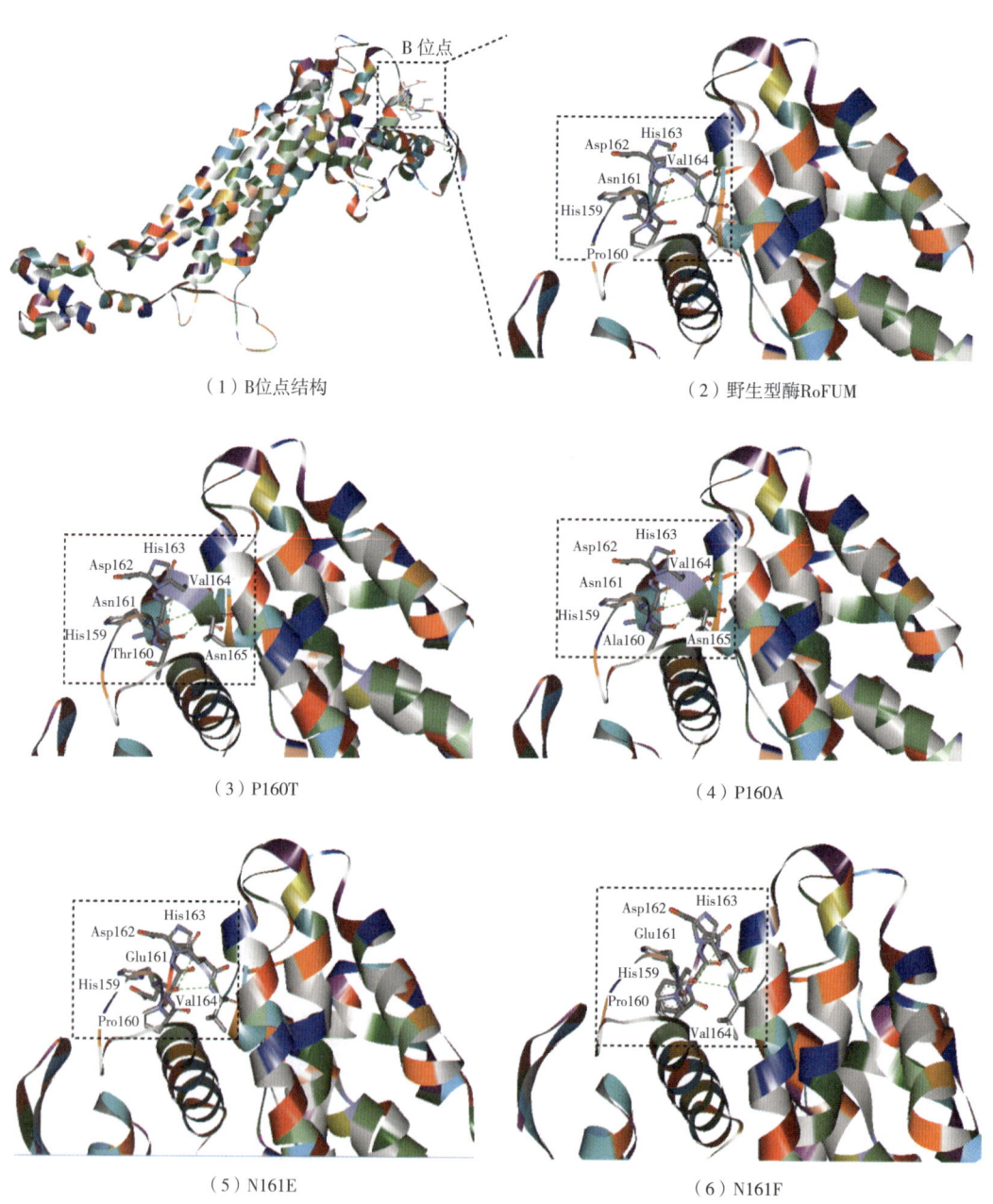

图 6-45　重组富马酸酶 B 结合位点的结构特征

体、底物苹果酸和富马酸为配体进行分子对接研究，利用 Yasara（分子模拟软件）进行结合能计算。结果如表 6-17 所示，通过在富马酸酶同源结构模型的 B 位点引入相应氨基酸突变，并将该突变体进行能量最小化分析与对接分析，发现：突变体 H159S、H159Y、H159V、P160A、P160H、P160T、N161R、N161E、N161F、D162W、D162K 和 D162M 对苹果酸的结合能小于对富马酸的结合能，表明上述位点可能是改善富马酸酶酶学性质的关键位点。

表 6-17　　　　　　　　　　　　富马酸酶的对接能值分析

突变位点	富马酸	苹果酸	突变位点	富马酸	苹果酸	突变位点	富马酸	苹果酸	突变位点	富马酸	苹果酸
H159A	-4.50	-4.80	P160A	-1.41	-3.53	N161A	-4.97	-4.08	D162C	-4.74	-4.25
H159C	-4.54	-3.85	P160C	-4.45	-2.43	N161C	-4.08	-2.44	D162E	-4.69	-4.19
H159D	-4.73	-4.28	P160D	-4.52	-3.87	N161E	-3.05	-4.40	D162F	-4.74	-4.31
H159E	-4.49	-4.81	P160E	-4.58	-2.58	N161F	-4.56	-5.02	D162H	-4.82	-2.85
H159F	-4.75	-4.35	P160F	-4.86	-4.41	N161G	-4.21	-2.45	D162I	-4.97	-3.45
H159G	-4.58	-4.48	P160G	-1.10	-0.20	N161H	-4.98	-3.54	D162K	-4.80	-5.03
H159I	-4.65	-3.94	P160H	-4.60	-5.49	N161I	-4.04	-2.33	D162L	-4.92	-2.90
H159K	-4.63	-4.39	P160I	-4.21	-2.44	N161K	-4.65	-4.57	D162M	-4.82	-5.01
H159L	-4.58	-4.71	P160K	-4.49	-2.44	N161L	-4.63	-4.24	D162N	-4.88	-4.18
H159M	-4.65	-4.22	P160L	-4.11	-2.44	N161M	-4.69	-4.65	D162Q	-4.96	-5.13
H159N	-4.58	-4.67	P160M	-4.42	-3.33	N161P	-4.97	-4.95	D162R	-4.87	-3.52
H159P	-4.73	-4.98	P160N	-4.46	-2.52	N161Q	-4.61	-4.10	D162T	-4.06	-2.97
H159Q	-4.69	-4.86	P160Q	-4.44	-2.52	N161R	-4.57	-4.94	D162V	-4.74	-2.99
H159R	-4.65	-4.03	P161R	-1.12	-0.74	N161T	-4.66	-4.66	D162W	-4.79	-5.11
H159S	-4.68	-5.17	P160S	-4.51	-2.60	N161V	-4.45	-4.54	D162Y	-5.03	-5.05
H159V	-4.56	-4.89	P160T	-4.03	-4.81	N161W	-4.52	-2.33			
H159W	-4.89	-4.86	P160Y	-4.04	-2.48	N161Y	-4.54	-2.90			
H159Y	-4.57	-4.96									

（二）pH 和温度对富马酸酶活性的影响

为更好适应工业化需求，富马酸酶须具有更高的酶活性及其热稳定性。为此，以苹果酸为底物，分别考察不同温度（15~35℃）对富马酸酶活性的影响。结果如图 6-46 所示，突变体 H159S、H159Y、H159V、P160A、P160T、N161R、N161E、N161F、D162W、D162K 和 D162M 最适温度为 30℃，与野生型一致。同时，分别考察不同 pH（5.1~9.3）对富马酸酶活性的影响，发现：突变体 H159S、H159Y、H159V、P160H、N161R、D162W、D162K 和 D162M 最适 pH 为 7.1，与野生型一致（图 6-47）。然而，突变体 P160T 和 N161F 最适 pH 由 7.1 降低至 6.6，而突变体 P160A 和 N161E 最适温度却由 7.1 提高至 8.0（图 6-47）。

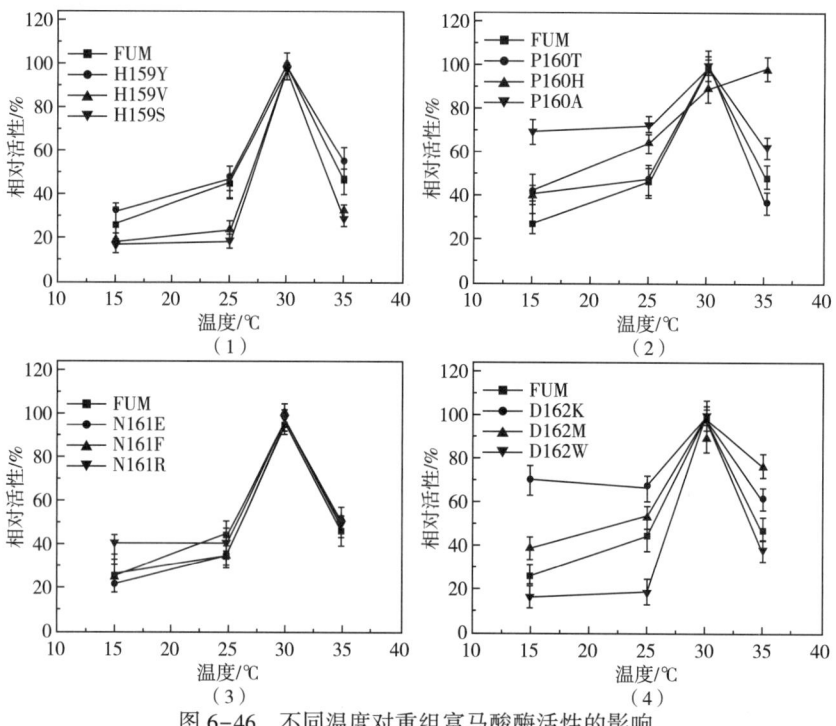

图 6-46 不同温度对重组富马酸酶活性的影响

(1) 富马酸突变酶 H159S、H159Y、H159V；(2) 富马酸突变酶 P160T、P160H、P160A；
(3) 富马酸突变酶 N161E、N161F、N161R；(4) 富马酸突变酶 D162K、D162M、D162W

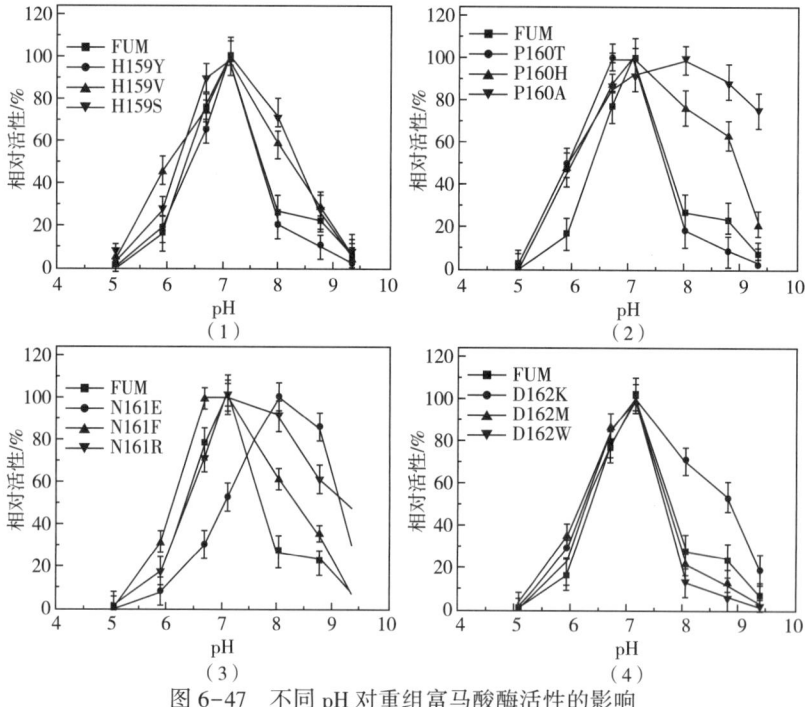

图 6-47 不同 pH 对重组富马酸酶活性的影响

(1) 富马酸突变酶 H159S、H159Y、H159V；(2) 富马酸突变酶 P160T、P160H、P160A；
(3) 富马酸突变酶 N161E、N161F、N161R；(4) 富马酸突变酶 D162K、D162M、D162W

一般来说，氢键网络对于维持酶的 pH 稳定性具有重要的作用，通过增强氢键之间的联系能够改善酶的 pH 稳定性。为此，通过深入分析点突变所引起的酶保守区氢键数目与位置的改变，发现突变体 P160T、P160A、N161E 和 N161F 的总氢键数目由原来的 2129 个分别增加到 2137、2133、2133 和 2130 个，且突变体 P160T 和 P160A 中 B 位点区域的氢键数目也有所增加。因此，氢键数目的增加可有效改善富马酸酶突变体的 pH 稳定性。

（三）点突变对富马酸酶动力学参数的影响

同时，在 30℃ 条件下，以苹果酸为底物考察富马酸酶及其突变体的酶动力学参数。结果如表 6-18 所示，与野生型富马酸酶相比，突变体 P160A、P160T、P160H、N161E 和 D162W 的 K_m 分别降低 53.2%、39.0%、2.6%、72.7% 和 62.3%，而突变体 H159Y、H159V、H159S、N161R、N161F、D162K 和 D162M 的 K_m 却分别提高 123.4%、120.8%、36.4%、39.0%、58.4%、89.6% 和 45.5%。此外，除突变体 D162K 催化常数（k_{cat}）增加 17.3% 外，其余突变体的 k_{cat} 均有不同程度的下降。其中，突变体 P160A 具有最高的 k_{cat}，但仍较野生型富马酸酶降低了 37.4%。与野生型富马酸酶相比，仅有突变体 P160A 的 k_{cat}/K_m 提高了 33.2%。

表 6-18　富马酸酶突变体以苹果酸为底物的正反应方向动力学参数

突变体	$K_m/(\times 10^{-2} \text{mmol/L})$	$k_{cat}/(\times 10/\text{min})$	$(k_{cat}/K_m)[\text{L}/(\text{mmol}\cdot\text{min})]$
RoFUM	57.4±0.8	333.1±12.5	5.8±0.7
H159Y	128.2±1.3	588.6±13.7	4.5±0.4
H159V	126.7±2.4	287.6±9.8	2.2±0.3
H159S	78.3±0.4	239.6±10.2	3.0±0.8
P160T	35.0±0.1	170.7±5.4	4.8±0.6
P160A	26.8±0.3	208.4±9.0	7.7±0.7
P160H	55.9±0.7	198.0±0.1	3.5±0.1
N161R	79.7±2.1	268.0±11.0	3.3±0.5
N161E	15.6±0.1	40.8±5.4	2.6±0.5
N161F	90.9±1.2	175.5±6.4	1.9±0.7
D162K	108.8±0.6	390.7±3.2	3.5±0.7
D162M	83.5±0.7	333.6±15.5	3.9±0.5
D162W	21.6±0.0	64.9±1.9	3.0±0.4

类似地，以富马酸为底物考察富马酸酶及其突变体的酶动力学参数（表 6-19）。与野生型富马酸酶相比，突变体 H159S、H159Y、H159V、P160A、P160T、P160H、N161E、N161F、D162W、D162K 和 D162M 的 k_{cat} 分别下降 91.8%、89.7%、29.2%、93.5%、66.7%、51.9%、59.3%、92.5%、86.2%、96.2% 和 95.6%，而突变体 N161R 的 k_{cat} 却增

加了39.3%。此外，突变体H159Y、H159S、P160T、P160A、P160H、N161E、N161F、D162K、D162M和D162W的K_m分别下降了86.2%、86.4%、66.4%、93.5%、31.8%、43.5%、89.8%、96.1%、94.9%和84.2%，但突变体H159V和N161R的K_m却分别下降了2.0%和91.7%。值得注意的是，绝大多数突变体的k_{cat}/K_m均有所下降，仅突变体P160T、P160A和D162K的k_{cat}/K_m与野生型富马酸酶基本相同。

表6-19　　　　富马酸酶突变体以富马酸为底物的逆反应方向动力学参数

突变体	$K_m/(\times 10\text{mmol/L})$	$k_{cat}/(\times 10/\text{min})$	$(k_{cat}/K_m)/[\text{L}/(\text{mmol}\cdot\text{min})]$
RoFUM	1.32±0.11	26695.1±156.7	20.1±1.2
H159Y	0.18±0.12	2748.5±121.1	15.0±0.5
H159V	1.35±0.51	18899.0±168.1	13.9±0.8
H159S	0.18±0.02	2181.6±45.9	12.1±1.5
P160T	0.44±0.05	8881.9±98.7	19.9±1.8
P160A	0.08±0.01	1748.1±12.4	20.2±0.1
P160H	0.90±0.32	12845.9±95.8	14.2±0.5
N161R	2.54±1.03	37198.5±123.1	14.6±0.7
N161E	0.74±0.06	10857.8±154.1	14.5±0.9
N161F	0.13±0.05	2010.7±21.0	14.8±1.7
D162K	0.05±0.00	1024.0±12.4	19.8±0.4
D162M	0.06±0.00	1179.0±54.7	17.5±1.8
D162W	0.20±0.05	3687.8±32.8	17.6±0.7

综上所述，与野生型富马酸酶相比，突变体P160A具有更高的pH稳定性和对底物的亲和力，但其k_{cat}仍较低，其原因可能是：P160A的突变可有效降低B位点的氨基酸残基柔性，进而降低突变体P160A的k_{cat}值。

（四）突变体对细胞合成富马酸的影响

基于pH稳定性和催化动力学参数实验结果，以菌株T.G-PMS为宿主，分别考察突变体P160T、P160A、N161E和N161F对富马酸合成的影响。结果如图6-48所示，当RoFUM、P160T、P160A、N161E和N161F分别表达至菌株T.G-PMS时，可使富马酸产量分别提高3.4、1.8、5.6、2.3和0.8倍，而苹果酸产量却降低了28.2%、22.9%、57.4%、20.3%和12.8%。此外，与菌株T.G-PMS-RoFUM相比，菌株T.G-PMS-P160A合成富马酸的产量提高了51.2%，达到5.2g/L。并且其苹果酸产量降低了57.5%，仅为3.3g/L，表明突变体P160A能够有效地将苹果酸碳流导向富马酸，进而增强TCA还原路径生产富马酸的效率。

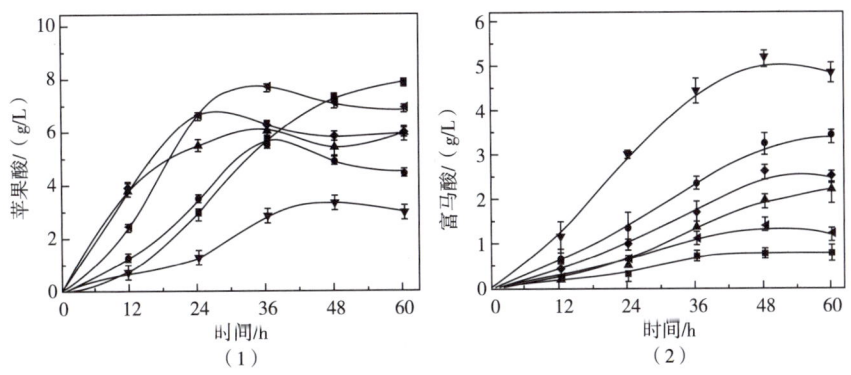

图 6-48 重组富马酸酶对细胞合成富马酸的影响
(1) 苹果酸；(2) 富马酸

四、重构线粒体 TCA 氧化路径生产富马酸

亚细胞代谢工程可通过将路径所需的关键酶与底物定位至亚细胞（如线粒体）中，不仅有效增加底物浓度、缩短不同中间代谢底物间的空间距离，还可降低路径中间产物毒性、解除对代谢网络的反馈抑制和避免竞争路径。为此，在线粒体中构建富马酸生物合成路径，并结合蛋白质工程和模块路径工程优化富马酸合成路径。同时，结合转运子 SFC1 和 SpMAE1 实现富马酸的高效转运，实现工程菌株高效积累富马酸的代谢目标（图 6-49）。

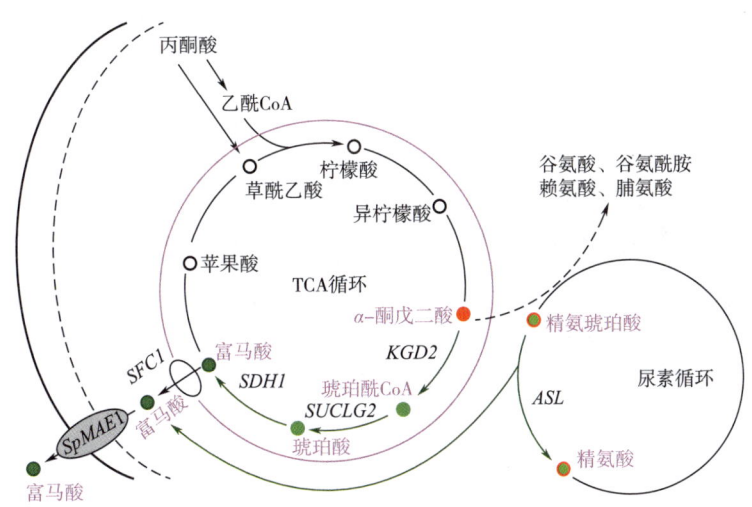

图 6-49 线粒体中构建富马酸代谢途径

（一）构建富马酸生产的氧化路径

在微生物中，富马酸氧化路径起始于 TCA 循环中间代谢产物 α-酮戊二酸，并在 α-酮戊二酸脱氢酶（α-ketoglutarate dehydrogenase complex，KGD）、琥珀酰 CoA 合成酶（succinyl-CoA synthetase，SUCLG）和琥珀酸脱氢酶（succinate dehydrogenase，SDH）的共同催化下形成富马酸。为此，借助内源性 N 端定位信号将 α-酮戊二酸脱氢酶 E2 组分（KGD2）、琥珀酰 CoA 合成酶 β 亚单位（SUCLG2）和琥珀酸脱氢酶 FAD 亚单位（SDH1）分别过量表达至 *C. glabrata* 线粒体中，并结合 Western blot 分析，确定 KGD2、SUCLG2 和 SDH1 在线粒体中的正确表达与准确定位 [图 6-50（1）]。此外，单独表达 *KGD*2、*SUCLG*2 和 *SDH*1 可使胞内 KGD、SUCLG 和 SDH 等活性较对照菌株分别提高了 3.10、2.84 和 2.88 倍。其中，过量表达基因 *KGD*2 可使菌株 DCW 和富马酸产量分别较对照菌株 T.G-26 提高了 18.5% 和 200.0%，但其 α-酮戊二酸产量却降低了 36.5%（图 6-51）。值得注意的是，共同表达 *KGD*2、*SUCLG*2 和 *SDH*1 基因可使富马酸产量提高至 1.81g/L，且其 DCW 较对照菌株增加了 34.4%，而其 α-酮戊二酸产量却降低 2.73 倍。因此，改造氧化路径可有效地将 α-酮戊二酸碳流导向富马酸的代谢路径，而优化代谢途径可进一步促进更多 α-酮戊二酸碳流导向富马酸。

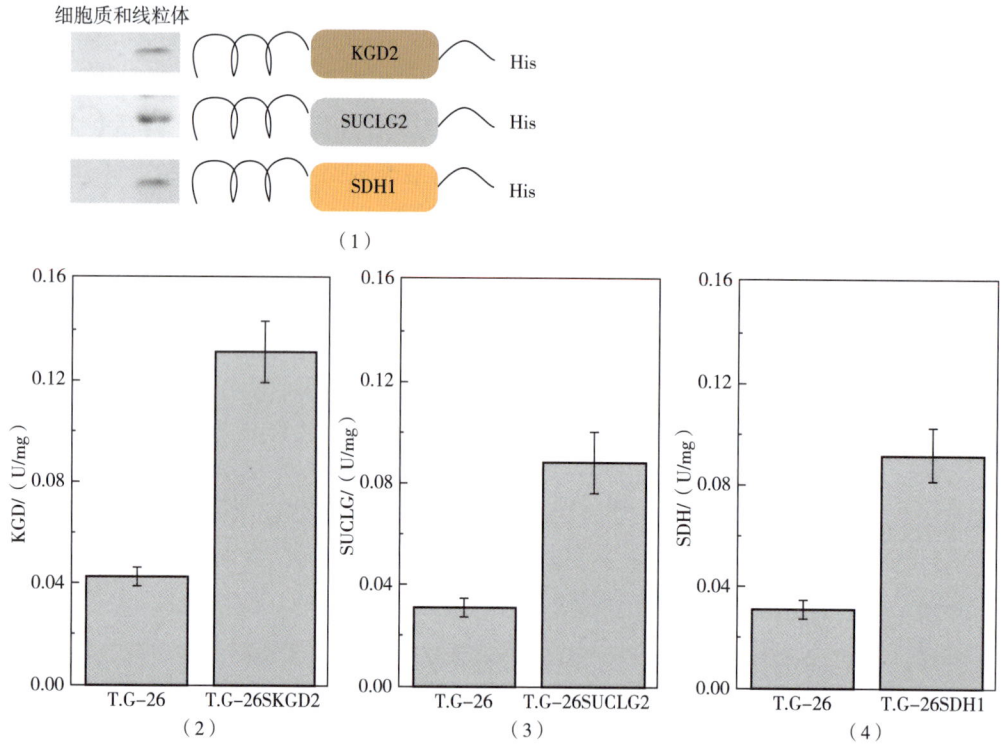

图 6-50　（1）蛋白 KGD2、SUCLG2 和 SDH1 的定位验证；
（2）～（4）单表达 *KGD*2、*SUCLG*2 和 *SDH*1 对 KGD、SUCLG 和 SDH 活性的影响

（二）优化代谢途径对细胞合成富马酸的影响

在光滑球拟酵母中，α-酮戊二酸参与多条代谢路径，而提高 α-酮戊二酸对富马酸的转化效率，有利于提高富马酸的产量。为此，将融合蛋白 KGD2-SUCLG2、SUCLG2-SDH1

第六章
代谢工程改造光滑球拟酵母生产食品添加剂

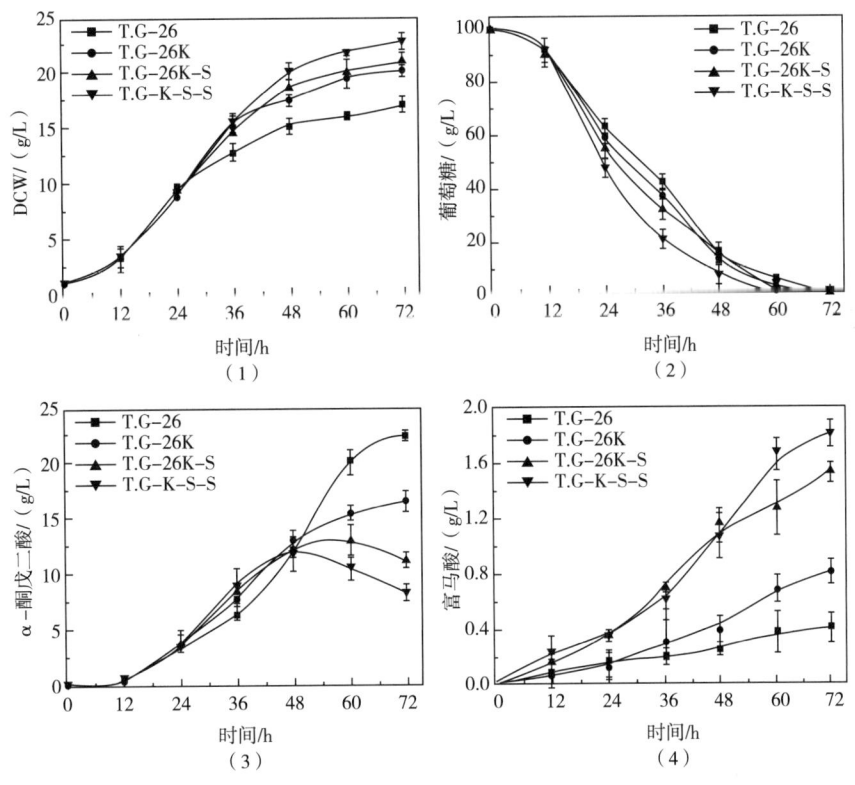

图 6-51 不同代谢工程策略对 *C. glabrata* 代谢物的影响

和 KGD2-SDH1 过量表达至 *C. glabrata* 中，并考察融合蛋白对细胞合成富马酸的影响（图 6-52）。与对照菌株 T.G-26 相比，工程菌株 T.G-26K-SS 中 SUCLG 和 SDH 活性和工程菌株 T.G-26S-KS 中 KGD 和 SDH 活性并没有明显改变，但工程菌株 T.G-26KS-S 中 KGD、SUCLG 和 SDH 活性却显著提高。相应地，表达融合蛋白 KGD2-SUCLG2 可显著提高菌株 T.G-26KS-S 合成富马酸的能力，使其产量提高至 4.24g/L［图 6-52（4）］。同时，为明确融合蛋白 KGD2-SUCLG2 的功能，构建 *KGD2* 和 *SUCLG2* 敲除菌株 T.GΔKΔS 以抑制 KGD 和 SUCLG 活性［图 6-52（5）（6）］。然而，当融合蛋白 KGD2-SUCLG2 过量表达至 T.GΔKΔS 时，可有效恢复菌株 KGD 和 SUCLG 活性，且使其活性与菌株 T.G-26KS-S 一致。因此，过量表达融合蛋白 KGD2-SUCLG2 可促进更多 α-酮戊二酸碳流导向富马酸，进而削弱 α-酮戊二酸的支路代谢和转运反应。

此外，通过控制 KGD2-SUCLG2 和 SDH1 的不同表达水平以期进一步精细化控制富马酸合成途径。首先，基于启动子强度调控基因表达强度［（图 6-53（2）］：①高水平：利用表达载体 pY26 和 pY2X 中的 TEF 启动子高水平调控基因表达；②中水平：利用表达载体 pY26 和 pY2X 中的 GPD 启动子中水平调控基因表达；③低水平：利用表达载体 pY16 和 pY2X 中的 TEF 启动子低水平调控基因表达。其次，通过装配一系列具有不同表达水平的 KGD2-SUCLG2 和 SDH1 表达框以实现最优的代谢分配。值得注意的是，在工程菌株 T.G-KS$_{(H)}$-S$_{(M)}$ 中，高表达水平的 KGD2-SUCLG2 和中表达水平的 SDH1 可有效提高细胞合成富马酸的能力，使其产量提高至 8.24g/L。然而，细胞仍能积累 7.87g/L α-酮戊二酸，表明利用氧化路径生产富马酸仍存在关键的代谢瓶颈。

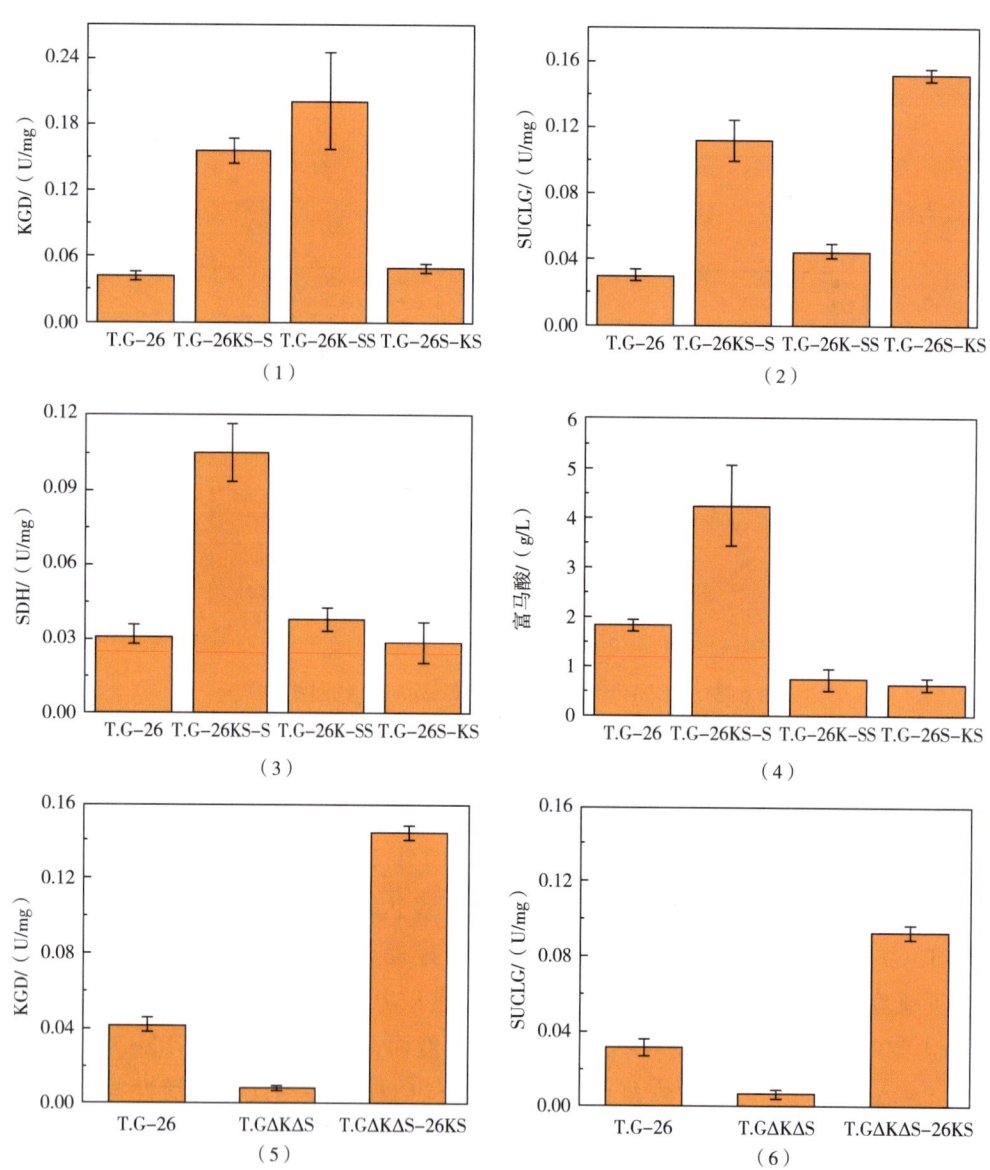

图 6-52 不同代谢工程策略对 *C. glabrata* 中 KGD、SUCLG 和
SDH 活性［（1）～（3），（5）和（6）］、富马酸产量（4）的影响

（三）改造关键代谢节点对富马酸产量的影响

通过考察以 α-酮戊二酸为前体的氨基酸水平及相关代谢关键基因的表达水平，进而

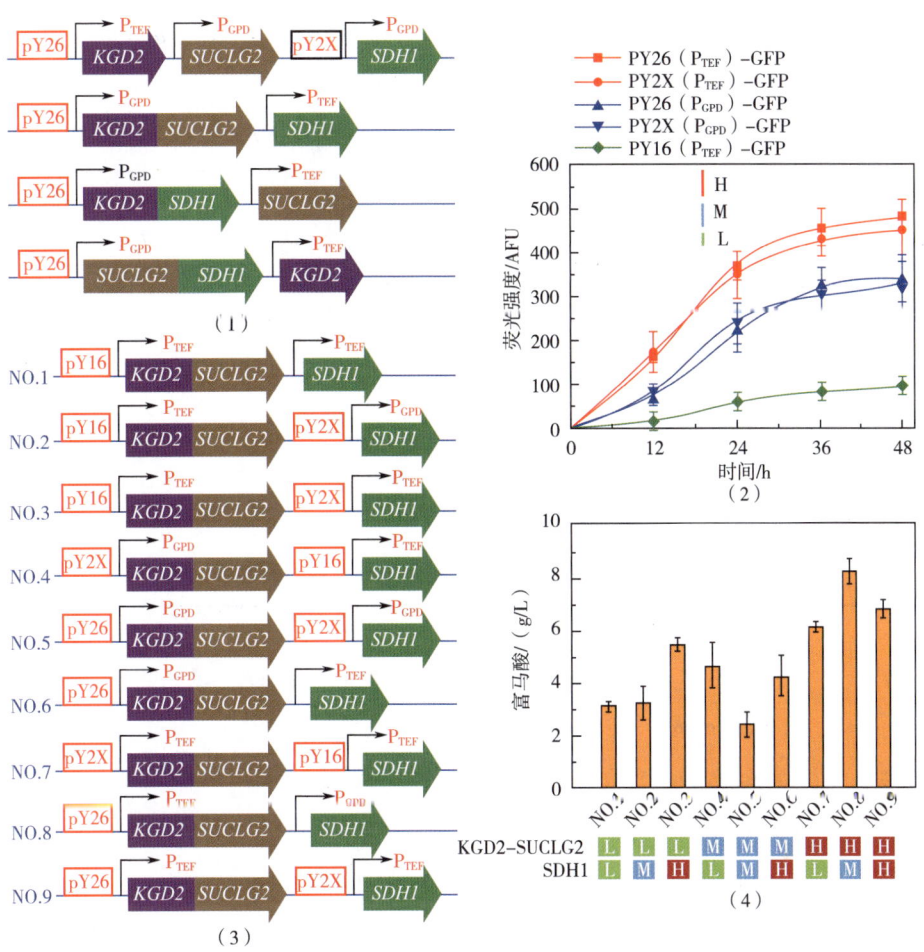

图 6-53 提高富马酸产量的改造策略

(1) 融合蛋白的构建；(2) 质粒拷贝数和启动子强度对 GFP 表达强度的影响；
(3) 基因表达水平优化；(4) 不同基因表达水平对富马酸产量的影响

明确富马酸合成途径的代谢瓶颈。结果如表 6-20 所示，与对照菌株 T.G-26 相比，胞内谷氨酸、谷氨酰胺、赖氨酸和脯氨酸浓度分别降低 21.8%、20.0%、23.6% 和 74.7%，但精氨酸浓度却增加 112.5%。类似地，工程菌株 T.G-KS$_{(H)}$-S$_{(M)}$ 中编码谷氨酸合成酶、谷氨酰胺合成酶、赖氨酸脱氢酶和脯氨酸-5-羧酸还原酶的基因 CAGL0L01089g、CAGL0K05357g、CAGL0F06875g 和 CAGL0I08283g 转录水平均有不同程度的下降，而编码精氨琥珀酸裂解酶的基因 CAGL0I08987g 转录水平却显著提高（表 6-21）。因此，胞内精氨琥珀酸裂解酶可能是限制富马酸产量的关键代谢节点。

为此，将精氨琥珀酸裂解酶（ASL）的基因过量表达至菌株 T.G-KS$_{(H)}$-S$_{(M)}$ 中，可使工程菌株 T.G-KS$_{(H)}$-S$_{(M)}$-A 中 ASL 比酶活性提高至 0.112U/mg 蛋白，而富马酸产量和精氨酸浓度也较出发菌株 T.G-KS$_{(H)}$-S$_{(M)}$ 分别提高了 236.5% 和 28.3%，分别达到 9.96g/L

和 0.15g/L（表6-22），且其 DCW 也提高了 21.8%。因此，强化 α-酮戊二酸碳流不仅改善细胞合成富马酸的能力，且增强胞内 TCA 循环，而进一步强化 C. glabrata 对富马酸的转运能力（转出线粒体和转运胞外）可进一步提高细胞合成富马酸的能力。

表6-20　以 α-酮戊二酸为前体的胞内氨基酸水平

氨基酸	(A) T.G-26/(μmol/gDCW)	(B) T.G-KS$_{(H)}$-S$_{(M)}$/(μmol/gDCW)	改变值 {[(B/A)-1]×100}/%
谷氨酸	53.1±3.8	41.5±2.2	-21.8
谷氨酰胺	1.0±0.0	0.8±0.0	-20.0
赖氨酸	26.3±1.3	20.1±1.0	-23.6
脯氨酸	9.1±0.5	2.3±0.0	-74.7
精氨酸	3.2±0.1	6.8±0.2	112.5

表6-21　以 α-酮戊二酸为前体的氨基酸代谢相关关键基因表达水平

氨基酸	基因[a]	相对转录水平		改变值 {[(B/A)-1]×100}/%
		T.G-26 (A)	T.G-KS$_{(H)}$-S$_{(M)}$ (B)	
谷氨酸	CAGL0L01089g	2.6±0.1	1.5±0.2	-42.3
谷氨酰胺	CAGL0K05357g	1.6±0.2	1.2±0.1	-25.0
赖氨酸	CAGL0F06875g	3.2±0.3	2.4±0.1	-29.4
脯氨酸	CAGL0I08283g	3.1±0.1	1.8±0.1	-41.9
精氨酸	CAGL0I08987g	2.4±0.4	4.8±0.5	100.0

[a] CAGL0L01089g、CAGL0K05357g、CAGL0F06875g、CAGL0I08283g 和 CAGL0I08987g 分别编码谷氨酸合成酶、谷氨酰胺合成酶、赖氨酸脱氢酶、脯氨酸-5-羧酸还原酶和精氨琥珀酸裂解酶。

表6-22　不同工程菌的胞内与胞外代谢物的浓度

菌株	胞内代谢物/(mg/gDCW)				胞外代谢物/(g/L)		
	精氨酸	富马酸	脯氨酸	谷氨酸	精氨酸	富马酸	琥珀酸
T.G-26	0.52±0.10	0.26±0.05	1.05±0.06	7.81±0.56	—	0.40±0.10	—
T.G-KS$_{(H)}$-S$_{(M)}$	1.26±0.04	0.53±0.02	0.26±0.01	6.11±0.32	0.04±0.04	8.24±0.46	—
T.G-KS$_{(H)}$-S$_{(M)}$-A	4.24±0.06	0.68±0.03	2.48±0.12	9.02±0.64	0.15±0.02	9.96±0.52	—

（四）强化转运效率改善细胞合成富马酸的能力

在酵母中，琥珀酸-富马酸转运子 SFC1 可将胞质乙醛酸循环产生的琥珀酸转运至线粒体，并将线粒体基质中富马酸转运到胞质。为此，在菌株 T.G-KS$_{(H)}$-S$_{(M)}$-A 中过量表达 *SFC*1 获得工程菌株 T.G-KS$_{(H)}$-S$_{(M)}$-A-S，可使其富马酸产量提高至 11.42g/L。然而，工程菌株 T.G-KS$_{(H)}$-S$_{(M)}$-A-S 合成 α-酮戊二酸的产量仍高达 3.84g/L，表明富马酸代谢途径产生了新代谢瓶颈，即富马酸的跨膜转运能力限制富马酸的产率，进而导致富马酸被竞争路径所消耗。为此，将来源于 *S. pombe* 的四碳二羧酸转运子编码基因 *SpMAE*1 表达至菌株 T.G-KS$_{(H)}$-S$_{(M)}$-A-S 中，可使工程菌株 T.G-KS$_{(H)}$-S$_{(M)}$-A-2S 合成富马酸的产量进一步提高至 15.76g/L，且 α-酮戊二酸产量降低了 37.2%（图6-54）。因此，结合增强氧化 TCA 路径和强化转运子可有效提高细胞合成富马酸的能力。

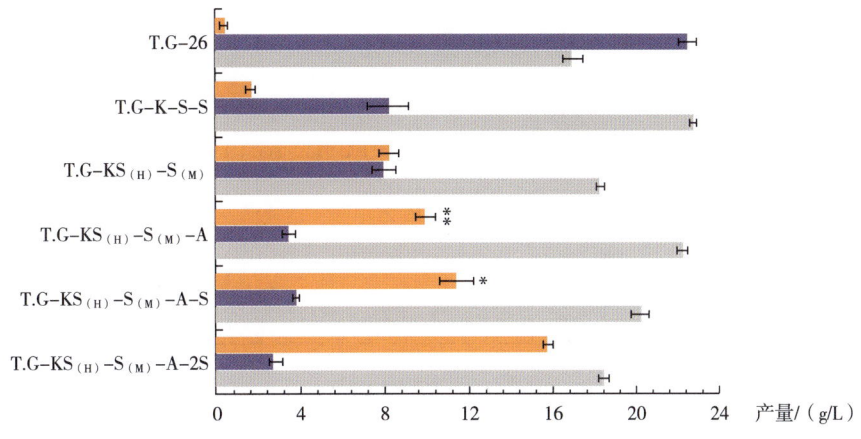

图6-54　不同代谢工程策略对 *C. glabrata* 发酵性能的影响
■ 富马酸　■ α-酮戊二酸　■ DCW

五、重构尿素循环和嘌呤核苷酸循环对富马酸合成的影响

（一）富马酸代谢途径的模拟分析

通过 *C. glabrata* 全基因组规模代谢网络模型 *i*NX804 搜索发现富马酸相关代谢反应（表6-23）可参与五大分支代谢：①氨基酸代谢；②核苷酸代谢；③氧化磷酸化；④柠檬酸循环；⑤线粒体转运反应。其中，胞质反应涉及分支代谢①②③，参与催化的酶为 ASL、FAA、ADSL 和 FUM1，且同属于水解酶超家族，具有相同的同源四聚体结构和相似的催化机制，即 FUM1 参与柠檬酸循环催化富马酸水合生成苹果酸或催化苹果酸脱水生成富马酸；ASL 参与尿素循环催化精胺琥珀酸裂解成精氨酸和富马酸；ADSL 参与嘌呤核苷酸循环，将琥珀酰胺基咪唑羧酰胺核苷酸转化为胺基咪唑羧酰胺核苷酸和富马酸或将嘌呤琥珀酸转化为腺嘌呤单磷酸（AMP）和富马酸。然而，FAA 属于延胡索酰乙酰乙酸酶家族，参与胞质中酪氨酸、色氨酸和苯丙氨酸等相关代谢，催化延胡索酰乙酰乙酸水合形成乙酰乙酸和富马酸。

表 6-23　　　　　C. glabrata 模型 iNX804 中与富马酸相关的代谢反应

基因	GO	反应式	亚系统
ASL	CAGL0I08987g	ARGSUC [c] $\rightleftharpoons$ ARG-L [c] + FUM [c]	Arg 和 Pro 代谢
ADSL	CAGL0B02794g	ADESUC [c] $\rightleftharpoons$ AMP [c] + FUM [c]	嘌呤和嘌呤嘧啶合成
FAA	CAGL0J06204g	4FUMACAC [c] + H_2O [c] $\longrightarrow$ ACAC [c] + FUM [c] + H [c]	Tyr、Try 和 Phe 代谢
FUM1	CAGL0A01045g	MAL-L [c] $\rightleftharpoons$ FUM [c] + H_2O [c]	氧化磷酸化
SYGP	CAGL0I01320g	FADH2 [m] + FUM [c] $\longrightarrow$ FAD [m] + SUCC [c]	线粒体转运
SFC1	CAGL0M09020g	FUM [m] + SUCC [c] $\longrightarrow$ FUM [c] + SUCC [m]	线粒体转运
FUM1	CAGL0A01045g	FUM [m] + H_2O [m] $\rightleftharpoons$ MAL-L [m]	氧化磷酸化
OSM1	CAGL0I01320g	FADH2 [m] + FUM [c] $\longrightarrow$ FAD [m] + SUCC [m]	氧化磷酸化
SDH	CAGL0L01177g	FAD [m] + SUCC [m] $\rightleftharpoons$ FADH2 [m] + FUM [m]	氧化磷酸化
SDH	CAGL0C03223g CAGL0D01958g CAGL0E03850g CAGL0F05863g	Q6 [m] + SUCC [m] $\rightleftharpoons$ FUM [m] + Q6H2 [m]	TCA 循环

注：c, 细胞质；m, 线粒体。

同时，为更好分析上述四条代谢路径，利用工程菌株 T.G-212 发酵数据，如葡萄糖比吸收速率、甘油比生产速率、乙醇比生产速率、丙酮酸比生产速率和富马酸比生产速率，作为模型 iNX804 的限制条件，进而预测菌株 T.G-212 的细胞生长速率。结果发现生长速率模拟值 [0.48/(1/h)] 与实验值相吻合 [0.50/(1/h)]，表明限制性模型 iNX804 能够较好反映 T.G-212 的实际代谢情况。此外，下列 4 个代谢反应：

$$MAL-L [c] \rightleftharpoons FUM [c] + H_2O [c]$$
$$ARGSUC [c] \rightleftharpoons ARG-L [c] + FUM [c]$$
$$4FUMACAC [c] + H2O [c] \longrightarrow ACAC [c] + FUM [c] + H [c]$$
$$ADESUC [c] \rightleftharpoons AMP [c] + FUM [c]$$

的流量预测值分别为 -0.076mmol/(gDCW·h)、0.038mmol/(gDCW·h)、0.009mmol/(gDCW·h) 和 0.028mmol/(gDCW·h)（图 6-55），表明更多碳流被导向富马酸，且主要是通过反应：

$$ARGSUC [c] \rightleftharpoons ARG-L [c] + FUM [c]$$
$$ADESUC [c] \rightleftharpoons AMP [c] + FUM [c]$$

且分别由胞质 ASL 和 ADSL 所催化，表明代谢改造上述 2 个反应可使更多碳流流向富马酸。

（二）过量表达单基因对富马酸生产的影响

在胞质中过量表达 ASL 或 ADSL 可使工程菌株 T.G-212ASL 和 T.G-212ADSL 中 ASL

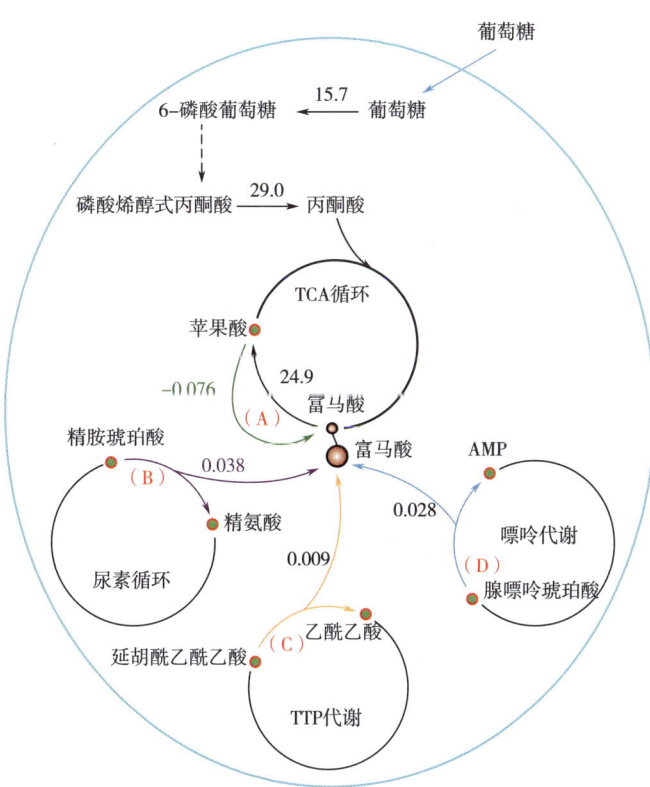

图 6-55 葡萄糖到代谢物转化的简化化学计量模型

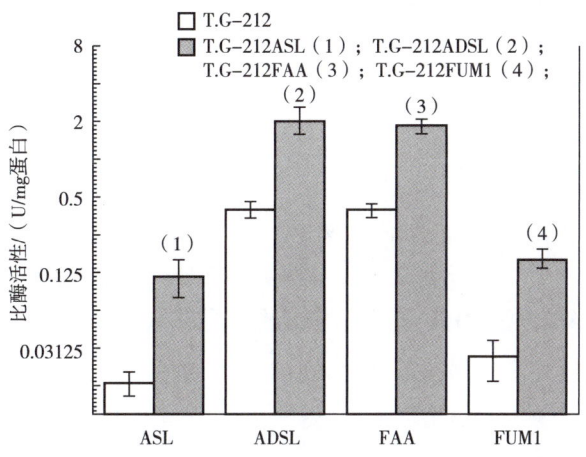

图 6-56 不同代谢工程策略对 ASL、ADSL、FAA 和 FUM1 比酶活性的影响

和 ADSL 比酶活性分别提高至 0.124U/mg 蛋白和 2.107U/mg 蛋白（图 6-56），进而使富马酸产量分别达到 0.96g/L 和 0.61g/L。此外，工程菌株 T.G-212ASL 和 T.G-212ADSL 的葡萄糖消耗速率分别为对照菌株 T.G-212 的 1.7 倍和 1.3 倍，且其菌体干重也分别增加了 32.8%和 36.2%。然而，虽在胞质中过量表达 *FUM1* 或 *FAA* 基因可显著提高工程菌株中 FUM1 和 FAA 的比酶活性，进而促进细胞生长和葡萄糖消耗速率，但其富马酸产量却低

于工程菌株 T.G-212ASL 和 T.G-212ADSL。因此，过量表达 *FUM1* 或 *FAA* 基因并不能够有效地将丙酮酸碳流导向富马酸，而借助尿素循环与嘌呤核苷酸循环中单基因的修饰，可有效强化碳流进入 TCA 循环，进而提高细胞积累富马酸的能力。不同代谢工程策略对 *C. glabrata* 代谢物的影响见图 6-57。

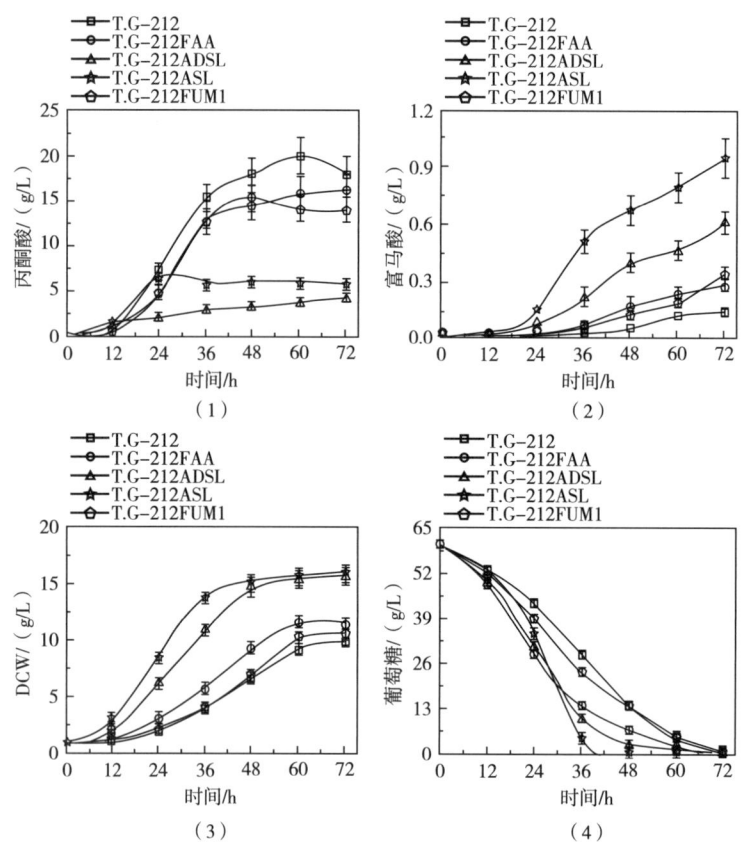

图 6-57 不同代谢工程策略对 *C. glabrata* 代谢物的影响

（三）过量表达 ASL 和 ADSL 对细胞合成富马酸的影响

此外，借助不同启动子控制 *ASL* 和 *ADSL* 基因的表达水平，进而研究基因表达强度对细胞合成富马酸能力的影响。结果如图 6-58 所示：当 *ASL* 处于高水平表达时，工程菌株 T.G-ASL$_{(H)}$ 合成的富马酸产量可达 1.23g/L；而处于低水平表达的 *ADSL* 可使工程菌株 T.G-ADSL$_{(L)}$ 合成富马酸的产量达到 1.82g/L。在此基础上，通过设计 *ASL* 和 *ADSL* 的不同表达盒以期精细化调控富马酸合成途径，进而优化代谢流分配并强化富马酸生产，实现尿素循环和嘌呤核苷酸循环的平衡。结果如图 6-59 所示，在工程菌株 T.G-ASL$_{(H)}$-ADSL$_{(L)}$ 中，控制 *ASL* 基因高表达水平和 *ADSL* 基因低表达水平可显著提高细胞合成富马酸的能力，使其产量提高至 5.62g/L，且其细胞生物量比工程菌株 T.G-ASL$_{(H)}$ 提高了 16.7%。因此，精确调控 *ASL* 和 *ADSL* 表达水平可将丙酮酸碳流借助尿素循环和嘌呤核苷酸循环高效疏导至富马酸代谢节点。

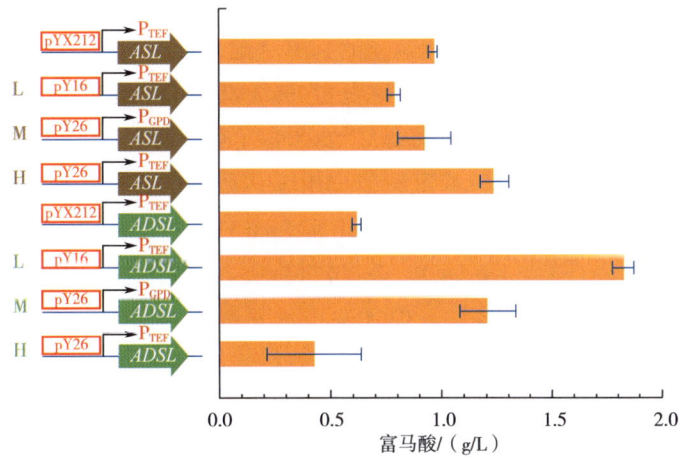

图 6-58 基因 *ASL* 和 *ADSL* 表达强度对富马酸的影响：高水平（H）、中水平（M）和低水平（L）

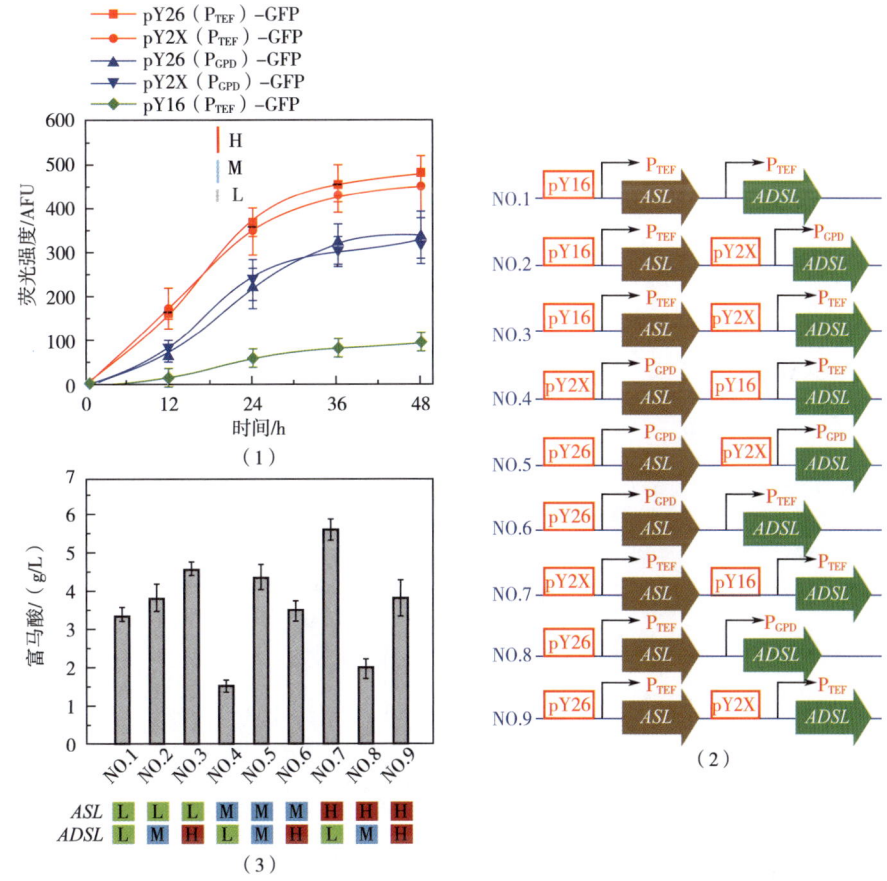

图 6-59 不同代谢工程策略对细胞合成富马酸的影响
(1) 质粒拷贝数和启动子强度对 GFP 表达强度的影响；(2) 基因表达水平优化；(3) 不同基因表达水平对富马酸的影响

(四）过量表达二羧酸转运子对富马酸合成的影响

为探索富马酸生产的代谢瓶颈，分别研究工程菌株 T. G-212、T. G-ASL$_{(H)}$、T. G-ADSL$_{(L)}$ 和 T. G-ASL$_{(H)}$-ADSL$_{(L)}$ 胞内代谢物的积累情况。与对照菌株 T. G-212 相比，工程菌 T. G-ASL$_{(H)}$-ADSL$_{(L)}$ 胞内富马酸、精氨酸和 AMP 的积累量分别提高了 112.5%、100.0% 和 64.7%，但其丙酮酸浓度却降低了 28.0%（表 6-24）。值得注意的是，工程菌 T. G-ASL$_{(H)}$-ADSL$_{(L)}$ 胞内富马酸、精氨酸、AMP 和丙酮酸的积累量均高于工程菌株 T. G-ASL$_{(H)}$ 和 T. G-ADSL$_{(L)}$。此外，将 ASL、ADSL 和 SpMAE1 共同表达至 C. glabrata 中，可使工程菌株 T. G-ASL$_{(H)}$-ADSL$_{(L)}$-SpMAE1 合成富马酸的产量比工程菌株 T. G-ASL$_{(H)}$-ADSL$_{(L)}$ 提高了 1.57 倍，达到 8.83g/L，但其胞内富马酸水平与对照菌株相近，仍维持在 0.28mg/gDCW。值得注意的是，工程菌株 T. G-ASL$_{(H)}$-ADSL$_{(L)}$-SpMAE1 细胞生物量和胞内丙酮酸水平较菌株 T. G-ASL$_{(H)}$-ADSL$_{(L)}$ 分别降低了 11.9% 和 25.2%（图 6-60）。因此，构建富马酸代谢路径可将丙酮酸节点碳流有效地导向富马酸，而强化 C. glabrata 对四碳二羧酸的转运能力可有利于将胞内富马酸高效转运到胞外。

表 6-24　　　　不同工程菌的胞内代谢物浓度

菌种	丙酮酸/(mg/gDCW)	富马酸/(mg/gDCW)	精氨酸/(mg/gDCW)	AMP/(mg/gDCW)
T. G-212	7.82±1.04	0.24±0.04	0.31±0.04	0.17±0.01
T. G-ASL$_{(H)}$	6.05±1.21	0.38±0.01	0.55±0.03	0.12±0.04
T. G-ADSL$_{(L)}$	5.92±0.77	0.40±0.03	0.35±0.04	0.24±0.05
T. G-ASL$_{(H)}$-ADSL$_{(L)}$	6.11±0.74	0.51±0.05	0.62±0.02	0.28±0.02
T. G-ASL$_{(H)}$-ADSL$_{(L)}$-SpMAE1	4.88±0.15	0.28±0.02	0.38±0.06	0.20±0.01

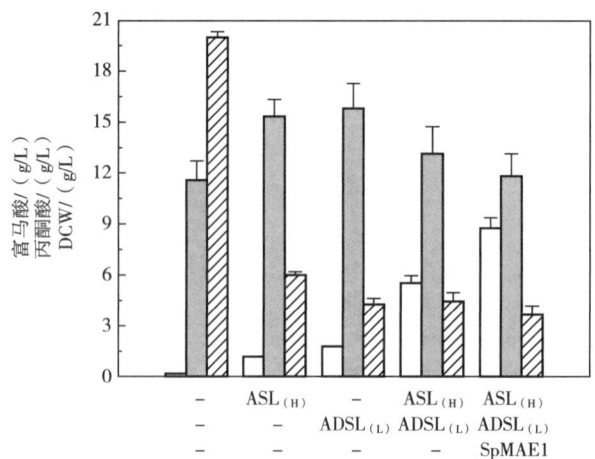

图 6-60　不同代谢工程策略对 C. glabrata 代谢物的影响
□富马酸　■DCW　▨丙酮酸

(五) 讨论

尿素循环是从天冬氨酸和 CO_2 合成尿素的环式代谢途径，涉及鸟氨酸、瓜氨酸和精氨酸，且广泛存在于微生物体中，如 E. coli 和 S. cerevisiae，其功能包括：①将氨和 CO_2 合成为尿素，且生成一分子延胡索酸，进而将尿素循环与柠檬酸循环相联系；②是去除氨毒害作用的主要途径；③可用于合成精氨酸。

其中，ASL 催化精胺琥珀酸裂解成精氨酸和富马酸，对于依赖于尿素循环和精氨酸生物合成路径的去氨毒作用非常重要。因此，过量表达 ASL 显著提高富马酸产量的原因是：①精氨酸，作为生物体内重要化合物（如：尿素、聚氨、脯氨酸和谷氨酸）合成的前体，在微生物生理代谢方面起到非常重要的作用，如蛋白质前体合成和蛋白质合成过程中 N 端的翻译后修饰；②富马酸，作为 TCA 循环的有效中间体（如蛋白质合成前体、电子受体和电子转运能量供应体），能够严密地调控细胞代谢。

类似地，ADSL 参与嘌呤核苷酸循环，主要催化 2 个单独反应：①催化腺嘌呤琥珀酸单磷酸转化为腺嘌呤单磷酸（AMP）；②催化由 SACIAR 生成 AICAR（5-氨基咪唑-4-甲酰胺核苷酸）。因此，过量表达 ADSL 显著提高富马酸产量的原因是：①嘌呤核苷酸循环为细胞复制提供大量的核苷酸；②嘌呤核苷酸循环为 TCA 循环提供大量的中间代谢物。

综上所述，共同表达 ASL 和 ADSL 能够有效增强碳代谢与氮代谢的联系、改善碳流的分配，进而显著提高细胞合成富马酸的能力，其生理机制是：①控制尿素循环中 ASL 基因的高水平表达，有利于微生物对体内多余氮进行脱毒分泌，进而改善体内富马酸和精氨酸的生物合成；②控制嘌呤核苷酸循环中 ADSL 基因的低水平表达，不仅能够相对降低微生物细胞复制所需的大量嘌呤核苷酸，并且有利于增加 TCA 循环的中间体富马酸的含量。

然而，在 C. glabrata 中，与过量表达 ASL 和 ADSL 基因相比，过量表达 FUM1 和 FAA 并不能够有效将丙酮酸碳流导向富马酸，其原因在于：①FUM1，作为 TCA 循环中的关键酶能够催化可逆反应，即苹果酸与富马酸之间的相互转化，且该酶展现出对富马酸具有更高的亲和力；②FAA，参与胞质中 L-Try、L-Trp 和 L-Phe 等氨基酸代谢，催化延胡索酰乙酰乙酸水解为乙酰乙酸和富马酸，但该代谢反应具有遗传毒性。

六、模块路径工程优化多基因合成路径生产富马酸

在前期研究中发现，代谢工程改造酵母生产富马酸所面临的挑战包括：①改造快速高效的代谢或合成路径；②强化代谢途径中间代谢物的传输效率；③抑制副产物的产生以降低碳流的消耗。然而，蛋白质脚手架通过临近俘获不同化学计量参数的酶，阻止代谢中间产物的流失；融合蛋白通过改造底物到酶活性中心的距离，提高靶向代谢物生物合成的代谢流，为多基因组合优化提供更高效的策略；而利用 sRNA 开关技术，有效抑制代谢副产物的产生，显著改善路径合成效率。为此，通过重新剪接碳代谢网络，将富马酸合成途径中 10 个必需基因分为 3 个模块：还原模块（PMFM 模块）、氧化模块（KSSS 模块）和副产物模块（RPSF 模块）（图 6-61），并通过系统优化代谢模块，以期进一步提高细胞合成富马酸的能力。

代谢工程——方法与应用

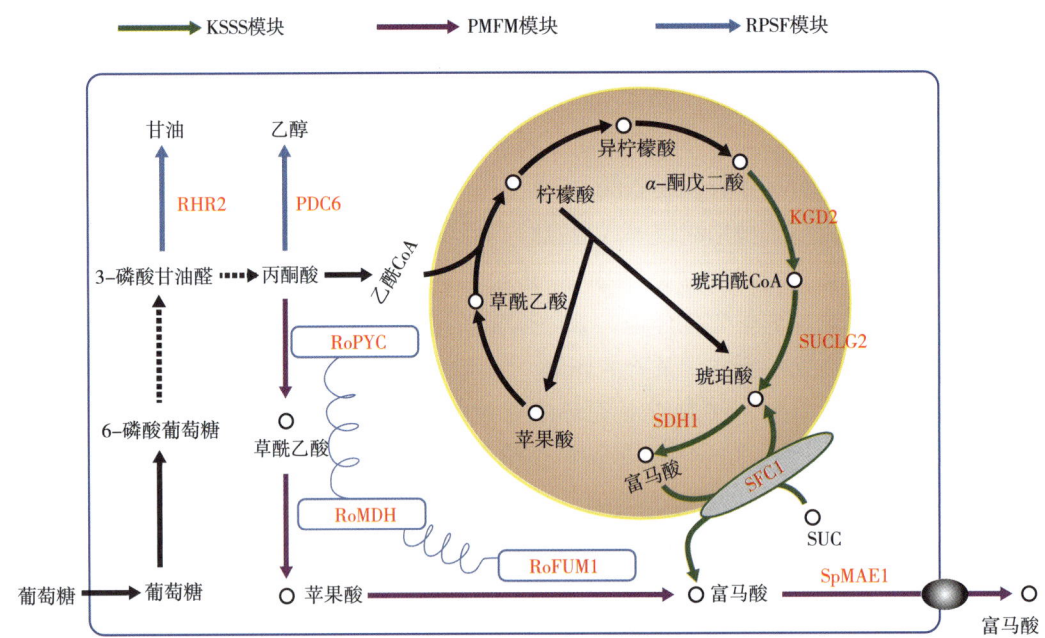

图 6-61 富马酸合成途径的模块化

RHR2：1-磷酸甘油磷酸化酶 1；PDC6：丙酮酸脱羧酶；RoPYC：丙酮酸羧化酶；RoMDH：苹果酸脱氢酶；RoFUM1：富马酸水合酶；SDH1：镰刀酮脱水酶；SFC1：线粒体琥珀酸-富马酸转运体；SUCLG2：琥珀酸-辅酶 A 连接酶；KGD2：2-氧戊二酸脱氢酶复合物的二氢脂酰赖氨酸-残基琥珀基转移酶组分；SUC：蔗糖转运蛋白；SpMAE1：苹果酸转运蛋白

（一）富马酸合成路径模块化分析

基于中心代谢路径的结构特点，可将富马酸代谢途径分成 3 个模块（图 6-62）：①PMFM 模块。由基因 *RoPYC*、*RoMDH*、*RoFUM1* 和 *SpMAE1* 编码；②KSSS 模块。由基因 *KGD2*、*SUCLG2*、*SDH1* 和 *SFC1* 编码；③RPSF 模块。由 sRNA-RHR2、sRNA-PDC6 和 DNA 靶向支架组成。在 PMFM 模块中，富马酸能够获得最大理论得率 2mol/mol 葡萄糖，且易实现跨膜转运；在 KSSS 模块中，将富马酸途径中关键酶与底物定位至线粒体中；而在 RPSF 模块中，通过抑制副产物甘油和乙醇的产生，进一步改善富马酸的产量和得率。为此，将 PMFM 模块和 KSSS 模块分别借助内源性 N 端定位信号肽定位于细胞质和线粒体中，使工程菌株 TGFA091-1 合成富马酸的产量进一步提高至 8.35g/L。此外，与对照菌株 TGFA091-0 相比，工程菌株 TGFA091-1 合成丙酮酸的产量降低了 1.49 倍，表明改造优化富马酸合成途径有利于将更多丙酮酸的碳流导向富马酸，进而有效提高富马酸的生产。

（二）改造富马酸酶对细胞合成富马酸能力的影响

在 PMFM 模块中，作为催化苹果酸和富马酸可逆性转化的酶，富马酸酶已然成为高效合成富马酸的关键代谢瓶颈。为此，为改造富马酸酶的底物特异性和催化效率，以富马酸酶结构模型作为受体、底物苹果酸和富马酸作为配体，分别对底物结合位点 [159]HPND[162] 进

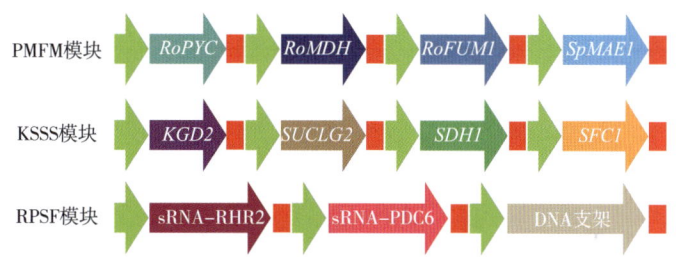

图 6-62 富马酸生物合成模块及其组成

行分子对接，并利用 Yasara（Yasara Biosciences）进行结合能计算（表 6-25）。同时，通过在富马酸酶同源结构模型中 B 位点引入氨基酸突变位点，分别将突变体进行能量最小化分析与对接分析，发现突变体 P160A、P160H 和 P160T 对苹果酸的结合能小于对富马酸的结合能，表明突变位点 P160A、P160H 和 P160T 可能是改善富马酸酶酶学性质的关键位点。

表 6-25　　　　　　　　　　　　　　富马酸酶的对接能值分析

突变位点	富马酸	苹果酸	突变位点	富马酸	苹果酸
P160A	−1.41	−3.53	P160L	−4.11	−2.44
P160C	−4.45	−2.43	P160M	−4.42	−3.33
P160D	−4.52	−3.87	P160N	−4.46	−2.52
P160E	−4.58	−2.58	P160Q	−4.44	−2.52
P160F	−4.86	−4.41	P161R	−1.12	−0.74
P160G	−1.10	−0.20	P160S	−4.51	−2.60
P160H	−4.60	−5.49	P160T	−4.03	−4.81
P160I	−4.21	−2.44	P160Y	−4.04	−2.48
P160K	−4.49	−2.44			

同时，以苹果酸为底物，分别研究富马酸酶及其突变体在 30℃ 条件下的酶动力学参数（表 6-26）。与野生型富马酸酶相比，突变体 P160A、P160T 和 P160H 的 K_m 分别降低 53.2%、39.0% 和 2.6%，而所有突变体的 k_{cat} 均有不同程度的下降。此外，只有突变体 P160A 的 k_{cat}/K_m 较野生型富马酸酶提高了 33.2%，其原因可能是构象柔性对于富马酸酶的催化活性具有重要的影响（图 6-63）。为此，当利用 P160A 取代 PMFM 模块中 RoFUM1 可使工程菌株 TGFA091-2 积累富马酸的能力提高 29.3%。

表 6-26　　　　　　　　　　　　　　富马酸酶突变体的动力学参数

突变体	$K_m/(\times 10^{-2} \text{mmol/L})$	$k_{cat}/(\times 10/\text{min})$	$(k_{cat}/K_m)/[\text{min}/(\text{mmol/L})]$
RoFUM1	57.4±0.8	333.1±12.5	5.8±0.7

续表

突变体	$K_m/(\times 10^{-2}\text{mmol/L})$	$k_{cat}/(\times 10/\text{min})$	$(k_{cat}/K_m)/[\text{min}/(\text{mmol/L})]$
P160T	35.0±0.1	170.7±5.4	4.8±0.6
P160A	26.8±0.3	208.4±9.0	7.7±0.7
P160H	55.9±0.7	198.0±0.1	3.5±0.1

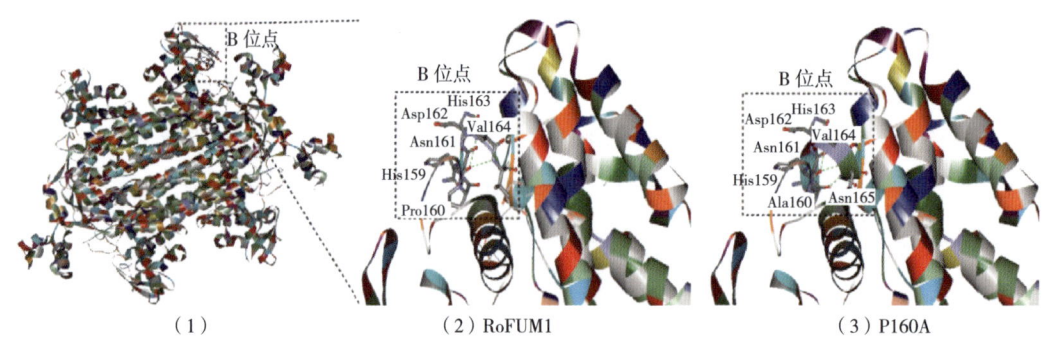

图 6-63 富马酸酶 B 结合位点的结构特点分析
(1) 富马酸酶；(2) RoFUM1 的 B 位点；(3) P160A 的 B 位点

（三）优化代谢途径对细胞合成富马酸的影响

在前面的研究中发现，引入 PMFM 模块使工程菌株 TGFA091-3 仅能合成 5.44g/L 富马酸（图 6-64），且其丙酮酸产量较菌株 TGFA091-0 仅降低了 61.8%，表明提高草酰乙酸对富马酸的转化效率，可进一步提高细胞合成富马酸的能力。为此，通过构建融合蛋白 RoMDH-P160A 和 P160A-RoMDH，考察缩短酶与酶活性中心间距离对合成代谢产物的影响。结果如图 6-64 所示，过量表达融合蛋白 P160A-RoMDH 可使工程菌株 TGFA091-5 合成富马酸的产量较 TGFA091-3 有所降低，而过量表达融合蛋白 RoMDH-P160A 却显著提高工程菌株 TGFA091-4 合成富马酸的能力，使其产量提高至 6.28g/L。然而，虽菌株 TGFA091-4 合成丙酮酸的能力较 TGFA091-3 降低了 45.9%，但仍能积累 4.58g/L 丙酮酸，表明引入融合蛋白 RoMDH-P160A 可将更多丙酮酸碳流导向富马酸，但其代谢途径仍有进一步改善的潜力和空间。

为此，借助 KSSS 模块在工程菌 TGFA091-4 中构建线粒体 TCA 路径，以期进一步将丙酮酸导入 TCA 循环。与出发菌株 TGFA091-4 相比，过量表达 *KGD2*、*SUCLG2* 和 *SDH1* 使工程菌株 TGFA091-6 合成富马酸的产量提高了 1.44 倍，达到 9.01g/L（图 6-64）。此外，与菌株 TGFA091-2 相比，表达融合蛋白 KGD2-SUCLG2 使工程菌株 TGFA091-7 合成富马酸的产量提高 26.6%，达到 13.67g/L。因此，通过富马酸合成路径的亚细胞分区定位及融合蛋白的过量表达可实现丙酮酸碳流到富马酸的高效疏导，进一步提高细胞合成富马酸的能力。

第六章
代谢工程改造光滑球拟酵母生产食品添加剂

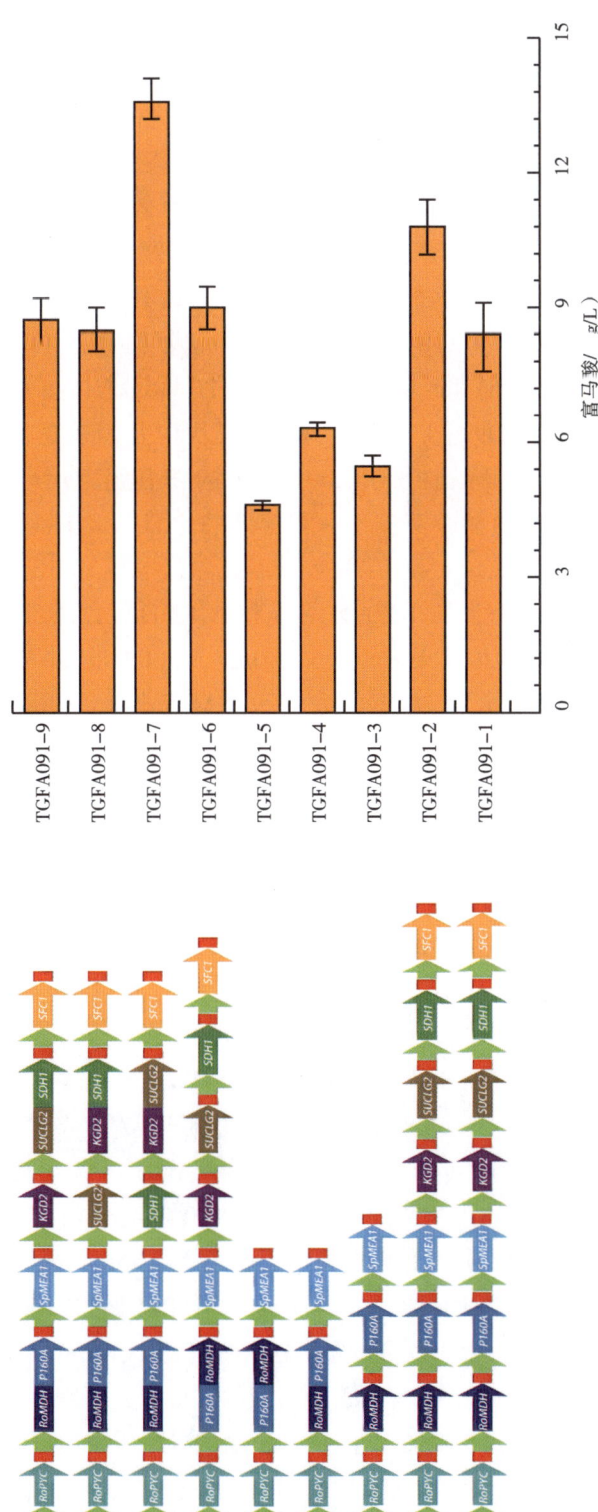

图6-64 不同工程菌对富马酸合成的影响

(四) 优化基因表达强度精细化控制富马酸合成

为实现碳流在 PMFM 模块和 KSSS 模块的最优分配，借助不同启动子设计和装配一系列具有不同表达水平的 *RoMDH-P160A* 和 *RoPYC* 表达框，进而精细化调控 *RoMDH-P160A* & *RoPYC* 和 *KGD2-SUCLG2* & *SDH1* 基因的表达强度。与出发菌株 TGFA091-7（NO.1）相比，控制 *RoMDH-P160A* 和 *RoPYC* 基因的高表达水平可有效提高工程菌株 TGFA091-11（NO.9）合成富马酸的能力，使其产量达到 16.57g/L（图 6-65）。类似地，通过优化 *KGD2-SUCLG2* 和 *SDH1* 基因的表达强度也可进一步改善富马酸线粒体 TCA 途径。其中，控制 *KGD2-SUCLG2* 和 *SDH1* 基因的高表达水平可显著提高工程菌株 TGFA091-12（No.18）合成富马酸的能力，使其产量进一步提高至 20.46g/L [图 6-65（4）]。值得注意的是，与工程菌株 TGFA091-11 相比，KSSS 模块中基因表达水平修饰可有效改善细胞的生长性能，使工程菌株 TGFA091-12 的细胞生物量（OD_{600}）增加了 44.2%，表明依赖于 PMFM 模块中草酰乙酸和苹果酸的部分碳流被转运到线粒体并进入 KSSS 模块中。

在此基础上，分别研究工程菌株 TGFA091-11 和 TGFA091-12 中线粒体草酰乙酸转运子（*OAC1*，YKL120W）和线粒体苹果酸转运子（*DIC1*，YLR348C 基因）的表达水平，发现：菌株 TGFA091-12 中 *OAC1* 和 *DIC1* 的表达水平显著高于 TGFA091-11 [图 6-65（6）]，表明菌株 TGFA091-12 中更多胞质草酰乙酸和苹果酸被转运至线粒体，即强化 PMFM 模块对代谢中间产物的传输效率可有效提高细胞合成富马酸的能力。

(五) 基于空间控制途径关键酶对富马酸合成的影响

利用 DNA 靶向支架控制 PMFM 模块，以期提高中间代谢物的传输效率，进一步提高富马酸的合成效率。为此，通过将 RoPYC 和 RoMDH-P160A 与不同的锌指蛋白连接，使其能够特异性结合到 DNA 靶向支架上。在此基础上，借助 DNA 结合序列，设计与定位 RoPYC 和 RoMDH-P160A 的特定构架比例，将 PMFM 模块中底物传输通道的构架比例分别控制为 1∶1、2∶1 和 1∶2，进而使工程菌株 TGFA091-13、TGFA091-14 和 TGFA091-15 合成富马酸的产量分别提高至 24.63、28.64 和 22.50g/L，且富马酸对葡萄糖的得率也分别提高至 0.25、0.29 和 0.23g/g [图 6-66（2）]。此外，为明确 DNA 靶向支架与酶 RoPYC 和 RoMDH-P160A 的相关性，发现菌株 TGFA091-14 中 RoPYC 和 RoMDH-P160A 比酶活性与 TGFA091-12 相似，且并未受到 DNA 靶向支架的影响 [图 6-66（3）]。因此，利用 DNA 靶向支架固定 RoPYC 和 RoMDH-P160A 有利于 RoPYC 和 RoMDH-P160A 的协同催化，进而提高细胞合成富马酸的能力。值得注意的是，在工程菌株 TGFA091-14 中，控制 RoPYC 和 RoMDH-P160A 比例维持在 1∶2 更有利于富马酸的合成，其原因可能是：DNA 靶向支架可通过避免中间代谢物的积累与流失，进而实现丙酮酸对富马酸的有效转化。然而，工程菌株 TGFA091-14 却能积累更多的副产物，如甘油（3.70g/L）和乙醇（4.53g/L），表明设计合理的 sRNA 开关抑制丙酮酸合成竞争路径活性以降低副产物的积累，可进一步提高富马酸产量。

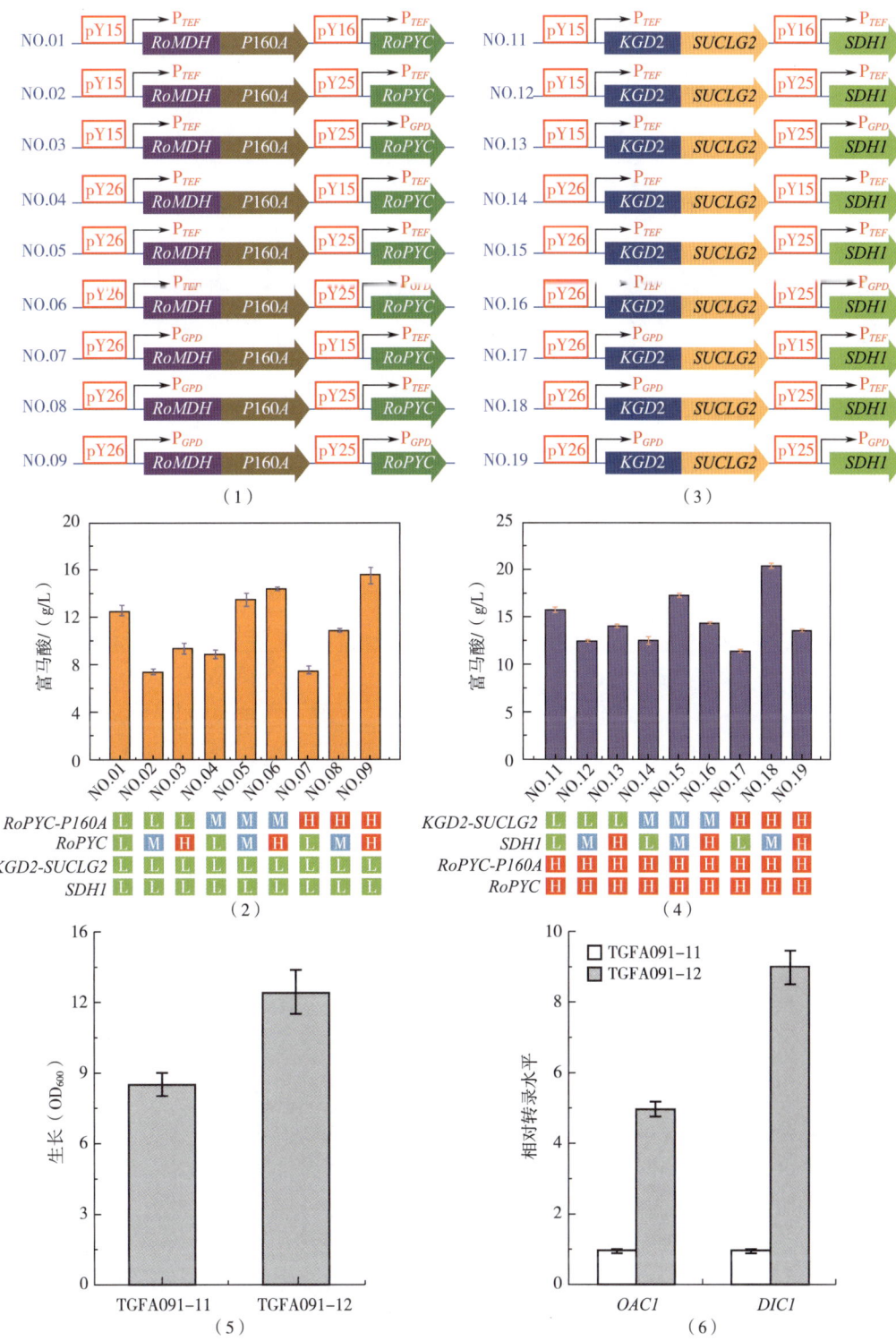

图 6-65 （1）和（2）PMFM 模块优化；（3）和（4）KSSS 模块优化；
（5）和（6）菌株 TGFA091-11 和 TGFA091-12 的生长、基因 *OAC1* 和 *DIC1* 的相对转录水平

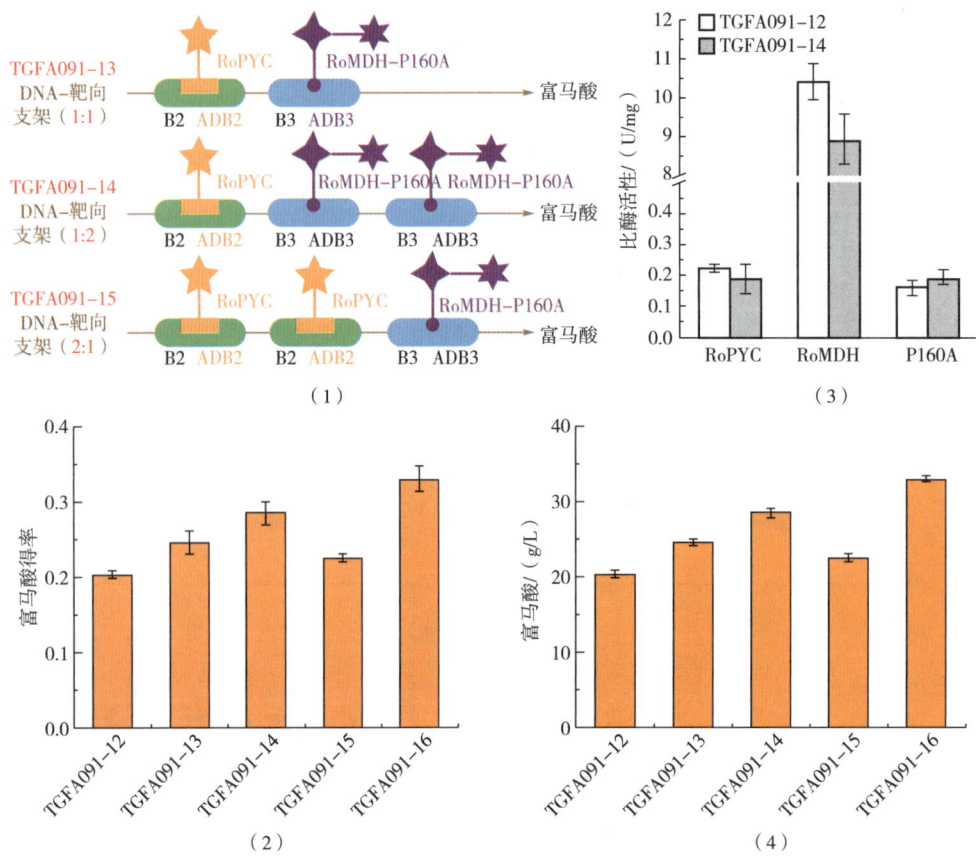

图 6-66 （1）基于 DNA 靶向支架构建工程菌 TGFA091-13、TGFA091-14 和 TGFA091-15 示意图；（2）不同 DNA 靶向支架对富马酸得率的影响；（3）不同 DNA 靶向支架对关键酶比酶活的影响；（4）不同 DNA 靶向支架对富马酸产量的影响

（六）基于合成 sRNA 开关改善细胞合成富马酸的能力

为验证控制基因 *GPP* 和 *PDC* 的精细化表达水平能否有效抑制甘油和乙醇的积累，分别设计 2 个 sRNA 开关 [图 6-67（1）]：sRNA-RHR2 是与四环素相应的 GPP1 控制子；sRNA-PDC6 是与茶碱对应的 PDC1/5/6 控制子。发酵结果如图 6-67 所示：添加 0.1mmol/L 四环素和 1.0mmol/L 茶碱可使工程菌株 TGFA091-16 胞内 GPP 和 PDC 比酶活性分别降低 28.3% 和 48.4%，进而使乙醇和甘油的积累量分别降低 91.9% 和 59.5%，但富马酸产量却较菌株 TGFA091-14 提高了 15.7%，达到 33.13g/L。值得注意的是，使用 sRNA 开关的低拷贝并未给宿主细胞带来代谢负担而影响其细胞生长性能（图 6-68）。因此，利用 sRNA 开关可精细化控制代谢流，有效抑制副产物的产生，进而提高细胞合成富马酸的能力。

第六章
代谢工程改造光滑球拟酵母生产食品添加剂

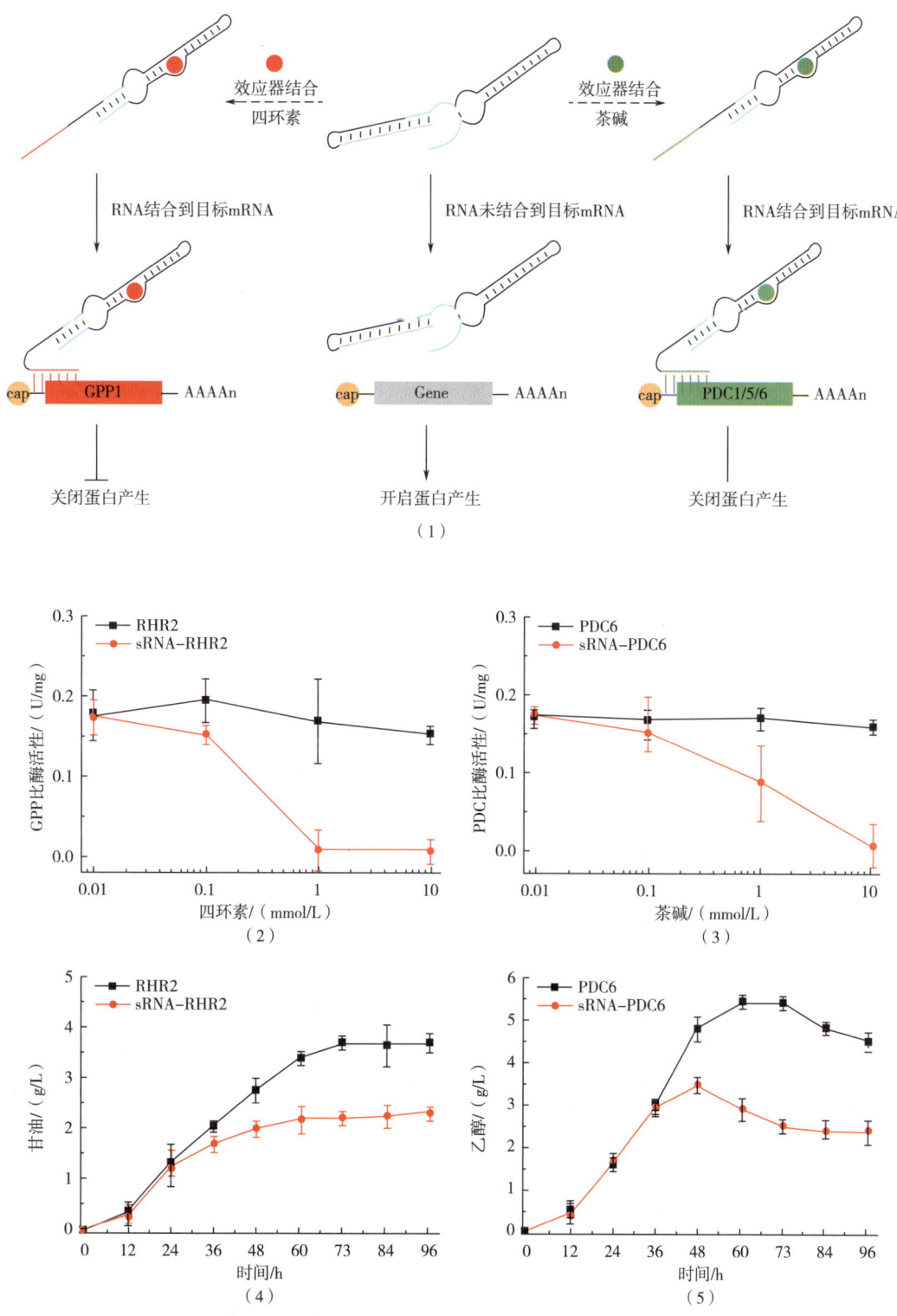

图 6-67 设计的 2 个 sRNA 开关及对应的发酵结果
(1) sRNA 开关对基因的作用模式;(2) 和 (3) 四环素和茶碱浓度对 sRNA 开关活性的影响;
(4) 和 (5) sRNA 开关对甘油和乙醇积累量的影响

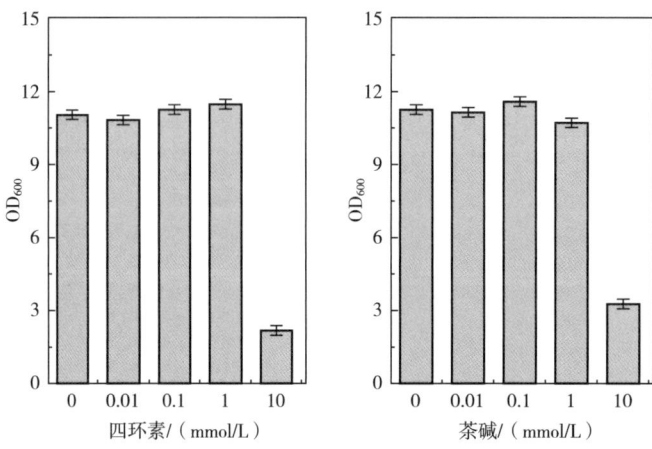

图 6-68 不同 sRNA 开关效应物（四环素和茶碱）浓度对细胞生长的影响

（七）讨论

目前，代谢工程改造富马酸合成途径主要集中于：①增强代谢速率限制性反应；②移除非必需的代谢路径和控制子；③异源表达生物合成路径；④优化密码子；⑤优化启动子系统；⑥基因协同表达；⑦路径组合构建等。

上述策略能够在一定程度上改善微生物的代谢状态，但是通常并不能够实现代谢状态平衡，造成代谢能量浪费、碳代谢流损耗和细胞破坏，甚至导致代谢休克。因此，富马酸代谢途径仍需更深层次的优化，包括系统性优化路径效率、移除代谢瓶颈限制，进而精密控制细胞代谢。近年来，将合成生物学应用至代谢工程，即通过优化控制基因的表达水平和代谢回路、在胞内构建或合成目标代谢路径，进而实现本源或非本源化合物的高效生产。目前，多种合成生物学方法已被用于改善路径效率和平衡代谢流分配，主要包括（图 6-69）：①启动子工程：精细控制关键基因的表达；②蛋白质工程：改善酶的催化效率；③结构合成生物学：提高合成路径中底物的传输效率；④基因组工程：控制基因表达水平降低副产物的产生；⑤系统代谢工程：探寻与优化代谢路径的引入或敲除对细胞在系统水平上的影响；⑥辅因子再生工程：重构辅因子的代谢路径。例如，模块路径工程已被应用于精细化控制合成路径、平衡产品宿主的代谢流，实现去除代谢瓶颈、调试代谢平衡的目的，从而精细化改善细胞表型。与传统代谢工程相比，模块路径工程能够同时优化整条生物合成途径和代谢网络，避免解决一个代谢瓶颈却引入另一个代谢瓶颈的问题。例如，将富马酸中心代谢网络分为 3 个模块：PMFM 模块、KSSS 模块和 RPSF 模块，并借助模块路径工程实现将不同控制强度的 PMFM 模块、KSSS 模块和 RPSF 模块进行装配与优化，可有效地提高富马酸的产量。因此，结合合成生物学与代谢工程实现构建异源代谢途径或优化内源性代谢途径，对于扩展生物制品的生产谱和改善微生物生理特性具有巨大潜力。

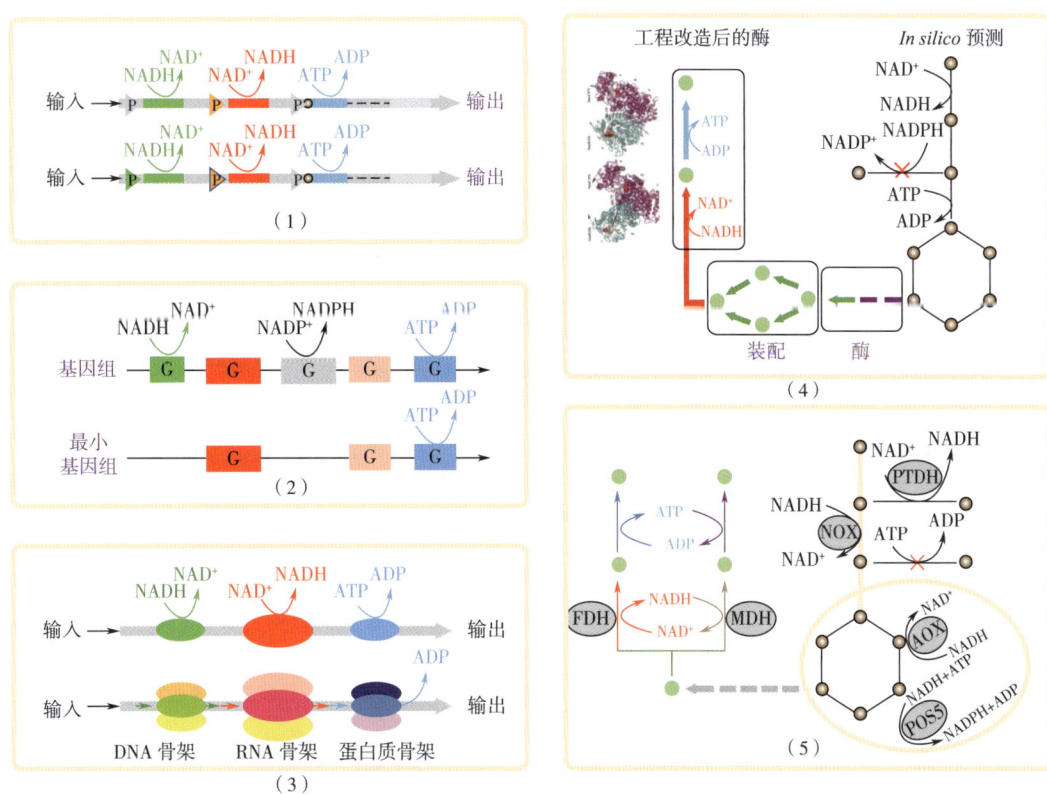

图 6-69 维持代谢状态平衡的策略

(1) 启动子工程；(2) 基因组工程；(3) 结构合成生物学；(4) 系统代谢工程和蛋白质工程；(5) 辅因子再生工程

第四节 代谢工程改造光滑球拟酵母生产 3-羟基丁酮

一、3-羟基丁酮概述

(一) 3-羟基丁酮的理化性质与用途

3-羟基丁酮（3-hydroxybutanone，acetoin）又名乙偶姻、甲基乙酰甲醇，广泛存在于葡萄酒、苹果、蜂蜜及咖啡等物质中。其因具有独特奶油香味，其可作为香精香料应用于食品领域；同时，因含有羟基和羰基等活性官能团，其可作为重要的化学合成中间体和多功能材料，广泛应用于制药、化工以及烟草等领域（图 6-70），并被美国能源部列为优先开发的 30 种平台化合物之一。

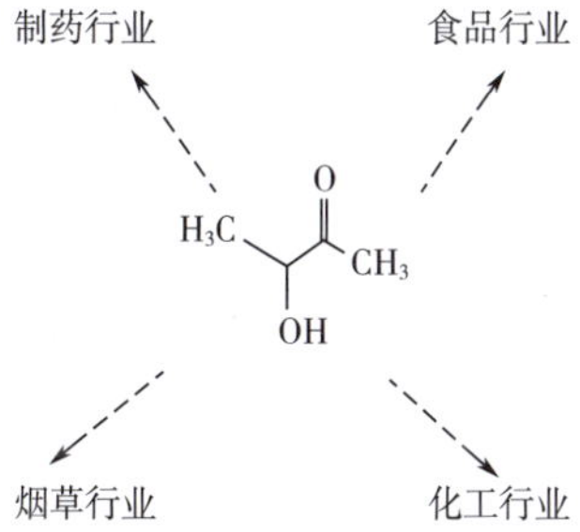

图 6-70 3-羟基丁酮的结构与应用

目前，生产3-羟基丁酮的主要方法有：化学合成法、酶转化法和微生物发酵法（表6-27）。其中，化学合成法已实现工业化生产，生产的公司如美国MJ、日本信达、德国BASF及河南濮盟等。然而，由于化学合成法产品安全性和纯度低、分离提纯成本高，且对社会环境污染严重，导致其严重不符合社会可持续发展要求。而酶转化法，虽具有反应条件温和、产物得率高和无副产物等优点，但却存在产品安全性低，所需底物、特异性酶及分离纯化成本高等缺点，导致其不具备工业化生产的潜力。微生物发酵法以底物广泛、生产成本低廉、环境友好、产品纯度高等特性成功解决其他生产方法中环境、资源及产品质量等问题，已然成为生产3-羟基丁酮的研究热点。

表6-27　　　　　　　　　　3-羟基丁酮生产方法的分析比较

方法	原料	工艺	产品特性
化学合成法	石油化工产品，如双乙酰和2,3-丁二醇	工艺复杂、耗能大和环境污染严重	纯度低和安全性低
酶转化法	石油化工产品（2,3-丁二醇）	工艺简单，但特异性催化酶来源受严格限制	纯度高和安全性低
微生物发酵法	葡萄糖和蔗糖等生物质能源	生产效率高、工艺简单和设备通用性高	纯度高、安全性高和环境友好

（二）微生物发酵法生产3-羟基丁酮的研究进展

1. 合成3-羟基丁酮的微生物

目前，自然界中存在许多能利用糖质原料合成3-羟基丁酮的微生物，包括细菌、酵母菌和霉菌，如肠杆菌属（Enterobacter）、沙雷氏菌属（Serratia）、克雷伯氏菌属（Klebsiella）、芽孢杆菌属（Bacillus）、乳球菌属（Lactococcus）及汉逊氏酵母属（Hansenula）等（表6-28）。例如，张燕婕等人从自然界中筛选获得一株可高效生产3-羟基丁酮的解淀粉芽孢杆菌（Bacillus amyloliquefaciens），通过发酵优化策略可使其在分批发酵中积累51.2g/L 3-羟基丁酮，具有较高的应用价值和发展潜力。

表6-28　　　　　　　　　　微生物发酵法生产3-羟基丁酮菌株

菌株	碳源	产量/(g/L)	生产效率/[g/(L·h)]	葡萄糖得率/(g/g)
Enterobacter cloacae	蔗糖	<14	<0.29	<0.28
Serratia marcescens IAM1022	葡萄糖	6.62	0.21	0.24
Klebsiella pneumoniae	葡萄糖	13.1	0.3	0.06
Bacillus subtilis	葡萄糖	40.6	0.47	0.23
Lactococcus lactis subsp. lactis	葡萄糖	9.28	0.19	0.21
Paenibacillus polymyxa	葡萄糖	9.24	0.19	0.19

续表

菌株	碳源	产量/(g/L)	生产效率/[g/(L·h)]	葡萄糖得率/(g/g)
B. subtilis CICC 10025	糖蜜	35.4	0.63	0.34
Bacillus licheniformis MEL09	葡萄糖	41.26	1.13	0.41
B. amyloliquefaciens FMME044	葡萄糖	51.2	1.07	0.43
Bacillus pumilus DSM16187	葡萄糖 蔗糖	63.0/ 58.1	1.05/ 0.96	0.31/ 0.32
Saccharomyces cerevisiae	葡萄糖	5.9	0.05	0.03
Saccharomyces cerevisiae	葡萄糖	9.5	0.11	0.05

2. 3-羟基丁酮代谢途径解析

如图 6-71 所示，微生物胞内存在 3 条以丙酮酸为前体物质合成 3-羟基丁酮的代谢途径：①丙酮酸脱羧途径，α-乙酰乳酸合成酶（ALS）和 α-乙酰乳酸脱羧酶（ALDC）共同催化 2 分子丙酮酸脱羧形成 1 分子 3-羟基丁酮，该途径广泛存在于原核微生物内［图 6-71（2）］；②由于缺少 ALDC，真核微生物利用丙酮酸裂解途径合成 3-羟基丁酮：在丙酮酸脱羧酶（PDC）催化下，丙酮酸与活性乙醛通过醛醇缩合作用形成 3-羟基丁酮［图 6-71（3）］；③胞内乙酰-TPP 与乙酰-CoA 在丁二酮合成酶（DAS）和丁二酮还原酶（BDH）共同作用下生成 3-羟基丁酮［图 6-71（1）］，但该途径是否存在尚未有明确定论。此外，微生物还存在着 2 条 3-羟基丁酮分解代谢途径，包括：① 在 2,3-丁二醇脱氢酶（$NADH_2$ 或 NAD^+ 为辅酶）催化下，3-羟基丁酮与 2,3-丁二醇发生可逆转化反应；②在 3-羟基丁酮脱氢酶复合物（AoDH ES）催化下，3-羟基丁酮可被降解形成乙酰-CoA 和乙醛，进而生成乙酸或乙醇。

综上所述，为进一步提高微生物合成 3-羟基丁酮的代谢能力，应解决的关键问题是：①丙酮酸的大量合成与积累，作为 3-羟基丁酮的合成前体物质，提高丙酮酸的积累且切断或弱化丙酮酸代谢支路可能更有利于实现 3-羟基丁酮的高效积累；②精确调控微生物胞内各合成途径关键酶活性，使丙酮酸代谢流量快速导入 3-羟基丁酮节点；③调控胞内 $NADH/NAD^+$ 水平或 BDH 的酶活性，抑制 3-羟基丁酮的降解途径；④提高底物或目标产物的转运效率。

3. 提高微生物合成 3-羟基丁酮的策略

目前，微生物发酵法生产 3-羟基丁酮的研究仍处于初级阶段，其改良工作主要包括传统育种技术、发酵条件优化及代谢途径改造等方面。

（1）传统育种技术 虽然自然界中存在大量可合成 3-羟基丁酮的微生物，但由于产量、产率等生产性能较低而无法满足工业化生产和科研工作需要。因此，借助传统育种技术：①筛选耐受高浓度底物生产菌株，提高目标产物的产量和产率。许平等人从土壤中筛选获得可耐受高浓度葡萄糖（200g/L）的生产菌株，可使 3-羟基丁酮产量提高至

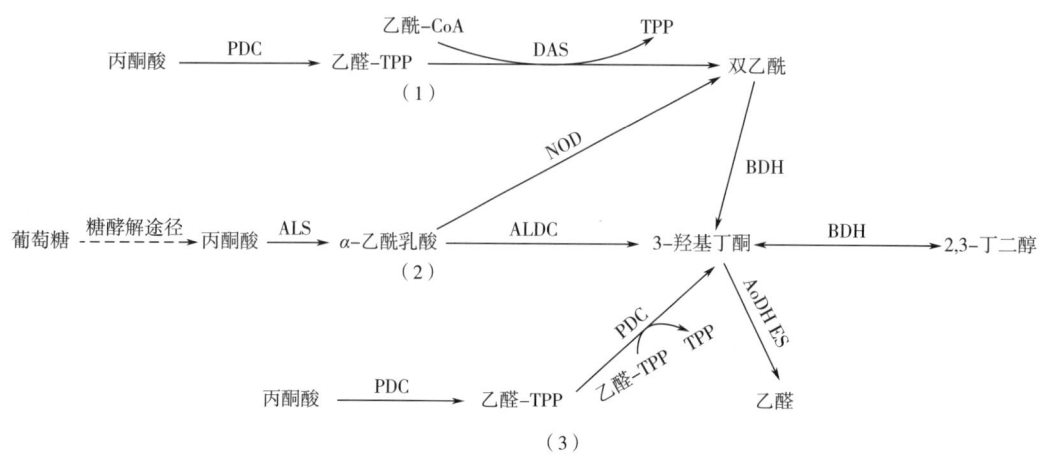

图 6-71 微生物中 3-羟基丁酮合成途径

PDC：丙酮酸脱羧酶；DAS：丁二酮合成酶；BDH：丁二酮还原酶；ALS：α-乙酰乳酸合成酶，ALDC：α-乙酰乳酸脱羧酶；NOD：非酶氧化脱羧途径；AoDH ES：3-羟基丁酮脱氢酶复合物；PDC：丙酮酸脱羧酶

63.0g/L。②通过诱变育种技术选育高产菌株。Xu 等人结合自然选育和紫外诱变筛选获得高产菌株 B. subtilis TH-49，可使 3-羟基丁酮产量提高至 43.8g/L；而尹明浩等则通过紫外线-硫酸二乙酯等复合诱变技术，使菌株生产 3-羟基丁酮的能力提高了 50%。

（2）发酵条件优化 在微生物发酵过程中，优化发酵条件对提高 3-羟基丁酮产量具有重要的影响：①优化营养条件。通过对碳源、氮源等营养条件的优化，可使 S. marcescens H13 生产 3-羟基丁酮能力提高至 75g/L。②优化环境条件。由于关键酶的酶学性质差异性和 3-羟基丁酮对微生物生理功能的影响，导致 pH、溶氧等环境条件与微生物的生长和产物合成密切相关。例如，B. licheniformis MEL09 在 pH 6.0~8.5 时细胞生长旺盛，但却不能高效合成 3-羟基丁酮。

（3）代谢工程改良微生物生产性能 在全面分析 3-羟基丁酮代谢途径及其调控机制的基础上，借助代谢工程策略实现对代谢途径的精确调控，从而提高微生物积累目标产物的能力，包括：① 提高合成前体物质的合成速率和积累。作为关键性前体物质，丙酮酸合成速率和强度将直接决定 3-羟基丁酮的生产效率。Tsau 等研究发现在 L. plantarum 培养过程中添加一定量丙酮酸可促进 3-羟基丁酮的积累。②增加目标途径的代谢通量。α-乙酰乳酸合成酶和 α-乙酰乳酸脱羧酶作为 3-羟基丁酮合成途径中关键酶，增加酶活性和酶量可有效提高代谢途径效率和代谢通量。Blomqvist 等人通过整合表达 α-乙酰乳酸脱羧酶，降低 α-乙酰乳酸的氧化脱羧作用，提高 3-羟基丁酮的生产强度。③抑制或弱化 3-羟基丁酮分解代谢。敲除或抑制分解代谢途径中关键酶（2,3-丁二醇脱氢酶或 AoDH ES 酶系）可有效阻断或遏制 3-羟基丁酮的分解，进而减少 2,3-丁二醇的生成，促进 3-羟基丁酮的积累。

目前，借助传统诱变育种、发酵条件优化及代谢工程等策略已筛选获得 3-羟基丁酮高产菌株，但因细菌易染菌、环境鲁棒性弱、产品安全性低、生产率和生产强度低等缺点，导致微生物发酵法生产3-羟基丁酮仍未实现大规模工业化生产。为此，研究人员将研究工作重点转向酵母等真核微生物。与模式微生物酿酒酵母耐酸、耐受高浓度葡萄糖及易扩大培养等特性相比，光滑球拟酵母还具有营养条件简单、耐受高渗透压及高产合成前体等优点，可开发成为生产3-羟基丁酮的最适潜在底盘微生物。

（三）代谢工程改造 *C. glabrata* 生产 3-羟基丁酮面临的关键问题

作为单倍体酵母，*C. glabrata* 可利用己糖或戊糖等生物质原料积累大量丙酮酸，而丙酮酸可作为其他高附加值代谢产物（富马酸、苹果酸、α-酮戊二酸及3-羟基丁酮）的前体物质。因此，为了实现胞内丙酮酸代谢节点的开流及代谢流量的定向分布，拓宽 *C. glabrata* 在工业生物技术中的应用，可开发 *C. glabrata* 成为合成精细化学品细胞工厂。然而，虽 *C. glabrata* 存在3-羟基丁酮的合成途径，但独特的生理特性使其并不具备高效积累3-羟基丁酮的能力。为此，以丙酮酸代谢节点为中心，借助系统代谢工程策略逐步改造 *C. glabrata* 以实现3-羟基丁酮的高效积累则需要解决以下关键科学问题：

（1）如何实现 *C. glabrata* 胞内丙酮酸代谢节点的开阀分流？ 作为丙酮酸工业化生产菌株，*C. glabrata* 可使大量碳代谢流积聚于丙酮酸代谢节点，而要实现以丙酮酸为前体高效生产高附加值产品，则需解决的首要问题是：选择性打开丙酮酸代谢节点，结合定向改变丙酮酸代谢流向和流量，实现丙酮酸代谢节点的开阀分流。在正常情况下，*C. glabrata* 几乎不能积累3-羟基丁酮，而通过构建异源合成途径或强化原有代谢途径可实现对胞内丙酮酸代谢节点的开阀分流，增加目标产物的代谢流量。

（2）如何实现胞内目标代谢途径的强化？ 对于微生物复杂的代谢途径及其调控网络，目标途径的代谢能力可受底物浓度、中间产物浓度、副产物毒害效应、辅因子及其转运蛋白等众多因素的制约。因此，如何快速从各制约因素中筛选并确定关键因素以强化目标途径的代谢流量，是制约代谢工程高效改良微生物生理特性所面临的主要问题。借助基因组规模代谢网络模型等系统代谢工程策略，通过深度解析细胞代谢途径与生理生化特性间对应关系，可提高筛选限制因素和目标靶基因的能力和效率，进而增强代谢工程策略的方向性和目的性。

二、构建胞质丙酮酸脱羧途径对 3-羟基丁酮合成的影响

在丙酮酸发酵过程中，野生型 *C. glabrata* 仅能积累微量3-羟基丁酮（≤50mg/L），其原因可能是：①丙酮酸脱羧酶（PDC）活性的抑制，导致丙酮酸裂解途径代谢能力低下；②缺乏乙酰乳酸脱羧酶（ALDC），使胞内乙酰乳酸仅能借助非酶氧化脱羧途径（NOD）缓慢脱羧生成3-羟基丁酮；③胞内乙酰乳酸也是支链氨基酸（BCAAs）的合成前体，其合成速度和产量受 BCAAs 的反馈抑制调控（图6-72）。因此，如何选择性打开光滑球拟酵母胞内丙酮酸代谢节点，提高乙酰乳酸的可用性及其转化速率，是强化 *C. glabrata* 合成3-羟基丁酮所面临的关键问题。

对于微生物复杂的代谢途径及其调控网络，局部单基因或途径的改造常常难以获得理

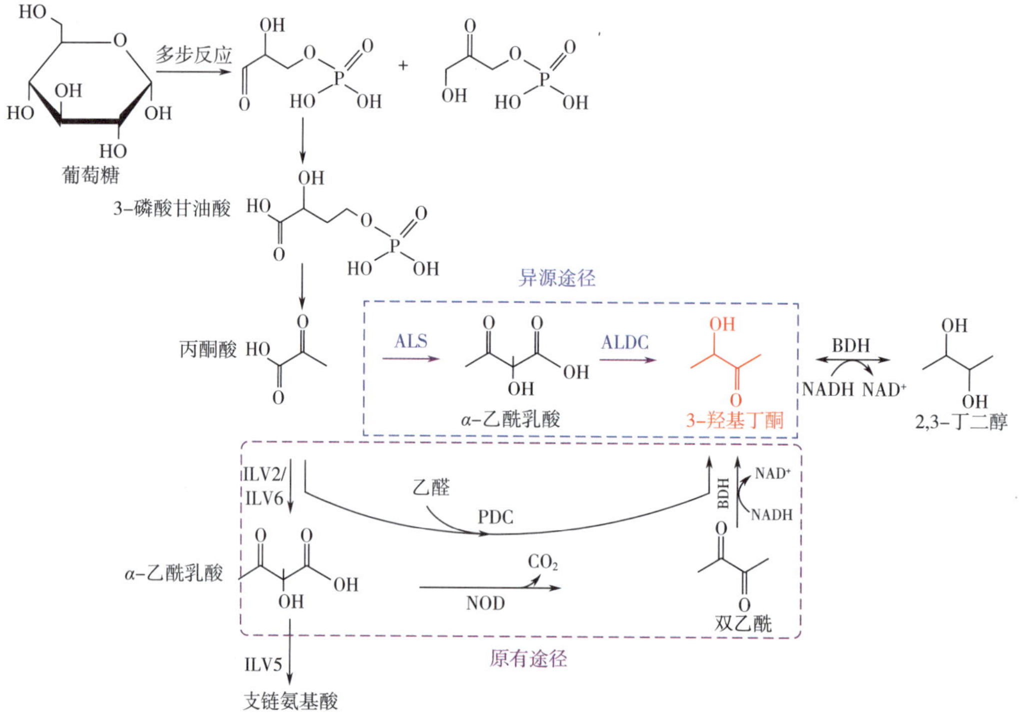

图 6-72 光滑球拟酵母中 3-羟基丁酮的相关合成途径

想的代谢目标，而借助基因组规模网络模型（GSMM）全面分析代谢网络结构，合理设计针对性代谢途径，可实现改变目标途径代谢流向及其通量的代谢目标。随着 C. glabrata 模型 iNX804 的构建，为从生化特性、基因组学及蛋白质组学等层面上全面解析 C. glabrata 生理特性提供高效研究平台，也为发展代谢工程策略高效改造 C. glabrata 代谢性能提供方向性和指导性。为此，基于 C. glabrata GSMM iNX804 和文献数据挖掘，在详尽分析丙酮酸-3-羟基丁酮代谢途径的基础上，通过统计分析反应代谢流量与目标代谢流量间的相关性，结合代谢工程策略实现 C. glabrata 胞内丙酮酸代谢流量的重新分配和目的产物的积累。

（一）基于 GSMM 对 3-羟基丁酮合成途径的设计

基于模型 iNX804 对代谢途径的注释和相关文献数据的挖掘，发现光滑球拟酵母中存在两条 3-羟基丁酮合成途径：丙酮酸裂解途径（CAR）和非酶氧化脱羧途径（NOD）（图 6-72）。但考虑到 C. glabrata 硫胺素缺陷型和 NOD 不可控制性等生理特性，推测在 C. glabrata 胞质中构建丙酮酸脱羧途径可更有利于 3-羟基丁酮（ACT）的合成。同时，借助基因组规模网络模型 iNX804；将异源代谢途径中关键酶 [α-乙酰乳酸合成酶（ALS）和 α-乙酰乳酸脱羧酶（ALDC）] 及其反应添加至模型 iNX804（表 6-29），结合代谢流量分析（FBA）模拟分析丙酮酸脱羧途径对 3-羟基丁酮和菌株生长的影响。模拟结果如图 6-73 所示：与对照菌株相比，添加异源丙酮酸脱羧途径可显著改变丙酮酸代谢流量分布，使3-羟基丁酮理论得率提高了 0.24mmol/(gDCW·h)，达到 2.26mmol/(gDCW·h)。

表6-29　　　　　　　　　　　异源3-羟基丁酮合成途径的相关代谢反应

反应涉及的酶	生化反应式
ALS	2HTPP［c］3+ PYR［c］+ H［c］⇌ ACLAC［c］+ TPP［c］
ALDC	ACLAC［c］⇌ ACT［c］+ CO_2［c］
ACT e	ACT［c］⇌ ACT［e］
EX-ACT	ACT［e］⇌

注：ALS，α-乙酰乳酸合成酶；ALDC，α-乙酰乳酸脱羧酶；ACT，3-羟基丁酮；PYR，丙酮酸；ACLAC，α-乙酰乳酸；TPP，焦磷酸硫胺素；HTPP，还原型焦磷酸硫胺素。［c］和［e］分别表示胞质和胞外环境。

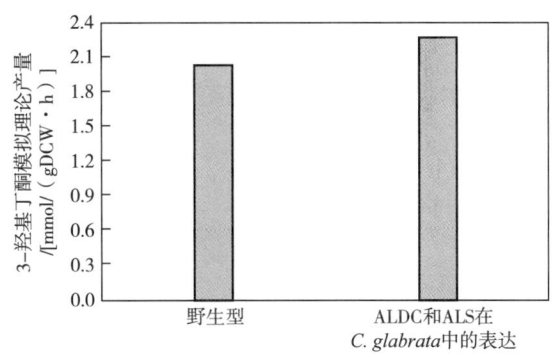

图6-73　基于GSMM模拟分析异源途径对3-羟基丁酮合成的影响

（二）光滑球拟酵母中丙酮酸脱羧途径的构建

基于模拟分析结果，利用代谢工程策略在 *C. glabrata* 胞质中构建异源丙酮酸脱羧途径以改变丙酮酸代谢流量分布，实现3-羟基丁酮积累。首先，将不同微生物来源的 *als* 和 *aldc* 基因分别表达至 *C. glabrata*，获得含有相应目的基因的 MuA1 等 8 株工程菌株。通过比较分析不同突变菌株产物、比酶活性及中间代谢产物等发酵特性，发现突变株 MuA3（*als* 来源于 *B. subtilis*）可使胞内 ALS 比酶活性和 α-乙酰乳酸浓度分别提高至 0.81U/mg 蛋白和 0.70g/L，且 3-羟基丁酮产量也相应提高至 0.077g/L；而突变株 MuA5（基因 *aldc* 来源于 *B. amyloliquefaciens*）不仅具有乙酰乳酸脱羧酶酶活性，且其比酶活性增加至 1.85U/mg 蛋白，使 3-羟基丁酮产量增加至 0.14g/L。

在此基础上，将酶学性能较优的 ALS 和 ALDC 共同表达于工程菌株 MuA9 中，构建胞质丙酮酸脱羧途径。与模拟结果相似，丙酮酸脱羧途径显著提高 *C. glabrata* 合成 3-羟基丁酮的能力，使 3-羟基丁酮产量、对细胞得率分别增加至 1.14g/L 和 0.11g/gDCW。同时，异源途径的引入也使 *C. glabrata* 合成 2,3-丁二醇、乙醇等副产物产量分别提高至 0.88g/L 和 2.15g/L（表6-30）。然而，突变株 MuA9 中丙酮酸积累量仍高达 24g/L，远高于3-羟基丁酮产量（约为21倍），表明该异源代谢途径对丙酮酸利用能力较弱，且其代谢能力仍有较大提升空间和潜力。

表6-30 表达不同微生物来源的 *als* 和 *aldc* 对比酶活和代谢产物的影响

菌株	基因	种类	ALS/(U/mg 蛋白)	α-乙酰乳酸/(g/L)	双乙酰/(g/L)	ALDC/(U/mg 蛋白)	3-羟基丁酮/(g/L)
MuA0	无	无	0.15±0.01	0.11±0.01	0.02±0.00	ND	0.041±0.002
MuA1	*als*	*B. amyloliquefaciens*	0.75±0.05	0.58±0.02	0.37±0.02	ND	0.054±0.003
MuA2	*als*	*B. pumilus*	0.60±0.05	0.47±0.03	0.33±0.03	ND	0.053±0.001
MuA3	*als*	*B. subtilis*	0.81±0.05	0.70±0.05	0.45±0.02	ND	0.077±0.004
MuA4	*als*	*E. coli*	0.77±0.1	0.62±0.04	0.42±0.04	ND	0.065±0.002
MuA5	*aldc*	*B. amyloliquefaciens*	0.15±0.01	0.11±0.01	ND	1.85±0.05	0.14±0.04
MuA6	*aldc*	*B. pumilus*	0.14±0.012	0.11±0.01	ND	1.66±0.05	0.12±0.03
MuA7	*aldc*	*B. subtilis*	0.15±0.02	0.12±0.01	ND	1.71±0.05	0.13±0.06
MuA8	*aldc*	*E. coli*	0.13±0.01	0.10±0.02	ND	1.57±0.1	0.12±0.02

注：ND，未检测。

（三）胞质丙酮酸脱羧途径的优化

为进一步提高丙酮酸脱羧途径的代谢能力，借助启动子优化策略，以提高外源基因表达水平，增强目标途径中各关键酶酶活性。通过构建 MuA9（$P_{TPI+TPI}$）、MuA10（$P_{GPD+GPD}$）、MuA11（$P_{TEF+TEF}$）、MuA12（$P_{GPD+TEF}$）和 MuA13（$P_{TEF+GPD}$）等工程菌株研究不同启动子（P_{TPI}、P_{GPD} 和 P_{TEF}）对目标途径代谢能力的影响。结果如表6-31，图6-74所示，突变株 MuA13 胞内 ALS 和 ALDC 比酶活性分别提高至 0.91U/mg 蛋白和 2.06U/mg 蛋白，使3-羟基丁酮产量提高至 1.96g/L，比出发菌株 MuA9 提高了 71.9%。同时，突变株 MuA13 合成 2,3-丁二醇和乙醇等副产物的能力增强，其浓度分别增加了 50% 和 73%，分别提高至 1.32g/L 和 3.72g/L，表明强启动子对丙酮酸脱羧途径代谢能力具有一定的促进作用。因此，基于模型的预测分析，可借助代谢工程策略实现对胞质丙酮酸脱羧途径的构建与优化，有效改变 *C. glabrata* 胞内丙酮酸代谢节点的流向和流量，强化 *C. glabrata* 合成3-羟基丁酮的能力。

表6-31 MuA0 与 MuA9 工程菌株摇瓶发酵特性的比较

发酵参数	MuA0（A）	MuA9（B）	增加比率 ($\frac{B}{A}-1$)
DCW/(g/L)	10.84±0.60	10.34±0.50	−0.05

续表

发酵参数	MuA0 (A)	MuA9 (B)	增加比率 ($\frac{B}{A}-1$)
丙酮酸/(g/L)	30.7±1.2	24.4±0.8	-0.20
ALS比酶活性/(U/mg蛋白)	0.16±0.01	0.83±0.04	4.19
ALDC比酶活性/(U/mg蛋白)	ND	1.86±0.03	—
乙酰乳酸/(g/L)	0.12±0.01	0.74±0.01	5
3-羟基丁酮产量/(g/L)	0.042±0.008	1.14±0.05	26
3-羟基丁酮得率/(g/gDCW)	0.003	0.11	35
2,3-丁二醇/(g/L)	0.035±0.004	0.88±0.04	24
双乙酰/(g/L)	0.01±0.00	ND	—
乙醇/(g/L)	0.87±0.02	2.15±0.21	1.47

注：ND，未检测。

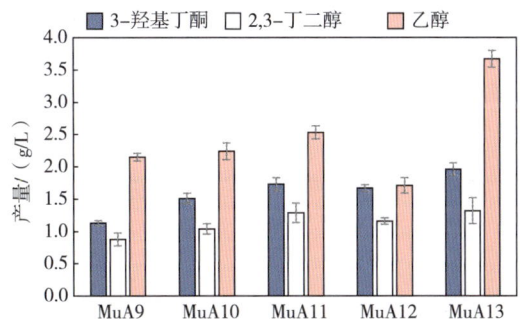

图6-74 不同启动子组合对3-羟基丁酮、2,3-丁二醇和乙醇的影响
MuA9（$P_{TPI+TPI}$）；MuA10（$P_{GPD+GPD}$）；MuA11（$P_{TEF+TEF}$）；MuA12（$P_{GPD+TEF}$）；MuA13（$P_{TEF+GPD}$）

（四）光滑球拟酵母转运3-羟基丁酮能力的研究

以突变株MuA13为研究对象，分别在其发酵前期（36h）、发酵中期（54h）和发酵后期（72h）取一定量细胞（10mgDCW）为研究单位，测定其胞内3-羟基丁酮产量及其转运至胞外发酵液中3-羟基丁酮的产量与比值。结果如图6-75所示：随着3-羟基丁酮发酵的进行，不同发酵时期胞外发酵液产量分别为1.01g/L、1.43g/L和2.04g/L；但其胞内3-羟基丁酮产量却变化差异小，仅分别为45mg/L、37mg/L和32mg/L，使其胞内外3-羟基丁酮产量比例为1:22、1:39和1:65。因此，C. glabrata能将胞内3-羟基丁酮高效转运至胞外。

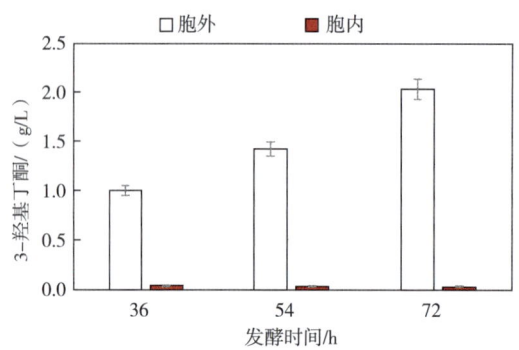

图 6-75　胞内外 3-羟基丁酮产量的比较分析

（五）抑制竞争途径对 3-羟基丁酮合成的影响

如图 6-72 所示，α-乙酰乳酸可在乙酮醇酸还原异构酶（AHAIR，*ilv*5 编码）催化下进入支链氨基酸（亮氨酸和缬氨酸）合成途径。因此，敲除基因 *ilv*5 能够遏制 α-乙酰乳酸分解代谢途径和解除支链氨基酸的反馈抑制作用，进而提高胞内 α-乙酰乳酸的可用性。然而，与出发菌株（MuA13）相比，突变株 MuA14（敲除基因 *ilv*5）合成 3-羟基丁酮和 2,3-丁二醇的能力仅提高了 8.6% 和 13.2%，其产量分别为 2.13g/L 和 1.45g/L。同时，支链氨基酸营养缺陷的引入抑制了菌株 MuA14 的细胞生长，使其细胞干重降低至 9.96g/L（表 6-32）。因此，敲除基因 *ilv*5 以细胞生长为代价促进 3-羟基丁酮的积累。

表 6-32　不同分子改造策略对 3-羟基丁酮产量的影响

发酵参数	MuA13	MuA14	MuA15
DCW/(g/L)	10.27 ±0.50	9.96 ±0.41	10.13 ±0.50
丙酮酸/(g/L)	18.4 ±0.7	16.8 ±0.8	16.3 ±1.1
α-乙酰乳酸/(g/L)	0.72 ±0.02	0.81 ±0.01	0.74 ±0.02
3-羟基丁酮/(g/L)	1.96 ±0.31	2.13 ±0.30	2.08 ±0.20
3-羟基丁酮对细胞得率/(g/gDCW)	0.19	0.21	0.21
2,3-丁二醇/(g/L)	1.36 ±0.03	1.45 ±0.07	2.03 ±0.03
3-羟基丁酮/2,3-丁二醇	1.44	1.47	1.02
乙醇/(g/L)	3.67 ±0.11	2.96 ±0.13	2.72 ±0.20
乙酸/(g/L)	0.64 ±0.05	0.51 ±0.05	0.83 ±0.1
甘油/(g/L)	1.01 ±0.10	1.07 ±0.12	1.12 ±0.12
胞内 NAD^+ 含量/(mg/gDCW)	16.1 ±1.2	14.6 ±1.7	15.8 ±2.1
胞内 $NADH/NAD^+$ 比率	0.62	0.61	0.64

此外，为降低菌株 MuA13 合成乙醇的能力，在突变菌株 MuA15 中敲除乙醇脱氢酶基因 adh（CAGL0J01441g），并考察其对丙酮酸脱羧途径合成 3-羟基丁酮能力的影响。如表 6-32 所示，敲除基因 adh 可抑制胞内乙醇途径，使乙醇产量降低至 2.72g/L，比出发菌株（MuA13）减少 34.9%。然而，突变株 MuA15（Δadh）合成 3-羟基丁酮的能力及其生长特性并没有明显变化，其 3-羟基丁酮产量和生物量仅分别为 2.08g/L 和 10.13g/L；但其合成 2,3-丁二醇的能力和胞内 NADH/NAD$^+$ 水平却比出发菌株 MuA13 分别提高了 53.8% 和 6.4%，增加至 2.03g/L 和 0.64。因此，敲除基因 adh 可抑制胞内乙醇途径，进而改变胞内丙酮酸流量的重新分布，且提高异源脱羧途径的代谢能力，但却更有利于代谢产物 2,3-丁二醇的形成。

（六）添加烟酸对菌株合成 3-羟基丁酮的影响

在微生物中，丁二醇脱氢酶（BDH）可催化 3-羟基丁酮与 2,3-丁二醇间可逆转化反应，且高水平 NAD$^+$ 更有利于 3-羟基丁酮的形成，而高水平胞内 NADH/NAD$^+$ 却促进 2,3-丁二醇的积累。在前期研究的基础上，添加 10mg/L 烟酸（NA，NAD$^+$ 的前体）调控胞内 NAD$^+$ 水平浓度，以改善菌株发酵特性，进而提高 3-羟基丁酮产量。发酵结果如图 6-76 所示，在菌株 MuA15 发酵过程中，3-羟基丁酮的形成使胞内 NADH/NAD$^+$ 水平持续增加，而添加烟酸却使胞内 NADH/NAD$^+$ 水平维持于较低水平：当发酵结束时，添加烟酸可使胞内 NADH/NAD$^+$ 水平从 0.67（未添加烟酸）降低至 0.56。此外，与对照组（未添加烟酸）相比，添加烟酸可使菌株发酵特性发生一系列的变化：①菌株表现出更高生长速率，其细胞生物量和葡萄糖消耗效率分别增加 16.9% 和 17.6%，提高至 12.4g/L 和 2.07g/(L·h)；②菌株合成 3-羟基丁酮能力显著提高，其产量和产率分别提高 40.6% 和 38.9%，达到 3.67g/L 和 0.05g/(L·h)，而 2,3-丁二醇产量和产率却分别降低 118% 和 115%，降低至 1.22g/L 和 0.02g/(L·h)。同时，乙醇产量也降低为 3.09g/L。因此，添加烟酸可有效调控胞内 NADH/NAD$^+$ 水平，进而抑制 2,3-丁二醇的合成，进一步提高 C. glabrata 发酵生产 3-羟基丁酮的能力，使 3-羟基丁酮/2,3-丁二醇比率提高至 3.01。

三、构建线粒体丙酮酸脱羧途径对 3-羟基丁酮合成的影响

目前，作为微生物遗传育种策略，代谢工程操作策略主要集中于微生物胞质中，且主要表现在：

（1）酶水平上，通过修饰、添加或删除相关途径关键酶，强化目标途径的代谢能力；

（2）代谢途径上，从全局水平实现对目标途径代谢流量的调控，如解除反馈抑制作用、阻断竞争途径、增强转运过程及引入异源途径等。

然而，在真核生物中，复杂代谢网络途径的运行及其调控因素（辅因子或激活剂等）的合成可能分布于不同亚细胞器中（线粒体、液泡、高尔基体及内质网等），进而限制代谢工程策略的应用。因此，利用代谢工程改造真核微生物代谢网络可面临众多挑战：①因代谢反应及其关键酶分布于不同亚细胞器，增加了对关键反应速率、中间代谢产物转运等协同调控的难度；②需利用多基因才可实现对代谢途径或关键酶的遗传改造和精确调控，

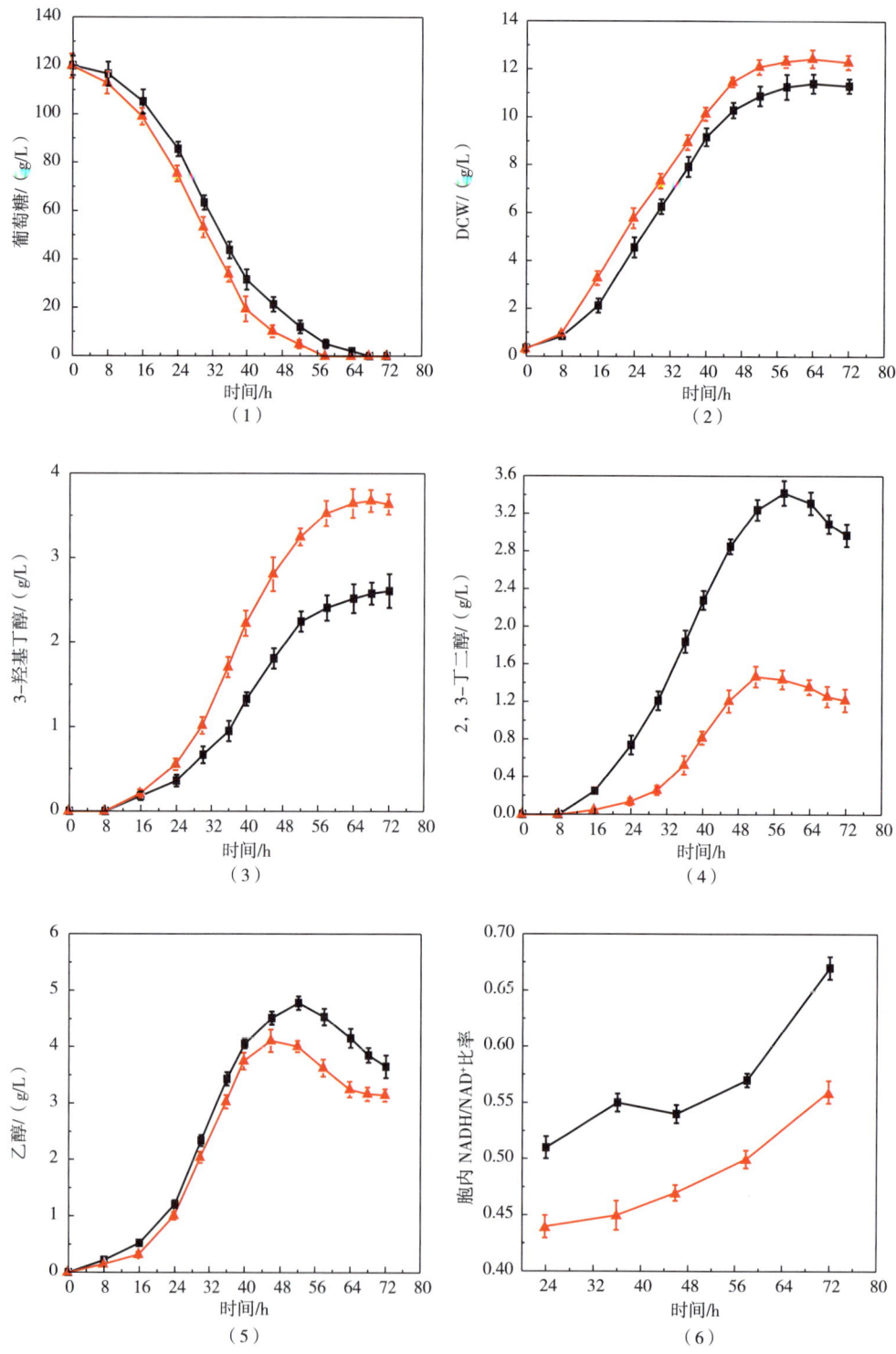

图6-76 5L发酵罐中添加烟酸对菌株MuA15发酵特性的影响

(1) 葡萄糖；(2) DCW；(3) 3-羟基丁醇；(4) 2,3-丁二醇；(5) 乙醇；(6) 胞内NADH/NAD$^+$比率

■，未添加烟酸；▲，添加烟酸

进而对宿主产生不可预测的生理应答、有毒代谢物质积累等问题，降低细胞生理性能。为此，可在深入分析代谢途径的基础上，将目标途径或关键代谢反应重新定位至特定亚细胞结构（线粒体、液泡及内质网等）中，以减少辅因子或中间代谢产物的转运与消耗，提高目标产物合成速率。例如，Moreiro 等人通过删减基因编码序列中线粒体信号肽序列，将线粒体酶（苹果酸酶）重新定位于酿酒酵母胞质中构建胞内 NADPH 新途径，进而平衡胞内辅因子形成与消耗过程，有效改变胞内碳代谢流量的分布。

作为酵母细胞中重要的亚细胞结构，线粒体是胞内氧化磷酸化和 ATP 合成的主要场所，可为细胞生理活动提供充足能量，且参与细胞分化、生物信息传递及细胞凋亡等生理过程。此外，线粒体还是许多重要代谢途径的发生场所，如氨基乙酰丙酸、生物素、硫辛酸、氨基酸和脂肪酸等合成途径及 TCA 循环，可为其他代谢途径提供许多重要的、必需的中间代谢物，进而维持细胞正常生理活动。与胞质环境相比，线粒体环境具有：① 可为代谢反应提供更适宜微环境，如高 pH、低溶氧浓度和高还原电动势；② 小空间范围更有利于浓缩代谢底物浓度，限制中间代谢产物转运和减少竞争途径分流等优点，提高反应速率和产物得率。目前，开发利用亚细胞器作为代谢途径改造场所可为改良微生物生理特性提供新策略。例如，Michael 等通过对土曲霉（*Aspergillus terreus*）胞质和线粒体衣康酸代谢途径的研究，发现线粒体途径更有利于衣康酸高产量、高产率的积累。为此，借助线粒体信号肽介导的定位作用，在线粒体中过量表达乙酰乳酸合成酶和乙酰乳酸脱羧酶以协同增强线粒体 α-乙酰乳酸的合成及其脱羧能力，进而提高 3-羟基丁酮的合成（图 6-77）。

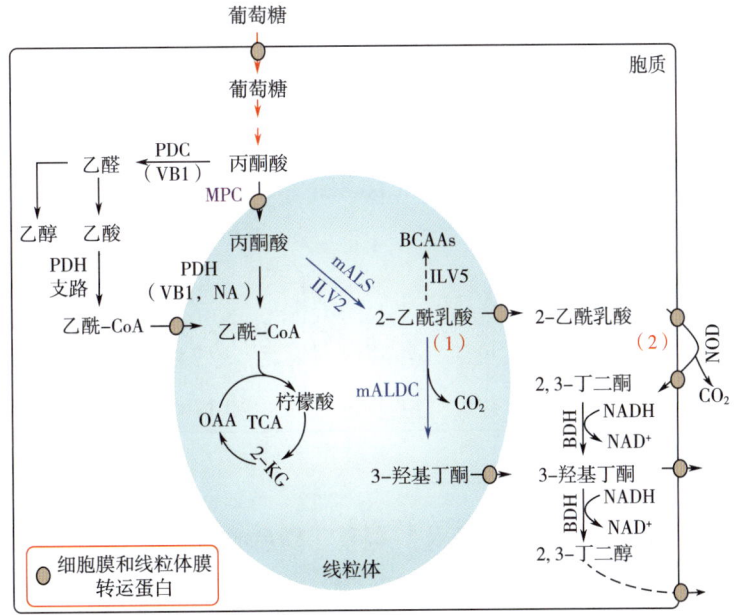

图 6-77 光滑球拟酵母胞质与线粒体中 3-羟基丁酮代谢途径构建示意图

PDC：丙酮酸脱羧酶；PDH：吡喃糖脱氢酶；OAA：草酰乙酸；2-KG：α-酮戊二酸；mALS：乙酰乳酸合成酶；ILV2：乙酰乳酸合成酶催化亚基；ILV5：酮酸还原异构酶；BDH：丁二醇脱氢酶；NOD：非酶氧化脱羧途径；MPC：丙酮酸膜转运蛋白；mALDC：乙酰乳酸脱羧酶

（一）过量表达线粒体乙酰乳酸脱羧酶对 3-羟基丁酮合成的影响

基于胞内乙酰乳酸合成酶（ALS），借助线粒体信号肽 Cox4 分别在胞质和线粒体中过量表达乙酰乳酸脱羧酶（ALDC），分别获得工程菌株 CmA1 和 CmA2。与工程菌株 CmA1 相比，工程菌株 CmA2 胞内乙酰乳酸脱羧酶活性较低，其比酶活性（1.51U/mg 蛋白）降低了 17.9%，但其利用胞内乙酰乳酸的能力却显著增强，合成 3-羟基丁酮的产量和 3-羟基丁酮/乙酰乳酸比率分别增加至 0.45g/L 和 3.0，较菌株 CmA1 分别提高了 181% 和 163%（表 6-33）。此外，与工程菌株 CmA1 相比，工程菌株 CmA2 合成 2,3-丁二醇能力提高了 40%，其产量增加至 0.21g/L；但抑制乙醇和甘油等副产物的合成，其产量分别降低至 1.06g/L 和 1.02g/L。在 C. glabrata 中，由基因 ilv2 和 ilv6 编码乙酰乳酸合成酶（ALS）对 2-酮丁酸具有更强亲和力，使乙酰乳酸代谢流量更易被导入支链氨基酸（BCAAs）合成途径。因此，选择表达对丙酮酸具有更高亲和力的异源 ALS，可提高线粒体丙酮酸利用率和乙酰乳酸浓度，将更有利于 3-羟基丁酮的合成。

表 6-33　　　　　　　　　不同突变菌株发酵特性的比较

发酵参数	CmA0	CmA1(A)	CmA2(B)	增长量 [(B-A)/A]×100
DCW/(g/L)	10.82±0.50	10.36±0.41	10.14±0.70	-2.1
丙酮酸/(g/L)	30.4±0.7	27.8±0.8	28.2±1.3	1.4
乙酰乳酸/(g/L)	0.14±0.02	0.14±0.01	0.15±0.01	7.1
ALDC 比酶活性/(U/mg 蛋白)	ND	1.84±0.21	1.51±0.10	-17.9
3-羟基丁酮/(g/L)	0.04±0.003	0.16±0.01	0.45±0.04	181
3-羟基丁酮/乙酰乳酸	0.29	1.14	3.00	163
2,3-丁二醇/(g/L)	0.036±0.004	0.15±0.01	0.21±0.02	40
3-羟基丁酮/2,3-丁二醇	1.11	1.07	2.14	100
双乙酰/(g/L)	0.02±0.00	—	—	—
乙醇/(g/L)	0.92±0.10	1.16±0.13	1.06±0.11	9.4
甘油/(g/L)	1.01±0.10	1.07±0.22	1.02±0.20	5.1

注：ND，未检测。

（二）构建线粒体丙酮酸脱羧途径对 3-羟基丁酮合成的影响

为进一步提高线粒体乙酰乳酸浓度和 3-羟基丁酮的产量，将来源于 B. subtilis 的 BsALS 过量表达于工程菌株 CmA2 胞质和线粒体中，构建完整异源丙酮酸脱羧途径，分别获得工程菌株 CmA3 和 CmA4。与胞质脱羧途径（MuA3）相比，线粒体脱羧途径（CmA3）具有（表 6-34）：①3-羟基丁酮产量和对细胞得率分别提高了 16.1% 和 20%，达到 2.37g/L 和 0.24g/gDCW；②3-羟基丁酮对 Δ 丙酮酸得率增加了 13.3%，提高至 0.17g/g；③有效地降低了代谢副产物 2,3-丁二醇的浓度（1.21g/L），使 3-羟基丁酮/2,3-丁二醇比率从 1.62 提高至 1.96；④使乙醇、乙酸及甘油等副产物产量分别降低至 2.16、0.71 和 1.16g/L。

表 6-34　　　　　　　　　　　　不同工程菌株的发酵特性

发酵参数	CmA3（A）	CmA4（B）	CmA5（C）	增加量 $\left(\frac{A}{B}-1\right) \times 100$	增加量 $\left(\frac{C}{A}-1\right) \times 100$
DCW/(g/L)	9.85±0.40	10.23±0.51	10.06±0.30	-3.7	2.1
丙酮酸/(g/L)	16.8±0.8	17.1±1.3	13.4±0.7	-1.8	-20.2
Δ丙酮酸*	13.6	13.3	17.0	2.3	25
3-羟基丁酮产量/(g/L)	2.37±0.31	2.04±0.10	3.26±0.40	16.2	37.6
3-羟基丁酮得率/(g/gDCW)	0.24	0.20	0.32	20.0	33.3
(3-羟基丁酮/Δ丙酮酸)/(g/g)	0.17	0.15	0.19	13.3	11.8
ALS 比酶活/(U/mg 蛋白)	0.83±0.04	0.91±0.02	0.85±0.02	-8.8	2.4
ALDC 比酶活/(U/mg 蛋白)	1.56±0.11	1.86±0.10	1.58±0.20	-16.1	1.3
2,3-丁二醇/(g/L)	1.21±0.03	1.26±0.06	1.55±0.08	-4.0	28.1
3-羟基丁酮/2,3-丁二醇	1.96	1.62	2.10	21.0	7.1
乙醇/(g/L)	2.16±0.11	3.57±0.10	2.59±0.20	39.5	19.9
乙酸/(g/L)	0.71±0.05	0.64±0.04	0.77±0.03	10.9	8.8
甘油/(g/L)	1.16±0.12	1.03±0.14	1.28±0.10	12.6	10.3
α-酮戊二酸/(g/L)	2.56±0.14	3.42±0.20	3.15±0.22	-25.1	23.0

* 在相同条件下，以对照菌株 MuA0 发酵生产丙酮酸（30.4g/L）为对照，计算不同突变株合成 3-羟基丁酮所消耗的丙酮酸量。

注：当 3-羟基丁酮产量达到最高时，测定胞外其他代谢产物浓度和酶活性。

作为重要代谢中间产物，胞内 α-酮戊二酸水平与胞内 TCA 循环动力学能力呈正相关性。在突变株 MuA3 中，利用线粒体脱羧途径合成 3-羟基丁酮时需要与丙酮酸脱氢酶（PDH）竞争利用底物丙酮酸，从而影响丙酮酸进入 TCA 循环的代谢流量，导致 α-酮戊二酸积累量降低了 33.7%，且细胞生长也受到一定的抑制作用，使其细胞生物量降低至 9.85g/LDCW（表 6-34）。同时，C. glabrata 胞内 PDH 酶活性受到硫胺素等辅因子的严格调控作用。因此，鉴于丙酮酸在线粒体中的重要作用，若能增加线粒体中丙酮酸浓度将可进一步提高线粒体丙酮酸脱羧途径合成 3-羟基丁酮的能力，增加 3-羟基丁酮产量。

（三）过量表达线粒体丙酮酸转运蛋白（MPC）对 3-羟基丁酮积累的影响

在酵母细胞中，胞质与线粒体间丙酮酸的转运穿梭需借助线粒体丙酮酸转运蛋白完成。为此，将线粒体丙酮酸转运蛋白编码基因 *mpc*1 和 *mpc*2 过量表达于工程菌株 CmA3 中，获得线粒体丙酮酸转运能力加强的工程菌株 CmA5，并考察其对线粒体转运和 3-羟基丁酮合成的影响（图6-78，图6-79）。与出发菌株CmA3相比，过量表达转运蛋白Mpc1和Mpc2可使线粒体丙酮酸转运速率增加97%，达到13.5pmol/min。相应地，工程菌株CmA5胞内α-酮戊二酸产量增加了23%，达到3.15g/L，且细胞生物量增加至10.06g/L。值得注意的是，工程菌株MuA5线粒体丙酮酸脱羧途径的代谢能力显著增强，其3-羟基丁酮产量、3-羟基丁酮/2,3-丁二醇比率和3-羟基丁酮对丙酮酸得率分别提高至3.26g/L、2.10和0.19g/g。然而，与菌株CmA3相比，工程菌株CmA5合成乙醇、乙酸和甘油等副产物的产量却也分别提高了19.9%、8.5%和10.3%，分别达到2.59、0.77和1.28g/L（表6-34）。因此，强化线粒体丙酮酸转运能力，可有效地提高线粒体丙酮酸的可用性，增强线粒体脱羧途径的代谢能力，进一步提高3-羟基丁酮产量。

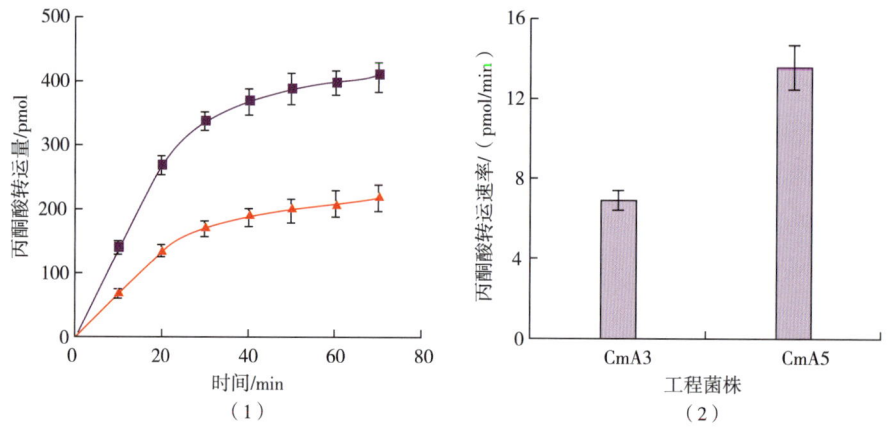

图6-78　过量表达丙酮酸膜转运蛋白（MPC）对线粒体丙酮酸转运的影响
（1）丙酮酸转运曲线：▲，MuA3；■，MuA5；（2）定量分析丙酮酸的转运速率

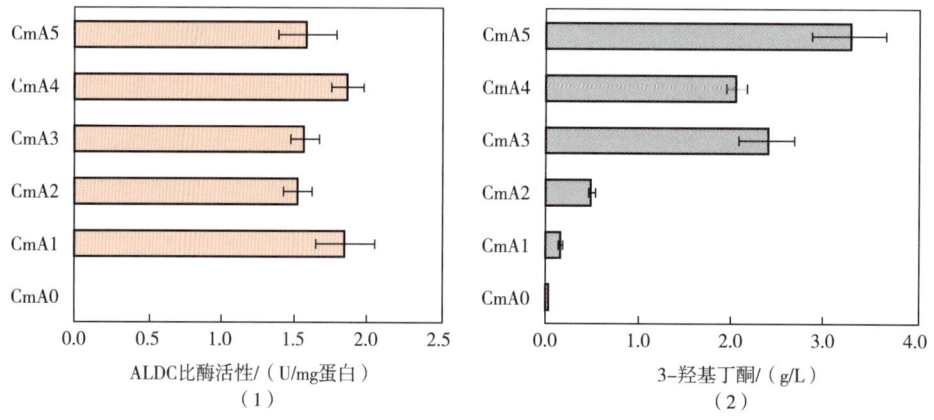

图6-79　不同工程菌株胞内ALDC酶活和3-羟基丁酮产量的比较分析

四、代谢工程改造丙酮酸裂解途径对3-羟基丁酮合成的影响

虽借助胞质或线粒体异源丙酮酸脱羧途径，实现了光滑球拟酵母能积累一定量的3-

羟基丁酮，但异源途径的引入可导致宿主胞内各中间代谢物合成量和氧化还原水平不平衡、加重细胞代谢负担等问题，进而降低异源途径对丙酮酸的利用率和合成效率。为此，借助酵母细胞丙酮酸裂解（CAR）途径：以糖酵解途径终产物丙酮酸为前体，在丙酮酸脱羧酶（PDC）催化下，通过非氧化脱羧反应和聚醛酶反应缩合2分子丙酮酸形成1分子3-羟基丁酮，以期实现遗传性能稳定、代谢能力强、高效积累3-羟基丁酮的代谢目标。与胞内非酶氧化脱羧途径（NOD）相比，丙酮酸裂解途径具有代谢反应少、中间代谢产物单一、代谢途径效率高、反应过程及其速率易控制等优点。例如，Cambon等人借助基因敲除或过量表达等代谢工程策略，通过改造酿酒酵母丙酮酸裂解途径可使3-羟基丁酮产量提高至9.5g/L。对于光滑球拟酵母，由于丙酮酸脱羧酶（PDC）活性受硫胺素等维生素水平的严格调控，进而导致胞内CAR途径仅能合成少量3-羟基丁酮（<50mg/L）。但作为丙酮酸工业生产菌株，*C. glabrata*具有提供充足合成前体物质、关键酶活性的可调控性、强鲁棒性和高耐酸性等优良特性，可使其胞内丙酮酸裂解途径被开发成为更高效、更具潜力的3-羟基丁酮合成途径。光滑球拟酵母中3-羟基丁酮合成途径见图6-80。

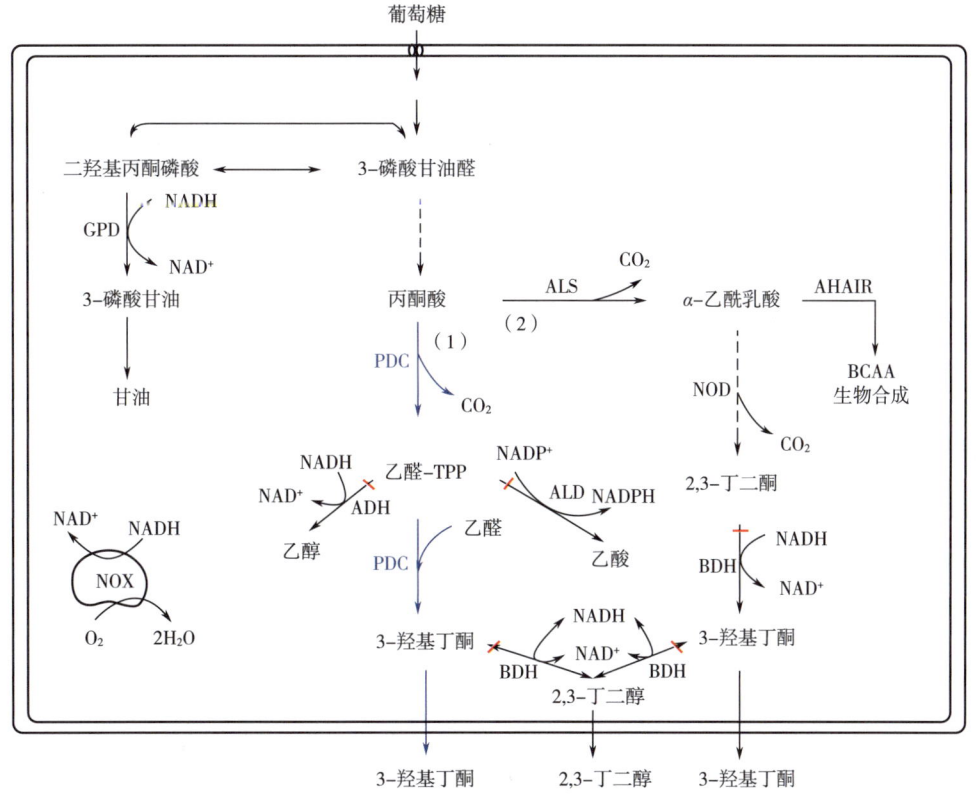

图6-80 光滑球拟酵母中3-羟基丁酮合成途径
（1）CAR代谢途径；（2）非酶氧化脱羧途径
GPD：3-磷酸甘油脱氢酶；PDC：丙酮酸脱羧酶；ADH：乙醇脱氢酶，BDH：丁二酮还原酶；
NOD：非酶氧化脱羧途径；ALD：乳糖醛脱氢酶

（一）基于代谢扰动解析 3-羟基丁酮关键节点

在 C. glabrata 中，丙酮酸裂解途径的相关代谢反应及基因解析注释已完成，主要涉及：丙酮酸脱羧酶、乙醛脱氢酶、乙醇脱氢酶及酮醇氧化还原酶等酶类，并受丙酮酸代谢、酮醇代谢及甘油脂质代谢等相关代谢的严格调控（表 6-35）。在此基础上，利用乙醛和维生素 B_1 为发酵扰动条件，详尽研究不同扰动条件对细胞生理特性及其代谢能力的影响（表 6-36）。添加低浓度乙醛（2.0mmol/L）可促进细胞生长和丙酮酸的合成，但对 3-羟基丁酮的形成没有促进作用（40mg/L）。然而，随着乙醛浓度的增加，C. glabrata 细胞生长速率显著降低，但其发酵特性显著改变：①添加高浓度维生素 B_1 可增加丙酮酸脱羧酶（PDC）途径的代谢流量。与对照组（0μg/L 维生素 B_1）相比，条件 2（5μg/L 维生素 B_1）可有效促进 PDC 途径相关代谢产物的合成，使乙醇、乙酸、3-羟基丁酮及 2,3-丁二醇等产物产量分别提高了 32.7%、69.2%、7.57 倍和 15.7 倍，分别达到 1.97g/L、0.75g/L、0.46g/L 和 0.67g/L；②在相同扰动条件下，与 3-羟基丁酮和 2,3-丁二醇等代谢产物相比，细胞合成乙醇和乙酸等副产物的能力更强，表明乙醇脱氢酶（ADH）和乙醛脱氢酶（ALD）比丙酮酸脱羧酶对乙醛具有更强的亲和力和催化代谢能力，能更有效利用丙酮酸；③在不同扰动条件下，与 3-羟基丁酮产量相比，2,3-丁二醇分别提高了 66.6%（条件 2）、45.7%（条件 3）、36.4%（条件 4）、50%（条件 5）和 22.2%（条件 6），表明丁二醇脱氢酶（BDH）可有效催化 3-羟基丁酮与 2,3-丁二醇的可逆转化反应，细胞合成 2,3-丁二醇的能力均略高于 3-羟基丁酮；④随着 3-羟基丁酮产量的增加，与 NADH 辅因子相关的代谢反应（乙醇、甘油及 2,3-丁二醇等反应）却相应地增强，表明胞内 NADH 等辅因子水平与 3-羟基丁酮合成密切相关。与扰动条件 3 相比，条件 4 可使 3-羟基丁酮产量增加 1.39 倍（达 1.1g/L），而乙醇、甘油及 2,3-丁二醇等副产物也相应地增加了 23.9%、35.4% 和 1.23 倍，分别达到 2.44g/L、1.23g/L 和 1.5g/L。然而，进一步提高乙醛和维生素 B_1 浓度并不能持续提高 3-羟基丁酮的积累量。与扰动条件 4 相比，虽然条件 5 中乙醛和维生素 B_1 浓度显著提高至 240mmol/L 和 80μg/L，但该条件下 3-羟基丁酮和 2,3-丁二醇产量仅分别提高了 9.1% 和 20%，其原因可能为：丙酮酸脱羧酶中醇醛缩合反应活性已达饱和状态，将不能进一步催化底物（乙醛和丙酮酸）脱羧缩合形成 3-羟基丁酮。

表 6-35　　　　　　　　　　　与丙酮酸裂解途径相关的代谢反应

基因	编码基因	反应描述	反应方程式	所属代谢
pdc	CAGL0L06842g CAGL0M07920g CAGL0G02937g	丙酮酸脱羧酶	ACAL [c] + H [c] + PYR [c] $\rightleftharpoons$ ACT [c] + CO_2 [c]	丙酮酸代谢
ald	CAGL0D06688g CAGL0J03212g CAGL0H05137g CAGL0F07777g	乙醛脱氢酶	ACAL [c] + H_2O [c] + NADP [c] $\rightleftharpoons$ AC [c] + 2 H [c] + NADPH [c]	丙酮酸代谢

续表

基因	编码基因	反应描述	反应方程式	所属代谢
adh	CAGL0I07843g CAGL0J01441g CAGL0L01111g	乙醇脱氢酶	ACAL [c] + NADH [c] + H [c] $\rightleftharpoons$ ETOH [c] + NAD [c]	丙酮酸代谢
bdh	CAGL0D00198g	酮醇氧化还原酶	ACT [c] + NADH [c] + H [c] $\rightleftharpoons$ BTD-RR [c] + NAD [c]	酮醇代谢
gpd	CAGL0K01683g CAGL0C05137g	3-磷酸甘油脱氢酶	T3P2 [c] + NADH [c] + H [c] $\rightleftharpoons$ GL3P [c] + NAD [c]	甘油脂质代谢
nox		水合 NADH 氧化酶	2NADH [c] + O_2 [c] $\rightleftharpoons$ 2NAD [c] + 2H_2O [c]	氧化磷酸化代谢

表 6-36　不同扰动条件（乙醛和维生素 B_1）对 3-羟基丁酮产生的影响

(乙醛/维生素 B_1)/ [(mmol/L)/ (μg/L)]	时间/ h	DCW/ (g/L)	丙酮酸/ (g/L)	甘油/ (g/L)	乙醇/ (g/L)	乙酸/ (g/L)	(3-羟基丁酮)/ (mg/L)	(2,3-丁二醇)/ (mg/L)
对照组（0/20）	60	10.52±0.20	32.4±0.6	0.32±0.03	1.10±0.07	0.26±0.01	35±2	40±1
条件 1（2.0/20）	60	11.61±0.20	36.6±0.8	0.39±0.02	1.50±0.1	0.22±0.02	40±1.5	42±2
条件 2（5.0/20）	72	6.21±0.31	17.1±0.5	0.66±0.02	1.46±0.09	0.44±0.02	300±10	500±8
条件 3（50/50）	84	5.64±0.30	12.2±1.0	0.79±0.02	1.97±0.1	0.75±0.08	460±23	670±10
条件 4（160/80）	84	5.52±0.22	10.3±0.6	1.23±0.1	2.44±0.17	0.63±0.03	1100±40	1500±20
条件 5（240/80）	84	5.41±0.20	9.7±0.8	1.07±0.08	2.93±0.2	0.88±0.06	1200±60	1800±50
条件 6（600/150）	84	5.35±0.11	9.4±0.3	1.27±0.1	2.63±0.2	0.69±0.03	900±30	1100±40

注：葡萄糖消耗完全或细胞停止生长时测定代谢产物浓度，所有数据均为三次独立实验的平均值。

综上所述，通过对不同扰动条件对 C. glabrata 生理特性影响的研究，发现丙酮酸脱羧酶、乙醇脱氢酶、乙醛脱氢酶及丁二醇脱氢酶等是胞内丙酮酸裂解途径高效合成 3-羟基丁酮的关键代谢节点，从而为代谢改造 C. glabrata 合成 3-羟基丁酮提供了研究方向及策略。

（二）抑制竞争途径对 3-羟基丁酮合成的影响

敲除 adh 和 ald 基因可抑制胞内乙醇和乙酸的形成，提高胞内乙醛和丙酮酸浓度，增强丙酮酸裂解途径合成 3-羟基丁酮的能力（表 6-37）。与对照菌株 C. glabrata 相比，工程菌株 C-Δadh（敲除 adh 基因）合成乙醇的能力降低 25%，而 3-羟基丁酮和 2,3-丁二醇产量却分别提高了 16 倍和 14 倍，分别达到 0.71g/L 和 1.01g/L。对于双敲除突变株（C-Δadh-Δald），其乙酸积累量仅为 0.69g/L，但其乙醇合成能力却与菌株 C-Δadh 相近，产量约为 3.4g/L。同时，菌株 C-Δadh-Δald 胞内乙醛含量增加到 0.25g/L，细胞合成 3-羟基丁酮和 2,3-丁二醇的能力分别提高至 1.02g/L 和 1.54g/L。因此，与单基因敲除突变株相比，双基因敲除突变株更能有效地抑制乙醇和乙酸等竞争途径的代谢能力，提高丙酮酸利用率和 3-羟基丁酮产量。然而，菌株 C-Δadh-Δald 仍能合成一定量的乙醇和乙酸等副产物，表明其胞内仍存在类似脱氢作用的同工酶。

表 6-37　　　　　　　　　　　　不同工程菌株发酵特性的比较*

发酵参数	C. glabrata	C-Δadh	C-Δald	C-Δadh-Δald	C-Δadh-Δald-Δbdh	C-Δadh-Δald-$Scpdc1$	C-Δadh-Δald-Δbdh-$Scpdc1$
DCW/(g/L)	11.61±1.0	11.05±1.0	10.46±0.9	10.21±0.5	10.27±0.4	10.66±0.7	10.53±0.5
丙酮酸/(g/L)	28.6±1.5	23.3±1.0	24.7±2.0	21.2±1.2	19.6±1.5	16.3±1.0	17.1±2.0
3-羟基丁酮/(g/L)	0.045±0.01	0.71±0.03	0.15±0.02	1.02±0.1	1.76±0.2	1.37±0.1	2.24±0.2
产物得率/(g/g DCW)	0.004	0.064	0.01	0.1	0.17	0.13	0.21
2,3-丁二醇/(g/L)	0.058±0.01	1.01±0.1	0.22±0.01	1.54±0.1	0.43±0.02	2.13±0.1	0.51±0.04
3-羟基丁酮/2,3-丁二醇	0.64	0.7	0.68	0.66	4.09	0.64	4.39
乙醇/(g/L)	4.1±0.1	3.1±0.12	4.5±0.21	3.4±0.2	3.48±0.22	3.57±0.2	3.66±0.12
甘油/(g/L)	0.96±0.1	1.14±0.07	1.01±0.05	1.09±0.1	1.13±0.11	1.31±0.2	1.39±0.1
乙酸/(g/L)	1.03±0.2	1.07±0.1	0.53±0.03	0.69±0.02	0.61±0.03	0.63±0.04	0.56±0.04
乙醛/(g/L)	0.11±0.01	0.18±0.01	0.13±0.01	0.25±0.02	0.22±0.01	0.26±0.03	0.25±0.04

*上述发酵参数是在添加 2mmol/L 维生素 B_1 的好氧发酵条件下测定获得。

（三）强化丙酮酸裂解途径对 3-羟基丁酮积累的影响

如图 6-80 所示，增加胞内乙醛浓度和丙酮酸脱羧酶活性可有效提高丙酮酸裂解途径合成 3-羟基丁酮的能力，但丙酮酸脱羧酶中醇醛缩合活性极易达到饱和状态，且胞内高浓度乙醛仅能微弱提高丙酮酸裂解途径的代谢能力。为此，将来源于 S. cerevisiae 的基因 pdc1 过量表达于突变株 C-Δadh-Δald 中，进一步提高胞内丙酮酸脱羧酶的合成量及其酶活性，进而增强丙酮酸裂解途径的代谢流量。发酵结果如表 6-37 所示，过量表达 Scpdc1 可使工程菌株 C-Δadh-Δald-$Scpdc1$ 细胞生物量从 10.21g/L 提高至 10.66g/L；但乙酸（0.63g/L）和乙醇（3.57g/L）产量并无明显变化。与对照菌株（C-Δadh-Δald）相比，过量表达 scpdc1 使 3-羟基丁酮和甘油产量分别提高了 34.0% 和 15.9%，分别达到 1.37g/L 和 1.31g/L。然而，工程菌株 C-Δadh-Δald-$Scpdc1$ 合成 2,3-丁二醇的能力更强，其产量增加了 40%，达到 2.13g/L，表明胞内 BDH 能高效催化 3-羟基丁酮与 2,3-丁二醇间可逆转化反应，进而降低 3-羟基丁酮产量。

实际上，酵母胞内丁二醇脱氢酶（BDH）能以 NADH 为辅因子优先利用 3-羟基丁酮为底物，催化 3-羟基丁酮还原形成 2,3-丁二醇，而调控辅因子 NADH 或敲除基因 *bdh* 均可抑制 BDH 活性，进而遏制 3-羟基丁酮降解代谢途径，提高 3-羟基丁酮产量。为此，以 C-Δ*adh*-Δ*ald* 和 C-Δ*adh*-Δ*ald*-S*cpdc1* 为出发菌株，分别考察敲除基因 *bdh* 对 3-羟基丁酮合成的影响（表 6-37）。与出发菌株 C-Δ*adh*-Δ*ald* 相比，工程菌株 C-Δ*adh*-Δ*ald*-Δ*bdh* 可显著抑制 2,3-丁二醇的形成，使其产量从 1.54g/L 降低为 0.43g/L，而 3-羟基丁酮产量也相应地提高至 1.76g/L。类似地，与菌株 C-Δ*adh*-Δ*ald*-S*cpdc1* 相比，工程菌株 C-Δ*adh*-Δ*ald*-Δ*bdh*-S*cpdc1* 中 2,3-丁二醇产量降低为 0.51g/L，而 3-羟基丁酮产量却增加至 2.24g/L。然而，菌株 C-Δ*adh*-Δ*ald*-Δ*bdh* 和 C-Δ*adh*-Δ*ald*-Δ*bdh*-S*cpdc1* 合成乙醇和甘油等副产物的能力也有所提高。因此，敲除 *bdh* 基因能有效抑制 3-羟基丁酮与 2,3-丁二醇间的可逆转化反应，促进 3-羟基丁酮产量的提高。

（四）基于 GSMM 对 3-羟基丁酮合成瓶颈的模拟分析

1. 基于 GSMM 对丙酮酸裂解途径合成 3-羟基丁酮瓶颈的模拟

借助代谢工程策略使 *C. glabrata* 积累 3-羟基丁酮的能力提高至 2.24g/L，但其丙酮酸浓度仍高达 17g/L，表明丙酮酸裂解途径可能受到某些关键因素的制约，进而抑制丙酮酸高效形成 3-羟基丁酮。为此，借助基因组规模代谢网络模型 *i*NX804，结合 FBA 对丙酮酸代谢流量分布进行模拟分析，以期解析显著影响丙酮酸裂解途径代谢流量分布和 3-羟基丁酮合成的关键因素。模拟结果如表 6-38 所示，表明 GP、GPD 和 PFK 等酶催化的相关代谢反应与细胞合成 3-羟基丁酮呈现正相关性。其中，3-磷酸甘油脱氢酶（GPD）对 3-羟基丁酮的形成最具明显促进作用。

表 6-38　基于 GSMM 和 FBA 模拟分析 3-羟基丁酮合成与各酶的关系

缩写	相应酶名称	功能分类	增加倍数
GP	3-磷酸甘油酶	甘油脂质代谢	1.07
GPD	3-磷酸甘油脱氢酶	甘油脂质代谢	1.17
GPI	6-磷酸葡萄糖异构酶	糖酵解/糖异生	1.03
PFK	磷酸果糖激酶	糖酵解/糖异生	1.05
GAPD	3-磷酸甘油醛脱氢酶	糖酵解/糖异生	1.03
PC	丙酮酸羧化酶	柠檬酸循环	1.01

2. 过量表达 *gpd* 对 3-羟基丁酮合成的影响

为验证模拟结果的准确性，过量表达来源于酿酒酵母的 *Scgpd1* 基因获得工程菌株 C-Δ*adh*-Δ*ald*-Δ*bdh*-S*cpdc1*-S*cgpd1*。与出发菌株（C-Δ*adh*-Δ*ald*-Δ*bdh*-S*cpdc1*）相比，过量表达 *Scgpd1* 基因使胞内乙醛浓度微弱增加至 0.27g/L，但却使 3-羟基丁酮产量显著提高至 5.45g/L（图 6-81），表明胞内 NADH 水平的调控将成为丙酮酸裂解途径高效合成 3-羟基丁酮的限制性因素。然而，与出发菌株相比，*Scgpd1* 基因的引入使细胞生长受到抑制，导致其细胞生物量减少了 16.3%,但其甘油产量却显著增加至 6.25g/L。因此,过量表达 *Scgpd1* 基因虽显著提高细胞合成 3-羟基丁酮的能力,但也显著提高细胞合成甘油的能力。

实际上,CAR 途径利用葡萄糖合成 3-羟基丁酮可净产生 2mol NADH/mol 葡萄糖,而细胞为再生或平衡胞内 NADH 水平,可提高乙醇、甘油及 2,3-丁二醇等与 NADH 密切相关的代谢反应通量,但却以降低 3-羟基丁酮对葡萄糖得率为代价。此外,3-羟基丁酮合成代谢通量的增加可提高胞内 NADH 水平或 NADH/NAD^+ 比率,敲除基因 *BDH* 使胞内 NADH 水平增加量更高,且胞内 NADH 含量并不能被乙醇和甘油等代谢途径完全利用和再生(表现为胞内 NADH 水平高于出发菌株 *C. glabrata*)(图 6-81)。为此,工程菌株 C-Δ*adh*-Δ*ald*-Δ*bdh*-*Scpdc1*-*Scgpd1* 高效积累 3-羟基丁酮的原因可能是:在细胞合成甘油的过程中,可消耗并降低胞内 NADH 水平,提高胞内丙酮酸和乙醛浓度,且抑制 3-羟基丁酮分解代谢途径,进而实现高浓度 3-羟基丁酮的积累。因此,调控胞内 NADH 水平可有效调节丙酮酸裂解途径和 3-羟基丁酮分解途径的代谢流量,进一步提高 *C. glabrata* 积累 3-羟基丁酮的能力。

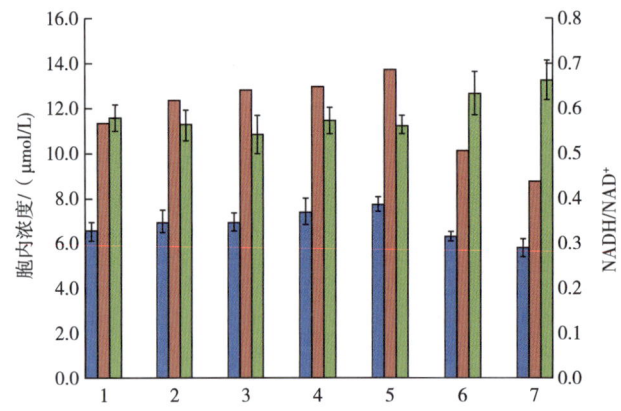

图 6-81 不同工程菌株胞内 NADH、NAD^+ 和 NADH/NAD^+ 变化

1:*C. glabrata*;2:C-Δ*adh*-Δ*ald*;3:C-Δ*adh*-Δ*ald*-Δ*bdh*;4:C-Δ*adh*-Δ*ald*-*Scpdc1*;
5:C-Δ*adh*-Δ*ald*-Δ*bdh*-*Scpdc1*;6:C-Δ*adh*-Δ*ald*-Δ*bdh*-*Scpdc1*-*Scgpd1*;
7:C-Δ*adh*-Δ*ald*-Δ*bdh*-*Scpdc1*-*nox*

■ NADH;■ NAD^+;■ NADH/NAD^+

(五)过量表达 NADH 氧化酶(NOX)对 3-羟基丁酮形成的影响

为有效调节胞内 NADH 水平,将 *nox* 表达至突变株 C-Δ*adh*-Δ*ald*-Δ*bdh*-*Scpdc1* 中以期进一步提高细胞合成 3-羟基丁酮的能力。与对照菌株 C-Δ*adh*-Δ*ald*-Δ*bdh*-*Scpdc1* 相比,表达 *nox* 基因可使胞内 NADH 和 NADH/NAD^+ 分别降低了 62.6% 和 30%,但使 3-羟基丁酮产量增加 2.3 倍,提高至 7.33g/L,而丙酮酸产量也相应地降低至 10.4g/L(图 6-82)。然而,该突变菌株合成 2,3-丁二醇、乙醇和甘油等副产物的能力却无明显变化,其产量分别为 0.55g/L、3.41g/L 和 1.08g/L。

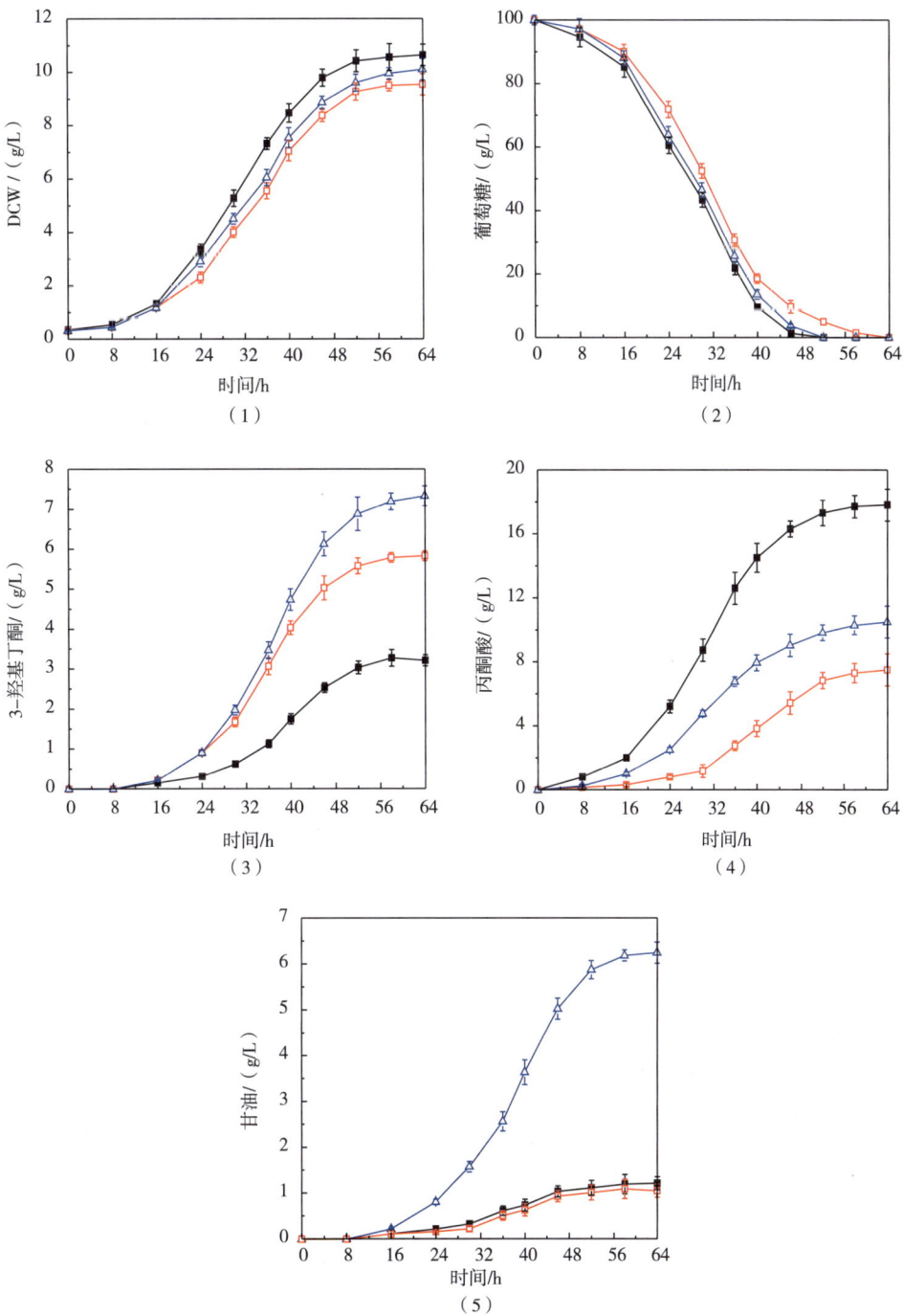

图 6-82 表达 gpd 和 nox 对菌株发酵特性的影响

■, C-Δadh-Δald-Scpdc1-Δbdh； △, C-Δadh-Δald-Scpdc1-Δbdh-nox；
□, C-Δadh-Δald-Scpdc1-Δbdh-Scgpd1

(1) DCW； (2) 葡萄糖； (3) 3-羟基丁酮； (4) 丙酮酸； (5) 甘油

(六) 讨论

在真核微生物细胞中，代谢途径均分布于不同亚细胞器中，并通过不同亚细胞器间相互协同作用，实现代谢途径的网状结构而维持细胞正常生理活动。然而，由于不同亚细胞器结构和环境的差异，导致不同代谢途径或代谢反应之间底物、中间代谢产物和辅因子等水平不匹配，从而降低代谢能力和效率，且加重对代谢途径进行精确调控和优化的操作难度。作为代谢工程的一个新分支，亚细胞代谢工程在详尽分析胞内代谢途径亚细胞器分布的基础上，借助代谢工程策略实现对目标代谢途径的重新定位，为代谢途径提供更为适宜的反应环境，进而实现改善微生物生理特性。作为细胞中最重要的功能性细胞器，线粒体是许多重要代谢途径发生的场所，如氧化磷酸化作用、三羧酸循环（TCA）、脂肪酸、有机酸和氨基酸等重要代谢途径，可为代谢工程改造提供丰富的中间代谢产物和适宜的代谢反应环境。例如，Avalos 等人将多个外源基因定位表达至酿酒酵母线粒体中，构建线粒体目标代谢途径，显著提高了酿酒酵母合成异丙醇的产量和产率。

然而，代谢底物浓度、关键酶精确定位、代谢产物快速转运及多基因共表达等技术因素已成为制约亚细胞代谢工程应用的瓶颈。其中，由于缺乏对胞内各种转运蛋白（胞质转运蛋白、亚细胞转运蛋白及胞外转运蛋白等）生物信息的注释和解析，导致其已然成为亚细胞代谢工程发展最为主要的限制性因素。因此，基于亚细胞定位而发展的亚细胞代谢工程可被开发成为代谢工程研究的一个新平台。主要通过将目标途径重新定位至各亚细胞器（内质网、液泡以及叶绿体）中，为改善植物或酵母等真核生物生理特性提供更为简单有效的代谢工程策略。同时，建立亚细胞代谢网络模型、解析各亚细胞代谢途径及其环境、注释各转运蛋白及相关底物特异性以及代谢途径及关键酶的精确定位等策略将是亚细胞代谢工程发展的方向与目标。

此外，为高效利用微生物复杂代谢网络合成目标代谢产物，如何设计或选择最优代谢途径以及确定目标途径关键代谢节点将是制约代谢工程手段有效改良微生物生理特性所面临的关键科学问题。随着基因组学、蛋白质学及代谢组学等技术的发展，可借助 KEGG 和 UniProt 等数据库，全面了解目标途径及其调控信息，为关键节点的确定与选择提供理论支持。然而，在构建或改造微生物代谢途径合成目标化学品的过程中，目标途径的代谢能力可受到底物浓度、中间产物浓度、副产物毒害效应、辅因子及转运蛋白等众多问题的影响制约。而如何高效快速从各制约因素中筛选确定提高目标途径代谢能力的关键因素，显著改良微生物生理发酵特性将是提高代谢工程高效性、实用性、适用性的关键问题。随着全基因组规模代谢网络（GSMM）的构建与发展，为加深理解微生物代谢网络、体内生理分子机制以及确定调控途径代谢能力的关键因素提供了技术平台和研究策略，进而借助 GSMM 发展代谢工程策略，同时利用代谢工程实现对 GSMM 的修正与完善。因此，基于 GSMM 与代谢工程的协同促进效应，推动了代谢工程及其工业化应用的快速发展。

第五节 代谢工程改造光滑球拟酵母生产 α-酮戊二酸

一、α-酮戊二酸概述

(一) α-酮戊二酸的结构及应用

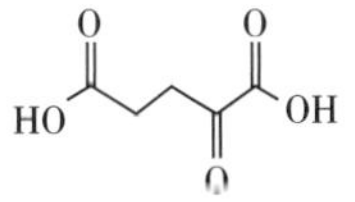

α-酮戊二酸（α-ketoglutarate，α-KG），又称 α-胶酮酸、2-氧代戊二酸或 α-羰基戊二酸，分子式为 $C_5H_6O_5$（图 6-83），为白色或类白色结晶或结晶性粉末，易溶于水。作为三羧酸循环（TCA）的重要中间产物之一，α-KG 在微生物细胞代谢中起着重要作用，参与氨基酸、蛋白质、维生素的合成以及能量代谢。因此，作为一种营养强化剂，α-KG 广泛应用于食品、医药、有机合成、化妆品和饲料等工业中，具有巨大的应用潜力和广阔的应用前景（表 6-39）。

图 6-83　α-酮戊二酸结构式

表 6-39　α-酮戊二酸及其衍生物的主要用途

用途	示例
食品工业	体格增强补剂；作为运动营养饮料的成分
制药工业	生化试剂和测肝功能的配套试剂；降低术后患者和长期病人的机体损耗；在脑部作为酪氨酸和谷氨酸的前体；有抗惊厥作用
化妆品工业	用于治疗黄褐斑；清除自由基，延缓皮肤衰老
饲料工业	用于提高动物抗应激能力、增强免疫功能、促进骨骼发育和提高繁殖率
生化试剂	有机中间体

(二) 发酵法生产 α-酮戊二酸的研究进展

随着 α-KG 应用范围的不断扩大，市场需求也在不断增长。目前，工业化生产 α-KG 主要采用有机合成法，但其涉及一系列复杂的化学反应过程，进而引起原料来源、环境污染等问题。因此，开发一种利用微生物细胞高效生产 α-KG 的工艺过程或技术路线具有重要的学术意义和广阔的市场前景，且其发展沿革如表 6-40 所示。

前期利用葡萄糖为碳源发酵生产 α-KG 的研究主要集中于 *Pseudomonas*、*Escherichia coli*、*Serratia marcescens*、*Bacillus megatherium*、*Bacillus natto*、*Bacterium succinicum* 和 *Gluconobacter cerinus* 等细菌中，而对于酵母菌发酵生产 α-KG 鲜见报道。直到 20 世纪 60 年代末，Tsugawa 等首次发现解脂亚洛酵母（*Yarrowia lipolytica*）具有过量合成 α-KG 的能力，且发现 α-KG 在 TCA 循环中代谢途径由以维生素 B_1 为辅因子的 α-酮戊二酸脱氢酶系（α-KGDH）控制，通过添加适量维生素 B_1 可使 α-KGDH 活性保持较低水平，进而实现 α-

KG 的过量合成。值得注意的是，发酵法生产 α-KG 的突破性进展发生于 20 世纪 90 年代末，Finogenva 等选育获得一株可利用乙醇为唯一碳源生产 α-KG 的高产菌 Y. lipolytica N1，通过发酵后期补加氮源结合氮源浓度维持在 0.9~1.3g/L、溶氧维持在 5% 等策略，可使发酵液中 α-KG 产量达到 49g/L，且 α-KG 对乙醇产率系数达 0.42，实现了 α-KG 的高效积累。

表 6-40　　　　　　　　　　发酵法生产 α-酮戊二酸（盐）研究历程

时间	大事记
1946	Lockwood 和 Stodola 对利用细菌合成 α-KG 进行初步研究
1955	Asai 等发现假单胞菌种（Pseudomonas genus）、产气杆菌（Aerobacter aerogenes）和黏质沙雷氏菌（Serratia marcescens）具有过量合成 α-KG 的能力，且提出培养基中高浓度碳源及限定氮浓度是 α-KG 过量合成的必要条件
20 世纪 60 年代末	Tsugawa 等首次发现解脂亚洛酵母（Y. lipolytica）具有过量合成 α-KG 的能力，并对 Y. lipolytica 发酵条件进行全面研究
20 世纪 90 年代末	Finogenva 等选育获得一株可利用乙醇为唯一碳源生产 α-KG 的高产菌 Y. lipolytica N1，同时研究维生素 B_1 浓度、氮源浓度、溶氧及 pH 等条件对 α-KG 产量的影响
21 世纪初	国外主要集中在解脂亚洛酵母利用乙醇为碳源过量合成 α-KG 的研究方面；国内研究 α-KG 主要菌株为光滑球拟酵母

然而，国内鲜有发酵法生产 α-KG 的研究报道。李寅等在研究光滑球拟酵母（Torulopsis glabrata）WSH-IP303 发酵生产丙酮酸的代谢网络分析（MFA）时发现，C. glabrata WSH-IP303 可积累少量 α-KG，且 α-KG 产量随 $CaCO_3$、维生素 B_1、生物素（Bio）等物质浓度的增加及装液量的减少而增加。在此基础上，刘立明等通过对菌株 C. glabrata WSH-IP303 进行诱变育种获得丙酮酸脱羧酶活性呈组成型降低的菌株 C. glabrata CCTCC M202019，添加 $CaCO_3$ 可促进 α-KG 的积累，但在维生素浓度不变且供氧充分的前提下，延迟 $CaCO_3$ 添加时间可显著抑制 α-KG 的产生，进而降低 α-KG 与丙酮酸的碳摩尔比（$C_{α-KG}/C_{PYR}$）。

（三）α-酮戊二酸的生物合成途径

如图 6-84 所示，光滑球拟酵母中 α-KG 的生物合成途径是以葡萄糖为唯一碳源，通过糖酵解（EMP）途径合成丙酮酸，经由丙酮酸脱氢酶（PDH）将碳代谢流导入 TCA 循环，进而合成 α-KG，而 α-KG 可经由 α-酮戊二酸脱氢酶（α-KGDH）等途径最终生成草酰乙酸（oxalacetic）完成 TCA 循环。而在 PDH 支路途径中，丙酮酸在丙酮酸脱羧酶（PDC）作用下氧化脱羧合成草酰乙酸，回补 TCA 循环碳代谢流，但草酰乙酸对 α-KGDH 具有反馈抑制作用。因此，实现 α-KG 高产量须满足两个条件：①将碳代谢流通过 PDH 和 PDC 途径导入 TCA 循环；②阻断碳代谢流通过 α-KGDH 对 α-酮戊二酸的进一步代谢途径。值得注意的是，添加 $CaCO_3$ 提高 PDC 途径流量及限量添加 PDH 和 α-KGDH 辅因子硫胺素（维生素 B_1）能有效调控碳代谢流，可将过量积累的丙酮酸转为过量积累 α-KG，表明 α-KG 合成途径中存在两个关键酶，且均属 α-酮酸脱氢酶系（PDH 和 α-KGDH）。

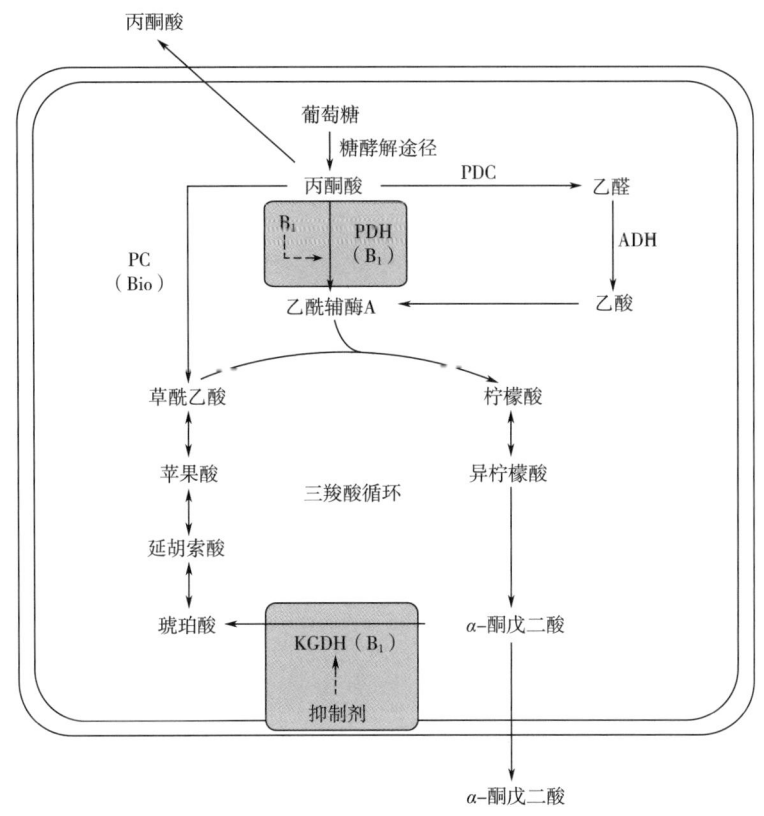

图 6-84　微生物胞内 α-酮戊二酸的生物合成途径

B_1：硫氨素；Bio：生物素

（四）α-酮酸脱氢酶系

1. α-酮酸脱氢酶系作用

α-酮酸脱氢酶系（KDC）是微生物中 α-酮酸代谢的关键酶，催化 α-酮酸氧化脱羧生成酰基辅酶 A 和 NADH。其中，酰基辅酶 A 作为微生物胞内辅酶 A 库成员，参与细胞多种合成与分解代谢（如三羧酸循环、脂肪酸代谢、氨基酸代谢、生酮作用和固醇合成等），并通过改变胞内关键变构调节物浓度以维持三羧酸循环的正常运行，是一种可逆的中间代谢物；而 NADH 作为电子供体参与电子传递链，是能量代谢主要来源之一。

此外，KDC 底物——α-酮酸是两个羧基直接相邻的酮酸，含有氨基酸碳骨架结构，α-酮酸和氨基酸可通过转氨基作用完成相互转化，是氨基酸代谢和碳源代谢的中间代谢物（图 6-85）。因此，KDC 在细胞的能量代谢、碳源代谢和氨基酸代谢中具有重要的调节作用。在以葡萄糖为底物的碳中心代谢途径中涉及的 α-酮酸有：丙酮酸、α-KG 和草酰乙酸，而丙酮酸和 α-KG 的降解均由 KDC（分别为 PDH 复合酶系和 α-KGDH 复合酶系）完成。其中，PDH 负责丙酮酸的氧化脱羧生成乙酰辅酶 A，是连接 EMP 途径和 TCA 循环关键酶；而 α-KGDH 负责 α-KG 的氧化脱羧生成琥珀酰辅酶 A，是 TCA 循环中关键酶，其底物 α-KG 是胞内所有转氨基作用的氨基受体。

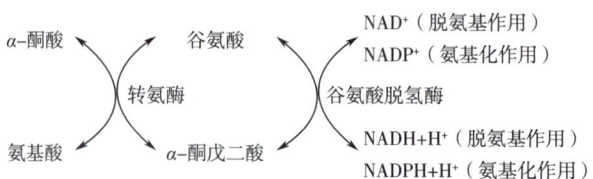

图 6-85　氨基酸代谢-转氨基作用

2. α-酮酸脱氢酶系的组成

KDC 是由三种不同酶组成的复合酶系，共同主导以 α-酮酸为底物的不可逆反应（图 6-86）。其中，E1 为 α-酮酸脱羧酶，完成对 α-酮酸的脱羧反应，生成羟乙基硫胺素二磷酸；E2 为硫辛酸酰基转移酶，催化 E1 反应产物与硫辛酸反应形成酰基二氢硫辛酸，且酰基被转移至 CoA，生成酰基-CoA；而 E3 为硫辛酰胺脱氢酶，氧化二氢硫辛酸，并通过 FAD 将氢传递到 NAD^+，形成的 NADH 用于能量代谢并同时完成酶系的循环反应。值得注意的是，过量表达编码其 E1α 亚基的基因 *pda1* 可有效提高 PDH 的表达活性，而敲除编码 α-KGDH-E1 酶基因 *kgd1* 可阻断琥珀酸 TCA 循环中的合成途径，表明 KDC 酶活性可由以 α-酮酸为直接底物的 E1 酶所调控。

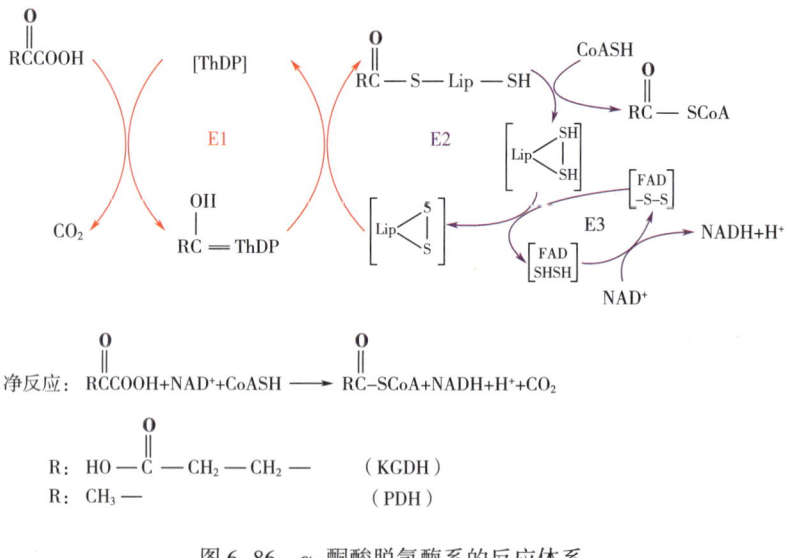

图 6-86　α-酮酸脱氢酶系的反应体系
ThDP：焦磷酸硫胺素

（五）光滑球拟酵母作为 α-KG 生产菌株的潜力

目前，国内对微生物发酵法生产 α-KG 的研究主要集中于以光滑球拟酵母为生产菌株和以葡萄糖为底物过量合成 α-KG 上。光滑球拟酵母 C. glabrata CCTCC M202019 是硫胺素（维生素 B_1）、生物素（Bio）、烟酸（NA）和吡哆醇（Pdx）四种维生素营养缺陷型的丙酮酸生产菌，其胞内控制关键酶 PDH 及旁路丙酮酸羧化酶和丙酮酸脱羧酶的活性可由辅因子维生素 B_1、生物素、烟酸和吡哆醇的浓度所调控。在光滑球拟酵母中，利用葡萄糖积累 α-KG 的过程可分为两个阶段：一是微生物利用葡萄糖完成菌体的扩增，并生成大量丙酮酸和少量 α-KG（约 48h）；二是微生物消耗丙酮酸转化为 α-KG（约 24h）。其中，丙酮酸转化为 α-KG 的效率尤为重要，而 PDH 为控制转化效率的关键酶。此外，PDH 也是连接糖酵解途径和 TCA 循环的关键酶，其代谢通量是由葡萄糖经糖酵解途径进入 TCA 循环的碳流量决定，增加其代谢通量是过量积累 TCA 循环中间代谢产物的关键因素。为此，在详细分析 α-KG 相关代谢途径及其关键酶调控机制的基础上，将碳代谢流导入 TCA 循环并阻断在 α-KG 节点的策略包括：①切断 α-KGDH 代谢途径，进而阻断 α-酮戊二酸的进一步代谢，且解除维生素 B_1 对 PDH 的限制，即通过调节维生素 B_1 浓度调控 PDH 途径通量，实现更多碳代谢流导入 TCA 循环；②过量表达 PDH 活性以强化目标代谢产物的生物合成途径。

然而，维生素 B_1 是 PDH 和 α-KGDH 的共有辅因子，添加限量维生素只能使 PDH/α-KGDH 活性比值达到最大，而当维生素 B_1 浓度达到 0.02mg/L 后，继续增加维生素浓度可降低 PDH/α-KGDH 活性比，进而不利于 α-KG 的积累。因此，为减少 α-KG 的降解，同时解除 α-KGDH 对维生素 B_1 浓度的牵制，则需进一步限制 α-KGDH 的活性。目前，α-KGDH 活性抑制剂主要包括过氧化氢（H_2O_2）、甲氨喋呤（methotrexate，MTX）、羟基硫胺（oxythiamine）和次氯酸钠（NaClO）等。其中，甲氨喋呤是线粒体脱氢酶系抑制剂，可抑制 PDH 和 α-KGDH 活性，但对胞质中脱氢酶（如乙酸脱氢酶等）没有抑制作用；而次氯酸钠可与胞内氨基反应生成氯胺而破坏 α-KGDH 活性；羟基硫胺则作为硫胺素的结构类似物，与硫胺素形成竞争性抑制 PDH 和 α-KGDH 活性。为此，在添加外源抑制剂降低 α-KGDH 途径流量的基础上，通过增加维生素 B_1 浓度提高 PDH 途径流量，以实现大量积累 α-KG 的代谢目标。

二、抑制 α-KGDH 活性对细胞合成 α-酮戊二酸的影响

（一）α-KGDH 抑制剂的选择

如图 6-87 所示，分别考察四种抑制剂 [过氧化氢、甲氨喋呤（MTX）、羟基硫胺和次氯酸钠] 对 C. glabrata 发酵生产 α-KG 的影响。结果表明：①培养基中 H_2O_2 浓度在 0~6mmol/L 时，α-KG 的积累量与过氧化氢浓度成正比，且 6mmol/L H_2O_2 可使 α-KG 产量达到 21.8g/L，比对照组（16.8g/L）增加了 30%，同时 $C_{\alpha-KG}/C_{PYR}$ 值也由 0.51 提高至 0.66；②当甲氨喋呤浓度在 0~0.08μmol/L 时，α-KG 产量随甲氨喋呤浓度的增加而增加，且 0.08μmol/L 甲氨喋呤可使 α-KG 产量提高至 20.5g/L，同时 $C_{\alpha-KG}/C_{PYR}$ 值提高至 0.67，但更高浓度的甲氨喋呤却抑制细胞生长性能，进而降低细胞合成 PYR 和 α-KG 的能力；③当羟基硫胺添加浓度为 0.3μmol/L 时，α-KG 积累量达到最高值，为 17.8g/L；④添加

次氯酸钠可抑制细胞的生长，进而降低细胞干重，且对 α-KG 产量无明显促进作用。因此，添加过氧化氢和甲氨喋呤可有效促进细胞积累 α-KG 的能力。

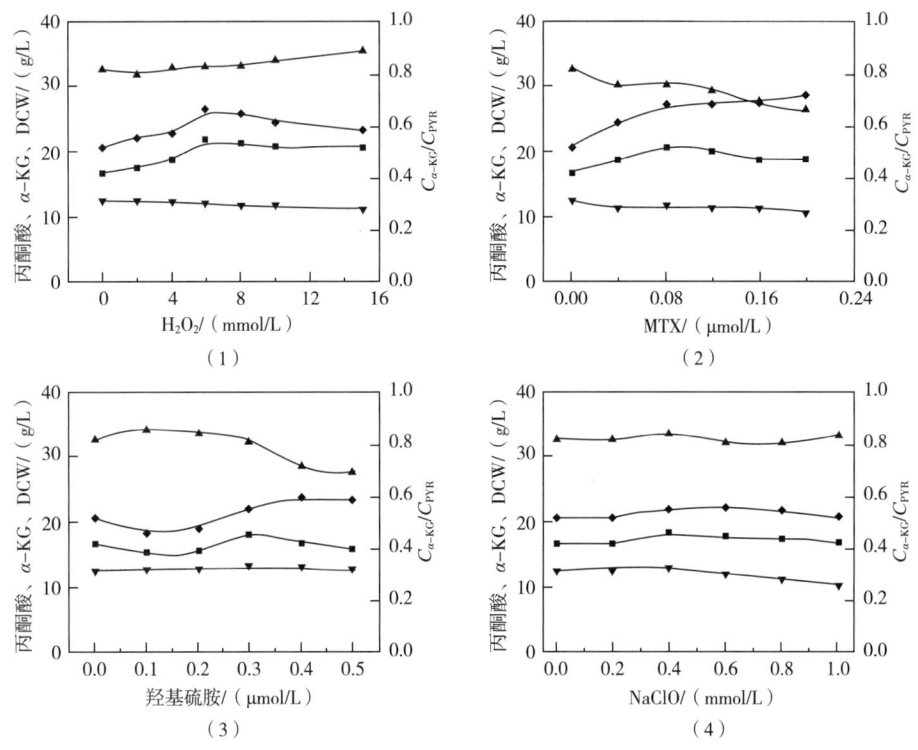

图 6-87 四种抑制剂对 *C. glabrata* 合成 α-酮戊二酸的影响
▲，丙酮酸；■，α-KG；▼，DCW；◆，C_{KG}/C_{PYR}

（二）同时添加过氧化氢和甲氨喋呤对细胞合成 *α*-KG 的影响

此外，进一步研究同时添加过氧化氢和甲氨喋呤对 *C. glabrata* 发酵性能及 α-KGDH 活性的影响。结果如图 6-88 所示，当菌体生长至对数生长期时，胞内 α-KGDH 比活性为 0.015U/mg 蛋白，较对照组提高 53%；而当发酵进行至 72h 时，细胞积累 α-KG 的产量达到最大值，为 23.5g/L，但丙酮酸产量却降至 27.3g/L，导致 $C_{\alpha\text{-}KG}/C_{PYR}$ 值提高了 67.3%，达到 0.86。因此，同时添加过氧化氢和甲氨喋呤可有效抑制胞内 α-KGDH 活性，进一步降低 α-KG 途径的代谢通量，有效提高细胞积累 α-KG 的能力。

（三）前疏后阻对 *C. glabrata* 发酵生产 *α*-酮戊二酸的影响

在限制 α-KGDH 活性的基础上，通过增加维生素 B_1 浓度以提高 PDH 途径的代谢流量，进而强化 α-KG 合成途径。为此，在添加适量过氧化氢和甲氨喋呤的基础上，分别考察不同维生素 B_1 浓度对 *C. glabrata* 发酵生产 α-KG 的影响。结果如图 6-89 所示，随着维生素 B_1 浓度的增加，丙酮酸产量逐渐下降而 α-KG 产量不断上升。当维生素 B_1 添加浓度为 0.04mg/L 时，α-KG 产量达到最大值，为 28.4g/L，而丙酮酸产量却降低至 17.4g/L，

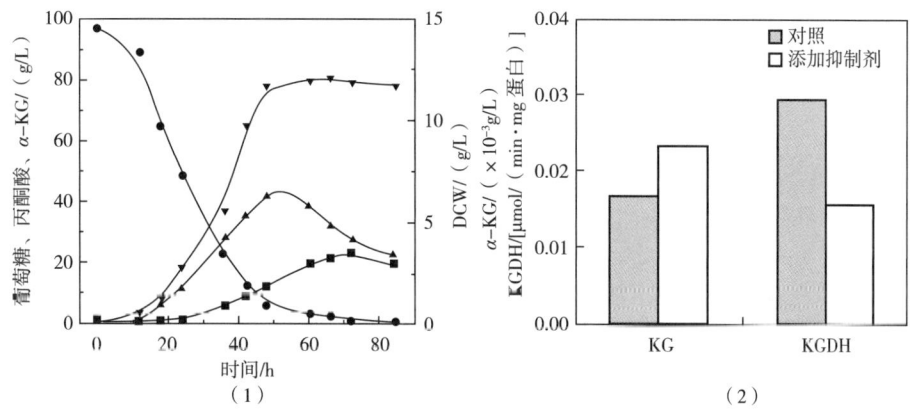

图 6-88 同时添加过氧化氢和甲氨喋呤对 C. glabrata 发酵特性（1）及 KGDH 酶活性（2）的影响
▲，丙酮酸；■，α-KG；▼，DCW；●，葡萄糖

进而导致 $C_{\alpha\text{-KG}}/C_{PYR}$ 值提高了 217.3%，达到 1.63。然而，继续增加维生素 B_1 浓度却降低了丙酮酸和 α-KG 产量。因此，在最优发酵条件下（6mmol/L 过氧化氢、0.08μmol/L 甲氨喋呤和 0.04mg/L 维生素 B_1），C. glabrata 发酵过程曲线如图 6-89（2）所示：随着 PDH 代谢途径流量的增加，丙酮酸积累量下降，其最大积累量为 34.5g/L（发酵至 48h），而受阻的 α-KGDH 途径可使 α-KG 积累量在发酵 72h 时达到最大值，为 28.4g/L。

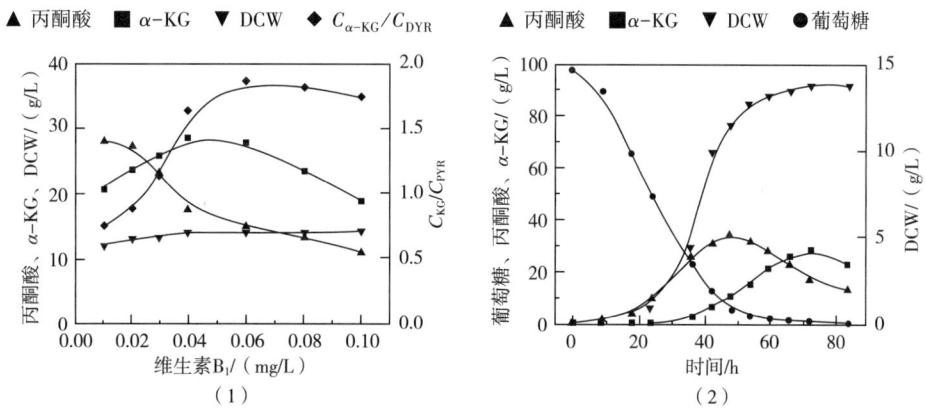

图 6-89 不同浓度维生素 B_1（1）和最佳发酵条件（2）对 C. glabrata 发酵生产 α-酮戊二酸的影响

三、调控 α-KGDH 活性对细胞合成 α-酮戊二酸的影响

虽添加 α-KGDH 抑制剂可促进 α-KG 的积累，但抑制剂仅能削弱 α-KGDH 部分活性，而无法完全抑制其活性，进而促进 α-KG 的积累效果有限。为此，借助分子生物学手段构建 α-KGDH 活性缺失的突变株 C. glabrata kgd1::kan，进而考察 α-KGDH 在细胞能量代谢、碳源代谢和氨基酸代谢中的生理作用，以及对 α-KG 积累的影响。

（一）敲除 α-KGDH-E1 基因 kgd1 对胞内代谢物质及关键酶活性的影响

在光滑球拟酵母中，TCA 循环中与 NADH 代谢相关的酶包括异柠檬酸脱氢酶（ICDH）、α-酮戊二酸脱氢酶（α-KGDH）和苹果酸脱氢酶（MDH）。为此，敲除 kgd1 基因可减少其中 1/3 NADH 的来源，进而导致胞内核苷酸类物质的变化。结果如表 6-41 所示，敲除 kgd1 基因可使工程菌株 C. glabrata kgd1::kan 胞内 NADH 的含量下降 26.0%，进而导致 NADH/NAD 和 ATP/ADP 的水平分别下降 33.7% 和 31.8%。然而，为补偿胞内核苷类物质的损失，通过调控 TCA 循环关键酶活性以完成葡萄糖代谢。如图 6-90 所示，α-KGDH 活性几乎丧失（仅为对照的 8%），但异柠檬酸裂解酶（ICL）活性却增加了 70.7%，表明在 α-KGDH 途径受阻的情况下，细胞选择增加乙醛酸途径的代谢流量以完成碳源代谢，进而形成 TCA-乙醛酸循环。同时，为保持胞内能荷水平平衡，与 NADH 代谢相关的酶活性（PDH、ICDH 和 MDH）分别提高了 58.1%、33.3% 和 32.5%，进而增加了 TCA-乙醛酸循环的代谢通量。值得注意的是，PDH 活性增加可使胞内丙酮酸含量下降 50.1%，且随着 TCA-乙醛酸循环碳流量的增加，胞内琥珀酸和苹果酸的含量也分别增加了 172.7% 和 66.1%，进而导致胞内 α-KG 水平也相应提高 41.1%。此外，随着丙酮酸含量的降低，丙酮酸族氨基酸含量下降 29.3%，但 α-KG 和草酰乙酸含量的增加却导致谷氨酸族氨基酸和天冬氨酸族氨基酸含量分别提高 34.7% 和 26.8%（表 6-41）。

表 6-41　不同工程菌株胞内能荷水平及氨基酸库水平的变化

参数/(μmol/gDCW)	不同菌株		变化程度 $\left(\dfrac{B}{A}-1\right) \times 100\%$
	出发菌株(A)	工程菌株(B)	
NAD$^+$	10.00	11.16	11.6%
NADH	5.63	4.17	−26.0%
NADH/NAD$^+$	0.56	0.37	−33.7%
ADP	52.01	44.11	−15.2%
ATP	115.52	66.81	−42.2%
ATP/ADP	2.22	1.51	−31.8%
谷氨酸家族氨基酸/(mg/gDCW)	5.81	7.82	34.7%
天冬氨酸家族氨基酸/(mg/gDCW)	0.50	0.64	26.8%
丙酮酸家族/(mg/gDCW)	3.99	2.82	−29.3%

（二）敲除 kgd1 对 C. glabrata 合成 α-酮戊二酸的影响

工程菌株与出发菌株的发酵特性对比：①α-KGDH 途径的缺陷可有效抑制工程菌株 C. glabrata kgd1::kan 的生长性能，使其菌体干重较出发菌株（C. glabrata CCTCC M202019）降低了 12.6%，但增加维生素 B$_1$ 浓度（0.04mg/L）可使其细胞生长速率提高至出发菌株的 96.2%；②在正常发酵条件下，菌株 C. glabrata kgd1::kan 合成丙酮酸的速

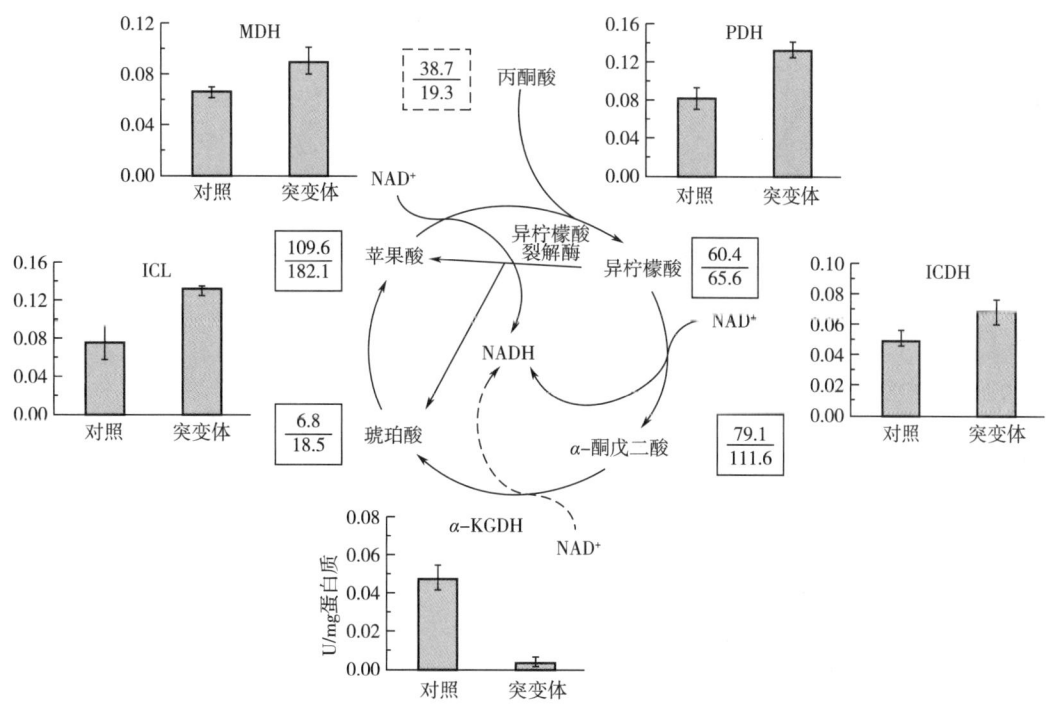

图 6-90 敲除 α-KGDH-E1 基因 kgd1 对 TCA-乙醛酸循环途径酶活性及有机酸含量的影响

率较低,导致丙酮酸产量较出发菌株降低了 11.4%;然而,虽最适维生素 B_1 添加浓度可显著降低丙酮酸的合成速率,使其丙酮酸最高产量(32.9g/L)仅为出发菌株(42.4g/L)的 77.3%,但提高了丙酮酸消耗速率,使其最终残存量仅为 19.4g/L,比出发菌株(30.7g/L)降低了 36.7%[图 6-91(2)和(5)];③在不同维生素 B_1 浓度下,菌株 C. glabrata kgd1::kan 合成 α-KG 的速率有所提高,其产量在最适条件下达到 22.0g/L,比出发菌株提高了 33.4%[图 6-91(3)和(6)];④基于工程菌株与出发菌株合成丙酮酸和 α-KG 的速率,发现:发酵前 48h 为丙酮酸合成阶段,48h 后丙酮酸作为碳源参与代谢;而 28h 后丙酮酸合成速率下降,进入 α-KG 的快速积累阶段(工程菌株合成速率在 32～68h 间维持在 0.4 左右);发酵 68h 后,α-KG 合成速率下降,至 72h 发酵结束时 α-KG 产量达到最高值,为 22.0g/L[图 6-91(5)和(6)]。

因此,结合敲除 kgd1 基因阻断 α-KGDH 途径与增加维生素 B_1 浓度可有效提高 PDH 途径流量,进而促进丙酮酸的分解代谢和 α-KG 合成代谢。然而,与添加抑制剂策略(抑制 α-KGDH 活性至 53% 和增加维生素 B_1 浓度)相比,对于碳代谢流的调控,完全缺失 α-KGDH 的活性可使流量较小的乙醛酸循环成为碳主流代谢途径,并通过绕过 α-KG 节点完成细胞代谢,进而导致部分抑制 α-KGDH 的途径更有利于 α-KG 的积累。

(三) 过量表达 pda1 对 α-酮戊二酸积累的影响

PDH 组成和反应过程如图 6-86 所示,编码 E1α 亚基的 pda1 基因是调控该酶活性的

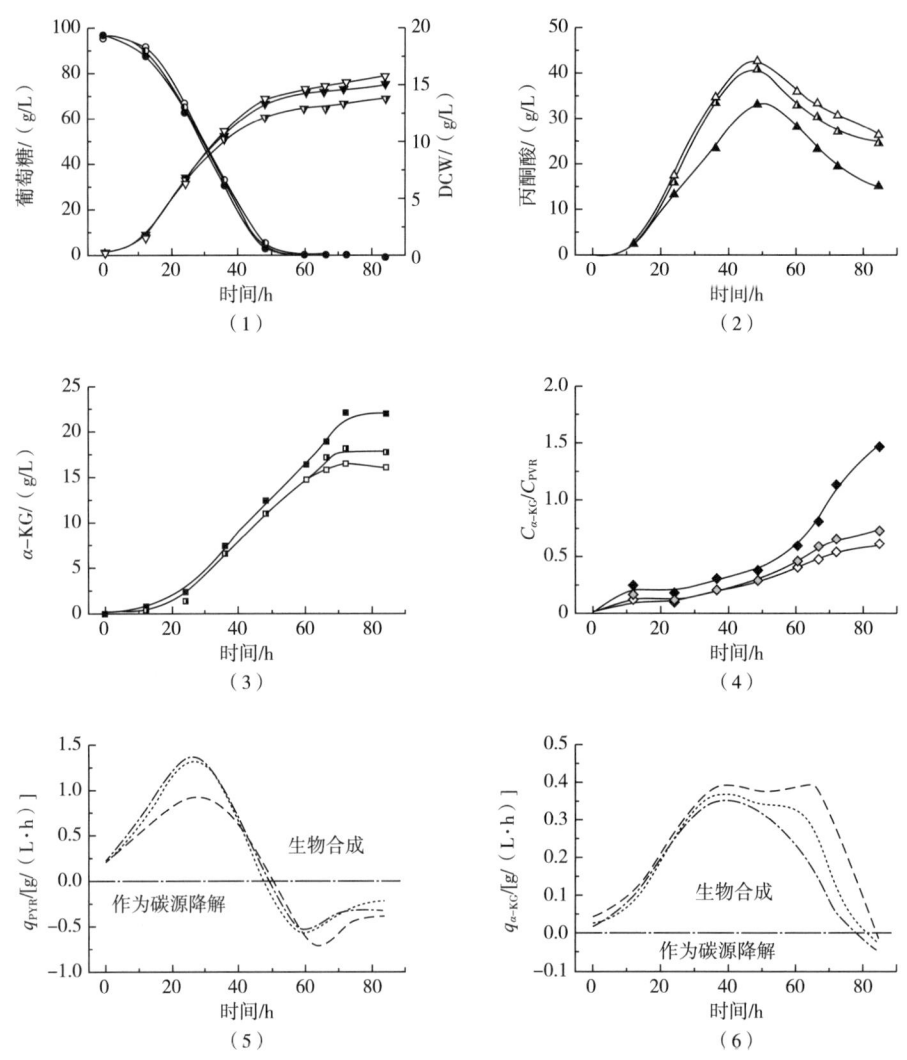

图 6-91 工程菌株 C. glabrata kgd1∷kan 与出发菌株（C. glabrata CCTCC M202019）
发酵过程曲线的比较分析

（1）葡萄糖和 DCW 浓度；（2）丙酮酸浓度；（3）α-KG 浓度；（4）$C_{\alpha\text{-}KG}/C_{PYR}$ 变化情况；
（5）丙酮酸合成速率；（6）α-KG 合成速率

▲，丙酮酸；■，α-KG；▼，DCW；●，葡萄糖；◆，$C_{\alpha\text{-}KG}/C_{PYR}$

关键因素。为此，将来源于 S. cerevisiae 中编码 PDH-E1α 亚基的 pda1 基因过量表达至 C. glabrata 中，构建工程菌株 C. glabrata-pda1，以期通过提高 PDH 活性增加碳代谢流从丙酮酸节点导入 TCA 循环，进而促进 α-KG 的积累。

发酵结果如图 6-92 所示：①工程菌株 C. glabrata-pda1 的葡萄糖消耗速率高于出发菌株 C. glabrata，但其菌体生长速率却较慢；②发酵至 48h 时，菌株 C. glabrata-pda1 积累丙酮酸的产量达到最高值（39.9g/L），为出发菌株（43.4g/L）的 91.9%；而当发酵结束时

（72h），菌株 C. glabrata-pda1 中残留的丙酮酸量仅为 10.4g/L，较出发菌株降低了 62%；③随着丙酮酸的快速消耗，菌株 C. glabrata-pda1 合成 α-KG 的速率加快，其产量在发酵 72h 时可达 31.7g/L，比出发菌株提高了 38.9%；④比较工程菌株与出发菌株丙酮酸和 α-KG 的合成速率，结果表明：与出发菌株相比，菌株 C. glabrata-pda1 合成丙酮酸的速率变化不大，但却显著提高了 α-KG 合成速率；此外，发酵 28h 后丙酮酸合成速率降低，且进入 α-KG 快速合成阶段；然而，发酵进行至 36h 时，菌株 C. glabrata-pda1 合成 α-KG 的速率达到最大值，为 0.75 ［图 6-92（5）和（6）］。

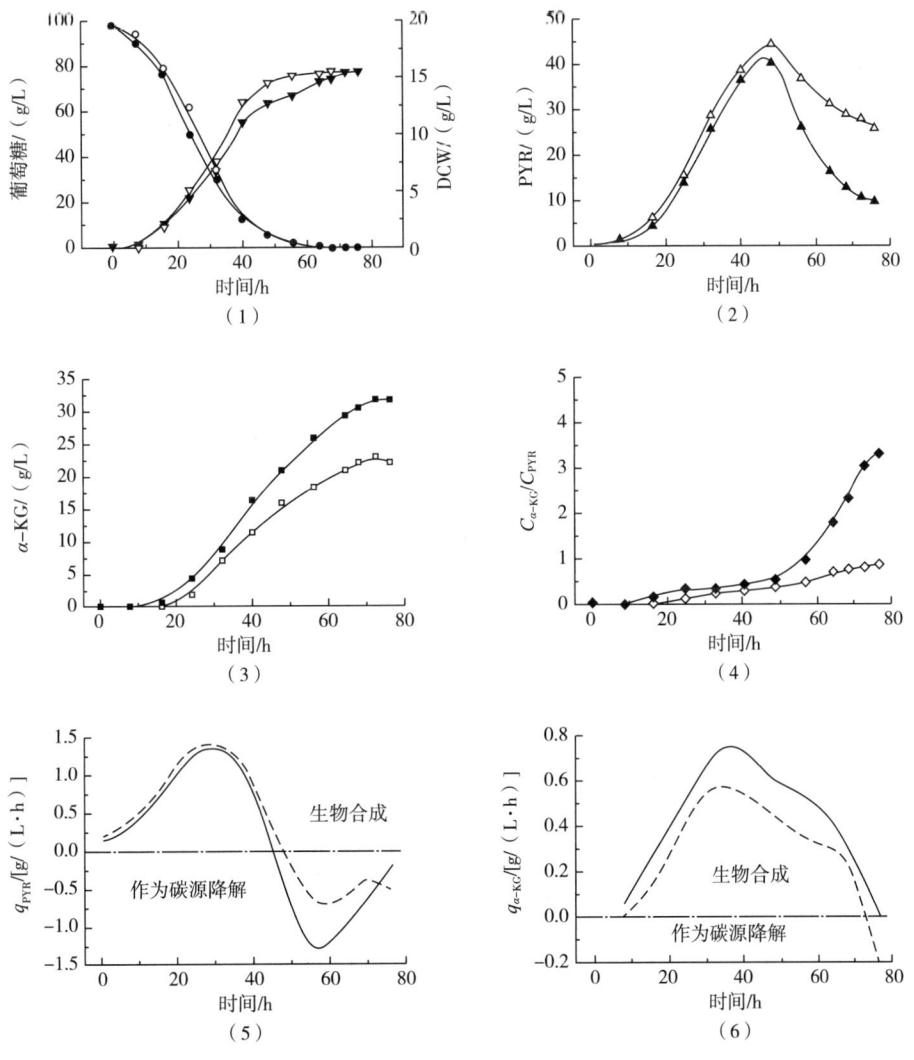

图 6-92　工程菌株（C. glabrata-pda1）与出发菌株（CCTCC M202019）
发酵过程曲线的比较分析

▲，丙酮酸；■，α-KG；▼，DCW；●，葡萄糖；◆，$C_{α\text{-}KG}/C_{PYR}$

(1) 葡萄糖和 DCW 浓度；(2) 丙酮酸浓度；(3) α-KG 浓度；
(4) $C_{α\text{-}KG}/C_{PYR}$ 变化情况；(5) 丙酮酸合成速率；(6) α-KG 合成速率

因此，过量表达 pda1 可提高 PDH 途径的代谢通量，进而有效促进丙酮酸的进一步代谢和 α-KG 合成途径的加强，从而提高细胞合成 α-KG 的能力，且显著提高 $C_{α-KG}/C_{PYR}$ 值以有效降低后续分离提取工序成本。

四、过量表达 ACS2 提高对 α-酮戊二酸合成的影响

作为胞内重要的辅因子，辅酶 A（CoA）及其衍生物乙酰-CoA 可参与微生物胞内 100 多条合成与分解代谢途径，也是合成重要精细化学品（如酯类和脂质）的前体。因此，调节胞内 CoA 或乙酰-CoA 浓度或比率可实现碳代谢流的调控，进而实现目标代谢途径流量的最大化或快速化。例如，San KY 等在 E. coli 中通过截断乙酰-CoA 竞争途径、过量表达泛酸激酶和丙酮酸脱氢酶系等策略以增加胞内乙酰-CoA 含量，进而实现乙酸异戊酯高产量、高产率和高生产强度的相对统一。类似地，在酿酒酵母中，过量表达肉毒碱乙酰转移酶（CAT2）可调控胞内乙酰-CoA/CoA 比例，有效提高细胞合成芳香酯的能力。为此，以 C. glabrata 中丙酮酸和 α-KG 代谢为研究模型，通过过量表达 ACS2 以考察胞内乙酰-CoA 水平对 C. glabrata 积累丙酮酸和 α-KG 的影响，进而解析辅因子形式及其浓度在物质代谢中控制代谢流方向和流量分配的生理机制（图 6-93）。

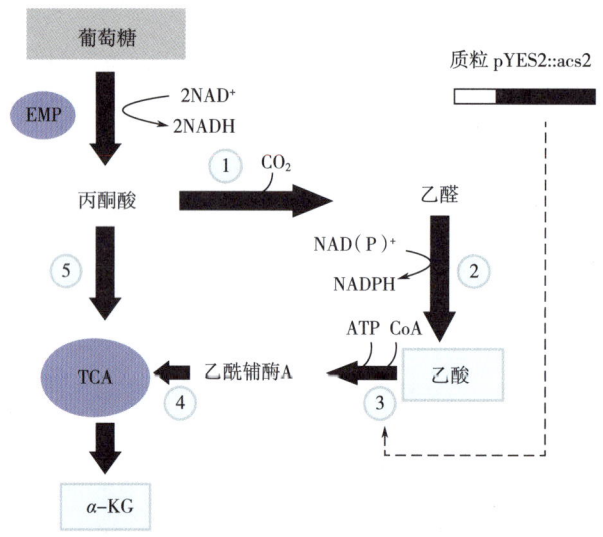

图 6-93 光滑球拟酵母中代谢流分布示意图

EMP，糖酵解途径；TCA，三羧酸循环

丙酮酸降解途径关键酶：① 丙酮酸脱羧酶（EC 4.1.1.1）；② 乙醛脱氢酶（EC 1.2.1.4 或 EC 1.2.1.5）；
③ 乙酰辅酶 A 合成酶（EC 6.2.1.1）；⑤ 丙酮酸脱氢酶（EC 1.2.4.1）；

注：①~③ 丙酮酸脱氢酶旁路代谢（PDH by-pass）；④ 乙酰基从胞质向线粒体的转移；
乳酸和乙醇合成途径忽略；虚线：过量表达 ACS2 基因。

（一）过量表达 ACS2 对工程菌株生长性能的影响

将来源于 S. cerevisiae 的 ACS2 基因过量表达至 C. glabrata 中，构建工程菌株 T. glabrata

ACS2-1。在以乙酸（Ace）、葡萄糖（Glu）、（Glu+Ace，发酵培养基中添加 4g/L 乙酸）等物质为碳源的培养基上生长时，过量表达 *ACS2* 可显著提高工程菌株 *C. glabrata* ACS2-1 的生长性能，使其细胞干重分别为出发菌株 WSH-IP303 的 5.2 倍（0.5g/L）、1.12 倍（9.6g/L）和 1.52 倍（9.8g/L）（图 6-94，表 6-42），且也可显著提高胞内乙酰-CoA 合成酶（ACS2）活性，使其酶活性分别为出发菌株（WSH-IP303）的 5.73 倍和 9.2 倍。因此，过量表达乙酰-CoA 合成酶不仅可强化 *C. glabrata* 对乙酸的利用能力，还可增强细胞利用葡萄糖的能力。

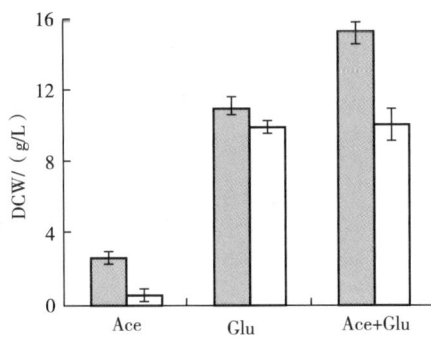

图 6-94　不同碳源对工程菌株 *C. glabrata* ACS2-1（■）和出发菌株 WSH-IP303（□）生长性能的影响

表 6-42　不同碳源对菌株 *C. glabrata* ACS2-1 和 WSH-IP303 胞内 ACS 酶活性的影响

碳源	酶活性/U		比酶活性/（U/mg 蛋白）	
	WSH-IP303	*C. glabrata* ACS2-1	WSH-IP303	*C. glabrata* ACS2-1
葡萄糖	0.02±0.4	0.08±0.53	0.11±0.42	0.63±0.37
乙酸	ND	ND	ND	ND
葡萄糖+乙酸	0.01±0.64	0.09±0.16	0.13±0.28	1.20±0.56

ND：未检测。

（二）过量表达乙酰-CoA 合成酶对 α-酮戊二酸合成的影响

为明确过量表达 *ACS2* 对细胞合成 α-KG 的影响，分别考察不同碳源对工程菌株 *C. glabrata* ACS2-1 发酵特性的影响。结果如图 6-95 所示：①在以乙酸为唯一碳源的培养基中，与出发菌株 WSH-IP303 不产 α-酮戊二酸相比，工程菌株 *C. glabrata* ACS2-1 可积累 5.4mmol/L（0.8g/L）α-酮戊二酸；②在以葡萄糖为唯一碳源时，虽菌株 *C. glabrata* ACS2-1 合成丙酮酸的产量仅为出发菌株的 80%，但其 α-KG 产量和 $C_{\alpha\text{-KG}}/C_{pyr}$ 却比出发菌株 WSH-IP303 分别提高了 105% 和 152%；③当在葡萄糖培养基中添加 4g/L 乙酸时，工程菌株 *C. glabrata* ACS2-1 合成的丙酮酸产量、α-KG 产量和 $C_{\alpha\text{-KG}}/C_{pyr}$ 分别为出发菌株的 1.66、2.47 和 3.75 倍，表明添加乙酸可改善工程菌株 *C. glabrata* ACS2-1 合成 α-KG 的能力，但却不能改变出发菌株的发酵特性。

此外，在分别考察不同碳源对对数生长中期菌株 C. glabrata ACS2-1 和 WSH-IP303 胞内乙酰-CoA 含量的影响时，发现：①与出发菌株不能利用乙酸合成乙酰-CoA 相比，工程菌株 C. glabrata ACS2-1 能以乙酸为唯一碳源在胞内积累 0.94μmol/gDCW 的乙酰-CoA；②以葡萄糖为唯一碳源时，工程菌株 C. glabrata ACS2-1 胞内乙酰-CoA 浓度为出发菌株的 3.22 倍；③添加 4g/L 乙酸并不能提高菌株 WSH-IP303 胞内乙酰-CoA 浓度，但却可有效提高菌株 C. glabrata ACS2-1 合成乙酰辅酶 A 的能力，使乙酰辅酶 A 浓度增加到 13.07μmol/gDCW [图 6-95（4）]。因此，过量表达乙酰-CoA 合成酶可有效增加 TCA 循环中乙酰-CoA 的浓度，强化进入 TCA 循环的碳代谢通量，进而促进细胞合成 α-KG 的能力。

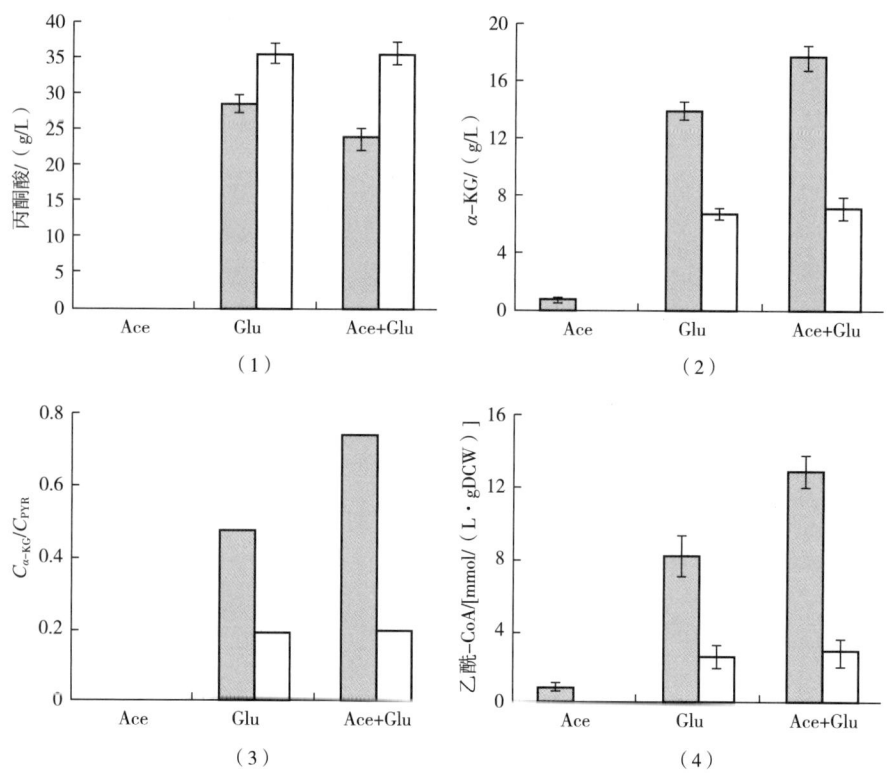

图 6-95 不同碳源对工程菌株 C. glabrata ACS2-1（▨）和出发菌株 WSH-IP303（☐）发酵性能的影响
(1) 丙酮酸产量；(2) α-KG 产量；(3) $C_{\alpha\text{-KG}}/C_{PYR}$；(4) 乙酰辅酶 A 合成量

五、过量表达 *PDC1* 对 α-酮戊二酸合成的影响

在酵母细胞中，丙酮酸转化为乙酰-CoA 的另一重要代谢途径是丙酮酸脱氢酶系代谢旁路（PDH by-pass）途径，即丙酮酸脱羧酶（PDC）、乙醛脱氢酶（ALDH）和乙酰-CoA 合成酶（ACS）参与的胞质丙酮酸降解途径。因此，过量表达途径中关键酶可实现过量积累目标产物类异戊二烯的目的，而丙酮酸脱羧酶催化丙酮酸效率的高低是 α-酮戊二酸生产中的关键瓶颈。为此，通过过量表达酿酒酵母中丙酮酸脱羧酶（PDC1）以提高胞内乙酰-CoA 水平，进而加速丙酮酸降解以促进更多代谢流量进入 α-酮戊二酸节点。

（一）过量表达 PDC1 对 C. glabrata 发酵特性的影响

将来源于 S. cerevisiae 的 PDC1 基因过量表达至 C. glabrata 中，获得工程菌株 C. glabrata PDC1-1。与出发菌株（C. glabrata CCTCC M202019）相比，工程菌株 C. glabrata PDC1-1 可在添加 30g/L 丙酮酸的葡萄糖培养基上生长，且其胞内 PDC1 比酶活性提高 14.2 倍，达到 7.22U/mg 蛋白（表 6-43）。

表 6-43　不同碳源条件对不同菌株胞内 PDC1 比酶活性的影响

不同菌株	PDC1 比酶活性/（U/mg 蛋白）				
	丙酮酸（30g/L）	葡萄糖（30g/L）	丙酮酸（g/L）+100g/L		
			0	30	60
CCTCC M202019（PDC 酶活性降低）	0.14±0.05	0.27±0.09	0.3±0.11	0.32±0.09	0.37±0.08
WSH-IP303（野生型）	0.23±0.04	0.42±0.06	0.53±0.03	0.62±0.08	0.55±0.1
WSH-IP303（携带空质粒）	0.21±0.05	0.38±0.02	0.46±0.05	0.51±0.07	0.5±0.05
C. glabrata PDC1-1	0.42±0.07	0.68±0.03	4.69±0.06	7.22±0.09	6.58±0.03

此外，在比较分析不同菌株胞内乙酰-CoA 水平、PDC1 活性及 α-KG 产量等变化规律时，发现：①工程菌株 C. glabrata PDC1-1 能以葡萄糖为碳源在其胞内积累 14.61μmol/gDCW 的乙酰-CoA，而其他菌株却仅能积累较低水平的乙酰-CoA [图 6-96（3）]。②工程菌株 C. glabrata PDC1-1 胞内乙酰-CoA/CoA 比值（2.17）显著高出其他菌株。③工程菌株 C. glabrata PDC1-1 中丙酮酸脱羧比酶活性为出发菌株的 15.63 倍（表 6-43），但其丙酮酸产量仅为出发菌株的 49.2% [图 6-96（2）]。④工程菌株 C. glabrata PDC1-1 合成 α-KG 产量和 $C_{\alpha-KG}/C_{PYR}$ 为出发菌株的 4.55 倍和 7.0 倍。

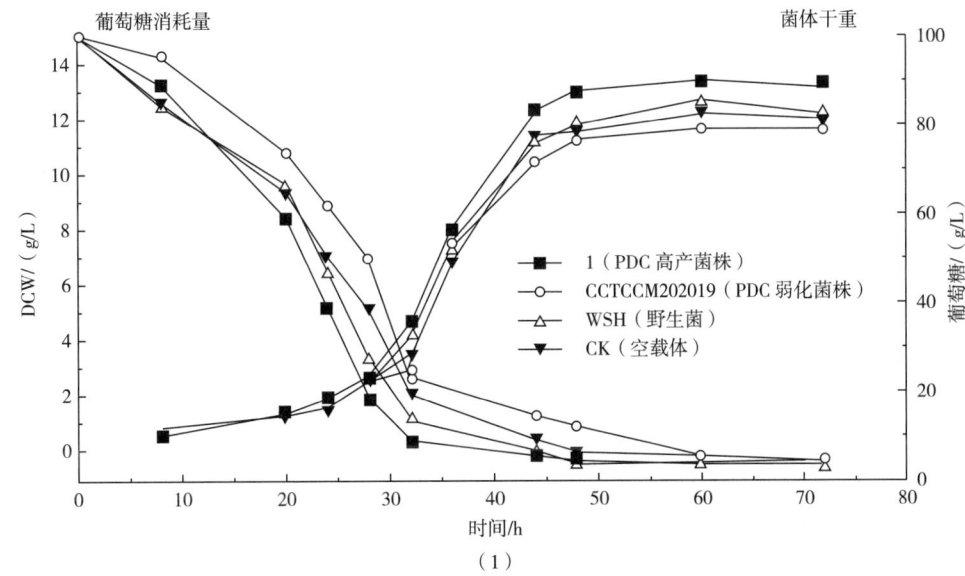

图 6-96　不同代谢工程策略对菌株发酵特性的影响

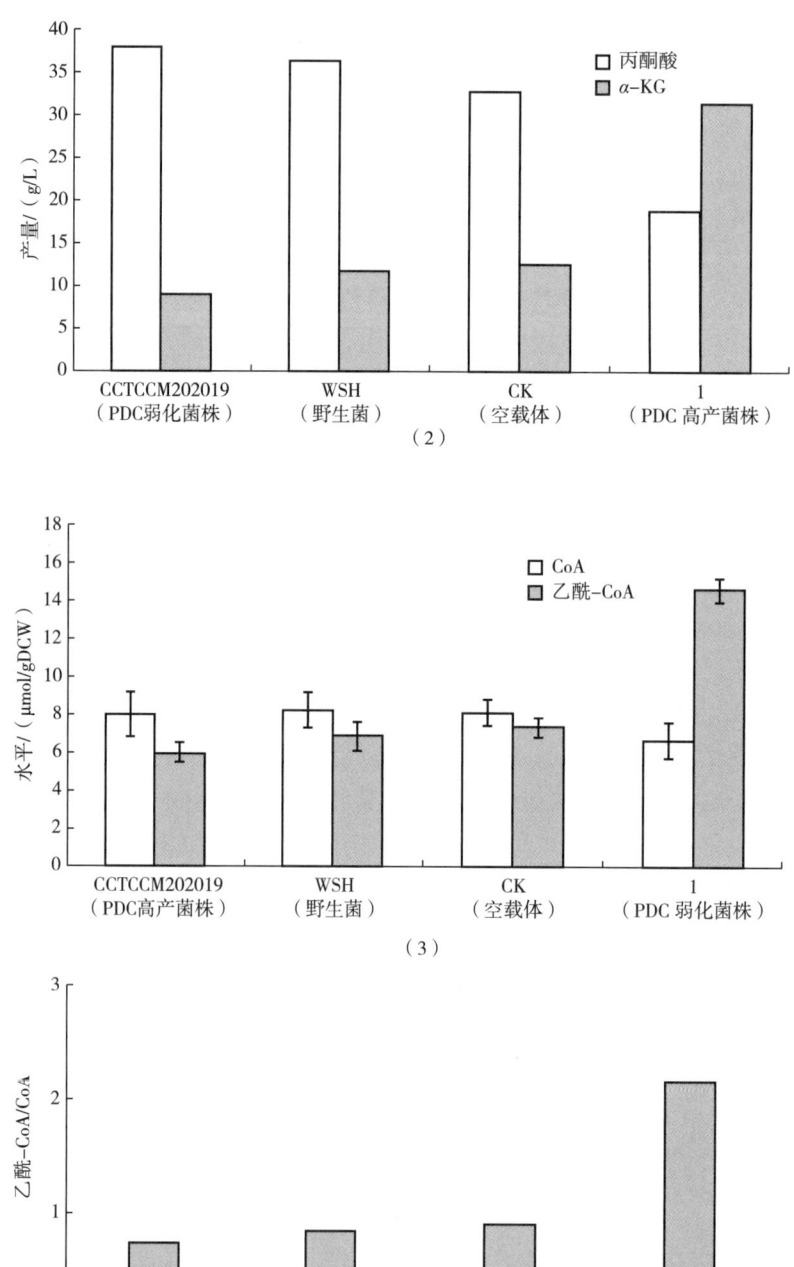

图 6-96 不同代谢工程策略对菌株发酵特性的影响（续图）

因此，过量表达丙酮酸脱羧酶可有效增加胞内乙酰-CoA浓度，强化进入TCA循环的碳代谢通量，且通过降低酮戊二酸脱氢酶活性可以进一步促进α-KG的合成与分泌。

(二) 过量表达 *PDC1* 对 α-KG 合成的影响

值得注意的是，在培养基中添加丙酮酸可促进 α-酮戊二酸的积累，当浓度低于 30g/L 时，丙酮酸转化为 α-KG 的效率随丙酮酸浓度的增加而逐渐增强；但当丙酮酸浓度大于 30g/L 时，继续增加丙酮酸浓度并不能有效地提高 α-KG 转化率。具体发酵结果如图 6-97 所示：①工程菌株 *C. glabrata* PDC1-1 和对照菌株 *C. glabrata*∷pYES2 均可利用丙酮酸生长并合成 α-KG，但与对照菌株相比，工程菌株 *C. glabrata* PDC1-1 的细胞干重和葡萄糖消耗速率分别提高 14% 和 11%，分别达到 13.83g/L 和 2.01g/（L·h），表明过量表达丙酮酸脱羧酶不仅可强化 *C. glabrata* 对丙酮酸的利用能力，还可增强宿主细胞利用葡萄糖的能力 [图 6-97（1）(2)]。②虽工程菌株 *C. glabrata* PDC1-1 积累丙酮酸的能力仅为出发菌株的 65%，但其 α-KG 产量和 $C_{\alpha\text{-KG}}/C_{\text{PYR}}$ 却分别比对照菌株提高了 182% 和 284% [图 6-97（3）(4)]。③在葡萄糖培养基中添加 30g/L 丙酮酸可使工程菌株 *C. glabrata* PDC1-1 中丙酮酸产量、α-KG 产量及 $C_{\alpha\text{-KG}}/C_{\text{PYR}}$ 分别为 28g/L、38.8g/L 和 1.39。④此外，添加 30g/L 丙酮酸可使工程菌株 *C. glabrata* PDC1-1 胞内乙酰-CoA 节点的代谢通量和乙酰-CoA/CoA 分别较对照菌株提高了 2.38 倍和 3.76 倍，分别达到 17.55μmol/gDCW 和 2.37，但其胞内 CoA 水平却降低了 11.1% [图 6-97（5）(6)]。

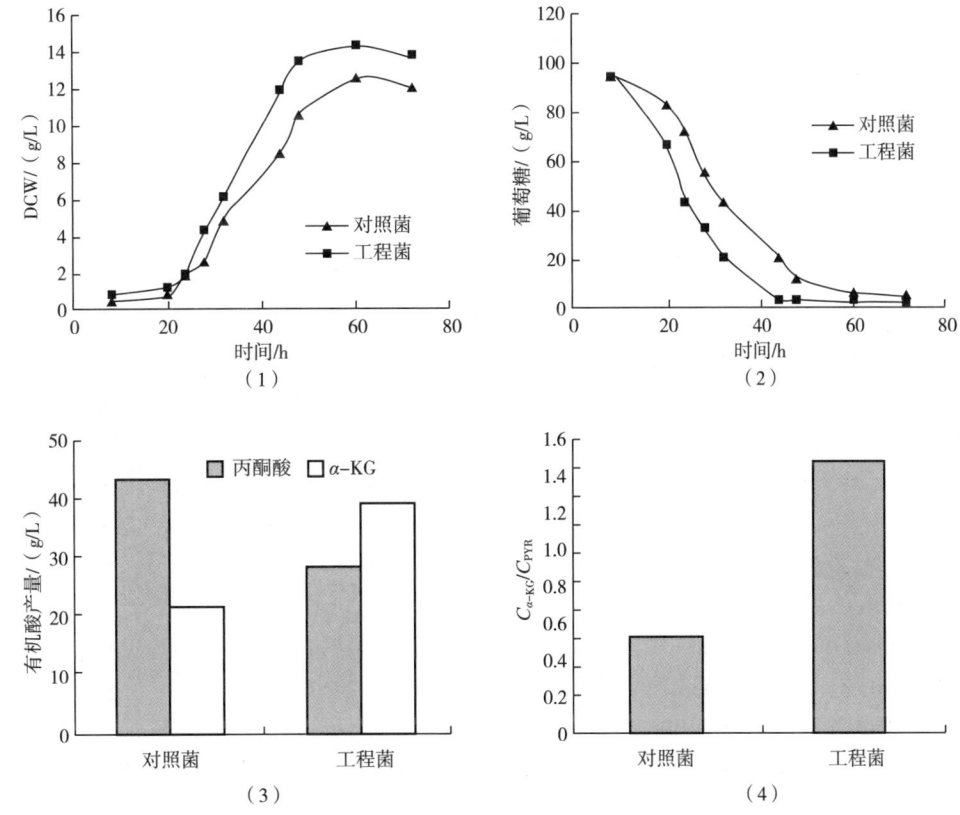

图 6-97 外源添加丙酮酸对工程菌株 *C. glabrata* PDC1-1 和对照菌株 *C. glabrata*∷pYES2 生长特性及其发酵生长 α-KG 的影响

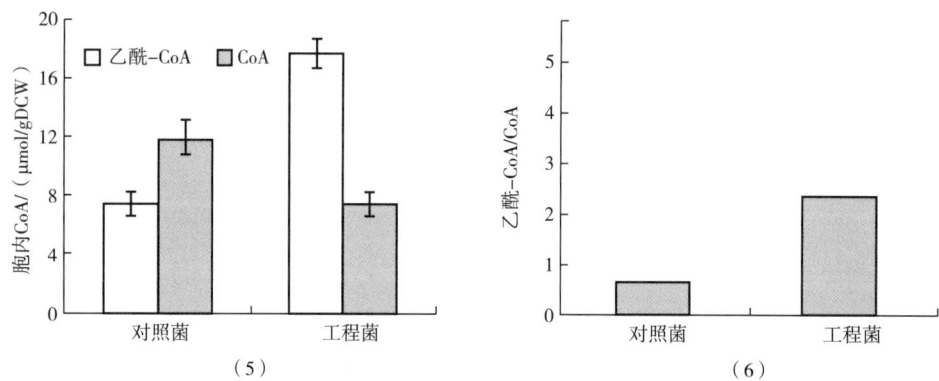

图 6-97　外源添加丙酮酸对工程菌株 *C. glabrata* PDC1-1 和对照菌株
C. glabrata∷pYES2 生长特性及其发酵生产 α-KG 的影响（续图）

（1）细胞干重；（2）葡萄糖浓度；（3）有机酸产量；（4）$C_{\alpha-KG}/C_{PYR}$ 值；（5）胞内 CoA 浓度；（6）胞内乙酰 CoA/CoA 值

参考文献

［1］Chen X, Zhu P, Liu L. Modular optimization of multi-gene pathways for fumarate production ［J］. Metab Eng, 2016, 33: 76-85.

［2］Dujon B, Sherman D, Fischer G, et al. Genome evolution in yeasts ［J］. Nature, 2004, 430 (6995): 35-44.

［3］De Groot P W J, Bader O, De Boer A D, et al. Adhesins in human fungal pathogens: Glue with plenty of stick ［J］. Eukaryot Cell, 2013, 12 (4): 470-481.

［4］Guo B, Styles C A, Feng Q H, et al. A *Saccharomyces* gene family involved in invasive growth, cell-cell adhesion, and mating ［J］. Proc Natl Acad Sci USA, 2000, 97 (22): 12158-12163.

［5］Cormack B P, Ghori N, Falkow S. An adhesin of the yeast pathogen *Candida glabrata* mediating adherence to human epithelial cells ［J］. Science, 1999, 285 (5427): 578-582.

［6］Wu J, Chen X, Cai L, et al. Transcription factors Asg1p and Hal9p regulate pH homeostasis in *Candida glabrata* ［J］. Front Microbiol, 2015, 6: 843.

［7］San K Y, Bennett G N, Berríos-Rivera S J, et al. Metabolic engineering through cofactor manipulation and its effects on metabolic flux redistribution in *Escherichia coli* ［J］. Metab Eng, 2002, 4 (2): 182-192.

［8］Rak M, Zeng X, Briere J-J, et al. Assembly of F0 in *Saccharomyces cerevisiae* ［J］. Biochim Biophys Acta-Mol Cell Res, 2009, 1793 (1): 108-116.

［9］Martinez-Munoz G A, Kane P. Vacuolar and plasma membrane proton pumps collaborate to achieve cytosolic pH homeostasis in yeast ［J］. J Biol Chem, 2008, 283 (29): 20309-20319.

［10］Schwimmer C, Lefebvre-Legendre L, Rak M, et al. Increasing mitochondrial substrate-level phosphorylation can rescue respiratory growth of an ATP synthase-deficient yeast ［J］. J Biol Chem, 2005, 280 (35): 30751-30759.

［11］Kanehisa M, Goto S, Hattori M, et al. From genomics to chemical genomics: new developments in KEGG ［J］. Nucleic Acids Res, 2006, 34: D354-D357.

[12] Goldberg I, Rokem J S, Pines O. Organic acids: old metabolites, new themes [J]. J Chem Technol Biotechnol, 2006, 81 (10): 1601-1611.

[13] Koffas M a G, Jung G Y, Stephanopoulos G. Engineering metabolism and product formation in *Corynebacterium glutamicum* by coordinated gene overexpression [J]. Metab Eng, 2003, 5 (1): 32-41.

[14] Hou J, Lages N F, Oldiges M, et al. Metabolic impact of redox cofactor perturbations in *Saccharomyces cerevisiae* [J]. Metab Eng, 2009, 11 (4-5): 253-261.

[15] Avalos J L, Fink G R, Stephanopoulos G. Compartmentalization of metabolic pathways in yeast mitochondria improves the production of branched-chain alcohols [J]. Nat Biotechnol, 2013, 31 (4): 335-341.

[16] Dueber J E, Wu G C, Malmirchegini G R, et al. Synthetic protein scaffolds provide modular control over metabolic flux [J]. Nat Biotechnol, 2009, 27 (8): 753-759.

[17] Zhou Y J, Gao W, Rong Q, et al. Modular pathway engineering of diterpenoid synthases and the mevalonic acid pathway for miltiradiene production [J]. J Am Chem Soc, 2012, 134 (6): 3234-3241.

[18] Liu Y, Zhu Y, Li J, et al. Modular pathway engineering of *Bacillus subtilis* for improved N-acetylglucosamine production [J]. Metab Eng, 2014, 23: 42-52.

[19] Na D, Yoo S M, Chung H, et al. Metabolic engineering of *Escherichia coli* using synthetic small regulatory RNAs [J]. Nat Biotechnol, 2013, 31 (2): 170-174.

[20] Chen X, Li S, Liu L. Engineering redox balance through cofactor systerms [J]. Trends Biotechnol, 2014, 32 (6): 337-343.

[21] Dos Santos M M, Raghevendran V, Kötter P, et al. Manipulation of malic enzyme in *Saccharomyces cerevisiae* for increasing NADPH production capacity aerobically in different cellular compartments [J]. Metab Eng, 2004, 6 (4): 352-363.

[22] Herzig S, Raemy E, Montessuit S, et al. Identification and functional expression of the mitochondrial pyruvate carrier [J]. Science, 2012, 337 (6090): 93-96.

[23] Bricker D K, Taylor E B, Schell J C, et al. A mitochondrial pyruvate carrier required for pyruvate uptake in yeast, drosophila, and humans [J]. Science, 2012, 337 (6090): 96-100.

[24] Vadali R V, Bennett G N, San K Y. Applicability of CoA/acetyl-CoA manipulation system to enhance isoamyl acetate production in *Escherichia coli* [J]. Metab Eng, 2004, 6 (4): 294-299.

[25] 李树波. 系统代谢工程改造光滑球拟酵母生产3-羟基丁酮 [D]. 无锡: 江南大学, 2014.

[26] 徐楠. 光滑球拟酵母基因组规模生物模型的构建与应用 [D]. 无锡: 江南大学, 2017.

[27] 周景文. 光滑球拟酵母中ATP的生理功能与作用机制 [D]. 无锡: 江南大学, 2009.

[28] 秦义. 光滑球拟酵母发酵生产丙酮酸中NADH的生理功能解析 [D]. 无锡: 江南大学, 2011.

[29] 陈修来. 系统代谢工程改造光滑球拟酵母生产富马酸 [D]. 无锡: 江南大学, 2015.

[30] 张旦旦. 调控光滑球拟酵母碳代谢流促进α-酮戊二酸过量积累 [D]. 无锡: 江南大学, 2009.

[31] 梁楠. 光滑球拟酵母内乙酰CoA水平调控对其碳代谢流的影响 [D]. 无锡: 江南大学, 2008.

第七章 代谢工程改造酿酒酵母生产精细化学品

第一节 酿酒酵母基因组及其生理特性解析

一、酿酒酵母简介

(一) 酿酒酵母

作为人类第一种"家养微生物",酿酒酵母(*Saccharomyces cerevisiae*)早在几千年前就被应用于酿酒与制作面包,至今仍被广泛应用于食品、医药、化学等领域中,具有重要的工业应用价值,也是目前为止被人们研究最为透彻、最为全面的微生物之一。酿酒酵母因其细胞壁较其他微生物厚、固醇含量较高,使其细胞对环境胁迫的耐受性强。此外,作为单细胞微生物,酿酒酵母具有培养简单、生长能力强、遗传背景清晰、分子操作系统完备等特点。

(二) 酿酒酵母孢子

酿酒酵母可分为单倍体和二倍体。单倍体一般通过有丝分裂进行无性繁殖(图7-1),在营养充分、生长环境良好的条件下,出芽生殖为酿酒酵母最普遍的繁殖途径,但该繁殖方式较为单一,不利于群体的生长。

二倍体酿酒酵母由 a 和 α 两种单倍体融合而成,在通常情况下通过有丝分裂繁殖。但在外界条件恶劣,如氮源缺乏、非发酵性碳源(如醋酸)存在下,会进行减数分裂,并产生四个单倍体孢子[图7-1(1)]。如图7-1(2)所示,与营养细胞相比,成熟的孢子壁主要是由甘露糖层、β-葡聚糖层(包含β-1,3-葡聚糖和β-1,6-葡聚糖)、壳聚糖层和二酪氨酸层构成。酿酒酵母孢子具有抵御外界恶劣环境的能力,其中二酪氨酸层起主要作用。有趣的是,孢子壁的合成存在反馈机制,即由内层到外层依次合成,下一层合成开始依赖于上一层合成结束所反馈的信息。利用基因手段敲除合成相对应孢子壁的必需基因,便可获得具有不同外壁结构的孢子,如二酪氨酸层缺陷型孢子 *dit*1Δ 和壳聚糖层缺陷型孢子 *chs*3Δ。酿酒酵母孢子抵抗恶劣环境的能力显著高于酿酒酵母,休眠状态的孢子可在 4℃下存活数月至数年,当孢子处于葡萄糖等营养物质中时可重新萌发成为酵母,更有利于种群的延续与繁殖。

二、酿酒酵母基因组研究进展

1974 年,Clark 等发现大多数酿酒酵母中存在一种质粒,即 2μm 质粒,每个二倍体细

第七章
代谢工程改造酿酒酵母生产精细化学品

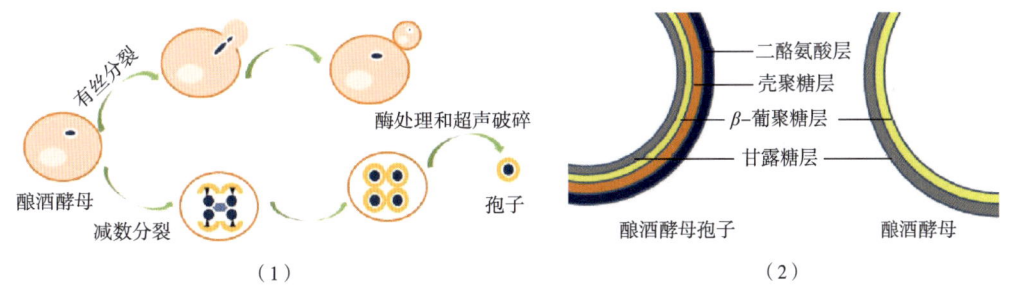

图 7-1　酿酒酵母繁殖方式（1）及其细胞壁与孢子壁组成图（2）

胞有 50~100 个拷贝。1978 年，Hinnen 等实现了酿酒酵母 Leu2 基因的导入技术。20 世纪 80 年代初，Hitzeman 等利用酿酒酵母表达了人类干扰素基因，实现了酵母基因表达技术上的重要突破。1989 年 Fields 等建立了酵母双杂交系统，被广泛用于研究基因组编码蛋白质间的相互作用。直至 1996 年，酿酒酵母完成了全基因组的测序工作，成为第一个完成基因组测序的真核生物，并标志着酿酒酵母基因组学时代的来临。

（一）酿酒酵母全基因组的序列信息

酿酒酵母基因组由 16 条染色体组成，全长 12052Mb，共有 6275 个基因。然而，基因组中共有 5885 个蛋白质编码基因，即开放阅读框（open reading frames，ORFs），平均长度为 1450bp，包含 483 个密码子。其中，最长的开放阅读框位于酿酒酵母第 12 号染色体（chrXⅡ）上，其约有 4910 个密码子。另有 275 个编码 tRNA 基因和 40 个编码 snRNA（small nuclear RNA）的基因，广泛分布在 16 条染色体上；且位于 12 号染色体长末端上约有 140 个编码 rRNA 基因。此外，酿酒酵母中约 4% 的编码基因（大多数为 tRNA 基因）具有内含子，而内含子通常位于靠近 rRNA 基因的起始部分，缺失突变体的覆盖率高达 90%。值得注意的是，酿酒酵母的基因重组频繁发生在高 GC 含量区和遗传丰余区，且不同染色体的重组频率有所差别，其中较小的 Ⅰ、Ⅲ、Ⅳ和Ⅸ号四条染色体重组频率明显比整个基因组的高。根据酿酒酵母基因组相关数据库：Saccharomyces Genome Database（SGD）、Yeast Protein Database、Munich Information Center for Protein Sequences（MIPS）、Comprehensive Yeast Genome Database、Yeast Resource Center，酿酒酵母基因在各染色体上分布情况如表 7-1 所示。

表 7-1　　酿酒酵母染色体数据简况

染色体编号	长度/bp	基因数/个	tRNA 基因数/个	染色体编号	长度/bp	基因数/个	tRNA 基因数/个
1	23000	89	4	5	569202	271	13
2	807188	410	13	6	270000	129	10
3	315000	182	10	7	1090936	572	33
4	1531974	796	27	8	561000	269	11

续表

染色体编号	长度/bp	基因数/个	tRNA 基因数/个	染色体编号	长度/bp	基因数/个	tRNA 基因数/个
9	439886	221	10	13	924430	459	21
10	745442	379	24	14	784328	419	15
11	666448	331	16	15	1092283	560	20
12	1078171	534	22	16	948061	487	17

此外，酿酒酵母中线粒体拷贝数可从几十到几百，可为酿酒酵母提供能量及还原力等生物学功能，其基因组于 1986 年基本完成，并于 1998 年进一步完善并实现对其基因组成、基因顺序及结构的系统分析。同时，通过对 *Candida glabrata*、*Saccharomyces paradoxus* 和 *Yarrowia lipolytica* 等酵母的线粒体基因组进行比对分析，全面揭示了线粒体基因组的起源和进化机制，并为实现酿酒酵母线粒体基因组的重新设计、简化合成提供了指导和借鉴作用。

（二）酿酒酵母结构基因组学的研究

随着其全基因组测序的完成，酿酒酵母结构基因组学的研究进入一个全新的发展时期，其研究内容主要是通过构建酿酒酵母基因组高分辨率的遗传图谱、物理图谱、序列图谱以及基因图谱，进而测定蛋白质的组成和结构。近年来，随着计算机信息技术的不断发展，酿酒酵母结构基因组学的研究方法主要利用快速、高通量技术构建复杂代谢通路和基因图谱。例如，Nagalakshmi 等应用 RNA 测序技术构建酿酒酵母基因组高分辨率转录因子组图，使其覆盖 74.5% 的非重复序列，包含非编译区、内含子区、编码区以及已被预测的内含子、起始密码子和上游开放阅读框。除此，在 2006 年，Sopko 等为系统探索基因超表达表型，构建了一个具有 5280 种酵母菌株的阵列图谱，覆盖大于 80% 的基因组，富集了细胞周期调控基因、信号分子、转录因子等。在此基础上，Brenda 等通过 SGA（syntheticgenetic array）方法构建了基因组规模的酿酒酵母相互作用图谱，涵盖了 75% 的酿酒酵母基因，解释了遗传水平上基因的相互作用和基因功能，并可利用该图谱比对获得某个未鉴定基因的功能。

（三）酿酒酵母功能基因组学的研究

结构基因组学的发展为酿酒酵母基因组数据库的建立提供了大量的遗传信息数据，但利用结构基因组学所测定的蛋白质通常是功能未知的蛋白质。因此，为了系统地研究基因功能，在结构基因组学的基础上开展了功能基因组学的研究，即以高通量、大规模统计及计算机分析为基础，在基因组水平上对基因功能进行全面分析，使得基因组研究从静态的单一基因或蛋白质的研究转向动态的多个基因或蛋白质间相互作用的系统研究中。

目前，酿酒酵母功能基因组学的主要研究内容有：高通量注释酿酒酵母基因组所有编码产物的生物学功能；注释所有预测基因的功能；结合生物学实验，构建生物体内各基因相互调节的代谢网络。例如，Johansson 等利用 DNA 微矩阵建模技术，鉴定了酿酒酵母

455个转录子在基因表达水平上与细胞周期有关。除此，Hayashi 等利用 DNA 芯片技术鉴定了裂殖酵母（*Schizosaccharomyces pombe*）的复制起始位点和前复制复合物，在基因间隔区域发现460个前复制复合物，其中307个为早期起始点，153个为后期起始点或无效位点。Fasolo 等利用蛋白芯片技术全面检测了大部分酿酒酵母的蛋白激酶，鉴定了1023个蛋白质-蛋白质相互作用的活性关联，为进一步了解酵母蛋白激酶功能和细胞代谢机制提供了大量宝贵信息。随着功能基因组学的发展，相关基因组表达及功能鉴定信息被广泛应用到工业化生产中。Stambuk 等通过比对5株甘蔗乙醇发酵的酵母菌株的全基因组结构序列，发现菌株中调控维生素 B_6 和维生素 B_1 生物合成的端粒基因 *SNO* 和 *SNZ* 均被显著上调，而这促进了酵母细胞在维生素供应有限且高糖浓度环境下的生长能力，进而提高菌株在工业生产中的适应性。

（四）酿酒酵母基因组的人工合成

1. 酿酒酵母最小基因组的研究

基因组的适度精简可以优化细胞代谢途径，改善细胞对底物、能量的利用效率，提高细胞生理性能的预测性和可控性。目前，基因组简化主要基于"自上而下"的基因敲除策略，即从全基因组出发，通过大量删除非必需基因，实现对基因组的工程化改造和基因组简化，获得容量小、稳定性高的基因组。

酿酒酵母最小基因组是指将基因组中所有功能冗余基因进行删减，在删减之后酿酒酵母依然能在实验条件下生长的最小基因组数目。酿酒酵母基因组具有高度紧密性，相比其他的高等真核生物基因，其基因间隔区更短。因此，在酿酒酵母基因组中，72%的核苷酸顺序是由开放阅读框组成，基因中内含子较为稀少，且酿酒酵母必需基因相对分散地分布于各条染色体上，为通过构建酿酒酵母最小基因组提供了便利条件。

目前，酵母基因组简化的研究包括单基因敲除和 DNA 大片段删除。例如，Sugiyama 等首先利用 PCS 法（PCR-mediated chromosome splitting）对酿酒酵母 Ⅰ 号（230kb）和 ⅩⅤ 号（2091kb）染色体进行打断，获得染色体长度介于 29~631kb 的酵母菌株。此外，Winzeler 等利用 PCR 技术介导精确中止特定的基因功能，同时将特定序列标签标记在被中止基因上，从而实现对酵母基因组大规模的删除。研究结果表明：酿酒酵母基因组中有2026个开放阅读框可被删除，其中必需基因占删除基因的17%，而非必需基因占删除基因的40%。

2. "自下而上"基因组合成

如图7-2所示，自下而上的基因组合成策略是经过理性设计，采用从头合成路线，利用标准化元件和模块化组装方式逐步组装构建而成。该策略可实现对生物基因组的定制化构建和染色体结构、功能与进化的系统性研究，不仅加深人类对生命的认知，还为生命科学的研究提供了全新的范式。

"人工合成酿酒酵母基因组"计划（Sc2.0）是合成基因组学研究的标志性项目，旨在对酿酒酵母基因组进行人工重新设计和化学再造合成。经过多年努力，研究人员构建了全世界第一个完全化学合成的、具有完整生物活性的真核生物基因组，为系统性研究真核

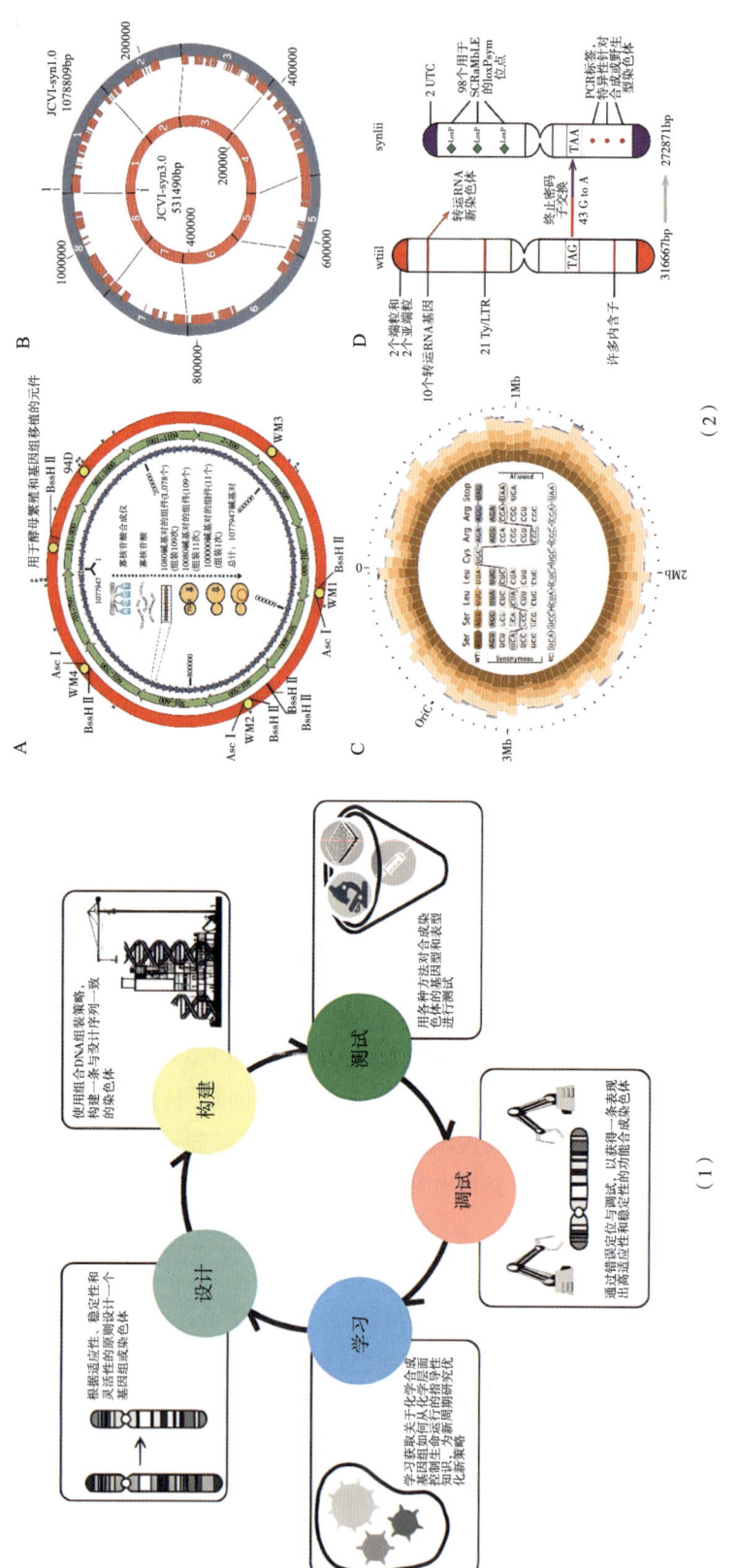

图7-2 合成型基因组的设计与构建策略（1）及其应用（2）

A，化学合成蕈状支原体基因组 JCVI-syn1.0；B，化学合成最小细菌基因组 JCVI-syn3.0；C，大肠杆菌重编码；D，化学合成酿酒酵母染色体

生物染色体提供了全新的研究对象和应用平台。2007 年，Sc2.0 计划由美国科学院院士、约翰·霍普金斯大学教授 Jef D. Boeke 率先发起；2011 年，在天津大学元英进教授等积极推动下，来自美国、中国、英国、法国、澳大利亚、新加坡等多国研究机构的科学家参与其中并形成人工合成酿酒酵母基因组国际联盟。2011 年，Boeke 研究组分别对酿酒酵母 VI 号染色体左臂（synVIL）和 IX 号染色体右臂（synIXR）进行人工设计与合成，并于 2014 年实现了具有生物学活性 III 号人工染色体（synIII）的人工设计与化学再造。酿酒酵母共计 16 条染色体，其中中方研究机构负责合成 II 号、V 号、VII 号、X 号、XII 号、XIII 号等六条染色体，总长度为 4683.9kb，占酵母基因组长度的 39%，美方合成染色体总长度占酵母基因组的 28%（图 7-3）。

Sc2.0 染色体的成功合成将为超大基因组合成（GP-write）项目奠定基础，可逐渐将基因组合成的范围从微生物扩大到植物、动物甚至人类，且可以引入更大胆的定制化设计进而用于改善食物供应、器官移植、免疫治疗等领域。因此，对酿酒酵母基因组的设计与合成，不仅有利于人类对生物学基本问题的探索，且有利于酿酒酵母在医药、能源或环境等领域中的开发和利用。目前，研究团队已将 synII、synIII、synV、synVI、synX 和 synXII 共六条人工合成染色体整合至同一酵母菌株，且该酵母菌株可具备与野生型酵母一样的正常表型和生理功能。

三、酿酒酵母表达系统

（一）酿酒酵母表达载体

酿酒酵母表达载体可根据其在酵母中复制形式、用途、表达外源基因方式等分类，主要分为如下四类。

1. YIP 载体

YIP 载体属于整合型载体，稳定性极高，在没有选择性压力下载体丢失率仅为每代 1%。然而，因载体内部不含有酵母 DNA 复制起始区，导致其不能在酵母体内自主复制。此外，由于 YIP 载体是通过同源重组整合到酵母染色体中，其转化效率低、拷贝数少，进而导致转化子中外源基因的表达量相对较低。常用的整合型载体有 YIP204、YIP33 等，以及多拷贝整合型载体 pMIRY2 及其衍生质粒。

2. YEP 载体

YEP 载体又称为酵母附加体型载体，含有酵母 2μ 复制起点的相关部分，其胞内拷贝数为 60~100 个/细胞。2μ 是大部分酿酒酵母中一个 6.3kb 质粒，它编码四个基因：*FLP*（或 A）、*REP*1（或 B）、*REP*2（或 C）和 D。此外，2μ 还含有一个复制起点和一个维持稳定性的 STB 位点及两段 500bp 的反向重复序列。因此，如若酵母宿主是 $2\mu^+$，所用 YEP 质粒只需含有 ORI-STB 部分，但若酵母宿主本身缺乏内源性 2μ 质粒，YEP 质粒中 2μ 复制起点则必须包含 *REP*1 和 *REP*2 基因。一般来说，YEP 类载体稳定性较高，在有选择性压力情况下质粒难以丢失，而在缺乏选择压力的条件下，质粒的丢失速度约为每代 3%。

代谢工程——方法与应用

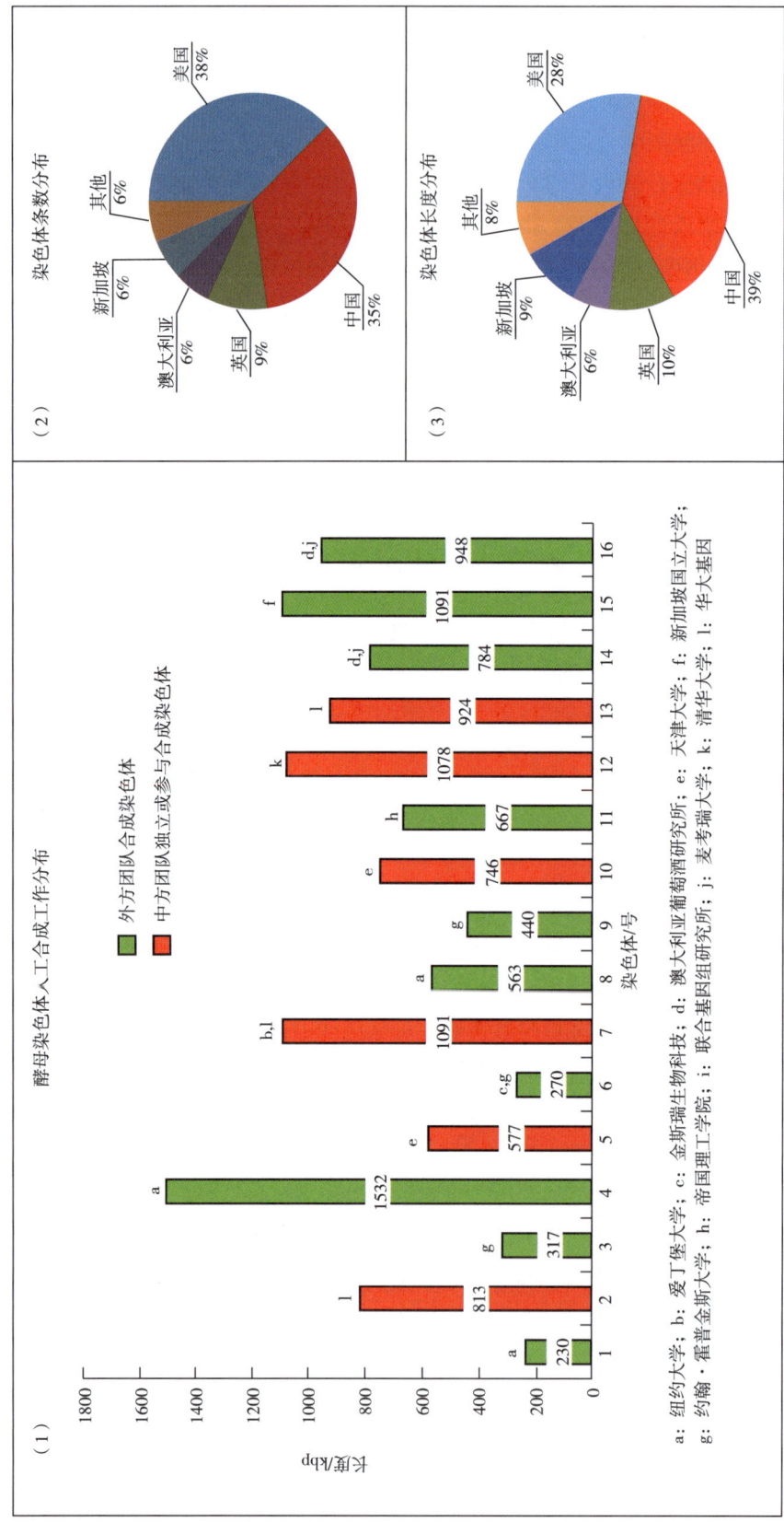

图7-2 人工合成酿酒酵母染色体研究计划工作分布
(1) Sc2.0染色体合成任务分配；(2) Sc2.0染色体条数任务分布比例；(3) Sc2.0染色体合成长度任务分布比例

a: 纽约大学；b: 爱丁堡大学；c: 金斯瑞生物科技；d: 澳大利亚葡萄酒研究所；e: 天津大学；f: 新加坡国立大学；g: 约翰·霍普金斯大学；h: 帝国理工学院；i: 联合基因组研究所；j: 麦考瑞大学；k: 清华大学；l: 华大基因

3. YRP 载体

YRP 载体是酵母自主复制型载体，它含有酵母基因组的复制起始区，可在酵母染色体外自主复制。此类载体转化效率高，且每个细胞转化子中质粒拷贝数可达上百个。然而，由于此类载体在细胞分裂时很难在母细胞与子细胞间获得平均分配，且大多滞留在母细胞内。因此，即使在有选择压力条件下，随着转化细胞不断地分裂繁殖，质粒拷贝数也会迅速减少，进而导致子代细胞中载体平均拷贝数仅为 10~20 个拷贝/细胞。此外，在没有选择压力的条件下，丢失载体的细胞可以每代 20% 的速率累积。因此，虽然 YRP 载体是一种较好的建库载体，但却难以实现外源基因的高效表达。

4. YAC 载体

YAC 载体即酵母人工染色体型载体，其构件包括：酵母染色体自主复制序列（ARS）、着丝粒序列（CEN）和端粒序列（TEL）。导入酵母细胞的 YAC 载体以线性 DNA 方式稳定存在。然而，YAC 载体的复制受细胞分裂周期的严格控制，一般每个酵母细胞中只存在单拷贝 YAC 质粒，但其却可插入大于 500kb 的 DNA 片段。因此，YAC 载体更适用于高等真核生物基因组的克隆。

（二）酿酒酵母表达系统的优缺点

与其他微生物表达系统相比，利用酿酒酵母表达系统表达外源基因蛋白的优势如下：

（1）酿酒酵母所需培养条件相对简单，能在普通的天然培养基中生长。

（2）酿酒酵母的生长速度与繁殖速度快，生长可控，工艺简单。

（3）酿酒酵母细胞壁结构使其能承受较大的剪切力，适用于大规模发酵生产，能有效降低成本。

（4）酿酒酵母表达系统安全可靠，不产生内毒素。

（5）酸酒酵母作为一种真核生物，具有真核生物特有的加工和修饰能力，更适合于表达真核生物基因蛋白。

然而，酿酒酵母表达系统也存在一些缺点：如信号肽加工不完全、产物蛋白的不均一。此外，蛋白质的 C 端往往会被截短及异源蛋白糖基化修饰错误，甚至常发生超糖基化现象（每个 N-糖基链上都含 100 个以上的甘露糖，是正常的十几倍），进而影响异源蛋白的生理功能。同时，酿酒酵母表达系统分泌效率低，尤其对于分子质量大于 30ku 的异源蛋白质，一般不能高效分泌。上述缺点限制了酿酒酵母在表达重组蛋白中的应用，而选择强启动子和高分泌效率的信号肽、提高异源蛋白的转录水平、提高表达载体在细胞中的拷贝数和稳定性、优化翻译起始区前后 mRNA 二级结构、优化密码子等可有效提高异源蛋白在酿酒酵母中的表达水平。

（三）提高酿酒酵母异源蛋白表达及分泌效率

目前，具有临床应用价值的生物制药大多为重组蛋白，大约占据医药市场的 1/6 份额。其中，截至 2023 年获批 22 种生物制药是利用酿酒酵母表达系统获得。

在酿酒酵母中，分泌蛋白的加工修饰过程与其他真核生物基本相同。首先，新生肽链进入内质网中折叠,再转运至高尔基体中进一步加工修饰如糖基化等,最后,成熟、有活性的蛋白通过膜泡转运至胞外,而错误折叠和未正确修饰的蛋白则被转运至细胞质中降解(图7-4)。然而,异源蛋白的过量表达往往会对细胞自身的蛋白加工修饰和分泌过程带来一定的负担,造成分泌蛋白的非正确折叠,降低各自分泌量,并造成内质网压力胁迫。同时,与天然宿主不同的翻译后修饰(如糖基化)过程,导致异源蛋白的修饰结构改变,进而影响其生物活性。因此,酿酒酵母分泌途径限制异源蛋白高效分泌的因素主要包括:①新生肽链进入内质网中的易位能力不足;②高尔基体中参与蛋白折叠的元件不足,弱化蛋白折叠速率,导致非正确折叠蛋白的产生;③异源蛋白修饰错误;④蛋白通过囊泡在内质网-高尔基体和高尔基体-质膜间的运输能力不足;⑤异源蛋白被错误分选而被降解。因此,通过对酿酒酵母分泌途径中参与转运路径的调控因子进行优化可有效提高异源蛋白的分泌。

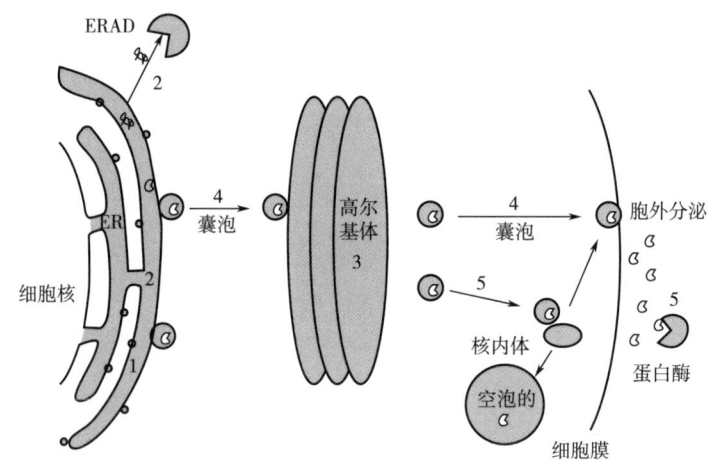

图 7-4 酿酒酵母的分泌途径示意图

1:DNA 在细胞核内转录;2:RNA 被转移至细胞核膜;3:RNA 被囊泡转运至高尔基体;
4:蛋白质被转运至细胞膜;5:蛋白质被胞吐至细胞外;ER:内质网;ERAD:内质网相关蛋白降解

1. 增强分泌蛋白运输

在酿酒酵母中,存在两条细胞质基质到内质网的途径(翻译共转移和后转移)。分泌蛋白必须具有一段称为信号肽的氨基酸序列,通常为15~50个氨基酸组成的疏水核心区,N 末端为正电荷,C 末端为亲水性区域。在翻译共转移途径中,N 端信号序列被信号识别颗粒 SRP 识别并暂停翻译,SRP 将核糖体初始肽链复合物转运至内质网膜,SRP 与其在膜上受体 SR 结合并打开膜上的通道,翻译继续,新合成肽链进入内质网腔。而在翻译后转移途径中,新合成肽链只含有温和的疏水信号序列使其在细胞质基质中合成时逃离 SRP 识别,而此类翻译后转移的分泌蛋白在细胞质基质中完成合成,并在胞质中分子伴侣及其他因子作用下保持非折叠或疏松折叠状态,直到通过内质网上易位子通道进入内质网腔。因此,通过过量表达细胞质基质中分子伴侣或核糖体结合因子可改善蛋白的分泌,而优化信号肽可有助于改善某些不能有效进入内质网的异源蛋白的分泌。

此外，内质网中的蛋白折叠和质量控制系统主要涉及：①未折叠蛋白在信号序列下的运输定位；②分子伴侣协助蛋白折叠；③如蛋白二硫键异构酶 PDI 的存在，协助蛋白的折叠加工；④与糖基化有关的翻译后修饰；⑤与内质网相关的蛋白降解机制。

由于内质网中存在如此严格的质量控制系统，使得蛋白质的折叠成为异源蛋白分泌效率的最大瓶颈。因此，对内质网蛋白折叠和质量控制系统的基因修饰（如过表达多种分子伴侣、PDI 和其他折叠相关蛋白）已成为构建工程菌株最为有效的方法。例如，过量表达分子伴侣 BiP 或 Hsp70 家族的某种蛋白因子可刺激酿酒酵母的蛋白分泌。值得注意的是，即使分泌蛋白在内质网中折叠成其正确的天然结构，却依然滞留在细胞内不能完全分泌，表明在内质网到高尔基体或高尔基体后的运输过程中存在着其他的限制因素。

2. 减少分泌蛋白降解

阻碍异源蛋白有效分泌和分泌后纯化的关键问题是重组基因产物分泌后的降解。其中，细胞裂解是培养基中蛋白酶的主要来源。为此，研究人员已发展许多方法以去除蛋白酶降解的影响，如控制培养条件（pH 和温度）、改变培养基成分（氮、碳源），或向培养基中添加蛋白酶抑制剂、蛋白胨、酪蛋白水解物或特异氨基酸，但效果却不明显。因此，研究重点逐渐转向对宿主蛋白酶基因的修饰，使其成为蛋白酶缺陷的酵母菌株，从而降低宿主特异性的蛋白降解作用。例如，IDIRIS 等在表达人生长激素时对宿主蛋白酶进行系统筛选和联合去除，显著降低蛋白酶的降解作用。因此，综合利用蛋白酶缺陷菌株和优化培养条件可有效降低异源蛋白的降解作用，实现异源蛋白的高效、高质量的分泌表达。

四、后基因组时代的酿酒酵母研究策略

随着酿酒酵母基因测序的完成，对其研究的工作重心从基因组静态的碱基序列转入对基因组动态的生物学功能，即基于代谢调控机制，利用高通量技术手段（基因组学、转录组学、蛋白质组学和代谢组学）及现代生物信息学实现对酿酒酵母复杂生理功能及其代谢网络的深入研究。强化碳流高效向目标产物转化是代谢工程核心目标之一，而基于"开源节流"传统策略的相关代谢途径、代谢反应的平衡与协调一直是实现该目标的重要路径。由于酿酒酵母代谢途径的复杂性、代谢调控的严密性、目标产物合成途径的特异性，虽然反向代谢工程、代谢工程及全局转录机器改造等传统策略仍被广泛应用，但代谢途径微空间重定位策略、途径优化模块化工程、多酶复合体支架策略、途径酶分子融合工程及辅因子工程等代谢工程"新策略"进一步推动了基于酿酒酵母平台的新途径、新产品的开发（图 7-5）。

（一）代谢途径微空间重定位

作为单细胞真核生物，酿酒酵母内部代谢途径及其调控网络更加复杂与精细，而代谢途径分割于不同亚细胞器是其重要特点之一。因此，为避免代谢途径中间物的损失、提高

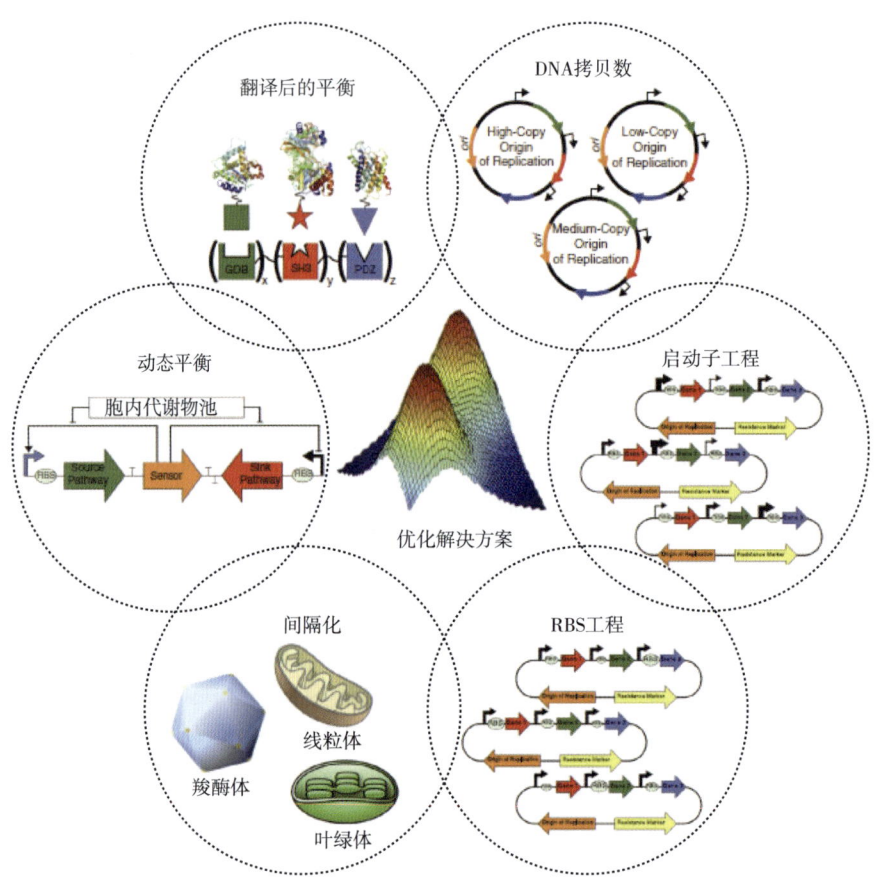

图 7-5 应用于模式生物细胞工厂构建的常见策略与工具

途径全局代谢流,将目标代谢途径定位于某一亚细胞结构则有利于代谢流的全局传递,提高代谢途径的代谢能力。例如,为实现酿酒酵母高效合成异丁醇的代谢目标,Gregory 及 Boles 等将异丁醇途径分别定位于线粒体或细胞质中以避免代谢途径的分割,进而提高异丁醇合成代谢流量。当 Gregory 通过线粒体锚定蛋白靶向定位 α-酮酸脱羧酶与醇脱氢酶至线粒体后,通过提高 α-酮酸脱羧酶与醇脱氢酶的局部浓度,显著提高工程菌株合成异丁醇的能力,使其异丁醇产量较出发菌株提高了 260%。类似的,Boles 等却通过截除相关酶系线粒体定位信号肽锚定 KIV 合成途径于细胞质以避免 KIV 的跨膜转运,使其异丁醇产量显著提高至 0.63g/L。因此,整合与定位相关途径至微环境,可有效提高相关途径的代谢效率,但如何进一步优化相关目标产物的跨膜转运、如何选择定位亚细胞、如何实现亚细胞区室内辅因子平衡与足量供应、如何消除目标化合物及其代谢中间物对亚细胞结构的毒性、如何实现所锚定的目标蛋白成功与高效分选至目标细胞器将是进一步构建高效亚细胞器细胞工程实现目标化合物高效合成需要解决的主要问题。

(二）基于群体感应与生物传感代谢流量动态调控系统

代谢途径中各模块间的平衡与协调以实现途径优化是代谢工程的重要目标，而利用闭合控制系统动态调控特定途径是快速实现这一目标的有效策略。与传统静态调控方式相比，动态调控方式中代谢调控是开放回路，而通过基因回路动态调控基因的表达可实现途径内各部分间的代谢流合理分配，进而实现代谢途径优化。然而，由于真核生物相对复杂的转录水平代谢调控机制，基于真核系统用于代谢流协调平衡的人工动态调控系统还相对较少。将产物合成与菌株生长解耦联是代谢工程或发酵过程实现目标化合物高产的重要策略，如两阶段培养被成功应用于乳酸、1,4-丁二醇等化合物的生产，但很多目标化合物的生产却难以与 pH、溶解氧等过程参数相耦合。为此，如何使用廉价、方便而有效的方式触发培养状态的改变将是成功应用两阶段培养的关键，而基于合成生物学构建执行器与传感器可有效实现代谢流动态的调控。例如，Williams 利用基于群体感应基因回路、RNA 干扰技术实现动态调控羟基苯甲酸合成与细胞生长，将羟基苯甲酸产量提高至 1.1mmol/L。类似的，Niensen 通过优化设计来源于原核微生物的丙二酸辅酶 A 的生物传感器，动态调控脂肪酸合成途径与三羟基丙酸合成途径的代谢平衡，使三羟基丙酸产量提高了 10 倍。然而，虽在真核微生物中实现了代谢途径中不同模块间的动态调控，但整个调控过程却只是简单的"开-关"控制策略，且只使用"开-关"一次，而研究与开发连续动态调控系统、基于生物传感器实时"前馈"与"反馈"相关途径模块及实现模块间代谢协调将是动态调控工程的研究重点。

（三）人工多酶复合体构建

在代谢途径的代谢流传递过程中，底物往往损失较大，且在一些涉及多个不稳定中间物的途径中尤其严重。同时，代谢途径中某些中间物可对细胞生长有毒害作用，如何尽量避免中间物流逝、降低竞争支路作用、减少有毒代谢物对细胞的损伤将是代谢工程迫切需求的新平衡策略。为此，发展酶蛋白融合技术与核酸或蛋白质介导的酶蛋白支架技术可有效解决此类问题。例如，为强化底物传送，赵宗宝等通过对丹参酮类化合物合成途径中 Sm CPS、Sm KSL、法呢基焦磷酸合酶、GGPP 合成酶和甲羟戊酸还原酶等酶进行融合组合，并结合前体供应优化和关键酶强化等策略，可使次丹参酮二烯产量提高至 365mg/L。然而，虽然酶融合技术可有效强化目标途径底物传输效率而提高目标产物产量，但该策略却存在明显的缺陷：①被融合酶的数量有限；②融合酶中某个酶或某两个酶活性可能失活或活性降低；③无法实现酶与酶之间的融合比例，以平衡途径代谢流的分配。为此，能够以不同计量关系连接多个酶的以蛋白、DNA 或 RNA 为物理支架的胞内支架技术得以快速发展并广泛应用。该支架技术可在蛋白翻译后修饰水平调节途径中相关酶蛋白的空间组织比例与顺序，进而实现以较低表达量达到较高催化效率，且有效避免胞内其他不必要的物理性相互作用而引起的干扰作用。例如，Ji-Sook Hahn 等利用 Cohesin-Dockerin 物理性相互作用构建蛋白支架，使工程菌株合成 2,3-丁二醇产量提高了 37%。

（四）途径优化模块化工程

将目标途径中相关酶按照代谢节点或催化性能归类于不同模块中，通过在转录、翻译或翻译后修饰等水平上对模块相对量的调整，找到不同模块间的次优解，进而实现代谢途径的最优化。例如，Zhang 等将次丹参酮二烯合成途径分为合成法呢基焦磷酸及异戊二烯焦磷酸两个模块，通过优化质粒拷贝数实现模块间的平衡，可使工程菌株合成次丹参酮二烯产量提高至 488mg/L。类似的，Yu 将 β-类胡萝卜素合成途径分割为四个模块，基于非诱导剂以阻遏物依赖性等策略调控模块的代谢流量，实现 β-类胡萝卜素的过量合成（1156mg/L，20.79mg/gDCW）。然而，虽基于模块化途径优化策略可显著改善细胞的生理性能，但由于无法实现多顺反子翻译，进而限制了模块化策略在酿酒酵母等真核细胞中的应用。

（五）辅因子工程

作为细胞内必不可少的一类小分子化合物，辅因子与多种酶一起广泛参与胞内生物化学过程：一方面，作为生物合成途径的重要参与者，辅因子供应不足或不平衡可显著降低生物反应的催化效率；另一方面，由于 NADH、NADPH、ATP 等辅因子广泛参与胞内代谢，而对辅因子浓度及种类的改变必将影响细胞全局代谢的改变，进而改善微生物生理性能。为此，作为一种代谢工程策略，通过改变胞内辅因子的形式、浓度及其比例，进而定向改变与优化微生物细胞代谢能力，实现高效合成代谢产物的目标。例如，Nielsen 等通过敲除 NADPH 依赖型谷氨酸脱氢酶，结合过量表达以 NADH 为辅因子的氨同化系统，可使谷氨酸合成所需的辅因子由 NADPH 转向 NADH，进而降低副产物甘油产量，且使乙醇得率提高 10%。因此，平衡代谢途径中相关辅因子的平衡与再生对于碳流的高效传递及目标产物的高效合成至关重要，而结合其他相关策略可有效实现进一步改善微生物生理功能的代谢目标。

（六）合成型酿酒酵母染色体重排技术

基因组结构变异是指长度超过 50 个碱基对的可遗传性核苷酸序列变异，对生物表型多样性、基因组进化和人类疾病具有重要影响。传统的基因组改造技术，如随机突变（random mutagenesis）、基因组改组（genome shuffling）、全局转录调控工程（global transcription machinery engineering，gTME）、位点特异性重组、CRISPR/Cas9 等基因编辑技术已用于染色体重排研究中。近年来，基于合成染色体和 Cre-loxP 的基因组重排系统（SCRaMbLE）可产生全基因组尺度的、大片段的 DNA 缺失、重复、易位、倒位和复杂的基因组重排，加速了特定目标的基因编辑。

1. Cre-loxP 重组系统

Cre 重组酶是由噬菌体 P1 基因组中一段长度为 1029bp 的 DNA 序列编码的蛋白质，其能够特异性识别一段长度为 34bp 的特异性 DNA 序列——loxP（locus of crossing over in P1），并引起两个 loxP 位点相连 DNA 间发生重组。loxP 序列由 2 个 13bp 的反向回文序列和 8 bp 的中间间隔序列组成，其中间隔序列决定了 loxP 的方向。2 个 loxP 位点可以存在于同一个 DNA 序列中，也可位于不同 DNA 序列中。当位于同一 DNA 序列时，若 2 个 loxP 位点序列方向相同，则重组反应会导致 loxP 间 DNA 片段的删除；若 2 个 loxP 位点序列方向相反，则重组反应会导致 loxP 间 DNA 序列的翻转。目前，Cre-loxP 重组系统主要用于基因失活、基因敲除、基因激活、基因翻转、基因易位等方面。

2. SCRaMbLE 系统

Cre 重组酶诱导的合成型酿酒酵母基因组重排机制被称为 SCRaMbLE 系统。全基因组范围的 loxPsym 位点重组将会产生丰富的基因组结构变异，加速合成型染色体的进化，获得大量不同基因型和表型的酵母菌株，为构建高性能酵母菌株、挖掘基因组结构变异与功能关系提供新平台。SCRaMbLE 系统提升了合成型酿酒酵母基因组的操作柔性，为研究酵母基因组进化、最小基因组等提供了高效工具，加速了酿酒酵母菌株在化学品、医药、能源领域的应用（图 7-6）。

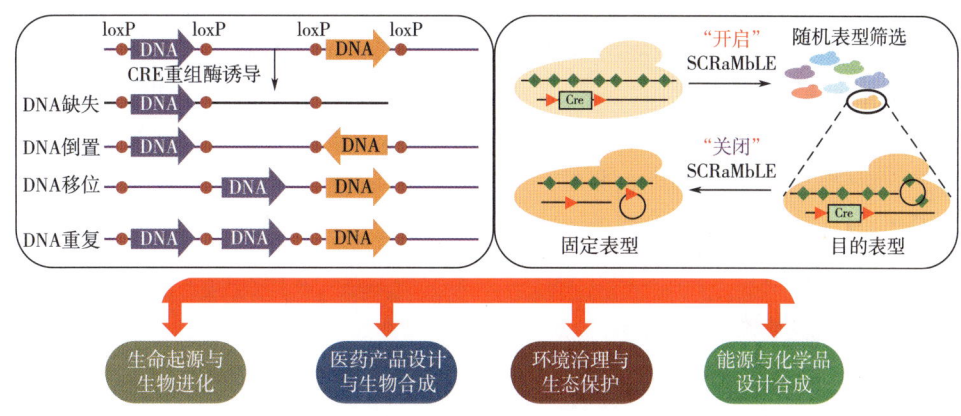

图 7-6 SCRMbLE 系统及其应用

在基础研究层面，SCRaMbLE 技术将有助于加深理解基因组结构变异与细胞表型的关联。染色体重排后，基因组拓扑结构的改变可通过多种机制影响邻近基因的表达，基因组三维构象研究将有助于解析大尺度染色体结构变异对基因表达的影响，理解基因间相互调节和重新定位。同时，转录组学、蛋白质组学和代谢组学与染色体重排研究相结合将有助于更好地理解合成型染色体结构变异及其表型变化。

在工业应用层面，SCRaMbLE 重排技术可扩展应用于工业上的重要微生物。实际研究中，没有一种菌株可作为多种外源产品的超级宿主，即使当一种菌株获得对特定化合物的生产优势时，也很难同时具备对其他化合物的生产优势。因此，对于每种待优化外源路径，需要费时费力的实验过程以优化生产。当异源途径给宿主带来细胞负担时，SCRaMbLE 系统可为宿主细胞的进化和适应性提升提供独特的机会。

因此，SCRaMbLE 系统诱导合成型酿酒酵母染色体发生倒置、重复、缺失、移位等结构变异，大大加速了酿酒酵母底盘细胞的进化，获得了外源代谢产物合成优化、耐受性提高的底盘细胞，为基因新功能挖掘提供了有效工具，为基因组多样性研究和染色体结构变异研究提供了丰富的样本。同时，通过引入基因线路、光控开关、循环式营养标记等方面既可实现 SCRaMbLE 系统的精准开启和关闭，又可加速工程菌株的筛选效率。此外，

SCRaMbLE 技术还可应用于体外功能模块优化组合，快速推动外源模块的适配，进而加快高产细胞工厂的构建进程。值得注意的是，SCRaMbLE 技术还可应用于二倍体或跨物种间杂合二倍体基因组重排，进而有效改善杂合二倍体酵母菌株的耐受性和适应性，为工业化微生物的改造和生命进化提供新思路。

第二节 代谢工程改造酿酒酵母生产乙醇

一、生物燃料

目前，有两种以太阳能为基础的新能源具有替代化石燃料的应用前景。一种是采用光电池转化太阳能。该技术在利用太阳能的同时可避免向环境中释放 CO_2，但电能的储存极大制约了光电池技术的广泛应用。另一种是将生物固碳作用合成的生物质资源转化为液体燃料。在自然界中，存在丰富可被微生物利用的生物质资源，而生物质资源的丰度和再生速度使其成为合成液体燃料的理想原料，且生物燃料在运输和大规模应用方面有着天然的优势。因此，利用微生物生理功能直接转化生物质资源为液体燃料可有效缓解对化石燃料的依赖。

（一）第一代生物燃料

生物乙醇（bioethanol）和生物柴油（biodiesel）是应用最为广泛的"第一代"生物燃料，其中生物乙醇应用较生物柴油更为广泛，且利用乙醇替代汽油可降低 80% 的 CO_2 释放。自 1970 年原油危机以来，乙醇的生产和运输量迅速增长，至 2023 年，全球乙醇产量达到了 1190 亿 L，其中 60% 产自美国、25% 产自巴西。同时，为鼓励和规范生物燃料的研究与产业化进程，美国、巴西、加拿大、日本、欧洲及中国均已颁布相应政策推动生物燃料发展以减少对化石燃料的依赖，进而控制 CO_2 的排放量。然而，由于乙醇能值较低，吸湿性较强，且生物乙醇的合成多采用谷物与甘蔗等农作物，导致大规模合成生物乙醇必将对粮食安全造成严重冲击。类似的，作为另一种已实现产业化的生物燃料，虽然生物柴油具有较高的转化效率，但当温度较低时生物柴油会发生蜡化，进而限制了其大范围推广。因此，新一代生物燃料的研发亟待进行。

（二）新型生物燃料

随着代谢工程、系统生物学和合成生物学的发展，利用可再生生物质资源作为原料合成"新一代"生物燃料已成为可能。目前，"新一代"生物燃料主要包括：①比乙醇含有更多碳原子的长链醇类（通常为 4~12 个碳原子），具有能值高、吸湿性和腐蚀性弱、易分离等优点，如丁醇和已醇等。以丁醇为例，其具有较高热值，达到汽油的 84%，且其吸湿性低，作为燃料可减少对发动机的损耗。②富含支链的脂类生物柴油（通常为 9~23 个碳原子），主要为脂肪酸衍生的脂肪醇、脂肪酸烷基酯、烯烃和烷烃等，熔点相对较低，可缓解生物柴油低温蜡化等问题。

第七章 代谢工程改造酿酒酵母生产精细化学品

(三) 木质纤维素的资源化

新一代生物燃料为替代化石燃料提供了新思路,但通过功能微生物或基因工程菌合成新型生物燃料的效率仍较低,无法满足工业化需求,进而导致生物乙醇将在未来很长一段时间内仍占据生物燃料合成的主导地位。因此,利用"非食物"生物质资源合成生物乙醇将成为极具可行性的生物燃料合成模式。木质纤维素是地球上存在最丰富的生物质资源,其中70%组分为糖类,包括40%~50%纤维素、20%~40%半纤维素以及20%~35%木质素,可替代谷物、甘蔗等农作物,作为生物燃料的原料(图7-7)。然而,由于木质纤维素类物质具有一个由木质素和半纤维素构成的疏水性外壳及独特的晶体结构,其中糖类需经预处理后才能释放并被微生物利用进行生物燃料的合成,且水解后木质纤维素中不仅含有可被微生物直接利用的葡萄糖等己糖,还有木糖等戊糖。令人遗憾的是,戊糖无法被纤维素降解菌 *C. thermocellum* 利用,也无法被可内源合成生物乙醇的 *S. cerevisiae* 和 *Zymomonas mobilis* 所利用。因此,将木糖代谢途径引入 *S. cerevisiae* 有助于实现工程菌株代谢木质纤维素类物质合成生物乙醇的研究目标。

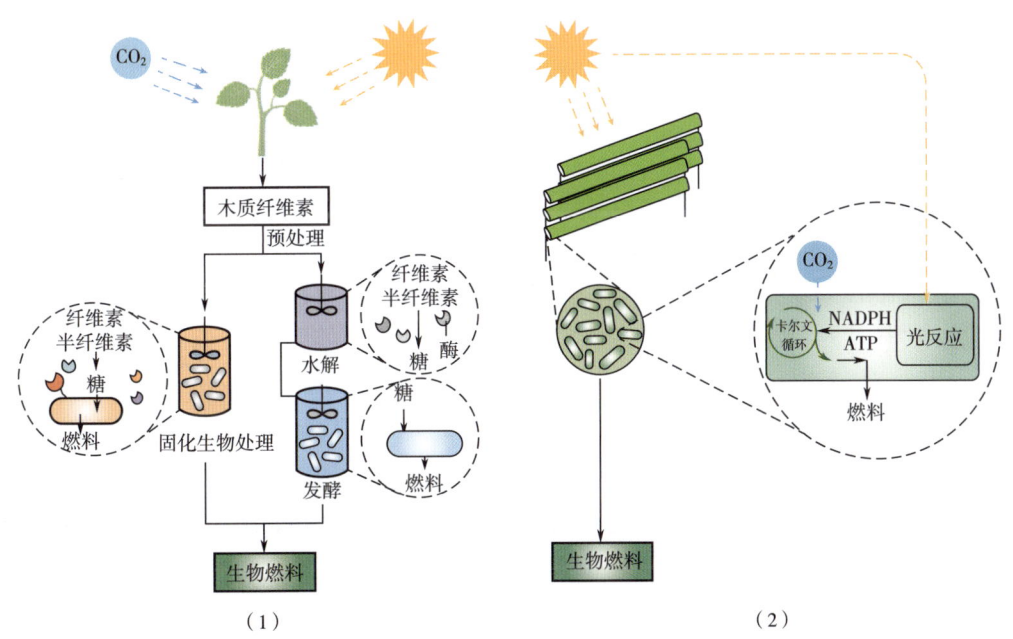

图7-7 木质纤维素生物质(1)及二氧化碳(2)为碳源合成生物燃料

近年来,研究学者主要通过将来源于 *Scheffersomyces stipitis* 中的 XR/XDH [木糖还原酶(xylose reductase)/木糖醇脱氢酶(xylitol dehydrogenase)] 代谢通路或厌氧真菌 *Piromyces* sp. 中木糖异构酶(xylose isomerase)的代谢通路引入酿酒酵母中,并与酿酒酵母内源性戊糖磷酸代谢途径(pentose phosphate pathway)相结合,成功实现酿酒酵母发酵木糖的代谢目标。目前,筛选更为高效、催化性能更强的 *S. cerevisiae* 菌株的方法有:①木糖代谢途径的优化;②调控相关 *S. cerevisiae* 代谢通路;③利用葡萄糖、木糖混合底物。2011

年，Ha 等开创性地采用一种基于纤维糊精（cellodextrin）代谢的方法，通过引入特定转运蛋白和 β-葡萄苷酶，使纤维糊精可在 S. cerevisiae 内水解，避免葡萄糖代谢对木糖代谢的抑制，实现了纤维二糖（cellobiose）和木糖的高效同步发酵。2013 年，Kim 等采用代谢工程与连续传代相结合方法，成功构建可快速、高效发酵利用木糖的酵母工程菌（S. cerevisiae SR8），推动了木质纤维素生物质的高效利用。

然而，由于合成木质纤维素类生物质的碳源来源于 CO_2，虽采用木质纤维素类生物质转化生物燃料过程中排放的 CO_2 不会引起大气中 CO_2 含量的增加，但却难以直接减少 CO_2 等温室气体的释放，且在一些极端情况下反而释放更多 CO_2。因此，为更好解决能源与环境问题，如何实现生物燃料合成的同时减少环境中 CO_2 类温室气体的排放将是值得探索和研究的新课题。

（四）一碳化合物（C1）的利用

鉴于全球气候变化的严峻形势，如若将"碳中性"转变为减少 CO_2 释放的生物过程，将更为有效调控和减少 CO_2 的排放。为此，研究人员从两个方面开展探索研究。

1. 利用光合微生物直接固定大气中 CO_2 合成生物燃料

利用光合微生物直接固定大气中 CO_2 合成生物燃料，在开发新能源的基础上直接实现 CO_2 的减排，有效调节空气中 CO_2 含量。

微藻及蓝细菌等光合自养微生物在固定 CO_2 的同时可有效积累生物质、合成具有高附加值的脂肪酸类代谢产物，已然成为合成生物燃料的重要来源。然而，脂肪酸需要通过生物或化学方法转化为脂肪醇、脂肪酸烷基酯、烯烃或烷烃后才能作为生物燃料，但该转化过程的成本可占到总成本的 70%~80%，进而限制了该技术的应用。此外，借助代谢工程和合成生物学等相关技术，自养微生物在固定 CO_2 的同时直接实现生物燃料的高效积累。例如，Atsumi 通过在蓝细菌中过量表达外源基因 kivD（Lactococcus lactis）、alsS（Bacillus subtilis）、ilvC 和 ilvD（E. coli）实现直接固定 CO_2 合成异丁醇；而 Lan 在蓝细菌中外源表达 C. acetobutylicum 正丁醇代谢途径实现利用 CO_2 直接合成正丁醇。类似的，McEven 等将 E. coli 转运蛋白基因 galP、xylE、xylA 和 xylB 表达至 S. elongatus 中，实现蓝细菌在光暗条件下连续生长，为蓝细菌同步利用木质纤维素类生物质和 CO_2 提供了技术基础。然而，利用自养微生物合成生物燃料尚处于起步阶段，其目标燃料或高附加值化工产品浓度较低，远未达到产业化要求。

2. 将自养微生物中 CO_2 等一碳化合物代谢途径引入异养微生物工程菌株

目前，将还原型戊糖代谢途径、3-羟基丙酸代谢通路、非氧化糖酵解途径及甲醇缩合通路导入 E. coli 和 S. cerevisiae 以实现 CO_2 的固定及其循环利用，进而为同步实现木质纤维素发酵合成乙醇和 CO_2 的循环利用奠定了理论基础。例如，Borogad 等利用甲醇缩合代谢通路（methanol condensation cycle）实现了甲醇转化，为 C1 物质的转化提供了新思路。因此，将一碳化合物代谢通路引入可发酵木质纤维素生物质的微生物工程菌株，实现自养微生物与异养工程菌株的优势互补结合，进而可开发一种"CO_2 减量"的生物转化新技术。

二、酿酒酵母中原核基因表达体系的构建

近年来，因 S. cerevisiae 具备稳定的发酵能力和对抑制剂的较高抗性而被广泛应用于生物燃料的合成。2005 年，Kuyper 发现厌氧真菌 Piromyces sp.、Clostridium phytofermentans 及 Thermus thermophilus 中木糖异构酶（xylose isomerase，XI）均可实现在 S. cerevisiae 中的活性表达。然而，以 E. coli 为代表的大多数细菌中 XI 却无法在 S. cerevisiae 中实现高效活性表达，进而导致 S. cerevisiae 无法直接代谢木糖。此外，E. coli 中阿拉伯糖异构酶（arabinoseisomerase，AI），根瘤农杆菌（Agrobacterium tumefaciens）中 D-阿洛酮糖-差向异构酶（D-psicose epimerase，DPE）也未能在 S. cerevisiae 实现活性表达。因此，如何在 S. cerevisiae 中构建高效的原核基因表达体系将是代谢工程亟待解决的难题。为此，以大肠杆菌 XI 和 AI 为研究对象，通过共表达 E. coli-GroE 体系，分别考察 GroE 体系对 XI 和 AI 在 S. cerevisiae 中表达的影响，进而构建一种具有广适性的跨物种基因表达平台（图 7-8）。

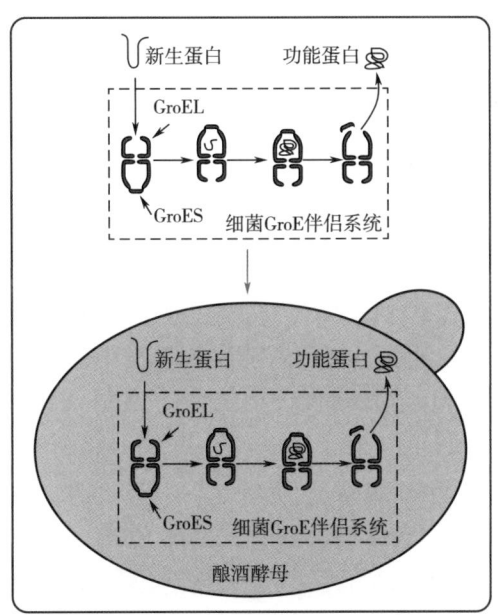

图 7-8 E. coli-GroE 在 S. cerevisiae 中的构建策略

（一）木糖异构酶与阿拉伯糖异构酶在酿酒酵母中的活性表达

通过文献挖掘，推测真核与原核中 HSP60 分子伴侣体系的差异性可能是导致 E. coli XI 和 AI 无法在 S. cerevisiae 中有效表达的主要原因。基于此，考察 E. coli 中 HSP60 体系 GroEL 与 GroES 对 XI 和 AI 表达的影响。首先，将基因 groL（编码 GroEL）、groS（编码 GroES）、xylA（编码 XI）、araA（编码 AI）分别过量表达至 S. cerevisiae 中，并考察过量表达 xylA、xylA 与 groL、xylA 与 groS 及 xylA 与 groL-groS 对胞内 XI 活性的影响。结果如图 7-9（1）所示，共同表达 groL-groS 及 xylA 可使 XI 在 S. cerevisiae 中有效表达，且粗提液中 XI 活性可达 0.03U/mg，使其活性与在 S. cerevisiae 中过量表达来源于 Piromyces sp. 和

B. stercoris 中 XI 的活性相似。类似的，分别考察过量表达 *araA*、*araA* 与 *groL*、*araA* 与 *groS* 及 *araA* 与 *groL-groS* 对胞内 AI 活性的影响。结果如图 7-9（2）所示，共同表达 *araA* 与 *groL-groS* 可使 *S. cerevisiae* 粗提液表现较高的 AI 活性，可达 0.023U/mg。综上所述，真核与原核中 HSP60 分子伴侣体系的差异性将是引起 *E. coli* 中 XI 和 AI 无法单独在 *S. cerevisiae* 中有效表达的关键原因。

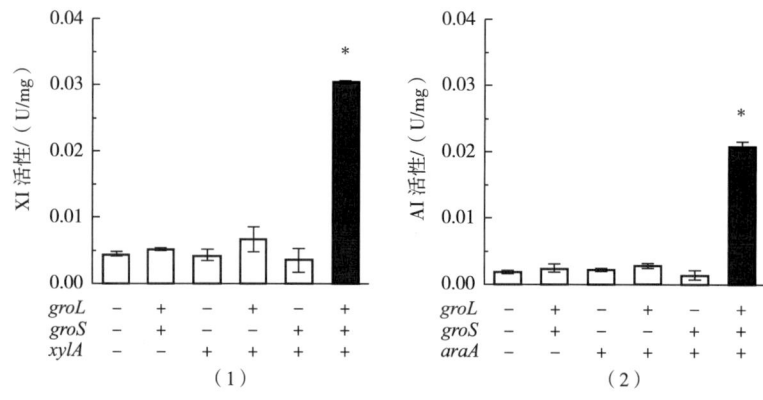

图 7-9 不同表达系统对 *E. coli* 中 XI（1）和 AI（2）在 *S. cerevisiae* 中活性表达的影响

（二）木糖异构酶活性的验证

在 *S. cerevisiae* 中，由于其内源戊糖代谢途径活性较低，导致其细胞无法直接利用木糖和阿拉伯糖等戊糖，而有效表达 XI 和 AI 可构建相应的戊糖代谢通路，进而实现戊糖的直接代谢利用。为此，为进一步检验 *E. coli* XI 在酿酒酵母中的表达活性，基于 CRISPR/Cas 基因编辑技术，通过敲除 PH013 基因构建 PF1 菌株，并将 *groL-groS* 整合到 PH013 位点而构建工程菌株 PF2。同时，以 PF1 和 PF2 为出发菌株，将来源于 *S. stipitis* 的木酮糖激酶（xylulose kinase，XK）基因 *XYL3* 整合至 ALD6 位点，分别构建工程菌株 PF3 和 PF4，并考察不同工程菌株粗提液中 XI 的表达活性。结果如图 7-10 所示，在工程菌株 PF4（GroE 整合至 PH013 位点）中，过量表达来源于 *E. coli* 的 XI 可使粗提液中 XI 活性提高至 0.02U/mg，且使工程菌株 PF4 可在以木糖为唯一碳源的 YP 培养基中正常生长，使其生物量 OD_{600} 值达到 4.0。然而，*E. coli*-XI 却在工程菌株 PF3（无 GroE）中未表现出相应活性，导致工程菌株 PF3 无法在以木糖为唯一碳源的 YP 培养基中生长。因此，在 GroE 体系的辅助下，*E. coli*-XI 可在 *S. cerevisiae* 中高效活性表达，并实现基于木糖异构酶通路对木糖的代谢利用。

（三）阿拉伯糖异构酶和阿洛酮糖-差向异构酶活性的验证

类似的，以平台菌株 PF1 和 PF2 为出发菌株，将 *araB*（编码核酮糖激酶）和 *araD*（编码 5-磷酸核酮糖差向异构酶）整合表达至 *S. cerevisiae* 中 ALD6 位点，成功构建工程菌株 PF5 和 PF6，并考察不同表达体系对 AI 活性的影响。结果如图 7-11 所示，*E. coli*-AI 在工程菌株 PF5 粗提液中并未表现出相应的活性，且工程菌株 PF5 虽可在含阿拉伯糖和半

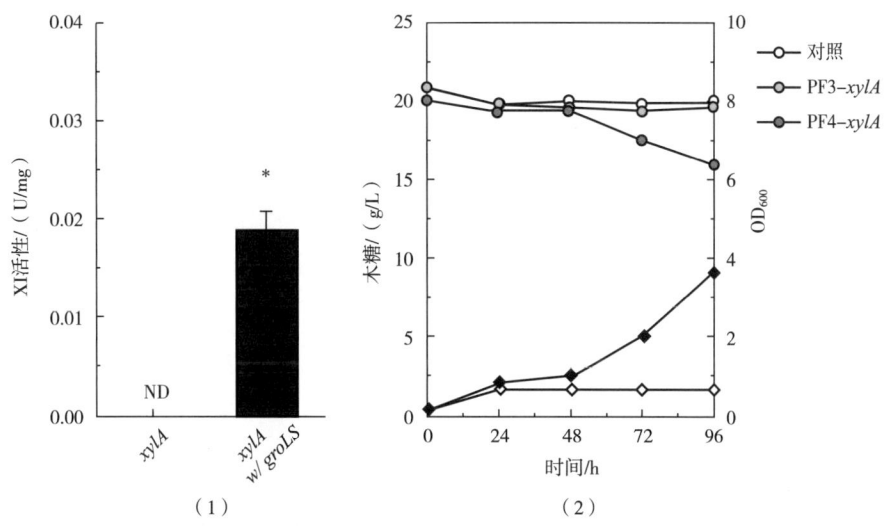

图 7-10　不同工程菌株中 XI 活性（1）及其生长性能（2）的比较分析

乳糖的 YP 培养基中生长，但未发现阿拉伯糖的消耗，表明工程菌株 PF5 主要利用半乳糖进行细胞生长。有趣的是，E. coli-AI 却在工程菌株 PF6 粗提液中表现出较高的活性，使 AI 活性增加至 0.03U/mg，且工程菌株 PF6 可在含阿拉伯糖和半乳糖的 YP 培养基中生长，并显著降低培养基中阿拉伯糖含量。

此外，将来源于 A. tumefaciens 中阿洛酮糖-差向异构酶（DPE，dpe 基因编码）过量表达至平台菌株 PF1 和 PF2 中，并考察不同表达体系对 DPE 活性的影响 [图 7-11（3）]。当以平台菌株 PF2 为表达宿主时，可使 A. tumefaciens-DPE 表现出较好活性，使其活性提高至 0.032U/mg，但在以平台菌株 PF1 为宿主时未能检测出 DPE 活性。因此，基于 E. coli-XI、E. coli-AI 及 A. tumefaciens-DPE 在 S. cerevisiae 工程菌株中的表达活性，以及工程菌株在含有木糖和阿拉伯糖的培养基中生长和耗糖情况，进一步证实真核与原核中 HSP60 分子伴侣体系的差异性是导致 E. coli 中 XI 和 AI 无法单独在 S. cerevisiae 中有效表达的关键原因，表明细菌中 HSP60 分子伴侣 GroE 可作为一种广适性的翻译后修饰工具。

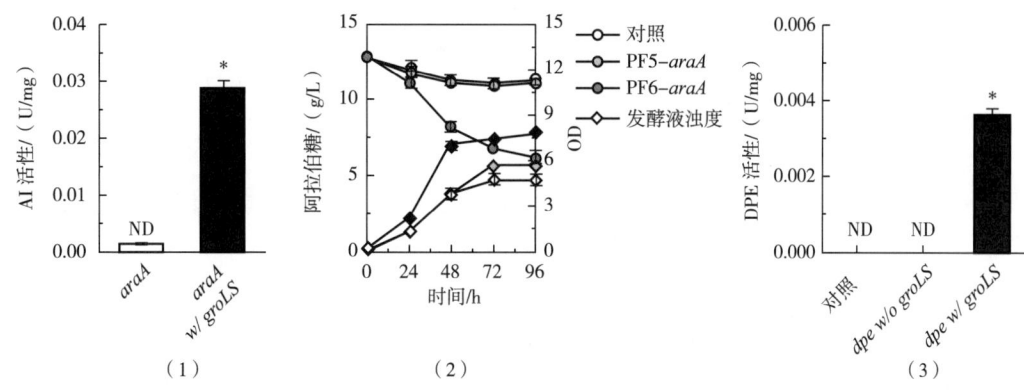

图 7-11　不同工程菌株中 AI 活性（1）、生长性能（2）及 DPE 活性（3）的比较分析

（四）GroE 体系对功能基因表达的影响

为进一步考察 GroE 体系是否对可在酵母中有效表达的外源酶产生影响，以 *B. stercoris* 中 XI 及 *E. coli* 中 KDPGA 为研究对象，分别考察 GroE 体系对此两种酶在 *S. cerevisiae* 中表达的影响。

首先，将 *B. stercoris* XI 过量表达至平台菌株 PF3（无 GroE）和 PF4（表达 GroE）中，并考察工程菌株粗提液中相应酶活性及其在以木糖为唯一碳源的培养基中细胞生长性能及其耗糖情况。结果如图 7-12 所示，*B. stercoris* XI 在平台菌株 PF3 和 PF4 粗提液中表现出相似的活性，其酶活性分别为 0.072U/mg 和 0.074U/mg，且在以木糖为唯一碳源的培养基中表现出相似的生长情况和耗糖能力。类似的，当将 *E. coli*-KDPGA 过量表达至平台菌株 PF1（无 GroE）和 PF2（表达 GroE）中时，*E. coli*-KDPGA 均可在平台菌株 PF1 和 PF2 中活性表达，且具有相似的活性，使平台菌株 PF1 和 PF2 中 KDPGA 活性分别增加至 0.43U/mg 和 0.44U/mg［图 7-12（3）］。因此，GroE 体系对于已能在 *S. cerevisiae* 中活性表达的酶类（如 *B. stercoris* XI 及 *E. coli* KDPGA）并无明显影响，进一步表明 GroE 体系作为一种翻译后修饰工具的可行性。

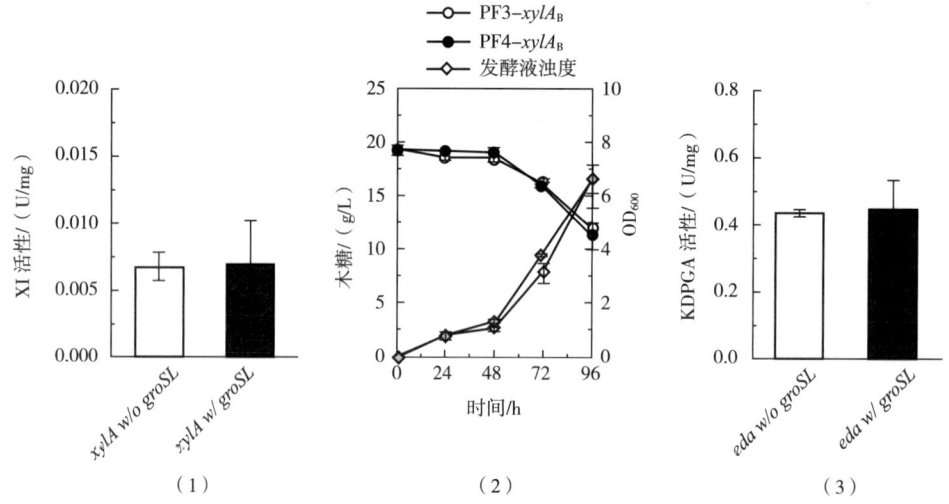

图 7-12　GroE 体系对在酿酒酵母中过量表达 *B. stercoris* XI 及 *E. coli* KDPGA 的影响
（1）XI 活性；（2）XI 工程菌株生长性能；（3）KDPGA 活性

（五）GroE 体系的作用机制解析

一般来说，蛋白的正确折叠才能体现其功能，而蛋白的折叠方式主要基于其氨基酸序列，因此新生和变性蛋白可在体外达到或恢复其功能构型。然而，体外环境往往仅含有必需的缓冲溶液、底物以及辅因子，且其环境相对简单而有利于蛋白折叠，但在复杂的胞内环境中，蛋白的正确折叠则需要分子伴侣的辅助。因此，推测 HSP60 体系在真核与原核细胞质中的差异性将是导致 *E. coli* XI 和 AI 无法正确折叠的主要原因。

在细菌中，GroE 体系由 GroL 和 GroS 构成，其作用机制为：首先，GroL 构成两个"背靠背"的七元环状结构，环状结构顶端为疏水基团，而其构成的空腔内部则为亲水基团，其中 GroL 疏水基团将与新生蛋白相互作用，并将其引入空腔结构中。其次，在 GroL 与 ATP 结合后，由 GroS 构成的环状结构将与 GroL 疏水端结合，形成一个相对密闭结构供其内部新生蛋白的折叠。最后，随着 ATP 的水解，达到功能构型的蛋白将被释放到细胞质中发挥其应有功能。因此，从 GroE 作用机制分析，只有共同表达 GroL 及 GroS 才能构成可有效辅助蛋白折叠的伴侣蛋白体系，并为构建一种具有广适性的翻译后修饰工具提供理论基础。

此外，GroE 的疏水性作用机制也可解释其对已能在 *S. cerevisiae* 中有效表达的活性酶并无影响的原因，即当蛋白达到功能构型后，其疏水基团往往位于蛋白结构内部，而亲水基团位于外部，此时 GroL 环状结构的疏水端无法与之相互作用，进而对其活性不能产生影响。值得注意的是，GroE 的疏水性作用机制也可用于解析乙醇、丁醇等产物对细胞的反馈抑制作用，进而为提高细胞的环境鲁棒性提供改造策略。例如，丁醇等溶剂的抑制性主要基于其疏水性（hydrophobicity）和离散性（chaotropicity），并作用于细胞膜的磷脂双分子层、蛋白及 DNA，进而影响构成生物大分子功能结构的疏水性作用，导致细胞膜失去生理功能。通过三维同步荧光分析，发现丁醇可影响并导致蛋白内部疏水基团位置的变化，进而增强蛋白整体疏水性破坏其二级结构（图 7-13）。因此，基于 GroE 辅助蛋白折叠的生理功能，GroE 体系也可为提高工程菌株抵御环境胁迫的耐受性提供新思路。

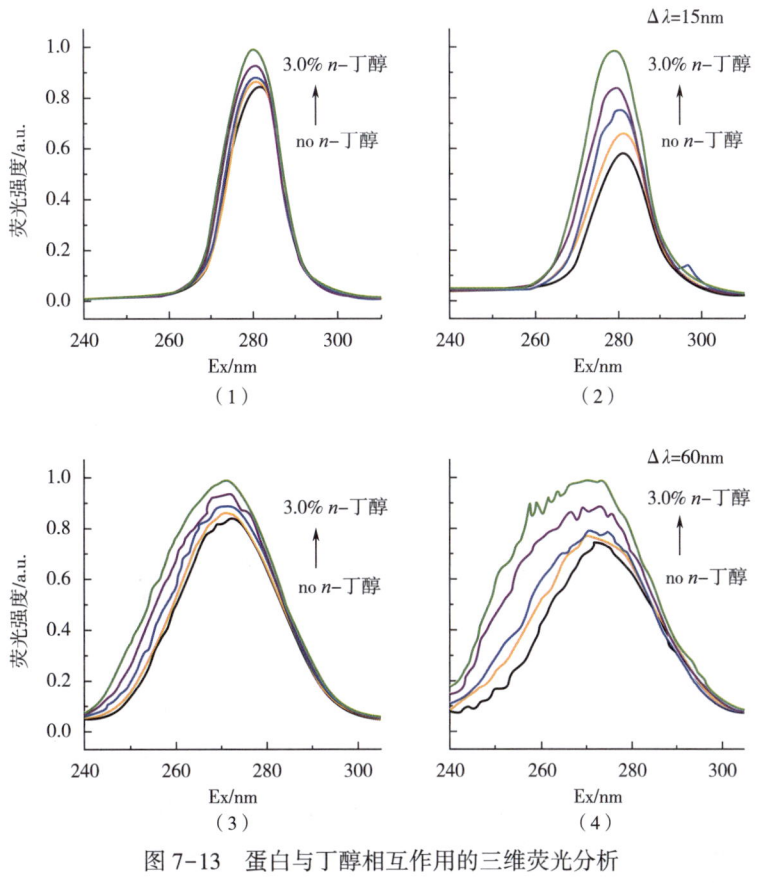

图 7-13　蛋白与丁醇相互作用的三维荧光分析
（1）（2）$\Delta\lambda=15\text{nm}$；（3）（4）$\Delta\lambda=60\text{nm}$

三、还原型戊糖代谢途径的构建

在成功构建原核基因表达平台的基础上,将卡尔文循环中磷酸核酮糖激酶(phosphoribulokinase,PRK)和1,5-二磷酸核酮糖羧化酶/加氧酶(ribulose-1,5-bisphosphate carboxylase/oxygenase,RuBisCO)过量表达至 S. cerevisiae 工程菌株中,成功构建还原型戊糖代谢途径,以期实现循环利用部分发酵乙醇过程中释放的 CO_2 而减少 CO_2 释放的代谢目标(图7-14)。同时,代谢过程中积累的5-磷酸木酮糖可转化为 CO_2 固定底物5-磷酸核酮糖,且 CO_2 可作为电子受体进一步减少木糖醇和甘油等代谢副产物的积累。因此,该代谢工程策略不仅可在发酵木质纤维素类物质合成乙醇的过程中固定 CO_2,还可有效提高底物的利用效率和乙醇产量。

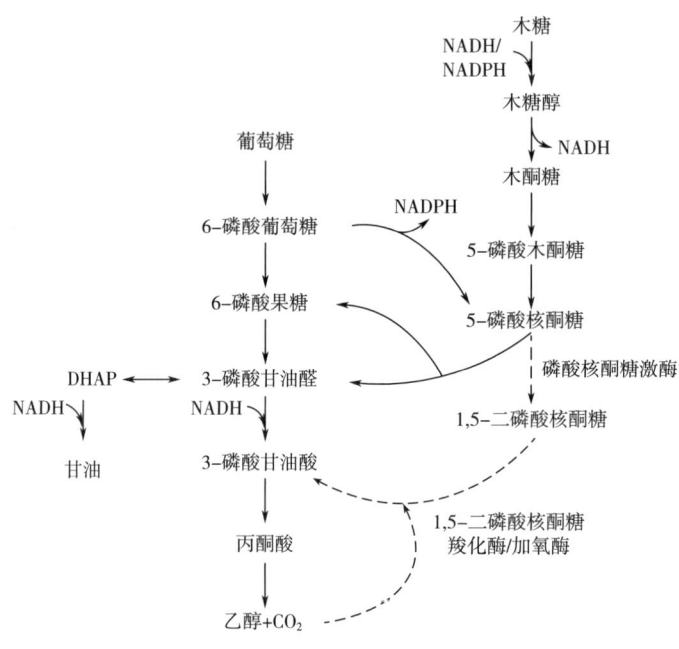

图 7-14 还原型戊糖磷酸代谢途径的构建策略
外源代谢通路:XR/XDH 代谢途径(虚线);内源代谢通路(实线)

(一) 1,5-二磷酸核酮糖羧化酶/加氧酶在酵母工程菌中的表达

为实现将来源于 R. rubrum 中 TYPE-II RuBisCO(cbbM 编码)活性表达至 S. cerevisiae 中,在利用 CRISPR/Cas 技术将密码子优化后的 cbbM 和 groL-groS 分别整合至出发菌株 SR8 中的 ALD6 和 PH013 位点,成功构建工程菌株 SR8C,并考察 GroE 体系对外源基因表达的影响。结果如图 7-15 所示,与出发菌株 SR8 粗提液中未能检测到 RuBisCO 活性相比,在 GroE 体系平台的辅助下,过量表达 cbbM 可使工程菌株 SRBC 粗提液中 RuBisCO 活性增加至 7.0U/mg,且与其他研究中 RuBisCO 活性相近,表明外源基因 cbbM 在 GroE 体系的辅助下可实现在 S. cerevisiae 中活性表达。同时,为进一步提高 RuBisCO 活性及其催化效

率，通过增加 RuBisCO 拷贝数，即将第二个拷贝 *cbbM* 基因整合至菌株 SR8C 而构建工程菌株 SR8C-*cbbM*。结果表明，多拷贝表达可显著提高工程菌株中 RuBisCO 活性，使其活性较菌株 SRBC 提高了 8 倍。此外，为进一步提高 RuBisCO 活性及其稳定性，将另一个拷贝的 *groL-groS* 基因整合到基因间位点 CS8，构建工程菌株 SR8C$^+$，可使工程菌株粗酶液中 RuBisCO 活性进一步提高至 58.8U/mg（图 7-15）。

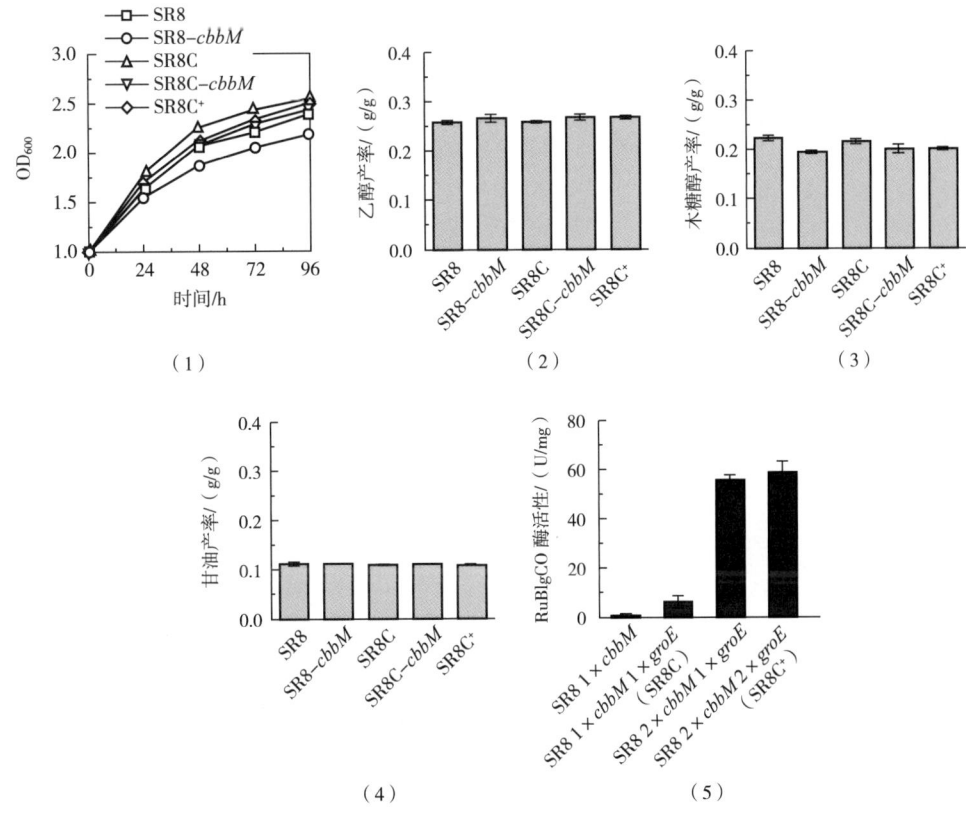

图 7-15　过量表达 *cbbM* 对不同工程菌株中 RuBisCO 活性及其发酵性能的影响
(1) 生物量；(2) 乙醇产率；(3) 木糖醇产率；(4) 甘油产率；(5) RuBisCO 酶活性

此外，进一步考察过量表达 RuBisCO 和 GroE 体系对工程菌株在利用木糖发酵过程中细胞生长性能及其发酵性能的影响。结果如图 7-15 所示，单独表达 RuBisCO 能抑制工程菌株 SR8-*cbbM* 的生长性能，而有效地促进工程菌株 SR8C 的生长性能。然而，不同工程菌株却表现出相似的发酵特性，其主要产物乙醇及其副产物木糖醇和甘油产量均无显著差异。因此，过量表达来源于 *R. rubrum* 的 RuBisCO 和 *E. coli* 的 GroE 不会对 *S. cerevisiae* SR8 发酵木糖合成生物乙醇产生影响。

（二）过量表达磷酸核酮糖激酶对木糖发酵的影响

将来源于 *S. oleracea* 的 *prk* 基因（编码 PRK）过量表达至 SR8 菌株中，构建工程菌株 SR8-*prk*，并考察其对发酵木糖的影响。结果如图 7-16 所示，在利用木糖发酵的过程中，

过量表达 *prk* 基因能有效抑制工程菌株 SR8-*prk* 的生长性能，且在 YP 与 SC 培养基中表现出类似的抑制效果。然而，当以葡萄糖为碳源时，过量表达 *prk* 基因对工程菌株 SR8-*prk* 生长性能并无抑制效果，其原因可能是葡萄糖对糖酵解途径之外代谢通路具有抑制作用，导致戊糖代谢途径活性较低，而合成的 RuBP 不足以影响工程菌株 SR8-*prk* 在葡萄糖为碳源时的生长性能。

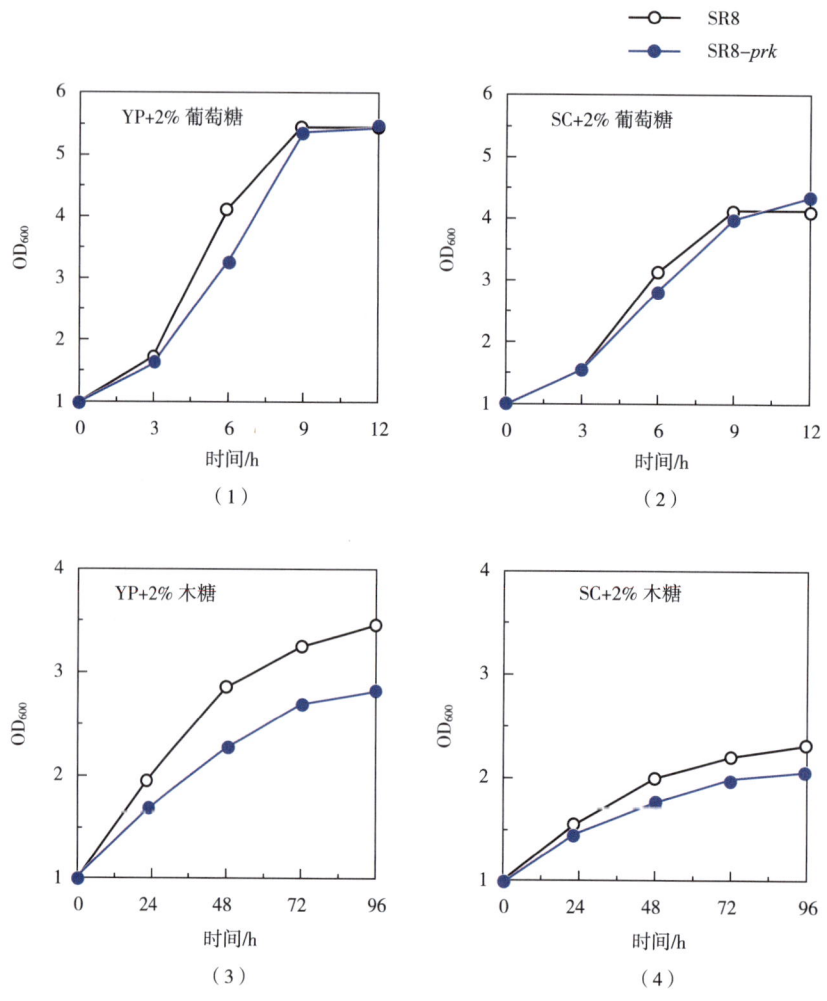

图 7-16　不同培养条件下，过量表达 *prk* 基因对 *S. cerevisiae* SR8 生长性能的影响

过量表达 *prk* 基因能有效改善宿主菌株 SR8 合成乙醇、木糖醇及甘油等代谢产物的能力（图 7-17、表 7-2）。在 SC 培养基中，与出发菌株 SR8 相比，过量表达 *prk* 基因可有效提高工程菌株 SR8-prk 合成甘油和乙醇等代谢产物的能力，使其产率分别由 0.114g/g、0.256g/g 提高至 0.158g/g、0.283g/g，但其合成木糖醇的产率却由 0.191g/g 降低至 0.107g/g。因此，外源 *prk* 基因可在 SR8 中实现有效表达，且其对宿主菌株的生长抑制作用及代谢产物的影响可作为检测还原型戊糖代谢途径成功构建与否的指标。

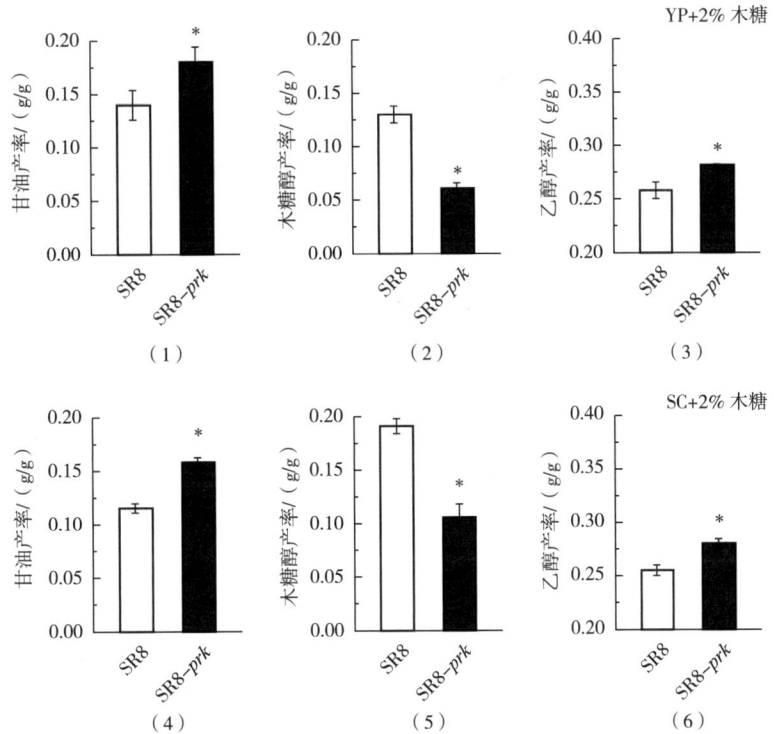

图7-17 不同培养条件下,过量表达 prk 基因对 S. cerevisiae SR8 发酵性能的影响
(1)(2)(3) YP 培养基+2% 木糖;(4)(5)(6) SC 培养基+2% 木糖

表7-2 不同工程菌株利用木糖发酵合成代谢产物的比较分析

菌株	木糖醇产率		甘油产率		木糖醇+甘油产率	乙醇产率/(g/g)	
	g/g	mol/mol	g/g	mol/mol	mol/mol	总产率	净产率
SR8	0.191±0.007	0.189±0.007	0.114±0.004	0.185±0.007	0.374±0.003	0.256±0.005	0.324±0.004
SR8-prk	0.107±0.011	0.106±0.011	0.158±0.004	0.257±0.006	0.363±0.004	0.283±0.004	0.315±0.003
SR8C-prk	0.141±0.005	0.140±0.005	0.137±0.007	0.224±0.012	0.363±0.016	0.283±0.004	0.330±0.005
SR8C$^+$-prk	0.147±0.003	0.145±0.003	0.117±0.003	0.191±0.005	0.337±0.003	0.283±0.002	0.336±0.004

(三)还原型戊糖代谢途径的构建

为在酿酒酵母中构建还原型戊糖代谢通路,研究人员将 PRK 分别表达于具有 RuBisCO 活性的工程菌株 SR8、SR8C 和 SR8C$^+$ 中,构建了工程菌株 SR8-prk、SR8C-prk 及 SR8C$^+$-prk,并分别考察不同工程菌株在不同培养条件下的木糖利用效率与发酵性能。结果如图7-18所示,过量表达 PRK 可有效降低工程菌株 SR8C-prk 及 SR8C$^+$-prk 中 RuBisCO 对细胞造成的抑制作用,其中工程菌株 SR8C$^+$-prk 生长性能最好,可使其 OD$_{600}$ 值提高至

2.38，表明共同表达 PRK 和 RuBisCO 可使代谢中间产物 RuBP 被进一步代谢，进而弱化 PRK 对细胞的抑制作用。因此，在 SR8 中共同表达 PRK 和 RuBisCO 可用于构建还原型戊糖代谢途径。

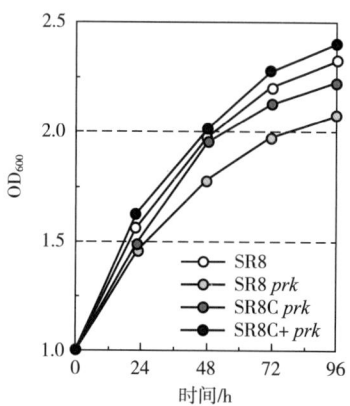

图 7-18　构建还原型戊糖代谢途径对工程菌株生长的影响

此外，不同工程菌株利用木糖进行发酵的结果如表 7-2 所示。与对照菌株 SR8 相比，工程菌株 SR8C-prk 合成甘油的产率由 0.114g/g 提高到 0.137g/g，而木糖醇产率却由 0.191g/g 降至 0.141g/g。然而，虽工程菌株 SR8C$^+$-prk 合成木糖醇的产率也降低至 0.147g/g，但其甘油产率却未发生明显变化。有趣的是，与对照菌株 SR8 相比，不同工程菌株均可产生更高浓度的乙醇，使其乙醇产率均由 0.256g/g 提高至 0.283g/g，且不同菌株具有相似的糖消耗速率和发酵速率，表明工程菌株可在同样时间内合成更高浓度的乙醇并有效减少副产物的生成。

（四）循环利用发酵过程中 CO_2 的机制解析

在酿酒酵母中活性构建还原型戊糖代谢途径，需要满足两个代谢步骤：一是通过 PRK 将 5-磷酸核酮糖（ribulose-5-phosphate，RSP）转化为 RuBP；二是利用 RuBisCO 催化 RuBP 和 CO_2 生成 3-磷酸甘油酸酯（glycerate-3-phosphate）。工程菌株 SR8 可为构建还原型戊糖代谢途径提供良好平台，其高代谢活性的戊糖代谢途径可为 PRK 提供充足的 RSP 推动第一步反应，且 SR8 在高效发酵木糖过程中产生的 CO_2 可作为 RuBisCO 的底物，进而提高 CO_2 的固定效率。

在高效代谢木糖的酵母菌株中建立还原型戊糖代谢途径进行 CO_2 的循环利用是一种"双赢"策略。一般来说，XR 可利用 NADH 和 NADPH，而 XDH 仅能利用 NAD$^+$，因此基于 XR/XDH 代谢途径建立的木糖代谢菌株在其发酵过程（尤其在严格厌氧发酵）中存在氧化还原不平衡问题，进而导致木糖醇和甘油等副产物的累积。值得注意的是，通过在 SR8 中引入还原型戊糖代谢通路可将 CO_2 作为电子受体，缓解氧化还原引起的辅因子不平衡，从而达到减少发酵副产物、提高乙醇产率的目的。然而，RuBisCO 作为一个兼具羧化酶和加氧酶功能的双功能蛋白，在开放体系中其固碳功能必然受到 O_2 影响，但在发酵木糖过程中，尤其在仅存 N_2 和 CO_2 的厌氧发酵过程中，RuBisCO 功能将不受 O_2 影响，进而只体现其羧化酶功能。此外，由于酵母在发酵利用木糖过程中可通过 PDC 脱羧酶作用产生大量 CO_2，可为 RuBisCO 提供充足的底物，进一步提高 CO_2 的固定效率。

四、二氧化碳对生物乙醇发酵的影响

通过在 *S. cerevisiae* 中建立 GroE 外源基因表达平台，实现 *R. rubrum*-RuBisCO 和 *S. oleracea*-PRK 的高效表达，成功构建还原型戊糖代谢通路，实现在利用木糖发酵的同时循环利用 CO_2 的目的。其中，RuBisCO 是还原型戊糖代谢通路的关键酶，可直接用于 CO_2 的固定。然而，由于 RuBisCO 效率较低，且大气环境中 CO_2 浓度较低，难以为其提供充足的反应底物。为此，利用碳酸酐酶（carbonic anhydrase，CA）调节 CO_2 和 HCO_3^- 间的化学平衡，提高胞内 CO_2 浓度，可提高细胞对 CO_2 的固定效率。

（一）初始 CO_2 浓度对还原型戊糖代谢通路的影响

为进一步提高还原型戊糖代谢通路对 CO_2 的固定效率，分别考察 CO_2 和 N_2 对工程菌株 SR8 及 SR8C$^+$-*prk* 生长性能及其发酵特性的影响。发酵结果如图 7-19 所示，在利用木

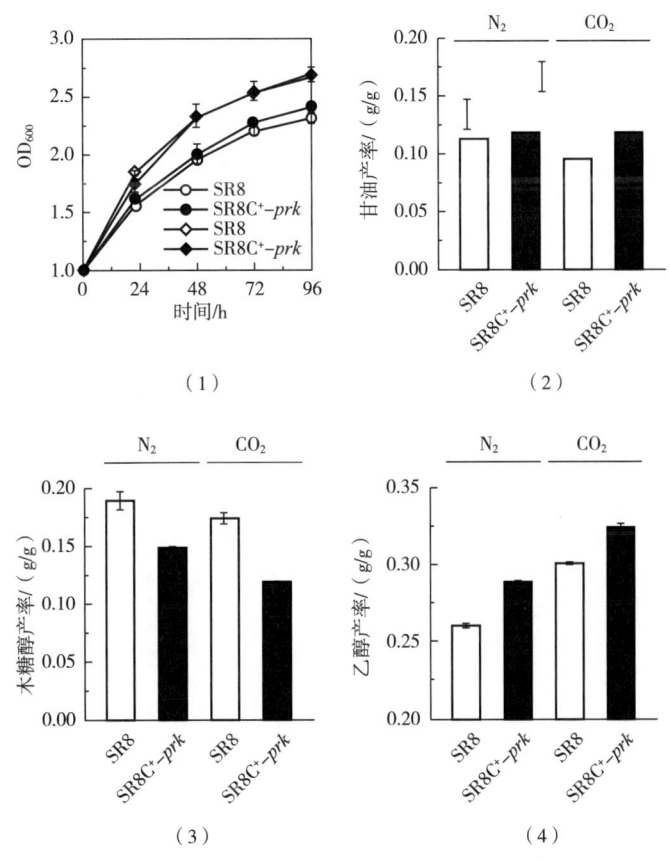

图 7-19 CO_2 吹扫对木糖发酵的影响
（1）生物量；（2）甘油产率；（3）木糖醇产率；（4）乙醇产率

糖发酵过程中，CO_2 吹扫均可有效改善工程菌株 SR8 及 SR8C$^+$-prk 的生长性能。当发酵进行 96h 时，经 CO_2 吹扫可使菌株 SR8 及 SR8C$^+$-prk 生物量（OD_{600}值）分别达到 2.66 和 2.68，而 N_2 吹扫却使菌株 SR8 及 SR8C$^+$-prk 生物量（OD_{600}值）仅分别为 2.33 和 2.41。此外，与 N_2 吹扫相比，CO_2 吹扫还可有效提高菌株 SR8 及 SR8C$^+$-prk 合成乙醇的能力，使乙醇产率分别由 0.260g/g 和 0.288g/g 增加到 0.294g/g 和 0.317g/g。值得注意的是，CO_2 吹扫还可有效抑制工程菌株 SR8 及 SR8C$^+$-prk 合成其他代谢副产物的能力，使其木糖醇的产率分别从 0.191g/g 和 0.150g/g 降低至 0.175g/g 和 0.119g/g，且菌株 SR8 合成甘油的产率也由 0.113g/g 下降到 0.096g/g，但菌株 SR8C$^+$-prk 合成甘油的产率并未发生明显变化。因此，CO_2 吹扫可有效提高菌株 SR8C$^+$-prk 发酵木糖合成乙醇的能力，但由于工程菌株 SR8 与 SR8C$^+$-prk 发酵特性相似，表明 CO_2 对发酵过程的促进作用并非基于外源还原型戊糖代谢途径。

（二）CO_2 及 HCO_3^- 对酵母发酵促进作用的广适性研究

基于不同底物（葡萄糖、木糖及半乳糖）的严格厌氧发酵体系，通过 N_2 或 CO_2 吹扫 20min 以排除体系中其他气体（主要为 O_2），进一步考察 CO_2 吹扫（即调整初始 CO_2 分压）对酵母发酵木糖的影响。其中，菌株 SR8 用于考察木糖发酵情况，而利用 S. cerevisiae BY4742（简称 BY4742）的 GAL80 缺陷型（BY4742ΔGAL80）考察半乳糖发酵情况，利用 BY4742 菌株考察葡萄糖发酵情况。

首先，考察 N_2 吹扫和 CO_2 吹扫对不同菌株发酵特性的影响。结果如图 7-20 所示，在 CO_2 吹扫条件下，当以葡萄糖为碳源时，可有效提高 BY4742 发酵葡萄糖生产乙醇的能力，使其乙醇产率由 0.381g/g 提高到 0.409g/g，且细胞生物量也由 0.045g/g 提高到 0.051g/g，但却降低了甘油和乙酸等副产物产率。类似的，当以半乳糖为碳源时，CO_2 吹扫可使菌株 BY4742ΔGAL80 合成乙醇的产率由 0.369g/g 提高至 0.385g/g，且细胞生物量也由 0.047g/g 增加到 0.049g/g，但却显著降低发酵液中副产物浓度（图 7-20）。此外，当以木糖为碳源时，CO_2 吹扫使工程菌株 SR8 合成乙醇的产率由 0.282g/g 提高到 0.315g/g，且其生物量由 0.043g/g 提高到 0.050g/g，但其甘油和木糖醇产率却分别由 0.134g/g 和 0.157g/g 降低到 0.103g/g 和 0.124g/g。因此，通过 CO_2 吹扫可改变初始发酵体系中 CO_2 浓度，进而有效提高 S. cerevisiae 的发酵性能，增加乙醇产率并降低副产物的积累。

由于 CO_2 与 H_2O 接触后可快速反应转变为 HCO_3^-，在培养基中添加 $NaHCO_3$ 以考察不同菌株发酵不同代谢底物对乙醇合成的影响。结果如图 7-20 所示，当以葡萄糖和半乳糖为碳源时，添加 $NaHCO_3$ 可有效改善细胞生物量及其代谢产物的积累。以葡萄糖为碳源时，添加 $NaHCO_3$（100mmol/L）可使菌株 BY4742 合成甘油和乙酸的产率分别由 0.083g/g 和 0.019g/g 提高到 0.093g/g 和 0.023g/g。然而，在以木糖为碳源底物时，外源添加 $NaHCO_3$ 可使菌株 SR8 合成生物量和木糖醇产率分别由 0.043g/g、0.157g/g 降低至 0.042g/g、0.120g/g，而其甘油产率却由 0.134g/g 提高到 0.150g/g，但并不影响其细胞合成乙醇的能力。因此，CO_2 吹扫与添加 $NaHCO_3$ 对酵母发酵表现出不同的影响，其中后者不会对发酵产生促进作用，但却促进副产物的积累。同时，为验证上述实验结果是否由 Na^+ 引起，在 CO_2 吹扫的基础上加入 100mmol/L NaCl，结果发现：Na^+ 并未对 CO_2 吹扫的作用产生影响，表明上述不同的发酵效果是由于 CO_2 和 HCO_3^- 在 S. cerevisiae 胞内作用机制的不同而引起的。

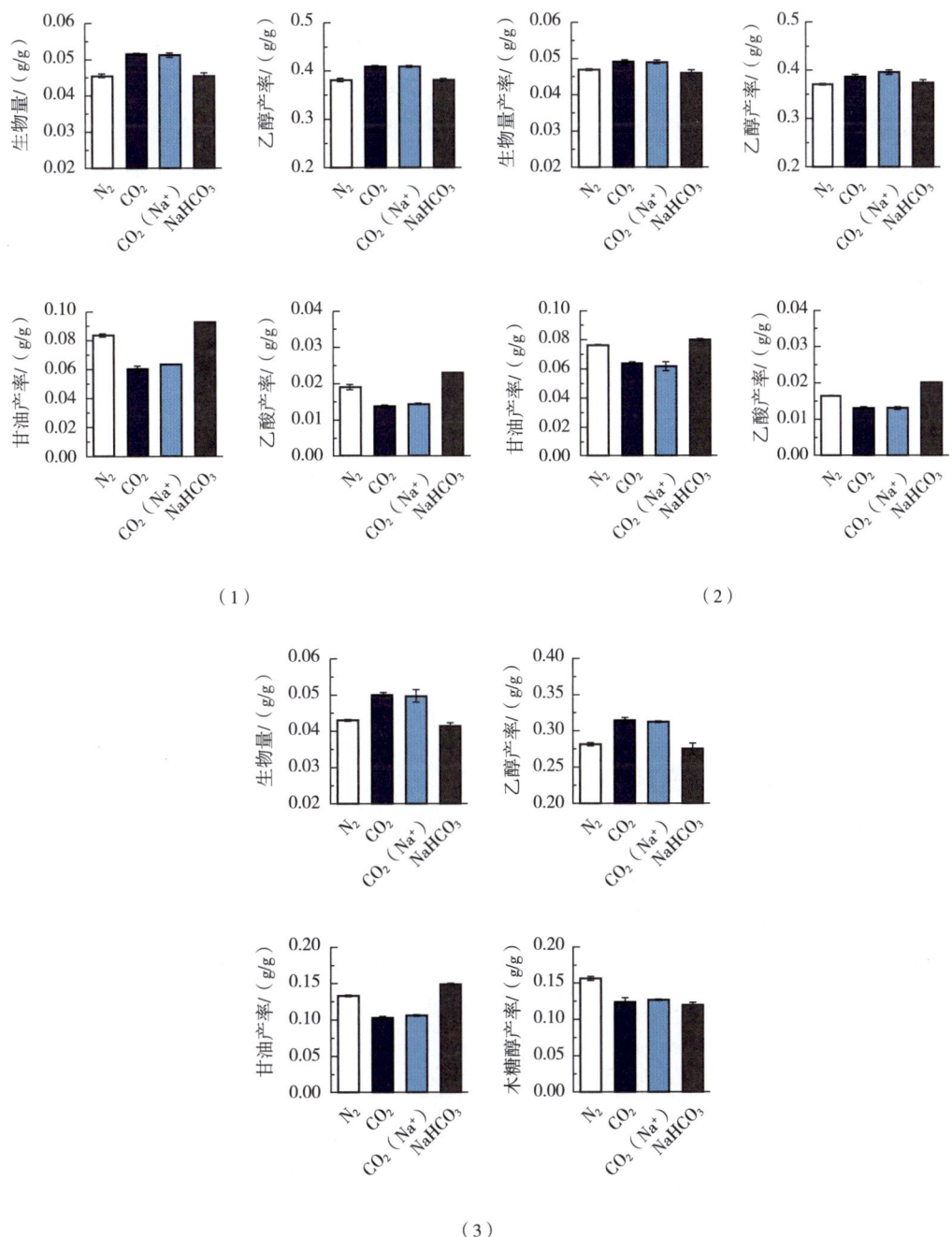

图 7-20　CO_2 及 N_2 对 S. cerevisiae 发酵葡萄糖（1）、半乳糖（2）和木糖（3）的影响

(三) 不同培养基条件下 CO_2 及 HCO_3^- 对乙醇发酵的影响

为考察不同培养基条件下 CO_2 对发酵的作用，以葡萄糖为碳源，分别研究 CO_2、N_2 及 HCO_3^- 对 BY4742 发酵乙醇的影响。发酵结果如图 7-21 所示，在 YP 培养基中，CO_2 吹扫可提高菌株 BY4742 发酵产生乙醇的能力，使乙醇产率由 0.394g/g 提高到 0.403g/g，但其细胞生物量和甘油产率却由 0.128g/g 和 0.065g/g 分别降低至 0.121g/g 和 0.056g/g，且发酵过程中并未检测到乙酸的产生。值得注意的是，当在培养基中加入 HCO_3^- 时，可使菌株 BY4742 合成乙醇的产率降低至 0.389g/g，但其细胞生物量并未发生明显变化，而其甘油和乙酸产率却分别提高至 0.079g/g 和 0.021g/g。此外，由于 YP 培养基营养丰富，N_2 吹扫仍可使菌株 BY4742 合成较高浓度的乙醇，使其产率高达 0.394g/g。因此，在 YP 培养基条件下，经 CO_2 吹扫后细胞合成乙醇的能力虽有所提高，但不如在 SC 培养基中的增幅明显，进一步表明 CO_2 和 HCO_3^- 对酵母发酵作用的普遍性，且其作用不受培养基的影响。

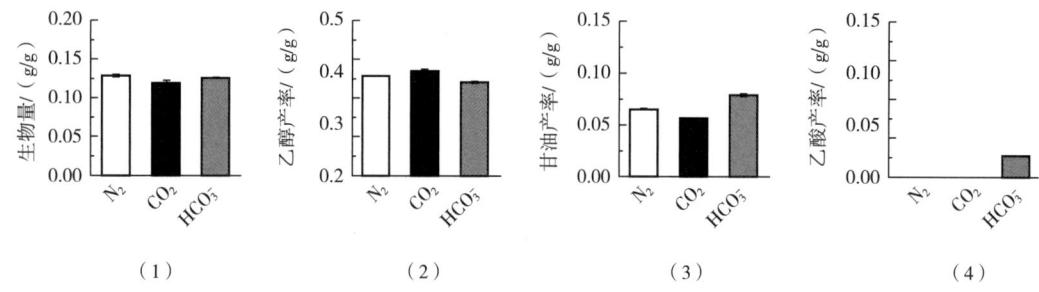

图 7-21　YP 培养基条件下，不同 CO_2 形式对细胞合成乙醇的影响
(1) 生物量；(2) 乙醇产率；(3) 甘油产率；(4) 乙酸产率

(四) 调控丙酮酸羧化酶对木糖发酵的影响

在酵母内源代谢通路中，CO_2 可与丙酮酸盐在丙酮酸羧化酶 (pyruvate carboxylase, PYC) 催化下合成草酰乙酸。因此，推测 CO_2 可通过 PYC 作用而影响丙酮酸盐与草酰乙酸之间的转化，从而调控胞内糖酵解途径和三羧酸循环。为此，以 BY4742 为出发菌株，利用 CIRSPR/Cas 技术敲除 *PYC2* 基因启动子，并利用 P_{CYC1} 和 P_{TEF1} 启动子替换 *PYC1* 启动子，进而构建 *PYC1* 和 *PYC2* 均失活的酵母工程菌株，同时考察 CO_2 吹扫、N_2 吹扫及添加 HCO_3^- 对不同工程菌株发酵的影响 (图 7-22)。

在葡萄糖发酵过程中，失活 *PYC1* 和 *PYC2* 可显著抑制工程菌株的生长性能，并积累大量乙酸等代谢副产物。然而，对于敲除 *PYC2* 的工程菌株，内源启动子和 P_{CYC1} 启动子调控 *PYC1* 的工程菌株表现相似的发酵特性，且 CO_2 和 HCO_3^- 对其影响相似。当以 P_{TEF1} 启动子控制 *PYC1* 表达时，CO_2 吹扫可使工程菌株发酵特性进一步提高，使其乙醇产率比对照菌株 BY4742 提高 5%，而比 N_2 吹扫提高 9.4%，且显著降低细胞合成乙酸等副产物的能力。因此，调控 *PYC1* 基因在采用 N_2 吹扫时对发酵效果并无显著影响，而采用 CO_2 进行吹扫时，提高 *PYC* 基因的表达可有效提高细胞合成乙醇的能力并降低副产物的积累，表明 CO_2 对酵母发酵的促进作用是部分基于 *PYC* 基因的表达。然而，敲除和过量表达 *PYC* 基因并未发现 CO_2 对酵母发酵影响的消失，表明 CO_2 在影响 PYC 的基础上，还可对全局代谢路径有所影响，可作为一种全局因子或影响全局因子作用实现对酵母发酵乙醇的影响。

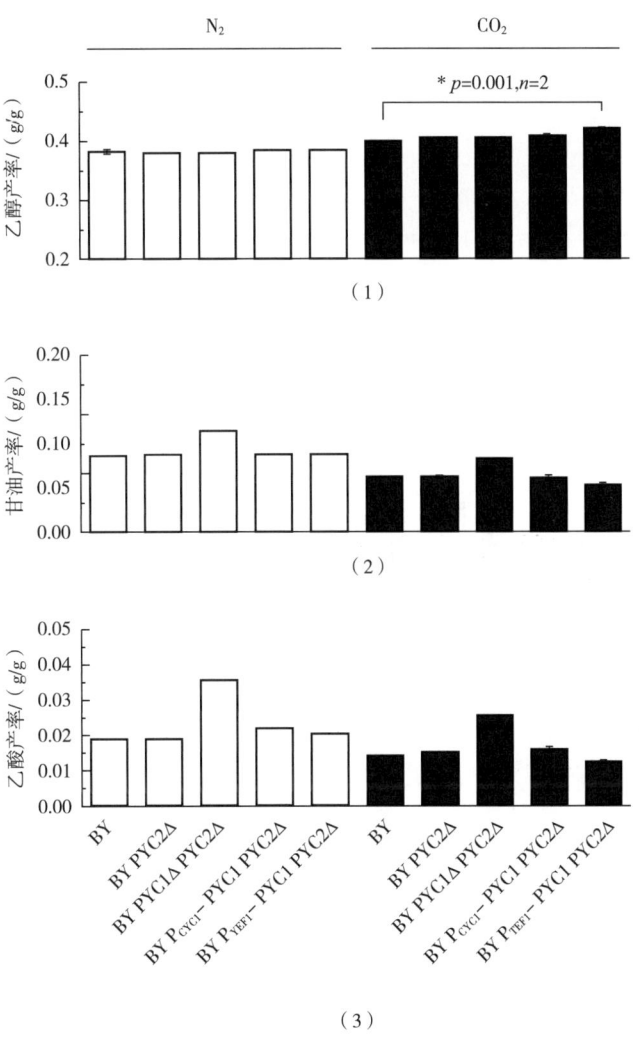

图 7-22　不同吹扫条件下，调控 PYC 表达量对菌株发酵性能的影响
（1）乙醇产率；（2）甘油产率；（3）乙酸产率

（五）碳酸酐酶对乙醇发酵的调控作用

基于光合自养微生物的碳浓缩机制，考察是否可通过外源表达碳酸酐酶（CA）以调节酵母胞内 CO_2 和 HCO_3^- 间的反应平衡，进而增加胞内 CO_2 水平，进一步提高乙醇发酵效率。为此，将来源于 *S. elongatus* 的基因 *icfA*（编码 α-CA）和 *icfB*（编码 β-CA）经密码子

优化后过量表达至 S. cerevisiae，并考察表达不同基因对宿主发酵性能的影响。结果如图 7-23 所示，表达 α 型-CA（αCA）和 β 型-CA（βCA）对酵母乙醇发酵性能并未产生影响。因此，外源表达 CA 并不能通过调节 CO_2 和 HCO_3^- 的反应平衡增加胞内 CO_2 含量，进而提高细胞合成乙醇的能力并降低副产物的积累。

综上所述，基于启动子调控和 CA 表达等实验结果，推测初始 CO_2 对乙醇发酵的促进作用可能需要达到一定的 CO_2 浓度（分压）才可实现，且 CO_2 只可作为一种影响因素而非反应底物。此外，在酿酒酵母复杂的调控体系下，表达外源 CA 仅能有限调控 CO_2 和 HCO_3^- 间平衡，不能使胞内 CO_2 水平达到其作用浓度，进而不能改善工程菌株的乙醇发酵性能。

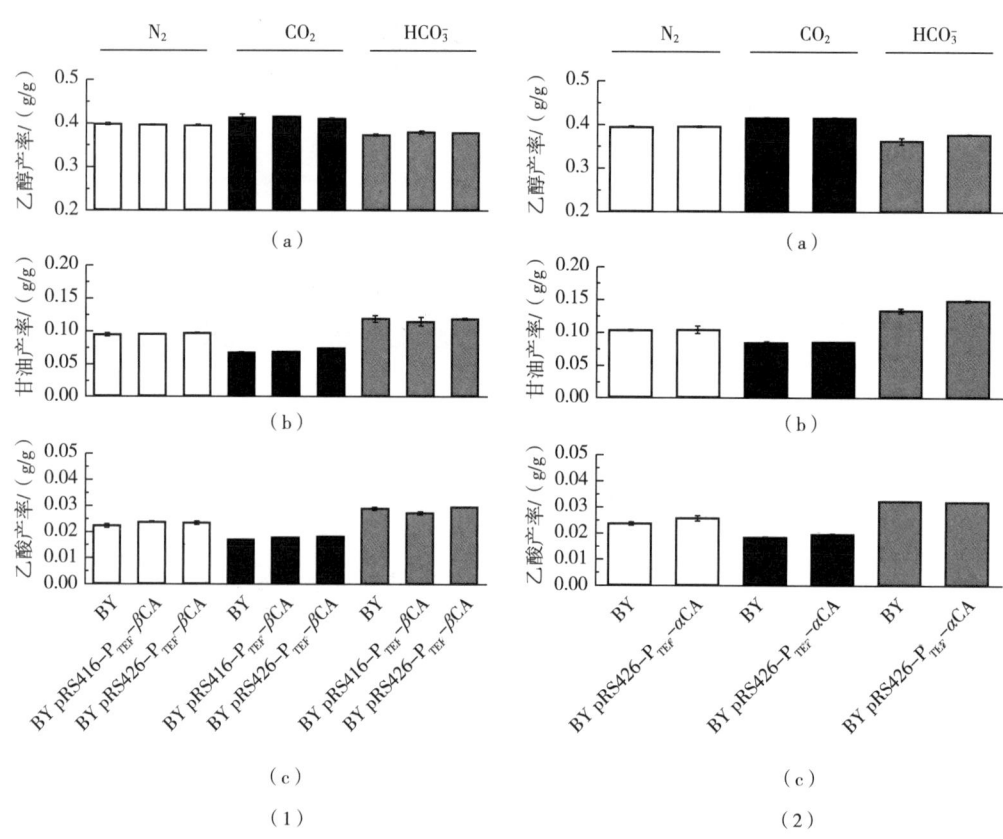

图 7-23 不同吹扫条件下，过量表达 βCA [（1）a，乙醇产率；b，甘油产率；c，乙酸产率] 和 αCA [（2）a，乙醇产率；b，甘油产率；c，乙酸产率] 对工程菌株发酵特性的影响

第三节　代谢工程改造酿酒酵母生产 L-鸟氨酸

一、鸟氨酸概述

(一) 鸟氨酸的理化性质及其用途

随着石化资源的日渐枯竭和对以低碳加工为主要特点的环境友好加工模式的迫切需求，加速了以生物催化为核心、以新型发酵技术为主的生物加工模式的全面发展。作为生物催化的重要组成部分，基于代谢工程改造的"微生物细胞工厂"正为人类提供越来越多的生物基药品、健康营养品、精细化工原料以及生物基材料等，以满足人类对衣、食、住、行、医等高品质生活的要求。然而，在众多生物基化合物中，以氨基酸为起点合成氨基酸衍生物已然成为研究热点。

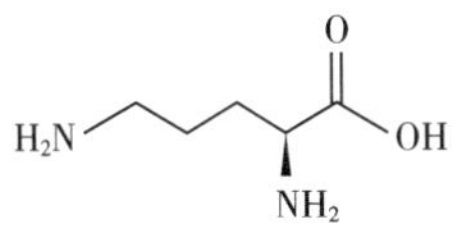

鸟氨酸（ornithine），学名 2,5-二氨基戊酸，含有两个 $—NH_2$ 及一个 $—COOH$，其结构式如图 7-24 所示。作为一种非蛋白质碱性氨基酸，鸟氨酸具有 D-和 L-型两种光学异构体，但只有 L-鸟氨酸具有生理活性，且只存在于短杆菌肽 S 及短杆菌酪肽等抗菌性肽中。在微生物中，L-鸟氨酸可由精氨酸在精氨酸酶作用下分解生成；而在人体内，氨甲酰磷酸在鸟氨酸氨甲酰基转移酶作用下生成瓜氨酸和磷酸，瓜氨酸再转化为精氨酸，而精氨酸再裂解进而生产尿素和鸟氨酸。此外，在生物体内，鸟氨酸可与谷氨酸、精氨酸、脯氨酸等氨基酸相互转变，也可与乙醛酸及 α-酮酸进行氨基转移，且还可在鸟氨酸脱羧酶作用下脱羧而生成丁二胺。因此，基于其重要的生理功能，鸟氨酸及其衍生物可被广泛应用于医药、食品、饲料及营养品等领域中，体现如下。

图 7-24　L-鸟氨酸的分子结构

(1) 作为临床营养剂，鸟氨酸及其衍生物鸟氨酸-α-酮戊二酸盐可用于烧伤与外伤的恢复。

(2) 鸟氨酸可用于降低异常氨态氮浓度，并参与肝脏解毒过程，有效促进肝脏疾病治疗及保护肝脏。如德国博雅思（天冬氨酸-鸟氨酸注射剂）和国产瑞甘（天冬氨酸-鸟氨酸颗粒剂）被应用于临床治疗肝硬化、肝性脑病以及高血氨症。

(3) 鸟氨酸可促进类胰岛素样生长因子及生长激素的合成，促进基础代谢，以减少脂肪堆积，增强体力与肌肉形成。

(二) 微生物中鸟氨酸的代谢途径及其调控机制

如图 7-25 所示，微生物中鸟氨酸的生物合成主要分为两个阶段：谷氨酸合成和鸟氨酸合成。值得注意的是，不同微生物中谷氨酸合成途径基本相同，但由于 N-乙酰谷氨酸合成酶及 N-乙酰谷氨酸激酶结构的多样性，导致鸟氨酸合成途径可进一步分为循环途径和线性途径。其中，在假单胞铜绿菌、硫化裂片菌及大肠杆菌中，微生物细胞利用线性途径合成鸟氨酸，进而合成精氨酸及其他化合物。而在真核微生物、谷氨酸棒杆菌、杆状脂肪嗜热菌及奈瑟淋球菌中，微生物细胞可采用循环途径以谷氨酸为前体，经过 5 步合成反应，在 N-乙酰谷氨酸合成酶、N-乙酰谷氨酸激酶、N-乙酰谷氨酸磷酸还原酶、N-乙酰鸟氨酸氨基转移酶和鸟氨酸转乙酰基酶等关键酶的作用下，合成鸟氨酸及 N-乙酰谷氨酸。因此，相比于线性途径，由于乙酰基的循环利用，可使循环途径中能量利用率更高，进而导致高效的合成效率。更重要的是，在 N-乙酰谷氨酸的合成过程中，该反应可由大量不同种类的蛋白所催化：双功能域 N-乙酰谷氨酸合成酶、乙酰辅酶 A 依赖型鸟氨酸转乙酰基酶、双功能鸟氨酸转乙酰基酶等。而在酿酒酵母中，编码 N-乙酰谷氨酸激酶及 N-乙酰谷氨酸磷酸还原酶的相关基因来源于同一编码基因。此外，酿酒酵母中 N-乙酰鸟氨酸乙酰基转移酶可同时以乙辅酶 A 及 N-乙酰鸟氨酸作为乙酰基供体，而以 N-乙酰鸟氨酸为底物则更有利于反应的催化。

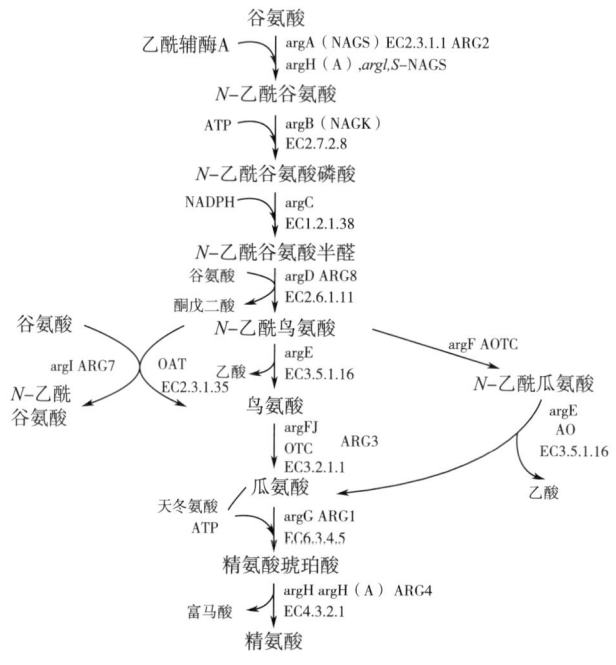

图 7-25　微生物中鸟氨酸合成代谢途径及其调控网络

然而，与其原核微生物相比，酿酒酵母中鸟氨酸合成途径的最大特点在于：代谢途径的分割化，即精氨酸合成途径（鸟氨酸转乙酰基循环）发生在线粒体，而谷氨酸合成及鸟氨酸作为底物合成其他产物的相关反应却发生在细胞质中，且鸟氨酸跨线粒体膜的转运需要相应转运蛋白的介导。因此，细胞中精氨酸及鸟氨酸的合成与分解受到极其复杂的代谢调控：从酶合成水平到酶活性水平，从代谢物-蛋白质至蛋白质-蛋白质相互作用。其中，线性途径中关键限速步骤为 N-乙酰谷氨酸合成酶所催化的反应，该酶活性受精氨酸的反馈抑制，而循环途径中关键步骤为 N-乙酰谷氨酸激酶所催化的反应，且受终产物精氨酸的反馈抑制。值得注意的是，真核细胞中 N-乙酰谷氨酸激酶与 N-乙酰谷氨酸合成酶皆受精氨

第七章
代谢工程改造酿酒酵母生产精细化学品

酸的反馈抑制，但精氨酸的抑制作用却需建立在由 N-乙酰谷氨酸激酶及 N-乙酰谷氨酸合酶所形成的酶复合体基础上，而缺少任何一个蛋白可显著降低相关酶对精氨酸的敏感度。

此外，基于酶活性水平的精氨酸调节机制也已解析清楚。在酿酒酵母中，鸟氨酸与精氨酸合成相关基因 *ARG1*、*ARG3*、*ARG5*、*ARG6* 及 *ARG8* 的转录受到称之为 ArgR/Mcm1 复合阻遏系统的调控，但其阻遏作用却需包括 Arg80p、Arg81p、Arg82p 三种非必需蛋白及必需蛋白 Mcm1 的参与。其中，Mcm1 属于 MADS 盒蛋白家族，Arg81p 属于 Zn2C6 簇蛋白家族，而 Arg81p 属于类似于肌糖多磷酸激酶 Ipk2p 的非 DNA 结合型多效激酶。在这个复杂组件中，Arg81p 作用定位于精氨酸合成途径相关基因启动子部分精氨酸调控元件 ARC，而 Arg81p/Mcm1 或 Arg81p/Arg80 结合 ARC 元件可被精氨酸所激活。需要特别强调的是，鸟氨酸合成途径中 N-乙酰谷氨酸激酶 Arg6p 作为调节因子参与相关细胞生物过程，但 ArgR/Mcm1 复合阻遏物以何种方式参与相关基因的调节还需进一步的研究与揭示。因此，鸟氨酸合成途径中关键酶的转录调节及其活性水平调节机制的全面阐释将为代谢工程改造并筛选鸟氨酸高产菌株提供理论指导。

（三）高效生产鸟氨酸菌株的代谢改造

目前，化学合成法、酶转化法及微生物发酵法已成为生产鸟氨酸的常用方法。其中，与前两者以价格相对昂贵的精氨酸为底物相比，微生物发酵法可利用葡萄糖等廉价原料为底物，高效合成鸟氨酸，进而展现更为优良的经济可行性。例如，基于鸟氨酸代谢途径，以高效合成谷氨酸的谷氨酸棒杆菌为出发菌株，借助代谢工程及辅因子工程等策略成功构建鸟氨酸高产工程菌株，进而实现微生物法高效合成鸟氨酸的目标。

1. 鸟氨酸高产菌株的代谢工程改造——"节流"

阻断目标化合物的分解代谢或竞争目标化合物前体的支路代谢途径即为"节流"，该策略是提高微生物合成目标产物产量的常用策略。因此，为实现谷氨酸棒杆菌过量合成鸟氨酸，阻断鸟氨酸分解代谢支路和遏制其合成前体谷氨酸分解代谢支路将是代谢改造的主要策略。Hwang 等通过敲除谷氨酸棒杆菌中鸟氨酸氨甲酰基转移酶合成基因 *argF*，可使工程菌株鸟氨酸产量达 100mg/L。在此基础上，敲除乙酰谷氨酸合成酶基因 *proB* 以进一步降低鸟氨酸前体谷氨酸流向脯氨酸的合成，并结合敲除精氨酸途径阻遏蛋白合成基因 *argR*，可使工程菌株合成鸟氨酸的产量提高至 165.6mg/L。此外，基于相似的代谢改造策略，Lu 等构建的 $\Delta argF$、$\Delta proB$ 和 Δkgd 三重敲除菌株可显著提高鸟氨酸合成能力，使其产量提高至 478mg/L。

2. 鸟氨酸高产菌株代谢工程改造——"开源"

在谷氨酸棒杆菌中，鸟氨酸乙酰基循环途径为鸟氨酸合成途径的限速步骤，而过量表达鸟氨酸乙酰基循环途径中关键酶基因簇 *argCJBD*，可使鸟氨酸产量由 157mg/L 提高至 179mg/L。类似的，为进一步提高鸟氨酸乙酰基循环途径的代谢流量，Kim 等结合 *argF*、*proB* 以及 *argR* 等基因的敲除和基因簇 *argCJBD* 的过量表达，可使工程菌株鸟氨酸产量提高至 2.0g/L。类似地，在构建 $\Delta argF$、$\Delta proB$、Δkgd 等三重敲除菌株的基础上，过量表达来源于 *C. glutamicum* ATCC 21831 中 *argCJBD*，可显著提高工程菌株鸟氨酸合成能力，使其产量提高至 7.2g/L。因此，优化鸟氨酸乙酰基循环途径是提高鸟氨酸合成能力的关键节点，而确定鸟氨酸合成途径中其他潜在瓶颈已成为构建鸟氨酸高产菌株的研究重点。

3. 胞内辅因子再生的调控

如图 7-25 所示，在鸟氨酸合成途径中多步反应需要辅因子 NADPH 的参与，而提供足量的胞内 NADPH 可进一步优化鸟氨酸代谢途径，进而提高合成途径的代谢通量及其鸟氨酸产量。Jiang 等通过过量表达 NADPH 依赖型三磷酸甘油醛脱氢酶及 NADH 依赖型谷氨酸脱氢酶，可有效提高胞内 NADPH 的可利用浓度，进而使鸟氨酸的产量进一步提高至 14.84g/L。类似的，Gui 等通过敲除葡萄糖酸支路关键酶——氧化还原酶编码基因 *NCgl0281*、*NCgl2581* 及 *NCgl2053* 以提高磷酸戊糖途径代谢流，且使胞内 NADPH 浓度提高了 72.4%，相应地使鸟氨酸合成能力提高了 66.3%。

然而，由于鸟氨酸合成途径及其调控网络的复杂性，虽然优化了辅因子平衡、强化鸟氨酸乙酰基循环途径及阻断竞争性支路代谢流量等，但工程菌株合成鸟氨酸的糖酸转化率较理论转化率还存在一定的差距。此外，目前选育的谷氨酸棒杆菌（*C. glutamicum*）及大肠杆菌（*E. coli*）具有较强的氨基酸合成能力，但其缺少对复杂发酵环境及特殊化合物毒性的鲁棒性以及对 P450 还原酶等特殊酶系表达的匹配性。而遗传操作系统完备、环境鲁棒性强的真核微生物酿酒酵母（*S. cerevisiae*）可成为合成相关氨基酸类衍生物优良宿主菌株。因此，以酿酒酵母模式菌株 *S. cerevisiae* CEN.PK.113-11C 为出发菌株，对其精氨酸代谢、中心碳代谢、中心氮代谢、"亚细胞器区隔效应"及"葡萄糖效应"进行调控，以期实现鸟氨酸的过量积累。

二、L-鸟氨酸合成途径的模块化与 L-精氨酸的反馈调节

在利用代谢工程策略改造微生物代谢途径的过程中，由于复杂的代谢途径及其调控网络，局部的代谢扰动往往不能完美实现目标表型。为此，基于不同代谢亚网络及其关键代谢靶点等扰动的组合打破胞内代谢调控机制，实现全面改良微生物生长性能及其发酵性能等改造目标。

（一）鸟氨酸合成途径模块化

在酿酒酵母中，鸟氨酸合成途径在酶合成水平以及基于代谢物-酶相互作用、酶-酶相互作用的酶活性水平上受到严格调控。为打破胞内代谢扰动，可采取的代谢改造策略有：① 调控鸟氨酸分解代谢、解除精氨酸反馈调节；② 解除代谢途径区隔化以提高鸟氨酸合成能力；③ 通过全局调控"葡萄糖效应"以强化鸟氨酸前体 α-酮戊二酸的合成，并通过对中心氮代谢、中心碳代谢、呼吸链、葡萄糖转运等代谢靶点的协同改造，实现鸟氨酸的过量积累。

为此，为快速、高效优化目标代谢途径，可将其分为三个优化模块（图 7-26）：第一模块或称之为下游模块，主要由鸟氨酸消耗途径及精氨酸酶催化的精氨酸水解反应组成；第二模块或称之为中游模块，主要由 α-酮戊二酸节点至鸟氨酸合成相关途径构成，具体包括鸟氨酸乙酰基衍生物循环、中心氮代谢谷氨酸的合成、谷氨酸以及鸟氨酸的跨线粒体

膜运输、α-酮戊二酸的跨线粒体膜转出；第三模块或称之为上游模块，主要包括底物至 α-酮戊二酸节点的所有代谢反应。同时，针对每一模块内代谢特性设计潜在的代谢靶点，基于 DNA 组装和模块途径工程快速构建包含有不同靶点的测试途径，进行菌株表型（底物消耗量、细胞生长量及鸟氨酸产量等）研究。此外，为凸显相应模块及相应策略，菌株命名方式：工程菌株 M1xM2yM3z，表示包含模块 1 策略 x、模块 2 策略 y 及模块 3 策略 z 优化靶点的代谢改造菌株。

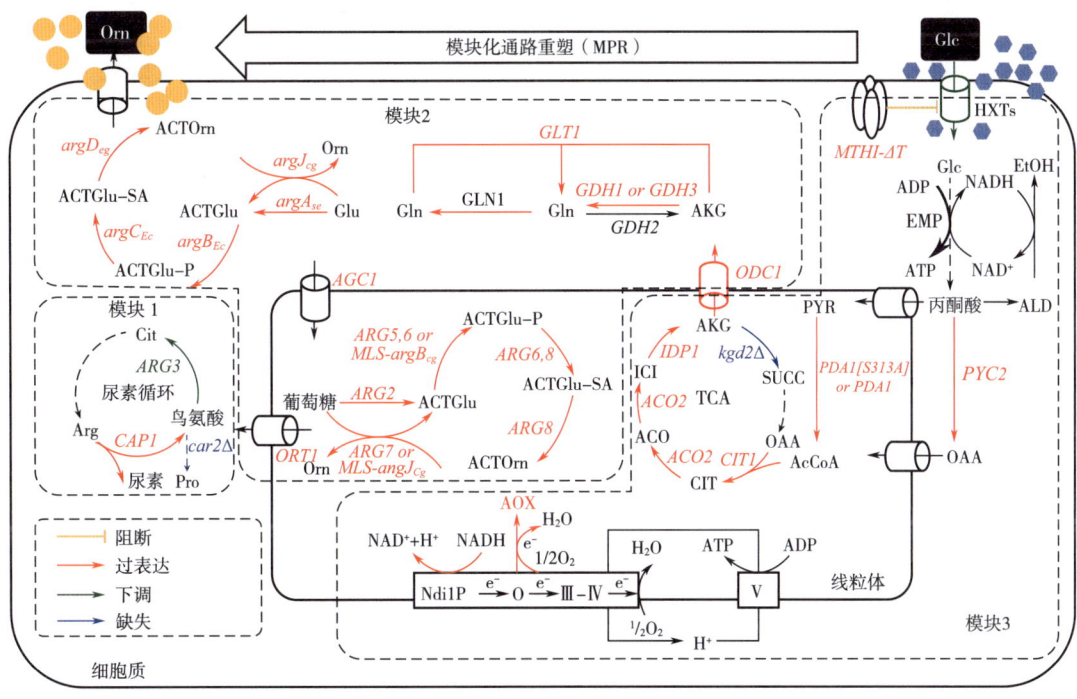

图 7-26　模块化鸟氨酸合成途径

（二）阻遏分解代谢途径对细胞合成鸟氨酸的影响

在酿酒酵母中，由 *ARG3* 编码的鸟氨酸氨甲酰基转移酶可催化鸟氨酸合成瓜氨酸，并进一步合成精氨酸。因此，为实现鸟氨酸积累且保证部分鸟氨酸导向精氨酸合成用以维持细胞的生长，将 *ARG3* 启动子 P_{ARG3} 替换为弱启动子 P_{HXT1}，获得工程菌株 M1a，并考察其在 2% 葡萄糖基本培养基中的生长情况。发酵结果如图 7-27 所示，经 GC-MS 分析表明：工程菌株 M1a 可实现鸟氨酸的胞外分泌，但其产量仅为 23.9mg/L。然而，当将 *ARG3* 启动子 P_{ARG3} 替换为 P_{KEX2} 时，可进一步增强工程菌株 M1b 合成鸟氨酸的能力，使其鸟氨酸产量提高至 42mg/L。因此，弱化或遏制鸟氨酸氨甲酰基转移酶活性可实现鸟氨酸的胞外分泌，且弱化程度与细胞合成鸟氨酸的能力密切相关。

此外，鸟氨酸还可由基因 *CAR2* 编码的鸟氨酸氨基转移酶催化形成谷氨酸-γ-半醛，并在有氧情况下被进一步转化为其前体——谷氨酸。然而，只有胞内鸟氨酸浓度达到一定

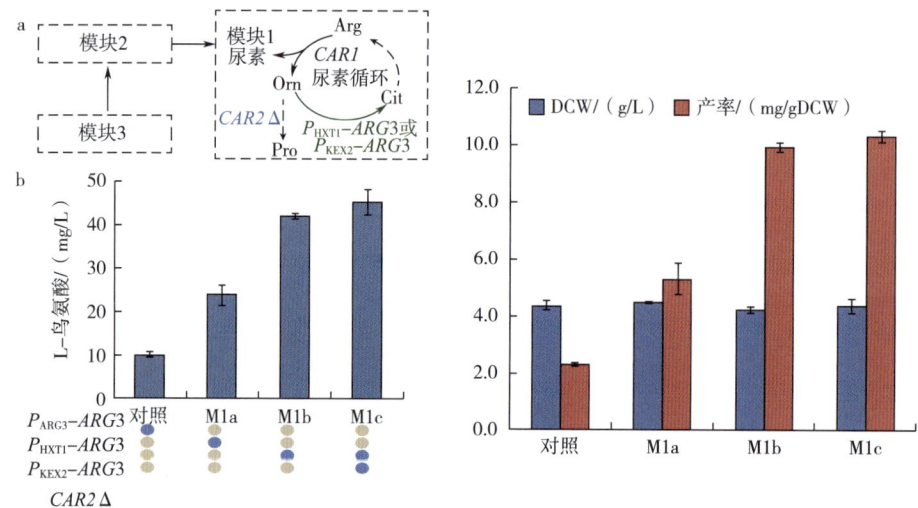

图 7-27 ARG3 下调表达及 CAR2 敲除对
鸟氨酸合成及其菌株生长性能的影响

阈值时，基因 CAR2 才能被转录翻译，进而将鸟氨酸降解为脯氨酸。因此，在工程菌株 M1b 的基础上，通过敲除 CAR2 获得工程菌株 M1c。值得注意的是，敲除 CAR2 并不能有效改善工程菌株 M1c 合成鸟氨酸的能力，使其鸟氨酸产量仅为 43.7mg/L，其原因可能是胞内鸟氨酸合成量尚未达到激活 CAR2 转录翻译的阈值。

（三）过量表达正调因子 Gcn4p 对细胞合成鸟氨酸的影响

在胞内氨基酸饥饿（图 7-28）、氮源缺乏或者嘌呤限制情况下，氨基酸转录调控因子 Gcn4p 可有效介导氨基酸合成相关基因的分解阻遏。因此，下调 ARG3 基因可引起胞内精氨酸饥饿，进而诱发 Gcn4p 激活鸟氨酸合成相关基因的转录。为此，利用不同启动子实现 Gcn4p 的过量表达，获得不同工程菌株 M1cM2r、M1cM2s 及 M1cM2t，以期通过调控 Gcn4p 的表达水平进一步提高鸟氨酸乙酰基衍生物循环相关基因的表达，进而提高鸟氨酸合成能力。然而，由于酿酒酵母中 Gcn4p 的转录及其翻译受到极其严格的调控作用，导致不同工程菌株 M1cM2r、M1cM2s 及 M1cM2t 的生长性能及其合成鸟氨酸的能力并无显著影响，甚至有所降低（图 7-29）。

（四）强化鸟氨酸乙酰基衍生物循环促进鸟氨酸合成

作为精氨酸合成的上游步骤，鸟氨酸的合成将受代谢终产物——精氨酸的反馈抑制作用，而精氨酸反馈抑制的作用位点为 N-乙酰谷氨酸磷酸激酶。为此，过量表达鸟氨酸乙酰基衍生物循环途径中相关酶编码基因，具体包括：ARG5,6、ARG2、ARG7、融合有线粒体锚定肽的谷氨酸棒杆菌 N-乙酰鸟氨酸激酶（MLS-argBCg 编码）及 N-乙酰鸟氨酸乙酰基转移酶（MLS-argJCg 编码），分别构建了工程菌株 M1cM2a、M1cM2b、M1cM2c、M1cM2d 和 M1cM2e，以期实现进一步提高细胞合成鸟氨酸的代谢目标。

然而，单独过量表达鸟氨酸乙酰基衍生物循环途径中关键基因并不能有效提高鸟氨酸

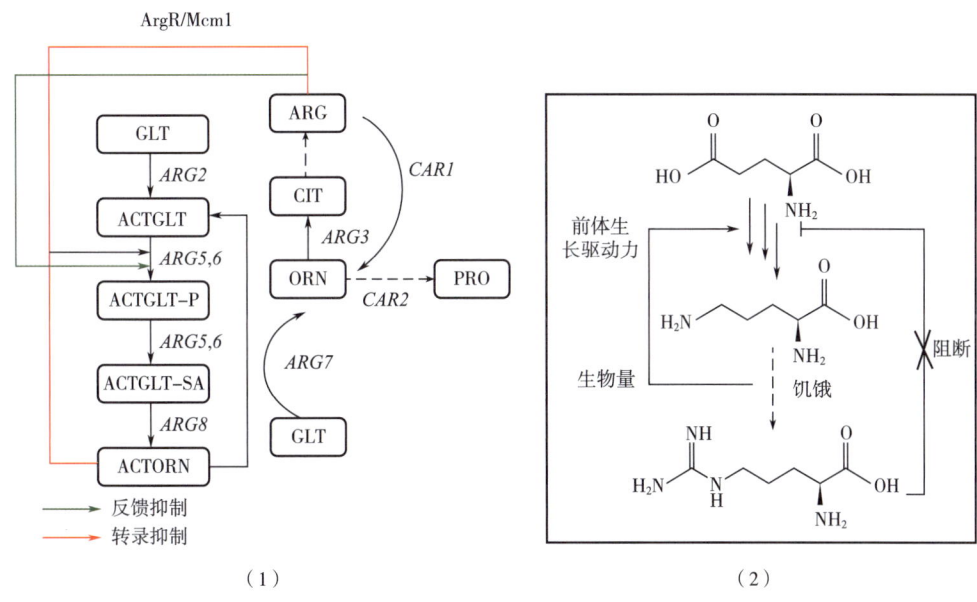

图 7-28 胞内精氨酸和鸟氨酸关联代谢调控途径（1）及其精氨酸饥饿激发鸟氨酸合成强化的生理机制（2）

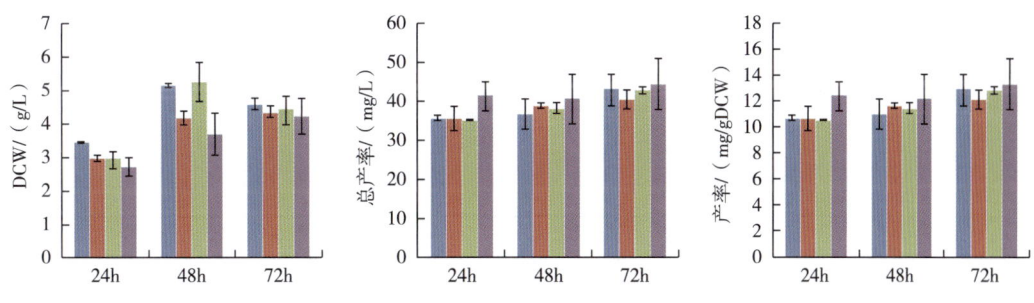

图 7-29 过量表达 Gcn4p 对细胞合成鸟氨酸的影响

合成能力。其中，工程菌株 M1cM2a、M1cM2b、M1cM2c、M1cM2d 和 M1cM2e 鸟氨酸产量仅为 42.8g/L、41.5g/L、44.3g/L、43.9g/L 和 42.3g/L（图 7-30），其原因可能是：在酿酒酵母中，精氨酸反馈抑制作用位点既包括 N-乙酰谷氨酸合酶也包括 N-乙酰谷氨酸激酶，且两者可形成物理相互作用介导更为精密的精氨酸代谢抑制调控，进而导致单独过表达某一步骤并不能实质性解除相应的反馈调节作用。

为此，以菌株 M1c 为出发菌株，共同表达 N-乙酰谷氨酸激酶、N-乙酰谷氨酸磷酸还原酶（ARG5、ARG6 基因）、鸟氨酸乙酰基转移酶（ARG7 基因）及乙酰鸟氨酸氨基转移酶（ARG8 基因），获得菌株 M1cM2f。其发酵结果如表 7-3 所示，共同表达多基因可显著提高工程菌株 M1cM2f 的鸟氨酸合成能力，使其产量和得率分别提高了 31% 和 50%，达到 59mg/L 和 15mg/gDCW。上述结果表明，鸟氨酸乙酰基衍生物循环中存在限制鸟氨酸高效

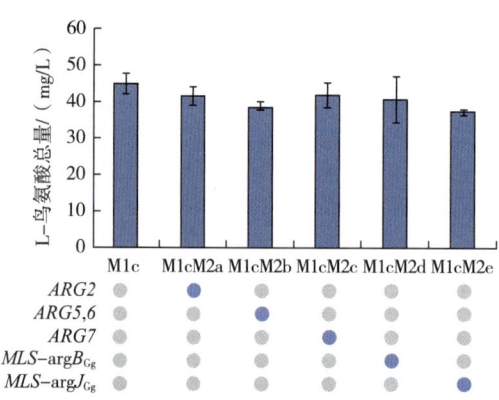

图 7-30　过量表达鸟氨酸乙酰基衍生物循环途径单一酶对鸟氨酸合成的影响

合成的代谢瓶颈,且相关瓶颈不能通过单一基因的表达予以弱化或消除。同时,为进一步增加鸟氨酸乙酰基循环中鸟氨酸乙酰基衍生物底物分子数,将基因 *ARG2* 过量表达至菌株 M1cM2f,进而使工程菌株 M1cM2g 合成鸟氨酸的产量进一步提高至 80.2mg/L,且其菌体得率也提高至 21.2mg/gDCW(表 7-3)。

表 7-3　共同表达鸟氨酸乙酰基衍生物循环中关键基因对鸟氨酸合成的影响

不同菌株	菌体干重/(g/L)	鸟氨酸浓度/(mg/L)	鸟氨酸菌体得率/(mg/gDCW)
M1c	4.4±0.2	45.2±3.4	10.3±0.2
M1cM2f	3.9±0.2	59.0±2.6	15.0±1.5
M1cM2g	3.8±0.0	80.2±4.7	21.2±1.5

三、去代谢区室化及强化中心氮代谢对鸟氨酸合成的影响

在酿酒酵母中,存在三条谷氨酸合成途径,代谢途径关键酶分别为 *GDH1* 编码 NADPH 依赖型谷氨酸脱氢酶、*GDH3* 编码 NADPH 依赖型谷氨酸脱氢酶、*GLN1* 编码谷氨酰胺合酶及 *GLT1* 编码谷氨酸合酶耦联作用。然而,相关代谢途径却受到复杂的分子机制调控,且不同谷氨酸合成途径的协同作用可使酿酒酵母快速适应胞内外环境的变化。但如何打破相关协同作用,进而调控谷氨酸的过量合成以实现鸟氨酸的高效合成?此外,在酿酒酵母中,在胞质中谷氨酸只有被转运至线粒体后才能被鸟氨酸乙酰基衍生物循环途径所催化合成鸟氨酸,而合成的鸟氨酸也只有被相应转运蛋白运输至胞质中才可被进一步用于瓜氨酸及精氨酸的合成。因此,与原核微生物相比,代谢途径的区隔化是酿酒酵母最主要的特征,导致目标代谢产物的合成将受到更为精细化的分子调控作用,进而保证细胞物质流、能量流的合理分配,但却为实现代谢改造目标增加了操作难度。

因此,解除代谢区隔效应是基于酿酒酵母平台构建鸟氨酸高产工程菌的关键,其代谢改造策略有:① 过量表达代谢中间体的跨膜转运蛋白,强化内源性跨膜转运效率;② 将

谷氨酸合成途径定位于线粒体,进而避免谷氨酸的跨线粒体膜转运及其前体 α-酮戊二酸的跨线粒体膜转出;③在胞质构建鸟氨酸合成途径以避免谷氨酸的跨线粒体膜转入及鸟氨酸跨线粒体膜转出。

(一)调控跨线粒体膜转运蛋白对细胞合成鸟氨酸的影响

在酿酒酵母中,鸟氨酸经鸟氨酸转运蛋白 Ort1p 的转运进入胞质用于精氨酸、腐胺及亚精胺的合成,推测鸟氨酸的线粒体跨膜转运可能是鸟氨酸合成的瓶颈之一。为此,以 M1cM2g 为出发菌株,通过过量表达 *ORT1* 构建工程菌株 M1cM2h。同时,在过量表达融合绿色荧光蛋白的 Ort1p 中,发现转运蛋白 Ort1p 可准确定位于线粒体。与出发菌株 M1cM2g 相比,过量表达 Ort1p 可显著加快鸟氨酸的合成速率,且可使工程菌株 M1cM2h 鸟氨酸合成能力提高 45%,使其产量提高至 115.9mg/L,而鸟氨酸得率也由 21.2mg/gDCW 提高至 27.9mg/gDCW(图 7-31)。

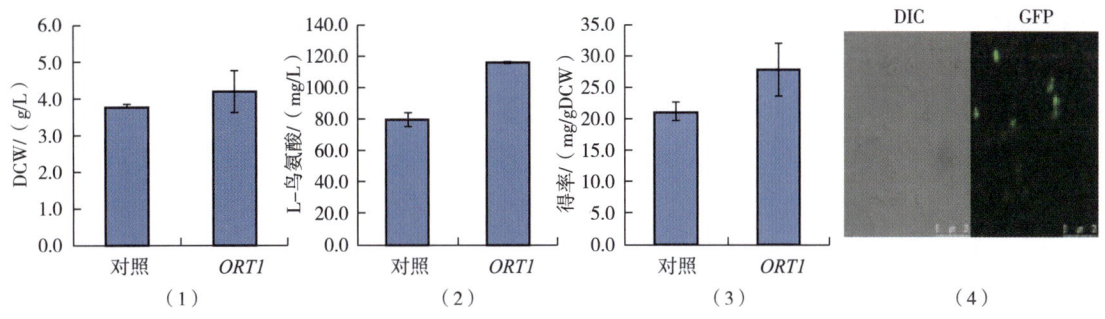

图 7-31 过量表达 *ORT1* 对细胞合成鸟氨酸的影响
(1)细胞干重;(2)鸟氨酸产量;(3)鸟氨酸得率;(4)基因 *ORT1* 的亚细胞器定位

类似的,酿酒酵母中胞质谷氨酸只有经线粒体跨膜转运才会被鸟氨酸乙酰基衍生物循环利用并合成鸟氨酸。为此,为进一步强化线粒体谷氨酸的供给,在菌株 M1cM2h 基础上过量表达 *AGC1* 成功构建工程菌株 M1cM2k。发酵结果如图 7-32 所示,过量表达 *AGC1* 使工程菌株 M1cM2k 鸟氨酸产量进一步提高至 148.9mg/L,而鸟氨酸得率也由 27.9mg/gDCW 提高至 30.8mg/gDCW。因此,强化谷氨酸的线粒体跨膜转运可有效提高线粒体中谷氨酸的可利用浓度,进而改善鸟氨酸合成能力及其合成速率。

(二)强化氨同化作用对细胞合成鸟氨酸的影响

为考察不同谷氨酸合成途径对谷氨酸及鸟氨酸合成的影响,在出发菌株 M1cM2k 中分别过量表达来源于酿酒酵母中三条谷氨酸合成途径的关键酶,分别获得:过量表达 *GDH1* 的工程菌株 M1cM2l、过量表达 *GDH3* 的工程菌株 M1cM2m 和过量表达 *GLT1* 和 *GLN1* 的工程菌株 M1cM2n。与出发菌株 M1cM2k 相比,强化谷氨酸合成途径会抑制工程菌株的生长性能,进而降低其细胞生长量[图 7-33(1)]。过量表达 *GDH1* 能有效提高工程菌株 M1cM2l 合成鸟氨酸的能力,使其鸟氨酸产量提高至 173.1mg/L,且鸟氨酸得率也由 30.8mg/gDCW 提高至 41.3mg/gDCW,而过量表达 *GDH3*、*GLT1* 和 *GLN1* 却略微降低工程

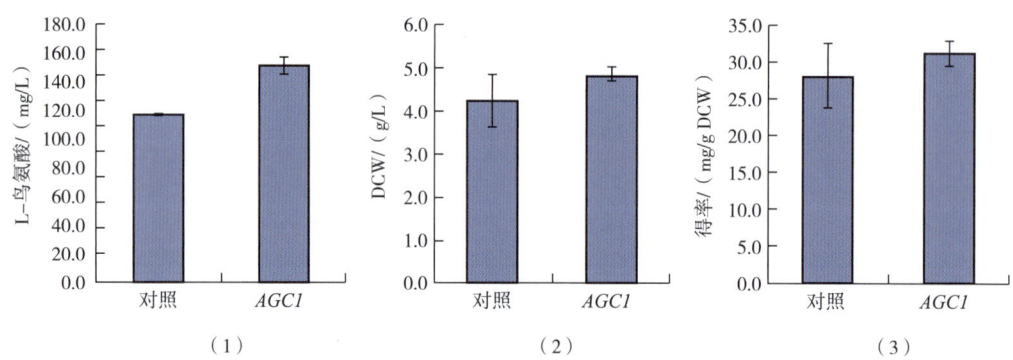

图 7-32 过量表达 *AGC1* 对细胞合成鸟氨酸的影响

(1) 鸟氨酸产量；(2) 细胞干重；(3) 鸟氨酸得率

菌株 M1cM2m 和 M1cM2n 鸟氨酸合成能力，其产量仅为 142.4mg/L、147.5mg/L[图 7-33 (2) 和 (3)]。因此，提高胞内谷氨酸前体供应可有效促进胞内鸟氨酸的积累，但过量 *GDH1* 编码的谷氨酸脱氢酶却比其他两条途径更有利于提高谷氨酸的合成效率，进而提高细胞合成鸟氨酸的能力。

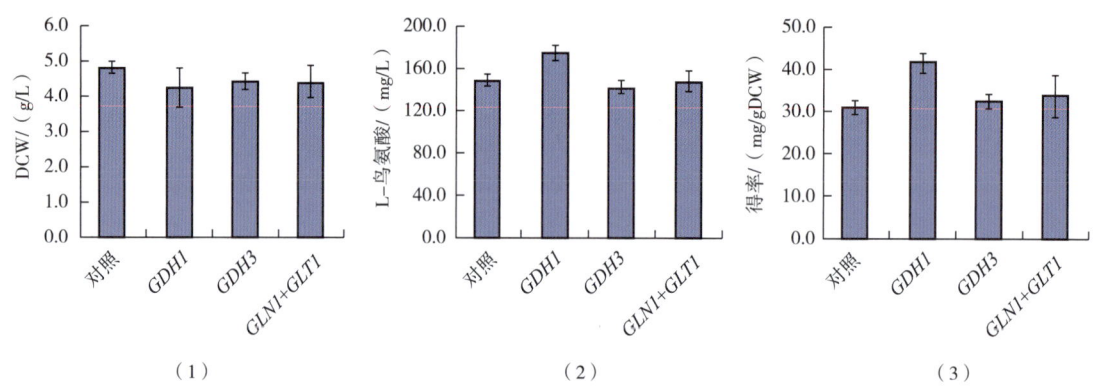

图 7-33 强化不同谷氨酸合成途径对细胞合成鸟氨酸的影响

(1) 细胞干重；(2) 鸟氨酸产量；(3) 鸟氨酸得率

（三）过量表达 α-酮戊二酸跨线粒体膜转运蛋白 Odc1p 对鸟氨酸合成的影响

在酿酒酵母线粒体中合成的 α-酮戊二酸需被跨膜转运至胞质为谷氨酸合成酶系提供底物。为此，以 M1cM2l 和 M1cM2m 为出发菌株，过量表达 *ODC1*（编码 α-酮戊二酸的跨线粒体膜转运蛋白 Odc1p）分别构建工程菌株 M1cM2p 和 M1cM2o。发酵结果如表 7-4 所示，过量表达 *ODC1* 对谷氨酸合成能力并无影响，甚至降低了工程菌株 M1cM2p 和 M1cM2o 的鸟氨酸合成能力，使其鸟氨酸产量分别从 173.1mg/L、142.4mg/L 降低至 161.8mg/L、116.9mg/L。其主要原因可能是：虽过量表达 Odc1p 能有效强化线粒体 α-酮戊二酸转运至胞质，但胞质合成的谷氨酸并没有用于鸟氨酸的合成，而是通过线粒体天冬氨酸转移酶将氨基转移给草酰乙酸。

表 7-4　过量表达 α-酮戊二酸跨线粒体膜转运蛋白 Odc1p 对鸟氨酸产量的影响

菌株	菌体干重/(g/L)		鸟氨酸浓度/(mg/L)		鸟氨酸菌体得率/(mg/gDCW)	
	菌体干重	标准差	鸟氨酸浓度	标准差	菌体得率	标准差
GDH1	4.3	0.6	173.1	7.3	41.3	2.4
GDH3	4.4	0.2	142.4	6.7	32.2	1.9
GDH1+ODC1	4.1	0.4	161.8	19.6	39.0	2.6
GDH3+ODC1	4.3	0.2	116.9	11.3	27.0	3.0

（四）锚定谷氨酸脱氢酶对鸟氨酸合成的影响

谷氨酸只有转运至线粒体才能被用于鸟氨酸合成，而合成谷氨酸的前体却在线粒体中合成。因此，若将谷氨酸合成途径定位于线粒体，则可使线粒体中 α-酮戊二酸直接用于谷氨酸的合成，且合成的谷氨酸无需经过线粒体跨膜转运而直接进入鸟氨酸乙酰基衍生物循环用于鸟氨酸的合成。这一过程有效地避免了中间代谢物的损失，进而改善代谢途径的全局代谢流量。

为此，以 M1cM2h 为出发菌株，将谷氨酸脱氢酶（GDH1）和 NADH 依赖型谷氨酸脱氢酶（GDH2）定位表达至线粒体中，分别获得工程菌株 M1cM2i 及 M1cM2j。然而，谷氨酸合成途径的线粒体定位不仅不能有效提高鸟氨酸合成能力，还会降低工程菌株 M1cM2i 和 M1cM2j 的鸟氨酸合成能力，使其鸟氨酸产量分别降低 30%、83%，仅为 80.7mg/L 和 20.2mg/L（图 7-34）。此外，虽然谷氨酸合成途径的线粒体定位对工程菌株 M1cM2i 生长性能无明显的影响，但其显著抑制了工程菌株 M1cM2j 的生长性能，使其生物量较出发菌株 M1cM2h 降低了 62%，其原因可能是：①过量表达线粒体谷氨酸脱氢酶仍执行谷氨酸分解反应，而非合成谷氨酸的氨同化反应；②胞内 α-酮戊二酸含量不足。

（五）构建原核"鸟氨酸乙酰基衍生物循环"嵌合途径对鸟氨酸合成的影响

类似的，如若将鸟氨酸乙酰基衍生物循环途径定位至胞质中，则既可避免谷氨酸跨膜转入线粒体，也可避免鸟氨酸跨膜转出线粒体。其相关策略有：①截除内源性鸟氨酸合成相关酶系的线粒体锚定肽，将相关蛋白截留于胞质；②构建来源于原核微生物的鸟氨酸合成途径，避免相关锚定肽的冗杂环节。为此，基于生物信息学和 DNA 组装技术，将来源于大肠杆菌的 N-乙酰谷氨酸合酶（argAec）和 N-乙酰谷氨酸激酶（argBec）、谷氨酸棒杆菌的 N-乙酰谷氨酸磷酸还原酶（argCCg）、乙酰鸟氨酸氨基转移酶（argDCg）和乙酰鸟氨酸乙酰基转移酶（argJCg）过量表达于出发菌株 ORN-L 中，成功构建原核"鸟氨酸乙酰基衍生物循环"嵌合途径的工程菌株 M1cM2q。如图 7-35 所示，构建原核"鸟氨酸乙酰基衍生物循环"嵌合途径可有效改善工程菌株 M1cM2q 鸟氨酸合成能力，使其鸟氨酸产量提高了 11%，达到 192mg/L。虽然胞质鸟氨酸合成嵌合途径可强化鸟氨酸的合成，但由于胞质中

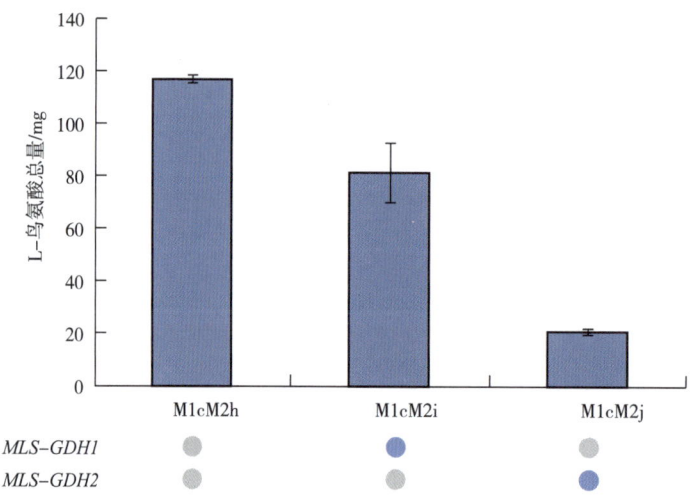

图 7-34 过量表达线粒体定位谷氨酸脱氢酶对细胞合成谷氨酸的影响

精氨酸及鸟氨酸的大量积累，导致相关代谢产物的反馈抑制作用更为严重，进而使该嵌合途径不能有效提高工程菌株鸟氨酸合成能力。因此，加快胞内鸟氨酸的转运、降低细胞质中精氨酸浓度以及解除相关代谢产物的反馈抑制，可进一步提高鸟氨酸合成能力。

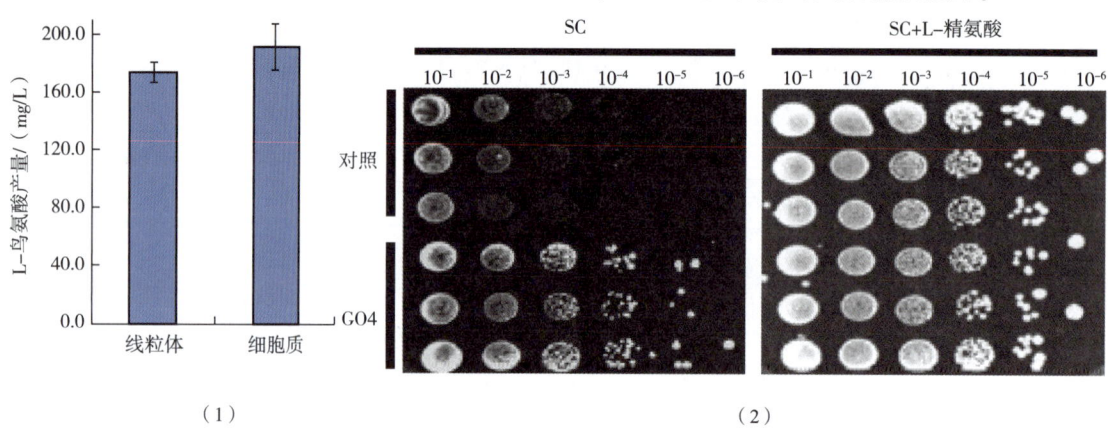

图 7-35 胞质中重构鸟氨酸乙酰基衍生物循环对细胞合成鸟氨酸的影响
(1) 线粒体和胞质中鸟氨酸产量的比较分析；(2) 平板点样实验

四、调控葡萄糖效应对鸟氨酸合成能力的影响

在有氧条件下，当培养基中葡萄糖达到一定浓度后，酿酒酵母能够通过发酵代谢葡萄糖生产酒精的方式取代基于氧化磷酸化获得能量，即为"葡萄糖效应"。一般来说，若通过氧化磷酸化提供能量，则大量碳流必经过氧化 TCA 和 α-酮戊二酸代谢节点，但"葡萄糖效应"的存在却使碳流到达丙酮酸节点后，通过丙酮酸脱羧酶作用进入乙醛节点，进而以乙醛为最终电子受体氧化 NADH 合成乙醇。因此，基于"葡萄糖效应"独特的代谢特性，通过强化碳流进入 TCA 进而到达谷氨酸则变得相当困难。

第七章 代谢工程改造酿酒酵母生产精细化学品

（一）过量表达丙酮酸脱氢酶复合体（PDHC）对细胞合成鸟氨酸的影响

在葡萄糖效应下，包括呼吸链、氧化磷酸化、线粒体生物合成等代谢过程中关键酶的活性及其合成水平均受到抑制及阻遏作用，而通过降低乙醇发酵作用和提高呼吸作用可有效降低葡萄糖效应。其中，提高呼吸作用可更为直接作用于降低葡萄糖效应进而提高TCA循环代谢流。为此，以M1cM2q为出发菌株，过量表达去磷酸化丙酮酸脱氢酶E1α亚基Pda1p［S313A］（以野生型E1α亚基Pda1p为对照），结合共同表达丙酮酸脱氢酶（PYC2）、柠檬酸合酶（CIT1）、顺乌头酸酶（ACO1）和异柠檬酸脱氢酶（IDP2）以进一步强化丙酮酸羧化作用和TCA循环中氧化部分，分别获得工程菌株M1cM2qM3a和M1cM2qM3b。与出发菌株M1cM2q相比，提高呼吸作用对工程菌株M1cM2qM3a的生长性能影响并不显著，但能有效提高工程菌株的发酵性能，使其鸟氨酸产量由192mg/L提高至245.2mg/L，其得率也相应地提高了99.7%，达到66.9mg/g（图7-36）。值得注意的是，虽过量表达突变型Pda1p可进一步提高工程菌株M1cM2qM3b的鸟氨酸合成能力，使其产量提高至264.4mg/L，但其得率却比对照菌株降低了13.9%，仅为57.6mg/g（表7-5）。因此，强化TCA循环中氧化反应部分可有效提高TCA循环至α-酮戊二酸节点的代谢流量，降低葡萄糖效应，进而促进鸟氨酸合成能力。

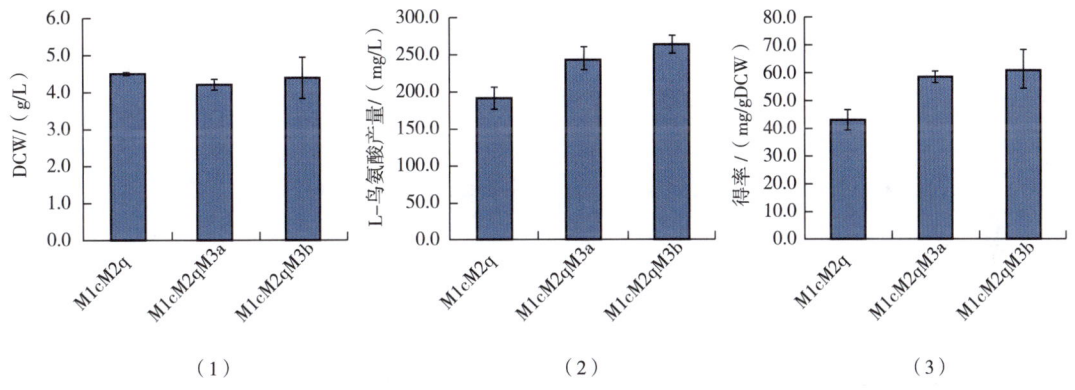

图7-36 过量表达丙酮酸脱氢酶复合体（PDHC）对细胞合成鸟氨酸的影响
(1) 细胞干重；(2) 鸟氨酸产量；(3) 鸟氨酸得率

表7-5 过量表达野生型PDA1及突变型PDA1（S313A）对工程菌株生理特性的影响

菌株	μ_{max}/h^{-1}	r_{ORN} [a]	r_{EOH} [b]	r_{glu} [b]	$Y_{X/S}$ [c]	$Y_{ORN/S}$ [d]	$Y_{EOH/S}$ [c]
M1cM2q	0.38±0.01	33.5±10.0	1.1±0.0	2.8±0.1	0.14±0.01	11.88±3.76	0.38±0.01
M1cM2qM3a	0.36±0.02	66.9±7.9	1.2±0.1	3.0±0.5	0.12±0.02	22.34±2.56	0.39±0.08
M1cM2qM3b	0.37±0.01	57.6±7.5	1.2±0.1	2.9±0.1	0.13±0.01	19.82±3.94	0.40±0.03

[a] 底物吸收速率及产物合成速率，以mg/(gDCW·h)为单位；

[b] 底物吸收速率及产物合成速率以g/(gDCW·h)为单位；

[c] 对于葡萄糖的得率，以g/g为单位；

[d] 对于葡萄糖的得率，以mg/g为单位。

（二）过量表达 NADH 氧化酶（AOX）对鸟氨酸合成能力的影响

为进一步降低葡萄糖效应，将来源于荚膜组织胞浆菌的 NADH 氧化酶（HcAOX1）过量表达于菌株 M1cM2q 中，构建可进一步提高呼吸链代谢容量的工程菌株 M1cM2qM3c。与出发菌株 M1cM2q 相比，过量表达 NADH 氧化酶可使工程菌株 M1cM2qM3c 鸟氨酸合成能力提高 34%，使其鸟氨酸的产量提高至 258.1mg/L，其得率也由 42.8mg/gDCW 提高至 58.4mg/gDCW（图 7-37），表明过量表达 HcAOX1 能有效提高胞内 α-酮戊二酸的浓度，进而降低葡萄糖效应，强化细胞鸟氨酸合成能力。

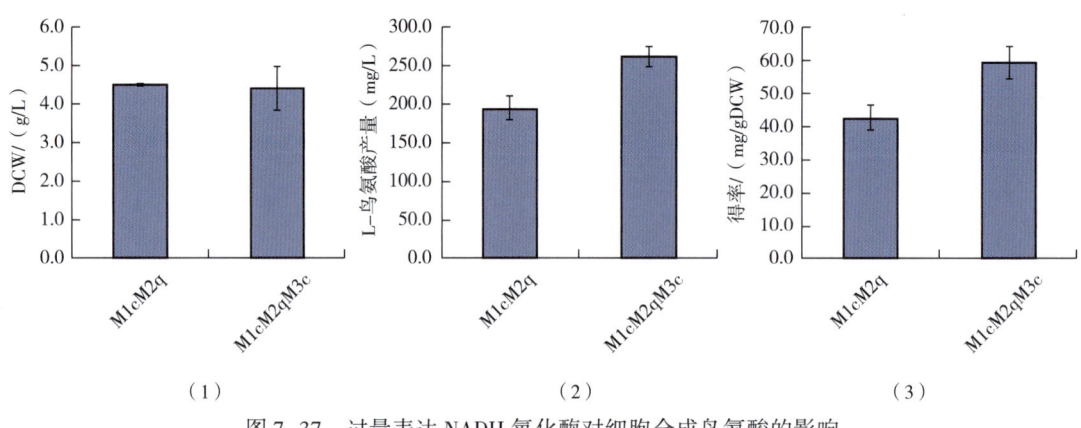

图 7-37 过量表达 NADH 氧化酶对细胞合成鸟氨酸的影响
(1) 细胞干重；(2) 鸟氨酸产量；(3) 鸟氨酸得率

（三）过量表达 NADH：泛醌氧化还原酶对鸟氨酸合成能力的影响

在酿酒酵母呼吸链结构中，由 *NDI*1 编码的 NADH：泛醌氧化还原酶可将 NADH 电子传递给泛醌，如若加快由 NADH 传递给泛醌的电子速率，能否可进一步提高呼吸链容量，进而降低葡萄糖效应进一步提高 TCA 循环代谢流？为此，将酿酒酵母内源性 NADH：泛醌氧化还原酶（*NDI1*）基因过量表达至菌株 M1cM2qM3c 中，获得工程菌株 M1cM2qM3d。发酵结果如图 7-38 所示，与出发菌株 M1cM2qM3c 相比，过量表达 *NDI1* 能抑制工程菌株 M1cM2qM3d 的生长性能，使其生物量由 4.4g/L 降低至 4.0g/L，但能有效改善工程菌株 M1cM2qM3d 的发酵性能，使鸟氨酸产量由 258.1mg/L 提高至 278.2mg/L，且其得率也由 59.4mg/gDCW 提高至 70.3mg/gDCW。因此，过量表达 *NDI1* 可强化 NADH 电子向辅酶 Q 的传递，从整体上改善氧化酶氧化电子的速率，进而强化 α-酮戊二酸的合成，提高鸟氨酸合成能力。

（四）钝化葡萄糖转运对细胞合成鸟氨酸的影响

在酿酒酵母中，调节葡萄糖转运速率可有效调控葡萄糖的代谢效率，从而提高 TCA 循环的代谢流量，进而降低葡萄糖效应。然而，葡萄糖的跨膜协助扩散是由葡萄糖转运蛋白所介导的，而葡萄糖转运蛋白的起始转录则由葡萄糖信号转导路径所执行。为此，在菌株 M1cM2q 基础上过量表达 MTH1-ΔT 以实现对葡萄糖转运的调控，构建了工程菌株 M1cM2qM3e。发酵结果如图 7-39 所示，与对照菌株 M1cM2q 相比，过量表达 MTH1-ΔT

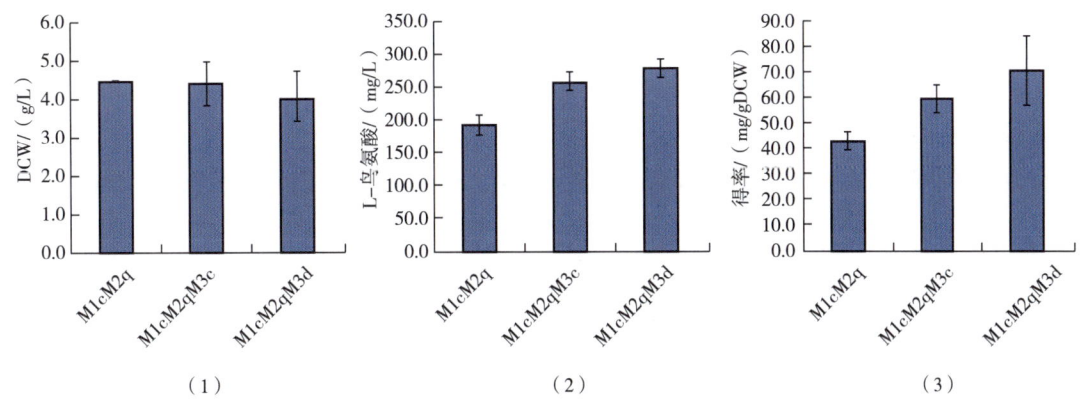

图 7-38 过量表达 NADH:泛醌氧化还原酶对细胞合成鸟氨酸的影响
(1) 细胞干重;(2) 鸟氨酸产量;(3) 鸟氨酸得率

可有效改善工程菌株 M1cM2qM3e 的生长性能和发酵性能,使其生物量由 4.5g/L 提高至 8.9g/L,且其鸟氨酸合成能力提高了 3 倍,使鸟氨酸产量由 192.0mg/L 提高至 778.2mg/L。因此,过量表达 MTH1-ΔT 可通过调控葡萄糖的转运速率而有效降低葡萄糖效应和提高呼吸作用,进而提高 TCA 循环的代谢流量,最终提高鸟氨酸合成能力。

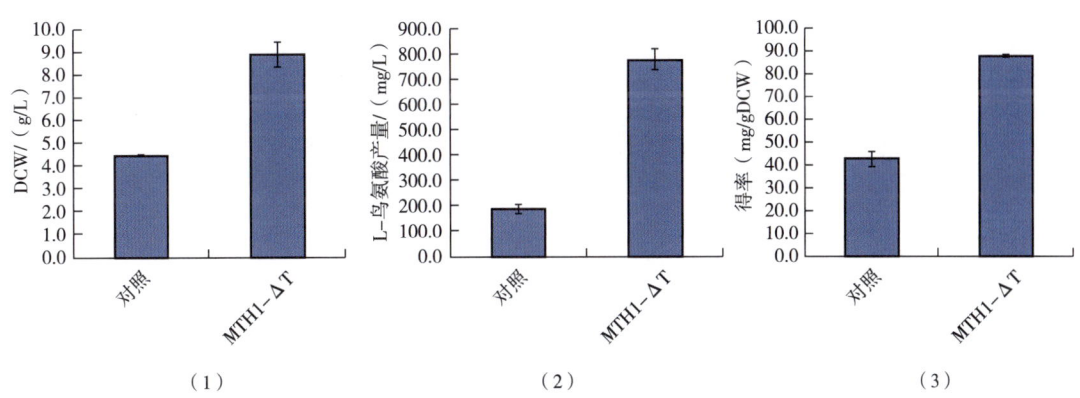

图 7-39 过量表达 MTH1-ΔT 对细胞合成鸟氨酸的影响
(1) 细胞干重;(2) 鸟氨酸产量;(3) 鸟氨酸得率(与细胞干重比)

(五)过量表达精氨酸酶对鸟氨酸合成能力的影响

为进一步降低胞内精氨酸浓度,以 M1cM2qM3e 为出发菌株,通过过量表达精氨酸酶(*CAR1*)构建工程菌株 M1dM2qM3e,以期进一步提高细胞合成鸟氨酸的能力。同时,为考察菌株背景对过量表达 *CAR1* 的影响,在菌株 M1cM2qM3c 基础上过量表达 *CAR1* 而构建对照菌株 M1dM2qM3c。发酵结果如图 7-40 所示,在工程菌株 M1dM2qM3e 中,过量表达精氨酸酶可显著提高鸟氨酸合成能力,使鸟氨酸产量较出发菌株 M1cM2qM3e 提高了 34%,达到 1041.3mg/L。然而,在工程菌株 M1dM2qM3c 中,过量表达精氨酸酶能显著降低乌氨酸合成能力，使其乌氨酸产量仅为 287.4mg/L。因此，虽过量表达精氨酸酶可进一步提高乌氨酸合成能力，但该促进作用却是菌株背景依赖型，其主要原因可能是：在 MTH1-ΔT 的过量表达菌株中，由于胞内谷氨酸及 α-酮戊二酸的足量供应，导致胞内精氨酸反馈调控下的乌氨酸合成乙酰基衍生物循环成为潜在的代谢瓶颈，而过量表达 CAR1 可显著降低胞内精氨酸浓度，进而提高乌氨酸合成途径的代谢流量。然而，在 HcAOX1 过量表达的工程菌株中，由于供应 α-酮戊二酸前体的 TCA 循环仍处于葡萄糖效应所带来的抑制与阻遏作用，而过量表达 CAR1 只能对乌氨酸合成具有一定的作用，即过量表达 CAR1 可提高胞内精氨酸酶浓度而强化乌氨酸循环，进而改善乌氨酸的合成水平。

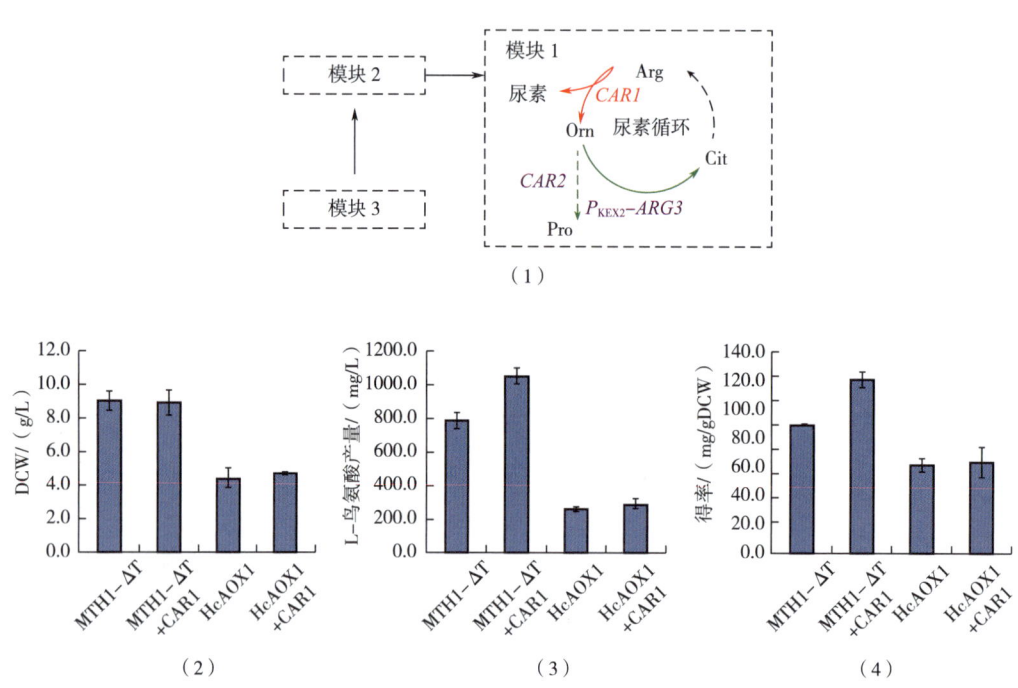

图 7-40 过量表达精氨酸酶合成基因 CAR1 对细胞合成乌氨酸的影响
(1) 乌氨酸合成途径；(2) 细胞干重；(3) 乌氨酸产量；(4) 乌氨酸得率

（六）弱化 KDGH 组分对细胞合成乌氨酸的影响

在酿酒酵母中，α-酮戊二酸脱氢酶复合体（KDGH）在 α-酮戊二酸节点处可与谷氨酸合成反应竞争底物——α-酮戊二酸，而弱化该反应将有助于胞内 α-酮戊二酸的积累，进而为谷氨酸及乌氨酸合成提供更多的代谢合成前体。为此，下调 KDGH 表达水平可有效实现胞内 α-酮戊二酸的过量积累，即在菌株 M1dM2qM3c（HcAOX1 与 CAR1 过量表达）及 M1dM2qM3e（MTH1-ΔT 与 CAR1 过量表达）基础上，利用弱启动子 P_{KEX2} 替换 KDGH 强启动子，分别获得工程菌株 M1dM2qM3g 及 M1dM2qM3f。然而，使用弱启动子却显著降低工程菌株 M1dM2qM3f 和 M1dM2qM3g 的生长性能和发酵性能（图 7-41），使其合成乌氨酸的产量分别由 1041.3mg/L 和 287.4mg/L 降低为 130.7mg/L 和 118.7mg/L。因此，弱化 KDGH 启动子可使该多酶复合体失去催化功能,进而显著降低细胞的生长性能及其合成鸟氨酸的能力。此外,KDGH 的启动子弱化可导致 α-酮戊二酸脱氢酶复合体失去相应的催化功能,导致细胞只能通过发酵作用生存,进一步强化由 MTH1-ΔT 过量表达所带来葡萄糖效应的降低(表 7-6)。

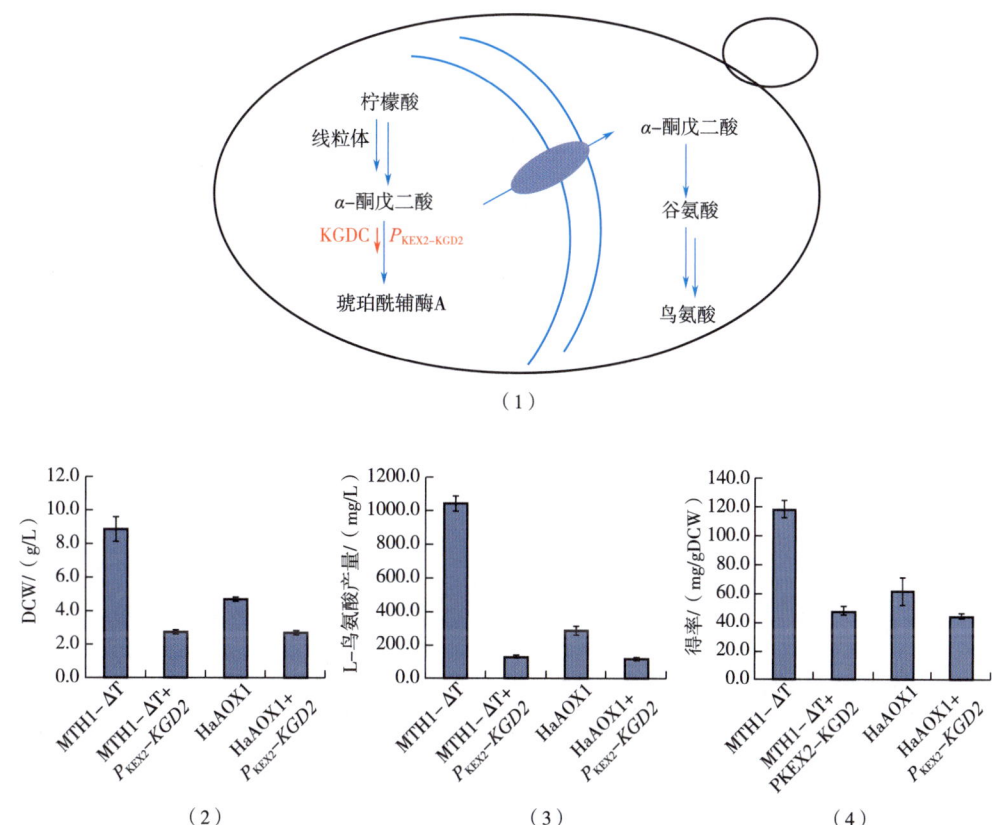

图 7-41 弱化 KGDH 表达水平对细胞合成鸟氨酸的影响

(1)鸟氨酸合成途径;(2)细胞干重;(3)鸟氨酸产量;(4)鸟氨酸得率

表 7-6 弱化 KGDH 表达水平对工程菌株合成鸟氨酸及葡萄糖效应的影响

菌株	μ_{max}/h^{-1}	r_{ORN}[a]	r_{EOH}[b]	r_{glu}[b]	$Y_{X/S}$[c]	$Y_{ORN/S}$[d]	$Y_{EOH/S}$[c]
M1d M2q	0.32±0.08	50.7±6.6	1.3±0.3	3.3±0.6	0.09±0.01	15.25±0.86	0.40±0.03
M1d M2q M3c	0.27±0.07	59.3±3.0	0.7±0.0	2.6±0.3	0.17±0.04	22.98±0.00	0.29±0.15
M1d M2q M3e	0.10±0.00	13.8±2.1	ND[e]	0.2±0.0	0.49±0.05	67.32±0.76	ND
M1d M2q M3f	0.31±0.03	11.2±4.1	0.9±0.2	2.2±0.0	0.14±0.01	5.03±1.81	0.41±0.09

[a] 底物吸收速率以及产物合成速率,以 mg/(gDCW·h) 为单位;

[b] 底物吸收速率以及产物合成速率,以 g/(gDCW·h) 为单位;

[c] 对于底物葡萄糖的得率,以 g/g 为单位;

[d] 对于底物葡萄糖的得率,以 mg/g 为单位;

[e] ND,未检测到。

第四节 代谢工程改造酿酒酵母生产番茄红素

一、番茄红素概述

(一) 番茄红素的理化性质

番茄红素（lycopene），又名 ψ-胡萝卜素，属于四萜类化合物——类胡萝卜素，是由11个不饱和共轭双键和2个非共轭不饱和双键组成的长链脂肪烃，属于天然脂溶性色素，其结晶体呈暗红色针状。番茄红素存在顺式和反式几何构型，其中天然番茄红素均为全反式构型，且热稳定性最佳，分子结构如图7-42所示。此外，由于共轭多烯链的存在，番茄红素具有光吸收属性，在可见光下显色；而多不饱和双键赋予番茄红素具有极强的单态氧淬灭能力，能够有效清除氧自由基。然而，由于其双键活性较高，导致番茄红素遇光、热、酸或金属离子时构型不稳定，极易氧化。因此，在提取番茄红素时需加入 2,6-二叔丁基-4-甲基苯酚（BHT）等抗氧化剂保护。

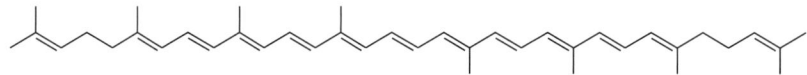

图7-42 全反式番茄红素的分子结构式

(二) 番茄红素的功能及其用途

目前，番茄红素是自然界中抗氧化能力最强的化合物之一，其单态氧淬灭速率在类胡萝卜素家族中最高，为 β-胡萝卜素的2倍、藏红花素的30倍、α-生育酚的100倍。因此，基于其强抗氧化能力，番茄红素对有效保护生物膜免受氧自由基的损伤，延缓细胞衰老。例如，在流行病学研究中，番茄红素已被证实对抑制肿瘤细胞增殖、预防前列腺癌及心血管疾病等慢性疾病有一定的作用。此外，番茄红素还被联合国粮农组织（FAO）和世界卫生组织（WHO）食品添加剂专家委员会认定为A类优质食品添加剂。此外，番茄红素已被欧洲批准为"新颖食品（novel food）"，被美国认证为"GRAS（generally recognized as safe）"产品，并已在全球52个国家和地区使用。据统计，番茄红素的全球需求量在15000t以上，且每年仍以10%~15%的速率增长，市场缺口依然很大。

(三) 番茄红素合成方法的研究进展

目前，番茄红素的生产方法主要包括：植物提取、化学合成和生物合成（表7-7）。其中，生物合成法主要是利用大肠杆菌和酿酒酵母等模式微生物发酵合成。这些模式微生物具有比生长速率高、易培养、遗传背景清晰、遗传操作可控、易实现高密度发酵等优点。然而，对于番茄红素合成而言，提高番茄红素产量、纯度及安全性对于扩大番茄红素的应用和满足人类对健康的需求具有重要的研究意义。因此，改造模式微生物构建高效生产番茄红素的微生物细胞工厂已成为研究重点。

表 7-7　　番茄红素合成方法的研究进展

合成方法	具体操作步骤	优缺点
植物提取法	天然植物提取的番茄红素主要来源于番茄。然而，新鲜番茄中番茄红素含量非常低（<0.5g/kg），进而导致生产成本非常高	提取物中含有大量其他类胡萝卜素，如 α-胡萝卜素、β-胡萝卜素、叶黄素等，直接影响产品纯度。此外，提取过程需消耗大量的有机溶剂，环境污染严重
化学合成法	基于 Wittig 反应，即以假紫罗兰酮为原料合成 C15 膦盐，并由 C15 膦盐和 C10 醛经 Wittig 缩合反应生成番茄红素，反应收率高（达到 60%）、副反应少且原料可回收利用	然而，化学法合成的番茄红素始终存在食品安全性问题，且欧盟仍未批准化学合成的番茄红素进入本土市场
生物合成法	因其经济性、可持续性、环境友好且发酵产品基本无毒副作用而被认为是最有前途的方法。主要微生物有：三孢布拉氏霉菌（*Blakeslea trispora*）和红酵母菌，其中三孢布拉氏霉菌生产 β-胡萝卜素已实现产业化	然而，番茄红素不是代谢终产物，发酵过程中需额外添加合成阻断剂（如咪唑等）以抑制从番茄红素到 β-胡萝卜素的合成反应，进而严重影响番茄红素的产量、纯度及其安全性

二、微生物发酵法合成番茄红素的研究现状

（一）番茄红素的异源生物合成路径

目前，所有萜类化合物的合成均共用 2 个基本 C5 构造单元，即异戊烯基焦磷酸（IPP）和二甲基丙烯基焦磷酸（DMAPP），而 IPP 和 DMAPP 的生物合成路径包括：甲羟戊酸（MVA）途径和 2-甲基-D-赤藓醇-4-磷酸（MEP）途径。

在大肠杆菌中，MEP 途径是合成萜类化合物的唯一路径：以丙酮酸和 3-磷酸甘油醛为直接前体依次经过 5-磷酸-1-脱氧-木酮糖（DXP）合成酶（*dxs*）和 DXP 还原异构酶（*dxr*）生成 MEP，再经 5 步酶促反应生成 IPP，接着 IPP 在 IPP 异构酶（*idi*）催化下异构形成 DMAPP。然而，在酿酒酵母中，MVA 路径是合成萜类化合物的唯一前体路径：以乙酰辅酶 A 为单一底物，依次经乙酰辅酶 A 硫解酶（ERG10）、β-羟基-β-甲基戊二酸单酰辅酶 A（HMG-CoA）合成酶（ERG13）、HMG-CoA 还原酶（HMGR）催化生成 MVA，并在 MVA 激酶（ERG12）、MVA 磷酸激酶（ERG8）、MVA 二磷酸脱羧酶（ERG19）、IPP 异构酶（IDI1）等酶催化下最终生成 IPP 和 DMAPP。

在此基础上，萜类化合物以 C5 的 IPP 和 DMAPP 为通用前体，在异戊二烯基焦磷酸合成酶作用下将 IPP 与 DMAPP 经头尾缩合的碳链延长反应依次生成 C10 的香叶基焦磷酸（GPP）、C15 的法呢基焦磷酸（FPP）和 C20 的香叶基香叶基焦磷酸（GGPP），分别为构成单萜（C10）、倍半萜（C15）、二萜（C20）、三萜（C30）和四萜（C40）化合物的合成前体。其中，番茄红素以 C15 的 FPP 为直接前体，在 GGPP 合成酶（CrtE 或 GGPPS）催化下将碳链延长生成 C20 的 GGPP，紧接着两分子 GGPP 在八氢番茄红素合成酶（CrtB）催化下缩合生成类胡萝卜素代谢路径中第一个类胡萝卜素产物——八氢番茄红素。

最后，在八氢番茄红素脱氢酶（CrtI）作用下连续发生四步脱氢反应，依次生成六氢番茄红素、ζ-胡萝卜素、链孢红素和番茄红素（图7-43）。

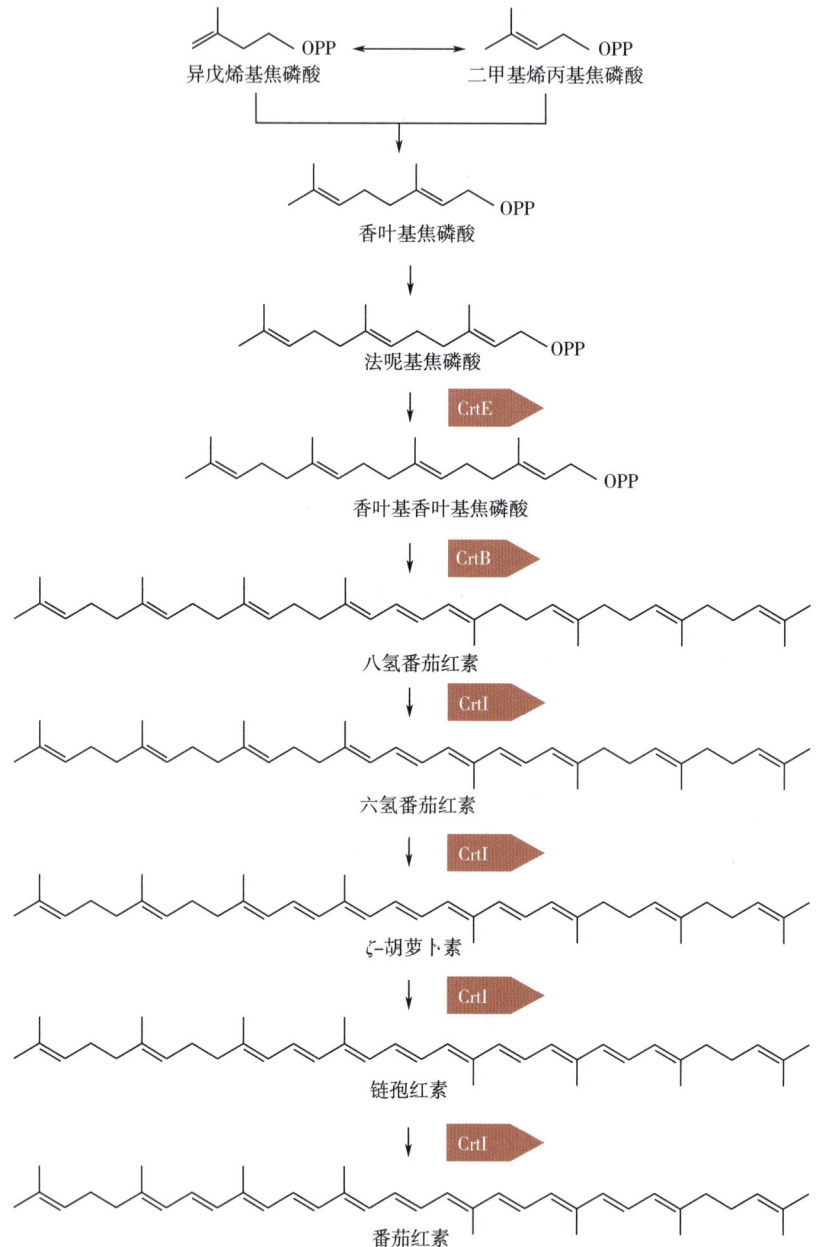

图7-43 番茄红素生物合成途径

（酿酒酵母中，番茄红素生物合成路径以内源IPP和DMAPP合成的FPP为前体，通过CrtE、CrtB和CrtI三个异源酶连续催化合成番茄红素）

(二) 大肠杆菌合成番茄红素的研究进展

因其比生长速率高、遗传背景明确，大肠杆菌已成为萜类化合物异源生物合成的常用宿主（表7-8）。然而，大肠杆菌胞内 MEP 路径通量较低，而提高内源 MEP 路径通量，进而为异源路径提供充足的前体物质 IPP 和 DMAPP，将是代谢工程改造大肠杆菌生产番茄红素的研究重点。例如，Kim 等在引入来源于 *Pantoea agglomerans* 中三个番茄红素合成基因 *CrtE*、*CrtB* 和 *CrtI* 的基础上，结合过量表达内源 *dxs* 和 *idi* 以上调 MEP 通量，和引入来源于 *Enterococcus faecalis* 的 *mvaE* 和 *mvaS*、*Streptococcus pneumoniae* 的 *mvaK1* 和 *mvaK2* 及 *Haematococcus pluvialis* 的 *idi* 构建异源强化 MVA 路径，以期弥补内源 MEP 路径通量的不足和避免细胞对 MVA 路径的反馈抑制作用，从而强化胞内 IPP 和 DMAPP 的供给，进而使工程菌株通过分批补料发酵模式可合成 1.35g/L 番茄红素。此外，由于 MEP 路径需消耗大量 NADPH 和 ATP，而增强胞内还原力和能量供给也将成为提高异源萜类产量的关键。例如，马延和课题组通过模块化调节 TCA 循环和磷酸戊糖途径通量提高胞内 NADPH 和 ATP 供给，结合利用核糖体结合位点文库增强 *dxs*、*idi* 及 *CrtE* 的表达水平，可使工程菌株在分批补料发酵罐（7L）中合成番茄红素的产量达到 3.52g/L（50.6mg/gDCW），为目前公开报道番茄红素的最高产量。

表 7-8　　以大肠杆菌为宿主合成番茄红素

优化过程	单位细胞产量/(mg/gDCW)	产量/(g/L)
在上调 MEP 路径基础上引入异源 MVA 路径优化前体物质合成，优化发酵条件	32	1.35（分批补料发酵）
导入异源 MVA 路径，通过 in vitro 实验测试定向优化代谢路径	34.3	1.23（100L 分批补料发酵）
模块化优化中心碳代谢路径增强 NADPH 和 ATP 供给，利用核糖体结合位点文库模块化优化 *idi* 和 *Crts* 表达	50.6	3.52（7L 发酵罐分批补料发酵）
导入来源于 *Deinococcus wulumuqiensis* 的 *CrtE*、*CrtB* 和 *CrtI*，并优化其核糖体结合位点序列	88	0.78（摇瓶发酵）
高效利用果糖的 *E. coli* K12f 中导入 Pac-LYC 质粒，以果糖为碳源进行发酵	192	0.88（摇瓶发酵）

(三) 酿酒酵母合成番茄红素的研究进展

与大肠杆菌相比，酿酒酵母中维生素、蛋白质含量更高，尤其是不含内毒素，且大规模发酵不受噬菌体侵蚀；而与三孢布拉氏霉菌相比，酿酒酵母生长周期更短、更易培养，且遗传操作简单可控，更易获得高纯度番茄红素。因此，以酿酒酵母作为宿主细胞高效合成番茄红素已展现出极大的竞争力和生产潜力（表7-9）。例如，Lian 等利用依赖抗生素浓度而调节基因整合拷贝数的方法模块化协调内源 MVA 路径（由 *ERG*10、*ERG*13、 *tHMGR*、*ERG*8、*ERG*12 及 *ERG*20 组成 FPP 合成模块）和异源番茄红素合成路径（由 *Crt*E、*Crt*B 及 *Crt*I 组成番茄红素合成模块）的代谢通量，将番茄红素产量进一步提高到 11.2mg/gDCW。类似的，于洪巍课题组通过上调酿酒酵母内源截短 *tHMGR*，利用蛋白定向进化手段改造来源于红发夫酵母（*Xanthophyllomyces dendrorhous*）的双功能酶 CrtYB，使其仅保留 CrtB 的催化功能。在此基础上，选择并定向进化提高来源于 *X. dendrorhous* 的 CrtE 催化活性，并微调 *Crt*E、*Crt*B 和 *Crt*I 的整合拷贝数，通过单倍体杂交获得高产番茄红素的二倍体酿酒酵母，使其摇瓶发酵番茄红素产量达到 159.56mg/L（23.23mg/gDCW），且分批补料发酵产量高达 1.61g/L（24.41mg/gDCW），为目前报道利用酿酒酵母合成番茄红素的最高产量。

表 7-9　　　　　　　　　　　以酿酒酵母为宿主合成番茄红素

菌株	优化过程	单位细胞产量/(mg/gDCW)	产量/(g/L)
Y. lipolytica	过量表达 HMG1 和 GGPPS，脂质体合成路径优化强化脂质体形成	16.0	—
Y. lipolytica	结合代谢通量分析和正交设计优化发酵培养基	4.02	0.242（分批补料发酵）
S. cerevisiae	导入来源于 *P. ananatis* 的 *Crt*E、*Crt*B 和 *Crt*I	0.113	—
S. cerevisiae	利用 ADH2 启动子过量表达来源于 *P. ananatis* 的 *Crt*E、*Crt*B 和 *Crt*I	3.3	—
S. cerevisiae	基于抗生素浓度调整质粒拷贝数，优化上、下游路径通量	11.2	—
S. cerevisiae	整合并优化来源于 *X. dendrorhous* 的 *Crt*S；失活 CrtYB 的 CrtY 编码功能、定向进化 CrtE、调整 Crts 拷贝数	24.41	1.61（5L 发酵罐分批补料发酵）

（四）酿酒酵母合成番茄红素面临的挑战

然而，酿酒酵母异源合成番茄红素的产量较大肠杆菌及三孢布拉氏霉菌仍存较大差距，构建高效合成番茄红素的酿酒酵母依然有较大的改造空间与潜力。目前，酿酒酵母异源合成番茄红素的主要问题有：①番茄红素合成路径是多酶组合路径，而实现多酶的有效配合将是提高异源路径通量的关键；②酿酒酵母中乙酰辅酶 A 生成路径及 MVA 路径受细胞严格调控，而强化萜类合成的前体物质供给、平衡内源前体物质合成路径与异源路径通量将是提高细胞合成能力的关键；③作为亲脂性物质，高水平番茄红素的积累将对细胞产生代谢压力，进而影响细胞的正常生理功能，而增强细胞耐受番茄红素的能力将是突破产量限制的关键。因此，在代谢工程改造酿酒酵母合成番茄红素的过程中，需要同时对底盘细胞和异源路径进行不断的优化和适配，促使两者充分兼容，才能实现番茄红素的高效生产。目前，为提高酿酒酵母合成番茄红素的能力，增加番茄红素合成路径与酿酒酵母的适配性策略主要包括以下几个方面。

1. 强化前体物质供给

在酿酒酵母中，葡萄糖、乙醇等碳源在胞质中被氧化生成乙酸后，将进一步转化为乙酰辅酶A，并以乙酰辅酶A为代谢节点进入MVA路径：3分子乙酰辅酶A缩合形成HMG-CoA，而HMG-CoA在HMGR（*HMG1*、*HMG2*）催化下生成MVA，并进一步转化生成IPP和DMAPP，为萜类物质的合成提供五碳原子的基本构造单元。其中，乙酰辅酶A是酵母细胞合成代谢和能量代谢的关键代谢节点，可参与胞内不同细胞器中共34个代谢反应，也是蛋白乙酰化修饰的底物。因此，为平衡细胞对乙酰辅酶A的利用，胞内乙酰辅酶A含量受到严格的多级调控，进而限制酵母内源MVA路径的代谢通量，而提高胞内乙酰辅酶A水平，构建强化前体物质（乙酰辅酶A、MVA）供给的酿酒酵母平台，对构建合成各种萜类化合物的细胞工厂具有重要的指导意义。例如，Chen等通过改造酿酒酵母胞质乙酰辅酶A代谢节点及其上、下游代谢路径，即上调由乙醇到乙酸路径基因（*ADH2*、*ALD6*）表达水平，结合引入异源突变的乙酰辅酶A合成酶（ACSSEL641P编码）以解除乙酰化修饰对酶活性的抑制，同时上调乙酰辅酶A至MVA合成途径的关键基因（*ERG10*、*tHMG1*）表达水平，有效提高胞质乙酰辅酶A和MVA合成路径的代谢通量。在此基础上，阻遏乙酰辅酶A分解代谢途径，即敲除乙醛酸循环关键基因（*MLS1*、*CIT2*），进而构建强化乙酰辅酶A供给的酿酒酵母细胞平台，可使其合成α-檀香烯的产量提高了4倍。

2. 强化异源番茄红素合成路径

在异源番茄红素合成路径中，由*CrtE*和*CrtI*编码的GGPPS和八氢番茄红素脱氢酶是该途径的关键限速酶。GGPPS分为2种，多数GGPPS以FPP为底物，并与1分子IPP连接形成GGPP，如酿酒酵母内源BTS1；而少数GGPPS为双功能酶，具有FPP合成酶和GGPP合成酶的催化功能，既能以FPP为底物，也可直接利用IPP和DMAPP为底物生成GGPP，如*Sulfolobus acidocaldarius*中GGPPS。因此，由于可有效避免与细胞内源固醇合成代谢竞争FPP，且具有更多底物来源，双功能GGPPS酶常被用于二萜类化合物的合成。

而CrtI以八氢番茄红素为底物，负责催化多步连续脱氢反应生成链孢红素、番茄红素等不同碳碳双键饱和度的多种脱氢产物。研究发现，不同生物来源的CrtI在催化多步脱氢反应时，会表现出不同的主导反应步数，如发生3步、4步甚至5步的脱氢反应，例如，来源于*Rrhodobacter*的CrtI可催化3步连续脱氢反应生成链孢红素，而来源于*Erwinia*的CrtI可催化4步连续脱氢反应生成番茄红素。为此，受限于CrtI催化产物的非专一性，Liao研究团队通过定向进化构建CrtI突变库，结合高通量筛选获得具有特定反应步数的突变酶，可使产物中番茄红素比例提高至90%，表明改变CrtI的蛋白结构可使多步反应中某种底物更易于与酶结合发生催化反应。因此，解析CrtI与各步反应底物的结合机制将是提高酶催化活性和产物专一性的关键。

3. 强化底盘细胞对产物的耐受性

作为四萜化合物，番茄红素是由8个异戊二烯基构成的长链碳氢化合物，其疏水性较强。因此，胞内积累的番茄红素可附着在生物膜上，并以线性形式嵌入磷脂双分子结构中，进而破坏膜结构、干扰细胞膜的正常生理功能。例如，酿酒酵母胞内大量类胡萝卜素的积累会引起多重药物抗性胁迫响应，且降低细胞膜流动性，导致胞内金属离子缺陷，危害细胞生长，降低代谢产物得率。因此，强化酿酒酵母对番茄红素的耐受能力将是突破产量瓶颈、构建高效合成细胞工厂的关键。

三、敲除基因 *ypl062w* 强化前体物质供给

目前，越来越多研究表明酵母内源非必需基因对异源萜类物质合成有着不可忽视的影响。Keasling 课题组利用酿酒酵母单基因敲除库筛选获得 24 个能积极增强 β-胡萝卜素合成的非必需基因。其中，只有 3 个基因（*rox1*、*yjl064w*、*ypl062w*）的单敲除可显著提高红没药烯产量，且只有敲除 *ypl062w* 才能有效提高胞内 MVA 含量（是未敲除菌株的 4 倍）。为此，推测敲除 *ypl062w* 的突变菌株可利用更多碳源以积累更多萜类化合物的合成前体物质。

（一）构建高效诱导型番茄红素合成路径对番茄红素合成的影响

为避免番茄红素合成对细胞生长的抑制，采用诱导型表达系统构建异源番茄红素合成路径，即先细胞生长、后产物合成。目前，依赖 D-（+）半乳糖诱导的 GAL 诱导系统是酿酒酵母中最成熟的诱导表达系统。然而，由于酿酒酵母拥有由 GAL1、GAL7 和 GAL10 三个基因编码的半乳糖代谢路径，而添加 D-（+）半乳糖会随细胞生长被消耗，导致诱导效率降低而影响发酵得率。为此，提高 GAL 诱导系统效率的策略有：①通过敲除基因 *gal1*、*gal7* 和 *gal10* 使细胞缺失代谢半乳糖的能力，进而维持培养周期内诱导剂浓度的恒定；②敲除基因 *gal80* 失活半乳糖代谢的转录抑制因子，解除 GAL 诱导系统对半乳糖的依赖，即不需要额外添加半乳糖诱导剂，当葡萄糖消耗完后便可自行开启 GAL 基因的转录。

为此，以酿酒酵母 CEN.PK2-1C 为出发菌株，分别敲除 *gal80* 和 *gal1*、*gal7*、*gal10*，分别构建工程菌株 SyBE_Sc14C01 和 SyBE_Sc14C02。在此基础上，通过模块化整合表达三个异源番茄红素合成基因：*CrtE* 和 *CrtB*（来源于成团泛菌）、*CrtI*（来源于三孢布拉氏霉菌），及酵母内源截短的 tHMG1 置于 GAL 启动子（P_{GAL1}、P_{GAL10}）调控下，以提高 MVA 路径通量，并考察不同工程菌株 SyBE_Sc14C06（$\Delta gal80$）和 SyBE_Sc14C07（$\Delta gal1\Delta gal7\Delta gal10$）在 YPD 和 YPDG 培养基中的生长特性及其发酵性能。结果如图 7-44 所示，敲除 *gal1*、*gal7* 和 *gal10* 更有利于番茄红素合成，可使工程菌株 SyBE_Sc14C07（$\Delta gal1\Delta gal7\Delta gal10$）合成番茄红素的产量（4.31mg/gDCW）较工程菌株 SyBE_Sc14C06（$\Delta gal80$）（2.43mg/gDCW）提高了 78.8%，且在发酵后期，菌株 SyBE_Sc14C07 的生物量（OD_{600} 值为 26.8）也略高于菌株 SyBE_Sc14C06（OD_{600} 值为 24.3）。因此，敲除基因 *gal80* 对 GAL 启动子的泄漏程度比敲除基因 *gal1*、*gal7* 和 *gal10* 更为严重，导致 $\Delta gal80$ 过早合成番茄红素，进而抑制细胞生长和产物积累。

（二）敲除 *ypl062w* 对细胞生长和番茄红素合成的影响

以菌株 SyBE_Sc14C07 为出发菌株，通过敲除 *ypl062w* 获得工程菌株 SyBE_Sc14C23，

第七章 代谢工程改造酿酒酵母生产精细化学品

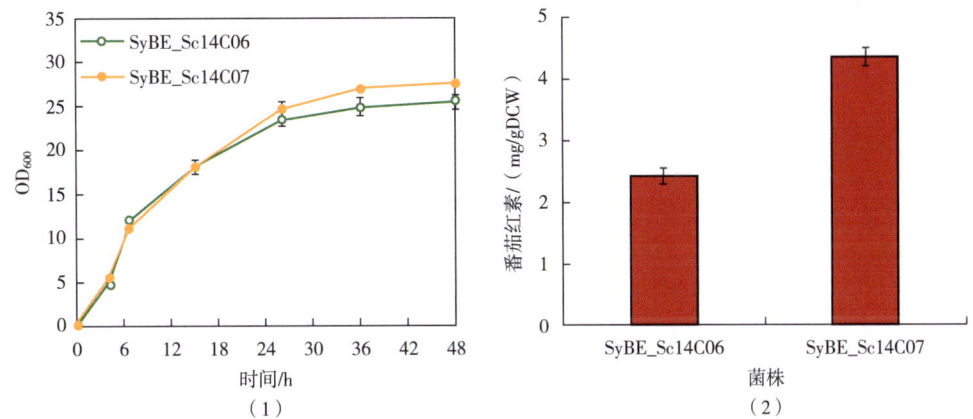

图 7-44 比较分析敲除基因 *gal1*、*gal7*、*gal10* 和 *gal 80* 对工程菌株生长特性及其发酵特性的影响
[工程菌株 SyBE_Sc14C06（Δ*gal80*）和 SyBE_Sc14C07（Δ*gal1* Δ*gal7* Δ*gal10*）分别用 YPD 和 PYDG 培养基进行摇瓶发酵]
(1) 细胞生长曲线；(2) 番茄红素合成量

并考察不同葡萄糖浓度对菌株发酵特性的影响（图 7-45）。在 2% 葡萄糖 YPDG 培养基中，与出发菌株 SyBE_Sc14C07 相比，敲除 *ypl062w* 可显著提高工程菌株 SyBE_Sc14C23 合成番茄红素的能力，使其番茄红素产量增加了 2.5 倍，达到 10.59mg/gDCW [图 7-45 (1)]。值得注意的是，在细胞生长阶段，敲除 *ypl062w* 对工程菌株 SyBE_Sc14C23 生物量（OD_{600}）并无显著影响，但在产物合成后期，胞内番茄红素的过量积累可显著降低工程菌株 SyBE_Sc14C23 的生物量。此外，与出发菌株 SyBE_Sc14C07 合成少量乙酸（0.51g/L）相比，工程菌株 SyBE_Sc14C23 发酵液中未能检测到乙酸的积累 [图 7-45 (5)]。

此外，当在 4% 葡萄糖 YPDG 培养基条件下，与出发菌株 SyBE_Sc14C07 合成少量番茄红素（70μg/gDCW）和大量乙酸（5.04g/L）相比，工程菌株 SyBE_Sc14C23 合成番茄红素的产量显著提高至 10.84mg/gDCW，但伴随有微量乙酸的积累 [图 7-45 (2) 和 (4)]。因此，在高浓度葡萄糖培养条件下，乙酸的过量积累严重抑制细胞生长和正常代谢，是导致番茄红素发酵得率低的主要原因，而敲除 *ypl062w* 可有效增强细胞利用乙酸的能力，进而减弱乙酸对细胞生长的抑制，促进番茄红素的积累。综上所述，敲除 *ypl062w* 可在不影响工程菌株生长性能的前提下，有效增加酿酒酵母合成番茄红素的能力。

（三）外源添加不同浓度乙酸对细胞合成番茄红素的影响

当发酵进行 7h（图 7-46 中红色箭头所示，培养基中葡萄糖已被消耗完全）时，分别将不同浓度（0、0.5g/L、1.0g/L、1.5g/L）乙酸添加到 2% 葡萄糖 YPDG 发酵培养基中，进而考察外源添加乙酸对细胞生长性能及其发酵特性的影响。发酵结果如图 7-46 所示，添加 0.5g/L 及以上乙酸均可有效抑制菌株 SyBE_Sc14C07 的生长性能，导致大量乙酸的积累，进而抑制番茄红素的合成 [图 7-46 (1)(3)(5)]。然而，对于菌株 SyBE_Sc14C23，当添加乙酸浓度为 0.5g/L 或 1.0g/L 时，细胞仍可耗尽乙酸，且不影响细胞合成番茄红素

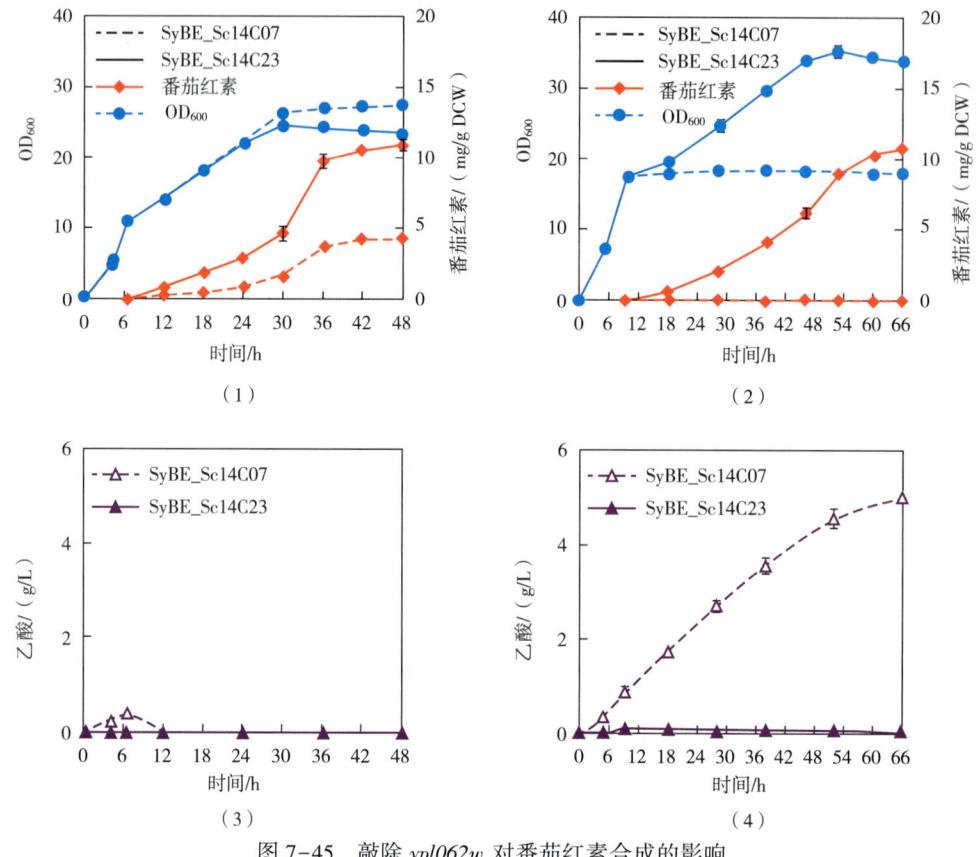

图 7-45 敲除 *ypl062w* 对番茄红素合成的影响

[酿酒酵母 Sy BE_Sc14C07 和 SyBE_Sc14C23 分别在含不同浓度葡萄糖（2%，左图；4%，右图）的 YPDG 培养基中摇瓶发酵：（1）（2）番茄红素，（3）（4）乙酸]

的能力 [图7-46（2）（4）（6）]。此外，随着外源乙酸浓度的增加，可导致培养基pH下降（下降幅度为 0.4~1.1），且胞外乙酸的过度积累还可引起胞内质子 H^+ 的过量，造成 ATP 的无限消耗，进而影响细胞的正常生理功能。因此，敲除 *ypl062w* 能够有效增强细胞利用乙酸的能力，并在一定程度上减弱乙酸对细胞生长的抑制。

（四）敲除 *ypl062w* 对胞内乙酰辅酶 A 含量的影响

在酿酒酵母中，乙酸是合成胞质乙酰辅酶 A 的直接前体，而敲除 *ypl062w* 可增强细胞利用乙酸的能力，推测敲除 *ypl062w* 可通过增加胞内乙酰辅酶 A 供给而提高细胞合成番茄红素的能力。为此，在 2% 和 4% 葡萄糖的培养条件下，分别测定胞内乙酰辅酶 A 含量，结果表明：在发酵前期（2%葡萄糖：4h 和 12h；4%葡萄糖：6h 和 20h），工程菌株 SyBE_Sc14C23 胞内乙酰辅酶 A 含量均比出发菌株提高了 1 倍（图7-47）；而在发酵中、后期（2%葡萄糖：24h 和 36h；4%葡萄糖：38h 和 60h），由于番茄红素的快速积累，菌株 Sy BE_Sc14C23 和 SyBE_Sc14C07 胞内乙酰辅酶 A 含量相近，但 SyBE_Sc14C23 合成番茄红素的产量却远高于 SyBE_Sc14C07 [图7-47（1）（2）]。因此，敲除 *ypl062w* 可强化乙酸到乙酰辅酶 A 的代谢流量，提高 MVA 路径代谢通量，进而提高细胞合成番茄红素的能力。

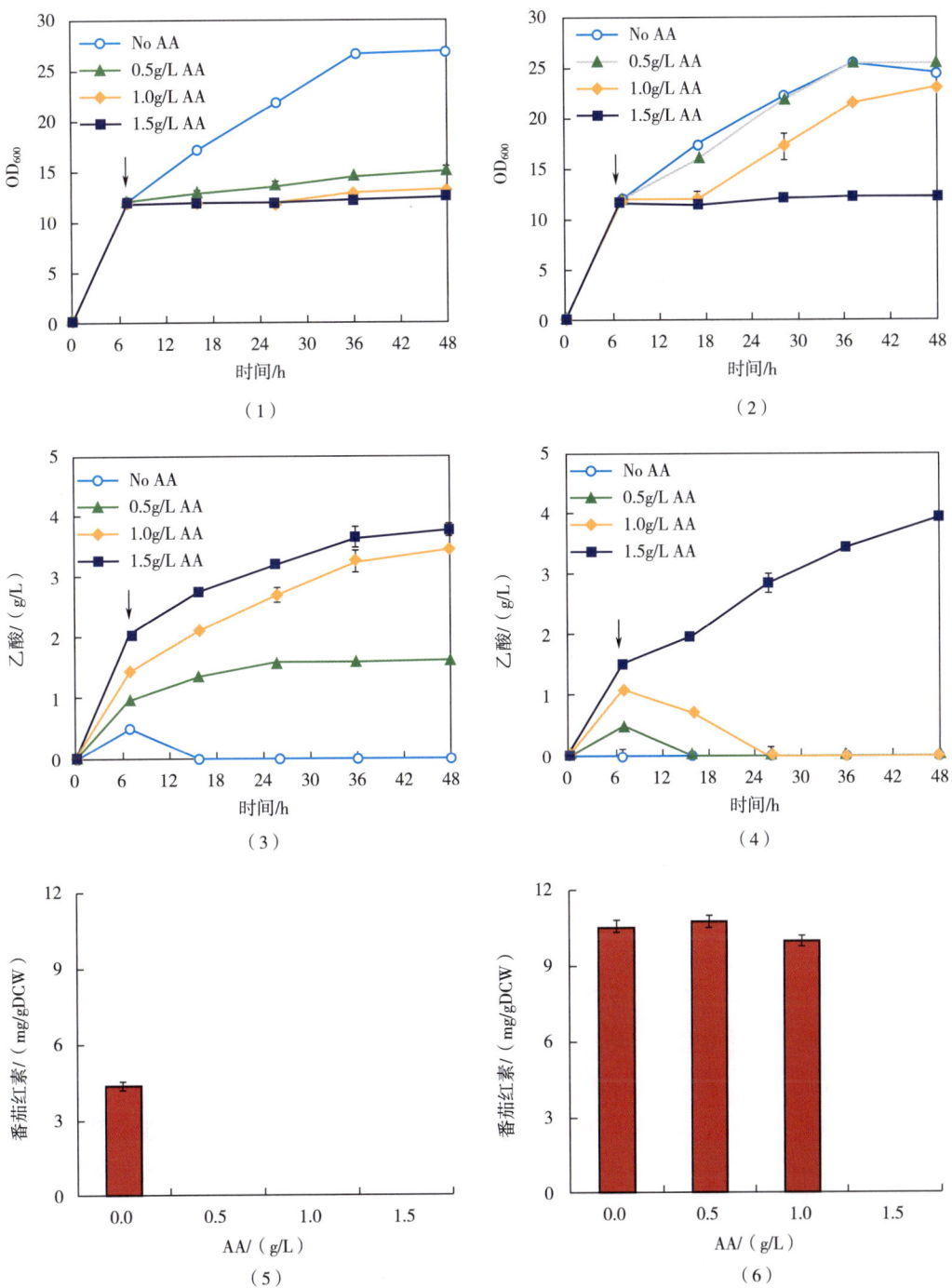

图 7-46 外源添加乙酸（AA）对菌株 SyBE_Sc14C07（1）（3）（5）和 SyBE_Sc14C23（2）(4)（6）的细胞生长 [（1）(2)]、乙酸消耗 [（3）(4)] 及番茄红素合成 [（5）(6)] 的影响

[在发酵 7h（红色箭头表示乙酸添加时刻，培养基中葡萄糖已耗尽）时，将不同浓度乙酸（0、0.5g/L、1.0g/L、1.5g/L）添加至 YPDG（含 2%葡萄糖）培养基中]

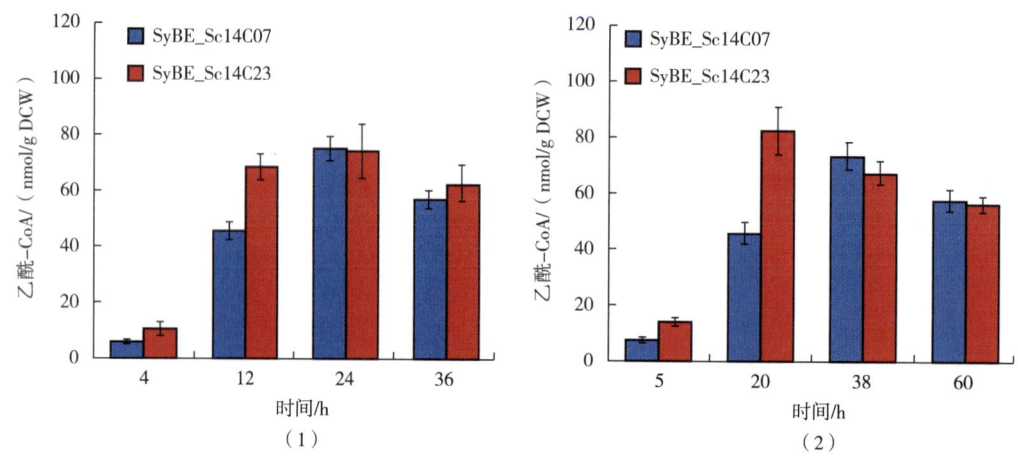

图 7-47 敲除 *ypl062w* 对工程菌株胞内乙酰辅酶 A 含量的影响

(1) 2%葡萄糖；(2) 4%葡萄糖

四、敲除 *ypl062w* 对萜类产物合成转录水平的影响研究

对于酿酒酵母异源合成萜类化合物而言，乙酰辅酶 A 作为乙酸的活化形式，是进入 MVA 路径合成各种萜类产物的共同前体和关键代谢节点。然而，虽敲除 *ypl062w* 可有效提高酿酒酵母胞内乙酰辅酶 A 水平，但由于细胞自身复杂的遗传交互作用网络及不同萜类产物本身的性质差异，敲除 *ypl062w* 是否对其他萜类化合物的合成具有同样的促进作用？

（一）敲除 *ypl062w* 对不同萜类化合物合成的影响

为考察敲除 *ypl062w* 对不同种类萜类化合物合成的影响，分别在底盘细胞 SyBE_Sc14C02（$\Delta gal1\Delta gal7\Delta gal10$）和 SyBE_Sc14C10（$\Delta gal1\Delta gal7\Delta gal10$，$\Delta ypl062w$）中模块化整合香叶醇（单萜）、青蒿二烯（倍半萜）、香叶基香叶醇（二萜）及酵母固醇（三萜）的合成路径。结果如图 7-48 所示，敲除 *ypl062w* 可使细胞合成香叶醇、青蒿二烯、香叶基香叶醇、酵母固醇和番茄红素的产量分别提高了 90%、112%、68%、69% 和 146%，表明敲除 *ypl062w* 可有效促进酿酒酵母中萜类化合物的合成，且促进作用与异源萜类化合物合成路径无关。因此，敲除 *ypl062w* 可使酿酒酵母作为增强萜类化合物合成的通用平台。

（二）敲除 *ypl062w* 对细胞合成 MVA 的影响

为进一步解析 *ypl062w* 对萜类物质合成的作用，利用 RNA-seq 技术分别对底盘菌株 SyBE_Sc14C10（敲除菌株，记为 Δ）和 SyBE_Sc14C02（对照菌株，记为 C）中关键代谢节点进行系统地表征。结果如图 7-49 所示，在 2% 和 4% 葡萄糖发酵条件下，与对照菌株 C 相比，敲除 *ypl062w* 可显著降低敲除菌株 Δ 中乙醛脱氢酶编码基因 *ALD6* 的转录水平，进而

第七章
代谢工程改造酿酒酵母生产精细化学品

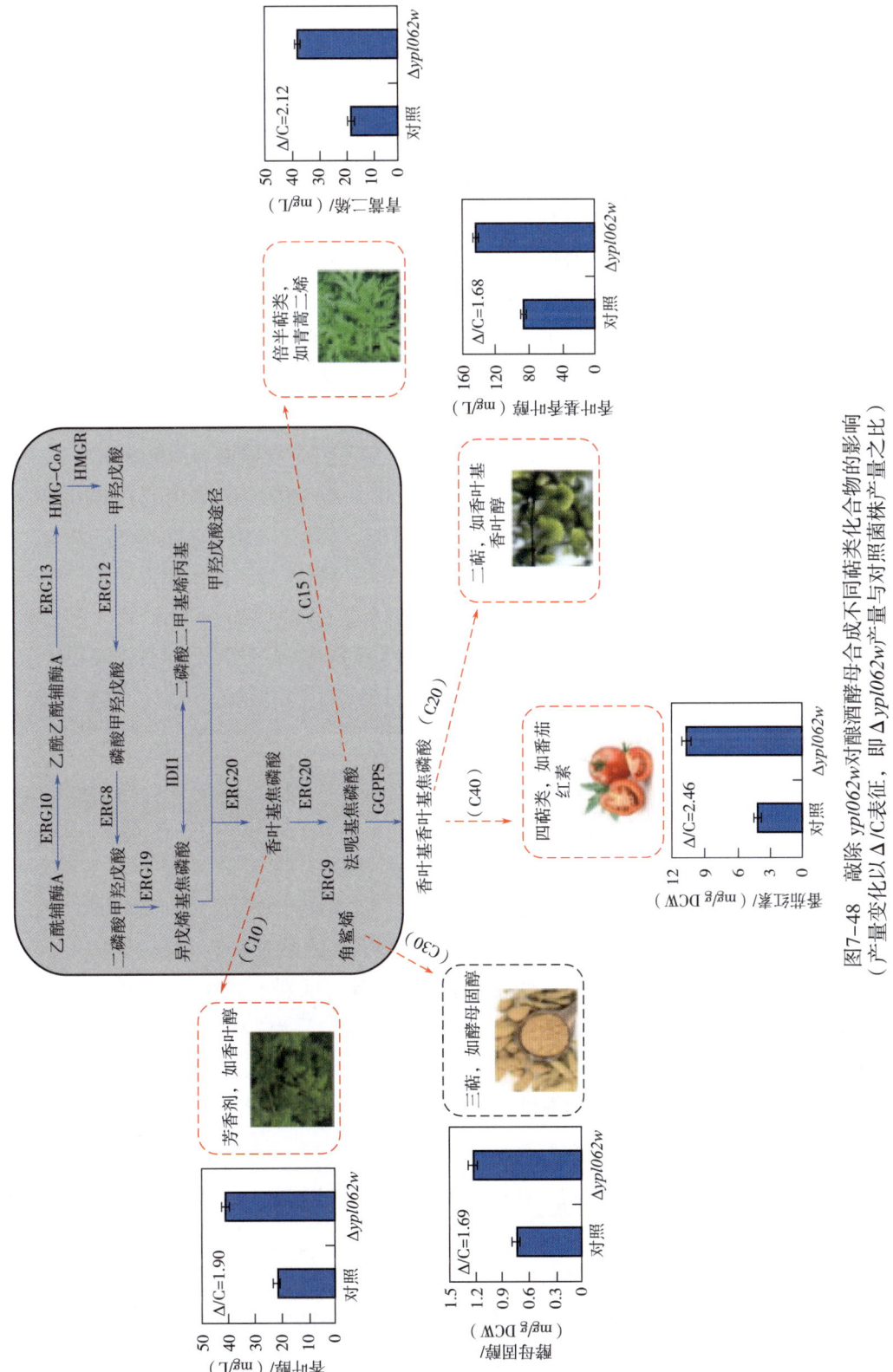

图7-48 敲除 ypl062w 对酿酒酵母合成不同萜类化合物的影响
（产量变化以 Δ/C 表征，即 Δypl062w 产量与对照菌株产量之比）

555

抑制敲除菌株 Δ 对乙酸的积累。然而，敲除 *ypl062w* 却显著上调编码位于线粒体中乙醛脱氢酶基因 *ALD4* 的转录水平（图 7-49）。值得注意的是，在葡萄糖利用阶段，基因 *ALD4* 的转录被抑制，但当胞质中 *ALD6* 发生缺陷时，*ALD4* 转录被激活以补偿 *ALD6* 功能的缺失。因此，在 Δ*ypl062w* 菌株中，由胞质丙酮酸脱羧产生的乙醛可被转移到线粒体，并在线粒体中由 *ALD4* 催化生成乙酸后再被转运至胞质中。

然而葡萄糖耗尽后，在细胞利用乙醇为碳源的生长阶段，敲除菌株中 *ADH2* 的转录水平发生显著上调，而参与逆反应（乙醛还原成乙醇）的乙醇脱氢酶编码基因 *ADH5* 和 *SFA1* 的转录水平却发生下调（图 7-49）。同时，乙酰辅酶 A 合成酶（*ACS1* 和 *ACS2*）的上调可有效促进胞质乙酸到乙酰辅酶 A 的转化，进而降低乙酸的积累。此外，作为乙酰辅酶 A 补给的重要路径，脂肪酸 β-氧化路径中大多数基因（*FAA2*、*FAA4*、*PHS1*、*POX1*、*POT1*）的转录水平均显著上调，进而提高胞内乙酰辅酶 A 水平。因此，脂肪酸 β-氧化和线粒体 PDH 代谢支路的显著上调将是导致胞内乙酰辅酶 A 含量增加的直接原因。

更为重要的是，以乙酰辅酶 A 为前体的 MVA 路径中关键基因（*ERG10*、*ERG13*、*HMG1*、*ERG20*）的转录水平均发生显著上调（图 7-49）。其中，*ERG10* 与 *ADH2*、*ALD6* 及 *ACS* 的协同上调可显著增强乙醇到乙酰辅酶 A 的代谢通量，进而驱动更多乙酰辅酶 A 代谢流进入 MVA 路径，促进萜类物质的合成。此外，*ERG13* 催化乙酰辅酶 A 和乙酰乙酰辅酶 A 生成 HMG-CoA，而 *HMG1* 催化 HMG-CoA 生成 MVA，已成为 MVA 路径中关键限速反应，而 *ERG13* 和 *HMG1* 的协同上调表明胞内 MVA 含量增加。因此，敲除 *ypl062w* 可有效调控萜类化合物合成途径中关键基因的转录水平，强化乙酰辅酶 A 进入 MVA 路径的代谢流量，进而提高细胞合成番茄红素等萜类化合物的能力。

（三）敲除 *ypl062w* 对细胞能量代谢的影响

如图 7-49 所示，当以乙醇为碳源时，敲除菌株中参与 TCA 循环的基因（*CIT3*、*LSC1*、*LSC2*、*YJL045W*）转录水平发生明显上调，进而通过增强能量和还原力的供给促进萜类物质的合成。类似的，敲除菌株中参与乙醛酸循坏的关键基因（*ICL1*、*MLS1*、*DAL7*）转录水平也发生显著上调。此外，乙醛酸循环中特有（区别于糖酵解路径）基因（*MDH2* 和 *FBP1*）的转录水平也显著上调，进而提高乙醛酸循环路径的代谢通量。因此，敲除 *ypl062w* 可显著上调乙醛酸循环和 TCA 循环速度，进而提供充足的能量储备及活跃的细胞合成代谢，为高效合成萜类产物提供充足的能量和物质基础。

（四）敲除 *ypl062w* 对异源基因表达的影响

为考察敲除 *ypl062w* 对异源萜类合成路径的影响，分别对菌株 SyBE_Sc14C23（敲除菌株，记为番茄红素_Δ）和 SyBE_Sc14C07（对照菌株，记为番茄红素_C）进行 RNA-seq 试验（图 7-50）。在 2% 葡萄糖发酵条件下，不同菌株中 3 个异源基因（*CrtE*、*CrtB*、*CrtI*）的转录水平并未发生显著变化。然而，在 4% 葡萄糖发酵条件下（发酵 24h），菌株番茄红素_Δ 中 *CrtE*、*CrtB* 和 *CrtI* 的转录水平均显著上调，且上调水平较菌株番茄红素_C 提高了 20 倍 [图 7-50（1）]。

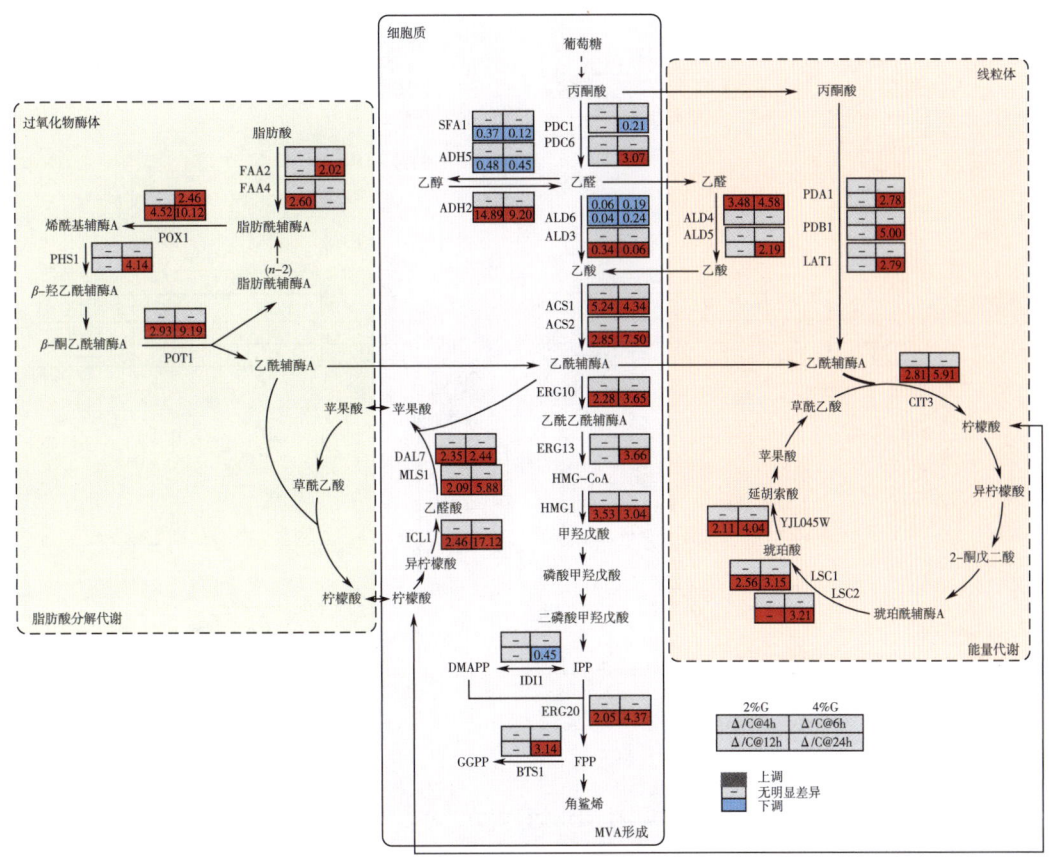

图 7-49 MVA 合成、脂肪酸分解代谢、能量代谢的转录图谱

[Δypl062w 菌株 Δ 和对照菌株 C 分别在含有 2% 和 4% 葡萄糖的 YPDG 培养基中培养，
转录样品取样时间：4h、12h（2% 葡萄糖）；6h、24h（4% 葡萄糖）。
方框中的数字代表基因的转录差异（Δ/C），即 Δ 和 C 的转录水平之比。
转录水平的上调、下调和非显著差异分别用红色、蓝色和灰色背景表示]

同时，利用 P_{GAL1} 和 P_{GAL10} 启动子分别调控 RFP 的表达，并将 RFP 表达模块分别整合至底盘细胞（对照菌株 C 和敲除菌株 Δ）中，利用 RFP 相对表达强度表征启动子强度以考察敲除 ypl062w 对启动子强度的影响。结果如图 7-50 所示，在 2% 和 4% 葡萄糖发酵条件下，敲除 ypl062w 均可显著提高启动子 P_{GAL1} 和 P_{GAL10} 的强度，但基因 CrtE、CrtB 和 CrtI 却在 2% 葡萄糖条件下的转录差异不显著［图 7-50（1）］。此外，在 4% 葡萄糖条件下，对照菌株中启动子 P_{GAL1} 和 P_{GAL10} 的强度基本可忽略［图 7-50（3）］，且该结果与 CrtE、CrtB 和 CrtI 的转录水平下调结果相符合，即为导致细胞合成番茄红素产量骤减的直接原因。因此，敲除 ypl062w 可增强由 GAL 启动子调控异源基因的表达水平，增加异源路径代谢通量，进而提高细胞合成番茄红素的能力。

代谢工程——方法与应用

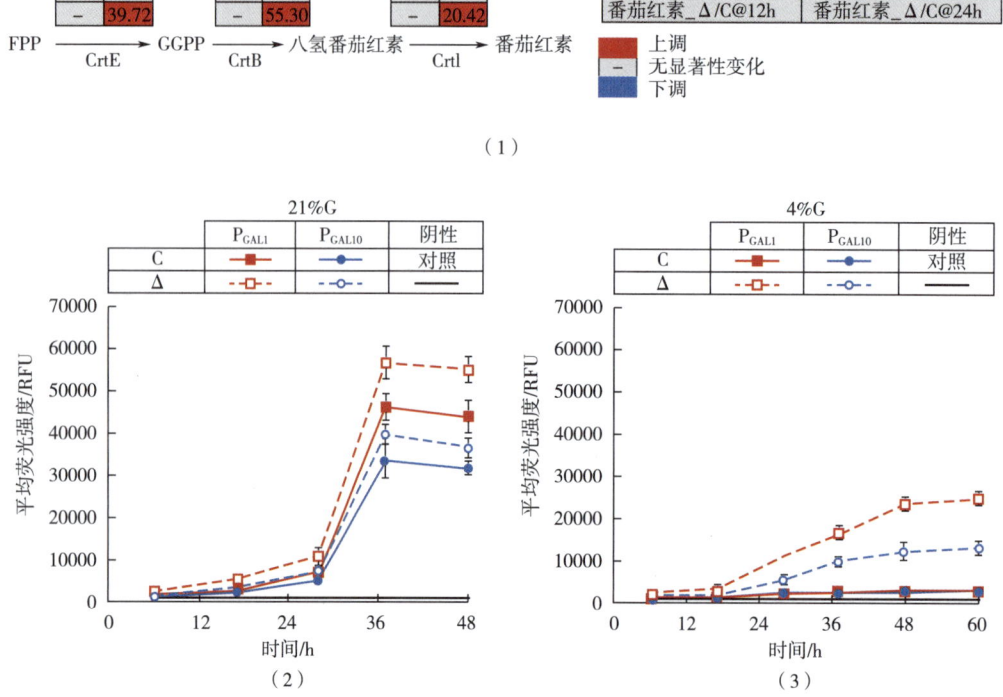

图 7-50 Δ*ypl062w* 对异源途径中关键基因表达水平的影响

（1）番茄红素生产菌株（番茄红素_Δ、番茄红素_C）中 *CrtE*、*CrtB*、*CrtI* 的转录变化；

（2）（3）Δ*ypl062w* 对 P_{GAL1}、P_{GAL10} 启动子强度的影响。启动子强度用 2%（2）和 4%（3）葡萄糖发酵条件下 RFP 的相对强度表征，即为 RFP 的荧光强度/OD_{600}，以不含启动子的 RFP 整合菌株的荧光强度为对照

（五）敲除 *ypl062w* 对细胞膜组分的影响

为进一步解析敲除 *ypl062w* 高效积累番茄红素的生理机制，分别考察在 2% 葡萄糖条件下 *ypl062w* 敲除前后对酵母细胞膜关键组分代谢路径的转录水平及其关键组分含量的影响。

转录结果如图 7-51（1）所示，敲除 *ypl062w* 可显著提高麦角固醇合成路径中多数基因（*ERG1*、*ERG11*、*ERG24*、*ERG25*、*ERG6*、*ERG3* 和 *ERG5*）的转录水平。其中，作为合成路径限速酶，*ERG1* 和 *ERG11* 的协同上调可有效促进鲨烯的转化，增加酵母固醇和麦角固醇的积累。此外，在 2% 葡萄糖发酵条件下，菌株 SyBE_Sc14C10（记为敲除菌株 Δ）中鲨烯和酵母固醇含量在 4h 和 12h 时略低于菌株 SyBE_Sc14C02（记为对照菌株 C）。然而，当发酵进行至 48h，敲除菌株 Δ 中鲨烯和酵母固醇含量则比对照菌株 C 分别提高了 83.9% 和 30.9% [图 7-51（3）]。因此，在整个发酵过程中，敲除 *ypl062w* 与否对底盘菌株中麦角固醇含量并无显著差异。值得注意的是，对于番茄红素生产菌株，敲除 *ypl062w* 可使细胞中麦角固醇和酵母固醇含量分别提高 86.7% 和 34.5%，但并不影响胞内鲨烯含量

[图7-51(4)]。因此，敲除 *ypl062w* 可提高酿酒酵母胞内固醇含量，且在番茄红素合成过程中还可强化鲨烯到麦角固醇的代谢流量。

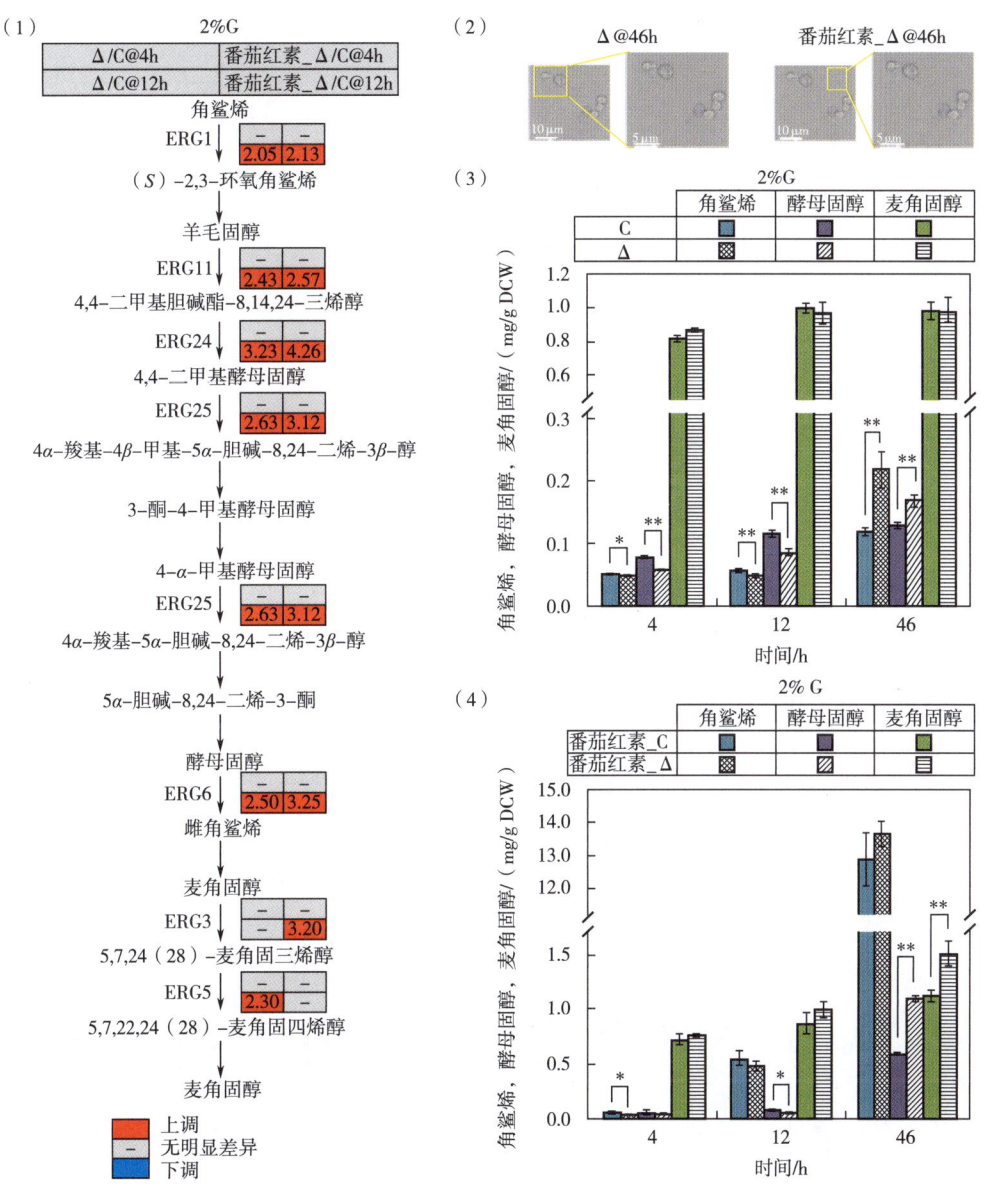

图7-51 敲除基因 *ypl062w* 对麦角固醇合成的影响

(1) 底盘菌株（Δ、C）和番茄红素生产菌株番茄红素_Δ、番茄红素_C 中麦角固醇合成路径的转录图谱（2%葡萄糖）；(2) 番茄红素积累的显微镜照片；(3) 和 (4) 底盘菌 (3)、番茄红素生产菌 (4) 麦角固醇合成路径中关键代谢物鲨烯、酵母固醇、麦角固醇的含量变化（2%葡萄糖）

t-检验显著水平：$* p<0.05$，$** p<0.01$

此外，敲除 *ypl062w* 也可显著上调脂肪酸合成路径中多数基因（*ACC1*、*FAS1*、*TES1*、

ADH6、*OLE1*) 的转录水平 [图 7-52 (1)],且显著提高底盘菌株和生产菌株的总脂肪酸含量。其中,在底盘菌株 Δ 中,敲除 *ypl062w* 可使 C16 脂肪酸 (C16:0 和 C16:1) 含量

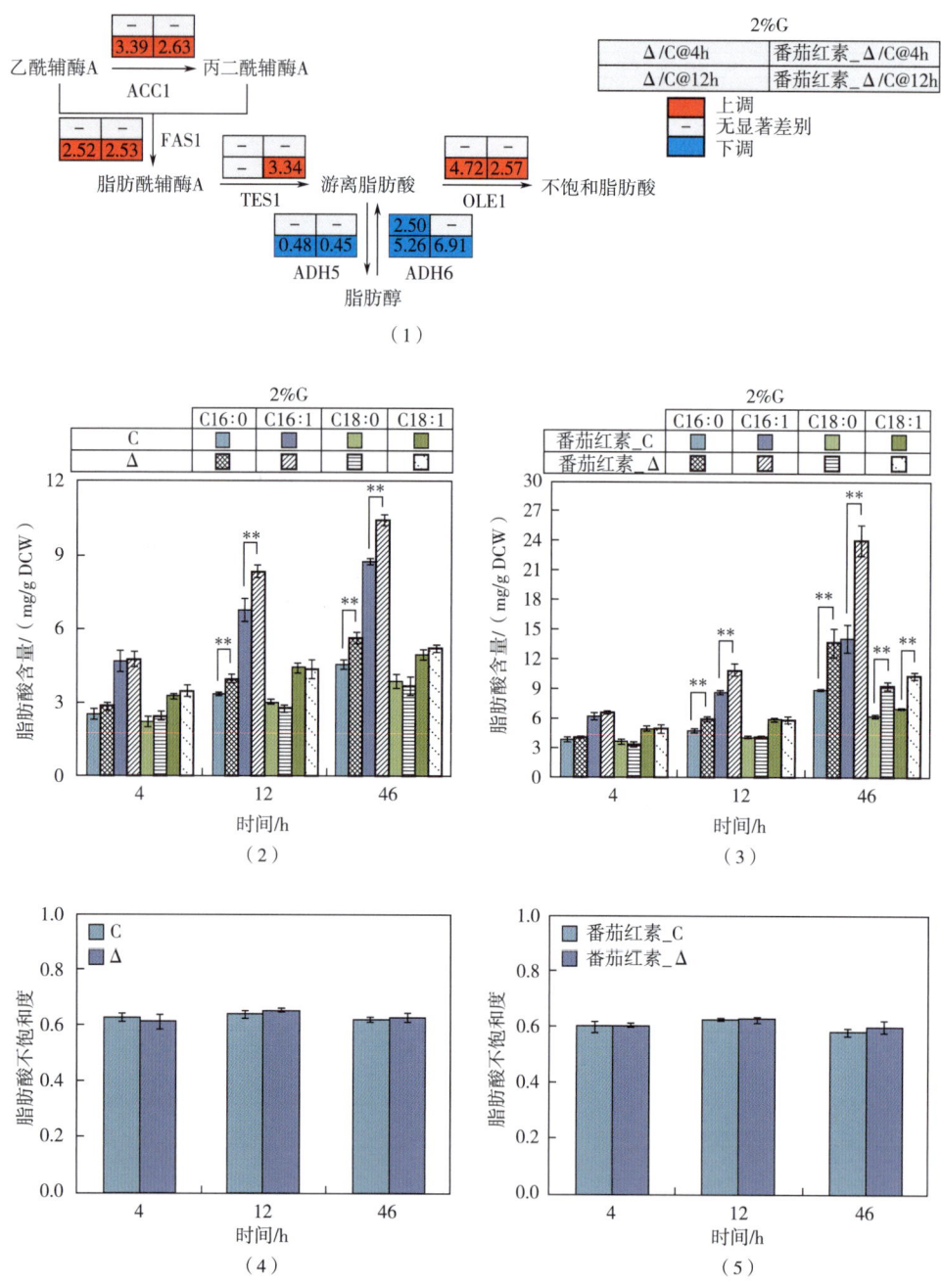

图 7-52 敲除基因 *ypl062w* 对脂肪酸合成的影响。
(1) 底盘菌株 (Δ、C) 和番茄红素生产菌株番茄红素_Δ、番茄红素_C 中脂肪酸合成路径的转录图谱 (2%葡萄糖); (2) 和 (3) 底盘菌 (2) 和番茄红素生产菌 (3) 中脂肪酸的含量变化 (2%葡萄糖); (4) 和 (5) 底盘菌 (4) 和番茄红素生产菌 (5) 中脂肪酸不饱和度的变化 (2%葡萄糖),不饱和度是不饱和脂肪酸含量与总脂肪酸含量之比
t-检验显著水平: $*p<0.05$, $**p<0.01$

增加 21.3%（48h），但却不能影响 C18 脂肪酸（C18：0 和 C18：1）的含量［图 7-52 (2)］。值得注意的是，在番茄红素生产菌株番茄红素_Δ 中，敲除 *ypl062w* 不仅使 C16 脂肪酸（C16：0 和 C16：1）含量提高了 63.8%（48h），且使 C18 脂肪酸（C18：0 和 C18：1）含量也增加了 8.4%（48h）［图 7-52 (3)］。然而，虽敲除 *ypl062w* 可有效提高番茄红素生产菌株中饱和脂肪酸和不饱和脂肪酸含量，但脂肪酸的不饱和度却无显著变化［图 7-52 (4) (5)］。因此，敲除 *ypl062w* 可显著提高酿酒酵母（尤其是番茄红素生产菌株）中固醇和脂肪酸含量，改变细胞膜组分的相对丰度，从而增强酿酒酵母细胞对萜类产物的耐受能力，提高细胞合成萜类化合物的能力。

五、番茄红素合成路径与酿酒酵母底盘细胞的适配性研究

在酿酒酵母中，异源番茄红素合成路径由 *CrtE*、*CrtB* 和 *CrtI* 构成，其中 *CrtE* 和 *CrtI* 是合成途径中关键限速酶。为此，通过对番茄红素合成路径与底盘细胞的交互优化（图 7-53），包括 *Crts* 来源筛选与 *CrtI* 表达量微调、细胞交配型选择、远端基因改造及细胞鲁棒性改造等，以期构建番茄红素高效生产菌株。

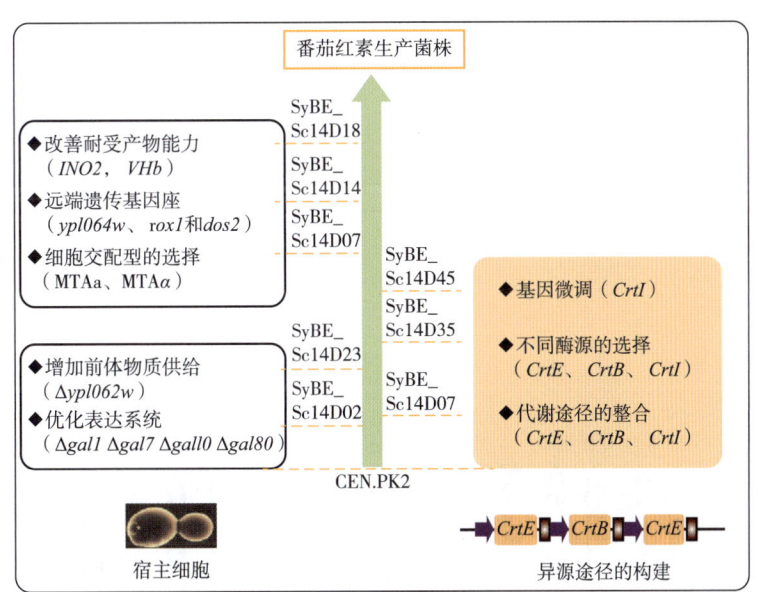

图 7-53 高效合成番茄红素酿酒酵母细胞工程的构建方案：异源路径和底盘细胞的交互优化

（一）不同来源 *CrtE*、*CrtB*、*CrtI* 的筛选与优化

为构建高效生产番茄红素的合成路径，共选取不同物种（植物、真菌、细菌）来源的 *CrtE*、*CrtB* 和 *CrtI* 进行筛选并组合优化。为此，将不同来源 *Crts* 与内源基因 *tHMG1* 进行模块化组装，并整合至底盘细胞 SyBE_Sc14C10 中，共获得 30 株番茄红素生产菌株。发酵结果如图 7-54 所示，在 2% 葡萄糖 YPDG 发酵条件下，整合表达 *TmCrtE*、*PaCrtB*、*BtCrtI* 可

显著提高工程菌株 SyBE_Sc14C35 番茄红素合成能力，使其番茄红素产量最高可达 36.75mg/gDCW，且番茄红素占总类胡萝卜素比重为 64.11%。然而，过量表达 CrtE 可有效影响细胞合成总类胡萝卜素的产量，其中整合表达 AfCrtE、BtCrtE 或 TmCrtE 的工程菌株合成总类胡萝卜素的产量要显著高于整合表达 PaCrtE 或 SaCrtE 的工程菌株，且整合表达 TmCrtE 可使工程菌株合成总类胡萝卜素的产量最高。然而，在大多数工程菌株合成类胡萝卜素产物过程中，八氢番茄红素是主要副产物，表明基因 CrtI 催化的脱氢反应是番茄红素合成路径中另一限速步骤。值得注意的是，与细菌来源 PaCrtI 或 AaCrtI 相比，整合表达来源于真菌的 BtCrtI 更有利于提高番茄红素的产量及其在总类胡萝卜素中的比例（图 7-54）。

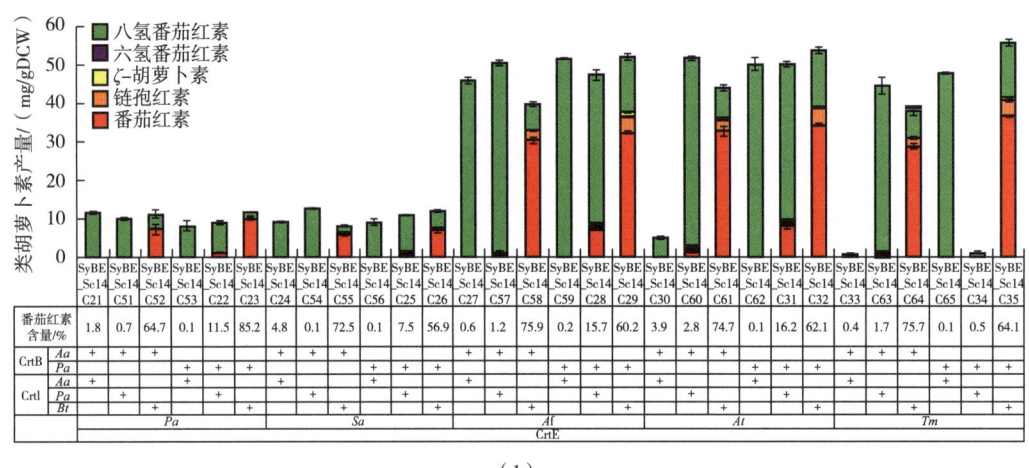

(1)

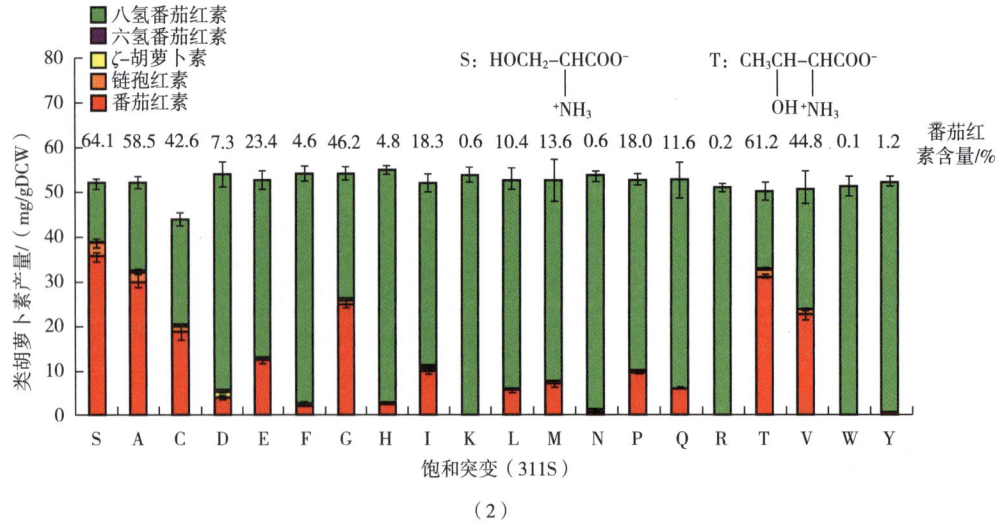

(2)

图 7-54 不同来源 CrtE、CrtB、CrtI 的组合筛选对细胞合成番茄红素（1）及 BtCrtI 第 311 位氨基酸饱和突变对类胡萝卜素产量（2）的影响

同时，为进一步阐明 $BtCrtI$ 高效转化八氢番茄红素生成番茄红素的分子机制，通过构建 $BtCrtI$ 与底物复合体的结构模型以全面解析酶与底物的结合机制。研究结果表明：氨基酸序列中 S311 可能是调控 $BtCrtI$ 高催化活性的主要原因。为此，通过对 $BtCrtI$ 中 311 位氨基酸进行饱和突变，并考察饱和突变对细胞合成番茄红素的影响。发酵结果如图 7-54 (2) 所示，野生型 $BtCrtI$ 依照 4 步连续脱氢反应模式可生成最大量番茄红素，S311T 突变体次之，而其他 S311 突变体合成番茄红素的产量及其占总类胡萝卜素比例均显著低于前两者。结合实验数据对突变位点氨基酸进行分类发现：丝氨酸（S）和苏氨酸（T）均为支链含有羟基的极性脂肪族氨基酸，表明带羟基氨基酸对 $CrtI$ 第 311 位置具有重要作用。此外，甘氨酸（G）、半胱氨酸（C）等氨基酸很少参与反应，但与结构相关的氨基酸残基突变体也表现出相对较高的活性，推测 S311 残基可能并不直接参与催化反应，而是通过调节活性位点结构以影响酶与底物的结合，进而影响多步连续脱氢反应。

（二）微调 $CrtI$ 表达强度与细胞交配型的选择

为进一步提高番茄红素在总类胡萝卜素中的比例，从基因整合拷贝数和启动子强度（P_{GAL3} 为弱启动子，P_{GAL7} 和 P_{GAL10} 为强启动子）等方面调控 $BtCrtI$ 表达强度。发酵结果如图 7-55 (3) 所示，在菌株 SyBE_Sc14C35 的基础上增加一个由 P_{GAL3} 或 P_{GAL7} 控制的 Bt-$CrtI$ 拷贝数可将工程菌株 SyBE_Sc14C44 和 SyBE_Sc14C45 合成番茄红素的比例由 64.11% 分别提高至 75.58% 和 86.68%。然而，若在菌株 SyBE_Sc14C45 基础上继续整合一个 P_{GAL7}-$BtCrtI$ 却显著降低了番茄红素的产量。值得注意的是，虽适当微调 $CrtI$ 表达强度可有效增加番茄红素的产量和比例，但细胞合成总类胡萝卜素的产量却随 $BtCrtI$ 强度的增加而减少 [图 7-55 (3)]。同时，借助显微镜发现番茄红素由于疏水作用而沉积于细胞膜上，进而对细胞膜造成压力而产生细胞毒性，不利于番茄红素的合成 [图 7-55 (2)]。因此，增加 $BtCrtI$ 表达强度导致总类胡萝卜素产量下降的主要原因可能是番茄红素对酿酒酵母产生的胁迫作用，而改善细胞对番茄红素的耐受性将是提高细胞合成番茄红素能力的有效途径。

此外，以酿酒酵母 CEN.PK2-1C（MATa）和 CEN.PK2-1D（MATα）为出发菌株，分别考察不同交配型单倍体酿酒酵母对番茄红素合成的影响。结果如图 7-55 (3) 所示，基于出发菌株 CEN.PK2-1D（MATα）微调 $CrtI$ 获得工程菌株（SyBE_Sc14D05-SyBE_Sc14D08）合成番茄红素的产量比以 CEN.PK2-1C（MATa）为出发菌株获得的工程菌株（SyBE_Sc14C35、SyBE_Sc14C44-SyBE_Sc14C46）合成番茄红素的产量高出 12%~15%，表明相比于 MATa 型细胞，MATα 型细胞更适合作为生产番茄红素的底盘细胞。其中，工程菌株 SyBE_Sc14D07（MATα）合成番茄红素的产量最高，达到 46.26mg/gDCW，且占总类胡萝卜素的比例为 82.36%。

（三）敲除远端遗传基因座对番茄红素合成的影响

在酿酒酵母中，异源番茄红素代谢途径与胞内其他代谢途径间存在着高度复杂的联系且受细胞的严谨调控。为此，基于文献挖掘，以 SyBE_Sc14D07 为出发菌株，分别敲除基

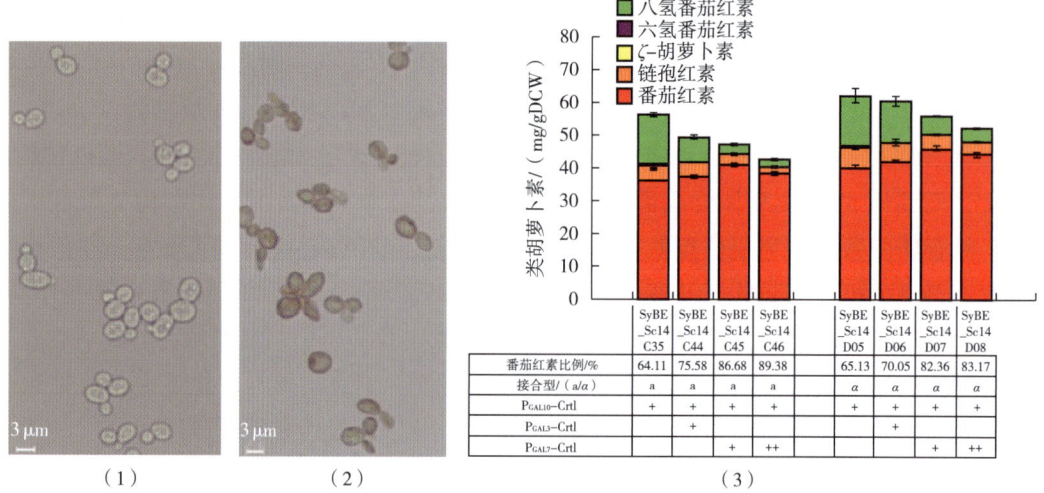

图 7-55 光学显微镜下合成番茄红素对菌株形态 [（1）和（2）]、及微调 BtCrtI 水平和同源单倍体酿酒酵母底盘细胞对类胡萝卜素产量（3）的影响

因 *yjl064w*、*rox1* 和 *dos2* 分别构建工程菌株 SyBE_Sc14D10、SyBE_Sc14D11 和 SyBE_Sc14D12，并考察敲除远端遗传基因座对番茄红素合成能力的影响。结果如图 7-56 所示，与出发菌株 SyBE_Sc14D07 相比，单独敲除 *rox1*（SyBE_Sc14D11）和 *dos2*（SyBE_Sc14D12）可使细胞合成番茄红素的产量分别提高 8.7% 和 5.7%，分别达到 50.28mg/gDCW 和 48.97mg/gDCW。然而，敲除 *yjl064w* 却显著降低了番茄红素合成能力，使其产量下降了 18.2%（图 7-56）。值得注意的是，共同敲除基因 *rox1* 和 *dos2* 并不能使番茄红素合成能力提高，该研究结果与 Trikka 等报道结果相反。

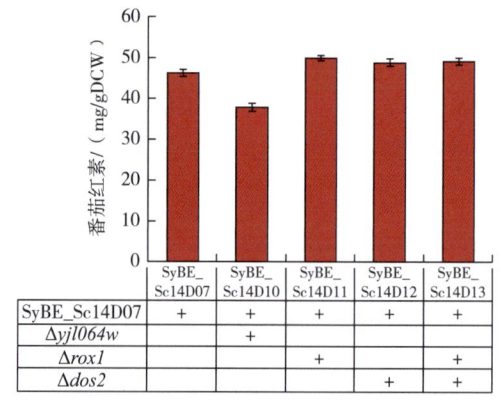

图 7-56 远端遗传基因座对番茄红素产量的影响

（四）过量表达 *INO* 对番茄红素合成的影响

在酿酒酵母中，*INO2* 和 *INO4* 作为编码磷脂合成的转录激活因子，参与细胞胁迫压力

响应。为此，以 SyBE_Sc14D11 为出发菌株，过量表达 *INO2* 和 *INO4* 分别构建工程菌株 SyBE_Sc14D14 和 SyBE_Sc14D15，并考察了提高细胞鲁棒性对番茄红素合成的影响。结果如图 7-57（1）所示，单独过量表达 *INO2* 或 *INO4* 可有效提高工程菌株 SyBE_Sc14D14 和 SyBE_Sc14D15 合成番茄红素的能力，使其番茄红素产量从 50.28mg/gDCW 分别提高至 54.63mg/gDCW 和 53.25mg/gDCW，但共同表达 *INO2* 和 *INO4* 却显著抑制工程菌株 SyBE_Sc14D16 的番茄红素合成能力，使其产量降低至 33.32mg/gDCW。

此外，在菌株 SyBE_Sc14D14 基础上，继续上调 *INO2* 可使工程菌株 SyBE_Sc14D17 合成番茄红素的产量进一步提高至 60.97mg/gDCW［图 7-57（1）］。同时，通过比较分析不同菌株 SyBE_Sc14D11、SyBE_Sc14D14 和 SyBE_Sc14D17 的生长曲线及其番茄红素合成曲线，发现随着 *INO2* 表达的加强，番茄红素对发酵后期细胞生长的抑制被逐渐削弱，且可不断提高细胞合成番茄红素的产量［图 7-57（2）］。因此，上调 *INO2* 可通过调节外排泵、胁迫响应及磷脂与固醇合成，在一定程度上缓解中链（C9～C11）烷烃对酿酒酵母细胞的毒害作用，且高表达 *INO2* 和 *INO4* 可显著增强酵母中磷脂合成代谢，进而增加细胞膜关键组分（磷脂、固醇）含量，提高细胞的鲁棒性，促进番茄红素的合成。

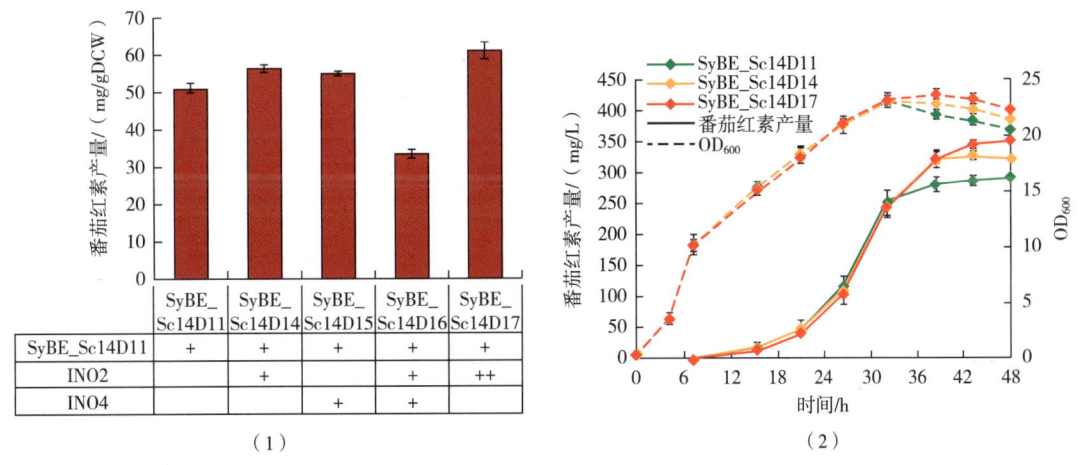

图 7-57　酿酒酵母内源胁迫响应因子（*INO2*、*INO4*）对细胞合成番茄红素的影响
（1）番茄红素产量；（2）细胞生长曲线

（五）过量表达 VHb 对细胞合成番茄红素的影响

为进一步提高细胞合成番茄红素的能力，将来源于粪透明颤菌（*Vitreoscilla stercoraria*）的血红蛋白（*VHb*）过量表达至菌株 SyBE_Sc14D17 中，以期增强细胞呼吸和能量供给，进而促进细胞生长和番茄红素的合成。发酵结果如图 7-58 所示，与出发菌株 SyBE_Sc14D17 相比，过量表达 *VHb* 基因可有效改善工程菌株 SyBE_Sc14D18 的生长性能及其发酵性能，使其番茄红素产量从 60.97mg/gDCW（348.06mg/L）提高至 66.14mg/gDCW（376.78mg/L），且番茄红素在类胡萝卜素产物中比重可提高至 91.41%，该结果为目前报道以酿酒酵母生产番茄红素的最高单位细胞产量。

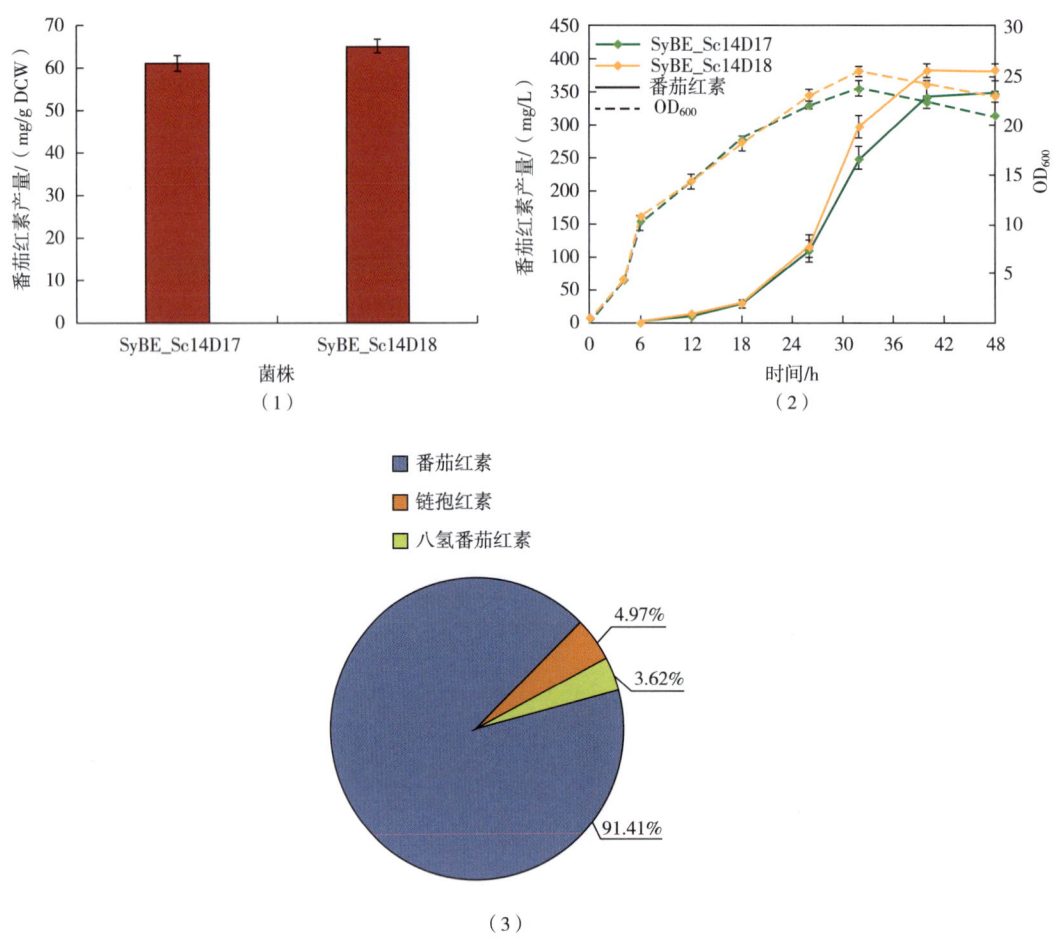

图 7-58 过量表达异源血红蛋白 VHb 对细胞合成番茄红素的影响
(1) 番茄红素产量；(2) 细胞生长；(3) 工程菌株 Sy BE_Sc14D18 合成类胡萝卜素的组成

第五节 代谢工程改造酿酒酵母生产多不饱和脂肪酸

一、多不饱和脂肪酸概述

（一）多不饱和脂肪酸的命名

脂肪酸是由碳氢链连接末端羧基的一类有机化合物。根据碳氢链不饱和程度，脂肪酸可分为三大类，即碳氢链中不存在不饱和键的饱和脂肪酸（saturated fatty acids，SFAs），如硬脂酸（stearic acid，SA）等；碳氢链上有一个不饱和双键的单不饱和脂肪酸（monounsaturated fatty acids，MUFAs），如油酸（oleic acid，OA）、棕榈油酸（palmitoleic acid，PA）等；碳氢链上有多个不饱和双键的多不饱和脂肪酸（polyunsaturated fatty acids，PUFAs）。

PUFAs 是指含有两个或两个以上顺式双键、碳原子数为 16~22 的直链脂肪酸,如亚油酸 (linoleic acid)、α-亚麻酸 (α-linolenic acid, ALA) 等。其中,含有三个或三个以上顺式双键、碳原子数为 20~22 的脂肪酸称为长链多不饱和脂肪酸 (long chain polyunsaturated fatty acids, LC-PUFAs),如花生四烯酸 (arachidonic acid, AA)、二十碳五烯酸 (eicosapentenoic acid, EPA) 和二十二碳六烯酸 (docosahexenoic acid, DHA) 等。一般来说,PUFAs 书写方式分为两种:一种是 X:Yn-Z,其中 X 表示脂肪酸链碳原子数,Y 表示双键数量,n 表示其后数字是由脂肪酸链的甲基端数起,Z 表示距甲基端最近的双键位置,由于 PUFAs 双键为甲烯基间隔形式,当距离甲基端最近的双键位置确定后,其他双键位置可逐一推测出来;另一种是 X:Y $\Delta^{a,b,c\cdots}$,Δ 表示其后数字是从羧基端数起 (根据标准命名法,羧基碳为 C-1),a,b,$c\cdots$ 是从羧基端开始每个双键的位置。以二十碳五烯酸为例,既可写为 20:5n-3,也可写为 20:$5^{\Delta5,8,11,14,17}$。

此外,根据类别或合成途径的不同,不饱和脂肪酸可分为 n-3、n-6、n-7、n-9 等类型。n-3 类型不饱和脂肪酸主要有 α-亚麻酸、二十碳五烯酸、二十二碳五烯酸和二十二碳六烯酸等;n-6 类型不饱和脂肪酸主要有亚油酸、γ-亚麻酸和二十碳四烯酸等;n-7 类型不饱和脂肪酸主要有棕榈油酸等;n-9 类型不饱和脂肪酸主要有油酸和二十碳三烯酸等。其中,与人类健康最为密切相关的不饱和脂肪酸主要是 n-3 和 n-6 类型的 PUFAs。例如,亚油酸、α-亚麻酸和 γ-亚麻酸是人体不可缺少而自身又不能合成,或合成量远不能满足人体需要的必需脂肪酸,需要从食物中大量摄取,并用于合成其他重要 LC-PUFAs,而 LC-PUFAs 在功能上相互协同制约、共同调节生物体的正常生命活动。

(二) 多不饱和脂肪酸的生理功能

多不饱和脂肪酸是维持人类健康的重要组成成分,在维持人体营养、发育和健康等方面都起着重要作用:①可抑制内源性胆固醇和甘油三酯的合成,增加脂蛋白酶活性,促进周围组织对极低密度脂蛋白的清除,降低血清中甘油三酯、胆固醇和低密度脂蛋白含量,提高高密度脂蛋白含量,进而降低心血管疾病的发病率。②具有良好的免疫调节作用。例如,DHA 可有效促进 T 淋巴细胞的增殖,提高细胞因子 TNF-2、IL-1 和 IL-6 的转录,进而促进免疫系统功能,提高免疫系统对肿瘤细胞的杀伤力。③具有显著的抗炎症作用。④是构成生物体的重要组成成分。

(三) 多不饱和脂肪酸的来源

在自然界中,富含 PUFAs 的生物资源较稀少,且主要分布在一些低等植物、海洋微藻和微生物中。例如,虽 γ-次亚麻油酸 (GLA) 分布较广泛,但能用于商业化生产的物种只有月见草 (*Oenothera biennis*) 和玻璃苣 (*Borago officinalis*);而黑加仑籽曾被认为是生产 GLA 的第三大来源,但由于其复杂的纯化工艺导致其难以实现商业化生产。

类似的,现阶段 EPA 和 DHA 等 PUFAs 的主要来源是深海鱼油,虽然鱼油中含有大量 PUFAs,但是其自身也存在诸多缺点:第一,产量不稳定。鱼油脂肪酸组成和含量因鱼种类、收获季节和地域等不同而差异性较大。第二,纯化工艺复杂。鱼油中含有难以分离的胆固醇和脂溶性维生素，此类物质在人体脂肪组织处积累而不能被代谢排出体外，进而导致肾脏疾病的发生。第三，难以作为食品添加剂。鱼油中腥臭味难以祛除，进而限制其在食品行业上的广泛应用。第四，鱼油资源的限制和短缺。鱼类资源本身是有限的生物资源，且其自身不能合成 PUFAs，只能通过食物链进行积累，而随着鱼类资源的锐减，导致仅依靠鱼油资源已无法满足市场需求。因此，开发新 PUFAs 生物资源已然成为人们关注的重点问题。例如，微藻是自然界中少数具有合成 EPA 和 DHA 能力的生物之一，具有生长快、适应性强、单位面积产量高等优点，具有较大开发和利用潜力。但迄今为止，利用微藻大规模生产 PUFAs 的研究还处于实验性阶段，远远不能满足市场需求。海洋微藻脂肪酸的组成见表 7-10。

表 7-10　　　　　　　　　　　海洋微藻中脂肪酸的组成

微藻种类	代表藻种	主要脂肪酸成分	特点
绿藻门（Chlorophyta）	亚心形扁藻、盐藻、四尾栅藻、四鞭藻	C16：0、C18：3n-3	C18：3n-3 含量高，大多数不含 C20：5n-3
硅藻门（Bacillariophyta）	新月菱形藻、三角褐指藻、舟形藻	C14：0、C16：1n-7、C16：0、C20：5n-3	C16：1n-7 高于 C16：0，C18、C20 的 PUFAs 含量很低
金藻门（Chrysophyta）	绿色巴夫藻、金色巴夫藻、球等鞭金藻	C14：0、C16：0、C18：1n-9、C22：6n-3	C14：0 和 C22：6n-3 含量高
甲藻门（Pyrrhophyta）	赤潮异弯藻	C16：0、C18：4n-3、C20：3n-6、C22：6n-3	C22：6n-3 含量高于金藻，C18：4n-3 含量高
红藻门（Rhodophyta）	紫球藻	C16：0、C20：4n-6、C20：5n-3	C20：4n-6 含量高
黄藻门（Xanthophyta）	异胶藻、盐生卡盾藻	C16：1n-7、C20：5n-3、C18：4n-3、C16：0	不含或少含 C22：6n-3
隐藻门（Cryptophyta）	隐球藻	C16：0、C18：1n-9、C18：3n-3、C18：4n-3、C20：5n-3	富含 C18 PUFAs 和 C20：5n-3，缺乏 C22 PUFAs

（四）多不饱和脂肪酸的合成途径

1. 多不饱和脂肪酸的需氧合成途径

在动物、酵母和丝状真菌中，饱和脂肪酸合成在胞质中进行，而在植物中，饱和脂肪酸合成在其叶绿体或质体基质中进行。此外，动物合成的 SA 直接与 CoA 连接，经 Δ9 脂肪酸脱氢酶作用生成 OA 并在胞质内质网（ER）中进一步加工为 PUFAs。然而，高等植物包括油料作物一般只能合成 OA 和 LA，不能继续合成更长链的 PUFAs。因此，如若在植物中实现 LC-PUFAs 的合成，则需引入外源相关的脱氢酶和延长酶基因。值得注意的是，与植物和哺乳动物相比，一些昆虫和无脊椎动物，如线虫（*Caenorhabditis elegans*）体内含有 Δ2、Δ6、Δ5 及 ω3 等脱氢酶基因，具有从头合成 C20-PUFAs 的能力，如合成 AA 和 EPA，但却不具备继续合成更长链 PUFAs 的能力。

第七章
代谢工程改造酿酒酵母生产精细化学品

因此，大部分真核生物从 OA 开始经需氧途径合成 PUFAs，该过程涉及一系列脱氢及延长反应，其合成途径主要为经典 n-6 途径，即由 OA 生成的 LA 和 ALA 在 Δ6 脱氢酶作用下生成 GLA 和 SDA，接着经 Δ6 延长酶和 Δ5 脱氢酶作用生成 AA 和 EPA，而 EPA 又经 Δ5 延长酶和 Δ4 脱氢酶作用生成 DHA（图 7-59）。在此 PUFAs 合成过程中，n-6 族脂肪酸可在 Δ15 和 Δ17 脱氢酶作用下生成 n-3 族脂肪酸，因而此类脱氢酶又称为 ω3 脱氢酶。此外，在某些微藻（球等鞭金藻，*Isochrysis galbana*）中存在一条"替代途径"用于合成 PUFAs，即 LA 和 ALA 先经 Δ9 延长酶延伸生成 EDA 和 ETrA，接着在 Δ8 脱氢酶作用下生成 DGLA 和 ω3-AA，最后经 Δ5 脱氢酶作用生成 AA 和 EPA（图 7-59）。因此，由于哺乳动物体内缺乏 Δ12 和 Δ15 脱氢酶，导致其自身不能合成 LA 和 ALA，但却可将外源 LA 和 ALA 经 n-6 和 n-3 途径转化为 AA 和 EPA。

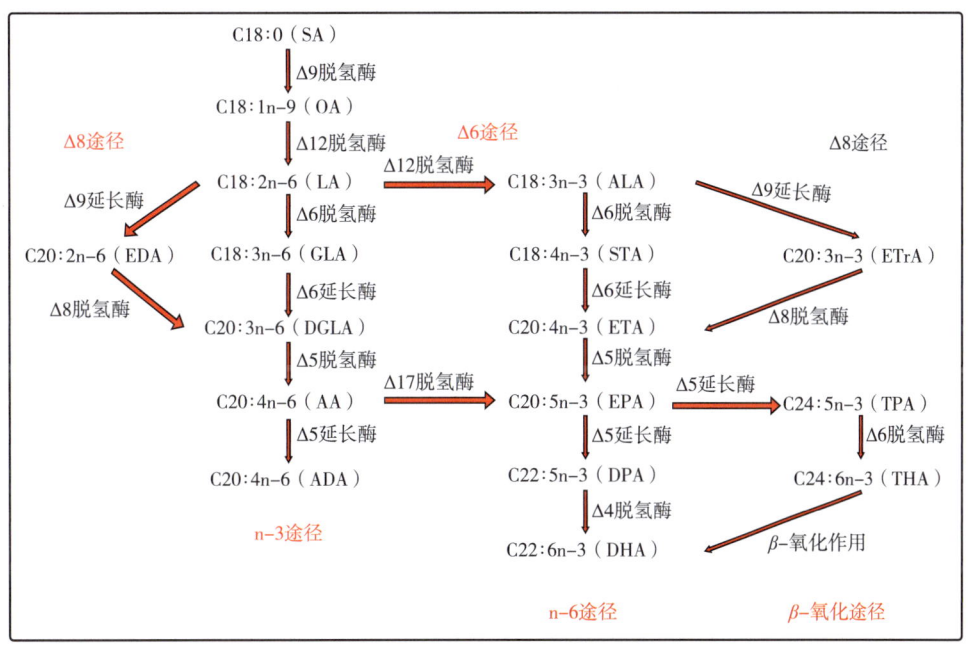

图 7-59　PUFAs 的生物合成途径

目前，UFAs 合成过程中涉及的各类脱氢酶和延长酶基因均已被克隆鉴定，并发现此类酶均定位于细胞内质网（endoplasmic reticulum，ER）膜上。然而，不同来源脱氢酶的作用底物有所差别，动物脱氢酶以酰基-CoA 中脂肪酸为底物，而植物和微生物脱氢酶则以磷脂［特别是磷脂酸胆碱（phosphatidyl choline，PC）］中脂肪酸为底物。例如，长链脂肪酸延长酶是由 4 个酶组成的延长复合体，均以酰基-CoA 中脂肪酸为底物，催化包括缩合、酮酰还原、脱水、烯酰还原等一系列反应，其中缩合酶决定该复合体酶的底物专一性。

2. 多不饱和脂肪酸的厌氧合成途径

在大肠杆菌等原核生物中，细胞还可通过厌氧途径合成 PUFAs——聚酮合成酶（polyketide synthase，PKS）途径：短链乙酰-CoA 与丙二酸单酰-CoA 发生缩合反应，并经过一系列还原、脱水、还原、缩合等循环反应合成PUFAs，其中每一循环可使脂肪酸链延长两个碳原子。例如，在 E. coli 合成 PA 的过程中，可先由脂肪酸合成酶系合成 β-羟癸脂酰-ACP，再经 β-羟癸脂酰-ACP 脱水酶催化脱水，形成 Δ3 癸烯脂酰-ACP，最后以 3 分子丙二酸单酰-ACP 在 Δ3-癸烯脂-ACP 羧基端相继延长三次，最后生成棕榈油酰-ACP。目前，PKS 合成途径已在许多海洋微生物中发现，推测其可能广泛存在于海洋生态系统中。

二、脂肪酸脱氢酶的研究进展

（一）脂肪酸脱氢酶分类

脂肪酸脱氢酶分布广泛，几乎存在于所有动物、植物和微生物中。根据催化位置不同，可将脱氢酶分为 Δ4、Δ5、Δ6 与 Δ9 等，即为脂肪酸链由羧基碳开始第 4、5、6 与 9 位碳原子处引入双键。此外，根据作用底物还可将脱氢酶分为以下几种。

1. 酰基-ACP 脱氢酶（acyl-ACP desaturase）

大多数酰基-ACP 脱氢酶为水溶性蛋白，在与 ACP 结合的脂肪酸中引入第 1 个双键，如植物 Δ9 酰基-ACP 脱氢酶，可催化植物质体/叶绿体基质中 SA 形成 OA。此外，翼叶山牵牛（*Thunbergia alata*）种子胚乳中克隆获得 Δ6 酰基-ACP 脱氢酶，表明脂肪酸第 1 个双键也可在 Δ6 位产生。

2. 酰基-脂脱氢酶（acyl-lipid desaturase）

大多数酰基-脂脱氢酶为膜结合蛋白，主要存在于植物质体/叶绿体、内质网、海洋微藻和某些霉菌的类囊体膜上，以甘油磷脂和糖脂中脂肪酸为底物。例如，酵母和原生动物棘阿米巴（*Acanthamoeba*）微粒体中 Δ12 脱氢酶为酰基-脂脱氢酶，而线虫 ω3 脱氢酶也可能是酰基-脂脱氢酶。

3. 酰基-CoA 脱氢酶（acyl-CoA desaturase）

大多数酰基-CoA 脱氢酶为膜结合蛋白，主要存在于动物、酵母和某些真菌内质网/微粒体中，在与 CoA 结合的脂肪酸中引入双键。该类酶也存在于某些高等植物中，如欧洲白池花（*Limnanthes alba*）中 Δ5 酰基-CoA 脱氢酶、白色云杉中 Δ9 酰基-CoA 脱氢酶，但只能催化饱和脂肪酸链第 1 个脱氢反应，而不能在单不饱和及多不饱和脂肪酸中持续引入双键。此外，除酰基-ACP 脱氢酶外，绝大多数脂肪酸脱氢酶为膜结合蛋白，而与膜结合的脱氢酶按其引入双键位置又可分为：① "前端" 脱氢酶（front-end desaturase）：在脂肪酸链的羧基碳和第 9 位碳原子间加双键的酶，包括 Δ4、Δ5、Δ6 与 Δ8 脱氢酶；② "甲基端" 脱氢酶（methyl-end desaturase）：在脂肪酸链的末端碳（ω 碳）和第 9 位碳原子间加双键的酶，包括 Δ12、Δ15 与 Δ17 等脱氢酶。

（二）脂肪酸脱氢酶的结构及其反应机理

通过对来源于动物、植物和微生物跨膜脂肪酸脱氢酶的序列比较分析，发现其均含有 3 个高度保守的组氨酸盒子（His boxes），且基本序列为 $HX_{[3,4]}H$，$HX_{[2,3]}HH$ 和

H/QX[2,3] HH。而通过对小鼠 △9 酰基-CoA 脱氢酶及集胞蓝细菌（*Synechocystis* sp.） △12 脱氢酶进行定点突变，发现 8 个组氨酸对酶的催化功能非常重要，且其中任一组氨基酸突变均可导致脱氢酶失活。

脂肪酸脱氢酶催化的脱氢反应为需氧反应，且需要两个电子和一个氧分子，其催化过程如图 7-60 所示：首先，电子通过 NADH 传递至 NADH-细胞色素 b5 还原酶辅基上，进而使细胞色素 b5 铁氧还蛋白中 Fe^{3+} 还原为 Fe^{2+}，且使脂肪酸脱氢酶中非血红素 Fe^{3+} 还原成 Fe^{2+}；同时，脂肪酸脱氢酶、O_2 和底物发生相互作用，O_2 分别接受来源于 NADH 和底物单键上 2 对电子而形成 1 个碳碳双键，同时释放 2 个水分子。目前，只有 Δ 酰基-ACP 脱氢酶晶体结构得以解析，且其催化反应机制也研究得较为透彻，但尚未有与膜结合脱氢酶晶体结构的相关报道。值得注意的是，蓝细菌中酰基-脂脱氢酶、酰基-ACP 脱氢酶及植物质体/叶绿体中酰基-脂脱氢酶均以铁氧还蛋白作为电子供体；而植物胞质中酰基-脂脱氢酶及动物、真菌等酰基-CoA 脱氢酶则利用细胞色素 b5 和 NADH-细胞色素 b5 还原酶系统作为电子供体。

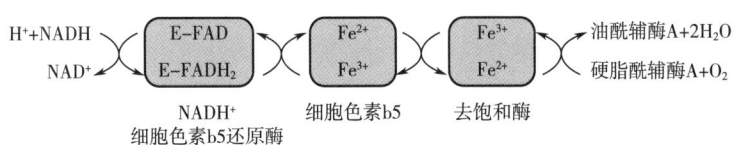

图 7-60　脂肪酸脱氢作用中的电子传递链

三、脂肪酸延长酶的研究进展

（一）脂肪酸延长酶分类

根据来源不同，可将脂肪酸延长酶分为两大家族：酵母 ELO 家族和哺乳动物 ELOVL 家族，但两者垂直同源。目前，研究发现酵母 ELO 家族包括 3 个成员：ELO1、ELO2 和 ELO3。其中，酵母 ELO1 基因于 1996 年首先在酵母中被证实，可催化中等链长 SFAs 和 MUFAs 的碳链延长反应，如催化十四烷酸碳链延长生成十六烷酸。值得注意的是，ELO1、ELO2 和 ELO3 仅作用于 SFAs 和 MUFAs 的碳链延长反应，而对 PUFAs 没有延长活性，不能使其碳链发生延长反应。而哺乳动物中 ELOVL 家族含有 7 个成员：ELOVL1~ELOVL7。其中，对 ELOVL1~ELOVL6 已进行部分研究，但对 ELOVL7 尚无相关报道。在该基因家族中，Elovl3 是第一个被发现的脂肪酸延长酶基因，Elovl1 和 Elovl2 与 Elovl3 为同源基因，且通过突变体互补实验发现：Elovl1 和 Elovl3 分别与酵母 ELO3 和 ELO2 在功能上为直系同源。此外，ELOVL2/ELOVL3 可延长 C20 和 C22 PUFAs，ELOVL4 参与 LC-PUFAs 碳链的延长，ELOVL5 参与 C16、C18 MUFAs 和 C18、C20、C22 PUFAs 碳链的延长，而 ELOVL6 蛋白可能是长链脂肪酰基延长反应的限速酶，有助于促进 C12、C14、C16 脂肪酸的延长，但对 C18 脂肪酸和极长链脂肪酸并无延长作用。

此外，根据延长酶序列还可将脂肪酸延长酶分为参与 PUFAs 合成的 ELO 家族和参与种子油脂和蜡质合成的 KCS/FAE 家族。在第一类家族中，酵母 ELO 家族和哺乳动物

ELOVL 家族均编码膜结合蛋白,且包括 3 个共同的结构特征:①具有 5~6 个跨膜结构域;②具有 1 个保守的组氨酸序列(HXXHH),且该结构域一般位于第四个跨膜结构域;③具有内质网滞留信号。然而,存在于植物中的 KCS/FAE 家族延长酶一般不存在上述结构特点,其原因可能是植物中延长酶的催化底物以酰基-ACP 为载体,而 ELO 家族延长酶底物与酰基-CoA 相连。

(二)脂肪酸碳链延长的反应机理

与脂肪酸脱氢酶和 SFAs 延长酶的研究工作相比,脂肪酸延长酶的分子生物学研究起步较晚,直到 21 世纪初期才有 PUFAs 碳链延长酶基因的克隆和表达等相关报道。例如,Qi 等从富含 LC-PUFAs 的海洋微藻球等鞭金藻(*Isochrysis galbana*)中克隆获得 PUFAs 延长酶基因,命名为 *Ig*ASEI,此为对 C18-Δ9 PUFA 具有特异性延长活性的延长酶基因进行功能鉴定的首次报道。类似的,Pereira 等从海洋微藻 *Pavlova lutheri* 中克隆获得新延长酶基因,命名为 pavELO。该基因编码的蛋白对 n-6 和 n-3 C20-PUFAs 具有底物特异性,但对 C18 和 C22 PUFAs 没有活性,且可在酵母中催化 EPA 生成 DPA,此为有关 C20 PUFAs 具有特异性碳链延长酶的首次报道。因此,虽对 PUFAs 延长酶的研究取得一定进展,但仍缺少对其功能基因鉴定、催化机理及其调节机制解析等的相关研究,进而限制了 PUFAs 延长酶遗传操作的进一步应用。

以哺乳动物为例,PUFAs 延长反应在内质网中由缩合反应、还原反应、脱水反应和还原反应等四步反应来完成,且每步反应都由不同酶参与,从而组成一个多功能多聚酶形式的延长酶复合体。该延长酶复合体具有四种酶:β-脂酰辅酶 A 合成酶(β-ketoacyl-CoA synthase,KCS)、β-脂酰辅酶 A 还原酶(β-ketoacyl-CoA reductase,KCR)、β-羟酰辅酶 A 脱水酶(β-hydroxyacyl-CoA dehydrase)和反式-2-烯酰辅酶 A 还原酶(trans-2-enoyl-CoA reductase)的活性(图 7-61)。其中,KCS 催化酰基引物与丙二酰辅酶 A 的缩合反应是脂肪酸碳链延长反应的限速步骤,且决定延长酶复合物的底物特异性。

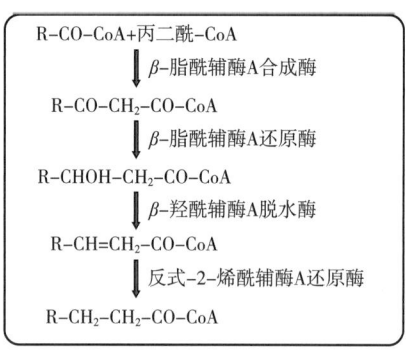

图 7-61 脂肪酸的碳链延长反应

四、代谢工程改造微生物生产 PUFAs 的研究进展

2000 年,Beaudoin 等从 *Caenorhabditis elegans* 中克隆获得一假定延长酶,并将其与

PUFAs 脱氢酶共同表达至酿酒酵母中，可使工程菌株将 0.65% 的 LA 转化成 ARA，0.3% 的 ALA 转化成 EPA。类似的，Kajikawa 等将来源于苔藓 *Marchantia polymorpha* 的 Δ6 延长酶、Δ5 脱氢酶和 Δ6 脱氢酶等基因共同表达至毕赤酵母中，可使工程菌株合成的 ARA 和 EPA 分别占总脂肪酸的 0.1% 和 0.03%。在此基础上，将来源于 *M. polymorpha* 的 Δ5 延长酶与 *E. gracilis* 的 Δ4 脱氢酶共同表达至毕赤酵母中，当在培养基中补充 EPA 时，可在工程菌株中检测到 DHA 的合成。

近年来，Tavares 等将从原生动物 *Paramecium tetraurelia* 及微藻 *Ostreococcus tauri* 和 *Ostreococcus lucimarinus* 克隆获得的新 Δ5 脱氢酶基因过量表达至酿酒酵母中，发现：来源于 *P. tetraurelia* 的 Δ5 脱氢酶效率比微藻 Δ5 脱氢酶高 2 倍，且也高于高山被孢霉和 *Leishmania major* 的脱氢效率。值得注意的是，来源于 *P. tetraurelia*、*O. tauri* 和 *O. lucimarinus* 的 Δ5 脱氢酶的最适底物均为磷脂结合的 PUFAs，且对酰基载体底物缺乏专一性，而来源于 *L. major* 的 Δ5 脱氢酶则为依赖酰基-CoA 的脱氢酶。为此，将来源于 *P. tetraurelia* 的 Δ5 脱氢酶、*O. tauri* 的 Δ6 脱氢酶、*S. kluyveri* 的 ω3 脱氢酶及高山被孢霉的 Δ9 脱氢酶、Δ12 脱氢酶和 Δ6 延长酶等编码基因整合表达至酿酒酵母中，可使工程菌株中 ARA 和 EPA 的量最高分别占总脂肪酸的 0.46% 和 0.5%。目前，英国和日本利用毛霉生产以获得微生物源 GLA，而高山被孢霉 1S-4 可作为 ARA 和 EPA 的生产菌株。

五、多不饱和脂肪酸合成途径中关键酶的克隆及其功能鉴定

在生物体内，ARA 和 EPA 的合成代谢途径包括 Δ6 合成途径和 Δ8 合成途径。其中，Δ6 合成途径的关键酶分别是 Δ6 脱氢酶、Δ6 延长酶和 Δ5 脱氢酶，而 Δ8 合成途径的关键酶分别为 Δ9 延长酶、Δ8 脱氢酶和 Δ5 脱氢酶。由于延长酶催化底物是酰基 CoA 形式的脂肪酸，而脱氢酶催化底物是磷脂形式的脂肪酸，进而导致不同底物间存在复杂的转换反应。因此，为减少底物间的转换瓶颈，通过引入 Δ8 合成途径而构建合成 ARA 和 EPA 的工程菌株。此外，由于酿酒酵母缺乏内源性 PUFAs 合成酶，且自身不能合成 PUFAs 合成途径中关键底物 LA 和 ALA，因此，酿酒酵母可作为鉴定脱氢酶和延长酶的酶活性和底物专一性及研究 PUFAs 合成途径的理想宿主。

（一）*IgASE2* 基因的克隆与功能鉴定

利用培养 3~4d 的球等鞭金藻，通过 5'RACE 和 3'RACE 技术，从球等鞭基因组 DNA 中扩增获得全长 *IgASE2* 基因。同时，基于生物信息学分析，发现：*IgASE2* 基因全长 1653bp（GenBank 号：GU812433），包括一个 786bp 的开放阅读框架（open reading frame，ORF）、一个 44 bp 的 5'-非翻译区（untranslated region，UTR）和一个 823bp 的 3'-UTR，且不含有内含子。通过与已报道的 *IgASE1* 基因 mRNA 的序列比较，两者序列相似性约 43%。其中，*IgASE2* 基因的 ORF 编码一个含有 261 个氨基酸、理论分子质量约为 29.9ku 的蛋白质 IgASE2。通过与其他 Δ9 延长酶氨基酸序列比较，发现 *IgASE2* 基因编码的氨基酸序列与 *IgASE1* 基因编码的氨基酸序列相似性最高，约为 87%（表 7-11），而与其他 C18-Δ9 特异性延长酶 ADN94474、ADN94476 和 ADN94475 的氨基酸序列相似性分别约为

84%、83%和82%。值得注意的是，*IgASE2* 也包含一个突变型组氨酸模体（motif）LQXX-HH、一个酪氨酸模体 HXXMYXYY 和其他三个模体 KXXEXXDT、TXXQXXQF、LFXXF。同时，根据29个延长酶氨基酸序列，利用 DNAStar 软件构建一个有根的系统进化树，发现系统进化树存在两个主要分支：即已报道的四个 C18-Δ9 专一性延长酶（IgASEl、Emihu-d9E、Pavpi-d9E 和 Pavsa-d9E）组成一个分支，IgASE2 处于此分支中，且与 IgASEl 亲缘关系最近；而其他延长酶，包括含有 Δ9 延长酶活性的多功能酶，如 CAM55867-Tad569E、TaNE-Tad569E-d5D 和 BAI40363-MALCEI 处于另一分支中。因此，推测 IgASE2 可能具有 C18-Δ9 专一性的延长酶活性。

表7-11　IgASE2 与其他延长酶氨基酸相似性的比较分析

		相似度/%												
		1	2	3	4	5	6	7	8	9	10	11	12	13	14
1	ADD51571-IgASE2	100													
2	CAD58540-Igd9E	87	100												
3	ADN94476-Rsd9E	53	51	100											
4	ADN94475-Pgd9E	52	50	74	100										
5	ADN94474-Scd9E	84	82	52	51	100									
6	BAI40363-MALCE1	24	26	23	26	24	100								
7	CAM55867-Tad568E	20	21	22	23	21	24	100							
8	TaNE-Tad569E-d5D	6	6	8	6	6	9	9	100						
9	AAW70157-Ptd6E	19	19	18	18	20	22	31	9	100					
10	ABC18313-Tsd5E	22	23	21	23	23	23	56	9	31	100				
11	ABC18314-Tsd6E	18	19	19	20	18	17	20	10	20	20	100			
12	ACR53359-Pcd6E	20	21	22	21	21	23	42	8	30	41	21	100		
13	ACR53360-Pcd6E	20	19	21	21	19	30	8	24	30	19	27	100		
14	CAJ30861-Egd5E	22	22	21	19	23	23	20	9	23	21	21	18	21	100

为此，利用 pYES2 为表达载体，将 *IgASE2* 基因过量表达至酿酒酵母 INVScl 中（以空质粒 pYES2 为对照），分别构建酿酒酵母工程菌株 YASE9 和 YES29，并考察工程菌株对不同底物转化的影响。GC 检测结果如图7-62所示，与对照菌株 YES29 相比，工程菌株 YASE9 中出现两个新峰，且出峰时间与标准品 EDA 和 EtrA 出峰时间一致，初步推测新峰物质为 EDA 和 EtrA。同时，为进一步鉴定新峰物质，利用 GC-MS 分别对同等处理过的脂

肪酸进行检测，结果表明两个新峰物质的质谱图与标准样品——EDA 和 EtrA 质谱图一致（图 7-63），表明两种新峰物质分别为 EDA 和 EtrA。因此，培养基中 LA 和 ALA 在 *IgASE2* 延长酶的催化作用下，通过延长两个碳原子被分别转化成 EDA 和 EtrA，且其含量分别占总脂肪酸含量的 18.5% 和 6.9%（表 7-12），而 *IgASE2* 催化 LA 和 ALA 的转化效率分别为 57.6% 和 56.1%（表 7-13）。

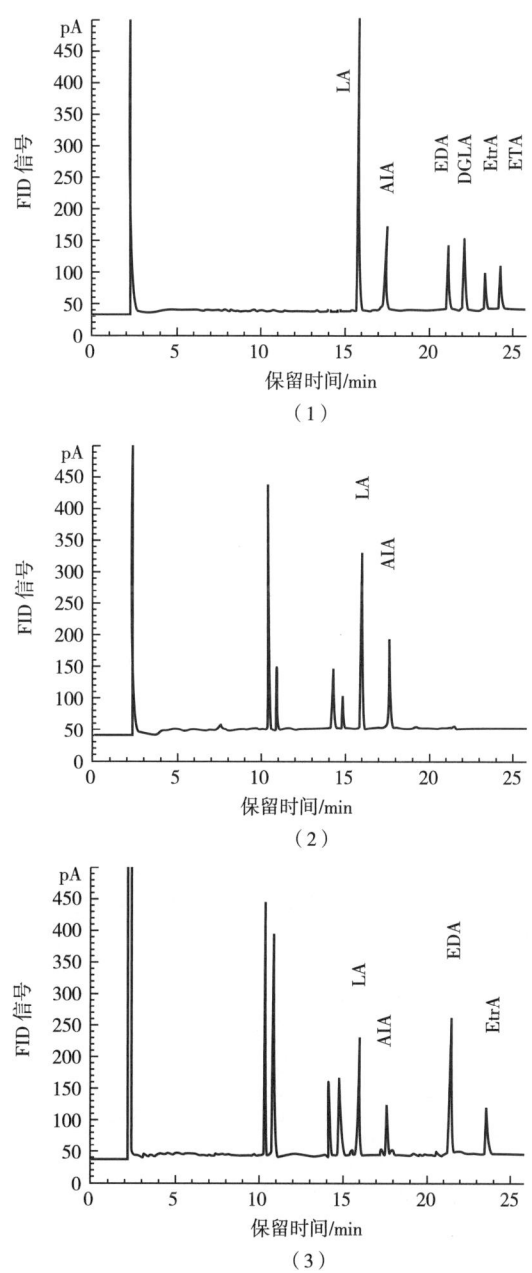

图 7-62　不同工程菌株脂肪酸甲酯的 GC 分析

(1) INVSc1；(2) pYES2；(3) pYASE

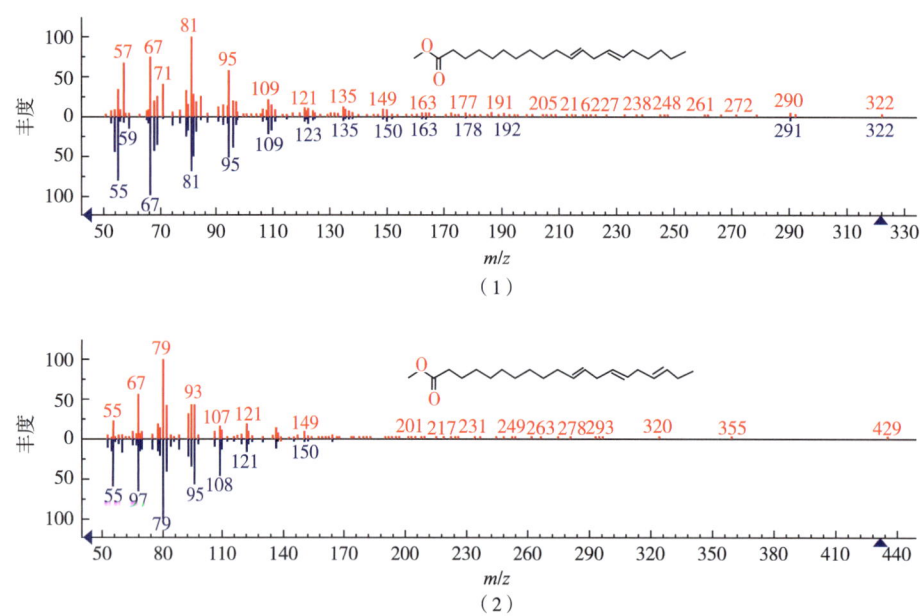

图 7-63 基于 GC-MS 对 EDA（1）和 EtrA（2）的鉴定分析

表 7-12 不同条件下不同工程菌株脂肪酸成分的比较分析

脂肪酸	占总脂肪酸的摩尔的百分数/%					
	INVSc1		pYES2		pYASE	
	S−	S+	S−	S+	S−	S+
C16：0	19.9±0.9	29.3±1.5	20.7±1.2	30.3±0.8	19.9±0.8	20.7±1.2
C16：1n−7	49.9±0.7	8.6±0.6	50.0±1.0	8.2±0.4	50.5±1.5	19.7±2.4
C18：0	6.0±0.9	11.8±1.7	6.2±1.1	10.6±1.2	5.3±1.7	6.3±1.1
C18：1n−9	24.2±1.1	6.4±0.9	23.1±1.7	5.6±0.6	24.3±1.5	8.9±1.6
C18：2n−6*	—	27.7±2.1	—	29.4±1.3	—	13.6±1.7
C18：3n−3*	—	16.2±0.5	—	15.9±0.3	—	5.4±0.9
C20：2n−6	—	—	—	—	—	18.5±2.1
C20：2n−3	—	—	—	—	—	6.9±1.0

* 改造菌株。

表 7-13 **IgASE2 延长酶在酿酒酵母中的转化效率**

代谢反应	转化率/%	
	pYASE	pYASE1*
C18：2n−6$\Delta^{9,12}$ 转化至 C20：2n−6$\Delta^{11,14}$	57.6±1.3	55.3

续表

代谢反应	转化率/%	
	pYASE	pYASE1*
C18：3n-3$\Delta^{9,12,15}$ 转化至 C20：2n-3$\Delta^{11,14,17}$	56.1±1.8	47.6

*改造菌株。

此外，为进一步确定 IgASE2 延长酶底物的专一性，在诱导培养基中分别添加底物 GLA（C18：3n-6，$\Delta^{6,9,12}$）、SDA（C18：4n-3，$\Delta^{6,9,12,15}$）、ARA（C20：4n-6，$\Delta^{5,8,11,14}$）、EPA（C20：Sn-3，$\Delta^{5,8,11,14,17}$）、DGLA（C20：3n-6，$\Delta^{8,11,14}$）和 ETA（C20：4n-3，$\Delta^{8,11,14,17}$）进行培养后提取脂肪酸并甲酰化进行 GC 检测。结果表明：工程菌株 YASE9 既不能使底物脂肪酸延长，也不能使底物脂肪酸进行脱氢反应。因此，IgASE2 延长酶是一个 C18-Δ^9 专一性的 PUFAs 延长酶，既没有 $\Delta5$ 和 $\Delta6$ 延长酶活性，也没有 $\Delta5$，$\Delta6$ 和 $\Delta8$ 脱氢酶活性。

（二）efd2 基因的克隆与功能鉴定

利用培养 3~4d 的小眼虫藻，通过 5′RACE 和 3′RACE 技术，分别从 cDNA 和基因组 DNA 中扩增获得全长 efd2 基因。同时，基于生物信息学分析，发现：efd2 基因长 1266bp（GenBank 号：GH812432），包含一个完整的 ORF、编码含有 421 个氨基酸的蛋白质 EFD2。然而，与已报道的 efd1 基因相比，基因 efd2 的 ORF 长 6 bp、多 2 个氨基酸。此外，利用软件 DNAMAN 对 efd1 和 efd2 进行比较分析，发现：两者核苷酸相似性高达 98.5%，而氨基酸相似性为 96.4%。值得注意的是，蛋白 EFD1 和 EFD2 主要区别在于 N 端氨基酸残基的不同，EFD2 具有 3 个组氨酸模体（motif）HXXXHH、HXXHH 和 QXXHH 和一个细胞色素 b5 结构域，且具有典型的脱氢酶结构特征。

同时，为解析基因 efd2 的功能特性，利用表达载体 pYES2 将基因 efd2 表达至酿酒酵母缺陷型 INVSc1 中，构建工程菌株 YEFD8（以 YES2 为对照菌株）。检测结果如图 7-64 所示：与对照菌株 YES2 相比，工程菌株 YEFD8 除具有相应位置底物峰外，还出现两个新产物峰，且出峰时间与标准品 DGLA 和 ETA 出峰时间一致，表明两个新峰物质分别为 DGLA 和 ETA，即 EFD2 脱氢酶具有 $\Delta8$ 脱氢酶活性，可将培养基中 EDA 和 EtrA 分别转变为 DGLA 和 ETA。此外，工程菌株 YEFD8 中 DGLA 和 ETA 分别占总脂肪酸含量的 8.32% 和 9.24%，且底物 EDA 和 EtrA 转化效率分别为 31.2% 和 46.3%，均高于已报道 EFD 1 的底物转化率。

此外，当将工程菌株 YEFD8 接种至分别添加底物 GLA（C18:3n-6，$\Delta^{6,9,12}$）、SDA（C18:4n-3，$\Delta^{6,9,12,15}$）、ARA（C20:4n-6，$\Delta^{5,8,11,14}$）、EPA（C20:Sn-3，$\Delta^{5,8,11,14,17}$）、DGLA（C20:3n-6，$\Delta^{8,11,14}$）和 ETA（C20:4n-3，$\Delta^{8,11,14,17}$）的诱导培养基中培养 3d 后，提取脂肪酸并甲酰化后进行 GC 检测。结果表明，工程菌株 YEFD8 既不能使底物脂肪酸脱氢，也不能使底物脂肪酸延长，即 EFD2 是一种专一性的 $\Delta8$PUFAs 脱氢酶，既不具备 $\Delta5$ 和 $\Delta6$ 脱氢酶活性，也不具备 $\Delta5$ 和 $\Delta6$ 延长酶活性。

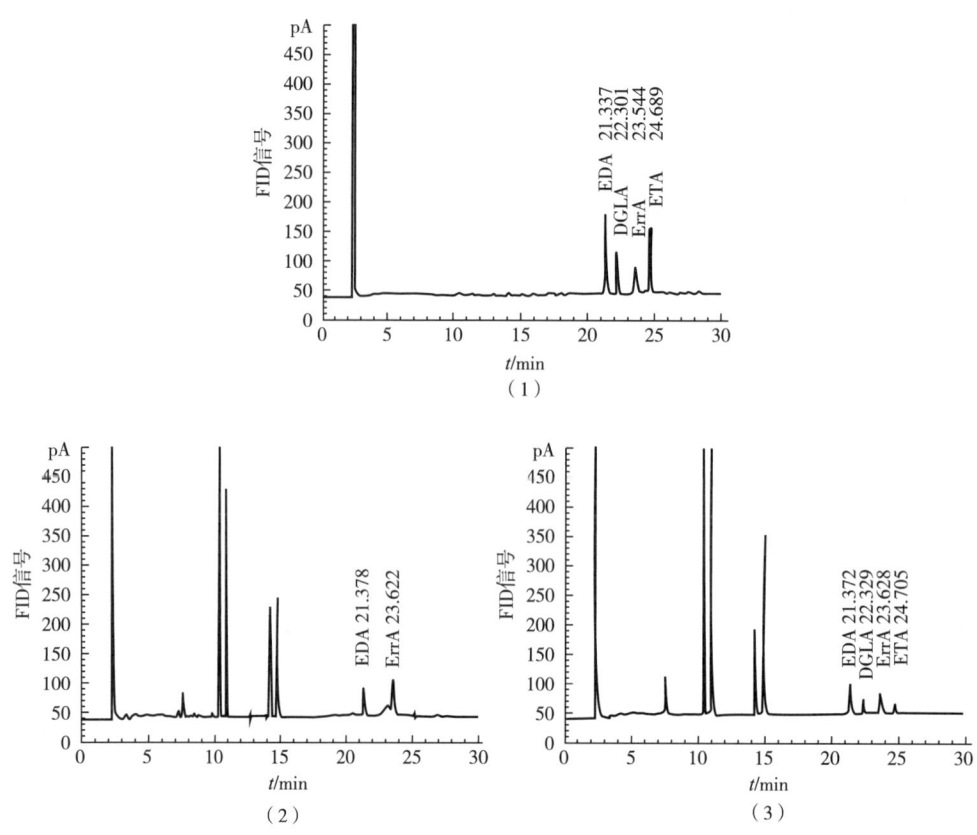

图 7-64 基于 GC 检测分析过量表达 efd2 对酿酒酵母总脂肪酸的影响
(1) 标准品；(2) 对照菌株 YES2；(3) 工程菌株 YEFD8

(三) ptd5 基因的克隆与功能鉴定

利用培养 3~4d 的三角褐指藻，通过 PCR 技术从其基因组 DNA 中扩增获得 ptd5 基因。基于生物信息学分析，发现：ptd5 基因序列长 1410bp，共编码 469 个氨基酸。同时，利用 DNAMAN 软件比较分析 ptd5 基因编码的氨基酸与其他来源于三角褐指藻的 Δ5 脱氢酶序列（GenBank 号：AY082392.1 和 EF494770.1）的差异性，结果表明，PTD5 中有四个氨基酸残基与 AY082392.1 序列不一致，而只有一个氨基酸残基与 EF494770.1 序列不一致，且不一致的氨基酸残基均位于脱氢酶中 3 个组氨酸盒子 HXXXH、HXXHH、H/QXXHH 和细胞色素 b5 结构域之外。

同时，利用表达载体 pYES2 将基因 ptd5 过量表达至酿酒酵母缺陷型 INVScl 中，获得工程菌株 YPTDS，并考察不同工程菌株对脂肪酸合成的影响。GC 检测结果如图 7-65 所示，与对照菌株 YES2 相比，工程菌株 YPTDS 中除具有相应位置的底物峰外，还出现两个新产物峰，且出峰时间与标准品 ARA 和 EPA 出峰时间一致，表明两个新产物峰分别为 ARA 和 EPA。因此，ptd5 基因编码的 PTDS 脱氢酶具有 Δ5 脱氢酶活性，可将培养基中 DGLA 和 ETA 经过 Δ5 脱氢酶分别转变成 ARA 和 EPA，且底物 DGLA 和 ETA 的转化效率分别为 28.7% 和 37.2%，均高于已报道三角褐指藻中 Δ5 脱氢酶的转化效率。

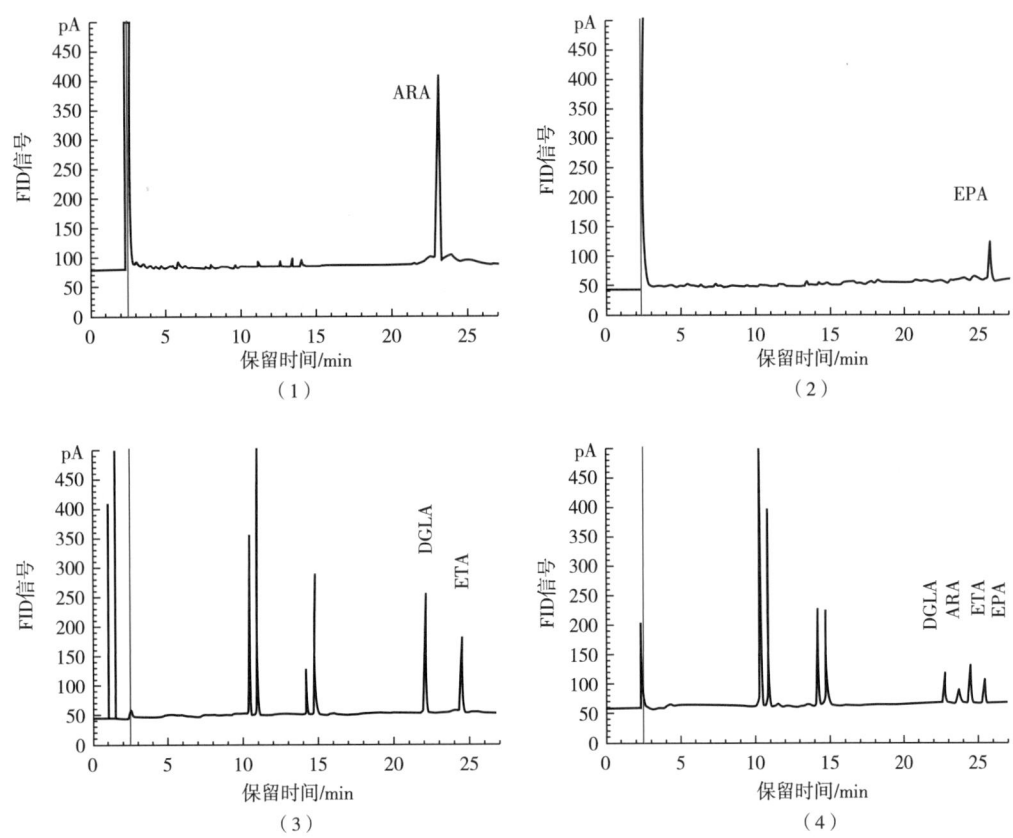

图 7-65 基于 GC 检测分析过量表达 *ptd5* 对酿酒酵母合成脂肪酸的影响
(1) ARA 标准品；(2) EPA 标准品；(3) 对照菌株 YES2；(4) 工程菌株 YPTDS

六、酿酒酵母中 Δ8 合成途径的构建

在 ARA 和 EPA 的合成过程中，其 Δ8 合成途径涉及 Δ9 延长酶、Δ8 脱氢酶和 Δ5 脱氢酶，且前一代谢反应产物是后一代谢反应的底物。为此，基于 Δ8（ω3-Δ8，ω6-Δ8）合成途径，通过在酿酒酵母中共同表达 *IgASE2*（Δ9 延长酶）、*efd2*（Δ8 脱氢酶）和 *ptd5*（Δ5 脱氢酶）构建了 ARA 和 EPA 的 Δ8 合成途径，并通过测定 ARA 和 EPA 的合成与底物转化效率，进而确定 Δ8 合成途径的可行性。

（一）酿酒酵母中 Δ8 合成途径的构建及其合成效率分析

利用表达载体 pYAE 将 *IgASE2*（Δ9 延长酶）、*efd2*（Δ8 脱氢酶）和 *ptd5*（Δ5 脱氢酶）共同表达至酿酒酵母中，构建工程菌株 YAE98（过量表达 *IgASE2* 和 *efd2*）和 YAE985（过量表达 *IgASE2*、*efd2* 和 *ptd5*），并考察不同菌株对 PUFAs 合成的影响。GC 检测结果如图 7-66 所示，与工程菌株 YAE98 相比，工程菌株 YAE985 中除具有相应位置的底物峰外，还出现四个新产物峰，且出峰时间分别与标准品 EDA、DGLA、EtrA 和 ETA 出峰时间一致，表明新产物分别为 EDA、DGLA、EtrA 和 ETA。此外，工程菌株 YAE98 中

PUFAs 是 IgASE2 和 EFD2 共表达后合成的产物，表明外源添加底物 LA 经 Δ9 延长酶催化延长成 EDA，再经 Δ8 脱氢酶催化生成 DGLA；而外源底物 ALA 经 Δ9 延长酶催化延长成 EtrA，然后经 Δ8 脱氢酶催化生成 ETA [图 7-66（3）]。

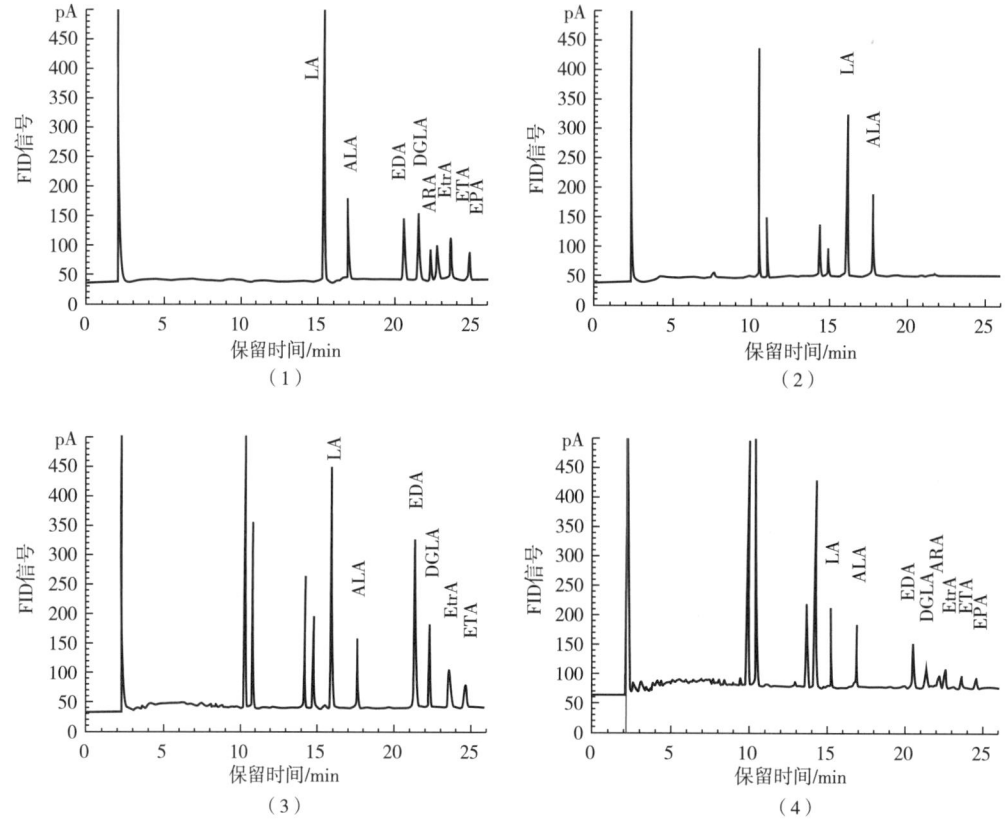

图 7-66 构建 Δ8（ω3-Δ8，ω6-Δ8）合成途径对酿酒酵母总脂肪酸的影响
(1) LA、ALA、EDA、DGLA、ARA、EtrA、ETA 和 EPA 标品；
(2) 对照菌株；(3) 工程菌株 YAE98；(4) 工程菌株 YAE985

与图 7-66（3）相比，图 7-66（4）中出现了两个新产物峰，且出峰时间分别与标准品 ARA 和 EPA 出峰时间一致，表明新产物分别为 ARA 和 EPA。由于工程菌株 YAE985 中 PUFAs 是 IgASE2 Δ9 延长酶、EFD2 Δ8 脱氢酶和 PTDS Δ5 脱氢酶共同表达后合成的产物，因此，与工程菌株 YAE98 相比，增加 ptd5 基因的表达可使外源底物 LA 在经 Δ9 延长酶催化延长成 EDA 和经 Δ8 脱氢酶催化生成 DGLA 的基础上，进一步经 Δ5 脱氢酶催化生成 ARA。类似的，外源底物 ALA 在经 Δ9 延长酶催化延长成 EtrA 和经 Δ8 脱氢酶催化生成 ETA 的基础上，进一步经 Δ5 脱氢酶催化生成 EPA。此外，工程菌株 YAE985 中 ARA 和 EPA 分别占总脂肪酸含量的 1.6% 和 2.5%，且有 10.1% LA 和 16.9% ALA 经 Δ8 途径转化成 ARA 和 EPA（表 7-14 和表 7-15），表明 ARA 和 EPA 的 Δ8（ω3-Δ8，ω6-Δ8）合成途径已在酿酒酵母中成功构建，且具有高催化活性。

表 7-14　　　　　　　　　　酿酒酵母中各脂肪酸成分含量分析

脂肪酸	占总脂肪酸摩尔百分数/%		
	pYES2	pYAE	pYAE5
C16:0	30.3±0.8	26.3±1.8	21.5±1.6
C16:1n-7	8.2±0.4	9.6±2.9	21.4±2.6
C18:0	10.6±1.2	8.4±1.4	7.3±1.7
C18:1n-9	5.6±0.6	5.8±1.8	17.3±2.3
C18:2n-6*	29.4±1.3	17.4±2.5	7.2±2.6
C18:3n-3*	15.9±0.3	4.7±1.3	8.1±1.8
C20:2n-6	—	14.7±2.4	4.7±1.9
C20:3n-3	—	3.9±1.1	2.5±0.9
C20:3n-6	—	7.2±0.9	2.9±0.6
C20:4n-3	—	2.0±1.2	2.0±0.5
C20:4n-6	—	—	1.6±0.5
C20:5n-3	—	—	2.5±0.8

表 7-15　　　　酿酒酵母工程中 Δ8（ω3-Δ8，ω6-Δ8）合成途径各底物的转化率

基因（涉及反应）	转化率/%			
	pYAE		pYAE5	
	ω6-Δ8 途径	ω3-Δ8 途径	ω6-Δ8 途径	ω3-Δ8 途径
IgASE2（Δ9 延长酶）	55.7±1.8	55.7±1.3	57.3±2.1	47.5±2.3
efd2（Δ8 脱氢酶）	32.9±1.4	33.9±1.2	48.9±2.6	63.8±2.9
ptd5（Δ5 脱氢酶）	—	—	36.1±1.6	55.9±2.2
总转化率	18.3±1.6	18.9±1.2	10.1±1.8	16.9±2.4

（二）工程菌株 YAE985 的遗传稳定性分析

为检验工程菌株 YAE985 的遗传稳定性，将其在 SC-Ura 培养基中连续转接 20 次，诱导表达后提取总 RNA 实现对异源 Δ8 合成途径表达水平的稳定性分析。PCR 检测结果如图 7-67 所示，对照组可扩增出约 1400bp（启动子序列 520bp 加 918bp efd2 基因的 N-端序列）条带，而以 cDNA 为模板却不能扩增出任何条带，表明 DNase 已将 DNA 完全消化，且 cDNA 并未被污染；同时，其他引物对都可扩增出约 180bp 的目的条带，表明提取的 RNA 质量较好。同时，基于 RT-PCR 技术定量分析基因 IgASE2、efd2 和 ptd5 的转录水平情况（ACTIN 蛋白表达量设定为 1）。结果如图 7-67（2）所示，三个基因转录水平基本相同，仍保持 1∶1∶1 的比例关系，表明没有发生遗传重组、目的基因丢失等情况，即

工程菌株 YAE985 具有很好的遗传稳定性。

综上所述，虽酿酒酵母可作为研究 PUEAs 的宿主，但其合成 ARA 和 EPA 的效率仍较低，其原因可能是：①进入胞内的底物 LA 和 ALA 含量较低，直接影响代谢产物 ARA 和 EPA 的合成；②由于脱氢酶与延长酶底物形式的差异性，在 PC 库与酰基-CoA 库间存在转运瓶颈，进而影响延伸效率；③胞内 PUFAs 的大量积累可抑制体内脂肪酸的合成及脂肪酸合成基因的表达量，进而影响工程菌株的生理功能。

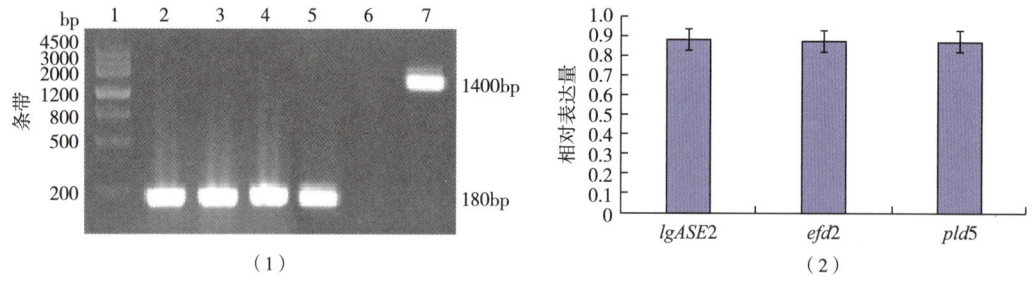

图 7-67　异源 Δ8 合成途径在酿酒酵母中表达水平的稳定性分析

（1）基于 PCR 对 cDNA 质量的检测分析；（2）Δ8 合成途径中目的基因表达水平的 RT-PCR 分析

参考文献

［1］黄丹娣．天然酿酒酵母孢子作为药物载体的研究［D］．无锡：江南大学，2017.

［2］谢泽雄．酿酒酵母 V 号染色体设计与构建［D］．天津：天津大学，2017.

［3］郭钦．食品级酿酒酵母高效分泌/展示表达系统构建［D］．杭州：浙江大学，2009.

［4］汤红婷．酿酒酵母异源蛋白高效分泌适配元件的发掘及人造纤维小体的构制［D］．济南：山东大学，2016.

［5］夏鹏飞．酿酒酵母循环利用二氧化碳高效合成生物乙醇的研究［D］．济南：山东大学，2016.

［6］秦久福．基于酿酒酵母工业系统代谢工程的 L-鸟氨酸生物合成［D］．无锡：江南大学，2016.

［7］陈艳．高产番茄红素酿酒酵母的设计构建与发酵过程优化［D］．天津：天津大学，2017.

［8］石桐磊．多不饱和脂肪酸 DHA 合成途径在酿酒酵母中的重构［D］．天津：南开大学，2013.

［9］黎明．花生四烯酸和二十碳五烯酸合成途径的构建及大豆种子特异性启动子的改造［D］．天津：南开大学，2012.

［10］Conrad D F, Pinto D, Redon R, et al. Origins and functional impact of copy number variation in the human genome［J］. Nature, 2010, 464（7289）：704-712.

［11］Choi P S, Meyerson M. Targeted genomic rearrangements using CRISPR/Cas technology［J］. Nat Commun, 2014, 5：1-6.

［12］Fontana L, Partridge L, Longo V D. Extending healthy life span-from yeast to humans［J］. Science, 2010, 328（5976）：321-326.

［13］Liao J C, Mi L, Pontrelli S, et al. Fuelling the future: microbial engineering for the production of sustainable biofuels［J］. Nat Rev Microbiol, 2016, 14（5）：288-304.

[14] Alper H, Stephanopoulos G. Engineering for biofuels: exploiting innate microbial capacity or importing biosynthetic potential? [J]. Nat Rev Microbiol, 2009, 7 (10): 715-723.

[15] Lam F H, Ghaderi A, Fink G R, et al. Engineering alcohol tolerance in yeast [J]. Science, 2014, 346 (6205): 71-75.

[16] Peralta-Yahya P P, Zhang F, Del Cardayre S B, et al. Microbial engineering for the production of advanced biofuels [J]. Nature, 2012, 488 (7411): 320-328.

[17] Atsumi S, Hanai T, Liao J C. Non-fermentative pathways for synthesis of branched-chain higher alcohols as biofuels [J]. Nature, 2008, 451 (7174): 86-89.

[18] Atsumi S, Higashide W, Liao J C. Direct photosynthetic recycling of carbon dioxide to isobutyraldehyde [J]. Nat Biotechnol, 2009, 27 (12): 1177-1180.

[19] Bogorad I W, Chen C-T, Theisen M K, et al. Building carbon–carbon bonds using a biocatalytic methanol condensation cycle [J]. Proc Natl Acad Sci USA, 2014, 111 (45): 15928-15933.

[20] Horwich A L, Farr G W, Fenton W A. GroEL-GroES-mediated protein folding [J]. Chem Rev, 2006, 106 (5): 1917-1930.

[21] Chen D H, Madan D, Weaver J, et al. Visualizing GroEL/ES in the act of encapsulating a folding protein [J]. Cell, 2013, 153 (6): 1354-1365.

[22] Wei N, Quarterman J, Kim S R, et al. Enhanced biofuel production through coupled acetic acid and xylose consumption by engineered yeast [J]. Nat Commun, 2013, 4: 1-8.

[23] Lee S Y, Kim H U. Systems strategies for developing industrial microbial strains [J]. Nat Biotechnol, 2015, 33 (10): 1061-1072.

[24] Sheppard M J, Kunjapur A M, Wenck S J, et al. Retro-biosynthetic screening of a modular pathway design achieves selective route for microbial synthesis of 4-methyl-pentanol [J]. Nat Commun, 2014, 5: 1-10.

[25] Nielsen J, Keasling J D. Engineering cellular metabolism [J]. Cell, 2016, 164 (6): 1185-1197.

[26] Qi B X, Fraser T, Mugford S, et al. Production of very long chain polyunsaturated omega-3 and omega-6 fatty acids in plants [J]. Nat Biotechnol, 2004, 22 (6): 739-745.

[27] Petrie J R, Shrestha P, Mansour M P, et al. Metabolic engineering of omega-3 long-chain polyunsaturated fatty acids in plants using an acyl-CoA Δ6-desaturase with ω3-preference from the marine microalga Micromonas pusilla [J]. Metab Eng, 2010, 12 (3): 233-240.

[28] Arondel V, Lemieux B, Hwang I, et al. Map-based cloning of a gene controlling omega-3-fatty-acid desaturation in arabidopsis [J]. Science, 1992, 258 (5086): 1353-1355.

第八章 代谢工程手段改善发酵微生物胁迫抗性

第一节 代谢工程策略改善工业微生物胁迫抗性

一、前言

工业生物技术是指以微生物或酶为催化剂进行物质转化，大规模生产人类所需化学品、医药、能源、材料等产品的生物技术。然而，作为一个新兴领域，工业生物技术瓶颈在于如何大幅提高其经济性，其发展还存在许多急需解决的问题，如生物加工过程效率不高、可利用的可再生资源有限、产品的产量和种类不足、细胞鲁棒性较弱等。近年来，随着基因工程技术的快速发展，工业生物技术可生产种类更多、质量更好和性能更为优越的产品，但其大部分大宗工业产品的成本仍显著高于传统化工产品。因此，对于大多数工业生物技术产品而言，其瓶颈在于如何大幅提高其经济性，即如何改善工业微生物的生理功能，使其更能有效地将高浓度底物转化为高浓度产物，从而实现目标产物高产量、高产率和高生产强度的统一，进而有效控制发酵过程的最终成本。

然而，在利用微生物发酵生产目标产物的过程中，高浓度底物/中间代谢产物/目标产物/副产物所形成的各种胁迫条件（如高渗、高酸及有机溶剂等胁迫），是抑制发酵产物产量和生产强度进一步提高的关键因素。此外，在微生物工业生产过程中，微生物细胞还将面临一系列胁迫，包括物理性胁迫（压力和机械剪切力）和化学性胁迫（酸/碱胁迫、饥饿胁迫、氧胁迫、高/低温胁迫、发酵产物积累和某些次级代谢产物毒性等），从而影响细胞生理功能及其转化效率。因此，通过修饰和优化微生物代谢网络及其表达调控网络来改善细胞生理功能是开发生产性能良好、抗逆性强的高性能菌株的关键。

二、工业微生物面临的胁迫压力及其应答机制

微生物细胞应对胁迫环境的过程可简述为：首先感受胁迫到信号传导产生应激机制，然后调节基因表达程序、代谢活性及细胞其他特征，最终增强细胞抵御逆境胁迫的抗性。例如，酿酒酵母拥有一套完善的逆境胁迫应答反应，通过信号分子和信号响应路径对基因的表达水平和代谢物含量进行调控。

（一）氧化胁迫

分子氧只能结合那些原子或分子轨道上具有反平行自旋的电子，而不易氧化其他分

子，因而对于大多数化合物来说，它是不活泼的，不会对细胞造成损害。然而，在代谢过程中，由于氧的不完全还原，可形成一系列活性氧（reactive oxygen species，ROS，图 8-1），如超氧阴离子（O_2^-）、过氧化氢（H_2O_2）和羟自由基（·OH）等，并对调节细胞氧化还原势能、信号转导和基因表达具有重要的生理作用。然而，当细胞受到高浓度 ROS 作用或胞内抗氧胁迫系统功能降低时，胞内氧化/还原平衡态遭受破坏，导致胞内 ROS 浓度升高，而过量 ROS 则会攻击蛋白质、脂肪和核酸，进而引起细胞膜脂的氧化降解、细胞结构和功能的损伤，甚至导致细胞死亡，即"氧化胁迫"（表 8-1）。此外，氧化胁迫也是众多环境胁迫生物学作用的一个共性机理，如细胞处于高温、有机溶剂、重金属等胁迫条件时，胞内均可产生过多 ROS，诱导胞内抗氧化防御相关基因的大量表达，进而产生抗氧化相关物质，保护细胞免受氧化胁迫损伤。

表 8-1　　　　　　　　　　　　胞内氧化性物质对蛋白的损伤作用

蛋白损伤效应	对胞内蛋白的影响
修饰氨基酸	蛋白质中起关键作用的氨基酸残基对活性氧损伤十分敏感，其中芳香氨基酸和含硫氨基酸表现最为突出，不同的活性氧自由基对特定氨基酸残基有特殊影响，进而影响蛋白质的生物活性
使肽链断裂	活性氧导致蛋白质肽链断裂，包括肽链水解和从 α-碳原子处直接断裂两种方式，直接导致蛋白活性丧失
形成蛋白质交联聚合物	细胞内蛋白质交联能够使酶失活，并使膜流动性下降，导致细胞损伤与死亡
改变构象	蛋白质被氧化后，空间结构中的部分三级结构打开，使其失去原有蛋白构象，导致蛋白失活

随着对微生物抗氧胁迫响应机制的深入研究，发现当微生物暴露在 H_2O_2 或低浓度氧化性试剂中时，细胞可全面启动氧化防御系统以保护胞内组分维持其氧化还原状态。目前，ROS 防御系统主要分为：①非酶防御系统：微生物胞内非酶防御系统，其主要包括蛋白质、氨基酸衍生物、维生素、脂肪酸、糖类和具有调节功能的离子等物质，可从溶液中直接清除氧化产物；②酶防御系统：主要包括超氧化物歧化酶、过氧化氢酶、过氧化物酶、硫氧还蛋白过氧化物酶/硫氧还蛋白还原酶系和谷胱甘肽还原酶/谷胱甘肽氧化物酶系等相关酶类，不仅可直接清除进入胞内的各种氧化剂，修复受损的蛋白质和核酸，还可维持非酶防御体系中抗氧化分子的防御水平。

$$O_2 \xrightarrow{e^-} \cdot O_2^- \xrightarrow{e^-, 2H^+} H_2O_2 \xrightarrow{e^-, H^+} \cdot OH \xrightarrow{e^-, H^+} H_2O$$
$$\cdot O_2^- \xrightarrow{(pK_a\,4.8)} \cdot HOO$$

图 8-1　分子氧还原形成水的过程示意图

（二）高渗透压胁迫

微生物在合成特定的目标产物，如有机酸、氨基酸等时，由于高浓度底物和产物的影响，微生物不可避免地面临着高渗或高盐环境。而随着胞外渗透压的不断提高，微生物细胞发生以下变化：①微生物胞内微环境持续恶化；②用于保持胞内微环境稳定的能量不断增加；③胞内胁迫响应路径表达水平增强，致使胞内调控网络发生改变等。因此，在深入解析微生物抵御高渗透压胁迫生理机制的基础上，如何有效改善微生物鲁棒性以消除高渗透压胁迫抑制作用，是优化发酵过程所要考虑的关键因素之一。

1. 高渗透压胁迫对微生物生理功能的影响

（1）对细胞形态的影响　为维持细胞体积和适当自由水与结合水之比，胞质和细胞器水分活度必须低于周围介质，而保持恒定的外界压力，环境水沿着浓度梯度进入细胞，导致细胞体积增大。例如，在非高渗条件下，酵母菌落大而圆，但随着培养体系渗透压的增加，菌落逐渐减小，表明高渗透压胁迫可使细胞发生收缩现象，且导致细胞内水分外流。此外，当胞外渗透压过高时，真核微生物中液泡也将发生形态变化，导致细胞数量逐渐递减，生长受到抑制，甚至细胞死亡。

（2）对胞内微环境稳定性的影响　在高渗透压条件下，胞外 Na^+、K^+ 和其他非离子溶质可严重扰乱胞内 pH 稳态，而添加相容性溶质则可促进 pH 稳定过程。此外，当微生物无法维持胞内渗透压稳定时，胞内酶构象也会发生显著改变。为此，Costenaro 等提出高渗透压胁迫条件下蛋白质的稳定模型，即当胞内盐浓度高于环境时，酶的三级或四级结构参与协调压差，而蛋白具有一个对盐离子有排斥作用的核心，但环（含阴离子氨基酸残基）向外延伸，从而使蛋白质结构具有较大界面与水和溶剂相互作用，进而通过折叠构象和加强疏水相互作用使整个结构紧缩以维持结构稳定性。

（3）对目标产物合成的影响　在发酵中后期，不断增加的渗透压将显著抑制微生物细胞的生长、目标产物合成与分泌等，进而降低微生物发酵效率。例如，徐沙等在研究高渗透压对 *T. glabrata* 生长影响时，发现当渗透压为 860mOsmol/kg 时，细胞干重为 9.4g/L；而当渗透压提高至 3324mOsmol/kg 时，细胞干重显著降低至 9.4g/L。类似的，当采用米根霉发酵生产延胡索酸和黑曲霉发酵生产柠檬酸时，随着渗透压不断升高，可使目标产物产量逐渐减少。然而，对某些与高渗透压相关的代谢产物（甘油）而言，适当提高渗透压对产物积累具有一定的促进作用。Chen 等研究发现，在高渗环境下，克鲁氏球拟酵母细胞（*Torulopsis krusei*）胞外积累的甘油浓度较正常发酵条件增加了 2 倍，且海藻糖含量也提高了 7%。

2. 微生物抵御高渗透压胁迫的响应机制

目前，国内外关于渗透压影响微生物生理功能的研究主要集中于：①依赖于 ABC 转运蛋白的离子稳态过程（ion homeostasis，包括以 H^+ 转运为主的 pH 稳态过程）；②相容性溶质和其他可保护微生物抵御高渗透压胁迫的物质；③信号转导途径等。

（1）依赖于 ABC 转运蛋白的离子稳态过程　当微生物遭受高渗透压胁迫时，其首要任务就是借助各种 ABC 转运蛋白保持胞质中离子浓度的相对稳定。在原核微生物中，质膜上 ABC 转运蛋白可将过高浓度离子转运至胞外；而在真核微生物中，除质膜上 ABC 转运蛋白外，液泡膜上 ABC 转运蛋白也可将过高浓度离子部分转移到液泡中储存起来。例如，过量表达来源于植物中的液泡 ATP 酶可显著提高 S. cerevisiae 抵御高渗透压胁迫的能力。此外，在 S. cerevisiae 中，胞质中过量 Na^+ 和 K^+ 的转运还可分别通过 Nha1p（Na^+/H^+-反向转运蛋白）和 Ena1p（Na^+-ATP 酶）来实现（图 8-2）。

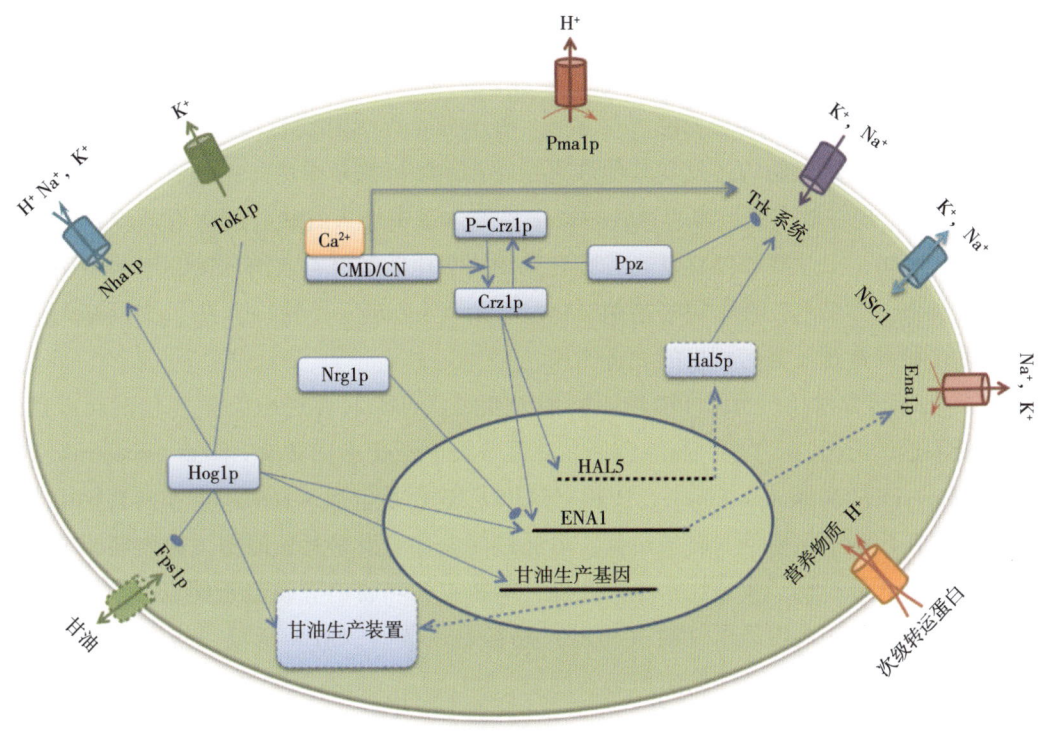

图 8-2　微生物渗透调控系统

[参考文献：Ke, Ruian, et al. An Integrative Model of Ion Regulation in Yeast [J]. Plos Computational Biology 9.1 (2013)：e1002879.]

（2）相容性溶质和其他保护微生物抵御高渗压胁迫的物质　一般来说，相容性溶质是在生理 pH 条件下不带电荷、极性且具有较好水溶性的小分子有机物。目前，相容性溶质机制是研究微生物调节渗透压机制较好且较为深入的模型，其具体生理机制为：①稳定生物大分子表面水结构，稳定酶和结构元件的水化层；②与胞内酶等生物大分子的弱作用，决定了它们之间具有相容性。

因此，在高渗透压条件下，微生物胞内蛋白质能够优先水化，最大程度将相容性溶质从蛋白质水化层排除，使蛋白结构更加紧密，防止其任意伸展从而导致表面区域扩大而产生变性。然而，微生物积累相容性溶质种类具有一定的选择性，且在不同生长阶段和营养条件下可发生变化。

目前，已发现的相容性溶质主要有：①钾离子：作为一种低级相容性溶质，对微生物耐受高渗透压意义较小。②糖类和糖苷类：包括蔗糖、海藻糖和糖原等。由于高浓度糖类可对某些酶产生抑制作用，通常也被认为是一类较低级的相容性溶质。③醇类：由于含羟基，亲水性能较好，可有效维持胞内水分活度，且含羟基越多，能力越强。④甜菜碱类（N-三甲基甘氨酸）：几乎存在于所有微生物中，对调节渗透压具有较好的效果。⑤四氢嘧啶和羟基四氢嘧啶：在中度嗜盐菌中，四氢嘧啶和羟基四氢嘧啶是最为重要的相容性溶质。⑥氨基酸类：不能合成或积累上述糖类、醇类的微生物，可通过积累氨基酸（脯氨酸、精氨酸、丙氨酸和甘氨酸等）调节渗透压。例如，在玫瑰色盐水球菌（*Salinicoccus roseus*）中，脯氨酸是其胞内主要的相容性溶质。⑦非典型性相容性溶质：如 *Bacillus cereus* CECT148T 中 N-乙酰-β-赖氨酸（N-acetyl-β-lysine）。⑧相容性溶质的协同作用。

此外，在微生物细胞内还发现其他许多物质在细胞抵御高渗透压中具有重要作用。例如，Pastor 等发现在缺失线粒体的 *S. cerevisiae* 培养体系中加入谷胱甘肽可有效保护细胞抵御高渗透压胁迫，其主要作用机制是谷胱甘肽的抗氧化活性可有效消除因高渗胁迫引起的高浓度活性氧。类似的，在极端嗜盐菌红色盐杆菌（*Salinibacter ruber*）中，二羟基丙酮对微生物耐受极高渗透压具有积极的促进作用。

（3）信号转导途径　当胞外渗透压剧烈改变时，可引起渗透压应激（包括高渗透压应激和低渗透压应激）。其中，高渗透压甘油促分裂原活化蛋白激酶（high osmolarity glycerol mitogen-activated protein kinase，HOG-MAPK）途径是包括 *S. cerevisiae* 在内真核微生物调节高渗透压应激的主要信号转导机制，可通过促进甘油积累及其他相关的生理调节，暂时停止细胞生长以抵抗高渗透压胁迫。此外，氧胁迫和热胁迫等胁迫条件也可激活 HOG-MAPK 途径。因此，高渗透压甘油（HOG）途径是经典的 MAPK 级联系统之一，是绝大多数真核微生物抵御高渗透压胁迫所必需的。

（三）酸胁迫

在有机酸发酵过程中，随着产物的不断积累，培养基中 pH 逐渐下降，导致酸胁迫的产生，进而影响细胞的生理功能，即：①部分未解离有机酸可自由扩散进入胞内，其中解离的质子会降低胞内 pH，影响胞内代谢过程；而解离的酸根离子则增加胞内渗透压，降低胞内蛋白酶活性；②胞内积累有机酸会诱导自由基的产生，引起 DNA 损伤、蛋白质变性，进而毒害细胞及其代谢过程；③酸胁迫可造成细胞形态和生理活动的变化，如细胞体积增大、骨架疏松、膜的流动性和渗透性增加等。为此，在酸胁迫条件下，微生物通过不同的生理机制调控细胞内部环境，以适应和抵御环境压力。然而，酸胁迫应答涉及复杂的调控网络，其应答机制主要包括以下几点。

1. 细胞膜结构改变

当微生物处于酸胁迫条件下，微生物通过调节细胞膜中脂肪酸组分以调控细胞内外的酸碱平衡，达到抵御酸胁迫的目的。Quivey 等研究发现，长链脂肪酸含量和脂肪酸不饱和度可有效影响细胞抵御酸胁迫的能力，且长链脂肪酸含量越高，单不饱和长链脂肪酸（例如油酸）含量越低，细胞抵御酸胁迫的能力越强。

2. 质子泵作用

维持胞内 pH 恒定是微生物细胞进行正常生理活动的重要前提条件，其中位于细胞膜上的质子转运 ATP 酶（H^+-ATPase）发挥着关键作用。当环境 pH 降低时，H^+-ATPase 合成水平增加，细胞通过增强 H^+ 泵出胞外的能力以阻止胞内 pH 的降低；而当环境 pH 升高至正常值时，H^+-ATPase 合成能力恢复至正常水平以减少胞内 H^+ 的运出。此外，Abbott 等发现缺失 H^+-ATPase 可有效影响糖酵解途径，降低胞内 ATP 水平，增加胞内活性氧含量，进而降低细胞抵御酸胁迫和氧胁迫的能力。因此，通过调节胞内 H^+ 的动态平衡可有效维持胞内 pH 的稳定。

3. 基因表达及蛋白调控

此外，微生物还可通过改变相关基因的表达水平和调控相关蛋白含量以抵御环境胁迫，进而保持细胞的生长和繁殖能力。在酿酒酵母中，RIM101 途径是较为保守的酸胁迫应答信号通路，可由转录调控因子 Rim101p 诱发，其中酸性条件可激活无活性 Rim101p 而将信号传递至胞内，进而调控一系列与酸胁迫相关基因的表达。类似的，Teixeira 等发现酿酒酵母 ABC 转运子 Pdr12p 可参与有机酸的转运，且受到转录因子 War1p 的调控；而缺失 War1p 可使基因 *PDR12* 无法正常表达，进而使细胞失去抵御酸胁迫的能力。

4. 应激蛋白与分子伴侣

应激蛋白是细胞适应环境胁迫时产生的一种较为保守的蛋白质，可改变细胞膜蛋白和脂质的稳定性，进而影响膜的物理性质及其生理功能；而分子伴侣是真核细胞中一类较为保守的蛋白，可帮助新生多肽链正确折叠并成熟为活性蛋白或识别发生错误折叠的蛋白，或帮助蛋白质进行亚基组装和跨膜定位。在酸胁迫条件下，细胞可合成大量应激蛋白和分子伴侣以提高细胞对酸胁迫的适应能力。例如，Abdullah 等利用分子伴侣保护机制，通过过量表达基因 DnaK 可提高宿主细胞抵御酸、盐和乙醇等胁迫压力的能力。此外，除上述酸胁迫抗性机制外，细胞其他代谢反应，如糖代谢、ROS 消除和胞内聚磷酸合成等，也参与酸胁迫抗性。

（四）溶剂胁迫

当溶剂与细胞接触后，积累在细胞膜上的溶剂可扰乱膜的有序性，降低膜作为渗透屏障和蛋白嵌入平台的功能，导致细胞膜通透性、流动性和完整性增大而降低微生物抵御溶剂毒害作用的能力，并最终抑制微生物细胞的生长能力。溶剂以细胞的磷脂双分子层为毒性作用靶点，通过改变细胞膜的通透性和流动性而进入微生物体内，进而影响微生物生理功能。目前，针对胞外溶剂胁迫，微生物已进化形成多种耐受有机溶剂的生理机制：①利用胞内合成代谢途径降解或转化有机物，如合成芳香烃双加氧酶和苯单加氧酶等，催化氧化芳香烃化合物底物以解除毒害作用；②通过分子伴侣，如表达热激蛋白，有效协助跨膜蛋白转运体的正确折叠以解除毒性作用；③通过与能量耦联的外排泵将胞内溶剂排出到胞外，如 RND 家族外排泵和 ABC 转运蛋白外排泵；④降低细胞膜流动性和细胞表面疏水性；⑤降低细胞比表面积以减少与毒性溶剂的接触位点；⑥外膜囊泡的外排作用是适应有机溶剂等极端环境的短期保护机制。然而，微生物的溶剂耐受性是不同耐受机制相互作用的结果,且对于被溶剂攻击的细胞生理基础、顺反异构酶作用机制及其溶剂泵是如何具体发挥功能的生理机制仍需要进一步研究。因此,对于微生物溶剂耐受性机理的解析,仍需在蛋白质、DNA 分子等水平上不断深入研究,其研究结果将为提高工业菌株的适应性和发酵性能提供新的研究思路。

(五)温度胁迫

在生长繁殖过程中,当外界环境温度高于或低于微生物最适生长温度时,则可引发热激响应。然而,细胞本身并不能感知温度,而热激响应是通过因热胁迫形成变性蛋白质触发的。此外,热胁迫还将对细胞造成其他形式的损伤(图 8-3),包括:①对细胞骨架的影响,温和的热激会导致肌动蛋白纤维丝变成张力蛋白,而严重的热胁迫则会导致波状蛋白和丝状蛋白的聚集,导致肌动蛋白、微管蛋白和中间体的崩溃;②影响细胞核中相关物质的代谢,如通过影响 RNA 的剪接可使核糖体组装位点产生大量错误加工的核糖 RNA 以及核糖体蛋白质的聚集物;③影响细胞膜生理功能,通过改变细胞内膜蛋白质与脂质比例以增强细胞膜流动性,进而导致细胞膜的透过性变大、细胞质 pH 下降及金属离子稳态失衡。然而,微生物抵御高温胁迫的生理机制非常复杂。在耐热机制中扮演重要作用的分子主要有热激蛋白、应激糖蛋白、海藻糖、膜结合 ATP 酶及一些胁迫保护物质(如甘油、海藻糖)等。其中,以热激蛋白为主要热耐受分子的热激反应途径是研究最为透彻的生理耐热机制。

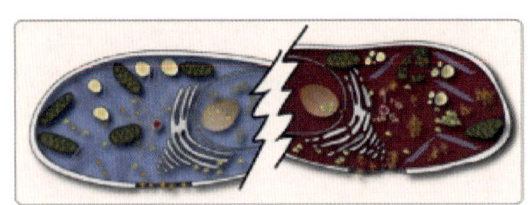

图 8-3 热胁迫造成的细胞损伤

1. 热休克应答

热休克应答可产生一类特殊蛋白质和有机化合物,如热激蛋白(heat shock proteins, HSPs)或分子伴侣(molecular chaperones),用以修复和防止蛋白质的聚集损伤,或促使无法修复的损伤基质进行降解,并通过 HSR 途径在转录水平上对相关基因进行表达调控。目前,热激蛋白的转录翻译主要与位于热激蛋白基因上游保守的转录调控区有关,此特异性 DNA 识别序列是热激转录因子(heat response transcription factor, HSF)的结合位点,被称为热激元件(heat response element, HSE)。在非热激状态下,热激转录因子 HSF 保持单体或二聚体状态,酸性活性结构隐藏,没有活性;而热激响应后,无活性的 HSF 单体或二聚体间结合形成多聚体,构象发生改变,释放原隐蔽的活性结构域,且与热激元件 HSE 结合,并在其他因素(如转录酶、ATP 等)辅助下,转录热激基因,进而翻译成热激蛋白 HSPs。值得注意的是,在生物体受到热激胁迫时,此类调节可使热激蛋白的 mRNA 水平较非应激时增加 10~100 倍。目前,大部分热激蛋白只受 Hsf1p 调控,少部分受 MSN2p/MSN4p 的调控，或同时受此两种转录因子的调控。

2. 热激蛋白

在热激条件下生物体内正常 mRNA 的转录与蛋白质的合成受抑制，但却合成一些新蛋白质，因热激而大量表达的蛋白质称为热激蛋白。最主要一类热激蛋白具有分子伴侣功能，能维持蛋白质天然构象并辅助新生多肽链的正确折叠，同时参与蛋白质的聚合、转运和信号传递等生理过程而修复细胞的损伤，进而有助于细胞恢复正常的结构和机能。HSP 在所有细胞中都是高度保守的，且在正常细胞中，HSP 是组成型的；在胁迫条件下，胞内积累大量变性蛋白质，进而导致诱导型 HSP 大量的合成。因此，HSP 被认为是细胞中与耐热性关系最密切的生物因子。

3. 其他胁迫相关物质

海藻糖被誉为"生命之糖"，是一种天然糖类，是由两个葡萄糖聚合而成的非还原性二聚糖，可通过结合蛋白表面的亲水基团以抑制其疏水基团的暴露及其蛋白凝集，进而提高蛋白的稳定性。此外，热激胁迫后，细胞除 HSPs 表达量升高外，还伴有糖蛋白（GPs）的大量聚积。其中，GP50、GP62、P2SG67 和 P2SG64 等糖蛋白含量与细胞耐热能力呈正相关关系。值得注意的是，微生物细胞在热激后还可产生超氧化物歧化酶（SOD），包括细胞质 SOD（Cu/ZnSOD）和线粒体 SOD（MnSOD）。其中，线粒体 SOD 既能保护线粒体避免因呼吸作用而产生 O_2^- 的伤害，又可赋予细胞对热和乙醇胁迫的耐受性。例如，当细胞缺乏胞质 SOD 时，可引发胞内活性氧的不平衡，从而启动 MnSOD 的基因转录，进而提高细胞产生抵御热和乙醇等胁迫的耐受性。

4. 细胞蛋白质质量控制系统

热胁迫可导致微生物胞内大量功能蛋白的变性失活，导致胞内蛋白质稳态失衡，进而破坏细胞的结构和功能，严重影响细胞的生长与代谢。因此，维持胞内蛋白质平衡将是提高细胞抵御高温胁迫能力的关键因素之一。然而，细胞存在十分精细复杂的蛋白质质量控制系统，包括：①新合成蛋白的正确折叠及组装，与错误折叠蛋白重折叠；②错误折叠或聚集蛋白的降解。为此，微生物进化形成多种防御机制以维持热胁迫条件下蛋白质的平衡，包括热激蛋白、26S 泛素蛋白酶体系统与细胞自噬系统。例如，细胞自噬系统与 26S 泛素蛋白酶体系统通过清除因高温环境而变性的蛋白质，可为新生多肽合成提供原料，从而促进细胞维持蛋白质平衡。

三、提高微生物抵御环境胁迫的耐受性策略

随着发酵产业对微生物抵御环境胁迫能力需求的增强，研究人员已发展一系列相关策略（可分为添加外源辅助物"治标"和遗传改造"治本"）以提高微生物鲁棒性或降低发酵过程中各种环境胁迫作用，进而提高微生物发酵效率，实现目标产物高产量、高产率和高生产强度的统一。

（一）添加外源辅助底物

微生物细胞能够合成一些具有保护作用的次级代谢产物，如海藻糖、肌醇、糖原、麦

角固醇等，可在一定程度上提高细胞抵御环境胁迫的能力。为此，通过添加能源辅助底物（如甲酸、柠檬酸等）、代谢中间物（谷胱甘肽或氨基酸类等）及某些金属离子等外源物质以促进 TCA 循环通量，增加细胞 ATP 含量，进而提高细胞生理功能，改善微生物抵御环境胁迫的能力。因此，基于操作简单、使用量少、效果明显等特点，外源添加辅助底物策略已被应用于微生物发酵工业中。例如，Liu 等通过添加能源物质改变胞内 ATP 含量，可使丙酮酸生产强度由 1.14 g/(L·h) 提高到 1.97 g/(L·h)。类似的，Zhang 等通过外源添加精氨酸可显著增加胞内 ATP 浓度和 H^+-ATPase 活性，进而显著提高 L. casei 在酸胁迫条件下的存活率。然而，添加外源辅助底物却显著增加产物分离、纯化等工艺难度，进而增加生产成本，故在实际工业操作中，需要综合考虑产品售价、添加物成本及工艺操作简便性等各方面信息。

（二）在线分离耦合系统的应用

微生物在合成特定的目标产物，如有机酸、氨基酸等，可利用在线分离耦合技术，选择性地从发酵体系中分离、移除目标产物，从而降低发酵过程中高渗透压胁迫带来的负面影响，进而显著改善发酵中后期细胞的生长及其产物积累。近年来，随着膜技术、电渗析技术的发展，在线分离耦合技术在实验室规模得到了系统发展，但由于该技术对于设备配套改造的复杂性和无菌操作技术的限制，使其近期内仍然无法实现工业规模的普遍应用。

（三）诱变育种与适应性进化

进化工程可使细胞在外界环境胁迫刺激下，加速相关基因在细胞增殖过程中发生突变或基因组发生重构，且通过优胜劣汰而积累有利突变，最终使细胞性状达到与环境相适应的状态。该方法是生理机制缺乏理解情况下快速获得目标性状菌株的有效方法。例如，Liu 等通过在浓度梯度增高的抑制剂中连续传代 100 次，显著提高酵母对糠醛和 5-羟甲基糠醛的耐受性。然而，首先单纯依靠进化工程策略，耗时较长，且可能需要几百次传代才能获得目标性状突变株。其次，由于外界环境的不稳定性，长时间进化易使进化过程偏离目标性状而不能达到最佳状态，且突变菌株生理性状不稳定，可导致其在长时间离开选择压力时易出现性能退化等问题。因此，将进化工程同基因工程相结合，通过基因工程改造获得接近目标性状的菌株，通过进化工程策略强化工程菌株生理性能，可有效缩短进化路径和进化时间。

诱变育种是指利用物理或化学等方法处理微生物细胞，使其基因组发生突变，进而筛选获得耐受性较好的突变菌株。虽诱变育种可加快突变发生的概率，但其突变方向具有不确定性。因此，结合高通量筛选方法，借助诱变育种与适应性进化可高效筛选获得预期表型的突变株。汪军等采用适应性进化策略，借助低 pH（pH4.5）和高浓度丙酮酸等胁迫条件，通过恒化培养系统筛选获得可耐高浓度丙酮酸、低 pH 胁迫的进化菌株，使其在 pH5.5、pH4.7 和 pH4.3 条件下，丙酮酸产量分别可达 55.8g/L、35.97g/L 和 18.5g/L，比出发菌株分别提高了 15.5%、51.8% 和 83.2%。然而，虽诱变育种和适应性进化等方法可从根本上提高微生物的胁迫耐受性，但仍存在操作盲目性较大、人力和物力消耗大及针对性单一等缺点，故通常将其与其他辅助方法综合使用以高效、稳定地提高微生物抵御环境胁迫的耐受性。

(四) 基于传统代谢工程技术改善微生物鲁棒性

对于代谢网络复杂的微生物，单一代谢途径的改变将会引起细胞全局代谢网络的变化，进而导致突变菌株不能全面满足工业化生产的要求。因此，针对生理生化和遗传背景清楚的微生物，利用基因工程技术实现对特定代谢途径进行目的性修饰、设计与构建，如构建新代谢途径、拓展或削弱已有代谢途径，以提高微生物抵御环境胁迫的能力。

1. 构建新代谢途径合成胁迫抗性物质

通过引入外源抗性基因以改造和修饰代谢网络，使细胞具有合成某种代谢产物的能力，进而改善细胞抵御外界环境胁迫的能力。例如，乳酸乳球菌抗氧胁迫系统中无过氧化氢酶（catalase，CAT），导致 H_2O_2 成为抑制乳酸乳球菌生长性能的主要物质之一，而将编码 CAT 的基因导入乳酸乳球菌可构建抗氧胁迫突变株。类似的，Rochat 将来源于枯草芽孢杆菌的过氧化氢酶基因 *KatE* 表达至乳酸乳球菌 NZ9000 中，可使重组菌株在 4mmol/L H_2O_2 胁迫条件下处理 1h 后，其细胞存活率比对照菌株（不含 *KatE* 基因）提高 800 倍。

2. 拓展已有代谢途径以构建抗胁迫途径

通过基因工程手段引入外源基因，使原有代谢途径进一步向前或向后延伸，从而与相关代谢途径相连，组成完整有效的抗胁迫途径。在酿酒酵母中，γ-谷氨酰半胱氨酸合成酶、谷胱甘肽合成酶、谷胱甘肽还原酶、谷胱甘肽过氧化物酶和 NADPH 的组成依赖于谷胱甘肽（glutathione，GSH）的谷胱甘肽过氧化物酶系统对其生理功能具有不可替代的抗氧化作用。因此，将 GSH 合成代谢途径导入乳酸乳球菌，通过拓展乳酸乳杆菌胞内 GSH 相关代谢途径，构建完整依赖于 GSH 的抗氧胁迫防线，进而有效提高宿主菌株对高剂量 H_2O_2 胁迫（50mmol/L H_2O_2，15min）和甲萘醌胁迫的耐受能力。

3. 削弱或弱化已有代谢途径

通过抑制内源性基因的表达或敲除内源性基因，降低胞内已有代谢途径的流量，进而提高胞内相关抗性物质的含量，实现改善细胞鲁棒性的代谢目标。在酿酒酵母中，海藻糖（trehalose）可为细胞生长提供碳源和能量，且还可有效稳定细胞膜和蛋白质的空间结构，进而协助细胞抵御环境胁迫。例如，Jung 等将基因 *ATH*1 表达至酿酒酵母以降低胞内酸性海藻糖酶的表达，可使突变株在 8% 乙醇胁迫条件下生长速率更快、存活率更高（为对照的 1.5 倍），且其乙醇产量和产率也显著提高。

然而，微生物代谢途径是一个复杂的网络结构，细胞表型与基因之间并非线性对应关系，而细胞对环境胁迫的耐受性受多基因控制，改变细胞耐受性往往涉及胞内多个基因的系统性修饰。因此，由于技术手段的限制，传统代谢工程多集中于局部代谢网络的调控，使其在提高微生物抵御环境胁迫的应用中仍存在诸多问题：①基因的相互依存性可导致基因的表达不一定带来预期的生长特性，甚至对细胞产生负效应；②导入外源途径可打破宿主细胞的代谢平衡，甚至对细胞产生毒害效应，抑制细胞的生长及其生理功能；③环境胁迫所引发的细胞 mRNA、蛋白质、代谢流等响应变化不是孤立存在的，单一的"组学"分析不利于全面理解细胞对环境胁迫的响应。因此，微生物应对外界环境胁迫的耐受与响应过程是一个极其复杂的调控网络，而对其耐受与响应机制的深入解析将是限制传统代谢工程应用的关键因素，进而导致传统代谢工程策略对于改善微生物抵御环境胁迫的能力非常有限。

（五）基于系统代谢工程构建胁迫抗性菌株

随着基因组学、转录组学、蛋白质组学和代谢物组学等高通量技术和计算机模拟分析研究技术的快速发展，将系统生物学理念和代谢工程相结合形成系统代谢工程（systems metabolic engineering），并已被应用于提高微生物鲁棒性及其发酵性能。为此，通过研究所有相关基因、蛋白质间相互关系，结合多尺度多层次的微生物生理功能工程技术，使其代谢改造范围从对细胞内单个或有限数量的基因、蛋白质及代谢产物功能的"局部"性研究，升级到对细胞内全部基因、mRNA、蛋白质、代谢产物进行同时测量分析的"全局"性组学研究。因此，如何利用基于各种组学的系统生物学技术，透彻解析微生物在全局层面上对高渗透压胁迫的响应及其生理机制，将是工业生物过程亟需解决的关键问题之一。为此，为进一步提高微生物细胞鲁棒性，系统代谢工程可通过细胞全局转录机制工程（global transcriptional mechanism engineering，gTME）或逆代谢工程等策略实现。组学技术在进化工程和基因工程构建耐受菌株方面的应用见图8-4。

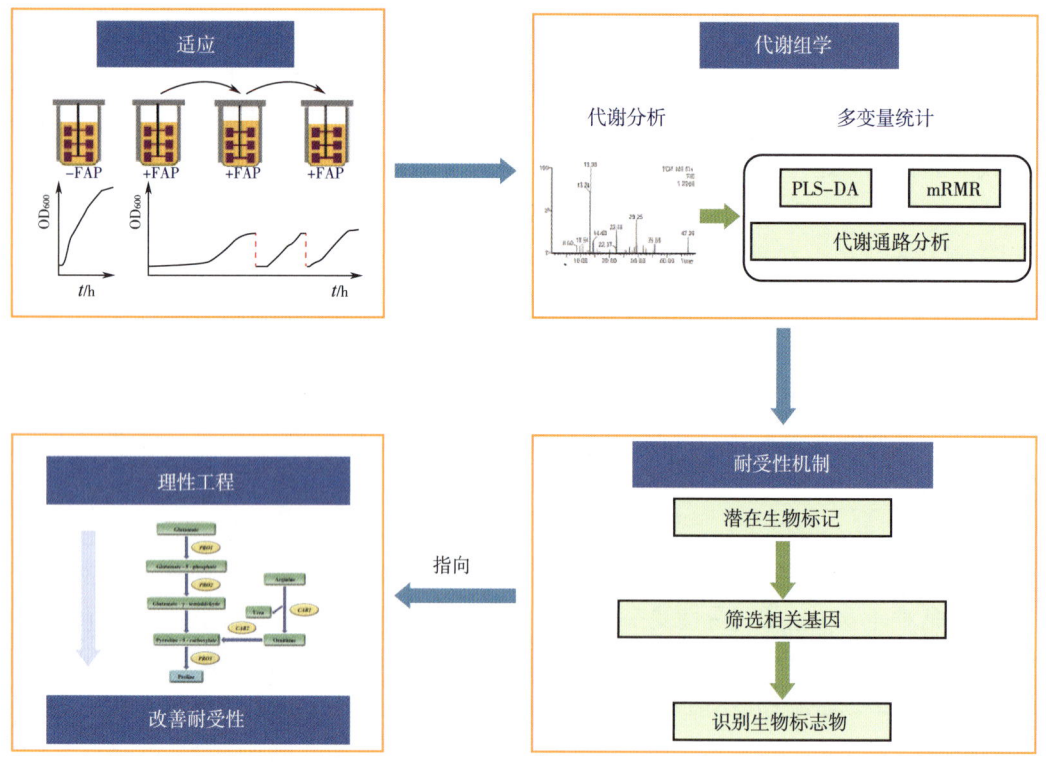

图8-4 组学技术在进化工程和基因工程构建耐受菌株的应用

第八章
代谢工程手段改善发酵微生物胁迫抗性

1. 基于全局转录机制工程定性进化构建胁迫抗性突变株

转录因子（transcription factors，TFs）是一类具有特殊结构、在细胞中执行生物功能的蛋白质分子，通过自己或者与其他的蛋白质形成转录因子复合体，识别、结合和控制基因的表达。2006年，美国麻省理工学院 Stephanopoulos 研究组系统地阐述全局转录机制工程（gTME）理念，即通过易错 PCR（error-prone PCR）或 DNA 改组（DNA shuffling）获得结构改变的转录因子，进而使转录因子与其调控众多基因启动子序列的结合水平发生改变，从而达到从全局水平上调控多个基因转录效率的目的。一般来说，1个转录因子可调控多个基因的转录表达，而通过对转录因子尤其是全局转录因子的随机突变，结合高通量筛选方法，以抗性胁迫为筛选条件，可快速筛选获得抗性提高的突变菌株（图8-5）。与传统随机突变、转座子诱变及适应性进化等方法相比，gTME 可带来基因全局表达的扰动，且不涉及基因组修饰，使宿主表型变化的调控更加简单且容易转移，且 gTME 对各种革兰氏阳性菌与阴性菌、酵母菌等微生物等均具有普适性。此外，由于转录因子可同时影响多基因的变化，为进一步的筛选提供了更多目的性、高效性和准确性，进而为工业微生物育种提供了全新的思路与方法。例如，Jiang 研究组通过调控大肠杆菌中全局转录因子 CRP（调控大肠杆菌中近400个基因的转录），获得耐受氧化压力、耐受渗透胁迫、耐受有机溶剂（甲苯）、耐受醋酸盐类和生物醇（乙醇、丁醇）的突变株。理论上，gTME 中用作改造对象的转录元件有很多，如 H-NS、Hha、β 亚基等，主要包括以下几点。

（1）基于 RNA 聚合酶的全局转录机器工程　在全局转录机器工程研究中，RNA 聚合酶（RNA polymerase，RNAP）是最初被选作突变的改造对象。RNAP 作为转录元件中的关键元件，对 RNAP 的突变可在全局范围内引起众多受控基因转录水平的波动，从而发生基因组的全局转录重排，筛选获得期望的细胞表型。Alper 等对编码 σ^{70} 的 *rpoD* 基因进行易错 PCR 建立近 10^6 的 *rpoD* 基因突变库，结合高通量筛选可同时获得多个不同优良性状的突变株，如乙醇耐受突变株（60g/L）、SDS 耐受突变株、乙醇/SDS 双耐受突变株和高产番茄红素突变株（7000g/L）。类似的，通过对酿酒酵母 RNA 聚合酶Ⅱ转录因子 TAF25 亚基（SPT15）和辅因子（TAF25）的定向改造，可获得一株在6%乙醇条件下生长速率高于对照组13倍的突变株 spt15-300。

（2）基于 CRP 的全局转录机器工程　环磷酸腺苷受体蛋白（cAMP receptor protein，CRP）是一个分子质量为 42ku 的同源二聚体蛋白，在原核生物转录调控中发挥重要作用。在微生物细胞中，以游离形式存在的 CRP 没有调控功能，当与胞内受体分子 cAMP 结合后，其自身构象发生变化而使其功能激活，进而使 CRP-cAMP 复合物可调控胞内约400个基因的转录表达水平。例如，Chong 等通过构建 CRP 随机突变文库，选育获得可在1.2%异丁醇条件下生长良好的突变株，且使选育周期由经定向进化的180d缩短至3~5d。

（3）基于外源转录因子的全局转录机器工程　通常情况下，全局转录策略实施的背景是针对同种亲缘菌株，即选择某一菌株自身的全局转录因子作为突变对象，最终突变因子受体仍为该原始菌株，或是该菌株的（物理诱变、化学诱变等）突变株。然而，实现 gTME 在不同种间的应用，对利用某些生物种群所特有的优势基因（如极端微生物耐受基因) 具有重大意义。例如，Pan 等将来源于耐辐射球菌的全局转录蛋白 IrrE 过量表达至大肠杆菌中，可有效调控宿主细胞中 124 个蛋白的表达水平，进而提高宿主菌株抵御高渗透压、乙醇、酸等胁迫的能力。此外，作为一种非常有效调控细胞内靶基因表达的工具，人工转录因子（artificial transcription factor，ATF）也可被广泛应用于微生物抗逆性的研究。Park 等通过构建含有 3 锌指或 4 锌指蛋白文库，利用 52℃处理 2h 胁迫条件进一步筛选，结果表明野生型酵母的存活率仅有 0.4%，而转化子存活率可高达 10%。近年来，越来越多的研究通过对转录因子功能及其作用机制的解析，进而为改善微生物鲁棒性提供更多、更有效的改造策略。

2. 借鉴反向代谢工程技术构建胁迫抗性突变株

基因组学和功能基因组学的发展，为从全局规模上深刻认识微生物生理和代谢特性提供了工具，从而发展了基于反向代谢工程改善微生物胁迫抗性的工程策略。与经典代谢工程相比，反向代谢工程（inverse metabolic engineering，也称逆代谢工程）则不需要考虑复杂的生物化学反应和代谢调控网络，从已有表型出发，通过比较分析差异表型所涉及的遗传基础，在获得单个或多个关键基因和代谢途径的基础上，借助代谢工程技术实现特定改造并获得新菌株。因此，反向代谢工程可快速实现"表型—基因型—表型"一体化，是进行代谢途径研究及菌株改造的强有力工具，但其主要瓶颈问题是目的表型突变库的构建。

总的来说，反向代谢工程主要分为 3 步（图 8-5）：①采用传统诱变技术、定向工程、全转录工程（gTME）、基因组重排和核糖体工程等方法在异源微生物或相关模型系统中获得预期表型；②采用"组学"技术、人工转录因子工程和文库富集尺度分析等技术确定调控表型的关键遗传基因。其中，"组学"技术只能分析表型对应的基因型，而人工转录因子工程和文库富集尺度分析技术可将获得期望表型和寻找基因型的过程"合二为一"，在创造新基因型的同时较为精准地定位靶基因，且其效果远优于对单个基因操作所达到的水

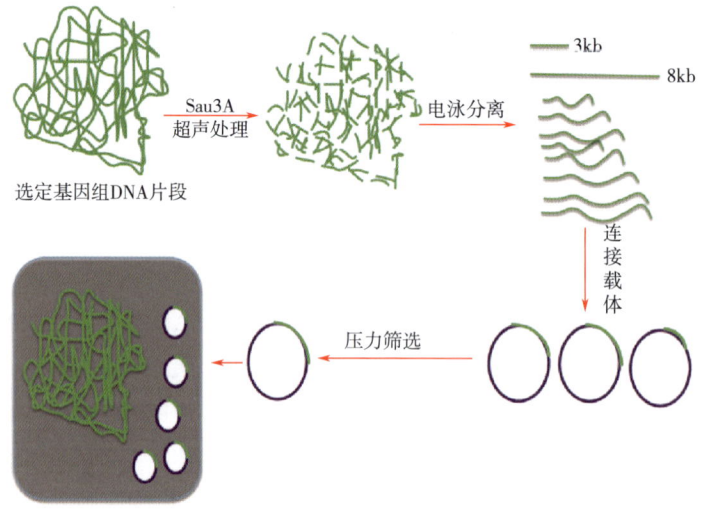

图 8-5 反向代谢工程提高细胞耐受性的流程图

平；③借助代谢工程策略实现微生物特定表型的表达。将鉴定出的目标基因导入特定微生物中，结合高通量筛选方法，使宿主菌株获得理想的表型。目前，反向代谢工程已成功应用于酿酒酵母表型改造中，如 Jin 等通过反向代谢工程鉴别出酿酒酵母 *S. cerevisiae* SC288C 编码耐受乙醇的基因片段 *EN.PK2-1D*，将其转入宿主细胞后可显著提高细胞耐受乙醇的能力。

第二节　代谢工程改造光滑球拟酵母抵御环境胁迫

一、前言

目前，作为发酵法生产丙酮酸的重要工业微生物，光滑球拟酵母（*Candida glabrata*）还被用于工业化生产富马酸、苹果酸、α-酮戊二酸等诸多有机酸。虽经过发酵过程优化和代谢工程改造后，*C. glabrata* 生产有机酸的能力得到大幅度提高，但随着有机酸产量的提高，导致发酵液 pH 降低，而造成的酸胁迫环境进一步限制细胞的生长和丙酮酸的合成。为此，常用的解决策略有：①在培养过程中外源流加少量中和剂，如 NaOH、$CaCO_3$ 等，用以维持发酵体系 pH 始终处于最适范围，但却间接引入高渗胁迫压力，导致细胞活力和丙酮酸积累能力显著下降，且引入的盐离子将增加后续提取过程的复杂程度和成本。目前，为消除高渗透压带来的生产问题，研究人员采用发酵过程与产物在线实时分离耦合技术，从发酵体系中连续分离导致渗透压增加的目标产物，进而有效提高目标产物的生产速率。然而，由于设备构造复杂、能耗较高和杂菌污染等问题，导致产物在线原位移除系统仍无法应用于实际生产中。②采用诱变育种策略筛选强鲁棒性生产菌株，但其工作量大和不定向性等缺点限制该方法的应用。因此，在深入理解微生物抵御外界环境胁迫生理机制的基础上，对微生物进行理性改造而改善细胞鲁棒性，进而有效消除由于目标产物积累等培养环境变化而引起的各种胁迫压力，将是解决发酵过程效能低下的关键因素之一。

二、代谢工程改造光滑球拟酵母抵御渗透压胁迫

目前，针对微生物抵御高渗透压胁迫，相关研究工作主要集中在：①渗透压胁迫对微生物生理功能的影响；②微生物抵御渗透压胁迫的耐受及其响应机制；③调控微生物耐受高渗透压优化发酵过程。然而，在全局层面解析微生物抵御高渗透压胁迫的响应及其耐受机制的研究相对较少，至于如何将调控微生物耐受高渗透压作为技术手段，以优化微生物生理功能，并应用于促进微生物合成目标产物的代谢流最大化和快速化的研究则更少。

（一）精氨酸保护光滑球拟酵母抵御渗透压胁迫的生理机制解析

在高渗胁迫条件下，精氨酸分解途径中尿素羧化酶表达量大幅降低，进而影响胞内精氨酸水平，推测 *C. glabrata* 可能具有在高渗条件下积累精氨酸作为相容性溶质的能力。为此，基于精氨酸对精氨酸缺陷型菌株具有渗透压保护能力，和对精氨酸合成途径中关键酶基因转录水平的测定，选择精氨酸合成途径中两个限制性酶——*N*-乙酰谷氨酸合成酶

（N-acetylglutamate synthetase，NAGS，Arg2p）和 N-乙酰谷氨酸激酶（N-acetylglutamate kinase，NAGK，Arg5p）进行过量表达，以期阐明精氨酸可作为相容性溶质保护 C. glabrata 抵御渗透压胁迫的生理机制及其在促进细胞生长方面的应用。

1. 添加外源精氨酸对菌株抵御高渗胁迫的影响

以菌株 ARG⁺ 为出发菌株，考察外源添加精氨酸对细胞抵御高渗胁迫的影响 [图 8-6 (1)]。在正常培养条件下（860mOsmol/kg），添加低浓度精氨酸并不影响细胞生长，但较高浓度精氨酸（1g/L）却可显著抑制细胞生长性能，降低细胞干重。然而，在高渗条件下，外源添加 0.5g/L 精氨酸可使细胞生长量（稳定期菌体干重）比对照条件（860mOsmol/kg，0g/L 精氨酸）分别提高了 173.7%（2603mOsmol/kg）和 121.4%（3324mOsmol/kg）。

值得注意的是，对于细胞自身不能合成精氨酸的突变菌株 ARG⁻，在正常条件下（860mOsmol/kg），随着精氨酸添加量的增加，菌体比生长速率和耗糖速率加快，导致其菌体干重提高和残糖浓度降低。例如，当精氨酸添加量为 0.3g/L 时，菌体生长量达到最大值，为 10.73g/L。然而，在高渗条件下，添加适量精氨酸（>0.3g/L）可有效提高突变菌株 ARG⁻ 的生长性能，但高浓度精氨酸（>1.3g/L）却抑制细胞的生长 [图 8-6 (2)]。因此，添加适量精氨酸有利于光滑球拟酵母抵御高渗胁迫的能力。

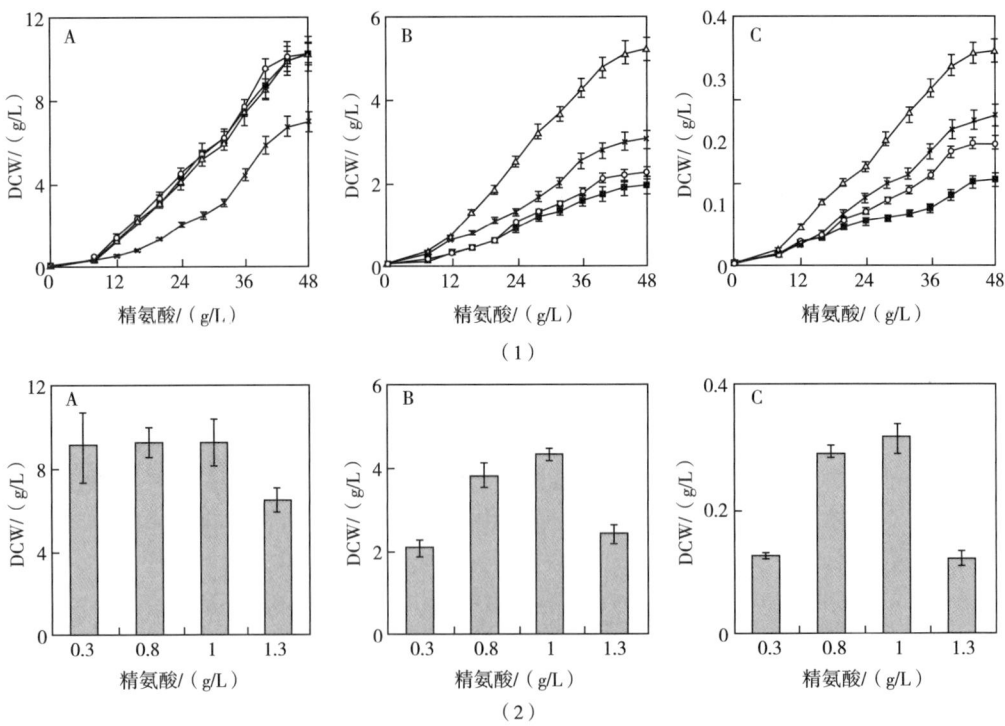

图 8-6 不同浓度精氨酸对不同菌株 C. glabrata ARG⁺（1）和 ARG⁻（2）抵御高渗胁迫的影响
（A，860mOsmol/kg；B，2603mOsmol/kg；C，3324mOsmol/kg）。

第八章 代谢工程手段改善发酵微生物胁迫抗性

2. 高渗胁迫对精氨酸代谢相关基因的影响

为进一步解析胞内精氨酸代谢途径、细胞生长及环境压力间相关性，在转录水平上研究不同渗透压对精氨酸合成途径中关键酶（精氨酸酶、尿素羧化酶、脯氨酸脱氢酶和吡咯啉-5-羧酸还原酶）及其基因转录水平的影响及其变化规律（图8-7）。结果表明，在高渗胁迫条件下，尿素羧化酶等精氨酸分解代谢基因的转录水平随着渗透压胁迫的增强而降低，而精氨酸合成基因的转录水平却随着渗透压的增强而提高。因此，在高渗胁迫条件下，精氨酸分解途径和合成途径的叠加效果可导致胞内积累一定量的精氨酸，进而提高细胞抵御高渗胁迫的能力。

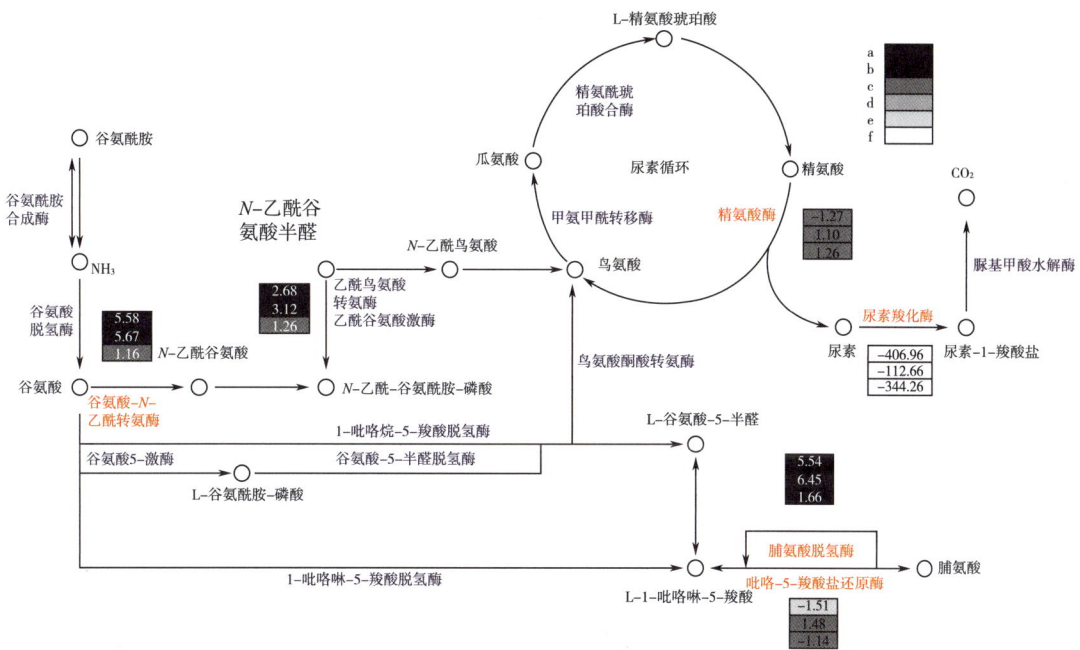

图 8-7 高渗胁迫条件对光滑球拟酵母精氨酸代谢途径中关键基因转录水平的影响

a, 增加>5 倍；b, 增加>2 倍；c, 增加>1.5 倍；d, 无变化；e, 减少>$\frac{1}{3}$；f, 减少>$\frac{4}{5}$

3. 过量表达 *ARG2* 和 *ARG5* 基因对 *C. glabrata* 发酵丙酮酸的影响

为进一步提高细胞合成精氨酸的能力，以菌株 ARG$^+$ 为出发菌株，通过过量表达 *ARG2* 和 *ARG5* 基因，获得工程菌株 ARG^{++}，并考察其对细胞渗透压胁迫耐受能力的影响。结果如图 8-8 所示，与对照菌株 ARG$^+$ 相比，在正常条件下（860mOsmol/kg），工程菌株 ARG^{++} 细胞干重变化较小，使其 DCW 从 9.33g/L 提高至 9.45g/L；但在高渗条件下，工程菌株 ARG^{++} 细胞干重较对照菌株 ARG$^+$ 却分别提高 51.8%（1765mOsmol/kg）和 81.8%（2603mOsmol/kg）。然而，在极端高渗条件下（3324mOsmol/kg），工程菌株 ARG^{++} 细胞干重较对照菌株 ARG$^+$ 无明显变化，其原因可能是极端高渗透压极大削弱正常微生物生理代谢功能，如精氨酸代谢功能。

此外，利用 7L 发酵罐进一步考察精氨酸及其代谢途径对丙酮酸发酵的影响（图 8-

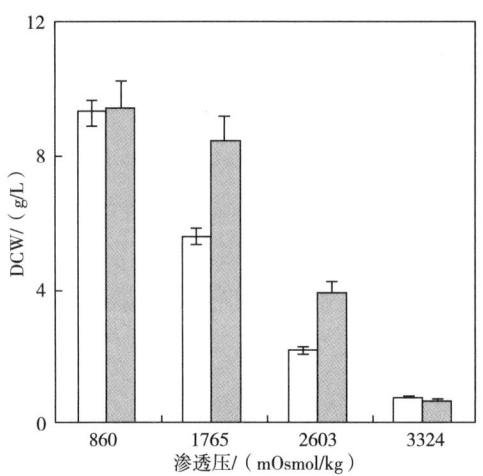

图 8-8　高渗透压、条件对不同菌株 ARG$^+$（白色）和 ARG^{++}（灰色）细胞生长性能的影响

9）。在发酵初始阶段，由于发酵液渗透压较低，工程菌株 ARG^{++} 生长速率略低于出发菌株 ARG$^+$，其原因是菌株 ARG^{++} 消耗部分碳源用于合成精氨酸。然而，随着丙酮酸发酵的进行（36h 后），工程菌株 ARG^{++} 生长速度逐渐增强，使其细胞干重从 9.30g/L（对照菌株 ARG$^+$）提高到 11.40g/L。类似的，在发酵初始阶段，对照菌株 ARG$^+$ 合成丙酮酸的能力略强于工程菌株 ARG^{++}；但在发酵结束时，工程菌株 ARG^{++} 积累丙酮酸的产量却比对照菌株 ARG$^+$ 提高了 9.61%，达到 70.7g/L。

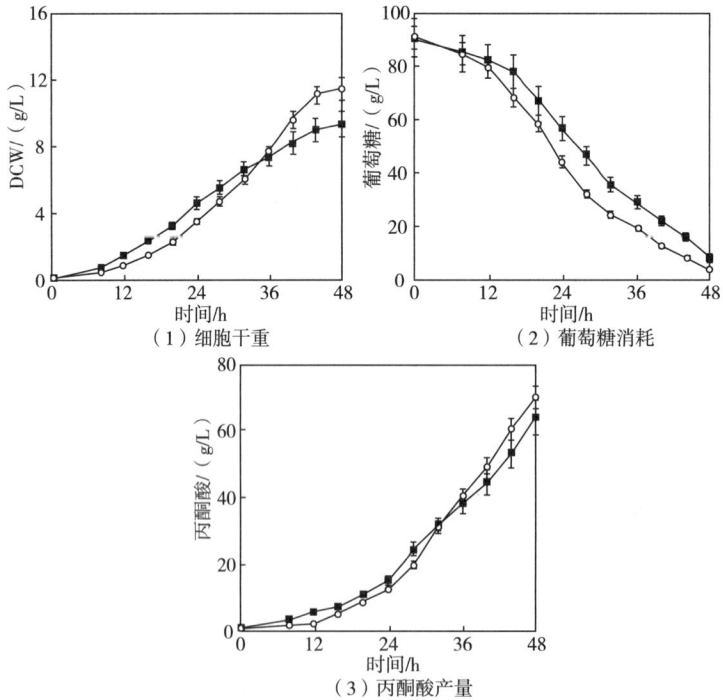

图 8-9　过量表达 ARG2 和 ARG5 基因对 C. glabrata 生长性能（1）及其发酵性能［（2）（3）］的影响
（○，ARG^{++}；■，ARG$^+$）

4. 精氨酸调控微生物细胞抵御环境胁迫的生理机制解析

值得注意的是，精氨酸调控 C. glabrata 抵御高渗胁迫的能力强于脯氨酸，但其对丙酮酸发酵的影响却低于脯氨酸，其原因可能是：①大量积累精氨酸对细胞具有一定的毒害作用，进而导致发酵初始阶段菌体生长缓慢；②精氨酸的合成将分流部分碳流量，导致工程菌株 ARG^{++} 合成丙酮酸的产量虽高于出发菌株 ARG^{+}，但实际效果却不如添加外源脯氨酸的调控策略。因此，基于实验结果和文献挖掘，精氨酸增强 C. glabrata 抵御渗透压胁迫的保护机制为：①作为相容性溶质在胞内积累，可有效维持细胞内外渗透压的平衡。由于精氨酸等碱性氨基酸对细胞具有一定的毒害作用，正常条件下主要积累在液泡中，而在高渗条件下，精氨酸通过存在于液泡膜上的氨基酸转运蛋白（如碱性液泡氨基酸转运蛋白）分泌到胞质中，使胞质渗透压升高以抵御环境胁迫的影响。②精氨酸盐可强化蛋白质结构稳定性。在胞内环境中，特别是在高渗条件下，精氨酸的存在可有效促进胞内蛋白的稳定性。

（二）过量表达 NADH 氧化酶对光滑球拟酵母抵御高渗透压胁迫的影响

在链球菌（Streptococcus）、肠球菌（Enterococcus）、分枝杆菌（Mycobacterium）、甲烷菌（Methanococcus）、明串珠菌（Leuconostoc）和乳杆菌（Lactobacillus）中，NADH 氧化酶（noxE 基因表明）可改变胞内 NADH 含量，进而提高细胞耐受氧胁迫的能力。然而，对 NADH 氧化酶其他重要的生理功能，如加速水合成等，还缺乏深入研究。此外，虽微生物抵御渗透压胁迫的生理机制已被广泛研究，但在微生物胞内表达形成水的酶直接作用于胞内水分活度以抵抗渗透压胁迫的方法尚未有相关文献报道。为此，将源于 L. lactis 的 noxE 基因表达于 C. glabrata CCTCC M202019 中，考察其对细胞抵御渗透压胁迫的影响，以期解析调控胞内水合成途径提高微生物抵御高渗胁迫的生理机制。

1. 过量表达 noxE 基因对 C. glabrata 抵御高渗透压胁迫的影响

将来源于 L. lactis 的 noxE 基因表达于 C. glabrata 构建工程菌株 NOX，研究发现：在正常条件下（203mOsmol/kg），表达基因 noxE 可抑制工程菌株 NOX 的生长性能，使其生长速率低于对照菌 CON。然而，随着渗透压的增加，表达基因 noxE 可有效改善工程菌株 NOX 的生长性能，使其细胞浓度较对照菌株 CON 分别提高了 17.5%（2018mOsmol/kg）、33.2%（2947mOsmol/kg）和 71.8%（3824mOsmol/kg）［图 8-10（1）］。同时，表达基因 noxE 也可有效影响细胞的体积：在高渗条件下（3824mOsmol/kg），工程菌株 NOX 细胞表面没有出现凹洞，但对照菌株 CON 细胞表面凹洞非常明显［图 8-10（2）］。因此，过量表达 NADH 氧化酶可有效改善 C. glabrata 抵御高渗透压胁迫的能力。

2. 过量表达 noxE 对胞内水合成途径的影响

通过考察不同菌株胞内 NADH、NAD$^+$ 及其比例的变化规律，全面解析 NADH 氧化酶改善细胞抵御高渗透压胁迫的生理机制。结果如表 8-2 所示，与对照菌株 CON 相比，工程菌株 NOX 胞内 NADH/NAD$^+$ 水平分别下降 62.6%（203mOsmol/kg）和 57.8%（3824mOsmol/kg），进而提高了胞内水含量，但 NADH/NAD$^+$ 的下降对细胞生长速率并无显著影响。然而，胞内 NADH 水平和 NADH/NAD$^+$ 比例的降低却提高糖酵解途径和三羧

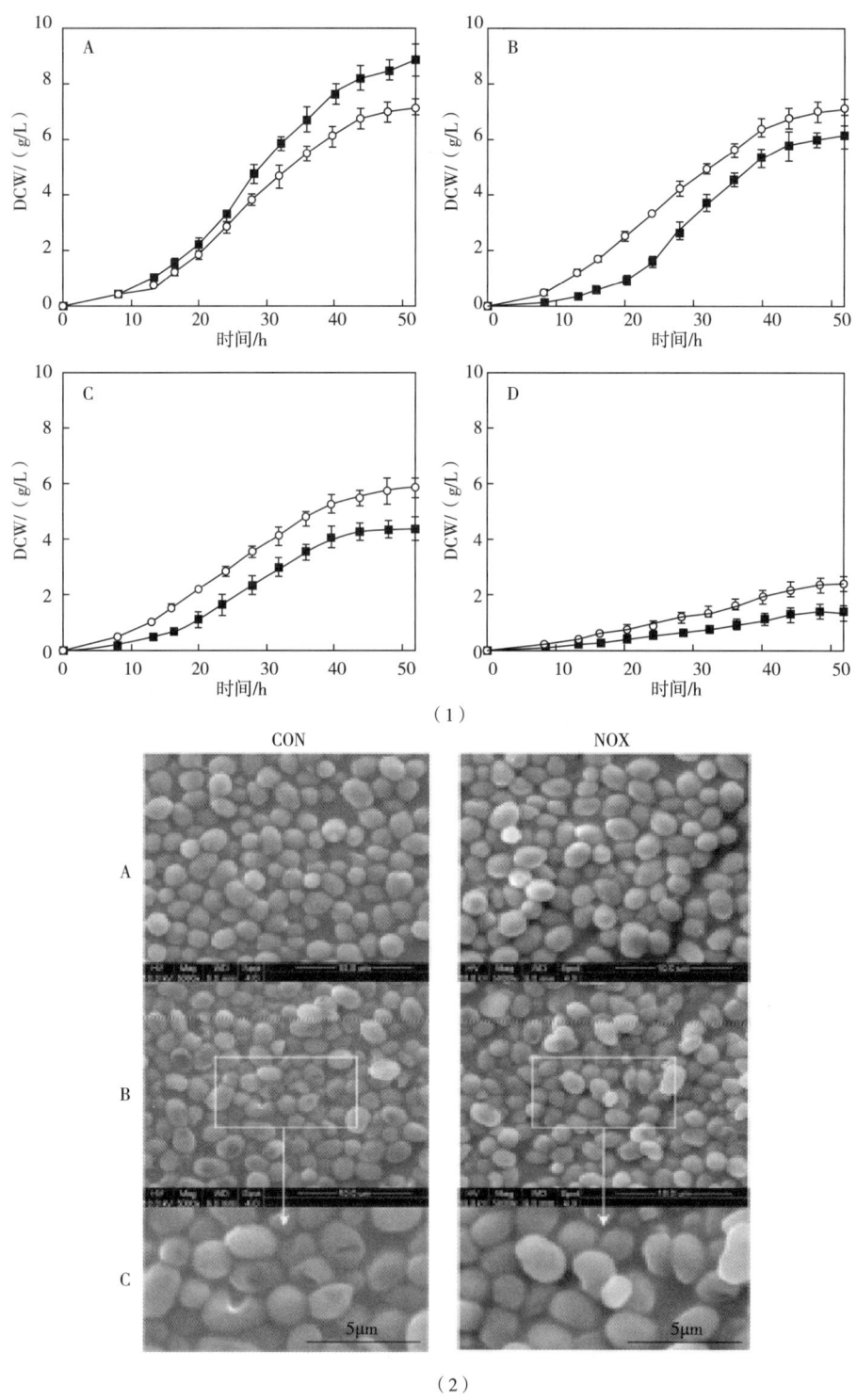

图 8-10 过量表达基因 *noxE* 对细胞抵御渗透压胁迫能力

[（1）●, CON；○, NOX；A, 203mOsmol/kg；B, 2018mOsmol/kg；C, 2947mOsmol/kg；D, 3824mOsmol/kg）] 和细胞形态 [（2）A, 203mOsmol/kg；B, 3824mOsmol/kg；C, 2X of B] 的影响

酸循环等 NADH 依赖途径的代谢通量。因此，与对照菌株 CON 相比，在正常培养条件下（203mOsmol/kg），工程菌株 NOX 胞内己糖激酶、磷酸果糖激酶、丙酮酸激酶等关键酶活分别提高 41.6%、86.7% 和 37.0%；而在高渗透压胁迫条件下（3824mOsmol/kg），工程菌株 NOX 胞内己糖激酶、磷酸果糖激酶和丙酮酸激酶等关键酶活性进一步提高，比对照菌株 CON 分别提高了 50.0%，92.8% 和 66.6%。此外，类似的促进作用也存在于三羧酸循环中（图 8-11）。因此，微生物胞内 NADH 水平和 NADH/NAD^+ 的降低可有效提高糖酵解途径和三羧酸循环的碳代谢流量，且通过合成大量水分子以提高细胞抵抗高渗透压胁迫的能力。

表 8-2　　　　不同菌株细胞生物量及其胞内 NADH/NAD^+ 水平的比较分析

菌株	3824mOsmol/kg		203mOsmol/kg	
	DCW/(g/L)	NADH/NAD^+	DCW/(g/L)	NADH/NAD^+
对照菌株 CON	1.35±0.05	0.45±0.02	8.87±0.08	0.73±0.02
CON+乙醛	1.21±0.06	0.26±0.03	7.84±0.07	0.35±0.03
菌株 WSH-13	1.48±0.07	0.32±0.03	8.23±0.09	0.57±0.01
工程菌株 NOX	2.32±0.03	0.19±0.05	7.19±0.04	0.27±0.02

3. 过量表达 noxE 对菌株发酵性能的影响

借助 7L 发酵罐进一步研究异源表达 NADH 氧化酶对丙酮酸发酵的影响。结果如图 8-12 所示，在丙酮酸发酵过程中，与对照菌株 CON 相比，工程菌株 NOX 的菌体生物量降低了 6.3%，仅为 8.9g/L；但工程菌株 NOX 葡萄糖消耗速率却显著增强，葡萄糖消耗速率提高 12.1%，且其发酵周期从 48h 缩短至 44h。相应地，工程菌株 NOX 合成丙酮酸的产量从 63.8g/L 增加到 72.3g/L，提高了 13.3%，且丙酮酸生产强度和产率也分别提高 23.6% 和 10.3%。因此，过量表达 NADH 氧化酶虽然略微降低细胞的生长性能，但却有效改善 C. glabrata 的发酵性能，显著提高丙酮酸的生产效率。

综上所述，为维持胞内氧化还原平衡，表达 noxE 基因可强化胞内 NADH 形成途径，如糖酵解和三羧酸循环等，改善细胞生长性能，进而提高细胞合成丙酮酸的产量和生产效率。其主要原因在于：①表达 NADH 氧化酶可有效再生 NAD^+，降低 ATP 合成，进而提高糖酵解速率；②表达 NADH 氧化酶可降低 NADH/NAD^+ 比例，增加糖酵解途径中关键酶活性，强化糖酵解途径和三羧酸循环的碳代谢通量，并通过形成大量 NADH 以维持细胞氧化还原平衡，最终形成更多胞内活性水，进而增加胞内水含量而提高细胞抵御环境高渗胁迫的能力。

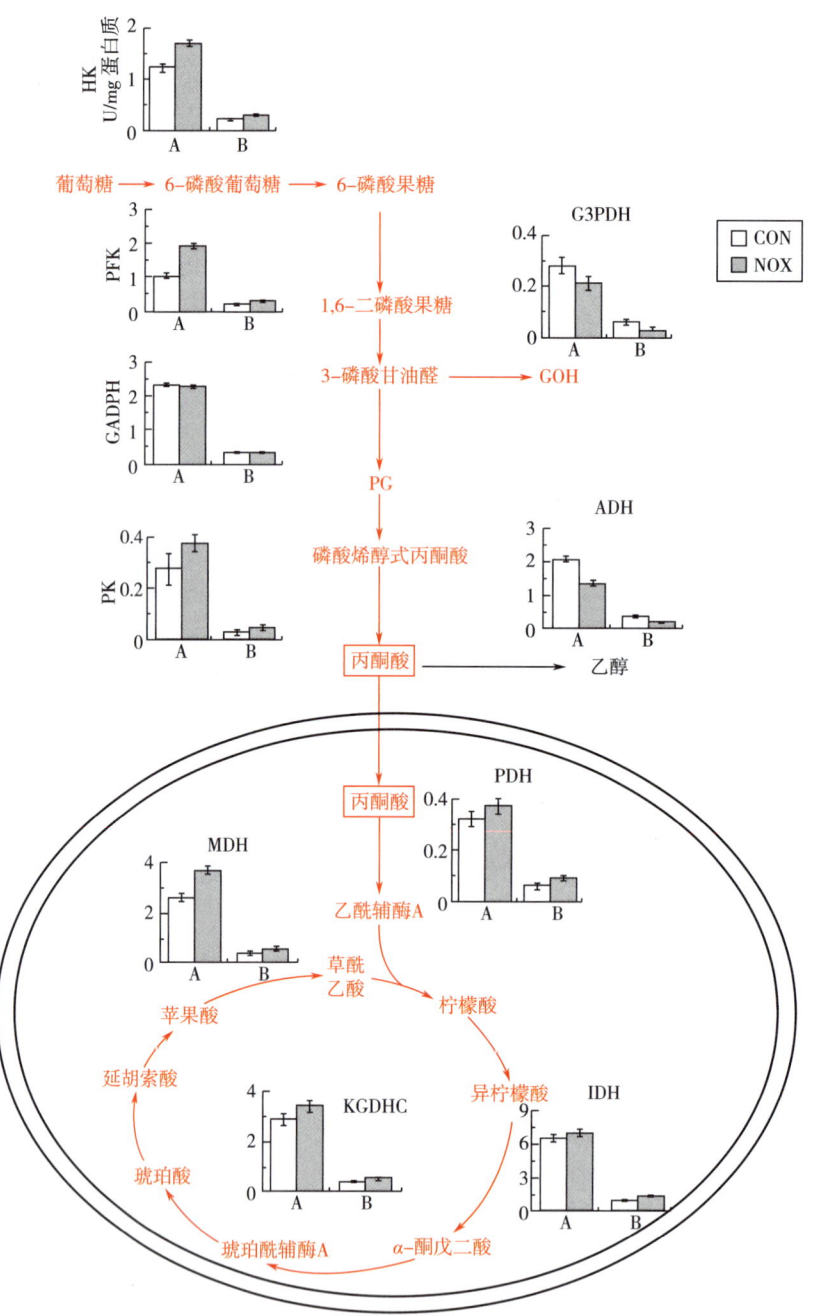

图 8-11 不同渗透压胁迫对不同菌株胞内关键酶活性的影响

A,203mOsmol/kg;B,3824mOsmol/kg

MDH:苹果酸脱氢酶;IDH:异柠檬酸脱氢酶;PDH:吡喃糖脱氢酶;
ADE:腺嘌呤脱氢酶;G3PDH:3-磷酸甘油醛脱氢酶;GOH:甘油

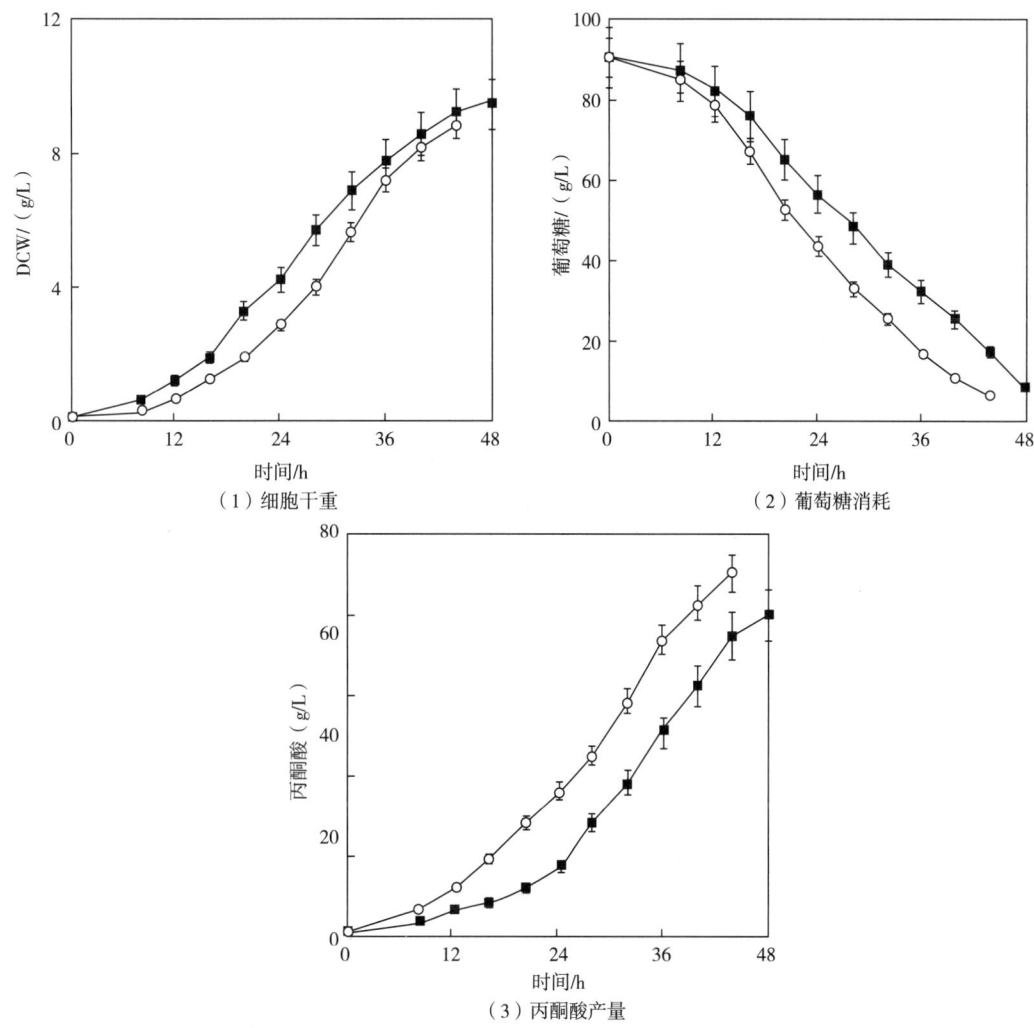

图 8-12 过量表达 *noxE* 基因对细胞生长性能 (1) 及其发酵性能 [(2)(3)] 的影响
(○, NOX; ■, CON)

三、代谢工程改造光滑球拟酵母抵御高盐胁迫

(一) 高盐胁迫对 *C. glabrata* 生长性能的影响

借助摇瓶培养方法考察不同 NaCl 浓度 (0~70g/L) 对酵母细胞生长性能的影响。结果如图 8-13 所示,与对照组 (0g/L) 相比,低浓度 NaCl (18g/L) 对细胞生长影响较小,使其生物量仅降低 16%;但当 NaCl 浓度提高至 70g/L 时,高盐胁迫则显著抑制细胞的生长性能,使其生物量降低了 79%,仅为 3.2g/L。

(二) 高盐胁迫对 *C. glabrata* 细胞活性的影响

首先,为验证检测 *C. glabrata* 细胞活性方法的可靠性,将新鲜细胞 (培养 24h) 样品

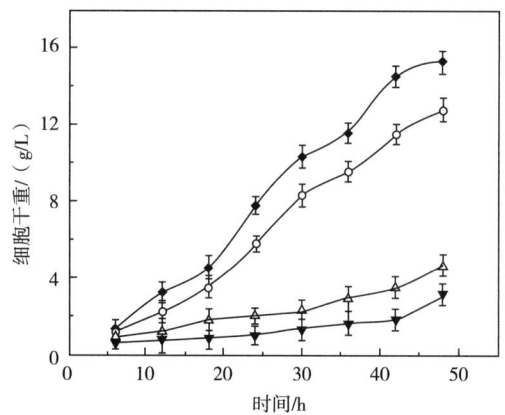

图 8-13 摇瓶培养法考察不同 NaCl 浓度对细胞生长性能的影响
◆, 0g/L NaCl; ○, 18g/L NaCl; △, 50g/L NaCl; ▼, 70g/L NaCl

使用碘化丙啶（propidium iodide, PI）单染法测得活细胞率为 98.98%，而使用罗丹明/碘化丙啶（rhodamine123/PI, Rh123/PI）双染法测得完整性细胞率为 96.62%（图 8-14 中 A, D, G 和 J 的 R2）。此外，当新鲜细胞样品沸水处理 10min 后，PI 单染法测得坏死性细胞率为 99.29%，Rh123/PI 双染法测得坏死性细胞率为 95.69%（图 8-14 中 B, E, H 和 K 的 R1）。然而，当各取上述 50% 新鲜细胞和 50% 热处理细胞混合时，PI 单染法测得活细胞率和坏死性细胞率分别为 51.40% 和 48.54%，Rh123/PI 双染法测得完整性细胞率和坏死性细胞率分别为 49.04% 和 49.05%（图 8-14 中 C, F, I 和 L 的 R1 和 R2）。因此，结果表明 PI 单染法或 Rh123/PI 双染法结合流式细胞仪在检测细胞活性方面均具有一定可行性。

为此，采用 PI 单染法和 Rh123/PI 双染法进一步考察高盐胁迫（70g/L NaCl）对丙酮酸发酵过程中 C. glabrata 细胞活性的影响。当发酵进行至 24h 时，PI 单染法结合流式细胞仪显示：87.83% 细胞仍是活细胞（图 8-14 中 M 和 O）；而 Rh123/PI 双染法显示：78.94% 为完整性细胞，8.25% 为凋亡细胞和 12.72% 为坏死性细胞（图 8-14 中 N 和 P）。因此，Rh123/PI 双染法在检测高盐胁迫下 C. glabrata 细胞活性具有一定的可靠性，且更在区分发酵过程中完整性细胞、凋亡细胞和坏死性细胞等方面实现了可行性。

（三）高盐胁迫对 C. glabrata 发酵性能的影响

发酵结果如图 8-15 所示，当培养基中渗透压从 987mOsmol/kg 增加至 2518mOsmol/kg 时，活细胞率下降了 16.5%，而坏死性细胞率却增加了近两倍，为 25.71%。与对照组（0g/L NaCl）相比，高浓度 NaCl（70g/L）可显著抑制 C. glabrata 的生长性能和发酵性能，使其 DCW（3.1g/L）、丙酮酸产量（2.5g/L）和葡萄糖消耗量（17.9g/L）分别降低了 79.7%、93.1% 和 77.6%。值得注意的是，在正常发酵条件下，坏死性细胞率随发酵时间的延长而提高了 23 倍（从 0.52% 提高至 12.51%），且丙酮酸比合成速率和葡萄糖比耗糖速率分别从 $0.25h^{-1}$ 和 $0.87h^{-1}$ 降至 $0.08h^{-1}$ 和 $0.07h^{-1}$，表明随着丙酮酸发酵的进行，产物

第八章
代谢工程手段改善发酵微生物胁迫抗性

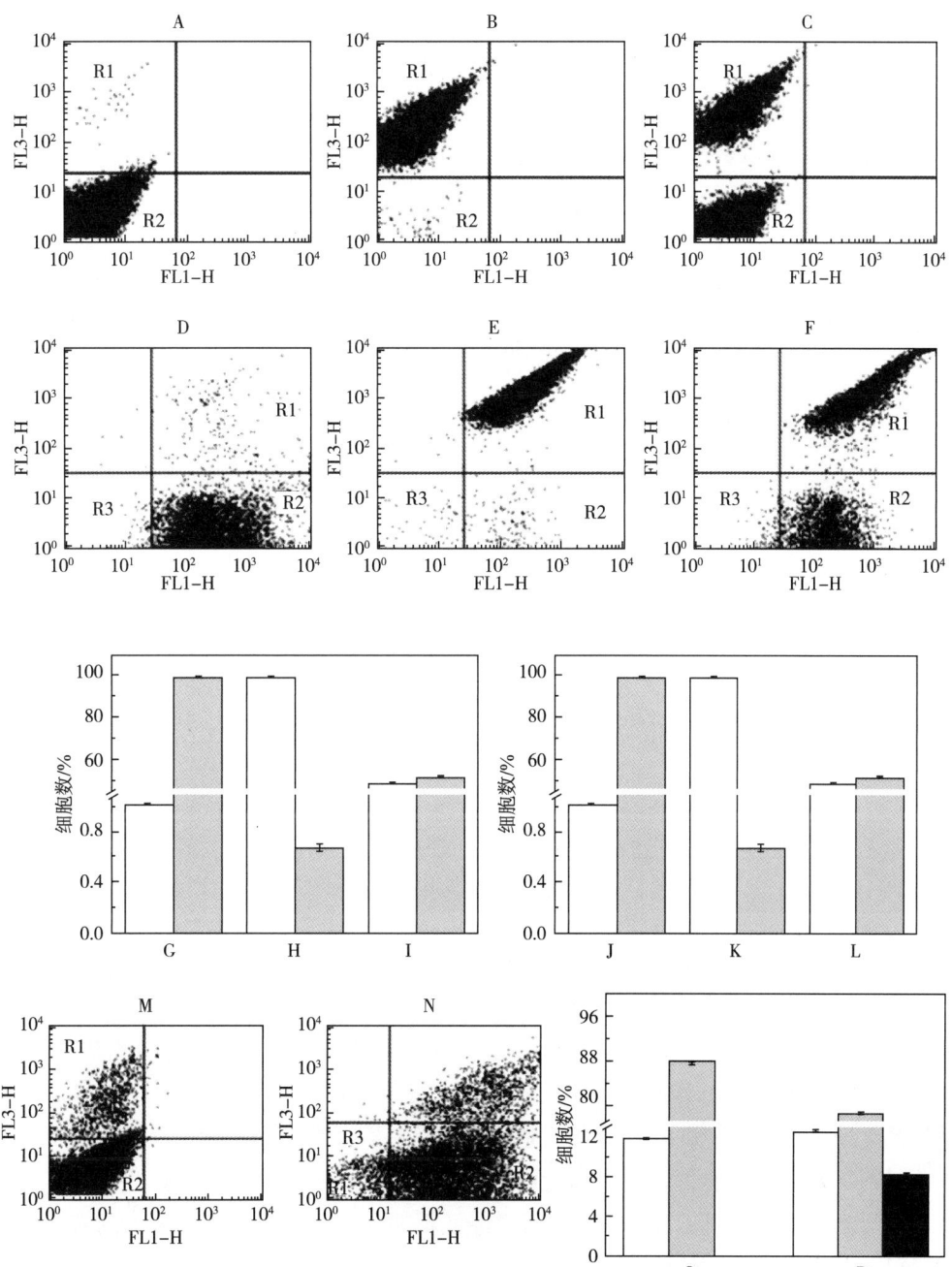

图 8-14 流式细胞仪检测高盐胁迫下细胞活性

(A、D、G 和 J：未处理的细胞；B、E、H 和 K：热激处理后的细胞；C、F、I 和 L：
混合细胞（50% 未处理和 50% 热激处理）；M、N、O 和 P：高盐条件处理后的细胞；

FL1-H，细胞自动荧光（A、B、C 和 M）；FL1-H，Rh123 染色（D、E、F 和 N）；FL3-H，PI 染色。

■，R1，表示死细胞（A、B、C、G、H、I、M 和 O）；□，R2，代表活细胞（A、B、C、G、H、I、M 和 O）。

■，R1，代表坏死细胞（D、E、F、J、K、L、N 和 P）；□，R2，代表完整细胞（D、E、F、J、K、L、N 和 P）；

▨，R3，代表凋亡细胞（D、E、F、J、K、L、N 和 P）

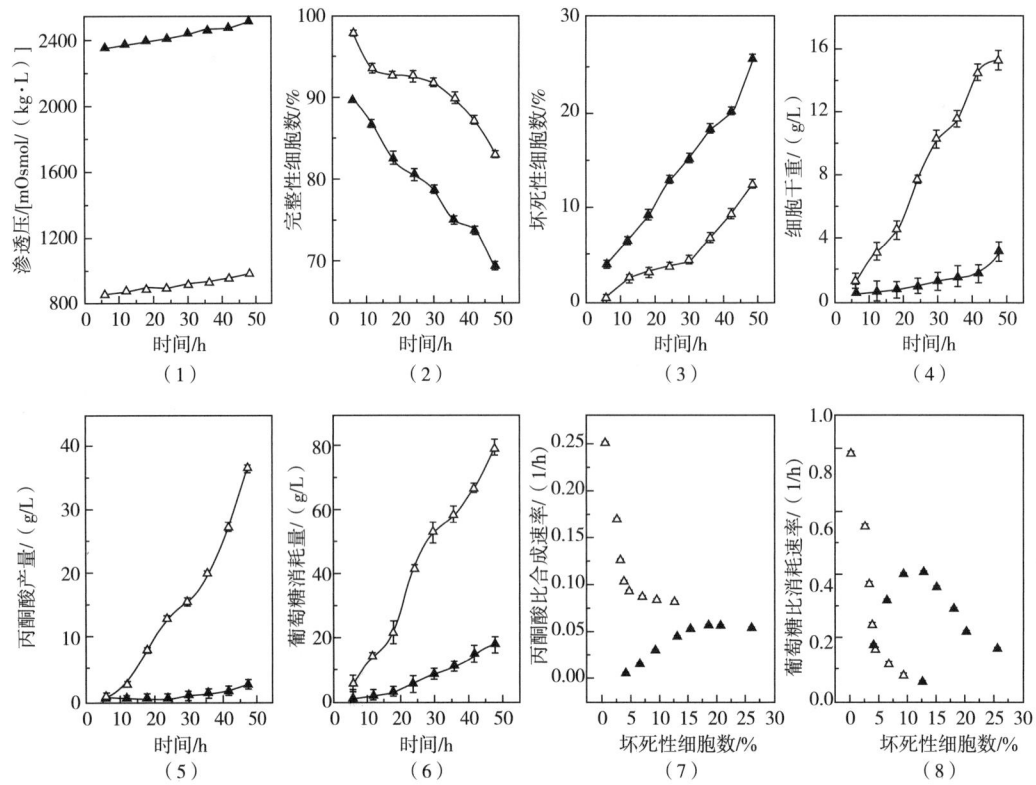

图 8-15 高盐胁迫对完整性细胞、坏死性细胞、细胞生长、丙酮酸产量和葡萄糖消耗的影响
△，对照组；▲，70g/L NaCl

浓度胁迫可显著增加坏死性细胞数，进而降低菌株发酵效率。

然而，在高盐胁迫下，当发酵进行至 24h 时，坏死性细胞率增加了 3 倍（从 4.02% 到 15.22%），但其丙酮酸比合成速率和葡萄糖比消耗速率却分别从 $0.003h^{-1}$ 和 $0.2h^{-1}$ 上升至 $0.05h^{-1}$ 和 $0.46h^{-1}$。总体而言，丙酮酸比合成速率明显低于对照组（0g/L NaCl），而葡萄糖比消耗速率在发酵中后期时却高于对照组，其原因可能是：部分 *C. glabrata* 细胞对高盐胁迫具有一定的耐受能力，且在高盐胁迫下 *C. glabrata* 所消耗的葡萄糖主要用于维持细胞生长，导致高盐胁迫对 *C. glabrata* 存活率降低不明显。然而，当发酵起始就存在高盐胁迫时，可显著降低细胞生长性能或细胞直接死亡，导致高盐胁迫下细胞发酵效率明显低于对照组。

(四) 高盐胁迫加速 *C. glabrata* 细胞凋亡的生理机制解析

1. 高盐胁迫对 *C. glabrata* 胞内活性氧和半胱氨酸蛋白酶-3 的影响

为解析高盐胁迫加速细胞凋亡的生理机制，在不同高盐胁迫（70g/L NaCl）时间（6、12、24、36 和 48h）条件下，利用 H_2DCFDA 考察细胞是否产生 ROS 及其变化规律。结果如图 8-16 所示：当细胞在含有 70g/L NaCl 培养基中培养 6h 时，细胞出现明显绿色荧光，

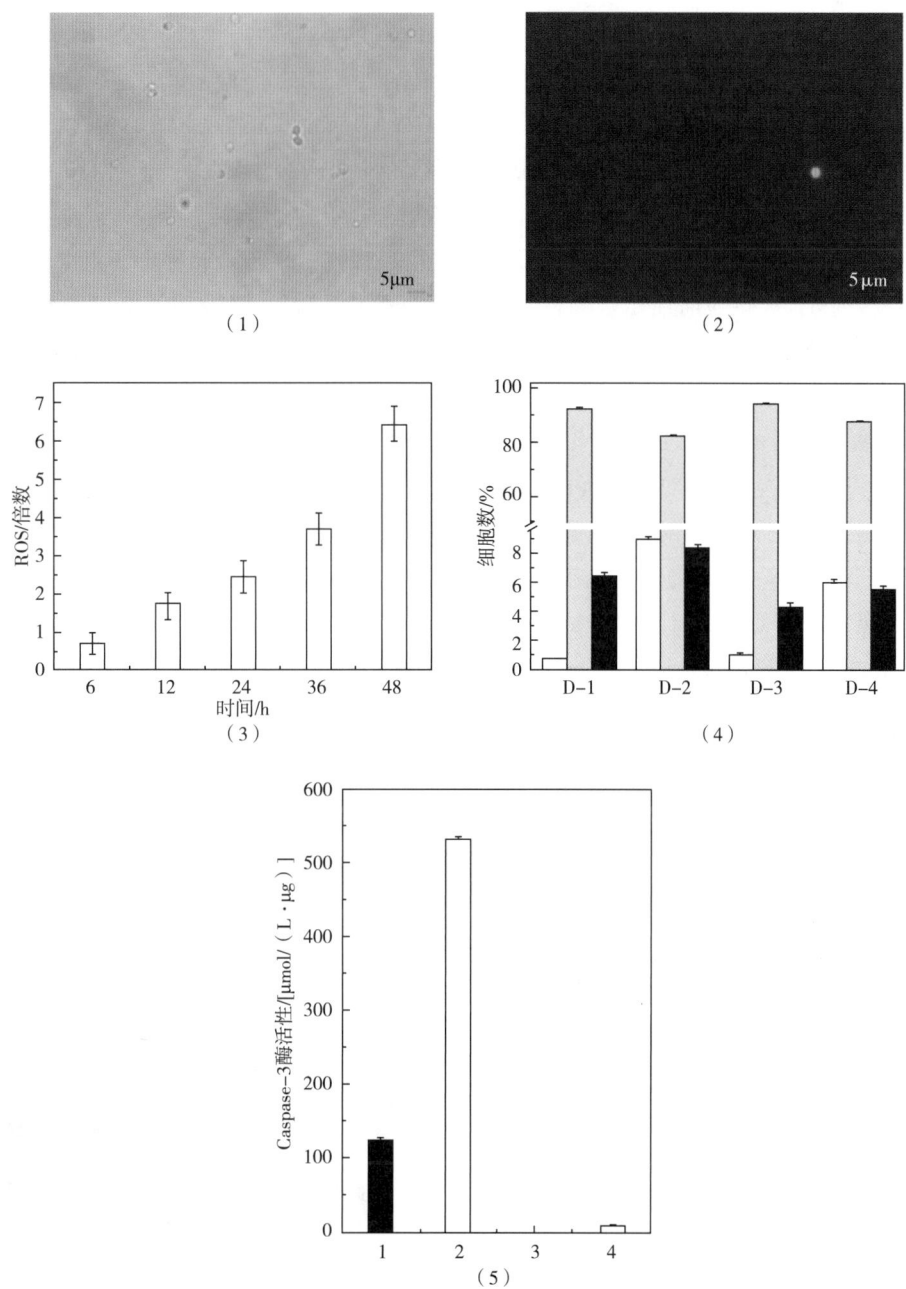

图 8-16 高盐胁迫对 *C. glabrata* 的 ROS 和 Caspase-3 酶活性影响

(1) 和 (2) 高盐胁迫 6h 后利用 H₂DCFDA 检测胞内 ROS 产生情况；(3) 不同高盐胁迫时间对胞内 ROS 水平的影响；(4) Rh123 和 PI 荧光染色双参数柱形图（D-1 和 D-3，正常条件；D-2 和 D-4，高盐胁迫 24h；D-1 和 D-2 表示未经 Z-VAD-fmk 处理；D-3 和 D-4 表示经 Z-VAD-fmk 处理后的细胞。■，代表坏死细胞；□，代表完整细胞；▨，代表凋亡细胞）；(5) caspase-3 的酶活性：1 和 2，分别代表未经 Z-VAD-fmk 处理的对照细胞和高盐胁迫下的细胞；3 和 4 分别代表经 Z-VAD-fmk 处理的对照细胞和高盐胁迫下的细胞。
■，正常生长条件下的对照细胞；□，高盐胁迫下的细胞

表面胞内 ROS 已经产生，且其水平随高盐胁迫时间的增加而升高；当培养至 48h 时，胞内 ROS 水平达到最高，其含量为对照组（0g/L NaCl）的 6.45 倍。同时，利用 caspase 广谱抑制剂 Z-VAD-fmk 进一步研究细胞凋亡过程是否与 caspase 参与相关。结果如图 8-16 （2）和（3）所示：在正常培养条件下，加入 Z-VAD-fmk 可使 C. glabrata 完整性细胞比例从 92.73% 上升到 94.50%，而凋亡细胞比例从 6.44% 下降到 4.39%。类似的，在高盐胁迫条件下，加入 Z-VAD-fmk 也可显著提高完整性细胞比例，使其从 82.04% 提高至 87.87%，而凋亡细胞比例相应地从 8.50% 下降至 5.59%。此外，随着抑制剂 Z-VAD-fmk 的添加，胞内 caspase-3 活性显著降低，使其酶活性从 529.8μmol/(L·μg) 降低至为 0。因此，高盐胁迫可增加胞内 ROS 水平，激活 caspase 途径，进而加快 C. glabrata 细胞的凋亡进程。

2. 高盐胁迫对胞内 ATP 和蛋白质羰基化水平影响

同时，通过测定胞内 ATP 和蛋白质羰基化水平以进一步解析高盐胁迫加速细胞凋亡的生理机制。与对照条件相比，高盐胁迫可使胞内 ATP 水平降低 59%，但却不能调控胞内 ADP 水平 [图 8-17（1）]。与之相反，高盐胁迫可显著提高胞内蛋白质羰基化水平，使其较对照条件分别提高 148%（6h）、71%（12h）、99%（24h）、70%（36h）和 58%（48h）。此外，随着高盐胁迫时间的延长，其胞内蛋白质羰基化水平也显著增加，比胁迫 6h 时分别增加了 35%（12h）、186%（24h）、323%（36h）和 628%（48h）[图 8-17（2）]。因此，高盐胁迫可降低细胞合成 ATP 水平的能力，但却增加胞内蛋白质羰基化水平，进而提高胞内 ROS 的积累，降低细胞活性，加速细胞的凋亡过程。

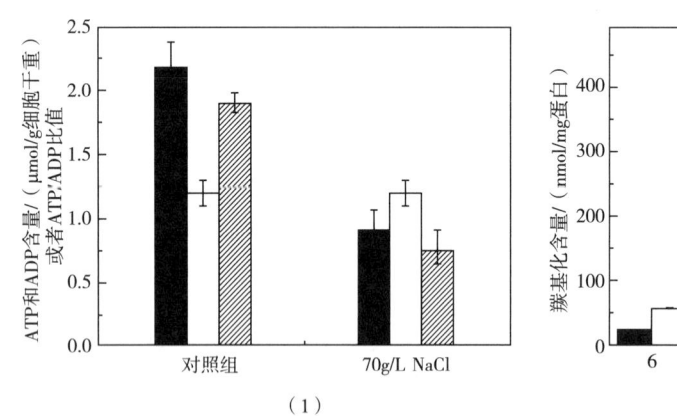
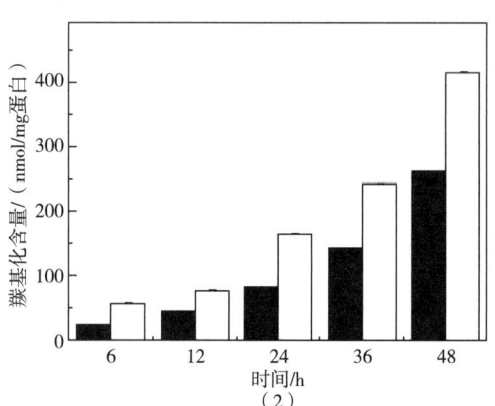

图 8-17 高盐胁迫对胞内 ATP 和蛋白质羰基化水平的影响

（1）■，ATP；□，ADP；▨，ATP/ADP；（2）■，对照条件；□，高渗条件

3. 高盐胁迫对胞内凋亡基因表达的影响

基于生物信息学，利用 RT-PCR 技术检测高盐胁迫对细胞凋亡调控蛋白相关基因（*YCA1*、*NMA111*、*FIS1*、*NUC1* 和 *NDI1*、*SOD1* 和 *SOD2*）转录水平的影响。结果如图 8-18 所示：与对照组相比，高盐胁迫可显著抑制胞内 *FIS1*、*SOD1* 和 *SOD2* 等基因的表达，

使其相对转录水平分别降低了65.7%、70.6%和66.7%；而高盐胁迫却对 *YCA1*、*NMA111*、*NUC1* 和 *NDI1* 等基因的转录水平无显著影响。因此，基因 *FIS1*，*SOD1* 和 *SOD2* 转录水平的降低可能与高盐胁迫下细胞活性降低密切相关，且增强 *FIS1*，*SOD1* 和 *SOD2* 等基因的表达水平可能有利于维持细胞正常生理活动，进而提高细胞抵御高盐胁迫的能力。

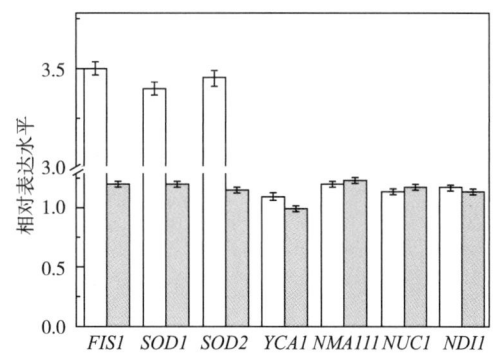

图8-18　高盐胁迫对 *C. glabrata* 相关凋亡基因的影响

(□正常条件；▨高盐胁迫条件)

（五）代谢工程策略改善 *C. glabrata* 抵御高盐胁迫的能力

基于细胞凋亡的生理机制，将基因 *FIS1*、*HOG1*、*GPD2* 和 *YCA1* 过量表达至 *C. glabrata* 中，并考察其对细胞抵御高盐胁迫能力及其发酵性能的影响。结果如图8-19所示，与对照菌株 Cg-26 相比，过量表达 *FIS1*、*HOG1* 和 *GPD2* 均可提高丙酮酸发酵过程中活细胞数量、细胞干重及葡萄糖消耗量，但却显著降低丙酮酸产量。其中，过量表达 *GPD2* 对细胞生理功能影响最为显著，可使活细胞数、细胞干重和葡萄糖消耗量分别提高1.24倍、2.98倍和1.41倍，但却使丙酮酸产量降低了28%。值得注意的是，过量表达 *YCA1* 不仅使活细胞数、细胞干重和葡萄糖消耗量分别下降15%、57%和71.7%，且使宿主细胞丧失合成丙酮酸的能力。因此，过量表达 *FIS1*、*HOG1* 和 *GPD2* 可促使细胞利用更多底物葡萄糖以维持细胞生长，进而提高 *C. glabrata* 抵御高盐胁迫诱发细胞凋亡的能力，但却降低细胞合成丙酮酸的能力。

此外，通过考察不同工程菌株胞内ROS和caspase-3的变化情况，以期解析调控凋亡蛋白改善细胞抵御高盐胁迫的生理机制。结果如图8-20（1）所示，当高盐胁迫下发酵至24h时，过量表达 *HOG1*、*FIS1*、*GPD2* 和 *YCA1* 等基因可使工程菌株胞内ROS水平分别为对照菌株Cg-26的75%、71%、65%和181%。此外，与对照菌株Cg-26相比，过量表达 *FIS1*、*HOG1*、*GPD2* 等基因可使工程菌株胞内caspase-3酶活性水平分别下降了69.8%、67.6%和72.7%，但过量表达 *YCA1* 却使工程菌株胞内caspase-3酶活性水平增加了40.6%。因此，过量表达 *HOG1*、*FIS1* 和 *GPD2* 可显著降低工程菌株胞内ROS和caspase-3酶活性水平，但过量表达 *YCA1* 却能有效提高菌株胞内ROS和caspase-3酶活性水平，其原因可能是过量表达 *YCA1* 可使胞内metacaspase蛋白量增加，激活caspase级联反应，进而提高了胞内ROS和caspase-3酶活性水平。

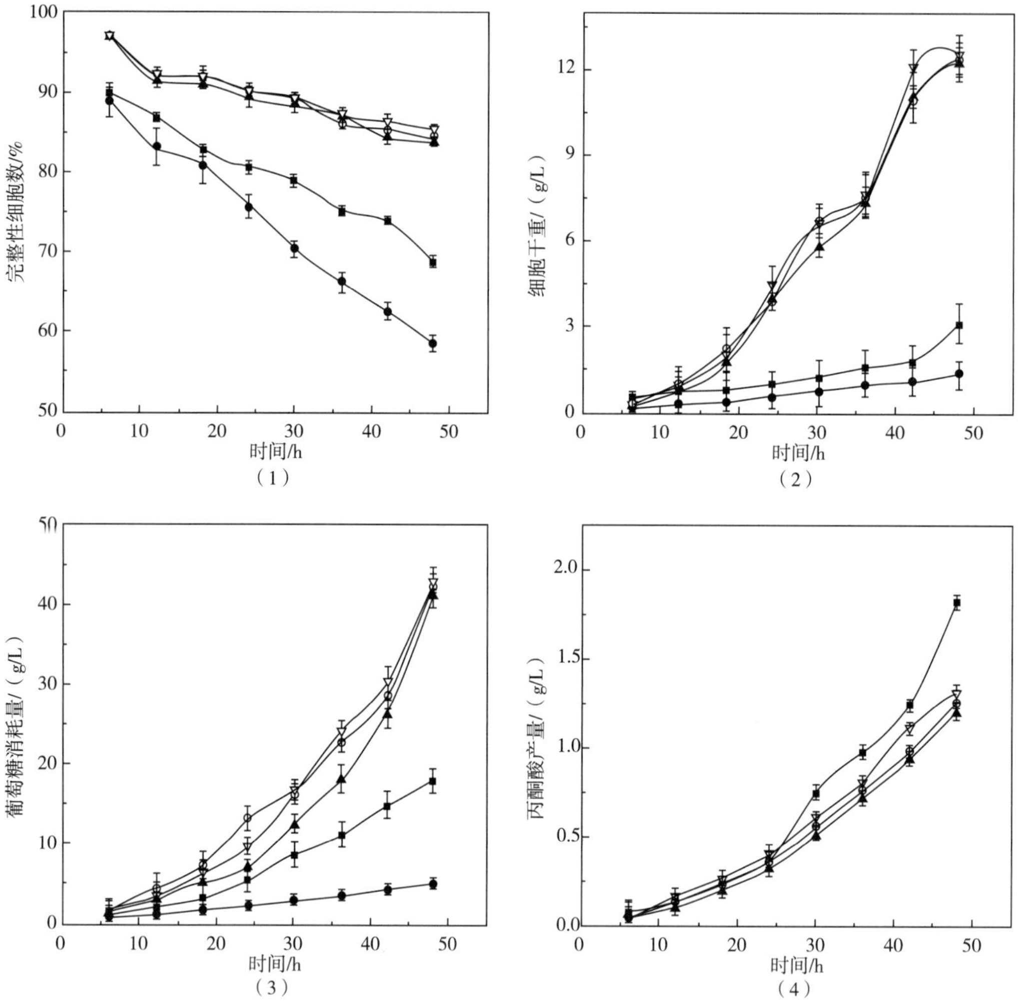

图 8-19 代谢工程策略对 *C. glabrata* 丙酮酸发酵的影响

○，*FIS1*；▲，*HOG1*；▽，*GPD2*；●，*YCA1*；■，Cg-26

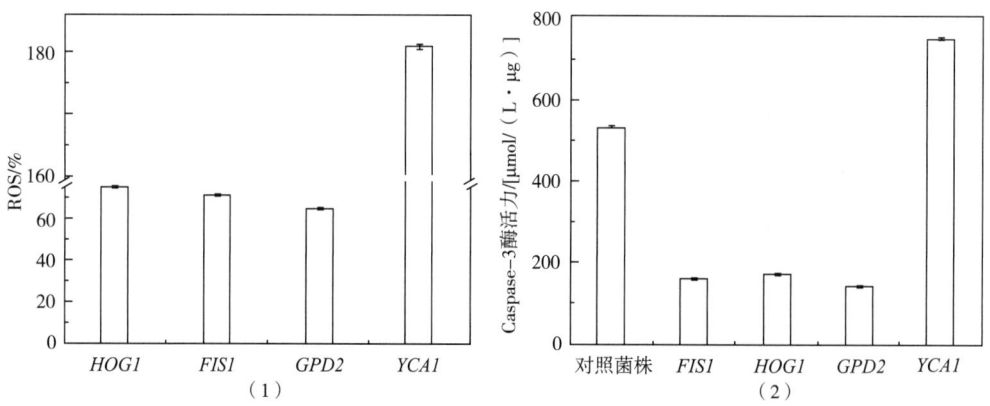

图 8-20 不同代谢工程策略对胞内 ROS（1）和 Caspase-3 酶活性（2）的影响

四、代谢工程策略改善光滑球拟酵母抵御酸胁迫的能力及其机制解析

近年来,对有机酸耐受机制的解析不仅局限于细胞组分、结构及生理等水平层次,而基于转录因子功能及其作用机制已成为研究微生物耐受性的研究热点和主要方向。例如,Fernandes 等研究发现转录因子 $Haa1p$ 是酿酒酵母快速适应酸性条件的关键因子之一,可调控多个靶基因,包括编码质膜多药物转运蛋白的 $TPO2$ 和 $TPO3$ 以及编码细胞壁糖蛋白的基因 $YGP1$。然而,与酿酒酵母相比,光滑球拟酵母抵御酸胁迫的相关研究尚未广泛开展。例如,Bairwa 通过对 GPI 锚定天冬氨酰蛋白酶研究,发现光滑球拟酵母可通过 $CgYps1$ 调节膜质子泵 $CgPma1$ 活性以提高适应酸胁迫的能力。为此,鉴于转录因子在酸胁迫转录应答反应中的重要作用,通过与酿酒酵母中胁迫相关转录因子的 BLAST 比对分析,分别筛选并解析了转录因子 $Asg1p$ 和 $Hal9p$ 调控光滑球拟酵母抵御酸胁迫的生理机制。

(一)缺失 $CgASG1$ 基因对光滑球拟酵母酸耐受性的生理机制解析

1. 缺失 $CgASG1$ 基因对光滑球拟酵母抵御酸胁迫的影响

以 C. glabrata ATCC 2001(WT)为出发菌株,利用同源重组技术构建 $CgASG1$ 基因缺失突变菌株 $Cgasg1$D 及其回补菌株 $Cgasg1$D/$CgASG1$,并考察其对细胞抵御酸胁迫的影响。结果如图 8-21 所示:①发酵至 24h,当 pH 从 5.2 降低到 3.0 和 2.0 时,野生型菌株 WT 生长量分别降低了 34% 和 90%,而突变菌株 $Cgasg1$D 则分别降低 41% 和 100%;②与培养 12h 时相比,在 pH 2.0 条件下,野生型菌株 WT 细胞生长量比 0h 时增加 20 倍,而突变菌株 $Cgasg1$D 则降低了 90%。因此,缺失基因 $CgASG1$ 可有效抑制 C. glabrata 的生长性能,进而降低宿主细胞抵御酸胁迫的能力。

2. 缺失 $CgASG1$ 基因对光滑球拟酵母胞内微环境的影响

在不同 pH 条件下,通过考察突变菌株 $Cgasg1$D 胞内微环境 [H^+-ATPase 活性、pH_{in} (internal pH,胞内 pH)、ROS 含量] 的变化,进一步解析转录因子 $CgASG1$ 调控细胞抵御酸胁迫的生理机制(图 8-22)。当 pH 从 5.2 降低至 2.0,野生型菌株 WT 通过提高 H^+-ATPase 活性(增加了 8%),增加胞内质子转运能力以维持胞内 pH 稳态;而突变菌株 $Cgasg1$D 中 H^+-ATPase 活性则降低了 10%,但回补菌株 $Cgasg1$D/$CgASG1$ 却与野生型菌株 WT 中 H^+-ATPase 活性相当 [图 8-22(1)]。同时,借助 qRT-PCR 技术检测 $CgPMA1$ 的 mRNA 水平,发现:发酵液 pH 降低至 2.0 时,WT 胞内 $CgPMA1$ 转录水平增加了 0.5 倍,而突变菌株 $Cgasg1$D 胞内 $CgPMA1$ 的转录水平却增加了 13 倍 [图 8-22(2)]。此外,利用荧光探针 CFDA-SE 考察不同菌株在不同酸胁迫下的 pH_{in},发现在 pH 5.2 和 pH 2.0 条件下,回补菌株 $Cgasg1$D/$CgASG1$ 和 WT 胞内 pH_{in} 均可维持在 6.0~6.2;但当 pH_{ex} 降低至 2.0,突变菌株 $Cgasg1$D 胞内 pH_{in} 则从 6.0 降低至 5.2 [图 8-22(3)]。对于胞内 ROS 水平,在发酵液 pH 为 5.2 时,突变菌株 $Cgasg1$D 胞内 ROS 含量与野生型菌株 WT 相同,表明缺失 $CgASG1$ 基因对正常条件下胞内 ROS 的积累无显著影响;但在发酵液 pH 为 2.0 时,其胞内 ROS 含量比野生型菌株 WT 增加了 2 倍。

综上所述,基因 $CgASG1$ 和 $CgPMA1$ 在酸胁迫应答反应中具有协同作用,且酸胁迫通

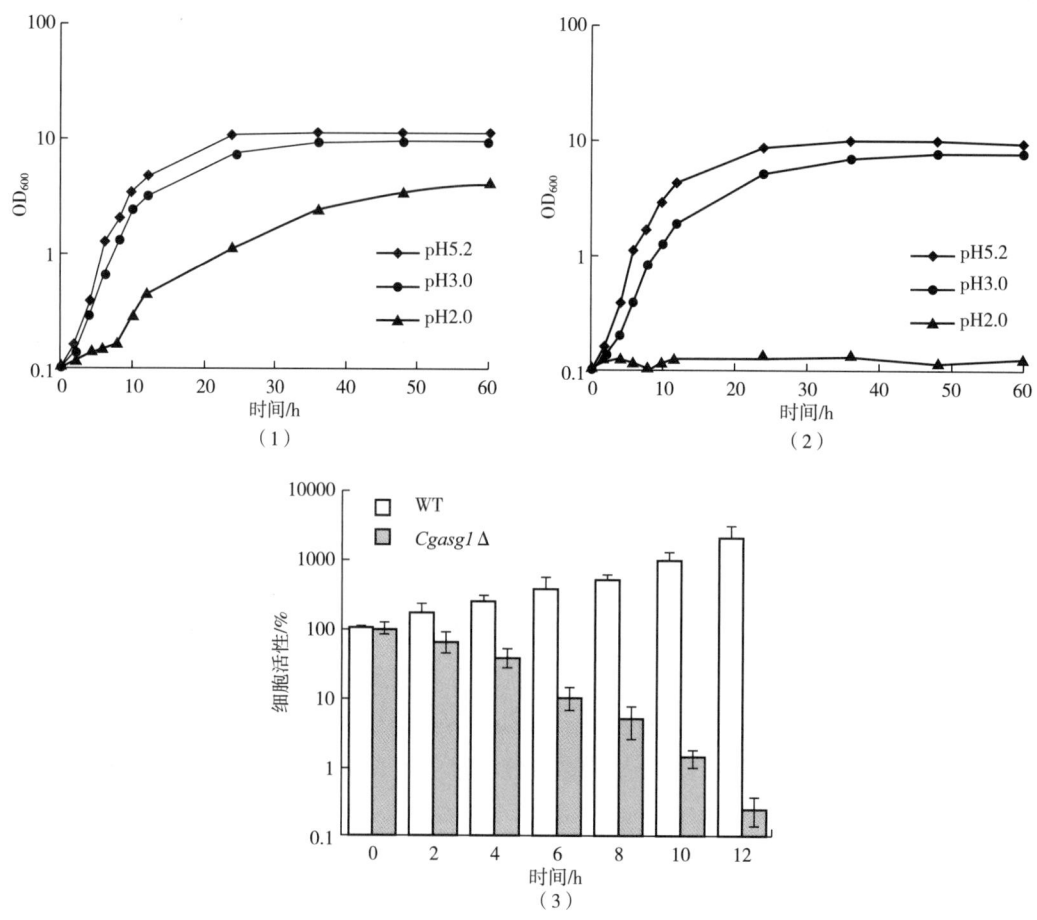

图 8-21 酸胁迫对菌株 WT (1) 和 *Cgasg1*D (2) 的生长性能及其细胞活力 (3) 的影响

过调节 *CgPMA1* 的翻译水平或翻译后调节过程，降低胞内 H^+-ATPase 活性和质子转运能力，进而改变胞内 pH，导致胞内质子堆积和 ROS 的积累，但转录因子 CgAsg1p 可通过维持胞内 pH 稳态提高细胞抵御酸胁迫的能力。

3. 转录因子 CgAsg1p 的亚细胞定位

以 *C. glabrata* ATCC 55/*GFP* 为对照，分别考察工程菌株 *Cgasg1*D/*CgASG1*-*GFP* 在 pH 5.2 和 pH 2.0 条件下胞内荧光的分布情况，进而考察转录因子 CgAsg1p 是否会在胁迫条件下从胞质转移到细胞核内进行胁迫应答反应。结果如图 8-23 所示：在不同 pH 条件下，*C. glabrata* ATCC 55/*GFP* 胞内绿色荧光蛋白均分布在细胞质内 [图 8-23（1）]，表明 pY13 可启动 GFP 基因组成型表达在细胞质内，且其分布不因环境 pH 改变而转移。值得注意的是，在 pH 5.2 条件下，菌株 *Cgasg1*D/*CgASG1*-*GFP* 胞内荧光蛋白分布在细胞质内，但当 pH 降低至 2.0 时，其荧光会部分转移至细胞核内 [图 8-23（2）]，表明转录因子 CgAsg1p 在正常状态下表达在细胞质中，但在酸胁迫条件下则通过转移至细胞核内发挥作用。

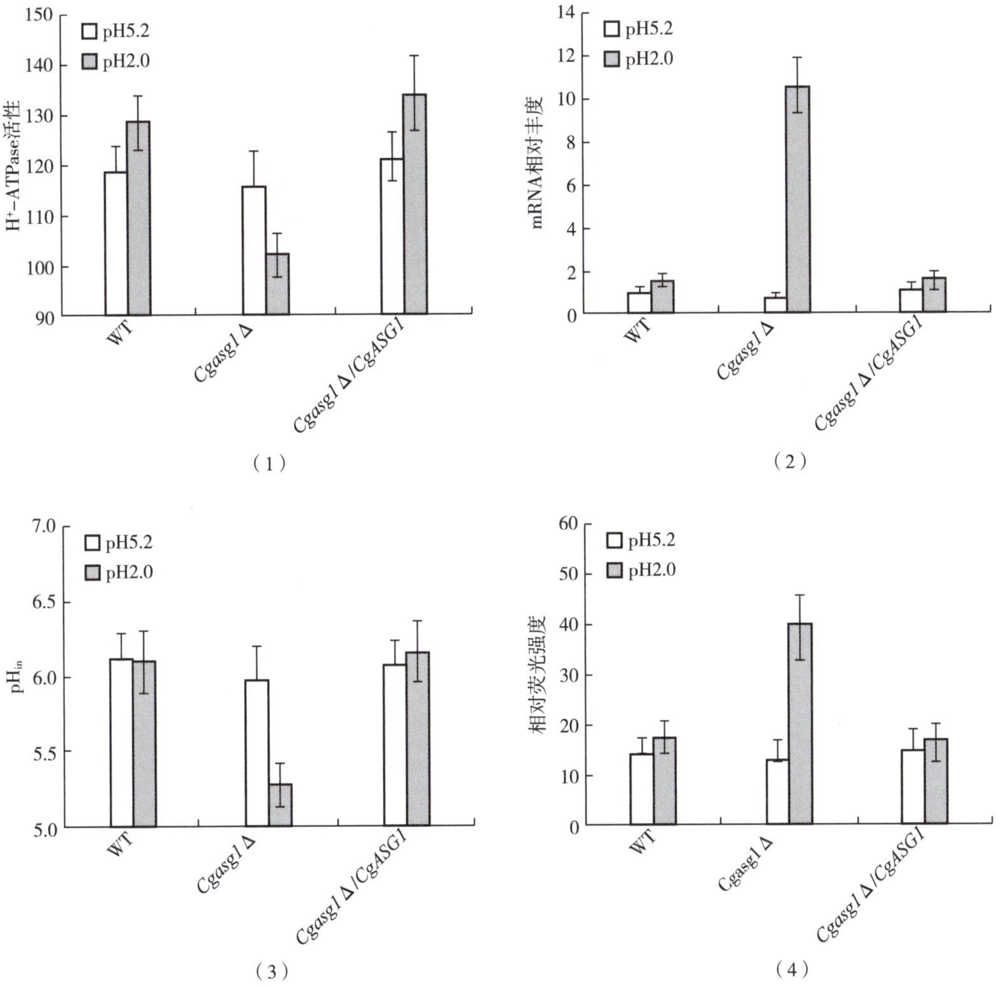

图 8-22 pH 胁迫对不同菌株胞内微环境的影响

(1) H^+-ATPase;(2) $CgPMA1$ 转录水平;(3) pH_{in};(4) ROS 含量

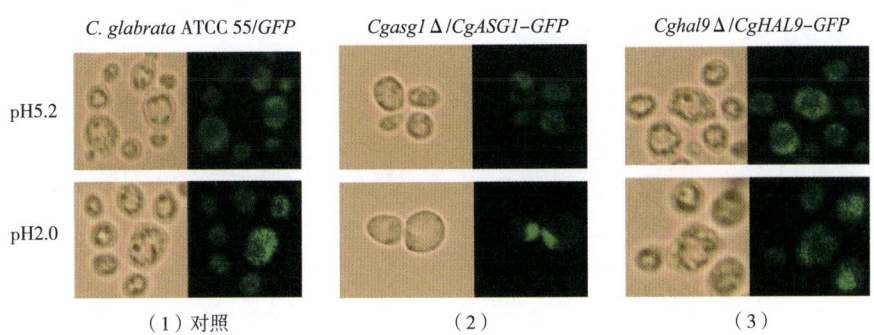

图 8-23 不同 pH 条件对转录因子 CgAsg1P (2) 和 CgHal9p (3) 胞内定位的影响 [以 C. glabrata ATCC 55 (1) 为对照]

（二）缺失 CgHAL9 基因对光滑球拟酵母酸耐受性影响的生理机制解析

在不同 pH 条件下，通过考察不同菌株（WT、Cghal9D 和 Cghal9D/CgHAL9）胞内微环境（H^+-ATPase 活性、pH_{in}、ROS 含量）的变化规律，以期解析转录因子 CgASG1 调控细胞抵御酸胁迫的生理机制。结果如图 8-24 所示：①突变菌株 Cghal9D 中 H^+-ATPase 活性在 pH 5.2 和 pH 2.0 时与野生型菌株 WT 相当 [图 8-24（1）]，而其胞内 CgPMA1 的转录水平在 pH 5.2 时降低了 40%，但在 pH 2.0 时与野生型菌株 WT 相当 [图 8-24（2）]，表明缺失 CgHAL9 基因可降低胞内 CgPMA1 的转录水平；②与野生型菌株 WT 胞内 pH_{in} 维持在 6.0~6.2 相比，突变菌株 Cghal9D 胞内 pH_{in} 在 pH 2.0 时从 6.0 降低至 5.3 [图 8-24（3）]；③在 pH 为 2.0 时，野生型菌株 WT 胞内 ROS 含量不变，但突变菌株 Cghal9D 胞内 ROS 含量却增加了 2 倍 [图 8-24（4）]；④回补菌株 Cghal9D/CgHAL9 表现出与野生型菌株 WT 相同的 H^+-ATPase 活性、CgPMA1 转录水平、pH_{in} 及其 ROS 水平。

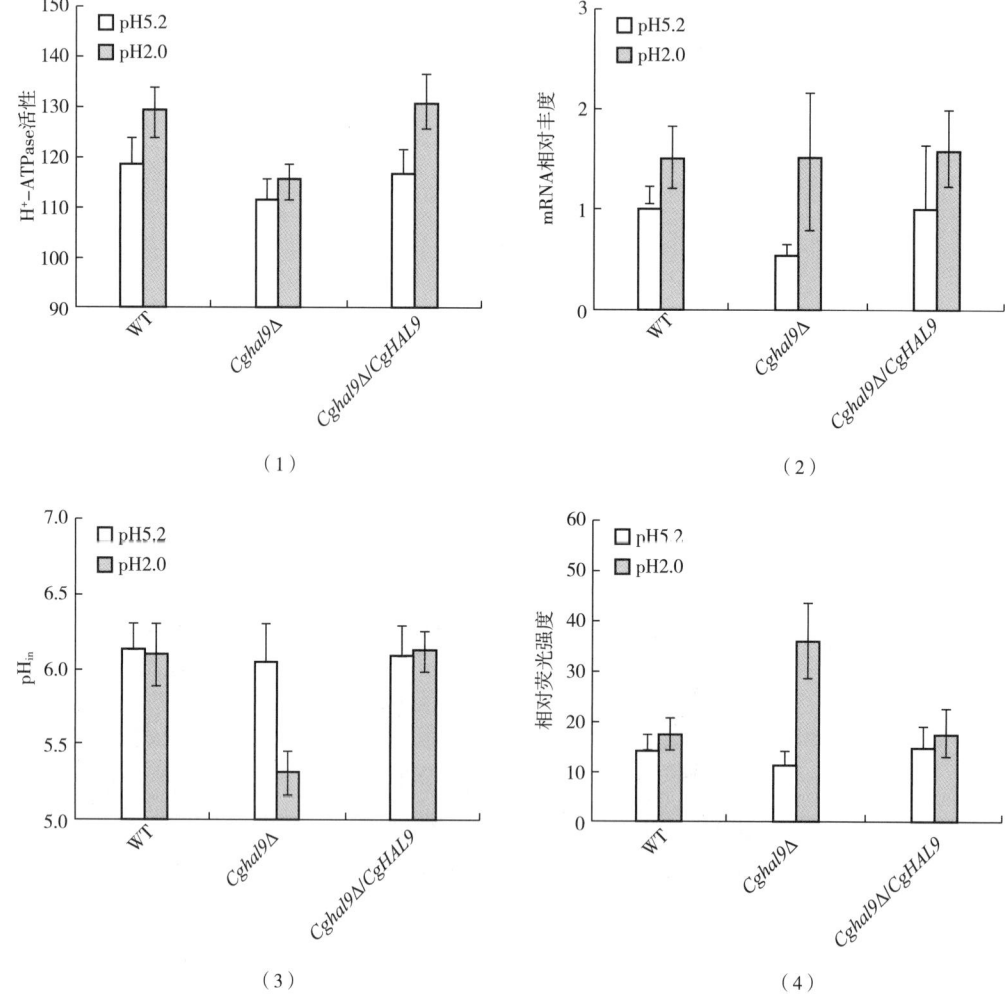

图 8-24 在酸胁迫条件下，缺失基因 CgHAL9 对胞内微环境的影响

（1）H^+-ATPase 活性；（2）CgPMA1 转录水平；（3）胞内 pH；（4）胞内 ROS 水平

此外,在酸胁迫(pH 5.2 和 pH 2.0)下,通过对转录因子 CgHal9p 的胞内定位实验,发现:与对照菌株相比,定位菌株 *Cghal9D/CgHAL9-GFP* 中 CgHal9p-gfp 荧光蛋白在不同酸胁迫条件下均分布在细胞质内,表明 CgHal9p 在细胞质内进行酸胁迫转录应答反应 [图 8-23(3)]。因此,突变菌株 *Cghal9*D 在 pH 2.0 条件下细胞生长减弱的原因在于 *Cg-PMA1* 转录水平降低,导致胞内酸化、胞内 ROS 含量增加,进而降低细胞抵御酸胁迫的能力。

(三) 基因 *CgASG1* 和 *CgHAL9* 相互作用的机制解析

1. 缺失基因 *CgASG1* 和 *CgHAL9* 对细胞抵御酸胁迫的影响

采用融合 PCR 和同源重组技术,构建基因 *CgASG1* 和 *CgHAL9* 双缺失工程菌株 *Cgasg1*D*hal9*D,并考察其对细胞抵御酸胁迫的影响(图 8-25)。利用平板生长实验发现:随着 pH 的降低,不同菌株生长能力逐渐减弱,其中工程菌株 *Cgasg1*D 和 *Cghal9*D 生长能力显著降低,但双缺工程菌株 *Cgasg1*D*hal9*D 的生长性能与野生型菌株 WT 相当 [图 8-25 (1)]。然而,在 pH 为 2.0 时,工程菌株 *Cgasg1*D 和 *Cghal9*D 均不能生长,而工程菌株 *Cgasg1*D*hal9*D 仍表现出与野生型菌株 WT 相当的生长能力 [图 8-25 (2)]。因此,在酸胁迫条件下,基因 *CgASG1* 和 *CgHAL9* 的缺失可调控光滑球拟酵母进行正常的转录应答反应,且表现出与野生型菌株相当的生长能力。

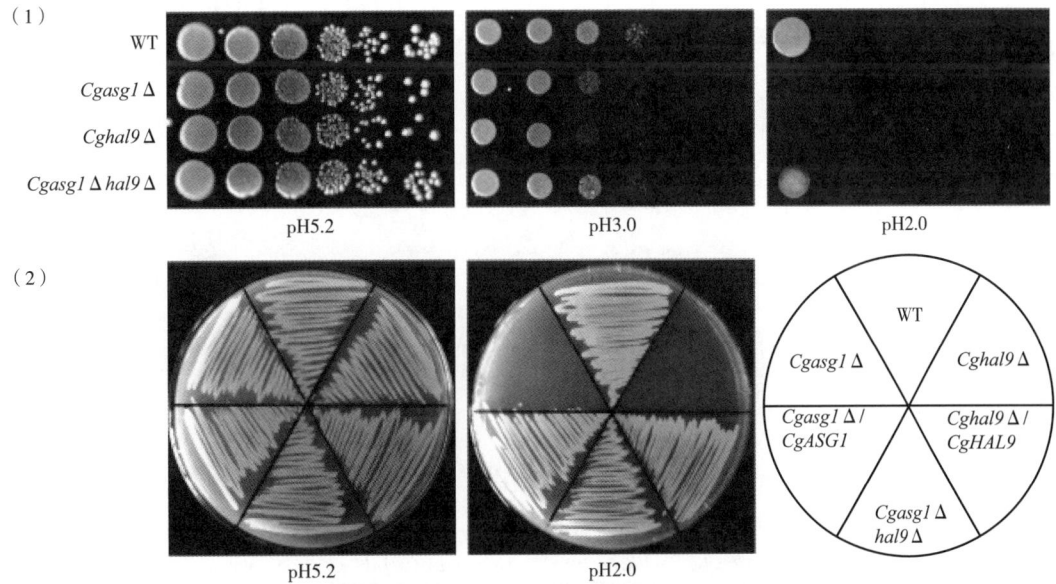

图 8-25 酸胁迫条件对不同突变菌株生长性能的影响

2. 基于转录水平和蛋白水平解析 *CgASG1* 和 *CgHAL9* 间相互作用

为进一步解析转录因子 CgAsg1p 和 CgHal9p 间是否存在相互作用关系,首先通过 qRT-PCR 考察了酸胁迫条件对不同菌株胞内基因中 *CgHAL9* 和 *CgASG1* 转录水平的影响。结果如图 8-26 (1) 所示:在 pH 为 2.0 时,野生型菌株 WT 中基因 *CgASG1* 和 *CgHAL9* 的转录水平分别提高47%和12%，表明增加 CgASG1 和 CgHAL9 的表达量有利于提高细胞对酸胁迫的耐受能力。然而，在 pH 为 5.2 和 2.0 时，突变菌株 Cghal9D 中 CgASG1 的转录水平与野生型菌株 WT 相同，表明基因 CgHAL9 的缺失对 CgASG1 的表达并无影响。值得注意的是，当 pH 为 5.2 时，工程菌株 Cgasg1D 中 CgHAL9 的转录水平与野生型菌株 WT 相当，但在 pH 为 2.0 时，工程菌株 Cgasg1D 中 CgHAL9 的转录水平降低了 38%，表明：在正常条件下，缺失基因 CgASG1 并不影响 CgHAL9 的表达，但在酸胁迫条件下却显著降低 CgHAL9 的转录水平。

此外，通过构建定位菌株从蛋白水平上研究 CgASG1 缺失对 CgHal9p 胞内定位的影响及 CgHAL9 缺失对 CgAsg1p 胞内定位的影响。结果如图 8-26（3）所示，当胞外 pH 从 5.2 降低到 2.0 时，转录因子 CgAsg1p 在工程菌株 CgHAL9D 中的分布同其在工程菌株 Cgasg1D 中分布一样，即从细胞质转移到细胞核内以调控细胞抵御酸胁迫。类似的，CgHal9p 在工

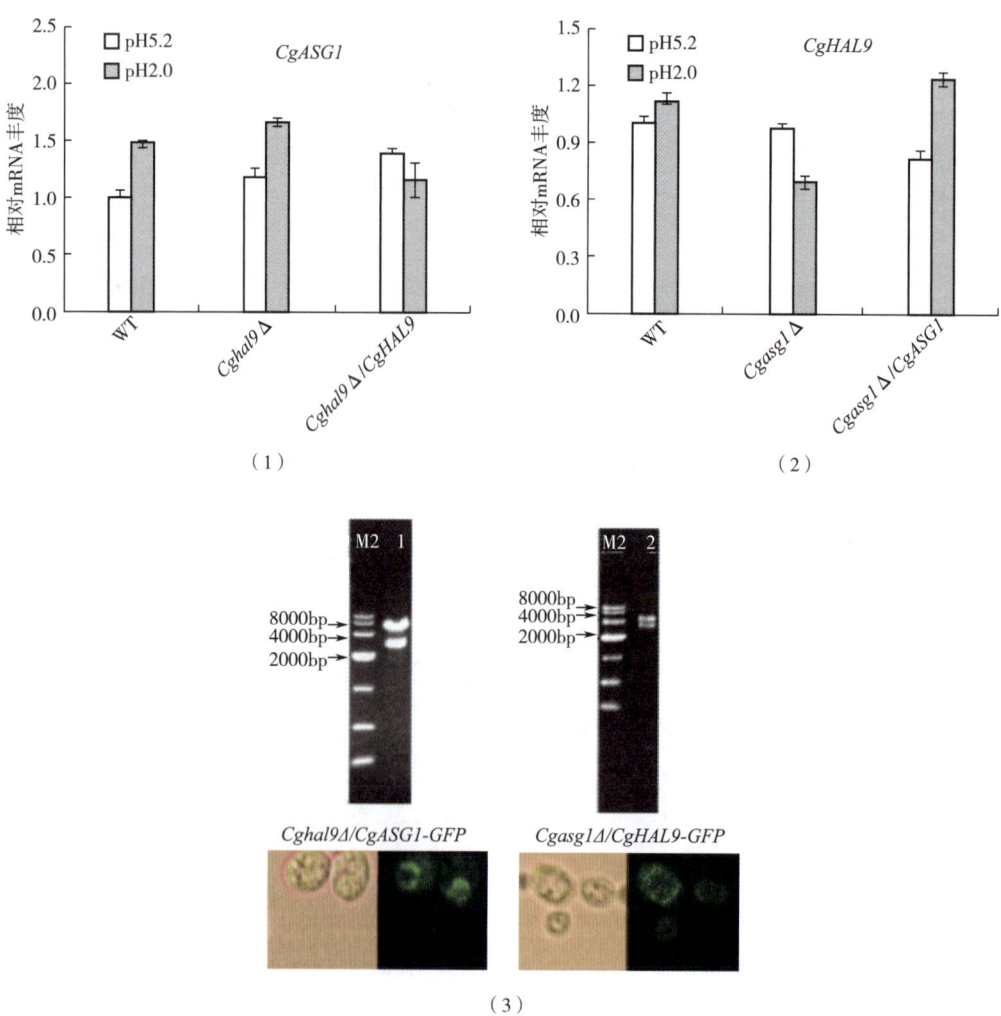

图 8-26 不同 pH 条件对 CgASG1 和 CgHAL9 转录水平 [（1）（2）] 和胞质定位 (3) 的影响

程菌株 Cgasg1D 中的分布也与其在工程菌株 Cghal9D 中分布一样，即在 pH 5.2 和 pH 2.0 时均分布在细胞质内。因此，CgASG1 和 CgHAL9 中任一基因的蛋白定位均不受另一基因缺失的影响。

3. 基于转录组学解析 CgASG1 和 CgHAL9 间的相互作用关系

利用 RNA 测序（RNA-sequencing, RNAseq）技术从转录组水平上分析基因 CgASG1 和 CgHAL9 应答酸胁迫的相互作用关系。

在 pH 为 5.2 时，以野生型菌株 WT 为对照，通过对工程菌株 CgASG1D 和 CgHAL9D 转录谱的比较分析，发现分别有 305 和 554 个基因的转录水平发生不同程度变化，包括 51 个基因共同上调，94 个基因共同下调 [图 8-27（1）（2）]。其中，共同上调的基因包含参与翻译的基因（SSB1）、参与氧化还原反应的基因（FET3）、影响转录因子特异性结合 DNA 活性的基因（CAGL0G07249g 和 CAGL0I04246g）以及和细胞黏附相关基因（CAGL0J11968、CAGL0K13024g 和 CAGL0J11968g）；而共同下调的基因包含参与蛋白质运输的基因（SOP4、PAM17、CAGL0D04246g 等）、核糖体结构成分相关基因（CAGL0B03267g、CAGL0H02673、CAGL0L04224 等）和信号转导活性相关基因（CAGL0K04961g）。因此，转录因子 CgAsg1p 和 CgHal9p 在正常生长过程中发挥着相似的作用。

然而，在 pH 为 2.0 时，工程菌株 CgASG1D 和 CgHAL9D 分别有 210 和 135 个基因在转录水平上发生不同程度的变化 [图 8-27（3）（4）]。其中，DNA 修复相关基因（HHT1、CSM3、HAT2 等）和转录调控相关基因（SWC5、SFH1、ASF1 等）在 CgASG1D 和 CgHAL9D 中共同表达上调，而核糖体合成相关基因（SNU13、RSA3、MRT4 等）和氧化还原反应相关基因（LIA1、URA9、TRR1 等）在 Cgasg1D 和 Cghal9D 中共同表达下调。

此外，以 pH 5.2 时菌株 WT、CgASG1 和 CgHAL9 的转录水平为对照，分别考察相应菌株在 pH 2.0 时的转录水平，发现分别有 708、648 和 677 个基因的转录水平发生不同程度的变化 [图 8-27（5）（6）]。其中，分别有 435、354 和 359 个基因表达上调，273、294 和 318 个基因表达下调。在野生型菌株 WT 中，表达上调的基因包括糖异生途径相关基因（ERT1 和 CAGL0H04939g）、核酸结合相关基因（MRD1、PXR1、DBP8 等）以及海藻糖代谢相关基因（CAGL0C04323g），表达下调的基因包括细胞分裂相关基因（SPC19、SPC34、DUO1 等）、翻译终止相关基因（CAGL0E02123g 和 CAGL0F05027g）以及电子载体活性相关基因（CAGL0M04741g）[图 8-27（7）]。与野生型菌株 WT 相似的是，pH 2.0 时 CgASG1 和 CgHAL9 中表达上调的基因包括三羧酸循环相关基因（CAGL0D00770g）、氧传送相关基因（CAGL0L06666g）以及蛋白水解相关基因（ARX1、CAGL0M04191g 和 CAGL0J00671g），表达下调的基因包括胞内蛋白运输相关基因（CAGL0G08932g、CAGL0D00704g 和 CAGL0M13255g）、跨膜转运相关基因（CAGL0A01826g、CAGL0A02233g 和 CAGL0C01771g）以及细胞壁结构相关基因（CAGL0I06204g）[图 8-27（7）]。突变菌株 CgASG1 和 CgHAL9 与野生型菌株 WT 的不同在于，在总的上调基因中，CgASG1 和 CgHAL9 分别只有 8% 和 10% 的基因与细胞结合相关，而 WT 中有 17%[图 8-28（1）]；而在总的下调基因中，分别有 2% 和 1.5% 的基因参与细胞结构和成分合成，而 WT 中有 6%[图 8-

28（2）]。此外，在 pH 2.0 的条件下，工程菌株 CgASG1 和 CgHAL9 中一些表达上调的基因参与鞘脂的生物合成过程（CAGL0G04851g 和 CAGL0G05071g）及 ATP 水解耦合质子运输过程（CAGL0M09581g）。

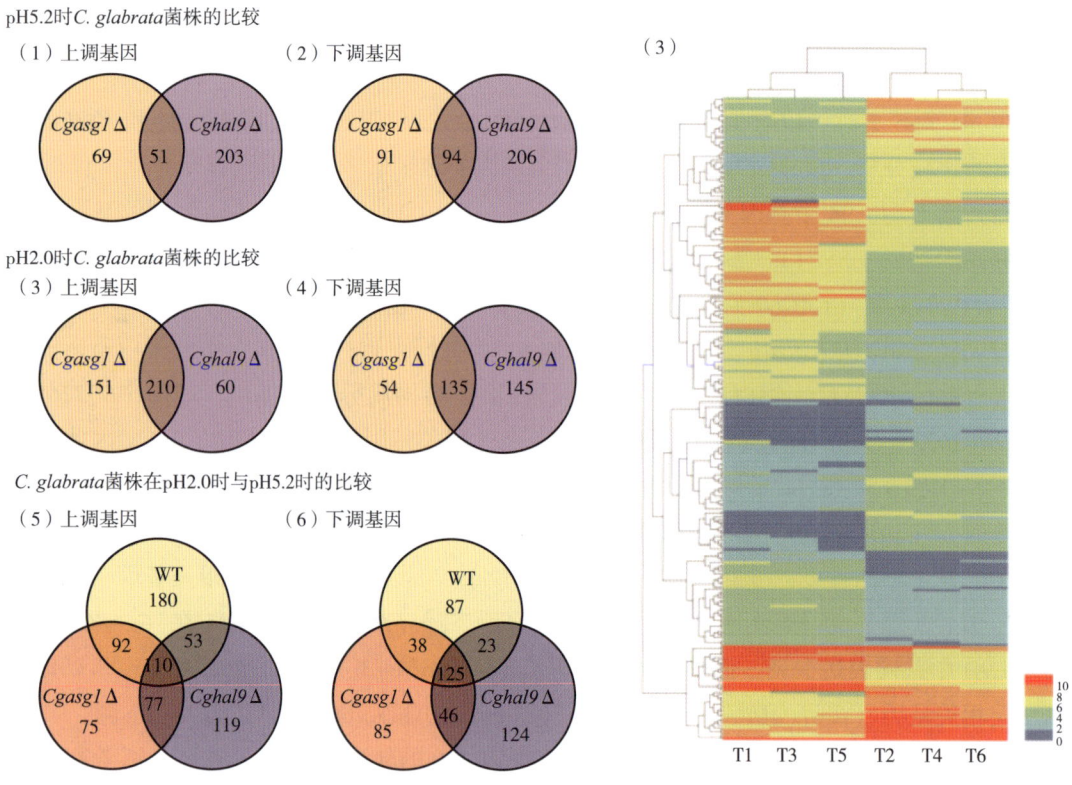

图 8-27 响应酸胁迫的全基因组表达水平比较分析

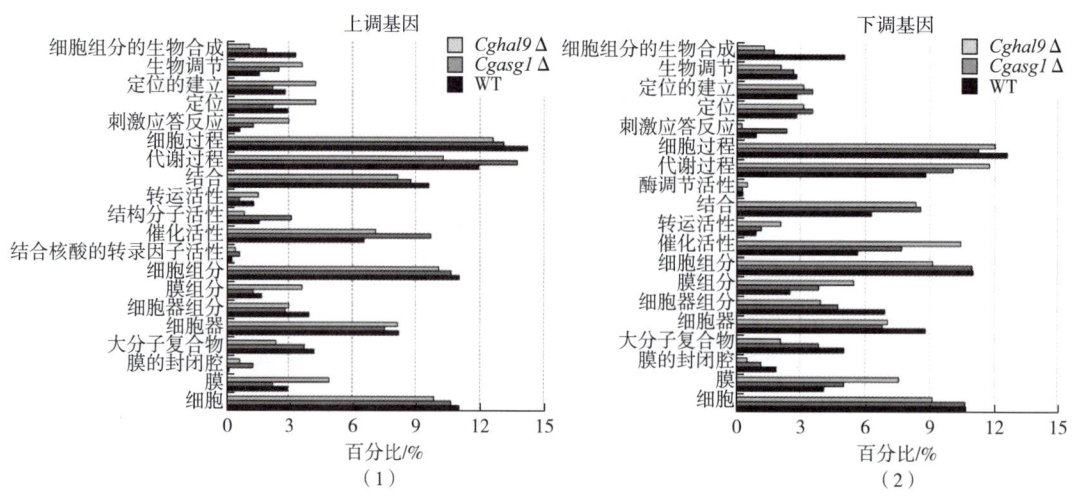

图 8-28 菌株 WT、CgASG1 和 CgHAL9 响应酸胁迫的差异表达基因分析

第八章 代谢工程手段改善发酵微生物胁迫抗性

4. 基于转录组学解析工程菌株 *Cgasg1Dhal9*D 抵御酸胁迫的生理机制

在酸胁迫条件下，单独缺失 *CgASG1* 或 *CgHAL9* 基因可有效降低光滑球拟酵母抵御酸胁迫的能力，但双缺失基因却可改善工程菌株的生长性能，使其表现出与野生型菌株相同的环境鲁棒性。其主要原因可能是：在酸胁迫条件下，缺失 *CgASG1* 基因会引起某一生物过程中一些基因表达的上调（或下调）以强化（弱化）该过程；而缺失基因 *CgHAL9* 则引起同一生物过程中一些基因表达的下调（或上调）以弱化（强化）此过程。因此，当 *CgASG1* 和 *CgHAL9* 基因同时缺失时，该过程的强化和弱化作用则相互抵消，进而导致工程菌株 *Cgasg1Dhal9*D 在酸胁迫条件下与野生型菌株的生长性能相当。其中，涉及的生物过程包括氧化还原过程、转录调控、跨膜转运、细胞壁和细胞膜的合成、蛋白降解、蛋白磷酸化、ATP 结合等（表 8-3）。

表 8-3 　　*CgASG1*D 和 *CgHAL9*D 中不同生物过程相关基因的表达变化

生物过程	*CgASG1*D 中上调的基因	*CgHAL9*D 中下调的基因
氧化还原过程	TSC10, FET3, CAGL0D00528g, CAGL0J01441g, CAGL0M12837g, CAGL0F07029g	SOD1, GPD1, CAGL0I00748g, CAGL0K12738g, CAGL0H03971g, CAGL0I01122g, CAGL0J01848g, CAGL0K11858g
转录调控	SPT16, NRM1, DOT1, TFB5, EAF5, SSN3, PGD1, CAGL0B02541g, CAGL0J04400g, CAGL0J04224g, CAGL0M02651g, CAGL0M06369g, CAGL0F07755g	MTL1ALPHA1, MTL3ALPHA1, RRT14, CAGL0I07755g, CAGL0F01265g
跨膜转运	VRG4, TPI1, CAGL0I06743g, CAGL0K11616g, CAGL0D00352g, CAGL0J09900g, CAGL0F00209g	CAGL0K07392g, CAGL0G06468g, CAGL0A02233g
细胞壁的合成	CAGL0J01774g, CAGL0E06666g, CAGL0C01133g	CAGL0K00110g
细胞膜的合成	FET3	CAGL0A02233g, CAGL0B01012g, CAGL0A01221g
氧化还原过程	SOP4, RIM21, CAGL0K00627g	CAGL0G05962g, CAGL0M13255g, CAGL0G08085g
蛋白降解	CAGL0I06765g	CAGL0J09108g, CAGL0H05335g
膜的合成	SOP4, RIM21, AGL0K00627g	CAGL0G05962g, CAGL0M13255g, CAGL0G08085g
蛋白磷酸化	HAL5, CAGL0C02893g, CAGL0C04323g	CAGL0M10829g, CAGL0J04972g, CAGL0G02607g

续表

生物过程	CgASG1D 中上调的基因	CgHAL9D 中下调的基因
ATP 结合	HAL5, CAGL0C04323g, CAGL0I01694g, CAGL0C02893g	CAGL0K03553g, CAGL0G02607g, CAGL0I04224g, CAGL0J04972g, CAGL0G08085g, CAGL0L11902g, CAGL0M10829g

5. qRT-PCR 验证 RNAseq 的准确性

为验证 RNAseq 结果的准确性，选取部分关键基因通过 qRT-PCR 进行验证分析。结果如图 8-29 所示：①考察海藻糖的代谢与合成基因 *CAGL0C04323g* 和 *CAGL0M10439g* 的转录水平变化，发现工程菌株 *CgASG1D* 和 *CgHAL9D* 不能合成足够的海藻糖以应对酸胁迫环境；②液泡 pH 稳态相关基因 *CgBTN1*（*CAGL0J05104g*）的表达水平升高，而 pH 响应转录因子 *CgRIM101*（*CAGL0E03762g*）的表达水平降低，进一步影响更多酸胁迫相关基因的转录；③参与核糖体合成、编码 ATP 依赖的 RNA 解旋酶基因 *CgHAS1*（*CAGL0M13519g*）和参与蛋白转运、编码泛素结合酶基因 *CgATG10*（*CAGL0M13519g*）的表达水平也发生相应变化。因此，qRT-PCR 实验数据与 RNAseq 结果表现出较好的一致性，表明 RNAseq 结果具备一定的准确性和可信度。综上所述，CgAsg1p 和 CgHal9p 通过不同的生理机制参与酸胁迫转录应答反应，如海藻糖合成分解途径、液泡 pH 稳态维持、RIM101 酸胁迫应答通路等，进而改善光滑球拟酵母抵御酸胁迫的能力。

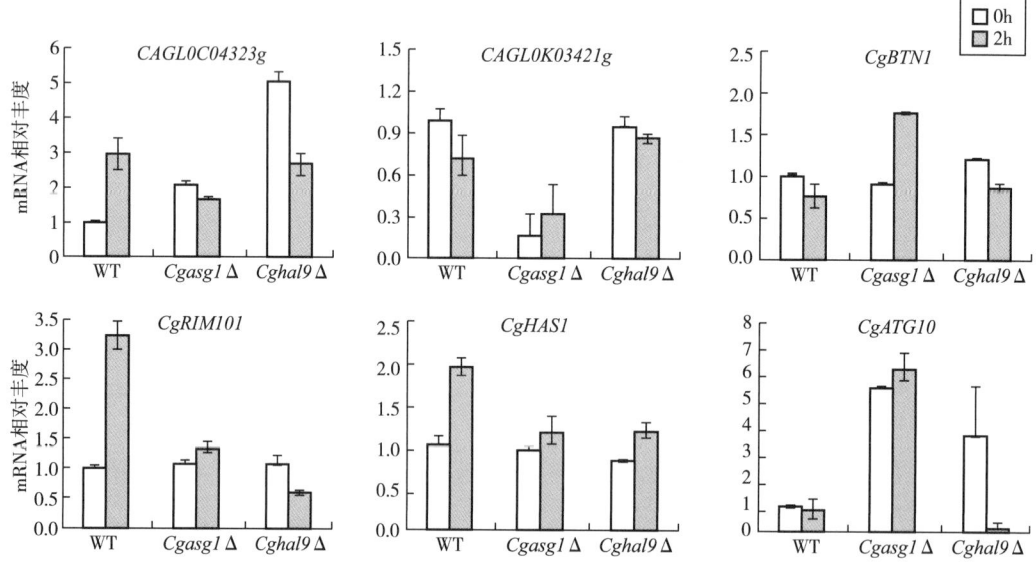

图 8-29　qRT-PCR 验证 RNAseq 结果的准确性

第三节　代谢工程改造乳酸菌抵御环境胁迫

一、前言

乳酸菌发酵乳制品具有悠久的历史，因其在食品发酵过程中通过分解基质产生良好的风味物质以有效改善产品质地，进而被广泛应用于食品，如酸马奶酒、黄豆酱等的发酵过程。然而，乳酸菌发酵食品在生产及其食用过程中，受到多种环境因素的影响，进而影响乳酸菌的发酵性能及其益生作用。

（一）乳酸菌

乳酸菌（lactic acid bacteria，LAB）是指能够发酵糖类产生乳酸的一类革兰氏阳性、无芽孢细菌的总称，广泛分布于动、植物及整个自然界中。目前，已发现的乳酸菌可分为 43 个属、373 个种及亚种，主要包括乳球菌属（*Lactococcus*）、乳杆菌属（*Lactobacillus*）、明串珠菌属（*Leuconostoc*）、双歧杆菌属（*Bifidobacterium*）、片球菌属（*Pediococcus*）和链球菌属（*Streptococcus*）等，且多数属于厌氧或兼性厌氧菌。除少数致病菌以外，绝大多数乳酸菌被公认为食品安全级别微生物（generally recognized as safe，GRAS），是人和动物体内必不可少且具有重要生理功能的菌群，被广泛应用于果蔬、乳制品、医药卫生等领域。例如，在肉制品加工生产过程中，乳酸菌发酵产生的乳酸可使肉制品具有独特香味和良好质地；同时，乳酸菌产生的细菌素可对腐败菌及致病菌具有一定的抑制和致死作用，从而延长肉制品保质期。此外，乳酸菌还可使肉制品中亚硝酸盐转化为一氧化氮肌红蛋白，降低亚硝酸盐的蓄积，确保食品安全。

此外，大量研究表明，人类胃肠道中乳酸菌能够调节机体胃肠道正常菌群的平衡，提高食物消化率和生物效价，降低血清胆固醇，控制内毒素，抑制肠道内腐败菌的生长繁殖和腐败产物的产生，制造营养物质，刺激组织发育，从而对机体的营养状态、生理功能和免疫反应等产生作用（图 8-30）。因此，随着乳酸菌特殊生理活性和营养功能的不断发现，对于乳酸菌的研究愈发受到重视，而利用代谢工程策略引入异源合成途径和/或敲除和/或过量表达内源基因，改良或改善乳酸菌的生长性能和发酵特性，以期将乳酸菌构建成为超级"细胞加工厂"。

（二）乳酸菌的环境胁迫

如图 8-31 所示，乳酸菌在其生长及应用过程中面临多种环境胁迫（如酸胁迫、氧胁迫、盐胁迫、温度胁迫、营养胁迫等），严重制约乳酸菌的生长性能及其发酵特性。此外，乳酸菌在人体肠道中发挥益生作用时也会受到胃酸、胆盐等胁迫作用，进而影响乳酸菌的生理特性及其代谢性能，进而影响其活力。因此，提高乳酸菌的胁迫抗性将是维持乳酸菌活力的关键因素，而如何通过代谢工程策略提高乳酸菌对环境胁迫的抗逆性，进而改善其细胞生产性能，已成为乳酸菌研究者关注的重点和热点。

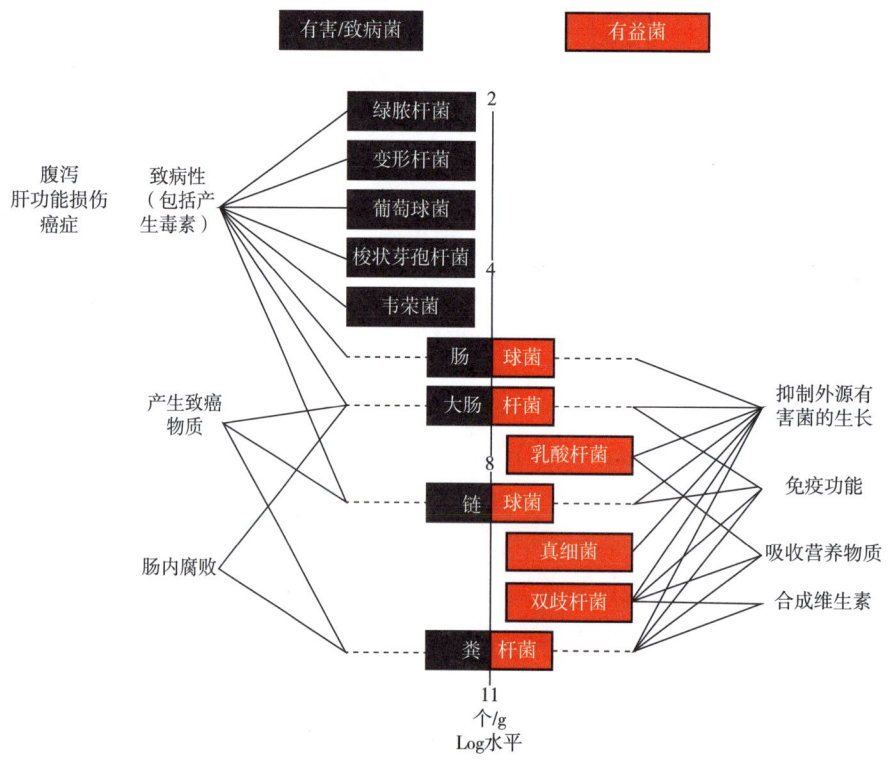

图 8-30 人体粪便菌群的主要组成及其作用

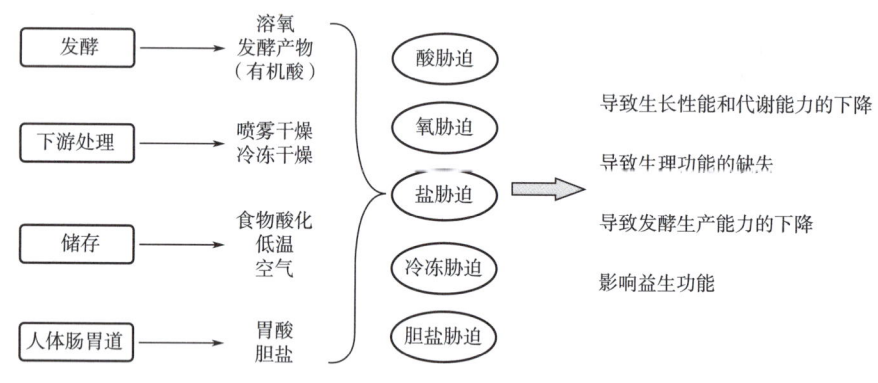

图 8-31 乳酸菌面临的各种环境胁迫及其影响

1. 酸胁迫

在乳酸菌生长代谢过程中,酸胁迫是最重要的影响因素之一,除少数耐酸种属外,大部分乳酸菌均为嗜中性微生物。值得注意的是,乳酸菌所受酸胁迫主要来源于自身产酸和外界环境引起的,其中外界环境酸胁迫包含胃肠道酸胁迫和食品加工生产及贮藏环境的酸胁迫。然而,乳酸菌在生长过程中产生乳酸、乙酸等有机酸所导致的酸胁迫具有双重作用:一方面,酸性物质的积累可有效抑制其他微生物的生长繁殖,提高食品的储藏性能,同时又可与醛类、酮类等物质发生反应产生芳香类化合物，提升产品的风味；另一方面，当环境中酸性物质积累过多时，菌体本身的生长和代谢受到抑制，进而影响乳酸菌的增殖能力和生物活性。目前，关于酸胁迫调控菌体细胞生理特性的生理机制尚未透彻解析，但却存在一个广泛接受的理论：由于酸能够借助被动扩散进入细胞质，紧接着被迅速解离成不能透出细胞膜的质子和相应极性基团，而胞内质子的积累可使胞内 pH 下降，减少跨膜质子推动力，进而影响细胞多种转膜机制的能量来源。此外，胞内酸化条件也将对蛋白质和 DNA 造成永久性损害，且伴随解离过程产生的大量阴离子也将对细胞生理造成毒害作用。

2. 温度胁迫

作为嗜温微生物，乳酸菌最适生长温度一般在 30~37℃。然而，在实际生产过程中，由于低温培育、冷冻保藏等环境因素，导致乳酸菌细胞常处于不利于自身生长代谢的温度条件，进而影响其细胞结构及生理活性。上述影响主要表现在：①冰晶的形成会使细胞膜破裂，影响细胞正常的生理、代谢功能；②随着温度降低和水分浓缩，胞内外易形成"溶质效应"，可使抑制因子和蛋白酶失活而无法调控细胞生理代谢，进而积累大量代谢产物对细胞造成致死性损伤；③细胞膜通透性改变，胞外水溶性物质和胞内物质无控制地进行双向交换，造成细胞代谢损伤；④低温胁迫还可引起 DNA 损伤，增大 DNA 修复过程中错配率，提高突变体的产生。为抵御上述胁迫影响，细胞可启动自身临时适应性机制，即"冷休克"反应，通过产生大量的冷诱导蛋白实现对冷冻胁迫条件下细胞进行调控，如增加膜脂质中短链或不饱和脂肪酸比例维持细胞膜流动性；减少负超螺旋以保证正常 DNA 超螺旋结构、转录和翻译等。同时，基于对冷诱导蛋白的认识，利用外界环境温度变化以增强细胞冷适应性，其主要方法有：在冷冻胁迫前，通过对细胞进行亚适宜温度（一般为诱导蛋白产生温度）预处理或添加碳水化合物（如海藻糖）均可显著提高细胞的冷冻抗性。此外，为便于运输和延长活菌保存时间，热喷雾干燥被广泛用于乳酸菌发酵剂的制备过程。然而，无论是添加保护剂或利用真空条件降低喷雾干燥温度（60~100℃），热胁迫均可对菌体存活造成不利影响。例如，在高温胁迫条件下，菌株胞内大量蛋白质可发生变性和沉降现象，降低胞内核糖体、RNA 等大分子物质的稳定性及改变细胞膜流动性等。

3. 盐胁迫

乳酸菌作为食品工业生产中重要微生物之一，很容易暴露在高盐或高糖引起的高渗透压环境中，进而引起胞内生理代谢紊乱，甚至细胞死亡。其中，糖可通过主动运输方式进出细胞，导致胞内外渗透压可在短时间内恢复平衡，此外瞬间渗透压胁迫，对乳酸菌生理功能影响较小。然而，与高糖胁迫相比，盐胁迫可长时间对乳酸菌造成不利影响，引起胞内水分外流、细胞结构损伤，进而影响菌体生长性能甚至导致细菌死亡。例如，活菌制剂进入消化道后除受胃酸胁迫外，还将面临胆盐胁迫，而对胆盐胁迫的耐受能力将是乳酸菌能够在肠道存活、生长并发挥功效的先决条件之一。因此，盐胁迫将是乳酸菌面临的最主要胁迫因素之一，而提高乳酸菌对胆盐的耐受力是乳酸菌制品研制与开发的关键技术之一。

4. 氧胁迫

作为厌氧及兼性厌氧微生物，乳酸菌对氧胁迫非常敏感，它通过将丙酮酸还原形成乳酸以形成NADH，而不需要氧的参与。在食品工业中，虽乳酸菌生产过程不需要氧气的参与，但在实际操作过程中难免会造成有氧环境，进而导致菌体在消耗氧的过程中产生一系列活性氧。然而，由于乳酸菌抗氧胁迫系统中不存在高效的过氧化氢酶（catalase，CAT），且其超氧化物歧化酶（superoxide dismutase，SOD）的副产物是H_2O_2，进而导致H_2O_2将积累在乳酸菌发酵液中。值得注意的是，H_2O_2是糖酵解过程中多种酶的抑制剂，尤其是3-磷酸甘油醛脱氢酶对H_2O_2特别敏感。因此，H_2O_2被认为是包括乳酸乳球菌在内许多乳酸菌好氧代谢所产生的最重要抑制性物质之一。一般来说，乳酸菌好氧生长弱于其静置或厌氧生长，且其氧化产物可积累在食品中而产生不利影响，如改变颜色和产生臭味等。因此，氧胁迫耐受机制已成为乳酸菌研究者重点关注的问题之一。

此外，培养环境中营养物质缺乏、抗生素、乙醇等胁迫均会对乳酸菌造成不同程度的影响，但菌体自身在耐受环境胁迫过程中也可通过产生应激蛋白、改变细胞膜流动性、改变代谢途径、调控相关基因表达等响应过程抵御外界环境胁迫。

5. 交互胁迫作用

一般来说，在乳酸菌的实际生产及其应用过程中，细胞所面临的胁迫条件是极其复杂且相互交叉的，且不同胁迫环境间存在一定的关联性（图8-32）。例如，在冷冻胁迫过程中，旧金山乳杆菌胞内［NAD^+］／［$NADH^+$］比值持续上升，SOD活性和胞内巯基水平下降，表明冷冻胁迫可诱发胞内氧胁迫的产生，即单一胁迫可诱发细胞产生交互保护效应。类似地，嗜酸乳杆菌在胆盐中预适应可显著提高其在热胁迫条件下的存活率，但热适应却对其抵御胆盐胁迫无任何作用。因此，胁迫条件下乳酸菌的应激过程是一个相对复杂的生理机制，且乳酸菌自身存在多种反应机制并在胞内协同发挥作用。

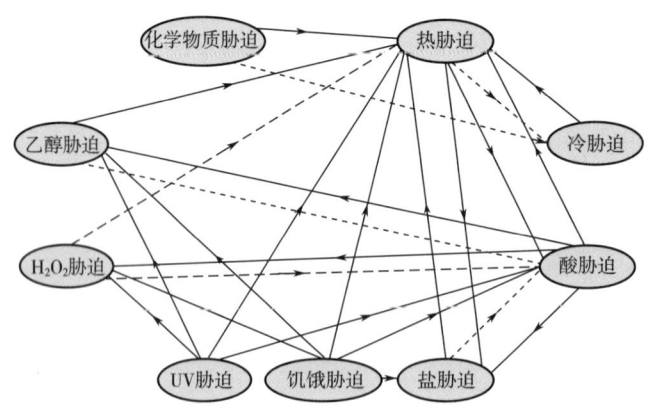

图8-32 乳酸菌胞内的交互保护现象

因此，在全面解析细胞抵御胁迫生理机制的基础上，寻求提高乳酸菌胁迫抗性的途径，实现粗放生产条件下浓缩型发酵剂的生产和"细胞加工厂"的高密度培养，将极大推动乳酸菌在工业生产中的应用。此外，作为革兰氏阳性模式菌，改善乳酸菌抵御环境胁迫能力对于改善其他革兰氏阳性菌生理特性具有一定的参考价值，或促进工业微生物发酵过程，或抑制致病微生物生长，为筛选安全稳定、更有利于工业化生产的优良菌种创造条件。

（三）提高乳酸菌抵御环境胁迫的策略

目前，提高乳酸菌抵御环境胁迫的方法主要有：①自然筛选高耐受性乳酸菌：例如，陈艳武等在斜带石斑鱼肠道中筛选获得乳酸菌 LS61，使其在 pH 2.5 的酸环境中生长良好，且经 0.3% 胆盐处理 4.5h 后，其细胞存活率仍有 30.7%。②传统诱变育种：芦烨等结合紫外线和硫酸二乙酯处理保加利亚乳杆菌，使其突变菌株可在 pH 2.5~4.5 时具有较强的生存能力，且在 pH 1.5 强酸环境和 0.4% 胆盐中仍有部分存活。③外源添加多肽或氨基酸类等相容性物质：例如，外源添加谷胱甘肽（GSH）不仅可提高乳酸菌氧胁迫、酸胁迫抗性，还能抵御冷冻胁迫中细胞膜的损伤；在前期培养中添加谷胱甘肽（GSH），可使旧金山乳杆菌在 pH 4.0 酸胁迫条件下的细胞存活率提高 15.9 倍；而外源添加天冬氨酸可使干酪乳杆菌在酸胁迫条件下存活能力提高 42 倍。④基因组改组技术：郭晶等利用基因组改组方法获得一株遗传性能稳定的植物乳杆菌菌株 F-4，使其能够在 pH 4~6 和 3%~9% NaCl 的 MRS 培养基中生长。

二、代谢工程策略改善乳酸乳球菌抵御环境胁迫的能力

（一）过量表达谷氨酰胺转氨酶改善乳酸乳球菌抵御环境胁迫的能力

在乳酸乳球菌（*Lactococcus lactis*）发酵过程中，常伴随着产酸，而酸胁迫显著抑制细胞的生长性能，导致难以实现其高密度发酵。然而，乳酸乳球菌存在多种酸诱导型抵抗酸胁迫的生理机制，即通过合成碱性物质增加胞质的缓冲能力。例如，当乳酸乳球菌胞外 pH（external pH，pH_{ex}）从 5.2 降到 4.7 时，葡萄糖消耗速率不再增加，但氨基酸代谢作用却增强，而通过脱氨基作用消耗胞内 H^+，进而升高 pH_{in}。然而，此类抵抗酸胁迫的生理机制只有在质子泵运输 H^+ 速度低于胞内 H^+ 生成速度，使得 pH_{in} 低于临界值的情况下才会启动，但却需消耗大量 ATP 用于质子泵的运转。因此，是否有可能在胞内合成可产生碱性物质的酶，将 pH_{in} 保持在较高水平上，进而提高细胞生物量，简化生产工艺，降低生产成本？

1. 活性表达 *mtg* 基因对乳酸乳球菌 NZ9000 好氧生长的影响

将来源于茂原链轮丝菌（*Streptoverticillium mobaraense*）的谷氨酰胺转氨酶（transglutaminase，Tgase，基因 *mtg* 编码）过量表达至乳酸乳球菌 NZ9000 中，构建工程菌株 NZ9000（pFL010），以期通过提高胞内 pH_{in} 而改善宿主菌的好氧生长性能。在没有添加乳酸链球菌素（nisin）的条件下，对照菌株 NZ9000（pNZ8148）稳定期细胞所制备的 CFE 中无 MTG 酶活性，但在工程菌株 NZ9000（pFL010）稳定期细胞所制备的 CFE 中 MTG 酶活性提高至 0.68mU/mg 蛋白，表明 *mtg* 基因在乳酸乳球菌 NZ9000（pFL010）中

有微弱的本底表达。然而，当乳酸链球菌素浓度从 2ng/mL 增加到 100ng/mL 时，乳酸乳球菌 NZ9000（pFL010）中 MTG 产量并没有提高，且在蛋白电泳图谱上也没有相应的蛋白条带。因此，虽乳酸乳球菌 NZ9000（pFL010）胞内 mtg 基因不能被乳酸链球菌素诱导表达，但其存在本底表达，为进一步研究 MTG 对乳酸乳球菌 NZ9000 生长的影响成为可能。MTG 酶活性的显色测定分析见图 8-33。

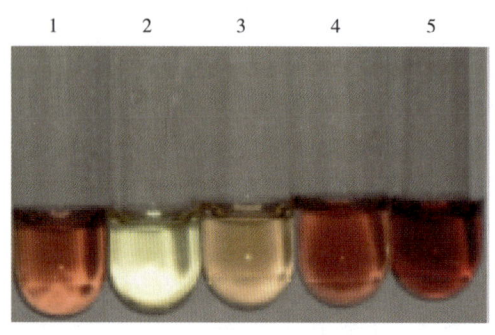

图 8-33 MTG 酶活性的显色测定分析
1：没有乳酸链球菌素诱导下的乳酸乳球菌 NZ9000（pFL010）CFE；2：乳酸乳球菌 NZ9000（pNZ8148）
CFE（阴性对照）；3~5：茂原链轮丝菌发酵液分别稀释 1000 倍、200 倍和 100 倍

2. 控制 pH 条件对菌株 NZ9000（pFL010）和 NZ9000（pNZ8148）好氧生长的影响

借助不含 β-甘油磷酸二钠的 CM 培养基进一步研究 MTG 对乳酸乳球菌 NZ9000 胞内 pH_{in} 的影响。在静置条件下，与对照菌株 NZ9000（pNZ8148）相比，工程菌株 NZ9000（pFL010）在 CM 培养基中最高生物量提高了 1.7 倍，达到 0.88g/L。然而，好氧条件却使工程菌株 NZ9000（pFL010）和对照菌株 NZ9000（pNZ8148）的生长性能呈现出更大的差异性。为此，利用发酵罐分别考察好氧条件对不同菌株 NZ9000（pFL010）和 NZ9000（pNZ8148）在控制 pH（6.5±0.1）和不控制 pH 条件下的生长性能。

结果如图 8-34 所示，与对照菌株 NZ9000（pNZ8148）相比，工程菌株 NZ9000（pFL010）延滞期较短，其原因可能是种子液是在 GM17 培养基中进行，发酵液 pH 更适宜乳酸乳球菌的生长繁殖。此外，从葡萄糖消耗曲线来看，虽两者葡萄糖消耗速率并无显著差别，但工程菌株 NZ9000（pFL010）最高生物量为 4.73g/L，为对照菌株 NZ9000（pNZ8148）的 1.8 倍。因此，通过计算对葡萄糖的平均菌体得率（$Y_{x/s}$）发现，工程菌株 NZ9000（pFL010）最高 $Y_{x/s}$ 值显著高于对照菌株 NZ9000（pNZ8148），使其最高 $Y_{x/s}$ 值从 27.3g/mol 提高至 71.1g/mol，表明对照菌株 NZ9000（pNZ8148）需消耗更多碳源以维持细胞的生长，而工程菌株 NZ9000（pFL010）则具有更高的能量利用效率。

3. 不控制 pH 条件对菌株好氧生长的影响

与控制 pH 条件的好氧生长相比，不控制 pH 的好氧条件可稍微降低工程菌株 NZ9000（pFL010）的生长性能，使其最高生物量降低至 4.13g/L，为控制 pH 条件的 87.3%，但却显著降低对照菌株 NZ9000（pNZ8148）的生长性能，使其最高生物量仅为 0.34g/L

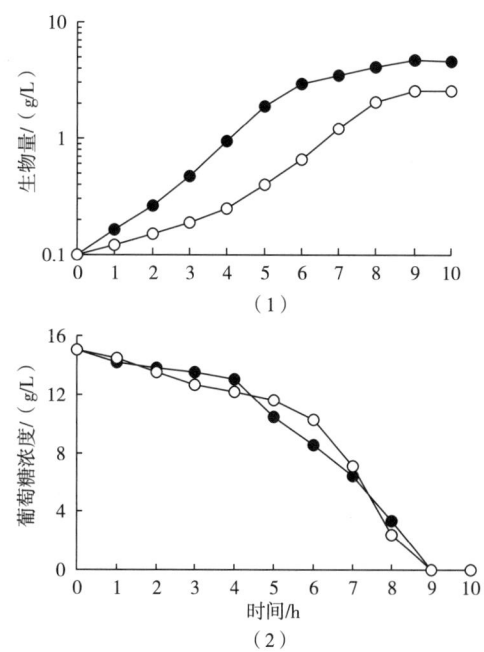

图 8-34 控制 pH 条件对乳酸乳球菌 NZ9000（pFL010）和 NZ9000（pNZ8148）生长参数的影响
●工程菌株 NZ9000（pFL010）；○对照菌株 NZ9000（pNZ8148）
(1) 生物量；(2) 葡萄糖浓度

[图 8-35（1）]。发酵结束时，工程菌株 NZ9000（pFL010）的葡萄糖消耗量为总量的 85%，而对照菌株 NZ9000（pNZ8148）的葡萄糖消耗量仅为总量的 25%。值得注意的是，当菌株 NZ9000（pFL010）和 NZ9000（pNZ8148）培养 4h 后，pH_{ex} 分别为 6.3 和 5.47 [图 8-35（3）]。在不控制 pH 条件下培养 5h，对照菌株 NZ9000（pNZ8148）的 pH_{in} 为 6.14，对应 pH_{ex} 为 5.23，胞内外 pH 差值为 0.91，属于乳酸乳球菌正常 ΔpH 范围内。然而，对于工程菌株 NZ9000（pFL010）而言，则检测不出细胞 pH_{in}，表明工程菌株 NZ9000（pFL010）胞内并没有被载入 cFSE（一种荧光染料），推测工程菌株 NZ9000（pFL010）增厚的细胞壁阻止了细胞吸收 cFDASE（一种荧光染料）。由于 pH_{ex} 可反映 pH_{in}，故工程菌株 NZ9000（pFL010）pH_{ex} 可作为评估其 pH_{in} 的一个参数。工程菌株 NZ9000（pFL010）培养 9h 后，pH_{ex} 仍高于 5.5，比对照菌株 NZ9000（pNZ8148）高出 0.9 个 pH 单位 [图 8-35（3）]，即工程菌株 NZ9000（pFL010）胞内 H^+ 浓度大约比对照菌株 NZ9000（pNZ8148）低 10 倍，表明与对照菌株 NZ9000（pNZ8148）胞内酸化程度相比，工程菌株 NZ9000（pFL010）泵出胞外和/或产生/积累的 H^+ 显著减少，进而降低其胞内的酸化程度。

此外，从 NH_4^+ 单位产量（mmol/gDCW）曲线可看出，工程菌株 NZ9000（pFL010）在培养 4h 时开始产铵 [图 8-35（4）]，且葡萄糖消耗速率同时出现显著的差异性 [图 8-35（2）]。工程菌株 NZ9000（pFL010）的 NH_4^+ 单位产量随着培养时间的延长持续增加，表明胞内本底表达的 MTG 在持续发挥活性而产生 NH_4^+。然而，对照菌株 NZ9000 (pNZ8148)只在pH_{ex}降低至4.6后才能检测到NH_4^+的产生,表明只有当pH_{ex}降低至某一临界值时,氨基酸分解代谢(如脱氨基作用)才开始响应发酵液的酸化。有趣的是,当生长培养10h后,工程菌株NZ9000(pFL010)发酵液中NH_4^+浓度达到0.94mmol/L,为对照菌株NZ9000(pNZ8148)的43倍(0.022mmol/L),表明工程菌株NZ9000(pFL010)所产生的NH_4^+显著增强其在不控制pH条件下的好氧生长能力。

在不控制pH条件下,乳酸乳球菌NZ9000(pFL010)和NZ9000(pNZ8148)的最高$Y_{x/s}$值分别为72.9g/mol和13.4g/mol,表明不控制pH条件对乳酸乳球菌NZ9000(pFL010)和NZ9000(pNZ8148)在$Y_{x/s}$上的差异性(5.4倍)比控制pH条件(2.6倍)有明显增加。此外,假设细胞每消耗1mol葡萄糖可产生2mol ATP,在不控制pH条件下,乳酸乳球菌NZ9000(pFL010)和NZ9000(pNZ8148)对葡萄糖的能量产率分别为36.5g/mol和6.7g/mol,表明工程菌株NZ9000(pFL010)对能量的利用效率显著高于对照菌株NZ9000(pNZ8148)。然而,工程菌株NZ9000(pFL010)在控制(71.7g/mol)和不控制条件(72.9g/mol)下的$Y_{x/s}$值基本一致,其原因可能是工程菌株NZ9000(pFL010)具有较强的缓冲能力,而保持pH_{ex}恒定对其生物量并无显著影响。

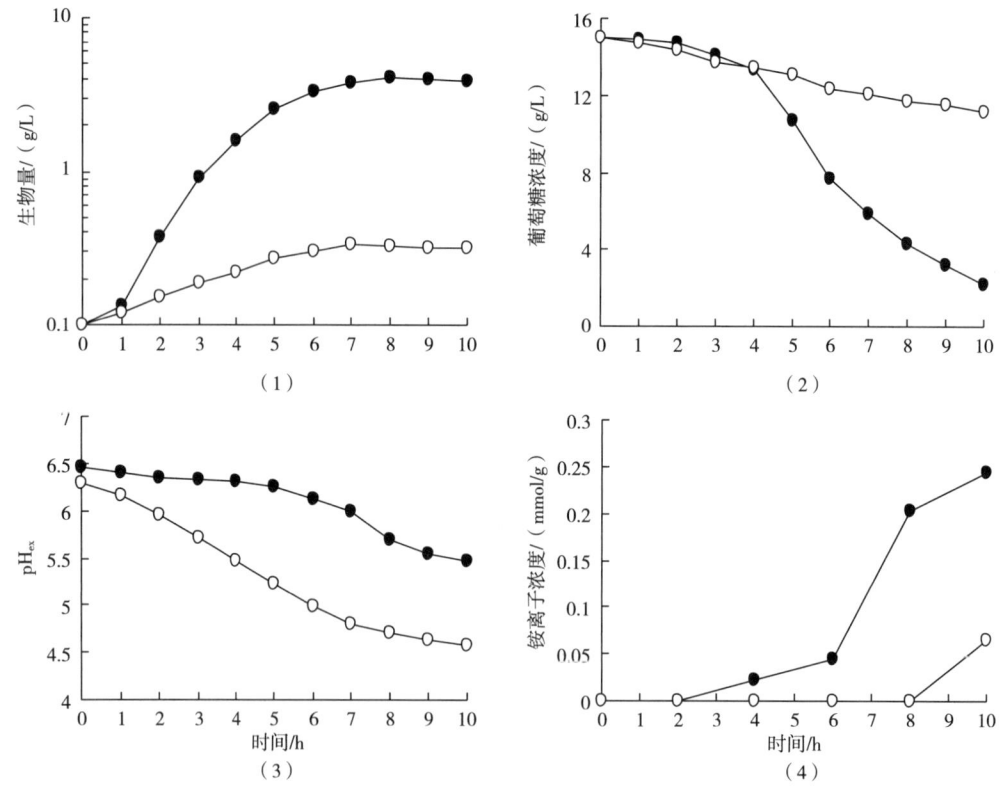

图8-35 不控制pH条件对乳酸乳球菌NZ9000(pFL010)和
NZ9000(pNZ8148)生长参数的影响

● ,乳酸乳球菌NZ9000(pFL010);○,乳酸乳球菌NZ9000(pNZ8148)
(1)生物量;(2)葡萄糖浓度;(3)pH_{ex};(4)铵离子单位浓度

4. 巯基乙醇对乳酸乳球菌 NZ9000（pFL010）和 NZ9000（pNZ8148）好氧生长的影响

据文献报道，添加二硫键还原剂可提高 MTG 对酶蛋白的催化活性，那么在培养基中添加二硫键还原剂——β-巯基乙醇（β-mercaptoethanol，β-ME），是否会对细胞生长产生抑制作用？结果如图 8-36 所示，添加 β-ME 对乳酸乳球菌 NZ9000（pNZ8148）生长速率有较弱的影响，但对乳酸乳球菌 NZ9000（pFL010）生长速率可产生较强的影响。例如，添加 30mmol/L β-ME 可显著降低乳酸乳球菌 NZ9000（pFL010）的生长速率，而添加 60mmol/L β-ME 可完全抑制乳酸乳球菌 NZ9000（pFL010）的生长性能，且显著降低其活细胞数量 [图 8-36（1）和（2）]，表明当胞内氧化还原电位降低时，过量表达 *mtg* 基因可损害乳酸乳球菌 NZ9000 的生长性能。

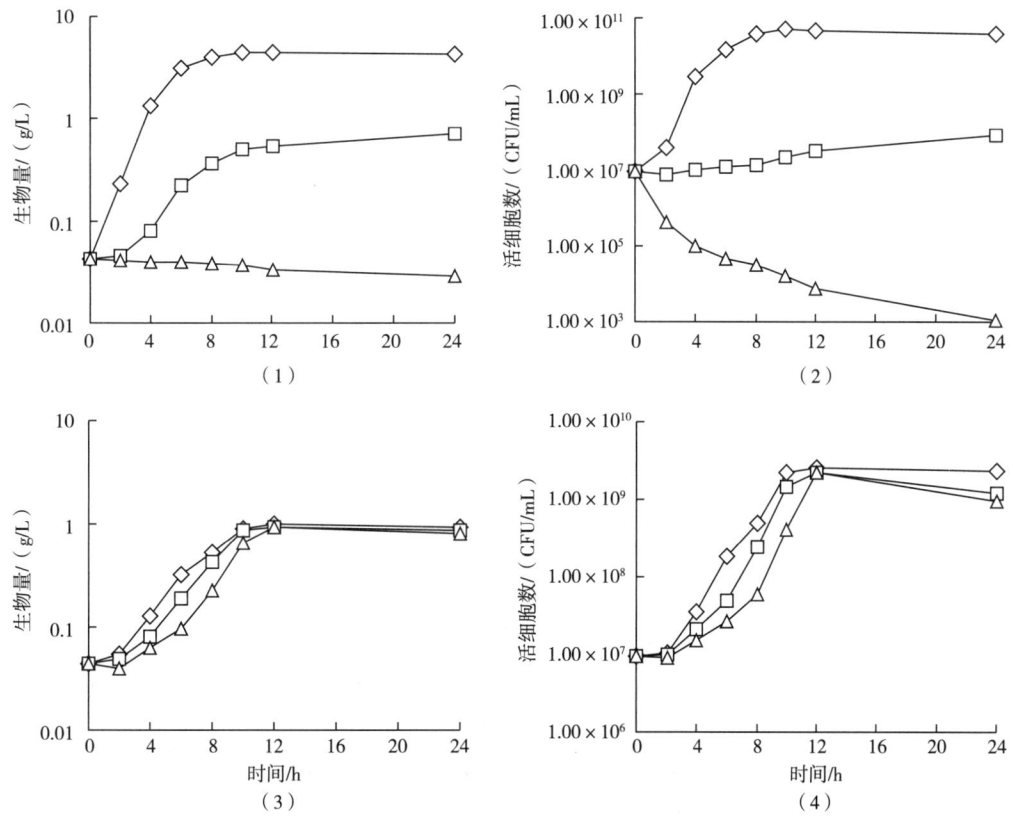

图 8-36　添加 β-ME 对乳酸乳球菌 NZ9000（pFL010）和 NZ9000（pNZ8148）好氧生长的影响
◇，0mmol/L β-ME；□，30mmol/L β-ME；△，60mmol/L β-ME
（1）乳酸乳球菌 NZ9000（pFL010）生物量；（2）乳酸乳球菌 NZ9000（pFL010）活细胞数；
（3）乳酸乳球菌 NZ9000（pNZ8148）生物量；（4）乳酸乳球菌 NZ9000（pNZ8148）活细胞数

（二）外源添加谷氨酰胺转氨酶对乳酸乳球菌 NZ9000 抵御氧胁迫的影响

在前期实验中发现，乳酸乳球菌 NZ9000（pFL010）和 NZ9000（pNZ8148）在发酵罐中进行好氧培养时，在相同供氧条件（搅拌转速 600r/min，通气量 1∶1.5）下，乳酸乳球菌 NZ9000（pFL010）在生长 5h 时，溶氧降低约 50%，而整个乳酸乳球菌 NZ9000（pNZ8148）发酵过程（10h）溶氧仅降低 10%。作为兼性厌氧菌，对氧摄入量显著增加表明乳酸乳球菌 NZ9000（pFL010）对氧耐受力有所增加，但其内在生理机制仍需进一步探究。为此，通过对比研究乳酸乳球菌 NZ9000（pFL010）和 NZ9000（pNZ8148）对氧胁迫的抗性，进一步考察了 MTG 酶对乳酸乳球菌 NZ9000（pNZ8148）中 CFE 清除 H_2O_2 能力的影响。

1. 乳酸乳球菌 NZ9000（pFL010）和 NZ9000（pNZ8148）氧胁迫抗性的比较分析

在乳酸菌生长过程中，H_2O_2 被认为是乳酸菌氧代谢所产生的最重要抑制性物质，并作为氧胁迫介质用于乳酸菌的氧胁迫研究。因此，为研究不同生长时期乳酸乳球菌 NZ9000（pFL010）和 NZ9000（pNZ8148）对 H_2O_2 胁迫抗性的影响，分别选取了培养 3h、5h 和 7h 的细胞，经过 50mmol/L H_2O_2 胁迫 15min 后，将菌体重新接入新鲜 GM17 培养基中进行好氧培养。结果如图 8-37 所示，3h 取样的乳酸乳球菌 NZ9000（pFL010）基本不生长，而 5h、7h 时取样的乳酸乳球菌 NZ9000（pFL010）能够生长，但与未受胁迫对照组相比，延滞期有所延长，且取样时间越延后，细胞生长延滞期所受影响越小。然而，与乳酸乳球菌 NZ9000（pFL010）相比，乳酸乳球菌 NZ9000（pNZ8148）三个时间点的样品基本都不生长，表明氧胁迫后乳酸乳球菌 NZ9000（pNZ8148）的细胞存活率非常低。

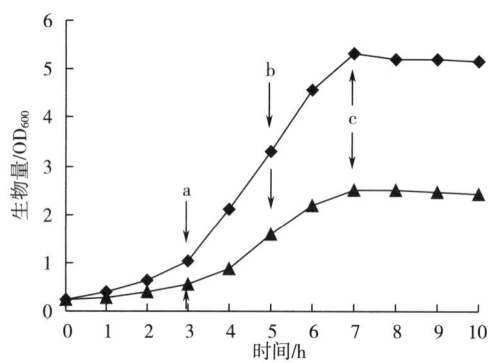

图 8-37　氧胁迫对乳酸乳球菌 NZ9000（pFL010）与 NZ9000（pNZ8148）好氧生长的影响

◆，乳酸乳球菌 NZ9000（pFL010）；▲，乳酸乳球菌 NZ9000（pNZ8148）

a~c，分别在生长 3h、5h、7h 时取样进行 H_2O_2 胁迫

同时，从存活率［图 8-38（1）］上可看出，随着胁迫时间的延长，生长 5h 的乳酸乳球菌 NZ9000（pFL010）与 NZ9000（pNZ8148）对 H_2O_2 抗性的差异性逐渐显著。经 50mmol/L H_2O_2 胁迫 20min、40min、60min 和 80min 后，乳酸乳球菌 NZ9000（pFL010）的存活率分别是乳酸乳球菌 NZ9000（pNZ8148）的 10.4 倍、11.8 倍、30.7 倍和 83.7 倍，表明乳酸乳球菌 NZ9000（pFL010）抵御 H_2O_2 胁迫的能力显著高于乳酸乳球菌 NZ9000（pNZ8148）。同时，乳酸乳球菌 NZ9000（pFL010）在离心管中进行 H_2O_2 胁迫时，溶液中出现较多气泡，推测气泡是 H_2O_2 发生降解后生成的 O_2。此外，将乳酸乳球菌 NZ9000 (pFL010)和 NZ9000(pNZ8148)在 20mmol/L 甲萘醌溶液中分别胁迫 20min、40min、60min 和 80min，结果发现经甲萘醌胁迫 20min 后两菌株存活率均较高，其原因可能与甲萘醌形成 O_2^- 机理有关：即甲萘醌能通过氧化还原反应链增加 O_2^- 数量，而此类氧化还原反应需要一定的反应时间。然而，随着胁迫时间的增加，乳酸乳球菌 NZ9000（pFL010）的耐受性能优势逐渐明显。例如，经 20mmol/L 甲萘醌胁迫 40min、60min 和 80min 后，乳酸乳球菌 NZ9000（pFL010）存活率分别为乳酸乳球菌 NZ9000（pNZ8148）的 80.8 倍、97.4 倍和 178.3 倍[图 8-39（2）]。

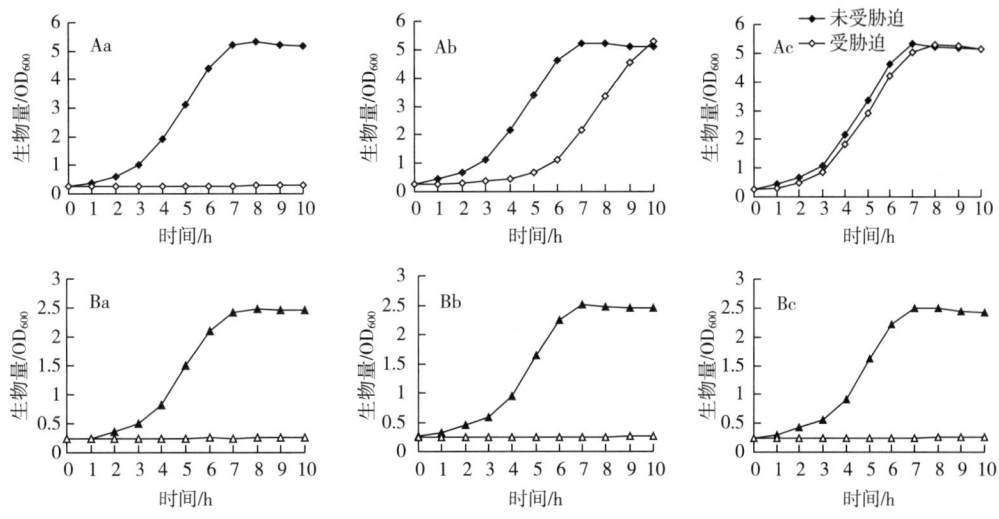

图 8-38 不同生长时期对乳酸乳球菌 NZ9000（pFL010）与
NZ9000（pNZ8148）受 H_2O_2 胁迫前后生长的影响

▲，未受胁迫；△，受胁迫；A，乳酸乳球菌 NZ9000（pFL010）；

B，乳酸乳球菌 NZ9000（pNZ8148）；a~c，在 3、5、7h 时取样

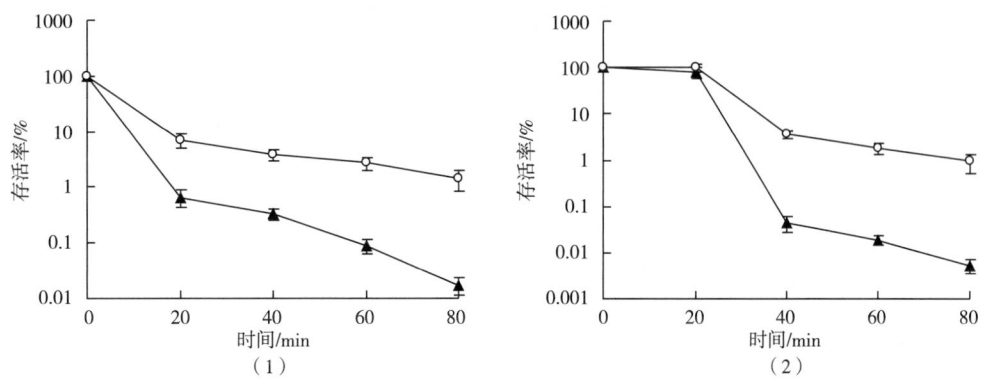

图 8-39　50mmol/L H_2O_2（1）和 20mmol/L 甲萘醌
（2）胁迫乳酸乳球菌 NZ9000（pFL010）（○）和 NZ9000（pNZ8148）（▲）存活率的影响

2. 添加 MTG 纯酶对乳酸乳球菌 NZ9000（pNZ8148）CFE 清除 H_2O_2 能力的影响

过量表达谷氨酰胺转氨酶可有效提高乳酸乳球菌 NZ9000（pFL010）抵御氧胁迫的能力，但其耐受性生理机制是 MTG 本身的作用，还是与其交联反应的产物有关？为此，将乳酸乳球菌 NZ9000（pFL010）和乳酸乳球菌 NZ9000（pNZ8148）CFE 蛋白质浓度调整至同一水平（0.173mg/mL），分别测定不同菌株 CFE 对 H_2O_2 的清除能力，发现乳酸乳球菌 NZ9000（pFL010）CFE 对 H_2O_2 的清除能力与乳酸乳球菌 NZ9000（pNZ8148）无显著差异，其原因可能是：MTG 本身对 H_2O_2 清除力（1.84U/mg）较弱，且 CFE 中存在其他较强清除 H_2O_2 的物质（如 NADH 过氧化物酶）可对实验结果产生影响，进而导致在较高背景中 MTG 对 H_2O_2 微弱的清除力无法显现。因此，分别比较研究在乳酸乳球菌 NZ9000（pNZ8148）CFE 中添加 MTG 纯酶液至终浓度为 70mU/mg 蛋白和 7U/mg 蛋白对清除 H_2O_2 能力的影响。

结果如图 8-40 所示，添加 MTG 纯酶可有效改善乳酸乳球菌 NZ9000（pNZ8148）的 CFE 对 H_2O_2 的清除力。然而，随着保温时间的延长，添加和未添加 MTG 纯酶对乳酸乳球菌 NZ9000（pNZ8148）的 CFE 对 H_2O_2 清除能力的差异性均逐渐降低，表明 CFE 中抗氧化物质会逐渐损耗。值得注意的是，在保温 1~4h 内，添加终浓度为 7 U/mg 蛋白 MTG 纯酶的乳酸乳球菌 NZ9000（pNZ8148）的 CFE 对 H_2O_2 清除能力的下降速率要高于对照 CFE（未添加 MTG）或添加 70mU/mg 蛋白 MTG 纯酶的 CFE。有趣的是，在保温 20h 后，添加终浓度为 7U/mg 蛋白 MTG 纯酶的乳酸乳球菌 NZ9000（pNZ8148）CFE 中出现明显交联沉淀状，使其对 H_2O_2 清除能力降为 0，表明 MTG 交联反应产物对清除 H_2O_2 并无作用。

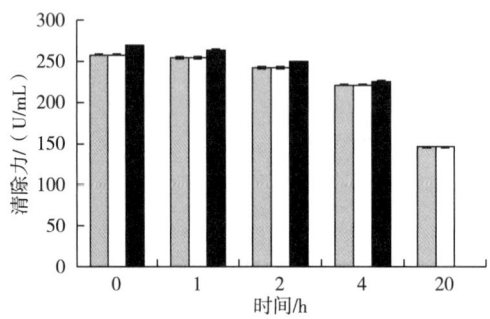

图 8-40　添加 MTG 纯酶对乳酸乳球菌 NZ9000（pNZ8148）CFE 清除 H_2O_2 能力的影响
▨，不添加 MTG 纯酶；□，添加 70mU/mg 蛋白纯酶；■，添加 7U/mg 蛋白纯酶

三、缺失 *CcpA* 基因对保加利亚乳杆菌抵御环境胁迫的影响

作为转录调控中 LacI/GalR 一族，CcpA 蛋白与 HPr-Ser-P 形成复合物并识别分解代谢反应单元 cre，进而抑制或促进下游操纵子的转录水平。此外，在乳酸乳球菌呼吸代谢中，CcpA 还能通过调节血红素摄入水平而抑制氧化应激反应，从而避免细胞受到氧化损害；而缺失 CcpA 可导致细胞乙酸激酶活性降低。为此，以德式乳杆菌保加利亚亚种

ATCC11842 为出发菌株，通过构建 CcpA 突变菌株，系统研究缺失 CcpA 对菌体生长、糖代谢及其关键酶活性、菌体抗胁迫间的相互关系，以期解析 CcpA 蛋白调控乳酸菌抵御外界环境胁迫能力的生理机制。

（一）基因 CcpA 缺失对保加利亚乳杆菌生长的影响

为研究基因 CcpA 缺失对保加利亚乳杆菌生长性能的影响，在有氧和无氧条件下，分别考察其野生菌株和 CcpA 突变菌株在 MRS 培养基中的生长情况。结果如图 8-41 所示，在无氧条件下，野生型菌株在 12h 可进入稳定期，且其 OD 值可稳定在 1.2~1.3；但 CcpA 突变菌株则需培养 16h 后才可进入稳定期，且其 OD 值也降低至 0.9~1.0，表明基因 CcpA 缺失可有效抑制保加利亚乳杆菌的生长性能。类似的，对同一菌株而言，有氧培养条件有助于促进菌体的生长性能，但其生长趋势与无氧培养条件一致。

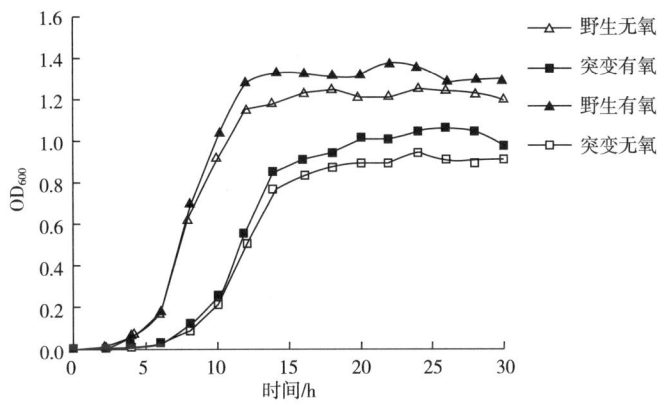

图 8-41 不同条件下基因 CcpA 缺失对菌株生长性能的影响

（二）基因 CcpA 缺失对糖代谢途径的影响

结果如表 8-4 所示：在有氧和无氧条件下，与野生型菌株相比，基因 CcpA 缺失均可有效降低突变菌株的葡萄糖消耗速率，使其分别由 0.771g/(h·L)、0.731g/(h·L) 降低至 0.714g/(h·L)、0.634g/(h·L)。然而，对同一菌株而言，有氧培养条件有利于菌株对葡萄糖的吸收和消耗，且消耗量均大于无氧培养条件。与无氧条件相比，有氧培养条件可使野生型菌株对葡萄糖的消耗率增加 5.47%，而突变菌株则提高 12.62%。此外，通过对不同菌株代谢产物（乳酸和乙酸）的测定分析，发现在有氧和无氧培养条件下，野生型菌株中乳酸生成速率均高于突变菌株，且分别比突变菌株增加了 47.62% 和 21.87%；但对同一菌株而言，无氧培养可使乳酸生成速率大于有氧培养，其中无氧培养可使野生菌株合成乳酸的速率比有氧培养提高了 23.94%，而突变菌株则提高 50.13%。对乙酸而言，有氧培养条件下，突变菌株合成乙酸的速率比野生型菌株增加了 47.73%，而无氧培养条件并不影响突变菌株合成乙酸的速率。因此，基因 CcpA 的缺失可显著影响保加利亚乳杆菌的糖代谢途径，进而降低突变菌株的葡萄糖消耗速率及其代谢能力。

表 8-4　基因 *CcpA* 缺失对保加利亚乳杆菌葡萄糖、乳酸和乙酸代谢的影响

菌株	培养条件	葡萄糖浓度/(g/L)	消耗速率/[g/(L·h)]	DL-乳酸浓度/(g/L)	乳酸生产速率/[g/(L·h)]	乙酸浓度/(g/L)	乙酸生产速率/[g/(L·h)]
野生菌	无氧	2.451±0.033	0.731±0.009	17.508±0.027	0.730±0.057	0.965±0.038	0.040±0.072
野生菌	有氧	1.508±0.012	0.771±0.004	14.126±0.100	0.589±0.213	4.164±0.048	0.176±0.090
突变株	无氧	4.792±0.041	0.634±0.010	14.376±0.025	0.599±0.056	0.931±0.004	0.039±0.007
突变株	有氧	2.857±0.027	0.714±0.011	9.584±0.015	0.399±0.031	6.246±0.035	0.260±0.068

（三）基因 *CcpA* 缺失对糖酵解关键酶活性的影响

通过考察不同菌株糖酵解关键酶活性的变化规律，进一步解析基因 *CcpA* 缺失对细胞糖代谢的影响。结果如表 8-5 所示，与野生型菌株相比，在无氧条件下，缺失 *CcpA* 可使突变菌株胞内乳酸脱氢酶、磷酸果糖激酶和丙酮酸激酶等关键酶的相对酶活性分别降低 72.22%、60.07% 和 70.58%；但在有氧条件下，缺失 *CcpA* 使突变菌株胞内乳酸脱氢酶、磷酸果糖激酶和丙酮酸激酶等关键酶的相对酶活性分别降低了 36.75%、62.87% 和 29.05%。值得注意的是，不同培养条件（有氧和无氧）对 *CcpA* 突变菌株胞内乳酸脱氢酶、磷酸果糖激酶和丙酮酸激酶等关键酶活性的影响并不显著。

表 8-5　基因 *CcpA* 缺失对保加利亚乳杆菌糖酵解关键酶活性的影响

菌株	培养条件	乳酸脱氢酶比活性/(U/mg)	磷酸果糖激酶比活性/(U/mg)	丙酮酸激酶比活性/(U/mg)
野生菌	无氧	50.980±0.502[a]	50.089±0.586[a]	90.028±0.717[a]
野生菌	有氧	23.316±0.542[b]	28.977±0.797[b]	37.729±0.310[b]
突变株	无氧	14.519±0.513[c]	20.006±0.615[c]	26.490±0.890[c]
突变株	有氧	14.747±0.400[c]	10.757±0.586[c]	26.767±0.594[c]

注：每一列中不同字母表示该列数值差异显著，$P<0.05$。

（四）基因 *CcpA* 缺失对保加利亚乳杆菌抵御不同环境胁迫的影响

为进一步研究 CcpA 蛋白的全局调控作用，首先考察基因 *CcpA* 缺失对保加利亚乳杆菌抵御热胁迫和冷冻胁迫的影响。结果如图 8-42 所示，将菌体细胞迅速放入 55℃ 水浴锅中，分别热胁迫 0min、10min、20min、30min 和 40min 后，取样稀释涂布进行菌落计数。随着热胁迫时间的延长，菌落数逐渐减少，但热胁迫 30~40min 后菌落数趋于平稳。与野生菌株相比，突变菌株耐热性下降，且其菌落总数仅为对照组的 3.14%；与无氧培养相比，有氧培养均可提高菌株的耐热性能。同时，将菌体细胞放置在 4℃ 冰箱进行冷胁迫处理，结果表明：随着冷冻胁迫时间的延长，菌株的菌落总数显著降低，其中 0~5d 菌体变化不明显，5~15d 菌体减少明显，15~20d 趋于平稳。此外，在有氧培养时，0~12d 内突

变菌株的菌落总数为野生菌株的 48.42%；而无氧培养时，突变菌株的菌落总数仅为野生菌株的 8.16%。然而，对同一菌株而言，有氧培养时菌体的耐冷性能均高于无氧培养时，其中野生菌株高出 7.93%，突变菌株则高出 91.52%［图 8-42（2）］。类似的，当利用过氧化氢作为氧胁迫介质考察基因 $CapA$ 缺失对菌株抵御氧化胁迫的影响时，研究发现：当培养条件不变时，$CcpA$ 突变菌株的抗氧化损伤显著高于野生菌株，且有氧培养更有利于提高菌株的抗氧化损伤。

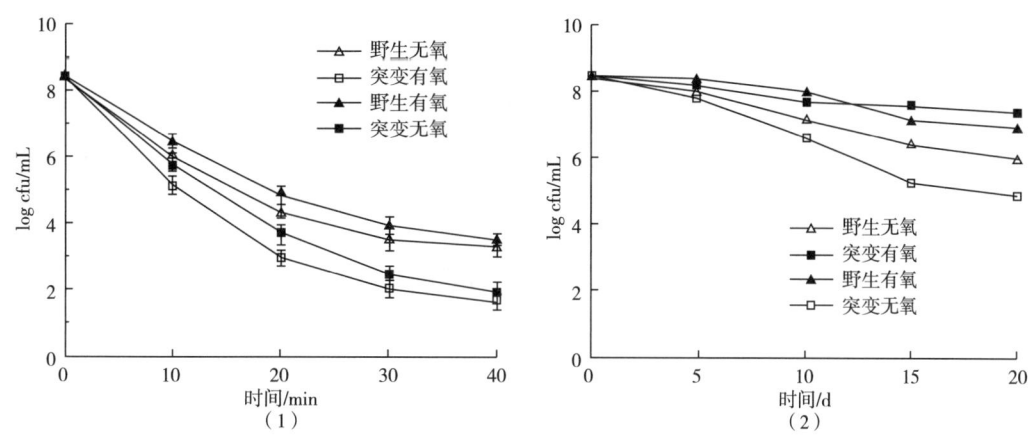

图 8-42 基因 $CcpA$ 缺失对保加利亚乳杆菌抵御热（1）和冷（2）胁迫的影响

综上所述，在外界环境胁迫下，缺失 $CcpA$ 基因可有效降低菌株的耐热和耐冷性能，但却显著提高细胞抵御氧化胁迫的能力。然而，Castaldo 等利用蛋白质组学研究基因 $CcpA$ 缺失对植物乳杆菌 LM3 中 I 型热激反应操纵子表达的影响，发现 I 型热激反应操纵子表达下调是导致其耐热性下降的原因之一；但 Teresa 等采用相同研究方法发现同属 I 型热激反应操纵子 DnaK 和 GrpE，在基因 $CcpA$ 缺失植物乳杆菌 WCFS 中却表现出不同的表达情况，即 DnaK 表达下调而 GrpE 表达上调。因此，调控蛋白 CcpA 对热激反应操纵子的调控具有菌种特异性，即便同属植物乳杆菌，其菌株差异性也可导致同一基因发挥不同功能。

四、过量表达过氧化氢酶对嗜热链球菌抵御环境胁迫的影响

嗜热链球菌（$S. thermophilus$）是一类重要的经济微生物，被广泛应用于乳制品发酵，且可与保加利亚乳杆菌（$L. bulgaricus$）建立良好的共生关系，被联合用于酸奶发酵剂。然而，由于长期生长于富营养环境中，导致 $S. thermophilus$ 与 $L. bulgaricus$ 缺乏抗氧胁迫所必需的多种酶类，导致其抗氧胁迫能力较弱。其中，虽 $S. thermophilus$ 具备能够降解超氧自由基（O_2^-）的超氧化物歧化酶（SOD），但却缺乏降解 H_2O_2 的相关酶类；而 $L. bulgaricus$ 则完全缺乏上述酶类。因此，提高 $L. bulgaricus$ 与 $S. thermophilus$ 的抗氧胁迫能力，获得强耐氧胁迫的优良菌株，对提高酸奶质量具有重要的作用。为此，通过在 $S. thermophilus$ ST5 中过量表达过氧化氢酶以期提高菌株抗 H_2O_2 的耐氧胁迫能力。

（一）过氧化氢酶在嗜热链球菌中的活性表达

将来源于 *L. brevis* ATCC 367 的过氧化氢酶基因 *katE*（GeneBank ID：LIVS-0906）过量表达至 *S. thermophilus* ST5，获得工程菌株 *S. thermophilus* ST5/pB6KatE（对照菌株为 *S. thermophilus* ST5/pB6）。由于过氧化氢酶可迅速分解 H_2O_2 并呈现"气泡反应"，因此利用该现象可快速判断菌株是否具有过氧化氢酶活性。结果如图 8-43（1）所示：*L. brevis* ATCC367 及 *S. thermophilus* ST5/pB6KatE 均能发生明显的"气泡反应"，而对照菌株 *S. thermophilus* ST5/pB6 则不存在此现象。同时，经蛋白凝胶电泳实验后，发现在 *L. brevis* ATCC367 及 *S. thermophilus* ST5/pB6KatE 中均可观察到一条位置一致的明亮条带，而在相同位置 *S. thermophilus* ST5/pB6 则不存在任何蛋白条带，间接证明 *S. thermophilus* ST5/pB6KatE 中过氧化氢酶来源于 *L. brevis* ATCC 367。此外，通过对胞内过氧化氢酶活性的测定，发现工程菌株 *S. thermophilus* ST5/pB6KatE 中过氧化氢酶活性可达 6.4μmol H_2O_2 min/10^{-8}cfu，与 *L. brevis* ATCC367 中过氧化氢酶活性（8.1μmol H_2O_2 min/10^{-8}cfu）相当，但在对照菌株 *S. thermophilus* ST5/pB6 中却检测不到过氧化氢酶活性［图 8-43（3）］。因此，来源于 *L. brevis* ATCC367 的过氧化氢酶基因 *katE* 在 *S. thermophilus* ST5 中实现了高效活性表达。

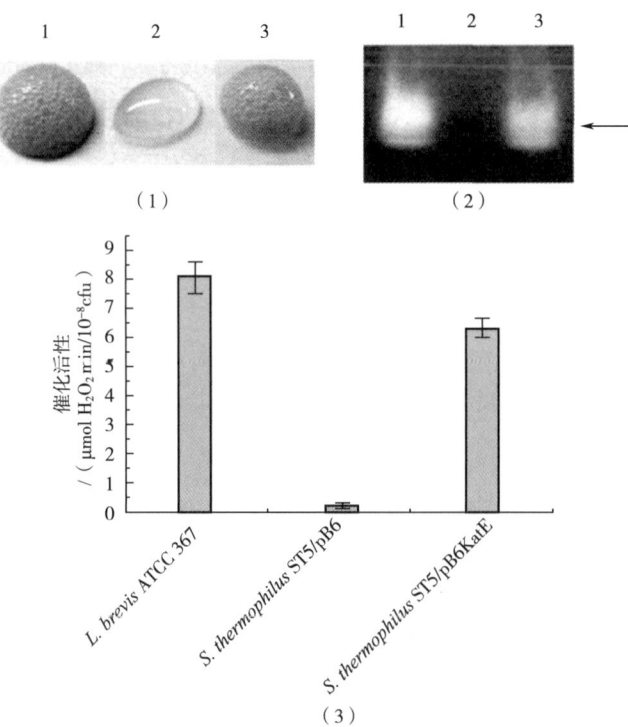

图 8-43　（1）气泡反应（1，*L. brevis* ATCC367；2，*S. thermophilus* ST5/pB；3，*S. thermophilus* ST5/pB6KatE）；（2）非变性凝胶电泳或过氧化氢酶活性染色（1，*L. brevis* ATCC367；2，*S. thermophilus* ST5/pB；3，*S. thermophilus* ST5/pB6KatE）；（3）过氧化氢酶活性定量测定

第八章
代谢工程手段改善发酵微生物胁迫抗性

（二）过量表达过氧化氢酶对嗜热链球菌抵御 H_2O_2 胁迫能力的影响

首先，确定嗜热链球菌对 H_2O_2 的致死浓度。一般来说，相对于稳定期生长阶段，处于指数期的菌株 *S. thermophilus* ST5 对 H_2O_2 更为敏感。为此，以终浓度为 6mmol/L H_2O_2 处理指数期细胞 1h 可使 *S. thermophilus* ST5 活菌数由 10^{-8}cfu/mL 降低至 10^{-3}cfu/mL；而使稳定期细胞降低至此数量级则需以 10mmol/L H_2O_2 处理 1h（图 8-44）。因此，将利用 6mmol/L 及 10mmol/L H_2O_2 处理对数期及稳定期细胞以比较不同菌株抵御 H_2O_2 胁迫能力的差异性。

值得注意的是，不论对数期或稳定期，过量表达过氧化氢酶均可改善宿主菌株抵御氧胁迫的能力。例如，以终浓度为 6mmol/L H_2O_2 处理 1h 后，指数期的工程菌株 *S. thermophilus* ST5/pB6KatE 细胞存活率为对照菌株 *S. thermophilus* ST5/pB6 的 52 倍；而以终浓度为 10mmol/L H_2O_2 处理 1h 后，稳定期的工程菌株 *S. thermophilus* ST5/pB6KatE 细胞存活率为对照菌株 *S. thermophilus* ST5/pB6 的 143 倍（图8-44）。因此，过量表达过氧化氢酶 KatE 可显著改善嗜热链球菌抵御 H_2O_2 胁迫的能力。

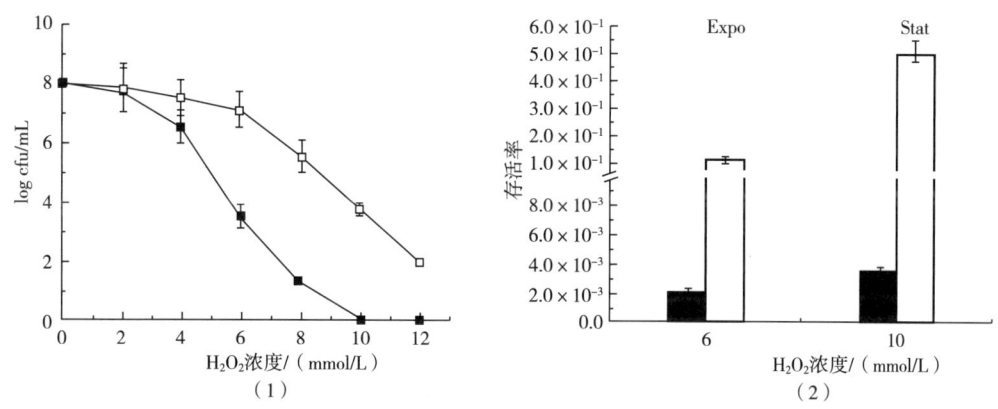

图 8-44 （1）梯度 H_2O_2 胁迫对对数期及稳定期 *S. thermophilus* ST5 细胞存活率的影响
（□，稳定期细胞；■，对数期细胞）；（2）短时间 H_2O_2 胁迫对不同菌株细胞存活率的影响
（■，*S. thermophilus* ST5/pB6；□，*S. thermophilus* ST5/pB6KatE）

（三）过量表达过氧化氢酶对嗜热链球菌抵御综合氧胁迫能力的影响

一般来说，长时间的有氧培养可使环境中不断产生或积累羟自由基和超氧阴离子自由基等活性氧族（ROS），并被用于检测微生物抵御综合氧胁迫的能力。为此，分别考察了四天连续有氧培养对菌株 *S. thermophilus* ST5/pB6KatE 和 *S. thermophilus* ST5/pB6 存活率的影响。结果如图 8-45 所示，随着有氧培养时间的延长，工程菌株 *S. thermophilus* ST5/pB6KatE 与对照菌株 *S. thermophilus* ST5/pB6 间活菌数的差异性逐渐增大。当有氧培养至 96h 时，工程菌株 *S. thermophilus* ST5/pB6KatE 细胞存活率为对照菌株 *S. thermophilus* ST5/pB6 细胞存活率的 2500 倍。因此，过量表达过氧化氢酶可有效减少各种氧胁迫对嗜热链球菌细胞的损害。

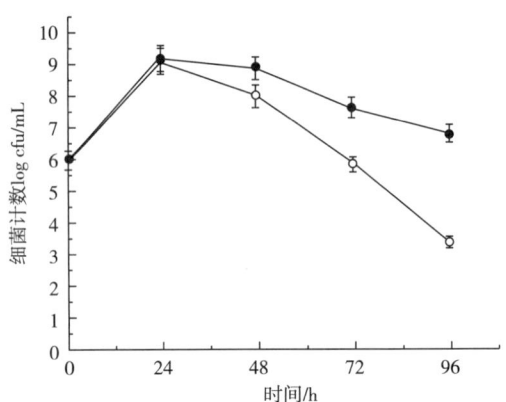

图 8-45　长时间有氧培养对菌株 S. thermophilus ST5/pB6KatE（●）
和 S. thermophilus ST5/pB6（○）细胞存活率的影响

（四）过量表达过氧化氢酶对嗜热链球菌与保加利亚乳杆菌共生关系的影响

在乳环境共培养条件下，进一步考察过量表达过氧化氢酶对改善嗜热链球菌及其伴侣菌株 L. bulgaricus ATCC 11842 抵御氧胁迫（尤其是 H_2O_2）能力的影响。结果如图 8-46 所示：在乳环境中经 H_2O_2 暴露处理 1h 后，指数期及稳定期 S. thermophilus ST5/pB6KatE 的细胞活菌数分别为对照菌株 S. thermophilus ST5/pB6 的 44 倍及 102 倍，表明过量表达过氧化氢酶仍可有效提高嗜热链球菌在乳环境中抵御 H_2O_2 胁迫的能力。此外，指数期及稳定期的 L. bulgaricus ATCC 11842 在与 S. thermophilus ST5/pB6KatE 混合培养时，经 H_2O_2 暴露处理 1h 后，其存活率分别是与对照菌株 S. thermophilus ST5/pB6 混合培养时的 18 倍和 127 倍。因此，在共培养条件下，过量表达过氧化氢酶 KatE 不仅可显著改善嗜热链球菌自身抵御 H_2O_2 胁迫的能力，还可改善其伴侣菌株 L. bulgaricus 抵御 H_2O_2 胁迫的能力。

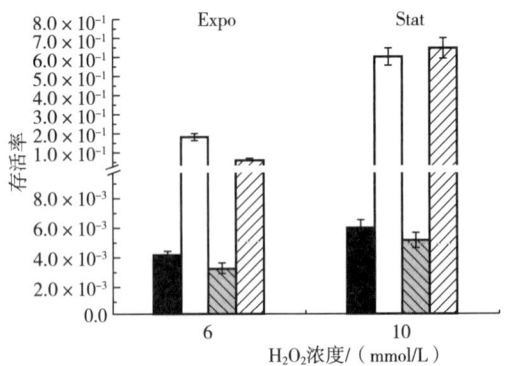

图 8-46　短时间 H_2O_2 胁迫对 L. bulgaricus ATCC 11842 及 S. thermophilus ST5 细胞存活率的影响
黑色柱，S. thermophilus ST5/pB6；白色柱，S. thermophilus ST5/pB6KatE；
左斜纹柱，与 S. thermophilus ST5/pB6 混合的 L. bulgaricus ATCC 11842；
右斜纹柱，与 S. thermophilus ST5/pB6KatE 混合的 L. bulgaricus ATCC 11842

第四节 代谢工程改造酿酒酵母抵御环境胁迫

一、前言

作为世界公认的安全菌株和模式微生物,酿酒酵母因其生长速度快、营养要求简单、产物转化效率高等优点被广泛应用于生产各种大宗生物基产品,尤其在乙醇生产中发挥着巨大的作用。同时,酿酒酵母还具有遗传背景清楚、便于突变体分离、可平板影印和在多种筛选标记下均可成活等优点,已成为分子生物学和遗传学研究的有力工具。然而,酿酒酵母生存于各种应激环境,如高渗、高温、高乙醇等中,导致其细胞为抵御恶劣环境而进化形成多种快速应激调节机制。因此,虽细胞抵御环境胁迫的耐受性能不如其发酵性能及合成功能重要,但在生产实践中却甚为关键,而通过对酿酒酵母抗逆机制的全面了解,选育耐高糖、高温、高乙醇等适于工业化生产的酵母菌株,不仅能够节能减排,还可简化发酵流程和工艺,减少发酵成本,为工业生物技术的发展提供技术支撑。

二、酿酒酵母抵御各种环境胁迫的生理机制解析

(一)酿酒酵母抵御氧化胁迫的生理机制解析

因具有兼性厌氧特性,酿酒酵母在乙醇发酵过程中存在需氧代谢,不可避免地产生自由基、活性氧(reactive oxygen species,ROS)和活性氮(reactive nitrogen species,RNS)等高活性物质,并与胞内蛋白、脂质等物质反应,形成氧化修饰,导致活性物质失活,进而影响细胞的正常生理功能。然而,在正常生长条件下,细胞会产生适量 ROS 作为胞内或细胞间的信号分子,但在胁迫条件下,胞内 ROS 水平急剧增加,进而显著提高胞内总蛋白的羰基化修饰。因此,为应对氧化胁迫,酵母细胞将大量表达相关的抗氧化酶基因、胁迫响应基因及转录因子,如 SOD1、CAT、CTT1、HAA1 和热激蛋白家族基因等。同时,胞内也会聚集次级代谢产物,如海藻糖、麦角固醇等,以保护细胞免受氧化胁迫,进而在非酶水平、蛋白质水平和基因水平上协同作用共同完成 ROS 的清除和胁迫响应应答。因此,当细胞处于正常非胁迫条件下生长时,细胞由于氧气的存在会产生适量 ROS,但当乙酸、乙醇、重金属离子存在时,胞内会产生过多 ROS,进而导致胞内抗氧化防御基因的表达,进一步激活抗氧化胁迫信号的传导,诱导产生相关物质以保护细胞免受氧化损伤。其调控机制如图 8-47 所示。

1. 胞内代谢物的合成应对 ROS 氧化损伤

酵母细胞可合成一些代谢产物以抵抗胞内 ROS,如非酶蛋白、海藻糖、氨基酸衍生物、维生素、糖原和脂肪酸等。其中,非酶类蛋白包括金属硫蛋白、谷氧还原蛋白、硫氧还原蛋白等可直接与胞内过多 H_2O_2 等氧化剂作用。例如,谷胱甘肽(glutathione,GSH)是细胞最重要的一种氨基酸衍生物抗氧化剂,可直接与胞内超氧离子作用生成氧化型谷胱甘肽,用以清除胞内氧化胁迫。此外,胞内海藻糖也可还原胞内被氧化蛋白的修饰,减少

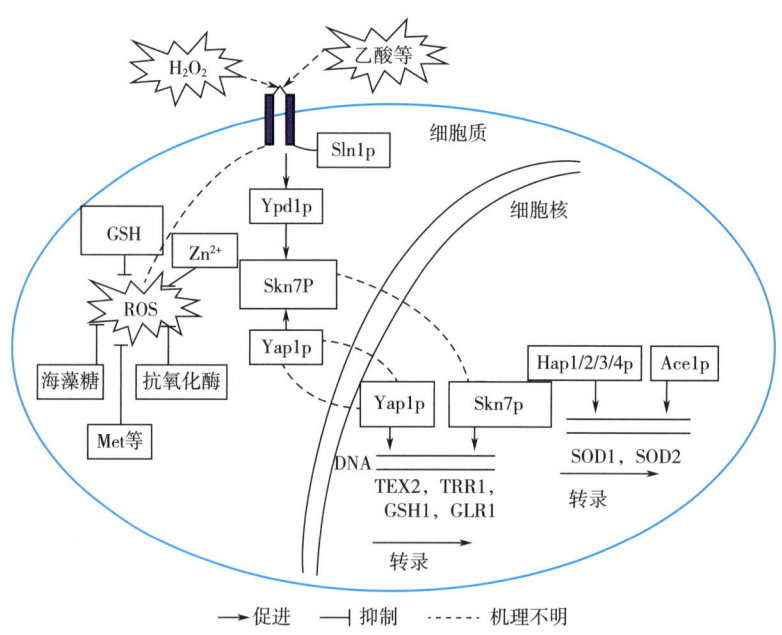

图 8-47 酿酒酵母细胞抗氧化胁迫响应应答

脂质类氧化损伤。

2. 抗氧化酶系统清除 ROS

为应对胞外环境的胁迫,酵母细胞存在两类抗氧化系统,即酶学抗氧化系统和非酶学抗氧化系统,用于及时清除胞内 ROS,维持胞内 DNA 和蛋白质的正常生物学功能。其中,抗氧化酶防御系统主要包括 *SOD1* 基因系列编码的还原酶、*CTT1* 基因系列编码的还原酶、硫氧还蛋白还原酶系、GSH-GSSH 酶系及硫氧甲硫氨酸还原酶等,其主要作用是清除胞内 H_2O_2 胁迫、超氧负离子胁迫、过氧化氢和烷基过氧化氢胁迫、维持胞内正常 GSH/GSSH 比例及保护胞内甲硫氨酸活性位点等。而非酶学抗氧化系统主要包括还原型谷胱甘肽(GSH),其最主要作用就是与相关代谢酶共同形成抗氧胁迫防线。例如,GSH-GSSG 过氧化物酶系统就是依赖于 GSH 的还原系统,由谷胱甘肽合成酶、GSH 还原酶、GSH 过氧化物酶和 NADPH 组成。因此,抗氧化酶系统可构成胞内抗氧化屏障,同时将 ROS 信号传递到细胞核内,使其表达出更精准的调控物质。抗氧化酶及 GSH 在氧化胁迫中的作用见图 8-48。

3. 基因水平上调控表达清除 ROS

细胞核在接受 ROS 信号时,将产生更为精准的基因调控以应对氧化胁迫。此类精准调控是由不同调控单元组成的精确表达系统,包括应激活化蛋白激酶(stress-activated protein kinase,SAPK)级联反应途径、蛋白激酶调控及转录水平调控。目前,调控细胞转录水平以应对氧化胁迫已成为该领域的研究热点,如 Yap1p、Ace1p、Haa1p、Xbp1p 等转录因子直接或间接调控胞内一系列氧化应激应答基因的表达。

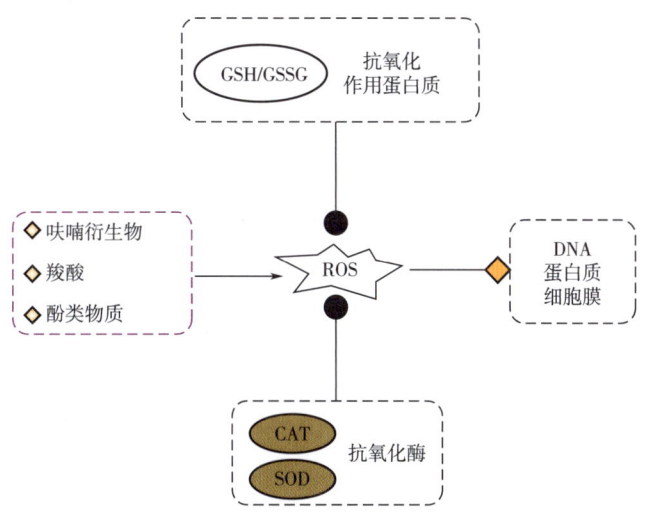

图 8-48　抗氧化酶及 GSH 在氧化胁迫中的作用

（二）酿酒酵母抵御乙酸胁迫的生理机制解析

酿酒酵母可直接利用葡萄糖、半乳糖和蔗糖等进行乙醇发酵，但却不能直接利用木质纤维素，也不能利用纤维素水解液中木糖，而构建可直接利用木糖的酿酒酵母已成为国内外学者研究的热点之一。然而，纤维素水解过程中可产生大量乙酸（1~10g/L）等弱酸类抑制物，进而严重影响酿酒酵母的生长性能和发酵特性。目前，乙酸对细胞的毒害作用方式包括解耦联作用机制和阴离子积累，即乙酸通过自由扩散或被动运输至胞质后进行解离以乙酸根和阳离子形式存在，而质子可改变胞内离子梯度，导致胞内 ATP 合成酶质子泵反转，进而使胞内能量供应不足。此外，由于乙酸根离子不能被转运排除至胞外，导致胞内大量积累乙酸根离子，进而影响细胞膜电势。

1. 乙酸对细胞结构及其胞内蛋白表达的影响

高浓度乙酸胁迫可诱导细胞代谢过程中产生自由基、ROS 和 RNS 等高活性物质，进而氧化损伤胞内脂肪、细胞膜磷脂等关键细胞组分，导致细胞膜完整性降低和线粒体膜电位改变，最终影响细胞正常的生长代谢。其中，细胞膜结构的改变可降低细胞膜流动性和增强细胞膜通透性，影响细胞内外营养物质的转运；而影响线粒体膜结构可导致线粒体不能够正常产生质子梯度，使 ATP 合成酶质子泵反转，不能够正常合成 ATP。此外，线粒体作为需氧细胞器，氧气不能够正常产生 ATP 可进一步诱发线粒体产生更多 ROS 类物质，进而形成恶性循环，导致细胞衰老甚至死亡。

2. 乙酸对细胞全局基因表达的影响

在微生物胞内，乙酸可直接改变胞内基因转录水平的表达，而胞内与乙酸耐受性相关的基因可高达 329 个，但目前对细胞响应乙酸胁迫的分子机制尚未解析透彻。例如，作为与乙酸直接相关的基因调控因子，Haa1p 可有效调控胞内乙酸响应基因的表达，而 *PMA1* 和 *PDR12* 基因属于低 pH 胁迫的应答反应基因，对细胞抵抗乙酸胁迫具有重要作用。

因此，为抵御乙酸胁迫作用，酿酒酵母在基因表达、抗氧化蛋白表达、细胞壁重构及转录因子等表达水平上均发生上调变化，用以降低由乙酸胁迫引起的胞内 ROS 水平及酸化水平的升高（图 8-49）。简单来说，在低浓度乙酸胁迫条件下，酵母细胞通过胞内过氧化物酶体或乙酰辅酶 A 合成酶将乙酸转化为乙酰辅酶 A，进而进入三羧酸循环；但在高浓度乙酸胁迫条件下，酵母细胞通过改变胞内代谢途径、耐受性基因及抗氧化酶的表达、pH 调节和离子流动等策略抵抗乙酸胁迫。

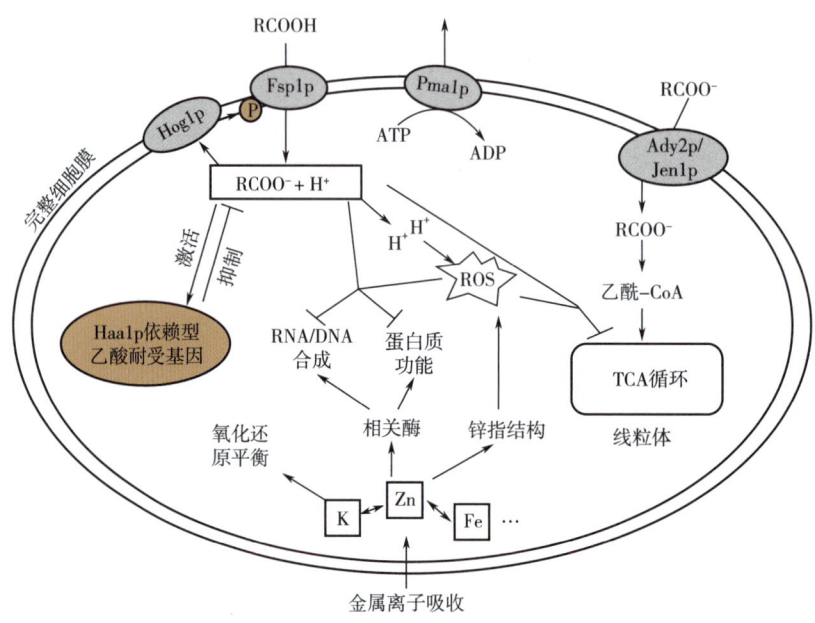

图 8-49 酿酒酵母抵御乙酸胁迫的反应机制

（三）酿酒酵母抵御渗透压胁迫的生理机制解析

渗透压胁迫主要发生在发酵初始阶段由高浓度糖而产生，并随着环境中水分活度下降，酵母细胞内水分流向环境，而一些浓度过高且对细胞有害的溶质（Na^+）进入胞内，进而破坏质膜离子梯度，降低细胞的生存能力，甚至使细胞死亡。因此，为在低水分活度环境中实现生存、恢复和生长，细胞具有感知环境渗透压变化的能力并将信号传递至细胞核，使其调控相关基因表达水平而响应胁迫环境的应答。对于酿酒酵母，此应答过程由促进有丝分裂原激活蛋白激酶途径（MAPKs pathway）完成。目前，已详细鉴定并阐明的 MAPKs 途径有酵母中高渗甘油途径（HOG pathway），表明甘油合成为高渗环境中细胞生存所必需，其具体应答过程如图 8-50 所示。当胞外渗透压升高时，Hog1p 中酪氨酸被迅速磷酸化，且其最大磷酸化可在胞外渗透压升高后 1min 内达到。其中，渗透压诱导多个 HOG 途径靶基因的转录并受特异启动子元件（胁迫应答元件，STREs）的介导。例如，Hog1p 可激活转录因子 STE12，进而控制由高渗透压调节单位诱导的转录活动。值得注意的是，在酿酒酵母中发现有两个完全不同的跨膜蛋白 Sln1p 和 Sho1p 充当渗透压感应蛋白而参与对渗透压胁迫的响应，且皆与渗透压特异性应答信号传递途径HOG途径相互作用。类似的，酿酒酵母中存在Pbs2p/Hog1p非依赖性渗透压信号传递途径，即缺失Pbs2p可继续保留对HOG靶基因如GPD1的诱导能力。此外，参与酿酒酵母渗透压胁迫应答的其他信号传递途径有：RAS-cAMP途径，Ca^+/钙调蛋白/钙调神经磷酸酶及PKC途径。

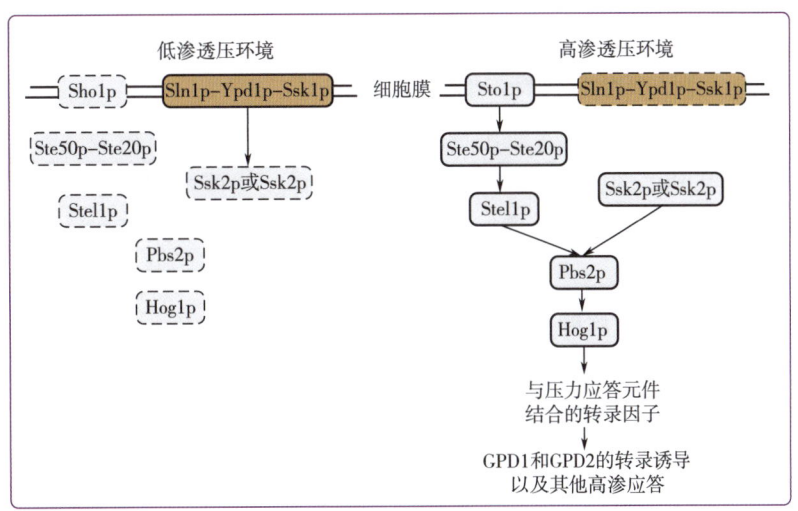

图8-50 高渗环境对甘油合成途径关键酶基因的诱导

（四）酿酒酵母抵御乙醇胁迫的生理机制解析

酿酒酵母是乙醇生产的常用菌株，具有发酵速度快、乙醇浓度高等优点。然而，高浓度乙醇将对细胞产生毒害作用，影响细胞的形态及其生理活动。其中，细胞形态变化主要体现在：细胞骨架疏散，对数生长中期细胞比发酵初始时明显增大；而其生理活动变化体现为：质子跨膜移动梯度动力变小、膜流动性和渗透性增加，对葡萄糖、葡萄糖胺、赖氨酸、精氨酸等物质吸收速度和吸收量均降低，进而导致细胞周期延长、生长受抑制，甚至停止生长或死亡。然而，酿酒酵母乙醇耐受性机理仍尚未得到透彻解析，且有待于研究阐明的问题包括：未知功能基因在乙醇逆境响应过程中的作用、数量性状基因座与乙醇耐受性的关系、菌株差异和培养条件对酵母乙醇耐受性的影响等。

总的来说，在酿酒酵母生长及其发酵过程中，除上述环境胁迫外，酿酒酵母细胞还将面临温度、有机溶剂等的胁迫。更为重要的是，酿酒酵母应对不同环境胁迫具有交叉耐受性。例如，当酿酒酵母细胞受到温和热激处理时，细胞会出现低温保护现象；而温和盐胁迫处理可诱导细胞耐热性。因此，酿酒酵母细胞可通过一种共同机制来实现对不同外界胁迫的响应或耐受性。

三、海藻糖代谢途径与酿酒酵母抗逆性的生理机制解析

在酿酒酵母中，海藻糖不仅是重要的贮藏性碳源，且对细胞及生物大分子均具有良好的非特异性保护作用。例如，在一些极端环境（高渗、高温、冷冻、干燥等）中，酵母细

胞可通过调节自身海藻糖的合成代谢水平以抵御外界伤害，而胞内海藻糖含量也被认为是菌株耐受性能的重要指标。因此，代谢改造微生物胞内海藻糖代谢途径，提高胞内海藻糖浓度，可有效提高微生物的整体抗逆性能，进而改善细胞生理活性。然而，工业酿酒酵母具有复杂的遗传背景，利用基因工程技术，在分离筛选性状优良单倍体菌株的基础上，通过过量表达6-磷酸海藻糖合成酶（TPS1）和敲除海藻糖水解酶（ATH1或NTH1），以期获得高抗逆性菌株。

（一）海藻糖含量与单倍体菌株发酵性能的相关性

利用单倍体菌株开展高糖浓度发酵性能与胞内海藻糖含量之间相关性的比较研究，发现二者间存在显著正相关性，即胞内海藻糖含量多的单倍体菌株发酵性能相对较强，进而为改造海藻糖代谢途径提高胞内海藻糖含量以提高菌株发酵性能提供理论依据。为此，借助代谢工程策略，借助组成型强启动子PGK过量表达6-磷酸海藻糖合成酶（TPS1），结合敲除海藻糖酸性或中性水解酶基因（*ATH1*或*NTH1*），进一步实现菌株胞内海藻糖的积累，成功构建高耐受性工业酿酒酵母。

（二）工程菌株胞内海藻糖含量的比较分析

经热激处理后，分别对不同工程菌株胞内海藻糖含量进行测定分析，进一步验证过量表达或敲除基因对宿主细胞抗逆性的影响。结果如表8-6所示，与亲株胞内海藻糖相比，敲除*NTH1*基因可显著提高工程菌株胞内海藻糖含量，使其含量提高了21.55%，其原因可能是*NTH1*基因编码的海藻糖中性水解酶是胞内海藻糖的主要降解酶。此外，过量表达*TPS1*也可有效提高工程菌株胞内海藻糖含量，使细胞可在较短时间内大量积累海藻糖。值得注意的是，双基因操作可使胞内海藻糖积累量均大于单基因操作工程菌株。

表8-6　不同菌株热激后胞内海藻糖含量　　单位:%

菌株	海藻糖含量	提高量	菌株	海藻糖含量	提高量	菌株	海藻糖含量	提高量
W1021-7C	11.81±0.52	—	H11	12.36±0.42	—	H13	13.27±0.42	—
W1-7C*ptps1*	13.59±0.56	15.09	H11*ptps1*	13.80±0.47	11.65	H13*ptps1*	14.65±0.66	10.41
W1-7CΔ*ath1*	13.02±0.44	10.30	H11Δ*ath1*	13.67±0.39	10.34	H13Δ*ath1*	14.59±0.65	9.97
W1-7CΔ*nth1*	13.62±0.57	15.36	H11Δ*nth1*	13.90±0.49	12.49	H13Δ*nth1*	14.83±0.65	11.81
W1-7C*pT*Δ*A*	14.25±0.59	20.73	H11*pT*Δ*A*	14.25±0.56	15.27	H13*pT*Δ*A*	15.33±0.62	15.58
W1-7C*pT*Δ*N*	14.35±0.65	21.55	H11*pT*Δ*N*	14.31±0.65	15.76	H13*pT*Δ*N*	15.57±0.71	17.36

（三）不同环境胁迫对菌株生长性能及发酵特性的影响

以YEPD培养基为基础考察了不同胁迫条件对单倍体及其工程菌株生长曲线、比生长速率等生长性能的影响。结果如表8-7所示，在无胁迫条件下，工程菌株及出发菌株的最大比生长速率差异性较小，表明过量表达*TPS1*、敲除*ATH1*或*NTH1*不影响宿主菌株的生长性能。然而，在高糖胁迫条件下，工程菌株W1-7C*pT*Δ*A*、H11*pT*Δ*A*和H13*pT*Δ*A*的最大比生长速率比出发菌株 W1-7C、H11 和 H13 分别提高了 16.52%、8.19% 和 6.50%，表明过量表达 *TPS1* 且敲除 *ATH1* 可通过增加胞内海藻糖含量而显著提高工程菌株抵御高渗胁迫的能力。

表 8-7　　不同胁迫条件对工程菌株最大比生长速率的影响

菌株	最大比生长速率（1/h）			
	正常生长条件	葡萄糖胁迫条件	温度胁迫条件	pH 胁迫条件
W1021-7C	0.521±0.002	0.339±0.006	0.411±0.003	0.465±0.002
W1-7C*ptps1*	0.524±0.004	0.384±0.004	0.467±0.012	0.492±0.006
W1-7CΔ*ath1*	0.519±0.003	0.373±0.010	0.452±0.009	0.487±0.004
W1-7CΔ*nth1*	0.513±0.007	0.304±0.002	ND	ND
W1-7C*pT*Δ*A*	0.522±0.006	0.395±0.005	0.476±0.007	0.501±0.014
W1-7C*pT*Δ*N*	0.514±0.009	0.310±0.006	ND	ND
H11	0.723±0.006	0.452±0.003	0.491±0.005	0.502±0.003
H11*ptps1*	0.725±0.008	0.480±0.006	0.531±0.002	0.510±0.006
H11Δ*ath1*	0.718±0.005	0.474±0.002	0.524±0.006	0.508±0.007
H11Δ*nth1*	0.715±0.004	0.431±0.003	ND	ND
H11*pT*Δ*A*	0.722±0.006	0.489±0.007	0.540±0.008	0.519±0.004
H11*pT*Δ*N*	0.714±0.105	0.435±0.005	ND	ND
H13	0.602±0.003	0.431±0.002	0.601±0.003	0.490±0.011
H13*ptps1*	0.610±0.003	0.455±0.002	0.612±0.005	0.517±0.009
H13Δ*ath1*	0.606±0.007	0.443±0.004	0.610±0.002	0.514±0.008
H13Δ*nth1*	0.596±0.002	0.412±0.007	ND	ND
H13*pT*Δ*A*	0.611±0.006	0.459±0.008	0.626±0.004	0.525±0.006
H13*pT*Δ*N*	0.601±0.004	0.416±0.005	ND	ND
D308	0.837±0.010	0.531±0.009	0.696±0.007	0.711±0.005
D309*ptps1*	0.838±0.005	0.580±0.003	0.723±0.008	0.735±0.003
D309Δ*ath1*	0.829±0.007	0.578±0.006	0.719±0.010	0.730±0.006
D309*pT*Δ*A*	0.835±0.008	0.583±0.005	0.735±0.010	0.746±0.010
D309	0.835±0.004	0.563±0.005	0.708±0.004	0.723±0.003

类似的，在高温胁迫条件下，工程菌株 H11*ptps1*、H11Δ*ath1* 和 H11*pT*Δ*A* 的最大比生长速率比出发菌株 H11 分别提高了 8.15%、5.50% 和 9.98%；但对于亲株 H13，只有工程菌株 H13*pT*Δ*A* 的最大比生长速率提高了 4.16%，表明单倍体菌株 H11 对高温更敏感。然而，在低 pH 胁迫条件下，工程菌株 H13*ptps1*、H13Δ*ath1* 和 H13*pT*Δ*A* 的最大比生长速率

分别比出发菌株提高了 5.51%、4.90% 和 7.14%，表明单倍体菌株 H13 对酸胁迫更为敏感。因此，虽不同单倍体菌株间性状差异较大，但改造海藻糖代谢途径均可显著提高工程菌株抵御环境胁迫的能力。

（四）构建二倍体菌株对细胞抗逆性的影响

将生长性状优良的单倍体菌株 H11*ptps1*、H11Δ*ath1*、H11*pT*Δ*A* 与 H13*ptps1*、H13Δ*ath1*、H13*pT*Δ*A* 进行杂交实验，分别获得二倍体工程菌株：D309*ptps1*、D309Δ*ath1* 及 D309*pT*Δ*A*，而亲株 H11 与 H13 杂交获得杂合子 D309，进而考察不同胁迫条件对二倍体工程菌株生长性能的影响（表 8-7）。在高糖、高温、低 pH 等胁迫条件下，二倍体工程菌株 D309*ptps1*、D309*pT*Δ*A* 和 D309Δ*ath1* 的最大比生长速率与亲株 D308 均有显著差异性。其中，工程菌株 D309*pT*Δ*A* 抵御高糖、高温和低 pH 等胁迫的能力比亲株 D308 分别提高了 9.80%、5.60%、4.92%，但杂合子 D309 抵御高糖、高温、低 pH 等胁迫的能力与亲株 D308 相当。因此，二倍体工程菌株对高渗、高温、低 pH 等胁迫的耐受性能是综合亲株 H11 和 H13 优良性状及增加胞内海藻糖积累等双重效果所介导的。

（五）不同胁迫条件对工程菌株发酵性能的影响

以 YEPD 培养基为基础，通过模拟高浓度酒精发酵所面临的环境压力，进而考察不同胁迫条件对菌株发酵过程中胞内海藻糖含量及其发酵性能的影响，以期进一步解析海藻糖提高细胞抵御环境胁迫能力的生理机制。

1. 高糖胁迫条件对不同菌株发酵性能的影响

在高糖（240g/L 葡萄糖）胁迫条件下，胞内海藻糖的积累可有效削弱高糖胁迫对工程菌株生长性能及其发酵特性的影响，使其葡萄糖消耗速率及发酵速率均显著高于出发菌株（图 8-51）。与出发菌株相比，二倍体工程菌株 D309*ptps1*、D309Δ*ATH1* 和 D309*pT*Δ*A* 发酵合成乙醇的能力分别提高了 11.89%、8.85% 和 12.68%，使其产量分别达到 101.46g/L、98.70g/L 和 102.18g/L。此外，与出发菌株 H11 [1.511g/(h·L)] 相比，单倍体工程菌株 H11*ptps1*、H11Δ*ATH1* 和 H11*pT*Δ*A* 合成乙醇的速率分别提高了 11.52%、9.91% 和 13.98%，达到 1.685g/(h·L)、1.661g/(h·L) 和 1.722g/(h·L)。因此，增加胞内海藻糖含量可有效提高工程菌株在高糖胁迫条件下的发酵性能及其乙醇合成速率。

2. 高温常糖胁迫对工程菌株发酵性能的影响

在高温常糖胁迫条件下，工程菌株的乙醇发酵速率显著高于出发菌株（图 8-52）。与出发菌株 H11 [0.952g/(h·L)] 相比，工程菌株 H11*ptps1*、H11Δ*ATH1* 和 H11*pT*Δ*A* 合成乙醇的强度分别提高了 10.81%、6.67% 和 10.03%，达到 1.080g/(h·L)、1.047g/(h·L) 和 1.055g/(h·L)，且其乙醇产量也分别达到 52.26g/L、52.01g/L 和 52.28g/L，表明胞内海藻糖含量与菌株发酵速率成正相关性。然而，高温常糖胁迫条件对出发菌株 D308 及其工程菌株的发酵性能并无显著影响。因此，工程菌株（尤其双基因操作菌株）可在较短时间内提高胞内海藻糖含量，缩短应激反应时间，加快适应高温环境胁迫，进而提高乙醇的发酵速率。

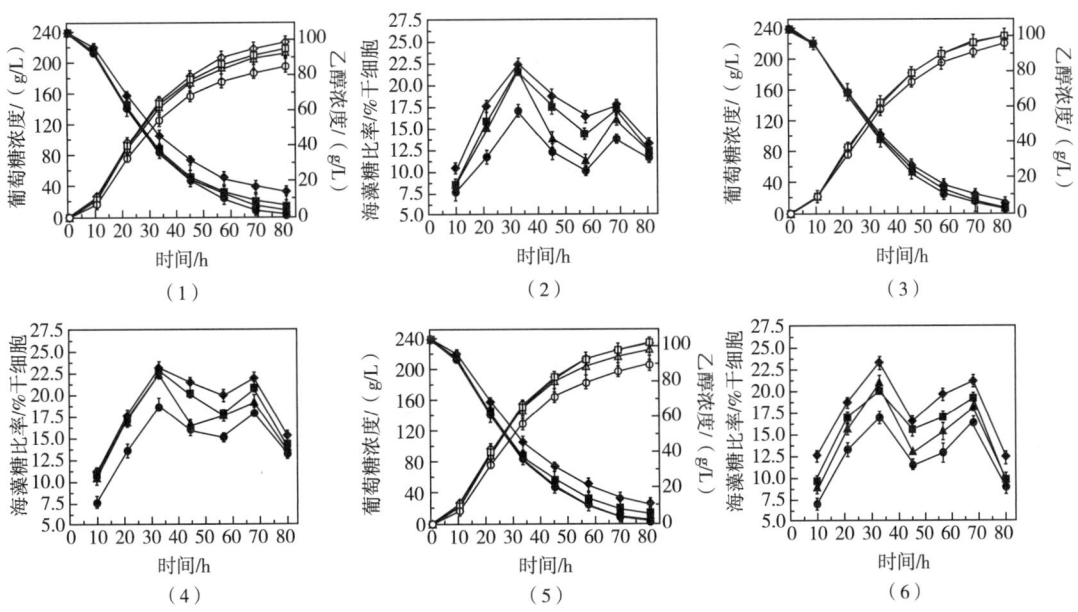

图 8-51 高糖胁迫对乙醇发酵过程中残糖、乙醇［(1)(3)(5)］及胞内海藻糖含量［(2)(4)(6)］的影响［H11 及其工程菌株 (1)(2)、H13 及其工程菌株 (3)(4)、D308 及其工程菌株 (5)(6)；亲株（○/●）、$ptPs1$（△/▲）、$\Delta ath1$（▽/▼）、$pT\Delta A$（□/■））。］

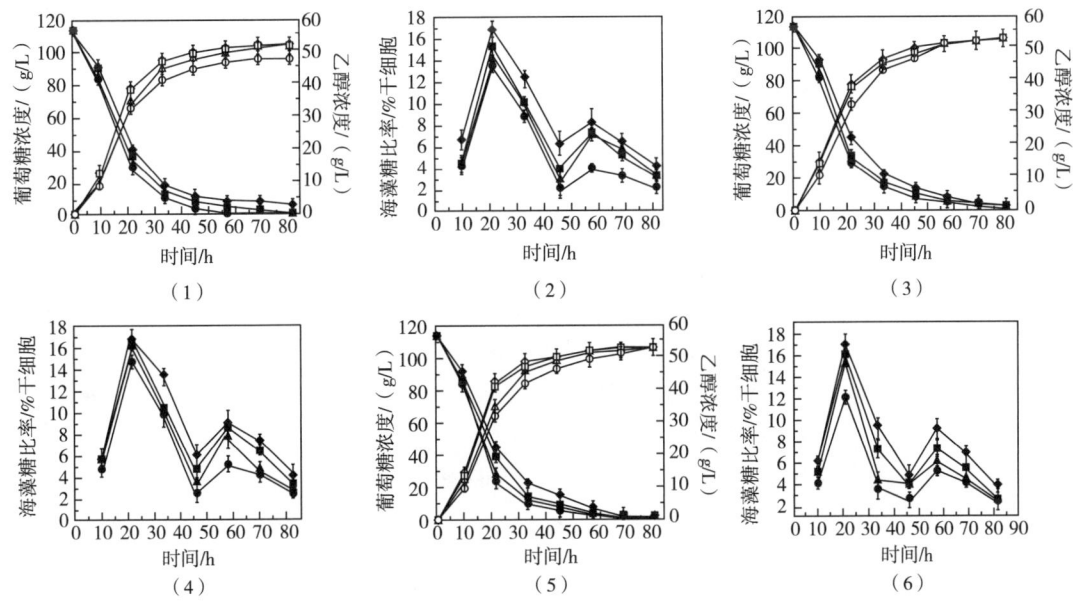

图 8-52 高温常糖胁迫对乙醇发酵过程中残糖、乙醇［(1)(3)(5)］及胞内海藻糖含量［(2)(4)(6)］的影响［H11 及其工程菌株 (1)(2)、H13 及其工程菌株 (3)(4)、D308 及其工程菌株 (5)(6)；亲株（○/●）、$ptPs1$（△/▲）、$\Delta ath1$（▽/▼）、$pT\Delta A$（□/■）］

3. 低pH常糖胁迫对工程菌株发酵性能的影响

在低pH常糖胁迫条件下，工程菌株H11ptps1、H11ΔATH1和H11pTΔA合成乙醇的强度比出发菌株H11 [1.437g/(h·L)] 分别提高了3.77%、3.75%和4.62%，分别达到1.491g/(h·L)、1.491g/(h·L) 和1.503g/(h·L)（图8-53）。值得注意的是，二倍体工程菌株D309ptps1、D309ΔATH1和D309pTΔA发酵乙醇的速率比出发菌株D308 [1.435g/(h·L)] 分别提高了3.52%、4.29%和5.12%，达到1.450g/(h·L)、1.496g/(h·L) 和1.508g/(h·L)。然而，当低pH发酵进行至22h时，工程菌株D309pTΔA胞内海藻糖含量比出发菌株高24.56%；但在发酵结束时，不同菌株间胞内海藻糖含量差异性变小，其原因可能是：在发酵后期，随着发酵液中葡萄糖的耗尽，细胞可通过水解胞内储存性碳源（如海藻糖）以维持细胞的正常代谢功能。

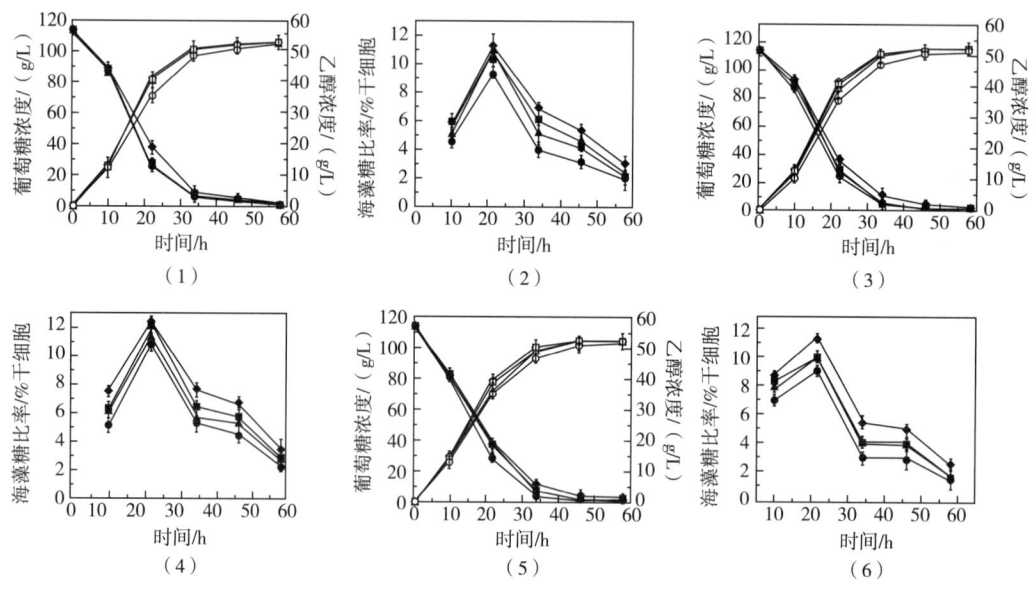

图8-53 低pH常糖发酵过程中残糖、乙醇 [（1）（3）（5）] 及
胞内海藻糖 [（2）（4）（6）] 的影响 [H11及其工程菌株（1）（2）、H13及其工程菌株（3）（4）、
D308及其工程菌株（5）（6）；亲株（○/●）、ptps1（△/▲）、Δath1（▽/▼）、pTΔA（□/■）]

（六）海藻糖代谢途径调控菌株发酵性能的机制解析

在酿酒酵母中，海藻糖酸性水解酶由ATH1基因编码，存在于液泡和周质空间中，参与外源海藻糖的吸收利用。然而，与中性水解酶相比，酸性水解酶不受二价阳离子和cAMP磷酸化的作用调节，可提高胞内海藻糖的输出效率，但敲除ATH1基因可降低胞内海藻糖的分解而提高细胞抵御高温、高渗、冷冻及干燥等胁迫的耐受能力。然而，敲除基因NTH1却降低菌株抵御高温胁迫的能力，其原因是：NTH1编码的Nth1p是胞内海藻糖的主要代谢酶，敲除NTH1可使细胞积累过量海藻糖而干预细胞的其他调节功能，进而不利于细胞应激后的修复作用而影响细胞的生长性能。此外，胁迫条件可诱导细胞通过大量合

成、分解海藻糖而实现能量的无效循环，进而达到保护细胞的效果。在应激胁迫条件时，菌株生长能力下降，胞内合成机制减少，ATP 需求降低，若胞内 6-磷酸果糖和 1-磷酸己糖过量积累，将加速无机 Pi 的耗尽速度，进而导致细胞死亡。此外，葡萄糖合成 1 分子海藻糖需消耗 3 分子 ATP，而海藻糖水解生成葡萄糖却不释放 ATP。因此，细胞通过加快胞内海藻糖的合成以消耗多余 ATP，进而控制胞内能量平衡，并作为代谢的缓冲系统，释放无机磷，进而提高细胞抵御环境胁迫的能力。

然而，改善胞内海藻糖的积累有利于提高细胞抗逆性能及其发酵特性，但其保护机制尚不明确。目前，关于海藻糖保护机制的假说有："水替代"假说、"玻璃态"假说、"优先结合"假说和海藻糖与分子伴侣协同作用等，但均未能完全解析海藻糖的保护机制。

（七）海藻糖提高细胞抗逆性的机制初探

为此，通过研究海藻糖代谢对外界环境胁迫的耐受性能是否与其抗氧化能力有关，将从细胞膜完整性、胞内活性氧水平（ROS）及超氧化物歧化酶（superoxide dismutase, SOD）活性等方面对不同菌株的乙醇耐受性与其抗氧化能力进行研究，以期全面解析海藻糖代谢途径对细胞抵御高浓度酒精的保护机制。

1. 不同胁迫条件对菌株细胞膜完整性的影响

如图 8-54 所示，高渗、高温等胁迫条件均可造成菌株细胞膜的破损，但工程菌株表现出更强的胁迫耐受性。利用 4mol/L NaCl 高渗处理 1h 后，大部分细胞呈绿色荧光，表明活细胞较多，其中出发菌株 D308 中部分细胞呈红色，且占细胞总数 9.33%，但工程菌株中红色细胞较少 ［图 8-54（1）］。类似的，50℃ 高温胁迫处理 1h 后，不同菌株中较多细胞呈红色，表明大部分细胞的细胞膜已破损 ［图 8-54（2）］。其中，与亲株 D308 细胞存活率（仅为 28.57%）相比，工程菌株 D309pTΔA、D309ptpsl 和 D309Δath1 细胞存活率分别为 48.98%、41.46% 和 39.24%。此外，低 pH 胁迫处理使不同菌株细胞存活率呈类似趋势 ［图 8-54（3）］：与亲株细胞存活率（52.14%）相比，工程菌株 D309ptps1、D309Δath1 和 D309pTΔA 细胞存活率分别为 67.89%、72.05% 和 75.89%。因此，改造海藻糖代谢途径可有效改善工程菌株抵御高渗、高温和低 pH 等胁迫环境的能力。

2. 不同胁迫条件对菌株胞内 ROS 的影响

将出发菌株 D308 及其工程菌株 D309pTΔA 在高渗（3mol/L NaCl）、高温（45℃）、低 pH（1.5）和 20% 无水乙醇条件下处理 1h 后，利用荧光染料——二氯荧光素二乙酸酯（H2DCFDA）染色 90min，以考察不同胁迫条件对菌株胞内 ROS 水平的影响。结果如图 8-55 所示：不同胁迫条件处理均可显著提高菌株胞内 ROS 水平。其中，出发菌株 D308 中分别有 25.51%（高渗）、39.60%（高温）、88.89%（低 pH）和 20.86%（乙醇）细胞检测到活性氧的积累（绿色荧光），而工程菌株 D309pTΔA 中仅分别有 14.39%（高渗）、19.05%（高温）、62.20%（低 pH）和 13.18%（乙醇）的细胞检测到活性氧的积累。因此，改造海藻糖代谢途径可有效清除工程菌株胞内 ROS，进而改善细胞抵御外界环境胁迫的能力。

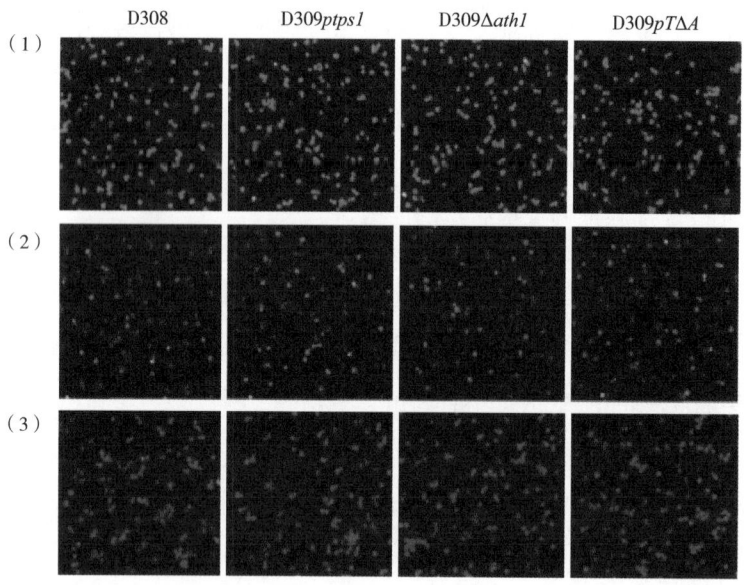

图 8-54 高渗 [（1）4mol/L NaCl]、高温 [（2）50℃]、低 pH [（3）pH=1.25] 等胁迫对菌株细胞膜完整性的影响

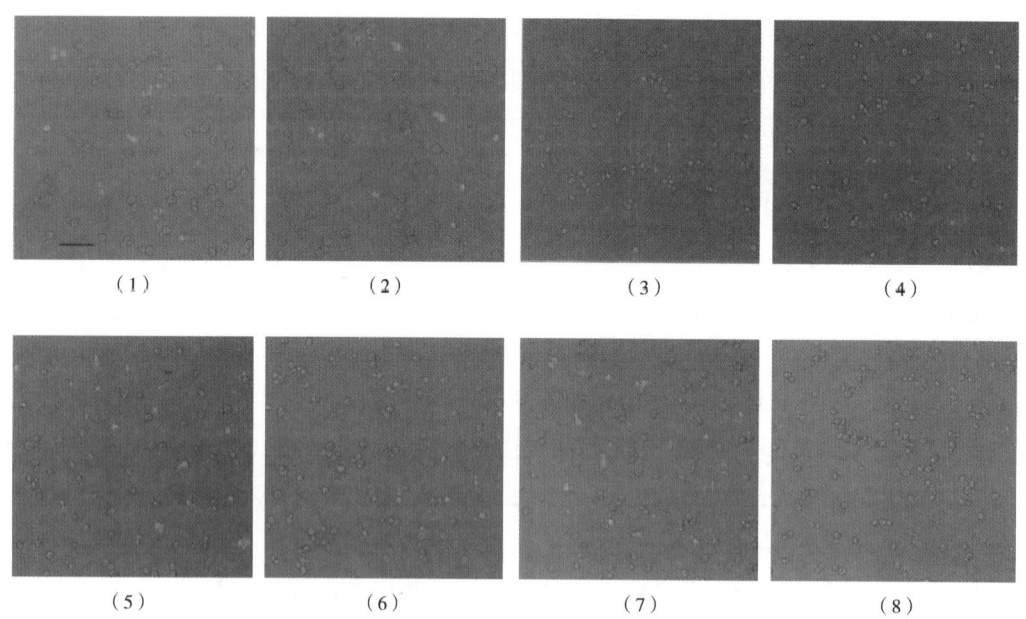

图 8-55 不同胁迫条件对亲株 D308 [（1）（3）（5）（7）] 与工程菌株 D309$pT\Delta A$ [（2）（4）（6）（8）] 胞内活性氧水平的影响 [（1）（2）高渗 3mol/L NaCl；（3）（4）高温 45℃热激；（5）（6）pH 1.5（浓 HCl 调节）；（7）（8）20%无水乙醇]

3. 不同胁迫条件对菌株胞内 SOD 活性的影响

通过对不同胁迫条件处理后菌株胞内 SOD 酶活性的测定（图 8-56），结果表明：环境胁迫可使菌株胞内 SOD 酶活性均高于对照组（即在正常培养条件下胞内 SOD 酶活性）。在对照条件下，工程菌株 D309$pT\Delta A$ 胞内 SOD 酶活性与亲株 D308 相当；但不同胁迫条件处理后，工程菌株 D309$pT\Delta A$ 胞内 SOD 酶活性分别比亲株提高了 9.98%（高渗）、19.18%（高温）、16.41%（低 pH）、17.87%（乙醇）和 19.25%（H_2O_2），表明增强胞内海藻糖的积累可提高胁迫条件下菌株胞内 SOD 酶活性，进而通过有效清除胞内 ROS 而改善细胞抵御环境胁迫的能力。

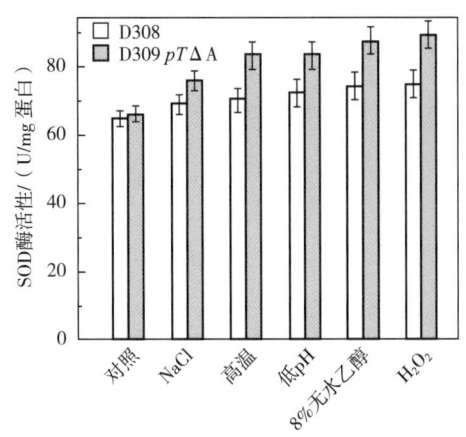

图 8-56　不同胁迫条件 [高渗（0.7mol/L NaCl）、高温（40℃）培养、
低 pH3.0、8%无水乙醇、5mmol/L H_2O_2] 对亲株 D308 与
工程菌株 D309$pT\Delta A$ 胞内 SOD 酶活性的影响

综上所述，通过对不同胁迫条件下工程菌株生长性能及其发酵特性的比较研究，发现：工程菌株抵御外界环境胁迫的能力显著优于出发菌株，且结合过量表达 *TPS*1 和敲除 *ATH*1 基因可使工程菌株 D309$pT\Delta A$ 的耐受性能达到最优，其原因可能是：在应激条件下，工程菌株可短时间内大量积累海藻糖，达到快速保护细胞的效果，进而阻止外界胁迫压力对细胞膜的破坏。此外，海藻糖对细胞膜的保护机制为：海藻糖与磷脂酰胆碱顶端基团形成氢键，改变了磷脂分子极性头部间距离，降低疏水烃链间范德华力，同时与脂双层界面处水分子作用帮助维持水化层，进而稳定细胞膜的结构。值得注意的是，海藻糖可通过维持活性氧代谢途径中关键酶的高活性而降低其对细胞膜及胞内蛋白的损伤，进而改善细胞抵御氧化胁迫的能力，但海藻糖是否可作为一种活性氧清除剂则有待进一步的研究。

四、基于胞内蛋白质平衡改善酿酒酵母耐热性

在乙醇发酵过程中，由于微生物代谢、机械搅拌等因素可使发酵温度不断升高，造成热胁迫而导致胞内蛋白质稳态失衡及蛋白质变性聚集，进而抑制酿酒酵母的生长与乙醇生产。正常生理条件下，酿酒酵母胞内存在热激蛋白、细胞自噬系统和 26S 泛素蛋白酶体系

统对胞内蛋白质进行质量控制（protein quality control，PQC），维持蛋白质平衡；但在热胁迫条件下，则需加强对胞内蛋白质质量的调控，从而应对胁迫环境。为此，为提高酵母细胞抵御热胁迫的能力，应使与蛋白质平衡相关的基因处于较高表达水平。

（一）蛋白质质量控制相关基因的挖掘

作为真核微生物，酵母胞内有一套完整的蛋白质质量控制系统以维持蛋白质平衡，主要包括热激蛋白（sHSP、HSP60、HSP70、HSP100）、26S 泛素蛋白酶体系统和细胞自噬系统。通过 NCBI 等数据库对酿酒酵母蛋白质质量控制系统相关基因的挖掘和筛选，利用分子生物学和合成生物学等技术，以 12 个 26S 泛素蛋白酶体系统基因、2 个细胞自噬系统基因及 2 个具有分子伴侣功能的热激蛋白基因作为功能基因，以酵母糖酵解途径中组成型强启动子 FBA1p 作为调控元件，成功构建 16 个 PQC 基因元件及酵母工程菌株。

（二）梯度升温发酵策略对工程菌株生长性能的影响

利用不断升温的发酵策略（35~45℃）模拟工业微生物发酵过程，通过比较研究不同菌株的耐热性能，进而筛选出能赋予酿酒酵母良好耐热性能的 PQC 基因元器件。结果如图 8-57 所示，与对照菌株 WT/V 相比，过量表达 PQC 基因元器件均可有效改善工程菌株

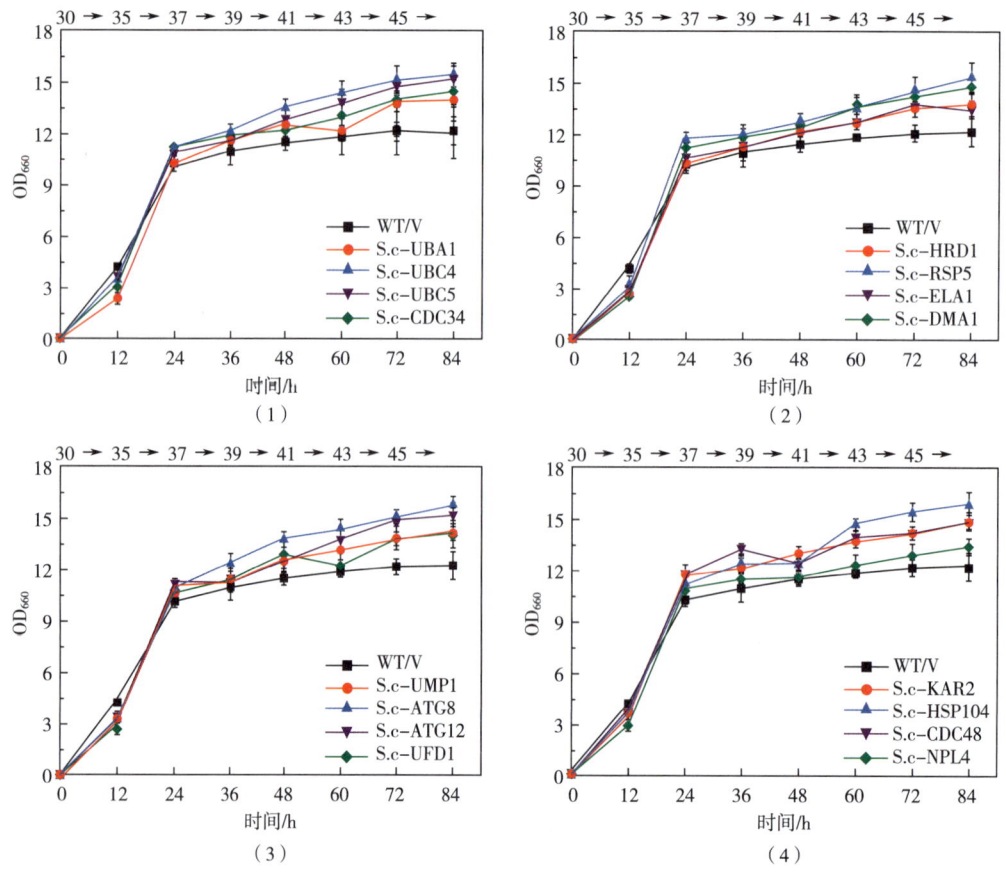

图 8-57　酿酒酵母工程菌在 35~45℃ 培养条件下生长性能的比较分析

的生长性能，其中工程菌株 S.c-NPL4 和 S.c-ELA1 较对照菌株 WT/V 优势并不明显。然而，过量表达 FBA1p-RSP5、FBA1p-ATG8、FBA1p-UBC4 和 FBA1p-HSP104 等基因元器件可使工程菌 S.c-RSP5、S.c-ATG8、S.c-UBC4 和 S.c-HSP104 的生物量（OD_{660} 值）比对照菌株 WT/V 均提高 25% 以上。因此，引入 PQC 基因元件可通过缓解热胁迫环境下因蛋白质变性而对细胞造成的毒害作用，保持胞内蛋白质平衡，进而提高细胞抵御热胁迫的能力。

（三）过量表达耐热元件对工程菌株生理特性的影响

一般来说，37℃是酿酒酵母的热激温度，而 42℃ 则是酿酒酵母的致死温度。为此，选择 40℃ 作为耐热酵母工程菌株恒定高温发酵温度，以期进一步探究高温胁迫对菌株生理特性的影响，进而探究耐热 PQC 基因元件的作用机理。

1. 耐热 PQC 基因元件对宿主恒定高温发酵的影响

基于上述研究结果，分别选择酿酒酵母工程菌 S.c-RSP5、S.c-ATG8、S.c-UBC4 和 S.c-HSP104 进行恒定高温发酵（图 8-58）。在发酵前 24h，酿酒酵母工程菌株与对照菌株生长情况并无显著差异，其原因可能是：较短的升温时间对酵母细胞生长性能无较大影响。然而，随着发酵的进行，所有菌株的生长均受到明显的抑制作用，导致细胞生长较为缓慢，尤其对照菌株生长趋于停滞。当发酵结束时，工程菌株 S.c-RSP5、S.c-ATG8、S.c-UBC4 和 S.c-HSP104 的细胞生物量（OD_{660} 值）比对照菌株分别增加了 32.5%、43.6%、38.0% 和 49.7%。

此外，通过考察不同菌株在 55℃ 热激条件下细胞存活率以进一步验证工程菌株的耐热性能。结果如图 8-58（3）所示，经过 55℃ 热处理 5min，与对照菌株 WT/V 细胞存活率下降至 59.2% 相比，工程菌株 S.c-HSP104 细胞存活率最高，可达 81.4%。值得注意的是，经过在 55℃ 热处理 15min，对照菌株 WT/V 细胞存活率仅为 41.7%，而工程菌株 S.c-HSP104 细胞存活率仍可保持为 62.8%。因此，引入耐热 PQC 基因元件可有效提高酵母细胞的热稳定性，使其在较高温度下仍能保持良好的生长性能。

2. 高温胁迫对胞内相关基因转录水平的影响

在恒定高温培养过程中，利用 qRT-PCR 技术分别考察不同工程菌株中耐热 PQC 基因元件的基因表达情况，发现：不同工程菌株中 PQC 功能基因在高温培养条件下均有不同程度的表达，且相同启动子（FBA1p）对不同控制基因转录水平具有较大的差异性，其中转录水平最高的基因是 HSP104，而转录水平最低的基因是 ATG8 [图 8-59（1）]。

同时，在高温培养条件下，通过考察工程菌株中几丁质合酶编码基因 *CHS*1 和 6-磷酸海藻糖合成酶基因 *TPS*1 的表达水平，以期进一步探究耐热 PQC 基因元件改善酵母耐热性能的生理机制。结果如图 8-59（2）所示，与对照条件相比，引入耐热 PQC 基因元件均可有效提高工程菌株中 *CHS*1 的转录水平，其中工程菌株 S.c-UBC4 中 *CHS*1 的转录水平最高，为对照菌组的 2.11 倍，表明引入耐热 PQC 基因元件可提高几丁质合酶的表达水平，进而提高细胞壁的修复能力以增强对热胁迫的耐受能力。然而，在高温胁迫条件下，不同工程菌株中 *TPS*1 的转录水平存在较大的差异性。其中，工程菌株 S.c-RSP5 中 *TPS*1

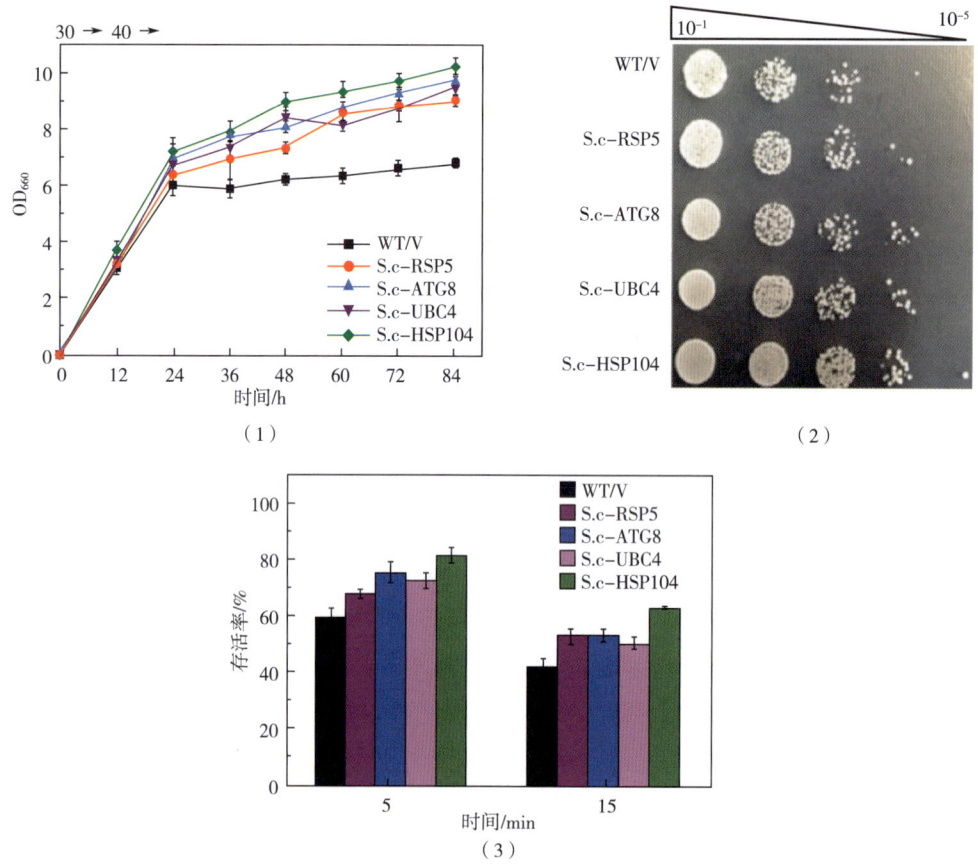

图 8-58 耐热 PQC 基因元器件对酿酒酵母在 40℃生长曲线（1）、
菌落形态（2）和热激存活率（3）的影响

转录水平略低于对照菌株，但工程菌株 S.c-ATG8、S.c-UBC4 和 S.c-HSP104 中 *TPS*1 的转录水平却均显著高于对照菌株［图 8-59（3）］。因此，引入 FBA1p-ATG8、FBA1p-UBC4 和 FBA1p-HSP104 等耐热基因元件可通过提高胞内海藻糖合成基因 *TPS*1 的表达水平，调控胞内海藻糖含量，进而提高细胞抵御热胁迫的能力；而引入 FBA1p-RSP5 却不能有效提高海藻糖合成基因 *TPS*1 的转录水平，表明其宿主细胞耐热性能的改善与胞内 *TPS*1 转录水平无关。

（四）多功能耐热 PQC 基因元件设计与性能分析

基于上述研究结果，利用 DNA assembler 方法对已筛选获得的 4 个耐热 PQC 器件（分子伴侣（1 个）、细胞自噬系统（1 个）和 26S 泛素蛋白酶体系统（2 个）进行组合表达，构建多功能耐热 PQC 基因元器件（图 8-60），以期获得耐热性能更为优良的工程菌株。

1. 引入多功能耐热 PQC 基因元件对工程菌株热稳定性的影响

发酵结果如图 8-61 所示，在 40℃培养条件下，所有菌株的生长均受抑制，且引入外源质粒导致工程菌株的生长性能均低于原始菌株 WT。然而，耐热 PQC 元器件的引入可使

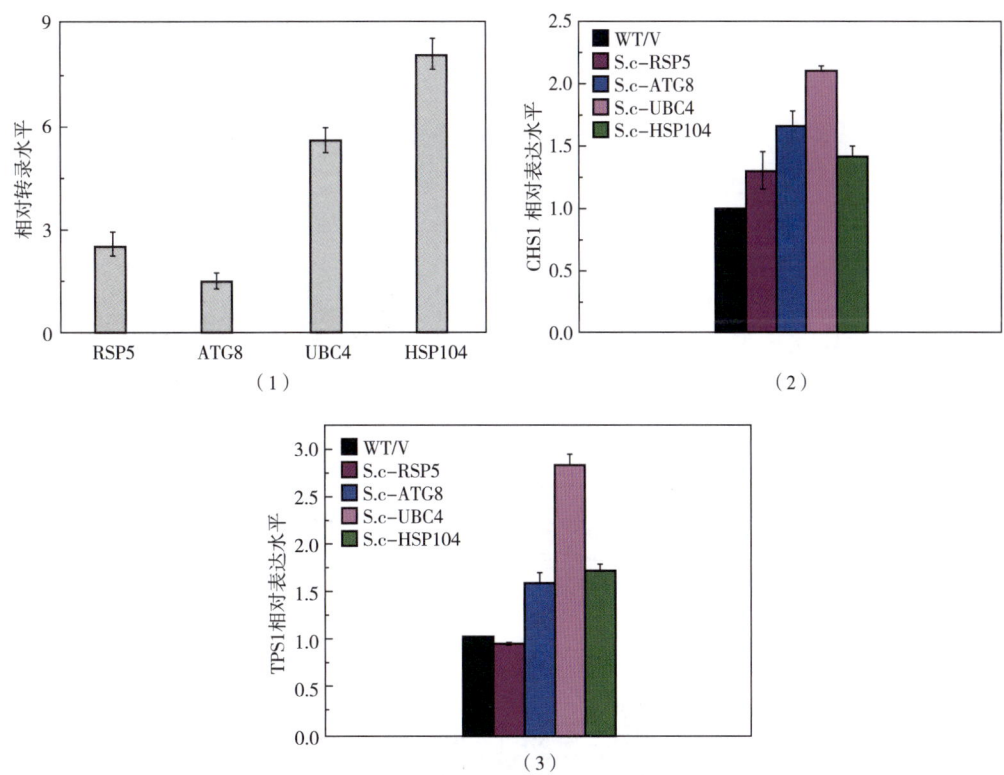

图 8-59 高温胁迫条件对工程菌株胞内耐热 PQC 基因元器件基因（1）、
几丁质合酶编码基因 CHS1（2）及海藻糖-6-磷酸合成酶编码基因 TPS1（3）表达水平的影响

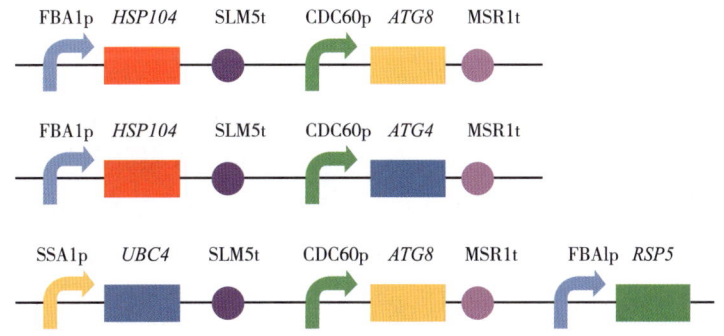

图 8-60 多功能耐热 PQC 基因元器件设计与构建

工程菌株的生长性能均显著优于对照菌株 WT/V，且多功能耐热工程菌株生长性能优于单功能耐热工程菌株。当发酵进行至 84h 时，多功能耐热工程菌株 S.c-HA、S.c-HU 和 S.c-RAU 的细胞生长量（OD_{660} 值）分别比对照菌株 WT/V 提高了 55.8%、66.9%、59.6%，比单功能耐热工程菌株 S.c-HSP104 也提高了 4.4%、11.8%、6.8%。值得注意的是，多功能耐热工程菌株 S.c-HU 的生长性能与原始菌株 WT 相当。

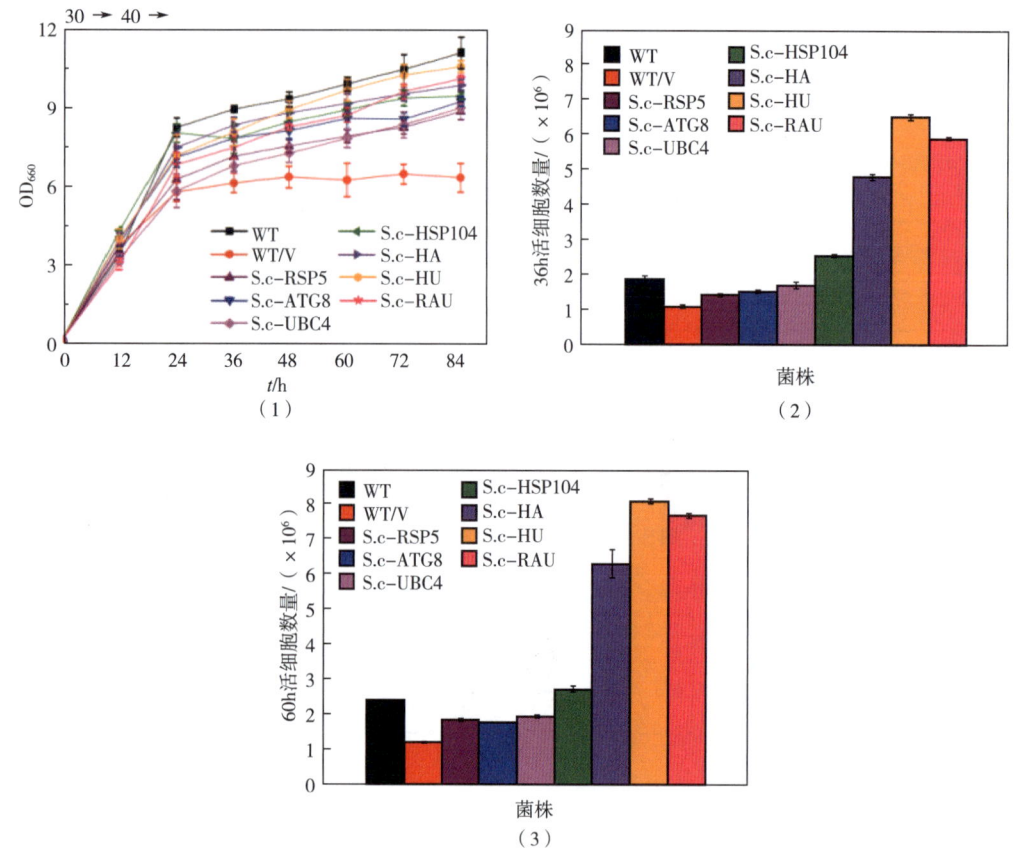

图 8-61 多功能 PQC 基因元器件对高温培养条件下工程菌株生长曲线（1）和
活菌数 [（2）胁迫 36h；（3）胁迫 60h] 的影响

此外，活菌数实验同样表明多功能耐热工程菌株具有更为优良的热稳定性能，甚至超过原始菌株 WT。其中，热激处理 60h 后，多功能耐热工程菌株 S.c-HA、S.c-HU、S.c-RAU 的活菌数分别为 WT 的 2.61 倍，3.36 倍和 3.20 倍。在最强耐热工程菌株 S.c-HU 中，功能基因所表达的 HSP104 为热激蛋白，属于 AAA 超家族，可使胞内蛋白质去聚集引擎、解毒等功能作用，而作为泛素结合酶 UBC4 可提高底物泛素化效率，高效降解变性蛋白质。因此工程菌株 S.c-HU 具有双重机制维持胞内蛋白质平衡，导致其具有比单功能工程菌株更为优良的耐热性能。

2. 引入多功能耐热 PQC 元件对细胞活力及细胞壁完整性的影响

在酿酒酵母中，胞内代谢途径中关键酶活性可作为衡量细胞活力的重要指标。为此，通过比较耐热工程菌株中丙酮酸激酶（PK）及苹果酸脱氢酶（MDH）酶活性以考察高温胁迫对细胞活力的影响（图 8-62）。在高温培养条件下，引入多功能耐热 PQC 基因元件可使工程菌株 S.c-HA、S.c-HU 和 S.c-RAU 胞内 PK 酶活性分别为对照菌株 WT/V 的 1.95 倍、2.21 倍和 2.26 倍，为原始菌株 WT 的 1.12 倍、1.27 倍和 1.30 倍。类似的，工程菌株 S.c-HA、S.c-HU 和 S.c-RAU 中 MDH 酶活性均高于对照菌株 WT/V 和原始菌株 WT。其中，工程菌株 S.c-RAU 胞内 MDH 酶活性分别为菌株 WT/V 和 WT 的 2.36 倍和 1.16 倍。

此外，刚果红可与几丁质结合干扰细胞壁的组装，进而破坏细胞壁的完整性。为此，通过比较高温胁迫条件下（经 40℃ 培养 36h）酿酒酵母对刚果红的敏感性，以考察细胞壁的完整性。结果如图 8-62（3）所示，与 YPD 培养平板相比，添加 100mg/L 刚果红可显著抑制原始菌株 WT、对照菌株 WT/V 及单功能耐热工程菌株的生长性能。然而，多功能耐热工程菌株在 YPD 平板及刚果红平板上均表现出良好的生长情况，且生长性能并无明显的差异性。综上所述，引入多功能耐热 PQC 基因元器件可有效改善细胞维持蛋白质平衡的能力，使细胞保持较高的活力，维持细胞壁的完整性，进而提高酿酒酵母的热稳定性。

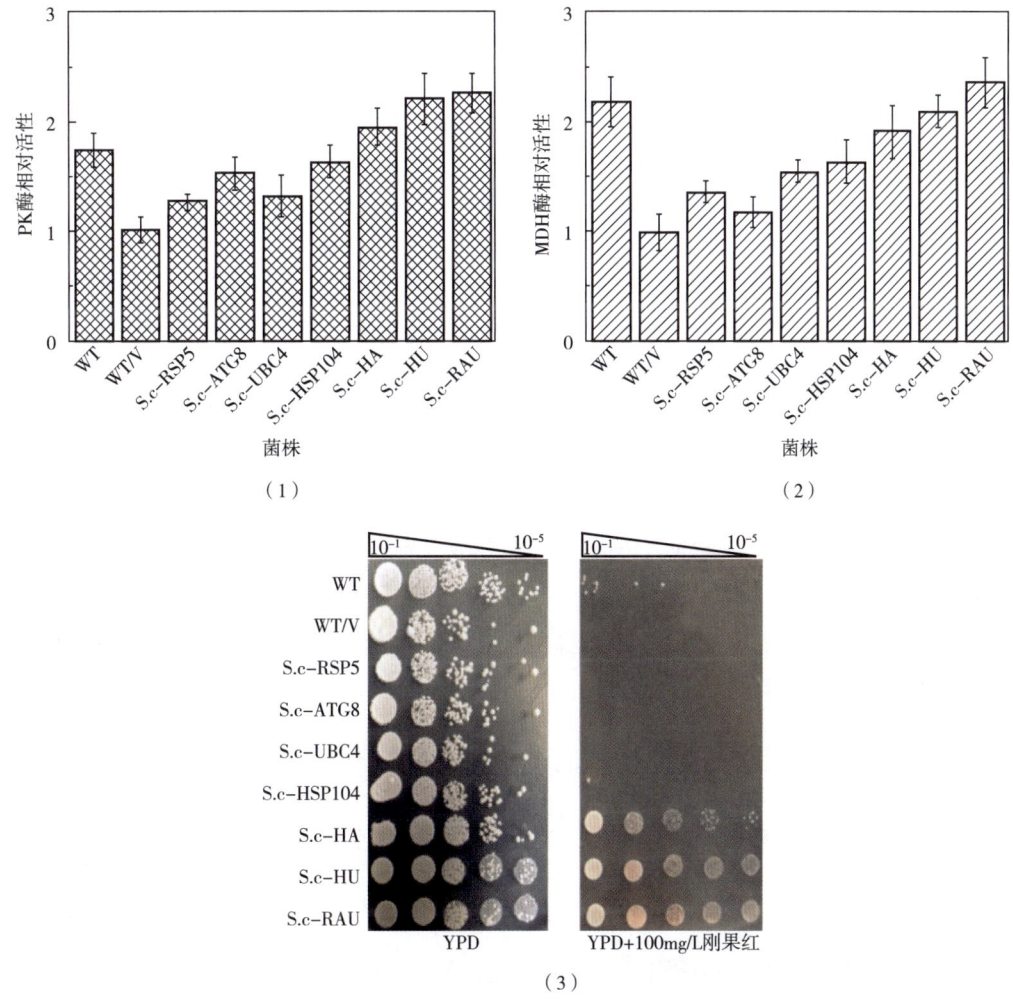

图 8-62　引入多功能耐热 PQC 基因元器件对工程菌株中 PK（1）、MDH（2）及细胞壁完整性的影响（3）

3. 引入多功能耐热 PQC 元件对工程菌株生长性能及其发酵性能的影响

将酿酒酵母工程菌在30℃培养12h后，转入35℃进行高温无氧发酵72h，且每12h补加葡萄糖，发酵结果如图8-63所示。在35℃培养条件下，与对照菌株WT/V相比，引入多功能耐热PQC元件可有效提高工程菌株的生长性能，使其细胞生长量（OD_{660}值）显著高于对照菌株WT/V。值得注意的是，多功能耐热工程菌 S.c-HA、S.c-HU 及 S.c-RAU 的生长性能甚至超过原始菌株WT，使其在发酵进行60h的细胞生长量（OD_{660}值）比原始菌WT分别提高了17.3%、42.9%和56.9%，且与原始菌株WT在常规条件下生长性能相当。

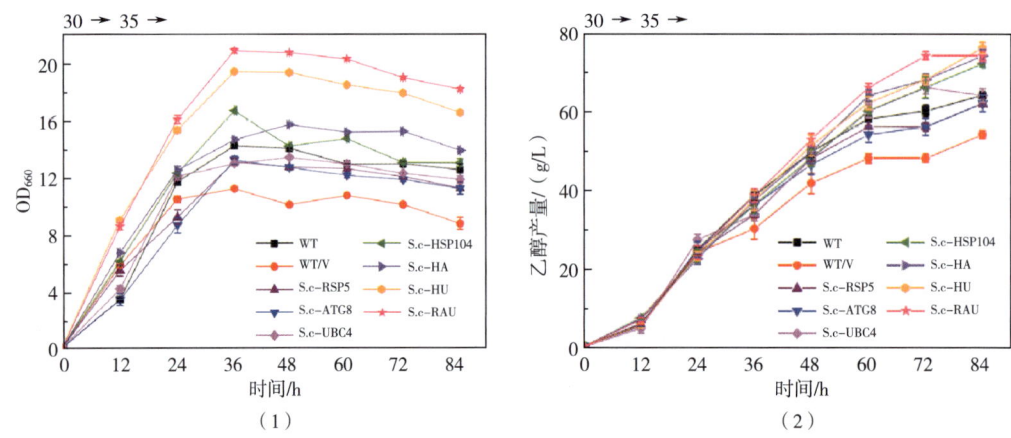

图8-63 35℃对工程菌株生长性能（1）及其发酵性能（2）的影响

此外，通过乙醇合成曲线发现：在发酵前24h，发酵液中乙醇产量增长速率较慢；但随着发酵的进行（24h后），细胞合成乙醇的速度急剧增加，且不同菌株间乙醇产量差别逐渐增大。与对照菌株WT/V相比，工程菌株积累乙醇的趋势相似，其中多功能耐热工程菌 S.c-HA、S.c-HU、S.c-RAU 合成乙醇的产量分别比对照菌株WT/V提高了37.0%、40.7%和37.0%（84h），甚至达到原始菌株WT在常规发酵条件下合成乙醇的产量。因此，多功能耐热工程菌株具有更好的热稳定性，且在高温条件下可保持良好的发酵性能，实现乙醇产量和节能降耗的高度统一。

五、过量表达关键酶基因对酿酒酵母胁迫耐性的影响

在乙酸胁迫条件下，乙醇发酵过程中添加锌离子可使细胞具有更强的胁迫耐受性，且添加硫酸锌可使胞内Grx5p蛋白上调1.54倍。因此，Grx5p作为谷氧还原蛋白可能参与酵母细胞胁迫耐受性反应机理中，但其作用机理尚无明确报道。

（一）过量表达 *GRX5* 对细胞抵御环境胁迫的影响

结果如图8-64所示，与对照菌株Sc4126相比，过量表达 *GRX5* 可显著提高工程菌株GRX5-Sc4126抵御42℃、5g/L乙酸、10%乙醇及5mmol/L H_2O_2 等胁迫条件的能力。此

外,过量表达 *GRX5* 也可显著提高酵母细胞抵御重金属和低 pH 胁迫的耐受性(图 8-64),使工程菌株 GRX5-Sc4126 在 4mmol/L Zn^{2+} 及 400μmol/L Cd^{2+} 胁迫条件下表现出更强的生长性能。然而,过量表达 *GRX5* 并不影响工程菌株对 Cr^{2+} 的耐受性,甚至降低工程菌株对 Co^{2+} 的耐受性,表明酵母细胞抵御不同重金属离子胁迫的响应机制不同,且过量表达 *GRX5* 并不能提高酵母细胞对所有重金属离子的耐受性。类似的,过表达 *GRX5* 有利于提高酵母细胞抵御碱性 pH 胁迫的能力,但却对酵母细胞抵御酸性 pH 胁迫并无显著的促进作用。

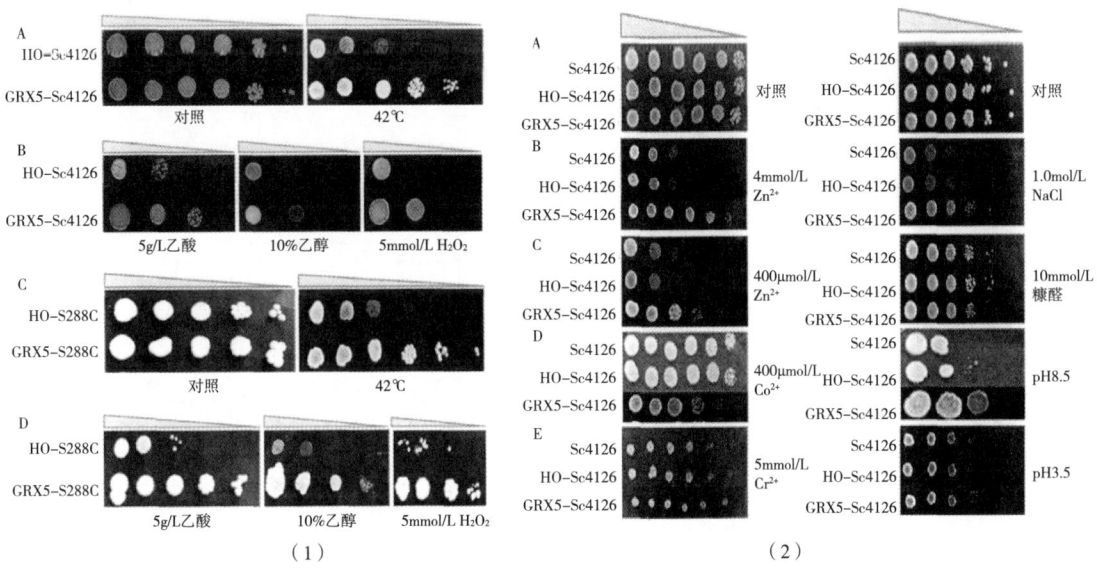

图 8-64 过量表达 *GRX5* 对酵母细胞抵御不同胁迫条件的影响

(1) A,42℃;B,5g/L乙酸;C,10%乙醇;D,5mmol/L H_2O_2;

(2) A,重金属;B,酸性 pH;C,碱性 pH;D,高渗;E,糠醛

(二)过量表达 *GRX5* 对乙酸胁迫下菌株发酵性能的影响

在 5g/L 乙酸胁迫条件下,工程菌株 GRX5-Sc4126 培养 24h 后进入对数生长期,而对照菌株 HO-Sc4126 则需要培养 36h 才能进入对数生长期,且使工程菌株 GRX5-Sc4126 的 OD_{620} 最高值由 2.6 提高至 3.4(图 8-65)。然而,与对照菌株相比,虽工程菌株 GRX5-Sc4126 乙醇产量及其得率分别由 45g/L 和 0.428g/g 仅提高至 46g/L 和 0.431g/g,但其发酵时间却较对照菌株(60h)缩短了 12h,进而使乙醇生产强度达到 0.897g/(L·h),比对照菌株提高了 28.5%。值得注意的是,工程菌株 GRX5-Sc4126 比乙醇生成速率为 0.209g/(gDCW·h),与对照菌株 [0.206g/(gDCW·h)] 相当。因此,在乙酸胁迫条件下,过量表达 *GRX5* 可有效缩短工程菌株的延滞期,进而缩短发酵周期以提高其发酵性能。

(三)过表达 *GRX5* 对高温胁迫下菌株发酵性能的影响

在较低温度(40℃)条件下,不同菌株生长性能并无显著差异性,但随着胁迫温度升高至 42℃或 44℃时,工程菌株 GRX5-Sc4126 表现出更为优良的生长性能(图 8-66)。然

代谢工程——方法与应用

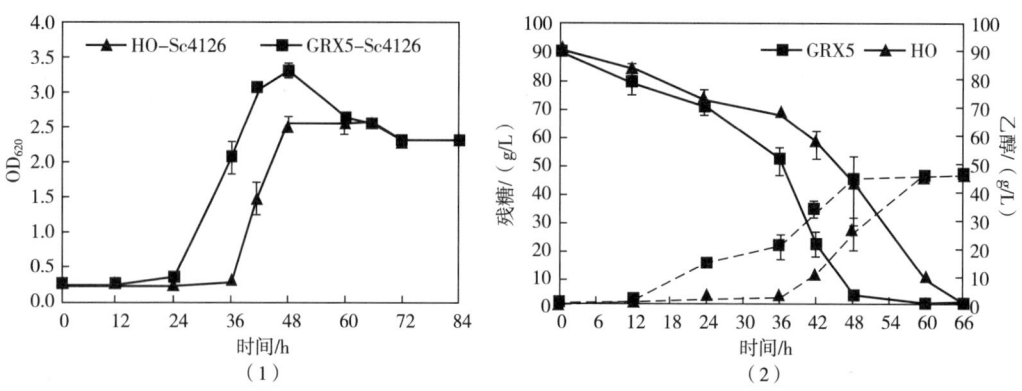

图 8-65 过量表达 *GRX5* 对工程菌株在乙酸胁迫条件下生长性能（1）及其发酵性能（2）的影响

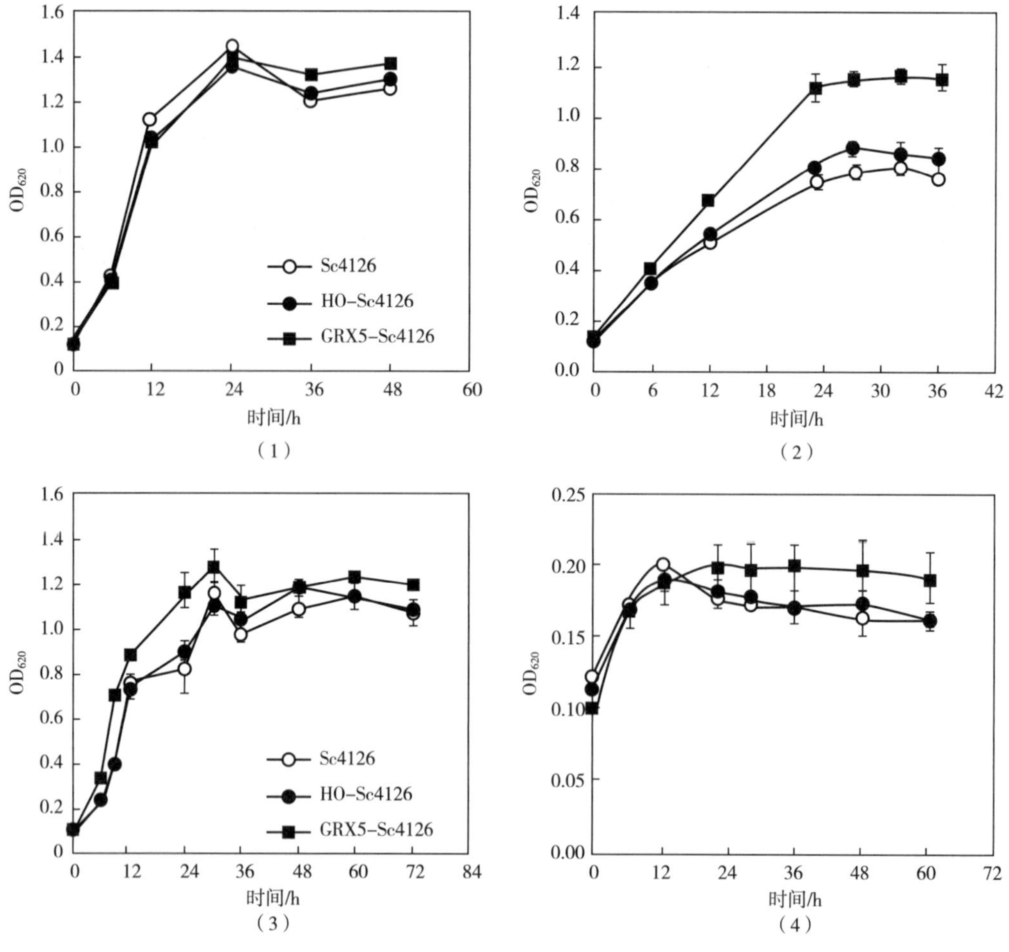

图 8-66 高温胁迫条件对菌株乙醇发酵性能的影响

（1）40℃；（2）42℃；（3）44℃；（4）46℃

而,极高温度(46℃)胁迫条件均显著抑制不同菌株的生长性能,导致不同菌株生物量无显著的差异性。因此,过量表达 *GRX*5 基因可有效提高工程菌株在高温胁迫条件下的乙醇发酵性能,且可被用于耐高温酵母菌株的改造。

(四)过量表达 GRX5 对双重胁迫下菌株发酵性能的影响

在乙醇发酵过程中,微生物将面临多重环境胁迫。为此,在高温(42℃)和 3.6g/L 乙酸的双重胁迫条件下,进一步考察过量表达 *GRX*5 对菌株发酵性能及其抗氧化酶活性的影响。结果如图 8-67 所示,无论是野生型对照还是空载体对照菌株,均需要 48h 的延滞期才能进入对数生长期,而工程菌株 CRX5-Sc4126 却只需要培养 12h 即可进入对数生长期。此外,空载体对照菌株的细胞生长量(OD_{620})最高值仅为 0.6,而野生型菌株的最大 OD_{620} 值为 1.13,但工程菌株 GRX5-Sc4126 的最大 OD_{620} 值却可高达 1.25。因此,过量表达 *GRX*5 可有效提高菌株在双重胁迫条件下的生长性能,并显著缩短工程菌株的延滞期。

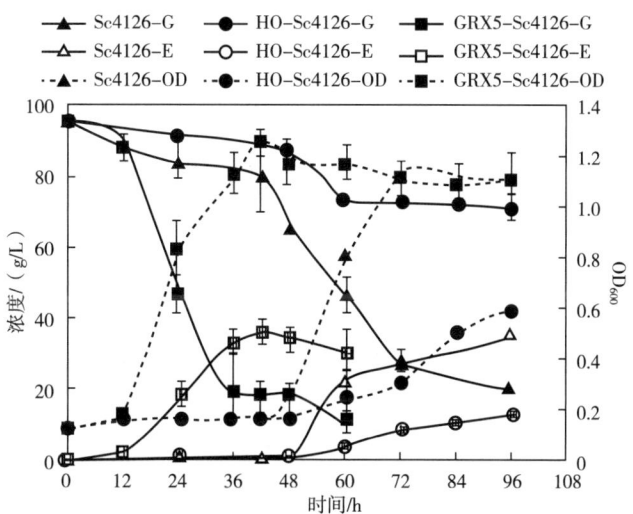

图 8-67 双重胁迫条件(42℃和 3.6g/L 乙酸)对不同菌株生长性能的影响

(五)过量表达 GRX5 对酵母发酵水解液稀释液的影响

通过模拟玉米秸秆水解液中各抑制剂浓度:甲酸 0.34g/L、乙酸 4g/L、糠醛 0.5g/L 及 5-HMF 0.36g/L,进一步考察工程菌株 GRX5-Sc4126 利用纤维素原料发酵乙醇的生产潜力。发酵结果如图 8-68(1)所示,与对照菌株相比,工程菌株 GRX5-Sc4126 具有更高的发酵效率,可使其发酵周期缩短 40h,且乙醇产率提高了 61.4%,可达 0.62g/(L·h)。此外,不同工程菌株 GRX5-Sc4126、HO-Sc4126 及 Sc4126 合成乙醇的能力相当,使其乙醇产量分别为 37.2g/L、36.9g/L 和 37.1g/L,且乙醇得率分别为 0.418g/g、0.417g/g 和 0.399g/g。在此基础上,进一步考察过量表达 *GRX*5 对工程菌株利用真实水解液(未经脱毒处理,故使用前稀释处理)进行乙醇发酵的影响。发酵结果如图 8-68(2)所示,与模拟水解液发酵结果类似,工程菌株 GRX5-Sc4126 较对照菌株具有更为优良的发酵性能。

因此，过量表达 GRX5 可有效提高酵母细胞耐受水解液中抑制剂的能力，显著提高菌株的发酵效率，为进一步研究以纤维素为原料发酵乙醇提供了技术参考。

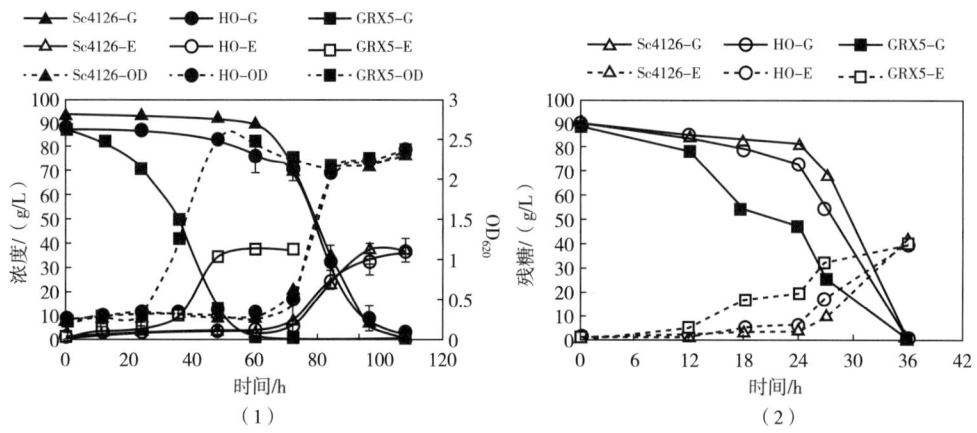

图 8-68 过量表达 GRX5 对工程菌株在模拟水解液（1）和水解液稀释液（2）中发酵性能的影响

第五节 代谢工程改造大肠杆菌抵御环境胁迫

一、前言

作为埃希氏菌属（Escherichia）代表菌，大肠杆菌（Escherichia coli）在有氧条件下可进行有氧呼吸产能，在无氧条件下可进行无氧呼吸和发酵产能，进而将葡萄糖转变为琥珀酸、乳酸、富马酸、乙醇、乙酸、H_2 和 CO_2 等多种产物。此外，作为重要的模式生物，大肠杆菌被广泛应用于基因表达调控、代谢调控、环境压力适应性等基础性研究，进而从分子水平上全面、系统地阐明微生物代谢、调控、进化的生理机制，促进微生物基础研究及其在工业上的应用。

二、大肠杆菌应对环境胁迫的响应机制

（一）大肠杆菌的热应激机制

在高温胁迫条件下，大肠杆菌可迅速做出热激应答，进而诱导相关基因表达，大量合成热激蛋白。作为分子伴侣和蛋白酶，热激蛋白具有协助蛋白质折叠、降解未正确折叠的蛋白质、保持蛋白质和膜的稳态及其保护核酸等功能。因此，大部分热激蛋白是提高大肠杆菌耐热性能所必需的，如 DnaK、DnaJ、GrpE、GroES 和 GroEL 等，且其相关基因的表达受到调控因子 σ32 的严格调控，进而通过在不同水平（转录、翻译及降解）对 σ32 进行调控可有效影响大肠杆菌的耐热性能（图 8-69）。与之相反，在低温条件下，大肠杆菌细胞内酶活性及膜流动性降低、RNA 结构趋于稳定，进而降低细胞新陈代谢速率。为

此，细胞可产生一种冷休克反应，即调控表达一类特殊蛋白质——冷休克蛋白（cold shock proteins，CSPs），如典型冷休克蛋白、RNA 解旋酶（DeaD）、DNA 旋转酶（GyrA）、转录因子 NusA 和翻译因子 InfBD 等，进而有助于在低温胁迫下保持细胞膜的完整性和促进相应基因的有效转录和翻译。

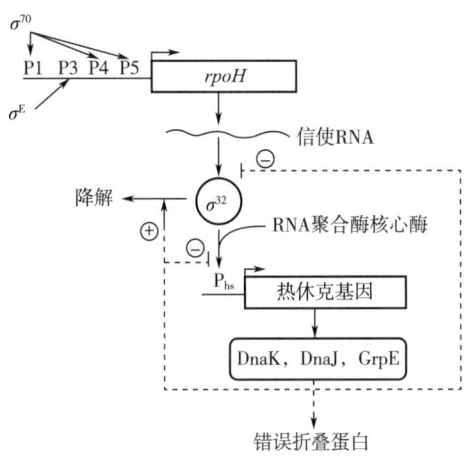

图 8-69　大肠杆菌热激应答响应机制

（二）大肠杆菌抵御干燥及高渗透压的应激机制

在干燥及高渗透压处理过程中，大肠杆菌可对低水分含量做出应激响应，诱导相关基因的表达，合成特殊活性物质以降低水分活度下降对细胞生长性能的影响。为此，大肠杆菌已进化形成 2 套相似的调节机制：①胞外抵抗机制——糖被（glycocalyx）作用。糖被成分主要为多糖，少数是蛋白质或多肽，或多糖与多肽复合型，可为细胞提供贮藏养料和表面附着力，且其上大量极性基团可保护细胞因水分流失造成的损伤。②胞内调节机制——海藻糖（trehalose）作用。海藻糖在细胞表面能形成独特保护膜，可有效稳定细胞膜上蛋白质和脂质的结构和功能，进而提高微生物细胞抵御环境胁迫的能力。

此外，在高渗透压环境下，大肠杆菌胞内双组分系统 EnvZ/OmpR 也可感应外界环境的变化，并通过增加外膜蛋白 OmpC 的表达水平，为糖、多元醇、甜菜碱、氨基酸等相容性溶质进入细胞质提供通道，维持细胞内外渗透压平衡；同时，ProP 和 ProU 等膜转运系统也将协助相容性溶质进入细胞。然而，由于对大肠杆菌抵御干燥胁迫的响应机制了解甚少，使其已成为研究热点之一。

（三）大肠杆菌的耐酸分子机制

因大肠杆菌具有葡萄糖-阻碍耐酸系统、氨基酸依赖型耐酸系统、伴侣蛋白抗酸作用及保持膜电荷稳定等多种耐酸机制，导致其具有较强的耐酸能力，尤其是处于稳定期细胞可耐受 pH≤2.5 酸性环境（图 8-70）。然而，大肠杆菌应对酸胁迫的响应机制非常复杂和多变，且在不同成分或不同 pH 环境中，胞内发挥主要作用的耐受机制也不尽相同。例如，葡萄糖-阻碍耐酸系统可受到葡萄糖的抑制，而氨基酸依赖型耐酸系统需要特定的氨基酸存在时才能发挥耐酸作用。

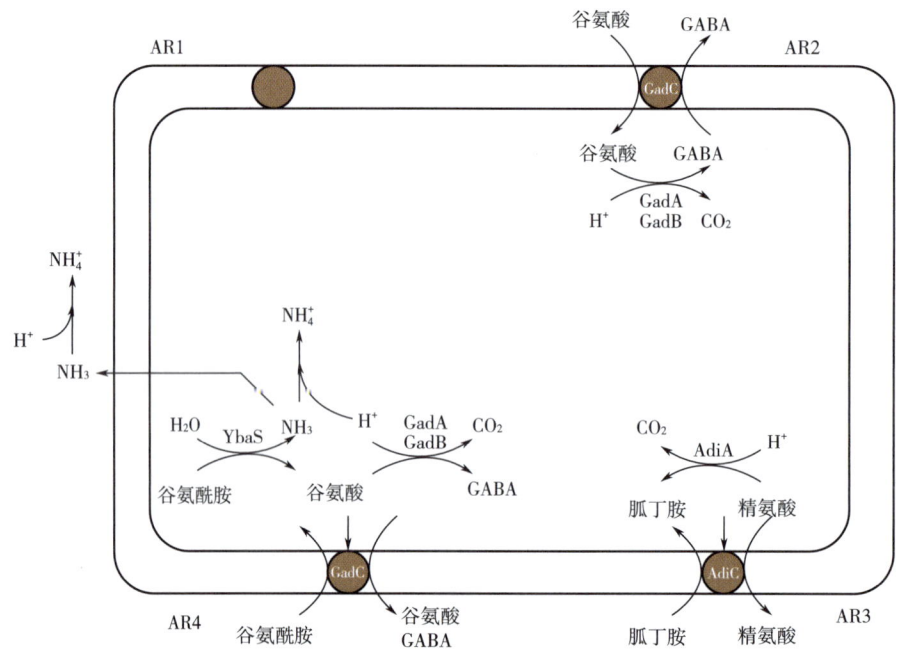

图 8-70　大肠杆菌主要的耐酸系统

1. 葡萄糖-阻碍耐酸系统（AR1）

在细胞利用葡萄糖-阻碍耐酸系统（AR1）抵御酸性环境胁迫过程中，选择性信号因子 σ_s 和总调控蛋白 CRP（cAMP receptor protein）是必需的，且需传递质子的 F_0F_1-ATP 酶（F_0/F_1 proton-translocating ATPase）的参与，但 AR1 是否由 F_0F_1-ATP 酶系统提供能量却是未知的。然而，AR1 耐酸系统受葡萄糖的抑制作用，且 pH 为 8.0 时，细胞会产生抑制剂阻止该耐酸系统的活化。值得注意的是，选择性信号因子 σ_s 由 RpoS 编码，而 RpoS 是细菌一般胁迫反应的主要调控因子，可被一系列胁迫条件（如碳源和氮源饥饿、高渗透压、低 pH、高温等）及某些胞内信号所诱导产生。

目前，AR1 耐酸系统的结构组分和保护机制仍不明确，推测其作用机制如图 8-71 所示：一方面，酸性条件可直接作用于 RpoS，诱导 RpoS 翻译、抑制 RpoS 降解，增加胞内 RpoS 积累；另一方面，酸性条件也可通过抑制 cAMP 表达以激活 RpoS 表达，并活化诸如 PhoP/PhoQ、ArcB/RssB 等双组分系统间接调控 RpoS 的转录及其降解。为此，在酸性条件下，提高胞内 RpoS 含量及产生酸休克蛋白（acid shock proteins，ASPs）可有效保护和修复大分子，进而提高细胞膜的稳定性。因此，RpoS 是葡萄糖-阻碍耐酸系统必不可少的关键调节因子，且其直接或间接调控约 500 个基因的表达，可占 *E. coli* 基因组的 10%。

2. 氨基酸依赖型耐酸系统

（1）谷氨酸依赖型耐酸系统（AR2）　在谷氨酸存在情况下，谷氨酸依赖型耐酸系统

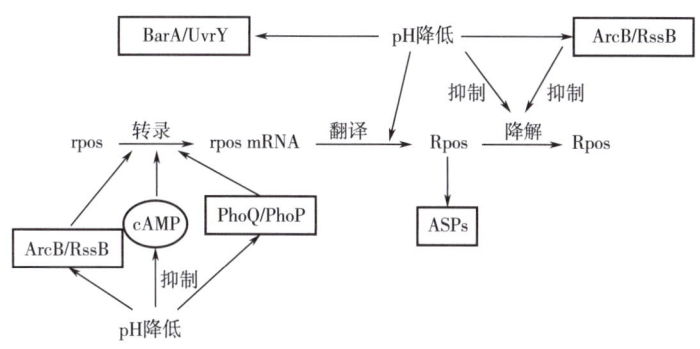

图 8-71 葡萄糖-阻碍耐酸系统的作用机制

(AR2) 依赖两个谷氨酸脱羧酶（GadA 和 GadB）异构体和谷氨酸-γ-氨基丁酸（γ-aminobutyric acid，GABA）反转运体（GadC）共同发挥耐酸作用，其作用机制为：大肠杆菌利用谷氨酸脱羧酶使谷氨酸在脱羧过程中生成 γ-氨基丁酸（GABA），通过消耗胞内 H^+ 以提高胞内 pH，而转运蛋白 GadC 可将 γ-氨基丁酸转运至胞外以交换新底物（Glu）。

目前，谷氨酸依赖型耐酸系统是大肠杆菌中最有效的耐酸系统。同工酶 GadA、GadB 和氨基酸转运蛋白 GadC 共同作用发挥着消耗入侵胞内质子的作用，从而缓解因环境低 pH 而导致胞内 pH 降低的胁迫。值得注意的是，当 pH 为 2.5 时，GadA 和 GadB 任何一种脱羧酶的存在都能保证 AR2 系统发挥耐酸作用；但当 pH 为 3.0 时，同时存在 2 种脱羧酶才能保证 AR2 系统的有效性。因此，酸性条件能够诱导 *gadA* 和 *gadB* 等基因的表达，而基因的高水平表达将进一步促进并增强大肠杆菌的耐酸能力。然而，胞内 AR2 系统处于一个复杂的调节网络中，其耐酸能力除与上述 3 个关键蛋白有直接关系外，还将受到另外 11 个调节基因的影响（图 8-72）。例如，作为另一关键调节基因，GadE 位于 *gadA* 和 *gadBC* 上游，由 *gad* 盒子和 GadE 激活子组成。

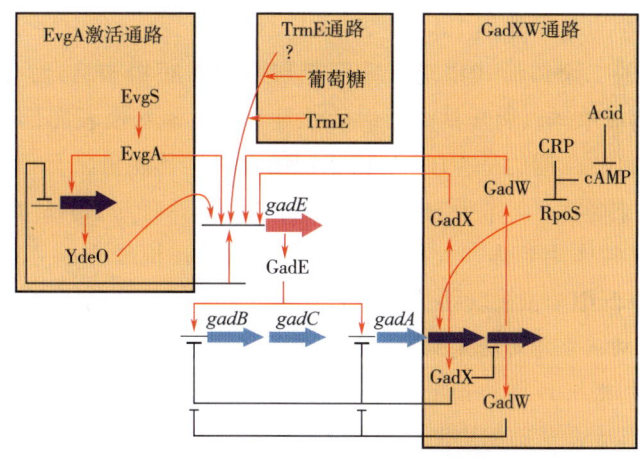

图 8-72 谷氨酸依赖型耐受系统的激活与调节网络

(2) 精氨酸依赖型耐酸系统（AR3）　与 AR2 作用机制相似，精氨酸依赖型耐酸系统（AR3）由精氨酸脱羧酶（AdiA）和反转运体（AdiC）组成，并在低 pH 厌氧条件下诱导激活，但需要外源精氨酸存在时发挥耐酸作用。因此，富含精氨酸的酸性条件可诱导 AdiA 和 AdiC 的表达，而大肠杆菌利用精氨酸脱羧酶使精氨酸在脱羧过程中生成胍丁胺消耗胞内 H^+ 以提高胞内 pH，同时胍丁胺则被转运蛋白 AdiC 转运至胞外交换精氨酸（图 8-72），如此循环，虽质子不断渗透到胞质中，但胞质 pH 仍保持在 4.7 范围内。

(3) 谷氨酰胺依赖型耐酸系统（AR4）　作为一个新型大肠杆菌氨基酸依赖型耐酸系统，谷氨酰胺依赖型耐酸系统在谷氨酰胺（Gln）存在条件下，依赖谷氨酰胺酶（YbaS）和氨基酸反向转运蛋白（GadC）共同发挥耐酸作用。其中，YbaS 和 GadC 可被酸性 pH 激活，且只在 pH 小于或等于 6.0 时才能适当发挥功能作用，细胞利用 YbaS 将吸收的 L-谷氨酰胺（Gln）转化为 L-谷氨酸（Glu）并释放气态氨，而游离氨则中和质子以维持胞内 pH 的稳定。基于此耐酸系统，可使大肠杆菌在富含谷氨酰胺的极酸性食品中生存。此外，大肠杆菌中含有 2 个谷氨酰胺酶基因 *ybaS* 和 *yneH*，其中 YneH 在接近中性条件下发挥作用，而在 pH≤6.0 时，YbaS 对 AR4 起无可替代的作用。值得注意的是，上述酶促反应产物——谷氨酸可在同工酶 GadA 和 GadB 作用下脱羧，形成基于谷氨酸脱羧作用的耐酸系统。因此，谷氨酰胺酶促反应结合谷氨酸脱羧反应可消耗 2 份质子，发挥更为强大的耐酸能力，有效提高大肠杆菌在酸性环境下的生存能力。

(4) 其他氨基酸依赖型耐酸系统　除上述 3 种氨基酸依赖型耐酸系统外，大肠杆菌胞内其他氨基酸，如赖氨酸、鸟氨酸也可发生脱羧作用，消耗胞内质子，且其作用机制与上述氨基酸耐酸系统相似，但赖氨酸脱羧酶和鸟氨酸脱羧酶需要在较高 pH（几乎不能在 pH2.5）条件下才能发挥作用。

3. 基于伴侣蛋白的耐酸系统

分子伴侣是由不相关蛋白质组成的一个蛋白系，介导其他蛋白质的正确折叠与装配，但其本身不成为功能结构中的组分。例如，在酸性条件下，在大肠杆菌周质空间中存在能够帮助周质蛋白复性的分子伴侣 HdeA 和 HdeB。对于 HdeA，在中性环境中，HdeA 以折叠态没有伴侣活性的二聚体形式出现，且不能与蛋白质底物相结合，但当环境 pH<3.0 时，HdeA 迅速解离成单体以展开具有伴侣活性且暴露出疏水性表面，进而与底物蛋白结合阻止其酸诱导聚集。有趣的是，HdeA 和底物结合时，其能量来源于外部 pH 变化，而不需要消耗细胞自身能量。而作为 HdeA 类似物，HdeB 拥有与 HdeA 类似的结构和功能，但 HdeB 比 HdeA 抗酸作用更强。此外，HdeA 和 HdeB 在抗酸方面存在协同作用，缺失 *hdeA* 或 *hdeB* 均可降低细菌抵御酸胁迫的能力。

4. 膜成分改变及膜电荷的稳定机制

细胞膜是微生物抵抗环境胁迫的第一道防御屏障，通过改变其膜成分以应答环境压力，使膜流动性与其生命活动相协调。值得注意的是，大肠杆菌不仅通过改变其膜成分以适应酸胁迫，还可在一定程度上保持细胞膜电荷的稳定，避免产生超极化现象（正常情况下，大肠杆菌膜电势为负）。此外，细胞膜上氯/氢离子转运蛋白（$ClCH^+/Cl^-$）对氨基酸依赖型耐酸系统具有重要的辅助作用,其作用机制是:一方面,脱羧反应和酶促反应消耗细胞膜内质子,降低电荷;另一方面,氯/氢离子转运蛋白能够将胞内氢离子转运至胞外,并将胞外与氯离子类似的阴离子转入胞内,中和电荷,进而使胞内电荷维持正常负电荷。

(四) 大肠杆菌的氧化应激机制

大肠杆菌在面对各种环境胁迫条件时,细胞会发生氧化应激反应,产生并积累大量活性氧(ROS),如超氧阴离子($O_2·^-$)、氢氧阴离子(OH^-)、羟自由基($·OH$)、过氧化氢(H_2O_2)、单线态氧($·O_2$)和过氧化物自由基($ROO·$)等,而过量 ROS 可对细胞内膜结构和大分子物质产生损伤,诱发胁迫响应机制。目前,大肠杆菌已形成完整的抗氧化体系,主要包括:①抗氧化酶体系,包括过氧化氢酶(CAT)和过氧化物歧化酶(SOD),通过清除过量 ROS 缓解细胞氧化胁迫以维持细胞膜氧化还原稳态;②谷胱甘肽循环系统,但其胞内还原型谷胱甘肽(GSH)的量取决于 *gshA* 基因(编码谷氨酰半胱氨酸合成酶)及 *gshB* 基因(编码 GSH 合成酶)的表达。

(五) 交叉保护机制

值得注意的是,由于细胞响应单一胁迫时会产生多种保护蛋白,而保护蛋白能够修复因不同物理、化学等因子而变性的大分子物质,可导致大肠杆菌胞内存在多种胁迫的交叉保护现象。例如,经过酸适应的大肠杆菌,可增强其抵抗其他环境胁迫的能力,而经过热、饥饿、渗透压应激等胁迫的大肠杆菌,也可增强其抵御酸胁迫的能力。因此,基于交叉保护特性,可使大肠杆菌能够快速适应多种环境胁迫压力,进而可导致食品防腐剂等失去应有的作用,增加食品中毒等现象,而研究不同压力间的交叉保护作用,对于利用大肠杆菌生产新型食品防腐剂具有重要的指导意义。

三、转录调节蛋白 IrrE 对大肠杆菌抵御盐胁迫的生理机制解析

耐辐射异常球菌隶属于异常球菌目异常球菌科异常球菌属,是世界上最具对电离辐射、UV 辐射及 DNA 损伤抗性的生物。其中,耐辐射异常球菌中基因 *irrE* 编码蛋白质可激活胞内 DNA 修复及其他保护支路,其过量表达可显著提高大肠杆菌抵御高渗、高盐等环境胁迫的能力,但对其抗逆性机制却缺乏深度认识。为此,结合基因组学和蛋白质组学全面解析异源表达调控蛋白 IrrE 对宿主细胞的调控作用,完善 *irrE* 基因在胁迫环境下对大肠杆菌代谢途径及其修复途径的生理调控机制。

(一) 重组大肠杆菌的基因调控网络分析

1. 过量表达 *irrE* 对大肠杆菌生长性能的影响

通过对 IrrE 重组菌株 MGE、对照菌株 MGT 及 JM109 在 LB 液体培养基中生长情况的比较分析,发现过量表达 *irrE* 可显著影响重组菌株 MGE 的生长性能。结果如图 8-73 所示,对照菌株在 OD_{600} 值达 3.0 时可进入生长稳定期,且菌株细胞的分裂速率与凋亡速率平衡;而过量表达 *irrE* 可显著延长重组菌株 MGE 的对数生长期,且持续时间可延长至 15h。因此,在不利于菌株生长的环境下,重组菌株 MGE 仍能持续分裂生长,使其最高菌

体量显著高于对照菌株,且其 OD_{600} 值比对照菌株增加了 66%,可达 5.0。

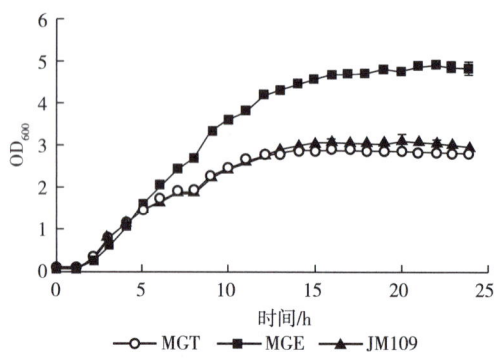

图 8-73　过量表达 irrE 对大肠杆菌生长性能的影响

2. 过量表达 irrE 对大肠杆菌底物代谢谱的影响

利用 BioLog 微生物自动分析系统 GN2 BioLog 版中 95 种底物,分别对菌株 MGE 和 MGT 代谢不同底物的能力进行分析。结果表明:对照菌株 MGT 可利用 GN2 BioLog 版中 45 种底物,其中 41 种底物利用效率较高,而 4 种底物利用效率较低。然而,与对照菌株 MGT 相比,虽重组菌株 MGE 仍具典型大肠杆菌的代谢特征,但其底物代谢效率却被显著改变。在对照菌株利用的 45 种底物中,只有 β-甲基-D-半乳糖苷、乙酸、α-羟丁酸、N-乙酰-D-葡萄糖胺、L-阿拉伯糖、D-半乳糖、D-蜜二糖、D-阿洛酮糖、D-海藻糖、葡萄糖酸、D-葡萄糖醛酸、α-酮戊二酸、肌苷、尿苷、胸苷和 D-6-磷酸葡萄糖等 16 种底物的利用效率尚未发生变化,而其他 29 种底物代谢的能力差异较大:即重组菌株 MGE 对其中 14 种底物几乎不能利用,8 种底物利用效率明显下降,7 种底物的利用效率显著提高。值得注意的是,对照菌株 MGT 对山梨醇利用率极低,但重组菌株 MGE 却可有效利用山梨醇。因此,过量表达 irrE 可有效调控重组菌株对底物的利用能力,其中显著增强对山梨醇的利用效率(图 8-74)。

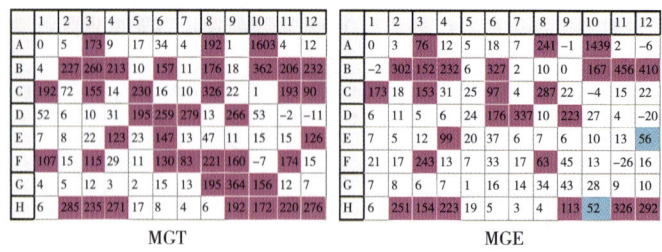

图 8-74　过量表达 irrE 对大肠杆菌 BioLog 底物代谢谱的影响

3. 过量表达 irrE 对细胞利用山梨醇的影响

在正常生长条件下,通过对基因芯片分析,发现在重组菌株 MGE 中,编码山梨醇转运载体和代谢途径的关键基因 SrlAEBD 显著上调,且分别上调 2.0 倍、2.2 倍、3.8 倍和

5.0 倍。其中，基因 *SrlABE* 编码蛋白 SrlABE 组成大肠杆菌的磷酸烯醇式丙酮酸依赖型山梨醇磷酸转移酶系统，可将环境中山梨醇经膜上蛋白 SrlE 运输进入胞内，并在转运过程中将山梨醇磷酸化，形成 6-磷酸山梨醇；而 *srlD* 基因编码的 6-磷酸山梨醇脱氢酶可将 6-磷酸山梨醇氧化生成 6-磷酸果糖，最终进入糖酵解途径。此外，6-磷酸山梨醇脱氢酶作为一个双向酶，还可催化 6-磷酸果糖生成山梨醇，而作为胞内小分子亲和性溶质，山梨醇可提高细胞抵御环境胁迫的能力。因此，IrrE 通过调控代谢途径中关键基因的表达水平而提高细胞利用山梨醇的能力，进而实现胞内山梨醇的大量积累，增强细胞抵御环境胁迫的能力。

（二）盐胁迫条件对 *irrE* 重组菌株蛋白表达谱的影响

1. 过量表达 *irrE* 对大肠杆菌抵御盐胁迫的影响

以菌株 MGT 和 JM109 为对照菌株，比较分析不同菌株在高盐培养基中的生长情况。结果如图 8-75 所示，当培养进行 15h 时，重组菌株 MGE 已开始生长，而对照菌株 MGT 和 JM109 仍未见生长，表明 IrrE 蛋白可有效缩短宿主细胞在高浓度盐胁迫条件下的生长延滞期。同时，将处于对数生长期的菌株 MGE 与 MGT 分别进行不同盐浓度冲击处理 1h 后，

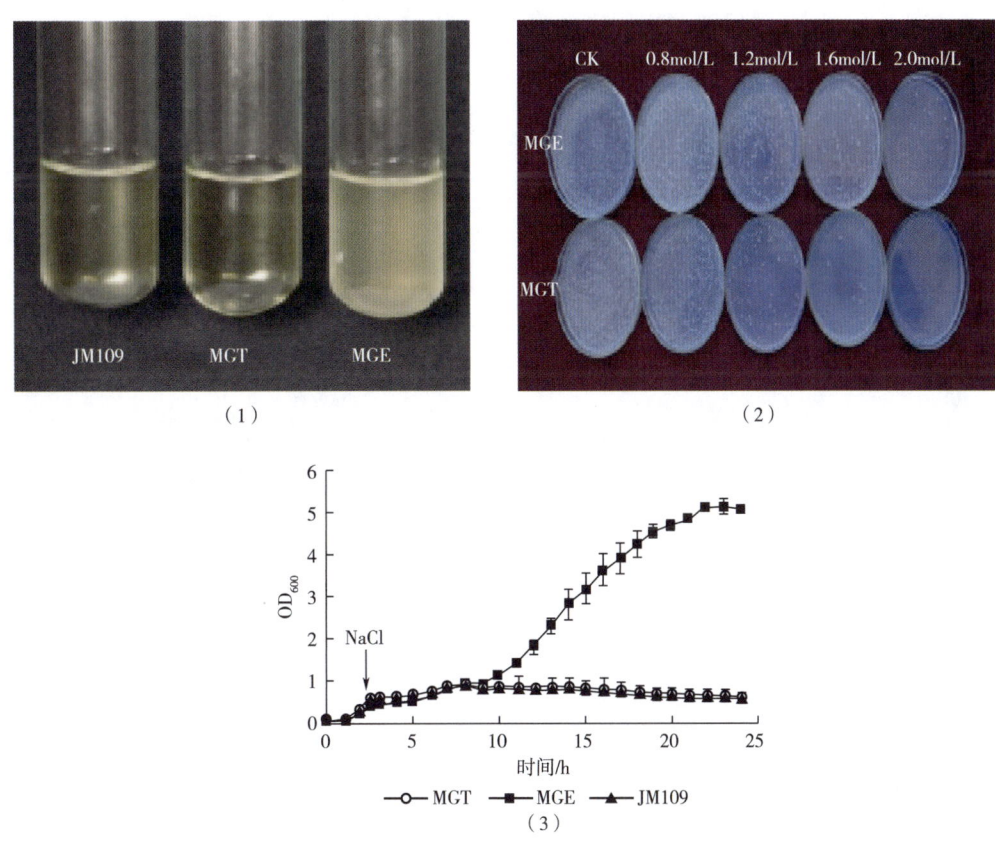

图 8-75　过量表达 *irrE* 对大肠杆菌抵御高盐胁迫的影响
（1）静置培养 15h；（2）平板涂布培养；（3）摇瓶培养

涂布于固体培养基上以考察不同菌株的生长性能［图8-75（2）］。与对照菌株 MGT 相比，重组菌株 MGE 具有更为优良的抗高盐胁迫能力。例如，1.2mol/L 高盐胁迫可显著降低对照菌株的细胞存活率，而重组菌株 MGE 在 2.0mol/L 高盐胁迫下仍可保持较高的存活率。此外，借助摇瓶培养实验进一步表明：高盐胁迫可完全抑制对照菌株 MGT 和 JM109 的生长能力，而重组菌株 MGE 在经历短暂延滞期后可重新进入对数生长期［图8-75（3）］。因此，过量表达 irrE 可显著提高宿主细胞抵御高盐胁迫的能力。

2. 高盐冲击条件下过量表达 irrE 对重组菌株蛋白谱的影响

通过比较分析不同菌株在高盐（1.0mol/L）冲击后全细胞蛋白表达的差异性，以期在蛋白质组学水平上解析转录调控蛋白 IrrE 提高细胞抵御高盐胁迫的生理机制。结果如图 8-76 所示，利用 PDquest 软件对双向电泳胶图进行比较分析，结果表明：在高盐冲击条件下，与对照菌株 MGT 相比，重组菌株 MGE 有 126 个蛋白点表达量显著提高，其中 39 个蛋白点仅在重组菌株 MGE 中出现。此外，重组菌株 MGE 有 110 个蛋白表达量显著下降，其中包含 51 个在 MGT 菌株胶图上未发现的蛋白点。在此基础上，分别对 236 个蛋白点进行 MALDI-TOF 检测分析，并结合蛋白质数据库，发现：在 126 个表达量增加的蛋白点中，具有鉴定结果的为 66 个；而在 110 个表达量降低的蛋白点中，具有鉴定结果的为 58 个，并将鉴定蛋白按照其在细胞中所行使的功能分成 13 类（图 8-77）。

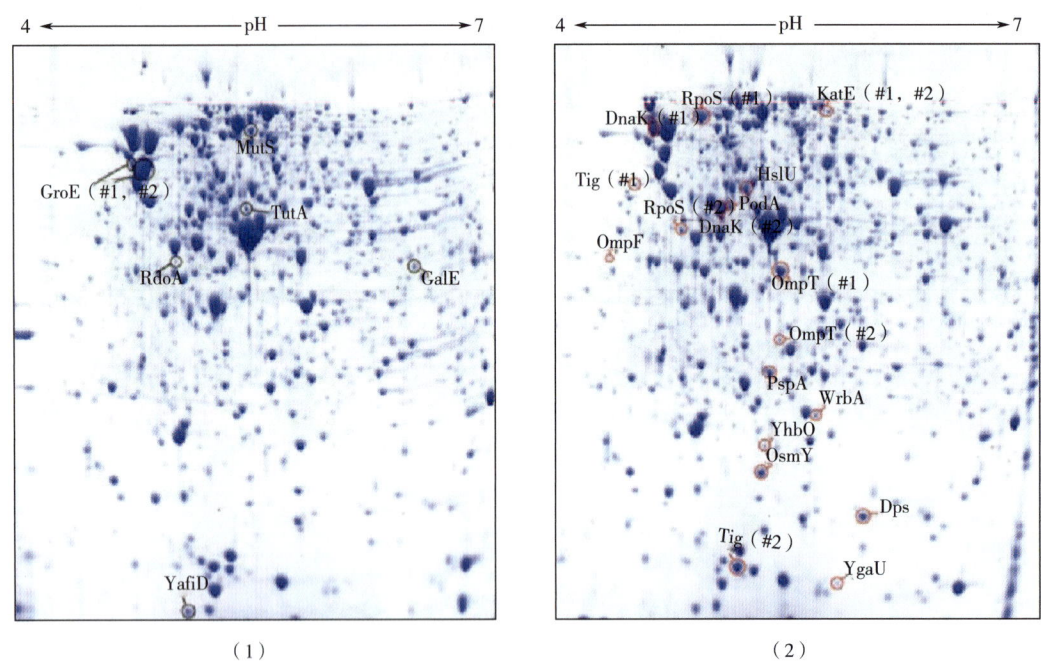

图 8-76 盐冲击下对对照菌株（1）和重组大肠杆菌（2）蛋白表达谱的影响

（红色，表达量上调；黑色，表达量下调）

第八章
代谢工程手段改善发酵微生物胁迫抗性

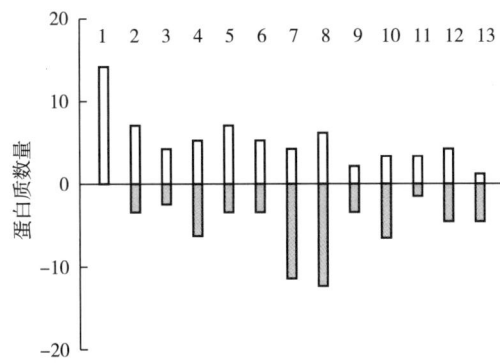

图 8-77 盐冲击条件下大肠杆菌受 IrrE 调控蛋白的功能分析

(通过 Biocyc 数据库对表达量变化 2 倍以上蛋白进行功能分析，其中正值代表上调，负值代表下调)
1—核苷酸合成相关；2—氨基酸合成相关；3—小分子合成相关；4—RNA 的合成、DNA 转录相关；
5—蛋白质翻译与修饰相关；6—分子伴侣；7—能量代谢相关；8—碳源利用；
9—中心代谢相关；10—转运相关；11—细胞骨架相关；12—细胞过程；13—推测蛋白

3. 高盐冲击条件下过量表达 *irrE* 对胁迫抗性相关蛋白表达的影响

在 1.0mol/L 氯化钠冲击 1h 条件下，重组菌株 MGE 中胁迫相关蛋白的表达量均显著高于对照菌株 MGT。其中，RpoS 作为大肠杆菌应对各种环境压力的重要调控因子，其在重组菌株 MGE 中表达量较对照菌株 MGT 上调 3 倍。类似的，重组菌株 MGE 中一系列环境胁迫诱导蛋白，如胁迫反应调控蛋白 Dps、分子伴侣 DnaK、热激蛋白 HslU、渗透胁迫诱导蛋白 OsmY 和噬菌体诱导蛋白 PspA 等表达量均显著提高。此外，在重组菌株 MGE 新增蛋白中还包括一些重要抗逆蛋白，如胁迫应答蛋白 YhbO、分子伴侣 Tig 和胁迫诱导蛋白酶 Lon 等，或一些抗氧化蛋白，如氧化氢酶 KatE、氧化胁迫调控蛋白 WrbA 等，进而提高细胞抵御高盐胁迫的能力（表 8-8）。

表 8-8 盐冲击下重组菌株中上调表达的抗逆相关蛋白

蛋白名称	相关描述	pI/Mr/ku 理论值	pI/Mr/ku 实验值	蛋白得分	蛋白肽匹配数量	增加量 MGE/MGT
DnaK (#1)	分子伴侣 Hsp70	4.83/69.07	4.75/79.36	301	24	5.76
DnaK (#2)	分子伴侣 Hsp70	4.83/69.07	5.18/45.36	279	23	3.09
RpoS (#1)	RNA 聚合酶调控因子 S	4.89/37.93	5.02/83.09	186	12	2.44
RpoS (#2)	RNA 聚合酶调控因子 S	4.89/37.93	4.93/41.26	171	14	2.25
KatE (#1)	过氧化氢酶 HPII	5.57/84.11	5.77/96.30	205	20	3.52
KatE (#2)	过氧化氢酶 HPII	5.57/84.11	5.80/95.30	306	30	6.85
wrbA	trp 抑制结合蛋白	3.67/18.82	5.91/24.40	62.6	5	3.94

续表

蛋白名称	相关描述	pI/Mr/ku 理论值	pI/Mr/ku 实验值	蛋白得分	蛋白肽匹配数量	增加量 MGE/MGT
Tig（#1）	激活因子	4.73/47.99	4.84/55.28	328	24	—
Tig（#2）	激活因子	4.73/47.99	5.32/15.38	288	22	2.36
HslU	热激蛋白	5.24/48.56	5.32/50.85	99.1	12	3.26
PotA	亚精氨酰胺/腐胺的 APT 结合位点组分	5.19/43.02	5.34/42.86	88	9	4.55
OmpF	外膜蛋白 F 前体	4.78/39/33	4.62.37.60	76.7	6	—
OmpT（#1）	萘甲酸合成酶	5.76/35/55	5.52/.37.55	146	12	2.81
OmpT（#2）	萘甲酸合成酶	5.76/35/55	5.64/30.98	128	11	—
OsmY	渗透压诱导蛋白 Y 前体	6.75/24.05	5.45/20.86	98.2	6	4.25
PspA	噬菌体应激蛋白，假定的内膜蛋白	5.51/25.56	5.50/29.00	146	12	45.18
YhbO	假定的胞内蛋白酶	5.27/18.84	5.47/23.02	116	7	—
Dps	胁迫应激 DNA 结合蛋白	5.72/18.68	6.30/18.51	152	12	2.73
YgaU	保守的假定蛋白	5.71/16.02	6.19/16.46	120	8	2.93
YciE	基因 yciE 编码产物	5.13/18.98	5.09/17.21	111	8	13.33

4. 高盐冲击条件下过量表达 irrE 对甘油降解途径的影响

在高盐冲击条件下，重组菌株 MGE 胞内甘油合成途径中关键酶的表达水平并无明显变化，但其参与甘油呼吸代谢过程中 ATP 依赖型甘油激酶 GlpK 却下调 2.27 倍，且厌氧呼吸 3-磷酸甘油脱氢酶复合物中 GlpA 和 GlpB 亚基表达量分别下调 3.57 倍和 3.85 倍，而参与甘油降解的甘油脱氢酶 GldA 表达量也下调 2.17 倍［图 8-78（1）］。因此，高盐胁迫可降低重组菌株 MGE 中甘油降解途径中关键酶表达量，有效增加胞内甘油积累，遏制胞内水分子向胞外流出，进而保证细胞的正常生理代谢功能。然而，甘油代谢途径中调控蛋白 GlpR 在转录水平上却无变化。因此，在高盐冲击条件下，蛋白 IrrE 对甘油降解途径的调控并不是通过 GlpR 介导，而是通过对甘油降解途径中关键酶产生调控作用，但其具体调控方式仍需进一步研究。

此外，通过对不同条件下菌株 MGE 与 MGT 胞内甘油含量的测定［图 8-78（2）］，发现：在正常生长条件下，菌株 MGE 与 MGT 胞内甘油含量相当，分别为 20.30nmol/mgDCW 和 15.61nmol/mgDCW。然而，在高盐冲击条件下，与对照菌株 MGT 胞内甘油含量（18.94nmol/mgDCW）相比，重组菌株 MGE 胞内甘油含量增加 1.99 倍，提高至 37.66nmol/mgDCW。因此，在高盐胁迫条件下，过量表达 irrE 可显著提高细胞甘油合成能力，进而提高胞内甘油含量以维持细胞的正常生理功能。

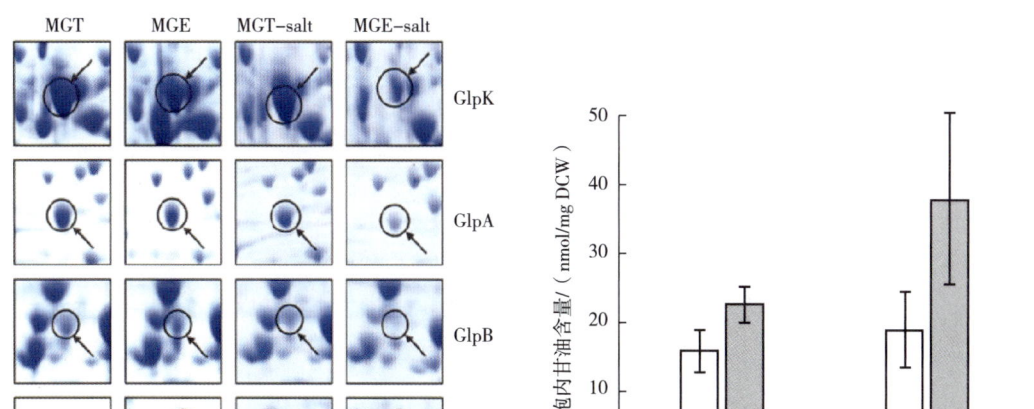

图 8-78 盐冲击下过量表达 irrE 对大肠杆菌中甘油降解途径关键酶表达水平（1）及甘油含量（2）的影响
□ MGT；■ MGE

综上所述，在高盐胁迫条件下，过量表达 irrE 可有效调控胞内多种功能基因的表达水平，上调多个胁迫相关蛋白的表达（如胁迫调控转录因子 RpoS），进而增强细胞积累亲和性溶质（甘油和海藻糖）的能力。然而，IrrE 调控作用并不是胁迫诱导产生的，而是在菌株生长每个阶段都发挥着相应的调控作用。例如，在盐胁迫条件下，IrrE 可显著提高 RpoS 蛋白表达量，进而激活大量胁迫相关基因表达，进一步提高细胞对非生物胁迫的抗性能力。

四、微生物耐热元件的挖掘及其对细胞鲁棒性的影响

腾冲嗜热菌（*Thermoanaerobacter tengcongensis* MB4）属于极端嗜热古菌，其最适生长温度可高达 75℃，且富含热激蛋白等具有热保护功能的耐热基因，是构建耐热元器件的理想材料。为此，以腾冲嗜热菌中耐热基因为耐热功能元件，以 P_{T7} 诱导型启动子为调控元件，初步表征耐热元器件对大肠杆菌耐热性能的影响，为改善大肠杆菌高温发酵提供技术参考。

（一）耐热元件的挖掘及其构建

利用 NCBI、HSPIA、PDB 等数据库挖掘嗜热微生物及其耐热基因信息，结合文献调研，筛选并确定 18 个来源于腾冲嗜热菌的基因可作为耐热功能元件，包括 7 个热激蛋白（HSP）基因、2 个泛素蛋白功能基因及 9 个转录因子基因。同时，借助分子生物学技术，成功构建 12 株耐热大肠杆菌工程菌株（表 8-9）。

表 8-9　　　　　　　　　　　耐热元件相关信息及其表达工程菌株

元件名称	功能类型	功能验证	诱导型工程菌株	组成型工程菌株
groel	热激蛋白 60	强	BL21-T7-groel	BL21-gapA-groel
groes	热激蛋白 10	中	BL21-T7-groes	BL21-gapA-groes
dnak	热激蛋白 70	强	BL21-T7-dnak	BL21-gapA-dnak
dnaj	热激蛋白 40	强	BL21-T7-dnaj	BL21-gapA-dnaj
ibpa	热激蛋白 20	中	BL21-T7-ibpa	BL21-gapA-ibpa
thif	类泛素蛋白	中	BL21-T7-thif	BL21-gapA-thif
ttc0977	类泛素蛋白	中	BL21-T7-ttc0977	BL21-gapA-ttc0977
flia	转录因子	弱	BL21-T7-flia	BL21-gapA-flia
rpoe3	转录因子	弱	BL21-T7-rpoe3	BL21-gapA-rpoe3
rpoe7	转录因子	弱	BL21-T7-rpoe7	BL21-gapA-rpoe7
groes/groel	热激蛋白	—	BL21-T7-groel-groes	—
dnak/dnaj	热激蛋白	—	BL21-T7-dnaj-dnak	—

注："—"表示蛋白无活性，未构建在菌株中。

（二）耐热元器件功能的初步表征

1. *groel/groes* 耐热元器件的功能表征

利用 IPTG（终浓度 1mmol/L）于 30℃ 诱导 4h 后，借助 SDS-PAGE 凝胶电泳分析不同工程菌株 BL21-T7-groel、BL21-T7-groes 和 BL21-T7-groel-groes 中热激蛋白 GroEL 和 GroES 的表达情况。结果如图 8-79 所示，GroEL 可以可溶性形式存在，且表达量适中，保存蛋白的生理活性；而 GroES 表达水平较高，且表达量超过细胞本身蛋白量的 50%，但只有部分 GroES 以可溶性形式存在而保存蛋白活性。因此，选择 30℃ 作为蛋白诱导温度，并考察 50℃ 热处理对细胞存活率的影响，进而表征耐热元器件对大肠杆菌耐热性能的影响。

结果如图 8-80 所示，在热处理 15min 后，工程菌株 BL21-T7-groel 的细胞存活率显著高于其他菌株。然而，当热处理 30min 后，对照组菌株 BL21 细胞存活率降至 10%，但工程菌株均保持 40% 细胞存活率。值得注意的是，当热激时间增加至 60min 时，对照菌株存活率仅为 1.67%，但工程菌株 BL21-T7-groel、BL21-T7-groes 和 BL21-T7-groel-groes 细胞存活率仍分别保持为 22%、12.45% 和 14.33%。因此，单独表达热激蛋白 GroEL 和 GroES 可有效提高大肠杆菌的耐热性能，但共同表达却会增加细胞的代谢负担，进而降低其改善效果，使其仅能稍微提高细胞的耐热性能。

2. *dnak/dnaj* 耐热元器件的功能表征

类似的，借助 SDS-PAGE 分别考察工程菌株 BL21-T7-dnak、BL21-T7-dnaj、BL21-T7-ibpa 和 BL21-T7-dnak-dnaj 中热激蛋白的表达情况。结果如图 8-79 所示，利用 IPTG

第八章
代谢工程手段改善发酵微生物胁迫抗性

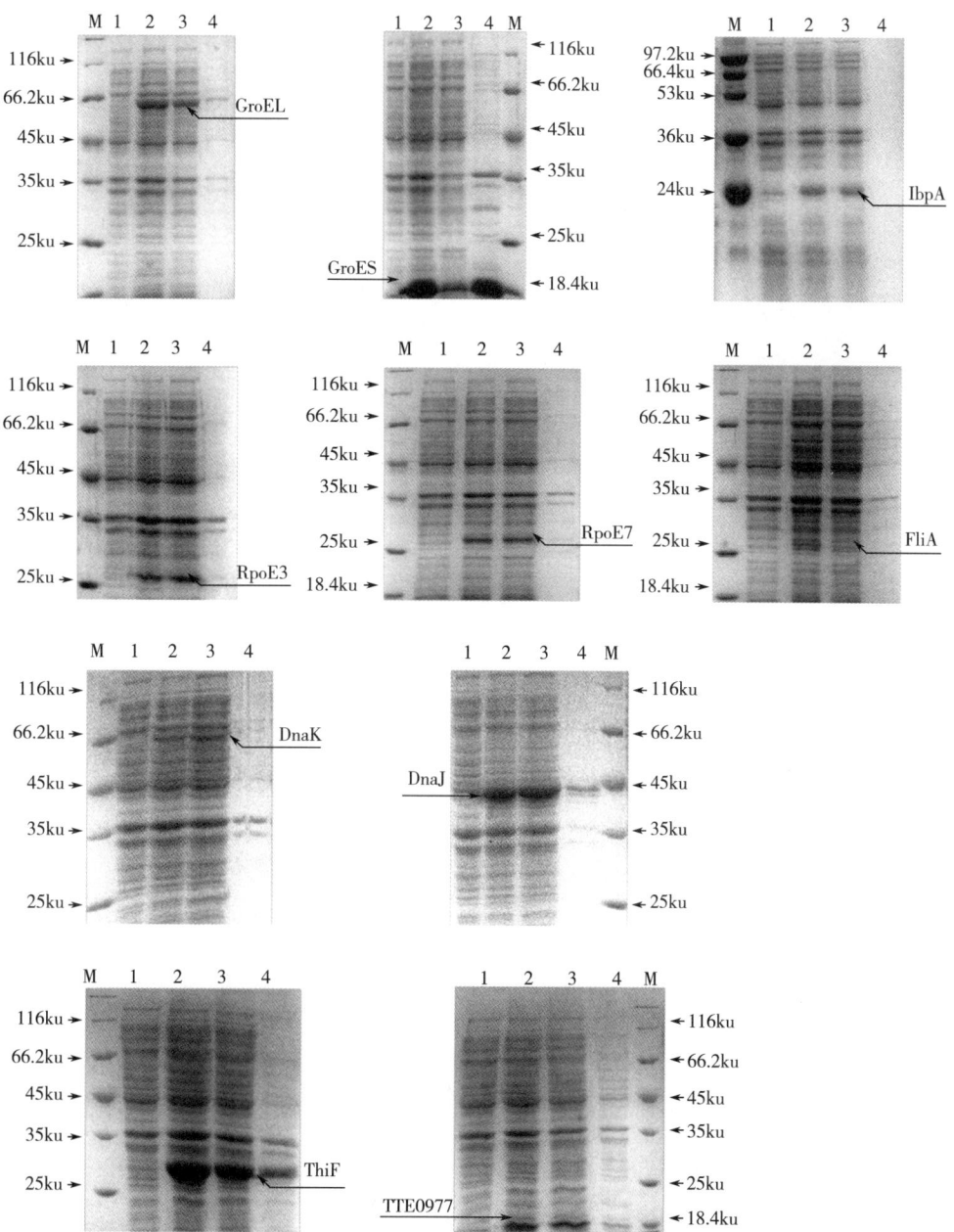

图 8-79 利用 SDS-PAGE 分析不同耐热功能元件在 30℃下的诱导表达情况
(M 为 Marker 的缩写，是一种商业化试剂，Marker 中含有不同分子量的蛋白，参考 Marker 的条带可知道目的蛋白大小)

(终浓度 1mmol/L) 30℃诱导 4h 后，热激蛋白 DnaK、DnaJ 和 IbpA 均可被高效诱导表达，且呈可溶性形式表达，可保持蛋白正常生理功能。同时，在利用 50℃热处理表征耐热元器件对大肠杆菌耐热性能的过程中，发现与对照菌株相比，在热处理 15min 后，工程菌株 BL21-T7-dank 细胞存活率可保持 60%；而热处理 30min 后，工程菌株 BL21-T7-ibpa 的细胞存活率仍稳定在40%，为对照菌株的4倍（图8-80）。更重要的是，在热处理60min后，工程菌株BL21-T7-danj表现出更强的耐热性能，其细胞存活率仍保持稳定在25%。

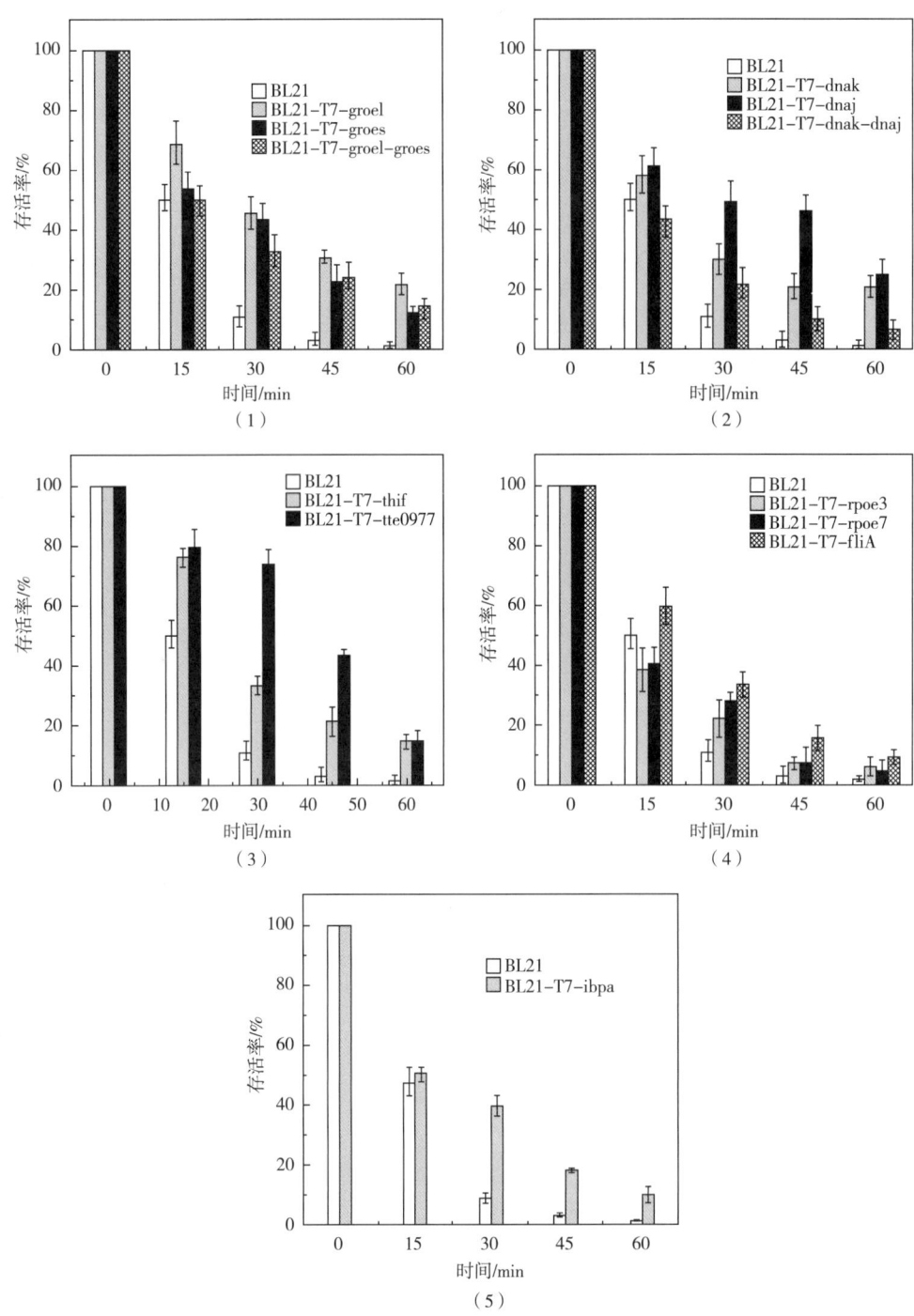

图8-80　不同耐热元器件对不同热胁迫条件下大肠杆菌热激存活率的影响

（1）groel、groes 和 groes/groel；（2）dnak、dnaj 和 dnak/dnaj；（3）thif 和 ttc0977；（4）rope3、rope7 和 FilA；（5）ibpa

然而，共同表达 DanK 和 DanJ 却有效降低细胞的耐热性能（热处理 60min 后，仅有 6.59% 细胞存活），且显著低于单独表达热激蛋白基因的工程菌株。因此，耐热元器件 T7-dnaj、T7-dnak 和 T7-ibpa 可有效改善大肠杆菌的耐热性能，但共同表达热激蛋白 DanK 和 DanJ 却显著降低细胞的耐热性能。

3. 转录因子耐热元器件的功能表征

此外，借助 SDS-PAGE 凝胶电泳分别考察不同工程菌株 BL21-T7-rpoe3、BL21-T7-rpoe7 和 BL21-T7-flia 中耐热元器件的表达情况（图 8-80）。在利用 IPTG（终浓度 1mmol/L）30℃诱导 4h 后，3 个转录因子均呈现可溶性表达，且表达量适中，但却显著低于热激蛋白的表达水平。同时，在利用 50℃ 热处理表征耐热元器件对大肠杆菌耐热性能的过程中，发现：3 个转录因子耐热元器件均可有效提高大肠杆菌的耐热性能。其中，在热处理 60min 后，工程菌株 BL21-T7-flia 耐热性能最好，其细胞存活率仍可保持 9.1%，而工程菌株 BL21-T7-rpoe3 和 BL21-T7-rpoe7 细胞存活率仅分别为 6.03% 和 4.43%。类似的，过量表达类泛素蛋白耐热元器件 T7-thif 和 T7-tte0977 也可提高大肠杆菌耐热性能，但其改善性能有限。当热处理 60min 后，工程菌株 BL21-T7-tte0977 和 BL21-T7-thif 的细胞存活率呈线性降低，使其细胞存活率仅为 14%（图 8-80）。

综上所述，虽不同类型耐热元器件均可有效提高大肠杆菌耐热性能，但改善效果差异性较大，其中热激蛋白耐热元器件优于类泛素耐热元器件，而转录因子耐热元器件性能最差。

（三）耐热大肠杆菌的构建与其抗逆性能研究

基于上述研究结果，以大肠杆菌自身组成型启动子 PgapA 为调控元件，以耐热基因为功能元件，构建组成型耐热元器件，构建用于高温发酵的耐热重组大肠杆菌（表 8-9），并借助梯度升温和恒定高温等发酵策略考察工程菌株发酵性能。

1. 过量表达 GroEL/GroES 对细胞耐热性能的影响

利用不同发酵策略分别考察工程菌株 BL21-gapA-groel 和 BL21-gapA-groes 发酵性能的差异性。结果如图 8-81 所示，在梯度升温发酵过程中，工程菌株 BL21-gapA-groel 和 BL21-gapA-groes 的耐热性能均显著优于对照菌株。当温度升高至 43℃ 时，对照菌株生长趋势变缓，而工程菌株仍能保持对数生长，且其生物量 OD_{600} 值分别为对照菌株的 1.39 倍和 1.44 倍。值得注意的是，当温度升高到 46℃ 时，对照菌株进入衰亡期，而工程菌株 BL21-gapA-groel 和 BL21-gapA-groes 却刚进入稳定期，表明过量表达耐热元器件 gapA-groel 和 gapA-groes 可有效提高大肠杆菌的耐热性，进而拓宽宿主菌株的最适生长温度范围。同时，基于恒定高温发酵策略以进一步验证工程菌株的耐热性能。与梯度升温发酵结果相似，与对照菌株在高温条件下直接进入衰亡期相比，工程菌株的生长速率及其生物量 OD_{600} 值均显著高于对照菌株，且在 40℃ 和 43℃ 条件下菌株生长情况良好，但当温度提高至 46℃ 时，所有菌株生物量均显著降低，且提前进入稳定期或衰亡期。

2. 过量表达 DnaK/DnaJ 对细胞耐热性能的影响

类似的，采用恒定高温和梯度升温等发酵策略分别考察过量表达 DnaK 和 DnaJ 对菌株

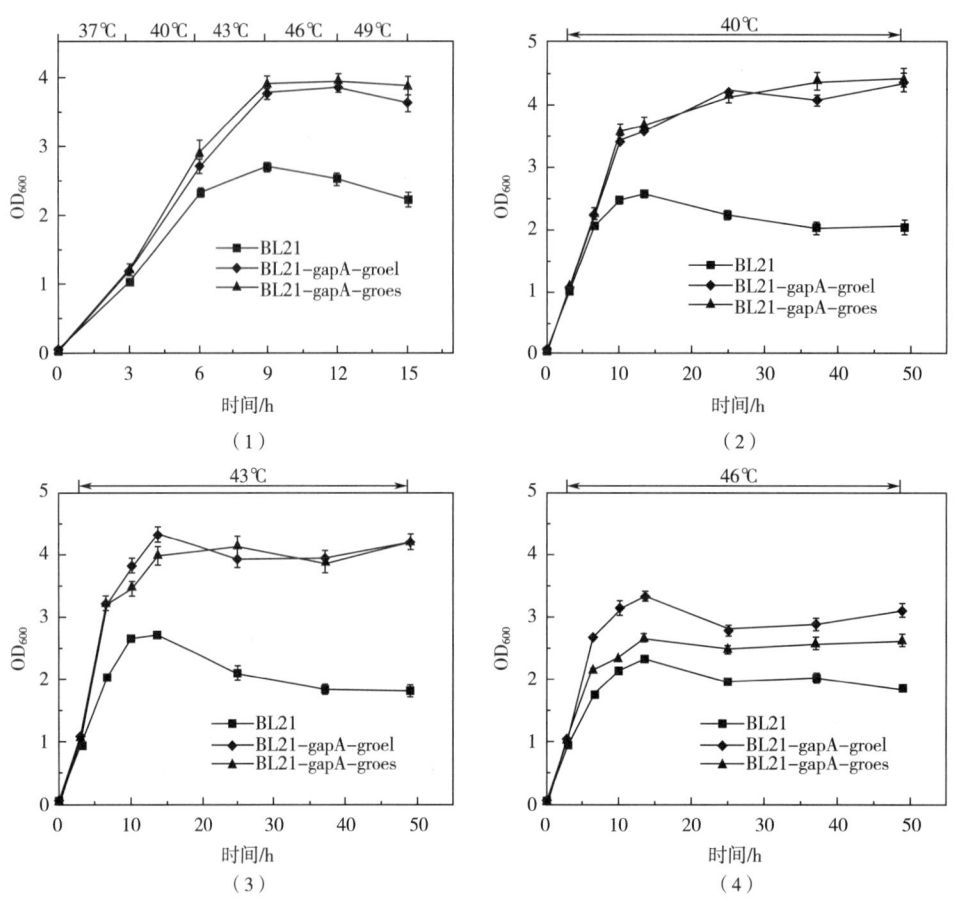

图 8-81 梯度升温（1）和恒定高温发酵策略 [（2）40℃；（3）43℃；（4）46℃]
对工程菌株 BL21-gapA-groel 和 BL21-gapA-groes 生长性能的影响

耐热性能的影响（图 8-82）。在梯度升温发酵过程中，过量表达 DnaK 和 DnaJ 可使工程菌株 BL21-gapA-dnak 和 BL21-gapA-dnaj 具有更为优良的耐热性能。当温度升高至 40℃ 时，对照菌株生长速率减慢，而工程菌株生长速率却持续增加，且在 43℃ 培养 3h 后，工程菌株生物量达到最大值且进入稳定期，表明过量表达 DnaK 和 DnaJ 可有效提高大肠杆菌的耐热性能，且拓宽宿主的最适生长温度范围。此外，在恒定高温发酵过程中，当恒定 40℃ 培养时，工程菌株均表现出较快的生长速率，其中工程菌株 BL21-gapA-dnak 生长性能优于工程菌株 BL21-gapA-dnaj [图 8-82（2）]。然而，随着温度的上升，不同菌株生长性能变差。当温度升高至 46℃ 时，虽工程菌株生长性能仍优于对照菌株，但其耐热性能已开始下降，使其细胞生物量仅为 2.9。因此，过表达热激蛋白 DnaK 和 DnaJ 可有效提高大肠杆菌的耐热性能，但其改善效果有限。

3. 过量表达 IbpA 对细胞耐热性能的影响

在梯度升温发酵过程中，随着温度的逐渐升高，工程菌株 BL21-gapA-ibpa 生长性能

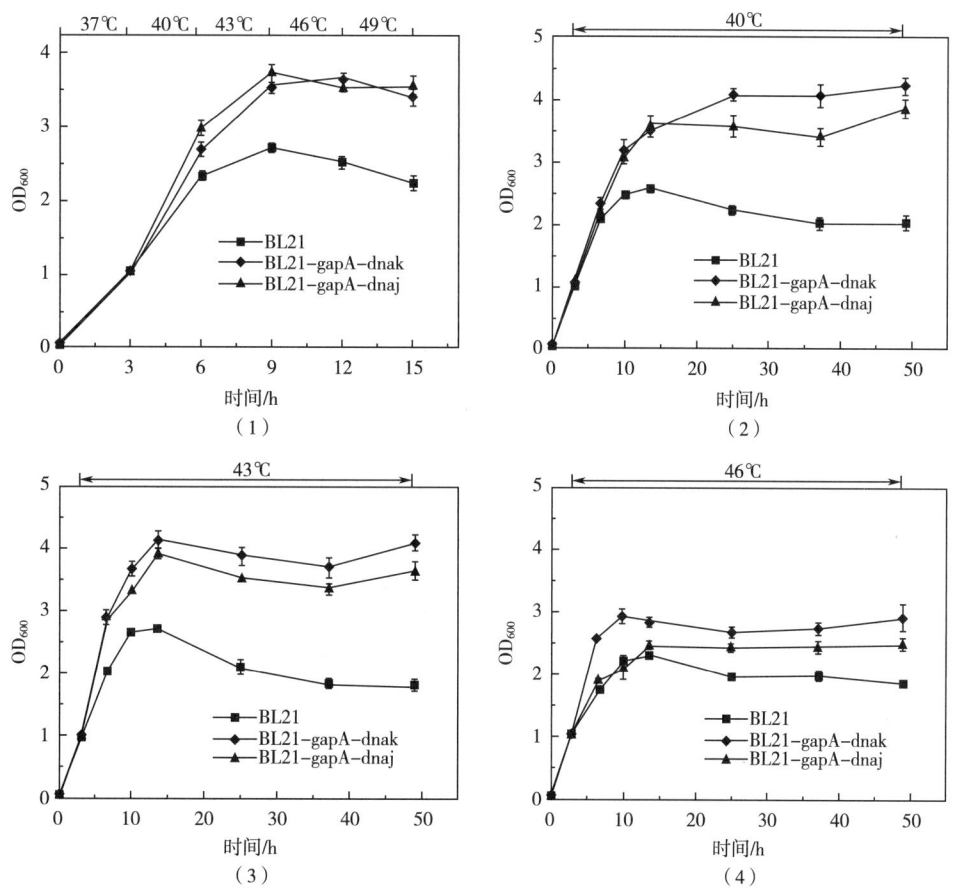

图 8-82 梯度升温（1）和恒定高温发酵策略 [（2）40℃；（3）43℃；（4）46℃] 对工程菌株 BL21-gapA-dnak 和 BL21-gapA-dnaj 生长性能的影响

显著优于对照组菌株。在40℃发酵3h后，工程菌株 OD_{600} 值可达2.8；温度上升至43℃继续培养3h后，工程菌株生物量达到最大，且其细胞生长量 OD_{600} 值为对照菌株的1.37倍；而当温度提高至46℃后，对照菌株直接进入衰亡期，但工程菌株生物量 OD_{600} 却稳定在3.7，表明过量表达耐热元器件 gapA-ibpa 可有效提高大肠杆菌耐热性能（图8-83）。同样的，在恒定40℃发酵过程中，培养27h后工程菌株进入稳定期，且细胞生长量 OD_{600} 值达到最大（4.2），为对照菌株的2.0倍；而在恒定43℃培养15h后，工程菌株生物量 OD_{600} 值可达4.2，为对照菌株的2.13倍。然而，当温度提高至46℃后，工程菌株生物量 OD_{600} 最高值仅为3.2，但仍优于对照菌株。因此，过量表达 IbpA 耐热元器件可有效提高重组菌株的耐热性能。

4. 过表达转录因子对细胞耐热性能的影响

发酵结果如图 8-84 所示，在梯度升温发酵过程中，当温度升高至43℃培养3h后，所有菌株生物量均达到最大值，使工程菌株 BL21-gapA-flia、BL21-gapA-rpoe3 和 BL21-

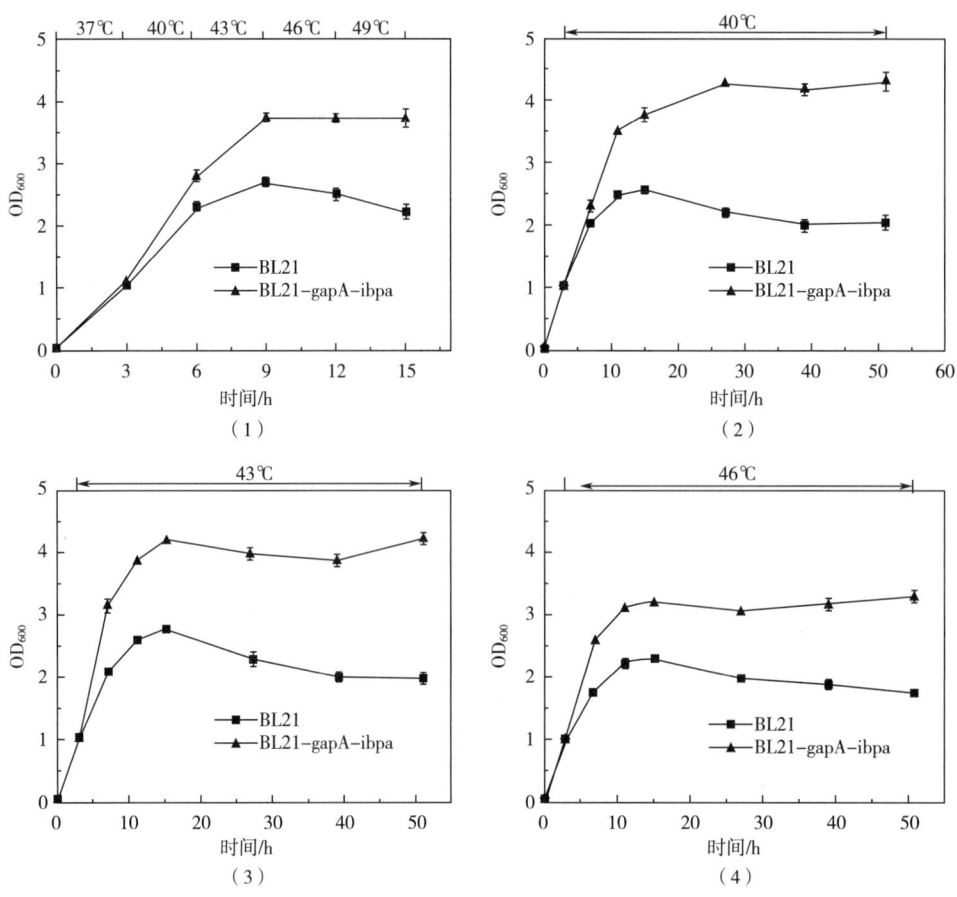

图 8-83 梯度升温（1）和恒定高温发酵策略 [（2）40℃；（3）43℃；（4）46℃] 对工程菌株 BL21-gapA-ibpa 生长性能的影响

gapA-rpoe7 的细胞生长量 OD_{600} 值分别为对照菌株的 1.44 倍、1.31 倍和 1.35 倍，表明过量表达转录因子可有效提高宿主细胞的耐热性能，但改善效果存在差异性。此外，在恒定高温发酵过程中，工程菌株在不同恒定高温条件下生长性能均优于对照菌株。其中，工程菌株 BL21-gapA-flia 耐热性能最好，使其在菌株生物量 OD_{600} 值在不同高温发酵条件下均为最大值，具有进一步应用于高温发酵的生产潜力。

5. 过量表达 Thi F/TTE0977 对细胞耐热性能的影响

在梯度升温发酵过程中，过量表达类泛素蛋白 ThiF 和 TTE0977 可有效提高工程菌株 BL21-gapA-thif 和 BL21-gapA-tte0977 的耐热性能，其中工程菌株 BL21-gapA-thif 耐热性能优于工程菌株 BL21-gapA-tte0977。当发酵温度提高至 46℃ 时，工程菌株 BL21-gapA-thif 生物量仍呈增长趋势，且培养 3h 后细胞生物量 OD_{600} 值达到最大，为对照菌株的 1.53 倍（图 8-85）。类似的，在不同恒定高温发酵过程中，工程菌株生长性能均高于对照菌株。在恒定 40℃ 培养 14h 后，对照菌株进入衰亡期，而工程菌株生物量仍持续缓慢增长进入稳定期，且工程菌株 BL21-gapA-thif 和 BL21-gapA-tte0977 生物量 OD_{600} 值分别为对照

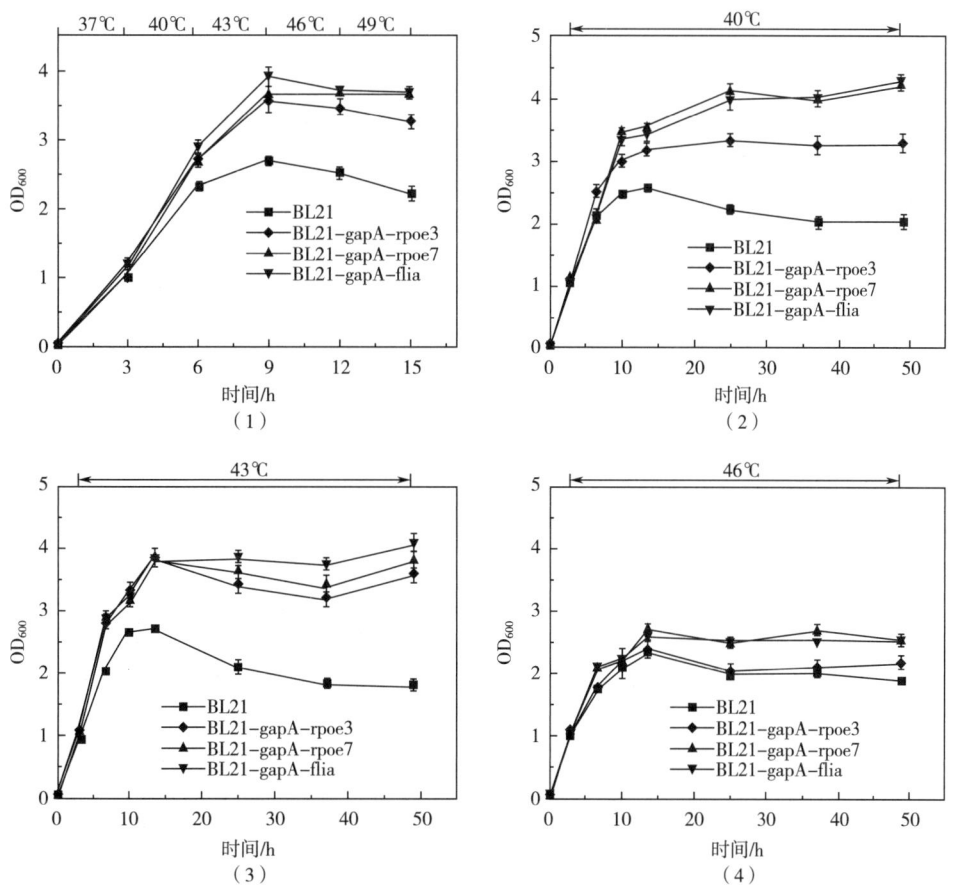

图 8-84 梯度升温（1）和恒定高温发酵策略 [（2）40℃；（3）43℃；（4）46℃] 对
工程菌株 BL21-gapA-rpoe3、BL21-gapA-rpoe7 和 BL21-gapA-flia 生长性能的影响

菌株的 1.42 倍和 1.37 倍。然而，在恒定 43℃和 46℃培养条件下，虽工程菌株生长性能呈现相同趋势，但工程菌株 BL21-gapA-thif 的耐热性能略高于工程菌株 BL21-gapA-tte0977，与存活率表征研究中 2 种类泛素蛋白的耐热功能结果一致。

（四）耐热大肠杆菌对有机溶剂抗逆性的研究分析

此外，将不同工程菌株接入新鲜 LB 培养基中，待其生物量 OD_{600} 达到 1.0 时，分别加入不同浓度有机溶剂（丁醇、乙酸和 1,3-丙二醇等），进而比较分析不同工程菌株抵御有机溶剂的抗逆性能。结果如图 8-86（1）所示，与对照菌株相比，工程菌株 BL21-gapA-groes、BL21-gapA-thif、BL21-gapA-rpoe3 和 BL21-gapA-flia 均呈现优良的丁醇耐受性。当加入 3% 丁醇后，对照菌株其生物量急剧降低，提前进入衰亡期，并伴随大量细胞死亡，聚集形成无活性的细胞颗粒；而工程菌株细胞生物量却仍保持增长趋势。其中，工程菌株 BL21-gapA-flia 细胞生物量仍可增加 40%，其 OD_{600} 值可达 1.45，使其耐受性能比对照菌株提高了 60%，而工程菌株 BL21-gapA-groes、BL21-gapA-thif 和 BL21-gapA-

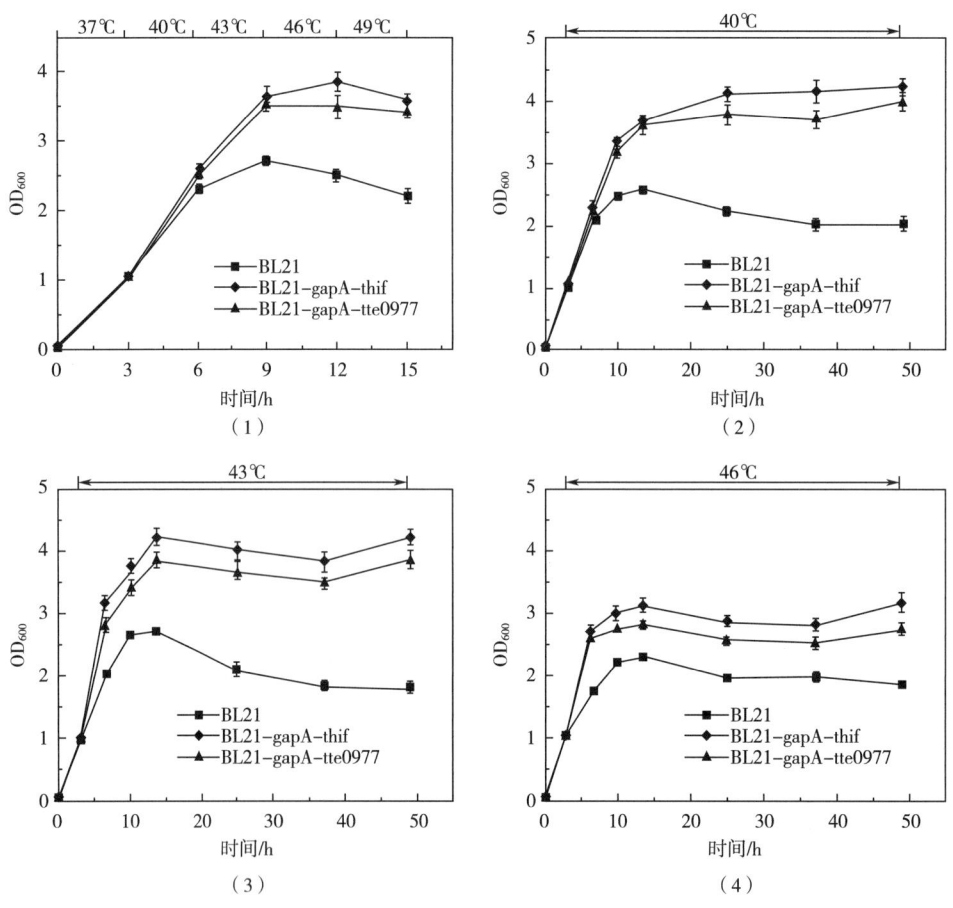

图 8-85　梯度升温（1）和恒定高温发酵策略 [（2）40℃；（3）43℃；（4）46℃] 对工程菌株 BL21-gapA-tte0977 和 BL21-gapA-thif 生长性能的影响

rpoe3 的耐受丁醇胁迫的能力相似，且其最高生物量 OD_{600} 分别达到 1.28，1.23 和 1.34，使其丁醇耐受性比对照菌株分别提高了 43%、38% 和 50%。

类似的，在 1,3-丙二醇胁迫（3%）条件下，对照菌株生长速率变缓，且培养 11h 后其细胞浓度 OD_{600} 值仅为 2.8，并直接进入衰亡期；而工程菌株 BL21-gapA-dnak 可实现正常生长，且培养 11h 后进入稳定生长期，使其生物量 OD_{600} 值可达 4.3，且其耐受性能比对照菌株提高了 53%，接近于无胁迫环境下大肠杆菌的生长性能。此外，工程菌株 BL21-gapA-rpoe7、BL21-gapA-dnaj、BL21-gapA-groes 和 BL21-gapA-thif 也具有较强的 1,3-丙二醇耐受性，且其耐受性比对照菌株分别提高了 50%、39%、25% 和 38% [图 8-86（2）]。

此外，10g/L 乙酸胁迫条件可显著抑制对照组菌株生长性能，使其培养 11h 后 OD_{600} 最大值仅为 1.8，但工程菌株 BL21-gapA-groes 和 BL21-gapA-groel 表现为相同的生长趋势，培养 11h 后进入稳定期，两个菌株的最大生物量（OD_{600}）分别比对照菌株提高了 16% 和 11%，分别达到 2.1 和 2.0 [图 8-86（3）]。值得注意的是，在发酵后期，不同菌株生物量均出现小幅度提高,其原因可能是:少部分细胞在发酵后期逐渐适应环境胁迫条件,重新进行正常的生理代谢,或部分菌体的死亡分解为其他细胞提供底物和能量,促进细胞的生理代谢与分裂,导致 OD_{600} 值上升。

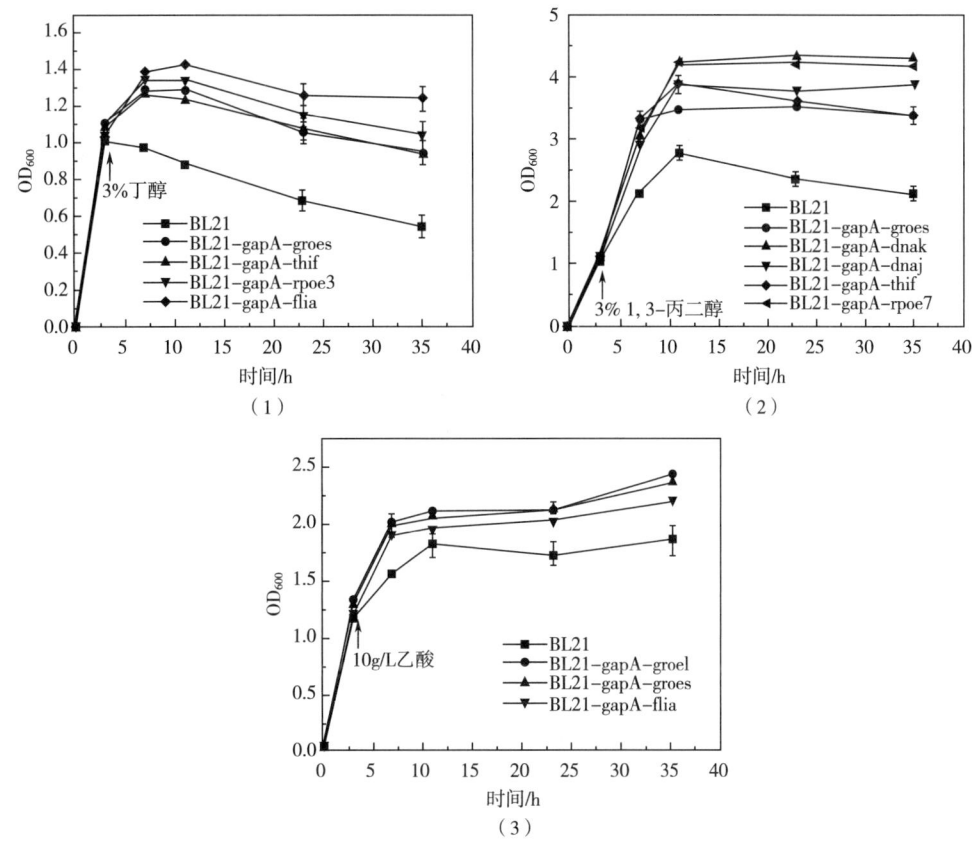

图 8-86 表达不同耐热元件对工程菌株抵御溶剂胁迫能力的影响
(1) 3%丁醇; (2) 3%1,3-丙二醇; (3) 10g/L乙酸

参考文献

[1] Hersen P, Mcclean M N, Mahadevan L, et al. Signal processing by the HOG MAP kinase pathway [J]. Proc Natl Acad Sci USA, 2008, 105 (20): 7165-7170.

[2] Zingaro K A, Papoutsakis E T. Toward a semisynthetic stress response system to engineer microbial solvent tolerance [J]. Mbio, 2012, 3 (5): 1-9.

[3] Fu R-Y, Bongers R S, Van Swam I I, et al. Introducing glutathione biosynthetic capability into Lactococcus lactis subsp cremoris NZ9000 improves the oxidative-stress resistance of the host [J]. Metab Eng, 2006, 8 (6): 662-671.

[4] Thiele I, Palsson B O. A protocol for generating a high-quality genome-scale metabolic reconstruction

[J]. Nat Protoc, 2010, 5 (1): 93-121.

[5] Alper H, Stephanopoulos G. Global transcription machinery engineering: a new approach for improving cellular phenotype [J]. Metab Eng, 2007, 9 (3): 258-267.

[6] Alper H, Moxley J, Nevoigt E, et al. Engineering yeast transcription machinery for improved ethanol tolerance and production [J]. Science, 2006, 314 (5805): 1565-1568.

[7] Bae K H, Do Kwon Y, Shin H C, et al. Human zinc fingers as building blocks in the construction of artificial transcription factors [J]. Nat Biotechnol, 2003, 21 (3): 275-280.

[8] Warnecke T E, Lynch M D, Karimpour-Fard A, et al. Rapid dissection of a complex phenotype through genomic-scale mapping of fitness altering genes [J]. Metab Eng, 2010, 12 (3): 241-250.

[9] Park J H, Lee K H, Kim T Y, et al. Metabolic engineering of Escherichia coli for the production of L-valine based on transcriptome analysis and in silico gene knockout simulation [J]. Proc Natl Acad Sci USA, 2007, 104 (19): 7797-7802.

[10] Way J C, Collins J J, Keasling J D, et al. Integrating biological redesign: Where synthetic biology came from and where it needs to go [J]. Cell, 2014, 157 (1): 151-161.

[11] Chen X, Xu G, Xu N, et al. Metabolic engineering of Torulopsis glabrata for malate production [J]. Metab Eng, 2013, 19: 10-16.

[12] Liu L, Xu O, Li Y, et al. Enhancement of pyruvate osmotic-tolerant mutant production by of Torulopsis glabrata [J]. Biotechnol Bioeng, 2007, 97 (4): 825-832.

[13] Attfield P V. Stress tolerance: the key to effective strains of industrial baker's yeast [J]. Nat Biotechnol, 1997, 15 (13): 1351-1357.

[14] Mazur P. Cryobiology: the freezing of biological systems [J]. Science 1970, 168 (3934): 939-949.

[15] Lehmann D, Luetke-Eversloh T. Switching Clostridium acetobutylicum to an ethanol producer by disruption of the butyrate/butanol fermentative pathway [J]. Metab Eng, 2011, 13 (5): 464-473.

[16] Tsang C K, Liu Y, Thomas J, et al. Superoxide dismutase 1 acts as a nuclear transcription factor to regulate oxidative stress resistance [J]. Nat Commun, 2014, 5: 1-11.

[17] Gustin M C, Albertyn J, Alexander M, et al. MAP kinase pathways in the yeast Saccharomyces cerevisiae [J]. Microbiol Mol Biol Rev, 1998, 62 (4): 1264-1301.

[18] Maeda T, Takekawa M, Saito H. Activation of yeast pbs2 mapkk by mapkkks or by binding of an SH3-containing osmosensor [J]. Science, 1995, 269 (5223): 554-558.

[19] Posas F, Wurglermurphy S M, Maeda T, et al. Yeast HOG1 MAP kinase cascade is regulated by a multistep phosphorelay mechanism in the SLN1-YPD1-SSK1 "two-component" osmosensor [J]. Cell, 1996, 86 (6): 865-875.

[20] Tirosh I, Reikhav S, Levy A A, et al. A yeast hybrid provides insight into the evolution of gene expression regulation [J]. Science, 2009, 324 (5927): 659-662.

[21] Singer M A, Lindquist S. Thermotolerance in Saccharomyces cerevisiae: the Yin and Yang of trehalose [J]. Trends Biotechnol, 1998, 16 (11): 460-468.

[22] Zhang H, Yang J, Wu S, et al. Glutathionylation of the bacterial hsp70 chaperone dnak provides a link between oxidative stress and the heat shock response [J]. J Biol Chem, 2016, 291 (13): 6967-6981.

[23] Lu P, Ma D, Chen Y, et al. L-glutamine provides acid resistance for Escherichia coli through enzy-

matic release of ammonia [J]. Cell Res, 2013, 23 (5): 635-644.

[24] Ma D, Lu P, Yan C, et al. Structure and mechanism of a glutamate-GABA antiporter [J]. Nature, 2012, 483 (7391): 632-636.

[25] Accardi A, Miller C. Secondary active transport mediated by a prokaryotic homologue of ClC Cl-channels [J]. Nature, 2004, 427 (6977): 803-807.

[26] 陈洪奇. 硫酸锌提高酿酒酵母乙酸耐性的机理及关键基因功能分析 [D]. 大连: 大连理工大学, 2017.

[27] 徐沙. 光滑球拟酵母耐受高渗透压胁迫的生理机制研究 [D]. 无锡: 江南大学, 2011.

[28] 吴静. 光滑球拟酵母转录因子 Asg1p 和 Ha19p 应答酸胁迫的生理机制 [D]. 无锡: 江南大学, 2015.

[29] 肖冰. 基于胞内蛋白质平衡的酿酒酵母耐热性研究 [D]. 北京: 北京理工大学, 2016.

[30] 俞晓霞. 高盐胁迫诱导光滑球拟酵母细胞凋亡的生理机制及内外源调控策略 [D]. 无锡: 江南大学, 2015.

[31] 顾悦. 环境胁迫及酵母菌对乳酸菌 LuxS/AI-2 群体感应系统的影响 [D]. 呼和浩特: 内蒙古农业大学, 2017.

[32] 傅瑞燕. 利用代谢工程手段改善乳酸乳球菌胁迫抗性的研究 [D]. 无锡: 江南大学, 2006.

[33] 孙金威. 保加利亚乳杆菌 CcpA 基因的敲除及其抗胁迫能力的研究 [D]. 哈尔滨: 东北农业大学, 2015.

[34] 付龙云. 乳酸菌抗氧胁迫及有氧生长的研究 [D]. 济南: 山东大学, 2013.

[35] 池小琴. 酿酒酵母海藻糖代谢工程与抗逆性相关机制研究 [D]. 杭州: 浙江大学, 2010.

[36] 方青. 过表达关键酶基因对酿酒酵母胁迫耐性的影响 [D]. 大连: 大连理工大学, 2016.

[37] 陈卓逐. 大肠杆菌的乳酸亚致死性损伤及修复研究 [D]. 重庆: 西南大学, 2017.

[38] 周正富. 耐辐射异常球菌转录调节蛋白 IrrE 增强大肠杆菌盐胁迫抗性的全局调控机制 [D]. 北京: 中国农业科学院, 2011.

[39] 李晓敏. 大肠杆菌氧胁迫适应性蛋白质组学、O-抗原研究和嗜热菌 NG80-2 醛脱氢酶分子生物学研究 [D]. 天津: 南开大学, 2010.

缩略语

缩略语	英文全称	中文名称
1,2-PDO	1,2-Propylene Glycol	1,2-丙二醇
1,3-GLUCAN	1,3-β-D-Glucan	1,3-β-D-葡聚糖
1,4-BD	1,4-Butanediol	1,4-丁二醇
16GLUCAN	1,6-β-D-Glucan	1,6-β-D-葡聚糖
2,3-BD	2,3-Butanediol	2,3-丁二醇
2,6-PDC	2,6-Pyridinedicarboxylic Acid	2,6-吡啶二羧酸
2-KLG	2-Keto-L-Gulonic Acid	2-酮-L-古洛糖酸
3-PGA	3-Phosphoglyceric Acid	3-磷酸甘油酸
4-HB	4-Hydroxybutyrate	4-羟基丁酸酯
5-ALA	5-Aminolevulinic Acid	5-氨基乙酰丙酸
6-SG	Thioguanine	6-巯基鸟嘌呤
8-AA	8-Azaadenine	8-氮杂腺嘌呤
8-AG	8-Azaguanine	8-氮杂鸟嘌呤
AAA	Aminoacetic Acid Pathway	氨基乙二酸途径
AA	Arachidonic Acid	花生四烯酸
ABC	ATP-Binding Cassette	ATP 结合盒
AcCoA	Acetyl-Coenzyme A	乙酰辅酶 A
ACN	Acetonitrile	乙腈
ACP	Acyl Carrier Protein	脂酰基载体蛋白
AEC	S-(2-Aminoethyl)-L-Cysteine	S-(2-氨基乙基)-L-半胱氨酸
AHHMP	2-Amino-4-Hydroxy-6-Hydroxymethyl-7,8-Dihydropyridine	2-氨基-4-羟基-6-羟甲基-7,8-二氢蝶啶
AKPR	Alpha-Ketoglutarate Production Rate	α-酮戊二酸产生速率
ALA	α-Linolenic Acid	α-亚麻酸
AMP	Adenosine Monophosphate	腺苷单磷酸

续表

缩略语	英文全称	中文名称
ArP	Adenosine Ribose Phosphate	5-氨基-6-核糖醇氨基-2,4（1H,3H）-嘧啶二酮
ARPP	Adenosine Receptor Phosphoprotein	5-氨基-6-核糖醇氨基-2,4（1H,3H）-嘧啶二酮-5-磷酸
ArPP	Adenosine Ribose Phosphoprotein	5-氨基-6-核糖醇氨基-2,4（1H,3H）-嘧啶二酮-5-磷酸
ARS	Autonomously Replicating Sequence	自主复制序列
ARTP	Atmospheric Room Temperature Plasma	常压室温等离子体
ASPs	Acid Shock Proteins	酸休克蛋白
ATF	Artmcial Transcription Factor	人工转录因子
ATP	Adenosine Triphosphate	三磷酸腺苷
BCAA	Branched Chain Amino Acids	支链氨基酸
BGSC	*Bacillus* Genetic Stock Center	*Bacillus* 遗传保存中心
BHT	Butylated Hydroxytoluene	2,6-二叔丁基-4-甲基苯酚
BIAs	Benzylisoquinoline Alkaloids	苯并异喹啉类生物碱
BMC	Bacterial Microcompartments	细菌微区室
BVOCs	Biogenic Volatile Organic Compounds	生物源挥发性有机化合物
CAR	Carboligase Activity Reaction	丙酮酸裂解途径
CBFIA	China Biotechnology Fermentation Industry Association	中国生物发酵产业协会
CBM	Constraint-Based Modeling	基于约束的分析算法
CCR	Carbon Catabolic Repression	碳代谢阻遏效应
CDP-ME	Cytidine Diphosphate-Methylerythritol	4-二磷酸胞苷-2-C-甲基-D-赤藓糖醇
CDP-MEP	4-(Cytidine-5′-Diphosphate)-2-C-Methyl-D-Erythritol	4-(5′-二磷酸胞苷) 2-C-甲基-D-赤藓醇
CEN	Centromere Sequence	着丝粒序列
CER	Carbon Dioxide Emission Rate	二氧化碳释放率
cFBA	Constrained Flux Balance Analysis	约束通量平衡分析
CHO	Chinese Hamster Ovary Cells	中国仓鼠卵巢细胞
CHOR	Chorismic Acid	分枝酸
CMEP	Cytoplasmic Membrane Export Protein	胞质膜输出蛋白
CoA	Coenzyme A	辅酶A

续表

缩略语	英文全称	中文名称
CoDA	Context-Dependent Assembly	上下文依赖组装系统
CPEC	Circular Polymerase Extension Cloning	环形聚合酶延伸法
CPS	Capsular Polysaccharide	荚膜多糖
CRISPR	Clustered Regularly Interspaced Short Palindromic Repeats	聚簇规则间隔短回文重复序列
CRP	cAMP receptor protein	环磷酸腺苷受体蛋白
CS	Chondroitin Sulfate	硫酸软骨素
CSPs	Cold Shock Proteins	冷休克蛋白
CTP	Cytidine Triphosphate	胞苷三磷酸
DAHP	3-Deoxy-D-Arabino-Heptulosonate 7-Phosphate	3-脱氧-D-阿拉伯糖-庚酮糖酸-7-磷酸
DAP	Diaminopimelic Acid	二氨基庚二酸
DARPP	2,5-Diamino-6-(5'-Phosphoribosylamino)-4(3H)-Pyrimidinone	2,5-二氨基-6-核糖氨基-4(3H)-嘧啶酮-5-磷酸
DCEO	Design-Construct-Evaluate-Optimize	设计-构建-评估-优化
DDs	Dimerization Domains	二聚体
DES	Diethyl Sulfate	硫酸二乙酯
dFBA	Dynamic Flux Balance Analysis	动态通量平衡分析
DHA	Docosahexenoic Acid	二十二碳六烯酸
DHAP	Dihydroxyacetone Phosphate	磷酸二羟基丙酮磷酸酯
DHBP	Dihydroxybutanone Phosphate	L-3,4-二羟基-2-丁酮-4-磷酸
DHQ	3-Dehydroquinic Acid	3-脱氢奎尼酸
DHS	3-Dehydroshikimic Acid	3-脱氢莽草酸
DIP	D-Inositol Phosphate	D-肌醇磷酸酯
DLA	Dimer of Lactic Acid	二聚体 D-丙交酯
DMAPP	Dimethylallyl Diphosphate	二甲基丙烯基焦磷酸盐
DMF	Dimethylformamide	二甲基甲酰胺
DOXP	1-Deoxy-D-xylulose-5-phosphate	5-磷酸脱氧木酮糖
DRL	6,7-Dimethyl-8-Ribityl-2,4-Dioxotetrahydropteridine	6,7-二甲基-8-核糖醇基-2,4-二氧四氢蝶啶
DSBs	Double-Strand Breaks	双链断裂
DS	Dermatan Sulfate	皮肤软骨素

续表

缩略语	英文全称	中文名称
DXP	Deoxyxylulose Phosphate	5-磷酸脱氧木酮糖
E4P	D-Erythrose-4-Phosphate	4-磷酸 D-赤藓糖
EAEC	Enteroaggregative *Escherichia coli*	肠集聚性的大肠杆菌
ED	Entner-Doudoroff	2-酮-3-脱氧-6-磷酸葡萄糖酸裂解
EEN	Engineered Endonuclease	核酸内切酶技术
EHEC	Enterohemorrhagic *Escherichia coli*	肠道出血性的大肠杆菌
EIEC	Enteroinvasive *Escherichia coli*	肠道侵袭性的大肠杆菌
EMP	Embden-Meyerhof-Parnas pathway	糖酵解/己糖二磷酸途径
EMS	Ethyl Methyl Sulfonate	甲基磺酸乙酯
EPA	Eicosapentenoic Acid	二十碳五烯酸
EPEC	Enteropathogenic *Escherichia coli*	肠道致病性大肠杆菌
EPR	Ethanol Production Rate	乙醇生产率
EPSP	5-Enolpyruvylshikimate-3-Phosphate	5-烯醇式丙酮酸莽草酸酯-3-磷酸
ER	Endoplasmic Reticulum	内质网
ERGOST	Ergosterol	麦角固醇
ESIES	Entero Shiga toxin-producing and Invasively Enteropathogenic *Escherichia coli*	肠产志贺样毒素同时具有一定侵袭力的大肠杆菌
ETEC	Enterotoxigenic *Escherichia coli*	肠道产毒素性的大肠杆菌
Eth	Ethionine	乙硫氨酸
F-1,6-P	Fructose-1,6-Bisphosphate	1,6-二磷酸果糖
FAD	Flavin Adenine Dinucleotide	黄素腺嘌呤二核苷酸
FAO	Food and Agriculture Organization of the United Nations	联合国粮食及农业组织
FBA	Flux Balance Analysis	流量平衡分析
FBP	Fructose-1,6-bisphosphate	1,6-二磷酸果糖
FDA	Food and Drug Administration	食品药品监督管理局
FFA	Free Fatty Acids	游离脂肪酸
FLASH	Fast Ligation-based Automatable Solid-phase High-throughput	快速连接自动固相高通量
FMN	Flavin Mononucleotide	黄素单核苷酸
FN	False Negative	假阴性

续表

缩略语	英文全称	中文名称
FP	False Positive	假阳性
FPP	Farnesyl Diphosphate	法呢基二磷酸
F-6-P	Fructose-6-Phosphate	6-磷酸果糖
FVSEOF	Forced Volumetric Specific Energy Objective Function	强制目标通量
G3P	Glyceraldehyde-3-Phosphate	3-磷酸甘油醛
G6P	Glucose-6-Phosphate	6-磷酸葡萄糖
GABA	γ-Aminobutyric Acid	γ-氨基丁酸
GA	Glucoamylase	葡萄糖淀粉酶
GAGs	Glycosaminoglycans	糖胺聚糖
GEM-PRO	Genome-scale Models with Protein structures	带有蛋白质结构的基因组规模模型
GEMs	Genome-scale Metabolic Models	基因组规模代谢模型
GGPP	Geranylgeranyl Pyrophosphate	香叶基香叶基焦磷酸
Glc-1-P	Glucose-1-phosphate	1-磷酸葡萄糖
Glc-6-P	Glucose-6-Phosphate	6-磷酸葡萄糖
GlcNAc	N-Acetylglucosamine	N-乙酰氨基葡萄糖
GlcN	Glucosamine	葡萄糖胺
GPR	Gene-Protein-Reaction	基因-蛋白-反应
GPR	Glycerol Production Rate	甘油生产率
GPs	Glycoproteins	糖蛋白
GRAS	Generally Recognized as Safe	一般认为是安全的
GR	Group Reaction	分组反应
GRN	Genetic Regulatory Networks	基因转录调控网络模型
GSA	Glutaminyl-1-semialdehyde	谷氨酰-1-半醛
GSH	Glutathione, Reduced	还原型谷胱甘肽
GSMM	Genome-Scale Metabolic Models	基因组规模代谢网络模型
GSSG	Glutathione, Oxydized	氧化型谷胱甘肽
GTME	Genome-Scale Metabolic Engineering	基因组规模的代谢工程
gTME	Global Transcriptional Mechanism Engineering	全局转录因子工程
GTP	Guanosine Triphosphate	鸟苷三磷酸
GUR	Glucose Uptake Rate	葡萄糖摄取率

续表

缩略语	英文全称	中文名称
H2DCFDA	2′,7′-Dichlorodihydrofluorescein Diacetate	二氯荧光素二乙酸酯
HA	Hyaluronic Acid	透明质酸
Hep	Heparin	肝素
HHx	(R)-3-Hydroxyhexanoate	(R)-3-羟基己酸
HMBPP	(E)-4-Hydroxy-3-Methylbut-2-Enyldiphosphate	(E)-4-羟基-3-甲基丁-2-烯酸二磷酸
HMP	Hexose Monophosphate Pathway	一磷酸己糖/磷酸戊糖途径
HOG	High Osmolarity Glycerol	高渗透压甘油
HOG-MAPK	High Osmolarity Glycerol Mitogen-Activated Protein Kinase	高渗透压甘油促分裂原活化蛋白激酶
HPLC	High Performance Liquid Chromatography	高效液相色谱
HR	Homologous Recombination	同源重组
HSE	Heat Shock Element	热激元件
HSF	Heat Shock Factor	热激转录因子
HSPs	Heat Shock Proteins	热激蛋白
HTS	High Throughput Screening	高通量筛选
HZE	High-Z and Energy	空间高能重粒子
iFBA	Integrated Flux Balance Analysis	集成通量平衡分析
IIR	Isobutylene Isoprene Rubber	丁基橡胶
IMGMD	Integrated Microbial Genomes with Microbial Metabolic Model Database	微生物代谢网络模型数据库
INO1	Myo-Inositol-1-Phosphate Synthase	肌醇-1-磷酸合酶
IPP	Isopentenyl Diphosphate	异戊烯焦磷酸
iTRAQ	Isobaric Tag for Relative and Absolute Quantitation	同位素标记相对和绝对定量技术
IUPAC	International Union of Pure and Applied Chemistry	国际纯粹与应用化学联合会
KS	Keratan Sulfate	硫酸角质素
LAB	Lactic Acid Bacteria	乳酸菌
LC-PUFAs	Long Chain Polyunsaturated Fatty Acids	长链多不饱和脂肪酸
LCR	Ligase Chain Reaction	连接酶链式反应
L-Phe	L-Phenylalanine	L-苯丙氨酸
Lrp	Leucine-responsive Regulatory Protein	亮氨酸响应调节蛋白

续表

缩略语	英文全称	中文名称
LTR	Long Terminal Repeat	长末端重复序列
Lys	L-Lysine	L-赖氨酸
MAGE	Multiplex Automated Genome Engineering	多位点自主基因组工程
MA	Modular Assembly	模块化组装
MASTER	Methylation-Assisted Tailorable Ends Rationalization	甲基化辅助定位合理末端
MDV	Mass Isotopomer Distribution Vector	质量同位素分布矢量
β-ME	β-Mercaptoethanol	β-巯基乙醇
ME-cPP	2-C-Methyl-D-Erythritol-2,4-Cyclodiphosphate	2-C-甲基-D-赤藓醇-2,4-环二磷酸
MEP	Methylerythritol Phosphate	甲基赤霉素磷酸
MetS	Methionine Sulfoxide	甲硫氨酸亚砜
MEV	Methyl Ester Valerate	甲戊酸酯
MFA	Metabolic Flux Analysis	代谢网络分析
MIMP	Myo-Inositol Monophosphatase	肌醇单磷酸酶
MIMS	Mitochondrial Inner Membrane Space	线粒体内膜空间
MI	Myo-Inositol	肌醇
MMS	Methyl Methanesulfonate	甲磺酸甲酯
MoClo	Modular Cloning System	模块化克隆系统
MPEC	Micro Particle-Enhanced Cultivation	微粒子强化培养
M-PERL	Multigene Pathway Engineering by Recombination using Lox sites	多基因调控链工程
MSH	Molecular Sulfhydryls	小分子硫醇
MS	Mass Spectrometry	质谱
MTX	Methotrexate	甲氨蝶呤
MUFAs	Monounsaturated Fatty Acids	单不饱和脂肪酸
MVA	Mevalonic Acid	甲羟戊酸
MVR	Mechanical Vapor Recompression	机械蒸发再生
NADPH	Nicotinamide Adenine Dinucleotide Phosphate	烟酰胺腺嘌呤二核苷酸
NE-LIC	Nicking Enzyme-Mediated Ligation-Independent Cloning	小切口内切酶独立连接的克隆
NHEJ	Nonhomologous End Joinin	DNA非同源末端连接
NLA	Nucleotide Loop Assembly Pathway	核苷酸环组装途径
NMP	N-Methyl-2-Pyrrolidone	N-甲基吡咯烷酮

续表

缩略语	英文全称	中文名称
NOD	Non-Enzymatic Oxidative Decarboxylation	非酶氧化脱羧途径
Nor	Norleucine	原亮氨酸
NR	Natural Rubber	天然橡胶
NTG	N-Methyl-N'-nitro-N-nitrosoguanidine	亚硝基胍
OAA	Oxaloacetic Acid	草酰乙酸
OA	Oleic Acid	油酸
ODEs	Ordinary Differential Equations	常微分方程
OE-PCR	Overlap Extension Polymerase Chain Reaction	重叠扩展聚合酶链反应
OPEN	Oligonucleotide Pool Engineering	寡聚池工程
ORFs	Open Reading Frames	开放阅读框
ORP	Oxidation-Reduction Potentia	氧化还原电位
OUR	Oxygen Uptake Rate	氧摄取率
P4HB	Poly-4-Hydroxybutyrate	聚-4-羟基丁酸酯
PABA	Para-Aminobenzoic Acid	4-氨基苯甲酸
PA	Palmitoleic Acid	棕榈油酸
PA	Phosphatidic Acid	磷脂酸
PC	Phosphatidyl Choline	磷脂酸胆碱
PDH	Pentadecaheptaene	戊庚烯
PDO	1,3-Propanediol	1,3-丙二醇
PD	Pentadecane	十五烷
PDs	Polymers	聚合物
PEP	Phosphoenolpyruvate	磷酸烯醇式丙酮酸
PHA	Polyhydroxyalkanoates	聚羟基脂肪酸酯
PHB	Polyhydroxybutyrate	聚羟基丁酸酯
pH_{ex}	external pH	胞外 pH
pH_{in}	internal pH	胞内 pH
PI	Propidium Iodide	碘化丙啶
PKS	Polyketide Synthase	聚酮合酶
PLA	Polylactic Acid	聚乳酸
PMA	Polymalic Acid	聚苹果酸

续表

缩略语	英文全称	中文名称
PPI	Protein-Protein Interaction	蛋白-蛋白互作网络模型
PP	Pentose Phosphate	戊糖磷酸
PPP	Pentose Phosphate Pathway	磷酸戊糖途径
PPR	Pyruvate Production Rate	丙酮酸生产率
PQC	Protein Quality Control	蛋白质质量控制
PRPP	5-Phosphoribosyl-1-Pyrophosphate	5-磷酸核糖-1-焦磷酸
PTS	Phosphotransferase System	磷酸转移酶系统
PUFAs	Polyunsaturated Fatty Acids	多不饱和脂肪酸
PYR	Pyruvic Acid	丙酮酸
QA	Quinic Acid	奎尼酸
QS	Quorum Sensing	群体感应
RBS	Ribosome Binding Site	核糖体结合位点
RCF	CO_2 Fixation Rate	CO_2 固定率
rFBA	Regulatory Flux Balance Analysis	调节通量平衡分析
RF	Riboflavin	核黄素
RNAP	RNA Polymerase	RNA 聚合酶
RNAseq	RNA-Sequencing	RNA 测序
RNS	Reactive Nitrogen Species	活性氮
ROS	Reactive Oxygen Species	活性氧
Ru5P	Ribulose-5-Phosphate	5-磷酸-核酮糖
RuBP	Ribulose-1,5-Bisphosphate	二磷酸核酮糖
RVDs	Repeat Variable Diresidues	重复可变双残基
S3P	3-Phosphoshikimic Acid	3-磷酸莽草酸
SAM	S-Adenosyl Methionine	S-腺苷甲硫氨酸
SA	Shikimic Acid	莽草酸
SA	Stearic Acid	硬脂酸
SBML	Systems Biology Markup Language	系统生物学标记语言
SDLS	Spider Dragline Silk	蜘蛛牵引丝
SFAs	Saturated Fatty Acids	饱和脂肪酸
SIRA	Serine Integrases Recombinational Assembly	丝氨酸整合酶重组组装

续表

缩略语	英文全称	中文名称
SIS	Styrene Isoprene Styrene	苯乙烯-异戊二烯-苯乙烯
SLiCE	Seamless Ligation Cloning Extract	无缝连接克隆提取物
SLIC	Sequence and Ligation-Independent Cloning	序列和连接反应克隆
SNPs	Single Nucleotide Polymorphisms	单核苷酸多态性
sRNAs	Small Regulatory RNAs	小调控 RNAs
SR	Synthetic Rubber	合成橡胶
SSA	Single-Strand Assembly	单链组装法
STN	Signal Transduction Networks	信号转导网络模型
STREs	Stress Response Elements	胁迫应答元件
SURE	Subtilin-Regulated Gene Expression	枯草蛋白酶-调控基因表达
TAG	Triacylglycerol	三酰基甘油
TALENs	Transcription Activator-Like Effector Nucleases	转录激活因子样效应核酸酶
TATB	1,3,5-Triamino-2,4,6-Trinitrobenzene	三氨基三硝基苯
TCA	Tricarboxylic Acid Cycle	三羧酸循环
TEL	Telomere Sequence	端粒序列
TFBSs	TF Binding Sites	转录因子结合位点
TFs	Transcriptional Factors	转录因子
TGs	Target Genes	靶基因
THFA	Tetrahydrofolate	四氢叶酸
THF	Tetrahydrofuran	四氢呋喃
TIA	Terpenoid Indole Alkaloids	萜类吲哚生物碱
TIGRs	Tunable Intergenic Regions	可调谐基因间区
TRMR	Trackable Multiplex Recombineering	可追踪多重重组技术
TRN	Transcriptional Regulatory Network	转录调控网络模型
UDP-GalNAc	UDP-N-acetylgalactosamine	UDP-N-乙酰半乳糖胺
UDP-Gal	Uridine 5′-Diphosphate Galactose	尿苷-5′-二磷酸半乳糖
UDP-GlcA	UDP-Glucuronic Acid	UDP-葡萄糖醛酸
UDP-GlcNAc	UDP-N-Acetylglucosamine	UDP-N-乙酰氨基葡萄糖
UDP-Glc	UDP-Glucose	UDP-葡萄糖
UMP	Uridine Monophosphate	尿苷酸

续表

缩略语	英文全称	中文名称
UPEC	Uropathogenic *Escherichia coli*	尿道致病性的大肠杆菌
USER	Uracil-Specific Excision Reagent Cloning	尿嘧啶特异性切除试剂克隆
UTP	Uridine-5′-Triphosphate	尿苷-5′-三磷酸
UTR	Untranslated Region	非翻译区
VDP	Violacein Diphosphate	前脱氧紫色杆菌素
WHO	World Health Organization	世界卫生组织
ZFNs	Zinc Finger Nucleases	锌指核酸酶
ZFPTFs	Zinc Finger Protein Transcription Factors	锌指蛋白质转录因子